進水會 70年

남기고 싶은 이야기들

進水會 70年, 남기고 싶은 이야기들

초판 1쇄 발행일 2015년 5월 12일

엮은이 진수회(서울대학교 조선해양공학과 동창회)
펴낸이 이원중
펴낸곳 지성사 **출판등록일** 1993년 12월 9일 **등록번호** 제10-916호
주소 (03408) 서울시 은평구 진흥로1길 4(역촌동 42-13) 2층
전화 (02) 335-5494 **팩스** (02) 335-5496
홈페이지 지성사.한국 | www.jisungsa.co.kr **이메일** jisungsa@hanmail.net

ISBN 978-89-7889-305-3 (03500)

잘못된 책은 바꾸어드립니다. 책값은 뒤표지에 있습니다.

이 도서의 국립중앙도서관 출판시도서목록(CIP)은 서지정보유통지원시스템 홈페이지(http://seoji.nl.go.kr)와
국가자료공동목록시스템(http://www.nl.go.kr/kolisnet)에서 이용하실 수 있습니다 (CIP 제어번호: CIP 2015020796)

進水會 70年

남기고 싶은 이야기들

우리나라 조선산업을 이끈 주역,
서울대학교 조선해양공학과 동문 회고

進水會 엮음

지성사

01

항공조선학과가 1946년 8월 22일 개교와 동시에 설치되어 1949년 가을 공릉동 캠퍼스로 이전하기까지 공과대학이 사용하던 동숭동 캠퍼스이다. 정문에 경성광산전문학교가 표기된 것으로 보아 1939년 9월 이후로부터 1946년 이전의 사진이다. 경성공업대학의 중앙연구소는 해방 후 중앙공업연구소로 개편되었고, 공과대학과 캠퍼스를 함께 사용하였는데 공과대학 학장실이 이 건물에 있었다. 현재 이 캠퍼스는 한국방송통신대학에서 사용하고 있다.

02

6.25 동란으로 서울대학교가 부산으로 피난하여 서대신동 구덕산 비탈에 마련한 임시 교사에 공과대학도 1953년 9월 환도할 때까지 사용하였다. 서울로 환도한 뒤에 공과대학 건물을 미군의 전시병원으로 사용하고 있어 1954년 8월까지 용두동의 사범대학교 부속 중학교 일부를 캠퍼스로 사용하였다.

03

전란 시기를 제외하고 조선공학과(현 조선해양공학
과)는 1949년 9월부터 공릉동 캠퍼스의 상징적 건
물인 1호관(시계탑이 있는 건물) 2층에 있었다. 이
후 1975년 여름, 뒤편에 보이는 7호관으로 이전하
였다가 1979년 12월에 관악 캠퍼스로 이전하였다.

04

1984년 공과대학 전경으로, 조선공학과는 34동
(사진 중앙의 건물들에 둘러싸인 건물)으로 이전하여
현재에 이르고 있다. 사진 뒤편의 긴 건물은 선형
시험수조동(42동)으로 1983년 12월에 준공되었다.

Moderato

1. 가 슴 마 다 성 스 러 운 이 – 념 을 품 – 고
2. 단 일 해 온 말 을 쓰 는 조 – 촐 한 겨 – 레

이 세 상 의 사 는 진 리 찾 는 이 길 을
창 조 하 기 좋 아 하 는 명 석 한 머 리

씩 씩 하 게 나 아 가 는 젊 은 오 뉘 들
새 문 화 와 새 생 명 을 이 루 어 가 며

이 겨 레 와 이 나 라 의 크 나 큰 보 람
즐 겨 하 고 사 랑 하 는 우 리 의 조 국

뛰 어 나 는 인 재 – 들 – 이 다 모 여 들 어

더 욱 더 욱 융 성 하 는 서 울 대 학 교
온 누 리 에 빛 을 내 는 서 울 대 학 교

푸른 송벽 서기 - 찬 불암 산밭에

하늘 높이 솟아 있는 세기 - 의전 당

우 주 를 정복할듯 그 모습 강하 다

문 명 - 에 - 앞 서 갈 공 - 과 대학

양 양 한 그 전 도 - 에 영 광 - 있으 리

※공과대학 학가는 공과대학이 공릉동 캠퍼스에 소재하던 시기에 불렸으며, 캠퍼스 종합화에
따라 1970년대에 들어서면서 잊히게 되었다. 나운영 선생이 작곡한 것으로 알려져 있다.

초대 회장
조 필 제

2대 회장
박 종 일

3대 회장
차 천 수

4대 회장
신 동 식

5대 회장
김 태 섭

6대 회장
구 자 영

7대 회장
황 성 혁

8대 회장
김 영 치

9대 회장
김 국 호

10대 회장
정 성 립

11대 회장
한 성 섭

12대 회장
정 광 석

13대 회장
김 외 현

14대 회장
박 중 흠

1945~1985
김재근 교수

1953~1967
김정훈 교수

1954~1993
황종흘 교수

1959~1992
임상전 교수

1961~1996
김극천 교수

1970~2006
김효철 교수

1978~2013
이기표 교수

1979~1985
박종은 교수

1980~2012
최항순 교수

1981~2011
장창두 교수

1983~2006
배광준 교수

1994~2013
이규열 교수

(※재직 연도 순)

1979년, 조선소에 갓 입사한 신입사원 2년차였을 때입니다.

일본에서 발간하는 잡지 〈해사프레스 *Kaiji Press*〉의 「한국의 조선업을 진단한다」라는 제목의 기사를 읽은 적이 있습니다. 당시는 현대중공업이 어렵게 몇 척 인도하고 대우조선과 삼성중공업이 첫 배를 건조하고 있던 시점이었습니다. 한마디로, 태동기의 한국 조선산업이 과연 일본을 따라잡을 수 있을까를 전망한 기사였습니다.

당시 우리나라의 경제정책은 경공업에서 중화학공업으로 기수를 돌리던 시점이었고, 그중 조선산업은 중화학을 대표하는 핵심 산업으로 육성되고 있었습니다.

그 기사의 결론은 '한국의 조선업은 결코 일본을 따라올 수 없다'는 것이었습니다. 그들이 내세우는 세 가지 이유는 다음과 같았습니다.

첫째, 기술 수준이 낙후하여 설계도면을 사와야 건조가 가능하다.

둘째, 생산 코스트의 핵심인 공정관리 개념이 없다.

셋째, 일본의 기자재 없이는 선박 건조가 불가능하다.

이런 이유로 일본은 한국 조선업의 추격을 걱정할 필요가 없다는 것이지요.

그러나 기사 말미에 쓴 문장 한 줄이 40년 가까운 세월이 지난 지금까지 저를 곧추세워 온 동력이 되었습니다.

"한국 조선업이 일본을 따라올 수 없는 것은 확실하나, 각 대학의 조선학과에 좋은 인재들이 많이 입학했다. 이들이 기적을 이루어내지 말라는 법은 없다."

이 문장은 어쩌면 절대로 그럴 리는 없다는, 우월자의 여유에서 나온 말이었을 것입니다.

그리고 20년이 지난 21세기에, 'Made in Korea'의 선박이 양적, 질적으로 정상에 올랐습니다. 까다롭기로 소문난 오일메이저들이 선박, 해양 플랜트를 한국에 발주하기 시작했습니다. 이는 그들이 우리를 폄하하든 말든, 앞만 보고 도전한 결과였습니다. 지독히도 쫓아다니고 조사하고 분석하고 헤쳐가면서 끊임없이 재창조한 결과였습니다.

우리는 여러 잡지에 자그맣게 실린 선박의 사진만 보고 윈드라스(Windlass)가 어떻게 배치되었는지, 크레인(Crane)을 어떻게 배치하면 개수를 줄일 수 있는지, 의장 수(Equipment Number)를 줄이기 위해 선실 모양을 어떻게 만들어야 하는지 분석하고 토론하고 공부하며 선박을 만들었습니다. 때로는 부산항에 입항하는 외국 배에 승선하여 연필로 스케치하기도 했습니다.

짧은 경험을 하나 더 이야기하겠습니다. 셰브런(Chevron) 사(社)와의 미팅 때입니다. 그들이 아직 풋내기인 우리를 믿어주지 않았기에 우리는 한국 조선소의 선박 건조 능력을 그들에게 검증해 보여야 했습니다. 낮에는 미팅을 하고 밤에는 답변을 준비하다 보면 어느새 해가 떠오릅니다. 셰브런 사 회의실에서 밤새우는 일이 얼마나 다반사였는지, 우리 얼굴에 익숙해진 셰브런 사의 경비원은 그 회사의 매니저에게 출입증 제시를 요구할망정, 우리에게는 요구하지 않았습니다.

해외는 점점 우리를 인정하기 시작했습니다. 지난날 배를 수주받기 위해 사정하듯 찾아가고, 우여곡절 끝에 담당자를 만나더라도 10분도 지나지 않아 문전박대당하던 우리가, 몇 년 후 고위급 책임자가 내오는 근사한 점심을 곁들이며 품격 있는 대우를 받게 되었습니다. 〈해사프레스〉의 기사에서 안 될 것이라고 예언했던 그 세 가지가 한국에서 기적처럼 실현되고 있었습니다.

그런 한국의 조선산업을 일으킨 원동력은 30여 년 전 〈해사프레스〉에서 감히 예측하지 못했던, 아니 예측은 했으나 가볍게 생각했던 그 요소 때문이었습니다. 바로 사람입니다.

한국의 조선산업은 조선인의 성실함과 노력을 빼놓고는 결코 설명할 수 없습니다. 이 점은 외국도 인정하는 부분입니다. 평생 조선 업계에서 일했던 어느 외국 고객과의 식사자리에서도 그런 말이 나왔습니다. 그는 나에게 다음과 같은 말을 건넸습니다.

"미스터 박, 1972년에 세계적으로 중요한 조선소 세 곳이 만들어졌는데 무엇인지 아시오? 하나는 현대중공업이고, 또 하나는 대만의 CSBC, 그리고 마지막은 인도의 코친 조선소요. 나는 그 세 조선소를 모두 가봤는데 그 세 곳에는 분명한 차이가 있었소."

세 조선소의 차이가 무엇이냐고 묻자 그는 단호하게 대답했습니다.

"그 차이는 바로 사람이었소."

오대양을 누비는 선박의 절반을 만들어낸 한국 조선산업의 근간인 '사람'이라는 요소, 그 정점(頂點)에 진수회 회원이 있다는 것은 두말할 나위가 없습니다. 서울대학교 조선해양공학과에서 분출한 용암은 거칠 것 없이 모든 불가능을 녹여내었습니다.

그런데 불가능을 실현하고 정상에 선 이 시점에서 개운치 않은 느낌을 지울 수 없습니다.

'1979년 즈음에 정상에 있던 일본이 우리를 과소평가했듯이, 지금 우리도 중국의 조선업을 과소평가하고 현실에 안주하고 있지는 않은가? 우리가 후배들에게 미래를 이끌고 갈 힘을 진정 물려주었던 것일까? 후배들이 우리의 도전과 성취의 기상을 자연스럽게 받아들이고 우리보다 더 나은 개척자로 우뚝 서도록 얼마나 지원했는가?'

이번 70년사 발간은 과거의 성공을 자화자찬하기 위해 기획하지 않았습니다. 후배들에게 개척 시기에 활약했던 진수회 회원 패기와 노력을 거울삼아 90년사, 100년사를 화려하게 수놓을 계기를 마련해주는 것이 가장 중요한 목적입니다. 이 책을 보시는 후배님들께서는 부디 진수회 선배님 애정을 이해하시어 과거보다 더 위대한 조선 한국을 만들어 주시기 바랍니다.

『진수회 70년, 남기고 싶은 이야기들』에는 서울대 조선해양공학과 2500여 동문의 도전과 열정의 역사가 대서사시로 펼쳐지고 있습니다. 여기까지 도달하도록 저희를 이끌어주신 선배님들, 감사드립니다. 또 후배님들이 없었다면 여기에 이르지 못했을 것입니다. 한국 조선산업의 쾌거는 서울대학교 진수회라는 아이덴티티(Identity) 하나로 다 함께 만들어 온 결과입니다. 자랑스러운 동문 모두에게 축하의 박수를 보냅니다.

아울러 발간 활동을 주관해주신 신동식 한국해사기술 회장님과 김효철 서울대학교 명예교수님, 그리고 이재욱·장석·김정호·성우제 편집위원들께 깊은 존경과 감사를 드립니다. 공들여 제작한 이 『진수회 70년, 남기고 싶은 이야기들』이 서울대학교 조선해양공학과 동문의 자랑스러운 역사로 이어지기를 기대합니다.

2015년

진수회 회장 박 중 흠

　서울대학교 조선해양공학과 70주년과 기념집 『진수회 70년, 남기고 싶은 이야기들』의 발간을 진심으로 축하합니다.

　올해는 광복 70주년이 되는 해이고, 내년이면 서울대학교 개교 70주년이 됩니다. 조선해양공학과가 70회 입학생을 맞았다는 의미는 서울대학교에 조선해양공학에서 학업이 진행된 지 70년의 세월이 흘렀다는 것을 의미합니다.

　그동안 대한민국은 정치·경제·사회 등 모든 분야에서 비약적인 발전을 이루어 왔습니다. 한국의 기적 같은 경제성장 뒤에는 무에서 유를 창조한 엔지니어들이 있었고, 특히 조선산업을 견인해온 조선 거인들의 땀과 열정이 있었습니다.

　예로부터 조선산업은 국가 기간산업 중 가장 중요한 한 축을 담당해 왔습니다. 가난하고 척박했던 우리나라의 경제적 자립과 풍요로움을 안겨준 성장 동력원이었고, 전 세계에 '기술 강국 대한민국'을 각인시키며 우리나라 산업 발달을 견인해 왔습니다. 특히 국가 간, 대륙 간 교역이 점점 더 큰 규모로 성장하고 있는 현대사회에서 조선산업의 발전은 필연적이었다고도 할 수 있습니다.

그러나 조선 및 해양 관련 산업의 육성과 기술 개발을 위해 전 세계를 무대로 뛰었던 조선 거인들의 열정과 헌신이 없었다면 오늘날 세계 최고의 조선 강국 대한민국은 존재하지 않았을지도 모릅니다. 이 자리를 빌려 선후배 조선 거인들의 열정과 헌신에 존경과 감사의 인사를 올립니다.

조선해양공학과는 우리나라 조선해양산업 발전을 위한 인재의 산실이며, 대한민국 조선산업의 발전사는 서울대학교 조선해양공학과의 역사와도 그 맥을 같이 합니다. 아무쪼록 서울대학교 조선해양공학과와 우리나라 조선산업 발전사를 집대성한 이 기념집이 선후배 진수회 회원들에게는 자랑스러운 역사 자료로, 일반 국민들에게는 유용한 참고 자료로 널리 활용될 수 있기를 바랍니다.

다시 한 번 조선해양공학과 70주년과 기념집 발간을 축하하며, 조선해양공학과와 동문 여러분의 지속적인 건승을 기원합니다.

감사합니다.

서울대학교 총장 성 낙 인

　서울대학교 공과대학 조선해양공학과는 1946년 8월 22일 '국대안(국립 서울대학교안)'에 따라 설치된 9개의 학과 중 하나인 항공조선학과에서 시작하였습니다. 6.25 전쟁이 발발하던 그해에 첫 졸업생을 배출하였고, 이후 조선해양공학과로 65년이 흐른 2015년에 대망의 70회 입학생을 맞이하게 되었습니다. 1946년 이후 70번째 진수회 회원이 탄생하게 된 것입니다.

　조선산업은 삼면이 바다인 우리나라에서 해방 직후부터 국가의 경제적 부강을 위해 반드시 필요한 산업이었고, 취지에 부응하기 위해 피나는 노력으로 큰 성과를 이룬 산업 분야입니다. 서울대학교 조선해양공학과 동문이 그 중심에 서 있었다는 것은 대한민국 경제사에 누구도 부인할 수 없는 사실이며, 모교는 그 점을 자랑스럽게 생각하고 있습니다.

　오늘의 70년이 있기까지 진수회 회원들은 대한민국 산업과 기술 분야에서 수많은 역경을 이겨내고 분투했습니다. 나무배를 만들고 미군이 남겨둔 선박을 수리하던 열악한 환경에서 불과 50년도 안 된 짧은 시간에 세계 최고의 선박과 해양 관련 기반기술을 이룩할 수 있었던 과정에는 진수회 회원들의 피나는 노력이 있었기에 가능하였습니다.

여기 그 역사를 기록한 『진수회 70년, 남기고 싶은 이야기들』이 발간되어 대한민국 조선공학의 화려했고 치열했던 역사를 증언합니다. 이 책은 '무한한 역경의 증언'이라고 해도 과언이 아닐 만큼 감동과 눈물이 살아 있습니다. 선배 조선 일꾼들의 당당했던 도전과 지금도 현장에서 역할을 수행하고 있는 현역 숨소리까지 오롯이 담겨 있습니다.

　과거에 조선산업이 배고픔을 극복하기 위한 기계산업의 한 축으로 역할을 완성했다면, 미래의 조선산업은 새로운 자원 개발과 인류 혁신을 위해 진척하여야 할 것입니다. 거기에 진수회 회원들이 중심에 서서 또다시 뜨거운 열정을 불태워 주시기 바랍니다.

　감사합니다.

서울대학교 공과대학 학장 이 건 우

서울대학교 공과대학 조선해양공학과 동문의 모임인 진수회는 대한민국 조선 산업을 오늘날 세계 제일의 자리에 올려놓은 역사의 증인들의 모임입니다. 그들은 헌신적이고 열정적이며 포기할 줄 모르는 도전의식이 충만한 자들입니다. 그들은 황량한 모래사장에서 수십만 톤의 거대한 배를 만들어 팔았던 사람들입니다. 감히 무에서 유를 창조함과 같은 존재라고 평한다면 과장일까요?

어느 분야나 마찬가지지만 조선 분야는 특히 종합기계적인 성격이 강합니다. 두꺼운 강판에서 정밀한 최첨단 기계까지 세상에 존재하는 모든 기술적 집약이 그 속에 녹아들어 있습니다. 그런 복잡하고 거대한 산업을 어깨로 밀고, 이마로 밀어붙여 여기까지 오게 한 사람들이 바로 그들, 진수회 회원들입니다.

그 위대함을 더 언급한다는 것은 시간 낭비입니다.

이 책은 그들이 어떻게 신이 되었는지를 고스란히 보여주는 자료입니다. 이 책에 실린 내용들은 어쩌면 빙산의 일각일지도 모릅니다. 지금도 보이지 않는 전 세계 곳곳에서 진수회 회원들이 수많은 신화를 만들어 가고 있으니까요. 저는 이

책을 후학들과 청년들에게 권하고 싶습니다. 선배들이 살았던, 신과 같았던 그 역경의 극복을 그들이 꼭 한 번 되새김해볼 필요가 있다고 생각합니다. 더욱이 2015년은 서울대학교 조선해양공학과가 70회 입학생을 맞이하는 뜻깊은 해로, 올해에 이런 진수회 역사가 정리되었다는 것은 미래의 70년을 중단 없이 개척하자는 의미가 있다고 믿고 싶습니다.

진수회 70년사 발간을 거듭 축하드리며, 신과 같았던 그 삶에 경의를 표합니다.

감사합니다.

서울대학교 총동창회장 徐廷禾

여러분, 반갑습니다. 서울대학교 공과대학 동창회장 김재학입니다.

먼저 서울대학교 공과대학 조선해양공학과 70주년을 서울대학교 동문들을 대신하여 진심으로 축하하며, 우리나라가 세계 1위의 조선 강국이 되기까지 피땀 흘리신 선배, 동기, 후배님께 무한한 존경과 감사의 말씀을 드립니다. 아울러 서울대학교 공과대학 조선해양공학과에서 조선기술 학문과 후학들의 인성을 가르쳐 오신 역대 교수님들께도 존경과 감사를 드립니다.

우리 모두가 알고 있는 사실은 불과 50년 전까지만 해도 우리나라는 조선 불모지였다는 것입니다. 선박을 수출하기는커녕, 작은 고기잡이 어선을 수리하기에도 벅찼던 열악한 환경에서 시작한 조선산업은 6.25 한국전쟁을 겪으며 점차 단련되어 갔습니다. 1960년대 철강선 건조 시대를 맞이하여 신조선 발주량을 늘려갔고 조선 기술을 착실하게 쌓아나갔습니다. 1968년, 250GT급 대만 어선 수출의 성과는 선박 설계와 선박 건조 능력에 큰 전환점을 가지고 온 계기였습니다. 이후 조선산업은 중화학공업 중흥의 기치를 내걸고 산업화에 본격적인 시동을 걸었으며 선박 표준선 설계가 완성되고 수출선을 건조할 수 있는 대형 조선소가 구축되면서 명실공히 대한민국 국가 산업의 중추적 역할을 맡게 되었습니다.

우리나라가 세계 1위의 조선 신화를 창조할 수 있었던 배경이 무엇입니까? 세계시장의 흐름을 읽는 안목과 적절한 경제 환경 대응, 강력한 지도자의 의지도 중요하였지만 무엇보다 자신을 버리고 열정을 바쳐온 산업일꾼들의 희생이 있었기에 가능했다고 생각합니다.

『진수회 70년, 남기고 싶은 이야기들』에는 그러한 내용들이 담겨 있습니다. 많은 자료를 정리하여 70년사 책자를 만들게 된 것을 진심으로 축하드리며, 이 책자를 만들기 위해 노심초사하신 신동식 편집위원장님을 비롯한 여러 편집위원들께 존경과 감사의 말씀을 드립니다.

아울러 이 책이 밑거름이 되어 향후 70년에는, 더 훌륭한 140년사가 출간될 수 있기를 기대합니다. 그리고 지금부터 100주년, 200주년을 향해 힘찬 발걸음으로 출발하시기를 기원합니다. 여러분의 발 아래 무한한 건승이 놓이길 바랍니다.

감사합니다.

서울대학교 공과대학 동창회장 김 재 학

'역사를 잊은 국가에 미래는 없다.'

우리가 역사를 기록하는 까닭은 무엇인가? 현재의 좌표를 정확히 파악하여 미래의 올바른 이정표를 설정하고자 함이다.

역사를 통해 우리는 먼저 걸어간 선배들이 무엇에 열정을 바쳤고 무엇에 고뇌를 했으며 무엇을 우리에게 남겨주려고 노력했는지를 성찰해야 한다. 또한 그 성찰을 바탕으로, 지금의 우리가 변화하는 시대의 물결 속에서 현명하고 신속하게 대응하고 있는지 스스로를 늘 돌아보며 점검해야겠다.

진수회 70년의 역사를 기록하여 펴내는 까닭도 여기에 있다. 역사는 미래를 위해 존재하기 때문이다.

유구한 인류 역사를 돌이켜보면 배가 역사 발전에 세운 공로를 새삼 실감케 된다. 배는 태초의 신비를 간직한 바다를 향한 꿈과 열정, 도전과 탐험을 가능케 해주었으며, 대양을 사이에 두고 단절되어 있던 세계가 사람과 물자와 문화를 주고받으며 하나의 세계로 통합, 발전하도록 이끌었다.

배는 사람의 머리에서 고안되어 사람의 손에서 만들어지고 사람에 의해 운항된다. 통나무를 깎아 처음 물에 띄웠던 원시시대에도, 바다 너머 신세계를 향해 돛을 올렸던 대항해시대에도, 각종 첨단 기술의 발달로 기계화된 공정과 자동항해 설정이 흔해진 오늘날에도 결국 핵심은 '사람'이다.

이 '사람'들을 길러낸 요람이 바로 서울대학교 조선해양공학과(舊 조선항공학과)이며, 그 동문 모임인 진수회이다.

서울대학교 조선해양공학과와 진수회는 광복 이후 격동의 현대사 속에서 조선산업과 학계의 발전을 주도하며 한국 조선해양 전문가들을 대표하는 역사의 주역으로 활약해 왔다.

우리나라 조선산업은 수많은 풍랑을 헤쳐 온 위대한 항해였다. 삼면이 바다로 둘러싸인 우리는 호방한 대륙민족의 기질과 바다를 자유자재로 누비는 해양민족의 기질을 두루 갖추었지만 일제 강점기와 동족상잔의 전쟁을 거치면서 조선해양산업의 맥이 거의 끊어지고 말았다.

조선산업은 수출로 얻는 수입이 다른 산업과 비교할 수 없이 크며, 수백 개의 연관 산업과 동반 성장하여 국가 전체의 경제 및 기술 발전의 견인차가 될 수 있는 중대한 산업이다. 그러나 당장의 생계가 어려운 형편에 막대한 초기 투자와 지원이 필요한 조선산업을 일으키기에는 요원해 보였다.

하지만 포기하지 않았던 여러 선각자들의 피땀 어린 노력으로, 우리나라 조선산업은 짧은 시간 안에 세계에서 그 유례를 찾아보기 힘든 발전을 이루었다. 그리고 그 중심에는 무모하리만큼의 도전정신과 열정, 헌신이라는 횃불을 환히 밝혀 캄캄한 어둠을 기어이 몰아내고야 만 진수회 회원들이 있었다.

진수회 회원들은 조선소, 대학, 연구소, 선급협회, 조선전문 용역회사, 조선 기자재 공급업체 등 곳곳에서 빛나는 활약을 펼쳐 조선산업은 물론, 연관 산업 전체에 크나큰 파급효과를 일으켰다. 여기서 그치지 않고 진수회 회원들은 조선해양산업 외에도 각종 산업·경제·사회·정치 분야로 진출하여 오늘날 대한민국의 기틀을 닦았으며 국가 경쟁력 제고 및 국위 선양에 이바지했다.

그 피땀 어린 노력 덕분에 오늘날 우리는 세계 어디에서나 최고로 인정받는 조선 강국이 되어 대한민국 국민이자 조선인으로서의 자부심과 긍지를 한껏 누리고 있다.

초기 진수회 회원들이 한강에 띄웠던 작은 조각배는 이제 초대형 상선들과 최첨단 기술이 소요되는 해양 구조물로 변신해 세계를 누빈다. 수많은 세계인들이 우리가 이룬 성취를 기적이라 부르며 감탄하고, 그 기술과 저력을 배우고자 한국을 찾는다. "쓰레기통에서는 장미가 피지 않는다!"며 모두가 한국 조선산업을 비웃던 초기에는 상상할 수도 없었던 모습들이다. 진수회와 진수회 회원들의 역사는 곧 한국 현대 조선산업의 역사이자 대한민국 국가 발전의 역사이다.

이제 광복 70주년을 맞아 『진수회 70년, 남기고 싶은 이야기들』을 출간하여 그간의 여정을 갈무리하고, 새로운 돛을 올려 앞으로 나아갈 후배들을 위한 나침반으로 삼고자 한다. 이 책은 기적의 항해를 이루어낸 선배들에게 후배들이 보내는 축하와 감사의 박수이자, 새로운 항해에 나서는 후배들에게 선배들이 보내는 격려와 응원이다.

역사는 미래를 위해 존재하며 늘 새로이 쓰인다. 우리의 모험과 도전은 이제 다시 시작이다.

진수회 70년사 편집위원회 위원장 신 동 식

차 례

1부   세계 최고의 조선기술, 1946년부터 준비되었다

2부 조선 전문가들과 최강 조선의 신화

3부 왕좌를 차지하다. 그 후…

▪ 에필로그

▪ 부록

1부

세계 최고의 조선기술,
1946년부터 준비되었다

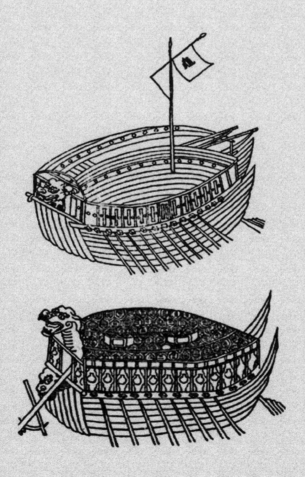

1. 우리나라 조선공학造船工學의 출발

우리나라 공학교육의 뿌리

과학기술의 역사적 배경

—

우리나라에서 가장 오래된 선박은 2007년 창녕에서 출토된 길이 3.1~4미터의 통나무배 2척으로, 제작 연대는 약 8000년 전에 건조된 선박이라고 추정하고 있다. 이는 이집트의 고대 선박에 비하여 3400년이나 앞선 것으로 평가된다. 또 인접하여 출토된 노는 길이가 1.81미터로 약 7000년 전에 제작된 것으로 추정한다.

기록상으로는 『단군세기檀君世紀』에 기원전 2100년경 선박을 건조하였다는 기록이 있으며, 청동기시대(기원전 1200~기원전 100년)의 것으로 추정되는 경남 울주군의 반구대 암각화에는 3척의 배가 그려져 있다. 그중 한 척에는 18명이 승선하여 큰 고래를 포획하고 있는 모습이 묘사되어 있다. 이 암각화는 기원전에 이미 대형 선박을 건조할 수 있는 과학기술의 배경을 가지고 있었음을 보여준다.

삼국시대에 들어서는 광개토대왕(재위 391~413년)이 서기 400년에 일본의 왜구를 정벌하였다. 신라의 장보고는 876년까지 청해진에 진해장군(鎭海將軍)으로 있으면서 해상을 제패하였다. 고구려의 광대한 국가 경영과 신라의 해상왕국 건설이

가능하였던 것은 고구려의 고분벽화 기록이나 신라시대 경주 지역의 첨성대, 불국사, 석굴암 등 수많은 문화유산에 나타나 있다. 구체적으로는 742년에 주조된 12만 근(1997년 실측 중량 18.9톤)의 성덕왕신종(聖德王神鐘)에서 과학기술의 수준을 알 수 있다. 또 8세기경에 축조된 석가탑에서 출토된「무구정광다라니경」은 세계 최초의 목판 인쇄본으로 문화적 발전상을 짐작할 수 있다.

『고려사세가高麗史世家』에는 왕건의 대형 함선이 소개되어 있으며, 완도에서 출토된 고려선은 1000~1100년경에 건조된 것으로 확인되었다. 1274년과 1281년 두 차례에 걸쳐 여몽 연합군에 참가하여 일본을 원정한 고려 함선의 우수성은 이미 역사에 잘 기록되어 있다.

고려의『팔만대장경』, 금속활자, 고려청자에서 고려 왕조의 과학적·문화적 우수성이 입증되었을 뿐만 아니라 최무선의 화약과 화포의 발명은 과학기술의 발전으로 역사의 변화를 이끈 바 있다.

조선 태조는 왜구 섬멸을 목표로 수군을 강화하였으며, 세종 원년(1419)에는 삼군도체찰사(三軍都體察使) 이종무(李從茂)와 삼도도통사(三道都統使) 유정현(柳廷顯)이 병선 227척으로 대마도를 정벌하였다.

1592년에 이순신 장군은 신형 거북선을 창제하여 임진왜란 중에 국가를 수호한 전공을 세운 바 있다. 정조 13년(1789)에는 정약용이 주교(舟橋)를 한강에 가설하여 화성 축조에 큰 도움을 주었다.

조선 초기에는 중국 문물의 수용에 적극성을 보였으며, 세종조에 들어서 민족의 자랑인 한글 창제 등 과학이 눈부시게 발전하였다. 그러나 임진왜란 이후 관념적 성리학의 집착으로 실학 경시의 풍조가 만연하였고, 천주교의 탄압은 산업혁명 이후 발전된 서구의 기술 도입을 지연시키는 결과로 나타나 기술 발전이 뒤처짐은 물론, 국운이 쇠퇴하는 국면을 맞았다.

근대 공학교육의 시작

—

우리나라가 근대화의 길에 들어선 것은 1876년 강화도 조약이 계기가 되었다. 조선은 1882년 미국을 비롯한 서구 열강과의 수호통상조약을 체결하였고 두 차례에 걸쳐 일본에 수신사를 파견하는 등 근대 문물을 도입하는 개화 정책을 펼쳤다. 새로운 문물을 다루는 통괄부서인 통리기무아문(統理機務衙門)에서는 기계사(器械司)와 선함사(船艦司)를 두고 기술 개발을 담당하기도 하였다.

1882년에 임오군란과 1884년에 갑신정변을 거치며 고종황제는 언론, 교육, 및 각종 과학기술 분야에서 개화 정책을 펼쳤다. 1885년에는 서양식 병원 광혜원을 설립하였고 주요 지방에 우두국(牛痘局)을 설치하였다. 1886년에는 〈한성주보漢城週報〉를 발간하였으며 선교사 헐버트(H. B. Hulbert)로 하여금 수학, 자연과학, 정치학 등을 가르치게 하였다. 1887년에는 전기가 보급되기 시작하였으며, 1890년대 초에는 서울–부산 및 서울–원산 사이에 통신선이 부설되었다.

1890년대에 들어서면서 정부와 개화 지식인들은 진정한 개화의 필요성을 인식하게 되었다. 고종황제는 국가의 부강은 국민 교육에 있음을 알리며 「교육입국조서」를 반포하고, 1895년과 1899년 두 차례에 걸쳐 부강한 근대국가 건설을 위하여 실업교육이 중요하다는 칙령(勅令)을 내렸다.

특히 1899년 6월 24일에 반포한 칙령 28호에는 「상공학교 관제」가 포함되어 있다. 수업연한이 4년으로 되어 있으며 교육 내용과 제반 규정을 학부대신(學部大臣)이 정하도록 되어 있다. 이에 근거하여 정부는 공·사립 상공학교를 설립하게 되었다.

1904년에는 농상공학교로 관제가 개편되었으며 지금의 명동 중국 대사관 뒤편에 자리 잡았다. 1906년에는 소관 부처가 학부에서 농상공부로 이관되었고 관립 공업전습소(官立工業傳習所), 농업학교, 상업학교로 분리되었다.

흔히 우리나라 공학 교육의 효시를 관립 공업전습소에 두어야 한다는 의견이 있으나 서울대학교 공과대학 60년사(2007년)에서는 상공학교와 농상공학교에 근원을 두고 있으므로 1895년 고종황제의 칙령을 출발점으로 보는 것이 공식 입장이다.

1905년 을사늑약이 체결되었으며 1907년(광무光武 11년) 고종이 순종에 양위함에 따라 연호가 융희(隆熙)로 바뀌었고 이해 3월 농상공부령(農商工部令)으로 관립공업전습소가 이화동에 설립되었다. 관립 공업전습소에는 염직과(染織科, 색염色染·기직機織), 도기과(陶器科, 도기陶器·자기磁器), 금공과(金工科, 수공鑄工·단공鍛工·판금가공板金加工), 목공과(木工科, 조가造家·가구家具), 응용화학과(應用化學科, 화학제품化學製品·분석分析), 토목과(土木科, 측량測量·제도製圖)의 6개 학과가 개설되었다. 설립 당시부터 교관과 학생 모두 일본인이 주류를 이루었다.

따라서 우리나라가 국권을 가지고 우리의 의지로 설립한 공업교육기관은 상공학교로 시작되었으므로 칙어(勅語)가 내린 1895년을 출발점으로 보아야 한다.

일제 강점기의 공학교육

—

1910년 8월 경술국치로 국권을 상실함에 따라 공학전문교육은 뿌리를 내리지 못하였다. 1916년 4월 「조선총독부 전문학교 관제」(칙령 제80호)와 「경성공업전문학교 규정」(조선총독부령 제28호)에 근거하여 '관립 공업전습소'를 흡수, 통합하여 '경성공업전문학교'가 설립되었다. 수업연한은 3년으로 하였으며 염직과, 응용화학과, 요업과, 토목과, 건축과가 개설되었고, 부속 공업전습소에는 수업연한을 2년으로 해서 목공과, 금공과, 직물과, 화학제품과, 도기과 등이 개설되었다.

1922년 「조선총독부 제학교 관제」(칙령 제151호)에 따라 '경성공업전문학교'가 '경성고등공업학교'로 개편되었으며 방직학과, 응용학과, 토목학과, 건축학과, 광산학과로 편성되었다. '경성고등공업학교' 졸업생에게는 고등보통학교의 교사자격증이 부여되었으며 '경성고등공업학교 공학사'라는 칭호를 사용하게 하였다.

1929년에 교수 정원은 12명, 조교수 11명이었으며, 1942년에는 교수 30명, 조교수 12명으로 확대되었다. 1944년 칙령 제236호로 '경성고등공업학교'는 '경성공업전문학교'로 개칭되었다.

'경성공업전문학교'는 8.15 광복 다음 달인 1945년 9월에 마지막 졸업생을 배출하고 막을 내렸다. 당시 학교에는 한국인 교수로 안동혁(응용화학), 이균상(건축학), 나익영(응용화학), 최윤식(수학), 박동길(지질학·광물학), 김원택(응용화학) 등이 재직하고 있었다. 졸업생은 1699명이었는데 한국인 졸업생은 412명으로 4분의 1에도 못 미치는 숫자였다.

일제는 광물자원을 효과적으로 수탈하기 위하여 1939년 조선총독부령 제65호로 '경성공업전문학교'의 광산학과를 분리, 독립하여 '경성광산전문학교'로 발전시켰다. 채광학과, 야금학과, 광산기계학과의 3개 학과가 개설되었고 수업연한은 3년이었으며, 1945년 9월에 마지막 졸업생을 배출하고 역사를 마감하였다. 박동길(지질학·광물학), 최윤식(수학), 이시현(기계공학)이 교수로 재직하였고 455명의 졸업생을 배출하였는데 한국인 학생은 137명이었으며 이들은 후일 한국 광업 발전에 크게 기여하였다.

1919년에 일어난 3.1 독립운동은 민족적 각성과 단결을 구축하는 계기가 되었던 사건이다. 이에 따라 전국적인 교육 열풍이 일었고, 당시 경성공업전문학교와 경성의학전문학교, 경성전수학교, 연희전문학교, 보성전문학교, 세브란스 의학전문학교 등이 있었을 뿐 정규대학이 없었으므로 한국인을 위한 한국인의 대학을 설립하자는 의견이 공감대를 형성하였다. 이에 1923년 한규설, 이상재 등이 '민립대학 기성회'를 설립하고 1천만 원 모금운동을 시작하였다.

당시 독립운동을 무마하기 위하여 문화통치를 표방하고 있던 일제는 당황하여 모금활동을 방해하는 한편, 1923년 제국대학 창립위원회를 구성하여 경성제국대학의 설립을 표면화하였다.

일제는 1924년 5월, 칙령 제103호로 「경성제국대학 관제」를 공포하였으며 이어서 칙령 104호를 발표, 1926년부터 법학부와 의학부를 개설할 것을 공포하였다. 이공학부의 개설은 늦어져서 1938년 4월 「경성제국대학 학부에 관한 건」(칙령 제251호)을 개정하고 이공학부 증설을 결정하였다.

1941년 3월 물리학과, 화학과, 토목과, 기계공학과, 전기공학과, 응용화학과,

광산야금학과 등의 7개 학과로 경성제국대학 이공학부가 시작되었다. 초기에는 24개 강좌가 개설되었으며 신입생 37명(한국인 12명)으로 수업이 시작되었다. 3년의 수업연한을 마치고 학사시험에 합격하면 이학사(물리학과, 화학과)와 공학사(토목과, 기계공학과, 전기공학과, 응용화학과, 광산야금학과) 학위를 수여하게 되어 있었다. 하지만 전시였으므로 수업연한이 단축, 운영되었다. 이공학부에는 교수와 조교수 전원이 일본인이었고 3명의 한국인 강사(최호영, 김종원, 이재병)가 있었다.

1943년부터 1945년 9월까지 3회에 걸쳐 110명의 졸업생을 배출하였는데 한국인은 31명에 그쳤다. 이 31명 가운데 한 분이 훗날 우리나라의 조선공학을 개척하신 우암 김재근 교수이다. 광복 당시 재학생 가운데 한국인 학생은 3학년 25명, 2학년 19명, 1학년 17명으로 모두 61명이었다. 경성제국대학 이공학부는 조직과 교육 내용 그리고 수준이 종래의 전문학교와는 차별화되었다. 비록 짧은 기간 존속하였으나 재학생과 졸업생 92명은 우리나라 학계와 산업계에 귀중한 인력으로 활동하였다.

8.15 광복 직후의 공학교육
—

1945년 8월 15일 일본의 항복으로 제2차 세계대전이 막을 내리고 마침내 한국은 식민통치에서 벗어나게 되었다. 1945년 9월 8일 미군이 인천에 상륙, 그날 곧바로 서울에 진주하였고, 9월 12일 미 군정청을 설치하였다. 이 무렵까지 관공립 학교들은 일본인 관리 아래 있었고, 이에 미 군정청 학무국은 각 학교에 10월 1일 개강을 지시하는 한편, 정비를 단행하였다.

경성공업전문학교에는 안동혁 교수가 학장에 취임하면서 일본인 교원 전원을 해직 처리하였으며, 10월에 교수 19명(이균상, 원태상, 박경찬, 나익영, 신택희, 박상현, 이량, 김용호, 김재철, 박정장, 장석윤, 박종수, 성좌경, 황의준, 성찬용, 김옥순, 김종철, 이용달, 심윤섭)과 조교수 8명(김원택, 홍성해, 김면식, 염영하, 박정규, 윤화순,

유정목, 우지형) 그리고 강사 19명을 채용하였다. 이어 1946년 6월까지 교수 7명과 조교수 1명 그리고 강사 27명을 보완하였다.

경성광산전문학교에는 최윤식 교수가 1945년 10월 2일 학장에 취임하면서 일본 인 교원 전원을 해임하였으며 10월 중순 편입시험을 거쳐 학생을 모집하였다. 교 수(최윤식, 박동길, 이시현), 조교수(이재창) 그리고 강사 8명으로 진용을 갖추었다.

경성제국대학은 가장 늦게 1945년 10월 7일 크라프 중위(철학박사)를 총장에 임 명하고 이공학부장에 최규남 박사를 임명하였다. 불과 10일이 지난 10월 17일에 학교 명칭을 경성대학으로 변경하였으며, 총장에 안스테드(Harry B. Anstead) 대위 (법학박사)를 임명하고 이공학부장에 이규태 박사를 임명하였으며 일본인 교원 전 원을 해임하였다.

경성대학 이공학부의 교수(도상록, 김봉집, 김종원, 문원주, 최호영, 김동일, 김지 정, 조인석, 황갑성, 김재을, 여형구, 최창하, 이시현, 최성세) 14명, 조교수(이성준, 전 평수, 정근, 이세훈, 김인문) 5명이 임명되었다. 뒤를 이어 이승기, 전풍진, 윤동석, 이재병 등이 교수 및 강사로 부임하였다.

경성대학은 11월 하순에 편입생을 모집하였는데 일제 강점기에서 제국대학이 나 정규 사립대학에서 이공계 대학의 재학생과 국내외 이공계 전문대학의 졸업자 를 대상으로 하였다. 이렇게 편·입학생들을 받아들였기에 경성대학은 1946년 7월 3일 37명의 졸업생을 배출할 수 있었다. 그러나 1946년 8월 22일 「국립 서울대학 교 설립에 관한 법령」이 공포됨에 따라 경성대학 이공학부는 1년간의 짧은 역사를 마감하였다.

서울대학교 공과대학의 발족과
조선공학 교육의 시작

국립서울대학교 공과대학

—

『서울대학교 공과대학 60년사』에는 공학교육의 연원을 1895년 고종황제의 칙령에 근거한 상공학교에 두고 있다. 일제의 식민교육을 철폐하고 진취적이고 민족적인 교육을 시급히 시작하여야 했으나 당시의 형편은 우리 스스로 시작할 수 있는 준비가 되어 있지 못하였다. 애석하게도 우리나라의 교육체계의 구축은 미 군정청에 주어졌으며, 미 군정청에서 국립대학 창설을 추진하게 되었다.

1946년 7월 13일 미 군정청의 한국인 문교부장 유억겸(俞億兼)과 미국인 문교부장 피팅거(Aubrey O. Pittinger) 중령은 '국립 서울대학교 설립안(이하 국대안國大案)'을 성안하여 추진할 것을 발표하였다. 이 '국대안'의 골자는 경성제국대학의 후신인 경성대학과 일제 강점기에 설립된 각급 관립전문대학을 통합하여 국립종합대학을 설립하고 그 산하에 문리과대학, 법과대학, 상과대학, 공과대학, 농과대학, 사범대학, 의과대학, 치과대학, 예술대학 등의 9개 대학을 둔다는 안이었다.

이 안에 대하여 경성대학의 일부 교수와 학생은 교육의 질적 저하를 이유로 반대운동을 일으켰다. 또한 각급 전문대학의 교수들과 학생들도 대학 교육의 질적 저하를 초래하고 자치권을 침탈한다며 반대운동을 전개하였다. 그러나 미 군정청 문교부는 1946년 8월 22일 「국립 서울대학교 설립에 관한 법령」을 공포하고 '국대안'의 추진을 강행하는 한편, 시설과 교수진 및 전문 기술 인력 그리고 재정상의 이점을 들어 타당성 홍보에 주력하였다.

'국대안'의 반대는 좌익 학생들이 주도하였고, '국대안'을 찬성하는 우익 학생들과 충돌이 잦았다. 등록 방해와 등교를 거부하는 학생운동이 빈번하게 일어났으며 이에 따라 학생 편입이 수시로 이루어졌다. 경성대학과 경성공업전문학교 그리고 경성광업전문대학 교수들 사이에서도 갈등이 반복되어 상당수의 교수가 월북하기도 하였다. 또한 고등부와 전문부 사이에서 정통성의 논란이 일었고, 학부 진학에서 자격 문제 등으로 갈등이 끊이지 않았다. 하지만 반대운동이 수그러들며 점차 안정을 찾게 되었다.

결국 공과대학은 1946년 8월 22일 국립 서울대학교의 창설과 동시에 발족되었다. 이때 공과대학은 경성대학 이공학부의 공학계에 학제가 다른 경성공업전문학교와 경성광업전문학교를 통합하고 이 학교들의 한국인 재학생들을 승계하였다. 당시 학과는 건축공학과, 기계공학과, 섬유공학과, 야금학과, 전기공학과, 항공조선학과, 채광학과, 토목공학과, 화학공학과 등 9개였다. 1947년 전기공학과에서 전기통신 분야를 분리, 전기통신공학과를 신설하여 10개 학과가 되었다.

1947년 7월 11일 공학사 23명을 배출하였고 8월 31일 전문부에서 108명이 졸업하였다. 1948년 8월 10일 제2회 졸업식에서 51명의 공학사와 161명의 전문부 졸업생이 배출되었다. 1949년 7월 15일 제3회 졸업식에는 27명의 공학사와 236명의 전문부 졸업생, 그리고 석사학위 3명(화학공학 2명, 섬유공학 1명)이 배출되었다. 1950년 5월 12일 4회 졸업식에는 126명의 공학사와 24명의 전문부 졸업생이 배출되었다.

1939년 당시 경성광산전문학교와
경성제국대학 이공학부 전경(출처: 『조선제학교연감』)

항공조선학과로 출발하다

—

1946년 8월 22일 국립 서울대학교가 '국대안'에 따라서 설립될 당시에 설치된 9개 학과 중 항공조선학과는 경성대학이나 경성공업전문학교 또는 경성광업전문학교에 설치되어 있지 않은 새로운 학과였다.

항공조선학과를 개설하게 된 연유에는 이승만 박사의 남다른 의지가 있었다고 전해진다. 일제가 그 세력을 넓힐 수 있었던 것은 조선기술과 항공기술이었음을 생각하면 그러한 해석도 가능하다. 실제로 이승만 대통령이 1만 톤급의 국적선 보유를 오래도록 염원하였음은 잘 알려진 사실이다. 이러한 통치자의 의지 외에도 1938년 평양에 설립된 대동공업전문학교가 1944년 관립 평양공업전문학교로 개편되었을 때 조선과와 항공기과가 개설되어 있었다는 점도 영향을 주었을 것이다.

학과 신설 당시에는 일제 강점기의 대학에서 승계할 학생이 전혀 없었으며 경성공업전문학교, 경성상업전문학교, 광산전문학교 등, 각 학교 공과대학의 학생들 중에서 희망자를 받아들여 과를 구성하였다. 이때 신입생과 여러 학과에서 전과한 학생을 포함하여 항공조선학과는 학생 10명[1]으로 출발하였다.

이때 항공조선학과는 새로 설립된 학과였으므로 전과 학생의 경우 8.15 광복 이전의 재학 경력을 포기할 수밖에 없었던 것으로 보인다. 이런 불리한 점이 있었음에도 이들이 조선공학에 뜻을 두었던 것은 삼면이 바다인 해방된 한반도 조국에 조선공업이 반드시 필요하리라는 당돌한 예측을 하였기 때문이다.

항공조선과에서 조선항공과로

—

이후 학과 명칭이 조선항공과로 바뀌었는데 아쉽게도 명확한 시행일자의 기록

---

[1] 항공 전공 4명, 조선 전공 6명(김정훈, 안기우, 인철환, 조규종, 조필제, 황종홀)

12

이 아직 발견되지 않았다. 1948년 5월 28일에 촬영한 1947년 입학생들의 선박 건조 작업 사진에는 학과명이 항공조선학과로 표기되어 있고, 1946년에 입학하여 1950년 5월에 졸업한 졸업생들의 졸업장에는 학과명이 조선항공과로 명기되어 있다. 따라서 이 중간의 어떤 일자에 학과 명칭이 조선항공과로 바뀌었으리라 추측한다.

공과대학이 공릉동 캠퍼스로 이전한 시기는 1949년 9월, 당시 졸업 시점이 5월인 점을 생각하면 공과대학에서 학과 명칭 변경에 대한 행정적 절차가 졸업 시점보다 1년 앞선 1949년 4월경에 이루어졌을 것으로 미루어 짐작할 수 있다.

황종흘 교수의 졸업장.
붓글씨로 직접 쓴 것이 이채롭다.
(서울대학교 공과대학 자료실 보관)

또한 학생회의 명칭을 진수회, 진공회 등으로 논의한 것이 1949년이라는 조필제(1946년 입학)의 기억 등을 토대로 판단하더라도 학과 명칭은 1949년에 조선항공과로 변경되었으리라고 결론 내릴 수 있다.

1950년에 졸업한 46학번 졸업자들의 성적표에 실린 수강 기록에서 초창기 교과과정을 추정한 바에 따르면 졸업학점은 180학점이었다. 교과목으로 기초교양과목 66학점과 전문교과목 133학점이 개설되었고, 주간 1시간 강의에 1학점 교과목으로 운영되었다.

그러나 학과 개설 첫해인 1946년은 교양과목과 기초역학과목으로 운영되었으며 1947년에는 교양과목의 비중이 낮아지고 기초역학과목의 비중이 높아졌을 뿐, 조선공학 관련 전공과목은 개설하지 못하였다. 1948년에 이르러서야 김동신 강사가 선박구조 강의를 개설한 것이 선박 관련 전공과목의 최초 강의였다.

초창기 교과과정

구분	과목	1학년 교양		구분	과목	2학년 교양	
		1학기	2학기			1학기	2학기
1946년	국어	4	4	1947년	수학	3	3
	수학	3	3		독어	1	1
	문화사	2	2		영어	1	1
	독어	1	1		물리	3	3
	영어	3	3		화학	2	2
	체육	1	1		체육	1	1
	물리	4	4				
	화학	2	2				
	자연과학	2	2				
		22	22			11	11

구분	과목	1학년		구분	과목	2학년	
		1학기	2학기			1학기	2학기
1946년	재료역학	1	1	1947년	재료역학	2	2
	열역학	1	1		일반역학	2	2
	일반역학		1		기계설계	1	1
	기구학	1	1		수력기계	2	2
	기계설계	1	1		증기원동기	1	1
	도학	1	1		내연기관	2	2
	기계제도	1	1		금속재료	1	1
	공작실습	1	1		연료	1	1
					공작기계	2	2
					공작법	1	1
					실습	1	1
					설계제도	1	1
		7	8			17	17

구분	과목	3학년		구분	과목	4학년	
		1학기	2학기			1학기	2학기
1948년	증기원동기	2	2		윤강	2	2
	탄성학	2	2		복원성	1	
	화약	2			선체강약	2	
	전자기		2		선체저항	2	2
	선박이론	2	2		선체의장	2	
	선박구조	2	2		선박구조	2	2
	선체강약		2		선박공작	2	
	선박의장		2		선박운용술	2	
	선박계산법		2		전자기	2	
	제도	2	3		설계제도	4	4
	실험	1	1		추진 / 선회		3
	실습	2	1		진동 / 동요		2
	진동론	2	2		졸업논문		6
	건축	2					
		19	23			21	21

1949년 3월 1일 김재근 교수의 부임으로 비로소 조선공학의 체계가 잡혔으나 많은 교과목이 강사에 의존하였다. 또 초기 졸업생들은 상당수의 교과목이 개설되었지만 담당 교수와 학생들이 윤강(輪講) 형태로 함께 공부하면서 진행하였다고 기억하고 있다.

1950년 5월 12일 김정훈, 안기우, 인철환, 조규종, 조필제, 황종흘이 서울대학교 조선항공학과 4회로 졸업하였다. 실제로는 조선항공과의 첫 번째 졸업생이 배출된 것이다. 1950년 전쟁의 발발로 학교는 11월과 12월에 서울에서 전시연합대학으로 운영되었으며, 1951년 2월 18일 부산으로 옮겨 설치되었고 다시 1951년 5월 4일 부산, 대구, 전주, 청주, 대전, 제주에서 학생들의 소속 대학과는 무관하게 전시연합대학을 통합, 운영하여 교육하였다.

1947년 입학생 5인(김택환, 류제운, 박종일, 유택준, 하영환)은 1951년 9월 29일에 졸업하였고, 전시연합대학은 1952년 5월 31일에 해체되었다. 1951년 3월 교육법이 개정되어 학년말을 3월 말로 결정함에 따라 1952년부터 매년 3월 28일에 졸업식을 치르게 되었다.

김정훈, 조규종, 조필제, 황종흘 4명의 조선항공과 1회 졸업생들은 졸업과 동시에 대한조선공사에 취업하였으나 부임과 동시에 한국전쟁이 일어나 전시 상태에서 근무하였다. 격동기에 조선소에서 군속 신분으로 근무하며 병역을 마쳤고, 부산에 피난 중인 모교에서 강사로 후배들을 가르치기도 하였다.

1952년에는 대한조선공사에서 '대한조선학회'를 창립하였는데 당시 해운국장인 황부길이 초대 회장으로, 김재근 교수가 이사로 선임되었다. 이때 황종흘이 창립 총회의 사회를 보았으며 창립 이사로 선임되기도 하였다. 이는 1회 졸업생들이 조선 분야에서 어떤 위치를 차지했는지 한 단면을 살펴볼 수 있는 사건이다.

당시 서울대학교가 부산 서대신동에 자리하고 있었으므로 1953년 9월 서울로 복귀할 때까지 졸업식은 부산에서 가졌다. 1961년 4월 각의의 결정으로 학년이 3월 1일에 시작하는 것으로 변경되었고 이후 현재까지 매년 졸업식을 2월 26일에 치르게 되었다.

조선항공학과의 초기 교수진

—

UN과 미국은 한국전쟁 직후 한국의 교육을 재건하기 위해 지원 프로그램을 운용하였다. 이 가운데 서울대학교의 발전에 크게 기여한 사업이 '미네소타 프로젝트(Minnesota project)'이다. 이 프로젝트는 서울대학교의 최규남 총장이 원조 당국과 접촉하여 마련하였다.

'미네소타 프로젝트'의 주요 골자는 서울대학교 농대, 공대, 의대 등의 분야에 걸쳐 교수 요원들을 교환교수 자격으로 미네소타 대학에 파견하여 선진 교육체계를 접하게 하고, '국제협조처(ICA: International Cooperation and Administration)' 자금을 투입하여 교육에 필요한 장비와 시설을 지원하는 내용이었다.

1954년 9월부터 1961년 6월까지 진행된 이 프로그램은 당초 미국의 '해외개발본부(FOA: Foreign Operation Administration)'와 협약이 체결되었으나 주관 사업단체가 국제협조처로 바뀌었다.

1954년 3월, 조선항공학과에 기회가 주어졌을 때 미네소타 대학에는 조선항공학과가 없었으므로 협력 대상 학교로 MIT가 선정되었다.

초기 학생들의 과제 처리 모습

교수로서는 처음으로 김재근 조교수가 MIT에 1년간 방문교수로 다녀오게 되었다. 그다음 해부터 1958년 7월까지 전임강사 김정훈·황종흘과 강사 임상전이 차례로 MIT에서 연수를 마치고 돌아왔다. 임상전은 그다음 해인 1959년 5월 1일에 전임강사로 발령을 받았다. 별도의 원조계획에 따라 MIT에서 1957년부터 1년간 연수를 마치고 대한조선공사에서 근무하던 김극천이 1961년 5월에 전임강사로 부임하였다. 이로써 조선항공학과의 교수진 5명 모두 MIT에서 연수를 마친 상태가 되었다.

교수진 없이 학과 설치가 이루어진 지 불과 15년이 지난 시점에서 전 교수진이 세계적 명문대학인 MIT에서 단기간이지만 연수를 거친 상태가 된 것이다. 교수진 모두 새로운 학문 분야에 뜻을 두고 시작한 상태였기에 모두가 열정을 쏟아 학문을 개척하였고 일사불란하게 단결된 모습을 보였다.

이 시기에 김재근 교수를 중심으로 조선항공학과 교수들은 창립 후 활동이 정지되어 있던 대한조선학회를 정비하였다. 이들은 대한조선학회 활동을 통하여 정부 부처에 조선산업 발전을 위한 정책 건의를 하는 등 조선산업의 기틀을 마련하였다. 또한 〈대한조선학회지〉를 창간하여 학문 발전의 장을 마련하였다.

〈대한조선학회지〉 1권 1호(1964년 12월 5일)

연구시설의 확충

ICA 지원 자금이 투입되자 교육 및 연구시설이 순차적으로 설치되어 조선 교육의 근간이 갖춰지기 시작하였다. 특히 광탄성 실험장치가 도입되었으며, 중력식 선형시험수조가 MIT의 아브코비츠(Abkowitz) 교수의 설계로 건설되었다.

1962년 6월 16일 마침내 서울대학교에 중력식 선형시험수조가 준공되었다. MIT의 선형시험수조보다 3피트(약 91센티미터) 길게 건설된 것이 자랑거리였으며, 대한민국 유일의 선형시험수조였다. 서울대학교의 선형시험수조는 대한민국을 대표하는 선형시험수조로 인정받아 서울대학교는 1962년 국제선형시험수조회의(ITTC: International Towing Tank Conference)의 회원기관으로 가입이 승인되었다. 1966년부터 회의에 참석하여 활동하기 시작하였으며, 이때부터 조선항공학과의 선형시험수조는 국제선형시험수조회의에서 대한민국을 대표하여 활동하였다.

서울대학교 조선항공학과의 연구진들은 이 시설을 활용하여 한국 해역에서 사용되고 있는 안강망 어선의 저항 실험을 수행하였으며, UN의 식량농업기구(FAO: Food and Agricultural Organization)의 연구사업에 참여하여 어선의 저항 성능을 조사하고 그 결과를 김재근 교수가 인도−태평양지역 어선회의(IPFC: Indian and Pacific Ocean Fishing Boat Conference)에서 발표하였다. 조선항공학과의 선형시험수조는 국제사회에서 한국을 대표하는 선박유체역학 관련 연구기관으로 인정받았으며, 이는 대학의 특정학과 연구시설이 국제사회에서 한국을 대표하는 공식적인 기관으로 인정받은 최초의 사례가 되었다.

이 어선의 선형 개발과 동력화에 관한 연구는 조선 분야 연구활동의 효시이자 최초로 국제회의에서 발표함으로써 이후 연구활동에 선도적인 역할을 하였다. 1962년 선형시험수조를 건설하고 검증 시험단계에서 작성한 김정훈 교수의 논문 「서울대학교 모형선 수조」가 서울대학교 논문집에 발표되었고, 이는 조선공학과의 연구 결과를 학술지에 대외적으로 발표한 최초의 논문으로 기록되었다.

중력식 선형시험수조에서

중력식 선형시험수조는 공과대학 캠퍼스가 관악 캠퍼스로 이전할 때 폐기되었지만, 캠퍼스가 공릉동에 자리하던 기간 중 상공부에서 대한조선학회에 의뢰하여 수행한 상공부 표준형선 설계사업에 참여하였다. 이 사업의 참여로 표준형 선박들의 저항을 계측하여 소요 동력을 추정하는 수조시험기관으로서의 역할을 다하였다.

실제로 우리나라 조선산업이 싹트던 초기에 건조된 4000톤급 석탄 운반선을 비롯한 다수의 선박이 이 시설에서 실험을 거쳤다. 표준형선 설계사업은 우리나라 선박 설계 기술 자립의 초석이 된 사업이었음을 생각할 때 이 사업을 뒷받침한 선형시험수조의 업적은 눈부신 공적으로 평가된다.

조선공학과로 분리 독립

—

1967년 6월, 훔볼트(Humboldt) 재단의 지원을 받아 독일에서 연구활동을 하던 김정훈 부교수가 학위 취득을 위하여 퇴임함으로써 조선항공학과 전공 교수는 4명으로 줄어들게 되었다.

이 시기에 조선산업은 국가의 기간산업으로 인정받기 시작하였으며, 대학에 연구비의 지원이 이루어졌고 학회지를 발간하는 등 조선 분야에 기술 인력의 활동이 조금씩 활발해지기 시작하였다. 1967년 서울대학교는 '조선'과 '항공'으로 학과의 분리 독립을 논의하였고, 11월에 대통령령 3283호로 분리가 확정되어 1968년 1월 1일, '조선항공학과'는 '조선공학과'와 '항공공학과'로 나뉘어 독자적인 학과로 수업을 시작하였다.

조선 전공 교수는 4명, 항공 전공 교수는 3명이었다. 이때 새로 분리된 학과의 졸업생이 배출되는 1971년까지 대학원 석사 과정의 분리 독립은 잠시 미루어졌다. 이에 따라 박사 과정은 조선공학과에서 석사가 배출된 1973년에 비로소 개설되었다.

공릉동 캠퍼스의 시계탑이 있는 1호관 건물의 2층 오른쪽을 조선공학과가 1976년까지 사용하였다. 훗날 교양 과정부가 관악 캠퍼스로 이전하자 조선공학과는 뒤편에 보이는 교양과정부 건물로 이전하여 1979년 관악 캠 퍼스로 이전할 때까지 사용하였다. 왼쪽에 보이는 작은 건물은 공대 기숙사 건물이다.

한국 조선공학의 효시,
우암 김재근 교수

우암 김재근(牛岩 金在瑾) 선생은 1920년 평안남도 용강군 출생으로 1943년 경성제국대학 기계공학과를 졸업하였다. 졸업 후 인천의 조선기계제작소(朝鮮機械製作所)에 취업하여 제2차 세계대전 종료까지 잠수함 설계에 투신하였고 이때의 인연으로 평생을 조선공학 교육 발전에 헌신하였다.

선생은 해방 후 해양대학 항해학과에서 교직을 시작하였고, 1949년 3월 서울대학교로 옮긴 후 미국조선학회에서 발간한 『기본 조선학Principle of Naval Architecture』을 구하여 일본어 번역본을 참고로 독학하는 한편, 학생들과의 윤강을 통하여 조선공학 전반의 체계를 세웠으며, 당시 스승 없이 공부하던 1946년도 입학생들의 갈증을 풀어주는 스승이 되었다. 한국전쟁 중 국방부 과학기술연구소 제1과장, 이후 대한조선공사 조선과장 그리고 무기 제작회사인 천지공작소의 상무이사로도 근무하였다.

1952년 11월, 부산에서 교통부 해운국장 황부길 등과 대한조선학회를 창립하였으며 1953년에는 MIT의 매닝(G. C. Manning)의 『The Basic Design of Ship』를 번역하여 선박 설계 교육의 교재를 마련하였다. 1954년 미국 MIT에서 학사 과정과 대학원 과정의 조선공학 교육 전반을 검토하는 한편, 선진 선박 설계 교육체계를 받아들였다.

1958년 조선 분야 최초의 논문인 「Hull Form of Two-Boat Trawler」를 발표하였고, 중력식 선형 시험수조에서 FAO의 사업으로 안강망 어선의 저항 성능을 조사하여 1962년 로마(Rome)에서 개최된 인도-태평양 어선회의(IPFC)에 참석하여 우리나라 최초로 해외에서 조선 관련 논문을 발표함으로써 국제적인 발표 활동을 시작하였다. 1966년에는 구상선수를 수심이 낮은 지역에서 운항하는 연안 여객선에 적용하여 공학박사 학위를 취득하였으며, 같은 해 도쿄에서 개최된 11차 ITTC를 시작으로 각종 국제회의에 참석하여 대한민국 조선계를 대표하는 조선공학자로 세계에 알려지게 되었다. 특히 1966년 대한민국 학술원 회원으로 선임되었으며, 후일 학술원 부회장직을 맡는 등 평생을 학술원 회원으로 활동하였다.

1969년부터 우리나라 고대선을 연구하여 「거북선의 조선학적 고찰」, 「판옥선고板屋船考」, 「조선 초기의 군선」 등의 논문을 발표하였다. 1978년 국제과학연맹 이사회(ICSU) 아테네 회의 참석과

1980년 문화공보부의 해저고고조사단(海底考古調査團) 단원으로 스웨덴, 터키, 그리스, 영국, 미국, 일본 등지의 고고학계를 시찰한 것을 계기로 고고학계에서도 이름을 날렸다.

1985년 정년 퇴임 후 학술원에 논문 「삼도주사도분군도三道舟師都分軍圖에 대하여」를 발표하였으며 다수의 선박 관련 도서를 저술하였다. 우리나라에서 발굴·인양된 안압지 출토선, 신안 유물선, 완도선, 진도 벽파리선, 목포 달리도선 등의 고대 선박의 발굴과 보존 및 고증을 주도하기도 하였다. 1994년 일본 히로시마현(廣島縣) 시모카마가리(下蒲刈町) 박물관에서는 선생의 연구를 바탕으로 조선통신사 선박에 관한 해설과 1/10 모형을 제작, 전시하고 있다. 1997년에는 일본해사사학회(日本海事史學會)와 일본조선학회가 공동으로 선생의 특별강연회를 개최하고 일본해사사학회의 〈해사사 연구〉 제54호에 소개하였다.

김재근 선생은 1960년 학회 회장으로 선임되면서 제2공화국 정부에 「조선공업의 진흥을 위한 건의서」를 작성하여 1961년 2월에 제출하였으며, 군사혁명 후 국가재건최고회의의 종합경제재건계획(안)에 대한 검토 의견을 대한조선학회에서 건의토록 하여 우리나라 조선산업의 태동에 결정적인 역할을 하였다. 또한 1964년에는 〈대한조선학회지〉를 창간함으로써 우리나라 조선공학자들이 논문을 발표할 수 있는 장을 마련하였다.

1965년에는 상공부의 표준형선 설계사업을 대한조선학회에서 수임하여 수요가 예상되는 각종 선박의 표준 설계 시안을 설계 능력이 부족한 조선소에 공급하였다. 이 사업의 수행으로 우리나라 선박 설계 기술이 크게 발전하였으며, 선진 외국의 설계 기술을 성공적으로 받아들여 설계 기술이 자립할 수 있는 원천이 되었다. 한국선급협회의 창설에 참여하고 오랜 기간 동안 회장으로 재임하면서 전 세계에 지사를 둔 국제적 기관으로 육성하는 한편, 한국의 조선과 관련된 각종 국제기구에서 대표자로 활동하기도 하였다. 또한 상공부 조선장려위원회를 시작으로 정부 부처와 각종 단체에서 조선산업을 대표하는 위원으로 대변자 역할을 하기도 하였다.

1999년 4월 9일에 타계한 우암 김재근 선생은 삼일(三一)문화상, 한국출판문화상(저작상), 학술원상(저작상), 5.16 민족상(산업 부문), 자랑스러운 서울대인 등의 상을 받았다. 2006년 11월 17일, 한국과학기술단체 총연합회에서는 우리나라 조선공학을 개척하여 세계적 조선국으로 육성한 공로자로 '과학기술인 명예의 전당'에 선생의 이름을 올렸다.

1998년 여름, 진수회 회원들이 기금을 모금하고 가족들의 출연을 더하여 대한조선학회에 선생의 아호를 딴 '우암상'을 제정하였고, 조선 기술자들에게 가장 영예로운 상으로 자리 잡고 있다.

2. 개척자들

학문의 개척과 우정

모두가 스승이 되고, 모두가 학생이 되어야 했다

—

항공조선학과의 조선공학 전공자 김정훈, 안기우, 인철환, 조규종, 조필제, 황종흘 등은 신설 학과에 뜻을 두었다. 이들 중 상당수는 해방 전 학력이 있었으나 신설 학과에 참여하였기에 이전 학력을 포기하고 다시 1학년으로 수업을 받았다. 모든 것을 무(無)에서 새롭게 시작한 것이다. 당시 학교는 일본인들이 쓰던 건물이었으나 실험시설은 물론, 전문도서조차 비치되어 있지 않았고 교재도 전혀 없었다. 특히 무엇보다 조선공학을 이해하는 교수가 없다는 것이 가장 큰 문제였다. '가르칠 사람이 없다면 우리가 스스로 배우겠다.' 이들은 기계과 수업을 받으며 1, 2학년을 거치는 동안 임갈굴정(臨渴掘井)의 심정으로 조선공학 공부를 스스로 소화하였다. 조필제, 황종흘, 안기우, 조규종, 김정훈 등은 미국조선학회에서 발간한 『기본 조선학*Principle of Naval Architecture*』을 구해서 당시 죽첨동(현 서울시 서대문구 충정로)에 있는 안기우의 형이 사는 집에 모여들었다. 선생이 없으니 모두가 스승이 되고 모두가 학생이 되어야 했다. 학기 중은 물론이고 방학 때도 쉬지 않고 각자 맡은 분야를 해석하고 토론하였다.

미래의 수요를 생각하여 정책적으로 설립한 학과였으나 선생님이 없었습니다. 유체역학은 물리과 선생님이 가르쳤고 기계 분야는 기계과 선생님이 가르쳤습니다. 조선이라는 것은 종합 기술이니 선박과 관련한 기술의 기초 학문은 어떤 식으로든 공부할 수 있었습니다. 허나 배를 만드는 데에는 몸통 설계가 가장 중요합니다. 그런데 선박 설계 기술 등의 진짜 조선에 관한 내용을 가르칠 만한 분이 없었습니다. 우리는 해양대학교에 김재근 선생님이 있다는 소식을 들었습니다. 그분은 경성제국대학 기계과 출신으로, 일제 강점기 시절 인천에 있는 조선기계제작소에 근무하면서 잠수함 등을 설계하고 건조하는 데 관여하였고 수리 업무에도 관여하였으므로 선박 설계를 포함한 다양한 현장 경험과 실무를 아는 경력자였습니다. 우리는 그분을 모셔오기로 마음먹고 학교에 요청을 드렸습니다. 우리의 요청을 받아들여 서울대학교에서 직접 초빙을 하였습니다. 그분은 기술적인 면에서 우리를 잘 가르쳐주셨을 뿐 아니라 배의 역사와 문화에 관해서도 많은 것을 알려주셨습니다. 실로 한국 조선의 원조라고 말할 수 있는 분입니다.

_ 조필제 동문

1946년 9월 공과대학에서 강의를 시작할 당시에는 경성대학 이공학부, 경성광업전문학교 및 경성공업전문학교 재학생들을 통합하여 학생들을 구성하였으나 교육은 학부, 전문부, 고등부로 나누어 이루어졌고 이화동에 있는 국립 중앙공업연구소에서 교육이 시작되었다.

당시 서울대학교 공과대학 캠퍼스는 경기도 양주군 노해면 공덕리(현재 서울특별시 노원구 공릉동과 하계동 일원)에 있는 경성제대 이공학부와 경성광산전문학교 자리로 예정되어 있었다. 하지만 경기도 양주군 노해면 공덕리까지 연결된 교통편이 경원선 연촌역(1963년 성북역으로 변경)이나 경춘선 신공덕역에 정차하는 열차를 이용하는 방법뿐이었고, 열차 시각도 수업시간과 맞지 않았다. 따라서 학교 당국은 굳이 서둘러 공릉동 캠퍼스로 이전 계획을 수립하지 않다가 1949년 9월에 비로소 공릉동 캠퍼스로 이전하였다. 이승기 박사가 공과대학 제2대 학장인 시절에는 모두 네 동의 건물을 공과대학에서 사용하였는데 조선항공학과(1949년에 학과 명칭 변경) 학생들도 이곳에서 수업을 받았다. 초창기에 학생들은 성동역이나 청량리역에서 기동차를 타고 통학하였다. 수업이 없는 날이면 학생들은 기차를 기다리지 않고 철길과 둑길을 따라 청량리까지 걷기도 하였다. 배가 익기 시작하는 초가을에는 장난기 어린 학생들이 그 길을 따라 걸으며 배를 서리하였던(당시 신공덕역에서 철길을 따라 걷다가 차도로 들어서면 근처에 배밭이 곳곳에 있었다. 지금의 먹골역 부근이다) 추억이 서린 곳이다. 학교 앞 동광옥, 청춘옥, 동대문 밖 형제주점 등에서 막걸리와 설렁탕을 앞에 놓고 젊은 혈기를 식히기도 하였다. 그러나 하루하루가 절망적이었고 뿌연 안개 같은 나날이었지만 그 누구도 좌절하지 않았다. 이들이 본격적으로 공부를 할 수 있었던 것은 김재근 교수가 부임하면서부터다. 김재근 교수가 부임하자 학생들은 유체역학, 선박 의장, 구조, 설계제도, 선체 저항을 다루는 조선학의 기본 원리 등을 체계적으로 배울 수 있었다.

1회 졸업생 배출과 동시에 발발한 한국전쟁
—

1950년 5월 12일에 졸업한 1회 졸업생들이 사회에 나왔다. 김정훈, 조규종, 조필제, 황종흘 등 조선 전공 졸업생 중 4명이 부산 영도에 위치한 대한조선공사에 입사하였다(조필제는 5월 20일에 사령장을 받았다고 기억한다).

대한조선공사는 1937년에 설립된 조선중공업주식회사가 해방 이후 1949년 정부 재산으로 귀속되어 명칭을 변경한 국영기업체였다. 주요 업무는 선박과 함정의 건조와 수리, 증기기관과 내연기관의 제조, 교량 철탑 및 철 구조물과 주물의 제작이었다. 면접이나 시험을 보는 절차는 없었다. 고등교육을 받은 전문 인력 확보가 절실하였던 시절이라 이들은 귀한 대접을 받았다. 조규종과 황종흘은 기획부 설계과로, 조필제는 조선과 기술계로 발령이 났다. 그러나 1회 졸업생들이 대한조선공사에 입사한 뒤 한 달 만에 한국전쟁이 발발하였다. 직원들의 징병 문제가 엮이자 대한조선공사 사장 신성모 씨가 해군 당국과 협의해서 대한조선공사 전 직원을 군속 신분으로 바꾸어 주었다. 신성모 사장이 국방부 장관을 지낸 터라 일이 쉽게 진행되었고, 이를 계기로 1회 졸업생들은 군속 신분으로 민간 선박과 군 함정 수리를 담당하며 병역을 마칠 수 있었다.

전쟁 특수로 대한조선공사는 일감이 폭주하였다. 한국전쟁과 함께 숨쉴 틈 없는 고달픈 실습생활이 시작되었다. 당시(1952년 2월 조직 개편) 대한조선공사 기술부서 공무부에 설계과·조선과·조기과가 있었고 설계과에는 선체계·기관계·설비계가 있었다. 김정훈은 단기 실습을 끝낸 뒤 미국으로 유학을 떠났고, 황종흘과 조규종은 1년 정도 설계과에서 근무하다가 대학으로 돌아갔지만 조선과 현장 기술부서로 발령받은 조필제는 용접, 도장, 의장, 운반, 선각 등의 공장을 돌며 기수보(技手補)라는 직책으로 실습을 받은 후 기사로 근무하였다.

1952년 대한조선공사 현장작업 시절
(왼쪽부터 조필제, 설계 감사(외국인), 선주(외국인), 김철수, 황종흘, 조규종)

전쟁으로 2회 졸업생(1947년 입학)의 학기 중단

—

1회 졸업생들은 다른 학교에서 2학년을 마치고 모집된 학생들이었지만, 2회 졸업생들은 조선과를 지망하여 입학한 학생들이었다. 그들은 조선에 관한 전문적인 내용에 갈증을 느꼈다. 수업 내용은 모두 기계과나 수학과, 화학과 등의 조선과 관련한 기초학문이 전부였고, 조선 분야에 관한 전문적인 수업을 진행하기에는 아직 여건이 마련되지 않았다.

스스로 배를 건조해보자는 열정이 충만하였던 2회 졸업생들은 1948년 동숭동 공업연구소 뒷마당에서 기계와 자재를 구입하고 배를 직접 조립하여 한강에 띄우는 작업을 추진하였다. 그 배가 바로 진수호다. 진수호는 서울대학교 공과대학 조선과 학생들이 처음으로 만든 배로 기록된다.

1회 졸업생들은 학사 과정을 이수하고 1950년 5월 12일에 졸업하였지만 2회 졸업생들은 학기 중에 한국전쟁을 맞았다. 이들은 당시 4학년으로 대한조선공사에 실습을 신청해놓고 대기하던 차에 전쟁이 일어나 학기를 중단할 수밖에 없었다.

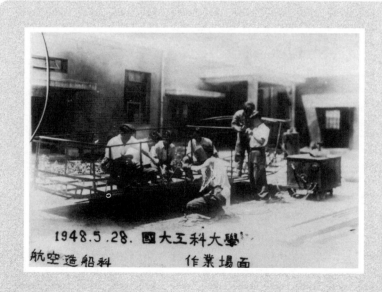

1948년 동숭동 공업연구소 뒷마당에서
진수호를 조립하던 시절

각자의 고향으로 내려가 있다가 9.18 수복 후 김택환, 유택준, 하영환 등 연락이 닿은 동기들이 서울에 모여 명동의 해군본부로 찾아갔다. 이들은 자신의 전공을 알리며 입대 의사를 밝혔고 해군은 조선과 학생들을 받아들였다.

이무영, 염상섭 등 유명 작가들이 이들과 입대 동기였다. 2회 졸업생 가운데 많은 이들이 해군에 입대하여 실습과 훈련을 병행하면서 1951년을 맞았다. 이들은 군대에 있었기 때문에 부산의 1기생들이 만든 진수회 출범에 직접적으로 관여하지 못하였다. 기록에는 1951년 9월 29일에 졸업한 것으로 되어 있으나 1952년 5월 31일까지 전시연합대학으로 대학이 운영되었으므로 이들은 전쟁 중에 해군에서 논문을 제출하고 졸업하였다.

전시연합대학 체제에서 졸업한 3회 졸업생

—

1948년에 입학한 3회 졸업생들은 수업보다는 현장에 참여하였던 기억이 많다. 이들 대부분은 부산 피난 중에 입대하였는데 고영회는 통역장교로 입대하여 평안북도까지 진격하였으나 중공군의 참전으로 전상을 입고 상이군인으로 국제기구에서 활동하였다. 임상전은 육군 사병으로 복무하면서 낙동강 전선에 참여하여 무공훈장을 받고 전역하였다. 차천수는 해군 장교로 임관하였다. 다른 동문들도 전시에 병역을 마쳤다. 이때 학년 시작 시기가 바뀜에 따라 1952년 3월 31일 전시연합대학에서 학점을 받고 졸업하게 되었으나 실제 졸업 시기는 분명하지 않다.

부산에서 첫 졸업식을 치른 4회 졸업생

—

1952년 5월 31일 전시연합대학이 해체되고 대학별로 학사 운영을 시작하자 서울대학교는 부산 서대신동에 전시용 천막을 가교사로 짓고 강의를 개설하였다.

피난 시절 부산 서대신동
서울대학교 공과대학의 교사

서울대학교 공과대학 9개 학과도 부산에 적을 두었다. 부산의 가교사는 참담하기 그지없었다. 판자촌이 모인 언덕에 바닥을 고른 뒤 천막을 치고 긴 나무 책상 앞에 앉아 책장을 넘겨야 했다. 1회 졸업생 김정훈이 조선과의 전임강사로 있었고, 김정훈과 같은 동기생인 조규종, 조필제, 황종흘 등이 시간강사로 후배들을 가르쳤다. 변변한 교재도 없었다. 학생이고 선생이고 구분 없이 서로 윤강하며 공부하였다.

4회 졸업생은 부산의 피난처에서 졸업식을 치른 학번이다. 1953년 휴전협정이 막바지에 이르러 그나마 졸업식을 치를 수 있었다. 당시 졸업식은 부산 영도다리 건너 왼쪽으로 걸어올라 산 위에 있는 영선(瀛仙)초등학교에서 진행되었다. 교사는 대신동에 있었지만 좀처럼 졸업식 장소를 빌릴 수 없어 멀리 떨어진 영도까지 간 것이었다. 이후 5회 졸업생부터 다시 서울에서 졸업식을 치렀다.

진수회의 탄생

조선공학 전공 학생회로 시작한 진수회

—

조선해양공학과의 동창회 명칭은 '진수회(進水會)'이다. 어떻게 '진수회'라는 독특한 명칭을 사용하게 되었는지, 그 궁금증을 덜기 위해 몇 가지를 살필 필요가 있다.

1946년 서울대학교 공과대학은 미 군정청의 '국립 서울대학교 설립안(國大案)'에 따라 경성대학 이공학부 공학계, 경성공업전문학교 그리고 경성광산전문학교의 통합으로 설립되었다. 이에 따라 특성이 다른 3개의 학교(경성대학교, 경성공업전문학교, 경성광산전문학교)의 학생들이 공과대학 재학생으로 되었다.

공과대학의 모든 학과에서는 일제 강점기 때의 학력을 인정하여 개교 다음 해인 1947년부터 졸업생을 배출하였다. 23명의 학부 졸업생은 공학사 자격을 얻었으며 108명의 전문부 졸업생은 전문학교 졸업 자격을 얻었다.

이때 신설 학과인 항공조선학과는 신입생, 그리고 다른 전공과에서 전과한 학생들로 구성되었다. 당연히 졸업생이 있을 수 없었는데, 항공조선학과로 전과한 학생들의 이전 학력을 신설 학과에서 인정해줄 방법이 없었기 때문이다. 이러한 사실을 알면서도 항공조선학과를 선택한 학생들은 모두 새로운 장래에 대한 확고한 믿음을 가진 청년들이었다.

항공조선학과의 조선 전공 원로 동문들은 젊은 자신들이 장차 배를 지어 광활한 대양에 진수하리라는 꿈을 이루기 위해 학생회 명칭을 진수회로 지었다고 기억하고 있다.

기록상으로 진수회라는 공식 명칭을 처음 사용한 것은 1950년 봄이었다. 당시 학생총회에서 학생회의 명칭을 전공별로 나누는 것과 하나로 통합하는 안이 논의되었고, 이 논의에서 항공공학 전공 학생회를 '진공회', 조선공학 전공 학생회를

'진수회'라는 명칭으로 공식화하였다.

　1950년 5월 12일은 서울대학교 공과대학의 제4회 졸업식인 동시에 조선항공학과의 첫회 졸업식이었다. 이때부터 자연스럽게 동창회의 명칭이 논의되기 시작하였고, 이후 1960년도 초반에는 조선과 항공, 두 전공을 통합한 '선익회'라는 이름을 동창회의 명칭으로 사용하기도 하였다.

　조선 전공자들의 모임은 1953년 무렵 부산 LCI 안에서 조필제를 비롯한 1회 졸업생들과 재학생들이 '조선과 동창회'라는 이름으로 처음 조직되었다. 초대 회장은 조필제 동문이었고, 당시는 '진수회'라는 이름은 활발히 사용되지 않았다. 이때까지만 해도 조선 전공자 동문 모임의 성격이 강하였다. 그 후 초대 회장 조필제가 대구의 제일모직으로 자리를 옮기자 진수회의 졸업생과 재학생 모임의 맥이 끊어졌고, 교사가 서울로 돌아오고도 상당 기간 동안 활동이 미진하였다. 그럼에도 54학번 구자영과 김재중을 중심으로 진수회 회원들은 전 세계의 저명 해운회사와 조선회사, 그리고 미 해군 및 연구기관에 요청하여 조선 관련 각종 자료와 사진을 수집하였고, 마침내 1957년 1월 24일에 동화백화점 4층 화랑을 빌려 조선(造船)공업 사진 전시회를 개최하여 국민적 관심을 이끌어내기도 하였다.

　1968년 조선공학과가 독립하게 되자, 대구의 제일모직에서 서울의 세한제지(현 전주제지)로 옮긴 조필제는 조선항공학과의 조선 전공 졸업생과 재학생을 아우르는 모임을 재개하자고 제안하였다. 이로써 진수회는 서울대학교 공과대학 조선공학 전공 동문 전체의 모임으로 재탄생하였다.

　이렇게 모임을 재정비하고 활동을 시작하자 조선 전공 동문회는 활기를 띠게 되었다. 회칙을 만들고 회원 명부를 새로 정리하였으며 후일 김재근 선생의 회갑을 맞아 책도 발간하였다. 조필제에 이어 2대 진수회장은 박종일, 3대 진수회장은 차천수가 맡았다. 이후 1987년에 이르러 4대 진수회장 신동식은 처음으로 〈진수회 회보〉를 발간하기도 하였다.

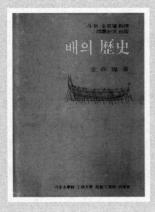

1980년 진수회원들이 발간한
'우암 김재근 선생 송수기념 출판' 『배의 역사』

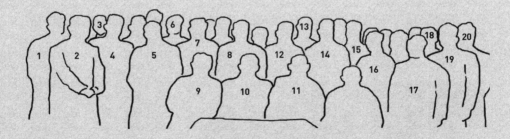

1957년 동화백화점에서 열린 조선공업 사진 전시회 (괄호 안의 숫자는 학번)
1.권오민(53) 2.유동준(51) 3.이정묵(54) 4.한명수(상공부) 5.윤동석(공대 학장) 6.권광원(상공부) 7.김윤종(해무청 조선과장)
8.김철수(상공부) 9.황부길(해무청 해운국장) 10.홍진기(해무청장) 11.윤일선(서울대 총장) 12.김재근 교수 13.김홍완(해무청 기감)
14.안기우(46) 15.박의남(49) 16.김택환(47) 17.임상전 교수 18.왕선우(54) 19.신동식(51) 20.서영하(51)

진수회, 한국 조선계의 주역이 되다

—

1960년대 초반부터 전국적으로 조선항공학과의 인지도가 높아지자 학생들의 사기도 높아졌으며 자연스럽게 교내 학생회의 활동도 활발해졌다. 당시 학생 정원은 25명에 불과하였으나 매년 개최되는 공과대학 불암제에서 수년간 우승을 하는 등, 항상 상위권을 차지하였다.

조선항공학과의 동창회 명칭이 '선익회(船翼會)'로 정해졌고, 1963년에는 선익회를 상징하는 기를 만들어 입장식과 응원에 사용하였다. 1960년대 말부터는 공과대학의 불암제 입장식 행사에 진수회 회원들은 학과에서 건조한 1톤급 해태 채취선을 특공훈련을 하듯 함께 메고 입장하는 것이 전통이 되었다.

1960년대 중반에 들어서자 조선산업에 대한 전망이 밝아졌으며, 이에 따라 조선공학 전공자들 사이에 진수회라는 이름이 더욱 친숙하게 되었다. 그리고 항공 전공 동문들의 활동이 상대적으로 저조하면서부터 선익회라는 이름도 잊히기 시작하였다.

1968년 조선항공학과가 조선공학과와 항공공학과로 분리되자 조선 전공 동문회로 출발하였던 진수회는 자연스럽게 서울대학교 공과대학 조선해양공학과의 동창회로 자리 잡게 되었다. 이렇듯 진수회는 조선공학을 전공한 학생들의 모임으로 처음 뿌리를 내려 졸업생과 재학생의 연계조직으로, 이후 조선공학과 동창회의 명

불암제에 입장하는 조선과 학생들
(1977년도 졸업앨범에서)

칭으로 바뀜으로써 서울대학교 조선해양공학과 재학생은 졸업과 동시에 자연스럽게 회원 자격을 얻게 되었다.

진수회 동문들은 우리나라 조선계에서 중추적인 역할을 해왔다. 한국전쟁 시절의 초기 동문들은 대한조선공사에서 해군 기술장교와 민간 기술자로 함정 수리 등에서 활약하였으며, 휴전 후부터 1960년대 중반까지 신조선을 시작하지 못하였던 시절에는 주로 기계공업 부문, 비료, 정유공장 등 기간산업 분야에 취업하거나 학계에 진출하기도 하였다. 1960년대 중반에 이르러 조선산업이 활기를 띨 조짐이 보이자 진수회 회원들은 조선공업의 주역으로 본격적인 활약을 펼치기 시작하였다.

1970년대 정부의 조선산업 육성정책에 따라 당시 우리 경제를 이끌던 정부 요직에서 조선산업을 일으킨 회원들이 많았다. 조선소나 관련 공업 부문으로 복귀한 진수회 회원들은 조선공학과 특유의 끈질긴 투혼과 협동심으로 낙후된 국내 조선공업을 세계 최강의 조선국으로 끌어올리는 데 중요한 기틀을 마련하였다. 현대, 대우, 삼성, 한진 등의 주요 조선소를 이끌고 있는 임원들 중 상당수가 진수회 회원이다. 또한 조선 기반산업인 엔지니어링 시스템과 밀접한 관계가 있는 여러 산

진해 해군연구소에 전달된
진수회 회기

업 분야에 진출하여 특출한 기량을 보이는 동문들도 있다.

한편, 대학교수로 진출한 동문들의 활동도 괄목할 만하다. 인하대학, 울산대학, 충남대학을 비롯한 국내 여러 대학에서 조선공학과 창립에 참여하여 조선공학 교육의 기틀을 마련하기도 하였다. MIT를 비롯한 해외 유수의 대학에도 상당수의 진수회 회원이 활약하고 있다. 뿐만 아니라 조선소에 부설연구소가 설립되어 대학원 졸업생들과 유학에서 돌아온 진수회 회원들이 기술 개발에 전념하여 우리나라의 조선기술을 최고의 수준으로 끌어올려 마침내 명실상부한 선진 조선국으로 자리매김하는 데 큰 역할을 하였다.

1회 졸업생(1946년 입학) 이야기

조필제

돌이켜보면 아주 먼 길 너머의 일이지만 아직도 어제의 일처럼 생생하다. 삼면이 바다인 우리나라는 해방 후 일본인이 떠날 때까지 나무배 한 척도 제대로 만들 수 없는 상황이었다.

1946년 국립 서울대학교가 설립이 되었고, 이에 따라 공과대학은 경성제국대학 이공학부와 경성공업전문학교 그리고 경성광산전문학교를 통합하였으며 당시 재학 중이던 학생들은 공과대학 학생으로 편입하였다. 하지만 우리는 조선공학에 대한 꿈을 가지고 있었기에 전문학교에 재학하였던 학력을 포기하고 신설 학과인 항공조선과를 선택하였다. 이때 나를 포함하여 김정훈, 안기우, 인철환, 조규종, 황종흘 등 6명은 우리나라에서 최초로 조선공학을 전공한 1회 졸업생이 되었고, 지금도 자랑스럽게 생각하고 있다.

우리의 학창시절은 모든 것이 열악하였지만 꽤 여유로운 낭만이 있었다. 김정훈과 나(조필제)는 4학년 때 대학 교수실 하나를 배당받아 함께 공부하는 행운을 누렸으며 신공덕 근처에서 하숙을 하였다. 우리는 수업이 끝나면 교수실에서 공부하고, 대학 정구장에서 운동을 할 수 있는 여유도 있었다.

내가 후배들을 만나서 과거 이야기를 할 때 늘 하는 말이지만, 그때는 교재고 선생이고 모든 것이 전무한 시절이었다. 우리 1회 졸업생은 일본인들이 남긴 건물에서 물리학과, 기계공학과의 수업을 들으며 책상에 앉아 있긴 하였으나 우리가 희망하던 조선이나 선체 설계에 관한 수업은 전혀 공부할 수 없었다.

그러던 중 해양대학에 김재근 선생님이 계시다는 소식을 듣고 학교 측에 부탁해서 모시고 오게 되었다. 당시 그분은 조선공학에 관해서는 우리나라에서 가장 깊이 있는 연구 능력을 가지신 분이었다. 그는 일제 강점기 때 경성대학의 기계공학부 출신으로 제2차 세계대전 당시 인천에 있는 조선기계제작소에서 잠수함 건조에 참여하셨을 뿐 아니라 다양한 선박 수리의 경험이 있었다. 그렇게 부임한 김재근 선생님은 서울대학교 공과대학에서 우리에게 조선학에 눈을 뜨게 해주었을 뿐 아니라 실질적으로 우리나라 조선학 교육의 원조가 되었다.

내가 서울대학교 조선항공학과를 졸업하고 얼마간의 고통스러운 실습을 거친 뒤 대한조선공사로 발령받은 때는 1950년 5월 20일이었다. 당시 나와 함께 입사한 황종흘, 조규종은 기획부 설계과에 근무하였고 나는 조선과 기술계에 근무하였다.

당시의 대한조선공사 직급 체계를 설명하면 다음과 같다.

공장부서는 선각공장, 의장공장, 목공장, 용접공장, 도장공장, 운반공장, 선거공장 등으로 나뉘어 있었고 이와 별도로 조기부에서는 기관을 담당하는 한편 전기공사도 담당하였다. 기술 업무는 기원, 기수보(담당 기사 보조), 기수(담당 기사), 기사보(계장), 기사(과장)가 담당하였으며, 기능 위주의 현장 업무는 공원, 공수보, 공수, 공사보(기공장), 공사(직장)가 담당하였다. 각 공장에서는 직장의 책임 아래 작업을 진행하였고 직장의 보좌역으로 기공장이 있었다. 직장과 기공장은 7~8년 현장 경력의 숙련자들이었는데 작업 중 부상으로 손가락이 없는 사람도 상당수 있었다. 오랜 숙련 경력을 가진 기공들은 나름대로 기능에 자부심을 갖고 있었다.

대한조선공사는 전쟁 중 한국에서 유일한 조선회사였다. 내가 이 회사에 취직할 당시에는 전쟁 중이라서 일반 해운회사의 선박뿐 아니라 한·미 해군의 중소형 참전 함정 수리에 밤낮 없이 바빠 800명 종업원 모두가 야간작업을 하여야 했다. 나는 3개월의 현장 실습을 끝낸 뒤에 비로소 기수가 되었고, 배 한 척씩 수리 보수의 책임을 맡는 담당 기사가 되었다.

기사가 될 때까지 3개월간 각 공장을 돌아가며 실습을 하였다. 제일 먼저 의장공장에서 선반과 볼반으로 기계부품 가공작업을 실습하는데, 기공장이나 직장은 나의 기계 가공작업의 실습지도에 적극성을 보이지 않았다. 제품을 손상시키지 않을까 걱정하는 듯도 하였으나, 내심 머지않아 자기들 상사가 될 사람인데 굳이 기계 실습을 할 필요가 있는가? 하고 생각하였던 것 같다.

해방 당시 부산의 대한조선공사 공장 전경

　나는 제품을 내 손으로 만들어 보아야 했기 때문에 그들과의 관계를 좋게 유지하여야 했다. 그들보다 일찍 출근하여 보일러실에서 물을 떠와 공장 청소를 하고, 당시 인기 있던 양담배인 '럭키 스트라이크'를 권하면서 그들을 쉬게 하기도 하고, 퇴근 때면 막걸리도 대접하였다. 나는 그런 식으로 눈치를 보아가며 조심조심 기계 실습을 하였다.

　그때 내가 만든 파이프 내외경(內外徑)을 재는 캘리퍼스와 그때 사용한 계산척이 아직도 나의 책상 위 필통에 꽂혀 있다. 배 모형과 함께 자주 쳐다보며 옛날을 회상하기도 한다.

　선각공장 실습 때 보았던 리벳(rivet) 작업은 유독 어려웠다. 도크 바닥에서 리벳을 벌겋게 달구어 집게로 집어 7~8미터 위로 던지면 배 옆구리에 설치된 폭 40센티미터 정도의 나무 발판 위에 서서 그 리벳을 받아 작업을 해야 하는데, 정말이지 숙련자가 아니면 어려운 일이었다. 그 많은 리벳을 단 한 번의 실수 없이 받아 꽂는 작업은 신기하면서도 놀라움 그 자체였다. 요즘은 전기용접이 보편화·자동화되어 리베팅이 거의 없어져 이런 현란한 작업 광경을 볼 수 없게 되었다.

　실습 중에서 용접 실습이 가장 재미있었다. 평면 용접은 그나마 흉내는 내었는데, 수직 용접과 천장 위보기 용접은 한번도 제대로 못 해보았다. 여름에 선창 안

용접은 참으로 힘들었다.

용접기를 메고 선창 안으로 들어가서 용접하면 5분을 넘기지도 못하고 밖으로 나와 바람을 쐬어야 했고, 작업하면서 머리에 묻은 검은 먼지를 제대로 털어내지 못하여 잠자리의 베개와 내가 기대앉았던 안방 벽에 머리 자국이 시커멓게 남아 있기도 하였다.

나는 언젠가 관리자가 될 몸이기에 요령을 피울 수도 있었지만 이론만으로는 기술 관리자가 될 수 없다는 강한 의식을 가지고 있었다. 때때로 휴식 시간에 현장 종업원(숙련공)과 마주앉아 내가 대학에서 배운 철판용접 이론을 설명하면 그들이 흥미를 보이며 고개를 끄덕일 때는 그나마 위안이 되기도 하였다.

목공장에서의 실습은 경기중학교에 다니면서 공작시간에 책꽂이를 직접 만든 경험이 있어 별 문제가 없었다. 그러나 도장작업은 쉽지 않았다. 5~6미터나 되는 긴 대나무 기둥 끝에 도장 솔을 매달고 페인트통에서 페인트를 묻혀 높은 선체를 칠하는 작업은 매우 힘들었고 고루 칠하는 것이 여간 만만치 않았다. 오늘날과 같은 분무식이라든가 자동식 도장작업은 꿈도 꾸지 못하였다.

마침내 실습을 마치고 기수가 되어 담당 기사 역을 맡게 되었다. 급히 출동해야 할 해군 YMS(목선) 보수를 맡았는데 수밀공사가 뜻대로 되지 않아 작업에 몰두하던 어느 날이었다. 이틀 동안 연속으로 근무한 뒤 도크 옆 마당 가마니 위에 누워 잠이 들었는데 아내가 찾아와 나를 깨운 일이 지금도 생생하다. 훗날 집사람은 서울대학교 공과대학 재학생이라고 해서 결혼하였는데 공장에서 먼지를 뒤집어쓰고 살고 있으니 아무래도 잘못 결혼한 것 같았다는 말을 하며 웃었다.

미군 함정(중소형)은 당시 영어를 할 줄 아는 사람이 나밖에 없어 전적으로 내가 맡아 처리하였다. 담당 기사로 근무하던 중에 일제 때 표준화물선을 만든다고 시작하였으나 선각만 만들어진 배를 받아 수개월에 걸쳐 완성하여 진수하였는데, 이 배가 한양호(2400톤)로 해방 후 우리 손으로 진수한 첫 강선이 되었다.

나는 담당 기사로 약 1년 동안 근무한 뒤 의장계장으로 임명되었다. 의장계장으로 일하던 어느 날, 신성모 사장이 불러 사장실로 갔더니 "사무실 앞에 내 지프

1950년 해군본부 군속 신분으로
대한조선공사에 근무하던 시절의 조필제(오른쪽)

차가 대기하고 있으니 그 차를 타고 영도의 선구상점에 가서 여기에 기록된 규격의 와이어 로프 견적을 받아오라"고 지시를 내렸다.

지프를 타고 영도의 선구상점에 가서 견적을 받아 사장에게 제출하였다. 다음 날 자재과 담당 직원이 중징계를 받았고, 그 며칠 뒤 검사과가 신설되었다. 나는 1952년 6월 검사과장에 임명되었다. 의장계장으로 재직할 때 능률적인 작업 진행 체계를 정비하고 여러 가지 관리 진행 양식을 만들기도 하였다. 수년 전 한진중공업회사에 들렀더니 몇 가지가 그대로 존속해 오고 있음을 발견하고 감회가 새로웠다.

검사과는 선박 건조에 쓰이는 기자재의 모든 질적·양적 검사를 담당하였는데 국산 용접봉과 도료의 질적 검사와 목재의 양적 검사가 힘들었다.

검사과장으로 1년을 근무한 뒤 1953년 6월에 조선과장으로 임명되었다. 당시 대한조선공사에 종업원이 많았던 탓에 대한조선공사 월급날에는 영도시장의 물가가 오른다고 하였다. 그러나 회사가 국영기업체라 봉급만으로는 생활하기가 어려웠다. 그나마 월급도 연체될 때가 많았다. 전쟁 중인 데다 경제가 불안하고, 수급이 잘 안 되어서 그랬을 것이다.

어느 때는 월급이 2개월 반이나 연체되었다. 나는 회사 식당에서 우동 한 그릇으로 점심을 때웠지만 집에 있는 가족은 점심을 먹는 날보다 굶는 날이 더 많았다. 겨울에는 땔나무가 없어 사촌 형님에게 얻으러 갔다가 거절당한 일도 있었다. 나의 한평생 중에서 가장 힘들었던 때로 기억한다.

그러던 어느 날, 작업 현장을 돌다가 울분을 참지 못해 경리과장을 찾아갔다. 그리고 나보다 열 살이나 많은 그에게 소리를 질렀다.

"당신이 조선과장 하시오! 내가 경리과장 할 테니까! 일해서 번 돈을 찾아오지도 못하는 경리과장이 무슨 경리과장이오?! 이런 상황에서 현장 종업원들에게 어떻게 일을 시키단 말이오!"

이렇듯 일에 대한 의욕과 열정 없이는 견디기 힘든 나날이었다. 그래도 나는 하고 싶은 일을 할 수 있다는 것이 행복하였다.

물질적으로 힘들었지만 조국의 조선공업의 초석을 닦는다는 자부심에 가슴이 두근거리는 시절이기도 하였다.

그러던 중 부산 수산대학에서 강사로 초빙하고자 한다는 연락이 왔다. 당시 신성모 사장에게 보고하였더니 쾌히 겸직을 허가해 주었다. 그 후 부산으로 피난 온 모교 공과대학에 가서 '선박의장' 강의도 하게 되었다. 어렵게 공부한 조선공학도가 귀한 몸이 된 시기인 듯도 하였다.

한 시간 강의를 하려면 적어도 3시간을 준비하여야 했다. 차질 없이 회사 업무를 진행하랴, 두 대학에 출강까지 하랴, 수면 부족으로 피로감에 시달린 탓에 체중이 7~8킬로그램 줄어들었다. 또한 중학교 졸업생을 채용하여 회사 부설 양성소에서 현장에 필요한 교육 강의도 병행하였다.

내가 '진수회'란 이름으로 조선 전공자들의 모임을 조직한 것도 그맘때였다.

기억이 가물가물하지만 처음에는 진수회라는 이름을 사용하지 않았던 것 같다. 서울대학교 공과대학 조선항공과의 조선 전공 졸업생이나 재학생들의 모임은 초대 진수회 회장인 내가 대한조선공사를 떠나 대구의 제일모직으로 이직하자 맥이 끊겼다.

1968년 봄, 조선항공과는 조선공학과와 항공공학과로 분리 독립되었고 대구에 있던 나는 1968년에 서울의 새한제지(현 전주제지)로 자리를 옮겼다. 다시 서울에서 근무하게 되자 동문들이 그리워졌다. 나는 서울대학교 조선항공학과의 조선 전공 졸업생과 재학생을 아우르는 모임을 재개하자고 제안하였다. 이로써 진수회는 서울대학교 공과대학 조선공학 전공 동문의 모임으로 재정립되었다.

이름도 정식으로 '진수회'로 정하고 회칙을 만들고 회원명부도 정리하였다. 1980년에는 김재근 선생의 회갑 기념으로 『배의 역사』를 발간한 것은 지금도 뿌듯하게 생각한다.

나는 1954년 9월 대한조선공사 조선과장을 끝으로 조선업계의 현장을 떠났지만 후배들은 꾸준히 조선산업을 발전시켜왔다. 지금 생각하면 미흡하나마 국가 발전에 공헌하겠다는 마음으로 선택한 조선공학과였지만, 경제적으로 어려운 가정생활 때문에 대한조선공사를 떠나야만 했던 것이 안타깝다.

떠날 때 송별회식장에서 앞으로 돈 벌어 조선공업으로 돌아오겠다고 약속하였지만 큰 자본이 드는 조선회사의 설립은 나와는 인연이 없었던 것 같다.

아! 옛날을 회상하면서 이 글을 쓰고 보니 감개가 무량하다. 60년 전 내가 만든 배가 아직도 바다에 떠 있는 것처럼 조선공업에 대한 나의 애정과 관심은 여전히 뜨겁다. 진수회가 결성된 지 70년이 흘렀다는 것이 감사하고 또 한편으로는 흥분된다. 그 시초에 내가 몸담고 있었다는 것에 감사해하며, 후배들이 앞으로도 많은 일을 해줄 것이라 믿기에 흥분되는 것이다. 70년 동안 많은 일들이 있었듯이 앞으로도 많은 일들이 있을 것이다.

진수회의 구성원들은 열심히 살았다.

내가 있던 시절, 아무것도 없던 그 시절의 우리는 기름때를 먹어가며 배를 만들기 위해 밤낮없이 일하였다. 학계에서는 우리나라 조선공업 교육의 원조, 김재근 선생님을 비롯하여 수많은 선생님들이 조선공학의 초석을 다져왔다. 이후 어려운 외부 여건들을 극복하고 우리나라 조선공업을 세계에 우뚝 세운 수많은 후배들이 있었다.

모두에게 진심으로 칭찬을 보낸다.

황종흘(黃宗屹)은 1928년 3월 4일 함경남도 단천에서 출생하였다. 만주 봉천중학을 다니다 귀국하여 경복중학을 졸업한 뒤 경성공업전문학교 기계과에 입학하였다. 해방 후 서울대학교가 출범하게 됨에 따라 서울대학교 공과대학 기계공학과의 학생이 되었으며, 신설 학과인 항공조선학과에 신입생으로 입학하여 1회 졸업생이 되었다.

1950년 5월, 조선항공학과를 졸업하고 대한조선공사에 취업하였을 때 한국전쟁이 발발하였다. 전쟁의 국면이 바뀌어 국군이 평양에 진격하게 되자 국군 부대의 진격을 뒤따라 평양으로 올라가 김숙희(金淑熙)의 본가를 방문하여 결혼 승낙을 얻었고, 1951년 12월에 결혼하여 부산에서 가정을 이루었다.

1951년 1월 2일자로 시행된 사령장에는 월 급여가 13,374원으로 적혀 있는데 두 번의 화폐개혁이 있었으므로 지금 단위로는 13.37원에 해당한다. 이 사령장은 당시 신분증의 역할을 하였기에 늘 휴대하고 다니셨던 것으로 보이며, 사진에 나타난 것과 같이 해지기까지 하였는데 최근 황 교수의 유품 중에서 발견되었다.

대한조선공사에 근무하던 1952년 즈음부터 황종흘은 서울대학교의 무급 조교로 학생들을 가르치며 대학원 과정을 이수하였다. 1954년 7월부터 서울대학교 공과대학 조선항공학과의 전임강사로 발령을 받고 1993년 정년 퇴임하기까지 우리나라 조선공업의 발전을 이끌었다.

그는 1956년 미네소타 프로젝트에 따라 MIT에서 조선학을 연수하고 모교의 조선학 기초 구축에 기여하였으며 〈대한조선학회지〉 창간을 주도하기도 하였다. 1965년부터 1971년 사이에는 상공부에서 주관하는 표준형선 설계사업에 참여하여 우리나라 선박 설계 기술의 기초를 형성하는 데 큰 역할을 하였다.

1969년, 황종흘은 1년간 동경대학에서 연구활동을 한 후 귀국하여 서울대학교의 대학원 교육 정상화 방안을 제안하였다. 이 제안으로 서울대학교는 구제(舊制) 박사학위제도를 폐지하였고, 이어서 전국의 모든 대학이 구제 박사학위제도를 폐지하게 되었다. 구제 학위제도의 폐지는 서울대학교 교수들의 학위 취득을 촉진하는 계기가 되어 김재근, 황종흘, 임상전, 김극천, 박종은, 김효철 등이 순차로 박사학위를 취득하였다. 또한 국내의 여러 대학에서도 학위 취득이 자연스러운 흐름이 되었으며, 많은 교수들이 서울대학교를 찾아 함께 연구함으로써 서울대학교가 조선 분야 연구의 중심으로 자리 잡는 계기가 되었다.

1973년에는 '중화학공업 육성에 관한 공학교육 세미나'를 조직하여 개최하였는데 조선공학 교육의 소수 정예화를 주창하여 정부 시책으로 반영하는 데 성공하였다. 이로써 우리나라의 조선공학 교육은 서울대, 부산대, 인하대 그리고 당시 신설된 울산대학 등이 이끌어가는 체제가 오랜 기간 이어졌다.

'중화학공업 육성에 관한
공학교육 세미나' 개최

「서울대학교 캠퍼스 종합화 계획」에 따라 공과대학 캠퍼스가 관악산으로 이전할 무렵, 일본 정부의 무상원조 자금이 서울대학교 공과대학에 집중 투입된 바 있었다. 황종흘은 이 계획을 주도하면서 일본의 공과대학들의 연구시설을 시찰한 뒤에 긍정적인 요소들을 우리나라 공과대학의 교육시설 표준으로 반영하도록 하는 데 기여하였다.

1980년에는 서울대학교 외자도입 추진위원회 위원으로 선출되어 일본 정부의 해외 경제협력자금(OECF: Oversea Economic Cooperative Fund)의 도입을 주도하여 조선공학과의 교육·연구시설을 세계적 수준으로 높이는 계기를 마련하는 데 중요한 역할을 하였다.

또한 그는 1966년 동경에서 개최된 국제선형시험수조회의 참석을 계기로 선박 등 부유체의 부가질량 문제에 관한 연구를 수행하였으며, 이를 바탕으로 선박의 내항성능의 수치해석 분야에서 세계 조선학계의 인정을 받았다. 특히 1970년 서울에서 한·일 선박유체역학 학자들의 세미나가 개최되었는데 이는 조선 분야에서 최초의 국제회의였을 뿐 아니라 우리나라에서 주관한 공학 분야 국제회의의 효시가 되었다.

1973년부터 1975년까지 대한조선학회 회장을 맡으면서 대한조선학회를 국제무대로 끌어올리기 위해 조선 관련 국제회의의 한국 유치에 심혈을 기울였다. 1983년 선박 설계에 관한 국제회의를 유치하여 한·일 양국이 공동 주최하였다. 이 회의는 조선 불황 속에서도 한국 조선산업의 발전 모습과 활기찬 연구활동을 보여줌으로써 국제사회에 한국의 조선기술을 알리는 계기가 되었다. 황종흘의 활동은 ITTC와 국제해사유체역학 심포지엄(ONR), 그리고 실제적 선박 설계에 관한 국제회의(PRADS)를 중심으로 이루어졌다. 뿐만 아니라 폭넓은 학술활동을 통하여 국제사회에 한국의 조선기술을 알리는 가교 역할을 하였다.

그는 1993년 9월 국민훈장 모란장을 받고 정년 퇴임하였다. 퇴임 후에도 활동을 계속하여 1997년 성곡학술문화상을 수상하였고 1999년에는 대한민국 학술원 회원으로 선임되었다. 2001년 제자들은 그의 업적을 기리고 젊은 선박유체역학 연구자들을 격려하기 위하여 기금을 마련하고, 그의 아호를 따서 송암상을 제정할 것을 제청하였다. 2001년 6월 대한조선학회 이사회에서 제청을 승인하여 매년 젊은 유체역학 연구자를 포상하고 있다.

김정훈

김정훈(金貞勳)은 1926년생으로 평양 제2중학을 졸업한 뒤 월남하여 1946년 항공조선과에 입학하였다. 그는 동기생 중 가나다순으로 성이 가장 빨랐기에 진수회 회원명부에 항상 제일 먼저 이름이 오르는 회원이기도 하다.

조필제, 조규종, 황종흘 등과 함께 졸업 후 대한조선공사에 취업하였는데 부임과 동시에 6.25 전쟁이 발발하여 대한조선공사 기술자 신분으로 황종흘과 함께 북진하는 국군을 따라 평양까지 올라가 가족을 만났다고 한다.

부산 대한조선공사에 근무하는 한편으로, 부산 피난 시에 서울대학교 공과대학의 강사로 초빙되어 전시 가교사에서 모교 교육을 지원하다가 1953년 9월 30일 전임강사로 발령받았다. 곧 모교에서 교수직을 맡은 첫 번째 졸업생이 된 것이다.

1955년 서울대학교의 미네소타 프로젝트에 따라 미국 MIT에 연수 기회를 가지게 되었으나 현지에서 병을 얻어 1956년 봄에 귀국하였다.

1963년 10월 훔볼트(Humboldt) 재단의 지원을 받아 함부르크 대학으로 연수를 떠났고, 2년 동안의 연수를 끝낸 뒤 학위 취득을 위하여 귀국을 연기하다가 1967년 6월에 귀국을 포기하고 퇴임하였다.

그가 유학을 떠나기 전 모교에서 학생들과 함께한 약 10년 동안에는 기록할 만한 일들이 많았다.

첫째로, MIT에서 퇴임하는 매닝(Manning) 교수의 소장 도서 가운데 미국 해군 연구소의 선박저항 실험 관련 연구 보고서를 다수 입수하여 귀국한 것이다. 그 자료는 학과의 저항추진 연구에도 많은 도움이 되었다. 이어서 공과대학 공릉동 캠퍼스에 ICA 자금의 지원으로 한국 최초의 중력식 선형시험수조가 MIT의 아브코

비츠(Abkowitz) 교수의 설계로 건설되었는데 이때 김정훈은 수조의 건설 업무의 운영 실무를 맡았다. 이 중력식 선형시험수조는 한국을 대표하는 선형시험수조로 인정받아 1962년 말에 ITTC의 정식 회원기관으로 참여하였으며, 이는 우리나라 대학의 실험실이 국가를 대표하는 시설로 국제사회에 참여하게 된 최초의 사례였다.

특히 우리나라의 선박 설계 기술이 자립하는 계기가 되었던 상공부 표준형선 설계사업에서 선형시험수조는 선박의 저항 성능을 추정하는 책임 연구기관이 되었다. 이에 따라 60여 종의 선박에 대한 저항 실험을 맡아 국가의 대표 연구시설이라는 역할을 수행하였다. 또한 대한조선공사에서 위임받아 4000톤급 석탄 운반선의 저항 성능시험을 수행하였는데 이후 이 선형은 우리나라 표준형선으로 반영되었으며, 정부의 계획에 따라 실선(實船)으로 건조되는 등 우리나라 조선 정책에 큰 영향을 주었다.

둘째로, 김정훈은 남달리 도전정신이 강하여 56학번 한창환·정진수, 59학번 홍석의·최상혁 등의 학생들을 이끌고 수중익선의 개발에 나섰다. 이때 대간첩작전에 고속선박의 필요성을 인정하였던 육군 특무부대에서 마련한 연구비의 지원을 받았다. 학교 내에서 목선을 학생들과 함께 건조하였고 프로펠러와 수중익을 설계하고 제작하였으며 한강에서 시운전을 시도하였다. 크레인 사고 등으로 첫 번째 실험은 실패하였으나 경기용 보트에 수중익을 달고 성동경찰서에서 보유하던 25마력 아웃보드 엔진(outboard engine)으로 추진하여 부양에 성공하였다. 군사혁명 이후 정부 조직의 변화 등으로 연구비 지급이 중단됨에 따라 연구를 중단할 수밖에 없었다. 이 연구는 우리나라에서 동등 수준의 연구가 15년 뒤에 이루어졌음을 생각하면 대단한 업적이라 할 수 있다.

셋째로는 순수 이론적 연구활동에서도 남다른 도전을 하였는데, 선체운동을 해석하기 위하여 적분방정식으로 정식화하고 해를 구하는 것이었다. 32차 연립방정식의 해를 구하는 문제였는데 김효철, 이재욱, 이세중 등 여러 학생이 참여하여 수동식 계산기로 연산작업을 수행하였다. 지금이라면 전산기에서 즉시 답을 얻을 내용이었지만, 당시에는 여러 학생이 방학 내내 계산하였으나 수렴된 계산 결과를 얻지 못하였다. 결국 그는 이를 연장하여 연구를 계속하였고, 마침내 그의 연구는 세계적으로 선체운동에 대한 이론 선박유체역학의 대표적인 이론해석법으로 인정받았다. 비선형 해양파 중에서의 선형 및 해양 구조물에 관한 그의 연구 업적을 인정하여 미국의 SIT(Stevens Institute of Technology)에서는 김정훈을 선박유체역학 담당 교수로 초빙하였고, 1968년부터 1986년까지 근무하였다. 특히 수치조파수조(NWT: Numerical Wave Tank) 분야에서의 탁월한 연구 업적으로 ISOPE(International Society of Offshore and Polar Engineers, 국제해양극지공학회)의 국제유체역학위원회를 오래도록 이끌기도 하였다.

김정훈은 존경받는 교육자였다. 모교에 재직하는 동안 많은 학생에게 학과목을 절대 소홀히 하지 않도록 당부하였으며, 성적이 기대에 못 미치는 경우 꾸중하는 것도 잊지 않았다. SIT에 1986년까지 재직할 때는 이호성, 전영기, 주영렬, 박의동, 서인준 등을 비롯한 여러 동문이 학위를 받는 데 도움을 주었다. 일본에서도 많은 학생이 그의 지도를 받기 위해 SIT에 유학하여 수학하였다.

그 업적을 기리기 위해 저명 학술회의인 ISOPE에서는 2003년에 '김정훈상(C.H.

2010년 10월, 김정훈 교수의 모국 방문 때 논현동 취영루에서
(뒷줄 왼쪽부터 이창섭, 이재욱, 김효철, 최준기, 한창환, 황성혁, 배광준, 박성희, 홍석윤
앞줄 왼쪽부터 구자영, 김훈철, 남기환, 황종흘, 김정훈, 신동식, 이종근, 박의남)

Kim Prize)'을 제정하였는데, 여러 나라의 많은 제자가 기금을 출연하여 그에 대한 사은을 표하였다. 김정훈은 1986년 SIT에서 텍사스 A&M 대학으로 자리를 옮겼고, 2012년 5월에 타계하였다.

조규종

조규종(曺奎鐘)은 1946년 8월 경성광산전문학교 기계과에 다니다가 그해 9월 서울대학교 공과대학으로 통합되면서 신설 학과인 항공조선학과로 전과함으로써 첫 번째 항공조선과 학생이 되었다.

1950년 5월에 졸업하고 그 달에 대한조선공사에 입사한 그는 1954년 4월까지 대한조선공사 설계과 및 기획과에서 기사로 근무, 함정 수리 등의 업무를 맡으면서 선진 조선기술을 받아들였다. 1954년 인하대학교의 설립과 동시에 조선공학과가 개설되자 교수로 초빙되었으며, 1991년 8월 정년 퇴임까지 전임강사에서 조교수, 부교수, 교수로 37년간 재직하였다.

인하대학 재직 기간 중에 조선 기술사가 되었고, 대일 청구권 자금을 확보하여 전동기로 구동하는 예인전차를 갖춘 국내 최초의 현대적 선형시험수조를 건설하였다. 이를 계기로 선형시험을 통한 선박의 저항 성능을 평가하는 실험 선박유체역학 분야를 개척하였다.

또한 유선추적법을 이용한 선형개량 연구로 박사학위를 취득하였으며, 선박 설계 특히 선박 저항 및 추진 분야의 교육과 연구에 많은 공적을 남겼다. 그 가운데 특히 선형시험 분야에서 한국선형시험수조연구회에서의 활동과 국제선형시험수조회의에서의 활동으로 실험 선박유체역학 분야의 기반 구축에 공을 세운 바 있다. 그 밖에 1970년부터 1973년까지 대한조선학회 회장으로 활동하며 대한민국 조선기술의 발전을 이끌었다.

그의 대표적인 업적으로는 1966년부터 1971년까지의 기간 중에 상공부 표준형선 제정사업의 위원장으로 한국형 표준형선 설계사업을 성공적으로 이끈 점이다.

이 한국형 표준형선 설계사업으로 우리나라 선박 설계 기술 자립의 기초가 마련되었고, 이로써 조선산업 분야는 국내의 모든 산업 분야에 앞서서 설계 기술 자립의 초석을 다진 사업으로 평가받았다.

뿐만 아니라 공업표준심의위원회 조선부회 회장을 역임하였고, 선박 설계 및 공작기준 제정사업 등에서도 빛나는 공을 세웠다. 또한 인하대학교 공대 학장과 대학원장 등을 역임하면서 대학 발전에 기여한 공로로 정부는 그의 정년 퇴임에 맞춰 국민훈장 목련장을 수여하였다. 정년 퇴임 후 명예교수로 추대되었으며 2014년 2월 20일 지병으로 타계하였다.

제자들은 조규종의 업적을 기리기 위하여 기금을 마련하고 대한조선학회에 그의 아호를 따서 월애기술개발상을 제정할 것을 제청하였다. 2007년 7월, 대한조선학회 이사회의 승인을 얻어 월애기술개발상이 제정되었으며 매년 정기총회에서 시상하고 있다.

인철환

인철환은 1950년에 대학을 졸업하였으며, 1954년 11월부터 1958년 4월까지 모교에서 시간강사로 박용기관 강의를 담당하였다. 1957년 4월에 인하대학교 공과대학 조선공학과에 전임강사로 부임하여 인하대학교 공과대학 조선공학과에 교수로 재직하면서 학과장을 맡아 학과 발전에 공을 세웠으며, 인하대학교 공과대학 내 연구소 운영위원 등을 역임하며 학교 발전에 노력하였다. 인하대학교 재직 중 선박의 기본설계, 열역학 및 박용기관 등의 과목을 담당하였다.

1960년 6월에 대한조선학회의 이사로 선임되었으며 재임 중 두 차례에 걸쳐 〈대한조선학회지〉의 편집을 맡았고, 1973년 10월까지 학회의 감사로 활동하였다. 1975년 10월에 퇴임하기까지 18년 6개월 동안 오직 순수한 학자의 길을 걸었다. 퇴임 후에 미국으로 건너갔으며 현재 캐나다에 거주하고 있다.

안기우를 비롯해 동기들이 죽첨동(현 서대문구 충정로)에 있는 그의 형 집에 정기적으로 모여 조선공학 관련 전공과목을 윤강으로 깨우치는 시간을 가지기도 하였다. 무슨 이유에선가 졸업이 늦어져 6.25 전쟁 중인 1951년에 졸업하였고, 졸업 후 활동은 조선업계에 잘 알려져 있지 않다. 후학들이 그의 근황을 백방으로 수소문해 알아보려 하였으나 구체적인 사실을 모을 수 없어 안타깝게도 지면에 그와 관련한 기사가 빈약하게 되었다.

1957년 1월 조선공업 사진 전시회 때 촬영한 기념사진에는 김재근 교수의 왼쪽 김흥완 씨 옆자리에 안기우 동문이 서 있는데, 당시 키가 크고 미남형이었다고 기억하는 동기들의 말이 사실임을 알 수 있다.

3. 척박했던 일제 강점기와 대한민국 초기의 조선계 실태

초기 조선산업의 현실

일제 강점기의 조선업체

—

1910년 8월 22일 대한제국은 경술국치(庚戌國恥)를 겪으며 역사에서 사라지게 되었다. 일제 강점기에 들어서자마자 1910년 8월 29일 조선총독부를 설치하였으며 다음해부터 통계연감을 발간하였다. 그 자료에 따르면, 첫해에는 해당 연도 선박 건조 2990척 가운데 일본인이 건조한 선박이 676척이고 한국인이 건조한 선박이 2314척인 것으로 조사되었다.

당시 선박을 건조할 수 있는 기업으로는 다나카(田中) 조선철공소(1887), 나카무라(中村) 조선철공소(1902), 다니구치 제선소(谷口製船所, 1905), 오카다(岡田) 조선소(1906), 사사키(佐佐木) 조선소(1908), 구케야(絆谷) 철공소(1908), 오타(太田) 조선소(1909), 오카노(岡野) 조선소(1909), 오노(大野) 조선소(1911) 등 일본인이 소유한 16개 조선소가 1915년까지 등록되어 있었다. 이 조선소들은 주로 일본형 어선을 건조하였는데 1916년 통계자료에 따르면, 한국형 어선 등록 척수가 1만 2673척이었고 일본형 어선 등록 척수가 7801척으로 나타나 있다.

이 시기의 전후 자료를 비교하면 한국형 어선의 선박 증가 추세에 비하여 일본형 어선의 선박 증가 추세가 빠른 것으로 나타나 있다. 조선총독부에서 조선소의 수를 조사하면서 이러한 부분들을 통계에 포함하지 않은 것은 조선소의 규모가 매우 영세하거나 조선 기술자들이 선주의 집 근처 해변으로 출장하여 배를 건조하였기 때문에 조선소로 포함하지 않았음을 짐작할 수 있다. 조선총독부는 1912년부터 1940년까지 조선소 수를 조사하였는데, 『조선총독부 통계연감』 자료를 정리하여 소개하면 다음과 같다.

연도	1912	1913	1914	1915	1916	1917	1918	1919	1920	1921	1922
업체 수	2	3	4	4	–	8	15	–	–	–	23
연도	1923	1924	1925	1926	1927	1928	1929	1930	1931	1932	1933
업체 수	27	–	19	24	24	33	33	33(32)*	33	48(47)	49
연도	1934	1935	1936	1937	1938	1939	1940	1941	1942	1943	1944
업체 수	48	56(54)	55	–(53)	53(57)	56	64(67)	–	–	–	–

주*:( )안에 표시된 자료는 총독부 식산국 자료   일제 강점기의 등록 조선소 수 통계(출처 : 『조선총독부 통계연감』)

이 표에는 조선총독부 식산국(殖産局)에서 발간한 조선(朝鮮) 공장 명부에 등재된 조선업체(造船業體) 수를 ( )안에 함께 표기하였는데, 이 수치는 통계연감 자료와는 약간 다르지만 통계 작성의 시점에 따라 달라질 수 있는 범위 안에 있어 대체로 신뢰할 수 있다.

1941년부터 조선 공장 수의 통계가 없는 것은 전시군수산업 기밀로 공개를 중지한 것으로 보인다. 다만 1914년에 일어난 제1차 세계대전, 1930년대 일본의 대륙 진출과 제2차 세계대전 등의 영향으로 조선업체의 수가 꾸준히 늘어났다. 특히 『대한조선공사 30년사』에 실려 있는 1945년 당시 선체 관련 업체 수가 65개이고 기관 관련 업체 수가 64개에 이르는 것으로 보아, 일본은 전쟁 말기에 한국 내에 군수산업기지를 확대하려 했던 것으로 유추할 수 있다.

조선중공업과 광복 직후의 혼란

—

광복 이후 1950년대까지 우리나라의 조선공업은 대한조선공사의 '신조선 시대'로 정의된다. 1937년 일본 중공업회사인 미스비씨는 중일전쟁에서 군수공업 전초기지로 사용하기 위해 부산시 영도구 영선동 1번지에 조선중공업(朝鮮重工業)을 설립했다. 자본금 150만 원으로 시작한 조선중공업은 1943년에 1500만 원으로 증자하여 국내 최대의 조선(造船) 공장이 되었다. 우리나라 노동자들은 하급 기술을 담당했고 조선 실적은 연 5만 톤에 이르렀다.

이와는 별도로 부산 지역의 11개 조선소가 광복 직전에 4개의 조선소로 통합되었으나 광복 후 다시 해체되었으며, 8개의 조선소(구일산업 부산조선소, 동성조선소, 대평조선소, 조선조선소, 대림조선영도조선소, 영도조선소, 대동조선주식회사, 과학조선소)로 분리되어 1970년대 후반까지 운영되었다.

통영을 중심으로 삼양조선소, 동양조선소, 충무조선소, 신아조선소, 도천조선소 그리고 포항 지역의 구룡포조선소는 일제의 조선소를 승계한 것으로 알려져 있다. 당시 한국인이 경영한 조선소로 등록된 기업은 통영의 김재완(金再完) 조선소와 원산의 금강철공소만이 기록으로 확인될 뿐이다.

광복이 되자 대부분의 적산(敵産) 기업들과 마찬가지로 조선중공업도 인수인계 조치가 복잡하였고, 공장은 가동을 멈추었다. 경영을 맡을 주인이 없는 틈을 타서 시설은 파괴되었고 파업이 발생하였다. 한국인 종업원들은 관리위원회를 구성하였지만 운영 경험이 미숙한 탓에 여러 가지 시행착오만 겪었을 뿐 공장은 황폐해져 갔다. 노동자들은 조선업을 정상화하려고 노력하였지만 조선중공업을 포함한 대부분의 조선소들은 불순분자의 파업과 선동, 모략 등으로 제 기능을 하지 못하였다. 미국 군정청은 운영대책위원회를 구성하여 일본인 소유의 조선소 관리를 한국인 종업원들에게 맡겼지만 단지 업체 시설의 보전 정도에 그칠 뿐이었다.

이 시기는 한마디로 조선공업의 암흑기였다. 모든 기자재를 일본에 의존할 수밖에 없는 상황에서 해운과 수산업의 침체로 치달았으며, 소량의 수리공사마저도 대금 결제가 어려웠다. 업체들은 경영난에 부딪히게 되었고 기술자들은 점차 조선업계를 떠나게 되었다. 1945년 미국 군정청은 조선중공업주식회사를 신한공사에 귀속하였고, 이듬해부터 미 군정청 운수부에서 직접 관리했다. 그러나 국영기업체가 된 조선중공업은 그때까지도 선박의 응급 수리와 5톤급 목조어선을 건조한 실적밖에 없었다.

대한민국 정부 수립과 해운국 설치

—

1948년 대한민국 정부가 수립되면서 교통부 내에 해운국 행정과 검사계가 신설되어 조선업을 총괄했다. 조선중공업주식회사는 상공부 소관에서 교통부 소관으로 이관되어 부산조선창(釜山造船廠)으로 개편되었으며, 조선공업 행정도 교통부로 이관되었다. 그리고 1950년 1월 '대한조선공사'로 개편되었다. 이승만 정부는 대한조선공사를 반민반관(半官半民) 형태의 국책 특수회사로 특성화하고, 대한조선공사를 중심으로 국가 경제가 살아나길 기대하였다. 그러나 같은 해 5월 북한의 단전 조치와 6월 25일 전쟁의 발발로 산업 기반이 크게 약화되면서 우리나라의 조선산업은 점점 더 나락으로 빠져들었다.

정부 수립 해인 1948년 우리나라 선박의 보유 실태는 화물선 3275척 13만 5394톤, 객선 40척 1848톤, 바지선 359척 3만 2753톤으로 총 3674척에 불과했다. 조선업체 수는 대소 합하여 모두 57개였으나 200톤 이상의 신조선 능력을 가진 조선소는 13개소, 그중 강선 조선소는 2개소였다.

정부 수립 직후 「산업 5개년 계획」을 입안할 때 조선산업은 150톤급 강선 5척과 40~100톤급 목선 100척의 건조를 목표로 예산을 계상하였다. 하지만 이 시기의 조선 행정은 상공부 소관이고 해운 행정은 교통부 소관이어서 해운 및 조선공업 지원 정책이 조화롭지 못하였다. 「산업 5개년 계획」에 따라 조선 계획은 1950년 3월 조선 행정이 교통부로 이관되고 나서야 구체적으로 추진되었지만 그나마 6월

25일 한국전쟁이 발발하면서 무산되고 말았다.

정부는 1955년에 271만 달러의 조선용 자재를 도입하여 각 조선소에 배정하고, 1956년과 1957년의 산업부흥국채 기금에서 1158백만 환을 국내 자본(내자)로 하여 총 1만 4400톤의 선박을 건조하였다.

1957년에는 KFX(Korean Foreign Exchange, 정부가 보유하고 있는 외환(달러)) 자금 248만 달러를 배정받아 어선과 하역선박 130척(1만 5070톤)을 건조하기 위하여 자재를 도입하였지만, 내자 31억여 환을 조달할 방도가 없어 23척(2520톤)의 노후 여객선을 건조하는 것으로 대체하기도 하였다.

이와 같이 정부는 산업부흥채권과 AID(Agency for International Development, 미국 국제개발청) 자금으로 선박 건조를 지원하였는데, 선박 대부분이 융자금을 제때에 상환하지 못하여 차압·공매되는 등 선박의 운영이 원활하지 못했다.

불모지의 기자재 공업

—

일반적으로 조선 기자재는 다품종 소량 생산이다. 다시 말해 선체부·기관부·의장부·전기부에서 사용되는 기자재로, 품목은 많은데 수량이 적다. 또한 육상용 기자재와는 다르게 중량과 크기에 제한이 있고, 해상이라는 열악한 환경에서 견뎌내려면 탁월한 내구도와 신뢰도를 확보하여야 한다. 당시 우리의 기계, 금속, 화학 등 기초공업 수준은 보잘것없었고, 건조하는 선박의 척수가 소량이라 조선 기자재 분야는 해외 의존도가 매우 높았으므로 산업 자체의 발전이 늦을 수밖에 없었다.

1946년에 15마력 어선용 디젤엔진을 생산하던 수준에서 1960년대 어선 건조량의 증가에 힘입어 한국기계는 일본 구보타(Kubota) 사에서 150마력 이하의 엔진기술을 도입하였고, 진일공업은 일본 얀마(Yanmar) 사에서 125마력 이하의 엔진기술을 도입하여 선박용 엔진을 생산하였다. 기자재 가운데 비교적 이른 시기인 1948년에 선박용 앵커체인을 생산하기 시작하였다.

조선 관련 연구활동의 태동

—

1881년 신사유람단(紳士遊覽團)을 수행하여 일본에 간 김양한(金亮漢, 1850~1924)이 일본에 남아 조선공학을 전공함으로써 우리나라에서 근대적 조선공학을 전공한 첫 번째 인물이 되었다. 두 번째로 상호(尚灝, 1879~1948)가 일본 동경대학에서 조선공학을 전공하였으며 귀국하여 대한제국의 관리로 활동하였으나 일제 강점기 당시 중추원 참의를 지낸 탓에 친일 인사로 배척당하여 조선산업에 대한 꿈을 살리지 못하였다.

1952년 2월 대한기술총협회가 창립되었고, 전시에 병기의 자력 생산을 위하여 조병창을 설치하는 등의 변화가 있었으나 전란 중이었으므로 이렇다 할 성과를 거둘 수 없었다. 종전 후 서울로 복귀한 뒤에도 전후 복구사업 등으로 학술 연구활동은 사실상 기대할 수 없었다. 다만 서울대학교 조선항공학과에서 김재근(1954)이 문교부 지원으로 미국 MIT에서 1년간 연구활동을 하였으며 뒤를 이어 미네소타 프로젝트에 따라 김정훈(1955)·황종흘(1956)·임상전(1957)이, ICA 계획에 따라 김극천(1957)이 미국 MIT에서 연수를 받은 바 있다. 즉 조선공학 분야에서의 연구활동은 서울대 교수들이 순차로 MIT에서 현대적 연구활동을 접한 1954년부터 1958년 사이에 기틀을 갖추었다고 볼 수 있다.

동경제국대학에서 근대 조선기술을 습득한
한국 최초의 조선 기술자 상호

이승만 정부, ICA 자금을 얻다

—

1950년대 우리나라의 해운업은 주로 해외에서 도입한 중고 선박들에 의존하였다. 자체적으로 새로운 선박을 건조하기에는 자본이 부족하였으므로 조선 시장이 형성될 수 없었다.

한국전쟁을 치르면서 원조 물자를 수송할 선박들이 필요했고 이에 따라 선박 수리 요청도 늘어났다. 정부는 보유 외화 271만 달러로 조선용 기자재를 도입하여 각 조선소에 배정하는 등 조선업 지원 방안을 마련했고, 시설 구축에 필요한 나머지 자금은 미국의 원조 자금으로 확보하였다. ICA(국제협조처) 시설 자금, ICA 산업기계 자금, ICA 중소기업 자금, UNKRA(United Nations Korean Reconstruction Agency, 국제연합 한국 재건단) 자금 등으로 조선소의 운영 자금을 충당하기로 하였다. 1955년부터 3년간 114만 달러(1955년 60만 달러, 1956년 16만 달러, 1957년 37.8만 달러)의 ICA 자금으로 7개 민간기업의 조선 시설을 확충하였다.

1954년 대선조선철공소에 산업부흥국채 자금을 융자하여 드라이 도크 1기를 축조하여 연간 총 15만 톤의 선박을 수리할 수 있게 되었다. 1955년에는 제4회 산업부흥국채 자금 1330만 환을 방어진철공조선(주) 등 8개 사에 시설 자금으로 융자하여 피해 시설 복구와 일반 시설의 증설을 지원하였다. 1956년 산업부흥국채 자금에서 1158백만 환을 내자로 하여 총 1만 4400톤의 선박을 건조하였다. 이런 정부의 노력으로 해방 당시 56개였던 조선업체의 수는 1959년에 이르러 198개로 3.5배 늘어났다.

대한조선공사

—

전쟁 중 대한조선공사와 대선조선(주) 등 강선 수리 능력을 보유한 조선소에서 미군 소속 선박의 수리 공사를 맡아 해방 후 처음으로 조선산업이 활기를 띠었다.

또한 리벳을 사용하는 전근대적인 선박 건조 공사에 용접공법을 사용하기 시작하면서 용접에 관한 지식과 기술이 과거와 달리 향상되었다. 그러나 1959년에 이르러 엄청난 부채와 수주량 부족으로 심각한 운영난에 빠지게 되었다. 자체 기술이 없는 상황에서 엔진은 물론, 기자재와 의장품에 이르기까지 대부분을 수입에 의존하여야 했고, 이로써 자본력이 열악한 수산업자나 해운업자의 부담은 더욱 늘어나게 되었다.

대한조선공사에서 1960년까지 건조한 신조선이라고는 200톤 이하의 소형선 26척이 전부였으며, 여기에는 12~13톤짜리 세관 감시선 18척이 포함되었다. 정부가 자금을 마련해 쏟아부어도 일감이 없으니 적자만 누적되었고, 결국 부채가 7억 8천만 원에 이르렀다.

정부는 1961년 5월 한미합동위원회를 열고 대한조선공사의 부흥 문제를 논의하였다. 산업은행에서 관리하는 방안, 외국 기술단에게 위탁하는 방안, 국영화하는 방안 등이 논의되었지만 결론을 얻지 못한 채 5.16 군사혁명을 맞게 되었다.

「조선장려법」 시행

정부는 1958년 3월 11일, 「조선장려법」(造船奬勵法, 법률 제487호)을 제정, 공포하였다. 이 법은 선박의 개량과 확충으로 해운 및 수산의 발전을 도모하기 위하여 조선을 장려함을 목적으로 하였다. 내용을 살펴보면 신조선 건조비의 40퍼센트 이내에서 조선장려금을 교부할 수 있고, 산업부흥국채법에 따른 국채 발행 등으로 조선 자금을 지원하며, 조선 자금을 대부할 때에는 제조한 선박을 담보로 할 수 있으며, 선박 또는 선박 부품의 제조에 대하여는 물품세를 면제하도록 규정하였다. 그러나 장려금 교부는 시행되지 않았다.

산업부흥국채 자금 또는 AID 자금을 재원으로 하여 자기 자금 부담 25퍼센트, 융자금 75퍼센트 상환기관 7~8년으로 하는 조건을 내세워 융자 지원을 하였다.

하지만 선주는 힘겹게 자기 자금을 투하한 뒤에도 융자 수속이나 담보물 구득(求得) 등으로 오랜 시간을 기다려야 하는 처지에 놓였다. 또한 새로 건조한 선박의 부보력(附保力)이 미약하여 75퍼센트의 융자금에 대한 담보 가치에도 미치지 못하는 결과가 속출하였다.

이 같은 조선공업에 대한 정부의 지원은 자금 사정이 여의치 못한 선박 수요자들이 국내에서 선박을 건조하기보다 외국에서 염가로 방매하는 중고 선박으로 더 이끌리게 되는 결과를 낳았다. 이로써 겨우 움트려던 국내 조선공업은 다시 피폐의 일로를 걷게 되었다.

2회 졸업생(1947년 입학) 이야기

하영환, 류제운

"자네들, 고등어를 좋아하는 모양이지?"

당시 느릿느릿하게 묻던 이승만 박사의 말이 아직도 귀에 생생하다.

오랜 세월이 흘렀다. 이 나이에 과거를 회상하라면 나는 새하얗게 새어버린 머리카락 아래 무엇이 들어 있는지, 또 그것들이 여전히 남아 있는지 두려움부터 앞선다. 오래된 일들이고 그만큼 시간이 흐른 것도 사실이다. 수많은 낙엽이 어디로 흩어졌는지 모르듯 무수한 내 기억도 이젠 시간 속에 교차되고 사라졌다. 그러나 잊을 수 없는 일이 하나 있으니, 바로 진수호를 진수했던 자랑스러운 일이다. 오랜 시간 군에 몸담을 때도, 대한조선공사에서 일을 할 때에도 수없이 배를 보았지만 나에게 첫 배는 진수호였다. 진수호 진수는 1948년 7월, 서울대학교 공대생들이 직접 배를 만들어 한강에 띄워 보낸 사건이다.

당시 우리는 기계과 전문부를 수료하고 항공조선학과 학부 2학년생이었다. 수업에서 배운 것만으로는 갈증을 느끼던 조선과 학생들과 기계과 학생들이 더위를 피해 상수리나무 아래 막걸리를 떠놓고 앉아 있었다. 훗날 납북되었지만 개성 출신으로 해양대학에 다니다가 김재근 선생을 따라 서울대학교 공대 조선과에 온 왕진철이란 친구가 먼저 말을 꺼냈다.

"책으로만 봐서는 도저히 모르겠다. 배를 한번 만들어 봐야 명색이 조선과 학생이라 할 수 있지 않은가?"

"맞아, 말이 조선과지 하는 건 기계과 수업이 전부니……."

"조선공학도답게 우리가 한번 배를 만들어 보자."

"돈이 있나?"

"재료비 등은 학교에서 보조받을 수 있지 않을까?"

"그것 가지고 될까?"

"모자라면 등록금 낼 돈이라도 쏟아붓자!"

왕진철, 하영환, 박종일, 류제운, 유택준, 윤덕로(3회, 전쟁중 행방불명됨) 등이 모였다. 우리는 합숙을 하면서 필요한 계획을 세웠고, 마침내 강판으로 선박을 만들기로 하였다. 당시 동숭동 중앙공업연구소 자리에 서울대학교 공과대학 본관이 있었는데 그곳 기계공학과 건물 앞에 널찍한 터가 있었다. 모형공장과 기계공장 사이에 자리를 잡고 작업을 시작하였다. 강의가 끝나면 우리는 매일 그곳으로 모였다. 종로 5가를 돌아다니며 철판, 파이프, 트럭 엔진을 샀고, 스크루는 살수 없어 토목과의 실험시설을 빌려 만들기로 하였지만 그것마저도 사정이 여의치 않아 중고 선박에서 떼어낸 것을 어렵게 구하였다. 골프 드라이버에 붙은 장식이 스턴튜브(stern tube)의 수밀 베어링으로 사용하는 아주 단단한 리그넘바이티(lignumvitae) 목재로 만들어졌다는 것을 알아내어 그 장식을 뜯어서 스턴튜브 베어링 재료로 활용하였다. 1948년 5월에 착수한 작업은 그해 7월 무렵, 길이 6.5미터에 폭 2.5미터로 기억하는 진수호가 제법 선박의 형태를 갖추게 되었다.

이때 역사적인(?), 아니 흐뭇하다고 해야 할까, 우리에게 잊을 수 없는 사고가 터졌다. 추적추적 아침부터 비가 내린 날이었는데 작업장에 온 윤덕로가 전기 스위치를 올리자마자 펑 하는 소리와 함께 배선에 합선이 일어났다. 그리고 카바이드 발생장치의 캡이 하늘로 솟구치더니 공중의 전선을 끊어먹고 다른 한 줄 위에 대롱대롱 매달려 버렸다. 10분도 안 되어 경찰들이 들이닥쳤다. 우리가 훗날 초대 대통령인 이승만 박사가 기거하던 이화장의 직통 전화선을 끊어버린 것이었다. 당시는 좌익들이 이화장 주변을 수시로 어슬렁거리던 시절이라 그 주변의 경비가 삼엄하기 그지없었는데 그런 이화장의 중요 전화선이 끊어졌으니 경찰관들이 무섭게 우리 작업실로 들이닥친 것은 당연하였다.

"너희들 여기서 뭐 하는 것이냐?"

"배를 만들고 있습니다."

"배를?"

"서울대 공대 학생들인데 배를 만들어 보고 싶어서 그랬습니다."

경찰서장은 한동안 주변을 살피더니 학생들이 실험을 하다가 실수로 전선을 끊은 것을 확인하고 돌아갔다. 정작 일은 그다음 날 벌어졌다. 자동차 여러 대가 다시 찾아온 것이다. 그 가운데 시트로앵에서 이 박사 내외분이 내리시는 것을 보고 깜짝 놀라지 않을 수 없었다. 이 박사가 직접 우리의 동숭동 선박 건조장으로 찾아오신 것이다. 젊은 친구들이 직접 철판을 재단하여 배를 만들다가 전화선을 끊었다는 보고를 받고 현장을 둘러보러 오신 것이었다. 꾸벅 고개를 숙인 우리는 땅만 쳐다볼 수밖에 없었다.

"죄송합니다. 배를 만들다가 그랬습니다."

"음, 윤선(輪船)을 만들고 있구먼. 자네들이 잘 커야 산업이 발전하지."

그분은 흡족한 표정을 지으며 뒷짐을 지으셨다. 그때 우리는 매일 그곳에서 먹고 자다시피 하였는데 모두가 좋아하는 찬이 고등어자반이었다. 합숙할 돈을 모아 고등어자반을 사놓고 수시로 밥을 물에 말아 곁들여 먹었는데 고등어에 파리

노량진 백사장에서 진수호를 건조하던 시절(1947년)

가 여간 꼬이지 않았다. 수행원들 모두 그 냄새에 코를 찡그렸다. 이 박사는 고등어 반찬을 정겹게 둘러보셨지만 프란체스카 여사는 조금 역겨운 표정을 지으셨던 것으로 기억한다. 다음 날 비서 한 사람이 신문지에 싼 무언가를 한아름 들고 다시 찾아왔는데 펼쳐보니 절인 고등어였다. 이 박사께서 보내주신 것이었다. 우리는 감동하였다.

어느덧 배를 물에 띄워야 할 시기가 왔다. 한강으로 배를 가지고 가야 하는데 어떻게 싣고 가야 할지 감이 오지 않았다. 마침 정기석이란 친구가 종로에 있는 '경성 모터스'라는 유명한 자동차 상회의 아들이었는데, 그가 아버지 회사에서 트레일러를 빌려 왔다. 배를 싣고 종로 화신 네거리를 거쳐 서울역 쪽으로 이동하는데 길가에 구경하려는 사람들이 구름처럼 모여들었다.

예정된 행차가 있었던 것도 아니고 정부의 행사 차량이 지나는 것도 아니었는데, 그게 그렇게 큰 구경거리가 될 줄은 우리도 몰랐다. 재미있는 것은 당시 유명한 연예인 커플이 탄 멋진 오픈 외제차가 지나가다가 우리 앞을 에스코트해준 것이었다. 이들도 배를 실은 커다란 트레일러가 도심 한가운데를 지나는 것을 신기하게 여겨 한강까지 앞길을 안내해준 것이었다. 유명 연예인 커플이 탄 오픈카가 에스코트하고 커다란 배를 실은 트레일러를 보기 위해 사람들이 인산인해를 이루었다. 결국 파고다 공원 앞에서 교통이 마비될 지경에 이르러 관내의 경찰들이 길을 터주기도 하였다. 진수호의 행차는 그렇게 화려하게 시작되었다.

노량진 모래밭에 배를 정박시켜놓고 마무리 작업을 하였는데, 그때는 말 그대로 야외 비박생활이었다. 철교 아래 진을 치고 있던 걸인들과 음식을 나눠 먹기도 하고, 일하다 말고 자살하려고 물에 뛰어든 사람을 구해내기도 하였다.

드디어 노량진에 배를 대고 진수식을 하는 날이 왔다. 문교부 장관이 직접 찾아와 축사를 하였고, 숙대와 중앙여대(중앙대학교의 전신)의 학생들이 벌떼처럼 모여들었다. 배를 띄워놓고 진수식을 하는데 스턴튜브를 정밀하게 가공하지 못했던 탓에 물이 점점 배 안으로 들어오기 시작하였다. 그래서 몸집이 큰 나와 유택준이 몰래 배 안에 숨어서 양재기로 물을 퍼내기 시작하였다. 밖에서는 화려한 진수식이 벌어지고 있었지만 안에서 우리 둘은 바닥에 고이는 물을 열심히 물통에 퍼담아야 했다. 진수호는 그 후 한강철교 아래 정박해 두었다.

1950년 5월 12일 졸업식 이후, 우리는 방학을 맞아 각자 고향으로 내려갔고 그때 한국전쟁이 터졌다. 전쟁 초기는 우기로 들어서던 때였고 폭격으로 한강 인도교가 끊어졌으므로 진수호는 많은 인명을 구하는 데 사용되었으리라 짐작하지만 수복 후 다시 서울로 돌아왔을 때는 이미 어디론가 사라진 뒤였다.

조선학과가 출범하였다 하지만 우리는 번듯한 교재도, 전문적인 스승도 없어 윤강(輪講)으로 공부하였다. 각자 자습한 후 모여서 서로에게 강습하며 감을 잡던 시절에 스스로 배를 만들어 보겠다는 그 호기(豪氣)는 지금 생각해도 참 기특한 것이었다. 서울대학교 공과대학 조선공학과 학생들의 손으로 만든 첫 배는 그렇게 진수되었다.

김택환 해군 조함장교, 모교 시간강사, 2013년 타계
류제운 나주비료 상무이사, 미원산업 상무이사, 2014년 타계
박종일 대한조선공사 기사, 대림산업 상무이사, 서원산업 회장, 2대 진수회 회장 역임
유택준 해군 조함장교, 타계
하영환 해군 조함장교 전역, 대한조선공사 상무이사, 공장장, 오리엔탈 공업사 사장

3회 졸업생(1948년 입학) 이야기

임상전

임상전(任尙錪)은 1927년 8월 26일 평안북도 벽동군에서 출생하였으며 1948년 서울대학교 조선항공학과에 입학하여 1952년에 졸업하였다. 한국전쟁 중 육군에 입대하여 낙동강 전투에 참전하였으며 전공을 세워 화랑무공훈장을 받았다. 전역한 후 대한조선공사에 취업하였으며 주로 해군 함정의 수리·보수 업무를 담당하였다.

당시 수리할 선박이 들어오면 부산항에 들어와 있는 미 해군 함대의 동종 함정을 찾아가 함정에 비치되어 있는 선박 수리·보수용 설계도서를 어렵게 섭외하여 입수함으로써 우리나라 함정 수리·보수 업무를 조기에 달성하여 많은 공을 세운 바 있다.

임상전은 교수진이 부족한 서울대학교에서 시간강사로 근무하는 한편, 숙명여고에서 교편을 잡다가 서울대학교의 미네소타 계획 추진 과정에서 기회를 얻어 미국 MIT에서 수학하였다. 귀국 후 1959년 5월 조선항공학과 전임강사로 부임하였다.

그는 모교에서 선체구조 분야를 개척하여 우리나라 선체구조역학 분야의 선구자적 업적을 이루었다. 조선항공학과에 박사 과정이 개설되기 이전인 1969년에 종류가 다른 재료로 보강한 원형 구멍 주위의 응력분포를 연구하여 구제 박사학위제도에 따라 박사학위를 취득하였다. 이때 다룬 과제는 선박의 갑판 및 격벽을 관통하는 구멍 주위를 효과적으로 보강하는 방법을 제시한 연구 성과로 인정되었다. 『고체역학』, 『재료역학』 등 다수의 저서가 있으며 1993년까지 34년 넘게 서울대학교 조선해양공학과에 봉직하면서 선체구조역학의 이론과 실험적 연구에 많은 업적을 쌓았다. 재임 중에 6명의 박사와 42명의 석사를 배출하였으며 퇴임에 임하여 국민훈장 석류장을 받았다.

그는 1960년부터 대한조선학회의 이사로서 사업, 총무, 편집 등 실무부서를 맡아 봉사하였으며, 감사직을 거쳐 학회장으로 선임되어 학회 발전에 기여하였다. 1975년 10월부터 1977년 11월까지 회장으로 재임하면서 문교부에 사회단체로 등록되었던 학회를 과학기술처 산하의 사단법인체로 승격시켰으며, 서울 역삼동 과학기술단체총연합회 회관에 영구 사용권을 확보하고 학회 사무국을 개설하였다.

대표적 사업으로 표준형선 설계사업, 국가 조선기술 표준화사업 등에 참여하여 우리 조선기술 선진화의 초석을 마련하였다. 뿐만 아니라 대한조선학회 산하에 선체구조 연구회를 조직하여 선체구조역학 분야의 발전을 이끌었다. 이러한 그의 공적을 기리어 대한조선학회는 공로상과 학술상을 수여하였다.

임상전은 2003년 11월 12일 타계하였는데 유족과 문하생들은 대한조선학회의 회장으로 학회 발전을 이끈 공적을 기리기 위하여 발간 기금을 출연하였으며 기금 수익은 현재까지 학회지 출판 비용의 일부로 충당되고 있다.

고영회

1948년 대학에 진학할 때, 전공을 무엇으로 택할지 고민을 많이 하다가 조선공학을 전공하기로 결정하였다. 그 당시에는 조선산업이 아주 미미한 시절이었다. 그런데 몇 친구들이 조선을 선택한다고 하였다. 친구 따라 강남 간다는 심리도 있었고, 또 남이 안 하는 것을 먼저 해보겠다는 개척자적인 매력을 느끼기도 하여 조선공학을 전공하기로 결정하였다.

그러나 1950년에 한국전쟁이 발발하면서 나의 꿈은 깨어지고 말았다. 제일 친한 친구가 서울에 남아 있다가 인민군에게 체포되었고, 그 후 총살당했다는 소식을 들었다. 1946년에 이북에서 내려온 나의 가족은 인민군이 서울로 들어오기 전에 남쪽으로 피난하여 부산에서 지내게 되었다. 경제적인 문제도 있고 해서, 나는 9월 3일에 육군 연락장교로 입대하여 2주 훈련을 받고 중위 계급장을 달 예정이었다. 3일 만에 중령 한 분이 나타나 서울로 가는 미군 부대에 파견할 지원자를 뽑는다고 하였다. 미군 부대에 가면 영어를 공짜로 배울 수도 있고 서울로 간다니, 살던 집도 가보고 싶고 해서 나는 손을 번쩍 들었다. 이것이 나의 운명을 결정하게 되리라고는 꿈에도 몰랐다. "인간만사는 새옹지마"라는 말이 딱 맞았다. 3일째 낙동강에 있는 제2사단으로 갔다가 그 후 연대로, 또 대대로, 마지막에는 최전선에 있는 중대 보직을 받았다. 그때의 계급은 중위였다.

그다음 날부터 고창, 전주, 대전 그리고 약 한 달 후에 서울로 갔지만, 많이 파괴된 도시 모습에 마음이 아팠다. 우리는 평양을 지나 압록강과 가까운 지점까지 진군하였다. 그러나 2주일 후에 중공군이 내려왔고, 중공군에게 포위를 당해 후퇴하는 도중 나는 탱크 위에 올라 앉아 있다가 다리에 총상을 입었다.

간신히 후퇴하는 지프를 잡아타고 평양, 남포를 거쳐 미군 수송선에 실려서 딱 3개월 만에 부산에 있는 육군병원에 입원하게 되었다. 서울도 함락되고 그 많은 중공군이 남하하고 있는 상황에서 병상에 누워 나의 앞날을 생각하니 참으로 답답하였다. 그 후 병원과 요양원을 옮겨 다니다가 마지막으로 상이군인들을 제대시키기 전에 모아놓는 '원호대'라는 부대로 보내졌다.

어느 날 대령 한 분이 나타나, 일본으로 보직받을 장교를 뽑는데 영어를 할 줄 알아야 한다고 하였다. 이번에는 손을 들지 않았다. 그러나 어찌된 일인지 내가 뽑혔다. 나는 이태리 로마의 국제재향군인회(International Veterans Association) 회의에 한국 대표로 참석하라는 명령을 받았다. 그래서 홀로 로마 회의에 참석한 뒤 파리를 거쳐 르아브르(Le Havre) 항구에서 호화선 '일 드 프랑스(Il de France)'를 타고 뉴욕으로 향하였다. 그 배에서 UC 버클리(Berkley) 대학의 교수 두 분을 만났다. 나는 그분들에게 미국에서 공부하고 싶다고 말했더니, 나의 전공이 무엇이냐고 물었다. 조선공학이라고 했더니, 조선을 공부하려면 MIT나 미시간 대학(University of Michigan)으로 가라고 하였다. 그때 나는 처음으로 MIT라는 이름을 들었다.

그 후 워싱턴과 LA에서 한국 유학생들을 만났는데, 그들은 모두 한국전쟁이 일어나기 전에 미국으로 유학 온 학생들이었다. 그들은 한국 소식을 몹시 궁금해했고, 나는 성의껏 설명을 해주었다. 그들은 고맙게도 나에게 잘해주었다. 나는 LA

에 있는 조지 페퍼다인 대학(George Pepperdine College)의 입학원서를 받아 가지고 부산으로 돌아왔다.

종전이 가까워지면서 부산에 서울대학교 공과대학 임시 교사가 마련되었고, 나는 김재근 교수님의 강의를 임상전을 비롯한 두세 명의 친구와 같이 들었다. 1952년 3월에 졸업하고 임상전과 함께 대학원에 진학하였다. 다음 10월에 유학 수속을 밟아 LA에 있는 조지 페퍼다인 대학에서 영어 공부를 한 뒤에 1954년 MIT에 대학원생(Graduate Student)으로 입학하였다.

1948년 입학 당시에는 교수님들의 수가 적어서 휴강이 많았고, 또 한국전쟁이 일어나는 바람에 학부에서 공부한 것이 거의 없어 MIT에서 공부하느라고 진땀을 많이 흘렸다. 그래도 당시 미국은 풍부한 나라여서 그런지 인심이 좋았다. 특히 MIT 교수님들은 여러 가지로 잘 도와주고 지도해주어 2년 후에 석사학위를 받았다. 그리고 필라델피아에 있는 '선 조선소(Sun Shipbuilding Shipyard)'에 취직하여 필라델피아로 갔다. 그런데 나의 지식이 모자랄 뿐만 아니라 영어도 서툴고 특별히 잘해서 두각을 나타낼 기회도 없어 공부를 더 하기로 결정하였다. 그래서 MIT에 계신 교수님께 편지를 보내 대학원에 다시 입학하여 연구 조교로 장학금을 받게 되었다.

나는 1956년 9월에 MIT로 가서 토목공학과에서 구조공학을, 또 조선공학과에서는 선박 설계·진동해석·박용기관·열역학을 공부하였고. 공학 외에 경영에도 관심이 있어 경제학과에서 회계학과 노사(勞事) 관리를 공부하였는데, 나중에는 이런 과목들을 공부한 것이 큰 도움이 되었다. 그때 다시 MIT로 가서 2년을 더 지낸 것이 나에게는 대단히 좋은 투자였다고 생각한다. 지금 후학들에게 내가 말하고 싶은 것은 이렇다.

"유용한 지식을 많이 터득한 사람일수록 기초가 튼튼하여 장래에 세상이 크게 변하더라도 큰 성과를 얻을 수 있는 기회가 보다 많을 것이다."

1958년, 나는 또 하나의 큰 행운을 얻었다. 뉴욕에 있는 NBC에 취직하여 미국 조선과 해운의 선구자인 다니엘 루드윅(Mr. Daniel Ludwig) 씨와 엘머 한(Mr. Elmer

Hann) 씨를 상사로 모신 것이다. 루드윅 씨는 제2차 세계대전 후 미국 경제의 급속한 발전, 또 중동 원유의 대량 생산에 따라 대형 유조선이 많이 필요할 것이라고 예측하였다. 반면 미국 내의 임금 급등과 노동자의 많은 요구를 수용하기에는 미국의 조선산업이 한계에 도달하였다고 내다보았다.

1950년 일본 경제는 매우 침체되어 있었다. 당시 일본 국내에는 조선에 필요한 자재가 거의 없었다. 이때 루드윅 씨는 미국 정부가 전시에 비축해 두었던 선박용 각종 장비, 기계류, 조타 장비, 모터와 펌프 등을 처분할 때 고철 가격으로 구매하여 노퍽 조선소(Norfolk Shipyard)의 창고에 보관하고 있었다. 그는 일본의 구레(吳) 조선소를 임대한 뒤 1만 DWT급 리버티 클래스(Liberty Class, 제2차 세계대전 당시 미국이 설계 생산한 전시 표준형 화물선으로 일괄 생산체제로 생산되었음) 전시 수송선 한 척을 구입하여 상선으로 개조한 뒤 모든 자재를 싣고 일본으로 가져갔다. 나머지 필요한 자재는 미국에서 구입하였으나 차츰 일본 현지에서 조달하여 일본의 조선 기자재 관련 업계가 살아나는 계기가 되었다.

전체적으로 모든 예측이 들어맞았고 엘머 한 씨와 신토 히사시 박사의 지휘체계 아래 NBC/구레 조선소는 전 일본 조선계의 주목을 받으며 놀라운 속도로 가동하였다. 1953년에는 당시 최대 규모의 3만 8000DWT 네 척을 건조하였고, 유조선은 급속히 커져 1955년에는 5만 6000DWT, 1956년에는 8만 5000DWT, 그리고 1959년에는 10만 6000DWT를 건조하였다. 당시 이 배들이 건조될 때마다 세계에서 제일 큰 배라는 기록을 세웠다. 이 배들은 장기용선 계약을 체결하고, 열심히 일하는 다국적 사람들로 구성된 NBC/ 유니버스 탱크십(Universe Tankships)의 선원들에게 넘겨졌다.

1961년에 NBC/구레 조선소의 10년 임대계약이 끝나자 조선소의 시설을 IHI(Ishikawajima-Harima Heavy Industries Co., Ltd.)가 인수하였다. 계약 종료를 약 2년 앞두고 신토 히사시 박사는 NBC/구레 조선소를 떠나 IHI에서 조선 책임자인 부사장으로 부임하였다. 우리와 함께 일하였던 우수한 기술진들이 모두 승진하여 IHI의 중요한 자리를 차지하였으며 일하는 데 많은 도움이 되었다. 또한 루드

웍 씨는 여전히 IHI/구레 조선소를 자기 회사처럼 신뢰하여 그 후 모든 신조선을 IHI/구레 조선소에서 건조하게 되었다.

1960년 초기에 대부분의 오일메이저들은 큰 정유공장을 계속 건설하였고, 걸프오일(Gulf Oil) 사의 정유공장들은 모두 수심이 얕은 데 자리하고 있어서 8만 DWT 이하의 탱커 이외에는 사용할 수 없었다. 보다 신속한 원유 공급 방안이 필요하였던 걸프 오일은 NBC/유니버스 탱크십에 개선방안 수립을 의뢰해 왔다. 걸프오일은 원유 저장시설을 아일랜드의 밴트리 만(Bantry Bay)에 건설하고, NBC/유니버스 탱크십에서는 초대형 유조선(ULCC: Ultra Large Crude Carrier)을 독자적으로 개발하여 신속히 인도하기로 하였다.

1968년 6척의 ULCC 명명식이 매우 성대하게 치러졌다. 우리나라를 비롯한 6개국 수반의 가족들과 쿠웨이트의 셰이크(Sheik)들이 참석하였고, '유니버스 코리아(Universe Korea)'는 당시 학생이었던 박근혜 대통령이 명명하였다. 이 프로젝트는 세계의 조선과 해운은 물론 경제에도 많은 영향을 주었다.

왼쪽부터 이재욱, 장석, 신동식, 고영회, 김훈철, 김효철 (2013년 9월)

은퇴 후 지난날들을 돌이켜보니, 나의 직장생활 43년이 화살같이 지나갔다. 한창 젊었던 1948년에 조선학과를 택하였던 것이 가장 큰 행운이었다. 6.25 전쟁으로 세상을 떠난 친구들의 명복을 빌며, 나를 가르치고 지도해주신 분들께 다시금 깊은 감사의 말씀을 드린다. 특히 형과 아버지 같은 루드윅 씨, 조이스 씨, 엘머 한 씨, 그리고 굳은 신념과 의리를 지켜준 신토 히사시 박사는 영원히 잊지 못할 삶의 스승이었다. 또한 국적은 다르나 마음을 다하여 함께해준 다국적 선원들의 환한 미소는 나의 기억 속에 영원히 남아 있을 것이다. 마지막으로 내가 MIT에서 학업에 시달리고 있을 때 격려해 주시던 김재근, 황종흘, 임상전, 김극천 교수님들께 깊이 감사의 말씀을 올린다. 황종흘 선생님과 임상전 선생님은 세상을 떠나실 때까지 내 인생의 벗이었다.

강창수 경북대학교 공과대학 기계공학과 명예교수

김석주

김철수 상공부 조선과장 역임

김흥재

류남수

박윤도 현역 해군 장교(소령)로 1955년에 미국으로 건너가 MIT에서 조선공학(Naval Architecture) 석사학위를 받고 한국에 잠시 귀국하였다. 그 후 다시 미국으로 건너가 선 조선소(Sun Shipbuilding)에서 15년 동안 근무하였다. 원자력발전소 컨설팅(Nuclear Power Plant Consulting)으로 자리를 옮겨 약 10년 동안 원자력발전소 설계를 하다가 조선계로 복귀하여 잉걸스 조선소(Ingalls Shipbuilding)에서 16년 동안 근무한 뒤 76세에 은퇴하였다. 현재 부인과 함께 시애틀(Seattle) 근교에 거주하고 있다.

박종은 대한용접학회 회장 역임, 서울대학교 공과대학 조선해양공학과 재직 중 타계

이종근 대한조선공사 기사, 호남정유 부장, 성암 컨설팅 회장, 타계

이풍기 자양고등학교 교장 역임

조규완 삼부산업사 대표

차천수 해군 조함장교, 대동조선㈜ 공장장 역임, 진수회 3대 회장, 타계

4회 졸업생(1949년 입학) 이야기

김극천

우리는 서울대학교 조선항공과에 1949년 9월에 입학하였는데 당시 인원은 약 20명이었다. 학과 명칭은 조선항공학과로, 2학년에 진급할 때 각자 조선공학 전공 또는 항공공학 전공을 선택하게 되어 있었다. 학제 변경으로 우리는 1950년 6월 1일에 2학년으로 진급하였다. 그런데 6월 25일 북한군의 남침으로 한국전쟁이 발발하여 학교와 학생 대부분이 부산으로 피난을 갔다. 그 과정에서 상당수의 학생이 군에 입대하였거나 행방불명이 되었다.

1950년 가을 부산 대신동에 가교사가 마련되어 수업이 시작되었고, 1953년 3월 28일에 졸업하였다. 부산 피난 중에 서울대학교 전체 졸업생이 부산시 영도구 영선동에 자리한 영선초등학교 강당에 모여 정식 졸업식을 갖게 된 것은 우리 기수, 즉 1949년 입학생들이 졸업할 때가 처음이었다.

1968년 공릉동 캠퍼스의 봄. 왼쪽부터 조규종, 김극천, 권영중, 이재욱, 황종흘
(출처 : 『이재욱 정년 퇴임 기념집』, 158쪽)

이때 조선공학 전공 졸업생은 권광원(權光遠), 김극천(金極天), 박의남(朴義南), 이상돈(李相敦), 표동근(表東根) 5명이었다. 후일 군복무를 마치고 복학한 이재원(李在元)이 1956년에, 손상준(孫商俊)이 1957년에 졸업하였다. 결국 입학 동기 7명이 졸업한 셈이다. 졸업 직후인 1953년에 권광원은 교통부 해운국 조선과 공무원으로 임용되고, 박의남과 이상돈은 해군 진해공창 조함장교로 임관하였다. 또한 김극천과 표동근은 부산 소재 대한조선공사(현 한진중공업(주)) 사원으로 임용되었다.

동기 7명의 주요 경력을 소개하기로 한다.

권광원 해군 중위로 조금 일찍 예편한 뒤 교통부 해운국 조선과 공무원으로 임용되었다. 정부 조직법이 바뀜에 따라 조선과 소속도 교통부, 해무청, 상공부로 바뀌었다. 그간 계장과 과장 직책에서 정부의 조선 행정 발전에 크게 기여하였다. 1970년대 초 대통령 비서실 경제제2수석 비서관실 행정관으로 조선공업 근대화 및 육성정책 수립에 기여하였다. 이후 미국으로 이민 가서 미국 해군성 산하 함정 설계회사에서 다년간 근무하였다. 2000년대 초에 작고하였다.

김극천 1959년까지 대한조선공사 설계과, 기획과에서 근무하였다. 1957년부터 1958년까지 미국 MIT 대학원에서 연수를 받고 귀국한 후 1961년부터 1996년까지 서울대학교 공과대학 조선공학과/조선해양공학과 교수로 재직하였다. 정년 퇴임 후 명예교수로 추대되었다. 대학에서의 주요 역할은 선박동력장치 및 선박진동 분야의 교육과 연구활동이었다.
교수 재직 중에 PRADS 및 ISSC 국제활동으로 한국 조선학계의 국제적 위상을 높이는 데 기여하였다. 교수 재직 중에 두 차례 파견 근무를 한 바 있다. 첫 번째는 1967~1968년 수산청 어선과장으로 어선의 선질 FRP화 및 기계화 사업에 특히 진력하였다. 성과가 좋아 대학 복귀 때 수산청장 표창장 및 수산업협동조합 중앙회장 감사장을 받았다. 두 번째는 1977~1979년 초반 한국선박연구소 소장으로 근무하였다. 동 연구소의 초창기에 연구 환경 조성 및 연구 조직 강화에 대한 공로를 인정받아 대학 복귀 때 상공부 장관의 감사장을 받았다.(공학박사, 대한조선학회 회장, 한국과학기술 한림원 종신회원, 국민훈장 동백장)

박의남 재학 중에 서울대학교 학생회장을 역임하였고, 졸업 후 해군에 입대하여 대위로 예편한 뒤, 1958년 대한조선공사에 입사하여 계장, 과장, 업무부장을 역임하였다. 1975년 대우조선공업(주)의 계열회사인 통영 소재 신아조선공업(주) 대표이사에 취임하였다. 재임 중 중형 조선소 생산관리 기법을 크게 향상시켜 당시 업계의 모범 사례로 평가받았다. 1980년 대우조선공업(주)의 일본 도쿄 지사장에 임용되었다. 1985년 삼영엔지니어링(주)을 창립하고, 1990년까지 대표로 재임하였다.

손상준 충주비료공업(주), 진해화학공업(주), 코리아 엔지니어링(주)(Korea Engineering Co.), 대우엔지니어링(주) 등에서 근무하였다. 1983년부터는 대우조선중공업(주) 해상 플랜트선(船) 담당 부사장으로 재직하다가 1992년에 퇴임하였다.

이상돈 해군 대위로 예편한 뒤 대한조선공사에서 계장을 거쳐 과장으로 근무하다 장항 소재 흥국조선공업(주) 전무이사로 발탁되었다. 1970년대 말경 작고하였다.

이재원 연세대학교 교육대학원을 수료하였으며, 대전공업전문고등학교 교사를 거쳐 1974년 충남대학교 공과대학 교수로 임용되었다. 교수 재임 중에 공업교육과장, 기술교육과장을 맡았고 중등교육연수원장을 역임하였다. 1996년 퇴임하여 명예교수로 추대되었다. 2011년에 작고하였다.

표동근 대한조선공사에서 계장, 과장 및 설계부장을 지낸 뒤 1971년에 퇴임하였다. 그 후 홍익공업전문대학 교수로 임용되어 근무하다가 일본 도쿄대학 대학원 박사 과정에 유학하였다. 1984년 동 대학원에서 공학박사 학위를 취득하였다. 1985년 홍익대학교 기계공학과 교수로 임용되었고 1996년 정년 퇴임하였다. 모교 조선해양공학과의 외래교수로 다년간 조선공작법 강의를 담당하였다. 대한조선학회 부회장을 역임하였으며, 건설부 장관 표창을 받기도 하였다.

5회 졸업생(1950년 입학) 이야기

정태구

정태구는 1950년 봄, 중학 선배의 권유와 어릴 적 목포에서 본 기선(汽船)에 대한 추억으로 서울대학교 공과대학 조선공학과에 입학하였다. 그러나 곧이어 한국전쟁이 발발하여 고향인 목포로 피난을 가게 되었고, 그것으로 대학 1학년을 마치게 되었다. 한국전쟁은 그에게 치명적인 아픔을 가져왔다. 지주 출신인 그의 부모 등 가족 4명이 공산당에게 공개 처형된 것이다.

그는 전쟁으로 부모와 모든 재산을 잃고 대학 재학 중 줄곧 고학을 해야만 했다. 육군 문관, 국방과학기술연구소 보조원, 경찰, 부산 부두 군수품 검사관 등 닥치는 대로 일을 해서 학비와 생활비를 벌었다. 그는 1952년 10월 부산으로 피난한 서대신동 서울대학 공대 가교사에서 공부를 계속하였고, 이어 서울대학교가 1953년 9월 서울로 환도하여 공과대학이 서울 용두동 사범대학 자리에서 강의를 개설하였을 때 강의에 출석하였다. 결국 4년의 대학생활 중 6개월만 서울에서 수업을 받은 셈이다. 당시 서울대학교 조선공학과는 교수가 모자라 김재근 교수 혼자 주 20시간씩 강의를 하고, 실습할 시설도 없이 강의에만 의존하는 실정이었다.

정태구는 1954년 1월 대학생 신분으로 대한조선공사에 동기생 남기환과 함께 입사하여 선박 설계로 조선 기술자로서의 삶을 시작하였다. 그러나 대학시절에 제대로 배우지 못한 그는 맡은 업무를 수행하기가 어려웠다. 그는 설계과에 근무하는 선배에게서 선박 건조에 관한 기초지식을 배우는 한편, 부산 시내의 헌책방을 뒤져 영어 원서와 일본 서적을 구하여 매일 늦도록 공부하면서 조선 기술자로서의 능력을 키웠다.

1961년 설계과를 떠나 공무과장으로 옮겨, 좌초되어 선저 외판 구조가 심하게 손상된 5천 톤급 화물선 대포리호 수리를 맡게 되었다. 그때 스스로 익힌 전용접

블록 건조방식을 이 배에 적용하여 완전 수리에 성공하였고, 부분적으로 선체 수리 공사를 맡아 한국 선박 건조에 처음으로 블록 건조방식을 이용한 개척자로 알려지게 되었다.

1963년 초, 고려해운에서 주문받은 1600톤급 화물선의 건조에 이 건조방식을 적용하여 그 당시로는 가장 큰 신조선인 신양호의 진수를 성공적으로 완수하였다. 1964년 초 유조차 탱크, 화공용 탱크, 저유 탱크, 석탄차, 철교, 수문 등을 제작, 설치하는 철 구조물(요즘은 플랜트라 칭함) 사업을 새롭게 맡았다. 그러면서 부산조선소에서 제작하고, 건설 현장에 설치하는 현장소장으로 근무하였다.

1966년 2월 울산 소재 석유공사 석유저장시설 공사의 현장소장으로 근무할 때 과로로 병을 얻어 입원하였고, 이후 대한조선공사를 떠나 현대건설 기계부장으로 자리를 옮겨 현대그룹 정주영 회장과 인연을 맺게 되었다.

현대그룹에서 조선업을 시작하자 정태구는 1972년 7월 현대조선 도쿄 지사장으로 부임하여 조선시설 자재, 조선 강재, 조선 기자재 구매 업무를 총괄하면서 기술 도입, 기술자 연수, 해외 기술자 유치 등의 업무를 담당하였다. 만 2년의 도쿄 지사 근무를 마치고 울산으로 돌아와 현대조선의 첫 선박인 26만 톤 유조선의 건조 공사를 마무리하였다.

1974년 4월 현대그룹이 현대중공업(1975년 현대미포조선으로 정식 출범)을 설립하자 현대중공업 상무로 자리를 옮겼고, 이어 1975년 초 다시 현대조선의 조선사업 본부장으로 부임하여 조선사업 업무를 정착시키는 데 전력투구하였다. 이후 1978년 현대조선의 플랜트 사업 본부장으로 옮겨 1980년 초까지 근무하였다.

정태구는 현대그룹 정주영 회장의 절대 신임으로 초기 현대중공업의 조선 업무를 이끌었을 뿐만 아니라 엔진 사업부, 중전기 사업부, 플랜트 사업부, 건설장비 사업부, 로봇 사업부 등을 창설하였으며, 지금의 현대중공업의 기틀을 구축한 엔지니어의 표상이라 할 수 있다.

이어 현대그룹이 1980년에 아세아상선(현 현대상선)을 설립하자 아세아상선의 대표이사를 맡아 1986년까지 근무하였다. 1987년 현대그룹과 결별하고 인천에 본

거지를 둔 태양선박(주)을 창업하여 예인선과 바지선으로 해상 운송사업을 운영하였으나 1996년 8월 불의의 사고로 타계하였다.

정태구는 기술자의 본보기에 걸맞게 두뇌 회전이 빨랐고, 과묵하면서도 후배들을 잘 보살피는 등 뜻깊은 정이 있었다(현대조선에 근무할 때 진수회 후배 108명이 정선배 밑에서 근무하였다고 한다). 그리고 초인간적인 집념으로 어려운 고비를 숱하게 극복하였다. 한 예로 1977년경 중동 주베일 항 해양 구조물 설치의 전 공사를 지원해서 성공적으로 마치는 데 기여하였다. 또한 근검절약이 몸에 배었고, 공과 사가 분명하였으며, 일에 대한 욕심이 많아 '일벌레', '불도저'란 별명으로도 불렸다. 그와 함께 공부한 동기들은 다음과 같다.

남기환　대한조선공사 기사, 남성해운(주) 전무이사, 2014년 작고
박동현　유니테크 캐피탈 회장 역임
양동률　전남대학교 공과대학 기계공학과 교수, 명예교수
윤갑순
이종렬

6회 졸업생(1951년 입학) 이야기

신동식

우리는 서울대학교 전체의 역사로 따지면 9회 졸업생이고 조선항공학과에서는 6회 졸업생이다. 우리가 막 신입생이었던 1951년 3월은 전쟁이 한창일 때, 그것도 부산과 마산, 경주 등 경상도 일부 지역을 제외한 전 국토를 인민군에게 빼앗기고 나라의 운명이 바람 앞의 등불처럼 위태롭던 때였다. 비참한 피난 생활과 불리한 전황 등, 희망이라고는 보이지 않는 외중에도 용케 뜻을 품은 이들이 한자리에 모인 것이다.

개인 사정으로 도중에 학교를 떠난 벗도 한두 명 있으나, 학업을 무사히 마치고 1955년 졸업식까지 함께한 이들은 김석주, 강시득, 권재웅, 김영서, 김정배, 박재웅, 박한웅, 서영하, 송준해, 신동식, 옥영종, 유동준, 이재원, 이한구, 임승신, 장진성, 정연휘, 정진, 조규완 등 18명이다.

이때는 학과 명칭이 조선항공과였으며 입학 후 2학년으로 올라가면서 조선과 항공으로 세부 전공을 나누었다. 세부 전공은 달라도 유체역학이나 구조역학, 수학 등 기본이 되는 과목들은 조선 전공이나 항공 전공이 함께 공부하였기에 다들 퍽 친하게 지냈다. 전란의 고초를 함께 이겨낸 경험과 당시 기반시설이 전무하다시피 하고 인식도 낮았던 새로운 산업 분야에 도전하여 나라에 기여하겠다는 열정 등이 돈독한 유대감에 한몫하였을 것이다.

:: 천막 수업에 교과서도 직접 만들어

피난 시절 서울대학교 공과대학 임시 교사는 부산 서대신동 산비탈에 미군 부대에서 나온 헌 천막을 줄지어 쳐둔 것이 고작인 형편이었다. 기름 냄새 나는 천막 안에 보급품 궤짝을 뜯어서 만든 긴 의자 몇 개와 허름한 칠판을 가져다 놓고 강의실로 삼았다. 전쟁 통에 제대로 된 교재나 커리큘럼이 있을 리 만무하였다. 게다가 생긴 지 몇 해 되지 않은 신생 학과였기에 교수님들 역시 정식으로 교육을 받은 이들이 없다시피 하였다. 학과를 창설하신 김재근 교수님부터 조선공학을 전공하신 분이 아니었다. 김 교수님은 경성제국대학(서울대학교의 전신) 기계공학과를 졸업한 뒤 제2차 세계대전 중 잠수함 건조 현장에서 일하며 조선의 중요성을 깨닫고 서울대학교에 우리나라 최초의 조선항공학과를 창설하신 선구자이시다. 그러나 현장에서 일본인 기술자들의 어깨 너머로 배운 조선 지식 외에는 독학으로 공부하실 수밖에 없었기에 적지 않은 고초를 겪으셨다. 숱한 난관을 딛고 1950년에 드디어 조선항공학과 1회 졸업생들이 배출되었으나 곧바로 전쟁이 발발해 부산으로 쫓겨 내려와야 하였기에 젊은 교수진 역시 학생들과 나이와 지식 면에서 사실상 큰 차이가 없는 형편이었다. 그러나 선생과 제자를 막론하고 배우겠다는 의지와 열망만큼은 누구보다 뜨거웠다. 조금 이상하게 들릴지 모르겠지만, 국가의 존망조차 장담할 수 없는 최악의 상황이었기에 오히려 무엇을 하더라도 지금보다는 나아지리라는 마음이 있었는지도 모른다. 상황이 절망적일수록 새로운 공학을 공부해 세상에 보탬이 되겠다는 순수한 열정은 더욱더 환하고 뜨겁게 불타올랐다.

이 시기를 돌아보면서 가장 기억에 남는 것은 외국 교재를 직접 번역하고 세미나 형식으로 함께 정리하며 공부하였던 일이다. 부산에는 일본을 오가는 밀선(密船)이 많았다. 교재를 구할 길이 없어 밀수업자들을 통해 책을 구하기도 여러 번이었다. "동경에 가면 어디에 있는 책방에 들러 동경대학교 공과대학 교재로 쓰이는 무슨 책을 구해 달라"며 부탁하고 약간의 웃돈을 건네면 며칠 뒤 귀한 책을 손에 넣을 수 있었다. 그렇게 한 권을 구하면 글과 도판을 일일이 필사하여 나눈 뒤 각자 맡은 몫을 우리말로 번역하고 이해가 힘든 부분은 함께 토의하며 예제를 풀어 나갔다. 다들 지식의 수준이 비슷하다 보니 따로 선생과 제자의 구분 없이 그때그때 해당 장(章)의 발제자가 자연스레 선생 노릇을 하며 수업을 이끌어 나갔다. 그렇게 번역과 수차례의 검토 및 교정을 거친 최종 '교과서'를 다시 손 글씨로 깨끗이 정서하고 머릿수대로 등사해 나누어가질 즈음에는 모두들 책 내용을 달달 외울 정도로 전문가가 되어 있었다.

영어로 된 교재도 동일한 방법으로 구해 공부하였는데, MIT에서 교재로 쓰이는 책들이 주가 되었다. 개중에는 미국조선학회(Society of Naval Architect and Marine Engineering: SNAME)에서 펴낸 『기본 조선학*Principle of Naval Architecture, PNA*』, 『해양공학*Marine Engineering*』 등의 책이 있었다. 『기본 조선학』은 일본어 번역서를 들여와 보다가 오류를 발견하고 다시 영어 원서를 구해서 보는 해프닝을 벌이기도 하였다. 유체역학, 구조역학, 공업역학, 함수론 등의 책도 닥치는 대로 구해 보았다. 티모셴코(S. Timosenko)의 『구조역학』 책을 보면서 어렵기로 소문난 연습문제를 함께 머리를 맞대 풀어낸 뒤 해답집을 만들어냈던 뿌듯함은 아직도 기억에 생생하다. 이렇게 각고의 노력 끝에 만들어진 교과서는 훗날 다른 대학들의 수업에도 영향을 주었다.

당시 교수님은 조선항공학과를 창설하신 김재근 교수님을 비롯해 1회 졸업생 출신인 김정훈 교수님과 황종흘 교수님, 그 외에 조규종 교수님과 인철환 교수님 등이 계셨다. 자료가 워낙 귀하다 보니 학생들이 자료를 구해 오면 교수님들도 조 활동과 세미나에 똑같이 참여해 공부하였다. 모르는 걸 숨기거나 부끄러이 여기지 않고 함께 공부하는 자세와 열정은 제자들에게 큰 귀감이 되었다.

:: 서울로 돌아왔으나 열악한 환경은 그대로

전황이 바뀌어 9월 28일에 서울이 수복되었지만 학교는 한동안 서울로 돌아가지 못하였다. 갑작스러운 중공군의 참전으로 1.4 후퇴와 밀고 밀리는 치열한 전투가 이어져 서울 지역은 휴전 직전까지 전투지구로 분류되어 통제되었다. 서울이 완전 수복된 뒤 간신히 돌아왔지만 시련은 계속되었다. 전쟁 전 신공덕의 태릉 인근에 번듯한 공과대학 건물이 있었으나 교사를 미 공병단 사령부에서 사용하고 있어 들어갈 수가 없었다. 하는 수 없이 대학로에 있는 중앙공업연구소를 임시 교사로 삼았지만 건물이 협소한 관계로 조선항공학과만 간신히 입주하고 그 외의 학과들은 동숭동 일대에 뿔뿔이 흩어져 피난 아닌 피난 생활을 하여야 했다. 지금의 후배들이 생각하고 경험한 대학생활과는 천양지차일 것이다.

재학 중 모든 서울대학교 학생들이 광주 보병학교에 입대해 10주 동안 특수 군사훈련을 받아야 했던 것도 전쟁 상황이라는 시대의 특수성 때문에 있었던 사건 중 하나이다. 당시 광주 보병학교는 전국의 대학생들이 모여들어 훈련을 받는 교육총본부였다. 훈련을 마치면 언제든 국가에 비상사태가 발생할 때 장교 자격으로 일선에 투입되었지만 군 복무를 인정해주지는 않아 후에 다시 복무를 하여야만 했다. 그럼에도 훈련 당시에는 아무도 불평하지 않았다. 나라를 지킨다는 사명감과 자부심이 컸던 때문이다. 시내에 나가면 장교 훈련 중인 서울대학교 학생들이라 하여 식당에서 국밥 한 그릇이라도 더 내어주고 격려할 정도로 인정받았다. 물론 부대 내 시설은 열악하였고 밤사이 국통 안에 떨어져 죽은 쥐가 다음 날 배식 중에 발견되는 일도 흔하였지만 지금 돌아보면 힘들었던 것보다 함께하여 뿌듯하고 즐거웠던 마음이 더 크다.

시대가 시대인 만큼 배움의 환경이 열악하다고는 하나 그래도 명색이 조선학도이니 직접 현장에서 배를 살피고 만들어보며 실습을 하여야 했다. 그러나 배를 주문하여 짓는 곳이 전무하다시피 하니 실습을 할 만한 업체가 없었다. 대한조선공사에서 간단한 수리를 받는 미군 수송선을 둘러보거나 진해에 위치한 해군공창에서 해군 소속 군함을 살펴보는 것으로 그나마 갈증을 달랬다. 해군공창에서 해군 조함장교로 복무하던 하영환 선배와 박의남 선배가 편의를 보아준 덕분이었다. 군복을 입고 한 달 이상의 기간 동안 숙식을 함께하며 배를 살펴보았던 일은 광주 보병학교 훈련에 이어 서로 유대를 돈독히 다지는 좋은 경험이 되었다. 그리고 군함을 살펴보면서 어렴풋이나마 배에 대한 감각을 키울 수 있었다.

:: 자존심 버리고 바닥부터 다시 시작

졸업 후의 진로는 다양하였다. 나처럼 유학길에 오르거나 관련 기관에 취직을 한 사람들도 있었지만 조선과 아무런 관련이 없는 곳으로 간 사람도 적지 않았다. 조선에 대한 인식이 희박하고 기반시설도, 수요도 없다 보니 먹고살 만한 일자리

자체가 귀하였던 것이다. 나는 공군에서 군 복무를 마치고 잠시 숙명고녀에서 학생들을 가르쳤지만 조선의 꿈을 버릴 수 없어 유학을 결심하였다. 세계 각지의 조선소에 구직 문의를 하였을 때 가장 빠르고 적극적으로 회신을 해온 곳이 스웨덴의 코쿰스(Kockums) 조선소였다. 이곳은 우리 조선항공학과에서 조선공업 사진 전시회를 준비할 때 가장 많은 자료를 보내준 곳이기도 하였다.

스웨덴에 도착하니 곧바로 개인 사무실을 내어주었다. 한 나라에서 으뜸가는 국립대학을 수석으로 졸업하였다 하니 마땅히 그에 걸맞은 실력을 갖추었으리라 믿었던 것이다. 그러나 나는 내심 당황할 수밖에 없었다. 이론은 누구보다 자신 있었지만 현장을 겪어볼 기회가 없다시피 했기에 실제 도면을 보고 해석하는 기본적인 작업조차 무척 힘들었다. 며칠을 고민한 끝에 나는 고교 졸업생들을 대상으로 하는 현장 훈련 프로그램에 자원해 3개월가량 훈련을 받았다. 조선소에서 철판을 자르고 붙이는 일부터 시작해 그야말로 바닥에서부터 스파르타식으로 경험을 쌓아가는 과정이었다.

훈련은 말할 수 없이 고되었지만 그때 자존심을 버리고 한 선택이 내 인생을 바꿔놓았다고 믿는다. 충분한 현장 경험을 갖추고 다시 돌아왔을 때는 기존의 이론적 지식과 결합해 누구보다 뛰어난 실력을 발휘할 수 있었고, 가는 곳마다 성실하게 일해 곧 인정을 받았다. 그 덕분에 스웨덴 차머즈(Charlmers) 공과대학과 영국 더럼(Durham) 대학에서 이론 공부를 더 하며 배움의 갈증을 채울 기회를 가지기도 하였다. 이후 세계 굴지의 조선 용역회사인 하디 앤 토빈(Hardy and Tobin) 사를 거쳐 로이드(Lloyd's) 선급과 ABS(American bureau of shipping, 미국선급협회)의 한국인 최초의 검사관이 되는 영예를 누린 것은 물론, 귀국해서는 대한조선공사에 기술고문으로 재직한 것을 시작으로 청와대에서 경제수석비서관으로 일하는 한편, 조선·해운 중장기 계획을 수립하는 대통령 직속 해사행정특별심의위원회의 위원장 직을 맡아 박정희 대통령을 보좌하며 조선입국 실현에 미력하나마 힘을 보탤 기회를 얻기도 하였다. 뿐만 아니라 관직에서 물러난 뒤에도 한국해사기술(KOMAC)을 이끌며 평생 현역 조선인으로 살아왔으니 참으로 감사한 일이다.

:: 특별한 시절, 특별한 벗들

이제 동기들 개개인에 대한 이야기를 조금 해보고자 한다. 우리는 학생 구성과 연령대가 다양하였다. 고등학교를 졸업하고 바로 지원해 입학한 친구들도 있었지만 사회생활을 하다가 들어온 늦깎이 학생도 있었고 국방부에 소속된 문관이나 현역 군인도 있었다. 전투가 치열한 와중에 현역 군인이 대학 수업을 들을 수 있었다니 신기하게 들릴지 모르겠다. 비상시국에서도 뜻있는 청년들이 학업을 이어갈 수 있도록 지원하였던 전시종합대학 제도 덕분이었다. 우리 위 기수의 선배님들 중에서도 현역 계급장을 달고 강의실에 앉아 공부한 군인들이 적지 않았던 것으로 기억한다. 지면 아래부터는 6회 동기들의 추억을 기술하도록 하겠다.

소설 같은 사연으로 월북한 이재원　남북의 대립 이야기를 하니 소설 같은 사연으로 월북한 친구 이재원이 생각난다. 나와 유난히 친하였던 동기 중 한 명이라 더욱 그리운 얼굴인 그는, 졸업 후 인천의 고등학교에서 학생들을 잠시 가르치다가 유학길에 올라 네덜란드의 명문인 델프트(Delft) 공과대학에서 공부한 뒤 세계적 기술력과 규모를 자랑하는 델프트 조선소에서 일하게 되었다. 나와 서영하가 스웨덴 코쿰스 조선소에서 공부와 일을 병행하던 시절, 네덜란드로 그를 찾아가 이준 열사 유적지를 함께 둘러보고 밤새 나라와 민족의 미래를 이야기하였던 추억이 있다.

그가 델프트 조선소에 있을 때 북한이 어선 5척을 주문해 왔는데, 같은 언어를 쓰는 한민족이라는 이유로 그는 통역을 비롯한 여러 가지 일을 자연스럽게 거들어주었다. 진수식 날, 완성된 어선을 보고 크게 만족한 북한의 장성급 고위간부가 그간의 도움에 감사를 표하며 이재원에게 두 가지 선물을 주었다고 한다. 하나는 '친애하는 이재원 동무에게'로 시작하는 친필 메시지가 적힌 김일성 주석의 사진이었고, 또 다른 하나는 김일성 전집이었다. 국내라면 마땅히 경계하였겠지만 외국에서는 사상을 따지며 서로 으르렁거리기보다는 한민족이라는 공감대가 컸고 그동안 작업을 함께하며 정이 들기도 하였기에 그는 별 생각 없이 감사인사를 하고 선물을 받아 보관하였다.

별 것 아닌 듯 보였던 선물이 이재원의 남은 인생을 완전히 바꾸어 버릴 줄이야! 그 즈음 공교롭게도 동독에서 세칭(世稱) 동백림 사건이 터진 것이다. 당시 중앙정보부는 독일과 프랑스에 있는 유학생과 교민 중 상당수가 동백림(동베를린)의 북한 대사관과 평양을 드나들며 간첩교육을 받아 대남 적화활동을 하였다고 보고 조사에 나섰다. 당시 동베를린에는 북한 측에서 운영하는 냉면 전문점이 있었는데, 손님들에게 으레 나누어주는 선전 책자를 버리지 않고 무심코 보관하였던 이들까지 죄다 간첩으로 지목받았다. 이들은 굴비 두름처럼 줄줄이 엮여 강제 송환된 것은 물론, 안기부에서 혹독한 심문을 받아야 했다. '식사를 한다는 명목으로 모여서 대한민국 안보에 관한 정보를 누출하였다'는 죄목이었다. 동독과 지리적으로 가까운 네덜란드에도 소문이 빠르게 퍼졌고, 주변 사람들은 이재원에게 피신을 권하였다. 선전 책자 하나 받은 것도 이렇게 문제가 되는데 하물며 고위간부에게 친필 서명이 있는 김일성 사진과 전집을 받았으니 무사할 리 없다는 것이었다.

문제는 여기서 일어났다. 그는 당황한 나머지 자신에게 선물을 주었던 간부에게 제일 먼저 연락을 취하였다. 급한 마음에 선물을 준 당사자에게 의논하려 한 것이었으나 자진해서 연락해온 사람, 그것도 학벌과 지식과 경험을 모두 갖춘 엘리트 조선 전문가를 북한 측에서 놓칠 리가 없었다. 결국 그는 북한으로 '피신'하였고, 졸지에 반(半) 자발적 월북 인사가 되고 말았다. 이는 모두 훗날 전해 들은 이야기이지만 평소 소처럼 우직하고 마냥 고지식하였던 그의 성품을 생각해보면 정말로 그러하였으리라 개인적으로 믿는다.

후에 더욱 공교로운 일이 벌어졌다. 월북 뒤 그는 순탄하게 출세하여 제네바로 다시 파견 근무를 나온 모양이었다. 외로워서였을까? 그는 여전히 스웨덴 코쿰스 조선소에서 일하던 서영하에게 전화를 걸어 간단히 자신의 근황을 전하였다고 한다. 당시 나는 한국에 돌아와 청와대에서 일하고 있었다. 그가 월북하였다는 사실까지는 늦게나마 전해 들었지만 그 뒤로 전혀 소식을 모르다가 서영하에게 연락을 받고 깜짝 놀랐다. 두 사람은 그 뒤로 통화나 어떤 연락도 주고받지 않았지만, 남쪽에 남아 있던 이재원의 아우가 어찌어찌 형의 거취를 전해 듣고 형을 설득하고자 제네바로 찾아갔다. 그러나 대화를 나누다가 오히려 형에게 설득당해 아우마저 월북하고 말았다. 그 뒤로 형제의 소식을 아는 이가 아무도 없다. 운명이란 참 묘한 것이다. 내가 아는 그는 대한민국의 미래를 누구보다 걱정하고 꿈꾸던 애국자였다. 애초에 그런 선물이 주어지지 않았다면, 공교로운 시기에 동백림 사건이 터지지 않았다면 어떻게 되었을까, 지금도 가끔 생각하곤 한다.

유럽 유학을 함께한 박한웅   당시 우리 동기 중 이재원과 비슷한 시기에 유럽 유학을 떠난 사람은 나와 서영하, 박한웅이 있었다. 시간상으로는 내가 가장 먼저 출국해 스웨덴 코쿰스 조선소에 입사하였고 비슷한 시기에 박한웅이 노르웨이로, 1년쯤 후 서영하가 스웨덴으로 와서 나와 합류하였던 것으로 기억한다. 박한웅은 노르웨이 트론헤임(Trondheim) 공과대학에서 공부하다가 스웨덴으로 와서 나와 서영하의 뒤를 이어 코쿰스 조선소 설계부의 일원이 되었다. 자칭 유럽 유학 3인방이 모이면 밤새도록 담소가 끊이지 않았다. 마지막에는 늘 '규모와 기술력이 세계에서 손꼽히는 조선소에서 일하여 얻은 지식을 가지고 돌아가서 손잡고 한국 조선업계를 일으켜보자'는 다짐이 따랐다. 젊은 날의 치기요, 객기일 수도 있으나 당시 우리는 더없이 진지하였고, 그때 나눈 이야기는 내가 훗날 정부에서 일하며 조선공업 발전에 실질적인 기여를 할 수 있게 되었을 때 적지 않은 격려가 되었다.

한창 나이에 떠나간 친우 서영하 안타깝게도 서영하는 그 꿈의 실현에 함께하지 못하였다. 약간의 시간 차는 있었지만 스웨덴 유학까지 함께한 그는 나와 마찬가지로 자진해서 기술자 양성소 훈련부터 받을 정도로 배움에 대한 열의가 대단한 친구였다. 내가 귀국한 뒤에도 그는 한동안 현지에 머물며 코쿰스 조선소와 로이드 스웨덴 지부에 근무하였고 스웨덴 여성과 가정도 이루었다. 훗날 한국으로 돌아와 삼성중공업의 거제조선소 부사장으로 취임할 때까지만 해도 아무런 문제가 없는 것 같았으나 그는 얼마 뒤 회사를 그만두고 말았다. 국내의 권위적인 기업문화에 익숙하지 않아 최고 경영진과 갈등이 커진 탓이었다. 나는 그가 곧 재기하리라 믿었지만, 복막염 수술이 잘못되어 그는 한창 나이에 세상을 떠나고 말았다. 함께 조선과에 진학해 배와 바다를 배우자고 다짐하던 목소리, 귀국 후의 포부를 밝히며 환히 웃던 얼굴이 아직도 생생한데, 정작 그 친구는 가진 재주를 국내에서 펼쳐볼 기회도 얻지 못하고 떠났으니 슬픈 일이다.

수학 성적 하나로 평생 반려를 얻은 유동준 미국으로 유학을 떠난 동기도 있었다. MIT에서 공부한 유동준과는 내가 뉴욕에서 ABS 검사관으로 근무하던 시절에 종종 연락을 주고받았다. 이 친구는 부인을 만난 사연이 아주 재미있다. 학창시절에 우리는 박경찬 교수님께 함수론을 배웠는데, 어렵다고 소문난 함수론 시험에서 나와 유동준이 100점을 받아 칭찬을 들은 적이 있었다. 그런데 고집 센 경상도 양반인 박 교수님은 모름지기 사람의 기본이 되는 학문이 곧 수학이라고 믿는 분이셨다. 함수론 시험점수를 잘 받은 두 사람 중 한 명에게 고명딸을 맡겨야겠다는 생각을 하신 당신은 황종흘 교수님더러 두 사람에게 연락을 넣어보라 부탁하셨다고 한다. 고등학교 은사이기도 한 박 교수님의 부탁을 거절할 수 없었던 황 교수님은 뉴욕에 있는 나와 보스턴에 있는 유동준에게 연락을 하셨는데, 당시 일하는 재미에 푹 빠져 아직 가정을 이룰 생각이 없었던 나는 바로 사양의 뜻을 밝혔으나 유동준은 망설이는 모습을 보였다. 어떨 것 같냐고 전화로 물어보기에 장난기가 동한 나는 "너와 참 잘 어울릴 것 같다. 대한민국 최고 수학자인 호랑이 교수님의 따님이니 얼마나 올곧고 반듯한 규수이겠냐! 더 볼 것 없이 결혼해버려"라고 부추겼다. 그랬더니 정말로 일사천리로 일이 진행되어 교수님이 다짜고짜 따님을 미국행 비행기에 태워 보내시고 말았다. "믿고 딸을 보내니 결혼식도 알아서 하고 백년해로하라"는 전언이었다. 요즘 청년들이 들으면 기함할 일이다. 수학시험 성적 하나만 보고 태평양 건너에 있는 사람을 바로 사위 삼다니, 그때도 흔한 일은 아니었다. 웃음을 참고 공항에 함께 마중을 나갔는데, 실제로 만나보니 두 사람은 첫눈에 서로가 마음에 쏙 든 모양이었다.

이런 것을 보면 과연 인연이라는 것이 따로 있기는 한가 보다고 생각하게 된다. 보스턴의 작은 교회에서 결혼식을 올린다 하였으나 일이 바빠 가지 못하고 전화로만 축하하였다. 이후 소식을 듣지는 못하였으나 서로 아끼며 행복하였으리라 믿는다.

든든한 큰형님 김영서와 조규완(48학번), 김석주(48학번) 우리 대부분보다 나이가 열 살이나 더 많을뿐더러 속도 깊어 '영감님'이라는 별명으로 불렸던 김영서가 생각난다. 그는 우리를 가르쳤던 김정훈 교수님의 평양고등학교 선배여서 누가 선생이고 누가 학생인지 애매할 때가 많았다. 그는 평양에서 대학을 다니다가 한국전쟁 발발 직전에 월남하였는데 러시아어와 영어 모두에 능통한 재주꾼이었다. 그러나 무엇보다 '영감님'이 가장 큰 재주를 발휘한 것은 등사였다. 당시에는 복사기가 없었기에 책을 구해 오면 기름종이(油紙)에 철필로 일일이 긁어 쓴 뒤 머릿수대로 등사해서 나누어야 했는데 작고 반듯하니 보기 좋은 글씨로는 그를 따를 이가 없었다. 모든 자료는 그의 손을 거쳤다. 과에서 유일하게 복사기를 가지고 있었던 셈이다. 그가 그 많은 내용을 다 손으로 쓰고 잉크를 칠하고 롤러로 밀어 찍어내는 노고를 묵묵히 감수해준 덕분에 우리가 공부를 할 수 있었구나 싶어 새삼 감사한 마음이다.

나이가 다섯 살 정도 많고 한문에 능해 '서당선생'으로 통하였던 조규완 역시 든든한 '영감님'이었다. 그는 점잖으면서도 재치 있는 언변으로 좌중의 분위기를 이끌어 나가는 데 일가견이 있었다.

우리가 '영감님'으로 불렀던 또 한 사람은 김석주였다. 그는 수백 대 일의 경쟁률을 뚫고 조달청에 합격해 청장을 보좌하여 외국 물자를 들여오는 일을 맡을 정도로 영어 실력이 뛰어났다. 재학 중 다 함께 교재를 번역해 가며 공부할 때도 그의 활약이 컸던 것은 물론이다. 졸업 전시회를 준비할 때 해외 조선소와 기업들에 보내는 편지도 그가 감수하고 다듬어 주었던 기억이 난다. 조규완과 김석주는 엄밀히 말하자면 우리 6기생들과 함께 입학하고 졸업한 동기는 아니었으나 학창시절의 소중한 추억을 함께하며 나이를 뛰어넘은 우정을 나누었다.

조선 최일선을 지킨 강시득, 권재웅, 박재웅, 송준해, 임승신, 정진 이들은 아무것도 없어 허허벌판이나 다름없던 대한조선공사에 입사해 묵묵히 우리나라 조선의 최일선을 지킨 동기들이다. 내가 처음 귀국해서 박 대통령의 명을 받고 대한조선공사에 내려갔을 때 조선소에는 허리까지 풀이 무성하였고 직원들은 몇 달째 월급을 받지 못해 고철을 주워 쌀로 바꾸어서 간신히 생활하는 형편이었다. 이들은 그런 어려움 속에서도 꿋꿋이 현장을 지켰고, 내가 대한조선공사 고문직에서 물러나 ABS 검사관으로 다시 출국한 뒤에도 대한조선공사를 지켰다. 함께 소매를 걷어붙이고 풀을 깎고 밤새 공장 시설을 손보던 추억이 새롭다. 아무도 거들떠보지 않을 때 제자리를 지켜주었던 이들 덕분에 훗날 조선입국의 불길이 활활 타오를 수 있었다.

:: 떠나간 벗들을 그리며

안타깝게도 지금 우리 동기 모두는 세상을 떠났거나 연락이 두절되어 생사를 알수 없게 되었다. 전후 혼란 속에 다들 뿔뿔이 흩어진 상황에서 서로를 다시 찾기가 쉽지 않았고, 운이 좋아 찾는다 해도 연락을 이어나가기가 어려웠다. 이메일과 팩스는 당연히 없었고 유선전화마저 동네에 한두 집 정도였으니, 전화가 있으면 형편이 좋다고 여기던 시절이었다. 우편 사정도 크게 다르지 않아 수취인 주소 불명으로 반송되거나 우편물 분실은 당연한 일상이었다.

이제 나 홀로 시대의 증인으로 남아서 떠나간 벗들을 회상하려니 부족한 서술로 고인들을 욕되게 할까 봐 부끄럽고 망설여진다. 떠난 이들의 인품과 활약상을 온전히 담아내고 전하기에는 흐린 기억과 미약한 필력이 미치지 못하는 곳이 너무나 많다.

우리가 대학에서 공부하였던 시기는 우리나라 역사상 가장 비극적인 시기였다. 사방을 둘러보아도 빛이라고는 보이지 않던 시절이었다. 돌아보면, 오히려 그렇기 때문에 스스로 불을 피워 세상을 밝히겠다는 의지와 희망이 더욱 강해지지 않았나 싶다. 고향과 나이, 성격은 제각각이었지만 절망에 굴하지 않겠다는 의지, 새로운 학문을 배워 나라의 기둥이 되겠다는 꿈과 열정은 하나였다. 물설고 낯선 이역만리에서 이를 악물고 공부하고 일할 때도 다들 그런 극한상황을 이겨내야겠다는 각오가 있었기에 악착스레 나아갈 수 있었다. 오늘날 눈부시게 발전한 한국 경제와 세계 1위에 빛나는 한국 조선산업을 바라보자니 우리의 노력이 헛되지 않았다는 생각에 가슴이 벅차오른다.

그러나 가슴 벅찬 한편으로는 슬픔과 안타까움을 금할 수 없다. 나는 다행히 운이 좋아 동기들 중 가장 먼저 외국 유학을 갈 수 있었고 다양한 국제기구에서 경험을 쌓았으며 정부 부처에서 일할 기회도 얻었다. 그러나 그렇다고 하여 다른 동기들이 나보다 뒤처지거나 못한 일을 하였다고는 말할 수 없다. 그들은 모두 사회 구석구석에서 나라의 기반을 닦고 아낌없이 스러지는 밀알이 되어 수많은 새 밀알들을 키워내었다. 지금 우리가 누리는 풍요는 과거의 개척자들이 흘린 피땀이 없이는 불가능하였다고 자신 있게 말할 수 있다. 그러나 안타깝게도 그 풍요를 일구어 낸 주역들은 달콤한 열매를 제대로 맛볼 새도 없이 떠나고 말았다.

몇 해 전 팔순을 넘겼지만 나는 아직도 현역이다. 국내의 현역 조선인들 중에서 가장 나이가 많을 것이다. 힘에 부쳐 그만두고 싶거나 적당주의로 넘어가고 싶을 때가 왜 없었겠는가. 그러나 앞서 떠난 이들의 몫까지 해야겠다는 사명감이 나를 채찍질해 주었다. 앞으로 나에게 얼마의 시간이 허락되어 있는지는 모르겠으나 주어진 시간이 다할 때까지 일선을 지키다 가고 싶다. 그래서 친구들 옆에 부끄럼 없이 서고 싶다.

벗들에게 무한한 감사와 존경, 사랑을 전한다. 내 인생에서 가장 어두웠던 시절은 벗들이 함께해준 덕분에 가장 빛나는 시절이 되었고, 전쟁의 폐허에서 신음하던 조국은 이들이 피땀 흘려가며 불철주야 애써준 덕분에 세계 최고의 조선대국이자 세계에서 손꼽히는 부국으로 성장할 수 있었다. 고맙다. 그리고 사랑한다, 친구들아.

7회 졸업생(1952년 입학) 이야기

김주호

서울대학교 공과대학 조선항공과에 입학 및 사회활동을 논하기 이전에 우선 시대의 변천과 사회의 격동기부터 이야기할 필요가 있을 것 같다. 우리가 초등학교에 다닌 시절은 일제 강점기였다. 태평양 전쟁(제2차 세계대전) 중에 학교 수업보다는 근로봉사에 많은 시간을 보내다 1945년 8월 15일 해방이 되었다. 1948년 정식 정부가 수립되고 어지럽던 질서가 잡히려는 무렵인 1950년 6월, 북한의 남침으로 한국전쟁이 터졌고 정부가 부산으로 피난하고 서울에 있는 대부분의 학교가 부산으로 이동하였을 때에 우리는 대학 입시를 치르게 되었다.

1952년 2월에 시험을 치르고, 부산 대신동 종합운동장 뒤 담벼락이 어둑어둑해질 무렵 전등을 켜들고 마음 졸이면서 합격자 명단을 확인하느라 우왕좌왕하던 기억이 엊그제 같은데 졸업한 지 벌써 59년이라는 세월이 흘렀다.

천막을 친 가교사에 널빤지로 만든 긴 의자에서 1학년 전 학생이 한꺼번에 수강하니 한마디로 아수라장이었고 그나마 비가 오면 휴강하였다. 그렇게 1학년과 2학년 1학기까지 어떻게 공부를 하였는지 기억이 잘 나지도 않는다. 그 당시 조선과 과대표인 박의남 선배가 우리에게 조선과 입학을 환영한다는 말씀만 또렷이 기억난다.

1953년 7월 한국전쟁이 휴전이 되어 정부가 서울로 환도하고 각 학교도 서울로 옮겨 수업을 하였으나 본교는 수업을 진행할 준비가 되어 있지 않았다. 동숭동 대학본부 또는 용두동 사범대학 가교사로 전전하면서 올바른 교과서도 없이 2학년을 마쳤고 3학년, 4학년 2년 동안을 불암산 본교에서 공부하였다.

그 당시 불암산 본교까지는 교통이 불편하여 어려움이 많았고 많은 학생이 농가에 방을 얻어 친구들과 자취생활을 하였다. 우리는 그렇게 1956년 3월, 감격적인 졸업식을 치렀다. 당시 지도교수님으로는 김재근, 김정훈, 황종흘, 임상전, 김극천, 조규종, 인철환 등이 계셨고 그 외에 기계과 교수님들도 계셨다.

그해 조선과 항공 전공을 합하여 총 25명가량(숫자 미확인)이 졸업하였으나 취업은 어려웠다. 유일하게 갈 수 있는 곳이 부산에 있는 대한조선공사(현 한진중공업)였는데 그곳도 일감 부족에다 경영 부실로 10개월 이상 월급이 체납되고 있었으니 선뜻 지원할 수 없었다. 그런 열악한 환경에서도 장정수, 안정순, 강용규 등 동기 3명은 대한조선공사에 입사하였으며 그 외 다수 동문은 해군에 입대하였다. 해군은 현장 경험도 하고 군도 필하는 이득이 있었으나 제대 후 진출할 데가 마땅치 않은 단점이 있었다. 우리는 학교 교사, 자영업, 유학 준비, 관공서, 자동차 업계 등등으로 자리를 잡아갔다.

나는 대한해운공사(국영)에 입사하게 되었고 그 후 한국 조선계의 발전에 간접으로나마 헌신하였다고 자부하고 있다. 후배로는 권오민, 박원준, 김주영, 배광준, 이재위 등이 근무하였다. 1960년대 후반부터 현대중공업이 발족하여 한국 조선공업도 활기를 띠자 많은 동문이 조선업계에 근무하게 되었고 동기 오창석은 초창기에 입사하여 부사장까지 역임하다 퇴임하였다.

우리 7회 동문은 한 달에 한 번씩 모여 회식하면서 과거 학창시절에 사회로 진출하여 경험하였던 일 등 한국 조선공업에 대해서 많은 경험담을 늘어놓으면서 옛 추억을 더듬어 본다. 그러나 친구들이 저세상으로 떠나면서 그 수가 점점 줄어들어 안타깝다.

2000년 초반까지만 해도 12명 정도가 활발하게 모임을 가졌으나 지금은 7명으로 지탱하고 있다. 구성인은 김주호, 강용규, 김운영, 김훈철, 이해, 최영섭, 박홍규 정도이다.

입학 동기를 위주로 간단하게 약력을 소개한다.

강용규 1956년 대한조선공사에 입사하여 우리나라 최초의 철선 건조에서 헌신하였다. 서울시청에 공무원으로 근무하였으며 퇴직 후 개인 사업을 하였으나 지금은 은퇴하였다.

권이원 부산에서 신발공장을 운영하였으며 작고하였다.

김남길 남해화학을 거쳐 캐나다에 이민하였으며 작고하였다.

김운영 개인 사업을 왕성하게 운영하였으나 은퇴하였다.

김주호 대한해운공사를 거쳐 1967년부터 1999년까지 ABS(미국선급협회)에서 근무하다 정년 퇴임하였다.

김훈철 미국 미시간 대학 조선공학 박사학위 취득, 미시간 대학 교수, KIST 조선해양기술연구실장, 한국선박연구소(KRISO) 창립, ADD 진해기계창 창장, 한국선박연구소 소장, 한국기계연구소 소장, 대한조선학회 회장을 역임하였다.

박기홍 유학 이민. 소식을 전혀 알 수 없다.

박홍규 신진자동차 중역 퇴임 후 개인 사업을 하다가 은퇴하였다.

송충래 유학 이민. 소식을 전혀 알 수 없다.

안정순 1956년 대한조선공사에 입사, 근무 중 사고로 순직하였다.

오창석 현대중공업 부사장 역임, 은퇴 후 2013년에 작고하였다.

이동렬 인천동산고등학교 교사 정년 퇴직. 2000년경에 작고하였다.

이범창 기아자동차 고문을 역임하였다.

이 해 공학박사, 한국기계연구소 소장을 역임하였다.

이택순 대구 영남대학교 교수 재직 중에 작고하였다.

이희일 한국조선공업협회 중역 역임 후 작고하였다.

장정수 대한조선공사 중역 역임 후 은퇴하였다.

정태영 대한조선공사 부산 공장장 역임, 2012년에 작고하였다.

조선용 소식을 전혀 알 수 없다.

최영섭 대우자동차 디트로이트(Detroit) 지사장 역임 후 은퇴하였다.

하재현 대구 영남대학교 교수 재직 중에 작고하였다.

한상렬 대진산업(주)을 운영하였다.

허원형 유진법랑공업사를 왕성하게 경영하였으며 2001년경에 작고하였다.

이 글을 마치면서 아무쪼록 서공조 7회(가칭) 회원 여러분이 항상 건강하기를 기원한다. '나이는 숫자에 지나지 않는다'라고 생각하고 앞으로도 대한민국이 영원한 조선강국으로 위상을 높이는 세월을 만끽하면서 9988 234로 매진하자고 말하고 싶다.

8회 졸업생(1953년 입학) 이야기

김태섭

김태섭은 대구에서 중학교를 다니다 6.25 전란을 맞아 해군에 입대하였다. 해군 복무 중 선박을 접한 것이 인연이 되어 제대 후 1953년 조선항공학과에 입학하여 1957년에 졸업한 뒤 대한조선공사에 입사하였다. 1960년부터 1967년 사이에는 신조선 부서에서 계장과 과장을 역임하며 신조선 업무를 담당하였다. 입사 초기에는 제주도를 운항하는 500톤급 화객선과 울릉도로 취항하는 350톤급 화객선 건조에 참여하였다. 이어서 건조된 GT 1600톤급 동양호는 우리나라에서 최초로 블록공법을 채택하여 건조한 선박이며, 최초로 국제선급의 인증을 받은 선박이 되었다. 뒤를 이어 GT 2600톤급 신양호를 건조함으로써 블록공법이 신조선 건조공법으로 정착되어 국내 생산기술이 혁신적으로 향상하는 계기가 되었다.

1967년 부장으로 재임하던 시기에 대한조선공사는 우리나라 최초의 수출 선박인 250톤급 참치어선 20척을 건조하여 대만에 수출함으로써 선박 수출의 길을 열었다. 1972년 국내 최초로 건조한 1만 톤급 이상의 선박인 팬 코리아 호의 건조에도 참여하여 크게 기여하였다. 당시 조선 선진국 일본은 기술이전에 부정적이었으므로 유럽의 기술도입으로 건조 설비의 보완, 장비 및 치공구의 개발, 용접기술의 향상을 주도하였으며 선박 생산도면의 효율적 작성에 크게 기여하였다.

그는 1974년에 대한조선공사의 상무로 승진하였으며, 기술적으로 난이도가 높은 석유제품 운반선을 건조·수출함으로써 한국 조선기술을 한 단계 높이는 데 크게 기여하였을 뿐 아니라 한국의 조선산업이 수출산업으로 자리매김하는 초석을 다지는 데 기여하였다.

1978년부터 3년 동안 한국선박연구소의 부소장으로 역임하면서 연구소의 산업기술 연구 기반을 구축하였으며, 1981년 대우조선의 부사장으로 취임하여 조선소장으로서 조선소의 합리화를 이끌었다. 당시 의욕이 앞선 대우조선은 선박뿐 아니라 석유 탐사선과 석유 채취선 등에도 착수, 이를 동시에 추진함으로써 비능률에 빠진 회사를 조기에 정상화하여 경쟁력을 갖추도록 이끌었다.

1987년부터 1997년 사이의 기간에는 신아조선 사장으로 근무하면서 중소 조선소에 적합한 소형 컨테이너선과 특수 전용선을 전문 생산하여 생산성을 높였으며 노사 협력의 표본이 될 수 있는 중소 조선소로 이끌었다. 1992년부터 1993년까지는 대한조선학회 부회장으로 학회 발전에 기여하였으며 1997년에 은퇴하였다.

이러한 공적으로 김태섭은 1970년 산업포장, 1988년 석탑산업훈장, 1994년 대한조선학회 기술상, 1995년 은탑산업훈장을 받았다.

1995년부터 1998년까지 진수회 회장을 역임하면서 진수회의 기금을 마련하였고 『진수회 회원 명부』 발간, 〈진수회 회보〉 발간 등으로 진수회 활성화에 크게 기여한 그는 2009년 7월 23일 신병을 얻어 타계하였다.

고상용

구재광 한국지역난방기술사 사장

권오민 대한해운공사 근무, 타계

김기영 타계

김기증 충남대학교 공과대학 선박해양공학과 명예교수, 타계

박원준 미국 거주

성재경 남서해운 대표

송진술

심봉섭 캐나다 거주

윤팔문 한국조선기자재공업협동조합 이사장 역임

정한영 홍익공업전문대학 교수 역임

최규열 동신기술개발㈜ 회장 역임

한명수 상공부 조선과 근무, 타계

홍순일 한국국제교류재단 주간

9회 졸업생(1954년 입학) 이야기

우리 54학번은 1954년 4월부터 서울 동대문구 용두동에 있는 서울사대 부속고등학교의 붉은 벽돌 교사로 등교하였다. 처음 입학 정원은 14명이었으나 두 사람이 일찌감치 미국으로 유학을 가고 한 사람은 화공과로 전과하여 11명이 공부하게 되었다. 그때는 조선항공과로 되어 있어 항공을 전공하는 친구들과 한 과였으나 실제로 강의는 금속, 광산 등 다른 과와 교양과목만 같이 듣고 전공과목은 전혀 달랐다. 3학년이 되자 해군사관학교 수석 졸업생 박선영 중위가 청강생으로 와서 2년간 함께 공부하였다.

:: 어려움이 많았던 통학

2학년 때 신공덕에 있는 교사로 옮겼는데 그때부터 교통이 큰 문제였다. 청량리와 신공덕만 다니는 버스가 있었는데, 한 대는 청량리에 있고 한 대는 신공덕에 있고 나머지 한 대가 운행하는 식이었다. 운행하는 버스가 청량리에 도착하면 청량리에 서 있던 버스가 움직이고, 이 버스가 신공덕에 도착하면 거기 있던 버스가 움직이기 시작하였다.

버스는 보닛(Bonnet)이 버스 전체의 3분의 1쯤 차지하였는데 차 칸이 좁아서 유리창으로 기어 들어가기도 하였다. 다음 학기 등록금에 학교 버스 구입비가 포함되어 있었는데, 큰 학교 버스가 운행되어 한결 수월해졌다. 또 다른 교통편은 기차이다. 성동역에서 출발하는 통근 열차인데 아침 7시쯤 떠나는 열차는 화물차에 나무의자를 설치한 객차였다. 철도를 따라 미군의 송유관이 매설되어 있었는데 가끔 절도범이 송유관에 구멍을 뚫고 석유를 절취하는 일도 있었다. 어느 날 화공과 친구 하나가 첫 통근 열차를 타고 학교에 가는 길에 석유 절취사건이 터졌다. 이날은 석유가 분수처럼 솟구쳐 올랐는데 그때 이 열차의 기관차에서 떨어진 불씨에 불이 붙어 이 친구가 변을 당하기도 하였다.

:: 조선(造船)공업 사진 전시회를 열다

1956년에 3학년이 되었다. 그동안 우리가 다닌 공과대학 조선항공과에서 배우는 조선에 대하여 우리 친구들은 아는 것이 별로 없었다. 배라 하면 한강의 보트나 나룻배 정도를 연상하지, 우리가 학교에서 배우는 '선박'이란 개념조차 없는 실정이었다. 우리 역시 큰 배가 어떻게 생겼나 궁금하기도 하였다. 그래서 의논한 결과 선박의 사진을 수집해 보기로 하였다.

그때 몇몇 친구들은 미국 유학의 꿈을 가지고 유명 대학에 편지를 보내 입학 안내서를 받아보고 하던 터라 외국에 편지 보내는 일에 익숙해져 있어 외국의 해운회사에 편지를 보내 선박 사진을 부탁하였다. 뜻밖에도 영국의 큐나드 라인(Cunard Line)에서 '퀸 메리(Queen Mary)'와 '유나이티드 스테이트(United States)'의 대형 사진과 배의 모형까지 보내왔고, 다른 해운회사와 조선소에서도 사진뿐만 아니라 프로펠러(Propeller) 모형을 보내오기도 하였다.

이렇게 자료들이 모이자 우리만 보기에는 아까운 생각이 들어서 선박 전시회를 열자는 의견을 모으게 되었는데, 어떤 연유로 전시회 규모가 커져서 동화백화점(지금의 신세계백화점) 화랑으로까지 이어졌는지 기억은 잘 안 나지만, 아무튼 동화백화점 화랑에서 전시회를 개최하게 되었다.

전시회를 한다고 하니까 할 일이 한두 가지가 아니었다. 사진 설명을 쓰랴, 조선 과정을 그림으로 그리랴, 선박 설계도를 그리랴 겨울방학 내내 모여서 작업을 하였다. 우리 능력만으로는 벅차서 53학번 윤팔문 선배께서 많이 도와주셨다.

윤 선배는 댁이 합천인데 마침 겨울방학이라 하숙집에서 나왔으나 마땅한 숙소가 없어 학교 제도실 제도판 위에서 잠을 잘 수밖에 없었다. 우리가 여관비 내드릴 형편도 안 되니, 어쩔 수 없는 일이었다. 당시 우리 과에는 수조시험용 모형선을 만드는 데 필요한 목공기계가 설치되어 있었고, 그 기계를 포장했던 송판이 한

동화백화점에서 열린 조선항공과 조선공업 사진 전시회(1957년 1월 24일)

구석에 쌓여 있었다. 그 송판을 톱으로 켜서 상자를 만들고 그 안에 전구를 달아 고다쓰(일본식 난방기구)를 만들었다. 이 고다쓰를 윤 선배에게 드렸다. 다음 날 아침, 제도판 위에서 담요 안에 고다쓰를 넣고 자니까 따뜻하였다고 윤 선배는 만족해하였다. 전시회는 1957년 1월 24일 동화백화점 화랑에서 여러 어른들을 모시고 성대히 열렸다. 그날 참석하였던 내빈들의 기념사진이 이 책 33쪽 「진수회의 탄생」 글에 실려 있다.

우리가 졸업한 1958년도에는 우리나라에 조선소가 별로 없었다. 53학번에서 윤 팔문, 김태섭 두 분이 대한조선공사에 취직하셨는데 봉급도 제대로 못 받는 처지였다. 우리 동기 중 나(구자영)는 일찌감치 황종흘 교수님의 권유로 고등고시 기술과에 합격하여 상공부에 취직하였다. 이후 조선과장이 되어 우리나라 조선공업이 오늘날과 같이 발전할 수 있는 기초가 되는 조선정책을 입안하여 우리나라 조선공업 발전에 큰 기여를 하게 되었다.

그다음으로 극동해운주식회사에서 한 사람을 취업 추천해 달라고 요청하여 과회의를 한 결과, 이정묵이 취직되었는데 얼마 안 가서 사임하고 미국으로 유학을 떠났다. 이후 박사학위를 취득하여 포항공대에서 후학을 가르쳤다. 또 한 사람 김영은 한국산업은행 공채에 합격하여 산은 기술부에서 선박 관련 업무를 보게 되었다. 나머지 동기들은 대학에서 배운 학문을 활용하는 직업을 갖지 못하고 뿔뿔이 흩어졌다. 1958년 당시 졸업할 때의 각각의 진로는 다음과 같다.

구자영(상공부 조선과), 김영(한국산업은행 기술부), 김일수(호남비료), 김재중(전주방직), 박우희(모교 조선공학과 조교), 안영화(캐나다 이민), 왕선우(부산공고 기계과 교사), 이수안(마산제일여고 영어 교사), 이정묵(극동해운), 이한훈(중앙산업), 정용권(미국 유학), 주선무(미국 유학)

김 영 한국산업은행 기술부에 공채로 합격하여 국내 산업에서 신규 사업의 기술적 타당성 조사, 기업체 가치 평가, 투자금액 산정 업무를 보았으며 프랑스와 일본에서 생산관리공학(Industrial Engineering)을 연수하여 MTM 자격을 획득하고 관련 회사 기술지도 업무에 종사하였다. 산은에서 기술부 기술역(1급)을 마지막으로 퇴임(1959~1992)하고 현재는 기업체 평가감정과 선박감정을 주 업무로 하는 나라감정평가법인의 부회장으로 근무하고 있다.

김일수 처음에는 호남비료에 취업하였으나 이후 부산파이프 주식회사로 옮겼다. 재학 시절에 〈불암산〉의 기자로 활약하였으며 2013년 8월에 타계하였다.

김재중 전주방직에 입사하여 섬유산업에 관한 지식을 쌓았고, 퇴직하여 제일모직 계통의 원사와 의류 사업을 영위하였다. 인품이 좋아서 친구들이 따르는 성품이라 우리 조항회(造航會)는 물론, 다른 모임에서도 리더로 봉사하고 있다.

박우희 졸업 후 1961년 6월까지 모교 조선공학과의 조교로 있었으며, 겸영타이어 산업사를 창업하여 각종 타이어, 신발 등을 생산, 판매하였다. 그러던 중 기독교 목회에 대한 열망으로 서울신학대학교 대학원에서 신학을 수학하여 신학석사(Master of Divinity) 학위를 취득하였다. 이후 동북성결교회를 개척하여 목회 활동을 하다가 2002년 10월에 정년 퇴임한 뒤 다시 문정성결교회를 개척하여 오늘에 이른 착실한 목회자이다.

왕선우 처음 취업한 곳은 부산공고 기계과 교사였으며, 그 뒤 부산고등전문대학(부경대학교의 전신) 기계과 교수를 거쳐 동양철관 주식회사, 주식회사 동일에 부사장으로 재직하면서 스파이럴 강관(Spiral Steel Pipe) 생산의 전문가가 되었다.

이수안 졸업 후 첫 직장은 마산제일여고 영어 교사였다. 그 후 군에 입대하여 국방부에서 영문 번역 업무를 보았으며, 제대와 동시에 미국으로 떠났다. 미국 미시간 주립대학(Michigan Ware State University), 워싱턴 DC의 가톨릭 대학(Catholic University)에서 경제학 석사학위를 받고 조교(TA)로 근무하다가 FH 사업으로 자립하여 한국 제품의 대미수입 판매업을 영위하였다.

이정묵 1960년 미국 버클리 대학(UC Berkeley)에 유학하여 선박운동에 관한 연구로 박사학위를 받고 미국 해군성 함정연구개발센터(DTNSRDC)에서 1982년까지 근무하였다. 당시 이 연구센터에서 하던 실험유체역학 위주의 연구개발을 이론 선박유체역학 분야로 확장하고 반잠수 쌍동선(SWATH: Small Waterplane Area Twin Hulls) 선형이라는 새로운 선형을 창안하여 세계에 소개하였으며 세계적 석학들과 교류하였다. 1978년에 일시 귀국하여 우리나라 선박연구소 부소장으로서 김극천(49학번) 소장을 도와 연구체제를 구축하고, 유체역학 전공의 젊은 학자들을 모아 선박유체역학연구회를 만들어 우리나라 선박유체역학 연구의 기초를 마련하였다. 다시 미국으로 가서 함정연구개발센터, ONR(Office of Naval Research)의 연구조정관으로 근무하며 전 세계의 선박유체역학 분야의 발전에 기여하였다. ONR에서는 함정 연구개발에 수치유체역학(CFD) 기법을 도입하는 길을 열었다. 이는 이상유체로 생각하는 이론해석방법과 실험유체역학에 의존하여 선박의 성능을 평가하던 방법에 전산기법을 도입한 것이다. 이는 채택하기를 망설이던 CFD를 대대적으로 지원하여 세계 선박유체역학의 연구 방향을 완전히 바꾸어 미래를 연 업적으로 평가할 수 있다.

이 시기에 미국에 유학하였던 여러 진수회 회원들이 눈에 보이지 않게 그의 도움을 많이 받았다. 미국 상당수의 연구자들이 서울대 조선과 졸업생을 문하에 두고 있으면 이정묵 동문이 배정하는 미국 해군연구처의 연구비를 받는 데 도움이 된다고 생각하여 진수회 후배들을 우대하였던 것이다. 제21대 대한조선학회 회장으로 재임한 1992년에는 미 해군연구처와 공동 주관으로 제19차 선박유체역학에 관한 국제회의를 유치하였으며, 1999년에는 제22차 국제선형시험수조회의(ITTC)를 성공적으로 개최하도록 지휘하여 우리나라의 조선기술 능력을 세계에 알리는 데 공헌하였다. 또한 한국 이론 및 응용역학회 회장, 한국해양환경공학회 회장, 한국해양과학기술협의회 회장 및 한국과학기술한림원의 회원을 역임하였으며 1997년 국민훈장 동백장을 받았다. 2006년 7월 23일에 타계하였다.

이한훈 졸업하고 취업한 곳은 중앙산업이었다. 여기에서 원심력 응용 토목자재 생산에 종사하다가 독일로 유학을 떠났다. 독일 카를스루에(Karlsruhe) 공과대학을 졸업하고 배브콕(Babcock)—BSH 사에서 연구원으로 근무하던 중 한국 정부의 과학 기술자 초청 계획에 따라 귀국, 한국기계연구원 선임연구부장으로 취임하여 기계금속재료 연구개발 업무에 종사하였다. 그 후 한일 과학기술협력단 동경 사무소장을 거쳐 산업안전연구원장으로서 산업안전 분야의 재해예방기법을 연구하였으며 1999년에 정년 퇴임하였다.

정용권 졸업 후에 곧바로 미국의 미주리 대학(University of Missouri)에 유학하여 1968년에 공학박사 학위를 취득하였다. 귀국하여 아주대학교 공과대학 산업공학과 교수로 근무하였으며 정년 퇴임하였다.

주선무 미국에 유학하였으나 학업을 중단하고 세인트루이스(St. Luis)에서 사업을 벌려 성공하였으며 한때 평화통일자문회의 미주 대표로 활약하기도 하였다. 2012년에 타계하였다.

구자영 1957년 3월에 졸업 후의 진로에 대하여 황종흘(黃宗屹) 교수께 상의를 드렸더니 취직자리가 마땅치 않다 하였고, 고등고시 기술과의 조선 분야에 합격자가 아직 없으니 여기에 합격하면 좋겠다는 권유에 따라 응시하여 합격하였다. 1958년부터 상공부 조선과에 발령받아 계장, 과장을 거쳐 1976년까지 근무하였다. 근무기간 중 제1차, 2차 경제개발 5개년 계획의 조선 분야 육성계획의 실무 담당자의 일을 하였으며, 「조선공업진흥법」의 제정, 표준형선 제정사업, 조선공업의 수출산업화 정책, 대형 조선소 건설사업의 입안과 시행 등의 실무 책임자로서 우리나라 조선산업의 기초를 다져놓았다. 1976년 상공부를 사직하고 조선 기자재 제조업체인 ㈜KTE를 창업하여 오늘에 이르고 있으며, 1983년부터 2001년까지 18년간 한국조선기자재공업협동조합 이사장직을 맡아 조선산업의 경쟁력을 좌우하는 조선 기자재의 고도화에 노력하였다.

:: 조항회(造航會)라는 이름으로 매달 만나다

조항과(造航科) 출신 중 조선 전공은 11명, 항공 전공은 8명에 불과한지라 중간에 전공은 바뀌었어도 이에 상관없이 입학 당시의 조항과로 돌아가기로 하고, 조선 11명, 항공 8명이 매달 두 번째 토요일에 만나서 회포를 풀고 있다.

은사님들

金在瑾 敎授　　　金貞勳 敎授　　　黃宗屹 敎授

졸 업 생

조 항 과 전 원

10회 졸업생(1955년 입학) 이야기

박용철

참혹하였던 6.25 전쟁이 끝나고 환도한 지 2년이 채 되지 않은 시점에서 우리는 대학에 입학하였다. 서울은 전쟁의 상처로 폐허 상태였고 모든 것이 어수선할 때였다.

정부는 이공계 인재 육성을 주요 정책 과제로 삼고 낙후된 국내 산업의 조속한 발전을 꾀하고자 노력하였으며, 이에 우수한 학생들이 공과대학에 많이 지망하였다. 당시 서울대학교 조선항공과는 관련 산업이 전무한 상태였기에 미개척 분야를 전공하려는 학생들이 몰려 합격선이 꽤 높은 편이었다.

처음 학교에 들어서는 순간 공대의 드넓은 캠퍼스와 웅대한 건물이 무척 인상적이었다. 공대 캠퍼스는 일제 강점기의 경성제국대학 이공학부가 있던 자리로, 당시 대학 건물로는 가장 규모가 큰 현대적 건축물이었다. 전란 중에 천막에서 수업을 받았던 선배들은 전쟁 후 웅대한 건물을 접하고 자긍심과 기쁨이 가득하였던 것으로 기억한다.

학교가 위치한 양주군 노해면 공덕리는 시내에서 약 20킬로미터 떨어진 교외지역이라 교통 여건이 매우 불편하여 통학이 힘들었다. 지금 같으면 시내에서 지하철로 편히 갈 수 있는 거리이지만 당시는 그렇지 않았다. 청량리역에서 기차를 이용하거나 30분마다 오는 소형 버스를 이용하여야 했는데 항상 초만원이었고 버스에 오르는 것이 힘들 만큼 우리는 통학이 괴로웠다.

이렇게 통학이 불편하다 보니 학생들은 하숙을 많이 하였고 조그마한 단칸방에 좌식 책상 하나를 놓고 이부자리를 마련하여 살았다. 도시에서 생활하던 학생들이 농촌에 들어가 사는 경험을 하게 된 셈이었다.

우리 과의 입학 정원은 조선과 항공 분야를 합해서 25명이었는데 이 중 조선공학 분야는 20명, 5명이 항공 분야를 전공하였다. 조선공학을 전공한 20명 중에서도 군 입대자와 휴학생들이 있어 실제로 수업한 학생들은 10명 정도였다.

당시 교수님으로는 김재근, 김정훈, 황종흘, 임상전 네 분이 계셨고 인하대학에서 조규종 강사님이 출강하셨다. 과목에 따라 기계과와 항공과 교수님들도 강의를 맡으셨던 걸로 기억한다.

당시 조선공학 분야는 마땅한 교재가 없어 공부하는 데 많은 어려움을 겪었다. 주로 교수님들의 강의 노트와 미국에서 발간한 조선공학 서적을 발췌, 프린트한 것이 대부분이었다. 이렇게 교재가 빈약하다 보니 교수님도 학생들도 능률이 떨어지고 힘들었다. 이러한 열악한 환경 속에서도 교수님들은 적극적이셨다. 선박 설계 과목은 당시 김재근 교수님이 MIT에서 연수를 마치고 돌아온 뒤여서 MIT 교재를 프린트해서 사용하였는데 강의 내용이 실감 나고 많은 도움이 되었다.

당시 교육은 이론을 중심으로 하였으며 신조선 건조와 관련된 기술 과목은 거의 없었던 것으로 기억한다. 재학 중에 조선소 현장에 나가 실습하는 것이 필수과정인데 우리는 이러한 실습 기회를 갖지 못하고 졸업하였다.

부끄러운 이야기이지만 당시 우리는 조선소에서 신조선 건조가 전혀 없는 상태였기에 선박 내부도 들어가 본 적이 없었다. 기억나는 한 가지는 외국의 전함(호주 소속으로 기억된다)이 인천항에 입항한 것을 기회로 김재근 교수님의 인솔로 견학을 간 일이다. 우리는 담당 해군 장교의 친절한 안내로 전함의 구조와 기관실, 선실 등을 둘러볼 수 있었다.

졸업이 가까워지면서 우리는 취직이 걱정되었다. 당시는 국내 산업이 낙후되어 있었기에 공대의 다른 과도 그랬거니와 조선 분야는 거의 취업이 불가능하였다. 우리 55학번이 졸업한 1959년에는 조선공업이 사실상 전무하였다.

취업할 수 있는 곳은 대한조선공사가 유일하였으나 그곳 또한 업무량을 확보하지 못해 수개월째 임금이 밀려 있는 상태였고, 신입사원을 모집하는 것은 엄두도 낼 수 없었다.

이런 가운데서도 동기생 김현수는 어떠한 난관이 있어도 조선소에 취업하여 전공 분야를 살리겠다고 하여 대한조선공사에 취업하였다. 김현수의 말에 따르면 포부를 가지고 입사하여 의욕적으로 근무하였으나 신조 공사가 없다 보니 일 자체에 보람을 느낄 수 없었고 월급으로는 하숙비도 낼 수 없을 정도였다고 한다. 결국 그는 1년 만에 사직하고 만다. 참으로 불행하고 안타까운 일이 아닐 수 없었다.

이와 같은 환경 속에서 우리 55학번 동기는 전공 분야를 가리지 않고 취업을 위하여 각 방면으로 흩어지게 되었다. 그러나 국내 공업화 수준은 매우 빈약하였으므로 어느 분야든 직장을 얻기가 쉽지 않았다. 동기들은 중소기업, 교사, 공무원, 해운회사 등으로 취업을 하였고 일부는 우리 학교의 상과대, 문리대 등으로 학사 편입하거나 미국으로 유학을 떠나기도 하였다.

우리나라의 조선공업이 1962년부터 활성화되고 조선소가 면모를 갖추게 되면서 전공과는 거리가 먼 분야로 진출한 동기생 가운데 뒤늦게 다시 전공을 살린 예도 있었다. 바로 이상길과 나(박용철)이다.

이상길은 극동해운(주)에서 공무감독으로 있으면서 일본에서 건조하는 대형 선박의 신조선 선주 감독 경험을 쌓은 뒤 대한조선공사에 입사하였다. 그는 현장의 공정관리를 주관하였으며 해외영업 활동에도 큰 성과를 내었다.

나는 문리대 수학과에 학사 편입하여 졸업하였지만 다시 대한조선공사에 입사하여 설계부에서 근무하였다. 나는 콜롬보 계획에 따라 영국 조선소로 파견되어 대형 선박의 구조 설계에 대한 실무 경험을 쌓은 바 있다. 그 후 한국선급(KR)에 입사하여 기술 핵심부서의 주요 업무를 주도하였다.

위의 두 사람의 경우와는 조금 다르지만 김창호는 4학년 재학 중 덴마크에 있는 지인의 소개로 B&W의 조선사업부에 견습사원으로 취직이 되었다. 그는 그곳의 언어와 문화에 적응하고 열심히 노력하여 설계 요원으로 자리 잡았고, 정년이 지난 무렵에는 B&W의 조선 부문 사장으로 승진하였다.

우리 55학번 동기는 모두 성실하고 열심히 일하는 성격들이라 전공과는 다른 생소한 분야의 직장에 취업해서도 각자 명예롭게 직장생활을 마쳤다.

그들의 주요 경력은 다음과 같다(연락이 두절된 동기들은 제외하였음을 밝힌다).

강신웅 삼양특강㈜ 전무

김명진 버지니아 공과대학(Vienna Technical University) 석사, 푀스트알피네(Voestalpine Vertriebs-GmbH) 사 한국 지사장 역임

김영상

김주영 남양산업 대표 역임

김창호 덴마크 B&W 조선 부문 사장

김현수

박용철 한국선급 기술 상무이사, ㈜한국선박기술에서 기술고문 역임

이관모 미국 노스웨스턴 대학 기계공학 박사, 캘리포니아에서 호텔 운영

이규식 쌍용중공업 창원공장 이사 역임

이내섭

이상길

이종례 ㈜범우열연 대표이사 역임

이호림 ㈜한국전력기술 사장 역임

임용택 정원건축설계사무소 사장

장병주

정운선 한국선급 기술 상무이사

정재길 KCC 상무

2 부

조선 전문가들과 최강 조선의 신화

1. 여명

5.16 혁명과 조선에 찾아온 희망의 빛

한국 현대사의 전환점을 마련한 5.16 혁명
—

1961년에 일어난 5.16 군사혁명은 한국 현대사에 큰 영향을 미친 사건이다. 5.16 혁명은 한국의 사회, 정치, 문화, 경제, 기술 등 모든 분야에서 국가 발전의 기초를 마련하였다. 나아가 우리도 근면, 자조, 협동의 정신을 가지고 노력하면 잘살 수 있다는 자신감을 갖게 하였으며 절망에서 희망으로 나아가는 대변혁의 시작을 알렸다.

1960년 당시 우리나라는 극심한 정치적·사회적 혼란에 허덕이고 있었다. GNP는 60달러에 불과하고 한국전쟁 당시 파괴된 산업 생산시설은 거의 복구하지 못하였다. 1960년의 수출 규모는 국민총생산 대비 2퍼센트에도 못 미치는 3300만 달러에 불과한 수준이었다. 공산품 수출액도 500만 달러가 채 되지 못하였고 그나마 대부분이 면포, 수산물 등 1차 상품 위주였다. 휘발유, 석유 등의 제품은 100퍼센트 수입에 의존하여야 했고 국가 전체 예산은 미국의 원조에 의존하였다.

조선산업을 비롯한 수산업, 해운업, 해사 관련 산업도 예외는 아니었다. 앞에서도 언급하였지만 조선산업의 경우 부산에 위치한 국영 대한조선공사(현 한진중공업)가 그나마 유일하게 조선소다운 면모를 갖추었을 뿐 그 밖의 군소 조선소들은 설비, 인원, 능력 면에서 열악하기 짝이 없었다. 국내 해운 및 수산업계에서 필요한 선박은 수요가 적을뿐더러 전적으로 해외 건조에 의존하였기에 국내 신조선 시장이 형성될 여지가 없었다.

5.16 군사혁명 정부는 도탄에 빠진 경제를 되살리려는 노력의 하나로 1962년 경제개발 5개년 계획을 수립하였다. 1차 산업 위주의 전통적 산업 구조를 공업화에 기반을 둔 2차 산업 위주로 개편하고, 그중의 하나로 조선 분야를 산업의 중심에 두었다.

대일 청구권 자금에 따른 선박 건조

—

1951년 한일 양국은 대일재산 및 청구권 협정체결을 위한 협상을 개최하였다. 이 회의에서 한국은 8개 항목의 청구요강을 제시하였으나 일본 측은 이견을 보였고 이에 양국은 합의점을 찾지 못하고 있었다. 그러다가 5.16 혁명 이후인 1962년에 이르러서야 국교 정상화 예비회담을 개최하면서 배상에 관한 명분 문제와 액수 문제를 다시 논의하기 시작하였다. 주요 내용으로는 무상 3억 2000만 달러(10년간 분할 지불), 정부 간 차관으로 2억 달러, 그리고 민간 차관으로 1억 달러 이상을 제공한다는 것이었다.

1964년 12월 제7차 회담이 진행되었고 이듬해 3월 이동원 외무부 장관의 방일로 추가 합의가 이루어졌는데 그때의 주된 내용으로는 민간 신용을 1억 달러 이상에서 3억 달러 이상으로 늘리고, 어업협력 자금으로 9천만 달러, 선박청구권 문제 해결에 따른 선박관계 자금으로 3천만 달러를 더 공여한다는 것이었다. 이 회담을 끝으로 1965년 6월 22일 「대한민국과 일본국 간의 재산 및 청구권에 관한 문제의 해결과 경제협력에 관한 협정」이 조인되었고 같은 해 12월 18일에 발효됨으로써 한일 간 국교도 정상화되었다.

상업차관 중 9천만 달러는 어업협력 자금이었다. 정부는 농림부와 교통부에 지시하여 선박 수요량을 연도별, 선종별, 톤수별로 확정하고 대형 선박의 국내 건조 공급을 위한 기존 시설의 확장 및 근대화 계획을 수립하였다. 대한조선공사에 대한 시설 확장 및 근대화 작업도 이때 착수하였다. 또한 정부는 어선 근대화 정책을 펴고 어선 선박 건조 및 도입 계획을 수립하였다.

구분	사업 내용	도입 기자재	규모	금액(천 달러)
어선건조	기선저인망	어선건조자재 일부 및 기관	100톤급 28척	8,317
		강판, 의장품	50톤급 35척	
	근해어선	근해어선 건조자재	70톤급 6척	
	연안어선	건조자재 일부	소형 514척	
		기관부문 310대분	중형 776척	
		발전기 260대분	20,675톤	
		삼재 3,840㎥	4,686톤	
도입어선	대형 기전저인망	2수인 저인망 어선	100톤급 16척	3,598
	선망어선	선망어선단	70톤급 18척	
합 계			총 33,490톤	11,915
			1,393척	

대일 청구권 자금에 의한 어선 건조 및 도입 실적(자료: 경제기획원)

강력한 조선정책이 국가와 산업을 살리다

—

이 무렵 박정희 정부는 외국에 있던 신동식과 정해룡을 불러들인다. 1961년, 영국 로이드(Lloyd's)에서 선박 검사관으로 근무하던 신동식(51학번)은 대한조선공사의 고문으로 초빙되어 한국으로 돌아왔다. 영국 킹스 칼리지(King's College)에서 조선학을 전공하고 덴마크의 B&W 조선소에서 근무하다 귀국하여 서울대학교 공과대학 조선학과에서 시간강사로 재직하고 있던 정해룡도 대한조선공사의 설계를 책임지며 개혁에 합류하였다. 그러나 정부의 자금 부족과 근본적인 조선 수요 부족 등 환경의 한계 때문에 대한조선공사의 현대화는 어려움에 봉착할 수밖에 없었다.

기술자적 수준에서는 문제를 해결할 수 없다는 한계에 통감한 신동식은 박정희 최고회의 의장에게 국가 차원에서 조선산업을 발전시켜야 한다고 주장하였다. 또 구체적이고 세부적인 경제 발전 계획을 세울 때 조선을 최우선적으로 지원해야 한다고 건의하였다. 신동식은 산업의 특성상 조선이 발전하면 철강, 기계 등을 비롯한 관련 산업이 새로이 창업되어 동반 발전하며 고용효과, 기술 파급효과, 수출 파급효과가 연쇄적으로 나타날 것이기에 그 어떤 산업보다 조선산업이 국가 경제 발전에 긍정적인 영향을 미친다고 확신하였다. 박정희 의장은 신동식의 건의를 받아들였다. 그를 김유택 경제기획원 장관의 고문으로 위촉하였고, 제1차 경제개발 5개년 계획 작성에 참여토록 하여 해사 부문의 계획을 수립하게 하였던 것이다.

제1차 경제개발 5개년 계획의 시작으로
우리나라 조선공업에 여명이 밝아오다.

1962년, 박정희 대통령의 제1차 경제개발 5개년 계획이 시작되면서 우리나라 조선공업에 비로소 여명(黎明)이 밝아왔다. 목선을 만들고 중고선이나 수리하던 수준에 머물던 우리나라가 본격적으로 선박 건조를 시작하게 된 시점도 바로 이 시기다.

조선인들과 관련 기관들의 이러한 노력이 조금씩 가시화된 결과, 1차 경제개발 5개년 계획 기간 중 선질 개량 3개년 계획의 하나로 각종 연·근해 선박을 표준형 선으로 설계하고, 선질을 목선에서 강선으로 개량하면서 조선기술의 수준이 크게 향상되어 갔다. 비효율적인 선박 엔진을 디젤엔진으로 대체하고 대한조선공사의 시설 확장 및 근대화 계획을 수립하여 연간 6만 6천여 톤의 선박을 건조할 수 있도록 한 것 역시 큰 수확이었다.

제2차 경제개발 5개년 계획 기간 중에도 조선 부문에 관해서는 더욱 활발한 조치가 이루어졌다. 「조선공업진흥법」과 「기계공업진흥법」을 제정하여 조선공업을 육성할 수 있는 법적 근거를 마련함으로써 조선공업이 비약적으로 도약할 수 있는 기반을 조성하였다. 특히 이 기간 중 기술 분야의 급속한 발전이 이루어졌다. 선진 외국의 저명 선급으로부터 조선기술을 인정받아 해외에 선박을 수출하여 수출산업으로서의 기반을 구축하게 되었으며, 블록 건조공법이 완전히 정착되고 용접기술의 국제 수준화가 이루어졌으며 각종 조선 기자재의 국산화율이 크게 높아졌다.

진수회 회원, 각 방면에서 조선을 이끌다

—

5.16 혁명정부는 강력한 리더십과 정부 주도형 계획경제체제의 운영으로 가시적 성과를 내기 시작하였다. 근면, 자조, 협동을 기치로 한 범국민적 새마을운동은 한국 사회의 많은 고질적 문제를 획기적으로 개선하고, 국민의식을 긍정적으로 전환하여 국가의 미래를 희망적으로 보도록 한 전환점이 되었다.

이즈음 혁명정부는 경제 운영체제를 수출 위주로 전환하고 수출입국, 경제입국, 조선입국, 기술입국 등의 구호를 내걸었다. 정부 내에서는 이 정책들을 강력히 추진하기 위한 각종 특별위원회가 설치되었다. 해사산업을 육성하려면 폐지했던 해무청을 다시 설치하여야 했지만 이루어지지 않은 대신, 대통령 직속의 '해사행정특별심의위원회'를 구성하였고, 이에 각종 주요 정책을 계획, 수립하고 집행하는 역할을 담당하게 되었다.

이 시기에 진수회 회원들은 정부의 조선 행정에 깊숙이 관여하였다. 먼저 정부의 정점인 청와대에는 신동식이 있었다. 신동식은 영국 로이드 선급협회 검사관, 경제기획원 고문, 대한조선공사 기술고문을 거쳐 초대 대통령 경제수석비서관(차관급), 대통령 직속 특별위원회인 해사행정특별심의위원회 위원장, 경제과학심의회의 위원 등을 역임하며 박정희 정부의 조선경제 분야를 진두지휘하였다.

행정부인 상공부에는 김철수(48학번), 권광원(49학번), 한명수(53학번), 구자영(54학번) 등의 진수회 회원들이 조선과장으로 활약하였다. 박정희 정부 시절 조선 행정에 관한 상공부의 역할이 매우 컸는데 상공부 출신 진수회 회원들의 활약은 뒤에서 다루기로 한다. 농림부 수산청에는 김극천 동문이 어선과 과장을 맡았다. 과학기술연구소(KIST)에는 김훈철(52학번)이 조선해양기술연구실장으로 위촉되어 정부의 정책자문을 맡았다. 이들은 조선산업을 수출산업으로 전환하고 조선기술을 강화하여 우리나라가 조선입국이 되는 데 큰 공헌을 하였다.

학교와 연구소, 기업 등 민간 분야에서도 진수회 회원들의 활약이 두드러졌음은 물론이다. 5.16 혁명 후 학회의 조선산업 육성에 관한 정책건의가 수용되던 시기인 1964년, 박정희 대통령이 서울대학교 공과대학을 방문하여 연구비 집중 지원을 결정하였다.

연구 결과를 발표할 수 있는 기관지의 필요성이 제기됨에 따라 대한조선학회는 1964년 〈대한조선학회지〉를 창간하였으며, 1967년까지 매년 1권씩 발간하였다. 1968년부터 1975년까지는 매년 2권씩 발간하였으며, 1976년부터는 매년 4권씩 발간하였다. 이렇게 하여 1970년까지 〈대한조선학회지〉에 발표된 논문은 총 38편이다. 연도별 논문 발표 상황은 다음과 같다.

연도	1964	1965	1966	1967	1968	1969	1970
논문 편수	2	3	5	5	5	7	11

1964년 창간호에서 임상전(48학번), 황종흘(46학번)은 격벽판의 두께가 선급 규칙에 따라 어떻게 변화하는지를 비교하였으며, 김극천(49학번)은 전개 가능한 V형 선형을 소개하였다.

1965년 제2권 제1호에는 김창렬(부산대)이 어선의 수밀격벽 방요재를 다루었으며, 박선영(54학번), 최상혁(59학번)이 활주형 선형의 특성을 유체역학적으로 검토하였고, 김진안(부산대)이 복원력 곡선 작도법을 소개하였다.

1966년 제3권 제1호에는 김정식(59학번)이 난류촉진법, 김효철(59학번)이 중량 경감용 구멍 주변의 응력분포, 임상전(48학번)이 보강재 내부의 전단력 분포를 실험적으로 조사하였다. 그리고 김극천(49학번)은 중소형선의 기관부 중량 추정, 박선영(54학번)은 알루미늄 선루의 열응력을 분석, 소개하였다.

1967년 제4권 제1호에는 김재근 교수가 연안 객선의 구상선수의 조파저항 감소를 조사하였으며, 김욱동(미국)이 수중익의 양력, 황종흘(46학번)과 배광준(59학번)이 트림 변화에 따른 저항 변화, 문장출(60학번)이 노치 형상과 응력집중, 김극천(49학번)과 이재욱(61학번)이 추진축계 설계와 선급기준 비교 등을 발표하였다.

1968년 봄호(제5권 제1호)에는 이낙주(항공)가 표면에 가해지는 압축하중으로 인한 응력분포를 조사한 논문 1편만이 발표되었다. 가을호(제5권 제2호)에는 황종흘(46학번)이 주상체의 상하동요로 인한 부가질량을 연구해 발표하였다. 이밖에도 김재근 교수의 한국 표준형선의 구상선수 효과, 김훈철(52학번)의 선형파의 실험적 분석, 황종흘(46학번), 조규종(46학번)의 차인형 선형의 부가질량 및 부가관성 모멘트의 계산이 소개되었다.

1969년 봄호(제6권 제1호)에는 김극천(49학번)이 차인형 주상체의 상하진동에 의한 부가질량, 조규종(46학번)이 차인형 선형의 추진저항, 박종은(48학번)이 용접 페니트레이션 현상, 임상전(48학번)이 이질원환으로 보강된 원형 구멍 주위의 응력분포 등을 각기 소개하였다. 가을호(제6권 제2호)에는 황종흘(46학번)의 주상체의 부가질량, 김효철(59학번)의 필렛 근처에서의 응력집중 문제, 김극천의 차인형 선형의 상하진동으로 인한 유체압력 등의 조사 내용이 소개되었다.

1970년 봄호(제7권 제1호)에는 조규종(46학번)이 선미선저부의 추진기 유기압력, 임상전(48학번)이 이질재료 접합부의 응력 해석, 김훈철(52학번)이 선박유체역학의 선형이론, 김효철(59학번)이 균일전단응력을 받는 판의 응력 해석, 박종은(48학번)이 티탄계 용접봉의 페니트레이션, 김극천(49학번)이 전개가능 선형에 관한 내용을 정리하여 소개하였다. 그리고 가을호(제7권 제2호)에는 김사수(부산대)의 연성진동 주상체의 부가관성 모멘트, 김재근 교수의 고속정의 선형, 엄동석(부산대)의 필렛 용접부의 파괴기구, 조규종(46학번)과 홍성완(인하대)의 유선추적법 응용 선형 개량, 전효중(해양대)의 기관축계의 진동감쇄 연구 등이 발표되었다.

이상에서 살펴본 바와 같이 1970년대까지 우리나라의 조선공학 분야의 연구활동은 서울대학교 공과대학 조선공학과 출신들을 중심으로 전개되었음을 알 수 있다. 특히 정규 학위 과정을 거치지 않더라도 일정 기간 이상의 연구 경력이 있으면 논문을 제출하여 학위를 취득할 수 있는 구제 학위제도를 1976년에 폐지하기로 예정되어 있었다. 따라서 학위논문 제출 자격이 있는 연구자들이 이때부터 논문 제출에 힘을 기울인 것이 논문 발표가 지속적으로 늘어나는 요인이 되었다. 이 과정에서 자연스럽게 국내 여러 기관의 연구자들의 교류도 서울대학교를 중심으로 이루어져 조선공학이 발전하는 계기가 되었다.

일본과의 국교 정상화가 이루어지면서 상당수의 연구자들이 일본과 교류를 시작하기도 하였다. 1969년 일본조선학회 정기총회에 참석하였던 한국 학자들은, 조선공학 교육을 시작한 지 20년을 바라보고 있음에도 눈에 띄는 논문 발표를 전혀 찾아볼 수 없다는 현실을 지적하며 우리나라 조선학의 미래를 비관적으로 비판하는 일부 일본인 학자들의 혹평을 듣기도 하였다. 이때의 혹평은 한국 측 참석자들에게 큰 자극제가 되었고 우리나라 조선산업과 학문이 발전하는 촉진제가 되었다.

조선산업을 일으키기 위한 피나는 노력들

제1차 경제개발 5개년 계획(1962~1966년)

1962년 박정희 대통령은 사회의 경제적인 악순환을 바로잡고 자립경제를 이룩하기 위한 기반으로 경제개발 5개년 계획을 실시하게 된다. 이에 따라 전력과 석탄 등의 동력을 공급하는 에너지원을 확대하고 농업 생산력을 키워 농가의 수입을 증대하며 기간산업 확충과 사회간접자본을 충족, 수출증대를 통한 국제수지의 개선과 기술 발전을 목표로 삼았다. 이 계획은 연평균 5.6퍼센트의 성장률을 목표로 하고 있었다.

2011년 1월, 국가기록원에서 '이달의 기록'으로 선정한
'제1차 경제개발 5개년 계획'

1차, 2차 경제개발 5개년 계획에서 조선공업 육성을 주 대상으로 하는 조선 수지의 개선과 기술 발전이라는 목표에 따라 1차 경제개발 5개년 계획이 진행되는 동안 정부는 조선에 보조금과 융자금을 지원하였다. 하지만 1966년 조선공업에 지원된 보조금과 융자금은 고작 6억 2천만 원 정도로, 2600톤급 선박을 건조할 수

있는 정도의 규모였다.

국내 시장만으로는 조선공업이 발전하기 어렵다는 것을 깨달은 정부는 조선발전 방안을 모색하였고 점차 세상 밖으로 눈을 돌리기 시작하였다. 1967년도에 전 세계에서 1578만 톤의 배가 만들어졌다. 그중 절반인 750만 톤의 배를 일본이 수출하고 있었다. 우리나라도 배를 만들어 수출하는 것이 불가능한 일은 아닐 것이란 생각에 정부는 조선공업을 수출산업으로 육성해보자는 의지를 갖게 되었다.

해사행정의 일원화, 해사행정특별심의위원회

—

박정희 대통령은 경제개발 5개년 계획에서 조선산업을 핵심 전략산업으로 지정하였다. 그리고 중장기적인 경제육성 계획을 위한 강력한 실행 조직들을 설립하였다. 그중 대표적인 것이 바로 1965년 11월 9일에 대통령 직속기관으로 설치한 해사행정특별심의위원회이다.

국가적 차원에서 해사산업 발전계획을 체계적으로 수립, 보완하고 여러 부처에 분산되어 있던 해사 관련 업무를 효율적으로 집행할 대통령 직속 해사행정 일원화 조직이 필요하다는 청와대 경제수석비서관 신동식(51학번)의 강력한 건의에 따라 설립되었다. 해사행정특별심의위원회는 당시 우리 조선산업이 나아갈 바를 지정하는 방향계와 같았고, 조선공업을 수출산업으로 전환하려는 정부 정책을 설정하는 데에 큰 기여를 하였다.

한마디로 조선공업을 수출산업의 핵심으로 삼자는 것이었어요. 각 부처에 분산되어 있는 조선 관련 정책을 집행하려면 업무가 유기적으로 연관된 조선, 수산, 해운, 항만, 해상 보안 등의 행정업무가 한곳에 모여서 일을 진행해야 했지요. 그런데 국회에 허락받고 이런저런 심의를 통과하려면 시간이 걸려요. 그래서 대통령에게 내가 말했지요. "이왕 혁명을 하셨는데 이것도 혁명을 하시죠." 나는 대통령 직속으로 '해사행정특별심의위원회'를 만들어 달라고 했지요. 대통령이 흔쾌히 수락했어요. 이게 혁명정부니까 가능했던 일이에요. 대통령은 경제수석, 경제과학심의위원회, 해사행정특별심의위원회, 대통령 직속 요직 3개를 모두 내게 맡겼어요. 지금 생각하면 있을 수 없는 일이지요. 그래서 나는 내 의지대로 외국의 어드바이저와 스페셜리스트를 스태프로 고용하였고, 조선 발전계획을 만들 수 있었어요.

_신동식 동문

1965년 10월 25일, 68차 경제장관회의에서 의결된 지 2주 만에 국무회의의 심의 및 의결 절차가 완료되었다. 위원회의 설립이 이렇게 신속하게 의결된 것은 당연히 대통령의 지원 의지가 크게 작용하였기에 가능했다.

해사행정특별심의위원회는 1970년대 초까지 바쁘게 활동하면서 크게 다음과 같은 역할을 수행하였다.

먼저 정부 주도의 강력한 조선산업 육성과 지원 정책을 실천하였다. 위원회의

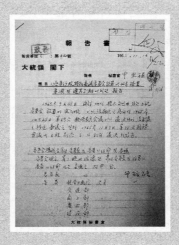

1965년 당시 신동식이 기안하고 박 대통령이 서명한
해사행정특별심의위원회 구성안 보고서 문건

가장 눈에 띄는 특징은 대통령 직속기관으로 설치되어 초법적 위치에서 활동하였다는 점이다.

그 정도로 강력한 권한을 가졌다는 사실은 지도자와 정부의 조선산업 육성 및 지원 의지가 어느 정도였는지를 잘 보여준다. 위원회는 각종 정책 제안, 제도 개선, 산업지원 방안 수립, 해사산업 발전계획 수립, 조선공업 육성법 입안 등에서 법적·제도적으로 조선산업의 중장기적인 발전을 위한 종합계획을 수립하고 단계적으로 실행해 나갔다. 또한 해사행정업무를 통합하여 일사불란한 의사결정과 지원체계를 구축하였다. 당시 해사행정업무는 여러 정부 조직에 흩어져 있던 탓에 비효율적인 업무 처리와 책임회피 문제가 만연하였다. 해사행정특별심의위원회는 이를 대폭 개선하고 일사불란한 의사결정과 지원체계를 확립하였다. 위원회가 조선 및 해사 관련 업무의 단일 창구 역할을 함으로써 기업은 신속하게 지원받을 수 있게 되었고 정부 역시 효율적인 정책 수립과 실행을 도모할 수 있었다.

해사행정특별심의위원회의 활동이 가지는 또 하나의 중요한 의의는 바로 산업 현장을 중심으로 행정 기능을 작동하였다는 점이다. 불필요한 관료주의적 행정 절차를 최소화하는 동시에 실질적인 지원 효과를 극대화하였다.

오늘날 삼성, 대우, 현대와 같은 초대형 조선소를 건립하기 위한 기본적인 구상 및 실천 방안도 해사행정특별심의위원회에서 나왔다. 산업 발전 기반이 미약하기 짝이 없던 당시, 대형 조선소 건설은 조선산업의 미래를 바꾸어 놓을 중요한 사업이었다. 해사행정특별심의위원회는 조선산업에 대한 대기업의 투자를 촉진하기 위하여 금융 및 세제를 지원하고 기능 인력을 양성, 공급하며 선진기술 강국과의 기술협약을 추진하는 등 대규모 조선소 설립을 실질적으로 지원하는 기본정책을 수립하였다.

또한 위원회는 조선 및 해사산업 발전을 위해 체계적이고 지속적인 정책들을 수립하고 강력하게 실행하였다. 조선산업 전문 인력 육성을 위한 교육훈련 및 연구개발 투자와 산업지원 인프라 구축, 조선산업 기자재와 서비스 클러스터 육성 등을 시행하여 발전의 바탕을 하나하나 다져 나갔다.

진수회 회원들의 활약은 해사행정특별심의위원회에서도 빛났다. 위원회 설립을 주도하고 설립 다음 해에 위원장을 역임한 신동식 동문 외에도 김기환(57학번), 이세중(61학번) 등의 동문이 위원회의 간부 직원으로 참여해 밤낮 없이 일하며 조선 및 해사산업의 발전에 헌신하였다.

법률적 뒷받침이 있어야 한다, 「조선공업진흥법」

—

그때까지만 해도 조선공업을 뒷받침하는 법률로 「선박관리법」과 「조선장려법」이 있었으나 이 법률들은 조선공업 자체를 육성하는 데 목적이 있는 것이 아니라 해운과 수산 발전을 위해 제정한 법이었다. 따라서 조선공업 육성을 목적으로 운용하기에는 불합리한 면이 있었다. 또한 시행부서가 주무장관으로 되어 있고 시행주체도 포괄적으로 정부로만 명시되어 있어 문제가 되었다.

정부는 1967년 3월 30일 법률 제1937호로 「조선공업진흥법」을 제정하여 중화학공업과 방위산업 육성 시책에 따라 6대 기간산업으로 선정한 조선공업을 위한 법률적 근거를 마련하였다. 「조선공업진흥법」은 "조선 및 조선 관련 공업의 진흥을 도모함으로써 선박 등의 수출을 증대하고 국민경제 발전에 기여함을 목적으로 한다"고 명시되어 있다. 따라서 해운, 수산의 진흥을 위하여 조선을 장려하는 「조선장려법」과는 달리, 오로지 조선공업과 조선산업 자체를 발전시키려는 의지가 분명한 법이었다.

주된 내용으로는 주무장관을 상공부 장관으로 못을 박고, 국산화 장려금을 교부하거나 재정자금에 따라 장기저리 조선 자금을 조성할 수 있게 하여 조선사업자에게 효율적으로 자금을 융자해주고 선박공제사업단체를 설립하는 데도 문제가 없게 하였다. 매년 조선공업 진흥 기본계획을 수립하여 공고하며 조선공업 합리화에 관한 권고 및 조정, 국산화 장려, 재정자금 조성과 지원을 할 수 있도록 규정하여 조선이 수출산업으로 자리매김하는 데 법적 근거를 마련하였다.

해사행정특별심의위원회 위원장
신동식

신동식 동문은 우리나라 중화학공업과 조선산업 육성을 위한 중장기 종합발전계획을 수립하고 성공적으로 집행한 장본인이다.

서울대학교 공과대학 조선해양공학과를 졸업하고 1950년대 중반 유럽과 미국에서 유학한 뒤 영국과 미국의 조선소 및 선급협회 등 국제기구에서 조선 전문가로 활약하던 중 5.16 혁명 직후 박정희 대통령의 부름을 받아 대한조선공사 기술고문으로 부임하면서 한국 조선산업과 인연을 맺었다.

이후 경제기획원 장관의 기술고문으로 제1,2차 경제개발 5개년 계획 중 해사 부문을 담당하여 해사산업 발전 종합계획을 수립하였고, 대통령 비서실 초대 경제수석비서관과 해사행정특별심의위원회 위원장, 경제과학심의위원회 사무총장과 상임위원을 역임하였다.

또한 대한조선공사 해외 담당 사장을 역임하며 한국 조선산업의 부활에 크게 기여하였고 한국 최초의 조선 전문 기술용역회사인 ㈜한국해사기술(KOMAC)을 실질적으로 설립하여 지금까지 40여 년 넘게 현장에서 경영을 지휘하고 있다. KOMAC은 첨단 복합기술이 필요한 각종 선박 1700여 종의 선박 설계와 2000여 척의 선박 건조 감리를 맡았고, 세계적인 규모의 대우 옥포조선소, 삼성 지세포조선소 기본계획을 포함해 전 세계적으로 20여 곳의 대형 조선소 설계를 맡은 조선기술 혁신을 선도하는 업체이다.

정부의 조선정책을 관장하며 우리나라를 세계 제일의 조선산업국으로 발전시키는 데 큰 획을 그은 신동식은, 해외에서 소개할 때 불모지였던 1960년대 한국 조선산업을 오늘날 세계 제일의 자리에 올려놓은 역사의 주역, 한국 조선산업의 아버지, 국가 건설 기획자라는 표현이 빠지지 않을 만큼 우리나라 조선 발전의 주역이자 조선계의 거인으로 상징되는 진수회 회원이다.

이러한 공헌을 높이 평가해 정부는 1976년 기술용역 수출에 기여한 공로로 철탑산업훈장, 1995년에는 해양산업 및 과학기술 발전에 기여한 공로로 은탑산업훈장, 2008년에는 외국인 투자 유치에 기여한 공로로 대통령 표창을 수여하였다. 같은 해 국제해사협의회(International Maritime Convention)에서는 평생 공로상(Lifetime Achievement Award), 2009년 대한조선학회에서는 조선업계 최고 권위에 빛나는 우암상, 2010년 3.1문화재단에서는 애국심과 국가 발전에 기여한 업적을 기린 3.1 문화상, 모교인 서울대학교 공과대학에서는 자랑스러운 동문상을 수여하였다.

신동식 동문이 청와대에 제출한 1970년대 조선산업 마스터 플랜

　팔순이 넘은 지금도 현역으로 세계를 누비며 왕성히 활동하는 신동식 동문의 모습은 우리 시대의 거인이자 영웅이라는 호칭에 전혀 부족함이 없으며, 국내외 조선인들에게 커다란 귀감이 되고 있다.

할 수 있는 모든 것을 지원하라, 상공부 조선과

—

5.16 혁명 이전의 조선 행정은 해무청에서 담당하였다. 1961년 박정희 대통령은 해무청을 폐지하고 농림부 수산국과 교통부 해운국으로 편제를 바꾸었다. 이에 조선 행정도 교통부에서 상공부로 넘어갔다. 이렇게 하여 상공부에 조선과가 생겼다. 조선과는 공업국 소관으로 공업국에는 조선과를 비롯하여 기계과, 금속과, 화학과 4개의 기술과와 행정 담당과인 공정과가 있었다. 조선과에는 시설계, 조선계, 행정계의 3계를 두었다.

상공부는 「조선공업진흥법」에 따라 조선공업 진흥 기본계획을 수립하고 조선공업 육성 시책과 목표를 정하였다. 1968년 1월 28일 상공부가 공고한 조선공업 육성 시책과 목표에 따르면, 먼저 수요 선박 총 171만 GT 중에서 중소형 선박 29만 GT를 조선계획 목표로 소요 자금을 재정, 지원하고 관련 기계공업의 기반을 단계적으로 구축하여 조선공업의 자립도를 높인다는 것이다. 또한 수출 기반을 구축하기 위해서는 대형 선박의 선가를 최저화하고 선박을 건조할 수 있는 경제단위업체를 조성하는 것을 염두에 두는 한편, 대한조선공사의 시설을 근대화하고 중소 조선소의 통합을 권장하기로 하였다. 정부는 수출선 건조를 위해 직접 또는 합작투자 형식의 공장건설을 지원하고 각 조선소에 대단위 도크 건설을 권장하여 대규모 선박을 건조할 수 있는 역량을 갖추고자 했다.

이제 법이 세워졌으니 상공부에서는 조선 수출을 위해 움직여야 할 경제단위업체를 선정하여야 했다. 정부는 우리나라에서 가장 큰 조선업체인 대한조선공사가 보유하고 있는 1만 톤급 선박 건조 가능 시설을 운용하고자 대한조선공사를 민영화하고 시설을 보강하였다. 대한조선공사는 이미 1962년 4월 정부가 「대한조선공사법」을 제정, 공포하고 주주총회를 열어 상법에 의한 주식회사 대한조선공사의 채무와 채권을 흡수해 국영기업체로 전환된 상태였다. 여전히 대한조선공사는 합리적으로 운영되지 못하였을 뿐만 아니라 자본금이 부족하여 기술과 시설이 낙후한 실정이었다.

1966년 대한조선공사 시설 확장 공사 기공식
(출처 : 한진중공업 사진첩)

　한편, 통합시설자금을 확보하고 대한조선철공소와 동양조선철공소 등의 소형 조선소들을 대동조선주식회사로, 통영의 최기호 조선소와 인근 조양조선소를 통합하여 신아조선주식회사로 발족시켰다.

　그러나 이러한 노력에도 한계가 드러났다. 바로 과거 건조 실적이 발목을 잡았던 것이다. 그때까지 우리나라 조선소들의 선박 건조 실적은 2600GT에 불과하였다. 선박을 수출하기에는 보잘것없는 이러한 실적으로 외국 선주들에게 신뢰를 얻는다는 것은 불가능하였다. 외국인들은 우리나라에 대형 선박을 건조할 능력이 없다고 보았기에 국내에서 만든 배가 세계를 누비는 것만이 그들을 믿게 하는 방법이었다. 최소한 1만 GT급 선박을 건조할 수 있는 능력을 보여주어야만 우리나라로 눈을 돌릴 수 있었다. 정부는 대한조선공사를 통해 1만 GT급 대형 화물선 건조를 맡기기로 방침을 세우고 선박을 인수할 수요자를 찾기 시작하였다.

1만 톤급 화물선, 팬 코리아 호의 역사적인 진수

―

그러나 배를 인수할 업체는 좀처럼 나타나지 않았다. 정부 차원에서 배 값의 10퍼센트만 있으면 40퍼센트를 정부가 보조해주고 나머지 50퍼센트는 배를 팔아서 갚으라는 파격적인 지원을 내걸었음에도 선주들은 선뜻 대형 선박을 인수하려 하지 않았다. 정부에서도 예산에 따른 조선 자금 지원에도 한계가 있었다. 보조금은 경제개발 특별회계, 융자금은 재정자금운용 특별회계에서 지원되었다. 이 특별회계들은 모두 정부의 투융자예산에서 염출되는 자금이므로 이 자금을 확보하기 위하여 정부의 각 부처별, 또 같은 부처 안에서도 각 사업별로 '예산 확보의 전쟁'이라고 표현할 만큼 치열하게 예산 확보 경쟁을 하여야 했다.

이렇게 재원이 한정되다 보니 조선에 돌아오는 금액은 극히 적었다. 이는 조선자금의 특성상 워낙 요청 금액이 클 뿐 아니라 과연 우리나라에서 조선이 되겠느냐는 의구심이 더해져 상공부에서, 경제기획원에서, 국회에서 순차적으로 삭감되기에 이르렀다. 이때 당시 상공부 조선과장 구자영의 역할이 컸다. 구자영은 소형 어선 건조에 투여할 보조금을 특별회계로 3년 동안 산업은행에 맡기고 대형 선박을 만들 자금을 마련하였다.

"조선이란 고기잡이배를 만드는 것이 아니라 세계를 누비는 배를 만드는 것이다."

당시 상공부 조선과장 구자영이 정부 관계자들을 설득하면서 한 말이다.

구자영은 확고한 신념으로 1만 톤 선박 건조 계획을 진행하였다. 하지만 정부 내에서도 회의적인 반응이 만만치 않았다. 주인도 없는 대형 선박을 만들 돈으로 작은 배를 여러 척 만드는 것이 조선을 위한 것이라는 주장도 있었다. 구자영은 굴하지 않았다.

세계적으로 선박이 많이 건조되는데 그 반쯤을 일본이 하고 있더라, 이 말입니다. 당시만 해도 일본이 세계 제일의 조선국이었어요. 그래서 '우리도 외국에 배를 팔면 되겠구나!' 하고 생각했어요. 정부는 조선을 수출산업으로 전환해야겠다는 생각을 하게 되었지요. 수출을 하려면 배를 만들 줄 안다는 것을 증명하는 것이 필요해요. 즉 실적이 있어야 하지요. 지금도 외국 선주가 우리 물건을 살 때는 실적을 요구해요. 실적을 보고 나서 능력을 검토하는 거지요. 초가집 한 채밖에 지어보지 않은 건축가한테 20층짜리 빌딩을 누가 맡기겠어요? 그래서 우리나라 조선 시설에 꽉 차는 배를 하나 만들어 놔야 수출이 되겠다는 생각을 하고 10억의 예산을 요구했는데, 3억밖에 받지 못했어요. 그런데 그 3억으로 다른 배까지 만들라는 거예요. 그래서 다른 데 안 쓰고 모아두면서 내년 예산까지 합쳐서 사용하려고 했지요. 그런데 다음 해에도 그만큼밖에 받지 못했어요. 국회에서는 작년 예산도 집행하지 않고 무슨 돈을 더 달라고 하느냐며 따지고 드니 그것을 설명하느라 굉장히 힘들었지요. 겨우 국회를 설득하고 나니 이제 감사원 차례였어요. 감사원은 예산 집행을 미룬 것에 대해 징계를 한다며 윽박지르기도 했어요. 그렇게 어렵게 3년을 돈을 모아서 1만 8000톤짜리 배를 지었어요.

_구자영 동문

1970년도가 되자 상공부에서 3년 동안 모아둔 자금은 총 9억 6400만 원이었다. 이 자금으로 1만 톤급 선박 건조가 진행되었고, 모집공고를 내어 범양전용선주식회사가 실수요자로 선정되었다. 1972년 6월 15일 부산에서 경비행기가 오색의 화려한 종이를 날리는 가운데 이 배의 진수식이 거행되었다. 부산항의 모든 배들이 고동을 울리며 축하하였다. 우리나라 최초의 1만 톤급 다목적 대형 화물선 팬 코리아 호(18,000DWT Bulk Carrier Pan Korea)는 그렇게 탄생되었다.

팬 코리아 호는 부산에 이어 인천에서 관선식(觀船式)을 가질 예정이었지만 날씨 때문에 행사를 치르지 못하고 1972년 11월 1일에 선주인 범양전용선주식회사에 인도되었다. 인도 직후 팬 코리아 호는 곡물 수송에 투입되었고 1년 사이에 배 값을 모두 회수하는 기염을 토하였다.

이렇듯 1962년 제1차 경제개발 5개년 계획이 세워질 때부터 1974년 4대 대형 조선소 건설 사업이 확정될 때까지 상공부에서 활약한 진수회 회원(김철수, 권광원, 구자영)들의 공로가 컸다. 이들은 상공부 조선과장 직을 맡아 청와대의 신동식과 손발을 맞추어 조선산업을 수출산업으로 전환하는 데 공을 세웠다.

경제기획원과 국가재건국민회의 담당자들을 설득하여 정부 예산에서 조선 자금을 지원할 수 있도록 제도를 마련하였고, 국회와 재무부 등의 기관에 조선 자금을 확보해줄 것을 요구하였다. 또한 선주와 현장 담당자들을 일일이 만나 국내 조선 능력을 재차 인식시켰으며 보조금과 융자금을 파격적으로 내세워 조선사들을 독려하기도 하였다. 대한조선공사의 남궁련이나 현대조선의 정주영 같은 탁월한 기업가가 조선업에 뛰어든 이면에는 상공부 출신 진수회 회원들의 노력이 숨어 있다.

1950~1965
김철수(金哲秀)
48학번

1955~1969
권광원(權光遠)
49학번

1958~1974
구자영(具滋英)
54학번

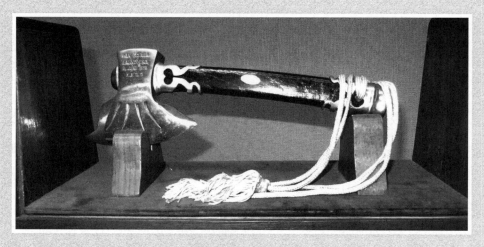

대형선 건조의 꿈을 실현시킨 구자영 회장은 GT 1만 8000톤 팬 코리아 호를 진수한 도끼를 기념으로 소장하고 있다.

우리나라 최초의 1만 톤급 선박
팬 코리아 호의 진수

1972년 6월 15일 11시, 1만 8000DWT 화물선 팬 코리아 호는 국무총리 김종필의 부인 박영옥 여사가 명명하고 테이프를 끊었다. 그 순간 부산항 내에 정박한 모든 선박은 새로 태어난 최초의 1만 톤급 화물선 진수에 축하의 기적을 울려주었고 항내 소방정은 대한조선공사의 조선대를 향하여 오색 물을 뿜어내었다. 이 광경은 전국의 모든 극장에서 영화가 상영되기에 앞서 '대한뉴스'에 1년 동안 방영되었다.

1972년 6월 15일 팬 코리아 호 진수식 장면

1만 톤급 선박 건조를 결코 포기하지 않았던
구자영

구자영 동문은 1934년 경기도 양평에서 태어나 서울고등학교를 거쳐 서울대학교 조선항공학과 54학번으로 입학하여 1958년에 졸업함으로써 진수회 회원이 되었다. 4학년인 1957년에 황종흘 교수의 권유에 따라 정부에서 시행하는 고등고시 기술과에 합격하여 해무청 조선과(海務廳造船課: 1961년에 상공부로 이관됨)에 들어갔다. 조선과에서 진수회 선배인 김철수(48학번), 권광원(49학번)의 지도로 실무를 익혔다.

정부는 1961년부터 제1차 경제개발 5개년 계획을 시행하였는데 당시에는 우리 선사(船社)들의 재정 능력이 거의 없을 뿐 아니라 우리나라의 조선기술을 믿지 못하여 외국의 중고선을 입수하여 근근이 움직이고 있는 실정이었다. 이에 조선공업을 국가 기간산업으로서의 육성을 5개년 계획에서 채택하였고, 선주(船主)가 선가(船價) 10퍼센트의 자기자금을 부담하면 40퍼센트는 정부 보조금으로 지급하고 50퍼센트는 20년 상환, 연 이자 4퍼센트의 재정 자금으로 융자 지원하는 제도와 자금을 확보하여 지원하였다.

이로써 500GT, 1000GT급, 1600GT급으로 건조 선박을 대형화하여 1차 경제개발 5개년 계획 말기에 2600GT까지 건조함으로써 우리나라에서 조선이 가능하다는 것을 입증하게 되었다. 이러한 계획에서 상공부의 구자영은 김철수, 권광원 두 진수회 회원의 일선창구 역할을 맡아 충실하게 해냈다.

그러나 정부의 투·융자예산에 의한 조선 자금을 배정받기가 굉장히 어려운 실정이었다. 소형 선박 위주의 건조 실적으로는 한계가 분명하였기에 세계 시장으로 눈을 돌리게 되었다. 조선공업을 수출산업으로 전환하려면 조선을 지원할 수 있는 법적 근거가 필요하였다. 이에 정부는 「조선공업진흥법」을 제정하였지만 외국 선주들에게 대형 선박을 건조할 수 있는 능력을 입증해야만 하는 중요한 문제에 봉착하였다. 그 당시 우리나라 최대 조선소인 대한조선공사는 약 1만 GT급 정도의 조선 시설을 보유하고 있었지만 대형 선박을 건조한 실적이 없었다. 정부는 이 시설에 꽉 차는 최대선을 우리 자금과 우리 기술로 건조하기로 결정하였다.

지원 소요자금은 8억 5000만 원 정도였는데 당시에는 이 큰 돈을 한 번에 마련할 수 없었다. 국고 보조로 지원하는 정부 정책자금에 한계를 느낀 구자영은 어선 건조 자금으로 지원하는 보조자금까지 조선 건조로 돌리면서 수단과 방법을 가리지 않고 대형 선박을 만들 수 있는 자금을 2년 동안 모았다. 예상대로 잡음이 많았다. 자금은 국회의 심의를 받는 재정자금운용 특별회계인데 경제기획원과 국회에서는 "지난해 예산도 안 쓰고 또 달란다"며 증액을 반대하고 나섰다. 구자영은 경제기획원과 국회를 쫓아다니며 자금을 모으는 이유에 대해 설명하고 또 설명하였다. 그러자 이번에는 감사원이 나섰다. 감사원은 예산을 집행하지 않고 모아둔다며 상공부를 압박하였다. 예산 미집행에 대한 진솔한 설명으로 겨우 처벌을 면하게 되었으나 교통부 해운국, 수산청 어선과와 조선소, 해운수산업계가 모두 일어나 되지도 않을 일은 하지 말고 작은 배를 여러 척 짓자고 항의하기에 이른다.

그러나 구자영의 결심은 변하지 않았다. 조선은 고기잡이배를 만드는 것이 아니라 전 세계를 누비는 배를 만드는 것이고, 대형 선박을 만들어 수출하는 길만이 조선공업을 살리고 대한민국 수출 정책을 실현하는 지름길이며, 그러기 위해서는 한국이 큰 배를 지을 수 있다는 능력을 해외 시장에 보여줘야만 한다는 것이 그의 생각이었다.

결국 이 모든 역경을 극복하고 1972년 6월에 1만 8000톤급 우리나라 최초의 대형 화물선이 역사적인 진수를 하게 되었다. 바로 팬 코리아 호이다. 뒤를 이어 야마토(Yamato), 걸프(Gulf) 등에서 대한조선공사에 신조선을 주문하면서 우리나라는 조선공업을 전략적 수출산업으로 무장하여 세계를 향해 뻗어나가게 된다. 이 과정에서 청와대 경제수석비서관 겸 해사행정특별심의위원회 위원장인 신동식(51학번)의 도움이 컸다.

1973년 6월 2일 대한조선공사 걸프 유조선 진수 장면

1969년 정부는 종합제철의 철강재를 활용하여 기계, 주철, 특수강, 조선 등 이른바 4대 핵 공장을 건설한다는 계획을 수립하였다. 이때에 조선소는 VLCC를 건조할 수 있는 대형 조선소로 결정하였다. 이 계획 수립에 한국과학기술연구소 조선해양연구실장 김훈철(52학번)이 주도를 하였고, 상공부 조선과장인 구자영은 그 보좌로 동참하였다.

상공부는 그 전해인 1968년 「조선공업진흥법」에 따라 공고한 '조선공업진흥 기본계획'에 이미 조선을 대형화하기로 하여, 4대 핵 공장의 대형 조선소 건설계획과 일치하는 것이었다. 이 계획에 따라 현대건설이 사업 시행자로 지정되었고 상공부는 현대건설의 대형 조선사업 지원에 집중하였다. 현대건설은 1974년 6월에 제1,2호선을 진수하였다.

1973년 1월 박정희 대통령은 중화학공업을 육성하여 1980년대 초에 국민소득 1000달러, 수출 100억 불을 달성한다는 '중화학공업화 정책 선언'을 하였고, 이에 따라 중화학공업추진위원회가 발족되었다. 상공부 조선과장 구자영은 이 위원회의 조선 담당으로 임명되어 조선소 입지를 선정하고 대형 조선소를 더 건설하는 계획을 수립하였다. 그리하여 지금의 대우조선해양, 삼성중공업이 탄생하기에 이르렀다.

1979년 구자영은 조선 전공 기술직 공무원으로서는 더 이상 할 일이 없다고 생각하여 상공부를 사직하고 조선 기자재 공장을 설립하였다. 회사 이름은 ㈜KTE로 선박용 배전반과 각종 제어장치(Control System)를 생산하였으며 올해로 36년째가 되었다. 1983년부터 2001년까지 18년 동안 한국조선기자재공업협동조합 이사장을 역임하면서 조선 기자재공업을 발전시켜 우리나라 조선공업이 경쟁력을 확보하는 데 크게 기여하였다.

그는 1971년 근정훈장, 1974년 대한조선학회 표창장, 1993년 대한조선학회 기술상, 1995년 은탑산업훈장, 2002년 대한조선학회 우암상을 받았으며, 2012년 대한조선학회 원로회원으로 활동 중이다.

이제 선박을 수출하자!

우리나라의 첫 선박 수출, 대만 어선 수출
—

한편, 대만(臺灣) 정부에서 국제부흥개발은행(IBRD: International Bank for Recontruction and Development) 자금으로 250GT급 참치어선 20척을 건조하기 위해 국제 입찰을 실시한다는 정보가 흘러나왔다. 1967년 상공부는 대한조선공사를 건조업자로 선정하고 삼성물산주식회사를 창구회사로 하여 기본도면 작업과 선가 견적작업에 들어갔다. 이에 응찰하여 척당 30만 7000달러, 총 614만 달러로 낙찰을 보았다.

당시 우리나라 총수출실적은 4억 5540만 1천 달러, 선박을 포함한 기계류 수출은 2446만 4천 달러였으니 614만 달러라는 금액은 매우 큰 것이었다. 박정희 대통령은 대만 선박 입찰에서 실효를 거둘 수 있도록 수출금융 규정을 고치고, 그 밖의 관계 법규를 획일적으로 고정해 놓지 말고 신축성 있게 운영할 것을 주문하였다. 이즈음 대한조선공사는 국영에서 민간으로 이양되었다.

그러나 우리나라의 기계공업의 수준은 여전히 낮았고 대만 어선 사업에 필요한 기자재의 국산화율은 고작 3.5퍼센트였다. 이에 조선 기자재들의 대부분을 외국에서 수입하여야만 했는데 외자재 도입이 지연되면서 공정이 순조롭지 못하였다. 게다가 민영화 이후 경영합리화를 위한 인원 감축으로 대한조선공사는 파업이라는 몸살을 앓고 있었다. 한마디로 대만 어선을 공기(工期) 내에 납품해야 하는 엄청난 사업을 앞두고 노동쟁의라는 큰 산을 만난 것이다.

남궁련 사장은 기지를 발휘하여 대만 관리들과 선주들을 설득, 마침내 범칙금을 내지 않는다는 새로운 조항과 인도 일자를 확정하고, 선박들은 1969년 12월 31일 선주 대표인 대만중앙신탁국 대표에게 무사히 인도하였다. 이 사업은 IBRD에서도 좋은 평가를 받아 그 후 IBRD 차관에 의한 철도차량 제작의 국제 입찰에서도 좋은 영향을 미치게 되었다.

　정부의 제2차 경제개발 5개년 계획 조선 분야 실무작업에 참여했으나 당시 국내 조선소로는 대한조선공사가 유일하였고 그나마 업무량 부족과 정부의 건조 자금 조달 부족이라는 악순환이 반복되는 상황이었다. 조선업계에서는 당시 상공부 조선과 구자영 과장의 혼신적인 노력으로 겨우 신조선 사업 자금의 확보가 이루어지곤 하였다. 1966년에 준공된 2600톤급 화물선 2척(남성호, 보리수호)이 그때까지 건조된 선박 중 최대 선박이었다.

　1967년, 월남전이 한창일 때 삼성물산이 주동이 되어 월남 정부에서 항만 하역정체 해결 역할을 담당하도록 발주한 400톤급 바지선 30척을 수주하여 국내 최초로 수출의 길을 열게 되었다. 사이공 현지로 출장하여 실수요 관청과 건조 최종 사양 설계에 합의하고, 이에 필요한 프랑스 선급 BV 검사를 받아 건조를 성공적으로 마쳐 선적, 인도하였다.

　1967년에는 대만 정부에서 세계은행 차관으로 구매하는 원양 참치어선 250톤급 20척을 수주하였다. 한 가지 품목에 신용장 한 장으로 614만 불 수출은 이때가 처음이었다. 박정희 대통령도 수출확대회의에서 일부 적자가 나더라도 국제 시장에서 품질이나 성능 면에서 높은 평가를 받아 수출 시장의 토대를 만들라는 특별 지시를 내려 조선소에 힘을 실어주었다.

　1968년에 대한조선공사는 극동해운에 불하되어 민영화의 길로 들어섰고 남궁련 회장의 새로운 도전이 시작되었다. 이러한 변화 중에 워낙 강성으로 이름났던 대한조선공사 노동조합에서는 민영화 전후에 직장 보장 등의 조건을 내걸고 장기간 파업에 들어가 가뜩이나 어려운 회사 사정에 부담을 주었고 어선 20척의 건조도 지연되었다. 하지만 남궁련 사장이 직접 나서서 대만 발주자 측과의 협상에 성공하여 납기 지연에 따른 지체상금 없이 1969년 12월 30일 모든 20척의 수출을 완료함으로써 그해 연도 우리나라 총수출 목표인 7억 불을 초과 달성하는 데 결정적인 공헌을 하였다.

_최준기 동문

136

1969년 11월, 대만 어선 진수식 날
(왼쪽부터 하영환 대한조선공사 상무, 구자영 상공부 조선과장,
문병하 중공업국장, 남궁련 대한조선공사 사장)

대만 어선의 수출 과정을 진행하면서 정부는 세계적으로 선박이 대형화되고 있는 추세를 실감하였고 이에 따라 최소 10만 톤급 이상의 선박 건조 능력을 갖춘 조선소 건설을 적극 검토하기 시작하였다.

걸프 사의 수주 계약과 진수회 회원의 활약

1970년대 초반, 대한조선공사는 미국 걸프오일 사의 석유제품 운반선(Product Carrier) 2만 DWT 4척과 3만 DWT 2척의 수출을 실현하였다. 당시 걸프오일 사는 국내 대한석유공사의 지분 50퍼센트를 보유하고 있었고 대한석유공사와 원유수송 계약을 맺고 있었다. 정부는 걸프오일 사와 원유수송 금액을 협상하였는데 톤당 3.48달러였던 운송비를 2.33달러로 가격을 낮춰 계약에 합의하였다. 그러나 3차 중동전쟁의 발발로 유럽으로 수출되는 중동산 원유가 아프리카 대륙을 우회하여 운송해야 할 상태에 이르자 걸프오일 사는 한국 정부에 운송료 재협상을 요구하였다. 정부는 운송계약을 수정해주는 조건으로 걸프오일 사로부터 수송선을 수주받고자 하였다.

걸프오일 사는 시찰단을 보내기 전부터 부정적인 시각을 보였다. 경쟁관계에 있는 일본 등에서 퍼뜨린 "한국이 4000GT 선박도 만들다 말았고, 1만 GT 배는 건조한다고 말만 하고 착공도 못 하고 있다"는 소문 때문이었다. 걸프 사의 시찰단이 대한조선공사 조선소에 도착하였을 때 본 광경은 실로 소문과 다르지 않았다. 현장에는 건조하는 배는커녕 작업자도 없는 텅 빈 조선소였다. 드라이 도크도 제대로 완성된 것이 없었다. 걸프 사 시찰단은 대한조선공사에서 배를 건조할 능력이 없다고 판단하였다.

당시 대한조선공사는 대일 청구권 자금으로 4000GT 화물선 2척과 3500GT 유조선 1척을 건조 중이었으나 아직 선주가 정해지지 않아 건조 공사가 중단된 상태였고, 정부가 계획한 1만 GT 화물선도 실수요자인 (주)삼미사가 기권한 관계로 새로운 실수요자를 정해야 하는 상황에 있었다(이는 훗날 범양이 실수요자로 낙점되었고 팬 코리아 호가 된다).

그러나 남궁련 사장은 걸프 사에 "당신들은 조선소를 사러왔는가, 배를 사러왔는가?" 하며 일침을 가하였고 조선소의 상태와 배를 만드는 능력은 다르다고 역설하였다. 게다가 남궁련 사장은 경쟁사인 일본보다 예정 가격을 200만 달러를 더 비싸게 입찰하여 그들의 불신을 받고 있던 터였다. 하지만 그가 일본과 유럽의 중간 가격을 낸 것에는 지극히 전략적인 의도가 있었다. 그는 대한조선공사에서 만드는 배의 선체는 한국에서 만들고 내부는 모두 유럽의 기술과 부품을 쓸 것이며 설계, 감독, 검사까지 모두 유럽에서 할 것이라고 설명하였다. 걸프 사의 배는 유럽을 운행하고 그 배들이 항로 중 기계가 고장이 나면 일본이 아닌 유럽 쪽에서 부속품을 구해야만 할 것이니, 건조를 대한조선공사에 맡기는 것이 훨씬 유리하다는 주장이었다. 걸프 사는 틀린 말이 아니라고 생각하였다. 그렇게 따지면 당장 배 값은 일본보다 비쌀지 모르나 길게 보면 이익이었다. 게다가 지급 보증은 한국은행의 보증 아래 미국의 모런 개런티에게 맡기겠다고 뒷문을 걸어 잠갔다.

오원철 상공부 차관보와 대한조선공사 남궁련 사장의 비상한 협상력으로 대한조선공사는 걸프오일 사와 석유제품 운반선 2만 DWT 4척과 3만 DWT 2척 등 모두 6척의 조선 계약을 체결하였다. 이 계약으로 한국은 세계 11번째 조선국으로 기록되었다. 남궁련 사장이 걸프오일 사로부터 대규모 선박 수주를 획득할 수 있었던 배경에는 진수회 회원 고영회(48학번)의 역할이 컸다. 당시 미국 NBC에 있던 고영회는 1970년 6월 대한조선공사 남궁련 사장의 전화를 받았다. 남궁련 사장은 걸프오일 사가 2만 DWT 석유제품 운반선을 발주한다는 정보를 받고 응찰을 하였다며 고영회에게 이 계약이 성사되도록 도와달라고 부탁하였다. 고영회는 망설임 없이 호텔방에 책상을 놓고 석인영(56학번), 권영현(59학번), 김기준(61학번) 등과 함께 시방서와 입찰서류를 꾸미고 기본 설계도서를 준비하였다.

1970년 6월경 대한조선공사 남궁련 씨의 전화를 받았어요. 지금 뉴욕에 있는 월도프 아스토리아 호텔(Woldorf Astoria Hotel)에 와 있다며 만나자는 거였지요. 남궁 씨는 동행한 이상길 이사와 박남석 이사를 소개해주셨어요. 남궁 씨는 얼마 전 대한조선공사를 인수했다고 자신을 소개하며, 조선소 현장에 가보니 일감이 없어서 서울대학교 공대 조선과 출신 엔지니어들과 현장 종업원들이 고생을 많이 한다고 말했습니다. 그렇게 운을 뗀 그는 나를 찾아온 이유를 설명하였습니다. 얼마 전에 잘 아는 선박 브로커로부터 걸프오일(Gulf Oil) 사가 2만 DWT 석유제품 운반선을 발주한다는 정보를 받아 응찰을 하였는데, 10일 후 계약에 필요한 서류를 모두 제출해야 한다는 것입니다. 그는 계약에 필요한 것을 아무것도 준비하지 않았는데, 내가 고국의 대한조선공사에서 일하는 후배들을 위해 이 계약이 성사되도록 도와줄 수 있느냐고 물었습니다. 때마침 내가 채용한 조선과 후배 석인영(56) 군과 권영현(59) 군, 그리고 김기준(61) 군에게 중앙 단면도와 일반 배치도를 준비하게 하고, 나는 사양서와 다른 서류를 준비하였지요. 다행히 전에 건조했던 자료를 참고하여 필요한 것들을 준비하는 데 큰 어려움이 없었고 모든 계약에 관한 서류를 남궁 사장에게 전달해 줄 수 있었습니다. 얼마 후 남궁 사장에게서 대한조선공사가 걸프오일 사의 유조선 건조를 수주했다는 기쁜 소식을 들었습니다.

_고영회 동문

대한조선공사가 수주한 6척의 걸프오일 유조선(Gulf Oil Tanker)의 총액은 4570만 달러였다. 이 수주는 한국 조선업계의 역사적 전환점이 되었다. 걸프오일 사에 인도한 석유제품 운반선은 품질이 좋아 높은 평가를 받았다. 걸프 사는 대한조선공사가 만든 선박의 구조는 물론이고, 용접 작업과 화물유 탱크 내부의 페인팅 작업 등에 대해 만족하였다.

당시 일본 조선소에서도 비슷한 석유제품 운반선을 만들었는데, 대한조선공사에서 제조한 석유제품 운반선 화물유 탱크 내부의 코팅 상태가 월등하게 우수하다는 판정을 받았다. 이후부터 세계 유수의 선주들에게서 주문이 밀려들었다. 심지어 일본의 일류 해운선사인 재팬 라인 사의 경우에는 일본 국내의 조선소들에 지불한 신조선 대금의 총액보다 대한조선공사에 지급한 돈이 더 많았다.

이 성과에 고무되어 정부는 조선을 국책사업으로 결정하게 되었다. 여기에는 당시 청와대에서 근무한 신동식의 조력도 컸다. 신동식은 박정희 대통령에게 대한조선공사에서 벌어들인 외화가 4570만 달러라고 보고하였고, 조선산업에서 얻는 경제 규모의 파워를 체계적으로 설명하였다. 이즈음부터 박 대통령은 조선산업에 몰두하기 시작하였고, 그 결과 현대조선과 대우조선이 탄생하는 계기가 되었다.

1973년 6월 2일, 대한조선공사의 걸프(Gulf)
석유제품 운반선 진수 기념

1974년 4월 9일 걸프 정유수송
제3호선 진수(대한조선공사)

조선, 기적을 이루어낸 원동력

오늘날 세계 제1위로 발돋움한 한국 조선산업의 모습을 보면서 세계 각국에서
공통적으로 갖는 의문이 있다. 한국 조선산업의 기적적인 발전 동인은 어디에 있

는가? 무엇이 한국의 조선산업을 이렇게 키워냈는가? 국내외 전문가들은 한국 조선산업을 세계 정상에 올려놓은 원동력으로 다음과 같은 요소를 꼽는다.

1. 국가 통치권자인 박정희 대통령의 강력한 조선입국 의지와 진수회 회원들이 사명감을 가지고 적극 참여
2. 조선입국 의지의 실현을 위한 합리적·구체적·세부적인 산업육성정책 수립 (중장기 조선산업 발전의 마스터플랜)
3. 수립한 정책을 집행하기 위해 강력한 정부 조직 구성(대통령 직속 해사행정특별심의위원회)
4. 조선산업 발전을 위한 각종 제도의 확립(「조선공업진흥법」 등)
5. 조선 설비의 초대형화 및 최신화를 위한 과감한 투자(세계 최대의 드라이 도크 및 골리앗 크레인 등)
6. 선박 엔진, 제철, 조선 기자재 등 조선 관련 산업의 적극 육성
7. 양질의 고급 기술 인력의 양성, 과감한 선진 기술도입, R&D 시설 확충(대학 교육시설 확충 및 선박연구소 설립)
8. 조선 선각자들의 도전적·헌신적·희생적인 예지와 불굴의 투지(진수회 회원들의 큰 활약)

오늘날 한국 조선산업은 연간 건조량 3천만 GT라는 경이적인 발전을 이루었고 첨단 복합기술이 필요한 각종 고부가가치 선박과 해양 구조물(Offshore Platform) 등을 건조하여 전 세계에 공급하고 있다. 선박 엔진을 비롯한 조선 관련 제품들 또한 세계적 수준의 품질로 인정받는다. 이렇듯 5.16혁명과 박정희 대통령의 강한 조선입국 의지는 한국 조선산업의 여명이었고, 오늘날 자랑스러운 한국 조선산업의 위상을 확립하는 기반이 되었다.

각종 지원 법령 제도의 확립

계획조선 지원기금

—

계획조선이란 정부의 재정 및 금융지원에 따라 선박을 건조하는 것으로, 그 실수요자를 정부가 선정하고 국내 조선소에서 건조하는 것을 말한다. 당시 국내 해운업계는 대규모 선박을 발주할 능력도, 자본도 없는 실정이었기에 정부는 선주들에게 배를 마련할 수 있는 환경을 조성해 주어야 했다. 제1차 경제개발 5개년 계획에서 상공부는 대통령에게 건의해서 강력한 조선 자금 지원책을 내놓았다.

정부가 추진한 조선 지원기금의 내용을 살펴보면, 선주가 총건조비의 10퍼센트에 해당하는 자기자금을 부담하고 보조금 40퍼센트, 융자금 50퍼센트의 비율로 건조비를 융자해 준다는 것이다. 그리고 담보물이 없어 사업이 지연되는 것을 막고 선주의 부담을 덜어주기 위해 선박 건조기간 중에는 정부 보증 융자로 공사를 시행하게 하고 완공 후에 건조된 선박을 담보하는 안을 제안하였다. 이에 따라 선주들은 배 값의 10퍼센트만 있으면 배를 마련할 수 있었다.

또한 선박을 건조하기 위해 수입하는 철강재와 목재 등의 조선용 기자재에는 관세를 면제하여 건조비를 절감케 하고, 융자금의 이자율을 연 4퍼센트, 상환기간을 20년으로 연장하여 수요자의 연간 부담금을 줄여주었다. 그리고 선박 생산 기자재를 국내에서 공급할 수 있도록 관련 공업을 육성하고, 국내 생산 기자재의 품질과 성능에 대해서는 선급협회의 검사에 합격하면 해당 제품의 수입을 억제함으로써 생산자를 보호하였다.

1차 경제개발 계획에서 상공부의 조선 지원 방침을 정리하면 다음과 같다.

① 건조자금 구성 : 실수요자는 총건조비의 10퍼센트에 해당하는 자기자금을 부담하고 보조금 40퍼센트, 융자금 50퍼센트의 비율로 건조비를 구성한다.

② 정부 보증 융자 조치 : 실수요자의 담보물 결여에 따른 사업의 지연을 막고

실수요자의 부담을 경감해주기 위해 선박 건조기간 중에는 정부 보증 융자로 공사를 시행하고 완공 후 건조된 선박만을 후취, 담보한다.

③ 이자율 경감과 상환기간의 연장 : 융자금의 이자율을 연 4퍼센트, 상환기간을 20년으로 연장하여 수요자의 연간 부담금을 경감하여 준다.

④ 도입선용 원자재의 관세 면제 : 철강재, 목재 등 수입하는 조선용 기자재의 관세 면제를 통하여 선박 건조비를 절감한다.

⑤ 대한조선공사의 재건 : 우리나라 최대의 조선 시설을 보유하고 연간 1만 GT의 강선 건조 능력을 갖춘 대한조선공사가 누적된 부채로 막대한 경영상의 애로를 겪고 있는 상황이어서 5개년 계획 수행에 차질을 가져올 우려가 있으므로 정부는 1962년 4월 법률 제1064호「대한조선공사법」을 공포하여 주식회사 체제였던 대한조선공사를 완전히 국영기업체로 개편한다.

조선공업 진흥계획과 연불수출제도

—

정부는 선박의 국내 자급률 향상과 국산화율 제고 및 선박 수출을 촉진하기 위하여 1970년 2월에 '조선공업 진흥계획'을 수립하였다. '조선공업 진흥계획'을 살펴보면 먼저 제품 수급에는 1970년에 5만 6200GT의 선박을 건조하는 것을 목표로 하였다. 그중 2만 GT는 수출하고 3만 6200GT는 국내에 공급한다는 것이다. 자급률은 전년의 18.5퍼센트에서 23퍼센트 이상으로 높이며 선박용 기관 중 소형 엔진과 선외기(船外機)는 국내 생산으로 완전 충당하고, 중형 엔진은 수요의 28퍼센트 이상을 자급토록 하여 내수시장 활로와 국내 기술 발전을 진흥하고자 하였다. 또한 대한조선공사의 최대선 건조 능력을 10만 GT급 규모로 확대하는 한편, 중소 조선업체의 시설을 경제 단위로 나누어 국제 경쟁력을 배양한다고 되어 있다.

신동식의 주장대로 원래 조선공업은 노동집약적 산업이며, 전후방 관련 산업에 미치는 영향이 큰 종합조립산업으로 우리나라 경제발전을 이루는 데 가장 적합한 산업이었다. 당시 서구의 조선공업은 노임의 급등, 시설의 노후 등으로 사양화의 길로 접어들기 시작하였으며 일본 역시 노임 등의 문제로 내부에서 압박을 받기 시작하였다. 반면에 우리나라는 저임금의 풍부한 노동력과 조선공업에 양호한 입지 조건을 갖추고 있었기에 상대적으로 유리하였다.

정부는 조선공업 진흥계획에 이어 1973년 3월에 조선공업 육성에 관한 '장기 조선공업 진흥계획'을 수립하였다. 목표는 1980년까지 국내 수요 선복을 자급하고 320만 GT(10억 달러)의 선박을 수출하는 것이었다. 이를 위해 1973년부터 1980년까지 연간 생산능력 1만 5000GT, 최대선 건조 능력 6000DWT인 원양어선 조선소 2개소를, 연간 생산능력 25만 GT, 최대선 건조 능력 10만 DWT인 중형 조선소 2개소, 연간 생산능력 75만～100만 DWT의 대형 조선소 5개소를 짓는 등 총 9개의 조선소를 건설하기로 하였다.

1973년 석유파동 이후 조선 불황이 심각해지자 일시납수출(一時納輸出) 형태를 취했던 선박 수출은 세계적으로 연불수출(延拂輸出) 형태로 바뀌게 되었다. 연불수출 조건도 착수금 비율, 융자기간, 금리 조건 등에서 점차 선주에게 유리해졌다. 이런 연불수출은 국제 경쟁력을 강화하고 적정 조업량을 확보한다는 차원에서 큰 의미가 있었다.

1976년에는 이전의 한국외환은행 대행체제에서 수출입은행이 설립되면서 본격적인 연불수출 시대가 시작되었다. 1977년에는 이전의 6년간 지원총액인 1258억 원에 가까운 1152억 원을 지원하였으며 이후에도 연불수출 자금 수요는 더욱 증가하였다. 수출 금융지원은 선박 수출에 집중되다시피 하여 전체 대출의 80～90퍼센트를 차지하였다.

1976년 3월, 정부는 연불수출 금융지원 기준을 발표, 중화학공업 연불수출에 대한 선별 지원을 강화하였다. 지원 기준은 융자대상 품목을 선박, 철도 차량, 플랜트, 산업기계로 축소하고 연불 조건은 선수금 20퍼센트 이상(선박은 30퍼센트 이상)으로 하였다. 또 대출금리는 연 7퍼센트 이상으로 하고 융자비율은 연불수출 선적 전후 융자 소요액의 80퍼센트로 정하였다.

어선의 선질을 개량하라

—

1965년 6월 한일협정이 조인되고 그해 12월 한일협정에 대한 비준서를 교환함으로써 일본과의 국교가 정상화되었다. 정부는 한일협정의 타결로 확보한 대일 청구권 자금을 이용하여 어선의 기계화와 어선 선복 확충계획을 세웠다. 이때 확보한 220억 원은 수산 분야 기반시설 확충사업 예산의 70퍼센트에 해당하는 금액으로, 기존 어선을 모두 기계화하는 것을 목표로 설정하였다.

정부는 1966년 3월에 종래의 농림부 수산국을 모체로 하여 수산청을 발족하였다. 수산청에는 시설국을 두고 어선과, 시설과, 어항과를 관장하게 하였다. 정부는 일정 규모 이상의 어선은 강선으로 개발하는 한편, 대부분의 소형 연안어선에 대해서는 한국의 연안 환경에 적합한 선형을 정하고 그에 걸맞은 재질을 선정하여 선박을 개량하는 것으로 방침을 정하였다. 정부가 이 사업을 책임지고 추진할 적임자를 찾던 끝에 신동식의 추천으로 김극천이 수산청 어선과장으로 임명되었다.

당시 우리나라에는 5만 3000척의 연안어선이 등록되어 있었으며 어업 총생산의 69퍼센트를 담당하고 있었다. 이 어선들은 모두 목선이었는데 이 가운데 3만 5000척이 1971년 이전에 내용연수(耐用年數)에 처할 심각한 상황이었다. 따라서 이 기간 동안 노후 어선을 새 어선으로 대체하는 것만으로도 연평균 4만 8000m³의 판재용 목재를 수입하여야 하고 아울러 3만 2000m³의 선체구조용 국산 목재를 확보하여야만 했다. 연안어선의 대부분이 20톤 미만의 소형 목선인데 이를 강선으로 대체한다는 것도 기술적으로나 경제적으로 거의 불가능한 일이었다. 상황이 더 나빴던 것은 판재용 목재는 일본산 삼재를 사용해야 하는데 수입 필요량은 당시 일본이 수출 가능한 물량의 4배에 해당하였고, 국내에서 수급해야 하는 선체구조용 국산 목재를 확보하는 것도 불가능하다고 판단되었다. 뿐만 아니라 삼재를 수입하려 해도 해결해야 할 문제들이 산적해 있었다.

1967년 4월, 수산청은 선질 개량사업을 정책적 중장기 사업으로 추진하기로 결정하였다. 그 요지는 다음과 같다.

(1) 10톤급 이하의 목조어선은 선질을 FRP로 대체한다.

(2) 20톤급 목조어선은 당분간 목선으로 대체하되 궁극적으로 강선화 또는 FRP 화한다.

(3) 30톤급 이상의 목조어선은 선질을 강선으로 대체한다.

미국은 제2차 세계대전 종전 후부터 군사기술인 FRP(Fiber Reinforced Plastics, 유리 및 카본 섬유로 강화한 플라스틱계 복합재료) 기술을 보급하기 시작하였고, 일본은 1952년부터 FRP선 개발에 박차를 가하고 있었는데 당시 우리나라 수산계에서는 이 사실을 아는 사람이 별로 없었다. 수산청 내부는 물론, 수산업계 인사들에게도 FRP라는 재료가 매우 생소하였기 때문에 선질을 FRP로 대체하는 정책을 결정하는 과정이 매우 어려웠다.

영세한 어민들이 생산수단으로 해태, 굴 등의 양식업장에서 흔히 사용하는 어선은 2톤 미만의 소형선이었고, 그 척수가 2만 3000척에 달하였다. FRP선은 공법상 하나의 형틀(mold)에서 다수의 선박을 생산할 수 있어 선가가 매우 싸질 수 있었다. 이에 따라 수산청은 우선 해태 채취선의 선질부터 FRP화하기로 하였다.

수산청은 해태 채취선을 FRP로 설계하기 위한 기초기술 정보를 얻기 위해 1967년 4월 대한조선학회로 하여금 해태 양식장 및 해태 채취선과 관련한 국내의 기술적·사회적·경제적 실태를 조사하도록 하였다. 이 과제의 책임자는 황종흘이 맡았으며 학과 교수들이 연구원으로 참여하고 이재욱과 어선과의 황덕윤이 보좌하여 수행하였다.

대한조선학회는 연구 결과를 종합하여 1967년 7월 15일 수산업협동조합 대회의 실에서 'FRP선에 관한 세미나'를 수산청의 후원으로 성황리에 개최하였다. 이 세미나를 통해 관련된 모든 사람이 FRP 선박의 건조뿐만 아니라 보급에까지 희망적 확신을 갖게 되었다. 수산청은 1967년 9월 서울대학교 공과대학 부설 응용과학연구소에 1GT급 FRP 해태 채취선 3종을 시험건조하도록 하고 선박 건조에 따르는 여러 문제점을 검토함으로써 산업화의 길을 열었다. 마침내 시험건조한 선박을

1967년 12월 한강에서 시운전하여 성능 확인을 성공적으로 마쳤다.

이 개발사업에는 김재근, 황종흘, 임상전이 직접 적층작업에 참여하여 3척을 완성하였다. 수산청은 실제 조업시험을 위해 이 3척을 수산진흥원과 강경 어업협동조합에 이관하였다. 아울러 시험건조 성능시험 결과의 평가와 생산기술의 보급을 위해 12월 16일 수산청 주최, 대한조선학회 후원으로 '어선의 선질 개량에 관한 심포지엄'을 개최하였다.

FRP선 개발연구 경사실험 기념사진
(배에 앉은 이들을 중심으로 왼쪽부터 임상전, 황덕윤(?),이재욱, 김재근, 권영중, 황종흘)

1968년도 사업계획에 FRP 해태 채취선 100척을 구입하기로 확정한 수산청 어선과는 그 후 어선의 대형화를 위한 개발사업을 계속 추진하였다. 한편, 상공부는 1968년 초에 「조선공업진흥법」을 개정하여 면허업종에 합성수지제 조선업을 추가하였고, 이에 근거하여 당시 5개 회사가 등록을 마치고 FRP 선박 건조사업에 참여하였다. 수산청 통계에 따르면, 1994년 말 국내 총어선 세력은 7만 7391척에 94만 322GT로 집계되는데 이 중 FRP 어선은 1만 7453척, 22만 2000GT로 FRP 어선이 급속히 증가하였음을 보여주고 있다.

김극천은 우여곡절 끝에 1967년 3월 수산청 어선과장으로 전보된 후 1968년 2월 말까지 근무하였으며, 3월 초 대학에 복귀하였다. 그는 이때 세운 공로로 수산청장 및 수산업협동조합 중앙회장의 감사장을 받았다.

표준형선의 제정

—

당시 우리나라는 선박 설계 기술을 포함한 조선기술 전반에 걸쳐 능력이 취약하였다. 이를 개선하기 위해서는 올바른 설계도서를 보급하고 조선소의 설계도서를 표준화해야 한다는 필요성이 제기되었다. 표준형선 설계에 따라 건조하는 경우, 소요되는 자재와 공정 표준화 및 단순화가 가능하고 선박의 질적 향상과 공기의 단축, 선가 절감을 꾀할 수 있었다.

설계 기술이 빈약한 각 조선소에서는 표준에 따라 선박을 건조할 수 있으므로 단기간 내에 기술 향상을 이룰 수 있다는 장점이 있다. 또한 조선소와 선주 간의 조선계약의 표준, 또 조선 지원자금의 효율적인 관리 등에도 필요하였다.

이런 표준화된 설계도서를 확보하는 사업은 업자가 수행할 수 있는 사정이 아니었으므로 상공부에서 '표준형선 설계사업'을 수행하였다. 이 사업은 1965년부터 1971년까지 7년에 걸쳐 대한조선학회에 용역을 주어 진행하기로 하였다.

대한조선학회는 대한조선공사의 현장 설계 기술진, (주)한국해사기술 설계진, 한국선급협회, 한국과학기술연구소, 각 대학의 연구진 등과 함께 화물선 17종, 유조선 6종, 여객선 11종, 어선 22종, 자항부선 3종, FRP선 6종, 알루미늄 경비정 1종 등 모두 66종의 표준형선에 대한 표준 설계도서를 작성하여 보급했다.

화물선에는 1만 GT 이하의 일반화물선 7종, 100GT 이하의 석탄비료 전용선 3종, 1만 GT 이하의 컨테이너선 2종, 500GT 이하의 냉동화물선 2종, 1만 GT 정기화물선 1척, 1만 GT 목재전용선 1척, 3만 GT 산적화물선 1척이 설계되었다. 유조선으로는 4000GT 이하의 연안운송용 유조선 6종이 크기별로 설계되었다. 여객선으로는 20GT에서 500GT 사이로 11종이 설계되었다. 어선으로는 어로해역, 대상어종, 어구어법 등에 따라서 다양한 어선 22종이 설계되었다.

그리고 어선 선질 개선사업을 지원하기 위하여 FRP 선박 6종과 5GT급 알루미늄 선박이 설계되었다.

표준형선 제정은 국내 선박 설계 기술을 체계화하고 정돈하는 계기가 되었다. 작은 1톤급 해태 채취선에서부터 대형 GT 1만 톤급 다목적 화물선에 이르기까지 다양한 선박이 포함되었다. 이 설계서에는 기본도면은 물론, 건조사양서와 표준소요자재 명세서 등이 포함되어 있어서 계획조선 자금지원을 위한 금융기관의 선가 사정, 선주와 조선소 간의 조선 계약 시의 분쟁 해소, 조선소의 공정관리 원활화, 불량 선박 건조 공사의 예방 등에 기여하였다.

설계도서의 보급권은 설계자인 대한조선학회에 있었으나 다수의 어선이 표준형선에 포함되어 있었으므로 이후 보급권을 어선협회로 이관하였고, 이를 통하여 어선협회 발전에 기여하였다. 작성된 설계도서 중 건조사양서에는 도면 승인을 한국선급에서 받도록 하는 조항이 있었는데 이 조항은 한국선급의 초기 업무를 확보하는 데 도움이 되었다.

1965년 7월, 부산 동래에서 열린
표준형선 설계위원회 참석자들
(왼쪽부터 안영화, 이재욱, 김극천, 임상전, 조규종, 황종흘, 김재근)

2. 서광이 비치다

세계 시장에 도전하다

1970년대에 들어서면서 중동지역의 정치적 불안과 함께 일어난 석유파동으로 경공업 수출을 지향하던 우리나라는 심각한 성장 정체가 벌어졌다. 1969년 15퍼센트에 이르렀던 성장률이 1970년에 7퍼센트대로 급락하였고, 경상수지 적자도 5억 달러로 늘어났다. 이에 박정희 대통령은 중화학공업 육성정책을 핵심 정책으로 내세웠다. 철강, 화학, 비철금속, 기계, 조선, 전자 등 6개 핵심 산업에 집중적으로 자금을 투여하기 시작한 것이다.

그러나 1970년대 조선산업 육성정책은 국가 스스로 경영자가 되어 개입하는 주도적 정책에서 벗어나 민간이 주체가 되고 국가가 그들을 지원하는 후원자적 정책으로 전환하였다. 대한조선공사의 민영화와 4대 핵 공장 건설사업, 그리고 현대를 비롯한 대기업들의 조선사업 참여가 그 대표적인 사례다.

4대 핵 공장과 초대형 조선소 건설 계획
—

1968년 1월 21일 북한에서 지령을 받고 남하한 무장공비 31명이 청와대

습격을 시도하였다. 이른바 1.21 사태였다. 이틀 뒤인 1월 23일에는 미 정보함 푸에블로 호가 북한에 납치되었다. 이에 격분한 박정희 대통령은 M-16 공장 건설과 고속정 건조를 추진하면서 1970년 8월 국방과학연구소를 창설하였다. 그리고 방위산업을 본격적으로 추진하기 위해 4대 핵 공장 건설 계획을 마련하였다. 4대 핵 공장이란 종합기계·주물선·특수강 공장, 조선소이다.

한편, 1969년 경제기획원의 김학렬 부총리는 미국의 바텔 연구소의 수석연구원인 해리 최(Harry Choi)에게 한국의 기계공업 육성을 위한 정책 개발을 의뢰하였다. 당시 바텔 연구소는 한국의 과학기술연구소(KIST)와 연구협력 계약을 맺고 있었다. 해리 최는 KIST의 각 담당 연구실장들과 합의하여 일을 추진하였는데 이때 조선소 분야는 김훈철 조선해양연구실장이 맡았다. 당시 제철은 포항제철(현 POSCO)에서 담당하기로 정해져 있어 그곳에서 생산하는 철강재로 4대 핵 공장을 지정하고 추진한다는 계획으로 1970년 5월에 사업계획을 완료하고 같은 해 6월에 대통령 재가를 받아 시행하였다.

4대 핵 공장 건설에 대한 사업계획서에 따르면 소요자본은 토지, 항만, 도로 등 시설비에 15억 원, 도크 시설에 60억 원, 시설재 도입에 45억 원으로 대략 120억 원이었다. 이에 필요한 자본을 내·외자별 직간접으로 조달하기로 하고 우선 일본에 차관을 문의하기로 하였다. 일본 정부는 아카사와 중공업국장을 비롯한 타당성 조사단을 파견하였다. 조선 분야에는 운수성 검사제도과장과 철강공업협회 업무부장이 왔으며 상공부 조선과장인 구자영이 그들을 담당하였다. 사업성을 검토한 일본 조사단은 초대형 조선소 건설에 대해 회의적인 의견을 보였다.

"한국은 우선 1만~2만 톤급 선박 건조를 계획하고 다음 5만 톤급과 10만 톤급으로 경험을 쌓은 이후에야 20만 톤급 이상의 대형 선박을 건조할 수 있을 것이다. 처음부터 대형 선박을 건조하는 것은 무리다."

그러나 그들이 차관 공여를 거부한 속내는 따로 있었다. 한국에 대형 조선소가 건설되면 값싸고 질 좋은 인력으로 훗날 일본의 시장 점유율을 잠식할 것이기에 장기적으로 불리하다고 본 것이다. 일본은 한국의 건조 능력을 5만 톤급 이내로 한정 지어 세계 조선 시장에 뛰어들지 못하게 하려 했던 것이다. 정부는 초대형 원유 운반선(VLCC: Very Large Crude Oil Carrier)을 비롯해 국제적 규모의 대형 선박을 수출하려면 이를 건조할 만한 조선소 건설이 반드시 필요하였기에 다른 방법을 찾아야만 했다. 마침내 정부는 일본을 포기하고 유럽으로 눈을 돌렸다.

초대형 조선소, 현대조선의 탄생
—

정부는 현대 정주영 회장에게 "정부에서 모든 지원을 아끼지 않을 테니 4대 핵심 공장 중에서 조선소를 건설하고 사업을 맡으라"고 주문하였다. 처음에 대기업들은 조선업에 뛰어들기를 주저하였다. 초기 시설 투자가 너무 많이 들어가기 때문이다. 더군다나 가장 큰 조선소를 보유한 대한조선공사는 창업 이래 계속 적자가 늘어가고 있는 상태였다. 시설도, 기술도 부족하였던 당시의 현실에서 조선을 수출 주력산업으로 선택한다는 것은 무리였다. 그런 부정적인 시각은 기업인뿐 아니라 정부 내 관료들도 다를 바 없었다. 선진국조차 하기 힘들어한다는 조선업인데, 우리나라 경제 사정으로는 무리라는 보고서가 재차 대통령에게 올라갔다. 그러나 박정희 대통령은 무조건 조선업을 추진하라고 명령하였다.

박 대통령이 대형 조선소 건설에 강한 집착을 보인 이면에는 그동안 신동식 비서관이 여러 차례 조선에 관한 보고를 하여 조선산업의 중요성을 인지하게 되었고, 대만의 어선 수출과 팬 코리아 호 건조의 성공 등으로 조선의 가능성을 직접 확인한 데 있었다.

현대건설은 1969년 조선사업 팀을 구성하고 이스라엘 해운회사인 팬 마리타임과 접촉하였다. 현대는 팬 마리타임과 5대 5의 비율로 합작 조선소를 세우기로 합의하였지만 그 계약은 얼마 뒤 파기된다. 팬 마리타임이 조선소 운영권까지 요구하였고 팬 마리타임의 선주가 이 계약으로 차관을 조달한 뒤 그 금액을 개인적으로 착복하려던 것이 드러났기 때문이다. 현대는 다시 일본으로 발길을 돌렸으나 예측할 수 없는 일이 벌어졌다. 미쓰비시 가와사키 중공업 등과 접촉하여 합작을 모색하고 있을 때 중국의 주은래 수상이 일본을 방문하여 일본이 한국, 대만과 경제협력을 하면 중국은 일본과 거래하지 않겠다고 선언한 것이다. 그 결과, 일본의 조선업체들은 한국 조선산업 투자에서 완전히 발을 빼버렸다. 정주영은 한국으로 돌아와 박 대통령에게 조선업을 못 하겠다고 힘겹게 말을 꺼냈다. 그러나 대형 조선소를 건설하겠다는 박 대통령의 집념은 꺾을 수 없었다.

현대는 각고의 노력 끝에 애플도어 사의 보증으로 영국 버클레이 은행의 차관 제공을 얻는 데 성공한다. 그러나 영국 은행이 외국에 차관을 해주려면 영국 수출 신용보증국(ECGD: Export Credits Guarantee Department)의 보증을 받아야 했다.

ECGD는 "한국과 같은 후진국에서 처음 만든 배를 누가 사줄 것인가"라고 의문을 제기하며 배를 팔 상대가 있어야만 돈을 내주겠다는 조건부 승인을 내렸다. 현대는 난감하였다. 우리나라 같은 가난한 나라가 배를 만들겠다고 덤비는 것을 그들은 불가능한 일이라고 본 것이다. 그들의 눈에는 한국에 조선소가 만들어진 것도 아니고 또 배를 만든다고 해도 그 배를 사갈 사람이 없어 보였다. 현대는 선박 설계도와 조선소가 들어설 백사장 사진 한 장만 들고 만들지도 않은 배를 살 대상을 구해야만 했다.

그러나 하늘이 무너져도 솟아날 구멍이 있다고 하였던가. 선박 왕 오나시스의 처남 그리스의 요르거스 리바노스가 구세주 역할을 하였다. 그는 정주영의 자신감과 조선소 건설에 대한 절박함을 알아보았다.

"반드시 좋은 배를 만들겠다. 만약 약속을 못 지키면 계약금에 이자를 얹어 주겠다. 계약금은 적게 받겠다. 우리의 작업 상황을 확인하고 조금씩 배 값을 내라. 우리 배에 하자가 있으면 인수를 안 해도 좋다."

마침내 현대는 그리스의 선주 리바노스와 수주계약을 하고 영국 버클레이 은행의 차관을 얻는 데 성공하였다.

현대는 이 돈으로 울산의 광활한 미포만에 조선소를 건설한다. 처음 계획은 10만 톤급의 도크를 건설하는 것이었지만 차관을 확보하자 50만 톤 도크 시설을

조선소를 시작할 초기에 정주영 회장이 유럽에 가서 그 지역의 기업가들과 만나 앞으로 대한민국에서도 30만 톤급 이상 대형 선박을 건조하겠다고 했던바, 유럽 사람들이 한국에서 만든 그 배가 과연 물에 뜨겠냐고 농담을 했다는 이야기가 있습니다. 지금 이 자리에서 여러분이 직접 목격하신 바와 같이 그 배가 이렇게 물에 뜨는 것뿐만 아니라 세계에서 가장 높고 훌륭하게 건조되어 진수되고 모든 것이 성공적으로 이루어졌습니다.

−1974년 박정희 대통령 '현대조선소 애틀랜틱 배런 호 명명식' 치사 중에서[1]
(사진 출처 : 『대한민국을 바꾼 70대 사건』, 『월간조선』)

갖춘 초대형 조선소를 건설하는 것으로 수정되었다. 당시 대형 유조선의 수요가 늘어나는 세계 조선 시장의 추세에 따라 최대 건조 능력 50만 톤급의 시설을 갖추고 연간 26만 톤급 VLCC 5척을 건조, 전량 수출하기로 목표를 세웠던 것이다.

1972년 3월 25일, 현대조선소의 기공식이 거행되었다. 건설공사가 진행되면서 규모는 더욱 커져서 최대 건조 능력이 70만 톤급으로 확대되었고, 650미터 길이의 드라이 도크와 450톤 골리앗 크레인 2기 등의 시설로써 초대형 조선소의 면모를 갖추게 되었다. 그렇게 터를 잡기 시작한 현대조선소가 마침내 1974년 6월에 준공되었다. 조선소 건설공사를 하면서 한편으로는 선박 건조 공사를 진행하였다. 육상에서 선체 블록을 제작하고, 완성된 도크에서 선체 조립을 시작하여 1974년 2월 15일 의장안벽으로 진수되었다. 6월 28일 박정희 대통령 내외와 선주, 내외 귀빈을 모시고 제1호, 제2호선의 명명식을 거행하였다.

영부인 육영수 여사는 제1호선을 애틀랜틱 배런(Atlantic Baron)이라고 명명하였고 제2호선은 애틀랜틱 배러니스(Atlantic Baroness)라고 명명하였다. 박정희 대통령은 이 현장에서 '造船立國'이라는 휘호를 썼으며 다음과 같이 감회를 밝혔다.

---

1 대통령 비서실, 1974, 『박정희 대통령 연설문집』 제11집, 1974년 1~12월.

현대조선소 준공식을 기념하여 쓴
박정희 대통령의 '造船立國' 휘호(1974년 6월)

우리는 앞으로 이 현대조선소 외에 제2,3의 대형 조선소를 추진 중에 있습니다. 제2의 대형 조선소는 작년 10월에 이미 거제도 옥포에서 착공하여 지금 모든 공사가 순조롭게 진행되고 있습니다. 내년 연말에는 완공됩니다. 제3의 100만 톤 대형 조선소는 경남 통영 안정에 금년 10월에 착공하여 76년 12월에 완공할 계획으로 추진 중입니다. 이러한 조선소들이 대략 76년 말까지 완공되면 77년에는 우리나라 조선 능력은 연간 600만 톤이 넘을 것으로 예상됩니다. 불과 4년 만에 약 24배에 달하는 조선 능력을 가지게 됨으로써 우리나라는 세계 10대 조선 국가로 등장하게 되는 것입니다.

_박정희 대통령, 1974년 현대조선소 1,2호선 명명식 치사 중에서

1974년 6월 28일 현대중공업의
1,2호선 명명 기념패

1974년 6월 28일 '애틀랜틱 배런' 호
명명식의 육영수 여사

1972년 3월 조선소 건설 기공식을 치르고 2년 3개월 만에 조선소 건설을 완료한 것은 물론, 2척의 VLCC까지 건조하여 인도한 것은 세계 역사에 유례가 없는 쾌거였다. 그 후 현대중공업은 1984년에 총 231척, 1천만 톤을 인도하고 1988년에 2천만 톤, 1991년 3천만 톤, 1994년 4천만 톤, 1997년 5천만 톤, 2005년 1억 톤의 선박을 인도하여 세계 조선산업 사상 최단기간 내에 최대의 건조 실적이라는 대기록을 세웠다.

중화학공업 육성정책과 옥포조선소
—

앞에서 살펴보았듯이, 1970년대에 들어서면서 우리나라 경제에 심각한 성장 정체가 일어나자 정부는 중화학공업 육성정책을 내놓는다. 중화학공업 육성정책의 골자는 다음과 같이 요약된다.

첫째, 규모의 경제를 실현하는 것, 둘째, 주력 수출제품을 확대하는 것, 셋째, 기술 인력 확보에 중점을 두는 것, 넷째, 기술연구소를 두어 관련 기술을 확보하는 것, 다섯째, 적절한 입지를 확보하여 집단 유치를 관리하는 것, 여섯째, 자주국방을 위해 필요할 때 방위산업으로 전환할 수 있을 것 등의 내용이다. 이런 중화학공업 육성 방안의 수혜는 조선산업 역량 강화에 고스란히 적용되었고, 대한민국 조선산업의 성장에 핵심 요소로 작용하였다.

해사행정특별위원회 같은 것을 만들면 뭐 해? 돈이 있어야지. 꿈만 있지 수단이 없는 계획안이었어요. 대통령이 나에게 조선발전계획을 국회, 국무회의 장관들, 외국 대사들, 금융위원회, 언론 등에 설명하래요. 동의를 구하라는 거지. 그런데 그들은 말도 안 된다는 표정이에요. 지금 조선을 할 때인가? 조선에 돈이 얼마나 드는데…… 모두들 대통령에게 꿈같은 얘기만 해서 판단을 흐린다고 그러는 거예요. 외국 공관들에게 설명했더니 그들도 실현 불가능한 판타지라고 혹평을 했어요. 쓰레기통에서 장미꽃이 피겠냐? 그래요. 도와주려는 사람이 아무도 없었어요. 지지하는 것은 그저 대통령 한 사람과 조선업계 사람들뿐이고 정부 요직 99퍼센트는 반대했지요. 내가 대통령에게 그대로 얘기했어요. 나야 조선을 위해 목숨을 바치겠다고 온 사람인데 대통령께서 불굴의 의지를 가지고 지원만 해주시면 목숨을 바치겠다, 그랬지요. 대통령은 자료가 있냐고 물었어요. 그런 게 어디 있어요? 나는 다음과 같이 말했어요. "인구는 늘어난다. 인구가 늘어난 만큼 필요한 자재도 늘어난다. 그 수송수단은 배밖에 없다. 배가 대형화될 수밖에 없다. 또 고속화될 것이다. 그런 것을 누군가가 만들어야 되지 않겠느냐. 지금 당장은 어렵더라도 이럴 때 우리가 차별화된 정책을 펼친다면 기회가 될 수 있다. 어떻게 보면 투기일지 모르지만 계산된 투기다. 조선은 수백 가지 중소기업이 먹고살 산업이다. 이런 것을 창출하는 큰 촉진제 역할을 하기 때문에 경제 고용 파급효과가 크다. 그리고 단순노동이 아닌 고급 숙련노동이라서 고용의 질도 높아진다." 그때 이런 얘길 하는 사람이 정부에 없었어요. 대통령은 그런 얘길 정부 관계자에게 다시 하라는 거예요. 설득이 필요하다고 본 거지요. 그래서 두 번, 세 번, 네 번 반대자들을 설득했어요. 공부를 많이 해가면서 설득했지요. 일은 그렇게 시작되었어요. 대통령이 나를 믿고, 나는 가능성을 믿는 수밖에 없었습니다.

_신동식 동문

1973년 1월 신년 기자회견에서 정식으로 추진을 선언한 중화학공업화 정책은 철강, 비철금속, 조선, 전자, 기계, 화학 등 6개의 분야에 중화학공업을 육성하여 1980년 초까지 국민소득 1000불과 수출 100억 달러를 달성하겠다는 목표를 내세웠다. 이는 1973년부터 1981년까지 총투자액 96억 달러가 소요되는 거대한 계획이었다(1972년 당시 우리나라의 1인당 국민소득은 322불, 수출은 16억 불이었다). 정부는 경제기획원 차관을 위원장으로 하는 중화학공업추진위원회를 설치하여 계획을 총괄 추진하였다.

중화학공업화 정책 선언에 따라 상공부는 현대조선을 추가하여 대형 조선소 2개, 중형 조선소 1개를 더 만들 계획을 세웠다. 중화학공업화 정책 선언의 목표인 100억 불 수출 중 20억 불은 조선 쪽에서 감당할 수 있다는 자신감에서였다.

한편, 중화학공업화 정책 선언이 발표되기 전부터 대한조선공사의 남궁련 사장은 현대조선소에 이은 제2의 대형 조선소를 만들겠다는 꿈을 가지고 있었다. 상공부의 제안에 따라 중화학공업추진위원회는 남궁련 사장이 계획한 제2의 대형 조선소 계획 예정지인 옥포만을 포함한 거제도 일원의 옥포 지역, 죽도 지역, 안정 지역 3곳에 조선소 예정지를 공업지역으로 지정하고 지가고시를 시행하였다. 이곳을 조선소 예정지로 결정하는 데는 다음과 같은 요건이 고려되었다.

첫째, 해수 간만의 차가 작고 수심이 충분하다.

둘째, 기후가 온화하고 눈이 적어 겨울에도 작업이 가능하다.

셋째, 만이 잘 발달되어 바람의 영향이 적다.

넷째, 인구가 많은 조선 도시 부산과 가까워 사람과 조선 기자재를 구하기 쉽다.

다섯째, 태평양에 면해 있어 어업이나 다른 산업에 미치는 영향이 적다.

이 계획에 따라 1973년 10월 11일, 박정희 대통령이 참석한 가운데 옥포 지역 100만 평 부지에 들어설 옥포조선소 기공식이 거행되었다.

옥포조선소 기공식

1972년, 기존의 부산조선소에서 한계를 느낀 남궁련 회장은 초대형 조선소의 필요성을 강조하여 마침내 옥포조선소 건설 계획을 승인받았다. 남궁 회장은 건설자금을 마련하기 위하여 미국 수출입은행과 장기 차관을 교섭하였고, 1973년 8월 미국 수출입은행과 장기 차관 도입계약을 체결하게 되었다. 내가 알기로는 미국 수출입은행 차관이 민간업체에 제공된 것은 그때가 처음이었다. 당시 나는 조선영업과 기계영업부를 담당하고 있었는데 남궁 회장의 요청에 따라 몇 차례 수행 출장을 다녔고 사장 특별보좌역으로 차관 융자 협상에 관여하였다.

1973년 10월 11일 박정희 대통령, 이낙선 상공부 장관 등 정부 요인이 참석한 가운데 조선소 기공식을 가졌다. 170만 톤급까지의 선박은 물론 해상 원자력발전소, 정유시설, 해상 호텔 등 다양한 대형 설비를 건조할 수 있는 도크를 건설하기로 하였다. 길이 1100미터, 폭 131미터, 깊이 13.5미터의 도크에서 연간 900만 톤을 건조할 수 있는 명실공히 세계 최대 규모의 조선소로 설계되었다. 이미 40여 년 전에 이러한 구상을 하여, 최근 시황에서도 넓은 도크 폭과 세계 최대 규모의 900톤 골리앗 크레인을 갖춘 시설이 점차 보편화되어 가는 FPSO(Floating Production Storage Offloading, 부유식 원유 생산 저장 하역 설비), 발전소 등 대형 해상 플랜트를 동시에 건조할 수 있도록 착상한 남궁련 회장의 미래지향적인 사업 구상에 경의를 표하지 않을 수 없다.

_최준기 동문

조선소 건설 예정지

석유파동을 극복하면서 조선 능력이 더욱 향상되다

—

1973년 3월 대전에서 열린 '상공인의 행사'에서 박정희 대통령은 대기업 총수들에게 중화학공업에 투자할 것을 종용하였다. 이때 조선을 하겠다는 업체는 한진과 극동건설, 삼성물산 등이 있었다. 삼성은 안정만에, 고려원양은 죽도 지역에 조선소를 건설하기로 하였다.

그해 10월 제4차 중동전쟁이 일어났다. 전쟁의 여파로 석유 가격이 4배나 폭등하여 석유 물동량이 급격히 줄어들었다. 또 수에즈 운하의 개통으로 VLCC의 용도가 줄어들면서 세계의 조선산업은 심한 불황에 직면하게 되었다. 석유파동이 일어나면서 옥포조선소 건설자금이 1030억에서 1500억으로 뛰었다. 그러자 여력에 한계를 느낀 남궁련은 옥포조선소 건설에 투여할 자금을 산업은행에 넘기고 손을 떼려 하였다. 우여곡절 끝에 김용환 장관이 대우의 김우중 회장을 설득하여 옥포조선소는 1978년 대한조선공사에서 대우조선공업으로 넘어가게 되었다.

중화학공업화 정책 선언 후에 추진되던 새 조선소 건설 계획은 뜻하지 않은 불황 속에서 지지부진해져 갔다. 더군다나 현대조선마저도 진수식까지 마친 VLCC 제2호선은 선주 리바노스가 인수를 거부하였고 주문받은 나머지 2척도 계약이 해지되었다. 이에 궁여지책으로 정주영 회장은 아세아상선이라는 해운회사를 설립하여 인도되지 못한 3척을 인수하여 운영하기에 이른다.

안정만에 조선소를 계획하던 삼성은 1차 석유파동으로 사업을 포기하였다가 1977년 우진조선(죽도 지역에 조선소를 건설하려던 고려원양을 인수한 진로)을 인수하고 본격적으로 사업에 뛰어들어 1979년 12월에 제1도크를 건설하였다.

1975년에는 선박 수리 전문의 현대미포조선이 울산 전하만에 제1공장을 착공하여 세계 최대 수리 전문 조선소로 발돋움하였다.

현대양행은 1977년 인천에 현대양행 인천조선소를 설립한 뒤에 1990년 한라중공업(주)으로 사명을 변경하였고, 전남 영암에 삼호조선소(현 현대삼호중공업)를 건설하여 1996년 인천조선소를 폐쇄하고 영암으로 조선소를 이전하였다. 또한 1962년에 설립된 대한조선철공소는 1967년 동양조선공업을 합병하고 1973년 대동조선(주)으로 사명을 변경하였으며, 1994년 진해에 중형 선박 건조 전문 조선소를 착공, 1996년에 준공하여 현재의 STX 조선해양이 되었다.

한편, 1972년 마산 수출자유지역에 강선과 알루미늄선을 건조할 수 있는 코리아타코마 조선소가 설립되었으며, 울산시 용잠동에는 화학제품 운반선 건조를 전문으로 하는 동해조선소(현 한진중공업 울산조선소)가 설립되었다.

이러한 과정으로 대우조선공업, 삼성중공업, 현대미포조선 등의 대형 조선소들이 건설되었으며, 1979년 우리나라 조선 능력은 약 280만 톤으로 1970년에 비해 15배가량 증가하였다.

조선·해운· 수산 합리화 종합육성

1974년에 계획된 '외항해운 종합육성방안'은 1976~1981년까지 6년간 외항선 350만 GT를 증강하는 것을 목표로 하였다. 이 중 22.5만 GT는 계획조선으로 국내에서 건조하고, 125.2만 GT는 수입(국적 취득 조건부 나용선 포함)하도록 되어 있었다.

그러던 중 석유파동이 일어나 조선업계와 해운업계가 어려움을 겪게 되자 1975년 3월에 경제기획원, 재무부, 상공부, 교통부 등이 머리를 맞대고 '외항선 계획조선제도'를 도입하였다.

1975년 이전의 조선공업 육성계획은 자국선의 자국 건조 원칙에 의한 계획조선을 확대하는 것이었다. 1970년대 전반까지만 해도 조선업계는 수출선 건조에 주력하였고 해운회사는 해외에서 배를 들여오는 실정이었다. 따라서 국내선 주문 건조는 건수가 많지 않았고 국내 항만에서 수송되는 화물의 국적선 적취율도 낮았다.

'외항선 계획조선제도'는 1977년까지 1차 계획조선을 실시하고, 필요한 조선 작업량을 확보하는 방법으로 해운 시장의 불황을 극복하여 해운업과 조선업을 함께 육성한다는 취지였다. 이러한 계획조선사업은 1976년 3월 '해운·조선 종합육성방안'에 보다 현실적이고 구체화되었다.

당시 여건은 해운업에서 선복량의 절대 부족으로 18퍼센트(운임 기준)의 낮은 적취율과 수지 악화를 초래하였으며, 3차 경제개발 5개년 계획 기간 중 외항선의 국내 건조는 2퍼센트인 반면 수입은 98퍼센트로, 대부분 중고선 수입에 의존하고 있었다. 조선업계는 대폭적으로 시설을 확장하였으나 조선 불황으로 수주량이 급감하여 조선의 육성을 위해서라도 대책이 필요한 시기였다.

'해운·조선 종합육성방안'의 기본 내용은 우리 화물은 우리 조선소에서 건조한 선박으로 운반하며, 해운업/조선업/화주의 연계 육성과 후방 관련 공업의 개발 촉진, 해운과 조선의 국제 경쟁력을 강화하자는 기본 명제가 담겨 있었다.

이 계획조선은 표준선형의 개발에 따른 국산 대체, 국내 조선소의 생산성 향상 및 설계 능력 제고, 각 조선소의 안정적인 가동률 유지를 위한 업무량 확보, 국적선 적취율 제고에 의한 해운의 국제 수지 개선 및 운송권을 확보하기 위함이었다. '해운·조선 종합육성방안'은 1981년까지 보유 선복량 600만 톤, 국적선 적취율 50퍼센트, 운임 수입 15억 달러 달성을 목표로 세웠으며 대한해운공사·범양·한진·동아 등의 해운회사와 현대·대한조선공사·대동 등의 조선회사가 계획조선 관련 회사로 지정되었다.

원양어업과 수산개발공사

—

한국의 원양어업은 1957년 인도양에서 다랑어 주낙을 시험 조업한 것이 시초였으며, 1966년 북태평양과 아프리카 북서부 어장에서 트롤어업 시험 등으로 원양어업의 확대를 모색하였다. 1963년 수산개발공사의 설립 역시 그러한 노력의 하나였다. 1967년을 기점으로 어선의 선질 개량사업이 구체화되었으며 원양어선의 건조사업도 확대되었다. 이불(伊佛) 어선 차관을 도입하여 200척의 어선을 만든 것이 그 시초가 되었다. 거친 북해에서 어선을 능숙하게 다룰 전문 인력은 처음에는 해군에서 충당하였다. 그러다가 FAO의 지원으로 부산 영도에 국제원양어업 훈련센터를 설립하여 한번에 수백 명의 고급 전문 인력을 양성할 수 있게 되었다.

1979년 태평양 북서부에서 오징어 유자망 어업 시험 등을 거치면서 원양어업이 본격적으로 발전하였다. 어선 수는 1974년 567척, 어획량은 1977년에 17만 MT로 최고에 이르렀지만 연안국 200해리(370.4킬로미터) 경제수역선포에 따라 어장이 제한되었고 유류파동으로 유가와 인건비가 상승하면서 채산성이 낮아지고 있었다.

1976년 정부는 선진국의 200해리 경제수역 채택이 보편화됨에 따라 어족자원 보호를 위해 32개 연안국과 어업협정을 추진하고 어업합작, 어선건조, 수리시설 합작, 수산물 가공시설을 설치하는 등의 어업자원 확보를 위한 정책을 추진하였다.

유기적 결합 산업 발달의 내실화, 조선 기자재 업체의 성장

—

조선 기자재 공업은 다양한 제품을 설계에 따라 유기적으로 결합하고 조립하는 조선공업의 후방산업이며, 수요의 유통범위가 좁고 한정 소량생산에 머물러 계획 생산의 표준화가 어려운 분야이다. 또한 국제협약의 엄격한 품질기준과 선급기관에서 요구하는 승인사항 등이 까다롭고 민감한 분야이기도 하다.

정부는 조선 기자재 공장인 신일기계공업사와 대한제쇄공업사에 시설개선 자금으로 1955년 60만 불, 1956년 16만 불, 1957년 37만 8000불을 3년에 걸쳐 지원하였다.

국내 조선 기자재의 대부분은 해외에 의존해온 상황에서 조선공업의 경쟁력을 강화하려는 정부로서도 조선 기자재 공업의 육성은 시급한 과제였다. 이에 박정희 정부는 엔진 성능평가시험위원회를 설치하여 국내에서 제작되는 선박용 디젤엔진에 대한 성능평가를 수행하였고, 국내 선박 엔진 생산시설과 기술 인력의 현황을 수시로 파악하였다.

1967년 「조선공업진흥법」에는 선박용 기관과 갑판기계 및 항해기계 등을 제조하는 사업을 지원, 육성하는 내용이 포함되었으며 선박과 조선 기자재를 국산화하려는 부분에 대해서는 국산화 장려금을 교부하는 근거를 마련해 두었다.

그러나 이러한 육성정책에도 불구하고 1970년대 중반, 대형 조선소 건설이 실현되기 전까지는 1만 톤급 미만의 선박을 건조하는 수준이었기에 수요의 부족과 부품 및 소재의 기초산업 또한 낙후되어 단순 가공 조립제품에 속하는 일부 의장

품류만 생산하는 단계에 머물렀다.

1980년대에 들어서면서 국내 조선산업이 급성장하자 정부는 조선 기자재 공업을 발전시키기 위한 여러 정책을 폈다. 정책은 주로 상공부에서 주관하였는데 상공부는 조선 기자재 전문공장 지정제도를 도입하고 국산화에 성공한 조선 기자재를 보호하기 위해 철저하게 수입을 규제하였다. 또한 엔진 제작업체의 기술계약 내용과 부품 공급 시스템들을 검사한 뒤에 경쟁력이 있다고 판단되면 유사한 해외 엔진의 수입을 금지하는 전형적인 보호정책을 시행하였다.

이로써 조선 기자재 제조업이 급증하여 조선 기자재 업체는 1981년 145개사, 1982년 230개사, 1983년 290여 개사로 증가하였다.

조선 기자재 전문공장 지정제도는 「조선공업진흥법」 등이 1986년에 시행된 제반 산업 육성을 위한 특별법인 「공업발전법」에 흡수, 통합됨으로써 자연스럽게 폐지되고, 이때부터 조선 기자재 업체들은 정부의 통제에서 벗어나 자율적인 생산체계를 맞게 되었다.

상공부는 1986년부터 '기자재 부품 및 소재 국산화 추진 정책'을 실시하고 국산화 대상 품목을 정해 금융세제 및 행정에서 효율적으로 지원하였다. 또한 대형 조선업체들도 국산화 추진협의회를 구성하여 조선 기자재 업체와 공동으로 기자재의 국산화를 꾀하였다. 또한 「중소기업계열화 촉진법」을 만들어 모기업과 수급기업 간의 계열화를 조성하여 상호 이익을 증진하도록 유도하였다.

그 노력의 결과로 현대, 삼성, 대우 등 대형 조선소를 비롯한 국내 조선업체들의 국산 기자재 사용이 증가하여 기자재 수입 비중이 1985년 42퍼센트에서 1991년에는 27퍼센트 수준으로 감소하였다. 조선업계도 그동안 양적인 팽창에만 치중해온 단계에서 벗어나 기자재 품목의 국산화를 꾀하고 중소 기자재 업체가 단독으로 성사하기 어려운 분야에 적극적인 기술 지원을 중재하였다. 조선공업협회와 기자재조합에서도 조선 5사와 공동으로 주요 기자재에 대한 수급관리제도를 운영하면서 수입제품과의 가격 경쟁력을 차별화하는 데 역점을 두고 국산 기자재의 품질을 높이기 위해 노력하였다.

진수회 8회 동문 윤팔문은 기자재 산업에 종사하면서 한국조선기자재공업협동조합 이사장을 역임하였으며 동흥공업사에서 구명정(Lift Boat)의 기관장치들을 제조, 공급한 바 있다.

우리나라의 대표적인 조선 기자재 업체로는 케이티이(KTE) 전기와 삼공사, 대양전기공업, 동화엔텍 등이 있으며, 그중 선박 배전반과 각종 제어장치를 생산하는 케이티이 전기는 상공부에서 조선정책을 지휘하던 진수회 회원 구자영이 설립한 업체로 국산 기자재의 품질을 한 단계 높였다는 평가를 받는다.

관련 기구의 창설

조선 기술 연구의 체계화, 대한조선학회 창립

—

1951년 6.25 전쟁이 잠시 소강상태로 접어든 시점에 대학은 전시연합대학이라는 형식으로 교육을 재개하였으며, 과학기술을 진흥함으로써 국방과학도 활기를 찾을 것이라는 기운이 일었다. 1952년 부산에서 기계, 전기, 전기통신, 토목, 건축, 금속, 화학 그리고 광산, 방직 등 기술단체의 회원들이 대한기술총협회를 창립하였다.

여기에 참여한 단체들은 일제 강점기 때부터 활동해 왔으나 전시로 활동이 중단된 상태였다. 이때 참여한 단체들은 문교부에 사단법인으로 등록하여 정식 학회가 되었다.

우리나라는 해방 후에야 조선공학 교육을 시작한 상황이었으므로 대한기술총협회에 조선 기술자는 참여할 기회를 얻지 못하였다. 당시 교통부 해운국장 황부길은 조선학회의 창립 필요성을 통감하여 해운국 조선과장 윤희신, 서울대학교 공과대학 김재근 조교수, 수산대학 조운제 조교수, 대한조선공사 기획부장 이성우 이사와 조선부장 성철득 이사, 해운공사 윤상송 상무, 진해공창장 장호근 중장 등과 협의하여 1952년 11월 9일 대한조선공사 기술원 양성소 강당에서 창립총회를 가졌다. 창립총회에는 진수회 1회에서 3회 졸업생과 재학생이 참석하여 창립총회장은 거의 만석이었다.

이 총회에서 황부길이 초대 회장으로 추대되었으며 해군 중령 최인규, 서울대학교 공과대학 강사 황종흘, 해군 중령 이재신 등으로 초대 이사진이 구성되었다. 감사로는 해양대학 학장 이시형, 대한조선공업협회 강수택 부회장 등이 선임되었다. 이후 전황이 바뀌어 환도 이후 임원 대다수가 서울과 부산으로 나뉘어 거주하였으므로 수도권에서의 이사회는 성립되지 못하였다.

당시 황부길 회장이 해무청장에 재임 중이었으므로 학회 사무국은 해무청 조선과장 김철수(48학번)를 비롯한 권광원(49학번), 한명수(53학번), 구자영(54학번) 등 진수회 회원들이 학회 업무를 담당하였다.

창립 7년 7개월이 지나도록 이렇다 할 활동을 하지 못하였으나 4.19 혁명 이후의 사회적 개혁 분위기에 맞추어 활성화하고자 황종흘 이사가 제안하고 이사 과반수의 서면동의를 얻어 1960년 6월 18일자로 정기총회를 소집하였으며 총회에 앞서 임원진 전원이 사임하였다. 1960년 6월 18일 정기총회에서 김재근 교수를 회장으로 선임하고 새로운 임원진을 구성하였다. 그해 7월 8일 제1회 이사회를 개최하여 총무이사 김철수, 사업이사 조규종, 재정이사 윤상송, 학회지 발간에 김정훈 이사를 호선하고, 조선연구회 설치, 강습회 개최, 회비 책정과 학회정관 및 세칙 정비 등 학회의 정상적인 활동과 운영 기반을 구축하기 시작하였다.

지난 7여 년 동안 학회의 동면을 떨쳐내고 본격적으로 활동하기 위한 일념으로 1961년 2월 14일 이사회에서 작성, 심의한 '조선공업 진흥을 위한 건의서'를 국무총리 등 10여 개 정부기관에 전달하였다. 1961년 8월 10일자로 국가최고회의 박정희 의장으로부터 요청받은 '종합경제재건계획(안)'의 검토 회보에 조선 능력의 강화는 국가 국방력의 강화는 물론, 국가 차원의 2차 산업으로서 조선공업의 중요성

등을 담은 대한조선학회의 건의서와 정부 내 조선공업 전담 행정과의 지속유지 강화에 대한 건의서 등을 제출했다.

대한조선학회가 창설된 지 12년 만인 1964년 12월 5일에 학회지 제1권 제1호가 발간되었다. 이렇게 결과물이 늦은 것은 1950년대 후반에 이르러서야 서울대학교를 비롯한 우리나라 대학에서 조선공학 전공 연구자가 배출되었기 때문이다. 학회지 제1권 제1호는 창간사, 논문 2편, 강좌 1, 자료 1, 외국학회 소개, 외국 조선조기 관계, 주요단체 일람, 투고 규정, 회무 보고, 정관 및 세칙, 회원 동태, 회원 명단으로 구성되었다.

창간호의 편집은 황종흘 편집이사가 담당하였으며 대학원에 재학 중이던 김효철은 편집간사로 출판사와 대학의 업무 연락을 맡아 학회지 창간호의 편집과 교정에 적극 참여하였다. 이후 학회는 1967년도까지 매년 1권씩 제4권 제1호까지 학회지를 발간하였고 1968년 제5권부터 1975년 제12권까지는 매년 2권씩, 1976년 제13권부터는 매년 4권씩 발행하여 논문의 질과 연구 영역을 넓혀갔다.

한편, 1965년에 시작한 학회의 표준형선 제정사업은 1966년부터 조규종 교수를 중심으로 화물선 17종, 어선 22종, 여객선 10종, FRP선 6종, 알루미늄 경비정 1종, 자항부선 3종에 대한 표준 설계도서를 작성하여 이를 보급했고, 1973년에 착수하여 1974년부터 1980년까지 공업진흥청의 요청으로 420종의 선박용 기계류와 용품

| 1952~1971년 | 1972~1981년 | 1982~2010년 | 2011~현재 |

대한조선학회 CI의 변천 과정

에 대한 KS 표준 규격안을 작성하여 이의 제정, 심의 및 보급에 학회가 참여하였다. 또한 16건의 선박 설계 기준과 공작 기준의 제정사업을 1976년부터 시작하여 1980년에 종결하였는데, 학회 행사에서 단체 회원과 일반 중소 조선소에 보급하기 위한 세미나를 개최하였다.

1978년 한국선박연구소에서 위탁받아 학회가 수행한 '선박 설계를 위한 요소기술의 평가 및 문제기술의 해결방안에 관한 연구'는 대표적인 산학연의 연구 사례이다. 학회는 연구사업추진위원회를 조직한 후에 사업수행 요령의 첫 단계로 조선소, 대학, 연구소, 선급협회 등 단위 기관별로 소속 추진위원의 책임 아래 의견을 모으는 조사 작업을 시행하였다. 이에 따라 1차 작업 결과를 토대로 각 요소기술별로 해당 분야 전문위원들이 정리·보완 작업을 하였고, 그 결과를 추진위원회에서 수차례에 걸쳐 심의, 보완하였다. 즉, 초기 설계부터 시운전까지의 기술요소를 9개의 핵심 요소기술로 분류하고 이 요소기술과 관련한 선진국의 설계 기술 현황 및 개발 동향과 우리나라의 해당 요소기술 현황 및 개발 동향을 비교 분석하여 여기에서 추출된 조선산업 발전에 필수적인 요소기술과 시스템 기술의 확보 방안을 제시하였다. 이 연구는 성실히 참여한 추진위원들과 적극 협조해준 참여 조선업계와 선급, 그리고 추진위에 참여한 국내 조선 전공 3개 대학의 조선학회 회원들 모두의 협력이 바탕이 되었다. 대한조선학회는 이 연구 결과를 1978년 7월 7일 한국과학기술연구소에서 '조선기술 자립대책에 관한 세미나'를 개최하여 성공리에 발표하였다.

1980년대 이후 학회는 초대형 특수 선박 그리고 해양 구조물과 연계된 유체, 구조, 소음진동, 생산, 설계, 수조시험 등 분야별 전문연구회를 설립하여 회원들의 연구 활성화를 도모하는 한편, 영국왕립조선학회(RINA: The Royal Institution of Naval Architects), 독일조선공학회(STG: Die Schiffbautechnische Gesellschaft e. V.) 등 5개 외국 학회와 교류하고 있으며, ITTC(International Towing Tank Conference), ISSC(International Ship and Ocean Structure Congress), PRADS(International Symposium on Practical Design of Ships and Mobile Units) 등 국제학술 활동을 연계하여 오

고 있다. 이와 더불어 IMO(International Maritime Organization), ISO(International Organization for Standardization) 등 국제해사 규칙과 국제표준 규격의 제정과 보급에 진수회 회원들이 참여하여 협력하고 있다.

학회는 『조선공학개론』을 비롯하여 『표준 선박계산』, 『조선공학연습』, 『조선해양공학개론』 등 많은 교과서들을 발행하였으며 우리나라 조선해양공학 기술 교본을 구축하는 데 힘쓰고 있다. 또한 1966년 2월부터 조선공학과 수석졸업자 수상제도를 도입하여 표창하고 있으며, 그 밖에 학회 회원을 대상으로 학술상, 충무기술상, 우암상, 송암상 등을 수여하고 있다.

대한조선학회 회장을 역임한 진수회 회원으로는 김재근(제2대~9대), 조규종(제10대~11대), 황종흘(제12대), 임상전(제13대), 김극천(제14, 16대), 김훈철(제17대), 이정묵(제21대), 김효철(제22대), 이재욱(제23대), 장석(제24대), 김정제(제25대), 민계식(제26대), 최항순(제27대), 이창섭(제28대), 이승희(제30대), 조상래(제31대)가 있으며, 현 학회장 신종계(제32대)가 있다.

사무국은 1964년부터 임상전 교수가 총무이사를 맡으면서 상공부 공업국 조선과에서 서울대학교 공과대학 조선공학과로 이전하였고, 1967년 4월 이연삼 사무국장이 취임하면서 한국선급협회로 이전하였다. 1976년 10월 26일, 과학기술회관 508호에 대한조선학회 사무국이 정착하였다.

기술력을 확보하라, KIST와 선박연구소
—

1965년 박정희 대통령의 미국 방문으로 한미 정상회담이 개최되었다. 이 자리에서 존슨 대통령이 "방한을 앞두고 선물을 하고 싶다"고 제의하자 박 대통령은 과학기술연구소 설립 지원을 요청하였다. 이에 존슨 대통령의 과학기술 특별고문으로 호닉(Donald F. Hornig) 박사가 방한하여 기술 원조에 대한 제반 환경을 조사해 갔고, 1966년 2월 한미 양국은 바텔 전문가단의 보고서를 기초로 하여 'KIST의 설립 및 운영에 관한 한미 공동지원 사업협정 계획서'에 조인하였다.

미국이 한국에 과학기술연구소를 설립하는 데 도움을 제공한 이유로는 무엇보다 베트남 전쟁의 한국군 전투병 참전에 대한 대가적인 측면이 있었다. 또 난항을 겪고 있던 한일회담의 조속한 타결과 함께 거시적으로 한국 경제를 일으켜 남북 간의 긴장을 극복하려는 등, 여러 사안들이 치밀하게 맞물린 결과였다. 어쨌든 한국 정부의 입장에서는 고기를 얻기보다는 낚시하는 법을 익히는 것이 더 중요하였고 미국에 전문가 파견, 기술자 훈련, 물자 도입, 용역 계약 등의 형태로 연구소 설립 지원과 기술 지원을 얻어냈다.

경제기획원에서는 기술관리국 중심으로 연구소 설치안을 작성하였다. 이와 동시에 종합과학기술 연구개발 방안을 계획하고 과학기술연구소 설치와 과학기술 연구기금을 마련하였으며 「과학기술진흥법」을 제정하는 등 일련의 준비 작업을 진행하였다.

이렇게 해서 '한국과학기술연구소 설치방안'이 마련되었고, 광공업·약학·해양 자원 부문으로 한 1966년 2월 비영리 독립기관인 '한국과학기술연구소(KIST)' 설립이 공포되었다. 미국 정부의 대외원조 담당 부서인 AID는 바텔기념연구소에 위탁 용역을 주어 KIST 설립 지원을 요청하였으며, 바텔기념연구소는 본격적으로 연구소 설립을 지원하였다. 이에 KIST는 홍릉의 임업시험장 터에 3년간의 공사를 마치고 1969년 10월에 준공식을 가졌다.

최형섭 장관(당시 과학기술처 장관)이 대통령에게 홍릉이 아니면 미국에서 인재들을 데려올 수 없다고 고집을 피웠습니다. 요즘 같으면 말이 안 되는 소리겠지만 그때는 절실했던 프로젝트였기에 임업시험장 한쪽을 털어서 KIST를 세웠습니다. 그래서 초창기에 20명이 왔는데 그 20명 중 하나가 나예요. 왜 구성원들이 서울대 출신들뿐이냐는 불만이 있을 만큼 우리가 주도했지요. 1973년에 중화학공업 기획단이란 게 있었는데, 그 기획단이 한 스무 명 될까 하는데 그중에 조선 분야에는 나하고 구자영이 있었어요. 구자영은 상공부 현직 과장이었고, 나는 KIST의 실장이었지요. 그런데 그 모임에서도 우리 서울대 출신들이 다 해결했어요. 기획안을 입안하고, 인력과 기술에 관한 계획을 진수회원들이 도맡아했지요.

_김훈철 동문

1967년에 설립된 한국과학기술연구소는 대통령이 곧 설립자가 되었다. 대통령은 과학기술 기금을 출연하는 과학기술후원회를 만들고 선진국에서는 과학기술 진흥을 어떻게 돕는지에 관한 실태를 조사하게 하였다. 한편, 청와대 직속 산하기관으로 과학기술정보센터가 운영되었는데 이때 신동식 동문이 과학기술정보센터 이사로 임명되어 이후락 이사장과 함께 과학기술의 행정 지원체제와 연구 지원체제를 구축하였다.

초대 KIST 소장으로 금속연료연구소 출신인 최형섭 박사가 임명되었다. KIST는 단순히 기업에서 요구하는 기술을 개발해주는 연구소가 아니라 국가의 과학기술 분야의 싱크탱크로서의 역할을 하여야만 했다. KIST의 설립 목적 중 하나가 '역두뇌 유출센터'였던 만큼 해외에 있는 우리 기술자들의 유치와 고급 인력 확보가 시급한 과제였다. 당시 경제2수석 신동식은 최형섭 박사와 함께 해외 각처를 돌아다니며 한국인 과학 기술자들과 고급 인력들을 만났고 그들에게 KIST의 미래를 제시하며 인력 확보를 위해 동분서주하였다. 미국에 있던 김훈철도 이때 KIST의 조선해양연구실장으로 몸담게 되었다.

1973년 10월 조선기술의 자립화라는 목표로 KIST에 부설 선박연구소가 설립되었고, 초대 선박연구소 소장으로 윤정흡이 임명되었다. 이후 1978년 4월 대덕과학기술연구단지로의 이전을 계기로 한국선박연구소로 명칭이 바뀌었다. 당시 김극천은 서울대학교 교수 신분을 유지하면서 파견 근무를 하였는데 1977년 2월부터 1978년 2월까지 부소장을, 그 이후에는 소장으로 근무하다가 1979년 4월에 김훈철에게 인계하고 대학에 복귀하였다.

한국선박연구소는 조선 및 해사 관련 산업과 관련 분야의 기술 및 경제에 관한 조사, 연구, 개발 업무를 수행해 왔다. 또 선진 기술을 도입하고 독자적인 기술 개발을 진행하여 조선 현장에 보급함으로써 조선산업과 방위산업 발전에 크게 기여하였다.

이와 같이 선박연구소의 설립과 발전에 김훈철(52학번) 박사의 역할이 컸으며, 이를 적극적으로 뒷받침한 진수회 회원의 노력도 작지 않았다. 초기 설립단계부터 연구소 발전에 기여한 진수회 회원은 선박 설계 기술 분야에 장석(61학번)·서상원(61학번)·이규열(65학번), 선형개발 분야에 양승일(65학번)·강창구(73학번), 추진기 분야에 이창섭(66학번)·이진태(71학번), 해양공학 분야에 홍도천(66학번)·홍석원(73학번), 구조진동 분야에 이호섭(66학번)·김재동(70학번)·정태영(71학번)·김재승(72학번), 용접기술 분야에 최병길(68학번), 해사정책 분야에 김정호(63학번) 등이다.

1972년 6월 KIST 어로지도선 사업에 참여한 것이 인연이 되어 해군 전역 후 KIST에 연구원으로 입소하였다. 국가적 연구개발 능력 확보가 제기됨에 따라 '선박연구소' 설립의 필요성이 제기되었고 이에 따라 우리는 '선박연구소 설립 계획서'와 수조장비 도입을 위한 'UNDP 자금 신청서' 작성에 전념하다시피 하였다. 다행히 UNDP 프로그램의 지원으로 선형시험수조(towing tank) 건설 계획이 확정되었다. 나는 수조운용을 위한 교육의 일환으로 미국 미시간 대학에서 석사 과정을 이수했고, 수조운용이 활발한 미 해군함정연구개발센터(US DTNSRDC), 유럽의 선박연구기관(British National Physical Lab, Netherlands Ship Model Basin, Hamburg Ship Model Basin(HSVA), Swedish Ship Experimental Basin(SSPA))에서의 훈련(On-the-Job-Training)을 마친 후 3년 만에 귀국하였다.

대덕연구단지에 건설 중인 선형시험수조(길이 220m)의 완공(1979년 3월 21일)에 맞추어 선박모형시험 계획을 수립하였다. 국제적 신인도를 겨냥하여 ITTC(International Towing Tank Conference, 국제수조회의) 표준모델(Standard Model)의 제작과 저항시험을 체계적으로 수행하여 매우 유익한 결과를 성공적으로 발표하였고, ITTC에 가입하는 데 밑받침이 되었다.

_양승일 동문

선박연구소에서 실시한 국내 최초의 대형 선형수조실험에서는 선박 저항추진 성능 해석과 운항성능 향상에 필요한 기술 자료를 추출하는 여러 가지 모형시험을 진행하였는데 이때에도 진수회 회원들의 역할이 돋보였다.

KTMI(코리아타코마 주식회사)가 개발한 참치 어선의 첫 모형 저항시험에서는 KTMI 개발부장 김국호(65학번)의 역할이 컸으며, 대한조선공사의 산적 화물선 선형개발사업의 하나로 진행된 모형시험(저항시험, 자항추진시험, 반류분포조사시험, 유선조사시험, 프로펠러 단독시험 등)에서는 당시 설계부장인 김근배(64학번)의 도움이 컸다.

또한 국내 최초로 몰수체용 실험장비(V-PMM: Vertical Planar Motion Mechanism)를 이용하여 건조한 '돌고래' 잠수함, 청상어 어뢰, 백상어 어뢰 등의 개발에는 국방과학연구소의 박성희(69학번), 서인준(73학번)이 책임을 맡았다. 이렇듯 진수회 회원들의 노력으로 선박연구소는 국내 조선업계와의 연계가 강화되었고 조선산업 발전에 기여할 수 있었다.

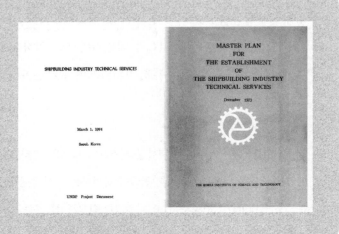

선박연구소의 조선산업 기술지원 계획서
(국문 및 영문)

KTTC 활동으로 선박 유체성능 평가기술 확보

—

선박 유체역학 분야의 연구활동을 중심으로 하는 국제적 조직으로는 국제선형시험수조회의(ITTC: International Towing Tank Conference)가 있다. 현재 30개국의 93개 수조보유기관이 회원이며, 선형시험수조를 보유하고 있는 국내 기관들도 회원기관으로 가입하여 활동하고 있다. 국내에서는 1962년 서울대학교 공과대학이 공릉동 공과대학 캠퍼스에 중력식 선형시험수조를 건설하여 최초로 ITTC에 한국을 대표하는 선형시험수조로 인정받아 회원기관이 되었다.

뒤를 이어 인하대학과 부산대학에 예인전차방식의 선형시험수조가 건설되었고 1978년 대덕연구단지 내에 한국선박연구소(선박해양플랜트연구소KRISO의 전신)의 선형시험수조가 건설되었으나 ITTC는 KRISO만 회원기관으로 받아들이고 그 외의 기관에는 문호를 열지 않았다. 이에 황종흘(46학번)이 대한조선학회 산하에 수조시험연구회(KTTC: Korea Towing Tank Conference)를 설립하여 서울대, KRISO, 부산대, 인하대를 회원기관으로 하고, ITTC와 대응하여 한국의 선박 유체역학 분야의 연구활동을 전개하였다.

KTTC 활동에 따라 ITTC의 회원기관으로 인하대, 부산대, 울산대, 현대중공업, 삼성중공업 등의 가입이 승인되었으며 현재는 아시아 지역을 주도적으로 이끌고 있다.

ITTC는 1978년 선박의 저항성능 평가에 새로운 실험방법을 제안하고 방법의 타당성을 확인하기 위하여 회원기관들이 참여하는 국제 공동연구를 수행하게 되었다. 당시 서울대학과 KRISO는 ITTC의 회원기관으로 신설 수조를 가지고 있었고 현대중공업의 선형시험수조가 준공된 시점이었다.

우리나라도 뒤늦기는 하였으나 국제 공동연구에 참여하는 것이 선박 유체성능 평가 기술 확보에 도움이 된다고 판단하여 KTTC를 중심으로 활동을 시작하였다. 국제 공동연구의 아시아 지역을 총괄하는 일본선박연구소에 공동연구 관련 자료의 협조를 요청하는 한편, 공동연구를 제안하였다.

일본선박연구소를 중심으로 일본의 연구자들은 선형시험수조를 건설한 지 얼마 되지 않은 한국의 연구기관들과 공동연구를 수행한다면 주는 것은 있으되 얻을 수 있는 실익이 없다고 판단하여 공동연구 제안을 거절하였다. 이에 KTTC 회원기관은 ITTC의 국제 공동연구 사업과 동일한 연구활동을 KTTC의 공동연구로 수행하기로 결정하고 그 연구 결과를 ITTC에 보고하기로 하였다.

1987년 고베에서 개최된 제18차 ITTC에 KTTC의 공동연구 결과를 발표하였는데 KTTC의 연구 결과가 매우 우수한 것으로 평가되었다. 특히 서울대학의 실험계측 결과는 공동연구에 참여한 32개 연구기관이 제출한 계측 값의 평균에 정확하게 일치하였다. 이러한 사실을 확인한 일본의 가지타니(Kajitani) 교수의 제안으로 실험계측법에 대한 재평가 작업이 6년에 걸쳐 이루어졌으며, 결과적으로 KTTC의 실험법을 근간으로 하여 ISO의 표준시험법이 제정되었다.

_김효철 동문

ITTC는 3년마다 대륙을 바꾸어가며 총회를 개최하는데 총회에서는 최근 3년 사이의 선박 유체역학, 특히 선형시험 유체역학과 관련한 전 세계의 기술발전 내용을 조사 정리하여 보고하는 한편, 선박 유체역학과 관련하여 향후 연구 방향 등을 제시하는 중요한 회의이다. 따라서 이 회의는 조선산업 발전에 가장 영향력이 있는 매우 중요한 회의이다. 우리나라는 1989년부터 ITTC 유치에 노력을 기울여왔다. 마침내 1993년 샌프란시스코에서 개최된 제20차 ITTC 총회에서 개최 유치 의사를 밝혔으며, 당시 대한조선학회의 선형시험수조연구회 회장 김효철(59학번)이 유치에 성공하였다.

1999년에 제22차 국제선형시험수조회의(22nd ITTC)를 중국(CSSRC)과 공동으로 개최하였으며 ITTC의 집행위원장으로 이정묵(54학번)이 선임되었다. 제22차 총회 개최를 계기로 국내 조선기술 역량을 국제적으로 알리게 되었으며 이후 국내 전문 연구 인력의 참여가 확대되었다.

ITTC는 선박 유체역학 관련 핵심기술을 17개 분야로 나누어 각 분야별로 지역을 대표하는 기술위원을 선임하고 있다. 이 기술위원들은 해당 지역의 연구 동향을 조사하고 새로운 연구 방향을 제안하는 중요한 업무를 담당하게 된다.

2013년 현재, 제26차 ITTC 회기 중에 아시아 지역을 대표하는 기술위원으로 신현경(73학번), 김선영(79학번), 이경중(79학번), 김문찬(80학번), 최길환(81학번), 김용환(83학번), 김진(84학번), 이신형(86학번), 서흥원(87학번), 이동연(87학번) 등이 선임되었다. 17개의 ITTC 기술분과 중 12개 분과에서 한국측 기술위원이 활동하고 있으며, 그중 진수회 회원 10명이 아시아 지역을 대표하는 기술위원이다.

선진 조선해운국으로 발돋움, 선급협회 창립
—

6.25 전쟁 이후 우리나라의 선박검사는 거의 실효를 거두지 못하였다. 당시는 조선·해운 및 보험 관련 업계의 불모시대였기에 선급은 영국이나 미국 같은 선진 해운국에나 있는 것이라는 인식이 팽배하였다.

1960년대 우리나라 선복량은 영국 LR(Lloyd's Register of Shipping) 선급선 5척, GT 1만 5000여 톤, 미국 ABS(American Bureau of Shipping) 선급선 11척, GT 6만여 톤, 노르웨이 DNV(Det Norske Veritas) 선급선 3척, GT 4000여 톤으로 총 18척, GT 7만 9000여 톤이 전부였다. 그중 16척이 대한해운공사 소속이었다. 이처럼 타국의 선급협회 검사 요원에게 선박검사를 받아야 하는 실정이었으며, 검사료와 출장비(항공료+숙박료 등)를 선주가 부담하는 불편을 감수하여야 했다. 그러나 점점 선박의 수요량과 선복량이 증가하자 우리나라도 선급검사 기술 능력의 인증 인력 확보와 선박 등급을 발행하는 인증기관의 필요성이 대두되었다.

1960년 6월 20일 대한해운공사 회의실에서 한국선급협회 창립총회를 개최, 한국선급협회(KR: Korea Register of Shipping)가 설립되었다. 한국선급협회를 설립한 허동식은 일본 동경고등상선학교를 졸업하고 1948년에 한국해양대학을 졸업한 뒤 서울대학교 대학원에서 해상법 관련으로 석사학위와 1990년대에 해양대학에서 명예박사를 수여받았다.

그는 우리나라에 선급협회의 중요성을 인식하고 당시 영국 로이드의 검사관으로 있는 신동식에게 편지를 보냈다. 신동식은 설립에 관한 필요한 자료를 제공하였고(이후 5.16 혁명정부 때 한국으로 돌아온 신동식은 KR의 정착화에 많은 도움을 주었다), 마침내 1960년 6월 20일 18명의 발기인과 51명의 초대 회원으로 창립총회를 개최, 한국선급협회(1987년 '사단법인 한국선급'으로 변경)가 탄생하였다.

KR의 초대 회장으로 이시형 한국해양대학 학장이 선임되었고 1963년 4월 대한해운공사 소속 DNV 선급선 마산호의 중간검사를 DNV 선급의 의뢰를 받아 대행한 것이 KR 최초의 선급검사가 되었다.

제3차 경제개발 5개년 계획 기간 중 우리나라의 조선·해운산업은 비약적으로 발전하였고 1972년부터 1976년까지 국적선 선복량은 148만 3000GT로 증가하였다. 이에 정부는 GT 3000톤 미만의 선박 수입을 금지하고 국내 건조를 의무화하는 등 강제적으로 우리 선급을 장려하는 정책을 펴는 한편, 1974년 9월 국적선의 선박검사를 KR에 대행하도록 하는 내용을 골자로 「선박안전법」을 개정하여 검사의 단일화를 마련하였다. 그 결과 1971년 초에 418척, 74만 8408총톤이었던 등록선은 1975년 말 1076척, 212만 7963총톤을 보유하게 되었다.

이와 같이 비교적 단시일에 한국선급이 국제적인 선급으로 도약할 수 있었던 것은 국력 신장에 따른 지위 향상과 더불어 조선, 해운 및 보험 관련 업계의 적극적인 노력, 그리고 정부의 육성정책과 지원에 힘입은 결과였다.

KR의 발전을 위한 기술활동으로는 영문 논문집 발간 및 기술 보고서 발간, 국제선급연합회(IACS: International Association of Classification Societies) 기술위원회 활동 강화, 독자적인 KR 기술 제정 및 기술서 발간, 국제 학술회의 개최 및 발표, ISSC와 PRADS 및 조선 관련 학회활동 참여 등의 내용으로 요약할 수 있다. 특히 1970년대 KR이 IACS 준회원으로 가입한 후부터 1988년도 정회원으로 가입하기까지 활동한 진수회 회원으로는 박용철(55학번), 정운선(55학번), 김계주(57학번),

이재욱(61학번), 송재영(68학번), 민경수(71학번), 임영신(71학번), 김종현(72학번), 신찬호(72학번), 양홍종(72학번), 전영기(72학번), 정기태(72학번), 여인철(75학번), 하태범(79학번) 등이 있다.

이 가운데 김계주는 KR 본부의 기술담당 상무, 업무담당 상무 등의 직책을 수행하였고 그간의 경험을 기초로 하여 극동선박설계(PASECO), 한국해사기술(KOMAC) 및 한국검정(INCOK: Inspection Company of Korea)에 근무하면서 선박 제조 감리와 강교 제작 감리를 수행한 바 있다.

또한 민경수, 이종기, 임영신 등의 71학번 진수회 회원도 거론하지 않을 수 없는데 특히 임영신은 한국선급 도쿄 지부장으로 근무하면서 일본시도해운이 일본금융으로 발주한 대형선 100여 척을 일본선급인 NK 대신 한국선급으로 입급을 유치하여 한국선급의 발전에 기여하였다.

72학번 전영기는 직원으로 입사하여 한국선급 창사 후 53년 만에 진수회 회원으로는 최초로 한국선급 회장으로 선출된 자랑스러운 인물이다. 그는 2013년 국내 조선공학과 졸업자 중 최초로 회장에 피선되어 KR의 변화와 도전을 이끌었다.

조선기술 전문 용역기구의 설립
—

1962년 제1차 경제개발 5개년 계획이 착수되어 국토 건설사업이 활기를 띠기 시작하자 국내에도 서서히 기술용역 분야가 태동하기 시작하였다. 정부는 1963년 토지, 토목, 건축, 기계, 선박 등의 기간산업에 종사할 전문 기술 인력을 관리하는 국제산업기술단을 설립하였다. 국제산업기술단은 외화 유출 방지를 위한 정책 입안을 준비하던 합동발전기획위원회(JDPC: Joint Development Planning Committee)의 결정에 따라 1965년 5월 25일에 창립한 한국종합기술공사에 흡수, 통합되었다.

한국종합기술공사에는 선박과 조선기술을 담당하는 선박부가 있었다. 선박부는 어업지도선 등 주로 정부기관에서 발주하는 소규모 선박들의 설계를 맡았으나 당시 국내 환경에는 설계 기술력에 한계가 있었고, 선박 엔지니어링 설계와 감리를 전문적으로 파악하는 기구나 민간업체가 없었다.

당시 한국종합기술공사 선박부에 근무하던 장종원은 서울대학교 조선공학과에 재학 중 일본으로 건너가 조선공학을 전공한 선박 전문가였다. 그는 언젠가 우리 나라 경제의 큰 축을 조선이 맡게 될 것이라고 예측하고 조선기술전문 용역회사를 설립한다. 바로 한국 최초로 설립된 민간 조선기술전문 용역회사인 한국해사기 술(KOMAC: Korea Maritime Consultants Co., Ltd.)이다. KOMAC은 설립 초기에 기술 면에서나 경영 면 모두에서 난항을 겪었지만 신동식 2대 회장의 취임과 더불어 안정화되어 새로이 거듭날 수 있었다. KOMAC의 설립을 처음부터 적극 지지하고 지원하였던 신동식 회장은 40여 년이 지난 지금까지 변함없이 KOMAC을 이끌어 오고 있다.

KOMAC은 1970년 30노트 고속정 9척을 건조, 감리하는 것을 시작으로 정부의 표준형선 설계 프로젝트를 맡아 계획조선의 기틀을 마련하였고, 1972년 걸프오일 사의 국내 최초의 수출선 감리를 맡는 등 우리나라 조선기술 용역분야에서 한 축을 담당하였다. KOMAC은 지금도 세계 30여 개국의 조선소와 선주들에게 기술을 제공하여 국내 선박기술의 우수성을 보여주고 있다.

조선공업협회

—

1970년대 초부터 초대형 조선소의 등장과 동시에 조선산업이 주요 수출산업으로 부상하기 시작하였으나 1973년 석유파동으로 세계 조선 시장이 얼어붙으면서 시장이 경직되자 정부는 1977년 조선소 간의 협동을 통해 시장 정보체제의 강화, 상호 이익 증진, 선박 수출 진흥 등을 목적으로 사단법인 한국조선공업협회를 설립하였다.

초대 회장은 김원희 씨가 맡았고 10개의 대형 조선사(현대조선, 현대미포조선, 대한조선공사, 동해조선, 삼성조선, 대동조선, 코리아타코마조선, 부산조선, 신아조선, 대선조선)가 참여하였다. 1986년부터 회장직은 주요 회원사의 대표이사가 맡는 것으로 변경되었고 진수회 회원의 회장으로는 최길선(65학번, 현대중공업), 박규원(69학번, 한진중공업)이 역임하였다. 2014년 현재 김외현(71학번, 현대중공업)이 한국의 조선업계를 대표하는 회장으로 있다.

한국조선공업협회는 대형 조선소와 중소형 조선소 간의 기술 교류와 향상, 우리나라 조선공업의 국제 경쟁력 분석, 조선기술의 인력 개발 수급, 외국 선진 조선국의 기술 개발 체제 연구 등 조선기술에 관한 제반 사항을 연구하고 생산성과 기술 향상을 꾀하고자 노력하고 있다. 불황이 극심하여 경쟁이 치열할 수밖에 없었던 세계 조선 시장 상황에서 우리 대형 조선소들 간의 협력이 더욱 필요하게 되었고, 이제 우리 조선소들의 경쟁력이 세계 최상위권으로 자리 잡으면서 협회의 역할은 더욱 중요하게 되었다.

조선공업협회는 초창기부터 여러 분야에서의 조선소 간 협력을 모색하였다. 이에 따라 기술 분야와 설계 분야의 기술 협력을 위한 '설계기술분과위원회'가 설치되었고, 1981년부터는 생산성 향상 관련 기술을 협력하기 위한 '생산성협의회(생산성합리화위원회)'가 설치되어 현재까지 많은 성과를 거두고 있다. 이외에도 정책위원회, 국제위원회, 재무위원회 등을 설치하여 업계 협력의 장으로 역할을 수행하였다. 또한 1994년 5월부터 주요 회원사들과 선박해양공학연구센터가 '한국조선기술연구조합'을 설립하여 운영하고 있다.

조선공업협회에서 활약한 진수회 회원으로는 설립 초기에 영입된 이희일(52학번)이 있다. 그는 산학연의 폭넓은 유대관계를 통하여 조선소들 간의 협력체제를 구축하는 데 크게 기여하였다. 그 뒤를 이어 김정호(63학번)가 전무이사(상근 책임자)로 선임되어 협회 업무를 통괄하였으며 이송득(64학번)도 기술 분야와 국제협력 분야에서 많은 노력을 하였다.

한국조선기자재공업협동조합

—

우리나라의 조선산업이 세계 시장에 본격적으로 진입하기 시작한 1970년대에는 조선 기자재의 국산화도 적극적으로 추진되었다. 1970년대 말부터 조선 기자재 산업을 독자적인 산업군으로 관리할 수준으로 성장하였고, 이에 1979년에 기자재 제조업체는 20여 개로 늘어났다.

기자재업계의 대표들은 업계의 대변인 역할을 해줄 단체가 필요하다고 느껴 1979년 12월에 18명의 업계 대표들이 '한국조선기자재공업협동조합' 설립을 위한 발기인대회를 열었고, 1980년 5월에 창립총회를 개최하였으며 초대 이사장에 윤팔문(53학번, 동흥공업사)을 선임하였다. 제2대 이사장에는 상공부 조선과장 등을 역임한 구자영(54학번, KTE)이 선임되어 제7대 이사장까지 18년간 한국의 조선 기자재업계의 대표로서 업계의 발전을 위하여 크게 헌신하였으며, 김정호(63학번)가 전무이사(상근 책임자)로 선임되어 업계의 발전에 일조하였다.

發起趣旨文

政府는 10大戰略産業의 하나인 造船工業의 船舶建造能力을 86년까지 現在의 280萬톤에서 650萬톤으로 倍增시키는 한편, 輸出을 年間 20億 달러까지 늘려 世界 第5位의 造船國으로 伸張시킬 計劃이며, 政府는 이를 爲해 持續的인 施設投資와 特殊高價船舶의 開發, 計劃造船의 擴大, 요트의 輸出産業化, 造船用機資材國産化 等을 强力히 推進하고 있는 現 時點에서 우리 業界는 智慧와 슬기를 한데 모아 協同과 相互扶助精神을 바탕으로 業界의 經濟的 地位向上 및 自主的인 經濟活動을 通한 企業近代化 推進으로 造船工業의 均衡 있는 發展에 能動的으로 參與할 使命과 責任을 痛感하며 自然發生的이고 歷史的인 必然性에 立脚하여 우리는 中小企業基本法과 協同組合法 理念에 따라 今般 造船用機資材專門業體의 協同事業體가 될 韓國造船關聯工業協同組合(假稱)의 設立을 發起하는 바입니다.

11회 졸업생(1956년 입학) 이야기

한창환

1956년도 공과대학 입학시험에서는 학과를 지정하지 않고 입학 정원 375명을 성적순으로 선발하였다. 2학년 1학기에 학과가 배정되었으므로 1학년 한 해는 입학생 모두가 함께 강의를 듣게 되었다.

당시 공과대학은 경기도 양주군 노해면 공덕리에 소재하여 통학이 매우 힘들었다. 따라서 많은 학생이 통근통학 열차를 이용하였다. 통근통학 열차는 여객용이 아닌 화물차를 개조한 열차였다. 선로가 고르지 못해 책을 읽을 수 없을 정도로 흔들렸고 빠르지도 않았다. 앞뒤 객실을 연결하는 통로에는 난간만 있을 뿐 지붕 없이 연결되어 있어서 칸 사이를 옮겨 다닐 수 있었다. 당연히 냉난방도 되지 않았기에 여름에는 창문을 열고 다녔고 겨울철에는 추위를 견디는 도리밖에 없었다.

서울역에서 출발하여 용산을 거쳐 한강변을 따라 왕십리에 이어 청량리에 이르고, 다시 경춘선을 따라 신공덕에 이르는 이 열차를 타고 우리는 학교를 다녔다. 열차는 우리가 내리면 거의 빈 상태가 되지만 육군사관학교가 있는 화랑대역을 거쳐 퇴계원까지 운행하였다. 더러 서울역에서 열차를 놓치면 버스를 타고 동대문을 거쳐 청량리에서 열차를 따라잡아 타기도 했다.

혹여 버스가 기차를 따라잡지 못하면 부득이 버스 종점인 중랑교까지 가서 시내버스나 학교 통학버스로 갈아타야만 했다. 중랑교 노선은 버스 대수는 적은 대신 이용자가 많아 유별나게 혼잡스러웠다. 억척스럽고 힘센 여자 차장이 "청량리 중랑교"라고 소리치며 호객하였고 승차할 때 버스비를 징수하였다. 중랑교에서 버스가 출발하여 직진하면 망우리 공동묘지 방향이었으므로 혼잡한 시간에 이 버스를 이용하는 승객들의 귀에는 차장이 중랑교 방향 승객을 부르는 "청량리 중랑교" 소리가 "차라리 죽을랑교?"로 들린다고도 하였다.

1962년 5월 10일자 〈대학신문〉에 실린
통학버스를 타는 학생들 사진

입학 후 한 달쯤 지난 시점에 신입생을 위한 음악회가 열렸다. 현재 신세계백화점 본점 자리에 동화백화점이 있었고 그 4층을 음악홀로 사용하였는데, 그곳에서 신입생 환영 음악 감상회가 개최되었다. 음악대학의 이흥렬 교수의 해설을 곁들여 베토벤 교향곡과 고전 명곡을 감상하였는데 입시에 시달렸던 신입생들에게는 성년이 되었음을 느끼게 하는 음악회였다.

많은 학생이 학교 근처에서 하숙을 하여 통학의 어려움은 면할 수 있었으나 방과 후 가정교사로 시내에 나가야 하는 학생들은 또 다른 교통 고민에 시달릴 수밖에 없었다.

마지막 강의시간이 끝나면 통학 열차를 타고 시내로 나가야 했는데 강의가 조금이라도 늦게 끝나면 강의실에서 신공덕역까지 뛰어가야 했다. 강의는 교수들의 배려로 조금 일찍 끝나곤 하였으나 실험과목인 경우에는 늦기 일쑤였다. 후일 한 후배 진수회 회원은 떠나는 열차를 뛰어 타다가 다리를 잃는 불행한 사고를 당하기도 하였다.

시내에서 학교 근처의 하숙집으로 되돌아가는 교통도 여간 힘든 것이 아니었다. 중랑교에서 학교까지 운행하는 버스는 전쟁 때 폐차된 군용트럭의 엔진을 사용하고 있었다. 100여 명의 학생이 승차하니 항상 과부하에 시달려 매일 저녁 정비를 해야 다음 날 운행이 가능하지만, 정비가 소홀하여 버스가 운행 중 정지하는 일이 허다하였다. 그러한 경우 우리는 카이저택시를 이용하였다. 카이저택시는 구한말의 어차(御車)와 비슷하다고 해서 학생들이 붙인 이름인데 고전영화에서나 볼 수 있는 구식 포드 T형 승용차였다.

용돈마저 바닥이 날 때면 중랑천 둑을 따라 학교까지 걸어 들어갔다. 날씨가 좋으면 둑길에서 콧노래 부르면서 밤하늘의 별을 보며 한 시간 이상 밤길을 걷는 것도 매우 정겹게 느껴지긴 하였으나 날씨가 궂거나 추운 계절에는 몹시 고통스럽기도 하였다.

사진에 긴소매 셔츠를 걷어올리거나 반소매 셔츠를 입은 동기들을 볼 수 있는데 이는 계절이 여름철에 들어섰음을 보여준다.

1957년 봄, 조선 전공 19명(김기진金基鎭, 김몽상金蒙祥, 김석규金奭圭, 김성건金成建, 민철기閔鐵基, 석인영石寅永, 안창흥安昌興, 이성수, 이재위李載偉, 이제근李濟根, 이창우李昌雨, 장두익張斗翼, 전문헌田文憲, 정진수鄭鎭秀, 조항균趙恒均, 최의영崔義泳, 한창환韓昌煥, 허정구許井九, 홍일표洪日杓)과 항공 전공 2명(유혁상, 장세영)이 함께 모였다. 입학 후 1년이 지나 비로소 과가 정해진 동기들이었다.

이 가운데 15명이 함께 사진을 찍었는데 검게 물들인 군복바지와 흰색 셔츠를 입는 것이 당시 대학생들의 전형적 복장이었다. 물들이지 않은 군복바지를 입은 일부 학생들은 검정 염료를 들고 다니는 헌병에게 잡혀 헌병이 검정 글씨로 '염색'이라고 쓴 바지를 당분간 그대로 입고 다니기도 하였다.

2학년에 접어들자 수업시간표는 비교적 단순하게 짜였다. 재료역학, 구조역학, 열역학 등의 역학만으로 수업시간이 편성된 '역학의 날'이 있는가 하면, '김정훈 선생의 날', '황종흘 선생의 날', '김극천 선생의 날' 등으로 특정 교수님이 종일 강의를 맡는 날도 있었다. 이는 1954년에 개설된 인하대학교 조선공학과에 출강하는 교수님을 비롯하여 김극천 교수님과 임상전 교수님처럼 직장에 몸담고 모교에 시간강사로 출강하는 분들이 있었기에 불가피한 시간 편성이었다.

오래도록 졸업학점이 180학점이었으나 점차 졸업학점 수가 줄어들어 160학점이 되었으나 성실하게 많은 과목의 수업에 임하려면 사실상 대학생으로서의 정서적 순화를 기대할 수 없는 상황이었다. 이러한 상황에서 1호관 3층에 자리한 대형 강의실은 250명 정도의 학생을 수용할 수 있는데, 이곳에서 매주 1회 고전음악 감상회가 개최되어 그나마 다행이었다.

전자과 54학번 강신규 동문이 학생회 공작부장을 맡아 LP 음반을 수배하고 각종 자료를 찾아 해설서를 만들어 등사하여 학생들에게 배포하는 일을 하였다. 뿐만 아니라 공작부장은 미군부대에 공급되는 영화 필름을 정기적으로 입수하여 대형 강의실에서 매주 1회씩 최신 영화 감상회를 개최하기도 하였다. 16밀리 필름이고 우리말 자막 없이 영어로 상영되었으나 시중에 개봉되기 2~3년 앞서서 영화를 볼 수 있다는 것이 큰 자랑거리였다. 이와 같은 소중한 기회가 강신규 동문이 졸업하여 국립영화제작소에 취업함으로써 중단되었음은 못내 아쉬운 일이 되었다.

학교 뒤 불암산은 왕복 2시간이면 다녀올 수 있는 거리였으므로 많은 학생들이 방과 후 또는 여유가 있을 때 즐겨 찾는 등산 코스가 되었다. 매년 학생회에서 주관하는 체육대회 '불암제'가 열렸고, 대회 종목 중에 불암산을 다녀오는 건보대회와 한독약품 앞을 거쳐 중랑천변의 카이저택시 시발점으로 돌아오는 마라톤 경기가 배점이 높은 편이었다.

석인영 동문이 육상경기에 탁월한 소질이 있어 조선항공과는 정원이 적은 학과 였음에도 육상 부분에서 늘 좋은 성적을 거둘 수 있었다. 뒤를 이어 이민(60학번), 민계식(61학번) 등의 활약으로 조선항공학과가 불암제에서 3년 연속 우승이라는 쾌거를 이루는 원동력이 되기도 하였다. 가을이면 학교 가까이에 있는 과수원에 들러 맛있기로 유명한 먹골 배를 즐기기도 하였다.

2학년 여름방학에는 부산 영도에 소재한 대한조선공사로 2주간 현장 실습을 나 갔다. 우리나라 조선산업의 본산인 대한조선공사에서 현장을 살폈던 경험은 후일 우리가 조선소에 적응하는 데 많은 도움이 되었다.

조선소 현장에 도착하여 평소 학교에서처럼 자유롭게 행동하였는데 박종일 (47학번) 선배에게서 제2도크 옆으로 모이라는 연락을 받았다. 집합한 실습생들은 호랑이 같은 박 선배에게 엄청난 꾸중을 듣게 되었다. 일종의 기합이었는데, 해마 다 내려오는 후배들이 실습에는 소홀하고 노는 데만 부지런하며, 조용한 구석이 있어 찾아보면 늘 낮잠이나 잔다는 것이었다. 또 위험한 곳에서 조심성 없이 행동 하고 바닷가에 나가 홍합을 따다가 조선소 코크스 불에 구워 먹는 미운 짓도 서슴 없이 한다는 것이었다. 그래도 선배들은 따뜻하였다. 일 년 가까이 월급을 제때 받 지 못하는 상황이었지만 박 선배를 비롯한 선배들은 생선회와 막걸리로 후배들을 보듬어주었다.

6.25 전쟁이 종료되었으나 영국 해군은 매년 5월경 인천항에서 기항하였다. 1957년 김택환 선배(47학번)가 해군본부 조함실장으로 있어 우리는 프리깃함 F600함을 견학하였다. 해군은 신사라는 김택환 선배의 말을 듣고 가능한 한 모두 정장을 하고 나섰는데 비가 내려 우산을 들고 견학에 나섰다.

견학에 나선 학생들이 통선을 타고 정박 중인 함정에 접근하여 승선 사다리를 따라 갑판에 올라서자 함정의 의장병들이 격식을 갖춘 환영행사로 학생들을 맞아 주었다. 홍보장교가 F600함은 제2차 세계대전 중에 전과를 올렸을 뿐 아니라 한국 동란 중에도 참전하였다고 소개를 해주었다.

프리깃함 F600함과
승선하러 이동 중인 동기생들

갑판에서의 기념 촬영

함정 견학을 마치고 살롱에 들어서니 다과와 음료가 준비되어 있었다. 그 가운데 여러 종류의 스카치위스키의 이름을 알지 못하여 많은 학생이 오렌지 주스를 청하여 받아들고 장병들과 서툰 영어로 대화를 나누었다. 함정 안내를 맡았던 장교들과 기념 촬영 후 하선하였는데 마음으로부터의 환대가 가슴 깊이 남아 후일 조선학에 접근하는 데 큰 도움이 되었다.

1958년 5월에는 영국 해군의 항공모함을 견학하는 기회를 가졌다. 항공모함의 큰 규모에 위압되었으며 비행갑판의 항공기 이착륙 시스템, 항공기 격납시설 그리고 정비시설 등을 집중 견학하였으나 전년도 F600함을 견학하였을 때처럼 흥분은 느끼지 못하였다.

당시 김재근 교수의 뒤를 이어 김정훈, 황종흘, 임상전, 김극천 네 분 선생님들이 미국 MIT에서 연수를 마치고 귀국하여 우리나라 조선산업을 일으키겠다는 열의로 강의에 임하셨기에 과중할 만큼 과제가 많았다.

학생들은 수많은 계산을 손으로 할 수밖에 없었다. 어렵게 장만한 계산자를 사용하여 유효숫자 3자리의 근사계산을 하여야 했으며, 학과에 실험실용으로 들여놓은 2대의 계산기를 다투어가며 빌려서 곱셈과 나눗셈에 사용하였는데 계산기 차례가 돌아오면 큰 행운이었다.

재학 중 많은 학생들이 병역을 필하기 위하여 군에 입대하였기에 동기들의 졸업 시기는 각기 달랐지만 동기생들은 유일한 조선 관련 취업 가능업체인 대한조선공사에 취업하여 다시 만났다. 김기진, 김몽상, 석인영, 이재위, 이제근, 장두익, 조항균, 최의영, 한창환, 허정구 등 10명이 대한조선공사에서 조선 기술자로서 사회 생활을 시작하였다.

후일 동기들은 현대와 대우 등의 후발 조선업체로 옮겨 중책을 맡기도 하였으며, 졸업 후 건설회사에 취업하였던 김성건이 현대조선으로 되돌아와 조선 기술자로 활동하였다. 조선과 19명 중 13명이 조선업체에서 활동하였다는 것은 다른 동기회에 비해 조선 부분에 취업한 비중이 매우 높고, 조선업계에 끼친 동기들의 공로가 크다고 자부한다.

동기들이 대한조선공사에 취업하였던 1960년대 초기의 일이다. 당시에는 선박을 건조하기에 앞서 설계실에서 도면을 공급하면 이를 마룻바닥에 실물 크기로 그리고 이를 바탕으로 실물을 제작하는 현도 과정이 수작업으로 이루어졌다. 지금이라면 전산기를 이용하여 작업이 이루어지지만, 당시에는 현도공들이 실선 크기로 선체선도를 그렸으며, 이들은 회사의 핵심 기술자들이었다. 조선소에 3~4명에 불과한 이들 손에 조선소의 생산성이 좌우될 수밖에 없었다. 특히 이들이 외판 전개도를 그려 주지 않으면 선체 외판을 가공할 수 없었다.

당시 현도공들은 이 기술만큼은 지키려고 불필요한 단계를 수시로 바꾸어 가며 끼워넣어 아무나 쉽게 기술을 배울 수 없게 하였다.

그 즈음 동기생 중 장두익은 병역을 필하고 1963년에 졸업하면서 대한조선공사

왼쪽부터 한창환, 이재위, 김계주,
최의영, 정진수, 민철기, 이제근

앞줄 왼쪽부터 민철기, 정진수, 장두익,
이재위, 김기진, 최의영, 전문헌, 이제근 그리고
뒷줄 왼쪽 조항균, 오른쪽 한창환

에 취업하였다. 그는 현도 작업으로 현장이 어려움에 처하는 것을 보고 외국서적들을 수배한 뒤 입수한 자료들을 번역하고 스스로 익혀 현도 경험이 전혀 없는 기능직 사원들을 모아놓고 현도 교육을 실시하였다.

그 결과, 현도공장에서 3~4명의 현도 기술자를 보좌하는 역할만 담당하던 30~40여 명의 현도공 모두 기능이 수직 향상되었고 생산성이 높아지는 획기적 성과를 거두었다. 아마도 신입사원 개인의 힘으로 조선소의 생산성이 이와 같이 크게 향상된 일은 그때 이후로 없었을 것이라 믿는다. 또한 생산 설계를 처음 실시하여 생산성 향상에 기여한 것도 장두익 동문이다.

동기들의 면면을 간단히 소개하면 다음과 같다.

김기진, 이제근, 최의영 1962년 한독 경제협력계획에 따라 서독에 기술 연수생을 파견하는 사업이 시작되었다. 경제기획원에서 연수생 선발시험을 치렀는데 동기생 3명과 최준기(崔俊基, 57학번)가 선발되었다. 이때 김기진과 이제근은 대한조선공사에 입사하여 근무 중에 응시하였고 최의영과 최준기는 직업이 정해지지 않은 상태에서 기회가 주어진 것이었다. 합격 통보를 받고 네 동문이 서울에서 독일어 교육을 함께 받았으며 독일에 도착하여서도 단기간이지만 함께 어학연수를 받았다. 연수생 4명은 함부르크의 엘베(Elbe) 강가의 상파울리(St. Pauli) 맞은편에 있는 스튈켄조선소(Stülcken-Werft)에서 기술 연수를 받았다. 조선공학과를 졸업한 한국에서 미처 하지 못하였던 현장 실습을 이곳에서 독일의 조선과 학생들이 필수적으로 이수하는 체계적 현장 실습 과정을 거치게 되었다. 독일 학생들은 졸업 요건으로 2학년에 6개월의 현장 실습 과정을 거치고 졸업학기에 다시 6개월의 현장 실습을 거쳐야만 하였는데 연수생들은 기회가 없었으므로 12개월의 현장 실습 과정을 6개월 과정으로 단축하여 마치게 되었다. 그 후 1년 동안 조선소의 기사 보좌관(assistant engineer)으로 근무하면서 실무를 통한 연수를 받았다. 당시 함부르크 대학에서 김정훈 교수가 학위 과정에 있었으므로 우리 연수생들은 김정훈 교수와 만나는 기회가 많았으며, 특히 최의영은 선생님이 불편하지 않도록 잘 모셨다. 귀국 후 네 사람 모두 대한조선공사에 근무하였으나 김기진은 호남정유로 자리를 옮긴 후 대우조선의 구매담당 상무로 활동하였고 대우 계열의 힐튼 호텔(Hilton Hotel)의 전무로 정년 퇴임하였다. 이제근은 대한선박을 거쳐 현대중공업에서 전무로 설계 업무와 기술 개발 업무를 맡았다가 울산대학 부교수로 옮겼으나 다시 대우조선으로 자리를 옮겨 전무로 활동하였고 동진산업기술, 삼보광업 등에서 기술 업무를 담당하다 정년 퇴임하였다. 학회 활동에도 적극

독일에서 단기 어학연수를 받으면서 함께 자리한
김기진, 이제근, 최의영, 최준기

적이어서 학회 부회장을 역임하였다.

최의영은 대한조선공사 의장 설계과 근무 시 화물창구 덮개(Hatch Cover) 및 에어컨(Aircon) 설계 개발에 획기적인 성과를 거두었고, 수산개발공사에서 조선 업무 담당으로 프랑스에 주재하며 선박 건조 감독관으로 활동하였다. 그 후 삼양항해(주)에서 영국 글래스고 (Glasgow) 조선소에 발주한 DWT 1만 5000 선박 2척과 스웨덴 예테보리(Göteborg) 조선소에 발주한 동종 선박 2척의 건조를 감독하였다. 귀국하여 대우조선해양 상무, 동흥전기 사장을 지내고 정년 퇴임하였다.

김몽상 1961년 동기생들과 대한조선공사에 입사하였으며 수습기간이 끝나고 얼마 지나지 않아 퇴사하여 인천공업고등학교 교사로 전직하였다. 그 뒤 대우자동차의 전신인 신진자동차에서 활동하였으나 다시 중고등학교 교사로 재직하면서 교육에 힘을 기울였다. 그러나 교사로 근무하던 중 신병을 얻어 작고하였다. 산업체에 뜻을 두었으나 건강이 원인이 되어 교직을 택하였던 것은 아닌가, 추측할 따름이다.

김석규 졸업 후 부산에 있는 화학공장에 취업하여 화학제품 생산설비 관련 업무를 맡아 수행하였다. 진양그룹의 진양기계 사장으로 활동하였으며 이후 개인 사업을 창업하여 활발히 활동하였으나 1990년대 중반에 건강을 잃어 작고하였다.

김성건 1960년도에 졸업하였으며 공군 장교로 입대하여 병역을 필하였고 월남전 당시 미국 기관의 민간 기술자로 월남에서 군수지원 업무에 종사하였다. 이후 건설업의 감독관으로 근무하였으며, 1972년 우리나라 원자력발전소 1호기인 고리 원자력발전소의 건설이 시작되었을 때 현대건설 기계사업부의 일원으로 활약하였다. 이후 현대중공업으로 자리를 옮겨 조선소 건설과 신조선 건조사업에 참여하였다. 김성건은 현대중공업에서 퇴임한 뒤 유원건설 전무로 발탁되었다. 1983년 미 육군 공병단과 관계를 맺은 것이 인연이 되어 1986년 미국으로 이주하여 뉴욕에서 기술자로 오래도록 활동하였다.

민철기 1935년생으로 2년 늦게 입학하였고 재학 중 군복무를 마친 뒤 1963년에 졸업하였다. 졸업 후 건설업체에 입사하여 국내 여러 현장을 다녔다. 건설현장 생활이 적성과 건강에 맞지 않아 반도체를 조립하는 외국인 투자기업에 입사하여 20년을 근속하고 퇴임하였다. 이어서 1993년부터 1998년까지 리비아에 상주하면서 화학공장 건설에 참여하였다. 이 기간 중에 이슬람 문화를 관찰하면서 그 지역 사람들에 관한 편견을 버리고 그들과 각별한 관계를 가졌다고 한다.

현재 그는 시립노인복지관에서 봉사활동을 하고 있으며, 취미생활과 새로운 배움 등으로 바쁘고 즐거운 생활을 보내고 있다. 1985년 한국외국어대학교 무역대학원 국제경영학과를 졸업한 뒤 경영학 석사학위를 취득하였다.

석인영 진수회 회원이라면 불암제에서 준마처럼 달리는 석인영을 모두 알고 있을 것이다. 마라톤과 건보, 등산 그리고 400미터 달리기 등에서 우승하거나 메달권에 들어 학생 수가 적은 조선과가 우승한 것은 석인영의 공적이라 해도 과언이 아니다. 석인영은 1961년 대한조선공사에 취업하였으며 선각 설계과에서 신조선 설계를 담당하였다. 당시 조선소에는 축적된 기술이 없었으며 리벳공법에서 용접공법으로 변환하는 시기였고 블록 조립공법으로 탑재기술이 바뀌어가는 상태였으므로 기술 개발에 많은 공을 세웠다.

5년간 대한조선공사 생활을 하다가 한국해사기술(KOMAC)의 전신인 한국종합기술개발공사로 직장을 옮겼으며 2년 후 KIST 창립에 참여하여 김훈철 박사와 조선해양기술연구실에서 근무하였다.

1969년 미국으로 건너가 내셔널 벌크 캐리어(National Bulk Carrier)의 선박 설계부에 근무하면서 스티븐슨 공과대학(Stevens institute of Technology)에서 석사학위를 취득하였으며 브룩클린 공과대학(Polytechnic of Brooklyn)에서 응용역학 공부를 계속하였다. 1985년에 귀국하여 대우조선 옥포조선소의 기술본부장, 선박 기본설계 본부장을 역임하였다. 1987년에 다시 미국으로 이주하였으며 2001년 프린스턴(Princeton)에서 신학을 공부한 뒤 목회자가 되었다.

안창홍 1961년에 졸업하고 한국전력공사(Kepco)에 취업하여 마산 화력발전소에서 근무하였으며, 1963년 미국으로 유학하였다. 브룩클린의 플랫 대학원(Platt Institute in Brooklyn)에서 기계공학 석사학위를 취득하고 제너럴 일렉트릭(General Electric Company)에서 스팀 터빈의 로터생산 전문가가 되었으며 미국 해군의 함정용 정밀 감속장치 개발 책임을 맡는 등 중요한 일을 하였다.

이성수 대학을 졸업한 후 성동공업고등학교 교사로 취업하였으며 우리나라의 자동차 산업이 시작될 때 신진자동차에 합류하여 기술부에서 근무하였고, 1969년 아시아 자동차의 기술 개발 과장으로 전직하였다. 1974년에 영진공업사를 창업하고 자동차 부품을 생산, 공급하였다. 1978년 미국으로 이주하여 P&S 버라이어티(P&S Variety Co.)를 설립, 운영하고 있다.

이재위 입학한 직후에 휴학하여 병역을 필한 뒤 다시 복학하였기에 동기들은 그가 같은 학번이라는 사실을 모르고 졸업하였고, 대한조선공사에 취업한 뒤에야 비로소 입학 동기임을 알게 되었다. 이재위는 의장 설계를 담당하였는데 그의 손을 거친 설계는 탁월하여 모두들 보통 도면이 아니라 예술성이 느껴진다고 평하였다. 여가가 있을 때는 그림을 그리곤 하였는데 솜씨가 보통이 아니었다. 예술가적인 면이 있어서인지 술 마시기를 좋아하였다. 결혼 전 이야기이지만, 이상하게도 여자(처녀)들이 이 괴짜 천재 미술가를 좋아한다는 것이었다. 대한조선공사 시절에 박봉으로 어려웠으나 그는 좀 여유가 있어 보였다. 주말이면 총각들에게 어느 장소에 몇 시까지 나오라 해서 나가 보면 모인 남자와 여자(처녀)의 수가 딱 맞아떨어지곤 하였다. 이렇듯 매주 데이트 수배 담당이 바로 이재위였다.

그는 이내 대한조선공사를 그만두고 대한해운공사의 감독관으로 근무하였는데 취중에 오토바이를 타다가 넘어져 전신 타박상으로 고생하기도 하였다. 그 후 국제해운에서 선주감독관으로 근무하였으며 동생이 경영하는 유진이라는 중소기업에서 부사장으로 근무하다 정년으로 퇴임하였다. 2013년에 친구들 곁을 떠나 즐기던 술을 함께할 수 없게 되었다. 그의 눈동자를 들여다보면 초점이 없는 듯하였고 말 주변은 무척이나 티 없이 순수하였다. 그래서 여자들이 잘 따랐는지도 모르겠다. 언젠가 58학번 동문이 재위를 만나기를 원해 어렵게 자리를 함께하였는데 알고 보니 복학하여 공부할 때 가정교사 자리를 구하지 못한 친구들에게 이재위가 자리를 소개해준 일이 많았던 것이 알려졌다.

이창우 이창우도 1학년에 휴학하고 군에 입대하였다가 복학하였으므로 졸업 뒤 우연한 기회에 입학 동기인 것을 알게 되었다. 졸업 후 한동안 행적을 알 수 없었는데 월남전이 시작된 지 얼마 지나지 않아 하숙집의 프랑스계 혼혈 여인을 따라 월남에 갔던 것이라 하였다. 월남이 망하여 미군이 철수하게 되었을 때 철수하는 수송선에 미국인들을 우선 태우고 동양인은 승선시키지 않았다. 이 프랑스계 혼혈 여인은 승선하였으나 이창우는 승선이 거절되었다. 그때 이 여인이 이창우가 남편인데 그를 승선시켜주지 않으면 자기도 함께 죽어버리겠다고 주장하였다.이렇게 수송선을 함께 타고 미국으로 가서 피난민 수용소에서 생활하다가 미국 남부의 M-조선소 수리선 부분에서 수리 업무에 참여하는 기회를 잡게 되었다. 밸브를 분해, 청소하고 재조립하는 등의 하급 노동일이었지만 이창우는 분해하였던 밸브를 스케치한 것을 바탕으로 도면을 작성하여 보고서에 첨부할 만큼 깨끗하고 말끔한 일처리로 상사들의 신임을 얻었으며 얼마 지나지 않아 일용직에서 정규직으로 승진하였다고 한다. 결국 부서장까지 승진하여 근무하다가 정년 퇴임하였다.

장두익 1963년 대한조선공사에 취업하여 조선사업부에 근무하였는데 당시 신입사원인 그는 현도공들을 교육함으로써 대한조선공사의 현도공과 마킹공들의 실무 능력을 향상시키는 데 큰 공을 세웠다. 또한 국내에서는 처음으로 생산 설계팀을 구성하여 생산성을 높이는 데도 성과를 올렸다. 1967년 대한조선공사에서 퇴임하기까지 서울 사무소에서 근무하였다. 1967년부터 1990년까지 국내 최대의 알루미늄 새시 생산업체인 남선알루미늄에서 서울 지사장으로 근무하다 개인 사업을 운영하였다.

전문헌 1963년 조선공학과를 졸업하고 고려대학교 경영대학원에서 경영학 석사를 취득한 뒤 캐나다 토론토 대학 기계과에서 열전달 분야의 석사학위를 취득하였으며, 뉴욕 주립대학 원자력공학 박사학위를 취득하였다. 1983년 KAIST 원자력공학과 교수로 초빙되어 21년간 근속한 뒤 정년 퇴임하였으며, 현재 KAIST 원자력 및 양자공학과의 명예교수로 있다. 미국원자력학회(ANS) 정회원, 미국기계공학회(ASME) 원로회원, 한국원자력학회·대한기계학회·한국태양에너지학회의 종신회원이며, 한국전력공사, 한국원자력연구소, 한국원자력 산업회의, 한국원자력기술협회 등의 임원으로도 활동하였다. 또한 과학기술처의 각종 위원회의 위원으로 활동한 바 있다. 1988년에는 '제3차 원자력발전소 열수력 및 운전에 관한 국제학술회의' 기술분과 위원장을 역임하였으며, 1990년에는 '제5차 전산/원자력학회 연차학술회의' 기술분과 위원장을 맡았다.

정진수 남다른 도전정신으로 재학 중인 1961년에 김정훈 교수의 수중익선 설계 개발사업에 참여하여 수중익과 추진기의 설계를 수행하였는데, 비록 성공하지는 못하였으나 이는 국내 최초의 수중익선 설계 개발이었다. 졸업 후 미국에 유학하여 버클리 대학에서 석사학위를 취득하였으며 미국 해군연구소에서 연구원으로 활동하다가 1969년 미시간 대학에서 응용역학을 전공하고 박사학위를 취득하였다.

ESSO 생산연구소 해양부와 록히드(Lockheed) 항공사의 연구개발부에서 활동하면서 심해저 망간단괴 채광기술 개발연구에 참여하였다. 이때의 업적으로 미국 콜로라도 광업대학(Colorado School of Mines)의 교수로 초빙되어 20년간 교수로 활동하였다.

정진수는 학계와 산업계에 해양공학(Offshore Mechanics)와 극지공학(Arctic Engineering)이라는 새로운 분야를 소개하였다. 1985년 미국기계공학회 산하에 해양공학과 극지공학 분과(Offshore Mechanics and Arctic Engineering Division)를 창립하여 이끌면서 해양공학 및 극지공학(Offshore Mechanics and Arctic Engineering: OMAE)이라는 국제회의로 발전시키고 1995년까지 상임이사회의 의장으로 활동하였다.

1990년에는 〈국제해양 극지공학지*International Journal of Offshore and Polar Engineering*〉를 창간하였으며 국제해양극지공학회(International Society of Offshore and Polar Engineers: ISOPE)의 초대 회장으로 선임되었다. 2014년에는 ISOPE의 학술지 〈*Journal of Ocean and Wind Energy*〉를 창간하였다. 미국기계공학회, 미국명예공학자 클럽, 미국명예과학자 클럽, 해양극지학회, 한국해양공학회, 일본선박해양공학회 등의 회원으로 활동하고 있다.

조항균　졸업 후 인천공업고등학교 교사로 취업하였으며 자동차학과의 주임 교사가 되었다. 1966년 대우자동차의 전신인 신진자동차에 취업하여 업체가 대우자동차에서 GM코리아 자동차로 바뀌는 동안 핵심 기술자로 활동하다가 1989년 전무이사로 퇴임하였다. 자동차 부품공급 회사인 대신기계공업 주식회사 대표이사로 부임하여 경영을 맡아 자동차 부품산업을 육성하였으며 2011년 회장으로 퇴임하였다.

대신기계공업 주식회사 재임 중에 자동차공업협동조합 이사 및 자동차부품 연구원의 이사로 활동하면서 우리나라 자동차 공업 발전에 크게 기여하였다. 특히 2002년 상공의 날에는 철탑산업훈장을 수여받는 등, 우리나라 자동차 산업이 세계 5위의 지위에 오르는 데크게 기여한 기술자의 한 사람이다.

한창환　대학생활 중 가장 기억에 남는 것은 3학년 때 정진수 그리고 홍석의(59학번)와 함께 김정훈 교수가 연구비를 받아 설계 개발하는 수중익선 건조 업무에 참여한 일이다. 김정훈 교수의 지도를 받으며 목공실의 직원 김용관과 함께 모두가 힘을 합하여 수중익선과 보조정을 건조하였는데 아쉽게도 한강에서 진수하던 중 크레인 사고로 선체 손상을 입어 기대하던 시운전 성과를 올리지 못하였다.

한창환은 졸업 후 석인영, 김몽상과 함께 대한조선공사에 입사하였다. 1962년도에 군산호 수리공사, 1963년에는 신양호와 동양호 건조에 참여하였는데 동양호는 GT 1600톤급으로, 국내에서 최초로 미국선급 ABS에 입급한 선박이며 국내 조선기술이 국제사회에 인정받은 최초의 선박이다. 1964년에는 GT 2600톤급 남성호 건조 업무를 담당하였는데 8미터 높이에서 떨어지는 사고를 당하여 골절로 2개월 동안 입원하였다.

1966년에는 한국종합기술개발공사 선박부로 옮겼고, 1968년에 다시 아주토건으로 전직하였으며 당인리 화력발전소 4호기와 5호기 건설공사에 참여하였다. 1972년 현대건설 기계부에 근무하면서 고리 원자력발전소 1호기 건설에서 용접담당 책임자로 활약하였다. 1973년 현대중공업으로 전출되어 선체생산부 소조립 가공과장으로 근무하였다. 그 후 동해조선, 대우조선, 인천조선으로 옮겨 다녔는데 삼성조선을 제외한 국내 대형 조선소 모두의 건설에 참여한 셈이 되었다. 1990년 초반에 기자재 공장을 세워 경영할 생각으로 거제도에 들어가 부지를 마련하고 건설하려 하였으나 사업화에는 이르지 못하였고 현재는 은퇴자로 지내고 있다.

허정구　1962년에 대한조선공사에 입사하여 의장 설계 부서에서 신조선 의장 설계를 전담하였다. 1966년 한국해사기술(KAMAC)의 전신인 한국종합기술개발공사 선박부로 옮겨 어업지도선 등 신조선 설계 업무를 담당하였다. 1974년 울산의 동해조선에 입사하여 기술담당 중역으로 활약하였다. 당시 국내에서 처음으로 건조하는 용융유황 취급 선박의 설계기술 협의차 일본 데라오카 조선소로 출장하였는데 동경 사무실에서 갑작스럽게 뇌졸중을 일으켜 의식을 잃고 일본 동경 소재 병원에서 입원 치료 중 작고하였다.

홍일표 졸업 후 해군 장교로 임관하였으며 전역 후 수산회사에 취업하여 어선 건조 업무를 감독하였다. 또한 수산물 가공에도 관여하였으며 경영 일선에서 활약하였으나 2000년대 초반에 작고하였다.

12회 졸업생(1957년 입학) 이야기

최준기

　1957년 서울대학교 공과대학 조선항공공학과에 입학한 우리는 그해 여름방학, 부산 영도 소재 대한조선공사 조선소로 실습을 나갔다. 그 당시 조선소 선대에는 일제 강점기 때 건조하다 중단되어 반쯤 녹이 슨 소형 잠수함(아마도 김재근 교수가 설계?) 선체만 댕그라니 있었고, 독일 차관으로 도입하여 설치하다가 중단된 20톤 야드 크레인(yard crane) 두서너 대가 고즈넉하게 서 있는 모습이 보였다. 신조선이라고는 고작 조그마한 페리(Ferry) 한 척만 보였고, 그 외 수리선 몇 척이 들어와 있는 것이 고작이었다. 그래도 현도장에서는 작업이 계속되는 듯하였고, 선각공장에서는 일부 선수 부분이 조립되고 있었다. 조선소 크기에 비해 아주 조용하였다. 그때 만난 각 대학 조선과에서 실습 나온 학생들과 가까이 지내게 되어 후일 공동으로 대학생 요트클럽을 만드는 계기가 되었다.

　우리 동기들을 간략하게 소개하고자 한다. 우선 재학 중 야유회 사진을 한 장 올려본다.

뒷줄 왼쪽부터 이재겸, 김봉열(항공), 윤완기, 박승우(항공), 이흥배, 가운데 왼쪽부터 이시희, 정호현, 전정석(항공), 박성호, 박철(항공), 앞줄 왼쪽부터 최준기, 은윤석 소령(항공), 김일곤, 백중영, 김기봉(항공)

김계주 1963년 대한조선공사에서 직장생활을 시작하였다. 한국선급협회로 전직하여 로이드 선급에서 연수를 받았으며 한국선급에서 30년간 근속하면서 본부 기술담당, 업무담당 상무를 역임하였다. 퇴임 후에는 극동선박설계, 한국해사기술, 한국검정 등에서 고문으로 활동하였다.

김기환 수산청, 선박연구소에서 근무하였다.

김 위 B&W 한국 대리점, 긴쇼마다이치 본사 부장, 죽암기계를 거쳐 대형 농장을 운영하고 있다.

김일곤 현대건설, 현대중공업 상무를 역임하였으며 퇴임 후 한선갤러리를 운영 중이다.

박성호 졸업 후 미국으로 건너가 구조설계 석사학위를 받았다. 미국 뉴저지 주정부 교량국장으로 재직할 당시 성수대교 붕괴사고 후 서울시 초청으로 현장 검사 및 보수방법 지도로 목련장 훈장을 받았다. 공직 은퇴 후 하디스티 앤 하노버 엔지니어링(Hardesty & Hanover Engineering firm)에서 9년 동안 근무하였다. 저서 『*Bridge Inspection & Maintenance*, *Bridge Rehabilitation*, *Superstructure Design*』이 미국 대학 교재로 채택되기도 하였다. 한국도로공사 교량검사 보수기준 작업을 수행하였다.

백중영 졸업 후 대선조선에서 근무하다가 금성사로 이직하였다. 금성통신 사장, 금성계전 사장, LG산전 사장을 역임하였다.

안덕주 졸업 후 해군 장교로 입대한 뒤에 한국검정㈜, 포항제철 냉연공장 설계 시공 생산 담당, 포스코 호주 법인 대표사장, 포스코 엔지니어링 사장을 거쳐 도일코리아를 창업, 운영하였다.

윤완기 통역장교 출신으로 늦게 입학, 경기화학에 근무하였다.

이시희 한국수산개발공사의 프랑스 차관 참치어선 건조 담당 후 퇴사한 뒤 캐나다로 이민, 선박설계회사에 근무하였고, 지병으로 작고하였다.

이재겸 미국으로 유학하고 거주한 뒤에 한동안 대한항공 항공기 제조사에서 구조설계 분야에서 근무하다가 다시 미국으로 건너간 것으로 알려져 있다.

이흥배 한국검정에 입사, 회사를 인수하여 대표이사 사장으로 30여 년 운영하였다.

정호현 졸업 후 진해 해군공창에 근무한 뒤 현대자동차, 현대건설, 현대중공업 기술담당 이사로 근무하였다. 현대중공업의 계열사인 경일요트를 이끌기도 하였다. 퇴임 후 거양해운 감독 등을 역임하였으며 현재 은퇴 후 농장을 운영하고 있다.

최준기 대한조선공사 조선사업 본부장, 한국하우톤 부회장, 고문을 역임하였다.

한국 조선공업을 수출산업으로 세우다

최준기

5.16 혁명이 일어나던 해인 1961년, 나는 졸업식 이틀 후에 군에 입대하였고 논산훈련소, 김해 공병학교를 거쳐 서울 지역에 있는 육군 6관구 사령부 공병 참모부에서 복무한 뒤 제대하였다. 마침 경제기획원에서 선발하는 독일 현지 파견 기술훈련생 시험에 지원하여 합격하였다. 별도로 독일어 교육을 3개월간 받고 1962년 7월에 독일로 가서 에센(Essen) 근처에 있는 독일문화원(Goethe Institute)에서 3개월 동안 독일어 교육을 추가로 받은 뒤 함부르크에 있는 스튈켄조선소(Stülcken-Werft, 현재는 Blohm & Voss AG)에서 본격적인 기술 훈련 과정에 들어갔다.

훈련 과정은 다른 독일 대학생처럼 의무적으로 이수하고 학점을 받아야 하는 프로그램으로, 1년 동안 현장 각 부서를 돌아가면서 현장 마이스터 지도 아래 실습을 수행하였는데, 모든 분야에서 실무 기술자들과 함께 일을 하면서 배우는 과정이었다. 공장마다 마이스터(우리나라에서는 공장장 역할)가 한 명씩 배치되어 있었고 마이스터는 기술과 인력 관리, 작업 지시, 시간 관리, 작업 완료 확인 등의 행정업무를 모두 혼자서 해내고 있었다. 당시 독일에서는 주문생산 시스템(job order system)이 실행되고 있었고, 대부분 공장에는 속칭 엔지니어(engineer, 2년제 전문대학 출신)와 디플롬 엔지니어(diplom engineer, 정규대학 6년 과정 출신)가 현장과 설계실에서 일을 하고 있었다. 디플롬 엔지니어는 몇 명 되지도 않을뿐더러 주로 R&D 업무에 종사하였고, 일반 기사도 설계 요원 말고는 수가 많지 않았다.

1년간 현장 실습을 끝낸 뒤에 설계부로 가서 기본설계와 의장 설계 팀에서 다시 1년 동안 같이 배우며 일하였다. 우리는 단순히 설계만이 아니라 이에 연관된 작업 지시나 재료 조서작성 등 행정 업무도 함께 해야 했는데 다행히 담당 계장이 60세가 넘은 경험 많은 분이어서 도움을 많이 받았다. 그러나 말이 실습이지, 현지 직원과 동일하게 모든 일을 수행해야 했기에 처음에는 힘이 들었다.

자부심을 가지고 일을 하는 독일 기술자 가운데 경험이 많고 나이 든 기술자들은 설계부장 등 요직을 거친 뒤에 젊은 팀장 밑에서 기사로 자기 전문 분야의 일을 한다. 우리나라처럼 높은 지위로만 매진하는 자세와는 매우 차이가 났다. 일하는 문화와 직업관이 선진화된 독일에서는 이런 사실을 자연스럽게 받아들인다.

나는 1964년 4월 귀국 후에 당시 국영기업인 대한조선공사 설계부에 경력사원으로 입사하여 기본설계과에서 근무를 시작하였다. 그 당시 주 업무는 원양 참치어선 건조였고 일본에서 발행하는 기술잡지 〈어선〉이 많은 참고자료가 되었다. 동화기업, 제동산업, 고려원양, 사조사 등 신규 참치업체가 연달아 신조선을 장만하여 세계 시장에서 일본 뒤를 쫓고 있었으나 일반 화물선은 1600톤급 2척 등으로 미미한 정도였다.

계획조선 조달을 위한 상공부의 국내용 표준 화물선 설계 작업에 관여하였고, 대일 청구권 자금에 의한 계획조선으로 4척 건조가 실현되었다. 정부의 제2차 경제개발 5개년 계획 중 조선 분야 실무작업에도 참여하였다. 당시 국내 조선소로는 대한조선공사가 유일하였고 그나마 수주량 부족과 정부의 건조자금 조달 부족이라는 악순환이 반복되는 상황이었다. 조선업계는 당시 상공부 조선과 구자영 과장의 혼신적 노력으로 겨우 신조선 사업 자금의 확보가 이루어지곤 하였다. 1966년에 준공된 2600톤급 화물선 2척(남성호, 보리수호)이 그때까지 건조된 선박 중 최대선이었다.

1967년, 월남전이 한창일 때 삼성물산이 주동이 되어 월남 정부 입찰에서 확보한 400톤급 바지선(항만 하역 정체 해결 역할용) 30척을 수주하여 국내 최초로 수출의 길이 열렸다. 사이공으로 현지 출장하여 실수요 관청과 건조 최종 사양 설계를 합의하고, 월남에서 요구한 프랑스 선급 BV 검사를 받아 건조를 성공적으로 마쳐 선적, 인도하였다. 1967년에는 대만 정부에서 세계은행 차관으로 구매하는 원양 참치어선 250톤급 20척을 수주하여 우리나라 상공부 등 정부 부처를 놀라게 하였고, 이는 신용장 한 장으로 한 가지 품목 614만 불 수출은 처음 있는 일이었다. 박정희 대통령도 수출확대회의에서 일부 적자가 나더라도 국제 시장에서 품질이나 성능 면에서 높은 평가를 받아 수출 시장의 토대를 만들라는 특별 지시를 내려 조선소에 힘을 실어 주었다.

1968년에 대한조선공사는 극동해운에 불하되어 민영화의 길로 들어섰고 남궁련 회장의 새로운 도전이 시작되었다. 이러한 변화 중에 워낙 강성으로 이름났던 대한조선공사 노동조합에서는 민영화 전후에 직장 보장 등의 조건을 내걸고 장기간 파업에 들어가 가뜩이나 어려운 회사 사정에 부담을 주었고 어선 20척의 건조도 지연되었다. 남궁련 회장이 직접 나서서 대만 발주자 측과의 협상에 성공하여 납기 지연에 따른 지체상금 없이 1969년 12월 30일, 모든 20척의 수출을 완료함으로써 그해 연도 우리나라 총수출 목표인 7억 불을 초과 달성하는 데 결정적인 공헌을 하였다.

나와 같이 졸업한 동기생들 중에는 대한조선공사에서 함께 근무한 동문은 없었고, 11회 한창환(현장), 장두익(설계), 최의영(설계), 이제근(설계), 허정구(설계), 이재위(설계), 석인영(설계), 김기진(설계) 동문들과 10회 박용철, 이상길, 박기현(별세)을 비롯해 안영화(9회), 고상용(8회, 설계), 김태섭(8회), 정한영(8회, 설계), 정태영(7회 별세), 장정수(7회), 정진(6회 별세), 송준해(6회), 강시득(6회 별세), 남기환(5회), 표동근(4회), 박의남(4회), 김철수(3회 별세), 하영환(2회) 동문 등 많은 선배들이 주요 직책을 맡아 후진을 이끌어 주었다.

1972년 1만 8000톤급 화물선이 처음으로 국내에서 건조되었는데, 정부의 예산이 부족하여 3년에 걸쳐 건조 예산이 어렵게 확보되었다. 부득이 건조도 3년에 걸쳐 이루어졌다. 건조 기간 중 큰 환율 변동이 생겨 선주는 많은 이득을 보았고 조선소는 환차손을 떠안는 불행한 결과를 겪기도 하였다. 당시 실수요자로 선정된 범양전용선주식회사는 선박을 인수하자마자 국제 운임 시장의 폭등으로 불과 1년여 만에 선가를 회수하는 쾌거를 이루기도 하였다. 1970년에는 미국 걸프오일 사로부터 2만/3만 톤급 석유제품 운반선(Product Carrier) 6척을 수주하기에 이른다. 선가는 일본 조선소 가격보다는 높고 유럽의 조선소보다는 낮은 선에서 합의가 되었다.

한편, 걸프오일 사는 대형 원유 운반선은 많이 건조한 경험이 있으나 이러한 제품 전용선은 처음으로 한국에 발주한 것이며, 주 기관을 디젤로 결정하면서 이태리 피아트 엔진(Fiat Engine)을 선정하였다. 엔진 발주는 예정대로 되었으나 불행하게도 전통적인 이태리식 파업에 휩쓸려 10개월 이상 선적이 지연됨으로써 전체 공기가 지연되었고, 건조기간 중 미국 달러 가치가 급격히 떨어지는 바람에 선가로 지급받은 달러 대 유럽 화폐 간 환율 변동으로 큰 손실을 보게 되었다. 나는 당시 남궁련 회장과 같이 걸프 본사로 찾아가 이런 상황을 설명하고 협상을 통하여 선주로부터 6백만 불을 추가로 더 받는 것으로 합의를 이끌어냈다.

대한조선공사에서 건조하여 인도한 6척의 석유제품 운반선은, 선각구조는 마치 탱크와 같고 특수코팅은 1년 후 보증입거(guarantee docking) 검사에서 전체 도장 면적의 0.4퍼센트밖에 문제가 생기지 않은 대성공이었다. 설계와 주요 기기도 일류 유럽제로 설치하여 사실상 유럽에서 건조한 선박과 동일한 품질이었다. 성능도 만족하여 하루아침에 대한조선공사는 석유제품 운반선 전문 조선소로 세계에 이름이 알려지게 되었다. 대한조선공사는 국내 선사를 위한 계획조선이 국내 자금 부족으로 크게 활성화되지 못하던 차에 월남 행 바지선 수출로 시작하여, 대만 행 참치어선에 이어 세계 수준의 유조선(Tanker)을 성공리에 인도해서 명실공히 세계 일류 조선소의 위치로 우뚝 섰다.

이와 병행하여 스웨덴의 고르톤 라인(Gorthon Line) 사로부터 국내 최초로 다목적 로로선(Ro-Ro ship) 2척을 수주하여 최고 성능의 선박으로 유럽 시장의 교두보를 확보하였으며, 만족한 선주는 나중에 추가로 2척을 발주하기도 하였다. 일류 조선소의 정의는 일류 선박회사에서 발주를 많이 하는 조선소라는 사실임이 틀림없을 것이다.

1960년대와 1970년대 세계 일등 조선국가로서 일본은 대형 건조 도크 확장 등 조선 호황을 거의 홀로 즐긴 셈이었는데, 일본의 유수한 선사인 재팬 라인(Japan Line)이 걸프선과 동일한 3척의 석유제품 운반선을 대한조선공사에 발주하였다. 선가는 당시 세계 일류 조선국인 일본보다 더 높게 결정되었다. 3만 DWT급의 계약서 서명식과 연이은 파티에 선사 사장과 전 임원 약 40여 명이 참석하였고 우리 쪽에서는 4명(남궁련, 최준기, 박창순 포함)뿐이었으나 대한조선공사로서는 제2의 도약을 이룬 기분 좋은 날이었다. 제일 큰 보람은 일본에서 일본 조선소를 제치고 일류 선주사로부터 한국이 발주를 확보하였다는 사실이다.

이후 유수한 선사로부터 석유제품 운반선의 발주가 이어졌으며, 1975년에는 한국 최초로 해양시추선(Offshore Drilling Rig)을 덴마크의 AP 몰러 그룹(AP Moller Group)에서 수주하기에 이르렀다. 당시에는 반잠수식 해양시추선(semi-submersible offshore rig)을 구경한 사람이 없었으니, 상공부에서 청와대에 보고하였을 때 모두들 놀라기만 하였다. 설계는 기존선 설계를 보완·변경하기로 선주가 결정하여 미국 휴스턴 소재 마라톤(Marathon) 기술용역회사가 맡고, 보통 선주가 공급하는 시추장비는 마라톤의 협조를 받아 선주가 구입·공급하고, 건조는 마라톤에서 도면을 공급받아 대한조선공사가 담당하는 삼자 간의 계약으로 이루어졌다. 통상 선주와 조선소 간의 협상으로 이루어지는 일반 조선 계약과는 달리 삼자 간 계약이 동시에 이루어져야 하므로 협상이 길어졌고, 특히 덴마크에서 가장 큰 그룹의 선사가 워낙 까다로워 아주 상세한 면까지 확인하면서 약 3주간에 걸친 힘든 협상 끝에 마무리되었다.

선주사 측 변호사, 마라톤 측 변호사, 대한조선공사 측 변호사 그리고 각사 대표와 스태프 등 많은 인원이 회의에 참석하였으며, 기술사양 협의는 당시 설계부장인 지규억 박사가 팀을 이끌고 약 14일 만에 끝을 냈다. 그 계약 협상팀에 주광윤(63학번) 과장이 나와 동행하였다. 그동안 수많은 계약협상을 해서 나름대로 자신감을 가지고 있던 나는 진짜 프로를 만나 여러 가지를 배우고 깨우치는 좋은 계기가 되었다.

기억나는 내용으로는 당시 선사 측 협상대표는 AP 몰러 그룹 회장의 최측근으로 30년 이상 모든 주요 구매를 직접 담당해온 베테랑이었는데, 협상 과정에서 발견된 한 조항에 대해 이의를 제기하였다. 이에 마라톤 측은 조선이나 해상설비 발주계약 조항에는 보증하는 납기가 관례상 없다고 주장하였다. 이 조항 하나를 놓고 마라톤 측과 여러 날 동안 시비를 벌였다. 이렇게 세밀히 검토하여 체결된 조선계약 덕분에 건조기간 중 당사자 간에 단 한 건의 시비도 없었다.

1970년대 초 남궁련 회장이 기존에 있는 부산조선소의 입지 한계성으로 초대형 조선소가 필요하다고 생각하여 건설 계획 준비에 들어가, 마침내 1972년 옥포조선소 건설 계획을 정부로부터 승인을 받았다. 남궁 회장은 건설 소요자금을 마련하기 위하여 워싱턴 소재 미국 수출입은행과 장기 차관을 교섭하였고, 1973년 8월 미국 수출입은행과 장기 차관 도입계약을 체결하였다. 내가 알기로는 그때까지 미국 수출입은행 차관은 정부나 정부기관에서만 도입한 실적이 있고 민간업체에 제공한 것은 처음이었다. 그 밖의 자금 조달은 뉴욕 소재 모건 개런티 앤 트러스트(Morgan Guarantee & Trust)에서 담당하였고 수출입은행 차관 계약 직전에 체결되었다. 나는 조선영업과 기계영업부를 담당하고 있었는데 남궁 회장의 요청에 따라 몇 차례 수행 출장을 다녔고 사장 특별보좌역으로 차관 융자 협상에 관여하였다.

　　1973년 10월 11일 조선소 기공식에 박정희 대통령이 참석하였고 170만 톤급까지의 선박은 물론, 해상 원자력발전소, 정유시설, 해상 호텔 등 다양한 대형 설비를 건조할 수 있는 도크를 건설하기로 하였다. 마침내 길이 1100미터, 폭 131미터, 깊이 13.5미터의 도크에서 연간 900만 톤을 건조할 수 있는 명실공히 세계 최대 규모의 조선소로 설계되었다. 이미 40여 년 전에 이러한 구상을 하여, 최근 시황에서도 넓은 도크 폭과 세계 최대 규모의 900톤 골리앗 크레인을 갖춘 시설이 점차 보편화되어 가는 FPSO, 발전소 등 대형 해상 플랜트를 동시에 건조할 수 있도록 착상한 남궁련 회장의 미래지향적인 사업 구상에 경의를 표하지 않을 수 없다. 나는 이런 거대한 국가 프로젝트 기본계획 작업과 차관 등 금융조달 업무에 관여하였던 사실에 큰 보람을 느낀다.

포항제철소 레이아웃에 대한 추억

안덕주

　　대치동의 포스코 서울 사무소 건물에 들를 때면 나는 2층 안내 로비 벽에 걸려 있는 포항제철소의 조감 그림을 한 번 쳐다본다. 연간 5000만 톤의 원부자재가 반입되고 이로부터 1700만 톤의 철강재가 조용히 쏟아져 나오는, 한때 세계 최대의 제철소, 우리나라 공업 발전의 중추가 되었던 제철소의 공중사진 전경이다. 옛날에 이 배치계획에 매달렸던 기억이 싫지 않기 때문이다.

졸업 후 해군 특교대 출신 기술장교로 진해 해군공창에 근무하였고, 제대한 후 한국검정에 다니던 중 1968년 초 어느 신문에 종합제철공장건설사업추진위원회에서 기술 간부사원을 모집한다는 광고가 눈에 띄었다.

광고를 유심히 보니 제선 담당, 제강 담당 등 아래에 '공장수송 담당'도 뽑는다고 나와 있어 나의 전공 부문인 조선과 관계있으리라 생각하고 2월에 응시하였다. 3월부터 사무실로 출근하였는데, 당시 정부기관인 종합제철공장건설사업추진위원회는 그동안 추진해 오던 미국을 비롯한 5개국 8개사가 참여한 KISA(Korea International Steel Association, 대한국제제철차관단) 사업계획에 진척이 있어 오는 5월경 KISA가 제출할 일반기술계획서(GEP: General Engineering Plan)를 검토할 기술요원들이 필요할 때였다.

들어와서 보니 제선, 제강 등 설비별로 담당이 있었는데 나는 모집광고에 나온 대로 공장수송 담당으로 발령을 받았다. 이 위원회는 한 달 후 포항종합제철주식회사로 바뀌었고, 회사는 이미 국가 대사업을 수행해야 한다는 사명감과 함께 박태준 사장 특유의 분위기에 묘한 중압감이 감돌았다.

KISA의 사업이 구체화되어 간다는 것은 대단히 고무적인 상황 진전이었다. 이제는 공장설비별로 제작공급사도 정해졌으니 다음은 공장설비의 기술계획서를 구체적으로 결정할 때가 되었다.

당시 공장수송 담당인 나는 상공부 관리로 있다가 온 고(故) 유석기 기술부장에게 일본어로 된 작은 책자 한 권을 받았다. 『철강업은 수송업이다』라는 책이었는데 철강업의 중량물을 이송하는 물류에 관한 내용이 요약되어 있었다. 철광석, 석탄 기타 원부자재가 먼 곳으로부터 반입되어 용광로에 투입되고, 용선(溶銑)을 제강공장으로 운반, 정련, 조괴 과정을 거쳐 슬래브(slab) 또는 빌렛(billet)을 압연공장으로 이송하여 최종 제품으로 출하되기까지 수송운반비를 최소화하는 것이 제철업에서 핵심이라는 요지였다.

사실 조강(粗鋼) 100만 톤을 만들려면 철광석 150만 톤, 석탄 80만 톤, 석회석 30만 톤, 고철 20만 톤, 기타 부자재 등 모두 290만 톤의 물자가 반입되어야 한다. 제철소를 바다 가까이에 건설하는 임해 제철소로 계획하는 것 자체가 수입 원부자재의 운송비를 낮추고자 하는 것이니, 책의 내용과 같은 맥락이었다.

제철소 설비는 크게 철광석과 석탄을 저장하고 사전 처리하는 원료 부문, 용광로가 중심이 되는 제선 부문, 용광로에서 나와 여전히 탄소가 대단히 많이 섞인 용선을 정련해 순도와 성분을 맞추고 이 용강(쇳물)을 냉각·조괴하여 빌렛 또는 슬래브로 만드는 제강 부문, 최종 철강재를 만드는 압연 부문, 수배전 및 발전, 수처리 등 일반설비 부문, 항만·철도·도로·용수원·배수로 등 인프라 부문으로 나눌 수 있다.

처음에 이 영일만 포항 해안가에 'ㅡ' 자로 접안시설을 만든다면 저 열린 바다 (open sea)의 파도를 어떻게 감당할지 의문이 들었다. 그러던 중 3월 초쯤 'ㅡ' 자의 직선 해안이 아니라 해안선을 육지 쪽으로 'ㄴ'처럼 파들어 오는 굴입항만(掘入港灣)으로 한다는 결정이 알려졌다.

'ㅡ' 자 해안선의 중간에 굴입항만을 만들어 한쪽은 원료 부두로, 다른 한쪽은 제품 출하 부두로 하고 방파제를 축조하여 내항의 정수면(靜水面)을 확보한다는 것이었다. 이렇게 되면 납득이 갔다. 당시 최신예 임해 제철소인 가와사키제철 지바(千葉)제철소의 대형 철광석 운반선 접안시설 건설을 위하여 전문가로 발탁된 분이 박 사장의 초청으로 현지에 와서 그런 안을 낸 것이었다.

이제부터 나의 일이 명확해졌다. 제선·제강·압연 담당자가 각각 설비의 용량, 형식 등 기술사양과 내부 배치계획 등에 부심하는 동안 나는 '왼쪽의 형산강에서부터 오른쪽의 냉천(지금은 제철소 경계 밖으로 하천을 옮김)에 이르는, 약 230만 평의 땅에 각 공장 군을 어떻게 배치할 것인가'를 생각하였다.

당시 영일만은 흔하디흔한 백사장과 그 안쪽에 소나무 둔덕, 그리고 그 안쪽으로 마을과 논밭, 수녀원 등, 지역이 온통 뒤바뀔 참이었다. 형산강 쪽인 좌안은 원료 부두에 인접하니 원료·제선 지역으로 적합하였다. 우안은 제품 출하 부두이니 자연 이쪽 부지는 압연 지역이라는 뜻이 된다. 그리고 보니 제품 출하 부두에 평행하게 간선대로를 내어 전체 부지를 좌우로 나누고 남단을 포항—영일 간 국도와 연결하면 좋겠다는 생각이 들었다.

보고를 하던 날 사장님이 이 안을 채택하시면서 "그 도로는 넓을수록 좋을 거야" 하고 선뜻 코멘트를 해주셔서 고무되었던 기억이 난다. 그 도로와 국도가 만나는 곳이 지금의 정문이 있는 곳이다.

KISA에 항만을 굴입항만으로 하기로 하였다는 것과 좌안을 원료·제선 지역, 우안의 제품 출하 부두와 평행한 중앙도로 오른쪽 지역을 압연 지역으로 한다는 전제 아래 계획을 추진하여줄 것을 통보하였다.

이윽고 5월, 기술검토단이 구성되어 피츠버그의 카퍼스 엔지니어링 사를 찾았다. KISA의 GEP 작성 전 협의를 위하여 사전 조율을 하기 위함이었다. 사전에 이쪽의 전제를 통보하였음에도 불구하고 KISA의 전체 배치에 대한 생각은 예전의 '一' 자 부두를 전제로 한 배치에서 좀 더 구부려 굴입항만 남쪽 및 좌우 부지에 설비를 옹기종기 배치한 정도로, 그렇게 생각의 차이가 클 줄은 몰랐다. 남은 부지는 다 무엇에 쓴단 말인가?

당시 초기 용량이 연산 60만 톤이었기에 KISA로서는 최대 연산 250만 톤 정도의 제철소를 상정할 때 작은 용량의 단위설비들을 거리를 두어 멀리 떼어놓을 필요가 없다는 뜻인데, 그쪽의 생각도 기술적으로 잘못된 것은 아니었다. 그들의 표현으로 '실행 가능한(workable)'한 레이아웃(layout)이었다. 그러나 그들의 사고는 이제 우리에게 익숙해진 임해 제철소와는 달리, 전형적인 구미의 내륙 제철소 배치 개념에서 크게 벗어나지 못하였다.

담당자로서 회사의 기본정책을 확인할 필요가 생겼다. 일본의 유수 제철소 용량이 대개 500만 톤 이상이고, 230만 평 부지라면 연산 550만 톤 내지 600만 톤까지 확장이 가능하였다. 비록 60만 톤으로 작게 시작하지만 나중에 부지를 효과적으로 다 사용할 수 있게 초기 설비를 배치하는 것이 어떻겠는가 하고 의견을 제시하였다. 그러나 돌아온 대답은 모든 분이 지금 60만 톤 제철소를 못 해서 야단인데 무슨 소리냐고 핀잔을 주었다. 결국 임원회의에 부치게 되었는데 박 사장님은 명쾌하게 최대 확장을 고려하라는 지침을 내렸다.

나는 대단히 기분이 좋았다. 이 지침에 따라 KISA와 최종적으로 철로, 전선, 배관, 도로가 길어지는 것에 대한 비용을 몇십만 불 더 증액하는 것으로 하고 확장을 고려한 배치계획에 합의하였다. 이로써 용광로의 증설 방향을 원료 부두와 평행하게 바다 쪽으로 정하고 압연 공장의 기본 제조공정 방향을 제품 출하 부두와 평행하게 함으로써 포항제철소의 물류는 'U' 자형으로 정해졌다.

포스코 제철소는 포항이나 광양 모두 설비가 최신예라는 점과 함께 최종 용량에 이르러서도 물류가 최적화된 가지런한 공장 배치가 자랑거리로 되어 있다. 지금 서울 사무소 벽에 걸려 있는 공중사진의 초기 설비는 나중에 일본 기술그룹이 최종 관여를 하였지만, 그 원형은 비용을 더 치르기로 하고 KISA와 합의한 배치계획이었던 것이다. 바라는 것을 분명히 하니 바라는 대로 되었다고나 할까. 첫 단추를 잘 꿰었다. 연산 600만 톤이 아니라 1700만 톤이 되어도 조용히 돌아가는 제철소! 여러 사안들의 기억이 중첩되니 감회가 새롭다.

그러는 동안 우리나라 조선업은 괄목할 만한 발전을 이루었다. 진수회 회원 모든 분의 피땀 어린 노력이 그 중심에 있었을 것이다. 자랑스럽고 경하할 일이다. 자기의 전공 분야와 다른 분야에서 일하는 동문들이 비록 그곳에서 보람 있는 일을 하였다 하더라도 자기 전공 분야에서 일을 하고 좋은 성과를 이루었을 때 느끼는 성취감은 따를 수 없다고 본다.

나는 멀리서 우리나라 조선업이 세계 제일의 반열에 오르는 것을 보며 못내 고향을 그리워하였다. 진수회 여러분의 값진 노고가 다시 한 번 더 빛나 보인다.

미국에서 나의 일

박성호

1962년 9월 초 나는 가족과 친구들의 전송을 받으며 김포공항을 떠났다. 미국 보스턴 근처의 로웰 기술대학에 가기로 계획하였지만, 기업체에 근무하는 직원들을 위해 야간 학위 프로그램이 많은 노스 이스턴 대학에 등록하였다. 그다음 해 나는 코네티컷 스토스(Storrs)에 있는 코네티컷 대학(University of Connecticut)의 대학원으로 옮겨 구조공학을 배웠다.

고등수학 클래스에서 어떤 학부 학생은 정말 우수하였다. 전날 밤 예습을 해도 교수님의 강의와 도식, 칠판에 적힌 과정들을 이해하는 것이 힘들었다. 그러나 학생들은 필기도 하지 않고 그저 교수와 한두 가지 포인트에 대해 토론하였다. 나는 공부하지 않으면 좋은 성적을 얻을 수 없고, 학교에서 쫓겨날 수도 있었으므로 필사적으로 우수한 학생들과 경쟁해야 했다. 강사가 칠판에 숙제를 쓰는 대신 말로 알려줄 때 나는 숙제를 몇 번 놓쳤다. 이해를 하지 못해 숙제를 모르고 그냥 넘어간 탓이었다. 언어의 장벽 이외에도 나는 기본적인 이론을 깊이 이해하지 않고 텍스트만 따라가는 나쁜 학습 습관을 가지고 있었다. 대학원 공부를 계속 따라가려면 스스로 기본적인 학부 과목을 공부해야 했다. 이는 곧 시간과 노력이 많이 필요한 연구를 모두 공부해야 한다는 것을 의미했다. 내가 할 수 있는 유일한 방법은 한 번에 하나씩 공부함으로써 주먹구구식으로 모두 습득하는 것뿐이었다. 한국에서 온 많은 친구들이 나와 비슷한 학습 습관을 가지고 있었고, 이렇게라도 핸디캡을 극복해야 했다.

내 첫 직장은 농업이 주요 산업인 오하이오 우스터에 있는 컨설팅 엔지니어링 회사 기술부서(Engineering Associates)의 하급 교량 기술자였다. 첫 6개월 동안 나는 고속도로 부문을 담당하게 되었고 도로와 교량의 설계도를 베끼고 그리는 제도사로 일을 시작하였다. 처음에는 제도작업을 하는 것이 즐겁진 않았지만, 점차 엔지니어는 도면작업을 통하여 기본적인 작업정보를 전달한다는 것을 깨달았다. 내 상사들이 EIT(Engineer In Training)과 PE(Professional Engineer) 자격시험을 볼 수 있게 배려해준 덕에 나는 오하이오의 우스터 대학(Wooster College)의 도서관에 다닐 수 있었다. 캠퍼스는 내 아파트에서 불과 5블록 떨어져 있었으므로 나는 매일 저녁에 그곳으로 갔다. 1년 동안 집중적으로 공부를 한 뒤, 나는 EIT 및 PE 자격시험에 모두 합격하였고, 교량 기술자 보좌관(Assistant Bridge Engineer)이 되었다.

오하이오에서 3년을 보낸 후, 1968년에 나는 엔지니어링에서의 전문성을 높이는 한편, 발전할 수 있는 기회를 잡기 위해 보스턴에 있는 'H. W. 로크너(Lochner)'로 전직하였다. H. W. 로크너는 이너 벨트(Inner Belt) 설계 프로젝트를 조정하고 감독하며, 검토와 확인 그리고 모든 설계회사에서 하는 일을 감리하는 설계 대표 회사로, 매사추세츠 주의 공공사업 부서와 계약을 체결하였다.

이 프로젝트는 20년이 지나서 147억 달러가 투입되는 보스턴의 대단위 토목공사로 발전하였고, 미국 최대의 토목공사가 되었다. 이 프로젝트에는 약 10개의 컨설팅 회사가 참여하였고 다양한 종류의 교량과 구조물, 터널 등이 포함되어 있었으므로 다양한 기술적인 부분을 포함하여 다양한 문제와 새로운 개념을 접할 수 있었으며, 대형 과제 처리에 관해 많은 것을 알게 되었다. 이로써 나는 중견 기술자로 성장할 수 있었다.

구조를 담당하는 나의 상사는 은퇴한 앨라배마 주의 교량 엔지니어였는데, 그는 교량 설계에서 전반적인 개념설계 방법을 이해하고 상세설계를 하는 데 필요한 가정을 적절하게 세울 수 있도록 이끌어 주었다. 컨설턴트의 개념적인 접근, 연구, 계획 및 계산을 검토한 후 우리는 데이터 백업 및 의견서를 준비해야 했기에 나는 미국고속도로관리국(American Association State Highway Transportation Officials: AASHTO)의 교량 설계 시방서(specification)를 면밀하게 검토하고 AASHTO가 왜 그것을 채용하였는지 특정 조문의 의도까지 이해하려고 노력하였다. 뿐만 아니라 AASHTO가 취급하지 않은 많은 문제들을 이해하고 새로운 연구결과를 설계에 반영하기 위하여 수차례 연방고속도로국(Federal Highway Administration: FHWA)이나 관련 연구자와 대학을 찾아야 했다.

이해가 엇갈리거나 의견이 다른 경우가 허다하여 이 차이를 해결하기 위하여 쟁점을 협의하여 해결해야 했다. 또한 이러한 문제들에 대한 합의사항은 간결한 형식으로 정확하게 문서화해야만 했다.

한국의 교육과정에는 의사소통의 중요성을 강조하지 않는다. 한국의 교육은 입학시험에 초점을 맞추어져 있고 선량한 시민이 되거나 전문가로 성장하는 데 도움이 될 사회문제 토론이나 기타 의사소통법은 무시한다. 대부분의 교과과정은 기술문제에 편향되어 있고 강의를 맡은 교수도 졸업 후에 동료나 고객 또는 다른 그룹과 어떻게 처신하고 협력해야 하는지에 대해선 가르치지 않는다.

의사소통은 누구에게나 아이디어, 메시지와 지식을 교환하는 필수적인 도구이며 이 기술은 젊을 때부터 배우고 가꾸어야 한다. 이런 과정에서 자신의 주장을 강조하기보다는 다른 사람의 의견을 듣게 된다. 이러한 학습단계를 거치면서 양보하고 협력하며 타협과 협동의 중요성을 깨우치게 된다. 협동, 협력과 타협이라는 단어는 그룹이나 조직이 작동하도록 하는 필수적 요소이지, 나쁜 단어가 아니다.

기술적 내용을 기록할 때에는 오해의 소지가 생기지 않도록 의미와 개념을 분명하게 표현하여야 하고 개념을 체계적이고 순리적으로 구성하여야 한다. 내용은 정확하고 사실적인 것으로써 적절한 어휘와 단락으로 나타내야 한다. 영어에는 유사한 말이 많지만, 각각의 단어는 약간 다른 의미와 감정을 지니고 있다. 따라서 정확한 메시지를 전달하려면 가장 적당한 어휘를 선택해야 한다. 이에 비해 한국어에서는 하나의 어휘를 다른 표현이나 다른 뜻으로 사용하고 있어 기술적 내용이나 법적인 내용을 전달하는 데 어려움을 주기도 한다. 한국어에는 풍부한 부사와 형용사가 있으나 행동이나 조건을 간결하게 정의하는 명사와 동사는 부족하다. 처음 글을 쓸 때 영어 대신 한국어로 생각하며 글을 썼기 때문에 나도 보고서 작성이 매우 서툴렀다.

한참 지난 뒤 뉴저지 교통부(NJDOT)의 교량 검사원 자리를 얻었다. 1968년 실버 다리 붕괴 사건 이후 미국 의회는 미국 내의 모든 교량에 적용할 국가교량검사표준(National Bridge Inspection Standard: NBIS)을 제정하였다. NBIS를 지키기 위하여 미국교통부(USDOT)의 연방도로국(Federal Highway Administration: FHWA)은 모든 주에 각 주에서 관장하고 있는 공공 교량의 상태를 조사, 보고토록 하였으며 교량의 검사, 설계, 보강, 개축 그리고 대체 건설에 필요한 비용을 제공하였기에 모든 주에서 교량 관련 사업을 시작하였다. 그런 상황에서 뉴저지 주에서 관장하는 2700개의 교량을 검사하는 뉴저지 교통부 검사 팀의 수석 엔지니어로 고용된 것이다. NJDOT에서 지급하는 급여는 동급 기술자보다 30퍼센트 정도 낮았지만 정부 관리라서 안정성과 고용이 보장되므로 그 자리를 받아들였다.

NJDOT는 4명의 수석 엔지니어를 고용하였고 그 4개 팀이 주정부에서 관장하는 모든 교량 및 구조물을 검사하고, 검사 보고서와 FHWA 규정에 따른 구조 조사기록과 평가서를 준비하는 업무를 담당하였다.

처음 우리는 교량을 어떻게 검사하고 어떻게 접근하며 어떻게 평가할지, 그리고 어떻게 검사 보고서를 준비할지 막연하였다. 이전 보스턴에서의 경험이 검사 항목과 보고서 형식 및 심사 절차를 마련하는 데 큰 도움이 되었다. FHWA는 교량관리자 교육훈련 계획으로 4주간의 체계적인 심화 교육과정을 8월 중에 개최하였는데 이 과정은 미국에서 제공한 첫 번째 교육과정이 되었으며 검사 업무수행을 크게 개선해주었다.

규정된 2년이 아니라 4년에 걸쳐 뉴저지 주에서 관장하는 교량 모두를 한 차례 검사하는 동안 관련된 모든 기술적 업무와 및 행정 업무를 조금씩 깨우치게 되었다. 그 결과, 모든 교량을 감정 평가하여 결함에 대한 교량의 안전등급을 결정할 수 있었고 교량의 보강 및 개축의 우선순위를 정할 수 있었다.

과제 총괄책임자 심 찬리(Sim Chanley)는 제2차 세계대전 참전용사로 빈틈없는 기술자였다. 그는 매우 완벽해서 질문을 받을 때마다 마치 선생님이 된 것처럼 기본식을 유도하고 이론들을 설명해 주어 정작 필요한 답을 얻는 데에는 많은 시간이 소요되었다. 하지만 나에게는 사무실뿐만 아니라 학교에서도 그런 스승이 필요하였다. 그가 사망하자 그의 부인은 교통부에 그의 모든 장서를 기증하여 교량국에 '심 찬리 도서관(Sim Chanley Library)'을 마련하였다.

교량을 검사한 후 보고서 작성을 준비하고, 교량 등급을 매기기 위하여 교량의 구조해석을 실시하는 한편, 교량의 감리 보고서를 검토하면서 뉴저지 주 검사국의 교량검사 교육을 맡아 감리 담당자들에게 기술지침서를 배포하는 책임자가 되었다. 그 당시에는 미국 정부 교통부나 연방도로국에 교량검사 지침서나 검사 순서, 검사 방법, 교량의 종류에 따른 상세한 구조적 정보 등을 다룬 매뉴얼이 없는 상태였다. 지금은 많은 주에서 매년 교량검사 매뉴얼 및 검사 훈련 과정을 운영하고 있다. 나는 수많은 교량의 종류에 따른 구조해석의 예와 검사 방법들을 정리하게 되었다.

그 후 교량 관련 기술자들에게 도움이 되도록 정리한 자료를 연방도로국에서 출판해줄 것을 제안하였으나 받아들여지지 않았다. 그러다가 1980년에 320쪽 분량의 『교량검사 및 구조해석(교량검사 핸드북)』을 출간하기에 이르렀다. 이 책은 교량 관련 기술자들 사이에서 설명서나 참고서로 인기가 있었다. 이 책은 1만 부 이상이 판매되었고, 나는 미국의 교량공학 분야에서 유명해졌으며 잘 알려진 저자가 되었다.

교량검사에 참여한 지 6년이 지난 1977년, 나는 교량사업 관리팀의 책임관리자로 승진하였다. 책임관리자로 일한 지 3년이 지난 1980년, 4명의 책임관리자를 감독하는 과제 총괄책임자로 승진하였다.

1984년에는 교량의 유지·보수에 대한 접근 방법과 작업순서에 관한 폭넓은 실무경험과 교량건설 경험에서 얻은 개념을 바탕으로 『교량의 복구와 교체(교량보수 매뉴얼)』 818쪽짜리 책자를 양장제본으로 출간하였는데, 이 책에서는 교량건설 자금의 확보, 초기 설계 및 최종 설계 과정, 보강방법, 교량보수 계획의 수립에서 고려해야 하는 환경 영향과 사회 경제적 파급효과 등을 아울러 다루고 있다. 교량의 검사와 보강을 다룬 이 책자는 펜실베이니아의 템플(Temple) 대학, 드렉셀(Drexel) 대학, 월든(Walden) 대학 그리고 뉴저지의 러트거스(Rutgers) 대학의 대학원 과정에서 교량공학 교재로 사용하고 있으며, 여러 주정부의 교통부에서도 이 책을 교량공학의 비공식 지침서로 사용하고 있다.

1984년, 나는 교량사업 관리 총괄책임자로 승진하였다. 나에게 주어진 임무는 북부 뉴저지 주에서 발생하는 모든 교량 관련 업무의 계획단계부터 건설에 이르기까지 모든 행정 지원과 계획을 조정하는 업무였다. 북부 뉴저지 지역은 이동량이 많고 혼잡하며, 뉴욕 시를 가로지르는 인구가 많은 지역이다. 모든 교량 관련 사업은 교통 체증을 유발하고, 대체도로의 확보와 공공설비의 재배치 등으로 많은 경비가 필요한 사업이었다. 또한 우리는 지역 주민의 정치적·사회적·경제적인 압력이나 요구에 직면해야 했다.

이러한 업무를 수행하려면 리더십과 행정 능력이 있어야 하고, 업무 전체를 파악할 수 있어야 하며 세부사항도 숙지하고 있어야 할 뿐 아니라 전 과정을 파악할 수 있는 능력이 필요하다. 뉴저지 교통부는 러트거스 대학과 주 행정처에서 주관하는 행정관리직 MBA 과정의 교육 기회를 나에게 주어 공공사업 관리사 자격을 취득할 수 있도록 하였다. 이 관리 훈련 과정은 나에게 직원, 고객, 사업을 관리하는 데 크게 도움이 되었다. 대부분의 기술적 사항과 문제해결을 과제 책임자에 맡기게 됨에 따라 세부사항에 관여하는 비중이 줄어들어 재원 조달, 예산 및 행정적인 업무에 집중할 수 있게 되었다. 나는 마치 오케스트라의 지휘자와 같은 역할을 하였다. 초보 엔지니어 시절에는 기술적 전문성이나 노하우가 중요한 자산이라고 생각했으나 높은 지위에 오르니 다른 기술자들을 비롯해 고객과의 조화가 중요하다는 것을 깨달았다. 허용하는 범위 안에서 불완전한 것도 포용하는 것이 특정 분야의 기술적 우월성보다 더 가치가 있었다.

1993년 11월, 나는 교량구조 설계국장에 임명되어 교량 설계 기술자를 총괄하고 모든 업무를 관장하게 되었다. 교량구조 설계국장이 되자 기술적인 업무가 줄어들어 보다 많은 시간을 행정적 업무에 사용하게 되었다. 다시 말해 회의나 세미나 참석, AASHTO 교량회의 준비, 교량 코드에 적용할 의안 검토, 교량 설계 개선 방안 마련, 고속도로 간 협력, 예산, 종업원 경력관리, 분쟁해결, 훈련사항 등 행정적인 일에 더 많은 시간을 보냈다.

1994년 10월 서울 성수대교 붕괴 후, 나는 1994년 11월 초부터 12월 말까지 시에서 소유한 주요 교량의 안전성과 건설에 대한 서울시장의 특별 기술고문으로 일하였다. 나는 서울시에서 관할하는 모든 한강 횡단 교량을 검사하고 보수 및 보강 계획을 건의하였다. 1995년 한국 정부는 나에게 목련장 훈장을 수여하고, 서울특별시에서는 나에게 명예 시민권을 주었다.

1995년, 뉴저지 주정부와 교량감리회사에 한국 교량 기술자 교육훈련 프로그램을 마련하였다. 당시 건설교통부의 상급 기술책임자 1명이 1년간의 교육과정을 수료했고 한국도로공사에서 엔지니어 1명을 파견하여 1년간 인턴십을 수료하였다. 또한 교량감리회사 파슨스와 협력하여 3개월짜리 교량검사 훈련 프로그램을 만들었으며 많은 한국 기술자들이 이 프로그램을 이수하였다. 나는 많은 한국 기술자를 뉴저지 주정부의 교량건설 현장과 본부 사무실을 방문하도록 초청하였다. 1995년, 나는 한국의 모든 구조물의 시설안전검사와 시설안전검사 규정 개발에 관련하여 한국 건설교통부에서 기술고문으로 일하였다. 또한 한국도로공사의 교량 검사 보수기준 작업과 한국 시설안전관리공단의 건물검사 프로그램을 개발하는 것을 도와주었다.

나는 1993년부터 2002년까지 수석 교량 설계 엔지니어 및 교량구조 설계국장으로 일한 뒤 뉴저지 주정부에서 은퇴하였다. 이후 일반 교량 및 이동식 교량 전문 엔지니어링 회사인 하디스티 앤 하노버 엔지니어링의 서부 트렌턴 사무소 교량구조 부분 이사로 일하였다. 이 회사에서 뉴햄프셔 주 도로국을 위한, 초기 설계 단계에서부터 최종 보고서 제출단계까지 몇 개의 복잡한 교량 연구사업의 책임자로 일하였으며, 2011년 9월에 은퇴하였다.

한국선급과 함께

김계주

나는 재학 중에 병역을 필하고 1963년 졸업예정자로 그해 1월부터 대한조선공사에 취업하여 첫 계획조선인 GT 1600톤급 신양호와 동양호의 건조 현장에서 근무를 시작하였다. 그 후 4월에 한국선급협회로 전직하여 30년 넘게 KR과 함께하였다. KR은 작은 조선소의 소형 선박(GT 300톤급 정도)의 기본설계(선도, 배수량 등 곡선도 등), 소형 유조선이나 육상 기름저장 탱크의 측심표(Tank Scale) 작성 수수료로 직원 4~5명의 급료를 마련하였다. 한번은 육상 기름저장 탱크의 측심표 작성 요청에 따라 실물 계측 출장을 강릉으로 갔다. 항공편으로 현지에 도착하니 그날 매일 1회 운항하는 강릉–서울 대한항공기가 납북되었다는 뉴스 특보가 흘러나왔다. 만일 그날 일정보다 하루 일찍 잡았더라면 어찌되었을까, 지금 생각해도 아찔하다. 그 후 대한해운공사 선박들이 KR에 입급하고 타 선급(LR, ABS 등)과 2중 선급 입급과 소형 조선소의 신조 선박의 제조검사를 받게 되어 우리는 제때에 급여를 받을 수 있게 되었다.

영국에서 검사관(Surveyor) 훈련 기회가 주어져 훈련을 받고 KR 부산지부에서 근무하였다. 그때 선박 및 의장품과 선용품 등 검사에 KR은 일본 NK선급 규칙을 번역하여 검사하였기에 어려움이 많았다.

1972년부터 약 2년 반 KR의 일본 고베 지부에 근무하면서 일본의 여러 조선소를 견학하였는데 각 조선소에서는 방문자들에게 정문에서부터 업무 완료 후의 교통편에 이르기까지 세심하게 안내해 주었다. 그곳에서 철저한 품질관리, 검사준비, 검사시험과정 및 시험성적서 작성 등에 이르는 선진 체제를 경험하였다.

1982년경 일본 강판제작회사를 방문할 때에는 재료시험편 가공, 시험편의 시험기까지의 운반, 인장시험기 삽입, 시험 실시, 성적서 작성 및 출력까지의 모든 공정을 로봇이 처리하는 것을 보았는데 일본 선급은 검사관이 입회하는 것을 확인하기까지 철저하게 관리하고 있었다.

정부의 조선 진흥정책으로 GT 3000톤 미만인 선박의 국내 건조 의무화로 KR은 비교적 짧은 시일에 국제선급연합회(IACS)의 준회원이 되었고, 그 후 13년이 지나 1988년에 정회원이 되었다. 단시일 안에 국제적인 선급으로 도약한 것은 국력 신장에 따른 지위 향상과 조선, 해운 및 보험 관련 업계의 적극적인 협조와 정부의 정책과 지원에 힘입은 결과로, 이 기간 중 조금이나마 그 발전에 기여하였음을 자랑스럽게 생각한다.

정부는 1994년 한강 성수대교 붕괴 이후 강교 제작에 전면 책임 감리제도를 도입하였다. KR은 성수대교 붕괴 원인을 조사하였고 제출한 보고서는 검찰로부터 좋은 평가를 받은 바 있다. 이후 KR은 강교 제작 감리자로 조선 기술자를 우선 채용하였고, 자재 검사와 절단, 용접, 시험 및 제작 등의 검사를 맡게 되었다.

나는 KR 본부에서 기술담당 상무 직책을 수행하고 1993년에 퇴임하였으며 퇴임 후 극동선박설계(PASECO), 한국해사기술(KOMAC) 및 한국검정(INCOK)에 근무하면서 선박 제조 감리 및 강교 제작 감리를 수행한 바 있다.

현대조선소 계획에 참여

정호현

1961년 졸업 후 해군에 입대하여 진해 해군공창에 근무하면서 해군 함정과 관련한 각종 설계자료를 접하는 기회를 가지게 되었다. 그때 미 해군이 사용하던 설계자료집을 입수하였는데 선박과 함정 분야의 설계 기초를 자습할 기회가 되었다. 해군에서 제대한 뒤 현대자동차에 취업하였고 이후 공무과장으로 승진하였다. 현대자동차에서 현대건설로 전직하여 현장소장으로 근무하였는데 현대건설이 조선사업에 관심을 두면서 조선사업 기획팀을 구성할 때 그쪽에 합류하였다.

현대가 대형 조선소 사업에 참여하자 나는 조선소 장기계획과 조선사업 단기일정계획을 담당하게 되었다. 조선소를 정상 운영하기 위해서는 장기경영계획과 단기시행계획을 바탕으로 수익목표, 판매계획, 생산계획, 설비계획, 인력 수급계획, 연구개발계획, 자금계획 등의 수립이 필요하였다. 이 계획들 모두가 조선소의 원활한 운영을 위하여 필수적 요소였으므로 모두 합심하여 계획 수립에 최선을 다하였다.

마침 1971년 런던에서 열린 영국조선학회 행사에 일본 측은 「장래의 조선소와 자동화의 전망」을 발표하였는데 이 문건의 내용이 새롭게 시작하는 현대중공업의 조선소 건설에 지침이 될 만하다고 판단하였다. 우리는 이 지침을 바탕으로 계획을 마련하였다. 그러나 실적을 중요시하였던 돌관정신(突貫精神)으로 말미암아 치밀한 계획을 소홀하게 여겨 시행착오를 거치게 되었고, 결과적으로 선박 건조사업 추진에 어려움으로 나타나게 되었다.

하지만 초대형 유조선 애틀랜틱 배런 호를 성공적으로 건조함으로써 현대중공업은 초대형 조선소 진출에 성공하였다. 되돌아보건대, 세계 제일의 조선소가 된 현대중공업의 초기 기본 계획을 마련하는 데 참여한 것이 아주 자랑스러운 일이었다고 생각한다. 이후 현대중공업은 해양 레저산업으로 진출할 계획으로 나에게 경일요트를 이끌 기회를 주었으나, 사실 섬세해야 하는 요트사업은 현대중공업의 사업 정신과는 거리가 먼 사업이었다. 퇴임 후 거양해운 감독 등을 역임하였으며 현재 은퇴 후 농장을 운영하고 있다.

13회 졸업생(1958년 입학) 이야기

구창룡

우리가 입학할 때는 조선항공공학과로 모집 정원이 25명이었고 2학년이 되자 학과는 조선공학과와 항공공학과로 나뉘었다. 그래서 58학번인 우리 중 조선 전공 동문은 15명 정도이다.

군대를 제대하고 복학한 선배들이 있다 보니 강의실에서 20명 정도가 함께 공부하였던 것으로 기억한다. 어느덧 3학년이 되었을 때 나는 본의 아니게 조선과 과대표가 되었다. 대표라기보다는 심부름꾼으로 학과 사무실에서 전달 사항이 있으면 과우들에게 전달하고 또 건의사항이 있으면 과 사무실에 들락날락해야 하는 완전히 연락병이었다. 사실 모교의 행정에서 모든 순서를 가나다순으로 처리하다 보니 부모님 덕에 구씨 성을 갖게 된 내가 과대표가 된 것이었다.

3학년 시절에 UNICEF(United Nations International Children's Emergency Fund)의 구호물품이 각 학과로 배정되었다. 물품을 학과 사무실에서 지급받아 2학년 후배들과 4학년 선배들에게 배분해야 했다. 물품은 깡통에 들어 있는 햄, 소시지, 설탕, 치즈, 버터, 과자 등인데 크기가 다르고 수량도 다를 뿐 아니라 양도 넉넉하지 않았다. 이것을 말썽 없이 배분한다는 것은 어려웠고 결국 분쟁이 일어나 이를 수습하느라 진땀을 흘려야 했다. 최종적으로 3학년에 배정된 물품의 배정 문제를 동기들과 의논해서 누구도 불평할 수 없는 합의점에 쉽게 도달하였다. 어차피 동기들에게 배분하기에는 턱없이 모자라는 수량이니 학교 앞 동광옥에서 안주 삼아 막걸리를 함께 마시자는 기막힌 합의를 보게 되었다.

그날 마침 오후 2시에 임상전 교수님의 수업이 있었는데 15명 정도가 그 안주를 곁들여 막걸리를 기울이다 보니 2시가 넘어서야 교실에 들어갔다. 취한 우리는 강의를 들을 상황이 아니었다. 임상전 교수께서 과대표인 나를 호출하여 심히 꾸중을 하셨다. 퇴학 처분까지는 하지 않으신 임 교수님께 두고두고 감사드리며 지금도 정말 죄송하게 생각하고 있다.

후일 엔지니어 하우스 건립기금과 조선과 발전기금을 모금하는 기회에 선뜻 참여하여 출연할 수 있었던 것도 그때의 실수를 조금이나마 만회하고자 하는 마음이 있었기 때문이다. 지금도 그 생각을 하면 웃음이 절로 나온다.

3학년 과대표 시절의 또 다른 웃지 못할 추억담이 있다. 1960년 봄, 우리에게 인천에 입항한 미국 제7함대의 항공모함을 견학할 기회가 생겼다. 조선 전공의 3학년 학생만 통학용 공대 버스를 빌려 타고 즐거운 마음으로 인천으로 이동하였다. 인천항에 도착하여 대기하고 있던 피켓보트를 타고 항공모함에 승선하였을 때는 점심시간이었다. 장교식당으로 안내를 받아 풍성한 점심식사를 대접받은 뒤 함 내부를 구경하고 학교로 돌아왔다. 자연히 항공모함의 위용보다는 대접받은 점심식사가 함께 가지 못한 친구들에게 자랑거리가 되었고 이야기할 때마다 조금씩 부풀려졌다.

3학년 가을에 뉴질랜드 순양함이 인천에 입항하여 우리를 초대하였다. 봄에 미국 제7함대의 항공모함을 방문하였을 때처럼 학교에 교섭하여 버스를 빌려 타고 인천으로 갔는데 우리는 미 함대 방문 때와 똑같은 점심식사를 머릿속에 그리고 있었다. 물론 순양함을 구경하는 것이 제일 큰 목적이지만 식사에 대해서 기대감이 큰 만큼 인천에 가기 전에 동기생들은 아침을 덜 먹었거나 아예 아침을 먹지 않았다. 우리는 전과 같이 피켓보트를 타고 기대하는 마음으로 순양함에 올라 함 내부를 견학하였다. 드디어 점심시간에 장교식당으로 안내받았는데 기대하였던 것과는 다르게 달랑 커피와 토스트 몇 조각만 준비된 간단한 리셉션(reception)이었다. 머릿속에 그리던 성찬과는 너무나 달라 배를 비워두었던 친구들은 낭패를 보았다. 서울로 돌아오는 버스 안에서 여러 동기생의 야유에 내가 과대표를 그만두겠다고 하였으나 네 마음대로 되느냐는 핀잔뿐이었다.

1960년 4월 19일 공대 대강당에 공대생 100여 명이 모였다. 온 나라가 3.15 부정선거에 맞서 3월과 4월이 온통 소란스러웠다. 그날 서울에서도 모든 대학생이

222

거리로 나선 날이었다. 우리는 서울 시내로 나갈 것이냐 아니냐를 놓고 행동이 느린 공대생다운 미지근한 논쟁만 벌일 뿐이었다. 얼마 전 나는 마산의 학생운동을 직접 보았기에 일어서서 "야, 너희들 비겁하게 이러고 있을 끼가. 나는 마산에서 사람들이 총 맞아 피를 흘리며 죽어가는 것을 보고 왔단 말이다. 나가자"라고 설득하였다. 후일 동기들이 기억하기로는, 비록 내 언변이 서툴고 몸을 떨며 떠듬거리는 선동이었지만 공대생들은 별 토를 달지 않고 모두 나서기로 하였다고 한다. 우리는 신공덕에서 중랑교까지 걸어 나갔다. 그러나 거기까지였다. 다리 위에서 경찰이 시내 진출을 막았을 때 이미 우리는 먼 거리를 걷는 동안 대오가 흐트러졌고 열기가 식어버렸던 것이다. 하지만 함께하였던 공대 학우들에 감사하고 있다.

나는 졸업 후 여러 회사를 전전한 끝에 마지막으로 여의도에 사옥이 있는 기업의 본부장으로 근무하다 퇴직하였다. 당시 ㈜한국 3M의 본부장으로 근무하던 친구에게서 '탄산가스 편면 용접장비(CO_2 gas one side welding system)'를 소개받았다. 이 기술은 미국에서 개발하여 공급하고 있는 신기술로, 일본 지역에서는 스미토모 3M이 공급권을 가지고 영업을 하고 있으니 한국에서의 공급을 맡아달라는 것이었다. 그때 먼저 세상을 떠난 친구 이기종의 요청을 받아들여 국내에 '탄산가스 편면 용접지원장비(CO_2 gas one side welding back up system)'를 개발하여 국내 각 조선소에 보급하게 되었다. 지금 생각하니 돈은 못 벌었지만 한국 조선산업의 생산성 향상에 크게 기여하였다고 자부하고 있다.

동기들의 근황을 다음과 같이 간단하게 소개한다.

구창롱　선박용 선미베어링, 선박용 탄산가스 용접 관련 소모성 재료 등을 조선소에 공급하여 왔으며 현재 마바상사 대표

김진영　1962년에 한국기계공업주식회사를 거쳐 독일 카를스루헤(Karlsruhe) 공대에서 3년간 디젤엔진 제조와 시험과정을 거쳐 대우중공업 지사장으로 발탁됨. 인천에 MAN 디젤엔진 공장 설계 건설에 참여하여 1975년에 상공부 장관 표창을 받음. 독일에서 KHK 공사용 발판 공급회사를 설립하고 10여 년간 회장으로 활약하여 1988년에 자랑스러운 교민으로 총리 표창을 받음.

2000년에 은퇴한 뒤 미국 플로리다에서 주식거래(Stock Trading)를 하고 있음

김천주 포항제철 건설과 초기 생산에 지대한 공헌을 함. ㈜포철 부장, 한국검정 부사장을 지냄

류동성 캐나다 이민

박광현 미국에 거주

박장영 삼성 에버랜드, 삼성중공업 등 삼성그룹의 초기 개발에 헌신. 풍산금속 전무 역임

안시영 울산대학교 공과대학 조선공학과에서 정년 퇴임하였으며 명예교수로서 현재 국제대학 강사로 활동 중

이종훈 ㈜에스오일(S-OIL) 상무로 재직하였음

이철근 ㈜현대자동차 부사장 역임, ㈜대승 회장으로 재직 중

임석균 ㈜전주제지 공장장 역임

정규황 ㈜코오롱엔지니어링 대표이사 역임

정주화 현대자동차의 포니 생산의 주역, ㈜르노 삼성자동차 사장 역임

최영수 미국에 거주

홍영석 1958년 입학한 후 군대 복무, 1964년에 졸업하고 대한조선공사를 거쳐 1966년 독일 아헨(Aachen) 공대 조선과에서 공학사(Diplom Ingenieur) 학위를 받고 HDW(Howaldtswerke Deutsche Werft) 조선소에서 근무. 1972년 캘리포니아 대학교 버클리 캠퍼스(University of California, Berkeley)에 유학하여 1975년에 박사학위를 받고 1979년까지 UC 버클리의 선박설계사 컨설팅(Consulting Naval Architect)으로 활약. 현재 NSWCCD(Naval Surface Warfare Center, Carderock Division)에서 조선 기술자(Naval Architect)로 활동

황성혁 한국기계를 거쳐 현대중공업에서 선박 영업을 담당하였으며 현재 황화상사 대표. 대한조선학회 부회장을 역임하였으며 우암상 수상, 석탑산업훈장 수상, 진수회 회장 역임

황성혁

:: 하늘에서 흘러내리는 선율

시골에서 고등학교를 마치고 서울로 올라와 대학을 다닌다는 것은 만만한 일이 아니었다. 더욱이 영등포 문래동에 있는 외삼촌 공장과 서울을 기준으로 그 반대

편에 있는 신공덕을 하루에 오간다는 것은 여간 고단한 일이 아니었다. 영등포에서 기차를 타고 용산에서 바꿔 탄 뒤 신공덕까지 가는 길이 있었다. 시간은 많이 걸렸지만 가끔 앉을 자리도 찾았고 잠도 자고 책도 볼 수 있어 편하였다. 버스는 지옥 같았다. 콩나물시루였다. 신설동까지 와서 한 번 바꿔 타고 청량리까지 가서 긴 줄을 선 뒤 신공덕으로 들어가는 노선이었다. 오가는 데 얼마나 긴 시간이 걸리는지 잴 수도 없었다. 게다가 수업이 마음에 든 것도 아니었다. 친구도 많이 사귀지 못하였다.

입학하고 가장 고단하였던 대학생활의 첫해가 대학에 적을 두었던 7년 중 가장 달콤하였던 해로 기억하고 있다. 잔디밭에 누워 본관 시계탑에서 흘러나오는 고전음악을 듣던 추억 때문이다. 베토벤이 특히 좋았다. '텐 테너 아리아(Ten Tenor Aria)'와 이탈리아 칸초네(Italian Canzone)는 이 세상의 소리 같지 않았다. 저 하늘 위에서 가장 축복받은 사람들이 가장 순수한 마음으로 즐기다가 자비스럽게 슬그머니 지상으로 나누어 내리는 은총 같았다.

나는 푸른 하늘 아래 포근한 잔디밭에 누워 저 세상이 베푸는 달콤한 손길을 즐겼다. 도시락을 먹고 반쯤 졸면서 듣는 그 음악은 나의 마음 저 깊은 곳까지 헤집으며 나의 외로움을 어루만지고 어설픈 나의 꿈을 제법 형상화하여 이 세상을 살만한 곳으로 만들어 주었던 것이다.

고등학교 시절 문학을 한답시고 드나들던 음악실과 음악회의 덕을 본 셈이었다. 마산에서 선배들과 어울려 다니며 빠져 있던 음악과 음악 듣는 분위기가 나도 모르게 고전음악에 대한 친화력으로 마음 깊이 자리 잡았던 것이다. 그리고 신공덕으로 와서 하늘이 베풀어 주는 고전음악을 들으며, 신공덕은 점점 내 살갗에 밀착된 고향처럼 친밀한 곳으로 마음속에 자리 잡고 있었다. 지금도 야외 나들이 중 음질 좋은 스피커에서 고전음악이 흘러나오면 나는 차를 세우거나 발걸음을 멈추고 편안하게 자리 잡고 앉아 그 선율에 빠져든다. 신공덕의 시계탑에서 넉넉하게 베풀어주던 풍요로운 음악의 추억을 만끽하며 그 달콤하던 시절로 다가간다.

:: 신공덕 시대로의 진입

1958년 겨울은 무척 추웠다. 대학시험을 치러온 따뜻한 남쪽 시골 고등학교 졸업예정자에게, 서울 나들이는 춥고 불편하였다. 시험 치기 전날, 우리는 신공덕 공대 본관에 모여 약간의 주의사항과 안내를 받은 뒤 고향 선배들이 정해 놓은 하루 저녁 묵을 민박집으로 향하였다. 무수천을 따라 걸어 올라갔다. 그곳이 물이 없는 '無水川'이었는지 근심이 없는 '無愁川'이었는지 그때부터 알고 싶었으나 아직도 확인하지 못하고 있다. 물도 없이 얼어붙은 무수천을 따라 올라가 배정된 중계리 어느 집에 자리를 잡았다. 선배들의 하숙집이었다. 방학 때라 모두 귀향하고 방들이 비어 있었지만 하숙생들의 짐은 그대로 남아 있었다. 군불을 잔뜩 때어 방 안이 후끈거렸다. 게다가 그날은 푸짐한 밥상이 기다리고 있었다. 그 동네는 소 도축장으로 유명하였는데 마침 그날이 소 잡는 날이라 하였다. 불고기에 고깃국이 푸짐하게 나왔다. 방이 제법 커서 대여섯 명이 한방에 들었다. 등도 따뜻하고 배 속도 든든해서 편안하게 잠자리에 들 참이었다. 그때 내 옆에 누운 친구 머리맡에 놓여 있는 수학 문제집이 눈에 들어왔다. 경기고등학교의 모의시험 문제집이었다. 나는 그 친구에게 좀 볼 수 있겠느냐고 물었다. 그는 심드렁하니 그러라고 하였다. 나는 엎드려서 심심풀이 야담 읽듯 그 수학 문제집을 한 장 한 장 넘겼다. 대부분 한 번씩 풀어본 문제들이었다.

그런데 재미있는 문제가 하나 있었다. 아주 상식적인 문제이고 답도 바로 나오는 문제였다. 그 답이 색다르게 해석되어 있었다. 세 개의 경우로 나누어 각각 해답을 내놓았는데, 첫 번째 해법은 내가 잘 아는 직선적이고 상식적인 것이었다. 그런데 두 번째, 세 번째는 생각하지도 않았던 특별한 경우를 택해 해법을 찾았다. 어려운 것은 아니었지만 그런 방법도 있구나 하고 넘어갔다. 그리고 그럭저럭 잠이 잘 들었다.

놀랍게도, 정말 놀랍게도 그 문제가 다음날 수학 시험지에 올라 있었다. 나는 아주 쉽게 그 문제를 풀어서 해법 1, 해법 2, 해법 3으로 간결하게 답을 적어 내었다. 시험을 끝내고 분주한 중에 우연히 내 옆에서 잔 경기고 출신의 친구를 만나게 되었다. 고마운 생각에 그 문제를 풀었냐고 물었더니 그런 것도 모르냐는 듯이 해법 1을 설명하는 것이었다. 내가 해법 2와 해법 3은 어떻게 하였느냐고 물었다. 그는 김샌다는 듯이 그런 것은 고려할 대상도 되지 않는다며 휙 가버렸다. 그 문제는 그렇게 끝나지를 않았다. 면접 때 또 거론되었던 것이다. 면접관 중의 한 분이신 황종흘 교수가 그 문제를 어떻게 풀었냐고 물으셨다. 나는 그런 것쯤은 태어날 때부터 알고 있었다는 듯이 해법 1, 해법 2, 해법 3을 물 흐르듯이 설명하였다. 그때 『해석의 철저적 연구』, 『기하의 철저적 연구』란 입시 지도서를 펴내어 낙양의 지가를 올리고 계시던 황 교수는 '이놈 봐라' 하는 표정을 지으셨다.

입시 전날 잠들기 전 들춰 보았던 남의 입시 문제집, 시험이 끝난 뒤 그 문제집을 가지고 있던 친구와의 대화, 황종흘 교수와의 면접을 되돌아보면서 나는 확실히 신공덕과는 사주가 잘 맞아떨어질 것 같다는 생각을 하였고, 지금도 그 생각에는 변함이 없다.

:: 버스 속에서

대학 1학년 시절, 학교생활의 절반은 버스를 타는 것이었다. 영등포역 근처의 외삼촌 공장에서 버스를 타고 한 시간 넘게 신설동까지 갔다. 거기서 다시 버스로 청량리까지 갔고 긴 줄을 서서 기다린 뒤 신공덕으로 가는 시외버스를 탔다. 버스를 타고 학교를 가고 오는 데 하루에 네댓 시간을 소비하는 셈이었다. 꽉 찬 버스에 언제나 서서 흔들리며 다녔다. 그러다 보니 학교 간다는 것이 지겹고 피곤하였다. 명동 입구에서 혹시 문학하는 친구나 그 비슷한 뒷모습만 보여도, 아니 그냥 그들이 보고 싶으면 차에서 내려 명동의 돌체 다방으로, 종로의 르네상스 음악실로 가서는 하루 종일 소파 속에서 파묻혀 지냈다. 가끔 종로 5가에서 내려 문리대 국문과에 가서 친구 따라 '시학 강의'나 '소설 작법' 등 인기 있는 과목을 도강도 하였다. 그러니 학교 성적이 좋을 리 없었다. 서울의 양 끝단인 영등포와 신공덕을 다니는 생활을 1년 남짓 하였다. 곧 가정교사를 시작하였는데 그 짓도 버스 통학에서 벗어날 수 없었다.

1학년 가을, 어느 날이었다. 신공덕 종점에서 버스를 탔다. 다섯 시가 넘어 집으로 돌아가는 버스였다. 백 명도 더 탄 것 같았다. 문자 그대로 콩나물시루였다. 모두 공대생들이었지만 그중에 깡패 서너 명이 한가운데 섞여 있었다. 그들은 신공덕에 와서 막걸리를 몇 잔 걸친 것 같았다. 버스 가득히 탄 공대생들과 공대에 대해 드러내놓고 빈정거리고 있었다.

　"이게 서울공대라는 거야? 별것 아니구먼."

　"이 또라이들이 공대생들이라, 이거지? 조또 아닌 것들이."

　그 많은 공대생들이 모두 입을 다물고 있었다. 어깨들이 기고만장으로 거드럭거리는 동안 어느 구석에서인지 "거지발싸개 같은 자식들이……"라는 소리가 새어 나왔다. 서너 명의 어깨가 '마침 심심한데 잘 걸렸다'는 듯 그 소리를 낸 사람을 찾기 시작하였고 그 사람은 결국 버스 밖으로 도망을 쳤다. 어깨들은 그를 끝까지 쫓아가 구타하기 시작하였고 버스는 아무 일도 없었다는 듯이 떠났다. 나는 오랫동안 그날의 일을 가슴에 참을 수 없는 회한으로 담아놓고 있었다. 공대생들의 비겁함은 나의 학교에 대한 긍지도 흔들어 놓았다. 여기서 몇 년을 지내야 할 의미가 과연 있겠는가 하는 회의가 내 머리를 흔들어 놓았다. 나 스스로 아무 일도 하지 않고 방관하였다는 자책도 깊이 자리 잡고 있었다. 지금도 가끔 그날의 꿈을 꾼다. 한 줌도 안 되는 깡패들이 버스 가득한 못난이들 속을 헤집고 다니고, 내가 가로막겠다고 나서기는 하지만 사람들 틈에 끼여 안간힘만 쓰기도 하고, 그들의 머리를 받는다는 것이 내 머리가 그들의 이마에 미치지도 못하고 안경만 군중의 발치에 떨어져 당혹해하는 황당한 꿈들이다.

　청량리와 신공덕 중간쯤에 위치한 중랑교를 버스가 지날 때였다. "소매치기다!" 하는 비명이 들렸다. 아마 2학기 등록할 때쯤이었다고 기억한다. 등록금이나 한 달 생활비를 버스에서 소매치기 당하는 경우가 가끔 있었다. 지목된 소매치기가 버스 뒷문으로 움직이기 시작하였다. 당당하게 사람들을 밀어제치며 뒷문에 가까워지고 있었다. 누구 하나 잡는 사람도 없었다. 만원인 버스에서 손에 무거운 가방들을 들고 있어 모두 자기 호주머니 챙기기도 어려운 상황이었다. 소매치기가 뒷문에 가까워졌을 때였다. 나와 1학년 때 한반에서 수업을 듣던 친구가 그에게 다가서던 소매치기의 옆머리를 앞머리로 정확하게 들이받았다. 퍽 하고 통나무끼리 부딪치는 소리가 났다. 건축과인지 토목과인지 확실하게 기억나지 않지만 그 친구는 옷도 제일 깔끔하게 입고, 학교 앞의 당구장에서 살다시피 하던, 얼굴이 말끔한 조그맣고 가냘픈 친구였다. 소매치기가 소리를 지르기 시작하였다.

"너 이 새끼, 죽고 싶냐. 내가 누군지 알아?"

그는 아무 말 없이 다시 소매치기의 옆머리를 정확하게 들이받았다. 다시 박치기를 당한 소매치기의 머리가 흔들리기 시작하더니 코에서 피가 흐르기 시작하였다. 그는 돈을 회수하였고 버스가 파출소 앞에 멈춰서자 소매치기는 경찰에 인도되었다. 그는 그 모든 일을 마치 버스 타기 전부터 계획하고 있었다는 듯 깔끔하게 해치웠다. 시골뜨기인 나는 판에 박은 듯한 서울내기인 그와 친해질 기회가 없었지만, 그는 언제나 내게 영웅이었다. 그는 나를 쳐다볼 일도 없었지만, 나는 그가 먼발치에서라도 보이면 존경스러운 시선을 그에게서 뗄 수가 없었다. 그는 재벌회사의 사장까지 지냈던 것으로 신문에서 읽었다.

:: 기차 타기

가끔 기차도 탔다. 영등포에서 용산까지 와서 갈아타고는 서빙고, 청량리를 거쳐 신공덕에서 내렸다. 가끔 앉아갈 수도 있었고 책을 읽으며 갈 수도 있었다. 기차 길은 한강 수면으로부터 상당히 높이 설치되어 있었고 강 건너는 벌판이었다. 밭도 있고 과수원도 드넓게 펼쳐져 있었다. 거기만 지나가면 가슴이 탁 트이는 기분이었다. 드넓은 한강은 물이 적을 때는 바닥이 드러났다. 언젠가 홍수가 날 때 한강은 물론, 그 너머 과수원, 밭 할 것 없이 물에 덮여 망망대해였다. 어떤 친구는 봉은사까지 물에 잠겼다고도 하였다.

신공덕역은 산비탈을 깎아 세운 작은 협곡에 위치하고 있었다. 학교 건너편은 배밭이었다. 수업이 일찍 끝난 날에는 신공덕역 철길을 건너 배밭에 갔다. 단물이 온몸을 적시는 커다란 배 하나를 사서 깎고는 절개지 꼭대기에 앉아 천천히 아껴가며 조금씩 갉아 먹었다. 보통 한 시간 혹은 두 시간씩 앉아 있었다. 책도 읽고 〈불암산〉 교지에 실을 원고도 썼다. 거기 앉아 있으면서 나 같은 친구 몇을 사귀게 되었다. 아무 약속이 없어도 그들은 큰 배 하나를 깎아 들고는 내 옆으로 왔다. 그들과 글을 읽고 원고도 나눠 읽곤 하였다.

:: 배밭 이야기

신공덕에는 배밭이 많았다. '먹골 배'인데 옛날에는 임금님 진상품이라고 하였다. 달고 물이 많았다. 배의 수확에 일 년의 수입이 달려 있었기 때문에 동네에서 쏟는 정성이 이만저만이 아니었다. 배가 익기 시작하면 더 크게 신경을 써야 했다. 배 서리꾼들 때문이었다. 학생들은 감히 서리를 할 엄두도 내지 못하였지만 태릉에 있는 육사의 사병들이 한밤중에 차를 몰고 와서 배나무 아래 담요를 깔아놓고 배나무를 털어 익은 배를 통째로 담아 간다는 것이었다. 배가 익으면 동네는 비상이었다. 온 동네를 전깃줄로 연결하고 거기다 깡통들을 매달아 한 곳에서 흔들면 온 동네 사람들이 몽둥이를 들고 나오는 시스템이었다. 그래도 그들은 학생들에게는 후하였다. 주말에 친구들과 원두막에 가면 잘 익은 배를 아주 싸게 푸짐하게 나누어 주었다.

"니 토마토 서리 해 봤나?"

한 고향 선배가 물었다. 나는 고개를 저었다.

"배 서리는 나무를 흔들면 익은 배가 떨어지니까 문제 없지만, 밤에 토마토가 익었는지 안 익었는지 모르잖아?"

나는 고개를 끄덕였다.

"살살 만져보는 기라. 그래서 말랑말랑한 것만 따오면 되는 기라."

거기까지는 별것이 아니었다.

"그런데 말이다, 몇 명이 나가서 서리를 하다 보면 마지막 친구는 시퍼런 설익은 것만 따오는 기라. 와 그런지 아나?"

나는 고개를 저었다.

230

"세 사람만 만지고 나면 시퍼렇게 설익은 토마토도 말랑말랑해지는 기라."

그 선배가 얼마나 서리를 하였는지 모르지만, 내가 보기로는 그도 서리를 할 만한 배짱은 없어 보였고, 다른 사람에게서 주워듣고는 마치 자기 경험처럼 이야기하는 것 같았다.

:: 휴강 시간에

예나 지금이나 휴강은 반갑다. 아침 휴강은 우리를 시내 조조할인 영화관으로 몰고 갔다. 오후 휴강은 막걸리 파티로 유혹하였다. 어느 날 아침 휴강이었다. 박종명(61학번)과 느닷없이 백운대에 올라가자는 결정을 하였다. 망설이지 않고 오직 그 짓밖에 우리에게 남은 것은 아무것도 없다는 듯이, 부리나케 버스를 몇 번 갈아타고 우이동 종점으로 갔다. 거기서 마치 쫓기듯 산을 뛰어올랐다. 순식간에 올랐다. 인수봉을 건너다보며 요란을 떨기도 하고 또 얼마간 멀거니 앉아 있다가 뛰어내려왔다. 걸린 시간이 얼마나 됐는지 재어 보지 않았다. 그러나 우리는 그때 모든 친구에게 "올라가는 데 한 시간, 내려오는 데 40분 걸렸다"라고 말하였다.

3학년부터는 61학번과 같이 2년을 지냈다. 이재욱이 과대표를 맡았고 기라성 같은 인재들이 모여 있었다. 휴강만 되면 팝송들을 불렀다. 폴 앵커, 탐 존스, 엘비스 프레슬리, 팻 분 등 거장들이 역사적인 명곡들을 쏟아낼 때였다. 그 시절의 노래는 모두 문한규에게서 배웠다. 그는 악보를 인쇄해서 가져 오거나 칠판에 그려 놓고 가르쳤다. 신나게 배웠다. 문화방송 대학생 가요제에서 대상을 받았던 정관희도 한반이었다. 그때 그 휴강시간이 준 선물이 그처럼 위대한 것이었음을 지금 느낀다. 노래방에서 특히 외국인과 함께하는 자리는 언제나 내가 대장이다. 휴강시간에 내 친구들이 준 그 보석 같은 선물 덕택이다.

:: 치즈와 가루우유

1호관 옆문 입구에 가끔 공고문이 붙었다. '미국 대학기독교연합회'에서 보내오는 구제품 안내였다. 2리터짜리 깡통 가루우유와 그것만 한 크기의 치즈를 타러 오라는 내용이었다. 경상도 출신 자취생들은 '걸뱅이 행렬'이라고 불렀다. '거지 행렬'쯤으로 번역되는 풍경이었다. 제법 긴 줄을 서서 얻어 갔다. 가루우유는 6.25 동란 때 좀 얻어먹어 보았지만 치즈는 처음 보는 횡재였다. 빠듯한 예산으로 자취를 하다 보면 묵은쌀로 밥을 짓게 되는데 밥을 다 지어놓고 치즈 한 숟가락만 풀어 넣으면 묵은쌀이 햅쌀처럼 기름이 돌고 고소해졌다.

치즈는 곰팡이가 잘 피었다. 여름 장마 때는 잠깐 한눈만 팔아도 겉에 새파란 곰팡이가 피었다. 치즈를 싫어하거나 잘 모르는 사람들은 곰팡이 나기가 무섭게 쓰레기통에 갖다 버렸다. 눈썰미만 있으면 거의 손도 안 댄 치즈 한 통을 주워 와서는 곰팡이만 걷어내고는 야금야금 먹었다. 맛있었다.

:: **축구시합**

토요일 기숙사에 남아 축구팀을 짜는 친구들이야말로 별 볼 일 없는 놈들이다. 그런데 상당히 많은 친구들이 모인다. 몇 개의 과별 참여자들이 한 팀을 만든다. 한 팀의 선수는 스무 명이 넘는다. 시간이 지나면서 끼어드는 친구들이 많아 그 수가 늘어난다. 선수의 수는 제한이 없다. 가능한 한 양 팀이 비슷하면 된다. 시간도 제한이 없다. 한쪽이 항복할 때까지 하기로 정해져 있다. 그렇게 서너 시간 뛰고 나면 축구 스코어인지 농구 스코어인지 구분이 안 될 지경이 된다. 30:25 같은 스코어가 되는 것이다.

힘든 사람은 바깥에 나가 잠시 앉았다가 괜찮으면 또 들어온다. 그러다가 한쪽에서 "그만하자" 하면 끝나는 것이다. 그러고는 수영장으로 뛰어든다. 어느 날 관리인이 지키고 있다가 우리가 수영장에 들어가는 것을 막았다. 물도 새로 갈아 오랜만에 맑은 물이 그득 차 있었다. 산 너머, 그때 갓 문을 연 서울여대의 여학생들이 겁도 없이 공대로 수영하러 오곤 하였다. 그들은 수영복 차림으로 보란 듯이 요란스레 맨손체조를 하고는 물에 뛰어들었다.

수영장에 못 들어갈 바엔 축구를 좀 더 하자는 친구들도 있었지만 지쳐서 수영장 주변의 소나무 그늘에 앉거나 누워서 선녀들의 물놀이 구경을 하였다. 한 시간 동안 물속에서 풍덩거리던 이웃 여대생들이 떠나고 난 뒤 지친 축구선수들은 물로 뛰어들었다. 참 칭송받을 만한 신사들이었다.

:: 권투시합

기숙사의 겨울밤은 길다. 공부도 하고 바둑도 두고 기타도 치지만 그래도 무료한 밤은 길고도 길다. 어느 방의 주인이 권투장갑 두 컬레를 갖다 놓았다. 장갑 주인은 가끔 찾아오는 친구들과 옥상에 올라가 권투를 하곤 하였다. 나도 어느 날 한판 붙어 보았다. 연습용 큰 장갑이라 상처를 주거나 큰 고통을 주지는 않았다.

시작할 때는 실실 웃으면서 장난하듯 손을 툭툭 뻗는다. 그러나 차가운 겨울날 권투장갑이 슬쩍이라도 코를 스치면 당장 콧물이 샘솟는다. 눈가를 한 대 맞으면 얼굴이 눈물범벅으로 된다. 처음에 웃으며 시작하였던 놀이가 한두 대 얻어맞고 나면 심각해지고 요것 봐라 하며 약이 올라, 눈을 질끈 감고 있는 힘껏 팔을 휘두르게 된다. 권투를 제대로 하는 주인은 꼭 콧물 눈물 나오는 부분을 콕콕 쥐어박는다. 언제나 주인이 끝을 맺는다. 그것은 잘하는 짓이었다. 권투를 전혀 모르는 친구들끼리 붙여 놓으면 나중에 골목 싸움처럼 되어 서로 원수가 되기 꼭 알맞기 때문이었다.

:: 기계 제도실에서의 콘서트

1958년 가을, 1학년 2학기 때의 일이라 기억한다. 기계 제도 숙제는 제출해야겠는데 도무지 시간이 나지 않았다. 일요일 하루를 떼내어 숙제를 마치기로 작정을 하였다. 화학실험에 충분히 출석을 하지 못해 학점 나오기가 어려웠고 수학 학점도 바닥에서 맴돌고 있어 기계 제도까지 제대로 해내지 못하면 1학년 성적이 엉망진창이 될 것이 확실하였다. 아침 일찍 관련 책들과 자료를 챙겨서 버스를 여러 번 갈아타고 신공덕으로 나와 5호관에 있는 기계 제도실에 들어섰다. 열 시가 넘었다. 넓은 제도실에는 벌써 한 친구가 나와 있었다. 금속과인지, 기계과인지 기억나지 않지만 다리를 저는 키가 작은 친구였다. 그도 막 준비를 하고 있던 참이었다. 우리는 제도실에서 거의 대각선 방향의 모퉁이에 자리 잡고 아주 멀찍이 떨어져서 제도를 시작하였다. 하루 열심히 하면 끝낼 수 있으리라 예상하였다.

제도를 시작하면서 나도 모르게 휘파람을 불기 시작하였다. 모차르트의 '작은 밤의 음악(Eine Kleine Nacht Musik)'이었다. 휘파람을 불며 제도에 몰두해 있는 내 귀에 다른 휘파람 소리가 들려오기 시작하였다. 그 친구가 같은 곡을 휘파람으로 맞추고 있었던 것이다. 모차르트가 끝나고 베버의 '무도에의 권유(Aufforderung zum Tanz)'가 이어지고 베토벤의 '운명'으로 계속되었다. 온갖 클래식 소품들과 교향곡 주제음악들이 나왔다. 그 친구와 나의 음악 취향이 같았던 듯싶다. 한쪽에서 시작하면 어김없이 다른 쪽이 따랐다. 우리 휘파람은 바이올린도 되고 피아노도 되고 트럼펫도 되었다. 온갖 오페라 아리아도 흘러나왔다. 한참 불고 나자 볼이 아프고 턱이 얼얼하였지만 누가 오래 계속할 수 있나 내기 하는 사람들처럼 그치지를 않았다. 세상에 나서 그렇게 재미있는 콘서트는 처음이었다. 그렇게 신나게 기계 제도를 한 것도 처음이었다. 제도실이 참 아늑하다는 것도 처음 알았다. 제도는 마음에 들었고 생각보다 훨씬 일찍, 오후 세 시쯤 끝났다. 그러나 일어서기가 싫었다. 콘서트를 끝내기가 아쉬웠던 것이다. 그 친구 쪽을 건너다보았다. 그 친구도 거의 끝난 것 같았다. 책상을 대충 정리해 놓고 그 친구에게로 건너갔다.

"와, 다 끝났구나."

"오늘 정말 재미있었다."

그는 서울말을 하였다. 싸가지고 간 도시락은 손도 대지 않고 다시 가져왔다. 콘서트에 빠져 배고픈 줄도 몰랐다. 그 뒤 우리는 학교에서 가끔 만났지만 그도 나처럼 약간 수줍었고 또 늘 바빴다. 그저 웃으며 지나쳤고 한번도 다시 이야기 나눌 기회가 없었다. 그와 좀 더 친해질 수 있었는데 하는 아쉬움이 가슴에 남았다.

:: **연꽃 터지는 소리**

여름, 어느 날 아침이었다. 푸석한 얼굴과 흐리멍덩한 상태로 나는 시집 한 권을 들고 좁은 기숙사 방에서 나와 3호관 앞 연못으로 갔다. 어지러운 머리를 시 몇

줄로 풀어 볼까 하였다. 연못 부근에는 아무도 없었고 내가 앉은 작은 나무 그늘이 아늑하였다. 별 관심 없이 지나치던 특징이 없는 연못이었다. 나는 다리를 뻗고 시집을 펼쳤다. 기분 좋은 아침이었다.

그때 아주 신비로운 소리가 들려왔다. 들릴 듯 말 듯한 부드러운 소리였다. 버엉 하는 소리였다. 물속에서 떠오른 공기방울이 터지는 소린가 하였다. 아니었다. 콘트라베이스의 가장 굵은 현을 가볍게 퉁기는 소리 같았다. 주위를 둘러보았으나 그런 소리를 낼 만한 것이 없었다.

그런데 내 발밑 연못가에서 이제 막 벌어진 분홍색 큼직한 연꽃 한 송이가 말끔한 모습으로 나를 건너다보고 있었다. 청결하고 순수하면서도, 아직 잠에서 덜 깬 내 눈을 번쩍 뜨게 하는 찬란한 색깔이었다. 연꽃이 필 때 소리가 난다고 했다. 저녁에 오므라들어 밤새 내공을 쌓았다가 햇살이 퍼지면 벌어지는데 그때 소리가 난다는 말을 언젠가 절에서 들은 적이 있었다. 꽃봉오리 속의 몸과 마음을 완벽하게 비웠다가 아침이 오면 바깥의 기압을 맞아들이는 소리라고 하였다. 그러나 그처럼 신비로운 음향이라고는, 그리고 그 소리가 그처럼 아름다운 색깔을 잉태하리라고는 상상도 하지 못하였다. 신공덕이 내게 준 너무나도 선명한 추억 중의 하나이다.

14회 졸업생(1959년 입학) 이야기

김효철

:: 꿈을 함께하며 입학한 학우들

우리는 단기 4292년, 즉 서기 1959년 봄 서울대학교 공과대학 조항과의 신입생으로 입학하였다. 동숭동 캠퍼스 운동장에서 서울대학교 전체 신입생을 대상으로 입학식이 거행되었는데 입학식에 배포된 1959년 3월 13일자 〈대학신문〉에는 신입생 명단이 등재되어 있었다. 조항과의 입학자 명단이 등재된 부분을 스캔하면 다음에서 보는 바와 같은 25인의 이름을 찾아볼 수 있다.

1959년 3월 13일자 〈대학신문〉에 등재된 신입생 명단

尹孝淵 洪剛勳 金鎭英 金石基 金曉哲
鄭春吉 元好寧 金益東 金興泰 明敬鉉
裵光俊 姜泰甲 崔相赫 咸元國 權寧顯
姜秀康 郭寅雄 盧五鉉 宋文憲 黃晉柱
鄭信淳 蔡奎平 李京東 裵文漢 徐基鎬
(洪剛勳은 졸업 후 洪碩義로 개명하였음)

:: 입학 후 모임의 기회

공과대학 조선항공학과의 신입생이 되었으나 공과대학 신입생 전원을 대상으로 학과 구분 없이 분반하여 교양과정으로 교육이 이루어졌다. 따라서 대학에 입학하기에 앞서 기대하던 전공교육이 아니라 고등학교 교육의 연장과 같은 교육이 이루어진다고 생각하였을 뿐이었고, 조선항공학과로서의 소속감을 형성하지 못하였다. 다만 항공공학을 담당하시던 황영모 교수가 학장 재직기간 중 서거하여 1호

관 앞에서 학교장으로 장례를 치를 때 참석하였던 일, 그리고 학생회 간부들이 신입생을 모아놓고 서울대학교 종합체육대회에 참석하기 위하여 교가와 학가를 가르치고 응원연습을 시켰던 것이 신입생들의 공과대학 학생이라는 소속감과 일체감을 키우는 데 큰 역할을 하였다. 정리하자면 조선항공학과에 신입생으로 입학은 하였으나 1학년 과정을 거치는 동안 공과대학 학생으로 성숙되었을 뿐, 조선항공학과의 신입생이기보다는 진입 예정자였다.

:: 함께 모인 조선항공 가족

분반하여 수업받던 1학년을 마치고 처음으로 전공자들이 함께한 1960년 2학년 1학기에 송문헌(宋文憲), 배문한(裵文漢) 두 사람은 교실에 나타나지 않았으므로 이 두 사람은 자퇴하였다고 추측한다. 하지만 이들 중 적어도 한 사람은 한국의 조선산업의 발전을 보며 뒤늦게 자신의 결정이 잘못되었다고 생각하고 있다는 것을 우연하게 학교 재직기간 중에 들어서 확인하였다. 그리고 4.19라는 격동기를 거치며 한 학기를 지났을 때 명경현(明敬鉉)이 경제적 사정으로 학업을 계속하지 못하게 되었다.

후일 명경현은 석유화학공장에 공원으로 취업하여 능력을 인정받았다. 하지만 본인이 서울대학교 공대 조항과에 입학하였으나 학업을 포기하였다고 말한 것이 문제가 되었다. 공과대학에 명경현과 함께 입학하였으나 교우관계가 없었던 동기들이 뒤늦게 회사에 취업하여 사실무근이라 주장하여 신뢰할 수 없는 사람으로 내몰리는 일이 발생하였다. 그 사건으로 명경현은 회사를 떠났고, 뒤늦게 사실이 확인되었을 때에는 이미 연락이 끊긴 후였다.

:: 우정의 시작

서울역에서 경기도 양주군 노해면 공덕리에 소재한 신공덕역까지 화차를 개조한 통근통학 열차를 이용하여야 했기에 교실에서 벗어나면 서로 마음을 열고 이야기할 시간이 넉넉하지 않았다. 학교가 서울시의 경계에서 벗어나 있어 4.19라는 격동기에 대학생 신분이었음에도 학생운동을 통한 인연도 다질 기회가 없었다. 간혹 강의실을 벗어나 솔밭에서 막걸리를 나누던 일 등으로, 학문의 폭을 넓히기보다는 우의를 넓혀 갈 수 있었기에 이때의 한 해는 대학에서 처음 만난 친구들이 평생의 친구로 바뀔 수 있었던 뜻깊은 한 해가 되었다. 특히 마음이 모일 수 있었던 계기로 작용한 사건으로는 조선 전공자를 위하여 해군 ROTC 제도를 개설하라는 요구 조건을 내걸고 권중돈(權仲敦) 국방장관 사저를 급습 점거하고 농성하였던 일을 들 수 있다. 그리고 또 다르게는 불암제에서 학생 수가 많은 학과와 겨루어 소수의 힘을 보이려고 선후배 가리지 않고 마음을 함께하던 일들이 우리의 마음과 마음을 붙들어 매는 역할을 하였다고 생각한다.

:: 조항과의 투혼을 기르다

당시 공과대학 학생회는 학생 수가 많은 학과가 우승을 차지하고 학생 수가 적은 학과는 지속적으로 좋은 성적을 낼 수 없어 축제에 관심을 잃어가는 것을 해결하는 방안으로 학생 수가 많은 학과를 A군으로 하고 학생 수가 적은 학과를 B군으로 분류하여, 각 군에서 경기를 치러 그 군의 우승을 결정하는 방식을 심각히 고려하기도 하였다. B군 학과에 속하는 조항과 학생들이 각종 경기에 집단으로 "아무래도 조선과가 No. 1이다. 그래서 다른 과가 기가 죽는다!"는 응원가를 함께 반복하여 외치던 소리가 지금도 귓전에 아련히 들려온다.

마라톤에 출전하는 선수들을 응원하기 위하여 출전하지 않은 학우들이 물주전자를 들고 반환점인 휘경동 한독약품에서부터 학교까지 요소요소에 배치되었으며 이들이 물주전자를 들고 선수와 함께 뛰며 응원하던 모습이 지금도 눈에 아른거린다. 이러한 우리의 노력이 빛을 보았는지 1959년에 입학한 우리 동기는 투혼을 불사르며 참여한 불암제에서 소수는 결코 다수와 대등한 경기를 치를 수 없을 것이라고 생각하던 학생회의 우려를 불식시키고 당당한 우승을 졸업 전에 맛보았으며 그 전통이 후배들에게 이어졌다.

238

:: 짧은 만남과 창우회의 탄생

1961년 봄 학기에 22명이 3학년으로 진급하였으며 해군 장교 위탁교육생 김정식(金正植)이 편입함에 따라서 창해(蒼海)에 꿈을 품은 조선 전공 16명(권영현, 김석기, 김익동, 김정식, 김효철, 김흥태, 배광준, 서기호, 윤효연, 정신순, 정춘길, 채규평, 최상혁, 함원국, 홍강훈, 황진주)과 창공(蒼空)에 뜻을 둔 항공 전공 7명(강수강姜秀康, 강태갑姜泰甲, 곽인웅郭寅雄, 김진영金鎭英, 노오현盧五鉉, 원호영元好寧, 이경동李京東)이 각자 전공의 길에 들어서게 되었다. 후일 서기호(徐基鎬) 회원이 1961년 한 해 동안의 짧은 만남이었으나 꿈과 뜻을 푸른 바다와 푸른 하늘에 두었기에 만난 인연임을 되새기면서 모임을 '창우회(蒼友會)'로 하자는 제안에 모두가 공감하여 1959년에 입학한 우리의 모임을 창우회로 정하게 되었다. 이제 우리가 한교실에서 함께 수학하던 공릉동에서의 대학생활로 시작한 만남이 졸업 50년을 넘기었으니 '蒼(푸르다, 우거지다, 무성하다, 늙다)'이라는 글자가 가지는 네 가지 뜻에 모두 어우러지는 모임이 되었음을 생각하니 매우 감회가 새롭다.

:: 공릉동에서 창우회원들이 얻은 수많은 친우

되돌아보면 전공이라는 장벽으로 가르지 않고 지낸 1959년은 공학의 세계를 함께 열어나갈 59학번 입학 동기 모두가 가까운 벗으로 연결되어 활기찬 생명력을 얻은 한 해였다고 생각한다. 1960년은 창우회가 1959년에 입학한 공대 동기회라는 배양토에 뿌리내리고, 우리의 뜻을 펼칠 영역을 심해에서부터 우주에 이르도록 무한광대하게 설정한 해라고 생각한다.

1961년 조항과 3학년에 진급하면서 창공과 창해로 꿈과 뜻을 펼칠 전공 영역이 나뉘었으며 1962년 연말까지 각자의 전공 분야에서 지식을 쌓아가게 되었다. 이 시기는 4.19 학생의거 이후의 격동기와 5.16 군사혁명으로 이어져 사회적인 안정이 이루어지지 못한 시기였다. 병역제도로 ROTC 제도가 새롭게 실시되기 시작하였으며 대학생들에게 인기 있던 학적 보유병 제도는 폐지하기로 확정되어 있었다. 과도적으로 운영되던 학적 보유병 제도의 종료 전이었기에 학기마다 휴학과 복학이 이어져 매학기 교실의 구성이 바뀜에 따라 새로운 친구들을 얻게 되었다.

:: 끊어지지 않는 우정의 줄

1961년 봄 학기에 들어서면서 1959년에 입학한 동기생 가운데 16명은 조선 전공을 선택하였고 7명은 항공 전공을 선택하였다. 전공이 나뉘고 병역과 각자의 신상문제로 수학기간이 바뀌었음에도 친우들의 우정이 더욱 깊어진 이유는 창우회를 붙들어주는 보이지 않는 끈이 있기 때문이라 생각한다. 복학한 선배들이 후배들과 함께하면서 학창생활은 몇 가닥의 짚으로 새끼를 꼬듯 선후배가 자연스럽게 뒤섞였으며, 조선과 항공은 이질적으로 보이지만 창우라는 동질적인 요소를 가지고 있었기에 끊어지지 않는 튼튼한 끈으로 꼬아지게 되었다고 생각한다.

학과의 입학 정원과 졸업생 수는 시기에 따라서 변동되었는데 창우회와 직간접으로 영향이 있는 1956년부터 1970년까지 다음과 같이 변동되었다. 대학의 공식 학적기록과 진수회와 항공공학과의 회원 명부를 참고하였고, 당시의 혼란 상황이 잘 나타나 있다.

연도	입학 정원	졸업생 수	연도	입학 정원	졸업생 수	연도	입학 정원	졸업생 수
1956	25	13〈21〉(4)	1961	25	2〈20〉(9)	1966	10+10	7〈14〉(7)
1957	25	14〈12〉(9)	1962	20	18〈4〉(4)	1967	10+10	13〈6〉(5)
1958	25	8〈15〉(8)	1963	20	31〈19〉(9)	1968	20	12〈14〉(5)
1959	25	15〈7〉(7)	1964	10+10	26〈29〉(7)	1969	20	15〈10〉(7)
1960	25	20〈19〉(4)	1965	10+10	16〈19〉(7)	1970	20	15〈15〉(6)

1. 1946~1961년에는 조항과의 입학 정원(조선 전공+항공 전공)이 25명으로 유지되었다.
2. 1962~1963년에는 조항과의 입학 정원(조선 전공+항공 전공)이 20명으로 감축되었다.
3. 1964~1967년에는 조항과의 입학 정원(조선 전공+항공 전공)이 각 10명씩으로 구분되었다.
4. 1968년부터 조선공학과와 항공공학과로 학과가 분리되었으며 입학 정원은 수시로 변동되었다.
5. 졸업생 수는 병역제도의 변동 등의 요인으로 수시로 변동되었다. 첫 번째에 표기된 숫자는 공식 학적기록에 나타난 해당 연도 졸업자 중 조선공학 전공자의 숫자이며 〈 〉안의 숫자는 진수회 회원 명부에 수록된 해당 연도 졸업 조선공학 전공자의 숫자이고, ( ) 안의 숫자는 항공공학과의 졸업자 명단 중 해당 연도 졸업 항공공학 전공자의 숫자이다.

또한 동기들도 흩어져 1963년 권영현, 김익동, 김정식, 정신순, 최상혁, 함원국, 홍석의, 황진주 등 8명의 동기가 1956년에 입학한 민철기·이재위·장두익, 1957년에 입학한 김계주·김일곤·이재겸, 1958년에 입학한 김진영·안시영·유동성 등과 뒤섞여 졸업하였으며, 1964년 졸업자에는 김석기·김효철·서기호·채규평 등 4명의 동기가 1956년에 입학한 이창우, 1958년에 입학한 구창룡·김천주·박광현·박장영·이종훈·이철근·임석균·정규황·최영수·홍영석 그리고 1960년에 입학한 김영치·김일두·문장출·박길규·안정희·염삼일·오봉희·왕영남·윤종혁·이민·임종혁·전상룡·정종현·최병선 등이 뒤섞여 함께 졸업하였다. 1965년에는 김홍태·배광준·윤효연·정춘길 등의 4명의 동기가 1958년에 입학한 황성혁, 1960년에 입학한 조정형·홍종규 그리고 1961년에 입학한 김기준·김명린·김정제·김효·문한규·민계식·서상원·엄도재·옥기협·이상기·이세중·이재욱·이진섭·장기일·장석·정정웅·조정호·주동명 등이 함께 졸업하였다.

이와 같이 선후배가 뒤섞여 함께 어우러졌을 뿐 아니라 이에 더하여 졸업은 함께하지 않았으되 강의실, 실험실, 운동장, 축제현장 등에서 함께하였던 선배들을 포함하면 재학기간 중 7~8년 사이의 선후배가 함께한 셈이었다. 그렇기에 우리 모두는 끊어지지 않는 튼튼한 정으로 엮여 있다고 생각한다.

:: 졸업 후의 활동

권영현 평소 글쓰기를 즐겨 시와 수필을 썼던 것으로 기억하며 졸업 후 대한조선공사에 취직하였다. 얼마 되지 않아 부인이 백혈병으로 세상을 뜨자 몹시 낙담하여 지내다 미국으로 떠났고 미국에서 고영회 선배가 계시던 NBC(National Bulk Carrier)에 취업하였으며 미국 시민이 되었다. 1970년 11월 대한조선공사는 걸프(Gulf) 사로부터 석유제품 운반선을 수주함으로써 우리나라 조선의 현대화가 시작되는 전기를 마련하였는데 미국에 자리 잡고 있던 고영회, 석인영, 권영현, 김기준 등이 현지에서 입찰에 필요한 설계도서를 마련하여 비로소 수주의 기회를 잡을 수 있었던 것으로 알려져 있다. 권영현은 1990년대에 셰브론 오일(Shevron oil)로 자리를 옮겼으며 지금도 한국 조선소들과의 업무 연계를 가지고 조선 기술자로 활동하고 있다.

김석기 졸업 후 한국기계를 거쳐 한영화학에서 플랜트 관리를 책임져 왔으며, 업무의 범위가 확대되어 울산석유화학공단의 모든 시설의 관리를 담당할 만큼 발전을 이룩하였다. 이를 계기로 울산석유화학공단의 관리와 운영을 담당하는 시설을 불하받아 대경기계기술을 설립하였다. 대경기계기술은 상장회사로 크게 발전하였으나 경제 위기를 맞아 문을 닫게 되어 김석기는 현재 미국에 거주하고 있다.

김익동 졸업 후 대우에서 열교환기, 보일러 등의 사업 부서를 담당하며 선박용 원동기 분야에 큰 업적을 남겼으나 갑작스러운 신병으로 일찍 작고하였다.

김정식 해군 장교 위탁교육생으로 편입하여 진수회 회원이 되었다. 졸업 후 대학원에 진학하여 선박의 난류촉진 방법으로 석사학위를 취득하였으며 국방과학연구소에서 함정 기술 개발과 관련하여 많은 업적을 남겼으나 과로로 순직하였다.

김효철 대학원에서 석사 과정을 마치고 탄광에 취업하여 광산 기계 설계 업무를 담당하였다. 모교의 유급 조교로 발령을 받아 대학에서의 근무를 시작하였다. 전임강사, 조교수, 부교수, 교수를 거치며 모교에서 38년을 근속하고 퇴임하여 현재 명예교수가 되었다. 재직기간 중 용접공학으로 박사학위를 취득하였으며 주요 업적으로는 도서 편찬 19건, 학술 논문 발표 237편, 기술보고서 61건, 특허출원 및 등록 19건이 있다. 박사학위 10명, 석사학위 45명을 배출하였으며 대학에 재직하는 기간 중 9차례에 걸쳐 각종 국제회의를 유치하고 조직, 개최하여 한국 조선기술을 국제사회에 알리는 노력을 하였다. 대한조선학회의 회지 발간 시점에서부터 봉사하였으며 학회 회장으로 재직하는 동안 학회의 큰 발전을 이루었다. 학회로부터 공로상, 학술상, 논문상, STX 학술상, 우암상 등을 받았으며 퇴임에 임하여서는 녹조근정훈장을 받았다. 정년 퇴직 후에는 우수도서 저술로 과학기술부 장관상을 받았으며 산업기술협회의 테크노 닥터로 선임되어 중소기업에 대한 기술지원 활동을 지속하고 있다.

김흥태 졸업 후 병역을 필하고 ㈜한국베어링에 취업하였으며 퇴임 후 ㈜제우산업을 창업하고 대표이사로 활동하고 있다.

배광준 석사학위를 마친 후 대한해운공사에 취업하였으나 미국 버클리 대학에 유학하여 학위를 마치고 MIT에서 교수로 봉직하였으며 미국해군연구소의 연구원으로 근무하였다. 배광준은 당시 구조해석 분야에 적용되기 시작하였던 유한요소 해석법을 선박유체역학 분야에 최초로 도입한 개척자이다. 유체영역에서의 유한요소 해석법을 다루는 연구는 실질적으로 선박유체역학을 전산 선박유체역학으로 발전시키는 길을 연 획기적인 공로를 세운 것으로, 미국해군연구소는 이 기술을 활용하기 위하여 배 교수를 유치하였으며 재임 중 두 차례에 걸쳐 수상하였다. 1979년에는 미국해군연구소의 지원으로 의장이 되어 선박의 조파저항을 전산화하는 문제를 다루는 국제회의를 조직하고 성공적으로 개최함으로써 전산유체역학이라는 새로운 분야를 열었다. 이후 귀국하여 서울대학교에 근무하면서 비선형 자유 수면에 관한 유한요소 해석으로 저술활동을 하였으며, 국내외에 107편의 논문을 발표하였고 10편의 보고서를 제출한 바 있다. 배광준의 논문은 선체운동론, 선박의 조파저항, 수중익의 양력문제에서 탁월한 업적을 이루었다. 1992년에는 제19차 선박유체역학 심포지엄을 조직, 개최하였으며 한일 유체역학 회의를 조직, 개최하기도 하였다. 대한조선학회 산하의 선박유체역학 연구회를 오래도록 이끌었으며 2003년 국제 수치 선박유체역학회의를 조직, 개최함으로써 한국의 위상을 드높인 바 있다. 응용역학학회를 창립하여 회장을 역임하였으며 대한조선학회로부터 3차례의 논문상과 학술상 그리고 STX 학술상을 수상하였다. 2006년 2월 말 서울대학에서 정년 퇴임하였다.

서기호 졸업 후 ㈜미원산업에 취업하였으며 각종 설비의 관리 책임을 맡았으나 사임하고 설비업을 창업하여 상당 기간 운영하였다. 건강상의 어려움으로 장기간 신병 치료를 하였으며 현재 자영업을 운영하고 있다. 동기회와 관련하여 남다른 애정을 가지고 창우회를 이끌고 있다.

윤효연 졸업 후 상공부에 취업하였으나 가족과 함께 미국으로 이주하였다. 미국에서 학업을 지속하는 한편, 국내에서 익힌 용접기술로 학비를 마련하였는데 남다른 재능을 인정받아 빠르게 승진하여 학업을 포기하였다. 당시 미국에서 원자력 관련 용접기준을 새로이 마련하려고 준비하는 과정에서 실무와 이론을 함께 아는 기술자로 인정받아 원자력 관련 기술표준제정에 실무자로 참여하여 미국 원자력 압력용기 용접작업표준제정의 주역이 되었다. 우리나라의 원자로 관련 용접시공을 지도하기 위하여 수차례 한국을 다녀갔으나 현재는 미국 서부 지역에 거주한다는 것 이외의 소식은 듣지 못하고 있다.

정신순 졸업 후 한국기계공업㈜에 취업하여 기계 설계 업무를 담당하였으며, 현대중공업이 시작되면서 조선산업 분야에 몸을 담게 되었다. 현대조선 건설 초기에 건조 도크 주위에 골리앗 크레인의 설치를 담당하는 등 조선소 건설에 많은 공을 세웠다. 여러 부서를 거치면서 임원으로 현대엔진 사업부에 근무하였으며 격심한 노사분쟁을 거치는 과정에서 핵심부서인 선박용 엔진의 메탈베어링 사업 부서를 분사하여 ㈜신아정기를 설립하였다. 이 회사는 단순히 현대중공업 엔진사업 부서의 부품을 제조하고 공급하는 회사가 아니라 국내의 두산중공업과 STX에도 선박용 엔진을 공급하고 있다. 전 세계 공급량의 60퍼센트를 감당하고 있는 국내 선박 엔진 가운데 현재 이 분야에서 세계 제일의 지위를 차지하고 있으며 중국에도 자회사를 운영한 바 있다.

정춘길 대학을 졸업하고 ㈜충주비료에 취업하였으며 오래도록 근무하다 퇴임하여 ㈜아세아 엔지니어링을 설립하고 운영하면서 종업원 150명의 중견업체로 발전하였다. 경제위기에서 벗어나지 못하여 현재는 사업을 정리하였다.

최상혁 졸업 후 해군 장교로 병역을 마치고 코리아타코마에 취업하여 고속선 개발에 참여하여 많은 공적을 세웠다. 재직 중 개발한 한국형 고속정은 우리 해군에 공급한 최초의 국산 함정이 되었으며 동시에 해외로 수출한 최초의 30노트 이상의 함정이 되었다. 신병을 얻어 일찍 친구들 곁을 떠났다.

채규평 졸업 후 ㈜충주비료에 취업하였으며 ㈜남해화학으로 직장을 옮긴 뒤 임원으로 퇴임하기까지 근무하였다. 퇴임 후 ㈜우신인터내셔널을 설립, 운영하였으며 현재는 정리하고 퇴임하였다.

함원국 졸업 후 대한조선공사에 취업하였으며 울산의 동해조선 등을 거쳐 울산대학으로 자리를 옮겨 선박의 건조 및 생산과 관련된 분야의 교육을 담당하면서 많은 후진을 양성하였다. 현재 울산대학의 명예교수로 있으며 퇴임한 지 8년이 지난 지금에도 경남 진주의 국제대학에서 강의를 맡고 있다.

홍석의 재학 중 ROTC 1기로 임관하여 육군 항공대에서 병역을 필하였으며 전역 후 현대자동차에 취업하였다. 현대중공업이 설립되어 조선사업에 발을 들여놓자 그룹 차원에서 조선소로 자연스럽게 전출되었다. 조선소 설립 초기에 자재 수급의 책임을 지고 일본 지사에 근무하였다. 울산조선소로 돌아와 현대중공업을 실질적으로 세계 제1의 지위로 이끈 주역이 되었다. 현대중공업 부사장, 현대미포조선 사장, 인천조선(현 현대삼호조선) 사장을 역임하며 우리나라 조선산업을 세계의 선도산업으로 이끈 주역이 되었다. 특히 현대중공업에서 조선사업부를 이끌던 당시에는 한국 선형시험수조 시설들의 국제선형시험수조회의(ITTC)에서의 활동을 지원하였으며 대한조선학회의 재정자립 방안을 지원함으로써 대한조선학회가 국제적 활동에 나설 수 있는 길을 열었다. 대한조선학회에서는 홍석의가 우리나라 조선산업을 세계 제1의 지위로 이끌었고 산학 협력을 통하여 학술활동을 발전시킨 공로를 인정하여 대한조선학회 원로회원으로 추대하였다.

황진주 졸업과 동시 미국으로 유학하였으며 현재 미국에 영주하고 있다.

15회 졸업생(1960년 입학) 이야기

김일두

진수회(進水會) 70년사에 기록될 1960년 입학 동기들의 얘기를 써야 할 사람은 살아생전 부지런히 동기 모임을 챙겨주고 선친(농민문학가 이무영)의 피를 이어받아 문장력도 뛰어났던 진수회원인 이민(李民, 전 삼성중공업 부사장) 동문일 테지만 그가 하늘나라에서 배를 급히 만들 일이 생겼는지 7년 전 갑자기 우리 곁을 떠났기에 내가 그 일을 대신 맡는다.

우리 동기들 가운데 절반가량이 조선과 해운업에 종사하여 전공을 살렸지만 나를 비롯하여 많은 친구가 제조업 분야에 입사하여 석유화학, 섬유, 자동차 등 1960~1970년대 정부의 산업화 정책에 발맞추어 그 기초를 닦는 데 기여하였다.

글을 쓰는 나도 화학섬유산업 분야에 종사하였기에 조선이라고는 대학시절 대한조선공사에서 여름방학 동안 김태섭 선배님 밑에서 실습한 것이 처음이자 마지막이기에 조선에 관련한 얘기를 할 입장이 못 된다. 생각다 못해 학창시절의 추억을 정리하는 것도 의미가 있으리라 생각하여 타임머신을 타고 반세기 전 태릉(泰陵)으로 달려간다.

먼저 공대 체육대회의 추억을 잊을 수 없다. 다른 과에 비해 인원 수도 반밖에 안 되는 전력으로 2학년 때부터 졸업할 때까지 불암산을 왕복하는 건보, 중랑교까지 왕복 마라톤, 단거리 달리기, 줄다리기 및 야구 등 각종 구기를 포함한 체육대회에서 3년 연속 종합우승을 다른 과에서 넘보지 못하도록 한 비결을, 정확히 반세기 지난 지금은 비밀이 해제되었으니 공개하고자 한다.

다른 과에 비해 적은 정원이라 적극적인 참여가 필수적이라고 판단하여 털보(최병선, 현 남성예선南星曳船 회장)가 4학년 선배를 포함한 전체 조항과에 띄우는 격문(檄文)을 쓰기로 하였다. 하여 최치원의 '토황소격문(討黃巢檄文)'은 못 되지만 내가 글을 쓰고 둘이서 등사원지에 철필로 글씨를 써서 등사원판을 만들어 등사하여 격문을 돌리니 알렉산더 대왕이 3배 병력의 적군을 무찌른 전사(戰史)가 한국 태릉에서 재현된다.

줄다리기에서는 공학(工學) 원리를 이용하여 미끄럼 마찰계수를 최대화하는 방법으로 각자 주머니에 나무젓가락 등을 호주머니에 몰래 넣어 두었다가 시합 전에 발밑을 파서 버팀목을 만든 데다, 모멘트는 질량에 비례하니 무게를 늘리기 위해 제도실에서 실례한 주물 웨이트를 몸 안에 숨기고 줄다리기를 하니 백전백승(百戰百勝)이다.

더구나 마라톤 2시간대 기록 보유자인 민계식(閔季植, 전 현대중공업 회장) 동문이 마라톤에서부터 건보와 단거리를 석권하니 주마가편 격이다. 지금도 잊히지 않는 것이 태릉~중랑교 왕복 마라톤에서 헉헉대며 달리는 다른 과 선수들에게 보란 듯이 이민 동문이 제작한 조항과기(造航科旗, 아래 사진 참조)를 들고 개선장군처럼 달리던 모습이 눈에 선하다. 덕분에 조항과 악바리라는 별명을 얻었지만 지금도 60학번 여러 과 동창들이 모이면 자칫 물릴까 봐 섣불리 우리를 건드리지 못한다.

대학 4학년 여름방학 때 한강 덕소에서 캠핑할 때의 얘기이다. 학보병(학적 보유병)으로 안 간 친구들 대부분은 처음 생긴 ROTC 학군에 지원하여 3학년 여름방학

조항과 깃발 : 옛 깃발을 분실하여 2004년에 다시 만듦

기간 동안 수색 예비사단에서 군사훈련을 받던 중에 생긴 사타구니 습진으로 마치 성병 걸린 자들처럼 어기적거리며 걸어야 할 정도로 고생을 하였다. 여름철 심한 군사훈련으로 흘린 땀을 씻을 목욕 설비는커녕 물도 없어 1주일에 한 번 일요일에 트럭을 타고 사단 밖을 벗어나 개천에 가서 약 천 명에 가까운 병사들이 한꺼번에 세탁 겸 목욕을 하였으니 사타구니가 헐 수밖에 없었다.

덕소에서
(그림 愚羊 김일두)

4학년 훈련 입소 전에 누군가 사타구니를 일광욕으로 선탠을 하면 습진 방지가 된다고 하여 몽골텐트 등 캠핑 도구를 챙겨 기차를 타고 한강 덕소역에 내려, 나룻 배로 한강을 건너 모래사장에서 캠핑을 하였다. 당시만 해도 우리 텐트 말고는 캠 핑객도 없고 하여 한낮에 사타구니를 벌리고 한둘도 아니고 여남은 명이 일렬로 누워서 일광욕을 하였으니 남이 보면 장관이었을 것이다. 하루는 짓궂은 친구가 거시기에 리본을 달라고 하더니 각자 물건을 사진으로 찍어 나중에 현상소에 맡겨 찾으려 가니 사진관 주인이 싱긋 웃어 어쩔 줄 몰랐다 한다. 만일 그때 찍은 리본 이 달린 싱싱한 바나나 같은 거시기 사진이 남아 있다면 지금은 말라비틀어진 오 이지의 젊었을 때 모습을 볼 수 있는 멋진 추억이 되었을 텐데 아쉽다.

어느 날 달빛도 어스름한 밤을 골라 뒷마을 수박밭 서리를 감행하기로 하였다.

아니, 3학년 군사훈련 때 배운 것을 실습하기로 하였다. 포복으로 척후병을 보내 사전 정찰을 하여 원두막에 주인이 안 잔다는 것을 확인한 후 수신호에 따라 수박밭으로 기어 들어가 수박을 서리하고 귀로에는 발자국을 남기지 않도록 얕은 물가로 걸어서 텐트로 돌아왔다. 서리한 수박을 맛있게 먹으면서 큰소리로 무용담을 자랑삼아 떠들고 있는데, 이게 무슨 날벼락인가? 동네 청년들이 쳐들어 와서 몽둥이로 몽골텐트를 두들겨팬다. 잠시 후 정신이 들자 누군가 "이 안에 있다가는 모두 다 죽는다! 차라리 나가서 싸우다 죽자" 하고 차례로 천막을 뛰쳐나가니, 박종수(미국 유타 주 거주, 2012년 사망) 군이 고향 대구 집에 갔다가 뒤늦게 합류하면서 우리 얘기를 엿듣고 이놈들 혼나 보라며 놀라게 한 것이었다.

다음은 4학년 졸업여행 얘기를 할까 한다. 다른 과는 매년 산업시찰을 빌미로 전국을 돌며 선배 회사를 견학하고 선배들에게 염출한 돈으로 저녁을 즐기는 것이 관례로 되어 있었다. 그러나 최병선이 추억에 남을 설악산 종주 등반을 하자는 제의에 겁도 없이 모두 동의를 하였고, 우리는 그게 고생길로 접어든 길이라는 것을 나중에야 알게 되었다.

1963년 10월 9일 약속한 시간에 모두들 어설픈 등산장비를 갖추고 마장동 시외 버스터미널에 모여 인제로 가는 버스를 탔다. 전방이 가까워지면서부터 용대리에

속초 가는 버스 앞에서
(왼쪽부터 전상룡, 구창룡, 권순찬, 김영치, 안정희,
최병선, 이민, 김일두, 박종수, 박길규, 한균민)

도착할 때까지 검문소를 통과할 때마다 헌병 검문에 혼쭐이 났다. 당시 등산장비라고는 군화에서부터 판초, 수통까지 모두 군장비들이었으니 매 검문마다 시달리는 것은 당연하였다. 우리 때문에 가는 곳마다 헌병들과 시비하느라 많은 시간을 지체하였음에도 버스 기사는 물론, 버스에 탄 손님 누구도 불평 한마디 없이 자식처럼 기다려주었다. 지금 생각하니 참 고마울 따름이다. 당시만 해도 대학생이 희귀하여 대접을 받을 때인 데다 더구나 서울대생들이었으니!

우여곡절 끝에 용대리에 도착하여 냇물을 발 벗고 건너 백담사에 도착하니 저녁즈음이었다. 백담사는 6.25 때 큰 피해는 입지 않았어도 낡아서 허물어지기 일보직전이었다. 마침 백담사 계곡 건너편에 참배 불자들을 위한 숙소가 있어 처음 일박은 그곳에서 하기로 하고 여장을 풀었다.

우리 일행이 머문 방은 20명은 족히 잘 수 있는 큰 방이었다. 10월 초순인데도저녁이 되니 산속이라 추워서 스님이 군불을 손수 때주었는데도 아랫목에 자리 잡은 약은 친구들이 스님 몰래 또 장작을 잔뜩 아궁이에 집어넣으니 아나나 다를까, 조금 있다 보니 엉덩이가 뜨거워 데일 정도로 달아올라 잘 수가 없었다. 고스톱을치던 나와 몇몇 친구는 냉돌인 윗목으로 밀려났고, 하룻밤을 추위에 고생하겠다생각했는데 윗목도 알맞게 따뜻해 온다. 아랫목이 뜨거워 참다못한 친구들이 밖에 나가 사람 키보다 큰 널빤지를 찾아서 깔고 누우려고 방 안으로 들고 들어오자내가 "야, 임마! 넌 산 사람이 송판 위에 눕는 것 봤냐? 죽은 사람 침대인 줄도 몰라?" 하였다.

다음날 백담사를 출발하여 단풍이 절정인 수렴동 계곡을 따라 올라가 쌍폭까지는 길을 잘 찾아갔으나 봉정암으로 가는 길을 놓쳐 산속을 헤맸다. 밀림처럼 칡덩굴이 앞을 막아 헤쳐 나가기도 힘든데 다행히 김영치(현 남성해운 회장)가 가져온밀림용 칼로 덩굴을 자르고 눈 속을 러셀(russell) 하듯이 나아갔지만 해가 저물어버렸다. 우리는 계곡에서 일박하기로 하였다. 그런데 이게 웬일인가, 바위 위에큰 접시를 엎어놓은 크기로 똬리를 튼 짐승 똥이 있는 것이 아닌가? 이 정도 덩치의 맹수라면 우리가 감히 상대할 수도 없겠구나 생각하니, 지친 우리 일행에 갑자기 불안감이 엄습하였다.

얼마 전까지만 해도 숲속에서 잠복근무하던 국군 사병이 뛰어나와 검문하면 통과의례로 담배 한 갑을 주는 것이 귀찮았는데 이제는 군인이 그리울 정도였다. 휴전이 된 지 10년이 지났지만 산행 길에서 탄흔이 남아 있는 녹슨 철모와 군화들이 널려 있는 것을 보면서 치열한 설악산 전투에서 조국을 지키다 산화한 분들에 대한 고마움을 가슴에 되새기는 계기가 되었다.

다음 날 간신히 길을 찾아 봉정암에 도착하니 동자는커녕 스님도, 등산객 그림자도 찾아볼 수 없고, 오직 암자의 찢어진 문풍지만이 펄럭펄럭 소리 내면서 우리를 반긴다. 설악의 시인 고 이성선 님이 시 「봉정암」에서 "달의 여인숙이다. 바람의 본가이다"라고 노래한 바로 그 봉정암. 당시만 해도 요즘처럼 단풍철이면 하루에 천몇백 명이 묵어가는 그런 봉정암이 아니었다.

우리는 서둘러 대청봉에 올랐다. 대청봉 정상에 1개 소대가 주둔하고 있었다. 소대장이 마침 육사 출신 중위라서 태릉 이웃집 후배들이 왔다고 반가이 맞아주니 쌓였던 피로가 가셨다.

대청봉을 뒤로하고 발걸음을 재촉하여 소청봉을 지나 희운각에서 천불동(千佛洞)으로 접어들었다. 천불동에서 처음 만난 절벽 하나를 내려가는데 반나절이 걸려 이번 설악산 등반의 하이라이트를 장식하였다. 암벽타기 장비도, 경험도 없는 일자 무식꾼들이 바위를 탔으니, 지금 생각하면 죽지 않고 살아 돌아온 것만도 하늘에 감사해야 한다. 비록 바위를 타면서 다음 발을 디디며 사시나무 떨듯 벌벌 떤 다리의 주인공은 하산 후 두고두고 술안주가 되었지만, 야영할 때 무턱대고 브이(V)자 계곡 바닥에 천막을 치고 잤으니, 그나마 가을이라 다행이었지 여름이었다면 갑자기 불어난 계곡물에 우리 뼈는 떠내려가 비선대에서 찾았을 것이다.

다음 날 아침에 일어나 계곡 아래를 보니 산 아래까지 이어지는 바위 낭떠러지가 절경이었다. 요즘은 철제 계단을 놓아 등산객이 편히 등행할 수 있지만 당시는 자연 그대로였으니 천불동을 포기하고 마등령 능선을 타고서 콧노래를 부르며 신흥사로 무사히 내려갔다. 설악동에서 신흥사, 낙산사를 거쳐 강릉 경포대까지, 관동팔경을 두루 거쳐 동해안을 따라 내려와 강릉역에서 청량리 가는 기차를 탔다.

설악산 종주 등반에서 대미를 장식한 해프닝은 권순찬 동문의 오징어 도난 사건! 모두들 강릉 건어물 시장에서 집에 가져갈 기념품으로 요즘은 볼 수 없는 투명한 데다 두툼하고 크기도 큰 오징어를 한 축씩 샀다. 그런데 유독 권순찬만이 두 축을 산 것이 사건의 발단이었다. 모두들 선반 위에 놓여 있는 순찬이의 오징어 한 축에 눈을 꽂고 있던 차에 순찬 군이 화장실에 간 틈을 타 누가 앞서거니 뒤서거니 할 것 없이 일제히 굶주린 악어가 먹이를 물어뜯듯이 한 마리씩 입에 물고 씹었다. 화장실에서 돌아와 이 광경을 본 순찬 군! 말없이 자리에 앉아 담배를 꺼내 입에 물고 불을 당겼다. 순간 죄인들은 천장만 쳐다보았다. 한 축은 장인 될 분한테 점수 따려고 마련한 선물인데 이놈들이 일을 저질렀으니. 아! 순찬 군, 또 한 대에 불을 지펴 두 대를 입에 물고 쌍 담배를 피우기 시작하였다. 이것이 그 유명한 강릉발 청량리행 쌍 고동 우는 연락선이 아니라 쌍 담배 피는 청량리행 열차 사건이다.

2004년 설악동에서 부부 동반 단체 촬영

그로부터 세월은 흘러 40년이 지나 다시 설악산 기념 등반을 하기로 오래전부터 이민 군이 치밀한 계획을 세워 실행에 옮겼다. 이번에는 홀몸이 아니었다. 전세 버스로 서울을 출발하여 백담사를 찾으니 옛 숙소는 헐리고 없고, 일주문이고 대웅전이고 모두 복원하여 옛 모습은 찾을 길 없는 데다 버스가 봉정암을 올라갈 수가 없어 말머리를 돌려 신흥사로 향했다. 비선대까지 부부 동반으로 갔으니 설악산 출발지와 종착지를 40년 만에 다시 답습한 셈이다. 이때까지만 해도 60학년 입학 동기 모두가 다 건재하였는데 지금은 아깝게도 두 명이 우리 곁을 떠났다.

입학 동기는 아니지만 3학년 때 일본에서 편입학한 재일교포 박종명(朴鍾鳴) 군 얘기를 빼놓을 수 없다. 한국말이 서투르고 악센트도 일본어 식으로 어눌하였지만 항상 얼굴에 미소를 띤 호남이었다. 선박 설계할 때 배수량 계산에 골치를 앓는데 그가 여름방학 때 일본에 갔다 오면서 무언가를 사왔다. 난생처음 보는 신비한 기계로 복잡한 계산을 손잡이를 시계 방향, 반시계 방향으로 돌리다 보면 통속에 수많은 톱니바퀴가 돌다가 찰칵하면서 계산이 되어 나왔다. 컴퓨터 계산기의 원조인 셈이다. 졸업 후 일본과 한국을 오가며 주로 선박검사 관계 일을 하였지만 동창들이 일본에 갈 일이 있어 전화하면 먼길 마다하지 않고 찾아와 도와주곤 한 그도 작년에 지병으로 세상을 떠났다. 끝으로 60학번 동문들의 졸업 후 사회활동 이력을 간단히 소개하고자 한다.

이 민(李民) 삼성의 한국비료 울산공장 건설에 참여 후 삼성중공업의 런던 지사장, 거제조선소장(부사장), 대덕연구소장 등을 역임한 후 퇴임하여 조선 기본설계 소프트웨어 관련 트라이톤 코리아를 설립, 운영 중 2007년에 타계하였다.

꽃이 되고 별이 되어

山이 있어 江이 있어
사람이 살아 世上이라고 한다.

진달래 꽃 피고
강물은 세월을 바다로 나르고

그리운 사람이 있어 세상이라고 한다.

환한 웃음 머금은 민들레 꽃씨 되어
먼 데 가까운 데 우리 곁을 지키던
친구가 있어 세상 사는 맛이 난 것이다.

民!

정말 참 이상도 하지?
사람이 안 보이면
잊혔다가도 불현듯 그리워지는데
그대는 그립지 않네.

사랑이 넘쳐도 미운 정이 많아도
그립기는 마찬가지인데
그대는 그래도 그립지 않네.

햇빛의 체온으로 별빛의 눈짓으로
항상 우리 곁에 있는데.

그대가 좋아하던 환한 벚꽃 웃음으로
그대가 좋아하던 거제도 갈매기 울음소리로
항상 우리 곁에 있는데.

그대가 좋아하던 천불동 단풍의 수채화로
그대가 좋아하던 대관령 백설의 순결함으로
항상 우리 곁에 있는데.

그리움 석자는 낭비요, 사치다.
언젠가는 강물 따라 바다에 이르면
세월의 건망증이 그리움을 만나게 할지 몰라도
언젠가는 보일 듯 안 보일 듯 애태움이
그리움을 불러올지 몰라도

山이 있고 江이 있고
사람 사는 世上이 있는 한
그대는 그리움이 아니고 그대는 영원한 숨결이로다.   _2008년 4월 6일 愚羊 김일두

문장출(文章出) 외환은행 심사부를 거쳐 1973년 브라질로 이민 가서 리오 데 자네이로 (Rio de Janeiro) 근처 마우아(Maua) 조선소에 입사하여 설계부에서 근무하다 1978년에 이시카와지마 도 브라질(Ishikawajima do Brasil) 조선소로 옮겼다. 다시 마우아 조선소로 돌아와서 기술이사를 마지막으로 1980년 퇴임하여 현재까지 브라질에서 개인 사업을 하고 있다.

권순찬(權純燦) 졸업 후 일찍 미국으로 건너가 유동층 소각로 기술 관련 도리-올리버 (Dorri-Oliver Inc.)에서 19년 동안 근무한 후 핀란드 계통 회사인 탐펠라(Tampella Inc.)로 옮겨 유동층 기술을 이용하는 열병합 발전소 건설에 몸담다가 모국에 기술 전수를 위해 진도그룹과 한솔제지 등에 기술자문을 하였으며 현재 미국에 있다.

안정희(安政熙) 1964년 대한조선공사(현 한진중공업) 설계과를 거쳐 다음 해 공군 정비장교로 군복무 후 1969년 한국비료공업(주)에 입사하였다. 1976년 삼성중공업(주)에서 조선 해양사업본부에서 근무하였고 1987년부터 (주)진도에서 언양공장장 시절 해상용 컨테이너 생산, 1992년부터는 진도종합건설(주)에서 환경 관련 사업을 담당하였다. 2개의 기술사 자격증이 말해주듯 시종일관 기술과 함께한 동문이다.

김영치(金英治) 1964년 졸업 후 대한조선공사에 취업하여 설계실에 근무하였다. 이때 대한조선공사는 자체 기술로 2600톤급 화물선 2척 건조를 준비하고 있었으므로 이 설계에 참여하였다. 이 선박은 당시 국내 건조 최대선이었으며 미국선급의 검사에 합격함으로써 우리나라의 선박 설계 기술과 건조 기술을 한 단계 높였을 뿐 아니라 우리나라 조선산업이 수출산업으로 전환할 수 있는 전기를 마련한 선박이었다.

설계실에서 묵묵히 일하던 김영치는 1966년 선박 진수를 앞둔 시점에 사임하여 설계실의 많은 동료들이 아쉬워하였다. 그런데 그가 정장을 하고 회사를 다시 찾은 날은 모두들 바삐 움직여야 하는 진수식 날이었다. 이날 김 동문이 2600톤급 남성호의 선주석에 자리함으로써 같이 일하던 많은 동료를 놀라게 하였다. 이와 같이 자신을 나타내지 않고 결단력과 실천력을 지녔던 인물이었다.

김영치는 선친이 1953년 창립하신 현존하는 최초 외항선사 남성해운(南星海運)을 이어받아 국내 굴지의 해운회사로 키웠으며 현재 회장으로 활동하고 있다. 그간 초창기 계획조선 자금으로 대한조선공사에서 우양호, 한강호 등을 건조하였으며 국내 조선소에서 30여 척의 신조선을 건조하는 등 우리나라 조선산업과 한국선급(KR)의 발전에도 공헌하고 있다.

최병선, 유상원, 오봉희 해운업계에 몸담은 최병선은 진수회에서 모르는 사람이 없을 정도로 매사를 자기 일처럼 돌보는 사람이다. 남성해운에서 김영치와 같이 일하다 지금은 남성예선(南星曳船) 회사를 설립하여 회장으로 봉직 중이다. 유상원(柳祥原)은 현대해상에서 재직하였고 오봉희(吳奉熺)는 현대조선 런던 지사, 미국 지사를 거쳐 현재는 뉴욕 근교에 살고 있다.

왕영남, 한균민, 염삼일, 홍종규 일반 제조업으로 진출한 동문도 있는데 자동차 산업계로는 왕영남(王英南)이 졸업 후 신진자동차에 입사하여 대우자동차 부사장으로 퇴임하였다. 그는 김우중 회장과 함께 전 세계에 대우자동차 생산기지를 만든 한국 자동차산업의 산 증인이다. 석유화학 업계로는 한균민(韓均旼)이 충주비료를 거쳐 호남석유화학 건설을, 염삼일(廉三一)이 대한유화공장 건설을 담당하여 공장장으로 봉직하였고, 홍종규(洪鐘奎)는 대한석유공사에 입사하여 역시 공장 건설을 담당하였다.

박길규, 윤종혁, 남창희　박길규(朴吉圭)는 제일모직, 미국 설계회사 근무를 마친 후 귀국하여 개인 사업체 휘만산업을 운영하였고, 윤종혁(尹宗赫)은 금강비료(주)를, 남창희(南昌熙)는 포항에서 신한기공(주)을 설립, 운영 중이다.

임종혁(任宗赫)　한화그룹에 입사하여 21년을, 그리고 대한전선그룹에서 대한제작소, 삼양금속 대표이사로 10년을 봉직하다가 정풍개발 사장을 끝으로 은퇴한 후에 아직도 30대의 체력으로 킬리만자로, 안나푸르나와 코타키나발루, 후지산 등 고산 등반을 할 뿐 아니라 친구들의 건강을 위해 자신의 비법을 전수하고 있다.

조정형, 전상용, 정종현, 이창한　조정형(趙正衡)은 호주로, 전상용(全祥龍), 정종현(鄭宗鉉)은 일찍이 미국으로 이민하였고, 이창한(李彰韓)은 미국 유니온 카바이드(Union Carbide)에서 오랫동안 근무한 후 은퇴하여 산악자전거와 경비행기 조종 등 취미생활로 노익장을 과시하고 있다.

김일두　끝으로 김일두(金溢斗)는 우리나라 합성섬유산업의 원조인 한국나일론(주)에 입사하여 코오롱 엔지니어링, 건설, 전자 등 계열사 대표이사를 거쳐 017신세기통신에서 대표이사로 우리나라 최초의 CDMA 방식 이동전화 실용화 및 사업화에 진력하다가 은퇴하였다.

16회 졸업생(1961년 입학) 이야기

이재욱, 민계식, 장석, 김응섭

:: 대학생활의 시작과 공대 불암제

우리 61학번 공대 신입생은 공릉동 캠퍼스에서 환영식을 가진 후, 첫 공식행사로 캠퍼스 뒷산에 묘목을 심는 식목행사에 참여하였다. 특히 각자가 준비해온 삽으로 묘목을 심은 일은 당시 전국적으로 추진해 왔던 '애림녹화' 사업을 회상케 하는 뜻깊은 일로 기억하고 있다. 우리 학년 25명은 전자공학과 신입생 25명과 함께 총 50명이 1학년을 보냈는데 휴강 때면 운동도 함께하면서 친하게 지냈다. 대학생활을 익히기 시작할 무렵에 5.16 군사혁명이 일어나 며칠간 수업이 중단되는 일이 있었다. 한 해 전에 4.19 혁명을 경험하였으니 실로 우리나라가 일대 변혁기를 맞고 있던 시기였다. 그러나 대학 수업은 곧 정상화되었다.

공과대학에서는 매년 봄 '불암제'라는 축제를 개최하였으며 핵심 행사는 바로 체육대회였다. 서울공대의 11개 학과들은 우열을 가르려는 듯 치열하게 순위경쟁을 하였다. 우리 학년은 불암제 체육대회에서 4년간 연이어 종합우승을 하였고 우승컵에 막걸리를 따라 4학년 선배들부터 1학년 막내들까지 돌려가며 마셨다.

우승한 비결은 마라톤에서 민계식과 조정호가 1, 2등을 차지하였고, 3인이 한 팀이 되어 불암산 정상에 올랐다 내려오는 건보대회에서도 늘 1, 2등을 가져왔다. 또 축구, 농구 등 구기에서도 2~3등을 놓치지 않았다. 특히 체육대회의 최종 하이라이트 종목인 '줄다리기'에서의 우승이 가장 큰 역할을 하였다. 한 학년 정원이 25명인 작은 과가 정원 50명이 넘는 큰 과들을 연파하고 우승할 수 있었던 그 경이적인 비결은 바로 일치단결에 있었다. 단언컨대, 우리 학년은 유난히 단결이 잘되었다.

:: 세일요트의 제작

2학년 때 조선 전공 20명, 항공 전공 5명을 대상으로 재료역학, 열역학 등 전공 수업이 진행되었다. 기계제도에 이어 선박제도 수업을 받으면서 조선기술에 대한 의욕을 키웠으며 실제 배를 만들어 타보고자 하는 의지가 생겨났다. 결국 10여 명의 조선 전공 동료들이 두 팀으로 나뉘어서 한강용 세일요트(sail yacht)와 해양 모터요트의 제작을 동시에 수행하기에 이르렀다. 김극천 교수님으로부터 자료를 받아 한강용 세일요트 선도를 작성하였고 당시 팀에 적극 참여한 동료의 부친이 목재업을 운영하여 필요한 재료들을 제공받았다. 한강용 세일요트는 4월부터 방과후나 주말시간을 이용하여 열심히 제작하면서 여름방학 때 뚝섬에서 함께 타기로 목표를 정하였다. 전기회전 톱으로 센터보드를 제작하던 중 이재욱이 손에 큰 부상을 입어 서울대 병원에 한 달 이상 입원하는 사고가 발생하였다. 우여곡절 끝에 여름방학이 되면서 2척의 세일요트가 완성되었고, 한강 뚝섬에서 학과 친우들이 모여 직접 제작한 요트 '불암호'를 타고 한강을 오르내리면서 조선공학도의 기쁨을 함께 나누었다.

한편, 해양 모터요트는 민계식과 이세중이 대양 항해용 세일요트를 제작하기로 하였다. 다른 과 동문 2명과 함께 김재근 선생님의 지도 아래 인천의 목선 조선소로 운반하여 마지막 손질을 끝내고 8월 작약도에서 진수식을 거행하였다. 그런데 배가 너무 크고 무거워서 돛(sail)만으로 운항하기에는 불편했고 긴급 상황이 닥쳤을 때 신속히 대피할 수가 없었다. 결국 이세중 동문의 부친이 쓰던 지프의 엔진을 장착하기로 하였다. 그렇게 제작된 세일요트는 당시 인천항에서 가장 빠른 선박이 되었다.

영종도, 덕적도 등을 항해하면서 운항 실력을 쌓은 뒤 막상 대양으로 출항하려고 할 때 김재근 선생님께서 만류를 하셨다. 민계식을 제외하고는 3명이 모두 외아들이라 어머니 세 분이 김재근 선생님을 찾아뵙고, 위험하니 출항하지 못하게 만류하여 달라고 부탁하였기 때문이다.

1962년 여름, 한강 요트에서
(왼쪽부터 장석, 이진섭, 김남길, 장기일, 주동명, 이재욱)

:: 미팅

3학년이 되자 군에서 제대한 5명의 선배 복학생과 재일교포 학생, 그리고 사관학교를 졸업한 해군 중위 한 명이 위탁교육생으로 편입하여 함께 공부하게 되었다. 한해 전 이대 국문과 여학생들과 서울 시내 음악 홀에서 미팅을 처음 가진 후 이번에는 이대 간호학과 여학생들과 소요산에서 미팅을 가졌는데, 기타 실력을 발휘한정관희, 정도섭 덕분에 분위기가 한층 더 즐거웠다. 당시에는 많은 학생들이 아르바이트를 했던 터라 미팅 약속시간을 지키기가 어려웠다. 때로는 동료를 기다리는 여학생을 지켜주던 친구로서의 의리(?)가 하나의 미담이라 할 수 있을까? 우리 공대 동기생들은 4학년이 되면서 벚꽃이 만발한 어느 봄날 저녁에 대학 차원에서 지원하여 이대생들과 단체 미팅을 창경원에서 함께한 일이 있었다.

1963년 소요산 미팅 때
(엄도재, 이정일, 주동명 등의 모습이 보인다.)

:: 열정적인 원서 교재의 제작과 학술행사

3, 4학년이 되면서 유체역학, 선박 안정론, 선박 추진론, 선박 구조, 박용기관, 선박 설계 등 본격적인 전공수업이 시작되었다. 당시 학교에는 김재근, 황종흘, 임상전, 김극천 교수님과 독일 대학의 교환교수로 논문을 준비 중이시던 김정훈 교수님이 계셨다. 김정훈 교수님은 유체역학 원서(*Fluid Dynamics*, Streeter 저)로 강의를 준비하셨다. 당시만 해도 원서를 구입한다는 것은 외환 규제, 고가 경비 등 여러 제약 여건이 뒤따라 학생으로서는 거의 불가능했고, 복사기도 물론 없던 시대였다.

우리는 교재를 만들기 위해 서울 시내의 유명 타이프 학원과 실비 조건으로 교섭을 하여 검푸른색 등사용 기름종이에 그림을 제외한 원서 내용을 일일이 타자로 쳐서 등사원본을 완성하였다. 트레이싱한 그림은 청사진을 떠서 각자 해당 페이지에 일일이 붙였다. 선생님의 원서 강의는 한두 달쯤 지속되었는데 좀처럼 이해하기 어려웠다. 대여섯 명의 학우들은 은근히 성적을 기대하면서 여름방학 내내 선생님 연구논문의 수치계산 작업과 푸리에 급수(Fourier series)의 연산을 도와드렸는데 나중에 선생님이 주신 성적을 보고 실망하였다는 에피소드도 있었다. 5년쯤 지난 후 김 교수님은 독일 함부르크 대학에서 학위를 마치시고 도미하여 미국 스티븐슨 대학의 교수로 부임하셨다.

4학년 5월에 불암제 행사의 하나로 학술제를 개최하였는데 과대표 중심으로 '선박의 일생'에 관한 슬라이드 제작에 들어갔다. 선박 설계에서부터 건조, 의장 공사, 진수와 엔진 탑재 공정 후에 시운전 등 시험과 검사를 마친 뒤 해운선사에서 신조선을 인수하여 운항하는 과정 등을 슬라이드로 완성하였다. 우리는 공대 3층 강당에 모인 학내외 학생들을 대상으로 이를 보여주고 그 자료 세트를 학과장에게 드렸다.

:: 학훈단(ROTC) 3기생

1961년 정부는 미국의 제도를 도입하여 ROTC 제도를 시행하였다. ROTC는 3, 4학년 동안 학교에서 군사교육을 받고 여름방학 때 약 한 달간 예비사단에 입소하여 전투훈련을 받은 후, 졸업과 함께 초급장교(소위)로 임관하여 2년간 복무하는 제도이다. 서울대학교는 101학훈단이었으며 공과대학은 5분단이었다.

우리 학년은 ROTC 3기에 해당되었다. 김명린, 김효, 문한규, 민계식, 이상기, 장기일, 장석, 조정호, 주동명 이상 9명이 소위로 임관하였다. 우리는 3학년 여름방학 때 수색에 있는 예비사단에 입소하여 훈련을 받았는데 상당히 고된 훈련이었다. 훈련을 마치고 출소할 때 훈련 담당 교관에게서 3~4개월 받을 훈련을 한 달에 압축하여 받았고 훈련 강도가 상당히 높았다는 이야기를 들었다.

4학년 때는 전국적으로 혁명정부에 대한 학생들의 저항운동이 크게 일어났다. 정부에서는 학생 저항운동의 참여자 수를 줄일 목적으로 중간고사가 끝나자마자 후보생들을 예비사단에 입소시켰다. 이 때문에 한 달간 받을 훈련을 두 달 동안 받으며 고생을 하였고, 훈련을 마치고 학교에 복귀하자마자 바로 학기말 고사를 치르게 되어 상당한 불이익을 당하기도 하였다. 우리 학년 ROTC 후보생 9명은 전원 육군 수송장교로 임관하여 전방 야전수송단이나 철도수송단에서 2년간 군복무를 마치고 직장 취업이나 유학 등의 길을 택하였다.

우리가 졸업할 당시에는 공과대학을 나와도 취업하기가 어려웠고 취업해도 박봉에 시달려야 했다. 예를 들면 국책회사는 A급, B급, C급으로 나누는데 A급은 석탄공사로 초봉 1만 4000원, B급은 충주비료, 한국전력 등으로 초봉 1만 1000원, C급은 인천기계제작소(후에 대우중공업을 거쳐 두산인프라코어가 됨), 대한조선공사 등으로 초봉이 7000원 정도였다. 당시 ROTC 초급장교들은 1965년 소위로 임관하였을 때 초봉이 4500원이었으니(1967년 제대할 무렵에는 영내 거주는 9000원, 영외 거주는 1만 2000원 선) 주요 산업체의 급여 수준이 초급장교만도 못하였다. 이렇듯 우리는 공업입국의 사명감으로 산업체에 진출하였다.

1965년 2월 ROTC 장교 임관
(왼쪽부터 김명린, 이상기, 조정호, 민계식,
장기일, 김효, 주동명, 장석)

: : 대한조선공사에 취업

군복무를 마치거나 대학원 이수 후 7명(김기준, 김응섭, 김정제, 민계식, 서상원, 이세중, 장석)은 당시 우리나라 유일의 대형 조선회사인 대한조선공사에 입사하여 선박 설계, 건조 기술, 영업업무 등에서 활동하며 조선 전문가로서의 능력을 쌓아 갔다. 이후 현대중공업, 대우조선, 한국선박연구소 등으로 이직하여 한국의 조선 산업이 세계 수준으로 도약하는 데 일익을 담당하였다.

: : 미국 등 유학

병역의무를 마치거나 조선소 등에서의 경력을 쌓은 후 8명(김기준, 김명린, 김효,

문한규, 민계식, 이재욱, 장기일, 주동명)은 미국과 독일 등에 유학하여 전문 분야에서 학위를 취득하고 현지에서 조선소, 조선 컨설턴트, 연구기관, 대학, 기업체에서 근무하였다. 일부는 귀국하여 해외에서의 경험을 살려 국내의 산업체, 연구기관, 대학 등에 근무하였다.

:: 기계산업 등 타 산업에 종사

은행에 2명(이상기, 이진섭), 기계산업에 2명(조정호, 옥기협), 전자산업에 1명(이호순)이 진출하였다.

:: 산업체 창업

지금과 같이 창업이 보편화되지 않았던 그 시기에 세라믹업체(김명린), 기계산업체(조정호, 정정웅), 무역회사(정도섭)를 창업하여 운영하였으며 전자산업계에 근무하던 이호순은 늦게 강원도 평창군에 '허브나라'라는 허브농장을 창업하였다. 그의 허브농장은 전국적으로 유명하여 누구나 한번 방문하고 싶어 하는 관광명소가 되었다.

:: 해군 함정의 개발

3학년 때, 해군에서 위탁교육생으로 편입한 엄도재는 졸업 후 해군 함정의 개발 업무에 종사하여 해군 조함 업무의 기틀을 만들고, 함정 국산화 기술이 발전하는 계기를 마련하였다. 최초의 한국형 호위함인 2000톤급 울산함은 조함감 엄도재와 현대중공업의 설계개발 팀원으로 동기인 김응섭이 참여하여 완성한 함정이다. 울산함의 개발 성공으로 수상한 상금 전액을 대한조선학회에 기부하였으며, 대한조선학회는 이를 기금으로 하여 충무기술상을 1983년도에 제정하였다. 이 기금으로 학회에서는 매년 기술 분야, 특히 함정 관련 분야에서 우수한 업적을 이룬 회원을 발굴하여 충무기술상을 수여하면서 우리나라 함정 기술의 발전을 위한 노력에 촉매가 되고 있다.

:: 연구기관에서 연구활동

서상원과 장석은 정부 출연기관인 선박해양연구소에서 조선기술 개발에 종사하였고, 이재욱은 한국선급에서 선급 규칙 개발과 연구에 종사하였으며 한국선급 기술연구소의 초석을 닦았다. 문한규는 표준연구소에서 표준기술 개발 및 연구에 종사하였다.

:: 대학 교육 및 국제회의 활동

김정제, 이재욱은 학위를 취득한 후 귀국하여 국내 대학교 조선해양공학 분야의 교수로 봉직하면서 많은 후학들을 양성하고, 또한 ISO 조선해양기술위원회에서 한국 대표와 국제기술분과위원회의 분과위원장으로 활동하고 있다.

:: 선교사로 활동

문한규는 표준연구소에서 정년을 마친 후 몽골국제대학교에서 선교활동을 하였으며, 최근까지도 아프리카 우간다에서 선교활동을 하고 있다.

:: 대한조선학회 활동

우리 동기 가운데 다음과 같이 4명의 대한조선학회 회장이 배출되었다. 이재욱 (1996~1997), 장석(1998~1999), 김정제(2000~2001), 민계식(2002~2003)이 대한조선학회 회장으로서 우리나라 조선에 관한 학문적 기반을 다지고 산학협력의 증진에 크게 일조하였다.

우리 동기는 우리나라의 중추 산업인 조선공업을 세계 제일로 만들자는 꿈과 이상을 가지고 조선항공학과에 입학하였고, 사회에 진출해서도 서로 간의 이심전심으로 우리의 꿈을 실현하기 위하여 열심히 노력하였다. 오늘날 우리나라의 모든 산업 중에서 조선해양산업이 압도적으로 세계 1위를 유지하는 데에 진수회 16기들은 최선을 다해 노력하였고, 그 꿈과 이상을 실현하는 데 일조하였다는 큰 자부심을 갖고 있다.

김기준 1970년에 도미하여, 석인영(56학번) 선배의 소개로 고영회(48학번) 선배를 만나 NBC(National Bulk Carriers)에서 조선 기술자(Naval Architect)로 1년 동안 일을 한 후 뉴욕 주립대학교 스토니브룩 캠퍼스(State University of New York at Stony Brook) 대학원에 진학하여 기계공학(Mechanical Engineering) 석사학위를 받았다. 졸업 후 다시 NBC에서 5년간 근무하였으며 그 후 리빙스턴(Livingston), 베들레헴 스틸(Bethlehem Steel)과 잉걸스 조선소(Ingalls Shipbuilding)에서 18년간 상선과 미 해군의 함정 설계 그리고 해양 구조물(Offshore Structure) 설계에 종사하였다. 그 후에는 해양 분야로 직장을 옮겨 17년 동안 석유가스산업(Oil and Gas Industry)에서 FPSO(Floating Production Storage and Offloading)와 각종 해양 구조물을 설계하다가 AMEC에서 2010년 은퇴하였다. 지난 40년간 가장 보람 있었던 일은 2003년 KOEA(Korean American Offshore Engineers Association)를 7명의 기술사와 함께 창설한 것이며, 지금은 150명이 넘는 회원을 가진 단체로 성장하였다.

김응섭 1969년 대한조선공사 기본설계과에 입사하였으며, 1971년 말 현대조선 창설 당시부터 몸을 담아 곧바로 영국의 스콧 리스고(Scott Lithgow) 조선소에서 기술 연수를 받은 뒤에 1972년 한국 최초의 DWT 25만 9000톤 VLCC 건조에 참여하여 국무총리 표창을 받았다. 그 후 정부의 한국형 군함 개발 지시로 특수선 사업부로 옮겨 1977년 설계 용역회사 JJMA(현 Alison Science and Technology)의 함정 설계 기술자 6명과 서울에서 1년여 동안 공동으로 설계작업을 하였다. 당시 발주처인 해군 엄도재 대령이 감독관을 맡아 배수량 2000톤급 울산함이 탄생하는 데에도 큰 역할을 하였다. 이후 엔진 공장장, 터빈–발전기 공장장(전무)을 끝으로 퇴임하였으며 송산–비나신 조선소(베트남) 대표이사를 역임하였다. 현재는 ㈜한국해사기술 부사장으로 조선소 설계를 담당하면서 컴퓨터 시뮬레이션을 적용한 '대형 조선소 최적 설계기법'을 개발하였다.

김정제 대학 졸업 후 입사한 대한조선공사는 기술인으로서 뜻을 펴기에는 실망스러운 곳이었다. 공부를 더 하기 위하여 서울대학교 대학원에 진학하여 선체진동학에 관한 논문으로 석사학위를 받았다. 1972년 현대조선이라는 새로운 개념의 조선소가 설립됨에 따라 그동안 준비하였던 해외유학 계획을 접고 입사하였다. 조선 공정에 꼭 필요한 품질관리(정도관리 시스템)를 도입한 것은 보람이다. 그 후 1977년 울산대학교로 이직하여 우리 조선에서 필요한 것은 조선공학(Naval Architecture)보다 선박생산기술이라는 신념으로 이 분야를 공부하고 교육하는 일에 고심하였다. 기간 중 영국 스트래스클라이드 대학(University of Strathclyde)에 유학하여 선박생산계획(Ship Production Planning)을 주제로 박사학위를 받았다. 1990년 공과대학 학장을 역임하였고 2000년 대한조선학회 회장을 역임하였다. 선박 건조의 생산성 향상을 위하여 건조 기술 표준화의 중요성을 강조하여 대한조선학회 생산기술연구회를 통하여 건조공정별 기술표준화를 주도하였다. 1998년부터 국제표준화기구인 ISO/TC8(Technical Committee for Ship & Marine Tech.)에 한국 대표를 역임하면서 8분과위원회(Sub-Commitee8)의 선체구조 주관기관과 의장직을 한국에 유치하였다.

민계식 졸업 후 학사장교(ROTC)로 국방의 의무를 마친 후 대한조선공사에서 잠시(4개월 간) 조선공업을 접한 뒤에 1967년 유학의 길을 떠났다. 미국 캘리포니아 버클리 대학에서 우주항공학과 조선공학 석사를, MIT 공대에서 해양공학 박사학위를 취득하였으며, 리턴 십 시스템(Litton Ship Systems), 제너럴 다이내믹스(General Dynamics), 보잉(Boeing) 등 미국의 여러 대기업에서 수년간의 산업 경험을 쌓고 귀국하였다. 귀국 후 한국선박해양연구소(KRISO)와 대우조선을 거쳐 2011년 말 퇴직할 때까지 현대중공업 대표이사(CEO) 사장, 부회장, 회장직과 기술 개발 총괄책임자(CTO)를 역임하였다. 전공 분야인 우리나라의 조선해양산업을 세계 제일로 만들겠다는 평생의 꿈을 품고 살아오면서 많은 기술 개발을 선도하였으며, 1990년대 초부터는 조선해양 기술뿐만 아니라 중공업 분야의 기술 자립화와 세계 일류화를 위하여 중공업 분야 전반의 기술 개발을 강력히 추진하여 왔다. 그동안의 연구 결과에 대한 약 90여 권의 기술 보고서 발간, 국내외 학술대회 및 학술지에 약 280편의 논문 발표, 그리고 300건 이상의 국내외 지식재산권(발명특허 및 실용신안)을 보유하고 있다. 제1회 한국공학상(1995년)과 대한민국 최고 과학기술인상(2008년)을 비롯하여 많은 상을 수상하였으며 상을 받을 때마다 상금에 사재를 더해 대학에 기부하였다. 모교인 서울대를 비롯하여 카이스트에 3억 원, 부산대와 여러 고등학교 등을 합치면 기부금액이 십수억 원에 이른다. 달리기, 등산, 수영, 스키 등 야외운동을 즐기며 특히 달리기를 좋아하여 마라톤 풀코스(42.195km) 경기만도 300회 이상 참여해 오고 있다.

이세중 1970년 4월 1일부터 1983년 8월 말까지 13년 동안 대한조선공사와 대우조선에서 야전(野戰)의 조선 기술자로 활동하였다. 그 기간 동안 '한국 최초 수출선 걸프탱커'를 개발하였고, 1986년 3.1문화상(기술상)을 받았으며, '세계 최초 극지(Arctic) 해양플랜트', '한국 최초 북구/북해 시장개척'을 하였다. 2002년부터 한국 조선의 미래상인 배기가스 배출 저감(Near Zero Emission) 발전선과 초미세먼지의 공포 해소를 위한 프로젝트, 부유식 발전 플랜트(Barge Mounted Power Plant)를 추진하고 있다.

이재욱 졸업 후 대학원에 진학하여 조교로서 표준형선 설계와 FRP 해태 채취선 개발연구 등에 참여하였다. 1968년 독일 정부 장학생으로 아헨(Aachen) 공대에서 공부하였다. 학위 과정 중 지도교수의 유고로 부임한 후임 지도교수의 의견에 따라 1974년 KR 연구소에 입사하여 강선규칙, FRP선 구조규칙 등을 제정하면서 독일 정부에서 지원한 실험장비를 선박연구소에 설치하여 학위논문을 완성하였다. 1983년부터 25년간 인하대 교수로 봉직하면서 40여 명의 석·박사 제자를 배출하였다. PRADS83 학술행사에서 「연성 선수구조의 최적설계」 논문을 발표하였으며, 해군의 「450톤급 FRP 기뢰탐색함(Mine Hunter)의 선체구조 설계 개발」 보고서 등 160여 편의 논문과 30여 종의 연구 보고서를 냈다. '충돌에너지 흡수형 2중선각의 유조선' 등의 특허 4건도 있다. 전술한 FRP 구조설계에는 송재영(68학번)이 참여하였다. 1991년부터 ISSC의 상임위원, 인하대 선박해양연구소장, 황해권 수송시스템연구센터 소장, 대한조선학회 회장, KR기술위원회장, KS조선분과위원장, ISO/TC8/SC8 의장 등을 역임하면서 이 기관들에서 공로 표창, 학술상, 인천시 물류대상 및 정부의 근정포장을 받았다. 현재 ISO TC8/SC11 의장으로 근해운송 및 인터모들(Inter-modal) 전용선의 국제표준 제정에 참여하고 있다.

장 석 졸업 후 ROTC 장교로 군복무 후 대한조선공사에 선체담당 기사로 근무하면서 월남에 수출하는 바지선 30척, 최초의 수출 선박인 대만 어선 20척, 당시 국내에서 건조한 최대선 DWT 6000톤급 화물선의 선체건조 업무를 담당하였다. 1970년 KIST로 옮겨 김훈철 박사(52학번)를 도와 40노트급 쾌속선인 어로지도선의 설계와 건조 사업에 참여하였다. 이후 상공부와 KIST가 합동으로 추진한 장기 조선진흥 계획(일명 충무조선 대단지계획) 수립에 참여하여 현재의 삼성중공업 부지와 안정조선 단지를 조선소 부지로 책정하였고, 선박연구소(현 선박해양플랜트연구소, KRISO)의 설립 계획을 마련하여 대덕연구단지에 선박연구소를 정착시키는 데 일익을 담당하였다. 선박연구소, 기계연구원, 해양연구원에서 선박설계 기술 및 CAD/CAM 개발 등 연구 업무에 30여 년 종사한 후 정년 퇴임하였다. 선박연구소에 근무하는 동안 연구소 소장, 대한조선학회 회장을 역임하였다.

주동명 1968년에 도미하여 1970년 브룩클린 공과대학(Polytechnic Institute of Brooklyn) 대학원에서 기계공학 석사학위를 받았으며, 열전달 분야의 컨설팅 회사에서 30여 년 근무하다가 10여 년 전 뉴욕시로 전직하여 현재 설비 담당 책임자로 근무하고 있다.

17회 졸업생(1962년 입학) 이야기

고웅일

지금 관악 캠퍼스를 방문한 동문이 있다면 예외 없이 만감이 교차하였으리라 믿는다. 현대식 건물에 섞여 간혹 보이는 그 옛날의 육중한 건물들, 낡은 설비들. 시대의 변화에 따라 새로워져야 하겠지만 사라진 옛것에 대한 아쉬움은 인지상정이다. 당시 교정의 추억은 늘 그립다. 외벽에 드러난 기관총 탄흔은 늙은 부모님 얼굴의 검버섯 같았고, 들어서면 서늘한 본관 로비는 그 품속과 같았다. 일제 강점기 시대의 유품인 듯 보이는 실습용 공작기계들, 비커와 플라스크가 실험기구의 대종을 차지하였던 화학실험실, 그 초라하였던 것들이 가난하였던 우리에게는 만족 그 자체였다.

만족 대상이 어디 그뿐이던가! 면면이 떠오르는 교수님들, 당시 우리 눈에는 그분들이 속한 분야에서 최고의 명교수로 보였고 존경과 경외의 대상이었다. 그분들은 졸업을 앞두고 우리를 자식 챙기듯 돌봐주시지 않았던가? 요즘 일부 몰지각한 교수들의 행태를 접할 때마다 우리는 참으로 교수 복福(?)이 많았다는 생각이 든다. 25만 평이라고 들었던 넓은 교정, 큰 운동장이 두 곳, 점심 도시락 까먹는 식당이 되었던 잔디밭, 본관 뒤 연못에서 늦가을에 연근을 채취하던 일도 떠오른다.

우리가 입학하였던 그해 1962년에 개관한 기숙사는 당시 기준으로는 최고급, 최첨단 시설이었다. 가을의 오픈 하우스(Open House) 행사 때면 연인들의 산책로 중의 하나가 바로 섬유공학관 뒤 숲길이었다. 거기에 꽤 큰 물웅덩이가 있어 누구는 '롬바르디 호수의 제비는 물을 앗고' 또 '숲의 나뭇가지는 금빛에 타오르고' 하는 시구가 생각났다고 하는 친구도 있었다.

일 년에 두 번 서울 동숭동 대학본부에 등록금 내려고 가보면 대학본부, 문리대, 법대, 미대, 음대, 의대, 약대 등이 다닥다닥 붙어 있었고, 따로 떨어져 있는 상대, 사대 캠퍼스도 옹색하였다. 넓은 대지에서 우리는 시원하게 잘 놀았다. 그 당시 수영장을 갖춘 캠퍼스가 어디 흔하였던가! 여름방학이 다가오자 한 친구가 다이빙을 한답시고 뛰어들다 팬티가 벗겨진 일도 떠오른다. 우리가 장대로 팬티를 건져내어 흔들고 돌아다니는 동안 풀 안의 친구는 애걸복걸이 늘어졌다.

캠퍼스의 자연 혜택을 가장 잘 누린 과는 역시 조항과(조선항공학과)였다. 교내 체육대회 3년 연속 우승. 그 공신은 61학번 민계식 선배의 마라톤, 불암산 건보경기, 줄다리기 시합이라 하겠다. 고작 이십 명이 정원인 우리가 정원이 사십 명 이상인 과를 제쳤으니 그 당시 우리 과는 아주 독종과로 평판이 날 만하였다.

입학은 같은 날이어도 졸업은 뿔뿔이 제각각이었다. 그것이 초중고등학교와 대학의 차이인 것 같다. 특히 남자의 경우에는 휴학, 재학 중 입대 및 복학, 졸업 후 군복무 등으로 해서 같은 해에 함께 졸업한 동기생은 대여섯을 넘기지 못하였다. 졸업 후 진로 역시 다양하였다. 크게 분류해 보면 다음과 같다.

:: 조선 분야

- 권기일 : 대한조선공사, 삼성중공업, 신아조선
- 김창섭 : 대한조선공사, 삼성중공업
- 박봉규 : 대한조선공사, 대동조선
- 이병남 : 대한조선공사, KIST 조선 관련, 현대중공업, 인천조선, 대우조선
- 유준호 : KIST 조선 관련, 현대중공업, 국방과학기술연구소
- 정경조 : 대한조선공사, 해군기술장교, KIST 조선 관련
- 신동백 : 해사 출신으로 3학년 편입, 1981년 예편 후 대우조선, 코리아타코마
- 이의남 : 대우조선

:: 비조선 분야(국내)

1960년대는 아시는 대로 어려운 시대였고, 그 당시 공대 나오면 먹고살 길이 있다 해서 지원율이 높았던 것이 사실이다. 그러나 조선과 출신이 취직할 곳은 대한

조선공사 하나뿐이었다. 3학년 여름, 6~7명이 대한조선공사에 실습을 나갔다. 당시 그곳에는 2000톤급 여객선(신라호) 진수를 위한 마무리 작업이 한창이었다. 그곳에서 일하는 친구들에게서 급여가 하숙비 정도라는 이야기를 듣고 조선의 꿈을 접은 친구들도 있었다. 그들은 다른 분야로 진출하였다.

- 김진우 : 한국검정회사/INKOK & 고려검정
- 임동신 : 한국감정원, 감정평가법인
- 황이선 : 한국감정원, 감정평가법인
- 이동용 : 강원산업, 대우엔지니어링 & ㈜대우, 기술고문
- 고웅일 : 신진자동차, 대우자동차 및 자동차 컨설턴트
- 이의남 : 석유화학 플랜트 분야
- 정희섭 : 제일제당, 삼성중공업→ 1996년 5월 작고

:: 비조선 분야(해외)
- 김광세 : 미시간 대학 석사, 미 해상행정부
- 정경조 : 터프츠(Tufts) 대학 PHD, GTE 중앙연구소

2013년 10월, 과천에서
(왼쪽부터 황이선, 김창섭, 차정식, 이병남, 이의남,
이동용, 권기일, 임동신, 고웅일)

- 정 호 : 터프츠 대학 PHD, 미 국립 아르곤(Argonne) 연구소
- 유환종 : 독일에서 석사, 프랑크푸르트(Frankfurt) 항공기 엔진 회사 → 2010년 미국에서 작고

이병남, 정경조, 김창섭

이병남은 동기들 중에서 사실상 조선산업에 제일 먼저 투신한 인물로(정경조는 1966년 졸업 후 대한조선공사에 제일 먼저 입사하였으나 한 달 만에 해군에 입대함) 1969년 초 대한조선공사에 입사하였다가 1년 만에 KIST로 옮겼다. 동기 유준호가 시멘트 선박(Mesh Reinforced Cement Ship, MRC) 개발팀으로 오라고 한 것이 계기가 되었다.

1969년 KIST에는 유준호 외에도 정경조가 근무하고 있었다. 그들은 김훈철 선배, 석인영 선배를 모시고 사진에서처럼 시멘트 선박 개발과 조선공업 육성법 마련에 몰두하였다. 정경조는 해군 기술장교로 근무하던 시절에 이미 조선을 경험한 터였다. 1967년 해군이 북한 고속 간첩선을 서해안에서 격침시켰을 때였다. 두 동 강이가 되어 인양한 고속정을 원상, 복원하라는 박정희 대통령의 엄명이 해군공창

1969년 KIST에서 김훈철 선배, 석인영 선배와 함께한 시멘트 선박 개발

에 떨어졌는데 현장지휘 책임을 맡은 정경조와 공창 기술자들이 3개월 만에 40노트 성능으로 복원하였다고 한다. 이 일이 계기가 되어 정경조는 해군본부 근무를 거쳐 KIST에까지 가게 되었다.

한편, 유준호와 이병남은 25톤급 시멘트 어선을 홍릉 과학기술연구소(KIST) 마당에서 만들어 인천 부두까지 운반하였고, 당시 김학렬 부총리 부인이 테이프 커팅까지 하였다. MRC 사업계획에 따라 헌신하였던 유준호는 1971년 중반 KIST를 떠나 현대중공업에 초창기 멤버로 합류하고, 이병남은 1972년 중반에 유준호와 같은 길을 걷는다. 그 이듬해 이병남이 1년 근무하고 떠난 대한조선공사에 김창섭, 그다음 해에 권기일과 박봉규가 입사하였다.

당시 조선업은 시장으로나 능력으로나 미미하였으며 그 명맥을 유지해온 것은 선박 건조에 취미를 가졌거나 조선에 긍지를 갖고 계시는 분들이라는 것을 알았다. 5,6개월씩 봉급을 못 받아도 후배 사원이 들어오거나 실습 후배들이 오면 자비로 술 사주고 밥 먹여주는 선후배와의 정이 있었고, 공원과 사원 간의 관계도 대단히 친밀하였다. 공원은 급여를 제때에 받았으나 사원은 그렇지 못하여 항상 쪼들리는 생활이었다. 선배는 점심시간이 되면 슬그머니 자리를 비워야 했다. 공원이 여유 있게 싸온 점심을 같이하자고 해서다. 그것도 한두 번이지, 그래서 찾는 곳이 건조 중인 배의 밑바닥이었다. 그곳은 시원하고 한적하며 편안하였다. 그곳도 영원치 못하였으니 검고 힘이 좋은 바닷가 모기들의 항의에 물러나야 했다. 이러는 와중에 선배와 공원과의 관계는 돈독해지고 회사에 대한 경제적인 것도 잊고 열심히 일에 열중할 수 있었다.

_김창섭

김창섭은 삼성중공업 미국 지사장으로 근무하다가 자녀교육 문제로 영주의 길을 택하였고, 권기일은 신아조선까지 조선 분야에 20여 년을 바쳤다. 그 두 사람에게는 대한조선공사에서 겪은 각고가 초창기의 삼성중공업, 신아조선의 초석을 다지는 데 모퉁이 돌이 되었다.

이병남은 현대중공업에서 11년을 근무하였다. 그가 치중하였던 조선소에서의 담당 업무는 제도개선과 생산관리였다. 그가 담당하였던 업무가 궤도에 오르자 그는 1979년에서 1982년까지 계열사인 경일요트를 맡아서 운용하였으며, 다음은 그 시절 그의 회고담이다.

우리나라 첫 번째 요트를 수출했던 일, '파랑새 호' 최초 태평양 횡단 성공(1980년 8월 3일)이 기억에 남는다. 노영문, 이재웅 두 사원이 81일 만에 현대조선 안벽에서 법무부 출입관리국의 허가를 받고 출발하여 태평양을 건너 LA에 도착한 것이다. 이 때의 어려웠던 환경을 생각하면 가슴이 뭉클하다. FRP어선을 개발하여 해태 채취선 (1톤)과 수해복구용으로 각종 어선 100척을 건조하였으며, 완도군·영광군·강화군 어로지도선 등을 건조, 보급했다. 이후 어선 개발에 대한 일체의 정보를 선박연구소에 제공했다. 경주 보문호텔 보문호에 유람선 백조호를 진수하고 그 후 전국 유람지에 수많은 배가 보급되었다. 어선 보급을 위하여 국내 해안선을 따라 두 번이나 포구마다 다녔던 일, 선박용 구명보트(lifeboat)를 국산화한 일, 해외사업으로 사우디아라비아 알코파, 제다 아파트 단지의 물탱크를 시공하기도 하고 삼호건설 리야드 IC 거푸집을 시공하기도 했다. 1982년 4월 13일에 다시 현대중공업 생산관리실로 발령받기 전까지 시대가 어지럽고 어려울 때 동분서주로 희망을 갖고 뛰었다.

_이병남

이후 1985년부터 이병남은 대우조선공업에서 생산관리를 전담하였다. 당시 그는 조선 생산관리기법을 대우조선에 접목하려 노력하였으나, 경영계층 개편 등으로 혼란이 가중되는 등 어려움을 겪었다. 담당 중역으로서 조선공업을 지켜야 한다는 사명감 없이는 감당키 어려운 시기였다. 그 후 도장공장 담당 상무로 전보되어 도장공정(Painting)을 정상화하던 중 불의의 대형 화재사건으로 아픔도 겪어야 했다. 이병남은 1987년, 2년여 대우조선 생활을 끝내고 옥포를 떠났다. 그 후 울산 지역의 조선 관련업체 임원을 거쳐 현재는 강원도 광산 개발에 투신하고 있다.

이병남이 인천조선 1년을 거쳐 1985년에 대우조선에 생산관리 담당 임원으로 초빙되던 1984년 초에 이미 와 있던 동기 이의남과 그전에 와 있던 동기이자 동문인 신동백 형과 만나게 되었다. 우리가 신동백 동기를 동문이라고 부르는 것은 1960년에 이미 해군사관학교를 졸업한 선배로서 해군 장교 신분으로 1964년도에 조선과 3학년에 편입하여 1966년에 우리와 같이 졸업하였기 때문이다.

나이가 형뻘인 신동백은 우리와 격의 없이 어울렸다. 막걸리를 즐겼고 공부도 열심히 하고 숙제를 미처 하지 못한 동문도 잘 도와주었다. 그는 진해에서 올라온 총각이었는데 얼마나 급했던지 편입 첫해에 이대 교육과 2년생과의 야유회 미팅에서 파트너였던 젊고 예쁜 여학생과 결혼(1967년)을 하였다. 그 후 1968년부터 1972년까지 MIT 공대에서 미 해군 장교들과 13A 과정인 해군 함정 설계와 건조 분야를 공부하고 조선해양공학 석사를 마친 후 귀국하였다. 자주국방 사업의 일환으로 최초의 해군 40노트 알루미늄 중형 유도탄 고속정 PSMM(Patrol Ship Multi-Mission, 일명 PGM이라고도 함)의 건조를 위하여 1975년까지 미국 타코마에서 대한민국 해군 함정 건조 감독관으로 근무하고, 귀국 후 마산 타코마 조선소의 해군 PSMM 자매함 건조를 감독하였다.

신동백은 해군본부 조함과장 및 조함실장을 역임하면서 한국형 중형 고속정 PKM과 한국의 코르벳(Corvette) 경비함인 KCX급함(천안함급 전신임) 및 해군사관학교에 배치된 이순신 장군의 거북선 복원사업 추진 등 자주국방 해군 건설에 매진한 후 1981년 해군 대령으로 예편하였다. 그는 대우조선 특수선(군함)본부를 창설하여 본부장으로 약 6년간 봉직하면서 해군 함정과 해양경찰 경비함 등을 설계, 건조하여 현 대우조선해양의 특수선 본부의 초석을 이루었다.

신동백은 이병남과 대우조선에서 다시 조우하여 형님 아우하며 지냈다. 이의남과는 그 넓은 대우조선의 끝과 끝에 위치하여 자주 만나지는 못하고 임원회의에서 얼굴을 대하곤 하였다. 그 후 6년간의 거제도 생활을 청산하고, 1986년부터 1988년까지 마산 타코마 조선회사의 영업본부장 전무로 재직한 후 1989년부터 개인 사업을 하다가 1992년 말에 캐나다로 이민을 떠났다.

그의 서울공대 조선공학과 편입은 곧 대한민국 해군의 자주국방과 한국형 함정 건조의 기틀을 쌓게 된 시발점이 되었고, 많은 해군사관학교 선후배들의 칭송의 대상이 되었다. 이후 많은 해사 출신 장교가 서울공대 조선공학과에서 교육받음으로써 훌륭한 해군 조함장교로 자리 잡았다. 이는 대한민국 해군의 군함을 국내에서 설계, 건조하게 된 결정적인 토대를 마련하는 계기가 되었으며, 앞으로 해군 조함과 우리 진수회의 끈끈한 고리는 영원히 발전하고 빛나리라 믿는다.

이의남

이병남이 대우조선을 떠난 1년여 후 이의남도 대우조선을 떠났는데, 그가 조선과로 진학하게 된 동기에는 사연이 있다. 부산고 전 학년 수석을 두 번 하였고 고교 때 〈학도주보사〉 문예 콩쿠르에 고등부 소설 1등 당선(심사위원장 김동리 선생)도 해서 문과를 지망할 줄 알았는데 공대, 그것도 조선과를 지망해서 주위에서 의아해했다. 그러나 그는 교실 창밖으로 보이는 부산항 전경을 바라보면서 조선의 꿈을 키웠다. 군복무 후 1968년 4학년에 복학한 그는 어느 날 복도에서 동기 유준호와 마주쳤는데, 유준호가 임상전 교수님으로부터 제안받은 진해화학을 그가 지원해서 가기로 하였다. 그 길로 이의남은 진해화학, 울산 석유화학공단 초창기, 여천 석유화학공단 초창기를 거쳐 현대양행(두산중공업 전신)에 이르렀다. 당시 정인영 회장은 중화학산업의 메카로 삼고자 창원에 100만 평 규모의 공장을 짓고 있었다. 한국 최초로 정유시설 핵심 화공기기들(GS 칼텍스, NO.2 Crude Oil Unit)을 수주, 제작하여 납품하는 등 보람찬 날들을 보내고 있었는데 정 회장 형제 간에 싸움이 벌어져 현대양행이 하루아침에 박살나자 중동 플랜트 공사 현장 소장으로 나갔다가 1984년 초에 대우조선 플랜트 해양본부로 들어갔다.

당시 조선산업은 궤도에 올라 있었으나 해양 플랜트는 시행착오의 만신창이였다. 육상 플랜트와 해상 플랜트의 차이는 남대문시장의 기성복과 명동 맞춤양복의 차이였던 것이다. 악전고투 끝에 그는 기자재의 최초 국산화와 통상 수백만 불에서 천만 불에 이르는 클레임을 제로 클레임(Zero claim)으로 끝냈다. 1987년 플랜트 해양본부장으로 극심한 노사분규를 겪은 이의남은 CEO의 수습책에 동조할 수 없어 이듬해 옥포를 떠나 플랜트 시공업체를 오래 운영하다가 2013년 말에 은퇴하였다.

박봉규, 권기일

박봉규와 권기일은 그 이듬해인 1971년 초 대한조선공사에 공채 1기로 입사하였다. 박봉규는 인천항 갑문공사(5만 톤 1기와 1만 톤급 1기)의 프랑스 설계회사의 오류를 지적해 현재의 완전한 갑문으로 시공하는 데 기여하였다. 박봉규가 먼저 대동조선(STX 조선 전신)으로 스카우트되어 떠났고, 김창섭과 권기일은 2만 톤급 벌크 운반선(Bulk Carrier)과 석유제품 운반선(Product Carrier) 여러 척을 진수하는 데 제 몫을 하였다. 권기일과 김창섭은 삼성중공업 초창기에 스카우트되는 과정에서 대한조선공사로부터 고소를 당하기도 하였다.

1970년대 전만 해도 조선과 출신이 갈 수 있는 조선소로는 대한조선공사가 유일하였고, 그곳마저 불황으로 채용이 없어 다른 진로를 택하기 일쑤였다. 우리가 졸업한 1971년에 대한조선공사에서 최초로 신입사원을 공개 모집하여 대거 40명을 뽑았는데, 나도 동기생 박봉규와 함께 입사하였다. 돌이켜보면 대한조선공사의 공채는 한국 조선업이 도약을 시작하는 신호탄이 아니었나 싶다. 당시 회사 사정은 오랜 수주 가뭄을 해결하고 새로운 활로를 모색하고자 범양상선으로부터 1만 8000톤급 벌크선을 수주하여 건조 중이었는데, 이는 후일 미국 걸프오일 운송회사로부터 2만 톤급, 3만 톤급 석유제품 운반선을 수주받아 건조하는 발판으로 삼기 위한 것이었다.

선주는 수주가 부족하거나 실적이 아쉬운 조선소에 주문을 낼 때 낮은 선가와 까다로운 시방서, 엄격한 납기를 제시하기 마련이다. 범양상선도 당시 국내 조선소에서 건조 경험이 없는 1만 8000톤급 벌크선을 발주하면서 매우 까다로운 건조 감독을 행사했고, 우리로서는 선주 요구에 부응하지 않을 수 없는 입장이었다. 벌크선 건조 이후 이어진 걸프오일 운송회사의 석유제품 운반선 건조 과정에서도 역시 혹독한 실습을 해야 했다.

선박 건조 일선에서 50학번 전후의 과장급 선배님들께서 진두지휘하시면서 많은 고생을 하셨고, 우리 동기생도 불철주야 열심히 일조했다. 모두 보람을 느끼며 혼연일체가 되었다. 그 당시 1만 8000톤급 벌크선의 건조는 획기적인 일이어서, 벌크선의 진수 장면이 영화관 '대한뉴스'의 오픈 화면으로 오랫동안 방영되었다. 그 장면을 볼 때마다 우리는 조선입국의 길에 동참하였다는 뿌듯한 자부심을 느꼈다.

바다로 미끄러져 가는 그 배에 기본설계를 맡은 동료들과 함께 진수 요원으로 승선할 때는 남다른 감회를 느끼기도 했다. 난관을 겪으며 완공을 보게 된 선박은 무사히 선주에게 인도되었다. 냉혹한 지적을 일삼던 선주 측이 크게 만족했다. 혹독한 수업을 통하여 우리는 이제 본격적인 수출 선박 건조, 조선입국의 길을 열게 된 것이다.

_권기일

대동조선으로 파격적인 대우로 스카우트된 박봉규는 영업, 섭외, 자재조달 1인 3역으로 뛰다가 코오롱중공업에 4년간 몸담는다. 그 후 1980년대 후반에 개신교의 목회자가 되었다. 아들 몇 중에 한 명은 꼭 목사가 되어야 한다는 그의 어머님의 소원이 이루어진 것이다. 박봉규는 대한예수교장로회 총회 총무 2회, 한국장로회 총연합회 총무, 백석대학교 겸임교수 등, 선풍을 일으키는 부흥회 스타일 목회자가 아니고 신학자의 면목을 겸비한 정통 목회자의 길을 걷고 있다.

유준호

1971년 초, KIST에서 현대중공업으로 자리를 옮겨 울산으로 내려갔다. 그곳에서 일본 조선업계에서도 불가능하다고 생각하였던 VLCC 유조선 건조를 성공적으로 마친 후 국방과학기술연구소로 옮겨 6개월을 근무하다가 1976년 말쯤 캐나다로 사업 이민을 떠났다.

한쪽에선 공장을 건설하고 한쪽에선 배를 건조하는 현대조선 초기, 이 과도기의 와중에서 기본설계과를 조직하고 과장직을 맡았다. 목표는 26만 DWT VLCC 유조선을 기한 내에 오나시스 그룹에 인도하는 것이다. 어떤 상사는 조선공학 전공자가 없는 조선소만 많이 보았는지, "설계도면을 다 사오는데 왜 기본설계가 필요해?"라고 했지만, 장비와 자재가 바뀌고 무게, 위치, 부피에 변화가 생기면 설계 조정은 누가 하는가? 또 시운전은 누가 하고, 인도할 때 기본도면과 사양서 등은 누가 작성해서 바치는가? 이렇게 갖가지 갈등은 있었지만 우리는 치열하게 작업에 들어갔다. 거창한 말로 표현해 한국 조선업의 새 역사가 드디어 열린 것이다. 기본설계는 순수 조선공학에서 중추역할을 맡았는데, KIST에서 대형 유조선의 공부와 영국에서 이 배를 직접 설계한 팀들에게 충분한 연수를 받은 것이 큰 도움이 되었다.

일에 파묻혀 계절이 바뀌는 줄도 모르고 시간이 물처럼 흘러갔다. 많은 사람들, 그중 나도 하나였다. 마침내 땀과 열 속에 도크(Dock) 안에는 전장 300미터가 넘는 유조선 1호, 2호의 거대한 몸통이 위용을 과시하였다. 보람을 느낄 때도 있었고 향수병으로 시름에 잠길 때도 있었다. 또 이놈 저놈 때문에 숱한 욕을 얻어먹을 때도 많았다.

_유준호

임동신

여러 가지 사정으로 대한조선공사에 가지 못한 동기생들은 유학의 길을 택하거나 국내 각 산업 분야에 취업하여 각자의 길을 걸었다. 한국감정원이 설립된 1969년부터 산 증인이 되어온 임동신이 그중 하나이다.

1960년대 우리나라의 산업 구조는 1차, 2차, 3차 산업이 37:20:43으로 농업이 주력산업이었고, 1968년 수출은 4억 불, 수입은 14억 불로 무역적자가 10억 불 수준이었다. 첫 직장은 작고하신 임 교수님께서 추천하신 한국해상보험 공동사무소였다. 조선과 출신이니 당연히 대한조선공사를 택해야 했지만 졸업 당시의 대한조선공사는 졸업생들을 적극적으로 유치할 조건을 갖추지 못했다. 당시만 해도 보험산업은 시장 규모가 작았으며 국내 보험회사는 고작 10개사였다. 대부분 화재보험과 해상보험을 겸해서 영업을 했지만 경영은 매우 어려운 시절이었다. 보험업계는 자구책의 하나로 해상보험만을 모아 공동사무소로 운영하고 있었다. 그리고 정부로부터 손익을 10등분하는 방안을 승인받아 1962년 한국해상보험 공동사무소가 출범하였다.

그렇게 취업한 후 회사에서는 보험업의 본거지인 영국의 로이드(Lloyd)로 유학을 권했고 나 역시 그에 동의하여 수속 준비 중에 있을 때 갑자기 정부에서 공동사무소의 해산을 지시했다. 직원들은 모두 자신이 소속된 본사로 복귀하였으나 나는 공동사무소에서 채용한 탓으로 하루아침에 길 잃은 양이 되어 버렸다. 입사한 지 4개월 만의 일이었다.

그해 11월에 먼저 제일은행에 입사한 황이선의 권유에 따라 선박 기술자로 담보물 평가 업무를 맡게 되었다. 당시는 경제개발 1, 2차 계획이 강력하게 추진되었고 전통적인 농업 중심의 산업구조가 제2차 산업으로 점차 개편됨에 따라 선박의 평가 업무도 종래의 금융기관의 여신 업무에 부수된 지위에서 벗어나 독립성과 전문성을 갖춘 직종으로 인식되고 있었다. 결국 국가경제 발전과 국민생활 합리화에 기여해야 할 시대적 요청으로 정부는 1969년 4월 정부, 한국산업은행 및 5개 시중은행(조흥은행, 상업은행, 제일은행, 한일은행, 서울은행) 등이 공동 출자하는 상법상의 '주식회사 한국감정원'을 발족하였다. 나는 자연스럽게 한국감정원으로 옮기게 되었고 그곳에서 선박과 항공기 그리고 기계공장의 평가 업무를 전담했다.

한국감정원은 시간이 흐름에 따라 점차 경제계의 인정을 받게 되었고 정부에서도 중요한 국책사업에 수반된 업무의 평가를 의뢰하여, 내가 소속한 기업감정 분야는 주말이 없을 정도로 일에 파묻게 되었다. 지금 돌이켜보면 외국에서 한강의 기적으로 대변되는 우리나라의 압축 성장이 바야흐로 시작될 무렵이기도 했다.

_임동신

그가 맡았던 감정평가 업무 중의 백미는 KBS 분리독립을 위한 자산평가 업무였고, 그 평가와 관련하여 감정평가사제도가 탄생하는 계기가 마련되었다. 임동신은 2013년 말에 감정평가 업무는 접었지만 오랫동안 해오던 육영재단 일을 계속하고 있다.

황이선

황이선은 제일은행에서 출발하여 한국감정원 등에서 일하였다.

"이 서류 한번 검토해 봐."

상급자에게 서류를 받고 순간 깜짝 놀랐다. 우리나라 최초의 수입 공모선(工母船)인 '신흥호'의 담보 대출을 위한 감정을 해야 했기 때문이다. 그것도 이제껏 국내에서 보지 못했던 8000GT급이었다.

지금 생각하면 그럴 만도 했다. 조선항공과를 졸업하고, ROTC 전역 후 1967년 11월 당시 제일은행에 입행한 지 얼마 되지 않았을 때의 일이다. 당시 금융기관에서는 담보 평가금액 결정을 위한 감정부서의 요원이 필요하였고, 그때 서울공대 전기과, 건축과 출신들과 함께 내가 당시 임 교수님의 추천으로 입사한 지 불과 수개월 후에 발생한 일이었기 때문이다.

게다가 당시 우리나라에서 운항 중인 선박은 대부분 소규모 소형 어선과 소형 화물선이 주종을 이루고 있었다. 또한 대학 재학시절에 배운 것이 선박 설계였고, 평가금액을 산정하는 것에는 문외한이었다. 아울러 국내에는 선박 감정평가를 위한 이론과 기법 역시 전무한 상황이었다. 이는 우리나라의 모든 금융기관 담당자나 조선업계 종사자도 마찬가지였을 것이다.

조직에서 임무를 부여받으면 반드시 해내야 하는 법. 먼저 선배님들을 찾아 나서기 시작했다. 당시 상공부(현재 산업자원부)에 재직 중인 구자영 선배님을 찾아 선박 관련 자료 협조를 요청하였으나 기대에 미치지 못하였고, 산업은행 기술부에 근무 중인 김영 선배님을 찾아 선박 평가자료와 평가기법을 문의하였으나 선박의 규모나 선종(船種)이 본건 평가에 적합하지 않았다.

결국 관련 자료를 수집하려면 직접 나설 수밖에 없었다. 산업은행에서는 선박을 담보평가할 때 선체, 기관, 의장품으로 분류하여 평가한다는 점에 착안하여 항목별로 자료 수집을 시작하였다. 선종이나 기관 등 평가와 관련된 자료는 해양과 수산 관련 대학교재 등을 참고하였고, 선박 인수 당시의 수산회사와 공무감독의 자문을 받은 것으로 기억난다. 그 당시에는 법정비품 중 선박 내 항해, 통신, 어로설비 등 고가인 것만을 의장품 목록으로 작성하였고, 나머지 법정비품은 첨담보물(별도로 담보 목록을 첨부하여 설정)로 평가하여 마무리하였다. 우리나라 최초의 공모선인 '신흥호' 감정평가는 내가 감정평가 업계에 뛰어들어 완성한 첫 작품이라 하겠다.

한국감정원에 입사한 뒤 서울에서 근무한 지 얼마 되지 않았을 즈음인 1971년 11월경, 가정형편상 지방 근무가 곤란한 입사 동기 한 명이 부산으로 전보발령이 나자 내가 자원해서 부산으로 내려가 제2의 감정평가 생활을 시작하게 되었다. 부산은 수산업, 항만업 등 해양 관련 분야와 목재산업이 도시경제를 선도하고 있었지만 나는 부산에 연고가 전혀 없는 상황이었다. 기껏해야 대한조선공사(현재 한진중공업)에 근무 중인 선배나 동기 몇 명이 있을 정도였다.

한국감정원 부산 지점으로 발령을 받고서도 선박 감정평가와 사업체(공장) 감정평가는 항상 나의 몫이었다. 부산 지점에 발령받아 처음으로 감정한 선박이 바로 동원수산에서 도입한 참치 독항선(獨航船) 2척이었다. 감정평가는 성공적으로 이루어졌고, 후일에 동원수산의 원양어업과 국내 수산업계 발전에 조그마한 도움이 되었으리라 생각한다. 이후에도 부산과 여수를 오가는 엔젤호 등의 여객선, 일본과 동남아를 운항하는 각종 화물선, 벌크선, 명태잡이 트롤어선을 비롯한 각종 어선 등 다양한 선박 감정평가를 수행하게 된다.

조직생활의 과정에서 좋은 일만 있으면 좋겠으나 나쁜 일도 있게 마련이고, 이 과정에서 조직의 관리자로서 불미스러운 문제를 해결해야 하는 경우도 적지 않았다. 한국감정원에서 오랜 기간 근무하였고 영남 지역 본부장으로 재직할 때까지 조직 전체의 궂은일을 항상 도맡아 처리했던 기억이 난다. 이러한 인연으로 대외적으로 부산·경남 지역의 많은 정·관계 인사들과 교류하게 되었으며, 이 과정에서 도움을 주신 분들의 생각이 주마등처럼 뇌리를 스치고 지나간다. 항상 고맙고, 보고 싶은 분들이다.

_황이선

김진우

감정업무와 성격이 비슷한 검정업무(INKOK & 고려검증)에 20여 년 근무하다가 1992년 미국으로 이민 가서 체신부 공무원으로 현재까지 근무 중이다.

이동용

1968년 광산기계 제조업체인 강원산업(후에 인천제철에 통합)에 입사해서 10여 년을 각종 광산기계의 설계, 제작에 종사하였다. 그중에 처음으로 국산화한 대형 환풍기도 있었는데 그는 성공담보다 실패담만 소개하는 겸손함이 몸에 밴 것 같다. 그 후 대우엔지니어링에 입사하여 대우-배브콕(BABCOCK) 설립에 따라 보일러(Boiler) 사업을 비롯해 ㈜대우 르망(Lemans) 자동차 기술 도입 등에 참여하였다. 그 당시는 모든 분야가 한 걸음, 한 걸음이 힘들던 시절이었다.

수백 미터 깊이의 수직과 수평 갱도 및 지상에서 쓰이는 다양한 광산설비의 설계 경험 중에서, 지금도 기억에 남아 있는 큰 실수를 두 가지만 기술하고자 한다. 광산에서 갱도 끝에 설치하여 갱도의 통풍에 쓰이는 환풍기는 작은 것의 직경이 1.8미터 정도인데, 그때는 이를 모두 외국에서 수입했다.

그런데 영풍광업㈜에서 강원산업㈜에 이 환풍기 제작을 의뢰하여 마침 내가 환풍기 설계를 맡았다. 환풍기의 날개를 알루미늄으로 제작하도록 설계했는데, 이를 제작 완료하여 영풍광업의 설치 현장에서 시운전하는 순간 그 날개가 모두 박살이 났다. 이유는 날개들이 모이는 접속부가 약해 원심력을 충분히 견딜 수 없었기 때문이다. 그곳을 철심으로 보강하여 주조하는 방식으로 다시 제작했다.

또 한 가지 실수는, 광차의 차축을 설계했는데 바퀴를 끼우는 부위의 길이를 4밀리미터(?) 짧게 하는 바람에 일어났다. 나는 그 축을 400개나 폐기 처분했다(이때 나는 두 번 다시 설계는 하지 않겠다고 다짐했다). 강원산업에서의 선박에 관한 경험은, 선박의 앵커와 체인(당시 현대중공업에서 최초로 26만 톤 원유 운반선을 막 건조한 시기)을 제작(주강 및 단조)할 목적으로 일본으로부터 자료를 받아 타당성을 검토한 경험이 있었는데, 사업성이 없다는 결론에 도달했다.

또 하나 떠오르는 것은 일전에 한강에서 모래를 채취하는 준설선의 추진기 스크루(screw)를 설계하기 위해 당시 대한조선공사의 김응섭 선배(61학번)에게서 스크루 도면작성 기법을 배운 기억이 있는데, 이것은 후에 사무기기용 냉각 팬(fan)의 설계에 큰 도움이 되었다.

_이동용

고웅일

고웅일은 다른 산업처럼 걸음마 단계에 있던 4대 중화학공업의 하나인 자동차 산업에서 능력을 발휘하였다. 그는 신진자동차, 지엠 코리아(GM-Korea)와 대우자동차를 거쳐 한국 자동차 산업화에 오랫동안 기여하였다. 부평공장에서 도요타(TOYOTA)의 코로나(CORONA) SKD(Semi Knock Down) 조립생산에서부터 대우자동차의 여러 차종을 출시하기까지의 중요한 역할을 하다가 대우국민차 창원공장에서 국내 최초로 경자동차(연산 24만 대 규모의 티코, 다마스, 라보) 건설 프로젝트를 1991년에 끝내고 약 1년간 총괄책임자로 공장 운영을 하였다.

그 후 1996년부터 인도 현지 공장건설 총책임자로 부임하여 총투자비 7억 5천만 USD에 해당하는 프로젝트를 수행하게 되었다. 당시 인도는 사회주의 체제에서 막 벗어나 시장을 개방한 단계라 예상치 못한 각종 규제와 문화의 차이를 극복하는 데 모진 고생을 하였다.

　부임 전에 선적된 1차분은 나무로 포장한 약 1600박스에 상당하는 설비로, 뭄바이 항에 우기철인 6월 중순부터 도착하기 시작했다. 그러나 사회주의에서 자본주의로 개방한 초기라 인도 정부의 승인 지연과 통관 지연으로 상기 엔진/트랜스미션 등 생산용 고가 정밀설비가 3~4개월 항구에 방치되었다. 인도 최대 항구인 뭄바이 보세구역의 관리 상태는 믿을 수 없을 정도로 허술했고, 미숙한 관리체계 때문에 하역된 설비가 파손되고 도난당해 약 7백만 USD에 상당하는 수리비가 들어갔다.
　이를 계기로 2차 이후의 설비는 뭄바이 항에서 통관하지 않고 뉴델리 인근 공장의 보세창고에 허가를 받아 하역했다. 그것을 약 1500킬로미터 떨어진 공장 내 보세지역으로 운송하여 부두 내에서의 파손을 미리 방지했다.

_고웅일

　고웅일은 대우 인도공장을 완공하고 정상 생산할 때까지 운영하다가 대우그룹 해체와 같은 시기인 1999년 말에 30여 년을 지켜온 회사를 떠난다. 그 후 자동차

대우 창원공장 준공식
(왼쪽부터 김종필 전 총리, 김우중 회장, 김영삼 전 대통령)

관련 글로벌 엔지니어링 컴퍼니(Global Engineering Company)에서 수석고문(Chief Consultant)으로 재직하다가 2012년 초에 은퇴하였다.

정희섭

지금도 생각하면 그리운 친구가 바로 정희섭이다. 그는 서글서글한 눈매에 항상 미소를 잃지 않고 매사를 긍정적으로 받아들이는 성품이었다. 재학 중 운동을 좋아해 공대 야구부에서 활약하다가 졸업 후 제일제당에 입사하였다. 그 후 삼성중공업으로 옮겨 현장에서 중장비, 플랜트, 조선사업 분야를 취급하며 조직의 상하에서 기대와 신망을 받고 일하다가 삼성중공업 동경 사무소 소장으로 발령을 받았고, 현지에서 과로로 갑자기 별세하였다. 항상 친구들의 입장에서 생각하고 친구들의 어려움을 고민하던 그를 생각하면 지금도 가슴이 먹먹해진다. 어찌하여 하늘은 착하고 선한 사람을 먼저 부르시는지 모르겠다.

김광세, 정경조, 정호

1969년에 김광세, 정호 두 사람이 미국 유학길에 나섰다. 김광세는 미시간 대학에서 석사 과정을 끝내고 미 행정부에서 조선 및 해운장비 관련 업무에 오래 종사하였다. 1년여 한국 파견 근무 중에는 친구들과 어울리기도 하였으며, 현재도 미국 국록을 먹고 있다.

정경조는 조선공업 발전 10개년 계획 프로젝트가 끝난 1971년 초에 KIST을 떠나 해리 최(Harry Choi) 박사의 추천으로 보스턴 외각에 있는 터프츠(Tufts) 대학 대학원에 입학하였다. 5년 후 기계공학으로 박사학위를 받고, GTE 중앙연구소에서 6년간 책임연구원으로 근무하였다. 그의 유학에는 1년 먼저 터프츠 대학으로 유학 갔던 정호의 도움이 있었다. 어린 시절부터 독실한 개신교 신자인 정경조는 1984년 신학교에 입학하여 보스턴 근교에서 지금까지 목회자의 삶을 살고 있다.

국내파 박봉규와 같은 케이스이다.

정호는 정경조와 같은 터프츠 대학에서 박사학위를 받고, 조선공학과 기계공학을 공부하였지만 원자력공학 분야에서 약 30년간 차세대 원자로 개발연구를 미국 '국립 아르곤 연구소'에서 해왔다. 이 연구소는 엔리코 페르미(Enrico Fermi)가 인류 역사상 최초의 원자력 핵분열 실험을 성공한 업적을 기념하여 시카고 대학에 세운 연구소이다.

> 현재까지 서울대 조선공학과 출신으로는 유일하게 재미 과학기술인협회와 미국기계공학회의 원자력공학회 및 압력용기공학회의 회장을 역임하였으며, 그동안 한국조선해양연구원, 한국원자력연구원, 삼성중공업 등 다양한 한국 기관들의 자문 및 연구 사업에 협조하였다.
>
> _정호

정호는 2011년 한국 정부의 해외 고급 과학 기술자(Brain Pool) 초빙 케이스로 42년간의 미국 생활을 접고 귀국하여 현재까지 3년여 동안 KAIST의 기계공학과, 인문사회학과, 해양시스템 공학과, 그리고 원자력 및 양자공학과에 재직하면서 해양 수송용 LNG 탱크의 개발, 원자력발전소 중대 사고 후의 방사능 대기 유출 방지 연구개발에 참여해 왔고 한국에너지기술평가원(KETEP)의 국책연구 개발사업의 자문을 해오고 있다.

그리고 다분히 폭넓은 그의 공부와 경력을 활용하여 두 융합과목, 즉 '해양원자력공학' 대학원 과목과 학부생을 대상으로 한 교양과목 '과학과 음악'을 개발하여 KAIST에서 강의하고 있다. '과학과 음악' 과목은 그의 기계공학 분야의 전공이 '진동(Vibration)'과 '음향학(Acoustics)'이었고, 세계 최고의 피아노 제작회사인 스타인웨이(Steinway & Sons)의 시카고 지역 스타인웨이 콘서트 아티스트 디렉터(Steinway Concert and Artist Director)와 시카고 스타인웨이협회(Chicago Steinway Society) 회장을 지낸 경력과도 연관이 있다.

KAIST '해양원자력' 과목 수강생들과 함께(2013년 9월, 앞줄 가운데가 정호)

　클래식 LP 디스크 4000매, CD 2000장, 그리고 DVD 1000매 이상을 소장하고
있는 그는 2013년 공대 62학번 연말 총회에서 마련한 '과학과 음악' 강연에서 음악
문외한들까지도 감동에 겨워 놀라게 했다.

유환종

　독일로 유학 가서 프랑크푸르트 인근에 있는 항공기 엔진제작회사에서 근무하
였고 그 후 미국에서 2010년에 작고하였다는 소식만 들었을 뿐이어서 동기생들이
애석해하고 있다.

18회 졸업생(1963년 입학) 이야기

63학번 동기 대표

1963년 조선항공학과 입학생 20명 중 14명이 조선공학 전공이었는데 도중에 군입대 등으로 갈려 1967년 정시졸업은 7명이었다. 졸업 후 14명 중 8명의 동료가 조선산업에 오래도록 봉직하였고, 조선공학 교수가 1명, 유학하여 기계 분야 과학자로 진출한 동문이 2명, 자동차 산업 및 기계 분야 종사자가 2명, 엉뚱하게도 나머지 1명은 화훼계의 서양난 전문가가 되었다.

많은 친구가 우리나라 조선산업의 태동 초기부터 찬란한 꽃을 피울 때까지 젊음의 힘과 정열을 쏟아 전공 주역으로서의 직간접적인 역할을 무난히 하였다고 자부한다. 특히 우리 중에 현대중공업의 사장직에 올랐던 조충휘 동문과 선박용 창문을 만들기 시작해 동종 업계에서 세계 최대 제작업체를 이룩한 김경일 동문이 있어 한층 더 자부심을 느끼게 한다. 정원 30명의 금속공학과와 1학년 때 합반하였던 연유로 50년간 계속 반창 모임과 함께하며 유대를 쌓아가고 있다. 아래 14명 동지들의 면면을 요약해본다.

권영중 서울대 강사와 육사 교수(군복무)를 거쳐 울산대 교수로 근무하였고 현재는 명예교수로 있다. 영국의 뉴캐슬(Newcastle) 대학교에서 박사학위를 받았으며, 이와 관련한 연구결과가 선박 시운전 해석용 국제법에 3건이 채택되었고, 아울러 최다 저술 교수이다. 그동안 연구 발표한 건수는 국내 58건 및 국외 20건 등 총 78건이 있다. 홍조근정훈장, 대통령 표창, 울산광역시 과학기술인상(연구대상), 대한조선학회 공로상 등 다수의 상훈 경력이 있다.

김경일 대한조선공사와 삼성중공업에 근무하였으며, 조선소 퇴직 후 선박 기자재 업체인 정공사를 설립, 운영 중이다. 어려웠던 시절에 선박용 창문 제조사업에 투신하여 온갖 난관을 극복하면서도 조선소들의 사업 확대에 보조를 맞춰 동반 성장하여 세계 최대 제작업체로 성장하였다. 모교 조선해양공학과의 학술기금과 장학기금으로 각 1억 원씩 총 2억

원을 출연하였고, 1991년에 동탑산업훈장을 수훈한 바 있다.

김정호 현대중공업과 선박연구소를 거쳐 조선공업협회와 조선기자재공업협동조합에 근무하였다.

박승균 대한조선공사를 거쳐 현대중공업 설계 담당 전무로 근무하였다. 삼성중공업과 STX에서 기술고문으로 근무, 조선학회 산하 선박설계연구회를 창설하여 초대 회장에 역임하였다.

박창순 대한조선공사에서 퇴임한 뒤 노르웨이의 유명 브로커(Broker) 회사에서 근무하였다.(작고)

위재용 대한조선공사와 선박연구소에서 근무하였다. 청춘시절에 한때 선원이 되어 승선 생활도 하였다.

이경환 대한조선공사, 현대중공업을 거쳐 한국해사기술(KAMAC)에 근무하였다.

조충휘 산업은행 기술부를 거쳐 1976년 현대중공업에 입사하면서 조선계에 몸을 담았다. 다년간 방콕, 다카, 뭄바이 등 동남아의 열악한 시장 개척에 수훈하였고 선박 시장의 가장 큰 중심인 런던 지점에서 대량 수주의 바탕을 마련한 최고 수준의 영업맨이었다. 귀국 후 영업 총괄과 조선사업 본부장을 거쳐 사장으로 부임한 후 경영 혁신과 기술 개발에 정진하였다. 현대중공업 퇴임 후 컨설턴트(Consultant) 사를 운영하고 있다.

주광윤 대한조선공사와 삼성중공업을 거쳐 대동조선(STX 전신)에서 근무하였다.

배영길 신진자동차(대우자동차 전신)와 대우중공업에서 근무하였다.(연락 두절)

임용웅 신진자동차, 아시아자동차와 대우중공업 및 대우정밀에서 근무하였다.

조현우 무역회사에서 근무하다가 화훼계의 서양난 전문가로 변신하였다. 종자, 모종, 작품의 국제 딜러(Dealer)로 활약하고 있다. 자칭 서울공대 원예과 출신이라고 우스개 소개를 하는 위인이다.

주관엽 졸업 후 미국에 유학하여 유명 엔지니어링 회사 등에서 구조해석사로 봉직하였다.(주로 미국에서 생활)

김병구 입학 후 1학년에 미국으로 유학하여 기계공학을 전공하고 원자력 분야에 근무하였다. 귀국해서는 원자력연구원에서 한국 경수로 사업단장을 역임하였으며, 비엔나(Vienna) IAEA 본부의 유럽 담당 기술협력 국장으로 5년간 봉직하였다. UAE에의 원자로 수출과 연계하여 칼리파 공대 교수로 최근 2년간 봉직하였으며, 한국의 원자력산업 기초 확립에서부터 기술 수준을 높이는 데 혁혁한 업적을 이룬 자랑스러운 동문이다.

1988년 8월 14일 계룡산 남매탑에서
(뒷줄 왼쪽부터 박승균, 김정호, 임용웅 이경환,
앞줄 왼쪽부터 위재용, 권영중, 김경일, 조현우)

권영중

:: 자만심과 꿈의 63학번 학부생 : 우리나라 조선(造船)은 걸음마

지금으로부터 51년 전인 1963학년도 입시 때 조선항공학과는 서울대학교 전체에서 최고의 경쟁률을 기록하였으므로 바늘귀와 같은 구멍을 뚫고 천신만고 끝에 합격을 하였다. 당시는 5.16 혁명정부의 '공업입국(工業立國)', '조선입국(造船立國)'이라는 정책에 따라 공대의 전성기였다. 그때 공대의 비인기학과였던 공업교육학과의 합격점조차도 의예과, 법대, 상대보다 0~10점이 높았다고 기억한다.

조선 전공 합격자의 72퍼센트가 재수생이었으며, 특히 합격자의 43퍼센트는 삼수생일 정도로 합격이 어려웠다. 나도 가톨릭의대에 합격하였다가 진로를 조선항공학과로 변경한 삼수생이었다. 당시 서울공대생의 일반 복장은 군 전투복을 검

조선항공학과 최고 입시 경쟁률 관련 기사
(《조선일보》, 1963년 1월 22일자)

은색으로 물들인 작업복이었으며 신발은 군화를 터덜터덜 끌고 다녔다. 서울대학교 내의 다른 단과대학생과 구분되도록 서울대 종합대학 배지 대신에 멀리서도 눈에 잘 띌 정도로 크고, 흰색 사기를 입힌 단과대학 배지(S공대)만을 달고 다녔다. 진정 하늘이 낮게 보였으며, 서울 시내버스에 올라타 사람들이 공대 단과대학 배지를 쳐다봐주지 않으면 괜히 기분이 나쁠 정도였다.

공대는 공릉동 캠퍼스에 있었다. 배 과수원으로 둘러싸인 한적한 시골 동네였으며 교문 앞에 있는 풀빵 상인의 수레, 바둑기원, 당구장, 막걸리 집 등이 위락시설의 전부였다. 시내버스도 없고 청량리에서 승·하차하는 기차나 이따금 오는 소형 만원 버스가 통학 수단의 전부였다. 1학년 때는 의무적으로 기숙사에 입사해야 했지만 2학년부터는 기숙사를 거부하고, 아르바이트(가정교사로, 당시 공대생이 가장 인기가 있었으며 일주일에 3번 정도 지도를 해주면 당시 대한조선공사 사원 월급의 3배 정도까지도 받았음)와 시내의 대중에게 공대 배지를 자랑하기 위해 어려운 시내 통학을 하는 것이 보통이었다. 콩나물시루의 소형 버스 통학이지만 서울여대생들과 동승하는 기분도 나쁘지는 않았다.

나도 자취집 아줌마의 권유로 5명의 여고생(당시 최고의 명문 여고 3학년생)을 대상으로 가정교사를 시작하였다. 가정교사라고는 하지만 난생처음 이성과 호젓한

내 자취방에서 가르친다는 것이 쉽지 않았다. 수강자들끼리 서로 질투하기도 하였으며, 특히 경기여고생이었던 주인집 딸은 야간을 포함해 특별지도까지 하다 보니 자연스럽게 첫사랑 사이로 변질되어 10년 정도 교제하는 인연이 되기도 하였다(당시 "첫사랑을 무덤까지 가져가는 사람을 존경하겠다"는 니체의 말처럼, 니체의 존경을 받기로 결심했던 적도 있었다).

이렇게 서울대 전체에서 입시 지원율 1위를 차지하는 조선공학과였지만 당시 조선공학 교육 및 조선산업은 걸음마 수준이었다. 우리나라에서 발행된 조선 전공 분야의 대학교재는 한 권도 없어(단, 기계과와의 공통과목 교재는 제외) 강의는 강의 노트로만 진행되었으며, 동일한 과목명일지라도 강의 내용은 강의자마다 차이가 많았다.

전공과목의 한 학기 강의 분량이 노트 한 권을 채우지 못한 경우도 있었다. 예외적으로 김재근 교수님의 '선박 설계' 강의 노트는 백여 페이지에 달할 정도로 강의 보조 자료가 많았고 성의 있는 명강의였다. 또한 깐깐한 목소리로 조리 있게 '재료역학' 강의를 해주신 임상전 교수님의 강의는 학생들에게 비교적 인기가 높았다.

책으로 발행된 유일한 도서는 미국조선학회의 『기본 조선학 _Principles of Naval Architecture_』 및 『해양 공학 _Marine Engineering_』이었으며, 우리는 이 책들을 마치 성서처럼 여겼다. 하지만 워낙 비싼 원서여서 구입하지 못하는 학생이 많았다. 자연히 우리 학과에서도 기계공학과와 유사한 과목을 많이 개설하였다(내연기관, 기계 설계, 기계공작법, 수학 및 각종 역학 등). 물론 강의 보조용 부대시설도 형편없었다. 복사방법은 트레이싱 페이퍼에 작성한 것을 청사진으로 뜨거나, 아니면 기름종이에 철필로 직접 써서 등사기로 밀어 인쇄하였던 기억이 난다. 전자계산기나 컴퓨터는 이름도 모를 시대였다. 유일한 계산방법은 필산, 주판 및 '계산자(Slide Rule)'였다. 하지만 국내 유일의 실험시설인 중력식 수조(Gravity Type Towing Tank)와 광탄성 실험장치는 자랑거리였다.

대학시절에 매년 개최하는 '불암제'에서 비교적 소수 정원의 조선항공학과가 3년 연승을 할 정도로 우리의 단합성은 또 다른 자부심을 가지게 하였다. 여기에는 당시 학과 대표인 이재욱(61학번) 선배의 역할도 컸지만, 이 행사 경기종목 중 불암산까지 건보로 다녀오는 단체 종목에서 항상 민계식 선배의 놀라운 능력과 리더십의 기여가 컸다. 이 리더의 중압감 때문에 죽을힘을 다해 참여하였던 63학번 항공 전공생인 권오병은 돌아온 후 졸도하였다. 그는 그 상태에서도 "천국! 지옥!" 등의 헛소리를 반복해서 주위 사람들의 가슴을 철렁이게 하였다.

63학번은 졸업여행으로 여름방학을 이용하여 동남아시아로 갔다. 당시는 외국 행이 하늘의 별 따기인 처지라 학생 신분으로는 꿈도 꿀 수 없는 발상이었다. 특별한 경우를 제외하고는 여권 발급과 외환 환전이 불가능한 시절이기도 하였다. 이는 김재근 교수님의 주선이 있었기에 가능하였다. 김 교수님은 학생들이 해운회사의 임시 선원증을 발급받을 수 있게 주선하여 숙식을 해결하면서 합법적으로 외국을 갈 수 있는 길을 열어주신 것이다. 물론 전원이 함께 동승하지는 못하였으며 행선지와 기간은 해운회사 사정에 따라 서로 달랐다(하와이, 홍콩, 대만, 일본 등). 실로 흥분되는 사건이었다.

해태 채취용 1톤급 FRP선 개발연구 1(1967),
공릉동 캠퍼스에서
(존칭 생략, 오른쪽 배 황종흘, 김재근, 이재욱, 권영중,
왼쪽 배 최길선, 김국호, 양승일 외)

나는 4학년 겨울방학 때 강원산업(주)에 첫 취업을 하였으나 실습 중 바다가 아닌 삼척광산 동굴 속을 들어가야 한다는 말에 하루 만에 사표를 내고, 대한조선공

사에서 건조하고 있는 해양경찰용 경비정의 선주 측 감리를 맡았다. 선주 측 감독이라고는 하지만 선박의 의장 용어조차 모르는 터라, 당시 대한조선공사에 근무하는 동기(박승균, 김경일) 등에게서 단편적으로나마 얻어들은 지식으로 현장에 나가 아는 척하였던 기억이 있다. 하지만 꿈 많던 학창시절에 비해 실무생활은 무료하였다. 그저 허송세월만 보내는 듯해서 실망스럽던 차에, 1967년 모교에서 진행하는 FRP선의 설계, 건조 및 각종 실험(한·일 FRP 재료 강도 실험, 안정성 실험)에 참여하였다. 이 실험은 수산청에서 발주하였으며, 학과의 전 교수가 참가한 최초의 외부 프로젝트였다.

나의 학과 조교 시절은 당시 온갖 궂은 잡일에 고달팠지만, 함께 조교로 있던 이재욱 선배가 우리의 불평토로에 동조해주며 많은 위로를 해주었다. 스트레스 해소를 한다고 이재욱 선배와 함께 반도호텔에서 슬롯머신을 하여 얼마 안 되는 월급을 몽땅 날렸던 기억도 생생하다. 이재욱 선배가 독일로 유학을 떠난 후 학과의 유일한 조교로 외롭게 남아 모든 잡일(많은 과목의 리포트 채점, 시험 감독 및 실험실 습 관련 기사 역할, 각종 제도, 학과 및 실험실의 행정 업무 등)을 감당하여야 했다.

덕분에 나는 학점 부여의 실세가 되었다. 군 면제를 받아 졸업한 해부터 모교에 근무하였으므로 군복무를 마친 3, 4학년 선배의 학점 부여에도 상당한(?) 영향력을 미치던 시절이었다. "복학해 보니 권 선생이 하늘같이 보이더라" 하고 술회한 어떤 입학 선배님의 이야기도 기억난다.

1968년에 강원산업의 기획실장으로 있던 김효철 선배가 높은 월수입을 마다하고 학과에 유급 조교로 부임하여서 큰 위로가 되었다. 특히 고달픈 생활 중에도 김효철 선배가 들려주던 '낚시 강의'와 재치 있는 조크가 스트레스 해소에 많은 도움이 되었다.

조교 시절에 기왕이면 석사 과정을 이수하라는 김재근 교수님의 조언에 따라 1971년 2월에 석사학위 논문을 제출하게 되었다. 당시 논문 지도교수는 김재근 교수님, 황종흘 교수님이셨으며 김훈철 박사(당시 KIST 재직)가 실질적으로 많은 도움을 주었다. 논문의 주제는 8가지 종류의 스트립 이론(Strip Theory)을 어선에 적용하여 특성을 비교하는 것이었는데 이 논문은 몇 가지 측면에서 기록을 보유하고 있다.

그 첫째는 국내 발표 논문 중 스트립 이론을 거론한 최초의 논문이며, 둘째는 본 학과 학위논문 중 컴퓨터 프로그램을 작성하여 논문에 이용한 첫 번째 예가 되었으며, 셋째는 당시 전 세계적으로 가장 최신의 정통 문헌(26가지)을 총망라해서 참조하여 작성한 최초의 국내 논문이었다.

아직 걸음마 단계의 우리 실정에 이렇게 최신 문헌을 볼 수 있었던 것은, 미국 미시간 대학에서 박사학위를 받고 미국에 계속 체재하면서 이 분야를 활발히 연구하다가 귀국한 김훈철 박사의 실질적 논문 지도가 있었기 때문이다. 하지만 학과 조교의 잡무 속에서 제대로 이 많은 문헌을 읽고 소화하기에는 시간과 능력이 부족하였다. 이를 극복하기 위해 당시 학부생으로서 가장 우수하다는 평을 받던 최항순 박사와 논문을 나누어 읽으면서 요점 정리하는 분업을 하기도 하였다.

:: 40년째의 경상도 문둥이 생활

1974년 육군사관학교 교관 제대를 앞둔 어느 날, 김재근 교수님께서 한 가지 하문을 하셨다.

"장차 우리나라 조선공업의 센터가 될 울산에 위치한 울산공대에 조선공학과가 태동하고 있으나 아직 울산공대에는 조선공학 전공 출신 교수가 없으며, 여기에 개척자가 되어 볼 의향이 없느냐?"

이에 조선공업의 센터에서 교육하는 개척자가 되겠다는 꿈을 안고 울산대에서 근무한 것이 2014년에 40년째를 맞이했다. 당시는 조선 전공 대학교재가 전무하고 강사 구하기도 어려운 상황에서 울산대 제1회 입학생의 교육부터 책임을 지자니 내가 대학 강단에서 강의한 과목이 모두 14가지가 될 정도로, 강사를 못 구한 전공과목의 강의는 전부 나의 몫이었다. 김효철 선배의 농담 삼아 빈정거리는(?) 말씀이 생각난다. "초등학교 선생이 되려고 울산대에 가느냐?" 아마도 김효철 선배는 모교에서 유일한 후배 똘마니인 내가 사라지는 것이 아쉬우셨는지도 모르겠다.

그 시절 서울대에서 석사학위 과정에 재학 중인 이호섭 박사가 비록 1년이었지만 내가 있는 울산대에 와서 조교로 도움을 주어 큰 힘이 되었다. 아울러 당시 현대조선에 근무하면서 회사의 눈치를 살피며 시간강사를 마다하지 않고 출강을 해 준 여러 진수회 소속 동문들(오창석, 이병남, 박승균, 이송득)의 도움도 컸다. 특히 당시 현대조선에서 정보부장(?)으로 소문날 정도로 막강한 능력을 발휘한 이병남 동문의 적극적인 도움에 감사한다.

공릉동 캠퍼스 예인수조(Towing Tank) 옆
수중익선(Hydrofoil)에서 63학번 학생들
(1964년 승선 촬영)

박승균

:: "박 기사, 직이라!"(1967년)

학교를 마치고 첫 직장으로 대한조선공사에 입사하였다. 4만 평이 넘는 공장 부지와 2만 톤급의 도크, 우람한 20톤급 지브 크레인(Jib crane)들, 대형 주조, 단조공장과 기계공장에 2000명이 넘게 일하는 대규모 중공업체에서 일하게 된 것을 큰 자부심으로 여겼다. 당시 이런 규모의 중공업 공장은 인천에 있는 한국기계밖에 없었다.

현장의 조선부 산하 의장과에서 일을 하였는데 오늘날의 선장과 선실을 합친 기능을 하고 있었다. GT 300톤급 수출용 어선과 계획조선 자금에 의한 DWT 6000톤급(GT 4000) 대형 화물선 건조 등 비교적 좋은 일거리들이 있었고 수리선도 심심치 않게 들어오고 있어 신출내기 현장기사로서는 꽤 바빴다.

당시 시급이 낮아 대부분의 공원들은 잔업을 많이 하려고 하였는데, 이때 필요한 중장비 수배를 하지 못하거나 중요한 자재 조달이 안 되면 잔업명령을 내려도 일이 잘 되지 않으므로 난 낮 시간에 부지런히 관련 부서를 쫓아다니며 도면 수배며 자재 출고며 장비 수배에 혼신의 노력을 기울였다. 그러다 도저히 준비가 덜 되어 불가능한 작업종목은 직장이 적어온 잔업 인원배치 전표 결재를 불가피하게 각하하였다. 이런 나의 노력과 공정성은 회사의 윗분들에 대해서도 떳떳하였고 공원들도 이해해 주리라고 믿었다.

그런데 '천만에, 아니올시다'였다. 어느 날 아침, 언제나처럼 박판공장 현장에 순시를 나갔는데 갑자기 "박 기사, 직이라!" 하는 고함 소리와 함께 웃통을 벗어 던지는 사람, 술을 먹어 얼굴이 벌게진 사람, 모두가 화난 얼굴로 해머와 파이프 등 위압적인 무기 하나씩 들고 포위망을 좁혀오고 있었다. 당장 폭행을 가하지는 않고 으름장만 놓고 있었지만 도망갈 수도, 살려달라 애원할 수도 없었다.

직장과 반장들이 나서서 무마하였지만, 사람들은 이런저런 욕지거리를 거칠게 내뱉으며 흉기들을 높이 쳐들었고 해머로 바닥 철판을 요란하게 내려치는 사람도 있었다. 잠시 후 조선부 사무실에 연락이 되어 간부들이 모두 뛰어나와 사태를 무마하였다.

난 당시 장정수 과장님(52학번)과 박의남 부장님(49학번)에게 불려가서 주의를 받았다. 그 뒤로 잔업명령서 각하는 하지 않았지만 더욱더 열심히 작업조건 구비에 정성과 노력을 기울였다. 이러한 과정에서 선행 부서, 관련 부서, 지원 부서와의 수없이 다툼을 벌이기도 하였으나 마침내 안면 있는 사람이 많아져서 협조가 잘 이루어지게 되니, 3년 만에 소속 공원들이 일이 잘 안 풀릴 때 믿고 찾아 의논하는 '우리 박 기사님'이 되었다.

:: VLCC 6척의 취소 공포(1977년)

도쿄의 이른 봄, 양광이 내리쬐는 히비야 공원에서 수심이 가득 차고 꺼칠한 얼

296

굴의 사나이가 벤치와 공중전화 사이를 오락가락하며 연신 시계를 보는 모습이 극도로 초조하게 보인다. 홍콩의 월드 와이드(World Wide) 사로부터 확정 4척과 옵션 2척을 수주받았는데 그 첫 번째가 완공될 무렵 공사감리와 운선을 담당하는 용선주인 재팬 라인(Japan Line)으로부터 하자 목록을 받아 해명하러 출장 온 차였다. 계약선 4척 값만도 1억 7천만 불, 옵션을 포함하면 2억 5천만 불 계약이니 잘못되는 날에는 대한민국 경제가 휘청할 규모였다.

건조사양서 위배사항, 선급규칙 위배사항, 승인도 위배사항 이렇게 세 부분으로 나누어서 두툼하게 편집한 목록 철이었으니 굳이 말을 안 해도 선주가 무엇을 하려는지 뻔히 알고 있던 터였다. 출장 온 첫날은 긴 시간 동안 여러 간부들에게서 형벌 논고에 가까운 잘못의 열거를 들어야 했고, 또 어떤 날은 하루 종일 기다리다가 저녁 무렵에 잠시 만나주고는 내일 보자고 하여 헤어지면 그다음 날 하루 종일 만나주지 않는 날도 있었다. 달리 있을 곳이 없으니 자연 재팬 라인의 마루노우치 사무실 인근에 있는 히비야 공원이 대기처가 되었다. 회의하는 중간중간에도 나의 기를 죽이기 위해 가슴 철렁하는 조선소 최신 소식을 전해주곤 하였다.

"터빈 기어박스(Turbine Gear Box)를 열었더니 오물이 많이 나왔고, 이빨에 손상이 생겼다."

"스티어링 기어(Steering gear)의 실린더가 줄줄 새어서 시운전을 포기하였다."

"선체에 고장력 강판을 쓸 자리에 다른 철판을 쓴 사실이 판명되었다."

그런 류의 선체와 중요 장비에 말썽이 된 문제들은 후속 동형선이 있었기에 긴급 자재 대처가 가능해서 사태를 속속 해결해 나갔다. 중량 100톤가량의 큰 증기 응축기가 있는데 지지 브래킷(Supporting bracket)에 금이 생겼다. 이유는 탄성 지지 방식으로 하지 않은 잘못 때문이었다. 그들이 믿을 만한 근거를 만드는 몸짓으로 도쿄만 건너편 미쓰이 조선소의 지바 작업장에서 연수생으로 있었던 것을 인연으로 삼아 직접 찾아가 설계 코치를 받았다.

2주일이 넘도록 협박에 전율하고, 취소의 현실화 공포 속에 자지도 먹지도 못하여 눈에 빨간 플라스틱 막을 덮어씌운 것처럼 영구 동공 적화가 되었고, 얼굴은 마른 논바닥처럼 균열이 가고 뱀가죽처럼 허물이 일어났다.

근근이 견뎌 종결 회의록을 만들었고 하네다에서 비행기가 이륙하는 순간 난 펑 펑 눈물을 흘리며 흐느꼈다. 원한인지 안도인지 모를 눈물이었다. 식민 36년간 우리 선조들이 당하였던 횡포와 핍박을 실감하였다. 나의 진정한 대일본인 관을 그때 명확히 규정하게 되었다.

재팬 라인에 용선을 준 세계적으로 막강한 선주 월드 와이드는 재팬 라인의 마켓 클레임(Market claim, 시장이 좋지 않을 때 하자를 빙자하여 계약을 취소하려는 못된 시도)을 완강하게 저지하였다. 그 결과 재팬 라인의 취소 시도는 성사되지 못하였고, 본 계약분 4척이 무사히 인도되었다. 이런 대규모의 무시무시한 시도에 노출되면서 여리기만 하였던 공학도 청년의 담력이 쌓이기 시작하였던 것이다.

:: 600만 불의 사나이(1978년)

1차 석유파동 이후 선박 수주 불황이 심화될 무렵 정주영 회장은 쓰임새가 좋고 가격이 저렴한 표준선 개발을 지시하였다. 2만 5000톤급 벌크선(Bulker)으로 길이 150미터, 폭 26미터, 4개의 화물창, 작고 간결한 선실, 크레인 대신 전통적인 데릭 포스트(Derrick post)와 폰툰(Pontoon)형 창구 덮개를 채용하였다. 단 주 기관만은 고장이 적은 저속 디젤엔진으로 결정하였다. 값이 비쌌지만 중요한 세일즈 포인트 (sales point)로 삼기 위해서였다.

당시 적어도 800만 불 이상인 동급선의 선가를 600만 불로 낮춰 보자는 목표를 세우고 설계·구매·생산 관련 기술자들이 모두 모여서 600만 불의 원가 목표를 달성하기 위해 많은 노력을 기울였지만 완전히 달성하지는 못하였다. 그 시작선으로 그룹의 산하 회사인 아세아상선(현 현대상선)이 발주하였는데 사용 선원들에게서 하역설비가 불편하다는 지적들이 나왔다.

무리한 시도를 많이 구상한다 하여 나에게 붙은 우스개 별명이 '600만 불의 사나이'였다. 그 결과로 배를 싸게 만들 수 있어야만 생존할 수 있다는 의식화에 기여하였고 당시 모범 설계로 구상하였던 선실 배치도의 골격은 이후 한국에서 만든 수천 척의 배에 면면히 이어져 응용되고 있다. 그때 SK 타입이라든가 PARK 타입이라는 식으로 이름자라도 붙였으면 좋았을 걸 하는 쓸데없는 생각을 하며 회심의 미소를 지어본다.

:: IHI 코를 납작하게 하였던 RBS 반잠수식 시추선(1998년)

미국의 저명한 시추회사 리딩 앤 베이츠(Reading and Bates)에서 현대중공업에 반잠수식(semi submersible) 시추선을 발주하였는데 IHI 건조 실적선을 좀 키워서 리모델링한 선형이었다. 1984년 무렵까지 건조했다가 14년 만에 다시 나타난 반선형 프로젝트였다. 예전의 경험자들은 각 부서로 흩어졌고 자료도 분산되고 말았으니 프로젝트 추진 팀의 체력 약체성에 대한 선주의 우려가 깊어갔다.

휴스턴에 있는 선주 사무실에는 설계도 공급자인 IHI 조정 요원이 2명 정도 파견되었고 현대 측에서도 연구원 2명이 조정 겸 기술 취득 임무를 가지고 파견되었다. 하지만 IHI는 계약상 유대가 없는 현대를 대화 상대로 인정하지 않았고, 현대의 프로젝트 진척도가 심히 의문스럽다는 선주의 공박을 받으며 수심에 찬 세월을 보내고 있을 때였다. 나는 당시 해양사업 본부장에게서 간절한 부탁을 받고 이 프로젝트의 해결사로 초빙이 되어 해양 프로젝트 운영총괄로 자리를 옮겨 현황 파악 차 휴스턴에 출장을 갔다.

그 시추선은 4개 기둥(column)이 위로 올라가면서 중심점으로부터 벌어지는 형태의 경사 기둥(slanted column) 형이었다. 경사 시에 기둥의 수선 면적(water plane area)이 넓어져서 복원력이 커지는 이점을 살리는 디자인이었다. 일반 배치도에는 여러 높이에서 자른 기둥의 평면 단면도가 트럼프 카드를 규칙적으로 늘어놓은 것처럼 펼쳐졌는데 언뜻 보기에 제대로 설계된 것처럼 보였다. 두 겹으로 된 외판 부위, 열십자로 나뉜 수직 격벽(vertical Bulkhead), 사다리, 엘리베이터, 환기용 통로, 파이프 전선, 와이어 로프 등 모든 의장품이 잘 표현되어 있었다. 그러나 색다르게 적용된 경사형 기둥인지라 혹시 잘못된 곳이 있는지 알아보기 위해 수직으로 만들어야 하는 엘리베이터 트렁크(Elevator Trunk)를 점검하다가 설계가 잘못되었다는 사실을 발견하였다. 엘리베이터 트렁크가 기울어져 있었다. 그뿐 아니라 각 기둥에 있는 엘리베이터 트렁크가 중심선상에 대칭되어야 맞는데 중심점 기준의 점대칭으로 되어 있었다. 이는 틀림없이 하부의 폰툰형 선체와 상부의 갑판이 접속되는 중간 연결 부위가 서로 맞지 않는 문제를 일으킬 것이었다.

추측건대 작은 선체를 단지 치수만 키우는 것으로 설계 과정에서 작도의 편의와 능률만을 추구하였던 것 같았다. 4개의 기둥을 각각 그리는 노력을 줄이기 위해 한 곳만 그려서 중앙점 대칭으로 회전시키는 컴퓨터 응용의 작도 방법을 활용했을 것이다. 설령 폰툰형 선체와 상부의 갑판의 접속되는 부분을 잘 맞게 조정한다고 하더라도 중심선 기준 비대칭 배치는 설계 과정, 건조 과정, 운선 과정에서 많은 착각과 불편을 일으킬 가능성이 있었다. 인류는 수천 년간 중심선 기준 대칭개념에 익숙하게 길들었기 때문이다.

이 잘못된 사실을 선주에게 이야기하였으나 그들은 세계적 명성을 가진 IHI가 그런 실수를 하였을 리가 없다고 도통 믿으려 하지 않았다. 결국 선주와 기술 요원들이 모두 참석한 자리에서 체계적으로 설명함으로써 선주도 일이 크게 잘못되었음을 시인하였고 내가 제시한 설계 개정안이 선주 기술담당 부사장의 지시로 채택되었다. 이런 하자가 있을 경우 선주는 공기 조정 및 선가 인상 요인에 따른 배상 책임을 지게 되지만 조선소의 귀책도 이것저것 맞물려 있어 그냥 속전속결식 대책 마련만 타협하였다.

사태가 이렇게 되다 보니 고개를 뒤로 젖히고 눈을 내리깔던 고자세의 IHI 조정 요원들은 풀이 죽었고, 적적하게 걱정만 하며 지내던 우리의 연구 요원들은 한풀이와 동시에 기가 살아났다. 내가 마치 신기루처럼 나타난 해결사로 보였다며 나에게 맛있는 비프스테이크를 대접하였다. 두 요원은 지금도 혁혁한 기술 개발 담당 임원으로 현장에서 뛰고 있는 장영식 동문과 신현수 동문이었다(1976년 입학).

개정안의 골자는 중심선 대칭형으로 바꾸고 오작 설계를 수정하면서 안정성 향상 조치도 동시에 실시하였다. 당시 드라이 도크(dry dock)가 없는 단점을 극복하기 위해 설계부와 현장공법 팀의 발상으로 육상건조를 하면서 2만 톤급 이상의 완성된 상부구조 전체를 탑재해 스트랜드 잭(strand jack)을 사용하는 헤비 리프트(heavy lift)라는 신개념 공법을 성공적으로 적용하였으며 납기 준수는 물론, 흑자도 창출하는 좋은 프로젝트로 끝을 냈다.

:: 선박 기본설계 육성과 미다스의 손(1978년)

1978년부터 기본설계부의 담당 임원으로 부임하여 새로 지은 석조건물로 옮기면서 여러 가지 육성시책을 세웠다. 지식의 함양이 중요하고 연구 조직의 뒷받침이 필요하다고 생각하여 12명의 초급 간부(주로 대리급)들을 미국, 일본, 영국으로 유학을 보냈다. 장차 세울 연구소의 초석들이었다. 또한 공고와 전문대 출신을 위해 가칭 사내대학을 개설하여 석조건물 지하에 교실 3개를 꾸려 야간을 이용해서 학습을 실시하였다. 부산대학교에서 원로 교수님 네 분이 먼 길을 마다하지 않고 출장 와주셨다. 그때 그 교수님들의 교통 편의를 제대로 봐드리지 못했거니와 변변한 식사 대접도 못 해드린 것이 지금도 죄송하고 후회스럽다.

종일 바쁘게 일한 직원들이 피로를 무릅쓰고 열심히 밤공부를 하는 모습은 독립투사들의 애국사상 학습처럼 엄숙하였다. 사내 도서관을 차렸고 일본 조선소에서 발간하는 기보(Technical Report) 풍의 〈현대기술〉을 창간하였다. 지금까지도 꾸준히 발간되는 〈현대기술〉은 세계가 인정하는 중요한 조선산업 기술 자료이다. 그때부터 창설을 추진하였던 연구소가 드디어 1984년에 개설되었고 대외 신인도를 격상하는 계기가 되었다.

조선 설계부가 사용하였던 구관의 큰 기둥에 한자로 '造船設計 世界制覇(조선설계 세계제패)'라는 긴 족자를 만들어 붙였는데 아마 일본 사람들이 다 읽어보고 속으로는 어림도 없는 일이라고 웃어 넘겼을 것이다. 그 족자는 긴 세월 동안 우리의 각오를 가슴속 깊이 다지는 표상이었다. 지금은 새 건물을 지으면서 폐기하였을 것이다. 우리의 미다스(Midas)의 마술은 1990년대 초 LNG선 개발 때까지 이어졌고 급기야는 2000년대에 들어 설계 기술 면에서나 건조 물량 면에서 세계 제패를 달성하였다.

난 당시에 좌청룡 우백호와 같은 뛰어난 두 기술자의 기여를 잊을 수가 없다. 어떤 종류의 새로운 선형 설계를 할 때면 늘 선형과 선박 계산을 뒷받침해주었던 이세혁 동문(66학번)과 구조개념을 붙들고 계산과 제도를 하였던 문진상(부산대 출신, 현대중공업 상무 역임) 씨다. 그들의 기여가 컸으며, 그 노고에 늘 감사드린다.

:: 풀지 못한 유감(1981년)

"너! 유감 있어?"

정주영 회장이 탁자를 불끈 잡으며 역정 어린 고함을 쳤다. 가만히 있을 수도 없어서 우렁차게 대답하였다.

"유감! 없습니다!"

논산 훈련소 신병의 고함소리 수준이었는데, 그 자리에 참석한 모든 간부는 긴장된 분위기라 차마 웃을 수도 없어 그저 웃음을 참느라고 애를 썼다. 때는 초대형 재킷(Jacket) 수요가 증가 추세였으므로 초대형 진수용 바지선(Launch Barge)도 따라서 필요하였다. 오퍼를 내야 할 바지 견적가가 기대치보다 비싼 이유를 이야기하다가 재킷 진수 시의 급격한 선체 경사로 벌어지는 종강력 증강이 필요하기 때문에 강재가 많이 든다고 설명하였는데, 정 회장은 데크가 외판보다 두꺼워야 하는 사실을 이해하지 못할 뿐만 아니라 설계를 영 믿지 못하셨다.

송판을 편편하게 놓고 양단 지지를 하면 작은 무게에도 잘 휘는데, 송판을 모로 세워놓으면 큰 무게에도 잘 휘지 않지 않느냐? 따라서 외판을 두껍게 해야 강한 종강력이 발생한다는 그럴듯한 착각을 하고 계셨다.

잘못 아시고 계신 것이라고 설명을 드려봤지만 나를 아주 무식하고 아둔한 사람이라고 확신하고 고함을 치셨던 것이다. 언젠가 바른 지식을 가지도록 오해를 풀어드려야 한다는 숙제를 가지고 있었지만 기회가 좀처럼 생기지 않았다.

1989년쯤인가, 어느 토요일에 해외 출장 갈 일이 생겨 급히 상경해야 했다. 때마침 그날 가끔 손님을 태우고 서울을 왕복하는 헬리콥터가 제공되어 다행히 한 자리를 잡았다. 바로 마지막 남았던 빈자리였다. 시간에 맞춰서 헬기장으로 갔는데 이상하게 아무도 없었다. 한참 후에야 그 이유를 알았다. 저쪽에서 정주영 회장의 차가 오고 있는 것이 보였다. 회장님에게 '주말에 회사 헬기 타고 서울 자택에 놀러나 다닌다'는 인상을 주는 것이 신상에 좋지 않다고 생각하고 전 탑승자가 다 빠져 버렸던 것이다. 모두 날쌘돌이라는 생각이 들었다.

난 머쓱하게 인사를 드렸다. 회장님은 예리한 시선으로 주위를 쓰윽 둘러보았다. 그 모습에 나는 날쌘돌이들이 다 빠졌다는 사실을 이미 아시고도 남았을 것이라고 자위하였다. 문제의 종강력에 대한 유감을 풀어드릴 수 있는 독대의 찬스였는데 기내에 워낙 진동과 소음이 크고, 회장님이 계속 국토의 구석구석을 자리 바꿔가며 눈여겨보시기에 기회를 잡을 수가 없었다.

그 뒤 대선 직후쯤 영빈관에서 회장님을 모시고 식사할 거라는 전갈이 있었다. 영빈관의 작은 방에서 조선 본부장님과 셋이서 식사를 하는데 중요한 대화 주제는 없었다. 식사 후 콧노래로 시작하였던 이남이의 '울고 싶어라'를 대충 합창하였다. 원래는 서유석의 '이거야 정말'과 송대관의 '쨍하고 해 뜰 날'이 나왔어야 하는데 최신 유행가가 동원되었다. 해묵은 종강력 이야기를 꾸역꾸역 다시 꺼낼 분위기는 아니라고 생각하여 발설 기회를 또다시 접었다. 그래서 그랬는지 고철 준설선과 종강력 사건 이후 전무이사로만 15년간 말뚝을 박았고, 그 이후로도 지금까지 추가 12년간 영원한 전무로 조선계를 떠돌아다니면서도 오해를 못 풀어드렸던 것을 애석하게 생각하고 있다.

배와 원자로의 융합

김병구

나는 어렸을 때 배 만드는 사람이 좋아 보여 1963년에 조선공학과에 입학하였으나 겨우 한 학기만 태릉 불암산 밑에서 다니다가 바로 휴학하고 미국 유학의 길을 떠났다. 당시 미국은 이미 조선산업이 사양길로 접어들었고 조선공학과(Naval Architecture)를 제대로 갖춘 대학이 별로 없었다. 부득이 기계공학과로 전과를 하고 미시간 대학에서 학부를 마친 후 대학원은 캘리포니아 공대(Caltech)에서 마치게 되었다. 1974년에 귀국하여 원자력연구소에 몸담고 원자로의 설계 업무를 30년간 연구하다가 정년 퇴임하였다.

지난 반세기 만에 최고 수준으로 올라선 우리나라 조선과 원자력산업은 특별한 인연이 있다고 생각한다. 1952년 미 해군의 전설적인 하이먼 릭오버(Admiral Hyman Rickover) 제독의 지휘로 최초의 원자력 잠수함 노틸러스(Nautilus) 호가 진수되면서부터 시작된다. 종전의 디젤엔진에서 우라늄 핵분열 에너지를 이용한 잠수함의 출현은 곧바로 상용되어 가압수형 원자로(PWR: Pressurized Water Reactor) 원자력발전소 기술로 이어졌고, 현재 전 세계 상용 원전 시장의 75퍼센트를 차지하는 원자로형이다. 우리나라의 원전도 월성 원자력 4기를 제외하고 모두 25기의 PWR 원전이 건설, 운전 중이고 해외 수출도 이 원자로형이다. 원자력을 이용한 전기 생산은 지난 반세기 동안 크게 성장하여 지구 전체 전력의 17퍼센트를 공급하는 반면, 원자력 선박의 경우는 강대국들의 군사용 잠수함이나 항공모함을 제외하면 실용화가 되지 못한 편이었다. 1960년대까지도 미국과 러시아, 일본에서 원자력 상선을 시도하였으나 상용화에는 실패하였다. 그 이유는 군사용 원자력 기술이 원천적으로 국가 기밀에 속한 관계로 자유경제 시장에서 벗어난 탓도 있겠지만, 일반 대중의 극심한 핵 알레르기 공포 심리로 원자력 상선이나 화물선이 기항할 항구를 마련하는 데에 주민의 반발이 심한 탓이기도 하다.

비슷한 시기인 1970년대 초 울산에서 시작된 조선산업과 고리 1호기 원자력발전소는 불과 50킬로미터 인접지역에서 서로 무관하게 착수되었다. 고리 건설현장에서 당면한 최초의 기술과제는 수많은 배관과 압력 용기들을 설치하는 원자력 등급 고난도 용접 공정에 필수적인 고급 용접사의 절대 부족이었다. 그때 당시 울산 조선소의 용접사들을 특수훈련으로 정예화하고 자격 인증제를 실시하여 이들을 주력으로 원전건설이 이루어진 사실은 앞으로 우리나라의 조선과 원자력의 공동 개발 가능성을 시사하는 면이 있다. 따라서 지구온난화의 주범인 온실가스 배출을 한층 더 강하게 규제하는 상황에서 대형 컨테이너선(container ship) 등 박용기관의 첨단화를 위해 군사용으로만 활용하는 원자로를 선박용으로 재도전해볼 충분한 가치가 있다고 생각한다. 우라늄 핵분열의 열을 이용하는 원자로는 이산화탄소 발생이 전혀 없고 연료 효율이 뛰어나다. 하지만 지역주민의 반발에 따른 지역이기주의(NIMBY) 현상의 확대로 새로운 원전부지 확보가 어려워 요즈음은 해상 원자력발전소(offshore floating nuclear power plant)의 가능성을 검토하는 추세에 있다. 여기에 세계 첨단의 해상 구조물 기술을 확보한 조선산업과 원자력산업을 겸비한 우리나라에서 경쟁력 있는 신기술이 창조되는 날을 우리 후배들에게 기대해 본다. 원자력의 안전성과 기후변화에 대한 인식이 확대되는 날이 반드시 오리라 기다리면서…….

19회 졸업생(1964년 입학) 이야기

송준태

우리가 입학한 60년대 초반은 우리나라 산업 수준이 매우 낮고, 국가경제 자체가 미국 원조에 의존하는 상황이었다. 때문에 대학 졸업생들의 취업 문호는 매우 제한된 상태였다. 그나마 서울대학교 공과대학은 취업이 잘되는 것으로 소문이 났기에 전국의 수재들만 입학할 수 있는 대학으로 명성이 높았다. 7대 1이라는 매우 치열한 입시경쟁을 거쳐, 1964년 3월 조선항공학과에 입학한 64학번 동기생은 모두 20명이었다. 입학 후 조선공학 전공과 항공공학 전공으로 나뉘면서 조선공학을 함께 공부하게 된 동기생은 13명이었다. 이 중 한 명은 학업을 마치지 않았고, 해군 장교 위탁교육생 한 분이 3학년부터 합류하게 되어 64학번 조선공학 전공 동기생은 13명이다. 가나다순에 따라 소개하면 고창헌, 김근배, 김영훈, 김윤호, 김진구, 김태문, 김현왕, 박대성, 송준태, 이송득, 조영호, 최동환, 황정열이다.

우리 64학번 동기생은 1학년 때 '서울공대생'으로 주위의 부러움을 받으며 가정교사로 용돈을 충분하게 벌었고, 당시 유행하였던 여대생들과의 미팅도 하며 고교시절과는 전혀 다른 자유분방한 생활을 누렸다. 그러나 학년이 올라가면서 국내 조선산업의 현실을 깨닫게 되었고, 공부도 한층 어려워져 달콤함은 사라지고 마음 한켠으로 불투명한 장래를 걱정하는 빡빡한 대학생활을 하게 되었다. 우리나라 조선산업의 발원지이고 당시 국내 조선산업을 이끌던 대한조선공사는 경영 상태가 나빠 급여 수준이 낮을 뿐만 아니라 체불하는 경우도 많았다. 1965년 2학년 여름방학에 한 달간 현장 실습을 나가 보니 대한조선공사에서 일한 지 몇 년이 넘은 선배님들이 구두를 월부로 구입하는 실정이었고, 신입사원도 해를 걸러 가며 필요할 때만 한두 명씩 뽑는 형편이었다.

우리 동기생은 2학년 때부터 김재근·황종흘·임상전·김극천 선생님에게 전공과목을 배우기 시작하였는데 조선 분야에 대한 구체적인 비전을 갖지 못한 탓인지, 아니면 공릉동 논밭 벌판에 불쑥 튀어나온 육중한 공대 건물의 어둡고 삭막한 교실 분위기 탓인지, 전공과목들을 신나게 공부하지는 못하였다. 그러나 수업 중에 해주시는 말씀들을 통해 은사님들의 꾸밈없는 인품과 제자들을 아끼는 마음만큼은 생생하게 느낄 수 있었다.

한 예로 4학년 마지막 강의에서 "결혼을 잘 하면 일생 풍년이 든다. 배우자를 정할 때 깊이 생각하라"는 김재근 선생님께서 해주신 말씀은 지금도 기억이 난다. 그분들이 얼마나 훌륭한 삶의 스승이었는지는 훗날 사회생활을 하면서 더 깊이 깨닫게 되었다.

당시에도 군복무를 마치거나 면제되어야 졸업 후 취업이나 유학이 가능하였으므로 군 문제는 어떻게든 풀어야 할 중요한 숙제였고, 젊은 시절의 방황에 대처하는 탈출구이기도 하였다. 입대 이유는 각기 달랐겠지만, 64학번 동기생 중 7명이 1학년 또는 2학년을 수료한 후 육군과 해군, 해병대에 입대하였다. 이들이 복학하여 졸업한 해는 1971년 또는 1972년이었고, 학업을 계속하여 1968년에 졸업한 동기생이 군복무를 마친 해는 1971년이었다. 따라서 군복무 의무가 없어 1968년에 취업한 동기생 외에 대부분의 64학번 동기생이 실제로 취업 전선에 나선 해는 1971년 또는 1972년이었다. 그런데 바로 이때 국내 조선산업에 획기적인, 그리고 역사적인 변화가 시작되었다.

현대중공업(주)은 1971년 부지 정리를 시작으로 1972년 울산에 거대한 규모의 조선소 건설과 대형 유조선의 건조를 동시에 시작하였으며, 이에 맞춰 1971년 8월부터 경력사원 및 신입사원을 뽑기 시작하였다. 이후 삼성그룹은 거제 고현에 선박 건조 도크를 1974년 3월부터 건설하던 고려조선(주)을 인수하여 1977년 4월 삼성조선(이후 삼성중공업)을 설립하였고, 대우그룹은 대한조선공사가 1973년 10월부터 거제에 건설하던 옥포조선소를 인수, 1978년 9월 대우조선공업(주)을 설립하였다. 이와 같이 1970년대 초·중반부터 3개의 대형 조선소와 대한조선공사가 대형 선박 건조 및 수주 경쟁에 뛰어들면서 국내 조선산업의 신기원이 열리게 되었던 것이다.

따라서 64학번 동기생은 비료공장이나 중고교 교사, 은행 등 다른 분야로 진출할 수밖에 없었던 이전 선배들과 달리, 국내 조선산업이 본격적으로 발전하기 시작한 태동기부터 핵심적 역군으로 활동할 수 있었다. 선진국과 비교하여 황무지와 다름없는 여건이었지만, 열정과 헌신을 토대로 열심히 일하면서 온갖 역경들을 극복하였다. 그리하여 비록 화물선 및 해양 구조물 분야에 국한되지만, 국내 조선산업이 세계 1위의 위상을 갖추는 데 64학번 동기생이 큰 기여를 할 수 있었다.

물론 64학번 동기생 모두가 조선산업 분야에서 활동한 것은 아니다. 동기생 중 몇몇은 조선산업이 아닌 다른 분야에서 활동하였다. 그러나 그들 또한 각기 꿈들을 이루었다. 그러니 어찌 64학번 동기생을 복을 타고난 분들이라고 아니할 수 있겠는가? 지금부터 64학번 동기생의 활동을 조선산업 발전, 함정 연구개발, 정보산업 및 교육 등 3개 분야로 나누어 가나다순으로 소개하고자 한다.

∷ 조선산업 분야

고창헌 국내 조선산업이 수출 기반을 구축하는 데 헌신한 조선기술 영업 분야의 선구자이다. 그는 해군에서 군복무를 마치고 1972년에 졸업하면서 바로 대한조선공사에 입사하였는데, 초기부터 영어 사용이 필수적인 부서에서 선주 및 ABS 선급과의 조정 담당 직무 및 외국 자재 구매업무 등을 수행하였다. 이후 독일 함부르크 지사에서 1974년부터 1980년까지 조선기술 영업 업무를 본격적으로 수행하였다. 이때 그는 국내 대형 조선소들보다 앞서, 유럽 선사에 대한 선박 수출 시장 개척 및 유럽 조선소와의 기술제휴 등을 수행하였다. 한 예로 독일 선사에서 수주한 1만 7000DWT급 다목적선의 경우, 기본설계 수행을 노르웨이 AKER 그룹과 계약하면서 협상을 통해 대한조선공사 핵심 설계 요원들을 직접 설계 과정에 참여하게 함으로써, 국내 선박 설계 기술이 선진국 수준으로 도약할 수 있는 절호의 기회를 만들었다.

귀국한 후에는 1980년 2월부터 약 3년간 특수선 설계부장으로서 한국형 초계함(KCX)의 설계를 주관하였는데, 당시에는 생소한 축소 모델을 제작, 적용함으로써 협소한 기관실의 기기 배치를 효율화하였다.

1983년부터는 대한조선공사가 임차한 사우디아라비아 제다(Jeddah) 수리 조선소에서 수리 담당 임원으로 근무하며 각종 기법을 창안, 적용함으로써 핵심적 과제였던 수리선 공기(工期)를 단축하는 성과를 거둔 바 있다. 1985년에는 조선영업본부로 돌아와 수없이 해외 출장을 다니면서 신조선 수주를 위한 활동을 수행하였다.

1990년 퇴직 후에는 풍부한 조선영업 분야 경험과 식견을 토대로 선박 매매중개를 전문으로 하는 오성 M&T(주)를 설립, 운영하고 있다. 그는 사업에만 열중하였을 뿐이라고 낮추어 말하지만 국내 조선소의 선박 수출을 확대하는 데 기여한 공로는 매우 크다. 세계 조선 경기 불황이 걷히면 더 큰 활약을 하리라 기대한다.

김근배 지금은 선박용 공기 조화장치 및 냉동기 분야에서 세계 시장 점유율 1위 업체인 하이에어코리아 사를 경영하는 기업가이지만, 64학번 동기생 중 가장 먼저 조선소 현장에 발을 딛고, 당시 걸음마 단계에 있던 국내 조선기술을 세계적 수준으로 발전시키는 데 기여한 선박 설계 전문 기술인이기도 하다.

그는 1968년 대한조선공사에서 기장 분야 설계 업무를 시작으로 1989년까지 설계 담당 이사를 거쳐 생산 및 설계 담당 상무를 역임하였다. 그중에 1979년부터 약 2년간 선박 건조를 막 시작하였던 대우조선해양에서 근무하기도 하였다. 그가 설계하고 건조하여 수출한 선박들은 열거할 수 없을 정도로 많은데, 그 과정에서 그가 고뇌하고 땀 흘리며 해결하여야 했던 기술적 난제들이 얼마나 많았을까? 지금 생각해도 전율이 느껴진다.

1989년 대한조선공사가 한진중공업으로 바뀐 후, 김근배는 선박 설계 및 생산 현장을 떠나 덴마크의 노벤코 사의 투자로 설립된 한국 하이프레스 사의 경영을 맡게 되었다. 고객 최우선 정신, 정도(正道)를 걷는 경영, 그리고 미래를 내다보는 대비와 과감한 도전을 토대로, 연 매출 몇십억 대의 외국 자회사를 십수 년 만에 연 매출 몇천억 대의 국내 기업 하이에어코리아 사로 탈바꿈해 놓았다. 조선소에서 쌓았던 다양한 기술적 경험, 미국 ADL 경영대학원 MBA 과정 등에서 닦은 경영 식견, 그리고 언제나 소탈하고 솔직한 그의 성품이 큰 몫을 하였으리라 생각한다.

우수한 품질, 적절한 가격, 적기의 생산 공급으로 수출 선박의 국산 기자재 비율이 높아진 것이 조선산업을 세계 1위로 발전시킨 원동력의 하나라고 생각한다. 2013년에는 하이에어코리아 사가 덴마크 노벤코 본사를 인수하는 기념비적 경사가 있었는데, 명실공히 세계적 기업으로 계속 발전하기를 기원한다.

김영훈 그 또한 평생을 국내 조선산업 발전에 헌신해 왔다. 그는 육군에서 군복무를 마치고 복학하여 1972년에 졸업하자마자 막 설립된 현대중공업에 입사하였다. 영국의 스콧 리스고 조선소에서 기술 연수를 이수한 후 초대형 유조선(VLCC)의 기본설계 및 구조설계 업무를 수행하였으며, 이어 런던 지사에 파견되어 덴마크 설계회사 요원들과 함께 고속 로로(Ro-Ro) 선의 개발 과제를 수행하였다.

1977년 말 귀국 후에는 회사 특명에 따라 한국 표준형 건조 시방서를 만드는 데 전력을 기울였다. 당시 외국 선주가 제시하는 건조 시방서에 의거하여 계약함으로써 건조 중에 어려움을 겪는 사례가 많았기 때문이다.

1978년에는 LNG 운반선 및 육상 저장 설비에 대한 한국형 시방서를 프랑스 전문가들과 작성하였으며, 이어 한국형 석유시추선 '두성호' 개발을 위한 건조 시방서 작성 및 설계 작업을 미국 설계 전문회사와 함께 수행하였다. 이와 같은 건조 시방서 한국화를 통해 견적 업무의 적정화와 생산효율을 높이는 데 실제적인 기여를 하였다. 1981년에는 국내 최초로 반잠수식 석유시추선 3척을 연속으로 건조하는 프로젝트의 견적, 계약 및 PM 업무를 주관하였으며, 이후 1984년부터 세계 최초로 포스트 파나막스(Post Panamax)형 대형 컨테이너선을 덴마크 뮐러(A.P. Moeller) 사와 공동으로 개발하였다. 이어서 프랑스 토털(Total) 석유회사에서 주문한 초대형 FPSO 선의 설계와 건조 PM 업무를 수행하였다.

그는 현대중공업의 설립 때부터 2002년 3월에 퇴직할 때까지 전문 기술인으로 일해 왔지만, 1992년 4월부터 1993년 11월까지 정몽준 국회의원 울산선거구 사무국장을 역임한 정치 경력도 가지고 있다. 시간 날 때마다 사진 촬영을 비롯해 다양한 활동을 하고 있는데, 해가 갈수록 예술가적 풍모가 더해지는 것 같다. 얼마 전 하늘의 도움으로 기적적으로 건강을 회복하였는데, 앞으로 더욱 즐거운 삶을 누리길 기원한다.

이송득 초창기부터 국내 조선산업을 오늘날 세계적 수준으로 발전시키는 데 크게 기여한 동기생이다. 그는 1학년을 수료하자마자 해병대에 입대하였고, 군복무를 마치고 복학하여 1971년 9월에 졸업하였다. 그리고 바로 현대중공업 공채 1기로 입사하였다. 1972년에는 영국의 스콧 리스고 조선소에서 기술 연수를 받았고, 귀국 후에는 1983년까지 설계부에서 일하였다. 이후 대우조선해양으로 옮겨 설계 담당 이사로서 다양한 수출 선박에 대한 설계 업무를 수행하였다.

그는 1990년부터 국내 조선회사들이 설립한 한국조선공업협회에서 일하였는데, 늘 잔잔한 미소를 띠고 있지만 속에는 해병대 출신의 강단을 가진 그의 진면목을 바로 이곳에서 발휘하였다. 당시 한국 조선산업에 대한 유럽 EU 국가들의 통상마찰 공세가 매우 집요하였는데, 치밀한 협상전략과 사전준비를 토대로 이를 막아내는 데 결정적인 역할을 하였다. 2006년 한국조선공업협회에서 퇴직하였고, 아쉽게도 2009년 1월에 작고하였다. 지금은 조선산업 분야에서 외국과의 통상마찰 얘기가 잠잠한데, 이 자리를 빌려 그의 공로를 다시금 되새기고자 한다.

최동환 조선 분야에서 매우 다양한 업무를 수행한 동기생이다. 그는 1968년에 졸업한 후 해군 특교대(OCS)에 임관하여 소해정 및 초계함의 기관장으로서 함정을 실제로 운용하는 특이한 경력을 쌓았다. 1971년 해군 제대와 동시에 대한조선공사에 입사하여 기술적으로 난제였던 고속정 건조사업을 수행하는 데 기여하였다.

1976년에 삼성물산으로 자리를 옮겨 기계 플랜트 수출영업 업무를 수행하였다. 방글라데시 지사장 시절에는 갠지스 강 송전탑 공사 수주 및 관리를 수행하였는데, 많은 하인들을 거느려야 했던 현지 문화, 원숭이가 출몰하는 골프장 등 그가 체험한 갖가지 일들은 훗날 동기생들에게 재미있는 이야깃거리가 되었다.

1985년에는 다시 삼성중공업으로 옮겨 구매 담당 이사, 생산 담당 상무를 역임하였다. 이 기간 중 그의 주관 아래 VLCC 및 LNG선 건조용 대형 도크가 건설되었고, 블록 대형화와 의장 선행작업이 확충되어 생산성 향상과 공기 단축에 크게 기여하였다. 1996년부터 중국 삼성 영파조선소 건설 책임자 및 법인장을 역임하면서 블록과 대형 의장품을 제작하여 거제조선소에 공급함으로써 중국에의 투자 확대 기틀을 마련하였다.

1998년 삼성중공업을 퇴직한 최동환은 조선시설 건설에 관한 풍부한 경험을 토대로 2000년부터 2005년까지 삼성물산에서, 2007년부터 2010년까지는 대영엔지니어링에서 조선시설 건설 기술고문으로 일하며 앙골라, 카자흐스탄, 루마니아, 베네수엘라, 인도, 말레이시아 등을 누볐다. 삼성중공업에 재직할 때 해운(海運) 시황이 좋지 않아 갖은 핑계를 대며 선박 인수를 꺼리던 까칠한 선주들조차 그의 유머 감각과 너그러운 품성에 매료되었다는 일화를 들은 바 있는데, 지금은 64학번 동기생 총무로서 역량을 발휘하고 있으니, 이 얼마나 좋은가.

황정열   1968년에 졸업하면서 당시에는 꿈꾸기 어려웠던 미국선급(ABS)에 입사하였다. 1969년부터 1972년까지 2년 반 동안 당시 세계 최고 수준의 조선산업을 자랑하던 일본에서 선급 검사관으로 다양한 실무 경험을 쌓은 1세대 선급 검사관이 되었다. 이듬해 귀국한 그는 1978년까지 ABS 선급에서 국내 조선소에서 건조하는 수출용 선박에 대한 검사 및 인증 업무를 수행하였다. 황정열이 ABS 선급 검사관으로 쌓은 다양한 기술적 경험들은 수출용 선박의 수주(受注) 영업을 막 시작한 국내 조선소 입장에서는 매우 유용한 자산이었다.

그리하여 삼성중공업(주)의 제의를 받아, 1978년 5월부터 조선기술 영업 업무를 담당하게 되었고, 1992년까지 250척의 수주를 달성함으로써 삼성중공업이 국내 3대 조선소로 진입하는 데 큰 기여를 하였다. 이후 1995년 9월까지 연구소장 및 설계 총괄 상무, 2000년 3월까지 조선영업 총괄 전무를 역임하면서 3차원 설계 시스템 구축, 멤브레인 형 LNG선 개발 건조, VLCC 및 초대형 컨테이너선의 대량 수주에 성공하였다. 이에 그치지 않고 2001년 3월에 퇴임하기까지 여객선 사업부를 맡아 국내 조선산업의 불모지였던 여객선 분야에서 카페리(Car Ferry)형 여객선 8척을 수주, 건조하여 인도하는 업적을 세웠다. 이런 성과들을 이루기 위해 그는 쉴 새 없이 세계 각국을 누비며 온 힘을 쏟았는데, 조선입국(造船立國)에 대한 그의 강한 신념이 큰 몫을 하였으리라 생각한다.

:: 함정 연구개발 분야

김윤호   재학 중 육군 복무를 마치고 학사 및 석사 과정을 연이어 수료한 후 1973년에 미국으로 건너갔다. 1976년 미국 MIT에서 석사학위를 받고 1979년 6월 버클리 대학(UC Berkeley)에서 박사학위를 취득하였다. 이후 1979년부터 2013년 퇴임할 때까지 30년 넘게 미 해군연구소(NSWC)에서 수상함 및 잠수함에 관련한 유체역학 분야 과제를 연구하였다. 미 해군 보안지침에 따라, 공식적인 학회 발표 논문 외에는 그의 연구 성과를 알 수 없지만, 세계 최고의 첨단 성능을 자랑하는 미 해군 함정에 비추어 뛰어난 연구 성과를 많이 냈으리라 짐작한다. 특이하게도 미 해군연구소를 휴직하고, 1986년 현대중공업 선박해양연구소 소장으로 부임하여 2년간 한국 조선산업 기술 발전에 직접 기여한 바 있는데 참고마운 일이다. 그가 근무한 미 해군연구소의 한국인 선후배에게서 그의 인품과 매너에 대해 여러 갈래로 많은 이야기를 들었는데, 유독 신사가 많은 64학번을 더욱 빛나게 한 동기생이 아닐까 생각한다. 미 해군연구소에서 퇴임하였으니, 이제는 한국에서 그의 해맑은 웃음을 자주 볼 수 있기를 기대한다.

김진구 국내 함정 개발 건조 역사에 큰 획을 그은 동기생이다. 그의 함정에 대한 열정은 2학년을 마치고 해군에 입대, 구축호위함 기관실에서 직무를 수행하면서 시작되었다. 조선공학도답게 선박의 실체를 자세히 알아야겠다는 열망을 가지고 3년 내내 한 함정에서만 복무하였으니, 기관실의 복잡한 배관 및 전기 계통은 물론 함정 전체가 머릿속에 각인되지 않을 수 없었다. 훗날 그가 함정 설계 업무를 주관할 때, 설계 요원들이 그의 해박한 함정 관련 지식에 깜짝 놀랐다는 이야기가 쉽게 이해된다.

1971년에 졸업한 그는 곧바로 현대중공업에 입사하였고, 일본 조선소에서 장기간 기술 연수를 받았다. 대형 유조선 설계 업무를 수행하던 그가 함정 설계 분야에서 큰 활약을 하게 된 것은 현대중공업이 1975년 10월 국내 최초로 시도한 정규 수상전투함의 개발 건조를 맡게 되면서였다. 만재배수량 2000톤의 호위함은 1980년 12월 울산함이라 명명하여 인도되었다. 후속함 8척은 국내 각 조선소에서 건조되었다. 이 함정들의 실전 배치를 토대로 한국 해군 함대는 실제적인 해상전투 능력을 갖추게 되었고, 각종 함정들에 대한 국내 독자 개발 건조 사업들이 줄을 잇게 되었다. 따라서 울산함 개발 건조를 주도하였던 그는 당시 정부의 자주국방 슬로건을 실제로 구현한 일등공신이라고 할 수 있다.

현대중공업 특수선 사업부의 책임을 맡은 이후로 정규 수상전투함은 물론 군수지원함, 기뢰부설함, 반잠수 쌍동선 등 특수함의 개발 건조에 성공하였다. 부인 말씀에 따르면, 늦게 들어와 일찍 나가는 바람에 며칠간 얼굴조차 못 보는 일이 제법 있었다고 한다. 김진구는 애석하게도 1996년 1월에 작고하였는데, 국내 함정 분야도 이제 세계적 수준으로 발전하였으니, 편안한 마음으로 영면하길 빈다.

박대성 박대성 제독이 함정 분야에 쌓은 업적은 우리 학과에서 위탁교육을 받은 해군 장교 분들에 대해 따로 작성하는 글에서 상세히 기술할 것이다. 때문에 이 지면에서는 1966년 중위로 3학년에 편입하여 함께 공부하면서 그가 베푼 일을 이야기하고자 한다.

많은 이야깃거리가 있지만 먼저 생각나는 것은 3학년 여름방학에 일어났던 일이다. 김현왕, 최동환 그리고 나, 이렇게 세 명은 맨손으로 놀러만 오라는 박 중위의 말에 진해로 가서 푸짐한 대접을 받았다. 그런데 우리가 떠나는 날, 큰 식당에서 밥을 사주시고는 계산대에서 차고 있던 시계를 푸는 것이 아닌가. 누구나 박봉이었던 시절, 있을 수 있는 일이었으나 속으로 참 고맙고 미안했던 기억이 난다. 우리보다 몇 년 더 연장이시지만 운동을 즐기시며 건강하고 다복하게 노후를 보내고 계시니, 참으로 기쁜 마음이다.

송준태 졸업 후 해군 기술장교로 임관하면서부터 함정 및 해상무기 연구개발 분야에서 평생 일해왔다. 국내 최초 고속정인 30톤급 수중익선(Hydrofoil Ship)의 개발 건조 업무는 해군공창에 근무할 때 수행하였고, 1971년 해군 제대 후에는 갓 창설한 국방과학연구소에서 함정 성능시험 평가, 어뢰 개발 등을 수행하였다. 이 과정에서 자기계발의 절실함을 깨닫고 임상전 교수님 지도 아래 석사 과정을 이수하였다. 연이어 1975년부터 독일 DAAD 장학금을 받아 독일 아헨(Aachen) 공대에서 박사 과정을 이수하였고 1980년에 박사학위를 받았다. 전임강사로 일 년간 근무한 후 귀국하여 국방과학연구소에 다시 입소하였으며, 이후 함정 및 해상무기 연구개발을 본격적으로 수행하게 되었다.

해군 수상전투함에서 운용하였던 한국형 경어뢰 개발, 승조원 실제 훈련에 활용된 국산 소형 잠수함 시뮬레이터 개발, 연구개발 시제품 성능시험은 물론, 해군 함정 전투 성능 보정에 활용되는 해상시험장 건설, 천안함 피격사건 원인 분석에 큰 도움을 준 1990년대에 수행한 수중폭발 내 충격 연구 등 국내 최초로 시도된 여러 과제들을 성공적으로 수행하였다. 특히 특수선형인 반잠수 쌍동선에 대한 연구개발 결과를 토대로, 동기생 김진구가 책임을 맡고 있던 현대중공업 특수선 사업본부에서 함께 해상 시험선을 실용화하여 우수한 성능을 발휘함으로써 국내에서 개발한 해상무기의 해상 시험평가에 큰 변화를 가져오게 하였다.

2006년 정년 퇴임 후에는 큰 보람을 갖고 평생 종사해온 함정 연구개발 분야의 경험들을 토대로 울산대학에서 6년간, 그리고 지금은 창원대학에서 함정공학과 특수선형 선박을 강의하고 있으며, 이와 함께 하이에어코리아의 기술고문으로 함정장비 연구개발에 참여하고 있다.

:: 정보산업 및 교육 분야

김태문 특이하게도 한국 정보산업 발전에 큰 족적을 남긴 동기생이다. 1970년에 졸업하여 산업은행 기술부에 잠시 근무한 후 미국 유학길에 올라 미시간 대학교에서 전공을 바꿔 시스템 엔지니어링 분야에서 1978년 박사학위를 취득하였다. 이후 1983년까지 당시 세계 최대 자동차 회사인 미국 GMC사에서 정보 시스템을 개발, 운영하였고, 이어 정보 시스템 개발회사인 미국 EDS사에서 전무이사(Executive Director)를 역임하였다. 1986년부터 2년간 한국 지사장을 지냈으며, LG그룹과 합작회사(현 LG-CNS)를 설립하기도 하였다. 이러한 미국 전문회사에서의 값진 경험들을 토대로 1988년에는 한국 정보시스템기술㈜,

1991년에는 한국 ICM사를 세워 제조업체, 증권회사, 병원 등의 운영 관리에 필요한 통합 정보 시스템을 개발, 공급하여 왔다. 1993년에는 서울 송파지역 케이블 TV 방송을 위한 우리 CATV사를 설립하였고, 1996년에는 동아일보 인터넷 신문인 동아닷컴(DONGA.COM)을 설립하여 초대 대표이사를 역임하였다.

디지털 정보 시스템은 오늘날 기본 상식에 속하지만, 1980년대만 해도 매우 낯선 분야였다. 이러한 상황에서 정보 시스템 전문회사를 설립, 운영하고 인터넷 신문을 창업하는 등 우리나라가 선진 정보화 사회로 발전하는 데 그가 기여한 공로는 정말 크다고 할 수 있다. 한편, 그는 〈한국문인〉지를 통해 정식으로 등단한 수필가이며, 한국 소월기념사업회 부회장직을 맡기도 하였다. 2007년 회사 운영을 그만둔 그는 요즘도 미국을 자주 왕래하며 바쁘게 지내는데, 사회 발전에 도움이 되는 가치 있는 활동들을 계속하고 있으리라 생각한다.

김현왕 1968년 졸업 후 해군 특교대(OCS)에 임관하여 고속초계함 등 한국 해군 함정을 운용하였고, 군복무가 끝날 무렵에는 해군공창에서 근무하였다. 때마침 해군공창에서 고속정을 건조하던 한국과학기술연구소(KIST) 김훈철 박사팀과 인연을 맺어 제대 후 KIST 연구실에서 약 2년간 근무하였다. 이후 1973년에 도미하여 미시간 대학교에서 석사, 털리도(Toledo) 대학교에서 열역학 분야 연구로 박사학위를 취득하였다. 로체스터(Rochester) 대학에서 3년간 조교수로 근무한 후 영스타운(Youngstown) 주립대학교 기계공학과에서 30년간 교수로 봉직하였다. 그중 10년 동안 학과장직을 역임하였고, 2013년 8월 정년 퇴임하여 현재 샌프란시스코에서 편안한 노후를 즐기고 있다.

학창시절 64학번 과대표였고 동기생들과 우애가 깊었는데, 미국에서 교육자의 길을 걷다 보니 그의 역량이 미국에서만 활용되고, 서로 정을 나눌 기회도 많이 갖지 못한 것이 매우 아쉽다. 이제 그를 비롯해 동기생 대부분이 시간적 여유가 생겼으니 서로 만나 회포를 풀 수 있는 기회가 가끔이라도 있었으면 한다.

조영호 특이하게도 언론 분야로 진출한 동기생이다. 1968년 졸업 후 1970년대 초 〈동아일보사〉 사회부 기자로 활약하였으며, 1980년대 대기업 중역을 거쳐 〈한겨레신문〉이 창간된 후 상무로 역임하였다. 〈동아일보〉 기자 시절 광화문 근처에서 가끔 만나 이야기를 나누기도 하였는데, 아쉽게도 지금은 소식이 끊겼다. 아마도 어디에선가 조용히 올바른 사회를 위한 일들을 하고 있을 것이다.

64학번 동기생의 특성은 언뜻 보기에 화려하지 않지만 자기가 가야 할 길을 묵묵히 걸어가며 개성 있게, 그리고 나름 멋지게 살아가는 친구들이라고 말하고 싶다. 게다가 선배님들을 깍듯이 모시고 후배들을 존중하며 사이좋게 지내니 얼마나 좋은가. 그러나 진정 자랑스러운 것은 평생 변치 않는 64학번 동기생의 끈끈한 우애라고 생각한다. 1학년 때에는 각기 여러 반으로 흩어져 교양과정을 이수하였고, 2학년부터는 군에 입대하는 동기가 많아서 사실 함께할 기회는 많지 않았다. 그렇지만 군에 입대한 동기생과도 꾸준히 소식을 전해가며 우애를 지켜왔고, 공대 불암산 축제 때에는 선후배들과 힘을 합쳐 학생 수가 많은 과들을 물리치기도 하였다. 이러한 우애를 바탕으로 64학번 동기생은 1974년 여름, 부산 황정열의 집에서 가족들과 함께하는 모임을 처음 가졌고, 이후 매년 만나왔다.

2012년 가을, 현대중공업 영빈관에 모인 64학번 동기생과 가족들

한동안 해외 근무와 자녀들 입시가 많던 시절에는 뜸하였지만, 10여 년 전부터 다시 늦가을 무렵이면 어김없이 모임을 갖고 있다. 물론 미국에 거주하는 동기생은 참석이 힘들지만, 40여 년의 연륜이 쌓이고 보니 부인들 간의 우애도 깊어져 웬만하면 부인들도 모두 참석한다.

64학번 동기생 모임이 잘되는 이유는 아마 동기생마다 각자 자신의 길을 걸으면서도 서로를 존중하고 아끼는 마음이 깊은 탓이 아닐까 한다. 물론 총무 최동환의 헌신과 유쾌함이 큰 몫을 하고 있다. 이에 더해 김근배가 가끔 큰 턱을 쏘는데 2011년 1월 기록적으로 추웠던 날, 해운대 파라다이스 호텔에서의 따뜻하였던 하루는 즐거운 추억으로 남아 있다. 이 글을 쓰다 보니 64학번 동기생이 한층 더 자랑스럽게 느껴진다. 앞으로도 모두 건강하게 즐겁고 보람 있는 삶을 누리길 기원한다.

20회 졸업생(1965년 입학) 이야기

김국호

∷ 자랑스러운 서울공대 조선항공학과

1965년도 공대 입학은 축복이었다. 정부의 중화학공업 드라이브 정책에 따라 모든 대학 중에서 가장 들어가기 힘들어 웬만한 점수면 타 대학의 수석을 하고도 남을 정도였다. 따라서 자부심도 그만큼 더 강하였고 공과대학의 모든 것이 다 자랑스러웠다. 서울대학교 배지와 더불어 공과대학 배지가 있었는데 우리는 서울대학교 배지는 집에 놔두고 공과대학 배지를 교복에 달고 다녔다. 그야말로 자부심이 하늘을 찌를 정도였다.

서울대학교 공과대학 배지

우리는 정원 20명의 조선항공과로 입학을 하였으나 각자 희망 전공을 표기토록 하여 대부분 조선 전공을 선택해서 결국은 과에서 일정 비례로 나누었다고 들었다. 20명을 모두 교실에 모아놓고 황종흘 선생님이 이름을 불러주시어 조선 전공 14명과 항공 전공 6명으로 나뉘게 되었다.

조선 전공은 고성균·고성윤·김국호·민기식·신영섭·양승일·오귀진·이규열·장창두·정인환·최강등·최길선·최항순·허용택, 항공 전공은 구본영·박황호·이병선·이상희·이승호·조태환 등이었다. 동기 가운데 현재 3명(민기식, 이병선, 이승호)은 타계하였고 2명(미국 거주 구본영, 한국 거주 허용택)은 연락이 안 되어 안타깝기 그지없다.

:: 입학 그리고 교양과정부(1965년)

신입생 환영회가 열렸는데 막걸리 파티였다. 안주는 아주 부실하고 막걸리는 질이 낮아 술을 못하는 친구들이 안주만 먹다 보니 결국 술만 남게 되었다. 당시에는 쌀로 막걸리를 만들지 못하게 법으로 정해 놓았는데 도대체 그 막걸리는 무엇으로 만들었는지 마신 뒤에는 반드시 머리가 아프고 속이 편치 않았다. 어찌되었든 입학을 축하한다고, 이 집단 저 집단에 참석하여 이와 유사한 환영회를 거치고 나서야 겨우 대학교 1학년이란 느낌이 들었다.

1965년도 입학생은 총 460명이었는데 각과의 학생을 1/10씩 나누어 10개 반을 만들었다. 그러니 한 반에 모든 과의 학생이 다 섞여 있는 셈이었다. 이 제도는 훗날에서야 참으로 고마운 제도임을 인지하게 되었다. 함께 수업을 듣게 된 다른 과 학생들과 아주 쉽게 친구가 될 수 있었고, 유사한 과목을 공부하는 친구들과는 힘든 문제를 함께 푸는 경우가 많아 우리 과와는 분위기가 다른 여러 과의 학습 내용과 목표 등을 이해할 수 있는 좋은 기회였다.

옛 공릉동 서울공대 1호관 벽면에 보이는 밝은색 점들은 전쟁 중 항공기에서 기총소사를 받아 생긴 상흔이다.

대학생이 되고서 가장 힘든 것은 등교였다. 당시 서울공대가 위치한 공릉동까지는 일반버스 노선이 개설되지 않았고, 그나마 육군사관학교와 서울여자대학이 위치한 태릉까지 노선이 개설되어 있었으나 그 편도 자주 오지 않아 타기 힘들었다. 결국 청량리나 중랑교 종점에서부터 걸어야만 등교를 할 수 있었는데 각각 8킬로미터, 4.5킬로미터로 걷기에는 만만치 않은 거리였다.

어떤 때는 무조건 태릉 가는 버스를 집어타고 기사 아저씨에게 생떼를 써서 태릉에 들렀다가 나올 때 학교 앞에 세워 달라고 조르기도 하였다. 기차 통학을 하는 학생도 많았고 아예 기숙사에 들어가 힘든 등교 문제를 해결하기도 하였다. 그러다가 몇 달 지나서 청량리에서 학교까지 연결되는 합승이 생겼는데 차비가 일반버스보다 비싸 학생 용돈으로 매일 타기에는 버거웠다. 나도 몇 달 버티다가 결국은 기숙사에 들어갔다.

기숙사는 미네소타 대학의 기숙사 설계도면에 따라 그대로 지은 것이라고 들었다. 2인 1실로 방도 넓고 침대, 옷장, 책상이 각각 2개로 당시 웬만한 가정집보다 훨씬 주거 조건이 좋았다. 그런데 방에서 전기를 이용해서 취사를 하는 학생이 늘어나자 방 4개를 단위로 전기 용량을 낮추어 방 2개 이상에서 대용량 전기기구를 사용하면 퓨즈가 끊어지게끔 해놓았다. 그래서 자주 방의 불이 꺼지는 사태가 벌어졌으며 나중에 학생들 스스로 순서를 정해 전기기구를 사용하게 되었다. 그래도 한밤에 방에서 끓여 먹는 라면의 맛은 정말 기가 막혔다. 기숙사에 있으면서도 많은 학생이 학비 및 용돈벌이 아르바이트를 하였는데 시내에서 들어오는 방법은 중랑교 종점에서부터 걸어와서 굳게 닫혀 있는 기숙사 정문인 커다란 철문을 넘어오는 방법 외에는 없는지라 월담 전문가가 많았다.

공릉동 서울공대 정문에서 경춘선 역 중의 하나인 신공덕역이 그리 멀지 않아 기차로 통학하는 학생이 많았는데 문제는 기차를 기다리면서 당구시합을 하는 것이었다. 지는 사람이 돈을 내야 했는데 맨 마지막에 돈을 내고 나오면 기차가 막 떠나기도 하고 아슬아슬하게 타기도 하는 상황이 자주 발생하였다.

나 역시 풀빵(손바닥 크기의 붕어빵) 내기 당구시합에서 지고 말아 역 앞에 있는 가게에서 이왕이면 갓 만든 뜨거운 빵을 사겠다고 몇 분 기다리는 사이에 기차를 놓친 적이 있었다. 나는 한 손에 책가방을, 다른 손에는 신문지에 싼 뜨거운 풀빵을 들고 달렸지만 풀빵을 왼손, 오른손 정신없이 옮기느라 도무지 속력을 낼 수가 없었다. 결국 가방을 기차 안으로 집어 던지고 풀빵 봉지도 기차 안에 있는 친구들에게 던진 다음 겨우 기차를 탔는데 그나마 먼저 탄 친구들이 내 손과 팔을 잡아준 덕이었다. 하마터면 대형 사고를 일으킬 뻔한 아슬아슬한 추억이다.

불암제라는 체육행사가 있었는데 공과대학 전체가 참여하는 운동회였다. 종목 대부분이 과 대항이었는데 조선항공과는 아예 닉네임이 '조탕과'로 그 강력한 힘을 여지없이 과시하였다. 50명이 넘는 토목과나 기계과에 비해 20명밖에 안 되는 조탕과는 그들을 대적하기에는 버겁고 불리한 여건이었다. 그러나 우리는 구기 종목은 물론 5명이 1조로 불암산을 뛰어갔다 오는 건보, 마라톤, 단거리 달리기 등을 모두 석권하며 부동의 1위를 차지하고 있었다.

1학년 때는 이런 과의 전통을 잘 몰라서 불암제 행사에 조금 늦게 나갔는데 4학년 선배가 1학년을 다 모아놓고 기합이 빠졌다며 주먹으로 배를 한 방씩 때려 깜짝 놀랐다. 알고 보니 해군사관학교에서 위탁교육생으로 들어온 해사 14기 신동백 대위였다. 공대에 위탁교육을 하는 과가 조탕과밖에 없었던 것이다. 그러니 20명으로도 우승을 할 수밖에.

:: **2학년(1966년)**

2학년이 되어서야 조선항공과는 20명이 함께 강의를 듣게 되었지만 그래도 체육은 인원이 얼마 안 되어 광산과와 함께 듣고 선택과목 대부분은 기계과와 함께 듣는 등 다른 과에 의존할 수밖에 없었다. 합동 강의는 땡땡이가 어려웠지만 단독 강의는 의기투합이 잘되어 가끔씩 우리는 땡땡이를 치기도 하였다. 한번은 막걸리를 마시러 태릉으로 가는 길에 서울여대를 지나게 되었다. 마침 체육시간이라 여학생들이 자전거를 배우고 있었다. 우리는 자전거를 능숙하게 타지 못하는 여학생의 자전거를 빼앗아 타고는 멀리 학교 밖으로 나와 자전거를 놓고 갔고 되돌아오는 길에는 빨랫줄에 걸려 있는 여학생 내복을 슬쩍 걷어왔다. 이런 일이 몇 번 일어나자 서울여대 학장이 서울공대 학장에게 항의공문을 보내기도 하였다.

1966년 여름은 대단하였다. 비가 많이 내려 서울시의 여러 곳이 물에 잠겨 수많은 이재민이 발생하였다. 서울시가 이재민 대책으로 내놓은 것 중의 하나가 상계동 난민촌이다. 학교가 있는 공릉동에서 한참 더 들어가는 지역이 바로 상계동이다. 언젠가 친구들과 걸어서 간 적이 있는데 전기도 안 들어오는 판자촌에 수많은 사람들이 사는 모습을 보고 놀라기도 하였지만 포장마차에서 파는 음식이 아주 싸서 우리는 종종 부담 없이 사먹기도 하였다.

:: 3학년(1967년)

많은 친구가 군에 입대하고 많은 선배가 군에서 제대하여 3학년으로 복학하였다. 대부분 1962년도에 입학한 선배들이었다. 우리는 유준호, 이병남, 이의남, 정희섭(이상 62학번), 주광윤(63학번), 이 다섯 복학생 선배들과 2년을 함께 공부하고 1969년도에 함께 졸업하였다.

그중에 잊을 수 없는 에피소드를 제공한 이의남 선배 이야기를 하지 않을 수 없다. 기계제도는 우리에게 아주 골치 아픈 과목이었다. 당시에는 켄트지 위에 오구(烏口)로 먹물 제도를 하였는데 오구에 먹물을 넣기가 쉽지 않았고 게다가 원을 그릴 때에는 아차 하는 순간에 먹물이 밖으로 쏟아져 켄트지를 버리기 일쑤였다. 또 지우기도 쉽지 않아 여간 조심스러운 작업이 아니었다.

어느 날, 김재근 선생님께서 내준 숙제를 함께 하고 있었는데 이 선배는 아무것도 안 하고 우리가 그리는 그림을 보며 웃고 있었다. 도면을 제출하는 날, 그는 어느새 그 복잡한 그림을 다 그렸는지 아주 멀쩡한 작품을 선생님께 제출하는 것이 아닌가.

도무지 이해가 안 되어 물어 보았더니 기숙사 매점 아줌마에게 부탁해서 빵을 넣어 두는 쇼 윈도우의 앞 유리를 빌렸다는 것이다. 그 두껍고 큰 유리를 기숙사 방에 들고 와서 책상 두 개를 가까이 놓고 형광등을 떼어서 유리 밑에 두고 비치면 아무리 두꺼운 켄트지라도 훤히 비친다는 것. 그러니 치수를 잴 이유도 없이 비치는 대로 오구로 밤새 그려서 낸 그의 작품은 우리 것보다 훨씬 깨끗하고 정교하였다. 지금이야 모두 컴퓨터로 그리니 이런 구식 제도는 완전히 쓸모없는 학습이 되고 말았지만 제도 하면 늘 생각나는 에피소드이다.

3학년 2학기 때 3000톤급 표준 화물선에 관한 공부를 하였는데 이 선박의 설계에 학교 선생님들이 많이 참여하신 덕에 우리도 일반 배치도 등 기본도면을 접할 기회가 있었다. 이 선박은 대한조선공사에서 건조 중이었는데 우리는 3학년 여름방학 때 대한조선공사에 현장 실습을 나가 역사적인 3000톤급 표준선을 보기로 하였다. 그러나 위치가 부산이고 계절 또한 여름이니 바닷가에 가서 피서를 하자는 쪽으로 의견이 모아졌고, 대한조선공사에 도착한 우리는 선배들께 인사만 드렸다. 그때 김응섭 선배가 선배들을 대표해서 건네주시는 금일봉을 챙겨 다음 날부터 부산 송정리 해수욕장에 자리를 잡았다. 그렇게 한여름을 잘 놀았는데 대한조선공사와 학교에서 야단이 났다. 실습하러 내려왔다는 학생이 한 명도 출근하지 않고 연락도 안 되니 그럴 수밖에.

방학을 마치고 등교한 첫날 황종흘 선생님께서는 대한조선공사도 어려운 상황이라 실습생을 받기 곤란하다는 것을 억지로 부탁해서 겨우 승낙을 받았는데 그 좋은 기회를 피서로 이용한 것은 배은망덕한 행위라며 우리 학년의 학점을 최고 C를 주셨다. 특히 주모자로 몰린 나는 법대로 전과하라는 말씀까지 들었다. 그러나 시간이 약이라고, 나중에는 선생님에게 많은 사랑을 받은 것으로 기억한다.

∷ 4학년 그리고 졸업(1968~1969년)

4학년 여름방학을 기회로 졸업여행을 떠났다. 그래 봤자 겨우 6명이었다. 고성균, 고성윤, 김국호, 최강등, 양승일, 오귀진은 기차를 타고 설악산으로 향하였다. 친구들이 무조건 기타는 들고 가야 한다고 해서 그 덩치 큰 기타를 들고 졸업여행을 떠났다. 1968년 당시에는 기타 치고 노래를 부르는 사람이 거의 없었다. 벤처스(Ventures) 악단은 기타만 연주하였고 비틀스(Beatles)가 유일하게 기타 치며 노래하는 그룹이었다. 국내에는 아직 송창식, 양희은이 나오기 전이었다.

졸업여행
(왼쪽부터 김국호, 고성윤, 고성균, 오귀진, 최강등, 양승일)

　나는 기숙사 룸메이트 덕에 기타를 자습해서 팝송과 유행가 몇 곡은 부를 수 있었다. 민박집을 골라 여장을 풀고 기타를 들고 나왔더니 동네 아이들이 우르르 모였다. 내가 기타 치며 노래를 하였더니 이 노래 저 노래 불러 달라고 야단법석이었다. 민박집 주인 딸도 있었는데 그날부터 졸졸 따라다니며 노래를 불러 달라고 졸라댔고, 엄마 몰래 부엌에서 맛있는 반찬을 모조리 가져와 우리에게 제공하였다. 덕분에 반찬은 잘 얻어먹었다. 잘 지내고 돌아오는 길에 기차역에 당도하니 인산인해였다. 서울까지 앉아 가려면 미리 들어가서 자리를 잡아야 하는데 입장권도 팔지 않았다. 그렇다고 포기할 우리가 아니었다. 다음 정거장까지 가는 표를 끊어서 개찰구를 유유히 통과하여 빈 기차에 들어가 넉넉하게 자리를 잡고 우리 사이사이에 여대생을 앉혔다. 경희대 여학생들이었는데 얼굴도 예쁜 데다가 우리와 어울려 잘 놀아서 돌아오는 길은 천국이었다.

　어느덧 대학생활의 하이라이트는 흘러가고 졸업을 앞두게 되었다. 군 미필자는 군에 입대하는 것이 큰 과제였고, 복학생 및 군 면제자는 취직이 과제였다. 조선공학을 공부해서 갈 곳은 조선소인데 당시 조선소는 달랑 대한조선공사 한 군데였다. 게다가 단 한 명만 뽑는단다. 그래서 우리 동기끼리는 절대 경쟁을 하지 않기로 약속하고, 군을 면제받은 오귀진을 응시하게 해서 결국 그가 취업이 되었다. 그 나머지가 가장 많이 진출한 곳이 해군 장교였다.

고성윤, 신영섭, 양승일 그리고 내가 3년 복무기간인 해군 장교 시험에 응시해서 합격하였고, 최길선은 ROTC 육군 장교로 입대하였다. 이듬해에 최강등 역시 해군 장교로 입대해 65학번은 해군 장교만 무려 5명이 되었다. 장교 시험에 응시할 준비를 하는데 제출서류 중에 병적확인서가 있었다. 병무청에 서류를 떼러 갔더니 군 기피자로 기록이 되어 있었다. 알고 보니 성인이 되면 대학생의 경우는 해마다 입대를 연기해야 하는데 나는 단 한 번도 연기를 한 적이 없었기에 그런 일이 일어난 것이다.

병적확인서 없이는 응시도 할 수 없는지라 병무청에 찾아가서 담당 직원을 따로 만나 내 입장을 설명하고 기피 기록을 지우고 깨끗한 병적확인서를 떼어 달라고 하니 돈을 요구하였다. 당시에는 거금인 5000원을 건네고 확인서를 기다리는데 도무지 소식이 없고 내일 와라 모레 와라 차일피일 미루기만 하였다. 게다가 어느 날부터인가 병무청 담당자가 아예 출근도 하지 않았다. 결국 그 친구의 집에 찾아가서 부모님을 만나 사정 이야기를 하니 애처로웠던지 아들에게 도와주라고 하셨다. 그렇게 응시 마지막 날 가짜 병적확인서를 받아 마감 직전에 제출하고 시험을 봐서 겨우 해군에 입대할 수 있었다. 덕분에 해군에 들어와 평생 잊지 못할 해군 함정과의 인연을 맺게 되었다.

졸업시험을 치르고 시원한 마음으로 교실을 나오는데 김재근 선생님이 부르셨다. 교수님 방에 가니 시험은 잘 봤냐고 하시면서 겨울에 특별하게 할 일이 없으면 약 3개월간 선생님 집에 와 있으라고 하셨다. 당시 문공부와 동아일보사가 협력하여 거북선 복원사업을 추진하였는데 조선 분야에는 김재근 교수님, 역사학자 이병도 박사, 미술 분야에는 당시 서울미대 김세중 교수, 고선 연구자 이원식 씨, 해군 박물관장 조성도 박사 등이 참여하고 있었다. 일은 예정대로 잘 진행되었고 서울미대에서 거북선 현도를 하고 고선 건조 전문가를 초청하여 실제 크기의 6분의 1로 인도네시아 수입산 티크로 복원선을 만들었다. 이 복원선은 지금 현충사에 소장되어 있다. 나는 거북선 도면을 마치고 4월 해군에 입대하여 해군 장교 후보생의 혹독한 훈련을 받았다.

:: 해군 조함(造艦)의 시작(1970년)

1970년 해군본부 함정감실 내에 조함과가 창설되었다. 운 좋게도 나와 신영섭 중위는 창설 멤버로 조함과에 발령을 받았다. 당시 해군본부는 서울 대방동에 있었고 장교는 출퇴근 버스를 타고 다니므로 해군본부 근무는 모두가 선호하는 꿈의 자리였다. "필요로 하는 배는 해군 스스로 해결한다"는 기치 아래 창설된 해군 조함과의 첫 임무는 30톤 예인선(tug boat)이었다. 선박을 이해하는 사람이 거의 없는 상황이라 외주로 김재근 교수님이 시방서를 쓰시고 우리는 이를 바탕으로 기본도면을 그렸다. 건조 기간을 거쳐 인천에 있는 소형 조선소에서 배가 완성되어 해군에 인계하였다.

군함으로는 PK(Patrol ship Killer)가 최초의 작품이었다. 신영섭 중위는 구조 계산에 참여해 각종 계산 및 구조도면을 그렸고, 나는 함정 근무 경력을 살려 기관 및 축계를 맡아 각종 계산 및 도면을 그렸다. 설계 책임자가 직접 건조 조선소에 감독관으로 내려가 수시로 현장감독을 하게 되어 있어 나는 수시로 대한조선공사에 내려가 PK 건조 현황을 감독하였다. 70톤급 쾌속정에 최고속력 45노트인 최신예 고속정으로 대한조선공사에서 건조하였으며 전국 초·중·고등학생들이 모금한 방위성금 4억 원이 건조 비용의 일부로 쓰였다. 이를 기리기 위해 '학생호'로 명명하였다.

당시 소련에서 받은 북한의 고속 어뢰정이 우리 해안에 출몰하여 우리 해군을 괴롭히고 있었는데 학생호는 이를 저지하기 위해 박정희 대통령이 특별히 지시해서 만들게 된 것이다. 학생호의 시운전 때 박 대통령이 직접 시승해서 관계자들을 위로해 주었다. 신영섭 중위는 1972년 여름에 해군을 전역하고 미국으로 유학의 길을 떠났고, 나는 해군에 복무 연장을 신청해서 1972년 말에 미국 타코마 조선소(Tacoma Boatbuilding Company)에 PSMM 선체 공사 감독관으로 파견되어 불행히도 학생호 행사에는 참석할 수 없었다.

학생호보다 앞서 KIST의 조선해양기술연구실이 주관하여 설계한 어로지도선 역시 40노트를 초과하는 쾌속선으로 진해 해군공창에서 시제선(試製船) 건조를 하였는데 그 후 계속 발전시켜 PK보다 조금 큰 PKM(미사일 설치)으로 해군의 주력 고속전단 역할을 맡게 되었다. 어로지도선의 설계에는 65도사 중 한 명인 양승일 박사가 참여하여 65학번의 영광에 빛을 내주었다.

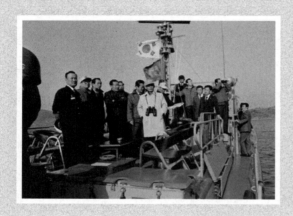

1973년 4월 10일, 박정희 대통령의 학생호 시승 장면

:: 코리아타코마 설립(1972년)

당시 해군이 보유하고 있던 모든 전투함 및 보조함은 전부 미 해군으로부터 받은 군사원조였고, 해군이 조함을 시작할 즈음부터 우리의 능력으로 우리가 원하는 함정을 설계하고 건조하기 시작하였다. 어로지도선과 학생호를 건조하던 1972년 6월, 미국 서부 연안에 위치하여 주로 미 해군의 중소형 함정을 건조하는 타코마사와 기술제휴를 맺어 설계도면, 생산기술과 자재를 공급해 주는 조건으로 합작투자 조선소인 코리아타코마(KTMI : Korea Tacoma Marin Ind. Ltd.)가 설립되었다.

그 첫 사업으로 한국 해군이 미국 타코마 조선소에 3척의 PSMM을 발주하되 2척은 미국에서 건조하고 마지막 1척은 미국 조선소에서 받은 도면과 생산기술을 바탕으로 한국에서 건조하는 것으로 계약이 성사되었다.

　나는 1972년 가을 미국 타코마 조선소에 파견된 해군 장교 6명 중 선체 검사관의 자격으로 파견되어 함정 완성과 동시에 귀국할 예정이었으나 불행히도 미국 조선소가 자금난에 봉착하여 새로운 자본주에게 매각되는 과정인 1973년 말에 귀국하였다. 이후 해군 대위로 대선조선 감독관을 거쳐 KTMI 감독관으로 파견되어 PSMM과 PK 프로젝트 전체를 총괄하게 되었다. PSMM은 알루미늄 선체로 한국에서는 처음으로 시도하는 알루미늄 대형 고속함이었으며, PK는 학생호의 성공으로 양산을 결정해 대한조선공사와 KTMI에 각각 10척씩 건조 계약이 성사되어 본격적인 조함의 역사를 시작하는 시점이었다.

:: 65도사 모임

　우리는 학교 다닐 때부터 좀 유별나 스스로를 '65도사'라고 칭하였다. 학교 다닐 때부터 유난히 잘 어울리고 죽이 잘 맞았던 친구들이라 멀리 떨어져 있어도 보고 싶고 안부가 궁금하였다. 그 무렵 누군가 발의를 해서 적어도 1년에 한 번은 전 가족이 모이기로 약속하였고 우리는 모두 이 약속을 참 잘 지켜왔다.

　결혼한 사람은 부인을, 연애하는 사람은 애인을 데리고 나오고 아이를 낳은 사람은 아이를 데리고 나왔다. 해를 거듭할수록 아이들이 자라 1980년대 초 경주에

2006년 6월 해운대에서
(왼쪽부터 최길선, 최강동, 오귀진, 양승일, 정인환,
조태환, 고성윤, 최항순, 장창두, 이규열, 김국호)

서 만났을 때에는 아이들 수도 많고 해서 어린이 운동회를 개최할 정도였다.

:: 65도사의 사회 진출

졸업 후 조선소라고는 대한조선공사 한 군데밖에 없었기에 오귀진 하나만 응시를 하고 나머지는 군대로, 유학으로 뿔뿔이 흩어졌다고 이미 언급하였다. 그러나 대형 조선소가 설립되면서 하나둘 조선소로 돌아왔다.

1980년대에는 현대중공업㈜에 민기식·정인환·최길선, 삼성에 고성윤, 대우에 김국호, 선박연구소에 양승일, 서울대학교에 이규열·장창두·최항순, 미국 ABS에 신영섭, 조선 기자재 업체에 최강등, 상공부 조선과에 허용택 등 조선산업계에 다양하게 포진하고 있었는데 그중 조선소가 역시 제일 많았고, 서울대학교에 동기생 3명이 함께 재직하고 있다는 점도 매우 특이한 상황이었다.

1980년대는 '65도사' 모두가 가장 왕성하게 활동하였던 시기라 각자 자기 일에 너무 바빠서 정신이 없었을 것으로 짐작이 간다. 1990년대 들어서면서 우리는 각자 중요한 위치를 차지하며 두각을 보이기 시작하였다.

:: 대한민국의 조선은 진수회의 작품

이렇게 '65도사'가 각자의 위치를 지킬 때 대한민국의 조선은 고비를 넘어 꽃을 피우게 되었다. 설계가 안정되면서 유체, 구조, 추진 각 분야는 누구도 따라오기 힘든 수준으로 올랐고 생산기술에 메가블록, 기가블록, 육상건조 공법 등을 적용하였다. 특히 65도사들은 대한민국 조선산업의 격동기를 거치면서 조선소, 학교, 연구소, 기자재 업체, 선급 등 전 분야에서 평생을 헌신하며 오늘날의 대한민국 조선을 세계 1위로 만드는 데 중심 역할을 하였다고 자부한다.

최길선 현대중공업㈜을 떠나 한라중공업으로 자리를 옮겨서 사장으로 승진하더니 현대미포 사장, 현대중공업㈜ 대표이사, 한국조선협회장을 두루 역임하면서 조선업계의 최고경영자로 자리매김을 하다가 정년 퇴임하였으나 2014년에 다시 현대중공업에 회장으로 복귀하여 아직도 현역에서 활동하고 있다.

양승일 한국기계연구원 선박해양공학연구센터 소장과 한국해양연구원(현 한국해양과학기술원) 선박해양공학분소장을 역임하며 조선해양공학 분야의 연구활동에 전념하였다.

오귀진 조선소장 시절 대한조선공사가 한진중공업으로 매각되어 안정권에서 벗어나자 중국 외유를 하였다.

이규열, 장창두, 최항순 이 세 사람은 각자 자기 분야에서 최고의 교수로 자리매김하며 후진 양성에 몰두하였다. 특히 최항순은 대한조선학회 회장을 맡아 더 바쁜 시간을 보내다가 정년 퇴임하고 뒤늦게 배운 골프에 심취해 유유자적하였으나 2014년 학술회원이 되어 다시 학술활동을 열심히 전개할지 자못 궁금하다.

신영섭 미국에서 활약하면서 ABS의 연구소장을 역임하고 아직도 특별 임무를 맡아 한국에 종종 출장 올 정도이다.

최강등 선박 기자재 업체인 정공산업을 설립하여 꾸준히 선박 기자재 국산화에 기여하고 있다.

진해 해군공창에서 진수회 회원들 조함에 도전하다

양승일

공대 조선공학과 4학년 재학 중 해군 특교대(OCS) 48차 장교후보생으로 선발되어 진해 해군사관학교에서 훈련 과정을 마치고 7월에 소위로 임관하였는데 동기생 고성윤, 김국호, 신영섭 등도 진해 해군공창(현 정비창) 공무국 설계과와 기술검사과에 각각 신임 소위로 배속되었다.

해군공창은 해군 함정의 수리를 위한 전문시설과 기술 인력을 갖춘 기관으로 정호현(57학번), 최상혁(59학번), 김현왕(64학번), 송준태(64학번) 등의 진수회 선배들과 함께 근무하였다. 모교 조선공학과에 편입하여 59학번과 함께 졸업하고 석사과정까지 마친 김정식 소령도 있었다. 우리 진수회 회원들은 후에 조함 능력의 기반이 되었다고 자부하며, 진해 해군공창에서 조함사업에 도전하던 시기를 소개하고자 한다.

:: 수중익선 개발

1969년 해군공창의 박선영 중령(해사 8기, 54학번 편입)이 5톤급 수중익선(Hydrofoil Boat) 개발에 착수하였다. 당시 송준태 중위(64학번)가 설계와 건조를 총괄하고 나는 수중익의 설계를 담당하였다. 선체는 이미 건조된 28피트급 활주형 선형을 사용하였으며, 엔진은 다른 목적으로 도입한 325HP급 엔진으로, 수중익과 축계와 스트러트(strut) 등은 설계 제작하기로 하였다.

당시에는 수중익선을 실험할 수 있는 시설이 국내에 없었으므로 부양 및 활주 성능을 알아보기 위해 1/5 크기의 1.7미터급 수중익 모형선을 제작하여 공창 내 해역에서 실선으로 예인하여 모형시험(open sea towing test)을 실시하였다.

1/5 축척의 길이 1.7미터 수중익 모형선 시험
(1969년)

실선 건조 후 시운전 결과, 앞날개는 17노트에서 선체가 부양되었으나 뒷날개는 중량 증가와 무게중심의 변화로 양력이 부족하였다. 2차 시운전에서는 21노트에서 선체가 부양되었으나 항주 자세가 불안정하였다. 결국 후속 연구가 미진하여 수중익선은 완성하지 못하고 전력화에 이르지 못하였으나 국내에서 특수선인 수중익선 개발에 참여하여 설계와 건조에 이르는 소중한 경험을 하였다.

:: 특수선 개발

박선영 중령과 김종순 대위(해사 17기, 66학번 학사 편입)는 시멘트를 선체 재료로 사용하여 항내 잡역선과 사관생도 훈련용 보트(Cutter)를 개발하였다. 항내 잡역 시멘트선과 사관생도 훈련용 보트를 건조하기 위하여 실물 모형을 제작한 뒤에 일련의 굽힘시험, 전단시험, 충격시험, 진동시험 등으로 재료 특성을 확인하고 성형 과정과 양생 과정을 거쳐 외면 손질과 도장에 이르는 전 과정이 새로운 경험이었다. 건조비가 강선의 50퍼센트이고 곡면 성형이 쉽고 내화 성능과 유지보수 그리고 수명 등의 장점이 있음에도 내충격성이 취약하여 널리 보급되지 못한 것이 아쉽다.

또한 1960년대에는 늪지, 수초밀집 지역은 물론이고 얼음이나 눈 위에서도 운항이 가능한 공기추진선을 박선영 중령과 고성윤 소위(65학번)가 개발하였다. 공기 추진선은 알루미늄 선체로 건조하였는데 길이 5미터에 배수량은 1.5톤이었다. 이때의 개발 경험을 논문 형식으로 정리하여 해군공창에서 발간한 연구논문집 『기술연구보고』 창간호에 소개되었으며, 뒤이어 국내에서 이루어진 각종 공기부양 선박의 개발에 주요한 참고자료가 되었다고 판단한다.

:: 어로지도선 개발

해군 함정의 기동성 향상을 위하여 배수량 100톤으로 40노트의 속도를 낼 수 있는 고속정 어로지도선을 개발하기로 하였고, 이 사업을 '율곡사업'이라 이름 붙였다. 이에 따라 한국과학기술연구소(KIST) 조선해양기술연구실의 김훈철 실장(52학번)이 연구개발에 착수하였다. 나는 해군 복무 중에 이 과제에 차출되어 각종 선박 설계 계산, 선형과 프로펠러 그리고 타 등의 설계에 참여하였다.

김훈철 박사의 책임 아래 기본설계가 1970년 말까지 수행되었는데 설계 요구 조건을 충족하기에는 매우 어려운 일이었다. 지정시한인 1970년 말까지 기본설계를 마치기 위해 KIST 간부용 주택을 사무실 겸 숙소로 사용하며 5개월간의 합숙으로 해결하였다.

기본설계 업무에는 조선해양기술연구실에서 김훈철 실장님과 장석(61학번)·서상원(61학번)·김현왕(64학번) 연구실원이, 해군공창에서 박대성 대위(해사 16기, 64학번 학사 편입)와 나(소위, 65학번), 문관인 홍강식 계장(선체 설계)과 정연박 계장(전장 설계)이, 그리고 외부기관에서 정한영(53학번), 고려원양(주)의 박태인 부장(기장 설계)이 참여하였다. 또한 모교의 황종흘 교수님, 임상전 교수님, 김극천 교수님께서 설계의 자문위원으로 참여하셨는데, 공대에서 KIST 설계사무실로 저녁에 출근하듯 찾으셔서 설계 자문회의를 하시고 자정에 귀가하시곤 하셨다.

나는 이 어로지도선과의 인연이 계기가 되어 해군에서 제대(1972년 6월)한 뒤 KIST의 연구원으로 인생 항로를 선택하게 되었고 'R&D' 영역에서 못 벗어나고 있다. 기본설계에 참여하면서 얻은 설계 관련 각종 계산들을 종합하여 『어로지도선 각종 계산漁撈指導船 各種 計算』으로 발간하였다(1970년 12월).

어로지도선의 설계를 위한 기본계산 보고서(1970년)

이 보고서는 연구책임자(김훈철 박사)의 결단으로 비밀등급에서 제외함으로써 후속 함정 기본설계에서 널리 사용되었다.

특히 활주형 선박의 성능 추정을 위하여 유체력을 해들러(Hadler)의 방법으로 해석하여 활주자세를 구하였고, 초월 공동 프로펠러(super cavitating propeller)를 설계

(Z=3, Dia=1170mm, Pitch=1642.5mm)하였다. 선형은 영국의 고속선형 자료를 참조하여 설계하였으며 미국 미시간 대학 수조에서 모형시험을 수행하였다. 또한 활주자세 제어장치로 선미에 항주자세 제어를 위하여 제어판(transom flap)을 장착하고 실험하여 활주자세에 따른 저항 성능을 함께 조사하였다.

1971년 초 어로지도선을 해군공창에서 건조하게 되자 KIST는 진해 해군공창에 사무실을 개설, 감독관으로 두 연구원(장석, 서상원)이 상주하였다. 해군에서 처음으로 고속함정의 설계와 건조가 이루어졌으므로 감독관의 역할이 매우 중요하였다. 어로지도선의 상세설계는 해군공창 조함실장(박선영 대령)의 총괄 아래 설계과에서 수행하였으며 건조는 선체공장과 선대에서 이루어졌다. 최강등(65학번) 소위가 현장 책임을 맡았으며 선체는 블록공법으로 건조하였는데 상부구조를 알루미늄으로 설계하였으므로 국내에 알루미늄 용접기술(MIG용접 및 TIG용접)이 정착하는 계기가 되었다. 이때 양성된 전문 용접 인력은 후일 마산의 KTMI의 핵심 기술자가 되었다.

어로지도선의 시운전은 거제도 북단에 계측기준점을 설치하고 수행하였다. 이 시운전은 미국 해군함정연구개발센터(NSRDC: Naval Ship Research & Development Center)에서 전문가들이 파견되어 지원하였으며 1972년 4월에서 5월까지 수행되었다.

어로지도선의 시운전 장면

1972년 5월 12일의 시운전에서 조류 방향의 따라 40노트와 38노트를 기록하여 시운전 속력을 39노트(104 tons)로 확인하였다. 시운전 초기, 엔진의 출력을 조절하는 와중에 대통령이 시승하여 어려운 점도 많았지만 건조 관련자와 해군의 사기가 크게 높아졌다.

어로지도선의 성능 평가 및 보완을 위한 후속 연구는 KIST가 주관하여 수행하였고, 국방과학연구소(ADD)의 송준태 연구원(64학번)이 참여하였다. 수행 결과는 「어로지도선 시운전, 성능시험 및 보완공사에 관한 연구」 보고서로 제출하였다 (1973년 2월).

1970년대 초 함정 개발에 참여한 진수회 회원의 한 사람으로서 조함이라는 해군의 도전적 사업에 참여하였음을 매우 자랑스럽게 생각한다. 비록 짧은 기간이었지만 조함장교로서 열성을 다한 뜻깊고 보람된 경험이었고 제대 후 인생 항로를 결정짓는 중요한 계기가 되었다.

해운대에서 함께한 65도사 부부 모임(2006년)

21회 졸업생(1966년 입학) 이야기

이호섭

66학번 진수회 회원은 조선항공학과 입학 20명 중 박창준, 송재병, 신창수, 이병석, 이세혁, 이창섭, 이필한, 이호섭, 홍도천, 홍두표, 홍순익, 홍창호 등 12명의 조선 전공자와 해군 장교 위탁교육생인 김종순 대위를 포함하여 총 13명이다.

1960년대 말의 다소 힘들고 어지러웠던 시절을 우리는 때론 낭만과 희망을, 때로는 울적한 미래를 곱씹으며 함께 또는 끼리끼리 공릉동 캠퍼스를 젊음의 보금자리 삼아 조선공학도로서의 꿈을 키워갔다. 위에 열거한 이름에서 보듯 이씨와 홍씨가 유난히 많아 그 외 소수 성은 잡씨라 하며 가가소소 하던 일이 엊그제 같다.

우리의 남다른 특징이라면 홍창호·이창섭·이세혁·박창준 등 아마추어 정상급 바둑 애호가들이 많았고, 홍순익처럼 다방면의 학내외 활동으로 얼굴 보기가 힘들었던 동기도 있었다. 여리고 감성이 풍부하였던 이병석, 통기타에 일가견이 있던 홍도천, 온갖 잡기에는 뒤지기 싫어하는 홍두표·이호섭, 농구와 내기 포커의 달인 이필한, 우직스러운 촌놈인 양 주위를 곧잘 기망하는 외고집 송재병 등이 66학번 학창시절 모습의 편린들이다.

학창시절 중 특별히 기억나는 것은 임상전 교수의 지휘 아래 『기본 조선학』 초고 번역 집필을 위하여 과대표인 홍두표를 비롯하여 여러 동기생이 여름방학에 2층 제도실에 모여 함께 땀 흘렸던 일이다. 또 하나 기억에 남는 것은 4학년 가을, 입대를 앞둔 동기생들이 해군 기술장교 등에 응시하였으나 모두 낙방하여 졸업 후 전원이 육군 사병으로 복무하게 된 일이다. 해군 기술장교를 한 명도 배출하지 못한 학번이 우리 학번이다.

66학번 동기생은 1970년 초 졸업과 동시에 상당수가 대한조선공사에 입사원서를 냈고 거의 전원이 군필 후 입사 등의 조건으로 합격한 것으로 기억하는데, 군 면제자인 홍순익과 군필 졸업 후 1973년도에 입사한 이필한만이 실제로 대한조선 공사에 근무하였고(홍순익은 1972년 2월 미국 SIT로 유학) 나머지 동기생은 앞서거니 뒤서거니 하며 사회로 나갔다.

이세혁·홍도천·홍창호·송재병·홍두표 등은 현대중공업에 입사하였고, 이창섭· 이병석·이호섭 등은 한국과학기술연구소 조선해양기술연구실(한국선박해양연구소 모태)에 입소하였다. 홍도천·홍창호는 현대중공업을 퇴사한 후 한국과학기술연구 소에 합류하였고, 이호섭과 홍두표는 모교 대학원에 대학원생과 연구생으로 자리 를 옮겼다. 이후 홍두표는 캐나다로의 이민을 택하였다.

박창준은 졸업과 함께 유학 준비 후 미국으로 가 전공을 바꾸어 박사학위 취득 후 미국에 정착하였으며, **신창수**는 휴학으로 1년 늦게 졸업한 후 코리아타코마 조 선에 입사하였는데, 이 두 동기생은 워낙 점잖고 조용한 성품들로 점점 소식이 뜸 해졌고, 현재는 연락 두절 상태이다.

일찍이 조선소를 택한 **송재병**은 현대중공업에서 외길 인생을 걸은 후 현대미포 조선 대표이사를 끝으로 조선공학도로서의 소임을 다하였으며, **이세혁** 또한 현대 중공업에서 젊음을 바친 후 전무로 퇴임하였다가 삼성중공업 부사장으로 다시 영 입되어 근 10여 년을 삼성중공업의 기술 선진화와 조선산업 발전에 헌신하였다.

이필한은 대한조선공사 입사 후 후신인 한진중공업에서 부장을 끝으로 조선계 를 떠나 건강에 문제가 있던 친형님을 도와주기 위하여 주물 전문 중견기업인 ㈜ 하이메트에 들어가서 어려운 여건 속에서 주물공장의 기반을 다지는 데 일조한 뒤 부사장으로 퇴임하였다. 이후로 그는 음악, 연극 등 취미생활에 흠뻑 빠져 그야말 로 황금빛 제2의 인생을 즐기며 살고 있다.

이병석은 KRISO 파훈으로 영국 유학길에 올랐으며, 영국 여인과 결혼하였다. 그곳에 정착하여 스트래스클라이드(Strathclyde) 대학교 조선해양공학과 교수로 재 직하면서 한·영 조선 관련 인적·기술적 교류에 힘써왔고, 은퇴 후에도 엔지니어링 회사에 적을 두고 영국 내외, 특히 한·영 기술 협력에 이바지하고 있다.

이창섭 또한 KRISO 파훈으로 MIT 박사학위 취득 후 귀국, KRISO 연구실장을 거쳐 충남대 선박해양공학과 교수로 정년 퇴임하였는데, 우리나라 선박추진기 설계 기술의 정립과 선진화 및 국내외 학술·학회활동에 큰 기여를 하였고, 은퇴 후 현재도 해군 함정 관련 기술자문 등 왕성한 활동을 이어가고 있다.

이호섭은 모교 대학원에서 박사학위를 취득하였으며 KRISO 재직 중에는 구조 시험연구동, 삼성중공업에서는 예인수조와 캐비테이션의 설계·건조 등 독특한 이력을 갖게 되었다. 삼성중공업 전무로 퇴임 후에 충남대 선박해양공학과 교수들과 ㈜수퍼센츄리를 창업한 바 있고, 현재는 수조 관련 장비 전문업체에서 기술자문을 하고 있다.

홍도천 또한 KRISO 재직 중 프랑스로 유학, 낭트 대학교에서 박사학위 취득 후 KRISO로 복귀하였다. KRISO 재직 중 해양공학수조 건설에 공을 들였으며 완공을 보지 못한 채 현대중공업으로 적을 옮겨 상무로 퇴임한 후, 상당 기간 충남대학교 첨단수송체연구소 연구원의 직으로 해양파 관련 기초연구를 활발히 하여 왔다. 현재 한국선급의 전문위원으로 재직하고 있다.

홍두표는 캐나다로 이민 후 잠시 요트 생산 조선소에서 근무하였으나, 앨버타 (Alberta) 대학교에서 박사학위 취득 후 현대중공업 임원으로 다시 영입되어 연구소 소장을 거친 후 현대정공으로 직을 옮겨 상무로 퇴임하였다. 퇴임 후 미국에 정착하였으나 이후 일체의 소식과 연락이 단절된 상태인데, 미루어 짐작건대 과할 정도의 독실한 신앙심 때문에 아까운 재능과 자질을 본인의 내면생활의 평화와 안정에 경주하지 않을까 생각한다.

홍순익은 미국에서 SIT 유학 및 설계 기술자로 생활하다가 삼성중공업에 설계 담당 이사로 영입되었다. 이후 거제조선소장, 부사장 등을 끝으로 퇴임할 때까지 선박 설계 기술의 자립 및 선진화에 큰 족적을 남겼으며, 미국선급협회 부사장, 한진중공업 대표이사 사장, ㈜유니슨 부회장, 성동조선해양 부회장 등을 역임하며 본인의 경험과 자질을 조선산업 발전에 아낌없이 바쳐왔다. 정열적인 그는 지금도 KOMAC에서 마지막 열정을 다하고 있어 타의 귀감이 될 만한 진수회 회원이다.

끝으로 **홍창호**는 KRISO 퇴직과 함께 또래에 비해 매우 늦은 나이에 미국 유학을 떠났지만 메릴랜드(Maryland) 대학교에서 헬리콥터 블레이드 관련 박사학위 취득 후 충남대학교 선박해양공학과 교수로 영입되었다. 재직 중 항공공학과 창설 요원이 되어 오늘의 충남대 항공우주공학과가 있기까지 발전의 밑거름 역할을 다한 후 정년 퇴임하였다.

유일한 위탁교육생 **김종순** 대위는 학창시절에 모범과 성실의 대명사였고, 졸업 후 해군 조함장교로 봉직하면서 우리 해군의 조함기술 발전에 큰 기여를 하였으며, 해군 제독으로서 조함실장을 역임한 후 예편하였다. 예편 후에도 조선 관련 기자재 업체인 KT에서 기술고문 등을 맡았으나 안타깝게도 얼마 전 타계하였다.

선배들께는 다소 면구스러우나 66학번 동기생 또한 한 사람 한 사람의 삶이 한 권의 소설은 됨 직한데, 이렇게 짧게 졸필로 마무리하려니 무언가 죄지은 듯 무거운 마음을 안고 글을 마친다.

66학번 진수회 회원 약력

성명	약력
송재병	현대미포조선 사장
이병석	University of Strathclyde, Dep't of Naval Architecture and Marine Engineering, Lecturer
이세혁	현대중공업 전무 ｜ 삼성중공업 부사장
이필한	한진조선 부장 ｜ (주)하이메트 부사장
이창섭	한국선박연구소 연구실장 ｜ 충남대 선박해양공학과 교수 ｜ 대한조선학회 회장
이호섭	한국선박연구소 연구부장 ｜ 삼성중공업 전무 ｜ 수퍼센츄리 사장
홍도천	한국선박연구소 연구부장 ｜ 현대중공업 상무 ｜ 충남대 첨단수송체연구소 연구원
홍순익	삼성중공업 거제조선소 부사장(조선소장) ｜ 미국선급협회(ABS) 부사장 한진중공업 대표이사 사장 ｜ 유니슨(주) 부회장 ｜ 성동조선해양 부회장
홍창호	한국선박연구소 연구원 ｜ 충남대 항공우주공학과 교수
홍두표	현대중공업 이사 ｜ 현대정공 상무

내가 한국기계연구원에서 삼성중공업 연구소장으로 자리를 옮긴 것이 1993년 7월이었다. 당시 조선소는 매우 어려운 여건에서 힘들게 대형 도크(3-Dock)를 건설 중이었으며, 대형 조선소에 걸맞은 연구개발 체제를 갖추기 위한 노력이 병행되고 있었다.

특히 당시 조선소 소장 홍순익 동기의 연구 기본시설 확보에 대한 오랜 기간의 공감 설득 노력과 대형 도크의 준공 시점에 맞물려 마침내 1995년 초 서울대학 법대 조선과(?) 출신인 이해규 대표이사로부터 선박 연구개발의 기본시설인 예인수조와 캐비테이션 터널의 확보 방안에 대한 검토 지시가 연구소에 하달되었다.

1995년 초 이전에도 간헐적으로 국내외 기존 연구시설 및 연구 인력의 인수 확보 등에 대한 검토가 암암리에 있어 왔으므로 삼성중공업 자체 건설 확보로 신속히 결정되었다. 1990년대 중반 당시의 미래 대비 선박 기술 개발 동향은 고속화(초고속 화물선), 대형화(컨테이너선), 고성능화(특히 함정용 고성능 특수추진기 등)로 압축할 수 있으며, 또한 미래에도 여전히 저속 비대선의 건조가 주를 이룰 것이므로 이러한 기술 수요에 대처하기 위해서는 상당한 투자가 소요되는 광폭의 고속 예인수조와 대형급 캐비테이션 터널의 확보가 필수적이었다.

그러나 당시 삼성중공업의 어려운 재무 여건상(3-Dock 투자 등) 할당된 예산은 현대중공업에서 이미 보유한(1980년대 초) 예인수조와 중급 캐비테이션 터널을 확보하는 데 적당한 수준이었다.

연구소장인 나는 적은 예산으로 미래 대비 최신·최상의 연구시설을 건설해야 하는 막중한 책임 아래 기존 개념과 상식의 타파와 더불어 시설 및 관련 장비 전체를 삼성중공업의 주도로 국내에서 설계·제작할 경우 해외도입 대비 공기 1/2 이하, 소요예산 1/2 정도에 목표를 달성할 수 있다는 확신에 찬 결론을 내렸다. 이러한 결론의 도출 과정에서 동기인 이창섭 박사가 소중한 멘토였고, 대형 캐비테이션 터널 제작 과정에서는 실질적인 도움도 많이 주었다.

다소 무모해 보이는 나의 확신에 대한 이해규 대표이사의 전폭적인 지지, 그리고 동기인 홍순익 조선소장의 침묵의 신뢰와 배려가 밑거름이 되어 숱한 어려움을 이겨내고 성공리에 광폭 고속 장수조와 대형 캐비테이션 터널을 준공할 수 있다고 생각한다. 덧붙여 내가 과거 선박연구소에서 구조 시험동을 건설하였을 때의 경험과 수조운용에 대한 간접경험이 무모한 확신에 지대한 영향을 주었음을 밝힌다.

이창섭

'프로펠러' 전공의 이창섭 박사는 '유체'의 가장 핵심적인 실험시설인 대형 예인수조를 직접 설계, 건조하기로 결심하였는데, 의외의 반대 기류가 회사 내외에서 크게 일어났다. 회사 내부의 반대 기류는 사장의 리더십으로 해결되었지만, 회사 외부의 반대 기류는 당시 삼성중공업에 자문을 하여 주시던 우리나라 선박유체역학 선각자이신 황종흘 교수님의 강력한 후원이 큰 힘이 되어 잠재울 수 있었다.

예인수조의 설계에서 가장 특징적인 부분은 이창섭 박사의 아이디어에 따른 추진방식인데 자기력으로 부양되어 추진되므로 이론적으로 바퀴에 하중이 걸리지 않아 레일 변형에 따른 문제가 거의 발생하지 않고 기존 바퀴 추진식보다 가감속력이 좋아 고속 수조에 적합한 방식이다. 이 방식의 추진에도 상당한 반대 의견이 있었지만, 책임자인 이호섭 박사의 용기 있는 추진력이 세계 최고의 예인수조를 건설하는 데에 큰 역할을 하였다.

설계는 실제 KRISO의 수조운영 경험 인력과 충남대 전기과 교수진이 수행하였다. 모형시험 시설과 동시에 중요한 일은 계측장비를 국내에서 개발하여 운용하는 능력을 확보하는 것이었다. 서울대학교에서 모형시험 수조를 직접 건설하고, 모형시험 장치를 개발하신 김효철 교수님의 센서 설계와 제작에 이르는 기술적 기여로 계측장비까지 국내에서 설계, 제작할 수 있는 기반을 다지게 될 기회가 마련되었다. 예인전차의 규모도 국내 최장의 크기(400mL×14mB×7mD)이며, 최고속도도 18m/s로 고속선의 저항과 추진 성능을 실험할 수 있도록 설계되었고, 조파기, CMT 등 관련 필요 장비들도 모두 회사 자체 설계와 국내 제작으로 이루어졌다.

삼성중공업 내에 캐비테이션 터널의 국산 설계와 제작에 마땅한 실무책임자가 없어 지연되던 터널 설계 착수가 김영기 박사(80학번)의 삼성중공업 입사로 설계 국산화를 위한 팀이 꾸려졌다.

길이 400미터인 삼성중공업의 예인수조에서
모형시험을 수행하는 모습

회사 내에서는 김영기 박사가 설계와 생산 프로젝트의 실무를 담당하였고, 회사 외부에서는 이창섭 박사(66학번)를 필두로 김형태 박사(75학번), 현범수 교수(75학번), 서정천 교수(74학번)가 참여하여 캐비테이션의 설계와 CFD 해석을 수행하고, 작은 모형을 만들어 검증을 수행하는 기초 과정을 거쳤다. 캐비테이션 터널의 제2계측부(12mL×3mB×1.4mH, 최대속도 12m/s)에는 10미터급의 모형선이 설치되어 있어 프로펠러 캐비테이션 현상을 관찰할 수 있는 국내 최초의 시설이다.

당시까지는 프로펠러에 유입되는 불균일한 유동장, 특히 횡방향 유동의 영향이 바르게 반영된 프로펠러 캐비테이션 모형시험이 사실상 불가능하여 우수한 성능의 프로펠러 설계 및 검증에 어려움을 겪고 있었음을 고려하면, 정말로 시의적절한 시기에 대형 캐비테이션 터널을 확보하였다고 본다.

설계의 최종단계로 소형 캐비테이션 터널을 제작하여 설계 중인 대형 캐비테이션 터널의 성능을 검증한 후에, 이를 서울대학교에 기증하여 후학들이 교육과 연구에 활용할 수 있게 한 것이 작은 소득이라고 하겠다.

삼성 대형 캐비테이션 터널의
제2계측부에 모형선이 설치된 모습

　1996년 11월에 완공된 예인수조와 캐비테이션 터널을 국내에서 직접 설계, 제작한 것은 참으로 의의가 크다고 하겠다. 조선소에서 기본 연구장비를 설계할 수 있다는 것은 조선소의 연구 능력이 최고 수준임을 보여주는 것이다. 다시 말해 단순히 실험 장비를 개발하는 것이 문제가 아니라, 세계 수준의 조선소는 남이 가지고 있지 않은 기본적인 능력을 갖춰야만 경쟁력 확보에서 우위를 차지할 수 있다는 사실을 보여준다. 실제로 삼성중공업은 두 실험시설의 확보로 지난 17년 동안 눈부신 성장을 계속하여 세계 최고 수준의 기술력과 경쟁력을 확보한 조선소로 발전하게 된다.

　기술이 고도화된 최근, 세계 모든 회사의 존립은 창의력과 기술력으로 좌우된다. 엔지니어의 상상력이 미래를 결정짓는 중요한 요소가 되고 있으나 이러한 상상력을 구체화하려면 기술력이 받쳐 주어야 하고, 이를 실제로 검증하기 위한 존재하지 않는 실험시설을 설계, 제작하는 능력이 있어야 경쟁에서 살아남을 수 있다. 실험시설의 확보는 최고경영자의 결정으로 그 길이 열렸다고는 하지만, 이를 추진하여 실체화하는 것은 엔지니어의 몫이라고 본다.

　이를 직접 구체화하는 작업의 중심에서 진수회 회원들이 합심하여 모두가 불가능하다는 임무를 훌륭히 수행해냈다는 것은 크나큰 자랑이다.

:: 서울대학교 학창시절(1966~1970년)

1966년 공과대학에 입학하여 공릉동 캠퍼스에서 시작한 학창생활의 1960년대 후반은 정치와 사회적으로 매우 불안정하였다. 1965년 일본과의 수교, 월남 파병 등으로 데모 열기가 공릉동에도 불어닥쳤고, 1969년 대통령 3선 개헌반대 데모 대열은 태릉 사거리까지 끝이 안 보였다.

대학 3학년, 나는 서울공대 학생회 부회장을 맡아 학생회 활동을 하였고, 특히 공대 최대의 축제인 불암제에 필요한 자금조달 총책이 되어 학생회 간부들과 함께 선배님들의 근무지를 방문하여 찬조 섭외를 하기도 했다.

:: 신입사원 시절, 대한조선공사(1970~1972년)

졸업 후, 유학 준비로 몇 달을 집에서 보내고 졸업동기보다 조금 늦게 1970년 9월 부산 영도에 있는 대한조선공사에 입사하였다. 선배님들에게 물어 회사 앞 청학동 산복도로 근처에 하숙집을 마련하고, 다시 회사로 돌아와 보니 그날이 마침 급여일이었던 모양이다. 직원들이 3개월째 밀린 급여를 받았음을 알고는 막연한 꿈이 무너지는 듯하였다. 이렇게 나의 사회생활이 시작되었다.

나는 내심 기본설계나 선체설계를 원하였으나 기본설계에는 먼저 입사한 졸업 동기인 이경환(63학번) 선배님과 김창섭(62학번) 선배님, 그리고 선체설계에는 위재용(63학번) 선배님이 있어서 선장설계를 하게 되었다. 맡은 일은 기본설계를 하는 것이 아니라 입수한 일본 조선소 도면을 원도화하는 작업이었다. 몇 달 후 비로소 설계를 할 수 있는 기회가 찾아왔는데, 남해 도서지역을 방문하여 환자를 치료하는 40톤급 병원선을 정부에서 신조 발주를 한 것이었다.

:: 미국 J. J. 헨리 사 시절(1972~1984년)

취업 전에 준비하였던 미국 유학이 SIT(Stevens Institute of Technology)로 결정되어 1972년 2월 미국으로 향하였다. 뉴욕 시 브롱크스(Bronx) 지역에 조그만 아파트를 마련하고 NBC(National Bulk Carriers) 해운회사에서 일하고 계신 권영현(59학번) 선배님을 찾아갔다. NBC에는 권 선배님의 상사인 고영회(48학번) 선배님을 비롯하여 석인영(56학번)·김기준(61학번) 선배님이 계셔서 마치 뉴욕에 있는 대한조선공사 같은 분위기였다. 일면식도 없는 후배를 모두 따뜻하게 맞아주시고, 미국 생활에 대한 여러 가지 조언과 지혜를 주셨다.

다음 날부터 직장을 찾아 나섰고 운이 좋아 헨리(J. J. Henry) 사에 입사하게 되었다. 나는 이 회사에서 유조선(Tanker), 컨테이너선(Container Ship), 벌크선(Bulker), ITB 등 여러 종류의 선박을 설계하였고, 선형설계(Hull Form Development), FEM(Finite Elements Method, 유한요소 해석법) 구조해석(Structural Analysis), 안정성 평가(Stability Evaluation), 선체운동(Dynamic Ship Motion), 추진과 저항(Propulsion and Resistance) 등 기본설계에 필요한 요소기술을 습득하였다.

선박 경제(Ship Economic)는 예측되는 해상 물동량에서 운송로(Trade Route)에 투입해야 할 최적 선단의 구성과 선박의 규모를 결정하는 데에 필요한 초기 투자와 운항 경비를 합한 운송비(Transportation Cost)가 최소가 되도록 경제성을 고려해야 한다. 따라서 해운사의 운항 경비와 원가 정보를 얻기 위해 주요 석유회사를 비롯한 많은 고객들과 친분을 쌓았는데 모빌(Mobil) 사, 코노코(Conoco) 사는 훗날 삼성중공업에서 고객으로 다시 만나기도 하였다.

재미있고 유익한 직장생활이었으나 그만큼 피나는 경쟁이 있었다. MIT를 졸업하고 나보다 늦게 입사한 같은 또래의 유대인 친구는 사고의 발상이 보통 사람들과 달랐다. 1970년대 초반, 사무실 직원은 오전 9시에 출근해서 오후 5시에 퇴근하는데, 이 친구는 상사를 설득하여 컴퓨터가 바쁘지 않은 오후 늦은 시간을 이용하여 오후 3~4시쯤 출근해서 오후 9시에 퇴근하였다. 근무시간은 5~6시간이지만 FEM을 이용한 구조해석, 선체운동 등 다른 사람의 8시간 일을 거뜬히 처리하였다. 나는 이 친구와 경쟁하기 위해 '1시간 일찍 출근하기'를 생각해냈고 이후 일선에서 은퇴할 때까지 40여 년 동안 이 습관을 이어갔다.

:: 삼성중공업 시절(1984~1998년)

현대중공업과 삼성중공업의 소식을 듣고 한국 조선산업의 용틀임을 몸으로 느끼고 싶어 1984년에 귀국하였다. 1984년 삼성중공업 거제조선소 기본설계 담당 이사로 부임해서 첫 번째 한 일이 기본설계 도면 구입을 중단하는 것이었다. 도면비가 비싸고 삼성중공업의 생산 시스템을 충분히 고려한 설계가 아닌 까닭에 생산에서는 설계에 대한 불만과 불신이 대단하였다.

우리 자체로 기본설계를 착수하니 설계직원들의 사기가 높아졌고, 호주 BHP 사가 발주한 1043호선 22만 톤급 초대형 벌크 화물선(Very Large Bulk Carrier: VLBC)을 성공적으로 설계하였다. 이 선박은 호주의 캔버라(Canberra) 강을 예인선의 지원 없이 운항해야 하는 높은 조정성능을 갖춘 쌍추진기관(Twin Engine) 기술이 필요한 선박이었다.

기본설계의 힘찬 출범과 더불어 장기적인 기술 전략을 가지고 설계와 생산을 지원하는 선박해양연구소를 설립하여 초대 연구소장을 맡았다. 이 작은 연구소가 30년이 지난 지금, 연구 인력(박사 인력만 130명) 590명인 큰 조직으로 성장하였다. 1988년 상무로 진급하면서 기술을 총괄하는 자리에 올라 회사의 중장기 기술 확보 전략을 세우고 차세대 선박(LNG선, 대형 컨테이너선, 해양선, 여객선 등등)의 건조를 위한 기술 개발 TF(Tasks Force)팀을 구성하였다.

연차적으로 1989년에 해양(Offshore) TF팀, 1990년에 LNG TF팀, 1991년에 여객선 TF팀 등을 구성해서 설계 및 생산을 위한 기술 확보에 나섰다. 1992년 삼성은 호주 BHP 사와 100K(Kiloton, 1000톤에 해당) FPSO, 1993년 미국 코노코 사와 전기추진식 125K 셔틀 탱커(Shuttle Tanker), 그리고 1996년에는 100K 시추선 계약을 체결하여 삼성중공업에서 해양 선박(Offshore Vessel)의 건조가 시작되었다. 이같이 해양 구조물(Offshore Platform) 시장의 선점효과는 20년 후인 2013년 상반기에 삼성중공업의 시장 점유율에서 시추선 42퍼센트, FLNG 66퍼센트, 셔틀 탱커 48퍼센트, FPSO/FPU 18퍼센트, 그리고 FSRU(Floating Storage Re-gasification Unit, 부유식 가스 저장 재기화 설비) 26퍼센트를 기록하는 결과로 나타났다.

1991년 부소장이라는 직책을 부여받고 조선소 관리책임자로 명을 받았다. 당시 나이 아직 45세였고 더군다나 조선소를 맡을 준비가 안 된 상태였다. 기술 부문을 연구소, 기본설계, 조선설계로 분리하여 연구소는 김두균(70학번) 부장, 기본설계는 박중흠(74학번) 부장, 조선설계는 권교칠 이사로 전담하고 나는 생산에 몰두하였다.

미국에서 시작한 '1시간 일찍 출근하기'는 어느덧 '1년 365일 일하기'로 바뀌어 있었다. 연말에 전무로 승진하면서 1993년 1월 1일부로 조선소장에 임명되어 금연을 결행하였다. 금연도 못 하는 사람이 어떻게 몇천 명을 거느릴 수 있나? 스스로 반문하며 금연을 결심하였다. 지난 42년 동안 수많은 의사결정을 하였지만 이 금연보다 더 중요한 의사결정은 단연코 없었다.

조직의 높은 곳으로 올라갈수록 시야를 넓게 가져야 하는데, 조선소장으로서 항상 문제가 산적되어 있고 빠른 의사결정을 내려야 하는 생산현장에 매달려야 했다. 결국 외부에서 이호섭(66학번) 박사를 영입하여 삼성의 연구소장을 맡기게 되었다. 이후 나는 신규 도크 건설과 조선소 생산현장에 열중할 수 있었고, 삼성중공업은 연간 건조 능력 180만 GT의 세계 3대 조선소로 부상하였다.

조선 시황의 회복은 더디고 미래를 위한 대규모 투자 결행이 어려울 때 과감하게 제3도크(Dock) 건설과 400미터 길이의 예인수조 건설 등으로 대규모 투자를 하였다. 때마침 일본 히타치(Hitachi) 조선의 본부장인 후지와라(Fujiwara) 부사장의 방문을 받고 삼성과 히타지 사 간의 업무협력을 논의하였다. 선진 조선소와의 국제협력이 삼성중공업을 세계화할 수 있는 길이라 확신하고 적극적으로 히타치 사와 협력 관계를 추진하기로 하였다.

이미 히타치 사는 덴마크 오덴세(Odense) 조선소와 CAD 시스템 및 로봇(Robot) 기술을 상호 교환하는 협력 관계를 유지하고 있었다. 여기에 호화 여객선과 항공모함의 건조 기술을 갖고 있던 미국의 NNS(Newport News Shipyards)가 추가되어 한국의 삼성중공업, 일본의 히타치 조선, 덴마크의 오덴세 조선, 미국의 NNS 사장단들이 미국 NNS에서 모임을 갖고 1994년 7월 28일 GSF(Global Shipbuilders

GSF 서명식(1994년)
(왼쪽부터 오덴세 사의 안데르센(Andersen) 사장,
필자, NNS의 필립스(Phillips) 사장,
히타치 사의 후지와라 부사장)

Family)를 구성하기로 합의하고 협력안에 서명하였다.

삼성은 제3도크 건설을 끝내고 히타치의 VLCC 건조 기술과 3D CAD(Computer Aided Design) 시스템과 미국 NNS의 여객선 건조 기술, 그리고 오덴세의 로봇 기술을 공유하게 되었다. 이 결정으로 삼성은 자체 개발한 CAD 시스템을 보유하여 생산에 활용하고 있다. 또 국제협력으로 1995년 거제조선소에 용접 로봇이 처음으로 설치되었으며, 현재 이 로봇이 용접의 60퍼센트를 처리하고 있다. 삼성중공업의 기술과 원가 경쟁력의 원동력은 선진 조선소와의 국제협력을 통한 전략적 제휴에서 비롯되었다.

:: 한진중공업 시절(2001~2007년)

2001년 1월 2일 신년 하례식 때 한진중공업의 부사장으로 부임하였다. 조선소 현황은 6척의 선박을 건조 중인 최대의 고객 네덜란드 프룬(Vroon) 사와의 갈등으로 생산 진척이 거의 이루어지지 않았고, 또한 사내 협력업체의 임금 인상을 위한 파업으로 건조 중인 모든 선박의 생산 일정이 1~2개월씩 지연되고 있었다.

설상가상으로 지난 연말에 인도되었어야 할 콘티(Conti) 사의 5600TEU 컨테이너선의 조타장치(Steering Gear)에서 소음이 발생하여 시운전도 마치지 못하고 조선소로 되돌아왔다.

2001년 6월, 회사를 비상경영체제로 전환하였다. 오전 7시에 출근하고 저녁 8시에 퇴근하는 것을 9월까지 시행하는 '789 작전'을 세우고 모든 사무직 직원에게 비상근무를 명하였다. 박규원(69학번, 조선소장) 전무에게는 현장근무를 지시하였다. 각 직급의 중견 관리자들을 불러 회사 경영상태를 자세히 설명하고 관리자와 사원들의 자발적인 동참을 유도하였다. 나는 오전 7시 전에 안전모와 안전화를 착용하고 안전관리팀장과 함께 정문에 서서 출근하는 전 직원에게 안전 캠페인을 하면서 인사를 하였다. 얼마 지나지 않아 머뭇거리던 현장의 관리자인 직장들이 자발적으로 7시 10분까지 출근해서 작업장 청소 및 작업을 준비하기 시작하였고, 마침내 온 사업장으로 퍼져 나가 서서히 효과가 나타났다. 협력업체들의 파업도 수면 밑으로 가라앉고 지연되었던 공정도 조금씩 회복하기 시작하였다.

2002년 12월, 독일 함부르크 CP 오펜(Offen) 사와 지난 3월부터 신조 상담을 해온 7500TEU 컨테이너선 5척의 계약을 앞두고 나는 기술영업을 담당하는 박태호(74학번) 상무와 함께 선주인 CP 오펜 사의 크로켈만(Krokelmann) 부사장 일행과 식사를 하였다. 계약을 앞둔 자리인 만큼 화기애애한 분위기였다. 이때 한 통의 전화가 선주에게 걸려왔다. 선주는 심각한 얼굴로 우리에게 7500TEU를 8100TEU로 변경해달라고 요구하였다. 8100TEU는 길이가 325미터로 한진중공업의 도크에서는 건조할 수 없었다.

나는 무릎 위에 놓인 하얀 냅킨을 테이블 위에 올려놓고 볼펜을 꺼내 8100TEU 컨테이너선을 그리기 시작하였다. 도크 안에서 300미터를 건조하고 나머지 선수 25미터를 외부에서 건조한 뒤, 두 선체를 해상 크레인을 이용하여 해상에서 접합하는 배치도였다. 그리고 두말하지 않고 선주한테 "Yes, we can do!"라고 고함에 가깝게 소리쳤다. 옆에서 지켜본 박태호 상무는 너무 쉽게 약속하지 않았나 하는 표정을 지었다. 설명을 들은 선주는 2개월의 시간을 줄 테니 8100TEU 컨테이너선을 건조할 수 있는 구체적인 방법을 제시하라고 요구하였다. 결국 우리는 선주의 요구만 받고 빈손으로 귀국하였다.

오랜 논쟁 끝에 본체(Main Body) 300미터와 선수(Fore Body) 25미터를 해상에서 접합하는 '댐(Dam) 공법'을 실현하였다. 이로써 한진중공업은 도크보다 더 큰 선박을 건조할 수 있게 되었다. CP 오펜 사는 2003년 7월에 8100TEU급 5척을 발주하였으며, 곧이어 4척을 추가하여 총 9척(선가 8600억 원)의 선박을 수주하여 성공적으로 인도하였고 한진중공업 최대의 단일 수주를 기록하였다.

2003년 봄 삼성중공업으로부터 한성용(74학번) 연구소장을 통해 한진중공업의 특허 대형 선행탑재 블록(Ground pre-erection block) 블록의 스키드(skid) 탑재공법(특허 0328309호)'을 사용하게 해달라고 요청하여 왔다. 내부에서 여러 반대 의견이 있었으나 한국 조선산업의 동반 성장을 위하여 특허 사용을 허락하였다. 삼성중공업과 조선소들은 이 공법을 이용하여 건조 척수가 대폭 증가하는 계기가 되었다. 한진중공업의 특허 사용 허가는 적절하였으며, 우리나라 조선업계를 위한 바람직한 결정이었다.

2004년 8월 11일, 대표이사 사장으로 승진하였다. 대학 졸업 후 처음 입사하여 신입사원 시절을 보낸 회사의 대표이사에 오른 것이다. 우선 근무 환경을 개선하기로 결정하고, 낡은 건물과 시설을 재정비하고 비좁은 사무실 공간을 넓히고 직원들의 생활공간 등을 신축하기로 하였다. 부산시 중구 중앙동에 사옥을 새로 지어 조선소의 핵심 생산/지원 인력은 남기고 연구소, 설계, 구매, 관리 인력을 이전하였으며 오래된 공장과 건물은 해체하고 주차 공간을 새로 마련하였다. 회사 분위기가 산뜻하게 바뀌었고 근무 환경이 개선되어 노조와의 관계도 훨씬 좋아졌다.

한반도 주변 해역은 항상 대한민국 해군의 독도함이 우리의 영해를 지켜주고 있다. 독도함은 700명의 병력을 수송하고 7대의 헬기, 30대의 각종 차량, 전차, 장갑차, 2척의 고속상륙정을 탑재할 수 있고, 그 밖의 재난 구조와 유사시 재외 국민 철수, 국제평화유지활동(PKO) 등 국가정책 지원에도 활용할 수 있는 1만 4000톤급의 플레이트 데크(Flat Deck)를 갖춘 대형 수송함(LPX)이다.

한진중공업이 4년 넘게 자체 기술로 설계 및 건조하여 대한민국 해군에 인도하였다. 2005년 7월 12일, 고(故) 노무현 전 대통령 내외분을 모시고 영도조선소에서

독도함 진수식(2005년)
(앞줄 왼쪽부터 고 노무현 전 대통령, 권양숙 여사,
윤광웅 전 국방부장관, 필자)

한국을 일으킨 엔지니어 60인(2006년)

뜻깊은 독도함 진수식을 가졌다.

　세계 해상물류의 지속적인 증가와 해양 환경 규제 강화에 따른 기준미달(Sub-Standard) 선박의 대체 수요, 물류의 효율성 제고를 위한 선박의 대형화와 고속화 추세로 한진중공업은 세계화 경영전략을 세웠다. 열심히 일하니 상복도 따라왔다.

　2002년 5월, 부산 신항 부두에 컨테이너 크레인을 생산, 설치한 공로로 대통령 표창과 2005년 10월 30일 무역의 날에 수출 증대의 기여로 금탑산업훈장 포상을 받았다. 또한 2006년 10월 20일, 서울대 공대는 개교 60주년을 맞아 '한국을 일으킨 엔지니어 60인'을 선정하였는데 영광스럽게도 내가 선정이 되었다.

:: 성동조선해양 시절(2009~2011년)

2009년 4월 성동조선해양㈜의 부회장으로 부임하였다. 조선소 현황은 개점 휴업 상태였으며, 모든 공정이 지연되어 각 프로젝트별로 수백만 불의 인도 지연 위약금을 지불하고 있었다. 즉시 강재 TF팀을 구성해서 규격에 따라 강재 목록을 따로 만들고 조선소로 입고하는 작업부터 합리화하였다.

성동조선은 65만 평 부지에 연간 강재 처리량이 70만 톤이 넘는 세계 10위권 대형 조선소이지만 신생 조선소라 설계 부문에는 경험이 부족하여 성동조선만의 블루 오션(Blue Ocean) 선종을 찾기로 하였다. 케이프사이즈(Cape size) 18만 톤급 벌크 화물선은 대형 조선소에서는 부가가치가 낮아 수주를 기피하는 선종이고, 중소형 조선소는 설비 부족으로 건조하지 못하는 선종이었다. '케이프(Cape) 50' TF 팀을 구성해서 건조 원가를 낮추는 작업을 하는 한편, 영업팀을 이끌고 판촉활동을 시작하였다. 브라질 발레(Vale) 사, 독일 선 십(Sun Ship)사, 그리스 엔터프라이즈(Enterprise) 사, 폴렘브로스(Polembros) 사, 홍콩 테후(Teh-Hu) 사, 일본 구미아이(Kumiai) 사, 닛신(Nisshin) 사, 한국 SK 해운, KCH, 삼성물산에서 21척의 케이프사이즈 벌크 화물선을 수주받았다.

하지만 아쉽게도 성동조선은 이미 수주한 선가 총 40억 USD를 오버헤징(Over-hedging, 필요한 계약 이상으로 계약이 진행됨)한 상태였기에 오버헤징으로 인한 평가손을 극복할 수 없었다.

22회 졸업생(1967년 입학) 이야기

신일진

조선은 시설과 장비에 크게 의존하는 제조업이지만 그 열악한 작업 환경이나 업무의 복잡성으로 보면 3D 업종으로 분류해도 크게 어긋나지 않을 성싶다. 작업장 정리 정돈, 청소는 일상이 되었고, 추위와 더위, 비바람과 싸워야 하고, 폭발, 추락, 협착 등 갖가지 안전사고 위험요소를 고루 가지고 있으며, 까다로운 선주와 선급 요구 조건들을 모두 만족시켜야 했다. 작업 개선, 생산성 향상이 없으면 살아남기 어려운 시장 특성과 사람들의 끈기와 도전의식이 지속적으로 필요한 그런 일이다. 그리고 보면 조선소 일이란 나날이 벌어지는 D와의 싸움의 연속이라 해도 크게 틀리지 않을 것 같다. 이렇듯 수 년, 수십 년간 한솥밥을 먹고 수많은 사람들과 부딪치며 갖가지 난관을 극복한 연후라야 우리가 수주한 선박들을 하나하나 완성할 수 있었다. 회사가 하나가 되어 늘 공정에 쫓기면서도 끊임없이 설계와 생산기술의 개발, 시수 절감에 몰두해 온 것이 바로 오늘날 우리나라 조선산업의 발전을 이루었다.

:: 신나고 행복했던 공릉동 캠퍼스 생활

1967년 입학 당시는 물론, 조선항공학과 20명에서 다시 항공과 조선 전공으로 10명씩 가를 때도 전혀 생각이 없었다. 그때는 그저 항공보다는 취직에 유리할 것이라는 막연한 생각으로 조선 전공을 택한 순간, 우리의 운명이 결정되었던 것이다. 애초에 내가 조선공학과에 지원한 것도 실은 우연한 일이었다. 고3 때 동생하고 같이 대구 대봉동에 방을 얻어 자취하고 있었는데 그 집 주인 아들이 66학번의 이병석이었다. 그는 가끔 일본 대학의 입시 문제를 갖다 주곤 하였는데 평생을 가야 바다도, 배도 구경하지 못하는 경북 내륙지방에서 이렇게 인연이 되어 대학 선후배로 조선과의 명맥을 잇게 되었다.

우리 67학번이 입학할 무렵은 조선학과의 역사가 20년을 넘어선 시점이었다. 40, 50년대 선배님들은 일제 강점기에서 막 벗어난 공과대학 설립 초창기와 6.25 전쟁을 전후한 어려운 시기에 무에서 유를 창조하셨다. 학계와 산업 분야에서 두각을 나타내기 시작한 60년대 선배님들의 활력 덕택으로, 우리는 공부할 때나 졸업 후 사회에 발을 들여놓았을 때 늘 신나고 행복하였다.

김훈철 박사님을 뵈러 당시 막 설립된 홍릉 KIST 선박연구소로 갈 때는 멋진 연구 환경과 선진 설비에 신이 났고, 위탁교육생으로 편입한 해군 장교들과 함께 낭만의 도시 군항 진해를 방문하여 멋진 해군함에 올라 그 파란 남해 바다 물결을 가르며 앞으로 나아갈 때는 정말 행복하였다. 3학년 때는 실습으로 항구도시 부산에 가서 전통의(?) 남포동 향촌다방을 찾았고, 실제로 배를 건조하는 대한조선공사를 견학하던 때는 이미 우리의 갈 길이 정해졌다.

나의 대학 4년은 또 라면과 함께한 시기였다. 처음 그 맛을 본 것은 청암사 식당이었는데 늦게까지 공부할 때나 밤새 카드놀이 할 때 라면이 빠지지 않았다. 3학년 여름방학 동안 임상전 교수님이 주관하신『기본 조선학』번역 일을 하게 되었는데 교수님께서 학과 사무실에 라면 박스 몇 개를 갖다 놓으셨다. 마침 이문동에서 방을 얻어 지내고 있을 때라 하루 세 끼, 한 달 30일을 꼬박 라면으로 때웠다. 몸에 무슨 이상이 생기지는 않을지, 체질이 바뀌는 건 아닌지 고민할 여유도 없었다.

우리가 공부하던 당시 공릉동 공대 캠퍼스 시절에는 주위에 집도 별로 없었을 뿐만 아니라 배밭이 어우러진 전원 지역이었고 매년 체육대회가 열리면 불암산 꼭대기까지 달려갔다 오는 건보 시합이 열렸다. 카랑카랑한 목소리로 '조탕과'를 외치시던 양승일 선배님의 모습은 지금도 눈에 선하다. 당시 정말 조탕과가 넘버원이고 다른 과는 다 기가 죽었는지는 잘 몰랐지만……

:: 대한조선공사 취업, 사회에 첫발을 내딛다

1970년대 초 비약적인 도약을 하는 조선산업에 발맞추어 조선공학과의 정원도

기하급수적으로(?) 증가하게 되지만(1968년 20명에서 1974년 50명), 우리 67학번은 휴학으로 졸업이 늦은 박찬영과 어성준 두 사람을 제외하고 홍순채, 신창수, 유병건, 이광수, 신일진, 김상선, 박만순, 김기한, 유정환 9명과 복학생 권기일(62)·박봉규(62)·김윤호(64)·이규열(65) 선배, 해군 장교 위탁교육생으로 김흥렬 대위가 처음부터 67학번과 4년을 같이하였다.

적은 인원이 졸업 후 몇 년 지나지도 않아 뿔뿔이 흩어지는 바람에 함께 모일 기회가 없었고 가끔 전화 연락만 하였다. 그리고 보니 우리 학번은 그 흔한 동기회도 없다.

김기한과 유병건은 졸업 후 곧바로 미국으로 유학을 떠났고 박만순은 상공부 조선과로 진출하였다. 3명을 제외한 나머지 5명은 졸업하기도 전인 1971년 1월 11일 전원이 대한조선공사 입사가 결정되었고 입사 후 4개월, 업무를 제대로 익히기도 전에 이광수를 제외한 5명이 해군에 입대하였다(다행히 모두 조함장교로 근무하였기 때문에 나중에 회사로 복직할 때는 경력을 인정받았다).

3년간 해군 특교대(OCS) 복무를 마치고 신창수, 홍순채가 KTMI로 가고 나와 김상선, 유정환 3명은 다시 대한조선공사로 복직하였는데 세 사람 모두 당시 대한조선공사의 최대 사업인 옥포조선소(현 대우조선해양) 건설을 위한 기술기획실에 근무하게 되지만 몇 년 못 가 옥포조선소가 대우로 넘어가면서 세 사람도 뿔뿔이 흩어졌다.

우리가 1971년 초 대한조선공사에 막 입사할 당시는 바야흐로 경제개발이 시작되고 국책사업으로 지원을 받으면서 민간기업에 의한 한국 조선산업이 크게 도약하는 시점이라 위에서 언급한 바와 같이 졸업하기도 전에 취업이 결정되는 등, 일자리 걱정이 없었던 시기였다. 그러나 신입사원의 생활 여건이 요즘처럼 좋았던 건 아니었다. 김상선과 나는 영도 봉래동 산복도로 밑에 방 하나를 얻어 살았는데 그 당시 봉급은 2만 원 정도였다. 방값으로 급여의 반을 쓰고, 방구석에 콜라 병이 가득하였던 게 기억나는 걸 보면 나머지 급여는 커피나 콜라를 마시는 데 대부분 썼던 것 같다.

354

그래도 우리는 열심히 재미있게 일하였는데 나중에 해군 제대 후 복직하였을 때도 마찬가지였다. 조선소 건설 기획업무에 우리는 재미있어했다. 회장과 사장이 직접 챙기는 사업이기도 했고 그 힘든 해외 출장도 자주 갈 수 있었다. 겨울철 난방이 시원찮은 구 본관 3층 사무실에서 열심히 도면을 그리고 계획서를 작성할 때는 발에 동상이 걸린 것도 몰랐으니까.

:: 해군 입대, 함정 건조에 참여하다

해군과 함정, 조선과는 불가분의 관계에 있고, 예전과 다름없이 지금도 우리의 많은 동문이 함정 건조라는 특수선 분야에 종사하고 있다. 해군 복무 3년 동안 신창수와 김상선은 서울 해군본부 조함실에, 나와 유정환은 진해 해군공창에 각각 배치를 받았다. 조함실에서는 민간 조선소에서 건조하는 함정의 설계 및 건조 감독을 하였고 진해 해군공창에서는 해군 자체에서 건조하는 함정, 고속정의 공사 감독을 맡았다.

수중익선을 건조한 적도 있었다. 함정이 완성되어 취역하기 전까지는 운전 요원이나 설계 인력이 따로 있는 것이 아니기 때문에 우리 조함 진행관이 북 치고 장구 치고 다 할 수밖에 없었다. 나도 직접 유압 조정 시스템을 설치하고 시험하면서 고장 나면 수리까지 맡았다. 시운전 때는 직접 조종간을 잡고 당시 우리 남해에서 부산과 충무 간을 운행하는 엔젤호와 달리기 경주를 하였던 추억이 있다.

:: 옥포조선소 건설, 현 대우조선해양의 기반을 닦다

1960년대 말 대한조선공사를 인수한 남궁련 회장은 그 당시 우리나라 조선산업을 이끌던 영웅 중의 한 분임에는 틀림없다. 1970년대 초는 초대형 조선소인 현대와 대우가 탄생한 시기였고, 대한조선공사는 영국의 애플도어 사의 기술자문을 받아 현 대우조선의 전신인 옥포조선소 건설을 시작하게 되는데 1974년 해군을 갓 제대한 나와 김상선, 유정환 세 사람이 옥포조선소 기획 업무로 복직하게 되었다. 당시 기술기획실 실장님은 송준태 선배님이셨고 65학번 최강등 선배가 남궁련 회장님의 두터운 신임을 바탕으로 기술기획 실무를 총괄하던 때였다. 우리는『기본 조선학』에도 없는 조선소 설계와 건설이라는 새로운 학과목에 점점 흥미를 느꼈다.

우리가 막 업무를 시작할 무렵, 최강등 선배는 당시 조선 선진국인 일본과 스웨덴의 최신 대형 조선소를 두루 견학하고 그곳들을 참고로 옥포조선소 설계(layout)를 완성해 가는 단계에 있었고 각종 설비와 장비, 공장의 상세설계를 시작하려던 시점이었다. 8만 평도 안 되는 땅에 수십 년 동안 성장 발달해 온 영도조선소와 100만 평 부지에 새로이 건설하는 조선소는 애초부터 그 규모와 철학이 달랐다.

미래에 등장할 100만 톤 탱커에 대비하여 건조 도크를 설계하였고 골리앗 크레인(goliath crane)의 레일 스팬(rail span)은 131미터로 설계되었다(130미터가 아니고 131미터가 된 사연은 서양에서 싫어하는 '13'을 피하기 위해서였다고 함). 40여 년 전 예측하였던 100만 톤 선박은 아직 등장하지 않았지만 지금 대우조선해양은 이 큼직한 광폭 도크를 여러 척의 선박을 병행 건조할 때나 해상 구조물 같은 특수 구조물 건조에 잘 이용하고 있는 것 같다.

완벽한 조선소를 원하여 검토가 지나쳤다는 이야기도 있었지만, 좋지 못한 조선 시황으로 자금 사정이 어려워진 대한조선공사는 1978년 결국 옥포조선소를 대우그룹에 넘기게 되었고, 여기에 종사하던 우리 동기생은 다시 헤어졌다. 이때는 일부 공장들과 건조 도크의 공사가 반쯤 진행된 시점이었는데 둘은 옥포조선소에 남아 대우의 일원이 되었고 나는 대한조선공사로 돌아왔다. 대우조선이 가동되면서 유정환은 대우조선을 떠나고 김상선만 남았다. 나는 일시적으로 대우조선의 해외지사에 근무하였으나 한진그룹이 대한조선공사를 인수하게 됨에 따라 1991년경에 다시 옛 회사로 돌아와 선박영업을 담당하였다.

대한조선공사로 돌아온 나는 그 '설계' 장사를 할 첫 번째 기회를 맞이하게 되는데 첫 번째가 거제도에서 철수한 해인 1978년이다. 인도네시아는 자바 섬으로 몰리는 경제와 인구 집중을 해소하기 위해 동쪽에 있는 섬 술라웨시(Sulawesi)의 기존 조선소 부지에 중형 조선소를 세울 계획으로, 기존 회사의 이름을 따 '마카사르 프로젝트(Makassar Project)'라 불렸다. 부랴부랴 새로 팀을 만들어 옥포조선소 건설 경험을 살려 계획서를 작성하였고 나도 한 달간 자카르타에 머무르며 인도네시아 정부의 승인을 얻어냈으나 끝내 그 나라 정부 재원 부족으로 프로젝트가 무산되었다.

세월은 훌쩍 흘러 2007년, 중국 닝보의 한 재력가 교수가 저장성에 조선소 건설을 추진하기로 했다. 조선소 건설은 물론, 생산, 설계, QA 등의 기술자문을 맡았고 그리스 선박 12척도 계약하였다. 선주를 초청하고 각종 매스컴과 지방 공산당 간부들이 참석한 가운데 거창하게 개업식을 거행하는 등, 순조로운 출발을 보이는 듯하였으나 이미 세계 조선 시황이 내리막길을 걷기 시작할 때라 중국 정부의 지원이 중단되었고, 그 어떤 은행에서도 선뜻 RG(환급보증서)를 내주지 않았다. 결국 반쯤 진행된 조선소 건설이 중간에서 멈추고 말았다. 타율이 3할 3푼이면 그래도 괜찮은 야구 선수이지만 비즈니스에서는 영 신통찮은 거지.

:: 대한조선공사 부산조선소 – 다시 본업으로 돌아와서

우리가 학교를 떠나 사회에 첫발을 디뎠던 당시의 대한조선공사는 한국의 최고, 최대 조선소였지만 민영화 이후 3년이 지난 1971년에는 황폐해지다시피 하였다. 입사 당시 3선대 위에는 석탄공사에 인도한 벌겋게 녹슨 4000톤 석탄 운반선의 선체만 덩그러니 얹혀 있었다. 이런 상황은 급변, 1972년 11월 한국 최초의 대형 원양상선 1만 8000DWT 벌크 화물선 '팬 코리아(Pan Korea)' 호가 범양상선에 인도되고, 이어서 1974년 5월에는 최초의 수출선 2만 DWT 석유제품 운반선 '코리아 갤럭시(Korea Galaxy)' 호를 미국 걸프오일 사(Gulf Oil Corp.)에 수출함으로써 한국 조선은 숨 가쁘게 세계 시장으로 뛰어들었다.

대학을 나선 지 8년이 되는 해인 1978년, 주변을 떠돌던 나는 드디어 조선소로 돌아와서 수출선 PC(Project Coordinator, 영업부 소속)라는 직책으로 조선 일선에 뛰어들었다. 1970년대부터 1980년대 중반까지였다. 비록 조선의 역사는 오래되었지만 세계 시장에서는 신참인 대한조선공사에 구미 각국 선주들은 온갖 복잡하고 어려운 선박들을 발주하기 시작하였다.

이 시기에 수주한 수출선 대부분은 한국 최초라 기술도 없고 건조 경험도 없었다. 지금 생각해 보니 경험 많은 선주들이 선진국 대형 조선소에는 맞지도 않고 자기들 입맛대로 요리하기 쉬운 상대로 우리를 택한 것임에 틀림없는 것 같다. '다목적(Multi-purpose)'이 붙은 화물선과 컨테이너선, 석유제품과 화학제품 운반선, 시추선, 냉동화물선에서 다목적 화물선 프로보 비아크(Probo Biakh)에 이르기까지 다양하고 복잡한 선종들이 줄을 이었다.

이 시기는 각 부서에서 일하는 동문 선후배들을 포함한 전 사원이 타고난 저력을 발휘하여 열정적으로 업무에 몰두한 결과 수주한 선박들을 완성할 수 있었고 자부심과 보람도 느낄 수 있었던 때였다. 어떤 선주들은 우리를 칭찬해 주고 격려금을 내놓기도 하였지만 악덕(?) 선주에게 받은 설움과 울분도 많았다. 우리가 겪은 시행착오, 건조 과정에서 발생한 크고 작은 사고와 인명 손실, 우리의 기술 부족과 경험 미숙으로 지불한 수험료는 또 얼마나 엄청났던가.

1980년대 후반, 1987년 세계적인 유류파동의 여파로 대한조선공사는 법정관리에 들어가고 한진그룹의 인수가 결정된 이듬해인 1990년 6월 1일, '대한조선공사'라는 이름은 역사 속으로 사라졌다. 현대, 대우 같은 초대형 조선소에 밀려 비록 중형 조선소에 머물렀지만 대한조선공사는 한때 한국 조선의 선두 주자로서 많은 조선 기술자를 길러내었고 '조선사관학교'라는 별명을 얻었다. 우리 친구들, 동문 선후배님들을 포함, 대한조선공사를 거친 수많은 인재들이 아직도 우리나라 여러 조선 분야에서 훌륭히 자신의 역할을 다하고 있다. 그룹의 일원으로 새 출발하면서 '한진중공업'은 서서히 안정을 되찾아 1995년에 한국 최초로 멤브레인형(Membrane Type) LNG선을 건조하였다.

1998년 특수선 사업 담당을 마지막으로 퇴직할 때까지 나는 한진중공업에서 10년을 더 근무하였는데 그 마지막 업무는 한국 해군 최대 상륙 지원함(지금의 독도함) 사업권 획득이었다. 당시 현대중공업이 경쟁 상대로, 영국 해군이 보유한 경항모에 착안한 우리는 특수선 설계팀장 6명으로 기술팀을 구성하고 내가 단장을 맡았다. 팀은 그 함정을 건조한 영국 글래스고(Glasgow)에 있는 조선소로 날아갔다. 영국 현지에서 기술 협의를 마친 우리는 그 개념설계를 근거로 사업계획서를 작성, 제출할 수 있었다. 내가 회사를 떠나고 2년 정도 지난 시점, 한진중공업이 해군의 최종 사업자로 결정되었다.

2011년 6월 4일, 해군 특교대(OCS) 52차 임관 40주년을 맞은 나는 해군 동기생들과 함께 해군사관학교와 진해기지 사령부, 작전사령부를 찾았다. 우리를 태운 독도함이 기지를 출항하여 진해만 해상을 미끄러지듯 나아가자 나는 감격에 사로잡혀 주갑판에 모여 있는 승조원 앞에서 눈물을 흘리고 말았다. 기쁘기도 하고 감개무량한 그 순간은 해군과 함께한 나의 잊을 수 없는 소중한 추억이기도 하다.

:: 생산성 향상 노력―시수 절감과 선행의장 확대에 진력하다

내가 대한조선공사와 한진중공업에 몸담았던 20년은 우리나라의 조선산업이 비약적으로 발전하고 세계적인 경쟁력을 확립한 시기이기도 하다. 첫머리에 조선의 업무 특성과 한국 조선이 이룬 성과에 대해 소개한 바와 같이 우리의 최우선 과제는 '어떻게 하면 선진 일본 조선소의 생산성과 품질을 따라잡을 수 있을까'였다. 비슷한 규모의 일본 조선소와 기술 교류를 하면서 출장, 견학을 이어가며 일본의 생산성을 분석하고 우리 쪽에 적용하는 데 여념이 없던 시기였다. 생산현장에서는 일인 다기능화, 작업장 정리정돈, 정도관리, 선행의장 확대 등을 매일 노래 불렀다.

처음 우리의 선각 생산성은 일본의 3분의 1에 불과하였다. 예컨대 일본에서는 작업자 한 사람이 고소차를 운전하고 BHD의 수직 용접선을 취부하면서 용접과 마무리 작업까지 완성하는 데 비해 우리는 발판 설치공들이 취부사와 용접사를 위해 발판을 설치하고 작업이 끝나면 철거하고, 취부사가 먼저 취부 작업을 마치고 나서 용접사가 용접을 끝내면 사상공을 투입하여 마무리하는 식이었다.

수많은 출장과 견학 보고서, 시수 절감 방안을 제출하고 개선 제안, 분임 토의, 생산회의, 공정회의, 설계생산 합동회의를 통한 작업개선과 생산성 향상의 노력은 계속되었다.

이와 같은 활동은 한진중공업으로 바뀐 뒤에도 계속되었다. 예전에 한진해운이 신조선을 발주하였던 일본 조선소의 협조를 얻어 생산직 사원을 일본에 파견하여 일본 작업자와 같이 작업함으로써 일본 조선소를 직접 체험하고 그곳의 생산성과 근면성을 배우게 하였다.

은퇴한 경영인을 주축으로 한 기술자문 팀을 초빙해 조선소의 작업 및 조업관리, 생산관리, 설비 및 장비의 활용 등 세밀한 부문에 이르기까지 평가토록 하고, 개선 세미나를 통해 우리의 경쟁력을 키워 나갔다. 전사적(全社的)인 이러한 작업 개선, 공법 개선의 노력과 그 성과가 한국 조선의 생산성을 한 단계 높이는 초석이 된 것만은 틀림없을 것이다.

:: 그때 그 친구들 − 지금은 어디서 뭘 하고 있는지

김기한 일찌감치 미국 유학길에 나선 후 미국 해군연구소에 근무하면서 한국에 학술행사가 있을 때마다 나타나곤 하였다. 미국 함정 연구에 많은 기여를 하였으며 현재 미국 해군연구처의 연구조정관으로 활동하고 있다. 미국 해군의 함정 관련 연구뿐 아니라 조선공학 관련 연구 방향을 조정하면서 연구비를 배정하는 중책을 지닌 자랑스러운 동기이다.

김상선 옥포조선소를 인수한 대우조선으로 옮겨 노르웨이 지사 등 해외 영업에 근무, 1987~1988년경에 홍순채와 같이 진로그룹으로 옮겨 대한조선공사 인수전에 참여하였으나 대한조선공사는 한진그룹이 인수하였다. 1991년에 다시 옛 직장이라 할 수 있는 한진중공업으로 옮겨와 영업을 담당하였다. 한진을 나온 후에는 고려조선, 2009년에는 오리엔트 조선 사장, 2011년부터 2년간 통영 '21세기 조선' 사장으로 근무하였다. 현재는 광양의 오리엔트 조선 부지를 임대하여 조업하는 회사에서 준설선 건조 책임자로 근무하며 조선과 끈질긴 인연을 이어가고 있다.

박만순 처음부터 관계(상공부 조선과)로 진출해 정부 조직에서 조선을 지원하더니 끝까지 버티지 못하고 상공부를 나왔다. 정치에 뜻을 두었는지 아주 예전에 경북 울진 국회의원으로 출마하였다는 소식을 끝으로 연락 두절 상태다.

박찬영 나보다 5년 늦게 대한조선공사에 입사한 후 선체설계만 12년(내가 선각공사 부장을 포함하여 생산부에 근무한 9년 동안 우리는 설계−생산 파트너였던 셈이다)을 맡았다. 1988년 이후 조선을 떠나 화학섬유 기계 분야 등의 일을 하였고 약 5년 전부터 부산 동아대학 근처에서 고시원을 운영 중이다.

유병건 유학파로, 귀국한 후에는 현대중공업 임원으로, 대림(플랜트)과 한라중공업(조선)을 거친 뒤에 2000년 이후부터는 지인의 요청으로 아예 업종을 IT 쪽(반도체/제조설비 분야)

로 전환하였다. 지금도 LTS(레이저 반도체 장비업체)에서 상근 기술고문으로 활약 중이다.

신일진 1971년 입사 후 1998년 퇴직 때까지 대한조선공사/한진중공업에 계속 근무하였다(해군 복무기간 포함 28년). 퇴직 후 2007년까지 IT 분야(위성통신, SW 개발) 및 중국 조선소 기술자문으로 있었고 2008년부터 5년 동안 ABS 검사관으로 근무하였다.

신창수 해군 복무를 마친 1974년 이후부터 홍순채와 같이 코리아타코마(KTMI)에서 근무하다가 1980년 쌍용그룹이 조선소 건설을 검토하면서 쌍용그룹 종합조정실로 옮겼다. 이후 쌍용그룹에서 조선소 사업을 포기하자 자동차 부문으로 옮겨 근무하였으며 지금은 퇴직하였다.

유정환 1974년 해군에서 제대한 후 나와 같이 근무하였던 대한조선공사 기술기획실에 얻은 별명 때문인가, 아직도 장가를 안 갔다. 별명은 '유 오빠.' 바둑도 일급이고 클래식 음악이라면 전문가 수준으로 악곡의 작곡, 작품 번호 등 모르는 것이 없을 정도였다. 김상선과 같이 옥포조선소가 대우로 넘어갈 때 그곳에 남아서 일을 계속하였고 대우를 그만둔 후에는 기자재 업체인 삼공사에서 설계 일을 하였다. 최근 몇 년 동안 영상 보안업체인 DALS(CC TV/Network Camera 등의 생산 수출업체)의 베트남 법인장으로 현지에 체류 중이다.

이광수 졸업 후 대한조선공사에 입사, 의무 기한이 8년쯤 지난 1978년경 삼성물산으로 자리를 옮겨서 동남아 지역에서 근무하였다. 퇴직한 다음에는 건축물, 아파트 관리 사업으로 바쁘더니 요즘은 전기기사 자격증까지 획득하여 전기안전관리 업무도 한다고 하였다. 응집력이 강한 그쪽 전기협회에 가입도 하였을 텐데, 진수회 회원 자격을 박탈해야 마땅할까?

홍순채 역시 해군을 마친 1974년부터 KTMI에 근무하였고 진로그룹에서 조선사업을 추진할 때 김상선과 같이 대한조선공사 인수를 검토하게 된다. 대한조선공사가 한진으로 넘어간 이후에도 진로그룹에 남아 한동안 근무하였다. 부인을 잃고 혼자 안정을 되찾으며 살아가던 중 불의의 교통사고로 몸을 다쳤으나, 문제는 기억 능력이 아직도 회복이 안 되었고 현재 충북 음성에 있는 한 요양원에서 요양 중이다.

:: 맺으면서

우리가 조선에 발을 들여놓은 지 어언 50년이 코앞이다. 되돌아보면 조선소에서 벌어졌던 수많은 사건과 사고, 어려운 일, 보람찬 일, 신났던 일, 답답하였던 일들이 주마등처럼 지나간다. 조선이라는 울타리 안에서 같이하였던 수많은 사람들, 서로 돕고 서로 다투던 우리. 자신이 속한 회사의 이익을 위해 밀고 당기던 선주 감독과의 끈질긴 협상, 수십 번도 더 되는 해외 출장, 그때 그 사람, 그 일들이

언뜻언뜻 떠오르기도 한다.

조선은 어느 한두 사람의 노력으로 되는 게 아니다. 언제 어딜 가나 뛰어난 동문 선후배가 항상 포진해 있다. 그러고 보니 문득, 수많은 우리나라의 산업 중에서 명실상부 세계 제일을 달성한 분야가 몇이나 될까 궁금해진다. 속된 말로 줄을 잘 서야 한다지만 우리는 졸업과 동시에 취직하고 비교적 늦게까지 열심히 일할 수 있어서 좋았다. 나는 우리의 선택이 자랑스럽고 우리나라 조선이 자랑스럽다.

몇 안 되는 우리 67학번 친구들. 모두 얌전하여, 그래서 특출하게 뛰어난 인재는 없지만(기인은 한두 사람 있을까?) 자기가 일하는 곳이 어디든 나름대로 그 역할을 충실히 해왔다. 중간에 다른 분야로 옮긴 경우도 있지만 그래도 조선공학 4년을 공부해 적어도 그 몇 배에서 열 배인 40년까지 조선업에 종사하였으니 국가의 은혜는 다 갚은 셈이다.

살아서 즐길 줄 아는 것이 행복이라 한다. 공돌이들 일만 할 줄 알았지, 전화 연락 한번 없네. 벌써 집 떠나면 바깥에서 자고 오기가 왠지 불편한 그런 나이인가? 아직 숙제를 다 하지 못한 친구들, 아들 딸 장가 시집보낼 때는 꼭 연락해라. 얼굴이나 한번 보자. 동기생들, 부디 오래오래 건강하길 빈다.

23회 졸업생(1968년 입학) 이야기

한성섭

대학 졸업 후 부산으로 내려온 나는 대한조선공사 특수선 사업부에서 미사일 장착 45노트 초고속정 페트롤 킬러(Petrol Killer) 담당기사로 일하다가 걸프오일(Gulf Oil)의 국내 첫 해양작업 지원선(Supply Vessel) 두 척의 건조를 맡았다. 당시 특수선 사업부에는 최동환(64학번) 과장님과 김두균(70학번) 기사, 윤용수(70학번) 해군 감독관이 있어 근무 분위기가 화기애애하였고, 덕분에 어려운 환경을 잘 극복할 수 있었다. 또한 진수회 총무로 일하며 선배님들과 후배님들을 부지런히 찾아다니며 모임 뒷바라지한 기억이 새롭다.

그 후 진수회 52학번 김주호 선배님과 64학번 황정렬 선배님이 일하시는 미국선급협회에 막내로 입사하여 재팬 드릴링(Japan Drilling) 사의 MODU(Mobile Offshore Drilling Unit, 이동식 해저자원 시추선)부터 시작하여 유조선, 벌크선, 컨테이너선, 자동차 운반선(Car Carrier), 로로(Ro-Ro) 신조선들과 수리선 선급 업무를 하였다. 1980년대 중반 조선 불황 때에는 세드코(Sedco), 오데코(ODECO) MODU, 미국 컨테이너선(US Line Containership) 10척 등 까다로운 신조 프로젝트(Project)를 진행하면서 국내 조선소들과 함께 힘든 시간을 보냈다. 그때 선급 규칙에서 허용하는 대체 해결책(Alternative Solutions)을 추천함으로써 조선소와 선주 간의 문제 해결을 도운 기억은 지금 생각해도 흐뭇한 추억으로 남아 있다.

1980년도 중반만 해도 국내 조선기술이 일본 조선기술에 비해 대략 25년 내지 30년 뒤떨어졌다고 외국 조선해운 기술자들이 이야기하곤 하였는데 우리 조선소들이 그렇게 빠른 2001년도에 일본을 앞서게 될 줄은 예상하지 못하였기에 나는 정말 남다른 감회로 기쁜 마음을 감출 수 없다. 선급 검사원으로서 38년 동안 미국선급협회에 근무하면서 항상 스스로와 ABS 후배 검사원들에게 당부하는 말이 있다.

"비록 ABS에서 봉급을 받고 일하고 있지만 우리의 검사 업무가 한국 해운사들과 조선소들의 기술 향상과 한국 조선소들이 일본을 앞서는 데 도움이 되도록 최선을 다하여 일을 합시다. 그리고 언젠가 그날이 오면 조선을 공부한 조선공학도(Marine Engineer) 출신으로서 우리나라 조선입국 발전에 미력이나마 이바지하였다는 말을 후배들에게 전합시다."

이 기회에 한국 조선소에서 근무하는 모든 분, 특히 진수회 동문들에게 선급에서 오랫동안 일해온 동문의 한 사람으로서 찬사와 경의를 보냅니다. 브라보(Bravo)!!!

끝으로 진수회 68학번의 근황을 소개하기로 한다.

- 공대 입학 당시 처음으로 조선항공학과에서 조선공학과로 분리되어 20명 정원으로 조정됨.
- 교양과정부가 서울공대 캠퍼스에 설치되어 서울대 전체 신입생들이 처음으로 함께 1년간 공부하고, 공과대학도 학과 구분 없이 반을 편성하여 학생들이 함께 수강함.
- 졸업 후 해군 기술장교(조함)로 그 당시까지 최다 인원인 5명이 선발되었음.
(송재영, 이인성, 임문규, 정균양〔이상 68학번〕 홍순채〔67학번〕)

길희재　연락 무

김민식　연락 무

김성년　전 현대중공업 설계실 전무, 현재 현대라이프보트(주) 대표로 근무 중

김승우　현대중공업 설계실과 삼성건설에서 근무하였음. 현재 삼성 엔지니어링(주) 기술고문으로 해외지사 근무 중

김승헌　개인 사업

김태업　태종 컴퓨터(주) & 탱크 소프트(주) 대표

박두선　미국 거주

손봉룡　부산 거주

송재영 전 한국선급 기술연구소장, 선체기술부장, IT 센터 소장 역임. 1990년 독일 아헨 (Aachen) 공과대학에서 선체구조해석 부문 박사학위 취득. 1996년 과학의 날 대통령상 수상. 현재 ㈜한국선박기술 선박기본설계 부사장으로 근무 중

양종식 속초 거주

이기표 모교 조선해양공학과 교수 정년 퇴임(2013년 2월) 후 현재 명예교수

이인성 대우조선 조선소장, DSEC㈜ 대표, STX 조선해양㈜ 부회장 역임

이한우 미국 거주

임문규 대우조선 전무, 신아조선 대표, 삼호조선 대표로 근무하였음

정균양 현대중공업 연구소 부소장 근무, 췌장암으로 2002년 10월 사망

정성립 대우조선 대표, 대우정보시스템㈜ 회장 역임. 현재 STX 조선해양㈜ 대표

최병길 한국기계연구원 용접기술연구소장 역임. 현재 한밭대학 교수

한성섭 대한조선공사 특수선 사업부에서 근무하였음. 현재 미국선급협회 한국 대표로 근무 중

허 일 연락 무

정성립

나는 1976년 9월경 울산 장생포에 자리 잡은 신생 동해조선에서 조선산업에 입문하였다. 당시에는 국내 처음으로 독일 GL 선급의 화물선과 SUS 화학제품 탱커 등 첨단 선박을 건조하는 야심찬 신생 중형 조선소였다. 그러나 이상과 현실은 차이가 있었는지 동해조선은 1980년 말 당시 대한조선공사에 인수·합병되었다. 거기서 약 3개월간 피인수 회사의 무능한 직원의 설움을 맛보다가 1981년 3월, 당시 대우그룹에서 대한조선공사의 옥포조선소를 인수하여 탄생한 대우조선으로 탈출하였다.

1995년 8월 어느 토요일 오후, 6년간의 오슬로 지사장 근무를 마치고 옥포에서 조달 담당 이사로 근무하던 나는 사장실에서 찾는다는 전갈을 받고 사장실로 올라갔다. 사장은 "자네, 인력 담당을 맡으면 어때?" 하며 청천벽력 같은 권유 아닌 통보를 하였다. 대우조선의 인사와 노무를 총괄하는 인력 담당의 자리는 직장생활

20년 동안 주로 영업계통에 종사하였던 나에게 현격한 진로 변경일 뿐만 아니라 당시 전국적으로 유명세를 타고 있던 대우조선 노동조합과의 협상을 주도해야 하는 험난한 자리였다. 이렇게 해서 최초로 서울공대 조선과 출신의 대형 조선소 인사노무 담당 임원이 탄생하게 되었다. 노동조합도 정통 조선과 출신의 인력 담당을 예우(?)해 주어서 그런지 대우조선 노사관계는 이후 상당히 부드러워지기 시작하였으며, 조선 경기도 좋아져서 회사도 잘 나가나 싶었는데 1998년에 갑자기 불어닥친 IMF 경제위기를 맞아 대우그룹이 해체되고 대우조선은 워크아웃에 들어가는 불운을 겪었다.

대우조선 관리본부장 전무로 근무하던 2001년 7월 어느 날, 당시 신영균 사장님에게서 내가 '대우조선 차기 CEO로 내정'되었다는 뜻밖의 이야기를 들었다. 물론 개인적으로 영광이지만 대우그룹 해체와 관련하여 전임 신 사장님이 겪고 있는 어려움에 대한 안타까움과 일말의 두려움, 워크아웃 졸업을 목전에 둔 불확실한 회사의 미래 등 부담스러운 점이 많았다. 그러나 조선공학을 전공한 사람으로서 세계적인 조선소의 지휘봉을 잡고 우리나라 조선산업 발전에 기여하고 싶다는 포부가 모든 것에 우선하여 설레는 마음으로 임하게 되었다.

워크아웃으로 바닥에 떨어진 직원들의 사기를 돋우고자 '신뢰와 열정'을 상징하는 새로운 기업문화의 도입과 최고의 생산성만이 회사의 생존을 보장할 수 있다는 신념으로 조선업계 최초로 도입한 전사적 자원관리 시스템(ERP) 등 많은 변화를 시도하였다. 혹자는 주인 없는 회사라고 폄하하기도 하지만, 세계 랭킹 2위, 대한민국 빅3 조선소의 한 축을 확고히 지키고 있는 대우조선을 볼 때 비록 조선공학도로서 정통의 길을 걷지는 못하였어도 대한민국 조선산업 발전에 나름대로의 기여하였다고 자부한다.

사람의 인연은 질기다더니 내가 2006년 대우조선에서 임기를 마치고 IT 회사인 대우정보로 자리를 옮길 때만 해도 나와 조선산업과의 인연은 마침표를 찍었다고 생각하였는데 운명은 나에게 또다시 선택을 제시하였다.

2013년 말 전혀 뜻밖으로, 어려워진 STX 조선해양의 구원투수로서의 소임을 제안받은 것이다. 대우그룹 때와는 달리 나는 STX의 내부 사정도 잘 모르고, 유럽과 중국 등 해외사업의 정리, 그리고 내부 구조조정 등 불확실하고 어려운 과제가 산적한 상황에서 "그 나이에 그런 위험과 고생을 감수할 필요가 있느냐"며 주변의 우려가 만만치 않았다. 그럼에도 내가 대한민국 조선산업에서 받은 혜택을 생각하니 어렵다고 피하기보다는 적극적으로 보답을 해야 된다는 생각과 더불어 개인적으로 아직도 쓸모가 있기에 불러주심을 감사해하며 다시 조선산업계로 복귀하여 지금 이 글을 쓰고 있다.

진수회 70년사에 올릴 글을 쓰라는 김효철 교수님의 명을 받았지만 마땅히 소재가 생각나지 않아 부끄럽지만 내가 학교에 입학하여 지금까지 걸어온 길을 정리해 보았다. 내가 진수회의 일원이 될 수 있었던 1967년 우연(?)의 선택에 항상 감사드리고 자랑스럽게 생각하고 있다.

24회 졸업생(1969년 입학) 이야기

김병수

69학번 동기회는 김병수, 김석규, 김석기, 김정석, 김철원, 나경호, 박권희, 박성희, 박규원, 박인규, 양영순, 유한창, 윤길수, 윤상근, 이병하, 인응식, 임인상, 주경린과 선배 복학생으로 우리와 같이 학창생활을 한 어성준(67학번), 이필한(66학번), 홍도천(66학번) 회원으로 구성되어 있다. 그 밖에 해군 장교 위탁교육생인 이강우, 김태운 형이 있다.

1969년에 입학한 우리는 당시 1학년은 교양과정부에 소속되어 다른 학과 학생들과 함께 강의를 듣게 편성되었고, 조선공학과 입학 동기생이 전부 모인 것은 신입생 환영회 때인 것으로 생각한다.

1970년 2학년이 되어서야 조선공학과 69학번 입학 동기생 20명이 전부 모여서 공부하게 되었고, 공통 전공과목이 많은 관계로 항공공학과, 기계공학과 학생들과 같이 강의를 들었다.

1971년 3학년 때부터 선박유체역학, 선체구조해석 등 본격적인 조선공학 전공과목을 공부하게 되었다. 나경호, 윤길수 등은 군입대로 같이 수학할 수 없었고 복학생인 이필한, 홍도천 선배가 함께 강의를 들었다. 또한 해군사관학교를 졸업하고 현역 해군 중위 신분인 김태운, 이강우 형이 위탁교육생으로 동기가 되어 함께 공부하였다.

나는 대학 2학년 말경에 실시한 해군 장학생에 선발되어 훈련을 받고 1973년 7월 해군 소위로 임관하였다. 그때 같이 임관한 동기생은 김정석, 박성희, 유한창, 윤상근, 인응식, 임인상, 주경린 등이다. 아마도 한 학번에서 조선공학과 출신이 해군 기술장교로 8명이 같이 임관한 해는 우리 때가 처음이자 마지막이었을 것이다.

당시는 유일하게 5년 군복무를 약속한 터라 2개월 예정인 실습장교 기간이 단축되었으며, 곧바로 해군본부 함정감실로 차출되어 현장감독관과 해군 보조함정 설계에 투입되었다. 이듬해 1974년 해군에 처음으로 20척의 40노트급 고속정을 확보하라는 계획이 하달되어 해군 중령 엄도재 제독(해사 14기, 1965년 졸업, 작고) 지휘 아래 설계팀을 구성하게 되었다. 배를 타고 있던 우리 69학번 동기생 중 유한창, 인응식, 임인상, 주경린 등도 함상 근무를 끝내고 설계팀에 합류하였다. 이때 다시 학교에 돌아가서 플래니미터(planimeter), 적분기(integrator)의 장비를 빌려 선박 계산과 중량 계산을 수행하였던 것이 기억난다. 1년 뒤 고속정 진수 후 그 계산들이 정확하였음을 확인하고 모두가 만족스러워했고, 시운전 결과 아주 좋은 성능(약 45노트)을 달성, 고위층에서도 대단히 기뻐하였다.

1976년 여름, 같이 생활하던 동기 유한창, 인응식, 임인상, 주경린이 제대해 새로운 길을 찾아 떠났다. 나는 제대 2년을 남기고 2000톤급 프리깃(Frigate, FFK 울산함) 설계팀에 합류하여 광화문에 있는 현대 사옥에서 근무하였다.

이 프로젝트는 해군이 보유하고 있는 노후한 구축함 대체사업으로, 해외 도입, 해외 설계·국내 건조, 국내 설계·국내 건조 등 사업 추진방식에 여러 논의가 있었던 사업으로 외국 설계회사(JJMA)의 자문을 받아 국내에서 설계하고 건조하는 방식으로 추진되었다. 하나 기록하고 싶은 것은, 이후 한국 해군의 수상함 획득에서 '해외'라는 용어가 사라지고 당연히 국내 자체 설계와 건조 방식으로 추진되었다는 점이다.

1978년 제대 후 조선소에 입사, 생산부서를 지원하여 10여 년간 자동용접의 확대, 생산기술의 혁신 등의 업무에 재미를 붙이다가 다시 군함 설계와 인연이 되어 1988년부터 대우조선 특수선 설계부서를 맡게 되었다. 4000톤급 헬기탑재 구축함(KDX, 광개토대왕함) 설계를 수행하였는데 이 프로젝트 설계에는 미 해군의 군함 설계 기준(criteria), 미국 군수장비 표준(US military STD), 군수장비 시방(Mil-spec) 등을 포함한 세계 수준의 설계 기준이 적용되었다. 설계 방법에서도 초기에는 2D 정도의 CAD를 활용하다가 상세설계 단계부터는 선체의장이 접속된 CAD를 활용하여 수행하였다. 1990년 이후 설계실에 제도판 등 제도용구가 사라진 것으로 기억한다.

나의 기억을 더듬는 일은 이쯤에서 마무리하고 동기들의 근황을 소개하기로 한다.

김석규 졸업 성적이 가장 우수하였던 그는 유학 후 국내에서 활동하다가 너무 일찍 가고 말았다. 광장동 집으로 문병을 갔을 때, 회복 후 활동 계획을 이야기하던 모습이 눈에 선하다. 큰일을 할 줄 알았는데, 아까운 친구다.

> 김석규는 자그마한 체구에 말도 없이 자기 일을 하는 진실한 친구였다. 김석규가 버클리 대학에서 공부할 적에 그의 집에 찾아간 적이 있다. 오랜만에 만난 동기를 반갑게 맞이해 주던 따뜻함이 지금도 눈에 선하며 맛있는 음식을 듬뿍 차려준 부인에게 지금도 감사한다. 석규가 일찍 세상을 떠난 후 동기생들이 조금씩 보태어 석규의 자녀들이 학업을 마치도록 도와주었다. 잘 성장하고 있다는 소식을 종종 접했는데 그때마다 69동기생의 찐한 마음이 느껴진다.
>
> _임인상

김석규가 1980년대 버클리 대학에서 공부하던 시절, 나는 그때 대우 뉴욕 지사에 근무하고 있어 여러 번 통화를 시도하였으나 끝내 그의 목소리를 듣지 못하였다(박성희 군은 가까운 곳에 유학하고 있어 밥도 사주고 술도 자주 사곤 하였다).

어느덧 세월이 흘러 구조 분야를 전공한 그가 KIM이라는 설계/검사 기술용역회사에 자리 잡고 실력을 발휘하고 있음을 알게 되었다. 반가운 마음에 연락을 하고 동기 모임에 초대도 하여 그 사이 지내온 이야기와 집안 이야기를 듣곤 하였다. 자그마한 체구, 도수 높은 안경 뒤에서 반짝이는 그의 눈동자를 보니 뛰어난 두뇌의 소유자임을 단번에 알 수 있었다. 역시 천재는 단명한다는 말이 맞는가? 술, 담배를 전혀 하지 않는 그가 간 때문에 유명을 달리할 줄이야.

그가 떠난 후 필한 형의 주도로 동기들이 성금을 모아 수년 동안 막내아들의 학비에 보탬이 되도록 장학금을 전달하여 그를 아끼는 동기들의 마음과 끈끈한 사랑을 나누었다.

김석기 졸업 후 쌍용에 취직해서 선박 무역 업무를 맡았다. 코리아타코마(KTMI) 조선소에서 베네수엘라 해군으로부터 수주한 약 1억 불 상당의 경비함 프로젝트에 참여하였고, 1986년부터 산업용 전동 밸브의 생산 전문업체인 '모간 코리아'에서 약 25년간 근무, 대표이사를 역임하였다. 2010년 11월 지병으로 작고하였다.

위아래로 모르는 사람이 없을 정도로 입담이 좋고, 술을 좋아하던 친구 김석기에 대한 즐거운 추억과 아쉬움이 교차한다. 그는 규격에 딱 맞고 정확한 이미지의 반듯한 공대생이 아니었다. 항상 자유분방하고 여유 있었으며 감성적인 분위기를 지닌 향기로운 친구였다.

김정석 1973년 졸업 후 국방과학연구소 과학장교로 근무한 뒤 중위로 제대하였다. 이후 1976년 코리아타코마에 입사하여 영업부로 배속받아 근무하였으며 1981년 대우조선 특수선 사업부에 들어갔다. 조선본부에서 근무하다가 퇴직하여 소프트웨어 개발에 종사하기도 하였다. 현재는 태양광 발전소를 완공하면서 노후를 보낼 계획이라고 한다.

김철원 1950년 6월 25일(음) 전북 부안 출생이다. 1969년 3월에 서울대학교 조선과에 입학하였다. 1973년 대한조선공사에 입사하였고, 1979년 대우조선에서 1985년까지 있었다. 대우조선소 퇴직 이후 코리아 제록스(Korea Xerox), 플로어 다니엘(Flour Daniel) 등을 거쳐, 1994년 10월에 조선소에서 설계 및 현장 경험을 살려 호산 엔지니어링이라는 업체를 창립하여 운영하고 있다. 그 업체는 반도체 공장의 액체 화학제품(Liquid Chemical)의 정밀혼합 및 공급에 관련한 부품·장비·시스템 등을 납품하는 곳이다. 그의 성격이 사업에 적성이 맞지 않아 회사를 크게 키우지는 않았지만, 기술적인 측면에서 쓰임을 받아 비교적 어렵지 않게 현재에 이르고 있다.

나경호 대구 출생으로 교편을 잡으셨던 부친을 따라 군위국교, 포항중, 경북고등학교를 졸업하였다. 서울대 조선공학과에 입학 후 한참 동안 방황(?)하였다. 이때 패거리가 양영순 박사 등이다(본인은 체면상 부인할지 몰라도 엄연한 사실이다).
나경호는 김준엽 선생의 '지성과 야성이 합일하는'이라는 말씀에 속아(?) 해병대 입대 후 복학하였고 졸업 후 대한조선공사 설계부에 입사하였다. 그 후 대우조선 기획조정실에서 기업 인수 등의 업무를 수행하여 당시 신아조선의 인수 타당성을 검토하는 데 큰 역할을 하였다. 이후 고향 대구에서 국제섬유, 창원에서 국제엔지니어링을 설립하고 운영하다가 미국으로 건너갔다.

박권희 일찍이 조선소 오너(Owner)를 꿈꾸어 거제도에서 중소 조선소를 운영하며 바쁘게 움직이던 박권희. 2010년 동기 모임을 앞두고 갑자기 쓰러지더니 다시 일어나지 못하였다. 보라매병원에서 의식도 없는 상태에서 본 모습이 마지막이었다. 재학시절부터 산에 자주 오르던 그였다. 나도 한두 번 그를 쫓아 관악산에 오른 적이 있다. 우리는 일찍 남편을 여의고 공장 직공으로 아들 형제를 훌륭하게 키워내신 강인한 어머니를 영등포 집에서 뵙기도 하였다.
졸업 후 그는 대한조선공사, 삼성물산 등에서 근무하였으나 대기업 조직에는 그가 활동하기에 답답하였나 보다. 아마 소꼬리보다 닭대가리가 좋아서였을까? 그는 '기림'이라는 소형 조선소(경남 거제도 소재)를 운영하였으나 그 당시 대부분의 소형 조선소가 그랬듯이 자금난에 문을 닫아야 했고, 몇 년 후 재기를 시도하였으나 또다시 좌절을 맛보아야 했다. 그는 말했다. 두 번씩이나 집을 날려 먹었으니 여한이 없다고. 그 후 KTX 고속 철로 공사의 강교 전문 중소업체에서 제작 및 설치로 김천 현장에선가 구슬땀을 흘리기도 하였다.

이번에 유학에서 돌아온 큰딸 피아노 독주회가 있으니 동기들을 초대하고 싶다고
했다. 정말 대견하고 자랑스러웠다. 연말 동기 모임을 앞두고 삼성병원에 입원했단다.
내가 전화해서 "웬만하면 잠깐 참석했다 가지" 하고 말하니, "나도 그러고 싶은데 의
사가 안 된다고 하네"라고 했다. 그게 마지막이었다. 우리가 찾아갔을 때에는 그저 누
워서 눈도 못 뜨고 눈물만 흘렸다. 딸 셋이 잘 커서 시집도 잘 가고 작년 연말 모임에
부인과 따님이 나와 그간의 감사 인사를 하니 박권희 친구와의 추억이 새삼 그리웠다.

_이병하

박규원　그는 이단이다. 대대로 서울에서 살던 토박이가 조선을 전공한다는 이유로 부산
사람이 되어 완전히 부산에 정착한 것이 첫 번째 이단이요, 조선을 전공했지만 배는 위험
하다는 모친의 우려로 동기 중 유일하게 해군 장교가 아닌 육군 ROTC를 택한 것이 두 번
째 이단이었다.

박규원은 당시 국내 유일의 대형 조선소인 대한조선공사 설계부에 입사, 그 후 대한조선
공사에서 건설하던 옥포조선소 건설 팀에 합류하여 대우조선해양 창립 멤버가 되었고, 동
기인 인웅식과 선배들을 모시고 대우의 첫 번째 수주 및 설계를 노르웨이에서 수행하는
등의 역할을 하였다. 이 일로 준공 기념식에서 대통령 표창까지 받았다. 그 후 친정인 대
한조선공사의 강권으로 다시 부산에 복귀, 우여곡절을 거친 후 대한조선공사는 한진그룹
에 인수되었고, 그는 (주)한진에서 설계실장, 조선소장을 거쳐 사장까지 역임하였다. 그
는 도크 길이보다 긴 선박의 건조, 국내 최초로 해상 크레인(Floating crane)을 이용한 초대
형 블록(Block)의 탑재공법 적용, 해군 독도함의 설계 수주 및 건조에 참여하였다(이 덕분에
또 한 번 대통령 표창을 받았다). 그리고 필리핀 수빅에 조선소를 건설하는 데 큰 역할을 하였
다. 현재는 새로운 선박 기자재인 선박 평형수 살균장치 제조업체의 전문 경영인으로 세
계 시장의 선두 기업을 경영하고 있다.

박성희　진해에서 태어나 조선학과에 입학하였다. 과학장교 1기로 해군 장교로 임관, 국
방과학연구소에 입소한 뒤 스티븐슨 공과대학(Stevens Tech.)에서 석·박사를 마친 다음 어뢰
개발(백상어, 청상어 개발 책임자), 수중무기, 가상 해군 전투실험 등 시뮬레이션 분야에서
공적을 이루었다. 2009년 국방과학연구소 퇴임 이후 방산업체 넥스원의 고문으로 있다.

박인규　1971년 말 신체검사를 하고 나서 받은 영장에는 한 달 후에 입대하라는 내용이
있었다. 잠시 고민하다가 공군에 지원, 입대하여 3년간 복무하였다. 입대 전의 학기 성적
은 유체역학을 비롯하여 대부분 좋지 않았다. 1975년 복학 후에 이런 과목들을 재수강하
느라고 아주 혼이 났던 기억이 새롭다. 졸업에 필요한 학점을 채우는 것도 문제이지만 평
점 기준(전체 평균 C 이상)을 넘어야 하였기에 더욱 힘들었다.

1976년 졸업 후 학교 공부에서 해방되어 날아갈 듯한 기분으로 현대중공업에 입사하였다.

처음에는 선체생산부에 배치되었다가 선장설계부, 기본설계부를 2~3년씩 거친 후 연구소로 차출되어 연구원이 되었다. 더 공부를 해야겠다는 생각에 미국 미시간 대학에서 석사, 서울대에서 박사학위를 받았다. 2004년 현대중공업을 나올 때까지 운동조종연구실, 해양연구실 등에서 재직하였다.

2005년 울산대에서 학생들을 가르치는 일을 맡으면서 새로운 세상을 만나게 되었다. 가르치는 것이 곧 배우는 것이라는 말대로, 배우는 재미를 늦게나마 조금은 맛볼 수 있었다. 앞으로는 친구들과 바둑을 두면서 한가로운 세월을 보내는 꿈을 가지고 있다.

양영순 1969년 서울고등학교를 졸업하고 조선학과에 입학한 뒤 숱한 방황 속에 군대도 못 가고 혼자 마이너 친구들과 어울리다가 결국 1973년에 대학원에 입학하였다. 1973년부터 1979년 모교 대학원에서 공부한 뒤 1980년 영국 뉴캐슬 대학에서 학위를 받고 귀국하여 1986년부터 현재까지 서울대 조선해양공학과 교수로 재직 중이다.

그는 자신이 공부할 당시는 팔로어(follower) 입장에서 갈 길이 분명하였으나, 현재는 앞으로 나아갈 길이 무엇인가에 대한 논의를 시작하지도 못하면서 시간만 보내는 것은 아닌지 후회가 된다고 후술한다. 중국이나 새로운 개발도상국이 우리 자리를 넘보고 들어올 가능성을 알면서도, 누구 하나 새로운 길에 대한 시도를 하지 않고 그저 현재 자기 입장만 생각하고 있는 현실에 반성하며 하루하루를 긴장하며 보낸다. 로마도 사라졌고, 대영제국도 저물어 가는 역사의 흐름 속에 일본의 조선이 쇠퇴한 것에 만족할 것이 아니라, 우리의 미래 또한 그러하지 않으려면 그 대안이 무엇인지에 대해 많은 고민이 필요하다고 생각한다.

어성준 1967년에 입학하였으나 69학번과 같이 대학생활을 하였다. 1972년부터 2002년까지 약 30년간 현대중공업에서 근무하였으며 해양사업 본부장을 역임하였다. 퇴임 후 2005년부터 3년 간 말레이시아 MISC선사의 해양개발 컨설턴트로 활약하였다.

유한창 1972년 10월 유신으로 휴교령이 내려지자 새로 건설 중이던 현대조선에 입사하여 1973년 해군 특교대에 입대할 때까지 울산에서 근무하였다. 현대 기숙사에 있으면서 경력사원으로 영국의 스콧 리스고 조선소에서 기술 연수를 받고 온 선배님들에게 많은 것을 배웠다고 한다. 해군 장교로 임관하여 충무함 승조 후 해군본부 함정감실 조함과에서 고속정 설계를 도왔다.

전역 후에는 코리아타코마 조선소에 입사하여 알루미늄 중형 유도탄 고속정(PSMM) 건조에 참여하였다. 코리아타코마에서는 정균양(68학번) 및 여러 선배께서 인도네시아 해군에 6000만 불 상당의 고속정 3척을 인도하여 한국 최초의 군함 수출을 이루었을 때 그는 함정의 모형실험에 참여하였다. 그 후 미국의 스티븐슨 공과대학에서 학위를 마친 후 데이비드슨 연구소(Davidson Laboratory)에서 연구원으로 일하였다.

유한창은 1989년부터 ABS에서 신영섭(65학번) 선배를 도와 세이프헐(SafeHull)이라는 선급

규정을 개발하는 사업에 참여하였다. 당시 ABS 사무실이 맨해튼의 세계무역센터 106층에 있었는데, 1993년 테러 폭발사건 때 110층을 걸어서 내려온 불사신이다. 1997년부터 3년간 ABS의 한국 지사에서 신조선 도면승인을 총괄하였고 현재는 ABS의 연구개발 부서에서 선체 내빙 구조, 한랭지와 극지에서의 선박 운항, 극지의 해양 개발에 따른 연구 과제를 수행하고 있다.

윤길수 1970년 7월 군 입대로, 1학기 성적은 7학점 외에 모두 F였다. 유일하게 A를 받은 과목이 제도였다. 김재근 교수님을 처음 뵙고서 청소하시는 분인 줄 알았다고 한다. 대한조선공사에서 1년 동안 1만 8000톤 선수부 탱크실(Forepeak tank room) 설계에 참여하였던 것이 유일한 경험이었고, 그 후 선박해양연구소에서 5년간 시킹(Seaking), 퍼랜(Foran) 등의 선박전산 소프트웨어 개발 작업에 참여하였다.

부산수산대학교 해양공학과에서 부경대학교 해양공학과로 32년간 근무하면서 이공계 선호도가 줄어드는 이유를 기초수학에서 찾아 동역학에 수리문제 해결도구인 '슈어 매스(SureMath)'를 활용하였고 발명과 특허, 지식재산 쪽으로 연구하였다. 전공보다는 지식재산 분야에 열심히 활동하여 한국교육학술정보원에서 국내 대학 및 해외 강의자료 정보를 공유하는 온라인 서비스 KOCW(Korea Open CourseWare)에 2009년 부경대의 '발명과 특허'가 공개되어 있으며 정년 퇴임한 지금은 특허청, 발명진흥회의 지원을 받아 KCU 군장병 콘텐츠인 '지식재산 창출'을 준비 중에 있다. 또 그는 요즘은 서울대 황농문 교수의 『몰입』에 대해 관심을 가지고 공교육 정상화에 기여할 방법을 모색하고 있다. 이쪽에 관심 있는 이들의 적극적인 참여를 바란다.

윤상근 경남 의령 출생, 진주에서 중학교를, 부산에서 고등학교를 다녔다. 졸업 후 해군 특교대 56차로 임관하였다. 전역 후 1976년 8월부터 1998년 2월까지 마산 소재 코리아타코마조선(주)에서 생산관리 업무에 종사하였다(퇴사 다음날로 코리아타코마는 한진중공업과 합병, 세상에서 사라진다). 현재 충남 서산시 소재 (주)금산에서 11년째 재직 중이다.

이병하 중학교 시절에 문학의 세계를 동경하던 시골 출신(경기도 안중)이 서울로 유학을 와 화학과 물리를 그런대로 따라가, 먹고살기 힘들다는 인문학을 포기하고 공대에 입학하여 각종(?) 역학 공부가 어렵고 힘들었다.

동기 대부분이 군복무를 하는 동안 병역 면제의 혜택(?)을 받아 일찍부터 울산 현대조선소에서 조선 설계의 실체를 배우게 되었다. 초창기에는 기본설계 및 상세설계 모두 외부에서 구입해 왔으므로 중량집계 및 진수계산, 적량계산, G/A, 시운전 시행서 및 결과서, 선박 안정성 계산 및 적하 요령서 작성 등 많은 것을 배웠다. 50회 가까운 시운전 승선 등 초대형 유조선, 일반 화물선, 컨테이너선, 로로선 등 다양한 선종을 설계하며 국내 그 어떤 조선소에서 일하는 것보다 짧은 시간에 많은 경험을 쌓았다.

현대건설이 중동에 진출할 때 해양토목공사에 필요한 각종 특수작업선(예인선, 준설선, 항타선, 각종 바지선, Mini-SEP 등)의 설계에 참여하였다. 1977년도에는 ABS 뉴욕(월스트리트 소재)에서 3개월간 연수교육을 받았다. 대우그룹이 조선업에 진출할 때 합류, 설계 관리 책임자(project engineering manager)로 최선을 다하였다. 반잠수식 시추선의 상세설계를 미국 설계회사와 진행하기도 했다.

당시의 일화가 재미있다. 1982년 초 오후, 그는 "나 김 사장인데……" 하는 전화를 받는다. 누구인지 알 수가 없어서 "누구십니까?" 하니, 저쪽에서 "나 김우중인데" 하며 몇 가지 질문을 하고는 그날 밤 김 사장이 비행기를 타고 뉴욕으로 와 결국 픽업되었다. 이렇게 해서 유에스 라인(US Line) 점보 컨테이너선 프로젝트(12척)가 시작되었고 그 인연으로 뉴욕 지사로 옮겨 영업 분야에서 일하게 되었다.

11년간의 미국 지사 근무를 마치고 옥포 본사로 들어와 경영기획실장, 조달 담당(구매 및 협력업체)과 해양 플랜트 본부장을 끝으로 직장생활을 마쳤다. 그 후 미국, 영국 소재 해양 플랜트 전문업체(기자재 및 설계)의 한국 영업 대리점을 맡아 10년 넘게 노력해 오고 있다.

이필한 1966년에 입학하여 복학 후 1972년에 졸업하고 대한조선공사(현 한진중공업)에 입사하였다. 그때 대한조선공사는 국내 최초로 1만 8000톤 화물선을 건조한 경험이 있고 현대중공업은 조선소를 건설 중이었다. 현대는 울산 촌구석에 있어 장가가기도 힘들 것 같다는 생각에 대도시에 있는 대한조선공사를 택하였다.

당시 대한조선공사는 미국의 걸프오일(Gulf Oil) 사로부터 2만, 3만 톤의 유조선 6척을 수주하여 건조하고 있었다. 최초의 대형 수출 선박, 그것도 메이저 오일사의 유조선이라 자부심도 컸지만 시행착오도 많았다. 선대(船臺) 진수라 배의 명명과 함께 도끼로 줄을 끊으면 선대에서 배가 바다로 미끄러져 내려가게 되어 있는데 아무리 내리쳐도 줄이 끊어지지 않는 황당한 일도 있었다. 설계부에 배치받았는데 모든 도면이 독일의 조선소(HDW)에서 보낸 것으로 우리는 시공만 할 뿐이었다.

1975년에 미국 휴스턴 지사로 가서 시추선(Drilling Rig)과 보급선(Supply Boat) 계약에 참여하였는데 모든 것이 국내 최초였다. 1979년에 귀국하여 해외영업을 담당하던 중 산유국 아부다비에서 유조선 6척 계약을 현지에서 체결한 것이 신년 정초에 확정되었는데, 그 계약 하나로 한 해 수출 목표를 달성하였던 것이 기억난다. 어쩌다 보니 조선기술보다는 계약서를 다루는 법률적 일만 하게 되었다.

대한조선공사가 경영 부실로 한진중공업으로 바뀌면서 건강 등의 이유로 1987년에 퇴직하였다. 그 후 집안의 중소 제조업체(특수 주물)를 경영하다가 은퇴 생활을 즐기고 있다.

인응식 졸업 후 해군 특교대 56차로 임관, 구축함을 1년 타고 2년간 해군본부 조합과에서 근무하였다. 전역 후 대한조선공사에 근무하다가 1979년 대우조선 공채 1기로 입사하였다. 대우조선 옥포조선소 건설에 기여한 공로로 대통령 표창을 받았다.

1986년부터 대우조선 선박 초기설계 및 기술영업 부서장 및 담당 임원으로 근무하다가

1995년 대우 옥포조선소에 전무로 돌아와 기술본부장 및 연구소장을 거친 후 2001년 퇴임하였다. 이후 부산에 있는 DNV에서 3년 근무한 후 서울로 돌아와 조선업계를 떠난 듯하였으나 현재 해군 관련 방위산업 기자재 대리점인 SM 엔지니어링에서 전무로 근무하고 있다. 인웅식은 1983년경 대우 옥포조선소 근무 당시에 사놓았던 거제도 일운면 바닷가 언덕의 조그만 농장에 매달 한두 차례 내려가 최근 수년간 매실나무를 심고 약간의 채소 농사도 하며 자연 속의 삶을 조금씩이나마 맛보고 있다.

임인상 서울의 중앙고등학교를 나왔으며 공과대학 중에서 조선공학이 가장 낭만적이라 생각하고 입학하였다. 대학 4학년인 1972년 10월 현대중공업에 입사하게 되어 해군 장교로 입대하기 전인 1973년 3월까지 6개월간 울산에서 첫 직장생활을 하였다. 6개월간의 조선소 경험은 그 후 진로 결정에 큰 영향을 미쳐 끝내 조선산업계를 떠나는 계기가 되었다. 3년간 해군 장교 복무를 마치고 1976년 8월에 KIST 산하 선박연구소에 입사하여 진동에 관한 연구를 수행하였고, 한국형 전투함 설계에 관여하여 선박 엔진과 추진기 계통의 진동해석을 수행하였다. 2년 동안 연구소 생활을 한 후 1978년 9월에 미국 일리노이 주의 노스웨스턴(Northwestern) 대학 기계공학과로 유학을 떠난 그는 1984년 공학박사 학위를 취득하였다. 유학을 떠날 때에는 엔진에 관한 연구를 목표로 하였는데 결국은 열유체에 관한 연구를 하게 되었다.

연구를 하면서 연구 분야보다는 회사 운영에 더욱 관심 있는 자신을 발견하게 되었다고 한다. 학위취득 후 귀국하여 스웨덴 기업 테트라팩 코리아(Tetra Pak Korea)에서 사업부장으로 직장생활을 시작하였다. 1985년 12월에 반도체 제조 장비회사인 퍼킨-엘머 코리아(Perkin-Elmer Korea)의 사장으로 직장을 옮겼고, 이후 30여 년간 반도체 장비 분야 관련 외국회사의 한국 지사장으로 활동하였다. 2012년 말에 경영 일선에서 물러났으며, 그 후 코칭(Coaching)이라는 새로운 활동을 하고 있다. 코칭은 다른 사람의 잠재력을 일깨워주고 성장하게 하는 리더십의 한 부분이다. 현재는 2003년부터 재직해온 네덜란드 기업 ASML 코리아에서 코치로 활동하고 있으며, 또한 코칭경영원이라는 코칭 전문회사의 파트너 코치(Partner Coach)로 활동하고 있다.

동갑내기인 아내와 1975년에 결혼해서 1남 1녀를 두었으며 자녀들은 모두 출가하였다. 비록 조선산업계에 길게 종사하지는 않았지만 69학번 동기생과 몇몇 선후배와는 지금도 끈끈한 관계를 이어가고 있다.

주경린 해군 특교대 56차 출신이다. 1976년부터 2년간 선박연구소 저항추진실에서 근무하였다. 1980년 대우조선에 입사하여 2003년에 정년 퇴임하였다. 대우조선 뉴욕, 오슬로, 런던 지사장을 지냈고 대우조선 자회사(DSEC)에서 3년간 일하였다. 지금은 (주)장수S&P라는 선박중개업(Ship Broking) 회사에서 근무하고 있다.

25회 졸업생(1970년 입학) 이야기

3년 동안 배워서 40년을 먹고 살다

이승준

1970년 3월에 입학한 우리는 정원 20명의 단출한 학번이었다. 1학년 때는 교양과정부가 편성되어 공과대학의 각 학과 학생들이 두루 섞여 한 반이 되었는데, 나는 SB14반이었던 것으로 기억한다.

같은 반에 전자공학과의 진대제, 원자력공학과의 박창규가 있었으며, 이들은 훗날 각각 정통부 장관과 원자력연구원장을 역임하였다. 공과대학 졸업생들이 어떤 직업을 가질지도 몰랐던 신입생 때를 생각하면, 참으로 긴 시간이 지났다.

같은 반에는 조선공학과가 나 혼자였으므로 1학년 때는 오히려 다른 과 학생들과 친하게 지냈는데, 위의 박창규, 기계공학과의 정종현, 토목공학과의 김응호(홍익대학교 교수), 응용물리학과의 김학수 등과 친하였다. 특히 여름방학 때는 김학수의 권유로 교양과정부 등산부에 가입하여 일주일 동안 설악산 등반을 다녀왔던 일이 가장 기억에 남는다.

2학년이 되어 동기생들을 만나게 되었는데 김정섭이 전과를 하여 동기생 중 김씨가 8명이나 되었다. 자연히 '김씨'와 '비김씨'로 분류가 되다시피 하였다. 2학년 때 유체역학은 기계공학과 3학년, 그리고 동역학은 항공공학과 3학년과 같이 들었는데 대다수의 학생들이 두 과목 모두 F, 즉 쌍권총을 차는 결과가 되어 버렸다. 교수님들께 많은 걱정을 들었던 기억이 선하다. 2학년 2학기 때는 동기생들과 함께 수락산에 등산을 갔다가 위수령이 내려 학교에 가지 못한다는 라디오 방송을 들었던 기억이 지금도 생생하다. 돌이켜보면 우리가 학교 다니던 때는 데모가 거의 일상사였다. 공릉동에 있는 교정에서 한독약품이 있는 휘경동을 거쳐 청량리까지 진출하려고 긴 거리를 뛰어다닌 기억들이 있으며, 때로는 동숭동에 있는 문리대에 모여 데모하기 위해 아예 조퇴하고 그곳으로 갔던 기억도 있다.

4년 동안 휴업령 또는 휴교 기간 없이 학교를 다닌 것은 딱 한 해였는데 어느 해였는지는 기억나지를 않는다. 입학 전해인 1969년에 3선 개헌이 있었고, 2학년 때인 1971년에는 위수령, 3학년 때인 1972년에는 유신헌법이 공표되었으니, 학창생활 동안 데모는 학교생활의 일부였다.

동기생 중에 '김씨'가 많았지만 과대표는 주로 '이씨'들이 하였다. 2학년 때는 이준열, 3학년 때는 이승준과 이승우, 4학년 때는 김홍석이 하였던 것으로 기억한다. 나는 3학년 때 과대표가 되어 대의원회에서 조선공학과를 대표하게 되었는데, 여러 가지 우여곡절을 접한 것은 과대표를 맡으면서였다. 대의원회의 첫 모임에서 생각지도 않게 투표로 대의원 의장이 되는 사건이 일어났다. 원래는 명문 고등학교 출신들이 서로 경쟁을 벌였는데, 검정고시 출신인 내가 오히려 많은 사람의 호의적인 반응을 얻어 그만 대의원회 의장이 된 것이다. 이것이 무엇을 의미하는지 시간이 지난 뒤에야 알게 되었다. 대의원회 사업 중 가장 중요한 일이 학생회장의 선출을 진행하는 것이었는데 묘하게도 중간고사 일정과 겹쳐 재료역학 시험을 전혀 준비하지 못해 전무후무한 영점을 받았다. 당시 학생회장에 출마하였다 낙마한 전자공학과의 이병기(서울대학교 교수)와는 친한 친구로, 평생 동안 서로를 아끼는 사이가 되었다.

그해는 유신헌법 때문에 온 나라가 들끓었고 시간이 지날수록 데모가 그치지 않았다. 나는 거의 언제나 데모의 선두에 서 있었다. 2학기 어느 날, 문리대에서 있었던 데모에 참여한 뒤에 집으로 돌아오니 부친께서 조용히 부르셨다. 옛 군대 동료들이 찾아왔다 갔다면서 나중에 유학 갈 생각이 있으면 대의원회 의장을 그만두는 것이 좋겠다고 말씀하셨다. 부친은 지난날 신의주 학생사건의 주모자로 찍혀 북한에서 월남하신 터였다. 부친은 평소 나의 행동에 대해 아무 말씀이 없으셨는데 그날은 너무도 엄중하게 말씀하셔서 조금 시간을 가지고 생각해 보겠다는 말씀을 드리고 자리를 피하였다. 다음 날, 수유리에 있는 4.19 학생의거 기념공원을 찾아 몇 시간을 고민한 끝에 대의원회 의장에서 사표를 던지기로 결심하였다.

원래 조선공학과를 택한 동기가 1969년 고등학생 때 신문에서 본 어느 원양기업 사장님의 부고였다. 어획 쿼터의 조정을 위해 캐나다 출장 중에 과로로 돌아가셨다는 내용이었는데 어려서부터 공업입국을 귀에 못이 박히도록 들었던 터라 공과대학에서 원양어업과 가장 가까운 학과인 조선공학과를 택하였던 것이다. 공과대학의 조선공학과를 선택한 이유가 공학을 배워서 무언가 보람이 되는 일을 하자는 것이었음을 상기하고, 조금 비겁하다는 생각을 떨칠 수는 없었지만 학생운동은 다른 친구들에게 맡기고 공부를 하자고 마음을 굳혀 이후 나는 공부에 전념하게 되었다.

당시 해군 위탁교육생으로 김재복 형과 학교를 같이 다녔는데 군인이라는 것을 전혀 느낄 수 없었고, 오히려 우리보다 더 학생 같았던 분으로 기억한다. 동기생 대부분이 침착한 편이어서 술보다는 차를 마셨고 당구보다는 탁구를 쳤다. 김홍석과 김두균, 그리고 김강수, 김재동을 비롯하여 동기생과 많은 시간 동안 탁구로 우의를 다졌다. 물론 당시 1호관 앞의 잔디밭에서 즐기던 카드놀이의 일종인 기루다와 마이티도 절대적인 소일거리였고, 봄이면 부근의 배밭에서 막걸리와 배로 허기진 배를 채웠던 기억은 아직도 생생하다.

동기생 중 정인기는 그야말로 다른 친구들과는 비교가 되지 않을 정도로 공부를 잘하였는데 나의 경우는 교수님들께 배운 것보다 정인기에게 배운 것이 더 많았다는 생각이 들 정도였다. 4학년 때인가, 맹장 수술을 하는 바람에 진동론 시험을 나중에 혼자 보게 되었는데 정인기에게 배운 덕분에 꽤 높은 점수를 받았다. 당시 정인기의 답안지는 김극천 교수님께서 당신보다 더 잘 썼다며 극찬을 하셨던 것으로 기억한다.

3학년 때는 부산의 대한조선공사, 4학년 때는 울산의 현대중공업으로 실습을 나갔다. 그때 난생처음 조선소가 어떻게 생겼는지 구경하였고 배 밑바닥에 들어가 일을 하였다. 저녁이면 거의 매일 술을 마셨던 것으로 기억한다. 4학년 때는 현대중공업이 아직 조선소를 짓고 있을 때였는데 허허벌판의 전하동 기숙사에서 지내던 일, 정주영 회장께서 직접 술자리를 같이해 주셨던 일 등이 기억이 난다. 나는 정 회장 바로 옆자리에서 술을 마시게 되었는데, 정말 선이 무지무지 굵은 분이

구나 하는 느낌을 받았다. 정인기는 1974년 졸업과 동시에 현대중공업에 입사하여 2014년 말에 정년 퇴임하였다.

학생시절의 추억으로 불암제 역시 빼놓을 수 없다. 대학생의 특권으로 생각하던 축제였으므로 한껏 흐트러진 자세로 젊음을 즐겼다고 말할 수 있는데, 인원수는 적었지만 체육대회에서는 항상 선두 자리를 다투었다. 특히 줄다리기에서는 제도용 웨이트를 활용해온 선배들에게서 전수받은 기술을 익혀 우리 과는 거의 무적의 군단이었다.

공업교육학과는 정원이 120명이었는데, 정원 20명인 우리에게 힘도 써보지 못하고 끌려올 때의 그 통쾌함은 그 누구도 잊을 수 없으리라 생각한다. 마라톤에서는 김홍석이 항상 제 몫을 해주었고, 구기 종목에서도 많은 친구가 최선을 다하였다. 어느 해인가 봉현수와 축구의 공격 라인에서 힘을 합하여 골을 넣어 이겼던 일은 평생을 두고 자랑거리였다. 4학년 2학기 때 많은 동기생이 같이하였던 한려수도와 부산, 대구를 잇는 졸업여행도 소중한 추억거리를 만들어 주었다.

나와 김재동은 1974년 졸업 후 대학원에 진학하였는데, 김재동은 독자라 방위로 병역을 마쳤으며, 나는 해군사관학교 교관으로 예약이 되어 군대 문제를 해결할 수 있었다. 김두균, 이준열은 졸업 후에 방위로 병역을 필하였는데, 김두균은 대한조선공사에 입사하고 이준열은 대학원에 진학하였다. 방철수, 봉현수, 이승우, 정영운은 학교를 다니던 도중에 사병으로 입대하여 병역을 필하였으므로 졸업을 같이 하지는 못하였고 김강수, 김용기, 김정섭, 김홍석, 윤용수, 임경식, 황성호는 졸업 후 해군 장교로 입대하여 조함장교로 서울의 해군본부 또는 진해 해군공창에서 지냈다.

1976년 석사를 마친 뒤 해군 장교가 되어 해군사관학교에서 3년 동안 교관으로 지냈다. 장교 훈련은 2년 후배들과 같이 훈련을 받았으므로 여러 가지로 좋은 일도 많았고 힘든 일도 있었다. 해군사관학교 재직 시에는 사관학교에 조선공학과를 설치하는 데 일조하였던 일과 침쟁이로 3군 사관학교 체전에 동참하여 생도들의 부상을 치료하던 일이 기억에 남는다. 대학에 다닐 때 여러 가지 인연으로 침술을 배울 기회가 있었는데, 군대에서 요긴하게 사용한 적이 꽤 여러 번 있었다.

해군사관학교의 조선공학과는 해군의 자체 함정 건조를 위해서 반드시 필요한 부서인데 얼마 전 그 조선공학과가 없어졌다는 이야기를 듣고 꽤 실망하였다. 사관학교 재직 중에, 1학년을 두 번 다녀 교양이 남달리 많다고 주장하는 윤범상이 1년 늦게 임관하여 역시 교관으로 같이 생활하게 되었으며, 김재복 형은 조함병과에서 아예 교관병과로 바꾸어 사관학교 교수부에서 근무하여 군 생활 동안 도움을 받았다.

병역을 필하고 교수님들의 권유로 1981년 미국 유학을 가게 되었다. 당시 우리 동문이 가장 많이 간 곳은 MIT, 버클리 대학(UC Berkeley), 미시간(Michigan) 대학 등이었는데, 나는 황종흘 교수님의 소개로 전혀 알지도 못하는 캘리포니아 패서디나(Pasadena)에 있는 캘리포니아 공과대학(Caltech.)으로 가게 되었다. 다행히 국비 장학생으로 선발되어 유학 기간 동안 공부에 매진할 수 있었다. 조선공학과 학생이라고는 나 하나밖에 없었고 한국 학생 자체도 얼마 되지 않아 유학 기간 동안 우리말을 쓸 일이 많지 않아서 영어가 상당히 늘게 되었다. 지도교수인 우(Wu) 교수님은 중국인 1세인 미국 시민으로, 나와 같은 불교도였다. 우 선생님은 한문 고전에도 매우 능통하여 유학자의 분위기가 물씬 풍겼고, 불교 경전도 두루 섭렵하여 정말 나에게는 여러 가지로 배울 것이 많은 스승님이셨다. 한문, 영어, 전공 그 어느 분야에서든 나는 선생님의 백분의 일도 되지 않는다는 것을 절감하면서 겸손을 배웠고, 그야말로 밤을 낮 삼아 공부할 수 있었다. 아마도 캘리포니아 공과대학에서 보낸 4년이 내가 평생 동안 가장 열심히 공부하였던 기간이었을 것이다.

1985년 박사학위 논문이 끝나갈 무렵, 황종흘 교수님께서 버클리 대학에 오신다는 말씀을 듣고 샌프란시스코로 올라가 선생님을 뵙고 진로에 대해 여쭈었더니, 대전의 충남대학교에 조선공학과를 1982년에 새로 만들었는데 가보지 않겠냐는 말씀에 그 자리에서 평생직장을 결정하게 되었다. 1985년 10월, 충남대학교 조선공학과의 조교수로 발령을 받아 교수생활이 시작되었다. 53학번이신 김기증 교수님께서 학과를 만드시는 데 앞장서셨고, 학창시절에 저항추진론을 가르치셨던 김훈철 선생님께서 인근 선박연구소의 소장님으로 계시면서 새로 생긴 학과에 여러 모로 도움을 주셨다.

1988년에는 과학재단의 도움으로 호주 시드니의 UNSW(University of New South Wales) 수학부(School of Mathematics)에 1년 동안 방문연구원으로 가게 되었다. UNSW에서는 해양학 분야의 연구자들이 수학부에 속하였으므로 그렇게 되었는데, 사실 매우 다양한 전공의 학자들이 수학부에서 같이 지냈다. 미국과는 사뭇 다른 분위기에서 보낸 1년은 매우 유익하였으며, 영국과 유럽 사회를 호주를 통해 엿볼 수 있었고, 미국의 특색을 호주에 와서야 확실히 알게 되었다. 2005년에는 홍콩대학에 방문교수로 1년간 나가 극동이 아닌 아시아에서 세계를 또 다른 눈으로 바라보는 홍콩대학의 많은 교수를 알게 되었다.

외국 대학에 유학하여 박사를 끝낸 동기로는 윤범상(동경대학), 김양한(MIT), 이준열(Ohio State University), 김홍석(University of Washington)이 있고, 국내에서 박사 학위를 끝낸 친구로는 김재동(충남대학교), 임경식(KAIST)이 있다.

김홍석은 미국에서 학위를 끝낸 뒤 목사가 되어 조선계를 떠났지만, 그 외 윤범상(울산대학교 교수), 김양한(KAIST 교수), 이준열(한국국제대학교 교수)이 학계, 김재동(한국기계연구원 책임연구원), 임경식(국방과학연구소 진해분소 책임연구원)이 연구계에서 활약하였다. 김재동은 2013년 말에 정년 퇴임하여 현재 전문연구위원으로 계속 근무하고 있으며, 임경식은 정년 퇴임 후 창원대학교에서 교수로 재직하고 있다.

김강수, 김두균, 김정섭, 봉현수, 윤용수, 이승우, 정영운, 황성호는 제대 또는 졸업 후 조선소에 입사하였다. 김강수와 봉현수는 대우조선해양(주)의 임원을 지냈는데 김강수는 STX 중공업의 사장을 끝으로 은퇴하여 현재 KAIST와 충남대학교의 교수로 후학을 기르고 있고, 봉현수는 한진중공업의 부사장을 끝으로 일선에서 물러나 현재는 상임고문으로 지내고 있다.

이승우는 현대미포조선의 전무에서 베트남 조선소의 사장으로 파견되어 다년간 봉직한 뒤 은퇴하여 현재는 개인 사업을 하고 있으며, 정영운은 한진중공업과 SPP 조선에서 임원을 지내다가 얼마 전에 은퇴하였고, 현대미포조선에서 설계를 담당하던 김정섭은 몇 년 전에 정년 퇴임하였다.

황성호는 현대삼호중공업, 현대미포조선에서 전무로 재직하다가 은퇴한 후 지금은 이탈리아 선급 RINA 한국 지부의 부회장으로 재직하고 있다. 윤용수는 ABS 선급의 검사관으로 재직하고 있다. 김두균은 삼성중공업 창사 멤버로 합류, 25년 동안 근무하다가 미국으로 이민하여 현재는 텍사스의 해양 관련업체 프라이서브 (PriServe)에 재직하고 있다.

방철수는 삼성물산에 입사하여 일찍부터 해외 근무를 하였고 본인의 조선 관련 회사를 홍콩에서 운영하며 지금도 현역으로 활동하고 있다. 김용기는 제대 후 가업에 전념하여 한국미마의 상무로 재직하고 있다. 김재복 형은 사관학교에서 제독

입학 40주년 기념 모임에서 은사님들과 함께(2010년 4월 10일)

으로 승진하여 교수부 부장을 지낸 후 전역하였으며, 전역 후에는 남해대학의 학장으로 다년간 교육 일선에서 힘썼고, 또 국방부 연구위원으로도 활약하다가 현재는 필리핀에서 선교사업에 전념하고 있다.

2010년에는 입학 40주년을 기념하여 모교의 은사님들을 모시고 동부인하여 간소하나마 모임을 가졌으며, 장학금을 모아 모교에 전달하였다. 모두가 참석하지는 못했지만 앞에 그때 찍은 사진을 실었다.

이 자리에서 이승우가 "3년 동안 배워서 40년을 먹고 살다"고 말하여 조선공학을 전공한 덕분에 지금까지 잘 지내고 있다는 공감을 모든 사람에게서 얻었으며, 여러모로 시사하는 바가 많다고 생각하여 이 글의 제목으로 삼았다. 끝으로 우리 동기들의 약력과 근황을 소개하기로 한다.

김강수 해군 제대 후 마산의 코리아타코마에서 4년간 근무 후 거제도로 건너가 대우조선해양㈜에서 25년을 근무하면서 부사장을 끝으로 STX 그룹으로 이직하였다. STX 중공업 사장 및 STX 조선해양 사장을 지낸 후 2010년에 은퇴하여 현재는 KAIST와 충남대학교의 겸임교수 그리고 한국 플랜트산업협회 및 건설산업교육원 등에서 후학을 기르는 재미에 푹 빠져 있다.

김덕영 한진중공업에서 근무하였다.

김두균 삼성중공업의 창사 멤버로 합류하여 25년 동안 근무하다가 미국으로 이민하여 현재는 텍사스의 해양 관련업체 프라이서브(PriServe)에 재직하고 있다.

김순탁

김양한 KAIST 교수로 재직 중이다.

김용기 제대 후 가업에 전념하여 한국미마의 상무로 재직하고 있다.

김재동 2013년 말에 정년 퇴임하여 현재는 전문연구위원으로 계속 활동하고 있다.

김재복 해군사관학교에서 제독으로 승진하여 교수부 부장을 지낸 후 전역하였으며, 전역 후에는 남해대학의 학장과 국방부 연구위원으로도 활약하다가 현재는 필리핀에서 신학대학 강의와 현지인 교회 운영 등 선교사업에 전념하고 있다.

김정섭 현대미포조선에서 설계를 담당하다가 몇 년 전에 정년 퇴임하였다. 여름에는 김포에 마련한 집에서 보내고, 요즘은 배기가스 폐열 이용 온풍기 국내 특허를 획득하여 중국에 기술이전 차 중국 특허 출원 중이다.

김홍석 미국 뉴욕에서 목사로, 한인 청소년을 위한 목회 활동에 열심이다.

방철수 삼성물산에 입사하여 일찍부터 해외 근무를 하였고, 본인의 조선 관련회사를 홍콩에서 운영하며 지금도 현역으로 활동하고 있다.

봉현수 졸업 후 현대중공업, 대우조선해양, ABS를 거쳤으며, 한진중공업에서 영업·기술·생산 총괄 담당 부사장의 소임을 수행한 후 2013년부터 상임고문으로서 후배 조선 기술자들에게 기술을 자문하는 역할에 보람을 느끼고 있다. 1989년도 미국조선학회(SNAME)의 춘계학회 논문상(Spring Meeting Paper Award)를 수상하자, 당시 김극천 교수님께서 "조선소 현장 설계 기술자가 이런 상을 받은 것은 국내 처음이고 자랑스러운 일로서 모든 조선기술인들이 본받아야 한다"고 칭찬과 격려를 아끼지 않으셨던 일이 평생 잊을 수 없는 소중한 추억이다.

윤범상 2017년 2월 정년 퇴임에 대비하여, 2010년부터 제2의 인생을 준비하고 있다. 재즈 피아노를 배우기 시작하여 요즘은 노래와 연주로 여기저기 불려 다니다 보니, 작곡에 꽂혀 아예 싱어송 라이터(singer song writer)로 목표를 수정하고 대학 옆에 작업실을 차려 현재는 생산적인(?) 강의와 비생산적인(?) 작곡을 병행하고 있다.

윤용수 ABS 선급의 검사관으로 재직하고 있다.

이승우 지금 국내외 조선 관련 두 회사의 고문으로 있으며, 베트남에서의 선교 자선사업으로 카우뱅크(가난한 가정에 암소를 주는 사업으로 지금까지 160가정 수혜), 미농펀드(Micro Credit, 소를 키울 수 없는 가정에 사업 자금을 빌려 주는 것)와 소수민족 학생 장학사업인 러브 수이라우(매달 후원금 전달, 현재 105명 중고생)의 대표를 맡고 있다.

이승준 2014년 8월부터 1년간 일본 후쿠오카의 규슈대학에서 마지막 연구년을 보내며 제2막의 삶을 준비하고 있다.

이준열 한국국제대학 교수로 재직 중이다.

임경식 국방과학연구소 진해분소 책임연구원으로 활약하였으며 정년 퇴임 후 창원대학교에서 교수로 재직하고 있다.

정영운 한진중공업, SPP 조선에서 임원으로 지내다가 얼마 전에 은퇴하였다.

정인기 현대중공업에서 2014년 말에 정년 퇴임하였다.

황성호 현대삼호중공업, 현대미포조선에서 전무로 재직하다가 은퇴한 후 지금은 이탈리아 선급 RINA 한국 지부의 부회장으로 재직하고 있다.

3부

왕좌를 차지하다. 그 후…

1. 한국 조선해양, 정상에 우뚝 서다

10년간의 노력이 결실을 맺다

세계 2위의 조선강국으로 부상하다

—

1970년대에 들어서 우리나라의 선박 건조 능력은 비약적으로 발전하였다. 단일 조선소로는 세계 최대의 초대형 조선소인 현대조선의 가동과 신규 중·대형 조선소들의 건설, 그리고 기존 조선소의 시설 확장으로 연간 건조 능력이 대폭 증가되었으며, 특히 옥포조선소와 죽도조선소가 완공되면서 세계 2위 조선국으로 진입할 수 있게 되었다. 다만 조선산업 관련 공장 수는 1960년대까지는 수적으로 증가하였으나, 1970년대 중반에 이르러 조선업체의 정비 개편으로 감소하는 경향을 보였다.

1970년대에는 현대, 삼성, 대우 등의 업체가 대형 조선소 건설로 경쟁력 있는 규모를 갖추는 시기였으며, 지금의 삼성중공업과 대우조선해양의 조선소들이 이 시기에 건설되었다. 정부도 금융지원과 계획조선 사업, 연불수출제도의 실시 등을 시기적절하게 펴가며 조선산업을 규모와 내실 면에서 지속적으로 지원하였다.

이러한 정부 지원에 힘입어 나라 밖에서 조선 불황으로 시설 감축과 도산하는 업체가 늘어나는 것과는 대조적으로 우리나라는 일약 세계 주요 조선국으로 등장하게 되었다.

1960년대만 해도 전근대적일 뿐만 아니라 불모지 상태였던 우리나라 조선산업이 불과 10여 년 사이에 세계 2위 조선국(1972년 수주량 기준)으로 발돋움하였고, 이에 따라 공업 한국의 상징으로 부상함으로써 조선입국이라는 정책 의지를 구현하게 되었다.

이후 조선업계는 내부적으로 대규모 고용창출로 내수경제에 기여하였고 수출실적은 급속하게 늘어갔다. 연평균 30퍼센트 이상으로 고속 성장하여 1985년에 이르러서는 매출액 3.3조 원, 부가가치 1.3조 원에 이르러 우리나라 제조업에 대한 비중에서 4퍼센트 이상을 차지하였다. 특히 고용 인력 면에서는 1976년 대비 3배 이상의 고용창출 효과를 거두었다.

불황의 터널을 극복하다

1980년대, 시련의 터널 – 불황, 노사분규

—

국내 조선업계는 1983년 1월에 대우조선의 제2도크, 같은 해 3월에 삼성중공업의 제2도크 건설공사가 각각 완공되면서 장기간에 걸친 조선소 건설이 일단락되었으며, 이러한 시설의 증가로 우리나라 조선산업은 1980년대 초부터 일약 세계 2위 조선국으로 발돋움하면서 국제 경쟁 대열에 합류하였다.

당시 세계경제는 상황이 좋지 않았다. 1970년대 두 차례 석유파동을 겪은 세계경제는 1980년대 들어와서 2.4퍼센트의 낮은 성장세를 유지하였다. 선진국의 선도 산업이 중공업 중심에서 반도체 등의 첨단산업화로 이행되면서 해상 물동량의 감소가 더욱 빨라졌고 이에 따라 장기간의 극심한 해운·조선 불황을 초래하는 결과를 낳았다고 할 수 있다.

그러자 저선가를 겨냥한 선주들의 투기성 발주가 극에 달하였다. 1983년의 경우, 일본의 산코(三光) 기선이 3~4만 DWT급 선박 125척을 발주하자 각국 선사들 또한 경쟁적으로 신조 발주를 시작하여 일본의 도크가 채워졌고, 우리나라에까지 주문이 몰렸다. 1983년 우리나라 신조선 수주 실적은 무려 179척에 410만 GT로 1980년대에 가장 많은 수주량을 기록하였다. 당시 현대중공업에서는 수주가 폭주하여 미포조선의 수리 도크 3기를 신조 도크로 사용할 정도였다.

1983년 전 세계적으로 불어닥친 선박 발주의 급증은 세계 조선 불황을 더욱 침체에 빠뜨리는 방향으로 작용하였다. 이렇게 과잉 발주를 할 수밖에 없었던 배경에는 첫째, 세계 조선 설비 능력 과잉에 따른 지나친 경쟁으로 선가가 대폭 하락하였고, 둘째, 일본의 상사금융과 같은 파격적인 조건 완화로 투기 발주 여건이 조성되었다는 점을 들 수 있다. 이러한 저선가 수주로 조선업계의 채산성이 악화되었고, 해운 시황은 여전히 침체에서 벗어나지 못하여 선주들이 고의적으로 선박 인수를 지연하는 사례가 빈번해지자 조선소 경영이 악화되어 문을 닫는 조선소가 속출하였다.

결국 1985년, 조선업계는 원가 수준에도 못 미치는 가격이라도 조업량을 확보하기 위해서 마지못해 수주하는 등 극심한 불황이 고착되었다. 일본의 경우 시설 합리화 조치로 건조 능력을 억제하였지만 유럽에서는 수많은 조선소들이 속절없이 문을 닫기에 이르렀다. 로이드 통계를 기준으로 살펴보면, 세계 신조선 수주량은 오일쇼크로 인한 장기 불황에서 잠시 회복의 기미를 보인 벌크선을 제외하고 1988년까지 1000만 GT를 약간 웃도는 정도로 저조하였다.

우리나라는 조선산업에 큰 영향을 미친 3저(저환율, 저유가, 저금리) 등의 혜택이 1986년 하반기부터 약 1년여 정도까지 이어졌다. 세계 시장의 절반을 점유하던 일본 조선업계는 G5의 환율 개입으로 1986년에 150엔/달러 대를 기록하면서 경쟁력이 급격히 떨어져 약 20여 개의 중소형 업체가 도산 또는 휴업하였고, IHI사는

60퍼센트 이상의 설비를 감축하였다. 로이드 통계에 따르면 1987년 일본의 수주량 기준 세계 시장 점유비는 34.7퍼센트(477만 GT)로 대폭 감소한 반면, 한국의 점유비는 30.2퍼센트(416만 GT)로 일본을 바짝 추격하였다. 특히 이러한 수주의 호전으로 수주 잔량 면에서는 1987년 9월 말부터 일본을 제치고 세계 1위에 올랐다.

그러나 엔고의 영향이 모두 긍정적인 것만은 아니었다. 일본에서 수입하는 기자재가 많았던 관계로 우리나라의 제조 원가가 높아지는 결과를 초래하였다. 업계와 정부는 외화 가득률을 높이기 위하여 1986년에 1차로 58개 품목 기자재의 국산화를 위하여 각종 금융, 세제상의 혜택을 부여하였다. 또한 1986년 7월 1일부터 시행한 「공업발전법」의 합리화 업종으로 지정하여 320마력 이상 6000마력 미만은 쌍용중공업이, 6000마력 이상은 현대엔진(주)과 한국중공업이 전담, 생산토록 하였다. 엔고는 역설적으로 우리나라 기자재 산업의 발전을 자극하는 계기가 된 셈이었다.

1986년 하반기부터 그동안 국내 대형 조선소 간의 지나친 경쟁을 방지해 왔던 노력이 조금씩 결실을 보이기 시작하여 수주 선가 상승이 촉진되었다. 1988년에도 세계 조선 시황이 불황에서 완전히 벗어난 상태가 아니어서 세계 발주량은 1300만 GT 이하에 머물렀다.

다만 1980년대를 지나면서 해운 시장의 선복 수급 불균형이 어느 정도 개선되었고, 조선 시장에서도 조선시설을 감축함에 따라 수급이 개선되었기에 그동안 시장을 짓눌렀던 구조적인 문제점들이 점차 해소되었다. 따라서 1985년에 바닥을 친 세계 조선 시장이 서서히 회복하기 시작하였으며, 끊임없이 떨어지던 세계 신조선 선가도 1986년 후반부터는 다시 상승하기 시작하였다.

1987년에 해운 시황이 회복세로 돌아서면서 발주 물량이 증가하기 시작하였으며, 이러한 발주 물량의 대부분이 한국으로 몰려옴에 따라 한국의 세계 시장 점유비는 30.2퍼센트를 기록하여 우리의 조선산업은 재도약기를 맞는 듯하였다.

그러나 이때 우리나라에 위기의 복병이 나타났다. 과격한 노사분규가 시작되었고 더불어 원화 절상이 가속화되면서 한순간에 대일 경쟁력이 열위로 돌아선 것이다. 1987년부터 노사분규로 인한 납기 지연과 인건비 상승, 그리고 이에 따른 원가 상승과 3저 효과의 퇴조에 이어진 원화 절상 등으로 가격 경쟁력이 급격히 약화되었다. 이 같은 불황의 지속과 세계 신조선가 하락, 초기 단계의 금융비용과 감가상각 부담, 그리고 원화 절상과 노사분규의 발생 등이 겹쳐 결국 1989년에 '조선산업의 합리화 조치'를 맞게 되었다.

한편, 1989년도에 들어서자 세계 조선 시황은 이전의 침체 국면에서 벗어나 호황 국면으로 접어들었다. 원유를 중심으로 해상 물동량이 증가하고 선복 수급의 불균형이 대부분 해소되었기 때문이다. 이에 따라 신조선 수요가 증가하여 1989년의 세계 신조선 발주량이 1931만 GT에 달하면서 1990년대의 전망을 긍정적으로 기대하게 해주었다.

1989년은 대외적으로 통상문제로 시달렸던 해이기도 하다. 세계 조선 시장에서 우리 조선산업의 비중이 4분의 1 수준으로 높아짐에 따라 미국, EC 등 선진 조선국들의 압력이 점차 거세졌다.

1989년 3월, 일본과 함께 세계 조선 시장을 주도하던 유럽이 한국의 등장으로 시장 점유비가 감소하자 경쟁력 회복과 점유비 확대를 위하여 한국과 일본에 선가 개선을 위한 선가 모니터링 실시, 시장 분배 조정 등의 협상을 요구하였다. 이어 1989년 6월에는 미국조선공업협회가 우리나라를 포함한 일본, 서독, 노르웨이 등 4개국의 조선업계에 대한 정부 보조금 지급 및 면세 혜택 등을 불공정무역 관행으로 간주하여 미 통상법 301조에 의거, 제소하였다. 이후 미국과의 쌍무협상이 수차례 진행되었으나 결국 이 문제는 경제협력개발기구(OECD) 조선전문위원회(WP6) 다자간 조선 협상으로 옮겨져 수년간의 지루한 협상으로 이어졌다.

이처럼 우리 조선산업이 세계에서 차지하는 비중이 점차 높아지면서 국제간의 협력이 필요하다는 인식에 따라 우리나라는 1990년 10월 OECD WP6 회원국으로 정식 가입하였다. 이로써 우리의 산업 가운데 처음으로 선진국과의 공식 회의에 참여하게 되었다.

1980년대의 주요 조선정책

—

1980년대 이르러 정부는 조선업계의 수주량 확보와 해운업계의 경영 개선 차원에서 포항제철의 철광석 및 원료탄 수입을 위한 광탄선의 발주 등을 포함하여 선복량을 80만 GT 이상으로 확대하였다. 또한 1986년에는 국제경쟁력 강화를 위해 수출입은행에서 지원하는 선박의 연불수출금융 조건을 OECD 신용양해 기준으로 개선하였다. 그리고 기자재공업의 육성을 위하여 모기업과 수급기업 간의 상호 분업적 협력관계를 효율적으로 추진코자 110개 품목의 조선용 기자재에 대한 계열화를 조성하는 한편, 58개의 조선용 기자재를 국산 개발 대상품으로 선정하여 개발토록 추진하였다. 그렇게 개발한 기자재를 대형 조선소에서 구매하도록 하여 부품 국산화를 유도하였다.

:: 「조선공업진흥법」 폐지와 「공업발전법」 제정

정부는 1986년 6월 30일자로 그동안 조선공업을 보호해온 「조선공업진흥법」을 폐지하고 「공업발전법」을 제정하여 국내 조선공업도 다른 공업 분야와 마찬가지로 자율 경쟁체제로 전환하도록 하였다.

「공업발전법」은 1986년 7월 1일부터 시행하게 되었다. 「공업발전법」은 과거 정태적 비교 우위 관점의 시장경제 원리에 기반을 둔 산업구조조정 공업정책의 문제점을 버리고 동태적 비교 우위에서 산업구조조정 정책을 추진하는 법이라 할 수 있다. 다시 말해, 산업구조조정을 촉진하는 중요한 요인을 기술 혁신에 따라 유망 유치산업으로 발전시키고, 첨단산업 등 유망 유치산업의 육성, 성장단계 및 성숙단계 산업의 국제경쟁력 유지 및 강화, 구조적 불황 또는 사양단계 산업의 합리화를 이루는 것이다.

「공업발전법」은 민간업계의 노력만으로는 국제경쟁력 확보가 어렵다고 보고 정부가 한시적으로 개입하여 구조조정을 촉진할 수 있도록 마련한 제도적 장치이며, 정부가 모든 산업 분야에 대하여 정책을 시행하였던 과거와 달리, 대상 분야를 국제경쟁력 열위에 있는 유망 유치산업과 구조적 불황산업으로 한정한 것이 특징이다. 한편, 「조선공업진흥법」이 폐지됨에 따라 각종 지원제도 또한 폐지되었고 이에 업계의 자율화가 확대되었다.

:: 조선산업의 합리화 조치

1987년 이후 세계 조선 경기가 점진적으로 회복되어 수주량이 증가하였지만 대규모 시설투자와 운영자금의 차입 확대 등에 따른 재무구조의 악화로 금융비용 부담이 지나치게 늘어난 일부 조선업체들도 여전히 존재하였다. 정부는 재무구조의 개선 없이는 앞으로 조선 경기가 회복되어도 자력으로는 경영 정상화가 어렵다고 판단하였다. 또 대량의 실업 사태를 방지하고 지역경제 및 국민경제에 악영향을 미치지 않게 하기 위해 1989년 8월, 조선산업의 합리화 조치를 시행하였다.

정부는 조선산업을 합리화 업종으로 지정하고 부실 경영의 징조가 보이는 업체들에 재무구조를 개선하고 경영을 합리화하도록 유도하였다. 합리화 대상 업체는 자구 노력을 하는 업체와 주거래은행이 제3자 인수 등을 통하여 경영 정상화를 추진하는 업체를 대상으로 하였으며, 이들이 경영 정상화를 추진하는 경우 조세 지원, 기업합병에 따른 세금 면제, 제3자 인수 시 자산 부족액에 대한 원천징수 의무 배제, 계열사의 출자한도 초과를 예외적으로 인정해 주기로 하였다.

또한 합리화의 목적 달성을 위하여 1993년 말까지 조선시설의 신·증설을 억제하고 선박수출 추천제도의 시행으로 저가 수주 및 과당 경쟁을 방지하고자 하였다. 이에 대우조선, 인천조선, 조선공사 등 3개 사가 합리화 지정을 신청하였다.

:: 해운산업의 합리화 조치

1970년대 중반 이후 우리나라 외항해운업은 정부의 육성정책에 따라 급속한 신장을 보임으로써 1980년대 초반에 이르러 보유 선복량 기준으로 세계 13위의 중진 해운국으로 발돋움하였다.

그러나 1980년대 초반에 불어닥친 세계적인 해운 불황을 접하게 되자 선사의 난립과 과당 경쟁, 지나친 타인 자본 의존으로 기업 체질이 허약해졌고 중고선의 과다 도입 등, 그동안 내재되어 있던 구조적인 문제점들이 드러나기 시작하였다. 일부 선사가 도산하거나 해외에서 선박이 억류되는 사태 등이 발생하자 정부는 1983년 12월 특별지원 대책으로 해운산업의 합리화 조치를 추진하였다.

1984년 5월에 발표된 해운산업의 합리화 조치는 66개 선사 중 63개 참여 선사의 4개 분야, 17개 그룹 선사로 통폐합하고, 참여 선사에 금융과 세제 지원을 해주는 내용으로 확정되었다. 선사의 통폐합은 6개 그룹 선사가 통폐합에 따른 합병으로, 12개 그룹 선사가 2년 내의 합병을 전제로 하는 운영선사 형태의 통합으로 추진되었다. 선사의 통폐합에 따른 인원 감축 및 점포망의 정비도 계획에 포함되어 있었다. 합리화 참여 선사에 대한 금융지원을 전제로 선박 구입과 관련한 금융기관 대출 원리금을 시황이 호전되면 최장 5년까지 상환유예 또는 대환해 주도록 하였다.

1985년 7월 정부는 해운산업 합리화 제2단계 조치를 강구하였다. 상환기일이 다가오는 금융차입 원금(지급 보증 포함)을 최장 3년 거치 후 5년 분할 상환하는 조건으로 대환하고, 이자의 경우는 정상 지급하되 주거래은행이 불가피하다고 판단할 경우 매년 말에 원금 가산, 대환할 수 있도록 하였다. 또한 단기 차입금에 대해서도 주거래은행이 판단하는 경우 은행 지급 보증 또는 은행 대출로 대환할 수 있도록 하였다. 이에 덧붙여 합리화 참여 선사에 대한 금융지원에 한해서는 담보 적용에 특례를 인정할 수 있도록 하였다.

이와 같은 금융지원은 합병 완료업체와 자구 노력을 성실하게 이행한 업체, 그리고 회생 가능한 업체에 국한하여 지원하였다. 1985년 말까지 합병을 완료하지 않거나 자구 노력이 부진한 업체에 대하여는 주거래은행이 금융지원을 중단하고 행정 조치를 강화하였다. 또 조정된 합리화 추진 조치에는 운영선사의 조기 합병을 유도하기 위한 주력 선사의 지정이 포함되어 있었다.

해양에 대한 주목과 효율적인 노력의 방향

해양 비즈니스의 태동
—

조선에 비해 해양은 긴 세월 동안 크게 주목받지 못하였다. 많은 유학생들 중에 해양 석유 생산 공정, 시추와 해저 생산설비에 대해 공부한 사람이 거의 없었고, 따라서 선진 산유국에서 그런 직종에 종사하는 사람도 거의 없었다. 주요 조선소 신입사원들이 희망하는 발령 부서도 해양이 아니었다. 그러나 조선 수주를 중국에 추월당하고부터 해양산업을 확대하여 미래의 산업으로 삼아야 한다고 생각하는 사람들이 늘어나면서 해양 분야가 주목받기 시작하였다. 이렇게 해양산업의 중요성이 인식되면서부터 각 대학에서는 조선공학과의 이름에 '해양'을 붙여 미래 산업으로서의 기반을 닦고 있으며 조선공업협회나 선박연구소도 해양 분야에 중점을 두고 있다.

이에 발맞춰 선진 기술도입과 자체 기술 개발로 기반기술을 확립하고, 인력을 양성해야 하며, 자체적으로는 기본 설계와 우수한 제품을 설계할 수 있는 능력이 필요하다. 또한 이와 관련한 부품산업 육성과 해저 생산설비 산업 분야의 진입 등을 위해 정부와 기업이 자금을 모아서 진행해야 할 일들이 산재해 있다. 다행히 연구·실험 설비를 만들고 기술 개발과 인재 양성 비용을 지원하는 등 희망찬 일련의 움직임이 전개되고 있어 시행 지침과 예산 수립이 빠른 시기에 확정되리라 기대한다.

해양공사의 특징
—

해양공사는 엄청난 자금이 투여되는 사업이다. 시추선류는 보통 4~7억 달러,

플랫폼(Platform) 류와 FPSO(Floating Production Storage Offloading, 부유식 원유 생산 저장 하역 설비) 류는 10~20억 달러, FLNG (Floating LNG, 부유식 액화천연가스 생산 저장 하역 설비) 류는 20~40억 달러가 투여된다. 또한 공사기간도 긴 편이어서 보통 30~50개월이 걸린다. 자금의 규모는 이뿐 아니다. 설계비는 해상 생산설비 및 해저 생산설비 그리고 개발설계와 상세설계를 포함하면 2~5억 달러, 시공 공수(工數)는 200만~800만 맨아워(Man-Hour), 공사 인원수는 최종단계에서 시운전과 인수 팀원 포함 100~800명이 투여되는 대규모 작업이다.

해양공사의 위험요인을 살펴보면 대략 다음과 같다.

해양공사는 운용 중 피항(避港)이 되지 않는다. 만약 태풍이 올지라도 그 위치에서 기다려야 하는 힘든 작업이다. 운용 기간 중에는 조선소 입거(入渠) 수리도 되지 않는다. 시스템은 대부분 고압·고온 시스템이다. 유정액은 대체로 섭씨 100도 이하, 100기압 이하이지만 설계 기준은 5000PSI(340기압)이며, 시추선의 윤활제로 쓰이는 머드/시멘트(Mud/Cement)는 1만 5000PSI(1020기압)이다. 가스 압축이나 주입 압력도 250기압 정도이다. 또 분리하기 위하여 가열이나 가스 압축을 하였을 때 온도 상승은 무려 섭씨 100도 이상이다. 상선 제조의 4~20기압, 또는 대부분 상온 시스템과는 현격한 차이가 있다.

위험요소도 다분히 높다. 유전에 따라 다르긴 하지만 유독가스(H_2S)를 함유하거나 산성 유정액(탄산, 아황산 포함)인 경우가 많다. 인명 피해에 대비해야 하고, 접촉하는 금속 재료의 재질 선정에도 이를 반영해야 한다. 보통 소화수(Fire water)나 냉각수(Cooling Water)를 생각하기 쉬운데, 이 용수들이 누수로 인하여 제 기능을 못하였을 경우 2차적으로 발생하는 피해는 막대하다. 다시 말해 대기보다 무거운 비중의 탄화수소가스가 전 지역에 널리 퍼져 있거나 막힌 공간에 정체하고 있을 가능성이 높아 화재와 폭발 위험성이 크고 질식 가능성도 높기 때문이다.

해양공사는 대형 해양오염 위험성도 크다. 오작동이나 오조작 등의 위험한 상황이 발생하면 안전장치가 작동하여 비상 조업정지를 해야 하고, 사고의 발생 과정과 수습 복구, 그리고 운전 재개에 대한 절차가 잘 정립되어 있어야 한다. 이 밖에도 언제 어디서든 벌어질 수 있는 사소한 실수에서 비롯된 사고가 순식간에 회사의 존폐를 가름하는 대재난으로 번질 수 있으므로 철저한 절차 관리가 절대적으로 필요하다.

각 조선소별 해양산업의 시작

—

:: 현대중공업

주력 3사 중 조선소 시설을 제일 먼저 갖춘 현대는 1977년에 브라운 앤 루트(Brown & Root) 사의 재킷 진수 바지선(Jacket Launch Barge)과 맥더모트(McDermott) 사의 반잠수식형 2000톤 크레인 바지선(Crane Barge) 등 해양산업 관련사들의 해양구조물을 수주하여 어렴풋하게 해양사업의 감각에 접하였다. 그러나 진정한 해양사업 조직의 결성은 계열사인 현대건설이 해왔던 철구사업(鐵構事業)을 바탕으로 이루어졌다. 다시 말해 조선소 건설 이전부터 추진하였던 수력발전소 수문 건설이나 교량 구조 등의 경험과 조선소 건설 과정에서의 도크 게이트(Dock Gate), 골리앗 크레인(Goliath Crane), 선각공장 철골 조립에 이어 그 유명한 사우디아라비아 주바일(Jubail) 항의 OSTT(Open Sea Tanker Terminal, 해상 유조선 정박시설: 총강재 2만 4000톤) 공사 완공 후(1976년 7월~1979년 말까지)부터 시작되었다고 본다.

1980년에 현대중공업 철구사업부로 재편되어 재킷(Jacket), 파일(Pile), 플랫폼(Platform) 등의 구조물 수주와 건조를 착수하였다. 이 무렵 오창석(52학번) 동문이 기반 조성에 기여하였다. 현대는 점진적 사업 확대에 따라 1982년, 방어진 대구머리(현재 해양공장 위치)에 제2공장을 개설하였다.

:: 대우조선해양

1980년 미국 리딩 앤 베이츠(Reading & Bates) 사의 반잠수식 시추선 2기를 수주한 데 이어 1981년 해수처리 플랜트를 수주하면서 본격적으로 해양사업에 뛰어들었다. 당시 시추선은 조선사업 쪽에서 담당하고, 고정식 플랫폼 류와 해양 구조물은 플랜트 사업 쪽에서 담당하였는데 시추선 수주가 꾸준히 이어져 20기 이상을 수주하여 국내 최대 건조 실적을 올렸다. 유일한 국내 보유 시추선인 두성호는 1984년에 완공되었다.

:: 삼성중공업

1984년에 해양사업부를 발족하고 그해 11월 14일에 말레이시아의 EPMI 플랫폼 수주와 11월 17일 인도 ONGC의 재킷 등 구조 단품의 수주로 해양사업부를 출범하였다. 그러나 밀어닥친 불경기로 수주가 이어지지 못하자 1987년에 조직을 축소하여 조선에 흡수, 합병하고 국내 유화산업계의 플랜트 신설 및 증설과 교량 강구조 등의 사업에 참여하는 정도로 명맥을 이어갔다.

유가파동에 따른 위기의 극복

—

당초 조선소들은 경기 변동의 영향을 크게 받는 선박 수주 시장의 불안을 완충하려는 목적에서 사업 다각화를 모색하였고, 그 대상으로 해양사업에 관심을 가지고 착수하였다. 하지만 해양사업을 시작하자마자 1970년대 말부터 긴 불경기가 찾아와 3대 조선소 모두 큰 어려움에 부딪혔다.

이후 1990년대 중반까지 끈기로 잘 참고 견뎠던 것이 1990년대 후반기부터 해양 구조물의 수요가 증가하면서 활황 국면에 대응할 수 있는 원동력이 되었다. 1970년대에 해양 구조물 사업에 발을 들여놓은 이후로 우리나라는 2136만 GT의 해양 구조물을 수주하였는데 현대중공업이 580만 GT, 대우조선해양이 549만 GT, 그리고 삼성이 1007만 GT를 수주하였다. 1980년대 유가파동을 극복하고 해양사업을 지속해온 배경과 활약한 진수회 회원들을 살펴보자.

:: 현대중공업

1984년까지 반잠수식 시추선 7척을 수주하였으나 이후 수주가 저조하였으며, 1997년에서야 RBS 세미(Semi)형 시추선 수주가 이루어졌다. 그 기간 동안 다행히 인도의 ONGC와 중국 등 동남아 지역의 작은 프로젝트들로 근근이 유지해 나갔다. 세계 최대 크기인 엑손 재킷(Exxon Jacket)을 수주한 것도 사업 초기인 1985년 7월이었다. 2000년대에 시작된 해양 경기에 편승하여 도약할 수 있었던 저력의 기반은 바로 그 어려웠던 시기에 마련되었다.

그 시절, 끈질긴 집념과 불굴의 투지로 시장을 개척하였던 안충승(해양대 졸) 해양부문 사장과 생산을 지휘하였던 박정봉(해양대 졸), 설계에서 수훈을 세웠던 어성준 동문(69학번) 등의 노고와 공훈이 있었다. 그 뒤 정인기 동문(70학번)과 하심식 동문(87학번)으로 맥이 이어졌다.

:: 대우조선해양

1987년 이후 1990년대 말까지 거의 수주가 끊겼는데 육상구조 및 플랜트 일거리로 유지하면서 2000년대 초의 도약을 예비하였다. 이 무렵의 해양 프로젝트는 1994년에 인도한 ONGC의 가스 플랫폼(2만 3165톤), 1995년 3월에 인도한 필립스(Phillips)의 시장(Xijiang, 西江) 플랫폼(9600톤), 1998년 4월에 인도한 셰브론(Chevron)의 앙골라(Angola) 플랫폼(총 2만 8925톤) 등이었다.

이 무렵 해양공사에 공헌한 진수회 회원은 이병하(69학번), 주명기(71학번), 정방언(73학번) 등이다.

:: 삼성중공업

1992년 6월, ONGC의 재킷/플랫폼 공사(1만 7000톤) 수주, 1994년 말레이시아 페트로나스(PETRONAS) 사의 모듈(Module) 수주, 1995년 7월 베트남 해상 가스 플랜트 수주, 1996년 우드사이드(Woodside) FPSO 수주에 이어 1996년 10월 코노코(CONOCO)와 리딩 앤 베이츠 사의 시추선 수주에 성공함으로써 해양사업의 장을 열었다. 최초의 시추선 수주 후 2년 동안 전 세계 발주량 12척 중 7척을 점유하는 기염을 토하였으며, 훗날의 누적 60기 이상 연속 수주를 예고하였다.

원윤상(76학번) 부사장과 이준영(87학번) 부장 그리고 이왕근(90학번)이 요직을 맡고 있다. 장범선(90학번)도 서울대학교로 전직하기까지 구조연구 및 기본설계 부문에서 근무하였다.

기존 엔지니어링 업계와 중국 해양산업에 대한 평가
—

:: 휴스턴을 중심으로 하는 미국과 서구 엔지니어링 세력

테크닙(Technip, 프랑스), 사이펨(Saipem, 이탈리아), 아커솔루션(Aker Solution, 노르웨이), KBR(미국), AMEC(영국), 월리 파슨스(Worley Parsons, 호주), 플루어(Fluor, 미국), 머스탱(Wood Group Mustang, 미국), CB&I(미국), 맥더모트(McDermott, 미국) 등 10여 개 유명 회사들은 미국 휴스턴과 유럽 및 아시아에 설계 사무실을 개설하여 수십만 명의 직원을 두고 있지만 핵심 기능 보유자는 그리 많지 않다. 프로세스(Process) 분야와 해양 설비설치(Offshore Installation)와 해저 생산설비(Subsea) 부분에서 우리보다 앞서 있는 것은 확실하다. 그러나 다른 한편으로 우리의 강점인 상세설계 수행 능력과 건조공법의 노하우(know-how) 지식을 바탕으로 새로운 설계 모델 개발에 전념한다면 어려운 생존 경쟁에서 이길 수 있다.

:: 중국의 해양산업

중국의 해양 프로젝트 건조 내용을 살펴보면 잭업(Jack-up)에서 싱가포르와 함께 시장을 양분하고 있으며 머지않아 점유량이 더 늘어날 것으로 예견된다. 세미(Semi)형 시추선도 여러 척 만든 경험이 있다.

중국은 시노펙(SINOPEC, 중국석유화공집단공사), 페트로 차이나(Petro China), CNOOC(China National Offshore Oil Coporation, 중국해양석유총공사) 같은 세계 메

이저급 석유회사를 보유하고 있으며, 종합 해양 엔지니어링 회사인 COOEC(China Offshore Oil Engineering Co. Ltd., 중국해양석유공정유한공사)가 적극적으로 활약하고 있다.

중국 정부는 자국 프로젝트의 기본설계에서부터 상세설계, 하청제작 감리까지 참여하는 것은 물론, 테크닙, 플루어, 크베르너(Kvaerner), DNV 같은 대외 선진기업들과 여러 가지 형태의 영업 수주 공조 제휴, 기술 협약, 합작 투자(Joint Venture) 운영 등을 지원하면서 협력을 확대하고 있다. 이미 플랫폼이나 FPSO 등 여러 대형 국제 입찰에서도 강력한 경쟁자로 매번 참여하여 큰 위협이 되고 있다.

해양산업 분야의 향후의 과제
—

:: 해저 생산설비

우리나라가 해양산업의 규모를 확대하기 위해서는 우선 해상 생산설비보다 규모가 큰 해저 생산설비 분야의 진입에 도전해야 한다. 작업 대상물은 해저 유정 상부 제어부(Wellhead), 해저 유정 종합 연결부(Manifold), 계류용 닻 장치(Mooring Anchor/Pile), 생산 석유 배관(Flow line Laying)과 생산 석유를 끌어올리는 라이저 설치(Riser Installation), 해저 생산설비 제어용 전력 공급선(Umbilical Cable) 부설과 연결 등이다. 이것들은 단순한 대상물로 보이지만 특수 작업선들을 동원하여야 하며, 해저에는 고도로 발달된 ROV를 사용하여 모든 토건공사, 기계공사, 배관공사, 전기공사를 해야 하므로 공학적 연구 능력과 실전적 경험을 많이 쌓아야 하는 어려운 분야이다.

원가를 줄이기 위한 노력도 필요하다. 펌프장치(Pumping Unit)나 압축장치(Compression Unit)도 수중으로 가져 가고 있으므로 더 고도화된 원격제어 자동화기술이 필요하다. 해저 생산설비 분야는 꽤 오랜 기간 동안 현대가 연안의 천수지역에 해저 송유관 부설(Pipe Line Lay) 공사를 해온 정도였는데 최근 들어 희망적인 시도들이 이루어지고 있다. 국내 중견 기업들이 해저 생산설비 밸브(Subsea Valve)를 납품하기 시작하였고, 중동·브라질·동남아 지역 등에서 소규모 해저 생산설비 설치작업을 하고 있으며, 시추 라이저(Drilling Riser)와 해저 생산설비 제어용 전력 공급선 개발에 착수하는 등 해저 생산설비의 개발에 발빠르게 대응하고 있다. 아울러 이제는 더욱 활성화하는 데에 힘을 모아야 할 때이다.

:: 생산공정 기술자

생산공정 기술자(Process Engineer)는 원료를 사용하여 제품이 나오기까지 플랜트의 시스템 얼개 구성과 기계 용량, 배관 크기, 동력, 제어철학 등을 계획하는 기본 설계사이다. 해양석유 처리 절차는 유정액을 기름, 물, 가스로 분류하는 가장 간단한 과정이지만, 양과 조성과 환경이 끊임없이 변하므로 긴 세월 동안 해양 현장에서의 경험을 통해 얻은 지식이 많아야 한다. 다시 말해, 성장할 수 있는 토양이 따로 있어야 한다. 또 설계를 하려면 주변 환경도 갖춰져야 하는데, 이에 연관된 그 밖의 관련 분야 전문가(Discipline Engineer)도 해양공사 경험이 많은 전문 기술자로 구성하여야 한다.

유능한 전문 장비공급 기술자(Vendor Engineer)와 특수연구소, 특수기술 보유자(Freelancer Engineer) 등 많은 주변 세력도 필수적인 요인들이다. 몇몇 권위자를 초빙, 수입한다고 되는 일이 아니다. 이런 전문가를 키우려면 후보생 양성 교육을 지속적으로 확대해야 한다. 그리고 모든 수단을 강구하여 설계권이 포함된 턴키 공사(Turn-key Project)를 수주하고, 공정 기본설계를 하청용역으로 처리하여 기본부터 탄탄히 다져야만 성장할 수 있다

최강 조선국의 지위를 누리다

1990년대, 선진 조선국으로의 기반 구축
—

1993년 말, 조선산업 합리화 조치에 따라 조선시설의 신·증설 억제 조치가 해제됨에 따라 삼성중공업은 초대형 유조선을 건조할 수 있게 제2도크의 길이를 60미터 연장하였다. 이어 1994년 10월에는 초대형 제3도크 건설을 완공함으로써 대형 유조선의 건조 체제를 갖추었다.

현대중공업도 1995년 추가로 제8도크와 제9도크를 완공하였다. 인천에서 중형선을 건조해온 한라중공업도 1995년과 1996년에 초대형 도크 2기를 가진 전남 영암군에 삼호조선소를 건설하여 대형 선박의 건조 체제를 갖추게 되었다. 대동조선도 1996년 경남 진해에 대형 도크를 준공하였다. 이와 같은 도크의 신·증설로 우리나라 조선 인력이 늘어나게 되어 2001년 6월 말의 조선 인력은 1992년 말에 비하여 60퍼센트 이상 증가하였으며, 특히 하도급 인력은 3배 이상 증가하였다.

한편, 1989년 세계 신조선 발주량이 1930만 GT로 대폭 증가한 이후 1990년대에 이르러 1992년을 제외하고 연간 발주량이 2000만 GT를 웃도는 비교적 높은 수준을 유지하였다. 특히 우리나라는 1993년 엔화 강세의 영향에 힘입어 일본을 제치고 사상 최대의 수주 실적을 올리기도 하였다. 1993년 국내 조선업계는 수주량 기준으로 세계 시장 점유비 37.8퍼센트를 기록함으로써 일본의 점유비 32.3퍼센트를 추월하여 1위의 자리로 올라섬에 따라 다시 한 번 호기를 맞이하게 되었다.

IMF 위기극복의 일등공신
—

1997년 우리나라 대부분의 산업이 휘청거렸고 길거리로 내몰린 실직자들로 사회적 갈등이 증폭되었던 IMF 구제금융 시절에도 조선은 늘어난 물량으로 오히려 산업활동이 더 활발해졌고, 거액의 달러화를 벌어들인 효자 중의 효자 산업이었다.

우리나라는 1997년 초부터 대기업의 부도로 말미암아 기업에 자금을 대출해준 금융기관의 경영상태가 악화되어 단기 외채 만기 연장이 어려워졌다. 게다가 동남아 외환사태까지 발생하자 한국 경제에 대한 우려감이 증폭되어 대외 신임도가 급속하게 하락하였다. 점차 외국 금융기관들은 우리 금융기관에 공여한 외환자금을 경쟁적으로 회수해 갔다. 한국은행은 외환시장의 극심한 혼란을 보유 외환으로 방어하였으나 실패하고 말았다. 결국 1997년 12월, 정부는 IMF(국제통화기금) 구제금융을 신청하고 IMF가 제시한 대외 개방 확대 및 구조조정 요구를 수용하였다.

IMF 체제는 대한민국 조선업계에도 영향을 주었다. 한라중공업을 시작으로 대우중공업, 대동조선 등이 경영 위기에 직면하게 되었다. 1998년 벽두부터 외국 선주는 한국 조선소에 발주를 꺼려했으며 발주하는 경우라도 무리한 조건을 제시하는 등 수주에 어려움이 더욱 커졌다. 일부 선주들은 원화 절하에 따른 반사이익을 선가에 반영해 주기를 요구하기도 하였고, 외국계 대형 은행의 지급보증을 통상 관례인 0.3~0.5퍼센트의 10배인 5퍼센트까지 무리하게 요구하는 선주들이 늘어났다. 심지어 선박 건조 계약 시 통상 선박 가격의 20퍼센트인 선수금을 10퍼센트 이하로 낮추고 나머지는 인도 시 지급하겠다는 조건을 제시하는 경우도 나타났다.

그러나 1998년 3월부터 조선 경기가 점차 회복하기 시작하여 하반기에 들어 수주량이 급속히 회복세를 보이기 시작하였다. 이 같은 회복의 이유는 2000년까지 일감을 확보한 일본 조선업계가 선가 하락을 우려하여 더 이상 적극적인 수주를 하지 않았고, 세계에서 경쟁력 있는 상선을 건조할 수 있는 나라는 한국과 일본 정도였던 점, 그동안 한국이 외국 선주와 쌓아온 신뢰가 두터웠다는 점 때문이었다. 또한 급격한 원화 절하에 따른 가격 경쟁력 상승과 대부분의 기자재를 국내에서 조달이 가능하였다는 것, 범용상선 부문에서 일본과 대등한 기술력 등 착실한 토대를 다져온 점도 IMF 체제 시작 후 반년도 되지 않아 회복할 수 있었던 주요 요인이었다. 이에 조선 분야는 2000년 말의 수주 잔량이 크게 늘어 1997년 말보다

50퍼센트 증가한 2700만 GT에 이르렀다. 우리나라의 조선업은 IMF 체제를 계기로 세계 1위 조선국으로 도약할 수 있는 결정적 기회를 마련하였던 것이다.

1990년대 하반기에 수출선의 비중이 금액 기준으로 99퍼센트 이상인 수출산업이었던 한국의 조선산업은 1997년 말의 경우 수주 잔량이 160억 불이나 되었고, 1998년에 수주 79억 불과 건조 70억 불, 1999년에 수주 91억 불과 건조 82억 불, 2000년에는 무려 수주 151억 불에 건조 96억 불을 달성하였다. 이로써 외환위기와는 거리가 먼 선주들에게 이미 결정된 계약조건에 따라 거금의 달러화가 들어오는 등, 외환 고갈로 국내 경제가 어려웠던 시절에 달러벌이 해결사로서 중요한 역할을 한 것이다.

경영상의 위기를 맞은 조선소도 일부 있었으나 대폭 늘어난 조업량으로 조선소의 근로자들뿐만 아니라 조선 기자재 업체들은 오히려 더 바빠졌다. 당시 금융업계를 포함한 다른 산업의 경우 업체들의 부도와 길거리로 내몰린 실직자들로 경제적·사회적 갈등이 컸지만 조선산업은 늘어난 물량으로 활동이 더 활발해졌고, 거액의 달러화를 벌어들인 효자 산업이었다.

한편, 경영 위기에 처하였던 조선소들의 경우, 대우조선공업은 대우조선해양으로(2001년 12월), 한라중공업은 삼호중공업으로(1999년 10월), 대동조선은 STX 조선으로(2002년 1월) 개명하고, 강도 높은 구조조정과 조선시황의 호황 등에 힘입어 정상화의 길을 걸었다.

EU와의 통상마찰

—

EU는 한국 정부가 1997년 외환위기 이후 기업 구조조정 과정에서 조선산업에 막대한 보조금을 지급해 한국 조선소들이 저가 수주를 할 수 있었고, 이 때문에 EU 역내의 조선산업이 타격을 입었다고 주장하였다. EU는 2000년 한국의 조선산업 보조금에 대한 조사를 시작하였고, 2002년 10월 WTO 분쟁해결 절차에 따른 양자협의를 요청하였지만 협의에 실패하자 2003년 6월 EU가 패널 구성을 요청하면서 조선산업 보조금과 관련된 한국과 EU 법적 분쟁의 막이 올랐다.

EU가 WTO에 한국 정부가 WTO 보조금 규정을 어겼다고 주장하는 부분은 크게 두 가지로, 하나는 정부기관이나 다름없는 은행이 '선수금 환급보증'을 서고, 또한 저금리로 지원한 '인도 전 제작금융'은 정부의 보조금이라고 주장하였으며, 또다른 하나는 대우와 한라, 대동중공업이 외환위기 당시 구조조정과 법원의 정리회생절차를 거쳤는데, 이 제도 자체가 정부 보조금이며 조선산업 육성을 위한 특혜라는 것이었다. 그러나 우리 정부는 선수금 환급보증과 인도 전 제작금융은 세계 대다수 공적금융 신용기관에서 수행하고 있다고 주장하자, 제소를 심사한 WTO의 패널은 2005년 3월 EU의 주장을 대부분 기각하고 전반적으로 한국의 주장을 수용하였다.

드디어 세계 1위, 날개를 활짝 펴다
—

한국의 조선산업은 건조량(CGT) 기준으로 2000년, 그리고 2002년부터 2009년까지 세계 1위의 자리를 고수하였다. 세계 10대 조선소 중 7개가 한국 조선소가 차지할 정도로 조선 최강국으로 부상한 것이다.

그러나 2008년, 세계적인 금융위기로 물동량이 감소하면서 선박 발주량 또한 40퍼센트 이상 급감하여 해운과 조선산업은 다시 불황을 맞게 되었다. 더욱이 막대한 투자로 비대해진 중국과 베트남, 인도 등의 신흥공업국들이 조선산업을 주요 수출산업으로 육성하면서 전 세계적으로 공급 과잉 현상이 심화되어 갔고 이는 신조선가 하락 등을 야기하여 불황의 그늘이 더욱 짙어졌다.

중국은 전폭적인 정부 지원(선박금융 등) 및 자국 발주 물량 확대로 2009년도에 전 세계 발주량의 42퍼센트 상당을 수주하여 사상 처음으로 한국을 제치고 수주량, 수주 잔량 기준 세계 1위를 차지하였다. 2010년에는 벌크선 등 저부가가치 선박을 중심으로 하는 건조량에서도 중국에 정상의 자리를 내주었다.

그러나 2011년에 들어서면서 대형 컨테이너선, LNG선 및 FPSO, 리그선 등 해양 플랜트와 같은 고부가가치의 특수선을 집중 수주하면서 다시 중국을 제치고 세계 1위에 올라섰다. 기술력을 앞세운 한국 조선의 저력이 다시금 입증된 것이다.

1970년대에 본격적으로 세계 시장 무대로 진출한 한국의 조선산업은 1995년 56.7억 달러를 수출한 이후 2002년 처음으로 수출 100억 달러를 돌파하였고, 연평균 약 20퍼센트의 성장세를 과시하며 발전하였으며, 특히 2011년의 경우에는 LNG선, 대형 컨테이너선, 해양 플랜트 등 고부가가치의 특수 선종을 차질 없이 인도함에 따라 565억 불이라는 사상 최고의 실적을 기록하였다.

조선, 한국의 효자 산업

—

1986년 이후 선박 수출은 우리나라 전체 수출액의 4~12퍼센트를 차지하면서 5대 수출상품의 자리를 유지하였고, 2008~2011년에는 품목 중 수출 1위를 기록하였다.

한국의 조선산업은 기자재 국산화율이 85퍼센트 선으로 매우 높고, 전액이 달러 현금으로 결제되어 외화 가득률이 매우 높을 뿐만 아니라 국가 무역수지 흑자 기여도 또한 매우 높은 특징을 가지고 있다. 무역수지 기준으로 국내 전체 무역수지보다 높은 521억 불의 무역수지 흑자를 기록하였으며, 2008년부터 4년 연속 품목 기준 무역수지 흑자 1위를 달성하여 대내외적으로 세계 1위 산업에 어울리는 위상을 차지하고 있다. 또한 조선산업은 연관 산업과 동반하여 발전하는 특징이 있어 고용창출 효과가 큰 산업이다. 산업별 고용유발계수에서 조선 10.6, 자동차 9.3, 철강 5.3으로 나타나듯이 조선산업이 고용창출 효과가 큰 산업임을 알 수 있다.

2010년 말 조선업계의 총고용인력(직접)은 약 16만 명으로 계속해서 증가세를 보이고 있다. 최근 연간 1만 명 수준의 신규 인력 수요 창출 제조업에 대한 조선산업의 생산액 비중은 4.8퍼센트, 부가가치 비중은 5.0퍼센트, 고용 비중은 4.2퍼센트로 계속해서 증가세를 보여준다. 2000년 이후 국내 조선산업은 글로벌화가 진행되어 아시아권(중국, 베트남, 필리핀)과 유럽권(루마니아, 노르웨이의 아커 야드Aker Yard)으로 해외 투자와 글로벌 네트워크가 확대되었다.

정부의 정책을 살펴보면, 1990년대 이후 육성이나 지원 차원에서 시행한 것은 없고 전체 산업의 조정 차원에서 시행한 것이 대부분이다. 따라서 1993년 7월 조선산업 합리화 조치 해제 이후 조선산업에 국한된 정부 정책은 사실상 없었다고 보아야 한다. 2000년 이후의 조선산업 정책은 글로벌 시장 공략을 위한 차세대 선박 개발, 첨단 고부가가치 선박의 시장 진출을 위한 기초 연구개발 지원에 맞춰져 있는 것이 특징이다.

2010년대, 선박 시장의 위축
—

2007~2008년 글로벌 금융위기에 따라 세계적인 경기 침체로 해운 물동량 또한 급격히 줄어들어 신조선 발주량이 2007년에는 8728만 CGT였으나 2009년에 1658만 CGT로 19퍼센트 수준으로 곤두박질하였다. 이후 약간 회복세를 보여 2013년에는 5천만 CGT로 올라섰다. 이러한 조선 불황과는 달리 전 세계의 선박 건조 능력은 중국을 중심으로 설비 증설이 이어져 2007년 4000만 CGT에서 2011년 6250만 CGT로 대폭 확대되어 공급 과잉으로 인하여 선가는 지속적으로 하락하였다.

중국은 선박 건조 능력이 2007년 650만 CGT에서 2012년 2500만 CGT로 대폭 증가하면서 건조량 실적도 2010년부터 세계 1위의 자리를 차지하게 되었다. 한편, 선박 시장이 악화됨에 따라 우리나라 업계는 해양 플랜트 쪽으로 비중을 높이기 시작하였다. 2011년 대형 조선 3사의 수주 실적을 살펴보면 선박은 249억 달러, 해양 플랜트는 이보다 많은 257억 달러를 기록하고 있다.

해양산업의 규모 확대

—

현대의 해양 플랜트는 석유가격 폭등과 생산기지의 심해화에 따라 환경의 변화에도 동적으로 위치를 유지하도록 제어하며 시추 작업을 수행하고, 부유식 생산 저장 및 하역 설비 FPSO(Floating Production Storage Offloading)에서 시행하는 것으로 바뀌면서 점차 고가, 대형화된 프로젝트들이 등장하기 시작하였다.

이에 따른 수주 물량을 소화하려면 도크(Dock)와 조립장, 안벽 및 대용량 기중기(Heavy Lift)의 종합적인 능력을 전면 재점검하고 확충하여야 했다. 이에 조선소들도 부지런히 시설을 점검하였다.

현대중공업은 주전동 쪽에 8호와 9호 도크를 설비하였고, 여유 부지가 없는 삼성중공업과 대우조선해양은 부유식 도크(Floating Dock)들을 띄우고 의장 안벽을 연장하였으며 대형 해상 크레인(3000톤/3600톤)을 갖추었다.

현대중공업은 꽃바위(화암)에 인접한 공장부지를 편입하여 설비를 확장하였고, 1600톤 용량의 갠트리 크레인(Gantry Crane)을 설치하여 장비의 현대화를 한층 더 강화하였다. 이어서 115미터 광폭의 도크를 파고 1600톤 크레인을 1대 더 추가하여 3200톤을 1킬로미터 이상을 주행하는, 매우 환상적인 해양 구조물 공장으로 바꾸었다. 게다가 2015년 3월에는 1만 톤짜리 부유식 크레인을 인수하여 대형 상부 구조물(Topside Module)을 통째로 옮겨 탑재하는 신시대가 열리게 되었다.

대우조선해양은 국내에서 가장 넓은 131미터의 폭을 자랑하는 제1도크와 제2도크(폭 81미터), 제4, 5 부유식 도크(폭 70미터 이상)를 선별적으로 사용하고 있으며 안벽 총장 7134미터의 필요 부분을 해양공사에 할애하였다. 도크와 모든 작업장은 900톤 골리앗 갠트리 크레인(Goliath Gantry Crane)을 이용하고 2척의 3600톤 부유식 크레인(Floating Crane)은 대형 블록과 모듈 조립 및 이동에 사용하고 있다. 초과하는 물량 소화는 광양의 삼우중공업과 울산광역시 울진군 온산읍 소재의 신한기계 부지에서 처리할 수 있게 시설을 지속적으로 확충 중이다.

삼성중공업은 폭 97.5미터의 제3도크와 제2도크(폭 65미터), 제3, 4 부유식 도크

(폭 70미터)를 해양에 선별 사용하며 육상 건조선을 진수하는 잠수 바지선(barge)도 보유하고 있다. 제3도크 밖으로 연이어진 7안벽과 피솔마을 쪽 닭알바위까지 매립 연장한 8안벽을 따라 광대한 해양 조립장을 만들어 800톤 골리앗 갠트리 크레인들을 효율적으로 사용하고 있다. 특히 바지선에 싣고 온 대형 기자재나 구조 블록을 골리앗 크레인으로 들어올릴 수 있어 상당히 능률적이다. 8안벽 수심이 16미터 이상이어서 많은 DP선(Dynamic Positioning)의 스러스터(Thruster)를 붙이기 위해 굳이 깊은 바다에 가지 않고 안벽에서 편안하게 취부할 수 있는 강점을 가지고 있다. 3000톤 해상 크레인 2대 외에 근래에 인수한 8000톤 해상 크레인과 7900미터나 되는 긴 안벽을 보유하는 등 우수한 기반시설을 효율적 운용하고 있다.

삼성중공업은 세계 최초의 FLNG(Floating Liquid Natural Gas plant, 부유식 액화천연가스 설비. 셸Shell 사 발주, 프렐류드 프로젝트Prelude Project) 선을 건조할 당시 길이 488미터, 폭 74미터인데 제3도크를 제외하고 나머지 6개의 도크에서는 길이와 폭이 맞지 않아 수용할 수 없었다. 그렇다고 제3도크에 넣으면 다른 배들을 지을 수 없어 짧은 토막 1개를 제3도크에 넣고 나머지는 종 방향으로 쪼개어 다른 도크 두 군데에서 건조한 뒤 최종적으로 제3도크에서 결합하여 진수하였다고 한다.

한국의 해양산업은 이제부터!

—

1년 수주 계약고 150억 불, 수주 잔고 500억 불, 5만 명의 기술자가 웅장한 설비들을 움직여 거대한 해양 구조물을 창조하는 해양 공사현장에서 우리는 가슴 뿌듯한 자부심을 느끼며 더 큰 미래에 대한 희망을 확신한다. 지난 30여 년 긴 세월 동안 수많은 고난의 프로젝트를 수행하면서 겪은 도전과 애환이 알알이 박혀 저 거대한 설비들이 만들어졌고, 만 명 이상의 전문 엔지니어(Engineer)를 키웠다. 이제 세계 구석구석의 해양 석유기지에 우리의 땀이 묻어난 걸작품들이 에너지 생산에 이바지하고 있다. 만 명이나 되는 선주 감독관, 검사관, 기계 장비 공급업체의 정비 기술자(Service Engineer)들이 북적이며 함께 살고 일하는 우리의 터전, 우리의 조직과 체제, 우리의 설비, 우리의 기술력과 작업 품질은 이 세상 어디에도 비견할 만한 유례가 없는 해양 구조물 산업의 진정한 이상향이다.

그러나 지금 우리는 과거에도 수없이 겪어 왔듯이, 세계 원유가격의 급변하는 등락 상황에서 해양 석유/가스의 생산설비 신설과 증설 투자가 크게 위축될 수 있다는 우려에 직면해 있다.

한편, 해양산업은 이미 나라 살림의 한 축을 이루고 있을 뿐만 아니라, 일반 상선대의 건조 수주 급감에 따른 빈자리를 채우는 역할까지 감당해야 할 처지에 놓여 있다. 따라서 앞으로 해양산업이 겪어야 할 험난한 파고와 위기를 슬기롭게 극복하고, 안정된 성장가도를 달리기 위해서는 용기와 열정을 가지고 지금까지 이룩한 업적을 귀감으로 삼아 기존 기술을 혁신하고 신기술 개발을 통해 시장경쟁에서 크게 앞서 나아가야 할 것이다.

26회 졸업생(1971년 입학) 이야기

71학번 동기 대표

1971년에 입학한 71학번 30명은 '75 진수회'로 만남을 이어가고 있다. 학창시절을 선박의 설계와 건조 과정으로 생각하고 졸업을 한 1975년을 진수의 시점으로 삼아 그렇게 작명한 것이라 짐작한다. 같은 해에 졸업한 68학번의 길희재, 김민식, 최병길 그리고 70학번의 윤범상 선배와 군복무로 1975년 이후에 졸업한 김용철, 박성규, 안대상 군이 합류하여 매년 부부동반 모임을 정기적으로 가지고 있으며, 수시로 번개모임을 통해 동기애를 다지고 있다.

:: 학창시절과 운동장

4년간의 학창생활 중에서 1971년 '교련반대', 1972년 '유신헌법' 그리고 1973년 '민청학련' 사건으로 휴교를 하고 그나마 학사 일정이 제대로 운영된 것은 4학년인 1974년뿐이었다. 이런저런 이유로 강의실보다는 운동장에서 더 자주 만났던 기억이 있고, 봄의 불암제 체육대회, 가을의 공대체전 등이 주요 행사였다.

우리는 강의가 없을 때 주로 1호관과 기숙사 사이에 있는 운동장에서 축구를 많이 하였다. 여름의 더운 날씨 속에서 급기야 속옷(하의)만 입고 공을 차는 악동도 생겼으니, 당시 공릉동 캠퍼스를 함께 쓰던 미술대학 여학생들의 불만(?)거리가 되었다. 결국 미대 학장님이 공대 학장님에게 우리의 너무 야한 운동복 차림에 대하여 항의를 하여 교수님에게 꾸중을 들었던 일도 있었다.

축구에서는 김현옥, 박명규, 박용유, 임동조가 활약을 하였는데 개인기와 체력이 좋은 박용유는 올라운드 플레이어로, 키가 크고 체격이 좋은 김현옥은 중추적인 공격수로, 조기 축구로 기술을 다진 임동조는 핵심 수비수로, 모든 스포츠에 재질을 보인 박명규는 미드필더로 활약하였다. 야구에서는 피처에 윤범상, 캐처에 박용유, 내야에 정태영, 조상래 등이 활약하여 1973년 봄, 가을 그리고 1974년 봄에 3연패를 하기도 하였다. 이 중 몇몇은 전날의 음주량에 따라 기량의 기복이 매우 심했던 기억도 난다.

1973년 봄 불암제 체육대회에서 토목공학과를 기마전 결승전에서 만났다. 최후에 우리는 왕말 한 필만 남았고, 토목공학과는 왕말을 포함하여 세 필이 남았다. 이 상황에서 왕말을 탄 임동조의 지휘로 상대편 왕말을 향해 전력으로 질주하였고, 달려오는 우리를 보고 슬금슬금 후진을 하던 토목공학과 왕말이 운동장 줄 밖으로 나가 실격을 당하여 우리가 우승을 하였다.

:: 전국조선공학과 체육대회

주로 운동장에서 놀던 우리는 1973년에 3학년이 되어 학과 대표를 맡은 정태영의 주도로 전국조선공학과 체육대회를 기획하였다. 그 당시는 전국에 조선공학과가 전국에 서울대, 부산대 그리고 인하대밖에 없었는데, 미래의 동업자들을 미리 만나 우의를 다지는 것이 좋겠다는 생각이 그 배경이었다.

전국조선과 체육대회 행사기념 페넌트

이 행사를 개최하려면 우선 소요비용의 조달이 필요하다는 생각에서 동기 모두는 사업체를 운영하거나 조선 관련 분야에 종사하는 선배들은 물론, 신진자동차 (GM 코리아)를 비롯한 비조선 분야에서 종사하는 선배들까지 일일이 찾아뵙고 찬조금을 모금하였다. 비조선 분야에 근무하는 선배들은 자신들을 찾아준 후배들에게 앞으로 조선공업 발전을 위해 힘써달라는 따뜻한 격려와 함께 넉넉지 않은 형편일 텐데도 과분한 찬조를 해주신 기억이 새롭다.

부산대의 행사에 대한 동의를 구할 겸 부산 지역 선배님들의 협조를 얻기 위해 정태영을 비롯한 몇 명이 부산을 방문하였다. 부산대의 배려로 저녁에 남포동에서 한잔하기도 하였다. 이렇게 여러 선배님들께서 동참해 주신 성원과 격려 덕분에 '제1회 전국조선과 체육대회'가 성공적으로 개최되었고, 4학년 때는 제2회 대회가 인하대에서 개최되었는데 두 대회 모두 우리 동기가 주축이 되어 다른 대학보다 발군의 실력을 과시하기도 하였다. 그 후 이 행사는 꽤 오랫동안 지속된 것으로 알고 있다.

:: 넵튠 I호

우리는 운동장에서 놀았던 것만은 아니었고 약간의 학술적인 활동도 하였다. 3학년 여름방학 때 김재근 교수님을 찾아뵙고 배를 한 척 만들고 싶다는 말씀을 드렸더니 선배들이 카약을 건조하려고 마련해 놓은 목재가 있으니 이를 완성하면 좋겠다고 말씀하셨다. 손재주가 좋은 박명규를 비롯한 여러 명이 경춘선에서의 운반 편의를 고려한 조립식 카약을 완성한 후 '넵튠(Neptune) I'로 명명하고 청평에서 진수식을 가졌다. 이후 넵튠 I호는 동기들 행사에 자주 사용되었다. 하지만 아직 넵튠 II호는 건조되지 않고 있다.

:: 졸업여행

1974년 4학년이 되어 학년 대표를 맡은 김태화 군의 주도로 졸업여행을 준비하였다. 여행 코스를 여수, 마산, 부산, 울산으로 하고 일행은 서울역에서 야간 호남선을 타고 출발하였다. 중간에 최병길 선배가 소주 한 짝을 들고 합류하였고 김효철 교수님께서 지도교수로 전 기간을 같이하셨다. 여수에서 정유공장을 견학하고 배편으로 마산에 도착하여 코리아타코마에 들렀다.

부산에서는 대한조선공사를 견학한 후 김태화 군이 현지에서 즉석으로 동아대 여학생들과 미팅을 주선하였고, 미팅 장소는 남포동의 '향촌'이라는 유명한 다방이었다. 파트너를 정한 뒤에 김태화가 모든 커플에게 미팅 비용으로 사용하라고 금일봉을 지급하였다. 서울 총각들이 격 높은 매너로 부산 처녀들의 마음을 흔들어 놓기에 충분한 비용이었다. 미팅 후 남포동에 있는 '주촌'이라는 토속주점에서 만나기로 하고 각자 파트너와 함께 태종대와 에덴공원으로 가서 즐거운 시간을 보냈다.

남포동 토속주점에 다시 모인 자리에서 김효철 교수님께서는 우리 모두를 차례차례 상대하여 여러 잔을 하셨는데 평소에 주력(酒力)을 열심히 닦아온 학생들이 먼저 나가떨어졌던 기억이 난다. 이와 더불어 두툼한 손을 가지신 선생님의 악력을 확인할 기회도 있었다. 선생님께서 맥주잔을 손수건으로 싼 다음에 꽉 힘을 주시니 내용물이 조용히 저항을 포기하였다. 이 자리를 파한 뒤 몇몇 학생은 선생님을 모시고 자갈치시장에서 뱀장어구이로 소주 몇 잔 더 하고 숙소로 귀환하였다. 다음 날 울산을 거쳐 중앙선 야간열차로 청량리역에 도착한 후 해산하였는데 다들 4박 5일 동안의 총수면시간이 20시간 미만이었을 것이다. 서완철은 부산 미팅 때의 파트너를 집사람으로 잘 모시고 지낸다.

:: **마지막 수업**

황종흘 교수님의 수업으로 4년간의 학창생활을 마무리하게 되었다. 수업을 하시면서 선생님께서 "내가 1952년부터 대학 강단에 섰는데 자네들처럼 공부를 하지 않은 학년은 처음이다. 도대체 대학생활 중 몇 번이나 도서관에 가보았는가?" 하신 말씀이 아직도 귀에 쟁쟁하다. 이 말씀은 우리가 졸업 후에 직장생활을 하면서 업무에 성실할 수 있었던 밑거름이 되었다. 어떻든 황종흘 교수님의 꾸중과 함께 우리는 1975년 2월에 졸업을 하게 되었다.

:: 해군 조함장교 복무

우리가 졸업할 때 전공과 연관 있는 업무로 병역의무를 해결하는 방법은 해군 조함장교로 복무하는 것이었다. 이런 배경으로 71학번 30명 중 조함장교 복무자는 3분의 1인 10명에 달한다.

강응순, 박석봉, 이진태, 이춘성, 임동조 5명은 졸업한 해인 1975년 해교대 63차로 소위에 임관하여 해군본부 함정감실 조함과에서 해군 함정의 설계와 건조 업무를 담당하였다. 이 중 이춘성은 해군사관학교에서 교관으로 잠깐 근무한 뒤 조함장교의 업무를 수행하였다. **박용유, 정병창**은 1년 후 해교대 65차로 소위에 임관하여 조함과에 합류하였다. 그리고 1975년 대학원 석사 과정에 입학하였던 **윤범상, 정태영, 조상래**는 석사 과정 후 해교대 66차로 해군 중위에 임관하였다. 정태영, 조상래는 해군본부 조함과로 영입되었고, 윤범상은 해군사관학교 교관이 되었다.

당시 해군본부 조함과에는 서울대 조선공학과에서 위탁교육을 받았던 고급장교(엄도재 제독/당시 과장, 박대성 제독, 김종순 제독, 이강우 제독, 김태운 제독 등 해군사관학교 출신)와 69~73학번 초급장교 10여 명이 우리 해군 함정 설계 및 건조감독 업무를 담당하고 있었다. 또한 조함과에 근무하였던 방위병들도 서울대 조선과 출신이 많아 해군본부 조함과가 위치한 함정감실 옥상에서는 군 계급보다 학번이 우대받던 시절이었다. 당시 방위병으로 근무하던 70학번 김재동 선배에게 갓 임관한 정태영 중위가 신임장교들과 함께 전입 신고를 하였던 해프닝은 지금도 회자되고 있다.

당시 우리 해군은 PK, PKM 등 고속정의 국산화 사업을 성공적으로 완수하고 한국형 구축함 사업을 진행하였던 시기로, 75 진수회 동기를 포함한 초급장교들은 열정을 불태우며 거의 매일 늦은 밤까지 근무하면서 함정 설계·건조 사업 진행에 크게 기여하였다.

학창시절에 교련반대, 유신개헌 반대 데모뿐 아니라 체육활동과 음주활동을 유난히 즐겼던 75 진수회 동기생들이 우리 해군 함정 건조 및 해군 장교 교육에 커다란 기여를 한 것을 보면, 학창시절에 학과 공부에만 전념하는 것보다 더욱 중요한 것이 조선에 대한 열정과 동기 간의 협력정신이 아닌가 생각한다.

: : 조선소 진출

71학번은 다른 학번에 비해 졸업 후 현장인 조선소에 근무한 동기가 꽤 많은 편에 속할 것이다. 졸업 후 진출한 조선소는 오랫동안 우리나라 조선공업을 대표하는 대한조선공사와 막 초대형 조선소를 건설한 현대중공업이었다. 이후 대우조선해양과 삼성중공업이 설립되어 자리를 옮기기도 하였다.

조선소에 진출한 동기들은 주로 설계 부서에 근무하였고 선박 영업이나 생산 분야에서 근무하기도 하였다. 동기들이 기여한 업적을 영업, 설계, 생산, 기자재 등의 분야로 나누어 정리하고자 한다.

: : 선박 영업

다른 산업과 마찬가지로 조선해양산업도 영업활동을 통한 수주물량의 적기 확보가 조선소의 정상적인 운영을 위한 관건이다. **기원강**은 71학번 중 유일하게 선박 영업 분야를 담당하였다. 타고난 사교력에 탁월한 어학 능력까지 겸비한 그는 전 세계의 수많은 선주들과 교분을 쌓아 지칠 줄 모르는 끈기와 집중력을 발휘해 선박 영업 실무자에서 영업본부장을 지낼 때까지 30여 년간 대우조선해양에 큰 족적을 남긴 영업맨이다.

이후 조선소장을 역임한 뒤 자회사인 디섹(DSEC)을 거쳐 세계 최대의 선박해양 중개회사인 RS 플라토(RS Platou)의 한국 사무소 대표로 영업 현장을 지키고 있다. 그는 지금도 팔굽혀펴기를 한 번에 100회씩 하루 세 번을 거르지 않고 할 정도로 건강관리를 하고 있다. 이런 철저한 자기 관리와 세계경제의 흐름을 잘 읽고 해운과 석유업계의 향후 움직임에 선제 대응하여 선정한 영업 대상을 끈질기게 공략한 것이 수주의 원동력이 되었음은 물론이다.

:: 설계 및 기술 개발

김외현과 **김재신**은 졸업 직후 현대중공업에 취업하여 설계부에서 근무하다가 현대중공업 선박해양연구소 설립 요원으로 차출되어 오랫동안 설계 기술 개발 업무에 관여하였다. 김외현은 국내에서 처음으로 선체구조 설계에 유한요소법을 적용하였으며, 김재신은 저항실험 기법의 선진화에 많은 기여를 하였다.

김호충은 대우조선해양에서, **최병문**은 한진중공업에서 기본설계 기술의 자립을 위해 많은 노력을 경주하였다. 이 외에도 **강응순**과 **박명규**는 현대중공업과 현대미포조선에서, **주명기**는 대우조선해양과 STX 조선해양에서 오랫동안 기술영업과 기본설계 업무를 통한 영업의 기술 지원 업무를 수행하였다.

LNG선의 멤브레인형 화물창 관련 기술의 개발은 71학번의 합작품이다. 대우조선해양에 근무하던 기원강은 기술 개발이 이루어질 수 있도록 뒤에서 꾸준히 여건을 조성해 주었고, **최성락**은 대우조선해양에서, 최병문은 한진중공업에서 기술 개발을 담당하여 우리나라가 LNG선의 최강국이 되는 기초를 다졌다.

:: 건조 생산기술

우리나라 조선해양산업이 지금 수준의 경쟁력을 갖추기까지에는 설계 기술의 자립이 많은 기여를 하였지만 건조 생산기술의 선진화와 개발에 힘입은 바가 크다. **서완철** 군은 대우조선해양 초대형 도크의 생산성을 높이기 위해 다양한 생산관리 기술을 개발하고 이를 실현하였다.

정광석은 한진중공업에서 메가블록(Mega-Block) 공법이라고도 하는 GS(Grand Pre-erection and Skid) 공법을 개발하여 해상 크레인으로 초대형 블록을 도크 게이트 앞에 내려놓고 이를 도크 안으로 밀어 넣어 건조를 완성하였다. 새로운 기술의 개발에는 당연히 위험 부담이 뒤따랐을 테고 반대도 많았을 것이다. "젊은 친구가 배를 밀어서 만들겠대. 그것도 80톤 크레인밖에 없는 도크 바닥에 2천 톤이나 되는 엄청나게 큰 블록을 갖다 놓고 말이야. 그러다 실패하면 몽땅 스크랩 처리해야 하는데 그러다가 조선소 망하면 어쩌려고?" 하는 말을 들었다.

이런 반대를 무릅쓰고 새 공법을 추진한 개발자들은 도크 바닥에 내려놓은 2천 톤 중량의 대형 블록이 밀려서 서서히 움직이기 시작할 때 아마 눈물을 삼켰을지도 모른다. 이렇게 시작된 공법은 정광석 군의 이니셜이기도 한 GS 공법이라고 불렸고, 이후 메가블록 공법이라 불리며 다른 조선소에도 유행처럼 퍼져 우리나라 조선해양산업의 경쟁력을 한층 높일 수 있었다. 이렇게 개발된 스키드(Skid) 공법은 이후 선박의 육상 건조에도 활용되어 비록 크레인 및 도크 설비가 부족한 조선소일지라도 선박 건조량이 크게 늘어났고, 조선산업이 사상 최대의 호황기일 때 큰 기여를 하였다.

:: 기자재산업

건조 기술의 개발과 아울러 우리 조선해양산업의 경쟁력 제고에 기여한 것으로 평가받는 부분이 조선 기자재산업이다. **이춘성**은 오랫동안 김근배 선배님(64학번)을 모시고 1989년부터 하이에어코리아에서 선박용 공기 조화장치와 냉동기 분야의 개발과 생산에 참여하고 있다. 이 회사는 세계 시장 점유율 1위 업체가 되었고, 최근에는 해양 구조물 분야에도 진출하여 많은 성과를 거두고 있다.

김현옥은 삼성중공업에서 10년 간 근무한 후 기자재 수입업체인 범아하이텍을 운영하고 있다. 주로 노르웨이 및 북유럽의 장비를 다루는데 선박뿐만 아니라 해양 구조물에 필요한 고급 장비도 다루고 있다.

이춘성과 김현옥은 기계를 주로 다루다 보니 윤활유의 중요성을 알아서인지 동기회 모임에 재정적인 윤활유를 많이 공급하고 있고, 두 동기의 안사람들도 동기 모임의 출석률이 높다는 것이 공통점이다.

:: 특수선

해군 조함장교 근무 경력의 인연으로 **임동조, 박용유**와 **안대상**은 대우조선해양에 근무할 때 조함사업에 관여하였다. 임동조는 주로 수상함 사업을 담당하였고, 박용유는 수중함 사업의 기술과 품질관리 및 시운전 성능평가 업무에, 그리고 안

대상은 건조업무에 관여하였다.

박용유는 1985년 말부터 김국호 선배님(65학번)을 모시고 여러 조함장교 출신 동문 선후배들과 209사업에 참여하였고, 안대상은 1988년부터 같은 사업에 참여하였다. 두 사람은 1년여의 독일 HDW사 연수를 같이 다녀왔고, 독일에서 건조한 장보고함과 국내에서 건조한 이천함 및 최무선함 모두 납기 내에 우수한 성능의 잠수함을 건조하여 순차적으로 해군에 인도하는 데 많은 기여를 하였다.

:: 중소 조선소

우리나라 조선산업이 균형적인 발전을 하려면 견실한 중소 조선소가 제대로 자리를 잡아야 한다. 한동안 이춘성, **박성규**가 대동조선에 근무한 적이 있고, 현재는 **임동조**가 꿋꿋이 강남조선을 지키고 있다.

임동조는 대우조선에서 몇 년간 조함 분야의 업무를 담당한 후 강남조선으로 옮겨 강남조선이 소해정을 비롯한 FRP 함정의 전문 조선소로 성장할 수 있도록 진두지휘하였다. 최근에는 FRP 함정의 수출을 성사시키기 위해 많은 노력을 하고 있다.

:: 한국선급

한국 조선해양산업이 기적과 같은 발전을 할 때 이 산업을 지원하는 한국선급 역시 큰 발전을 하였다. **민경수, 이종기, 임영신**이 오랫동안 한국선급에서 근무하였다. 세 사람이 근무한 30여 년의 세월 동안 한국선급은 직원 70명에서 850명으로 현재 등록톤수 6300만 톤, 등록선박 2900척이라는 비약적인 성장을 이루었다. 당연히 세 동기가 기여한 바도 컸다.

한국선급의 업무는 기술 용역 분야로 분류할 수 있다. 앞으로 우리나라 조선해양산업이 한 단계 더 발전하려면 기술 용역업체가 더 많이 설립되어 탄탄한 전문 기술을 제공할 수 있어야 한다.

:: 해양 구조물

최근 각광을 받는 분야는 해양 구조물이다. **임태봉, 주명기**가 이 분야에서 일해 왔고, 최근에는 **김재신**이 합류하였다. 육상에서 생산하는 석유와 가스가 고갈되기 시작하면서 점점 근해 생산시설로 확대되었고, 기술력의 발달로 심해저에서도 생산이 가능하게 되었다. 중동, 멕시코 만, 캐나다 연안에는 아직도 고정식 구조물을 주로 설치하지만 북해, 서아프리카, 브라질 부근에는 부유식 해양 구조물이 적합하다. 국내에서는 1970년대 후반 사우디아라비아의 주베일(Jubail) 산업항 공사에 필요한 재킷을 현대중공업에서 제작하여 인도한 것이 해양 구조물 제작의 시초라고 할 수 있다.

하지만 기술력 부족으로 1990년대 말까지 해양 구조물의 하부구조를 아랫도급으로 받아 단순 제작, 인도하는 것이 전부였다. 이후 선박 건조와 더불어 각종 의장품, 기계들에 대한 설치 기술력이 향상된 결과 1990년대 후반부터 서서히 단순 재킷 제작이 아닌, 해양 구조물 제작시대가 본격적으로 열리게 되었다.

현재 해양 구조물의 발주자는 주로 엑손 모빌(Exxon Mobil), 셰브론(Chevron), BP 등 주요 석유회사인 관계로, 계약 방식은 기본설계에 해당하는 FEED(Front End Engineering Design)를 발주자가 해외 유수 기술 용역회사에 맡겨 약 1~1.5년 간 설계한 뒤, 이 결과를 가지고 조선소 또는 EPC(Engineering, Procurement and Construction) 회사를 상대로 국제 입찰을 실시하는 방식이다. 이 경우 FEED 수행 회사와 EPC 조선소가 다르기 때문에 설계 및 인터페이스(Interface) 부분에 문제가 많이 발생하여 이를 해결하는 데 어려움이 많다. 따라서 우리나라도 앞으로 엔지니어링과 관련한 회사 및 기관을 양성하여 FEED 때부터 참여하는 것이 바람직하다고 본다. 이런 해양 프로젝트는 대략 20~30억 불의 대형 공사가 대부분이라 국내 조선산업과 더불어 해양 관련 산업이 향후 대한민국을 먹여 살릴 분야의 하나가 될 것이다.

:: 구매

지금 동기회 회장과 기자재 생산업체의 경영을 맡고 있는 **박명규**는 우리 동문에는 드물게 구매 담당 중역을 역임한 경험이 있다. 잘 알다시피 조선소의 구매는 거의 대부분 인문사회계 전공자들이 담당하는 분야이다. 박명규가 구매 분야를 담당하면서 특이하게 경험한 일이 바로 2007년부터 시작된 강재 파동이었다. 그와 한국 조선소가 겪은 그 힘든 경험은 앞으로 언제 또 나타날지도 모르는 유사한 시장 환경에 효과적으로 대비할 수 있는 교훈을 주는 계기가 되었다.

신조 건조 발주량이 폭발적으로 늘어남에 따라 건조량도 증가하여 조선용 후판 소비량은 2008년에 한국 약 830만 톤, 일본 약 420만 톤, 중국 690만 톤으로 약 2000만 톤에 이르렀다.

당시 국내 조달비율은 약 60퍼센트였고 나머지는 일본과 중국에서 수입을 해야 했는데, 2006년 톤당 63만 원에서 2008년에는 무려 60퍼센트 상승한 100만 원대로 급등하였다(현재는 67만 원 정도). 이러한 극심한 강재 파동 상황에서 구매 담당자들의 첫 번째 업무는 강재 확보였다. 미국과 일본 등에서 비축(Stock) 강재를 수소문하여 구하기도 하였고, 중국 제철소에 줄을 서다시피 하며 강재 확보에 전력투구하였다.

2008년 미국의 리만 브라더스 금융사태 이후 불어닥친 국제경제 침체에 따라 해운조선 경기도 침체하여 강재 가격은 서서히 거품이 빠지기 시작하였고, 품질이 좋지 않으나 비싸게 구입한 중국산 강재를 많이 보유한 조선소들은 오히려 경영 부담을 겪어야 했다. 품질 불량에 더해 장기 보관에 따른 부식(Rust)과 흠집(Pit)이 발생하여 이를 제거하는 데 구입가의 50퍼센트에 육박하는 비용을 들이기도 하였다.

:: 조선소 경영

조선소 경영을 담당한 동기로는 STX 조선해양을 경영하였고 이후 성동조선의 경영을 맡은 **정광석**이 있으며, 현재 현대중공업 경영을 맡고 있고 진수회 회장이기도 한 **김외현**이 있다. 그리고 **김호충**도 대한조선 사장을 역임하였다.

해외 조선소를 경영한 동기도 여러 명이 있는데, 1990년대 루마니아에 있는 대우 망가리아 조선소를 맡았던 **서완철**과 중국 대련 STX 조선소를 운영한 **최성락**이 있다. 앞서 정광석도 대련 STX 조선소를 운영하였고, 중국에 있는 삼진조선을 맡기도 하였다.

현재 이들 가운데 외국 조선소에서 근무하고 있는 동기는 캐나다 시스팬 밴쿠버 조선소(Seaspan Vancouver Shipyard)의 김호충, 말레이시아 해군조선소의 서완철, 박용유가 있다.

:: 연구소와 대학

유독 학창시절에 공부를 등한시한 학번인 덕에 연구소나 대학에 근무하는 동기가 다른 학번에 비해 상대적으로 적다. 김용철, 윤범상, 이진태, 전헌무, 정태영, 조상래, 최병길 6명이 연구소나 대학에 근무하고 있다. 특히 대학에 근무하는 동기들은 '만년교사'로서의 역할은 잘할 수 있다는 신념으로 학생들과 많은 시간을 함께 보내고 있다.

김용철은 졸업 후 미국 MIT에 유학하여 해양 구조물의 진동 분야 연구로 박사학위를 받고 대덕연구단지의 정부 출연 연구소인 선박연구소에 근무하다가 영남대학교 기계공학과로 자리를 옮겨 기계진동 분야의 연구를 꾸준히 수행하였다.

이진태는 해군 전역 후 모교 대학원에서 석사학위를 취득, 그리고 **정태영**은 해군 전역 후 선박연구소에 입소하였다. 두 사람은 연구소에 같은 날 입소하였을 뿐 아니라 과학재단 장학금으로 미국 MIT에서 같은 기간 동안 유학하였으며, 박사학위를 마치고 복직한 이후에도 매번 같이 진급하면서 31년 동안 함께 근무하였다. 이진태는 추진기 설계 분야, 정태영은 선박 해양 구조물 진동 분야의 전문가로 연구를 꾸준히 하였다. 이후 이진태는 2011년 울산대학교로 옮겨 조선해양공학부 학부장을 맡고 있고, 정태영은 한국소음진동공학회 회장을 맡고 있다. **전헌무**는 한동안 코리아타코마 조선소에 근무한 후 미국으로 유학을 떠나 미시간 대학에서 조선공학으로 석사 과정을 마치고 물리학으로 박사학위를 받은 다음 영남대학교에서 강의하고 있다.

최병길 선배는 용접 분야, 특히 용접장비 개발에 관한 전문가로 오랫동안 선박연구소에서 근무하면서 미국 오하이오 대학교에서 석사학위를, 그리고 영남대학교에서 박사학위를 받았으며, 한밭대학교 신소재공학부로 자리를 옮겨 근무하였다.

해군 전역 후 **윤범상**은 1980년 8월에, **조상래**는 9월에 울산대학교 조선해양공학부에 부임하여 함께 재직하고 있다. 윤범상은 일본 도쿄 대학교에서 박사학위를 받았고 선박 해양 구조물의 운동과 해양오염 분야를 연구하고 있으며, 조상래는 영국 글래스고 대학에서 박사학위를 받았고 선박 해양 구조물의 최종강도, 충격강도 분야를 연구하고 있다. 그리고 조상래는 최근에 대한조선학회 회장직을 수행하였다.

:: **글을 마치며**

71학번은 1975년에 서울대학교 조선공학과를 졸업하였으니 올해 졸업 40주년이 된다. 지난 40년 동안 우리가 한 일들을 한마디로 요약한다면 무어라 할 수 있을까? 이에 대한 답으로 잡아본 것이 이 글의 제목으로 정한 '우정으로 조선해양산업을 일구어 온 40년'이다.

끈끈한 우정을 다지며 모두들 산업현장에서 열심히 뛰었고, 지금도 뛰고 있다. 그 결과 대형 조선소의 경영을 책임지고 있는 동기도 있다. 설계·연구 분야도 중요하지만 경쟁력의 원천은 산업현장이 아닌가 하는 생각이 든다.

앞으로 우리 조선해양산업이 경쟁력을 꾸준히 유지하려면 기술 개발 분야에 우수한 후배들이 활약을 해야겠고, 영업과 건조 기술 개발에도 훌륭한 후배들이 관심을 가졌으면 좋겠다. 조선소에서 선박과 해양 구조물을 활발히 건조하고 있는 나라는 현재 우리나라밖에 없다.

조선산업과 해양산업이 적절히 조화를 이룰 수 있다면 당연히 우리의 경쟁력은 오랫동안 유지될 것이다. 조선해양산업 분야에 우리나라의 우수한 인재들이 더 많이 진출해 주기 바라면서 글을 마친다.

졸업 30주년 기념행사에서 황종흘, 김효철 교수님을 모시고

27회 졸업생(1972년 입학) 이야기

김덕중

:: 입학 성적이 우수했던 72학번

"우와, 이거 우리 과 커트라인이 공대 최고를 기록하는 거 아니오?"

과 교수님들을 이렇게 흥분시켰다는 우리는 1972년 조선공학과 입학생들이다. 30명 정원에 입학 커트라인은 294점. 공대 2위, 이과 전체로는 4위라고 하였다. 듣기로는 29명이 300점을 훌쩍 넘어서 당시 과 교수님들이 놀라워하실 만했다는데 불행(?)하게도 마지막 30번째 합격생이 294점이었다고 한다. 동기들은 요즘도 가끔 "그때 294점이 너 아니냐?"며 서로를 바라보며 웃곤 한다. 294점으로 입학한 동기가 누군지는 지금까지도 알려지지 않고 있다.

이는 당시 우리 조선과 교수님이신 김재근, 황종흘, 임상전, 김극천 그리고 큰형님같이 젊으셨던 김효철 선생님까지 모두 훌륭한 인격자들이셨기 때문이라고 생각한다. 물론 우리 동기생 중에 그 사실을 알아내려고 애쓴 친구가 없기 때문이기도 하겠지만 말이다.

당시 우리나라는 국가정책으로 '중화학공업 건설!'의 기치를 높이 들었고 포항제철, 현대중공업 등이 막 일어서는 시점이라 조선에 대한 국민의 관심이 높았다. 따라서 우수한 인재들이 조선공학과로 모여들었고 교수진과 교과과정이 완전히 틀이 잡힌 시기였다고 생각한다.

:: 빛바랜 사진, 공릉동 캠퍼스

우리는 약간 음침하였던 본관, 1호관, 2호관, 과학관 등에서 '조선공학'을 익혔고 본관 앞의 솔밭과 기숙사에서 마이티(카드게임)에, 드넓은 운동장에서는 우리의 심장을 달구는 데 열심이었다. 모든 학생이 그 황량하고 고색이 창연하였던 캠퍼스에서 나름대로 젊음을 불사르고 '청춘앓이'로 4년을 보냈다.

공대생으로는 처음으로 현재의 관악 캠퍼스에서 졸업한 우리는 공릉동 캠퍼스의 마지막 적자인 셈이었다. 돌이켜보면 지금의 형편과는 비교할 수도 없지만 우리의 몇 년 선배들은 기차통학 세대였음에 비해 우리에게는 청량리-공릉동 캠퍼스 간 통학버스가 있었으니 그래도 우리는 제법 번듯한 학창시절을 보낸 세대였다고 생각한다.

당시 군부독재와 이에 맞서는 학생들의 데모 이야기를 빼놓을 수 없는 것 같다.

4.19 혁명에 굳건한 기반을 둔 학생들은 당시 대통령의 장기 집권과 독재에 끊임없이 저항하였고, 1970년대에는 데모가 훨씬 더 일상화되어 있었다. 우리가 3학년이던 1974년, 긴급조치 아래 숨죽이던 대학가에서 우리 공대가 처음으로 데모를 시도하였다. 학생회장 선거가 끝난 직후, 회장에 피선된 학생과 몇몇이 주동이 되어 교내에 전단을 살포하였다. 비록 많은 학생이 참여하지 않아 실패(?)로 끝난 거사였지만 당시 정부당국은 이에 크게 당황하였고, 처음으로 교내에 전투경찰이 진입하더니 결국 긴급조치 몇 호인가를 발령하였다.

그 후에도 공대에서는 대규모 데모를 시도하였고 전투경찰은 몇 배 증강된 병력으로 캠퍼스를 포위하고, 학생회 간부들은 피신하는 그런 시대였다. 당시 학생과장이신 임상전 교수님은 회의실을 점령(?)하고 상주한 5개 기관의 요원들에게 오랜 기간 시달림을 당하셨고 학과 대표와 대의원회의 간부를 맡고 있던 나도 그 방에서, 또 경찰서에서 조사를 받고 조서를 썼던 쓸쓸한 기억이 있다.

:: 제1회 홈-커밍 데이

대저 삶이란 게 그렇듯이 우리 시절에 위와 같은 아픔만 있었던 것은 아니다.

나는 학과 대표를 맡아 홈-커밍 데이(Home-Coming Day)를 기획하고 김극천 교수님의 적극적 지원과 지도 아래 몇몇 친구와 함께 선배님들을 대상으로 기금 모금에 나섰다.

그때의 기억을 간추려 보면, 조선공학과 동창회 회장이신 조필제 선배님(당시

동서식품 부사장)은 당시 등록금 두 배 정도의 거금을 쾌척해 주셨고 신동식 선배 (당시도, 현재도 KOMAC 회장)께서는 "김 군, 고생 많네. 다 모아보고 부족한 액수를 말해주게. 내가 채워 줌세" 하셨다. 고생하며 다니던 우리에게 그 말씀만으로도 얼마나 힘이 되었던지.

구자영 선배(당시 상공부 과장)와 다른 선배님은 요청한 2천 원의 몇 배를 내주셨는데, 당시 박봉이었던 공무원 신분의 두 분께서 흔쾌히 힘을 실어주신 고마운 일은 지금도 기억이 생생하다. 이외에도 남성해운에 계신 선배님 등 여러 선배님들이 기금을 보태주셨다. 이 자리를 빌려 모든 선배님께 다시 한 번 감사의 인사를 드린다.

"선배님들, 고마웠습니다!"

당시 한 학기 등록금이 서울대는 5만 원, 사립대는 12만 원, 자장면 30원, 순두부 백반 50원, 생맥주 1000cc와 땅콩 한 접시가 500원이었다.

홈-커밍 데이의 행사는 낮에는 학생들 체육대회, 저녁에는 솔밭에서 맥주를 곁들인 여흥으로 짰다. 솔밭에 마련된 높은 무대에서 박성희 선배(69학번)를 비롯한 몇 분은 빼어난 노래 솜씨로 분위기를 돋우며 갈채를 받았고 재학생 김태화, 기원강(71학번) 두 선배는 '소주'를 주제로 하여 한 사람은 영어로, 다른 한 사람은 한국어로 통역하는데 그 대단한 입담에 모두들 박장대소한 기억도 있다.

많은 원로 선배들이 오셨고 저녁에는 파트너를 동반한 젊은 선배들이 대거 참석하여 처음으로 개최한 조선공학과 '홈-커밍 데이'는 동문을 한데 묶는 행사로서 성공적이었다.

넉넉지 않은 기금이었지만 우리는 행사 참석자들에게 음료, 과일 등을 비롯해 점심과 저녁식사까지 학교 구내식당에서 무료로 제공하고 저녁 파티 때 생맥주만 저렴한 가격에 팔기로 하였는데 제법 쌀쌀해진 초가을의 저녁 날씨 탓인지, 아니면 넉넉지 못한 호주머니 사정 때문이었는지 잘 팔리지 않아 결국 생맥주도 무료로 제공하기에 이르렀다. 이렇게 되고 보니 제법 큰 몇만 원의 적자를 보게 되었다. 또 맥주 공급업체에서 맥주잔에 대해 과한 보증금을 요구해 "학생이라 그렇게 큰돈은 없다. 선배들을 모시는 점잖은 행사인데 맥주잔이 없어지겠는가?" 하며 이런저런 애소를 해보았지만 소용이 없어 결국 등록금 정도의 거금을 맡겼는데 정작 행사 당일에는 훨씬 적은 수량의 맥주잔이 도착하여 크게 화가 나기도 하였다. 행사 후 공급처를 방문한 우리는 거세게 항의하다가 결국 주류도매를 한다는 30대 거구의 불량배(?)와 몇 차례 주먹질이 오간 것은 당연하였다.

당시 대학생은, 특히 서울대생은 사회에서 '대접'해주던 시대였기에 나는 그 '대학생 신분'과 찢어진 넥타이를 빌미로 약간의 보상을 받아 적자는 간신히 면하였지만 워낙 알뜰하게 치른 행사인지라 그때 고생한 친구들과 시원한 뒤풀이를 하지 못한 게 아쉬움으로 남아 있다.

:: 공대 체육대회

우리 동기는 아마 과 역사상 가장 우수한(?) 학생들이어서 그런지 운동에는 좀 약하였던 것 같다. 거기에는 우리보다 훨씬 단결력이 높고 또한 노는 데도 발군이었던 1년 선배 71학번들이 우리를 선수로 끼워주려 하지 않은 이유도 있었지만 아무튼 우리 동기는 과대표 선수 선발에서 거의 탈락하고 말았다.

"그래, 우리가 3학년이 되면 공정하게(?) 선발하자."

내가 학과 대표를 맡은 1974년에는 우리 동기 대신 73학번을 대거 발탁, 3학년이 독점하던 선수단 구성을 일신하였다. 그때까지 줄다리기는 조선과가 연이어 우승을 해왔지만 다른 구기 종목에서는 우승을 하지 못하였다. 그다음 해인 1975년, 73, 74학번이 주축인 조선공학과는 가장 중요한 두 종목, 줄다리기와 축구에서 우승, 마침내 공대 체육대회에서 종합우승을 차지하게 되었다(야구도 준우승을 했던가? 아쉽게도 다른 종목의 성적은 기억이 나지 않는다). 이 우승은 잘해준 선수들 덕분이겠지만 후배들에게 자리를 양보하고 그들을 밀어준 우리 동기 72학번의 공 또한 컸던 게 아닌가 싶다.

아, 72학번!

이제 우리 동기 면면을 살펴보기로 하자. 그 시절 대학원 진학은 그리 흔한 일이 아니었다. 나라 형편도 많이 나아지고 국민 개개인의 삶도 지독한 가난의 질곡에서 어느 정도 벗어났지만 많은 학생이 아르바이트로 학비를 조달하고 스스로의 생계를 책임져야 했기에 졸업 후에 대학원 진학보다는 취업이 급선무였다.

다행히 많은 동기가 집안 형편이 괜찮은 편이었던 것 같고 또한 현대중공업, 대한조선공사(현 한진중공업)에서 입사 권유가 있어 취업도 어렵지 않았다.

1976년 졸업 후 김재승, 김종현, 이호성, 양홍종, 정기태 등은 모교 대학원으로, 김시헌은 유일하게 미국 MIT로 진학하게 된다. 병역 미필자 대부분은 취업 몇 개월 후 필기시험을 거쳐 해군 장교로 복무하는데 김덕중, 이명식, 전영기, 조규남, 주영렬, 한병환 등이다. 이후 석사 과정을 마친 양홍종, 이호성, 정기태 등도 해군 장교로 복무한다.

입학 때 증명된 그 우수한 DNA 때문이었는지 대학원 석사 과정을 마친 동기들은 물론, 취업한 동기들과 해군 장교 복무를 마친 많은 동기가 훗날 해외 유학길에 올라 미국의 MIT, 미시간, 스티븐스, 워싱턴 주립대 또 독일의 아헨 공대와 영국의 뉴캐슬 대학, 일본 동경대 등에 진학하여 총 16명이 박사학위를 취득하였다. 재학 중 이민을 간 동기 한 명(이재명)을 제외한 29명의 입학 동기 중에 박사가 16명! 대단한 숫자다. 이런 결과로 많은 동기의 진로는 조선소 현장보다는 대학, 연구소, 선급으로 결정된다.

먼저 KR(한국선급협회)에 **김종현, 양홍종, 신찬호, 전영기, 정기태** 5명이 입사하고 이 중 정기태는 충남대 교수로 재직 중에 작고하였지만 나머지 4명은 지금까지 KR이 오늘의 당당한 국제선급으로 발전하는 데 크게 기여하였다. 특히 전영기는 2013년 국내 조선공학과 졸업자 중 최초로 회장에 피선되어 KR의 변화와 도전을 이끌고 있어 우리 동문 모두가 그의 활약에 주목하고 있다.

이들 외에 **이호성**은 현대중공업 현장과 연구소를 거쳐 1998년부터 ABS(미국선급협회)에서 근무하여 현재 부사장으로 재직 중이며, **선재오**는 한진중공업을 거쳐 GL(독일선급협회, 현 DNV GL)에서 각각 중책을 맡아 활약 중이다.

연구소 쪽으로는 KIMM(한국기계연구원)의 **김재승**이 있다. 그는 선박 소음 분야의 개척자로 많은 업적을 쌓아 대가를 이루었다. **김용대**는 선박연구소에서 오랜 기간 근무하면서 국제표준기구(ISO)의 선체구조 모델 개발에 한국 대표 전문가로 활약한 바 있으며 현재는 홍익대에서 강의 중이다.

이상록은 조선이 아닌 기계 분야에서 최근까지 오랜 기간 '나노 메카트로닉스 개발 사업단장'으로 근무, 우리나라 나노 메카트로닉스 분야를 현재의 위치로 끌어올린 장본인이다. **김익남**은 현대, 대우조선해양에서 석유시추선 설계에 종사한 후 그 전문성을 바탕으로 한국석유공사에서 한국 최초 시추선인 '두성호'의 건조 및 운영 책임자로, 이어서 카스피해용 시추선 건조사업에서 설계 및 건조 총책임자로 활약하였다. **이경인**은 KTMI(코리아타코마)를 거쳐 오랜 기간 한국해양연구소에서 봉직하였으며, '온누리호' 등 해양탐사선 건조 사업 등의 주무로 활약하였다.

보다 특이한 동기는 대우조선해양을 거쳐 철도연구원에 오래 봉직한 **최성규**로, 그는 얼마 전 철도연구원장을 역임하였고 현재 교통대학(전 철도대학) 교수로 있다. 철도연구원은 철도 차량과 관련하여 정부정책에서부터 각종 표준/규정의 제정은 물론, 공인검증 기관으로 국내 최고의 기관이다.

학계 쪽으로는 일찍부터 울산대학교에서 후학을 양성하고 있는 **양박달치**, 대우중공업의 현장을 거친 뒤 강원대학교 경영학과 교수로 봉직 중인 '품질경영'의 대가 **정규석**, 현대중공업 연구소를 거쳐 홍익대 조선해양공학과에서 봉직 중인 **조규남**이 있다.

이렇게 많은 동기가 학계, 연구소, 선급에 있다 보니 조선현장을 오래 지킨 동기가 상대적으로 적은데 현대중공업에는 **김종서**가, 대우조선해양에는 **박재욱**, **한병환**, **신성수**가 상선 기술 분야에서 전 세계를 누볐으며, 삼성중공업의 **주영렬**은 여객선 분야의 리더로서 오랜 기간 큰 몫을 하여 '대한민국 10대 신 기술상'을 수상하였다.

한병환은 현재 삼진조선 부사장으로, 신성수는 STX 기술본부장, 부사장을 역임한 후 모교 교수로 새로운 생활을 맞고 있다. **이욱상**은 대우조선해양, 삼성중공업 현장과 해외지점을 거쳐 머스크(Maersk) 그룹의 해운중개(Ship broking) 회사 부사장을 역임하였다. **정광섭**은 한진중공업 현장과 런던 주재원을 거쳐 현재 전동발브 업체인 모건코리아에 재직 중이다.

해외에서는 **최귀복**이 미국 나스코(NASSCO) 조선소를 거쳐 현재 해양 분야의 전문 엔지니어로 활약하고 있으며 몇 년 전에 부산대 초청으로 내한, 세미나를 개최한 바 있다. **이명식**은 미국 GM과 대우자동차에 근무한 바 있는데 안타깝게도 GM 재직 시 유명을 달리하였다. **양태열**은 금정공업 대표로서 국산 펌프의 기술력과 품질을 한 차원 높였고 수년 전부터는 광주대학 교수로 후학 양성에 매진하고 있으며, **이흥재**는 일찍이 중소 기업체에 몸담아 현재까지 기계/플랜트 분야의 기술 발전에 헌신하고 있다.

정상열은 조선 기자재 무역중개업으로 성공한, 우리 동기 모임의 종신 회장이다. 졸업 30주년에는 북한강변의 별장을 임대, 황종흘 교수 내외분과 김효철 교수님 그리고 동기생 부부 모두를 초대, 잊을 수 없는 1박 2일의 축하연을 베푼 자리를 마련하였다.

그리고 유일한 해군 위탁교육생 **배해룡**. 그는 동생뻘인 우리와 학업은 물론 카드게임에서도 한 치 양보 없는(?) 경쟁을 즐겼고, 체육대회 때는 조선공학과의 붙박이 주전 골키퍼로 활약하는 등 모범적인 공대생이었다. 군에 복귀한 후에는 해군 함정 건조사업의 중추로 봉직한 뒤 전역, 개인 사업체를 운영하던 중 타계하여 대전 국립현충원에 잠들어 있다.

끝으로 나는 해군에서 우리 해군 최초의 전투함인 울산함 설계 및 건조사업의 감독관으로서 미 해군의 조함 관련 기술서적을 바탕으로 건조 사양서 및 각종 규격/표준을 작성한 바 있으며, 이 기록들은 현재까지 함정 건조 지침서 역할을 하고 있다. 전역 후 대우조선해양의 방위사업 부문인 특수선 사업본부 창설 때부터 한국 해군의 초계함, 전투함, 구축함은 물론 잠수함 사업까지 20여 년간 재직하였으며 1990년대 말에는 한국 최초로 그리스, 이태리에 대형 카페리를, 방글라데시에는 구축함을 수출하는 일을 해왔다. 힘들었지만 보람 있는 날을 보냈으며 몇 년 전 신아조선 대표를 끝으로 '조선장이'로서의 소임을 마쳤다.

울산함 감독관 시절에 현대중공업을 방문하셨던 '영원한 선생님' 김재근 교수께서 하신 말씀이 그립다.

"김 군, 자네는 행운아야. 우리 손으로 만드는 최초의 전투함에서 큰 역할을 하고 있지 않는가? 내게는 그런 기회가 없었다네."

돌아보면, 우리 동기는 1970년대 후반부터 현재까지 약 35여 년 동안 다양한 분야에서 '조선 한국'을 굳건히 세우는 데 비록 화려하지는 않지만 헌신적이고 성실하게 기여하였고, 아직도 대부분 현역으로 일하고 있는 행복한 세대다. 우리 개개인이 조선에 바친 열정과 쌓은 업적이나 수여받은 수훈들을 일일이 열거하지 않음을 동기들이 잘 이해해 주시리라 믿는다. 이는 우리보다 훨씬 더 척박하고 힘든 상황에서 조선을 일구어 온 훌륭한 선배들에 대한 예의이기 때문이다.

해맑은 정기태, 넓은 어깨의 이명식, 치열하게 살다간 배해룡 형. 그들의 명복을 빈다. 사랑하는 동기들아, 참으로 수고했다. 그리고 '우리'를 있게 해준 조선공학아, 고맙다!

28회 졸업생(1973년 입학) 이야기

73학번 동기 대표

:: 학창시절

73학번은 조선공학과로 입학한 마지막 학번이다. 조선공학과 입학 커트라인은 공대 최상위권이어서 서울의대보다 커트라인이 높았던 시절이라, 전국의 우수한 인재들이 조선공학과를 지원하였다. 당시에는 조선입국(造船立國)이라는 기치 아래 현대식 조선소인 울산 현대조선소가 건설 중이라 조선공학과는 매우 인기가 높았다. 입학 정원은 40명이었고 1학년 때는 다른 학과 학생들과 교양과정부 반을 구성하여 보냈는데, 이는 훗날 다양한 전공의 친구들을 갖게 된 효과가 있었다.

2학년이 되자 모든 동기가 조선과로 모이게 되었다. 73학번이 모인 첫날, 김석은 자신은 재수(再修)하여 입학하였지만 동기끼리는 현역, 재수, 삼수를 따지지 말고 다 같이 말을 트고 지내자고 제안하였다.

단 한 사람은 예외로 (다른 입학생보다 훨씬 나이가 많은) 이승희만 형으로 부르자고 하여, 그때부터 73학번들은 다 같이 친구가 되었다. 같은 고등학교 선후배가 섞여 있어 호칭에 어려움을 겪을 수 있었던 시기에, 이러한 김석의 시원하고 간결한 제안은 지금껏 우리의 소통을 활성화해 준 밑바탕이 되었다.

박정희 정권의 유신헌법 선포의 여파로 1학년 때부터 2학년까지 데모가 자주 있었고 학교도 휴교가 잦았다. 공대에서 2학년까지는 공학수학과 기초역학을 체계적으로 배울 시기이지만 어수선한 학교 분위기로 수업을 방해받은 적이 많았다.

3학년이 되어서야 비로소 학교가 안정되고 수업 분위기도 살아났다. 전국 각지에서 모인 공부 잘하는 73학번들이었지만 학교 상황과 개인 활동 때문에 공부에는 그다지 열의를 보이지 않았다. 특히 2학년 2학기에 수강한 동역학 학점은 두고두고 이야깃거리가 되었는데, 졸업 후 동기들이 모여 축구시합을 할 때마다 동역학

F팀과 비F팀으로 나누면 얼추 균형 잡힌 수로 팀 구성이 되었다. 동기모임에 함께 참석한 가족들은 자기 아빠가 F 학점을 받았고 게다가 같은 학점의 동기가 많아 73학번이 그런 식으로 팀을 나누는 것을 보곤 처음에는 경악을 금치 못하였으나 차츰 즐기게 되었다.

　　3학년 겨울방학 때 현대조선에 실습을 나가고 4학년 여름방학에는 대한조선공사(현재 한진중공업)에 실습을 나가 무더위에 조선소의 이모저모를 경험한 일, 4학년 봄의 졸업여행은 신종계의 고향인 거제도로 가서 고생과 함께 추억을 만들기도 하였다. 동기 중에 일찍 입대를 한 김현근과 오상환은 학창시절을 동기들과 함께 보내지 못하고 훗날 사회에서 다시 만나게 되었고, 해군 장교 위탁교육생으로 같이 공부한 심이섭(당시 중위, 해사로는 70학번)은 73학번 동기가 되었다.

수학여행에서의 미래의 조선해양 산학연 리더들
(왼쪽부터 정방언, 유희철, 신종계, 한순흥,
이충동, 강창구, 이현엽, 아래 김호성)

　　모두들 운동을 좋아하여 많이 즐겼는데 특히 축구에서는 배재욱과 박의동이, 야구는 이헌곤과 서인준이, 농구는 이병인이 리드를 하였다. 공대 학과 대항 축구 시합에서 수비수인 신종계가 하프라인에서 찬 공이 몇 번 골로 연결되어 조선공학과의 축구 전성기를 맞이하는 데 기여하였다.

　　4학년 때는 학사 졸업논문과 국가 기사시험의 두 가지 제도가 처음 생겨 모두 여름 땡볕에 기사시험과 논문 준비를 하였다(중학교와 고등학교 입학시험, 대학 예비고사와 본고사 등 우리는 시험을 참 많이 치렀다).

그 결과 조선기사 1급이라는 국가자격증을 얻게 되었고 학사 졸업논문도 무난히 작성하였다. 당시에 기사자격증을 따면 군대 면제 혜택을 준다는 소문이 있었고, 나중에 병역특례의 자격 조건으로 시행이 되었다.

3학년 겨울방학에 실습 나간 현대중공업에서

데모로 어수선한 대학시절이어서인지 대부분 공부에 충실하지 못하였다는 데에 공감하고 있으나, 고학년이 되면서 취업과 진학을 위해 학업에 열정을 가지기 시작하였다.

당시는 졸업하면 취업이나 군에 입대해야 하는 시절이었다. 동기들은 코리아타코마(이충동), 현대조선(김호성, 배영수, 윤덕영, 이성훈, 정방언, 좌민수), 대한조선공사(김석, 김영봉, 변광호, 이성훈)로 취업을 하였으며, 마침 국방과학연구소(ADD)에서 처음 병역특례로 조선 전공을 모집하여 4명(박의동, 서인준, 서명성, 이헌곤)이 입사하였다. 해군 특교대(OCS)로는 7명(김석, 김석수, 배재욱, 신준섭, 유희철, 이경웅, 이병인)이 입대하였다.

또한 조선공학과 유사 이래 가장 많은 9명이 모교 대학원에 진학을 하였다(강창구, 홍석원, 이현엽, 신종계, 조성동, 한순흥, 류재문, 이승희, 그리고 이듬해 신현경). 이 중 강창구, 신종계, 이현엽, 홍석원, 한순흥 5명은 석사를 마치고 대덕연구단지의 한국선박연구소(KRISO. 지금은 한국선박해양플랜트 연구소), 류재문은 코리아타코마 조선공업㈜에 각각 병역특례로 입소를 하면서 우리나라 연구 분야에 기초 인력이 된다. 당시 한국선박연구소 소장은 김극천 교수님께서 맡고 계셨다. 임병옥은 기술고시에 합격하여 철도청에서 공직을 시작하였다.

:: 73학번의 조선 분야 활동

학교 졸업 후 많은 73학번 동기가 일관되게 조선 분야에 종사하여 우리 조선해양산업의 견인차 역할을 하였다.

여러 직장을 다닌 동기들도 있지만 주요 근무처를 중심으로 보면, 현대(손영희·염덕준·이종승·이충동·이홍기·홍성일·곽승현), 한진(김석·김영봉), 삼성(김호성·김현근·오상환·배영수), 대우(배영수·배재욱·신준섭·유희철·윤덕영·정방언), KRISO(강창구·신종계·이현엽·한순흥·홍석원), ADD(박의동·서명성·서인준·이헌곤), 코리아타코마(류재문), KR(이경웅) 등 산학연 모든 곳에서 활동하였다.

이성훈은 한국수출입은행에 근무하면서 당시로는 생소한 조선금융을 담당하였다. 이들 중 이충동(현대중공업), 정방언(대우조선해양), 배영수(삼성중공업)는 기술총괄 부사장까지 되었고, 홍성일은 바르질라 현대 사장을, 강창구과 홍석원은 KRISO의 소장이 되었다. 심이섭은 해군 제독(준장)이 되어 조함병과장을 역임하였다.

대학교수로 10명이 재직하고 있는데 이승희(인하대), 신종계(서울대), 이현엽과 류재문(충남대), 신현경(울산대), 윤덕영(조선대), 염덕준(군산대), 곽승현(한라대), 한순흥(KAIST), 여석준(부경대), 임병옥(경일대)이 있다.

73학번은 조선 기술 발전과 학술활동에 많은 공헌을 하였다. 대한조선학회에는 회장 2명(이승희·신종계), 감사 2명(류재문·신종계), 부회장 1명(신준섭), 연구회장 4명(이승희 선박유체연구회장, 이현엽 함정기술연구회장, 이종승 선박설계연구회장, 이홍기 수조시험연구회장)과 이사(류재문·신현경·이승희·이헌곤·정방언 등)로 활약하였다. 홍석원은 한국해양공학회장과 한국해양과학기술협의회 사무총장을 역임하였으며 강창구는 한국해양환경공학회 회장과 한국해양과학기술협의회 회장을 역임하였다.

:: 73학번의 박사들

아무래도 73학번의 특징 중 하나는 많은 동기가 박사학위를 취득하였다는 점이다. 어수선하였던 대학시절보다는 대학 졸업 후 학업에 큰 열정을 보였는데, 특히 정부의 국비 유학생 제도와 조선소, 연구소 등에서 제공한 인력 양성의 기회를 많이 활용하였다.

- 캘리포니아 버클리 대학(UC Berkeley): 염덕준, 이충동
- MIT: 서명성, 신종계, 신현경, 윤덕영, 이승희, 이현엽
- 미시간 대학(Univ. of Michigan, Ann Arbor): 강창구, 배영수, 한순흥, 홍석원
- 스티븐스 공과대학(Stevens Institute of Technology): 박의동, 서인준
- 서울대: 류재문, 이홍기
- 이헌곤(영국 사우스햄프턴 대학), 여석준(KAIST), 곽승현(히로시마 대학), 심이섭(충남대)

이와 같이 동기생의 절반인 20명이 박사학위 소지자이다.

:: 73학번의 비조선 분야 활동

박형천, 변광호, 이병인, 이성훈, 임병옥, 좌민수 등이 조선 분야 외의 다른 분

야에서 맹활약하였다. 임병옥은 기술고시에 합격, 철도청에서 근무하면서 KTX 국내 도입과 정착에 큰 기여를 하였다. 변광호와 이성훈은 개인 사업을 하며 역량을 발휘하였고, 좌민수는 가스에너지 분야에서 국제적 족적을 남겼다.

:: 73학번의 간략 족적

강창구 서울대에서 석사(1979) 후 한국선박연구소(KRISO)에서 병역특례 연구원으로 근무, 미시간 대학에서 박사학위 취득(1989), 한국선박연구소 소장을 역임하였다. 위그(WIG) 선을 전문으로 하는 윙십테크놀로지㈜를 창업하여 위그선의 상용화에 박차를 가하고 있다. 아들(강병재)이 모교 조선해양공학과를 졸업한 부자 동문이다.

곽승현 현대중공업에서 15년간 근무, 미시간 대학 석사(1985), 히로시마 대학에서 박사학위를 취득(1991)하였다. 1995년 한라대학교 조선공학과 교수로 교무처장, 학부장, 전자계산소장과 산업기술연구소장을 거쳐 원주 에너지센터소장 등을 역임하였다. 원주 실버 오케스트라에서 아코디언 연주자로 있다.

김 석 해군 해교대(OCS) 중위로 예편한 후 한진중공업에서 오래 근무하고, SPP 조선에서 공장장을 거쳐 현재 삼강엠앤티㈜ 부사장으로 재직하고 있다.

김석수 해군 해교대 중위로 예편한 후 STX 대련조선소에서 근무한 뒤 퇴임하였다.

김영봉 한진중공업에서 근무를 시작하여 런던 지사장을 지내고 퇴임하였다.

김현근 삼성중공업에서 생산 담당 전무로 퇴임한 뒤 마이스터고인 거제공고 교장에 지원하여 예비 기술 명장을 키우는 학교의 교장이 되었다. 2007년 자비로 세운 필리핀 파나이 섬의 한 초등학교 이사장을 맡고 있다.

김호성 1977년 졸업 후 현대중공업에서 3년 근무한 뒤에 조선 분야가 아닌 해운회사(범양상선. STX 팬오션의 전신)에 73학번으로는 유일하게 진출하였다. 조선감독으로 신조 업무를 총괄하며 조선과 해운의 동시 발전에 기여하였다. 1993년부터 삼성중공업에 근무하였으며 현재는 셸(Shell)의 FLNG 프렐류드 프로젝트(FLNG Prelude Project)의 FPD 코디네이터(Coordinator)로 활동 중이다. 우리나라 전통 활인 국궁에 심취해 있다.

류재문 서울대에서 석사(1979) 후 코리아타코마㈜에서 병역특례로 근무하였다. 서울대에서 박사학위 취득 후 1986년 3월부터 지금까지 충남대학교 교수로 재직하고 있다. 이현엽과 ㈜수퍼센츄리를 창업하여 조선소 재직 시 시작한 ART(Anti-Rolling Tank) 설계를 바탕으로 ART 국산화에 기여하고 있다.

박의동 국방과학연구소(ADD)에서 병역특례 연구원으로 시작하여 현재까지 국방과학기술 분야에서 한 우물만 판 전문가이다. 미국 스티븐스 공대에서 박사학위 취득(1987) 후

ADD에서 어뢰, 잠수함 연구에 매진하였다. 미국 국방획득대학(DAU) 최고관리자 과정을 거치면서 미국을 새롭게 보았다고 한다. ADD 부설인 방산기술지원센터 초대 센터장이 되었다. 축구, 골프, 사이클 등 취미는 운동이다.

박형천　태광산업에서 근무하고 있다.

변광호　내세기업 대표로 있다.

배영수　세계 조선 빅3인 현대, 대우, 삼성을 모두 거친 학구파 조선 기술자이다. 73학번 수석으로 졸업한 후 현대중공업과 대우조선에서 상선과 해양 특수선을 설계하였다. 미시간 대학에서 박사학위를 취득(1992년)한 뒤에 2002년 삼성중공업으로 스카웃되어 설계 및 연구소에 근무하였으며 부사장을 역임하였다. LNG선 등 상선과 LNG FPSO 등 해양 특수선의 설계, 차세대 조선 CAD 시스템을 개발하였다.

배재욱　해군 조합과에서 5년 근무하였고, 1982년부터 대우조선해양에서 특수선과 상선의 설계 업무를 맡았다. 2013년 초 중국 연태의 대우조선해양 자회사 법인 대표를 마지막으로 퇴직하였다. 2013년 말부터 말레이시아 루무트(Lumut) 소재 BNS(Boustead Naval Shipyard) 조선소에서 컨설팅 중이다.

서명성　MIT에서 박사학위를 취득하고 미국 샌디에이고에서 신학대학을 다닌 후에 목회자가 되었다.

서인준　국방과학연구소를 거쳐 미국 스티븐스 공과대학에서 박사학위를 취득하였다. 대우조선에 근무하면서 잠수정을 개발하였고, 개발한 잠수정으로 독립 회사를 창업하여 속초와 제주에서 관광사업을 하고 있다.

석찬균　한진중공업을 거쳐 STX 부산조선소 소장과 STX 대련조선소 소장으로 근무하였다.

손영희　현대중공업 특수선 사업부에서 시작하여 현대중공업에서만 근무한 현대 맨이다. MIT에서 석사학위를 취득하였고, 해양사업부에서 활약 중이다.

송용일　대학 2학년 즈음 격심한 민주화 운동에 적극 가담하다가 수배가 되었다. 후일 복학하여 뒤늦게 졸업한 뒤 현대조선에 취업하였으나 학업에 뜻을 두어 모교 대학원에 진학하여 저항 분야를 전공하였다. 재학 중 불의의 교통사고로 형과 함께 세상을 떠났다.

신종계　서울대에서 석사(1979) 후 한국선박연구소에서 병역특례 연구원으로 근무하였다. MIT에서 박사학위 취득(1989) 후 서울대 조선해양공학과 교수가 되었다. 대한조선학회 학술상과 미국조선학회 최우수 논문상을 두 차례나 수상하였으며, 선박 생산 과정을 이론화하고 실용화하는 데 기여하였다. 현재 대한조선학회 회장이며 삼성중공업 사외이사, 한국공학한림원 회원이다.

신준섭　해군 특교대 장교를 거쳐 대우조선에 근무하다가 잠시 DSEC에 근무한 후 대우조선해양으로 복귀하여 현재 특수선 담당 전무로 재직하고 있다. 대한조선학회 부회장을 역임하였다.

신현경 1981년에 울산대 교수가 되었으며 MIT에서 박사학위를 취득하였다. 2011년 시작한 산업부의 미래형 해상풍력발전 시스템 연구사업 총괄책임자를 맡고 있다. 시간이 있을 때는 외가가 있는 시골을 다녀온다.

심이섭 미국 해군대학원(Naval Postgraduate School)에서 석사학위, 충남대에서 박사학위를 받았다. 해군 제독(준장)이 되어 조함병과장을 거쳐 예편한 뒤 대전기능대학 및 한국폴리텍 아산대학장에 역임하였다. 해군의 함정 전력 증강 분야에 30여 년 근무하면서 고속정에서 잠수함, 이지스 구축함까지 약 300척의 함정 설계 및 건조에 참여하면서 함정 국산화 및 관련 분야의 국내 저변 확대에 기여하였다. 현재는 ㈜해양시스템기술원을 운영하고 있다.

여석준 캘리포니아 버클리 대학에서 석사(1983), KAIST에서 기계공학 박사학위를 받고 (1990) 부경대 환경공학과 교수로 재직 중이다. <민주신문>에서 수여하는 2013년 21세기 한국인상, 인물대상에서 연구개발 공로 부분을 수상하였다.

염덕준 캘리포니아 버클리 대학에서 석사와 박사학위를 취득(1985)한 후 현대중공업에서 근무, 선박해양연구소장을 역임하였다. 울산대학교 연구교수를 거쳐 군산대학교 조선공학과 교수가 되어 학과 기반을 세웠다. 국제선형시험수조회의 기술 분과 및 자문평의원회 위원, 미국 텍사스 A&M 대학에 장기 파견교수로, 색소폰에 조예가 있다.

오상환 삼성중공업에서 근무하였고, 해양 플랜트 설계회사인 테크닙(Technip)으로 전직하였다.

유희철 보스턴 대학 MBA를 거쳐 대우조선해양에서 독일 HDW 조선소, 루마니아 조선소 및 오만 수리 조선소에 파견 근무를 하였다. 이후 두산엔진에서 고객기술지원 담당을 거쳐 여객선 인테리어회사를 잠시 경영하다가 현재는 한국해사기술에서 함정사업에 참여 중이다.

윤덕영 졸업 후 현대중공업을 거쳐 대우조선에 입사하였다. MIT에서 설계 분야 박사학위를 취득한 뒤 대우조선의 설계전산화 팀장을 거쳐 조선대학교 교수로 재직 중이다.

이경웅 한국선급에서 평생을 근무하며 상해, 인천, 목포 등의 지부장을 거쳤다.

이병인 ㈜일성 해외영업부 임원을 거쳐 ㈜TSM 아라비아(Arabia) 부사장으로 사우디아라비아에 거주하고 있다.

이성훈 대한조선공사에서 2년 근무한 뒤 한국수출입은행으로 옮겨 심사부에서 8년 근무하였다. 현재 개인 사업을 하고 있다.

이승희 서울대에서 석사학위(1979) 후 홍익공전 전임강사로 근무하였다. MIT에서 박사학위를 취득(1985)한 뒤 KRISO 선임연구원을 거쳐 인하대 교수가 되었다. 조선공학 분야에 점성유동 및 나비에-스토크스(Navier-Stokes) 방정식의 수치해석 기법을 소개하였으며 대한조선학회 학술상을 수상하였다(2005). PRADS(International Symposium on Practical Design of Ships and Other Floating Structures) SC 의장(Chairman, 2011~2013)과 제30대(2010~2011) 대한조선학회 회장을 역임하였다.

이종승 현대중공업에서만 근무한 현대 맨이다. 현재 설계 및 선박연구소 총괄 전무이며, 대한조선학회 설계연구회장을 역임하였다.

이충동 73학번 동기 가운데 첫 번째 박사로, 코리아타코마를 거쳐 캘리포니아 버클리 대학에서 1985년 공학박사 학위를 취득하여 그해 현대중공업에 입사, 2013년 12월까지 근무하였다. 마북리 기계전기연구소장, 기술개발본부장, 그린에너지사업본부장, 중앙기술원장 등 주요 보직을 거치면서 기술총괄 부사장을 지냈다. 한국공학한림원 정회원이다.

이헌곤 1977년 국방과학연구소에 입소하여 현재까지 국방과학기술 분야의 한 우물만 판 전문가이다. 잠수함 및 수중 무기체계 분야 연구를 담당하면서 진동소음연구실장, 함정체계실장, 함정부장 등을 역임하였다. 대전 본부로 전근한 후 분석평가부장, 정책기획부장과 감시정찰기술연구본부장을 거쳐 현재 부소장으로 있다.

이현엽 서울대에서 석사학위(1979) 취득 후 KRISO에서 병역특례 연구원으로 근무하였다. MIT에서 박사학위 취득(1991) 후 홍익대 조선공학과 교수를 거쳐 현재 충남대 교수로 재직하고 있다. 대한조선학회 함정기술연구회장을 역임하였고, 류재문과 ㈜수퍼센츄리를 창업하여 진동마운트 등 선박 기자재 기술 실용화에 기여하였다.

이홍기 MIT에서 석사학위(1984), 서울대에서 박사학위(1992)를 취득하였다. 1984년부터 현대중공업에서 근무하였으며 선박해양연구소장을 역임하였다. 현대중공업 러시아 상트페테르스부르그(St. Petersburg) 지사장으로 4년 근무하였다. 대한조선학회 수조시험연구회장을 역임하였고 울산대 연구교수를 거쳐, 현재는 현대미포조선 연구개발 담당 전무로 근무하고 있다. 국악기인 해금에 조예가 깊다.

임병옥 재학 중 기술고시에 합격하여 철도청에서 공직을 시작하였다. 철도공사(Korail) 발족과 더불어 KTX 도입에서 정착까지 큰 업적을 이루었고 철도경영연수원장, 철도차량사업단장을 역임하였다. 영국 맨체스터 대학에서 석사, 한양대에서 박사를 수료하였다. 2008년 세계철도학술대회(WCRR)를 유치하여 조직위원장을 지냈다. 2010년 경일대학 경영대 철도경영전공 교수가 되었다.

정방언 1977년부터 현대중공업에서 4년간 상선 설계를 담당하였다. 1981년 1월 대우조선 입사 후 반잠수식 시추선 설계를 위해 LA에서 근무하였다. 1982년 11월부터 해양 프로젝트 기술영업, 해양 특수선 설계 담당, 기술부본부장, 기본설계팀장을 거쳐 2012~2013년 기술총괄 부사장을 역임하였다. 2014년 3월부터 광양에 있는 삼우중공업 대표이사로 재직하고 있다.

조성동 1980년 '규칙파 중에서 선박의 복원력'으로 서울대 석사학위를 취득한 뒤 종교활동에 매진한 것으로 알려졌다. 종교단체 기관지인 네비게이토 출판사 대표이다.

좌민수 졸업하고 국제해운에서 3년 반 근무한 뒤 GS-칼텍스로 전직하여 28년간 근무하였다. 후에 분사한 (주)E1에서 퇴임하였다. 평생을 가스 수급, 운반선, 트레이딩을 담당한 국제적 가스 전문가인 제주도 수재이다.

한순흥 서울대에서 석사학위 취득(1979) 후 KRISO에서 병역특례 연구원로 근무하였다. 영국 뉴캐슬 대학을 거쳐 미시간 대학에서 박사학위를 취득하였다(1990). 1993년에 KAIST 기계공학과 교수로 재직하였고 2008년에 해양시스템공학 전공을 설립하여 책임교수가 되었다. KAIST 산학협력 단장을 역임하였으며, CAD 분야 전문가로 ISO 국제표준인 STEP의 국내 보급에 기여하였다.

한우진 영화감독의 꿈을 실현하고자 미국으로 이주하였다.

홍석원 서울대에서 석사학위 취득(1979) 후 KRISO에서 병역특례 연구원로 근무하였다. 미시간 대학 기계공학과에서 박사학위를 취득(1989)한 뒤 KRISO에서 근무하여 소장을 역임하였다. 한국해양공학회 회장을 맡았으며 한국해양과학기술협의회 사무총장을 역임하고 있다. 불모지인 우리나라 해양공학 발전에 크게 기여하였다.

홍성일 졸업 후 지금까지 현대중공업만 다니고 있는 또 한 명의 현대 맨이다. 바르질라 현대 사장을 거쳐 2014년 6월부터 현대중공업 독일 법인장으로 근무하고 있다.

:: **맺는 글**

1953년 6.25 전쟁이 휴전되고 1954년 전후에 태어난, 이른바 베이비붐 세대인 73학번들은 시대적으로 교육열과 경쟁에 단련된 세대이다. 그중에서도 조선공학을 선택한 73학번은 조선산업의 발전 덕분에 가장 혜택을 받은 세대이면서 동시에 한국의 조선산업에 가장 큰 공헌을 한 세대라고 생각한다. 한동안 조선은 사양 산업이라는 이야기를 끊임없이 들어왔지만, 1990년대 이후 국가 기간산업으로 우뚝 솟은 우리나라 최고의 글로벌 산업이 우리의 성장과 함께 이루어졌다.

국가 장학금과 회사 지원으로 해외 유학파가 많이 배출되었고 승진도 빨랐으며, 늘어나는 대학교에 따라 교수도 많이 배출되었다. 다들 열심히 성실하게 살면서 자기 분야에서 일가견을 이루었고 나름대로 어려움도 많았다. 조선공학이 인기가 있을 때 조선공학과에 입학하였다는 자부심과 40여 명이라는 적지 않은 인원으로 실력과 인간성을 겸비하여 한국의 조선해양산업 곳곳에서 맹활약을 해왔고, 자칭 조선과의 꽃이었다고 생각한다.

선후배 모두와 함께 가꾼 조선해양산업이 우리나라 산업의 중추가 되고 또 지속되기를 바라며, 그 과정에 많은 동기들이 기여하였다는 것은 큰 기쁨이다. 또한 조선해양산업과 다른 분야에서 역량을 발휘하며 살아온 73학번 동기들에게 큰 박수를 보낸다. 이 글을 계기로, 연락이 닿지 않았던 동기들은 가까이에 있는 누구든 또는 모교 학과에 연락하여 서로 연락이 될 수 있기를 바란다.

마지막으로 우리의 모교인 서울대 조선해양공학과의 무궁한 발전과 동기들의 건강한 미래를 기원한다.

졸업 30주년을 기념하여(김효철 교수님을 모시고)

29회 졸업생(1974년 입학) 이야기

김상근

:: 학창시절

74학번은 계열별 모집으로 입학한 첫 학번이다. 그동안 대학 및 학과에 대한 사전 준비 없이 입시 전략으로 입학한 경우, 개인의 꿈과 적성이 맞지 않아 전과하는 경우가 많았다. 우리 모두는 자연계열로 입학하여 인문계열 학생들과 같이 공릉동 교양과정부에서 1년을 공부하였고, 학과는 2학년 진학 때 선택하였으며 자연계열은 공대, 약대, 문리대 일부 학과에 지원할 수 있었다.

당시 조선공학과는 국가의 조선입국(造船立國) 정책과 맞물려 73학번부터 상종가를 기록하여 공대 내에서 최상위권에 속하여 1학년 성적이 우수해야만 지원할 수 있었다. 74학번은 조선입국을 구현하고자 49명의 우수한 학생들이 본인의 자유의지로 조선공학과를 선택하였다고 감히 말할 수 있다.

학창시절 교정에서

졸업여행 중 대우조선 견학

   유난히 운동을 좋아했던 74학번은 공부하는 3년 동안 공대 체육대회에서 발군의 실력을 발휘, 야구를 비롯해 축구, 씨름, 줄다리기에서 최강자로 군림하였다. 특히 야구는 74학번을 주축으로 구성되었고, 서울대 대표 투수로 발탁된 강석태, 부동의 포수 고광석, 거포 이종식, 명수비수 박중흠의 기여로 3년 동안 불패의 신화를 창조하였다.

   4학년 2학기에는 조선산업 성황의 시기로 모든 조선소에서 거금(2개월 치 급여 상당)의 장학금을 약속하여 입사 의사만 밝혀도 장학금이 바로 지급되었다. 우리는 4학년 2학기를 풍요롭게 지냈으며, 'NAVAL'이란 야구팀을 창단하여 유니폼을 비롯한 모든 야구 장비를 최신품으로 장만하며 엄청 폼을 잡았다.

   선수로는 강석태(DNV), 고광석(작고), 권경섭(특허사무소), 김병현(KIMM), 김상근(KOMAC), 김태환(특허사무소), 김종태(재미), 도원록(재미), 박중흠(삼성), 박태호(STX), 이종식(사업), 이승준(삼성) 등이었다.

NAVAL 팀은 졸업 후 마산(타코마)과 진해 지역(ADD)에 많이 거주하여 진해 공설운동장을 홈구장으로 터를 잡고 가까운 선배(황성호, 전헌무, 이현곤, 박의동, 서인준)와 후배(안창범, 박찬욱, 이근모, 박영수, 서상오)들이 합류하여 정기전을 가지면서 오랫동안 우정을 나누었다.

학창시절 야구광들의 즐거운 시간

진해 공설운동장에서 타코마와 ADD의 정기전

:: 사회 진출 – 조선산업에 기여

조선소의 장학금 지급으로 많은 동기가 1977년 12월 초에 각각 현대조선, 대우조선, 대한조선공사, 코리아타코마 조선에 입사하였으며, 대부분이 군 미필 상태였다. 당시 병역특례 제도는 연구소의 경우 갓 시행되었으나 방산조선소의 경우 계속 보류된 상태였다. 통상 졸업생들의 진로는 다음과 같다.

- 병역특례: 학사 출신으로는 ADD(국방과학연구소)가 유일하였으며, 3차 시험을 거쳐 4명이 입소하였다(김두기, 기문현, 도원록, 이종식).
- OCS(해군 특교대): 해군 조함장교로 근무하며 전공 분야를 살릴 수 있으므로 많은 선후배들이 지원하였고, 우리나라 조함 기술 발전에 많은 기여를 하였다(강석태, 노형렬, 윤명철, 이주성, 정희덕).
- 현역 입영: 보편적인 선택

나는 입대할 때까지 고향에 있고자 코리아타코마 조선소를 선택하였으며, 당시 코리아타코마는 특수선 기술의 메카였고, 또한 최고의 급여를 제시하여 야구를 좋아하는 동기들이 많이 합류, 무려 13명이나 입사하였다.

나를 포함하여 많은 동기가 해군 특교대 시험(1978년 1월 초) 공부에 열심이었다. 회사에서 방산특례를 신청한다는 소식에 모두들 반신반의하며 시험공부에 매진하였다. 왜냐하면 1년 전 73학번의 경우, 병역특례 기대 소식에 대학원 진학 등 본인의 진로를 포기하고 방산조선소를 선택하였으나 병역특례 불발로 입대한 선례가 있었다. 병역특례 신청 또한 화급하게 이루어져 입사 때 제출한 민원서류(등본, 초본 등)를 우선 차용하였다.

해군 특교대 시험 일주일 전인 1977년 12월 30일 아침, 병역특례의 핵심서류인 필수요원증(국방부장관 발행)이 발급되었다는 반가운 소식이 들려왔다. 해를 넘기면 안 되는 사안이라 12월 31일, 종무식 이전에 필수요원증과 함께 각종 구비서류를 지역별 해당 병무청에 접수하기 위해 007작전을 수행하여 무사히 접수를 완료하였다. 아쉽게도 대우조선과 대한조선공사의 경우, 동기들이 입사할 때 민원서류를 제대로 제출하지 않아 서류 미비로 특례 신청 기회를 놓쳐 희비가 엇갈리기도 하였다. 이렇게 방산특례는 우여곡절 끝에 처음 시행되었고, 첫해에는 방산 4사 중 현대조선과 코리아타코마 조선만 혜택을 보게 되었다. 그리고 대한조선공사의 일부 동기들은 대학원 진학으로 입영을 연기하여 다음 해에 특례를 받은 경우도 있었다.

74학번은 첫 방산특례로 현대조선에 6명, 코리아타코마 조선에 9명이 근무하였다. 현대조선의 경우 FFK(울산함) 개발을 시작으로, 그리고 코리아타코마의 경우 공기부양선 독자 개발을 시작으로 함정 기술, 특수선 개발에 많은 기여를 하였다. 초창기 방산 4사 중에 대우조선과 대한조선공사에 비해 코리아타코마와 현대조선이 리더 격이었으며, 74학번의 합류로 그 위상은 오랫동안 유지되었다.

코리아타코마의 경우, 특수선 개발을 본격적으로 진행하고자 연구개발부를 신설하였다. 초대 부서장 김국호 선배를 비롯하여 부서원 25명 중 20명이 동문이었으며 동문 20명은 해군 특교대 출신 선배 10명과 74학번 10명으로 구성된 최고의 두뇌집단으로 사기가 충천하여 무서울 것이 없는 분위기였다. 당시 해군 특교대 출신 선배인 김국호, 고성윤, 김성년, 정균양, 유한창, 김강수, 황성호, 주영렬 등은 모두 국내외 조선산업에 다대한 족적을 남긴 것으로 기억한다.

현대조선의 경우, 김응섭 선배와 김진구 선배를 중심으로 김정환, 윤명철, 양재창, 하경진, 이택봉, 박석환 등이 참여하여 한국 최초의 호위함인 울산함을 개발하였다.

74학번은 사회 진출 시 조선소의 장학금 지급으로 조선소로 대거 진출하였으며 다수의 방산특례 혜택으로 조선소에 장기 근무하는 사례가 많았다. 5년간의 특례 복무 후 다른 조선소로 이직한 경우는 있으나 탈조선(脫造船)한 경우는 적어 아직도 현역으로 27명이나 조선산업에 기여하고 있다. 올해부터는 현대, 삼호, 삼성을 시작으로 CEO가 배출되고 있으며, 앞으로 몇 년은 74학번의 마지막 전성기라 생각한다.

- 조선소 13명: 김정환(현대), 박상우(대우), 박중흠(삼성), 박태호(STX), 배종국(현대), 안성수(STX), 윤명철(현대), 이덕열(대우), 이택봉(현대 삼호), 정경남(현대), 조태익(대우), 하경진(현대 삼호), 한성용(삼성)
- 연구소/학교 7명: 김경수(인하대), 김두기(ADD), 김병현(KIMM), 박치모(울산대), 서상현(KIOST), 서정천(서울대), 이주성(울산대)
- 선급/설계사/컨설팅 7명: 강석태(DNV), 정인식(ABS), 정희덕(LR), 김상근(KOMAC), 유영복(KOMAC), 이승준(SOTEC), 이재봉(KOSTEC)

74학번은 조선 기술 발전에 많은 공헌을 하였으며 함정 및 특수선 개발, 상선 연구개발로 다수의 조선학회 기술상 수상자를 배출하였다. 충무기술상의 경우, 공기부양선 개발 공로를 인정받아 진수회 동문으로는 최초로 수상한 김상근(1985년, 타코마)을 비롯하여 한성용(2000년, 삼성), 배종국(2004년, 현대), 김정환(2006년, 현대)이 있으며, 조선학회 월애기술개발상을 수상한 조태익(2007년, 대우)과 조선학회 기술상을 수상한 박중흠(2010년, 삼성)이 있다. 74학번은 다음와 같이 진수회 활동에도 많은 기여를 하고 있으며, 14대 진수회에도 책임 있는 역할을 하리라 기대한다.

- 11대 진수회: 감사 박중흠, 사무총장 김상근
- 12대 진수회: 부회장 박중흠, 부회장 김정환
- 현 13대 진수회: 회장 박중흠, 부회장 김정환

:: 74학번의 족적

강동식 코리아타코마에서 병역특례, 삼성조선, 삼성엔지니어링에서 근무하였다. 싱글급 골퍼이다. 최근에 은퇴하여 제2의 인생을 설계 중이다.

강석태 해군 특교대 출신, DNV 터줏대감으로 장기 근무하였다. 왼손 싱글급 골퍼이다. 현재 DNV 부사장(영업본부장)으로 근무하고 있다.

권경섭 코리아타코마에서 병역특례, 대우조선에서 근무하였다. 현재 특허사무소에서 근무 중이다.

김경수 구조 전공으로 현재 인하대 조선해양공학과 교수로 재직 중이다.

김두기 ADD에서 병역특례 및 장기 근무 중이다. 구조 전공이며 현재 해양시험장의 장이다.

김병현 코리아타코마에 입사, 대학원을 진학하여 석사 장교로 복무하였다. 구조 전공으로 KIMM에 장기 근무 중이며, 현재 본부장을 맡고 있다.

김상근 코리아타코마에서 병역특례, 회사 합병으로 한진중공업에서 근무하였다. 공기부양선 및 특수선 전문가이다. 조선학회 충무기술상을 수상하였고(1985년), 현재 KOMAC에서 근무 중이다.

김정환 현대에서 병역특례 및 장기 근무 중이다. 함정 및 특수선 전문가이며 조선학회 충무기술상을 수상하였다(2006년). 현재 엔진기계사업 본부장이다.

김종태 코리아타코마에서 병역특례, 대우조선에서 근무한 뒤에 미국 이민을 떠났다. 현재 미연방국세청에서 선임 프로그램 분석가(Senior Program Analyst)로 활동하고 있다.

김태영 대우조선해양에서 근무한 뒤 탈조선하여 특장차 제조사 창업 및 운영 중이다.

김태환 코리아타코마에서 병역특례, 삼성조선에서 근무한 뒤 현재 특허사무소에서 근무하고 있다.

노형렬 대우조선에서 근무, 탈조선하여 현재 포항에서 플랜트 설계사 대표이다.

도원록 ADD에서 병역특례, 대우조선에서 근무 후 탈조선하여 만도기계, 텔슨 INS에서 근무, 현재 미국에 거주하고 있다.

박석환 현대에서 병역특례, 삼성조선에서 근무 후 탈조선하여 플랜트 업계에서 근무하였고 현재 의류패션 관련 자영업을 하고 있다.

박중흠 대한조선공사에 입사, 삼성조선에서 장기 근무하였다. 조선학회 기술상을 수상하였으며(2010년), 현재 삼성엔지니어링 대표이사이다.

박치모 구조 전공으로 울산대 조선해양공학부 교수, 현재 공대 학장이다.

박태호 코리아타코마에서 병역특례, 조선공사, 한진중공업, 성동조선, STX 조선에서 근무, 현재 STX 조선 총괄 부사장이다.

배종국 구조 전공으로 현대조선 연구소에서 장기 근무 중이다. 조선학회 충무기술상을 수상하였다(2004년).

서상현 유체 전공으로 선박연구소에서 장기 근무 중이며, 현재 KRISO 소장이다.

서정천 추진기 전공으로 미국 유학 후 선박연구소를 거쳐 현재 모교의 조선해양공학과 교수로 장기 근속 중이다.

안성수 대우조선해양, 망갈리아 조선에서 근무하였으며 현재 STX 유럽에서 근무 중이다.

양재창 현대에서 병역특례, 대우조선에서 근무한 뒤 탈조선하여 자동차, 전자업계에 종사한 뒤 현재 개인 사업체를 운영하고 있다.

유영복 코리아타코마에서 병역특례, 대우조선에 근무한 뒤 현재 KOMAC에서 근무 중이다.

윤명철 해군 특교대 출신, 선체 설계 전문가로 현대조선에서 장기 근무 중이다.

이덕열 의장 설계 전문가로 대우조선해양에서 장기 근무 중이다.

이승준 코리아타코마에서 병역특례, 선체 설계 전문가로 대한조선공사를 거쳐 삼성조선소에서 근무, 삼성기술상 대상을 수상하였다(2007년). 현재 설계사 SOTEC 대표이다.

이재봉 생산 관리, 생산 기술 전문가로 대우조선에서 장기 근무, 망갈리아 조선 대표를 맡았다. 현재 컨설팅 회사 KOSTEC을 창업 및 운영 중이다.

이종식 ADD에서 병역특례, 영국 유학 후 삼성조선 근무한 뒤 탈조선하여 개인 사업을 하고 있다.

이주성 해군 특교대 출신, 유학 후 울산대 조선해양공학부 교수로 장기 근속 중이다.

이택봉 현대에서 병역특례 및 장기 근무, 현재 현대삼호조선 영업본부장이다.

정경남 유체 전공으로 현대조선 연구소에서 장기 근무 중이다.

정의봉 KAIST 출신, 바둑 고수, 부산대 기계공학부 교수로 장기 근속 중이다.

정인식 대한조선공사에서 병역특례, 특장차 제조사에서 근무한 뒤 갤러리 운영 등 다양한 경험을 거친 뒤 조선업계로 복귀하여 성동조선, 선주 감독, 현재 ABS 검사관으로 근무 중이다.

정희덕 해군 특교대 출신, 아마추어 성악가, LR 터줏대감으로 장기 근무 중이다.

조태익 대우조선해양에서 장기 근무 중, 대한조선학회 월애기술개발상을 수상하였으며 (2007년), 현재 인도네시아 계열사 대표이다.

최종만 일찍이 탈조선하여 관계(官界)로 진출하여 광주 부시장, 광양만 경제자유구역청장 등을 역임하였다. 현재 광주상공회의소 상근 부회장으로 있다.

하경진 현대에서 병역특례 및 장기 근무, 현재 현대삼호조선 대표이다.

한성용 코리아타코마에서 병역특례, 진동 전공으로 삼성조선 연구소에서 장기 근무, 대한조선학회 충무기술상을 수상하였다(2000년). 현재 삼성풍력사업에서 근무하고 있다.

황행수 대한조선공사에서 병역특례, 현대미포조선에서 장기 근무한 싱글급 골퍼이다. 최근 임대 사업을 운영하고 있다.

:: 맺는 글

74학번이 공릉동 캠퍼스를 떠난 지 35년이 흘렀으며, 49명의 입학 동기 중 아직도 27명이나 현역으로 조선산업에 기여하고 있다. 이제 74학번은 환갑을 바라보는 나이로, 후배들에게 자리를 물려주는 시기가 되어 현역을 떠나는 동기들이 나타나고 있다.

74학번은 조선공학을 3년 배워 35년을 써 먹어 투자 대비 효과가 엄청났으니 학과 선택을 매우 잘한 행운아라고 생각한다. 또한 이 35년 동안 조선산업이 불모지인 우리나라가 부동의 세계 조선 1위국으로 등극하는 데 많은 기여를 한 애국자라고 자부한다.

이제 74학번은 제2의 인생을 준비해야 하는 시기에 접어들었으며 일부 동기들은 벌써 시작하고 있다. 특히 요즈음은 부모 조사 및 자녀 혼사가 많은 시기인지라 탈조선(脫造船)하여 집 나간 동기들과 자연스럽게 연락이 되어 '78 진수회의 네트워크는 점점 넓어지고 있다.

졸업 20주년 행사(1988년, 부산 하얏트호텔)

동기들이 그리워지는 시기인지라 카카오톡의 박태호 방장은 31명의 채팅방을 결성하여 해외 거주 동기들을 포함하여 실시간으로 동기들과의 정보 공유, 친목 증진으로 '78 진수회의 후반기는 여유롭고 넉넉하리라 생각한다.

'78 진수회는 최근 지역별 모임을 활성화하여 서울에서, 대전에서 그리고 부산에서 자주 모이고 있으며 카톡으로 당일 행사를 실시간으로 소개하고 있다. 모두들 건강하여 5년 뒤 졸업 40주년은 물론, 50주년, 60주년, 70주년까지도 구구팔팔하기 바란다.

30회 졸업생(1975년 입학) 이야기

김명환

:: 학창시절

75학번은 계열별 모집으로 입학하여 관악 캠퍼스에서 교양과정을 거치고 공릉동 캠퍼스에서 전공과정을 수학한 공릉동 졸업의 마지막 학번이다. 자연계열로 입학하여 관악 캠퍼스에서 교양과정을 시작하자마자 시위에 따른 휴학으로 친구들을 사귈 시간도 없이 뿔뿔이 흩어져 각자 나름대로 운동을 하는 등, 특기 또는 취미생활을 하였던 기억이 난다.

1학년을 무사히 마친 뒤 조선공학과를 택한 학우들이 모여 공릉동에서의 추억이 시작된다. 맨 처음 떠오른 추억은 신입생 환영회이다. 당시 모인 장소가 7호관 강당이었는데 바짝 긴장하고 집합하여 선배들 앞에서 신고식을 치른 뒤 학내 식당에서 선배들이 따라주는 소주를 한 사발씩 먹고 녹다운된 기억이 있다. 그 후 쌍승루로 이동하여 짬뽕으로 속을 달래고 다시 그 그릇에 채워준 오가피주를 마셨다. 정문 앞 배밭에서 배 속을 숟가락으로 파먹고 난 뒤 소주를 채워 마시던 순이십(Sunny10)도 새록새록 떠오르고, 집에 있는 영업용 택시를 학교까지 몰고 와 수업이 끝난 후 친구들을 태우고 옆 동네 서울여대로 가서 학교 주위를 헤집고 다니던 기억도 있다.

우리는 매일 수업이 끝나면 운동장 농구대에서 축구를 하였다. 테니스장에서 테니스를 쳤고 공대 체육대회 때 공보다 더 빠른 사나이가 축구하던 기억도 생생하다.

어깨에 배를 짊어지고 입장하던 체육대회의 기억들, 시대를 분개하며 수조 앞 운동장에서 술 먹고 김효철 교수님을 찾아가 깽판(?)치던 기억도 좋은 추억이다. 설악산으로 졸업여행을 가서 어느 학번도 넘보지 못했던 김효철 교수님 거꾸러뜨리기 프로젝트를 세워 결국 거꾸러뜨렸던 기억, 그 프로젝트에 1차로 나서서 실패하고는 비틀거리다 넘어져 유리창을 깨고 팔뚝에 큰 상처를 남긴 동기 녀석, 산학과제를 위해 지방으로 뿔뿔이 흩어져 주어진 과제를 푸느라 동분서주하다가 저녁엔 술집으로 직행하여 만든 추억들도 새롭다.

전국조선학과 체육대회를 위해 인천과 부산을 방문하면서 사귄 옛 애인에 대한 희미한 기억과 함께 이화여대 앞 레스토랑에서 수도여대 응용미술학과 학생들과 함께 종강 파티를 한 적도 있다. 그 파티에서 만난 여학생을 지금의 아내로 맞이한 친구들이 있는가 하면, 졸업논문을 작성하느라 마지막 여름방학을 공릉동 캠퍼스 5호관에서 모형 배를 만들며 보낸 기억, 모형선을 만드는 과정 중에 친구의 두 애인이 동시에 찾아와 안절부절못하였던 기억도 잊을 수 없다.

어느 날, 조선과 선배님들이 조정부에서 활약하신 이야기를 듣고 우리 75학번 친구들이 조정부에 들어가서 훈련을 받은 적이 있었다. 콕스(cox)로는 윤영석, 크루(crew)로는 안철수, 박찬욱, 김동섭 등이었다. 막상 들어가니 훈련이 만만치 않았다.

윤영석과 김동섭은 노량진 조정장 중앙대 앞에서 부원들과 같이 합숙훈련을 하며 노력을 하였지만 시합 결과는 번번이 예선에서 탈락하였다. 당시 연세대, 고려대, 외국어대, 한국해양대가 강자였는데, 그들은 각각 자기들의 배가 있었고 우리는 조정협회에서 빌려준 너클(Knuckle)이라는 배로 훈련을 하였다. 그러다 우리는 이 배를 좀 더 값싸게 생산하여 저변을 넓혀 보자는 생각을 하였고, 윤영석과 김동섭 등의 몇몇 동료들이 FRP(fiber reinforced plastic)로 배를 만들어 보자며 스폰서를 물색하였다.

얄팍한 지식으로 대충 설계를 하고 배의 구조강도 계산을 하여 제출하였는데, 스폰서 측에서 그렇게 설계해서는 배가 너무 유연하여 제대로 나아갈 수 없다는 의견을 주었다. FRP는 강도와 탄성계수가 좋지만 변형이 크다는 것이다. 그런데 당시 우리의 선체구조 실력으로는 변형이나 처짐을 어떻게 계산하고 또 보강재를 어떻게 효과적으로 붙여야 하는지를 몰라 대학원 선배님들을 만나 고민의 시간을 보내다가 결국 흐지부지되어 버렸다.

:: 병역의무

대한민국의 남자로 태어나면 누구나 해결해야 할 문제가 병역의무인데 다행히 75학번에는 병역의 의무를 대체할 병역대체 제도, 즉 병역특례의 다양한 기회가 부여되었다. 대학원에 남아 공부하면서 해결하는 전문 연구 요원, ADD와 같은 국가기관에 근무하거나 방위산업체(주로 조선소) 등에서 해군 함정 건조에 근무하는 산업 기능 요원, 그리고 진짜 사나이가 되기 위해 가는 군대, 학사학위 소지자로 단기간 훈련을 받고 장교가 되는 해군 특교대(OCS) 등이 있었다.

■ 산업 기능 요원

방위산업체에 취직하여 해군 함정 건조 업무에 종사하였으며 주로 설계 분야에 근무하여 함정 설계의 기초부터 완벽한 설계에 이르기까지 고성능 함정 건조의 초석을 이루었다. 5년간 근무하며 해군 함정 건조 기술 및 설계 확립에 크게 기여하였다.

- 대한조선공사: 박인균, 안철수, 윤승하, 임진수, 황태진, 황기진
- 코리아타코마: 김형근, 심재무, 이근모, 채헌
- ADD(국방과학연구소): 안창범

■ 교수 요원

1978년 딱 한 해만 존재하였던 서울대 석사 과정에 등록금 면제, 장학금 월 5만 원 지급과 병역혜택을 포함한 석사 과정 교수 요원 제도였다. 바로 그다음 해에 국회에서 서울대에만 특혜를 준다는 이유로 교수 요원 제도는 없어지고 이듬해부터는 다른 대학의 석사 출신도 포함하는 학사장교 제도로 바뀐 것으로 기억한다. 대학원에 다니면서 학교에서 용돈도 받고 하여 참으로 좋은 시절이었다는 생각이 든다. 결국 나는 대학원 석사 과정 졸업을 며칠 안 남기고(1981년 2월 중순) 소집되어

일반병과로 육군에 입대를 하게 되었다. 입대 당시에는 복무기간이 1년으로 정해져 있었고 기간을 줄이기 위한 입법이 진행될 것이라는 소문이 있었다.

1981년 5월경 복무기간이 1년에서 6개월로 줄어드는 법안이 통과되었다는 달콤한 소식이 들려왔고 8월 중순에 일병으로 제대하였다. 제대 후, 2년 전에는 전혀 예측하지 못하였던 일이 벌어졌다.

불과 2년 만에 해외에서 학위를 마치고 돌아온 선배들이 대거 나타나자 해당 대학들에서 석사 졸업자의 교수 채용에 난색을 표한 것이다. 그래서 많은 사람들이 박사 과정에 진학, 유학 또는 국책 연구소에 취직하였다. 군을 필한 선배님들(양박달치, 박치모, 신현경)이 울산대에 채용되었고, 용접을 전공한 김동섭이 영남대 박용기계과에 자리를 잡았다. 한참 후에 김형태, 노인식, 현범수, 김용직, 박종환, 이처경이 박사학위를 받고 대학교수로 가게 되었다. 선박연구소에는 반석호와 노인식이 가고, 박찬욱은 교수 요원으로 군복무를 마친 후 ADD에 갔다.

■ 해군 특교대(OCS)

해군 조함장교로 일부는 해군공창에 근무하거나 방산업체에 해군 함정 건조 감독관으로 근무하였고 제대 후 전공 분야의 특기를 살려서 다시 방산업체에 근무하는 사례(박동혁, 신장수, 김충렬, 김경훈)가 되었다.

:: 업적

학교에 남아 대학원에서 공부를 계속한 친구들은 대학원을 마치고 다시 해외 유학길에 올라 박사학위를 가지고 귀국하였다. 그들은 정부의 조선산업 육성정책에 힘입어 많은 대학교에 조선공학과가 신설되자 교수로 후학을 양성하였고, 일부 친구들은 해외에 머물면서 유수의 연구기관에서 근무하였으며, NASA에서 근무하면서 뛰어난 연구업적으로 명성을 얻은 친구도 있었다.

함정 건조에 종사하였던 친구들은 해군 특교대에 입대하여 장교로 임관하여 방위산업체 감독관으로 근무, 함정 건조 업무에 종사하면서 해군력 강화에 기여하였다. 주로 코리아타코마, 대한조선공사에 병역특례로 입사하여 근무하는 친구들과 좋은 유대관계를 가지면서 해군 함정 기술 발전에 크게 기여하였다.

이 조선소들에서는 PKM(고속정)과 각종 보조정을 건조하였으며, 북한 해군 세력의 억제에 많은 기여를 하였다. 그중에서도 특기할 만한 이야기는 간첩선이 해안에 침투하여 우리 해군과 전투한 경우가 여러 번 있었는데 항상 전과를 올리는 함정은 대한조선공사에서 건조한 배였고 코리아타코마에서 건조한 배는 적 포에 맞아 파손되어 조선소에 입거하는 경우가 많았다.

각 조선소에 입사한 병역특례자들은 당시 각 해안가에 침투하는 적 함정에 대항하는 고속정 개발에 종사하였고 후에 구축함(Corvette, Frigate Class) 설계 및 건조 업무에 종사하였다. 특히 대한조선공사에서 특례로 근무하던 동기들이 해경 250톤급 경비함, 500톤급 경비함, 해군 1000톤급 함정의 첫 번째 함정 건조에 일조하였다.

잠수함의 역사는 우리 75학번이 주축이 되어 시작되었다. 당시 대우조선이 잠수함 건조회사로 지정되어 이에 필요한 우수 인력을 전국적으로 모집하였다. 그 주역을 김국호(65학번) 선배님이 맡았으며, 당시 다목적 벌크화물선(PROBO선)의 문제로 회사의 앞날이 불투명한 대한조선공사에 근무 중이던 75학번 친구들이 대거 잠수함 건조에 뛰어들었다. 대우조선에 ILS 팀이 만들어져 65학번 김국호 선배님, 68학번 임문규 선배님, 71학번 박용유 선배님, 73학번 신준섭 선배님, 그리고 75학번 박동혁, 황태진, 김충렬, 황기진 등이 잠수함 사업 시작의 획을 긋게 된다.

75학번은 병역특례가 본격적으로 시행되어 코리아타코마, 대한조선공사에 많은 친구들이 입사하여 의무 복무 기간 5년을 마치고 특수선 분야에서 그대로 근무하거나 이후 상선 분야로 옮겨 근무하는 등 여러 경로로 다양한 부서에 근무하여 각 조선소에서 중요한 일을 맡게 되었다. 그러나 불행히도 현대중공업은 그 당시 병역지정업체로 선정되지 못해 75학번에는 병역특례자가 없고, 일반 사병으로 병역의무를 마친 친구들이 입사하였다.

:: 75개구쟁이의 근황

강환구 현대중공업 부사장

길현권 수원대학교 기계공학과 교수

김경훈

김관흥 한진중공업 생산기술팀장

김대욱 TM 마린 사장

김대헌 캐나다 거주

김동섭 SK 태양광 사업개발 담당 사장

김명환 제2의 인생을 설계 중

김상구 연락이 끊김

김성문 태화인더스트리㈜ 대표

김성은 미 해군연구소(NSWCCD) Branch Head

김용직 부경대 조선해양시스템공학과 교수

김찬문 미국 거주

김천근 상봉명상센터 운영

김충렬 대우조선해양 전무

김형근 ㈜빅솔론 대표

김형만 보잉사의 선임기술연구원(Boeing Senior Technical Fellow)

김형수 보스텍 연구소장

김형태 충남대학교 선박해양공학과 교수

노인식 충남대학교 선박해양공학과 교수

문 현 매스코 코퍼레이션(Masco Corp.) R&D 근무(미국 거주)

박동혁 대우조선해양 부사장

박순길 캐나다 밴쿠버 조선소(Vancouver Shipyard) 컨설턴트

박시명 현대엔지니어링

박영배 연락이 끊김

박인균 새누리당 경기도당 당협위원장

박종환 목포대학교 선박해양공학과 교수

박찬욱　LIG 넥스원 용인연구소 자문위원

반석호　KRISO 책임연구원

백일승　더하기 출판사 대표

봉유종　연락이 끊김

송장건　현대중공업 상무

신동원　대우조선해양 전무

신장수　대우조선해양 부장

심재무　현대미포조선 부장

안창범　국방고등기술원 원장

안철수　GTF 코리아 대표

여인철　과기대학원 초빙교수

유기선　연락이 끊김

윤승하　연락이 끊김

윤영석　연락이 끊김

이근모　리버사이드 아시아 파트너(Riverside Asia Partner) 대표

이창호　WAMIT 대표(미국 거주)

이처경　한동대학교 공간환경시스템공학부 교수

이형근　연락이 끊김

임진수　해양수산개발원 부원장

장인화　POSCO 신사업개발실장

진인호　현대중공업 부장

채　헌　한올테크놀로지 대표

한상보　경남대학교 기계자동화공학부 교수

한용관　㈜삼진조선 전무

현범수　해양대 조선해양시스템공학부 교수

황기진　에피하나 대표

황태진　대우조선해양 본부장

학창시절에 축구하다가 퇴근하시는 교수님을 쫓아가 막걸리 사달라고 조르던 우리는 그때나 지금이나 개구쟁이 학번이다. '진수회 70년사' 발간 작업에서도 김효철 교수님이 몇 번을 원고 독촉해도 게으름만 피우고, 심지어 뭔가 특색 있는 학번이 되자면서 원고를 제출하지 말자고 하다가 가장 늦게 원고를 제출한 학번일 것이다.

75학번은 공릉동 캠퍼스에서 졸업한 마지막 기수로 35년이 흘렀으며, 50명의 입학 동기 중 벌써 우리 곁을 떠난 친구가 몇 명 보인다. 그러나 아직도 현역으로 조선산업에 기여하고 있는 친구들, 학교에서 후학 양성에 힘을 쏟고 있는 친구들, 개인 사업으로 분주한 나날을 보내고 있는 친구들, 저 멀리 미국 땅에서 코쟁이들과 머리를 맞대고 인생을 논하고 있는 친구들, 이젠 정년을 앞두고 마지막을 정리하고 있는 친구들, 이들 중 누구에게도 시간은 머물러 있지를 않아 어느덧 75학번은 환갑을 바라보는 나이가 되었다. 우리는 그 짧지 않은 시간 동안 우리나라를 부동의 세계 1위 조선대국으로 만든 치열한 삶의 현장 속의 주인공이다.

2. 조함 기술의 발전과 진수회원의 기여

해상무기 연구개발 40년, 도전과 성취

많은 외침을 당한 우리나라의 역사와 중국, 일본, 러시아 등 군사 강대국 사이에 위치한 지정학적 특성, 그리고 상존하는 군사적 위협을 고려할 때 자주적인 국방 능력은 언급할 필요조차 없는 국가 차원의 명제이다. 더욱이 무기 성능이 전쟁의 승패를 좌우하므로 국방과학연구소는 국가와 민족의 생존과 번영을 지키는 최일선의 국가 연구기관이다. 이러한 국가 연구기관에서 자랑스럽게도 50여 명의 진수회 동문들이 초기부터 오늘에 이르기까지 해상무기 및 함정 연구개발에 헌신해 왔다.

국방과학연구소가 창설된 것은 1970년 8월이었고 조직과 연구실을 갖추고 연구 업무를 시작한 것은 1971년 초였다. 당시 많은 전문가들은 국내의 독자적인 무기 개발에 회의적이었는데, 이를 깨고 '하면 된다!'는 자신감을 얻게 된 것은, 박정희 대통령의 '번개사업' 특명으로 1971년 11월 17일부터 12월 30일까지 소총, 박격포 등 기본 병기 제작에 성공하였기 때문이다. '번개사업'을 기점으로 오늘날에는 국산 첨단무기를 실전배치하여 국가안보를 유지하기에 이르렀다.

연구소 창설 초기에는 해군 기술장교로 복무하기 위해 1971년 5월에 입소한 서울공대 조선공학과 출신이 초창기 기본 병기 개발에 참여하였다. 1973년에 수행된 해군 분야 연구과제는 국내 개발 고속정에 대한 성능시험 평가였다. 이 과제는 미 해군의 기술 지원으로 수행되었는데, 이를 계기로 연구소는 해군 조함단이 주관하여 개발, 건조한 수많은 함정들을 체계적으로 시험평가할 수 있게 되었고 국내 함정 기술 발전에 기여하였다.

1974년 초, 무유도 직진어뢰의 개발로 연구소에서 해상무기 분야의 연구개발이 시작되었다. 1974년 9월 과학기술장교 제도에 따라 박성희, 김정석 동문이 입소하여 연구에 참여하였다. 지금 수준에 비하면 유치한 어뢰였지만, 당시 기술 수준으로는 매우 힘든 과제였으나 대한전선(현 한화)이 주관하여 1975년 1기 제작에 성공하였다.

1976년 5월에는 연구소 조직개편으로 해상무기 연구개발을 전담하는 연구본부가 진해에 설립되었다. 서울 연구소의 해군 분야 연구원들이 진해로 내려오고, 병역특례 제도에 따라 대학을 갓 졸업한 진수회 동문들이 대거 입소함으로써, 해상무기 및 함정 연구개발이 본격적인 궤도에 오르게 되었다. 초대 본부장으로 연구체계를 세우고 연구개발 방향을 정립한 분은 바로 김훈철 박사이다.

서울 연구소 시절에 제작한 무유도 어뢰는 1977년 1월 해상시험 중 분실되었으나 이때 쌓은 경험들을 토대로 MK-44 경어뢰 모방 개발단계를 거쳐, 1981년 3월 한국형 경어뢰 K-744를 미국 허니웰(Honeywell) 사와 공동으로 개발하였다. 송준태 박사는 독일 아헨(Aachen) 공대에서 유학을 마치고 1981년 연구소로 복귀하여 K-744 경어뢰 개발을 주관하였다. 개발 과정이 순조로워 미 해군 시험장에서의 해상 성능시험을 거쳐 국산 어뢰를 수상전투함에서 운용할 수 있게 되었다.

이후 1985년부터 미국 유학에서 돌아온 박성희 박사가 어뢰 개발을 맡았으며 첫 작품이 잠수함용 중어뢰(가명 백상어)이다. 1986년 개발을 시작하여 1998년 운용시험 평가를 실시, 2000년 6월 LG정밀(현 넥스원)에서 양산품을 출고하여 해군에 납품함으로써 잠수함에도 국산 중어뢰를 탑재 운용하게 되었다. 특히 체계 M&S 기술(System Modeling And Simulation Technology)을 토대로 HILS(Hardware In the Loop Simulation) 시스템을 개발, 적용함으로써 어뢰 개발 기술을 선진국 수준으로 높였다. 이렇게 확보한 체계 M&S 기술을 토대로 1995년 최고 수준의 성능을 가진 신형 경어뢰(가명 청상어) 개발에 도전하였는데, 2004년 9월 운용시험을 거쳐 2006년 3월 넥스원에서 양산에 성공하였다. 박성희 박사와 함께 안창범, 김찬기, 김인학, 김진, 윤현규, 신상묵, 박정기, 이심용 등 많은 동문들이 중어뢰 및 신형 경어뢰 개발에 기여하였다. 특히 체계 M&S 기술의 연구개발 및 실용화에 진수회 동문들의 공로가 매우 컸다.

잠수함 연구개발은 150톤급 소형 잠수함(가명 돌고래)의 개발로 시작되었다. 1979년 기본설계를 완료하고 코리아타코마에서 건조하여 시운전 및 시험평가 단계를 거쳐 1984년 해군에 인도되었다. 돌고래는 소형이지만 국내 기술력만으로 개발 건조한 첫 국산 잠수함으로, 해군 수중작전 능력 배양 및 잠수함 승조원 양성에 큰 기여를 하였다. 황무지나 다름없는 여건에서 국산 잠수함의 개발 건조에 성공한 것은 설계 책임자인 김홍열 박사를 비롯하여 임경식, 박의동, 이헌곤, 서인준, 서명성, 김두기, 도원록, 이종식 등 동문들의 헌신적인 노력과 열정 때문이었다고 생각한다. 송준태는 당시 어뢰 개발과 병행하여 안창범 동문과 함께 돌고래 조종 훈련 시뮬레이터를 개발하였는데, 잠수함 운용 경험이 전혀 없는 승조원들을 육상에서 숙달시켜 첫 수중항해를 안전하게 완수하였다.

이후 정규 잠수함 개발을 위한 핵심 부품/기술 연구는 김홍열, 임경식, 박의동, 이헌곤, 김두기, 백광현, 김대준, 고용석, 이승수, 전희철, 이한성, 부유덕, 이건철, 이상욱 동문이, 잠수함 전용 시험시설 건설은 안진우, 김찬기 동문이 주축이 되어 수행하였다. 현재 대형 잠수함 연구개발 과제들은 박의동 박사의 주도 아래 김두기, 고용석, 안진우, 김찬기, 김상현, 조윤식, 안진형, 이건철 동문 등이 수행하고 있는데, 잠수함 분야에서의 동문들의 활약은 앞으로도 계속될 것이다.

특수선형 함정 분야의 연구개발은 연구소에서 발주한 50노트급 고속 공기부양선(ACV)을 1984년 코리아타코마에서 실용, 건조하면서 시작되었다. 이어서 1985년 수상함 연구실을 설립하고 우수한 내파성능과 넓은 갑판을 군용으로 활용하기 위해 반잠수 쌍동선(SWATH: Small Waterplane Area Twin Hulls)에 대한 연구개발을 중점적으로 수행하였다.

1990년 해상 시험선의 건조 계획에 따라 그동안 반잠수 쌍동선의 연구 결과를 토대로 320톤급 해상 시험선을 설계하였다. 1990년 말부터 현대중공업에서 상세 설계 및 건조 공작을 수행하였고 1993년 4월 선진호로 명명하였다. 박병욱, 홍세영, 안진우, 조윤식 동문들과 함께 국내 최초로 개발, 건조한 반잠수 쌍동선 선진호는 2012년 7월에 퇴역할 때까지 지구 다섯 바퀴 반을 돌 정도로 매우 유용하게 활용되었다.

해상시험장은 국내 개발 해상무기 및 함정의 성능을 검증하기 위한 필수적 시설로서, 해상 시험선 건조와 함께 각종 해상시험 장비를 확보하여 1995년 지심도에 시험소를 건설하였다. 시험평가를 국내에서 하게 되어 시험평가 횟수가 대폭적으로 늘어났고, 비용과 시간의 절감 그리고 군사 기술 정보의 누출을 막을 수 있게 되었다.

해상무기 및 함정 분야 연구개발을 총괄하는 본부장직은 초대 김훈철 박사 이후 1995년 4월부터 1999년 3월까지 송준태 박사, 2005년 4월부터 2008년 12월까지 박성희 박사가 역임하였다. 이헌곤 박사는 대전지역 연구본부장을 역임하고 2012년 9월부터 국방과학연구소 부소장의 중책을 수행하고 있다.

끝으로 젊은 연구원 시절, 국방연구개발 분야에서 신념을 갖고 일할 수 있도록 깨우쳐준 일화를 소개하고자 한다. 평소 존경하고 따르던 연구실장님께 송준태는 짓궂은 마음으로 여쭈었다.

"사람을 살상하는 무기를 연구개발하는 일은 나쁜 일이 아닙니까?"

그 대답은 간단하였다.

"나쁜 일을 남이 대신하도록 하는 사람이 더 나쁜 사람이지."

조함산업의 태동기에서 완숙기까지

개인이나 조직에는 꿈이라는 것이 있다. 그 꿈이 현실이 되면 흔히들 성공이라는 말을 붙인다. 지난 세월 대한민국 조함의 역사는 그 꿈을 현실화하는 과정이었고, 이제는 성공의 역사로 나아가고 있다. 이러한 꿈을 실현하는 역사적 현장의 중심에는 조선소, 학계, 연구소, 해군 등에서 활동한 진수회 회원들이 있었다. 이들 한 명, 한 명의 함정에 대한 열정과 노력이 모아져 우리 손으로 건조한 함정이 우리의 바다를 지키게 되었고 '대양 해군 건설'이라는 해군의 원대한 꿈을 이루어가게 되었다.

여기에서는 조함의 태동기에서 현재까지 추진한 조함사업들을 시대별로 되짚어 보고 조선소, 학계, 연구소에서 조함 기술 발전과 조함사업의 성공에 이바지한 진수회 회원과 조함 발전에 공헌한 해군 조함장교 진수회 회원을 소개하기로 한다.

1945년 해방 후 손원일 제독이 3군 최초로 창군한 해군은 1946년 미군으로부터 제2차 세계대전 당시에 사용하였던 함정을 군사원조로 지원받아 해군의 골격을 갖추었다. 조함사업의 태동기라 할 수 있는 1970년대 초 정부의 자주국방 의지에 힘입어 북한의 소형 고속정에 대응하기 위한 어로지도선(KIST Boat), 학생호(PK) 등의 고속정 설계 및 건조가 대한민국 최초의 조함사업이었다. 1970년대 중반에는 율곡사업이라는 이름으로 전력증강 사업이 본격화되었으며, 1800톤급 한국형 구축함(현재 호위함으로 변경)을 국내에서 설계 및 건조함으로써 조함 분야의 획기적인 발전을 이룩하였다.

조함사업 성장기인 1980년대에는 한국형 구축함을 성공적으로 전력화한 것에 힘입어 초계 업무를 담당할 1000톤급 한국형 초계전투함을 설계하고 건조함에 따라 우리 해군의 전력증강에 일익을 담당하였다. 해군이 주도하고 방산조선소들의 원활한 협조로 한국형 구축함, 초계함, 고속정 등을 독자적으로 설계, 건조하게 되면서 방산조선소들의 함정 설계 및 건조 능력이 신장되어 조함사업의 기반이 구축되었다. 이에 따라 우리 해군에 필요한 기뢰전함, 상륙전함, 군수지원함 등 크고 작은 함정들이 국내에서 설계하고 건조하는 단계로 발전하였다.

조함사업 정착기인 1990년대에는 기존 수상함을 포함하여 수중 세력의 증강을 위해 잠수함 또한 국내에서 건조하였고, 대함·대공·대잠 전투 능력을 갖춘 최신예 구축함인 DDH-I, II급을 건조하였다.

조함사업 완숙기라 할 수 있는 2000년대 이후에는 대양 해군을 위한 대형 수송함(LPX)과 꿈의 구축함인 이지스 구축함 등을 건조하였으며, 전략 환경에 부합하는 다양한 함정을 국내에서 독자적으로 설계·건조하게 되어 조함 기술 또한 완숙기에 접어들었다.

함정을 국내에서 건조하기 시작하여 약 40년도 안 되는 짧은 기간 동안 우리의 조함 기술로 각종 전투함, 잠수함, 상륙함, 소해함, 군수지원함 및 각종 보조선박 등 약 60여 종 700여 척을 설계·건조하였으며, 이를 바탕으로 국내 방산조선소에서 호위함, 초계함, 군수지원함, 상륙함 등을 외국에 수출하는 길이 열리게 되었다. 이러한 조함 역사에 진수회 회원들이 주축인 조선소, 학계, 연구소, 해군의 조함병과가 있었고, 진수회 회원들은 각 분야에서 중추적인 역할을 하였다.

조함 태동기(1970년대)
—

6.25 전쟁이 끝나자 미국은 제2차 세계대전에 참전했던 각종 함정들을 무상 또는 대여 형식으로 한국에 제공했고, 미 해군군사학교를 개방하여 우리 해군 장병들에게 항해술과 각종 해군 전술교육을 제공함으로써 우리 해군은 짧은 기간에 대형 함정을 운용, 유지할 수 있는 능력을 갖추게 되었다. 그러나 이 함정들은 건조 시기가 1930년대 후반에서 1940년대 초반으로, 낡고 구식이라 망망대해에서 소형 고속정의 간첩선을 탐색·식별·격파하거나 포획할 수 있는 성능을 갖추지 못하였다. 이러한 우리 해군의 약점을 간파한 북한은 육로보다는 해로를 간첩 파견 통로로 이용했고, 이를 막기 위해 우리 정부와 해군에 고속정이 절실히 필요하였다.

조함사업의 연대별 역사

연대	조함 연대	주요 조함 내용	사업 주관
군 창설기	군원 의존기	• 미 해군의 잉여 함정을 군사원조로 대여 운용 • 정비 및 일부 개조, 개장 능력 보유	공창설계과

1970년대	조함 태동기	• 고속정 국내 건조 시작 및 운용
		  − PB, KIST Boat, 학생호(PK)
		• 해군공창 / 조선소에서 해군 주도 아래
		  함정 건조 수행
			조함과 /
			설계과

1980년대	조함 성장기	• 중·소형 전투함, 상륙함, 지원함 등 국내 건조
		  − PKM-I, II, III, PGM, 울산함 KCX-I, II
		  − AOE, LST, 울산함급-II/III, KCX-III, MSH
		• 해군 주도 방산조선업체 능력 신장 및
		  국내 독자 설계·건조 기반 구축(노후 함정 국산화
		  대체)
			조함실

1990년대	조함 정착기	• 대형 전투함(구축함 등) 국내 설계·건조
		  − KDX-I, ASR, MLS
		• 잠수함 국내 건조(기술도입과 생산)
		  − 장보고함-I
		• 산학연 조함 기술 협업체계 구축
			조함단

2000년대
및
2010년대
	조함 완숙기	• 전 소요 함정 국내 독자 설계·건조를 통한
		  대양 해군 건설
		  − PXK, KDX-II, MSO, LPX, 장보고함-II
		• 이지스 구축함 설계 및 건조
		  − KDX-III
		• 함정 해외 수출 확대
		• 잠수함 국내 설계·건조
		  − 장보고함-III
			조함단 /
			방위사업청
			(2006년)

전투함, 경비함, 상륙함, 지원함, 소해함, 고속정, 근무지원정 등 700여 척의 함정을 성공적으로 설계하고 건조함			

:: 수중익선형 고속정

　이러한 시대적 배경 아래 우리 해군은 당시 가장 시급한 과제인 고속정 확보를 위해 독자적으로 개발·건조를 추진하기로 결정하고, 고속정 개발·건조 사업을 해군공창에서 주관하도록 하였다. 이에 따라 1969년 초 해군공창에서 국내 최초로 개발·건조를 시도한 함정은 30노트급 수중익선(Hydrofoil Ship)형 고속정이었다. 1970년 5월부터 건조에 착수하여 1971년 초에 건조를 완료하고 시운전을 하였다. 선체는 목재로 제작되었고, 수중익은 수면 관통형이며 강재로 제작되었다. 최종적으로는 30노트급 속력을 달성하였으나 고속 항해할 때의 불안정성을 개선하기 위해 수중익을 제거하고 활주선형의 고속경비정으로 운용하게 되었다.

:: 키스트 보트

　키스트 보트(KIST Boat)는 국내 최초로 40노트급 고속을 목표로 설계한 활주선형 고속정이다. 또한 최초로 실전에 배치·운용한 고속정으로도 큰 의미를 갖고 있다. 대간첩 작전용 고속정으로서 개발·건조 단계에서는 어로지도선이라는 이름을 사용하였으며, 운용단계에서 함 명칭이 PKMM으로 변경되었다. 한국과학기술연

어로지도선(PKMM)

구소(KIST)에서 학계 및 조선소의 전문가와 해군공창 요원 등 총 12명의 설계팀을 구성하여 1970년 8월부터 설계를 시작하였다.

미국에서 모형시험을 실시하였으며, 1970년 12월에 기본설계를 완료하였다. 이후 진해 해군공창에서 1971년 4월부터 건조를 시작하여 1972년 3월에 건조를 완료하였다. 키스트 보트는 전장 30미터, 폭 8미터, 깊이 3.8미터, 만재배수량 119톤으로, 15노트에서 활주를 시작하였으며 당시 최대속력 39노트를 기록하였다. 대함공격 능력 보강을 위해 프랑스 엑소세(Exocet) 함대함 유도탄을 탑재하여 1975년 11월에 공개적으로 유도탄 발사시험을 수행하는 등 당시 국민들의 관심사가 되었다. 황종휼(46학번), 임상전(48학번), 김극천(49학번), 김훈철(52학번) 회원은 키스트 보트 설계의 자문위원으로 참여하여 고속정 설계 기술의 발전에 크게 기여하였다.

:: 학생호

1970년 11월 청와대에서 당시 학생 방위성금 3억 8천만 원을 해군에 배정하면서 '40노트 고속정 외국 구매 지침'을 하달하였으나, 미국 유학을 마치고 돌아온 엄도재 소령(61학번)의 노력으로 해군에서 2척을 국내 건조하는 것으로 결정하였

학생호 진수

다. 이 고속정을 국외 구매에서 국내 건조하기로 결정함에 따라 해군의 조함을 담당할 조직인 해군본부 함정감실 조함과가 탄생하게 되었다. 조함 담당 소령 엄도재, 중위 김국호(65학번), 중위 신영섭(65학번) 등 5명으로 구성되어 설계는 물론, 장차 해군의 핵심 전력 조함 업무를 담당하게 되었다. 이 고속정은 해군본부 조선계에서 1971년 2월부터 약 9개월 동안 설계하였으며, 1972년 11월에 진수하여 1973년 1월 해군에 인도되었다. 이 고속정의 진수식에는 성금에 참여한 전국 각 도의 초·중·고교 학생 대표 2000여 명이 참석하였으며, 학생들이 낸 방위성금으로 건조하였다는 뜻으로 이 배의 이름을 '학생호'로 명명하였다. 전장 23.5미터, 폭 5.4미터, 깊이 2.9미터, 만재배수량 70톤, 최대속력 40노트이며, 해군이 설계한 최초의 함정으로 우리나라 조함 역사에서 하나의 이정표가 되었다.

:: 소형 고속정

학생호보다 조금 늦게 시작된 소형 고속정(PB) 건조사업은 해군본부 조함과 주관 아래 1972년 12월에 기본설계를 완료하여 1973년 4월 대한조선공사에서 1번함을 건조하였다. 소형 고속정은 만재배수량 30톤, 전장 22미터, 폭 3.5미터, 깊

소형 고속정(PB)

이 2.5미터, 최대속력 25노트의 소형 함정으로, 국내 최초로 알루미늄 선체 재료를 적용하였다. 선도함에 대한 성능시험 결과, 속력 측면에서 만족스럽지 못할 뿐만 아니라 복원성 또한 문제가 되어, 이후 해양 상태가 양호한 경우 연안에서 운용하는 항만 경계임무만을 수행하였다. 소형 고속정에서 발생한 문제는 초창기 함정 건조 경험이 충분하지 못한 상태에서 일어난 사례로, 이후 조함체제를 정립하는 계기가 되었으며, 당시 알루미늄 용접에 관한 지식과 경험은 이후 PK, PKM, FF, PCC의 설계·건조에 많은 도움이 되었다.

:: 중형 유도탄 고속정

중형 유도탄 고속정(PGM) 건조는 북한의 유도탄 고속정의 위협에 대처하기 위하여 계획되었다. 1번함은 미국에서 운용 중인 함정을 인수하였으며, 이후 미국의 TBC 사와 3척에 대한 건조계약을 체결하고 이 중 1척은 국내의 코리아타코마(KTMI)에 기술이전을 통해 건조하도록 하였다. 1974년 10월 국내에서 PGM의 건조를 성공적으로 진행한 KTMI와 5척 추가 건조계약을 체결하였으며, 당시 고속정 확보가 시급한 상황이라 3척은 KTMI에, 나머지 2척은 미국 TBC 사에 하청

중형 유도탄 고속정(PGM)

을 주어 건조하였다. 전장 50미터, 폭 7미터, 깊이 4미터, 흘수 1.5미터, 만재톤수 240톤, 최대속력 40노트로, 유도탄을 탑재한 우리 해군 최초의 유도탄 함정은 건조 시 국내 KTMI와 하청계약을 통해 미국의 TBC 사의 함정 설계 및 건조 기술을 습득함으로써 국내 함정 설계 및 건조 기술 발전에 크게 기여하였다.

:: 중형 고속정

중형 고속정(PKM, Patrol Boat Killer Medium)은 전방 해역에서 북한의 주 전투세력에 대처하기 위한 전투세력 확보, 후방으로 침투하는 상륙 및 비정규전 세력에 대한 대처, 대간첩선 작전세력 보강을 위해 건조되었다. 1976년 12월 기본설계를 완료하여, 1978년 6월까지 3척을 건조하고 후속함 34척을 추가 건조하였다. 전장 33미터, 전폭 7미터, 흘수 1.7미터이며 만재톤수 140톤, 최대속력 35노트, 순항속력 25노트이다. 이후 내파성 향상을 위해 전장을 37미터, 만재배수량 150톤으로 높였으며, 국내 개발 20밀리미터 발칸포를 30밀리미터 함포로 교체하였다. 이후 성능이 우수한 40밀리미터 자동포로 대체하고, 사격 통제장비를 장착하여 전투력을 대폭 높였다. 한진중공업은 105번째 중형 고속정을 건조한 바 있다. 1999년 6월

중형 고속정(PKM)

15일 제1 연평해전과 2002년 6월 29일 제2 연평해전 및 2009년 11월 10일 대청해전을 승리로 이끈 주 세력으로 우리나라 접적(接敵) 해역의 최전방에서 임무를 수행 중이다.

조함 성장기(1980년대)

:: 한국형 호위함

한국형 호위함(FF, Frigate)은 1974년부터 시작한 소형 고속정의 국내 설계·건조로 확보한 함정 설계 및 건조 기술을 기반으로, 국내 최초로 개발·건조한 중형 전투함이다. 1976년 12월 현대중공업이 기본설계를 하였으며, 현대중공업은 국내 기술 보완이 필요한 사항에 대하여 미 해군 FFG-7의 설계 경험이 있는 미국 JJMA 사와의 기술 용역 계약을 맺어 선형 및 일반 배치, 구조 설계, 추진장치 설계, 선박동력 및 조명, 전자공학 등 각 분야에 대한 설계 기술을 제공받아 국내 조선소로는 처음으로 중형 함정에 대한 기초적인 설계 능력을 보유하게 되었다.

호위함(FFK)

1978년 3월 기본설계를 완료하고 같은 해 11월 현대중공업과 해군은 선도함 상세설계 및 건조 계약을 체결하였다. 전장 102미터, 폭 12미터, 흘수 3.5미터, 만재배수량 2000톤, 최대속력 34노트이며, 주 선체는 연강을 적용하였고, 선체 경량화를 위해 상부구조물은 알루미늄 자재를 적용하였다. 추진체계는 기동성과 경제성을 위해 CODOG(Combined Diesel or Gas turbine) 추진체계를 채택하였다. 선도함은 1980년 12월에 건조가 완료되어 울산함으로 명명하였다. 이후 1992년까지 후속함 8척이 방산조선소의 다변화 차원에서 현대중공업, 대한조선공사, 코리아타코마, 대우조선 등 4개 조선소에서 건조되었다.

:: **초계함**

초계함(PCC, Patrol Combat Corvette)은 노후 경비함을 대체하고 연안 방어체계 강화하기 위하여 우리나라 특성에 적합한 한국형 맞춤 경비함으로 계획되었으며, 호위함(FF) 선도함 건조와 병행하여 1970년대 말에 시작되었다.

1981년 11월 대한조선공사에서 선도함 착공을 처음 시작하여 추진된 초계함 1차선 4척분은 1983년 12월까지 대한조선공사, 코리아타코마, 현대중공업 및 대

초계함(PCC) 1번함
동해함

우조선에서 각각 1척씩 건조하여 해군에 인도되었다. 5번함 이후 함정은 대한조선공사에서 설계 변경하여 함 길이를 10미터로 늘리고 함 안정기(Fin Stabilizer)를 탑재하여 내항성능을 높였다. 만재톤수는 1200톤으로 높였으며, 24척이 건조되었다.

:: 기뢰 탐색함

미 해군에서 도입한 이후 노후된 소해함(MSC)을 대체하기 위하여 1983년 1월 우리 해군의 자체 기술진이 기본설계를 착수하였다. 당시 해군의 자체 인력과 기술을 총동원하여 1984년 1월 기본설계를 완료하였다. 상세설계 및 함 건조는 해군이 작성한 기본설계를 토대로 FRP 함정 건조시설을 갖춘 강남조선이 국내 FRP 구조설계 전문가의 지원을 받아 수행하였으며, 2004년 4월까지 총 6척을 건조하였다. 선도함의 시험평가 시 소해작전의 특수성을 고려, 선체 및 탑재장비들의 수중 폭발에 대한 함내 충격 성능 검증하기 위하여 국내 최초로 실선 수중폭발 충격시험을 실시하였다. 소해함 특성상 기뢰 소해작전 중 함정의 위치 유지 능력이 우수하고 조타기가 불필요한 VSP(Voith Schneider Propeller)를 추진기로 채택하였고, 전장 46미터, 폭 8미터, 만재톤수 500톤, 최대속력은 15노트이다.

기뢰 탐색함

:: 군수지원함

군수지원함(AOE, Fast Combat Support Ship)은 전투함의 지속적인 해상작전을 수행을 지원하기 위한 기동 군수지원 전력으로, 당시 운용 중인 유조함(AO, Oiler)을 대체하여 유류, 청수, 탄약, 식량 등 다목적 지원을 위한 함정으로 확보하게 되었다. 1986년 11월부터 1988년 4월까지 18개월 동안 현대중공업에서 기본설계를 수행하였고, 1988년 12월 건조에 착수하여 1990년 12월 해군에 인도되었다. 1995년 5월부터 1998년까지 선도함에 이어 현대중공업에서 2척의 후속함이 추가 건조되었으며, 전장 130미터, 폭 18미터, 흘수 6미터, 만재톤수 9000톤, 최대속력 20노트로 당시 해군이 보유한 함정 중에서 가장 대형이었다.

군수지원함(AOE)

:: 상륙함

상륙함(LST, Landing Ship Tank)은 전시에 상륙 돌격세력의 수송이 주 임무이며, 항만 사용이 가능하지 않을 때 해안을 통한 수송지원, 전·평시 전후방 육상 및 도서부대에 군수지원 임무를 수행하는 구형 상륙함을 대체하여 세력을 증강하기 위해 건조사업이 추진되었다.

480

상륙함은 전장 113미터, 폭 15미터, 흘수 3미터이며, 만재톤수 4100톤, 최대속력 16노트로 1999년 말까지 총 4척을 건조하였다.

상륙함(LST)

조함 정착기(1990년대)

:: DDH-I급 구축함

당시 미국에서 도입한 구형 DDH를 운용하던 우리 해군은 주변국과의 분쟁 발생을 효과적으로 억제하고, 해양자원을 보호하여 국익을 수호할 수 있는 헬기 탑재형 구축함이 필요하다고 인식하여, 한국형 호위함(FF) 건조 경험을 바탕으로 성능을 한 단계 높인 구축함 건조를 추진하였다.

기본설계는 1989년 7월부터 1991년 5월까지 대우조선에서 수행하였으며, 1998년까지 대우조선에서 총 3척의 한국형 헬기탑재 구축함을 건조하였다. 전장 135미터, 폭 14미터, 흘수 4미터, 만재톤수 3800톤으로 최대속력은 30노트이며, 탑재무장은 127밀리미터 함포 1문, 함대함유도탄, 함대공유도탄, 어뢰 등이 있다.

또한 근접하는 유도탄에 대하여 분당 약 4500발을 발사할 수 있는 근접방어무기체계(CIWS, Close-in Weapon System)가 탑재되었다.

구축함(DDH-I)

:: 209급 잠수함

1987년 8월 북한이 보유하고 있는 수십 척의 잠수함에 대응하기 위하여 독일의 209급 잠수함을 선정하였다. 1번 함은 해외에서 건조하고, 국내 기술자들이 건조 기술을 전수받아 2번 함과 3번 함은 국내에서 건조하기로 하고 1987년 12월 대우조선공업(현 대우조선해양)과 독일 HDW 조선소 간의 계약이 체결되었다. 209급 잠수함은 총 9척이 건조되었으며 2번 함 이후부터는 대우조선공업에서 건조하였다.

:: 잠수함 구조함

잠수함 도입과 더불어 잠수함 조난 시 승조원 및 선체를 구조할 수 있는 잠수함 구조함(ASR, Submarine Rescue Ship)이 필요하게 되어 잠수함 구조함 건조사업을 추진하였다. 대우조선공업에서 기본설계와 상세설계를 하였으며 준비기간을 거쳐 건조하였다.

잠수함 구조함은 만재톤수 4300톤, 최대속력 18노트이며 심해 잠수장비인 DDS(Deep Diving System)와 잠수함 승조원 구조를 위하여 심해 잠수 구조정(DSRV, Deep Submergence Rescue Vehicle)이 탑재되어 있다.

잠수함 구조함(ASR)

:: **소해함**

미국에서 도입한 소해정(MSC)의 노후화로 1990년대 후반에 도태가 불가피하였고, 1990년대에 들어서 해저기뢰, 복합감응기뢰 및 자항추진기뢰 등 기뢰의 발전 추세에 대응하기 위해 탐색과 소해를 동시에 수행할 수 있는 소해함 확보의 필요성까지 대두되어 소해함(MSH, Mine Sweeping & Hunter)을 건조하게 되었다. 강남조선에서 기본설계를 수행하였으며, 이후 상세설계 및 함 건조를 위한 준비기간을 거쳐 총 3척을 건조하였다.

주요 소해장비는 자기 및 음향감응기뢰를 동시에 소해할 수 있는 복합식 소해장비와 기계식 소해장비를 탑재하고 있으며, 수중에서 원격조종으로 기뢰를 탐색, 식별 및 처리할 수 있는 무인기뢰 처리기(MDV, Mine Disposal Vehicle)를 탑재하고 있다.

소해함(MSH)

:: 기뢰부설함

기뢰부설함(MLS, Mine Layer Ship) 건조는 유사시에 우리나라 주요 해역을 방어하기 위한 방어기뢰와 적의 주요 해역에 공격기뢰를 부설하며, 소해작전의 지휘함으로서 임무를 수행하고 소해함에 대한 제한적인 군수지원 임무를 수행할 목적으로 계획되었다.

기본설계는 현대중공업에서 수행하였으며, 이후 상세설계 및 함 건조 준비기간

기뢰부설함(MLS)

을 거쳐 1997년 1척을 건조하여 해군에 인도하였다.

기뢰부설함은 자동화된 기뢰부설 체계를 탑재하여 기뢰를 신속히 부설할 수 있다. 또한 함미에 대형 비행갑판을 보유하고 있어 소해 헬기의 이착륙이 가능할 뿐만 아니라 소해 헬기의 모함 임무를 수행할 수 있다.

조함 완숙기(2000년대 이후)

:: 구축함

구축함(DDH-II, Destroyer Helicopter-II) 건조는 1990년대에 착수한 3000톤급 한국형 구축함(DDH-I) 건조 추진 과정에서 함형을 발전시키고 함정의 규모를 키움으로써 대양에서의 임무수행 능력을 높여 기동전단의 주력 전투함의 역할과 장거리 대공방어 능력을 갖추도록 계획되었다.

기본설계는 현대중공업에서 수행하였으며, 선도함은 대우조선해양에서 상세설계하여 3척을 건조하였고, 현대중공업에서도 3척을 건조하였다.

전장 150미터, 폭 17미터, 흘수 5미터, 만재배수량 4800톤, 최대속력 29노트이

구축함(DDH-II)

며, 추진체계는 CODOG 시스템을 적용하였으며 레이더 반사단면적(RCS, Radar cross section) 및 적외선(IR) 신호 감소를 위해 스텔스(stealth) 기술을 적용하였다.

2009년부터는 해군 전투함의 해외 파병에 따라 소말리아 해적 퇴치 작전을 수행하기 위한 청해부대의 모함 DDH-II 6번 함인 최영함은 해적에 피랍된 삼호쥬얼리 호 선원 및 선박을 무사히 구출한 아덴만 여명작전을 성공적으로 수행하여 대한민국 함정의 우수성을 전 세계에 알렸다.

:: 대형 수송함

대형 수송함(LPH, Landing Platform Helicopter)은 상륙작전을 위한 병력과 장비 수송을 기본 임무로 하며, 해상 기동부대나 상륙 기동부대의 기함이 되어 대수상전, 대공전, 대잠전 등 해상작전을 지휘, 통제하는 지휘함의 기능을 수행할 수 있다. 또한 재난 구조, 국제평화유지 활동, 유사시 재외 국민 철수 등 군사작전 외 국가정책 지원에도 활용할 수 있는 다목적 수송함정으로 계획되었다.

기본설계와 상세설계 및 함 건조는 한진중공업이 맡았고 건조 후에 해군에 인도되었다. 대형 헬기 외에 전차, 상륙돌격 장갑차, 트럭, 야포 그리고 공기부양선형의 고속상륙정 등을 탑재할 수 있다. 대형 수송함은 고속상륙정과 항공기를 통해 대대급 병력을 수평선 너머에 있는 적진의 해안에 투입할 수 있는 입체적 상륙작

대형 수송함(LPH)

전 능력이 있어 상륙군의 생존성을 보다 확실하게 보장하여 작전 능력이 크게 향상되었다. 국내 조함 발전 측면에서 최초로 1만 4000톤급의 군함을 국내에서 독자 설계·건조하는 쾌거를 이룬 것이라 할 수 있다.

:: 이지스 구축함

이지스 구축함(DDG, Guided Missile Destroyer) 건조는 기동전단의 핵심전력으로 이지스(Aegis) 전투체계를 탑재하여 대수상전, 대잠전, 대공전을 동시에 수행하고, 전략목표 타격 능력을 갖춰 적의 핵심 표적에 대한 정밀타격 임무와 적 항공기 및 유도탄을 원거리에서 조기 탐지 및 요격함으로써 기동전단과 호송선단에 대한 해역 대공방어 및 방공엄호 임무를 수행하도록 계획되었다.

미국, 일본, 스페인, 노르웨이만이 보유한 세계 정상급의 이지스 구축함을 국내에서 독자적으로 개발·건조하게 된 것은 소형 고속정 개발을 착수한 지 40년 만에 이루어낸 쾌거로, 대한민국 조함 기술이 세계적 수준에 도달하였음을 의미한다. 기본설계와 상세설계를 현대중공업이 수행하였으며 대우조선해양과 현대중공업에서 분담 건조하였다. 전장 165미터, 폭 21미터, 흘수 6미터, 만재톤수 1만 톤으로 최대속력은 30노트이다. 2007년에 진수된 1번 함 세종대왕함은 2009년 및 2012년에 북한에서 장거리 미사일을 발사하였을 때 가장 먼저 발사 사실을 포착하

이지스 구축함(DDG)

여 우수한 탐지 성능을 대내외에 과시하였다.

:: 유도탄 고속함

유도탄 고속함(PKG, Guided Missile Patrol Boat Killer) 건조는 기존 고속정(PKM)을 능가하는 무장과 최첨단 전투체계를 갖추고, 기존 130톤급 고속정에 비해 톤수를 400톤급으로 높여 국내에서 개발한 함대함 미사일 '해성'을 장착하는 것으로 계획되었다. 노후한 고속정의 대체전력 확보를 위한 차기 고속정사업의 일환으로 추진된 유도탄 고속함은 연평해전과 서해교전의 교훈을 바탕으로 무장과 전투체계를 획기적으로 개선하는 한편, 대응 및 생존 능력을 극대화하도록 하였다. 한진중공업이 기본설계와 상세설계를 하고 함을 건조하여 해군에 인도하였다. 전장 63미터, 폭 9미터, 흘수 5미터이며, 만재톤수 550톤, 최대속력은 40노트로 워터제트(Water Jet) 방식의 추진기를 탑재해 어망이 산재한 연안 해역에서도 탁월한 기동성을 갖췄다.

유도탄 고속정 선도함은 제2 연평해전에서 전사한 고(故) 윤영하 소령의 감투정신을 헛되이 하지 않겠다는 결연한 각오와 염원을 담아 윤영하함으로 명명하였으며, 후속함은 STX 조선, 한진중공업에서 건조 중이다.

유도탄 고속함(PKG)

:: 214급 잠수함

우리 해군은 209급 잠수함 획득 및 성공적인 운용에 이어 전반적으로 성능이 향상된 차기 잠수함(KSS-II) 확보와 수상함처럼 국내에서 독자적으로 잠수함 설계 및 건조 능력을 보유하기 위해 계획하였다. 214급 잠수함 선도함은 현대중공업에서 2000년 12월에 착수하여 2006년 6월에 진수, 2007년 12월 해군에 인도되었다.

214급 잠수함 사업으로 국내 독자 잠수함 설계 능력을 확보할 수 있는 계기가 마련됨으로써 수상함과 잠수함을 비롯한 모든 함정을 설계 및 건조할 수 있는 조함강국이 되었다.

214급 잠수함

:: 차기 호위함

차기 호위함(FFX Batch-I)은 1980~1990년대 건조된 호위함(FF) 및 초계함(PCC)을 대체하기 위해 사업화되었으며, 현대중공업이 기본설계와 상세설계를 하고 함을 건조하여 해군에 인도하였다. 1번함은 인천함으로 명명하였고, 주요 제원은 경하배수량 2300톤, 전장 114미터, 폭 14미터, 최대속력 30노트이며, 추진체계는 호위함 및 초계함과 동일한 CODOG 방식을 적용하였고, 헬기 탑재를 통해 대잠전 능력 및 기동성을 높였다.

조함 분야에 몸담았던 진수회 회원과 회고

조선소, 학계, 연구소에서 조함사업 성공에 공헌한 진수회 회원들
—

우리의 조함사업 성공은 해군의 사업추진에 대한 의지와 성공을 향한 노력만으로는 불가능하였고, 진수회 회원들이 주축이 된 산학연 및 군 간의 긴밀한 협조와 노력이 있었기에 가능하였다. 해방 후 비록 조선산업은 없었으나 조선산업을 이끌 우수한 인재들을 서울대학교 조선공학과에서 지속적으로 배출하여 조함사업 추진에 필요한 훌륭한 인적 기반이 구축되었다.

1970년대 정부의 중공업 육성정책과 더불어 조선산업이 뿌리 내리기 시작하여 세계적인 대형 조선소들을 건설하고 성장하는 과정에서, 소형 고속정에서부터 최신예 이지스 구축함 및 중형 잠수함에 이르기까지 국내에서 설계하고 건조할 수 있는 선진국 수준의 능력을 갖추게 된 데에는 진수회 회원들의 크나큰 공헌이 있었다. 또한 진수회 회원들을 중심으로 서울대학교 조선공학과, 선박연구소, 국방과학연구소, 기계연구소 등에서는 기초 연구, 특수성능 연구, 특수선형 연구 등 조함사업에 필요한 기술을 뒷받침하였다.

각 분야의 진수회 회원들의 노력이 바탕이 되어 국내 조선업계는 이지스 구축함을 국내 자체 기술로 건조하였고, 최신의 함정을 선진국과 경쟁하여 개발도상국은 물론 선진국 해군에까지 수출하는 쾌거를 이루게 되었다.

조선소에서 조함사업의 발전과 성공에 중추적인 역할을 한 진수회 회원으로는 현대중공업의 김응섭(61)·김진구(64)·김정환(74)·김태욱(77), 대우조선공업(현 대우조선해양)의 임문규(68)·김병수(69)·박용유(71)·김덕중(72)·신준섭(73)·유희철(73)·배재욱(73)·박동혁(75)·김충열(75)·신장수(75)·한동훈(79)·서동식(81), 코리아타코마(현 한진중공업)의 최상혁(59)·김국호(65)·고성윤(65) 등이 있다.

학계 및 연구소에서 조함사업에 기여한 진수회 회원으로는 서울대학교의 황종휼(46)·임상전(48)·이기표(65), 인하대학교의 이재욱(61), 국방과학연구소의 김정식(59)·송준태(64)·임경식(70)·이헌곤(73)·박의동(73)·김두기(74)·고용석(81)·김찬기(82)·안진우(82), 선박연구소(현 선박해양플랜트 연구소)의 김훈철(52)·장석(61)·양승일(65), 기계연구원의 김재승(72)·정정훈(81), 해군사관학교의 김재복(70)·김영일(74)·부성윤(79) 등이 있다.

해군 조함장교 진수회 회원들

—

조함 분야에 몸담았던 진수회원 조함장교의 부류는, 첫 번째는 해군사관학교 출신 장교 또는 장기 복무 ROTC 장교 가운데 해군 내에서 선발 과정을 거쳐 서울대학교 조선공학과(학·석·박사)에서 군 위탁교육을 받고 조함 분야에 종사한 부류로 현재까지 60여 명에 이른다. 이들은 서울대학교 조선공학과의 위탁교육을 마친 후 해군에 복귀하여 대부분의 군 생활을 조함 조직의 변천에 따라 함정 획득사업의 기획, 사업관리, 설계, 감독 분야에서 근무하면서 조함사업의 기틀을 다지고 현재의 조함사업으로 성장하는 데 중추적인 역할을 담당하였다.

두 번째는 서울대학교 조선공학과를 졸업한 뒤에 군 복무를 해군 조함 분야에 몸담았던 해군 특교대(OCS) 장교 부류이다. 이들은 비록 3년에서 7년 기간 동안 해군 장교로 복무하였지만, 우리 조함 인력과 기술이 미비한 1970년대 조함 태동기 및 1980년대 조함 성장기에 조함사업의 기반을 다지는 데 큰 역할을 하였고 1990년대 이후에도 그 역할이 계속 이어졌으며, 현재까지 70여 명에 이른다. 이들은 다른 병과의 해군 특교대 장교들과는 달리 단순히 의무복무를 위해 조함장교로 근무한 것이 아니라, 해군력 건설에 이바지한다는 사명감과 조함사업을 꼭 성공시키겠다는 열정으로 해군사관학교 출신 조함장교들과 혼연일체가 되어 밤낮을 가리지 않고 헌신하여 일하였다.

해군의 군사원조 의존기에서 탈피하여 조함 태동기를 거치면서 조함의 기틀을 마련한 1970년대 및 1980년대 초반에 주로 활동하였던 해군사관학교 출신 진수회 회원으로는 엄도재(61), 신동백(62), 박대성(64), 김종순(66) 등이 PB, PK, PKM, PGM, 울산함, KCX 등의 사업에서 중추적인 역할을 하였다. 또한 조함사업 기반이 전무한 상황에서 이들이 주축이 되어 조함과에 이어 조함실을 창설하여 조함사업 조직을 갖추었으며, 조함병과를 신설하여 인력을 확충하고 조함사업을 수행할 수 있는 체계를 마련하였다.

태동기에는 실무자로, 정착기 및 성장기에는 중간책임자와 책임자의 위치에서 조함 능력을 국제적인 수준으로 끌어올린 조함사업의 주역이 되었던 해군사관학교 출신 진수회 회원으로는 허일(68), 김태운(69), 이강우(69), 배해룡(72), 심이섭(73)이 있다. 이들은 PKM-II, 장보고-I, 울산함, MSH, DDH-I, AOE, ASR 등의 사업에 중추적인 역할을 하여 사업 성공의 밑거름 역할을 함은 물론, 조함 기술 및 사업관리 기반의 구축, 조함실을 조함단으로 확대 개편하여 기술 인원을 확충하는 등, 조함사업을 체계적으로 수행할 수 있는 토대를 마련하였다.

태동기에 해군 특교대 조함장교로 활동한 진수회 회원은 김국호(65), 신영섭(65), 양승일(65), 김상선(67), 신창수(67), 홍순채(67), 이인성(68), 임문규(68), 김병수(69), 주경린(69), 김강수(70), 윤용수(70), 황성호(70), 이진태(71), 이춘성(71), 임동조(71), 박용유(71), 조상래(71), 정태영(71), 김덕중(72), 이명식(72), 전영기(72), 주영렬(72), 한병환(72), 정기태(72), 양홍종(72), 김석수(73), 배재욱(73), 신준섭(73), 유희철(73), 이경웅(73), 이병인(73), 강석태(74), 노형렬(74), 김충렬(75), 박동혁(75), 신장수(75) 등 40여 명이 있으며, 이들의 공헌으로 조함사업이 태동하였고 인력과 기술이 미비한 가운데서도 조함의 기틀을 다질 수 있었다. 이들의 사명감과 노고로 조함사업이 성공하여 해군력 건설에 크게 이바지하였다.

조함 정착기인 1980년대와 성장기인 1990년대 그리고 완숙기인 2000년대에 걸쳐 조함의 꽃을 피우는 데 주역이 되었던 해군사관학교 출신 조함장교 진수회 회원으로는 김형만(76), 손귀현(77), 김경중(78), 박형준(77), 정재수(78), 나양섭(81), 신승천(박사 06), 민영기(박사 05), 박승현(82), 문길호(83), 정현균(83), 조석진(84),

박동기(85), 이웅섭(85), 이재혁(86), 최완수(88), 최동섭(89), 황인하(90), 최낙준(91), 한성남(91), 김범석(92), 이성진(92), 황대순(92), 임우석(93), 이경철(95), 박준길(95), 김지원(96), 신정일(석사 03), 안병준(98), 최진원(00), 안진현(00)을 비롯하여 40여 명에 이른다. 이 기간 동안에 해군 특교대 조함장교로 활동한 진수회 회원으로는 이철훈(76), 한성환(76), 김현명(77), 남오석(77), 송호봉(77), 이교성(77), 이명주(79), 한동훈(79), 고용석(81), 최진원(81), 오세익(82), 주영준(84), 이준영(87), 양희준(88), 송강현(88), 주성문(92), 오남균(93), 김경동(93), 오인수(93) 등 30여 명이다. 이들 해군사관학교 출신 및 해군 특교대 조함장교들은 장보고-I,II 및 III, MLS, AOE, DDH-I, II 및 DDG, LPX, PKX, FFX 등의 설계 및 건조사업에서 중추적인 역할을 담당하였다. 이들의 활동으로 조함 기술이 선진국 수준으로 발전하였고, 대양 해군의 꿈을 이룰 수 있는 바탕이 마련되었다.

조함사업에 대한 진수회 회원들의 회고

—

조함 분야 진수회 회원 회고 1

한국 조함의 태동기, 고속정 개발시대

김국호(65학번)

:: 조함 시작 전

1970년 당시 해군이 보유한 모든 함정은 미 해군으로부터 원조받은 것으로 대부분 제2차 세계대전 후 퇴역시켜 보관하던 함정을 다시 보수하여 재취역한 것이었다. 주력함인 구축함을 비롯하여 호위구축함인 APD, DE, PF 등 비교적 큰 전투 함정과 PC, PCE, PCEC 등 소형 전투함이 전투부대인 1함대 소속으로 배치되었고, 기타 소해정과 상륙정인 LST 및 유류 운반선, 청수 운반선 등도 모두 미 해군에서 받은 함정으로 구성되었다. 또한 함대를 유지하는 데 필요한 부품 등도 계속해서 미국으로부터 제공받아 해군 함대를 유지하였다.

해군 당국은 조만간 모든 책임은 대한민국이 질 수밖에 없다는 것을 예상하고 1956년부터 해군사관학교 졸업생 중에서 우수자를 선발하여 서울공대 조선공학과로 위탁교육을 보내기 시작한다. 해사 14기 엄도재(61학번)와 신동백(62학번)은 졸업 후에 각각 미국의 미시간(Michigan) 대학과 MIT 공대에서 석사학위를 취득하고 귀국한다. 16기 박대성(64학번)은 1968년에 서울대학을 마치고 미 해군대학원(Naval Postgraduate School)에서 석사학위를 취득한다. 17기 김종순(66학번)은 서울대학을 마치고 실무에 종사하였으며, 이후 23기 허일(68학번), 24기 김태운(69학번), 이강우(69학번) 등이 뒤를 이어 해군의 많은 인재들이 조선공학을 선택한다.

:: 조함의 시작

1970년 조함과가 설립되어 초대 과장 11기 김사준 중령과 14기 엄도재 소령(61학번), 16기 박대성(64학번) 대위, 17기 김종순(66학번) 대위, 해군 특교대 48차 김국호 중위(65학번)와 신영섭 중위(65학번)가 창설 멤버로 대방동 해군본부 옥상에 위치한 옥탑방에 입주한다. 이렇듯 조함과는 과장과 문관 2명을 제외하고 100퍼센트 진수회 회원으로 구성된 조직으로서 "우리 배는 우리 손으로"라는 기치 아래 해군에서 필요한 모든 배를 우리 손으로 자체 설계하고 국내에서 건조하겠다는 당찬 포부를 가지고 출범하였다.

최초의 설계는 30톤급 예인선(Tug Boat)이었다. 설계 경험이 전무한 우리는 우선 예인선의 시방서가 필요하였는데 김재근 교수께서 시방서를 만들어 주셨다. 시방서를 바탕으로 분야별로 도면을 작성한 뒤 그 시방서를 가지고 민간 조선소와 건조 계약을 체결한 뒤, 건조 기간 중에는 설계에 참여하였던 선임장교가 공사를 감독하여 완성하고 해군에 취역하는 수순을 밟았다. 예인선 설계가 끝날 무렵 고속정 설계가 시작되었다. 이 고속정이 나중에 '학생호'라 명명한 최초의 PK(Patrol Ship Killer)이다. 학생호의 설계는 KIST가 주관하여 설계하고 해군공창에서 건조한 고속정 '어로지도선'의 자료와 경험이 큰 도움이 되었다.

당시에는 빠른 속력의 북한 어뢰정이 간첩선으로 남하해서 한국 해군을 자주 괴롭히던 때라 해군으로서는 이에 대응할 빠른 배가 절실하게 필요하였다. 미국에서 받은 PT정은 20노트 정도라 북한 쾌속정을 도저히 따라잡을 수 없어 최고속력 33노트인 한국 해군의 구축함이 상대하고 있었지만 큰 구축함이 작은 쾌속정을 상대하기란 매우 어려워 종종 기습을 받아 많은 피해를 당하기도 하였다.

엄도재 소령이 미시간 대학에서 공부한 자료를 연구하여 도면을 그렸고, 신영섭 중위가 구조를 맡았으며 승선 경험이 있는 내가 기관실 배치와 축계 및 조타장치를 담당하였다. 당시에는 추진기관을 해외에서 구입하면 프로펠러도 함께 공급하였기 때문에 40노트가 넘는 프로펠러 설계는 이때까지 국내에서 한 번도 시도한 적이 없었고 제작할 회사도 없었다.

영국 학자인 뉴턴(Newton)과 레이더(Radar)의 높은 압력 차로 한쪽 면이 완전 공동으로 덮이는 프로펠러(Fully Cavitating Propeller)를 공부하면서 도면을 완성하였고, 제작은 부산에 소재한 신라금속의 담당자들을 가르쳐 가며 제작하였는데 훗날 이 회사는 해군 함정 프로펠러의 전문 제작업체가 되었다.

당시에는 일이 아주 많아 거의 매일 야근을 하였고, 늦으면 조함과 사무실에서 자기도 하였다. 그러다 해군본부 옆에 위치한 독신 장교 숙소에 일거리를 가져가 미친 듯이 열심히 일만 하였다. 일이 점점 늘어나자 인원도 늘어서 1971년에 해군 소위로 임관한 김상선(67학번)과 신창수(67학번), 그리고 이듬해인 1972년에 소위로 임관한 임문규(68학번)가 조함과로 전보되었다.

1차로 충원된 김상선·신창수 중위에게 일을 시킬 욕심에 매일 저녁 신창수 중위 집에 가서 과외로 공부를 시켰다. 당시 신창수 모친께서는 군에 들어가서도 공부만 하는 아들과 그 친구들을 무척 좋게 보시지 않았을까 싶다.

:: FRP 고속정

조함과가 출범할 때쯤 크고 작은 함정이 필요해졌다. 이에 따라 승조원을 약 10명 태우고 35노트로 신속하게 이동이 가능한 FRP선을 20척 건조하여 실전 배치하였는데 이 배는 당시 국내에서 건조된 FRP선 중 크기가 제일 컸고 선외축계선 미기관(船外軸系船尾機關: In-board Out-drive Engine)의 고속정으로 해군 최전방에서 매우 요긴하게 사용되었다.

이 배는 부산에 위치한 현대합성㈜에서 건조하였는데 내가 공사감독을 맡았다. 엄도재 소령은 가끔 이곳에 들러 현황을 파악하곤 하였다. 그러던 어느 날 엄도재 소령이 상당히 지저분한 공사장에서 일을 마무리하는 것을 보고는 근로자들을 모두 세워 놓고 군홧발로 정강이를 걷어차는 사건이 터졌다. FRP는 적층하는 작업이 가장 중요한데 주변이 더러우면 오염물질이 모두 묻어 들어갈 수 있기 때문이었다고는 하지만, 작업자들을 군대식으로 걷어찬다는 것은 말도 안 되는 일이었다. 결국 감독인 내가 맞은 사람들과 밤새 술을 마시면서 사죄를 하여 겨우 무마하였고, 그 일로 나는 공장 사람들과 매우 가까워져 순조롭게 일을 진행하게 되었다.

FRP선이 완성되어 인천의 해군 특수부대 요원들이 운용을 시작하였는데 어느 날 이를 눈여겨본 해병대에서 이미 예산이 책정되어 있으니 똑같은 배를 3척 만들어 달라고 요청하였다. 그래서 나는 이미 20척이 거의 완성되었고 주형(mold)도 있으니 공기(工期)가 짧고 품질도 안정된 현대합성에 3척을 추가 발주하자고 제안하였으나 현대합성을 탐탁지 않게 생각한 엄도재 소령은 경쟁사를 몇 군데 더 키워야 한다며 인천에 있는 남방 FRP에 발주하였다.

이미 도면과 시방서를 완전하게 갖춘 터라 특별한 문제는 없으리라 믿고 미국에 출국 준비 중인 장교를 감독관으로 임명하였다. 감독관은 비록 공정이 50퍼센트도 안 되었지만 책정된 예산은 해당 연도에 모두 집행해야 한다며 남은 예산 전액을 집행하였다. 남방 FRP는 당시 유동성 문제로 매우 심각한 상황이었는데 감독관은 이를 전혀 눈치채지 못하였다.

아니나 다를까, 돈 받은 다음 날에 남방 FRP 사장이 바로 잠적하였다. 그리고 며칠 뒤 책임자인 감독관도 예정대로 출국해버려 나와 신영섭 중위가 수습 책임자가 되어 몇 달 동안 고생했지만 얼마 후 신 중위도 전역하여 결국 나 혼자 수습해야 했다. 아무리 소형선일지라도 건조 중인 선박을 다른 지역으로 옮기는 자체가 엄청난 일이었고, 소요 자금을 마련하고 기능공을 불러서 나머지 공사를 완성한다는 것은 정말 고되고 힘든 일이었다.

:: PSMM 사업

이때 미 해군도 한국이 경제적으로 성장하고 있어 한국 예산으로 소형선들이 제작 가능하다고 판단하여 우리에게 몇몇 해군 함정의 공동 개발을 제안하였고, 그 하나가 CPIC와 나중에 PGM으로 명칭이 바뀌는 PSMM(Patrol Ship Multi-Mission)이었다.

나는 해군 입대 당시 3년을 복무하고 1972년 가을에 전역할 예정이었으나 해군에서는 미 해군과의 새로운 프로젝트에 내가 참여해야 한다며 복무기간 연장을 권유하였다. 마침 미국 워싱턴 주 타코마(Tacoma)에 소재한 미 해군 함정 전용 건조회사인 TBC(Tacoma Boatbuilding Co.)와 기술제휴 조건으로 한국의 마산에 KTMI(Korea Tacoma Boatbuilding Co., Ltd, 코리아타코마 조선공업주식회사)가 설립되었고, 한국 해군은 미국 TBC와 PSMM 3척의 건조 계약을 체결하면서 세 번째 함정은 기술 습득을 통해 한국 KTMI에서 건조하는 것으로 결정하였다.

당시 한국의 대형 조선소는 대한조선공사 하나뿐이었으며 1972년 현대중공업이 조선소 건설을 시작할 때였다. 나는 해군에서 군함 건조 분야의 경험을 쌓는 것도 충분히 가치 있다고 생각하고 복무를 연장하여 1972년 미국 워싱턴 주의 TBC에 선체 감독관으로 파견되어 알루미늄 용접과 가스 터빈(gas turbine)의 설치 등 새로운 일을 접하게 되었다.

1971년 미국 MIT에서 석사를 마치고 귀국한 신동백 소령이 조함과에 잠시 근무하다가 나와 함께 미국 TBC에 감독관으로 파견되었다. 신동백 소령은 감독관실장을 보좌하여 기술 분야 전체를 책임지고 실질적인 총감독관 업무를 수행하였다.

미국 조선소와의 계약에 따르면, 공사 대금은 건조 공정을 확인하여 매월 그 공정에 맞게 지불하기로 되어 있었다. 매월 공정률을 계산하는 것이 아주 큰일이었다. 조선소는 많이 받으려고 억지로 공정률을 높게 잡고, 나는 갖가지 수단을 동원하여 공정률을 낮추었는데 1호선 공정이 약 60퍼센트 수준일 때 함정감실에서 조선소에서 달라는 대로 다 지불하라는 지시가 내려왔다. 기분은 나빴지만 그때부터 내가 공정률을 계산하는 일이 줄어들고 그저 회사가 요구한 대로 대금을 지불하였다. 그러던 어느 날, 조선소는 유동성 문제를 극복하지 못하고 갑자기 가동을 중단하고 말았다.

우리는 전혀 모르고 있었지만, TBC는 오래전부터 재정상태가 좋지 않았고 결국 손을 들고 만 것이었다. 다행히 수개월 만에 관심 있는 사업자가 나타나 협의를 시작하였는데, 계약 선가가 너무 낮은 데다가 공사 대금의 일부를 미리 준 사실을 문제 삼아 선가 인상과 공사 대금 보상을 한국 해군에 요구해 왔다. 한국 해군은 선택의 여지가 없었다. 금액의 일부를 조정하는 차원에서 겨우 일단락되었고 건조 공사는 얼마 후에 재개하는 것으로 약속하였다. 나는 이 공백 기간 중 회사 도서실에서 전화번호부처럼 두툼한 미 해군의 『표준 시방서 *Standard Specification*』를 발견하였는데 이 책은 훗날 조함사업에 크게 기여하였다.

:: 잠수정 모선사업

1974년 봄에 귀국하니 흥미로운 프로젝트가 많이 진행되고 있었다. 건조 중인 잠수정 모선의 감독관으로 명을 받아 부산에서 신창수·임문규 중위 등과 함께 공사감독을 맡았다. 잠수정 모선은 이태리에서 수입한 소형 잠수정의 모선으로 부유식 도크였는데 처음 건조하는 배인지라 설계 수정이 계속된 탓에 공사비 추가로 조선소는 울상이었다. 선박 완성에 임박하여 엄도재 소령에게 책임자가 각종 자료를 제시하며 설명하자 바로 다음 날 엄도재 소령이 추가 공사비를 조선소에 건네주는 것을 보고 나는 무척 놀랐다.

:: PK 양산/ PKM 사업

학생호 시운전 때 박정희 대통령이 직접 시승해서 "이 배가 정말로 우리가 만든 배냐?"며 극구 칭찬을 하였고, 학생호 건조에 관여한 모든 사람에게 크고 작은 훈장을 수여하였지만 나는 미국에 있던 터라 받지 못하였다. 이때부터 박 대통령의 강력한 지원으로 대규모 해군 사업이 추진되어 학생호와 같은 급의 고속정을 해마다 수십 척씩 건조하기 시작하였다.

PK로 명명한 이 고속정은 대한조선공사와 KTMI에서 나누어 건조하였으며, 나는 KTMI에서 건조하는 PK정 공사의 총감독관으로 명을 받아 마산으로 이동하였다. 당시에는 주요 기자재를 모두 해군이 매입해서 조선소에 제공하는 이른바 '관급자재' 형식을 취하였는데 여기에는 주기관, 보조기관, 통신기는 물론 알루미늄판, 배관자재, 용접봉 등 부자재도 포함되었다.

당시 중요한 PK 사업은 대한조선공사와 KTMI 회사에 분산되었고, 어로지도선을 개선한 PKM(Patrol Killer Missile) 사업은 KTMI에서 진행하였으며 신동백 소령(62학번)이 책임자였다. 그리고 미국 타코마 조선의 문제로 말미암아 PSMM 3호선의 건조는 아직 한국에서 착공하지 못하고 있었다. 나는 1975년 KTMI에서 건조 중인 PK와 후속 PSMM 공사의 총감독으로 임명되었다.

우리 팀에는 67학번 홍순채 중위와 68학번 김유경 중위(전기과)가 있었고 69학번 주경린 중위가 PKM에 미사일 설치 공사 책임감독관으로, 그리고 이태리제 조립식 잠수정 미드지트(Midget) 감독관으로 68학번 임문규 중위가 임명되었다. 전기과 출신인 김유경 중위를 제외하고 모두 진수회 회원이라 서로 매우 편하게 지냈는데, 그러한 분위기를 주변에서 질시하였다는 사실을 훗날 알게 되었다.

나는 6년 이상의 복무기간을 마치고 1975년 9월에 전역하여 해군 함정만을 전문으로 만드는 KTMI에 입사, 방위산업체 직원 신분으로 조함사업에 계속 참여하게 되었다. KTMI는 1979년 한국 역사상 최초로 PK(Patrol Ship Killer) 초계정 4척을 인도네시아에 수출하는 쾌거를 올렸다. 조함의 역사는 시작부터 이렇게 경이로움의 연속이었다.

지금은 수많은 고난도의 함정을 자체 설계하고 건조할 뿐만 아니라 많은 함정을 해외에 수출하고 있으니 이 얼마나 자랑스러운 일인가. 변변한 설계도면과 시방서도 없던 시절부터 오늘에 이르기까지 조함사업에 헌신한 진수회 회원들의 업적은 밤을 새워 적어도 다 적을 수 없을 것이다.

한국 최초의 전투함을 우리 힘으로! 한국형 구축함 건조사업

김덕중(72학번)

:: 사업의 시작

해군 조함을 이끌던 엄도재 중령(진수회 61학번)은 "정말 가능할까?" 반신반의하는 국방 관련 수뇌부에게 "국내의 조선 능력과 연구기관을 총동원하고 선진 미국의 함정설계 전문회사의 자문을 받아 해내겠습니다"라는 말로 설득, 드디어 1976년 현대중공업과 설계 용역계약을 맺고 그해 12월, 현대중공업에 해군 감독관실을 꾸렸다.

해군에 조함과가 설립된 지 6년, 전투함정이라고는 이제 겨우 80톤인 소형 고속정(PK) 설계와 건조를 끝내고, 이어 165톤의 중형 고속정(PKM) 외에 설계 경험이 없는 우리 해군의 '2000톤급 전투함의 설계 및 건조사업'은 실로 세계 조함사에 유례가 없는 무모한(?) 도전이었다. 해군은 사업승인 조건인 '선진 함정설계 전문회사의 감리' 업체로 미국의 JJMA라는 회사를 초빙하였고, 서울의 현대중공업 사무실에서 해군, 현대, JJMA의 한지붕 세 가족의 동거가 시작되었다.

아무튼 JJMA를 통해서 입수한 미 해군의 각종 조함 관련 도서 및 각종 자료는 한국 조함사업의 밑거름이 되었다. 함정건조 기본 지침서라 불리는 TLR(Top Level Requirements)은 물론, 수상함정과 잠수함의 기술 시방서, 설계계산 기준서 그리고 군 규격인 MIL-SPEC과 MIL-STD, 표준 기술도면 등은 우리가 처음 접한 방대한 양의 보물들이었다.

함정건조 기본 지침서는 소요 함정에 대한 전략적인 요구 조건을 담은 최고의 기본문서로 운용개념, 임무 등과 함정이 갖추어야 할 전투 능력과 성능 조건을 중요도 순으로 명기하고 개략적인 톤수, 속력 등을 제시해 놓았다. 따라서 설계와 건조는 이 요구 조건들을 충족하여야 했다. 이때부터 한국 해군을 대표하는 전략·작전 참모들이 모여 숙의를 거듭, 마침내 함정 운용상의 요구 성능을 제시하는 지침서를 처음으로 마련하고 이를 근거로 설계가 시작되었다.

:: 현대 '해상기술부' 출범, 기본설계 착수

1977년 1월, 광화문 네거리에 위치한 현대그룹 빌딩의 해군사업단 사무실에 현대의 해상기술부 약 40여 명의 엔지니어와 JJMA 감리단 7명, 그리고 중령 엄도재를 수석감독관으로 하는 '해군 감독관실'이 운영을 시작하였다. 당시 이 사무실에는 현대의 김응섭(61학번), 김정호(63학번), 김진구(64학번, 작고), 길희재(68학번), 정인기·이승우(70학번), 주명기·민경수(71학번), 이상록(72학번) 등이, 해군의 수석감독관 중령 엄도재(해사 14기, 61학번) 휘하에 소령 김태운(해사 24기, 69학번), 대위 김병수(69학번), 나 김덕중 소위(72학번) 등이 있었다.

얼마 후 서울공대 전기과를 졸업한 해사 출신 장교들이 편입하였고 김병수 대위(69학번)는 전역하였으며 조선공학을 전공한 고훈, 이영근 등이 새로 부임하여 총 10여 명의 요원들이 설계감독관의 임무를 수행하게 되었다. 서울에서 근무한다는 조건 때문에 많은 인원이 자원하였지만 '함정'을 이해하는 사람은 아무도 없었다. 설계 경험이 없는 위관급 장교들과 '함정'을 모르는 현대 직원들의 함정 견학으로 함정설계를 시작하였다. 진해 해군작전사령부 구축함의 각종 시스템을 엔지니어들이 2차, 3차 조사해가며 이해하기 시작하였다. 해군 몇 명과 함정설계 경험이 전무한 사람들이 설계 계약기간 약 16개월 동안 개념설계에서부터 계약설계까지 마쳐야 하는 무모한 도전이었다. 초기의 JJMA 직원들은 팔짱을 낀 채 한가로이 근무를 즐기는 분위기일 수밖에 없었다. JJMA 직원들은 설계 경력이 10년 이상 15년, 20년으로 엄청난 베테랑들이었다. 세월이 지나고 보니 대단한 것도 아니었는데 직원 대부분은 그들의 '경력' 앞에서 주눅이 들었다.

재학 중에 등한히 하였던 『기본 조선학(PNA)』은 물론, 『해양공학*Marine Eng'g*』, 『선박 설계와 건조*Ship Design & Construction*』 등을 독파하는 한편으로 MIT 강의 교재들을 닥치는 대로 섭렵하며 엔지니어로 성장하기 시작하였다. 견학을 통해 '함정'을 이해한 엔지니어들은 주요 장비와 시스템의 특성을 공부해가며 선체중량과 추진마력을 추정하고 전기부하를 분석하는 한편으로, 일반배치도(G/A)를 그려나가는 험난한 작업에 몰두하면서 조금씩 '전투함'이 모양을 갖추어 가기 시작하였다. 그러다 보니 설계에서부터 건조 과정까지, 현대 특유의 '자존심'과 해군 감독관실의 '경험과 실력'이 끊임없이 의견 충돌을 일으켰다. 선체구조 방식에 대해서는 양측의 기술적인 자존심이 팽팽하게 맞서 종강도와 횡강도 계산을 놓고 모교 교수들까지 찾아가 논쟁을 벌인 적도 있었다. 현대는 '안전한' 중량 추정을 하고 감독관실은 강도 요구 조건이 충족되는 한, 되도록 작은 중량의 선체를 만들려고 하였다. 해군은 엔진 마력과 최고속력에 맞춘 함정설계에 노력하는 반면, 현대는 '오작 회피'에 무게를 둔 상선설계 경험이 충돌의 원인이었다.

:: 건조 시방서 작업

초기의 당황스러움과 어려움을 극복하면서 설계가 어느 정도 본궤도에 올랐을 무렵, 미 해군의 '공통시방서(General Specification, 이하 '시방서')'를 번역하여 건조 시방서를 만들었다. 미 해군 시방서의 번역작업은 함정에 관한 해당 분야의 기술적 배경을 이해해야만 번역할 수 있어 작업을 수행하는 모든 사람의 고초가 설계 못지않았다.

현대 직원들과 해군 감독관실 요원들이 각기 작업을 시작하였는데 현대 직원들의 실력이 미덥지 않다는 이유로 현대 측에서 완성한 시방서는 폐기(?)되고 결국 해군 감독관실에서 '건조 시방서'를 완성하였다. 현대 직원은 물론이고 해군 감독 관실 요원의 번역작업도 오역, 누락 등이 있어 전체를 재검토하여 용어의 통일과 수정, 보완하는 업무로 고생은 많았지만 함정 전체를 이해하는 기회가 되었다.

감독관실에서는 현대에서 5~10명이 작성한 계산서나 도면을 검토하여 의견을 제시(실은 수정 지시)해야 하므로 담당관들도 작업 결과를 빠른 시일 안에 검토하는 일이 만만치 않았다. 우리 감독관실 요원들은 검토한 후 그 결과를 수석감독관에게 보고하여 최종 의견을 결정하고, 현대에서 제출한 보고서나 도면에 빨간 글씨로 적어 보냈다. 1977년 초 대령으로 진급한 엄 대령은 각 요원의 실력과 업무자세를 꿰뚫고 있어 질문은 더할 나위 없이 날카로웠다. 때로는 생각지도 못한 엉뚱한 질문을 퍼붓고 명쾌하게 답변하지 못하면 "다시 검토해!"라고 지시하는 그는 맹장이고 용장이었다.

:: 사업 재가서 작업

당시 방위사업은 '율곡사업'이라는 제목이었고, 사업 예산을 확보하려면 사업의 개요, 예산내역 및 집행계획 등으로 '재가서'라는 문서를 작성, 국방부의 투자조정위원회, 국무회의의 의결을 거쳐 최종적으로 대통령 승인을 받게 되어 있었다. 승인된 사업 예산은 5천만 불로, 당시 VLCC 한 척이 4천만 불이 안 되었으니 그야말로 대규모 방위사업이었다. 길이 102미터, 폭 11.5미터, 만재배수톤수 1800여 톤에 불과하였으므로 건조 과정에서 현대중공업 직원들은 '보물선'이라고 불렀다.

재가서는 대통령 결재문서이기에 사용을 엄격하게 통제하는 특수용지를 사용해야 하고 사용 매수도 관리 대상이었다. 당시 조함사업의 건조비 추정작업은 유사 함정의 건조비 실적을 근거로 하여 기본설계가 완성되는 시점에서 이루어지는 것이 통례였으나 모든 일정에 여유가 없어 대통령 재가를 위한 예산 추정작업은 기본설계가 완료되기 전에 시작하여야 했다. 유사 함정의 건조 실적도 없고 주요 설비와 장비의 가격 정보도 미흡하고 게다가 전선, 밸브, 파이프 등 수많은 보조 재료의 양과 가격 정보도 없는 상태라서 방대한 건조비를 추정하는 작업은 실로 지난한 일이었다. 재가서 작업 당시 감독관실 인원 18명에 감독관의 현장 체재비를 지급토록 예산을 편성하였는데 그 예산이 감독관실 운영체제에 비해 많다는 이유로 국방부 투자조정실에서 인원을 16명으로 줄였다. 그러나 미국 함정 건조현장 실정을 알게 된 국방장관의 결재 과정에서 오히려 증원되기에 이르렀다.

:: 상세설계와 함 건조 시작

해군의 예산은 5천만 불이었으나 현대는 1억 불을 건조비로 요구하여 확정계약에 이르지 못하고 결국 '정산계약'으로 매듭지었다. 현대 해상기술부 직원들은 기본설계가 끝난 후 울산으로 복귀하고, 감독관들은 재가서 작업의 종료와 더불어 건조계약이 체결된 그해 10월 울산 현장으로 이동하였는데 당시 감독관실 운영 요원은 20여 명이었다.

진수회 회원으로는 선체 담당관 휘하에 양홍종(72학번), 유희철(73학번), 강석태(74학번) 중위가 배속된 이른바 드림팀이었고, 나의(기장 담당관) 휘하에는 신장수(75학번) 중위와 상사 2명이, 의장과 전기 분야에도 위관급 장교와 함정운용의 베테랑 상사들이 배속되었다. 현대 해상기술부의 설계 인력도 50여 명으로 증원되었는데 진수회 회원으로는 봉현수(70학번), 김정환·양재창·하경진(74학번) 등이 새로이 참여하게 되었다.

조선소 생활을 시작한 첫날부터, 건조비를 많이 받으려는 현대 측과 한 푼이라도 아끼려는 해군 감독관실은 대립 아닌 대립의 양상으로 함 건조를 해 나갔다. 감독관실이 울산으로 이동한 뒤 며칠이 지나자 수석감독관은 지난 4월부터 현재까지 현대가 수행한 도면작업의 공수(工數)를 계산하라고 요구하였다. 이야기인즉, 현대 측은 지난 6개월간 상세설계 작업을 수행하였으니 그 대가를 지불해 달라고 요구하였고, 그들과 팽팽한 신경전 끝에 감독관이 설계한 도면을 보고 공수를 따져서 지불하기로 한 것이었다. 현대는 그 기간 동안 주변 우방국에 군함을 팔기 위한 상담의 뒷바라지를 하느라 해상기술부 직원들 대부분이 그 일에 매달렸기에 비용을 충분히 정산받지 못하였다고 한다.

:: 산학연 협동

선박연구소의 서상원 연구원(61학번)이 설계 초기부터 사업이 종료될 때까지 연구소에서 산학연 협조에 참여하였고, 위재용 연구원(63학번)은 울산 현장에서 기관 및 배관 계통에 관한 조언과 지원을 하였으며, 국방과학연구소 또한 전문가를 파견하여 ICS 등 전자, 통신 분야의 기술 업무를 지원하였다.

:: 철저하고 엄정한 검사

원자재는 검사 없이 사용하는 조선소의 관행과 달리, 감독관실은 처음부터 매우 엄격한 자세로 철강판재와 강관의 입고 검사를 수행하였다. 제작사의 납품서류와 일일이 대조하여 치수를 확인하고 검사가 끝난 철강판재는 색칠을 하여 상선용 자재와 쉽게 구별되도록 하였다. 이때 국내 강관 대부분이 KS 합격품이었지만 두께가 허용치 하한선에도 미치지 못해 상당량을 불합격 처리하였고, 함 건조기간 내내 수많은 보조재료들의 검사에 완벽을 기하느라 스스로 고통스러웠음은 물론, 납품하는 업체들의 원성이 자자하였다.

상선에서는 5퍼센트만 샘플 검사하는 일반 밸브의 경우는 당연히 전량 검사였고, 심지어 검사 대상이 아닌 플랜지의 경우도 두께 등 치수에 이상이 발견되어 전량 검사를 감행하였다. '해군 함정 품질기준'을 이번 기회에 업계에 확실하게 알리겠다는 사명감으로 한 트럭 분량의 플랜지를 야간에 혼자 창고에서 검사하였다.

우리 담당관들은 정도의 차이는 있을지 몰라도 모두 그 '엄정함'을 위해 최선을 다하였다. 선급의 밸브 수압검사는 랜덤 샘플 검사로, 작업자가 몇 개를 골라 물이 새지 않음을 보여주면 되는 식의 검사였다. 함정의 검사는 이와 전혀 다르게 비철제품인 경우에는 제작 전의 소재검사부터 시작해서 밸브 플랜지의 면 검사, 핸들을 돌려가며 축의 직선도 확인을 거친 뒤 마지막으로 수압검사를 하였는데 첫날 합격률은 10퍼센트를 넘지 못하였다.

첫날 검사에는 임원인 공장장, 품질검사부장, 영업부장이 입회하였으나 전량 검수를 하자 하나둘 자리를 뜨고 마지막으로 영업부장이 떠난 뒤에도 수압검사를 진행하였다. 검사 둘째 날, 작은 비철(브론즈) 밸브의 수압검사장에서 근육질의 젊은 직원이 잠근 밸브를 내 힘으로는 도저히 열 수가 없었다. 해군 함정에서는 밸브 위치에 따라 팔을 길게 뻗어 한 손으로 잠그는 경우가 많은데 그렇게 세게 잠그면 안 된다 하였더니, 젊은 직원은 얼굴이 굳어지더니 장갑을 벗어 던지며 자리를 박차고 일어났다. 누가 보고를 하였는지 공장장이 나타나 해군공창에도 납품을 하는데 제품 합격률이 99.8퍼센트라 하였다.

밸브 핸들의 회전이 원활하지 않은 것은 내부 패킹이 한쪽으로 심하게 몰려 있거나 핸들 축이 휘어져 있기 때문이고, 비철 밸브의 유체가 흘러나오기 시작하는 플랜지 입구 면의 큰 흠집은 오래 사용하면 점점 커져 누출을 일으킬 수 있으며, 소형 밸브 수압검사를 할 때 잠그는 힘은 수병들이 잠그는 실제 상황을 가정하여 잠가야 한다는 내 설명을 듣자 공장장의 얼굴이 벌게졌다. 아직까지 따지지 않은 한 가지가 더 있는데 밸브 입구와 출구가 동심원이 아니어서 편심이 져 있는데 이 점도 개선이 필요하다고 덧붙였다.

"제가 오늘 많이 배웠습니다."

그는 임원답게 웃으며 손을 내밀었다.

"야, 박 부장, 감독관님 말씀이 다 옳아. 오늘부터 그렇게 해!"

아무튼 그 사건 이후로 소형 비철 밸브는 삽으로 떠서 던져지는 신세에서 헝겊으로 싸서 옮기는 귀물이 되었다. 현대 측의 항의가 있었는지 나를 호출하여 자초지종을 들은 엄 대령은 "그래, 그리해야 된다. 철저히 검사하였는데도 전에 보면 밸브들이 전부 줄줄이 샜다"며 오히려 격려하였다.

그러나 진수를 앞두고 총원이 검사에 매달린 어느 날 밤, 배에서 나오는데 누군가 안전모를 쓴 내 머리를 둔기로 내리쳤다. 엥, 누가 감히? 망치를 손에 든 엄 대령이었다.

"야, 김 대위! 니 땜에 진수 몬 한다. 밸브 좀 빨리 들여와!"

나는 최선을 다하고 있었지만 어쨌든 수면 하부에 쓰일 오수배출용 대형 밸브의 입고가 늦어지고 있었다.

:: **자재 국산화**

2000년이었던가? 대우조선에서 완성한 구축함의 인도식에 미 해군 대령이 참석하여 함장을 따라 후갑판에서 사관식당으로 이동하지 않고 혼자 헬기 격납고에 서서 이리저리 한참 둘러보며 "나는 이렇게 아름다운 군함을 본 적이 없습니다. 어떻게 벽면이 이리 반듯하고 볼트들 길이까지도 똑같을 수 있지요? 우리나라에서는 이렇게 건조하지 못합니다."

나는 그 말을 듣고 30년이라는 짧지 않은 세월이었지만 함정건조 분야가 정말 많이 발전했구나 하는 생각에 흐뭇하였다.

1978년 가을에 시작된 최초의 전투함 건조는 대부분의 의장품과 설비품을 처음 제작하는 것이라 감독관 요원들은 제작업체의 선정도 어려웠지만 제작 시방도 모두 새로 결정해야 했다. 모든 제품은 미 해군의 함정 도면(NAVSHIPS Dwg.)에 명기된 도면과 시방에 따라 제작하였는데 한국의 표준은 미국과 달리 미터법을 사용하므로 각종 치수 환산에 어려움이 따랐고, 무엇보다 국내에서 흔히 사용하지 않는 재질이 큰 어려움이었다. 상선에는 주철, 알브라스(Al-Brass)를 쓰는 데 비해 주강, 알브론즈(Al-Bronze)나 구리-니켈 합금을 사용하였으니 제작업체에서도 정도 충족이나 재질의 품질 확보에 애를 많이 먹었다.

현장 경험이 없던 나는 최선을 다하였지만 한계가 있었다. 예를 들어 가스터빈 배기관은 고온용 SUS 판재로 제작해야 했는데 당시 롤로 생산되는 제품이 있는 줄도 모르고 현대가 제안한 대로 1미터짜리 정사각형 판재로 직경이 3.5미터에 가까운 배기연돌을 작은 판재로 이어 만들었으니 그 누더기 배기관은 함이 완성된 날까지 내 가슴에 생채기로 남았다.

:: 회의, 밀리타리 스펙쿠!

상세설계와 건조가 시작되자 현대와 감독관실에서는 주기적으로 회의가 열렸고, 현대 측 간부 10여 명과 수석감독관과 담당관이 참여하였다.

여느 조선소 현장의 회의와 마찬가지로 '왜 늦나?'가 주로였다.

'자재가 없다.' 자재구매! '설계에서 구매 요구서가 안 와서요.' 설계! '감독관실에서 승인이 아직 안 나서', '구매시방에 군사규격(Mil-Spec)을 적용하는 데 오류가 있어서 반송하였다' 등이 대부분이었고 억센 현대 책임자의 지나친 추궁에 현대 직원들은 발뺌하기에 바빴다. 나는 미국의 공통시방서 번역에 참여하였던 덕분에 누구보다도 군사규격에 정통해 있어서 설계와 관련한 현대 측과의 시비에는 언

제나 압승을 거두었다. 훗날 사업 초기에 우리 조함장교들의 해군본부 상관이 해
군 예비역 장성으로 퇴역한 뒤 임원으로 부임하면서 나를 가리켜 "자네는 밀리타
리 스펙쿠(Militaty Spec)!야" 라고 하였다.

:: 정산

조선소의 함정건조 작업은 실제 투입된 비용을 계산하여 지급하는 '정산계약'
에 따라야 했다.

감독관실 요원들은 한 푼이라도 잘못 집행하지 않으려고 검사 못지않은 열정으
로 '엄정한 정산'에 최선을 다해야 했고, 비용을 인정받기 위해 현대 역시 필사적이
었다. 사관학교 졸업 후 서울상대에서 위탁교육생으로 수학하고 공인회계사 자격
을 갖춘 이해준 대위(해사 28기)가 정산 책임자로 늘 부드러운 태도를 유지하면서도
탄탄한 이론으로 현대 측의 엉성한(?) 논리나 증빙자료를 사정없이 잘라버렸다.

물론 그에게는 충직한 감독관실 요원들이 든든한 응원군이었다. 작업에 투입되
는 자재는 물론 인원수와 작업 시간에 대해서도 철저한 확인과 집계가 이루어졌다.

나는 첫 현장 출동에서 배관제작 현장을 점검하면서 작업 인원과 작업 시작시간
과 종료시간을 내 딴에는 작업 전 간단한 업무지시나 준비 시간을 감안하여 너그
럽게 기록하였다. 이렇게 며칠이 지나자 수석감독관실에 배관작업을 하는 하도급
업체 대표가 찾아와 하루 작업시간이 몇 시간밖에 안 되어도 하루 종일 일한 것으
로 인정해 달라고 호소하였다. 작업물량이 적은 것은 자기네 잘못이 아니니 억울
하다는 이야기였다.

선각공장에서는 일정 시간에 종이 울리면 작업자들이 집합, 인원수를 점호하는
식으로 매일 정산자료가 작성되었다. 공사 초기에는 이런 집계나 확인이 비교적
수월하였으나 공사가 진행됨에 따라 인원수와 직종이 늘어나고 작업장소도 많아
져 수고로움이 많았으나 우리 요원들은 시종일관 철저함을 잃지 않고 임무를 수행
하였기에 현대 측의 거센 반발과 이의제기도 점차 줄어들었다.

첫 번째로 완성된 선미부 탑재 블록을 철저하게 검사하였음에도 조립하여 대형

508

화하고 보니 전체 높이가 도면 치수보다 낮아 불합격 통보를 하였으나 현대는 탑재를 강행하려고 트랜스포터로 이동하였다. 우리 동기들은 제지하라는 지시를 받고 급히 뛰어나가 제지하였으나 현대 측은 막무가내였다. 결국 우리 담당관과 초급 장교 몇 명이 트랜스포터 앞에 누워 이동을 막았다. 우여곡절 끝에 그 블록이 탑재되었으나 결국 연결된 블록과 평면을 유지하지 못해 후부 주갑판이 횡 방향으로 단차가 긴 오점을 기록하게 되었다. 훗날 생각하니, 우리 감독관은 회사의 오작은 물론, 비효율이나 낮은 생산성을 인정하지 않았던 반면, 회사 입장에서 보면 지출하는 금액에 비해 받는 금액이 적었으니 그 또한 큰 고충이었으리라 생각한다.

:: 초대 함장 황 중령과 인수단

초대 함장 황완기 중령(해사 16기)은 사업 초기의 재가서 작업부터 감독관실과 긴밀히 협조해 가며 임무를 수행하였다. 현대의 하급 직원들에게도 깍듯한 인사는 물론 언제나 존댓말을 쓰는 신사였지만 혹시라도 무슨 문제가 생겼을 때는 용서가 없는 공공의 적 2호였다. 함정 인수단은 혹시라도 놓칠세라 함 전체를 구석구석 뒤지며 잘못된 점을 찾기에 몰두하였는데 이는 함장 황 중령의 엄정한 지시에서 비롯되었다고 생각한다.

마지막 수정 요구사항들은 주로 인수단의 CPO(상사)들이 작성하여 현대 측에 요구하였는데 때로는 감독관실 요원이 '합격'을 시킨 사항도 재차 수정을 요구하여 감독관실과 인수단 요원 간에 갈등을 빚기도 하였다. 배전반에 나사가 몇 개씩 빠진 것, 도장이 누락된 부분 등에 대해서는 보급품이 넉넉지 않은 현실 때문인지 본인들이 보수하겠다고 하면서도 너무 많은 요구를 하여 현대 측의 불만이 제기되었고, 이제까지 자존심을 지켜온 감독관실 요원들도 듣기 거북하였다.

인도를 앞둔 어느 날, 함정 내부가 몰라보게 깨끗해져 있었다. 지난 며칠간 현대 측 작업자들이 대거 투입되어 청소를 하였지만 상태가 새 배라고 보기에는 영 아니었는데, 알고 보니 전날 함장이 승조원들을 동원해 밤늦도록 청소한 결과였다. 이렇듯 함의 마지막 '완성'에는 승조원들의 노고가 컸다. 여기저기 누락된 각종 명판이며 수많은 나사들과 스위치들이 그들의 꼼꼼한 손에 마무리되었다.

:: 진수식

국산 무기 개발과 방위산업 육성에 열정을 쏟은 박정희 대통령은 이 사업에 각별한 애정을 가지고 있어 사업 초기부터 '한국형 구축함 사업'은 대통령에게 여러 번 보고된 바 있었다. 아쉽게도 진수 시점은 박 대통령이 고인이 된 뒤였다. 진수식에 최규하 대통령 서리가 참석하였지만 초청 손님도 없어 대통령이 참석하는 행사로는 믿기지 않을 정도로 아주 간소하게 치러졌다. 말들은 없었으나 장교들 모두 씁쓸하기 그지없었다.

:: 시운전

요즘 전투함정은 진수 후 인도까지 적어도 1년 이상 걸리고 시운전에도 수개월이 소요되지만, 우리 함정은 약 25개월(1978년 11월 강재 절단, 1980년 4월 진수, 12월 인도)이라는 짧은 공기를 지키기 위해 시운전 절차인 안벽계류 시운전(Dock-side Test/Trial)은 필수불가결한 발전기 정도로만 끝내고 바로 해상 시운전을 해야 했다.

배관공사가 늦어져 많은 배관계통의 수압시험을 작동시험과 병행해야 했기에 그에 따르는 고통은 이루 말할 수 없었다. 소화계통 시험을 위해 해수 펌프를 가동하는 순간, 경험이 없던 나는 무언가 부서지는 것으로 오해했다. 큰 배관에 $7kg/cm^2$의 고압수가 처음 흐르는 순간 작은 천둥소리가 후부 침실을 뒤흔들었던 것이다.

가스터빈 2대와 디젤엔진 2대, 감속기어, 가변피치 프로펠러와 샤프트(Shaft)로 구성된 추진체계, CODOG 시스템 등을 이해하고 제작사가 제공한 도면대로 설치하여야 했다. 제작사에서 제공하는 방대한 양의 도면들을 보며 왜 도서관학과가 있는지 제대로 이해하게 되었고 컨트롤 패널을 설계하면서 정말 많이 배웠다.

첫 추진기관 작동시험의 순간, 후갑판 상부에서 들으니 "끄윽끄으윽" 하는 소리가 들렸다. 김태운 소령의 얼굴을 보니 근심이 가득하였다.

"이거 프로펠러만 돌아가도 성공이야."

언젠가 그가 한 말이 생각났다. 아마 샤프트가 처음 돌아가는 소리였으리라. 다행히 추진계통은 별 탈이 없이 돌아갔다. 휴우……. 내가 담당한 주 추진계통의 시운전은 이렇게 마음 졸이며 시작되었다.

현대는 배관계통의 설계계산에서 각 계통별로 기기들과 배관의 압력손실을 계산하여 펌프나 기기류의 토출 압력과 배관 크기를 결정하였는데, 여기에는 각종 기기들의 진동도 계산하게 되어 있었으나 내가 결정한 것이 많았다. 그런 부분이 내 계산대로 기능을 발휘하는지 마음 졸이지 않을 수 없었는데 다행히 모두 정상 작동되었다.

조타기 시험은 '좌현 35도!'에서 '우현 35도!', 이른바 최대타각 급속전타(Hard-over to hard-over) 시험을 하도록 되어 있었는데 타를 잡은 사람은 함이 급격히 기우는 것을 염려하여 감히 일정 각도 이상의 타를 돌리지 못하였다. 어느 정도만 돌려도 조타실에 있는 사람들이 겁을 먹었다.

"비키라!"

엄 대령이었다. 말릴 사이도 없이 그는 타를 홱 돌려버렸다. 모두들 기절초풍. 다행히 배는 전복되지 않았다.

"무신, 뭘 그리 겁 먹노?"

그는 순진한 표정으로 득의만만하게 미소 지었다.

:: 1980년 12월 24일 사격시험

아침 일찍 울산함은 부산 앞바다를 향해 출항하였다. 고대하던 함포 사격시험 날이었다.

그날따라 파도가 높았고 파랑 또한 크게 일렁이는 악천후였다. 거친 파도를 마주한 함수는 그 예리함이 칼 같음에도 앞으로 잘 나아가지 못하였다. 우여곡절 끝에 사격 예정 장소에 도착하였으나 표적인 부표는 거친 파도 속에서 그 모습을 잠깐씩 보이다가 이내 보이지 않아 여러 시간 고생하며 기다린 보람도 없이 결국 퇴각! 울산으로 돌아오는 항로 역시 갈 때와 다름없이 파도와의 힘겨운 싸움이었다.

지친 배와 사람들은 어두워져서야 부두에 닻을 내렸다. 모두들 피곤하였지만 크리스마스 이브였다.

그날 밤에 울산함은 그야말로 높은 파도 속에 일엽편주! 밀어닥친 해일 속에서 함장과 전 승무원은 밤새워 배를 지키느라 죽을 고생을 하였다. 다음 날 오전 10시가 넘어서야 어느 정도 파도가 잦아들어 감독관실 요원들은 배에 올라갔다. 함장의 눈에 핏발이 가득하였다.

"총 가져와 ! 현대 놈들 다 죽여 버리겠어!"

그의 걸걸한 울부짖음이 사방에 흩뿌려지고 있었다. 현대 측에서는 당시 우리 현장과 붙어 있는 미포조선의 수리선들을 지키느라 울산함에는 아무런 구호장비를 지원하지 않았던 것이었다. 쇠사슬이 끊어진 부이(Buoy)가 떠다녀 함정과 부딪칠 지경이었으니 승함해 있던 승조원들의 심정은 어떠하였을까?

배를 상가(上架)한 뒤에 살펴보니 소나 돔이 파손되고 IC실이 침수되었으나 중요한 기능의 손상이 없는, 그야말로 불행 중 다행으로 그 피해는 가벼운 편이었다.

:: 인도 전 함상 파티, 엄도재

함정 건조가 끝나고 인도를 며칠 앞둔 어느 날, 함에서는 감독관들을 위로하는 함상 파티가 열렸다. 파티라고 해야 사관실에서의 부부동반 식사였지만 우리 힘으로 건조한 최초의 전투함에서 치르는 첫 식사였으니 그야말로 영광스러운 자리였다.

엄 대령이 "야, 느그들! 정말 고생 많았다. 야단도 많이 쳤지만 사실 니들 소위 때 실력이 내 소령 때보다 낫다"고 우리 동기 대위들을 둘러보며 말하였다. 그로서는 애쓴 우리에게 보내는 최대의 찬사였다.

"이제 와서 얘긴데 느그들이 며칠씩 검토해온 걸 내가 우찌 다 알겠노? 어떨 때는 무신 얘긴지 몰라 소리 지르고 던져버렸지. 그리고 숙소에서 밤새워 공부 안 했나. 나도 죽을 뻔했다."

엄도재. 그는 거인이었고 조함사에 그 누구도 따를 수 없는 커다란 발자취를 남겼지만, 그에게 김태운 제독(해사 24기, 69학번 당시 소령)이라는, 소리 없이 그를 보좌하며 실질적인 차석 역할을 수행하여 사업을 이끈 훌륭한 엔지니어이자 부하가 있었음은 대단한 복이었다.

:: 배가 떠나던 날

전장 102미터, 전폭 11.5미터, 최고속력 37노트. 76밀리, 40밀리 포와 하픈(Harpoon) 미사일을 장착한 울산함!

드디어 배가 출항한단다. 1981년 1월 1일이었던가?

이 사업에 참여한 모든 사람의 가슴에 벅찬 감회가 가득하였으리라.

1977년 1월부터 1981년 1월까지 만 4년. 내 가장 젊은 시절, 나를 모두 바친 '내 배'가 떠나간다. 고생하였던 추억, 쓰라렸던 기억…… 그 모두를 끌어안고 울산함은 서서히 미포만을 빠져나갔다. 나는 그 배가 안 보일 때까지 방파제에서 하염없이 바라보았다. 두 눈에서 흐르는 눈물은 버려둔 채.

아! 울산함, 인도한 이후의 이야기

:: 아니, 무슨 자료가 이렇게 많지요?

함 인도 후, 감독관실 요원들은 20여 일에 걸쳐 그간의 행정서류와 정산자료는 물론, 구매 시방서, 검사성적서, 승인도면 등 모든 기술 자료를 정리하였다. 어느 것 하나 땀이 배어 있지 않은 문서가 없었지만 후일에 꼭 필요하지 않다고 판단한 엄청난 양의 문서가 절차에 따라 폐기되고 재분류되었다.

두 대의 트럭으로 운송된 문서량을 보고 당시 해군본부의 조함장교들은 놀라 볼 만 섞인 목소리로 말하였다.

"아니, 무슨 자료가 이렇게 많지요? 이걸 다 어디다 보관해?"

자료나 기록물의 유지와 보존에 각별한 노력을 기울였던 나에게는 참으로 딱하게 들리는 말이었다. 아니, 많다니? 이것밖에 안 돼요? 라고 해야지.

이게 다 보물인데…….

:: 멋진 외국 함정이 들어왔다며?

함대에 인수되어 진해에 정박한 배에는 손님이 끊이지 않았다고 한다.

'한국 해군의 최신예 전투함,' '한국이 자력 건조한 최초의 대형 전투함.'

울산함은 해군의 관심을 한몸에 받아 CNFK(주한 미 해군 사령관)를 필두로 한 외빈들은 물론 한국 해군작전사령부, 통제부 장성들이 연이어 함을 방문하였고, 대령급들은 순서를 기다리다 보니 한 달 이후에나 방문이 가능하였다고 전해들었다.

또 처음 울산함을 본 해군들은 외국에서 온 함정인 줄 오해하였다고 한다.

:: 저는 조선 수군이었습니다

1985년이었던가? 예비군 훈련을 받으러 동해로 갔다. 몇몇 동기생과 반가운 해후를 하고 함정을 견학하는데 바로 '울산함'이었다.

전탐실에 이어 CIC(Combat Information Center)를 둘러보던 예비역 장교들의 눈이 휘둥그레졌다. 과거에 못 보던 레이더 디스플레이 화면에서 전방의 화물선이며 어선이 실물 그대로 선명하게 보였다.

"이 함정의 사격통제 계통은 ××개의 대공표적, ××개의 해상표적을 동시 추적이 가능하며 ×기의 대함미사일은……."

설명이 이어지는데 전투함 근무 경험이 있는 예비역들은 "으음, 야아!" 이구동성으로 외쳤다.

함은 동해를 한 바퀴 돌고 항으로 입항.

"어어, 큰일 났다. 왜 속도를 안 늦추지? 부두에 박겠다!"

방파제를 넘어 부두를 향해 돌진(?)하는 배 위에서 동기생 누군가가 소리쳤다.

"어어, 어어어……."

그러나 불과 200여 미터를 남겨두고 선회를 시작, 멋지게 부두에 접안하였다.

"와! 대단하다. 택시 같아. 난 정말 부딪치는 줄 알았어. 너, 정말 수고 많았겠다."

장교들이 모두 모인 가운데 예비역 장교들의 승함 소감 발표가 있었다. 한 동기생 차례가 되었다.

"저는 한국 해군이 아니라 조선 수군이었습니다."

지금 생각해도 대단한 표현이었다.

:: 대한조선학회 충무기술상 기금

전역 후 얼마 지나지 않아 조함실에서 연락이 왔다. 울산함 건조에 참여한 감독관실 요원들에게 국방과학 연구장려금 6천여만 원의 포상이 있다고 하였다.

엄 대령은 이 포상금을 20여 명의 감독관실 요원들에게 나누어주는 대신 대한조선학회에 기증을 제안하였고 모두가 흔쾌히 동의하였다. 기증한 이 자금으로 대한조선학회는 1983년 2월 충무기술상을 제정하였다.

이 사실을 알고 있는 조선 종사자들이 과연 얼마나 될까?

:: 끝으로, 한국형 구축함(울산함) 사업은

- 미 해군 함정 획득절차를 도입하여 체계적으로 진행한 최초의 함정설계 및 건조사업으로
- 이때 작성한 건조 시방서 및 기술 도면 등은 체계적인 조함 기술의 굳건한 초석이 되었고
- 조선소와의 정산계약 또한 향후 유사계약의 모델이었으며
- 함정 획득과 관련한 종합군수자원(Integrated Logistic Support : ILS) 개념을 최초로 확립하게 되었을 뿐만 아니라
- 대형 조선소에서 함정 전문조직을 설치, 경쟁하여 오늘날 전투함과 잠수함까지 수출하는 방위산업 성장의 첫걸음이 되었다.

31회 졸업생(1976년 입학) 이야기

이재환

76학번은 현재 30여 명이 직간접으로 조선 분야에 관여하고 있다. 가장 활약이 왕성한 학번이며 거의 정점에 도달하였다고 볼 수 있을 것이다. 산업계의 활약상을 나열하고 싶었으나 업계에 근무하는 동기들이 대부분 바쁜 탓에 글 끝에 올린 현재의 직장과 직위로 대체하고, (지난날 과대표와 과우회장을 한 적이 있어 동기들의 모습을 돌이키는데 도움이 되려나 싶어) 부족하지만 동기들의 대학생활을 적어본다.

당시 철강, 중화학, 자동차를 비롯한 기계산업 분야에서 현대중공업 조선소 설립과 더불어 유일하게 조선입국이라는 국가적 목표가 제시되었고 이러한 조선공업의 열기는 70학번부터 시작되었다. 또한 유신체제가 지속되어 억압 정권에 대한 저항과 대학생으로서의 본분 사이에서 갈등을 느끼던 세대였다. 서울공대는 73학번까지는 조선공학과로 선발하다가 74학번부터는 계열별 모집을 시작하였고, 1976년부터는 순수 공학계열만 본고사와 예비고사 성적으로 선발하였다. 따라서 이 해 700명 정도가 14반으로 관악 캠퍼스에서 1학년을 시작하였다. 당시 관악 캠퍼스는 서울 외곽이라 교통도 불편해 아침 9시 산중턱에 있는 교련 수업을 듣는 것이 가장 곤혹스러웠다.

공릉동 공대 캠퍼스 또한 1974년에 서울역-청량리 지하철 1호선(종로선)이 개통되었고 청량리역에 공대행 스쿨버스가 있었지만 항상 만원이었고, 일반 버스 편도 자주 없어 불편하였다. 2~4학년 학생이 3000명 정도인 공대에는 거의 대부분 남학생들이었고, 여가시간에 갈 곳이라고는 학교 앞 허름한 다방 한두 곳과 엉성한 칼국수집, 중국집밖에 없었다.

76학번은 48명의 재학생과 3~4명의 복학생으로 시작하였다. 다른 학번은 어떤지 몰라도 유난히 재수생들이 많았다. 당시 김재근·황종흘·임상전·김극천 교수님이 원로 교수님에 해당되셨고, 김효철 교수님 그리고 이기표 교수님이 조교를 마치시고 갓 부임하여 2학년의 담임선생님 역할을 하셨다. 2, 3학년 과목은 대부분 이기표, 김효철 교수님께서 맡으셨고 3학년 진동수업은 당시 선박연구소 소장으로 계신 김극천 교수님이 맡으셨다. 이호섭 박사님도 울산대 교수로 계시면서 출강을 하셨다.

학생들의 구성을 보면, 이른바 명문고가 있던 시절이라 특정 고등학교 출신들이 여러 가지 면에서 동질성을 가지고 있어 능력 발휘가 컸다고 볼 수 있다. 비교적 서울권 출신 학생들이 유별나게 튀었고 사회성에서 조금 뛰어난 특성을 보여주었다.

면면을 살펴보면 서울권 학우인 김성균, 김영중, 배두환, 유광택, 원윤상, 양희중, 이병모, 이성근, 이철훈, 조성택, 한동림, 황인범, 허진 등이 활동적이었는데 개인적으로나 학과 모임에 적극적이었다.

지방권 학우는 김동준, 김명수, 어민우, 임상흔, 최정은 등이 활동적이었다. 대부분의 학생들, 특히 지방권 학생들은 조용한 편이었는데 김세환, 나승수, 박상호, 박석홍, 송인행, 유인상, 이수목, 이영수, 장영식 등을 들 수 있다. 그나마 우리 동기 중에 목소리가 컸던 친구들은 박종구, 우유철, 유광택, 조종묵, 최정은, 한동림 등이었다.

최경식은 조용하면서 공부하는 학생, 정홍기는 서울 출신이고 개성이 있음에도 당구 그룹에 들지 않고 ROTC를 택한 착실한 학생이었다. 비교적 조용하면서도 활동에 열심히 참여한 학생 그룹은 박주용, 서형균, 신현수, 신종식, 심용래, 이정한, 조원호 등을 들 수 있다.

심용래 학우의 경우 거의 말이 없는 생각이 깊은 모습이었고, 한동림 교우는 Y대학 도서관에서 산다는 이야기도 있었다. 이 중에서도 조용히 다닌 그룹을 보면 박석홍, 이수목, 임채환, 전광열, 한성환, 조병천, 변태영 등을 들 수 있다. 어쨌거나 학교 앞 당구장이나 카드놀이에 늘 모습을 보인 그룹이 현재 더 활동적이고, 그당시 단짝을 지금까지 유지하는 학우도 여럿 있다.

복학생으로 김현근(73학번), 오상환(73학번), 이홍재(72학번), 정상렬(72학번), 정태영(71학번), 최성규(72학번) 선배가 계셨는데 재학생들은 늘 최성규 선배의 숙제 카피와 오상환, 김현근 선배의 경험담을 들으며 지냈다. 또 정상렬 선배는 형처럼 친근하였고 해군 장교 위탁교육생으로 김형만 학형이 함께 지냈다.

1975년도에 입학하였으나 1976년에 함께 공부한 교우들은 길현권, 김대욱, 김형수, 박시명이 있다. 김대욱은 76학번과 같이 조선소에서 근무하다 개인회사를 차렸고, 졸업 30주년 행사 이후 수억 원의 장학금을 학과에 기부하였다. 바둑을 사랑하여 시니어프로기전 대주배를 만들어 후원하고 있다.

강의가 없는 시간에 삼삼오오 카드놀이를 하거나 집단으로 하는 행사(체육대회, 학과 모임)에도 대다수가 참석하곤 하였다. 언젠가 이기표 교수님께 소개받은(인척 중 모 여대 교수님이 계셔서) 과 미팅에 거의 전원이 참석하여 성균관대 앞 '타임'이라는 다방(당시는 대학생들이 다니는 곳도 다방으로 불림)에서 추진하였는데, 너무 많다 보니 학번 순으로 문을 나서며 파트너를 정해 창경궁(원) 저녁 벚꽃 축제에 간 적도 있다. 우리는 개강, 종강 모임에도 유난히 잘 모이곤 하였다. 학교 옆 공릉역에서 기차를 타고 춘천에 놀러갔다가 귀경길에 기차에 있는 맥주를 멋모르고 먹는 바람에 경찰에 신고되어 곤욕을 치른 적도 있었다.

당시의 공과대학과 상황을 돌이켜보면, 유신체제 아래 대학생의 대정부 데모가 자주 있었으나 서울 공릉동의 공과대학에서는 드문 편이었다. 다른 과 학생이 조선과 수업에 들어와 구호를 외친 적도 있었지만 다른 대학에 비해 수업이 유지되고 최루탄 연기를 마시는 일은 거의 없었다.

시내의 여러 대학에서는 종종 있었지만 공릉동 공대는 데모로 인한 휴강이 거의 없었다. 그래서인지 유신공대라는 빗댐도 들었지만, 결과적으로 외딴 곳에 격리되어 열심히 공부한 것이 조선입국 산업화에 기여한 셈이 되었다.

딸기 철인 어느 봄날 태릉에 단체로 놀러갔는데 갑자기 학과 학생들이 사라진 바람에, 숨어서 활동하던 정부의 정보원들이 그들을 찾는다고 한바탕 소동을 벌였다. 당시에는 다수가 모여 야외에서 회합을 갖는 일은 (데모 가능성을 의심하는) 정보기관의 감시 아래에서 쉬운 일이 아니었다. 현실 참여로 반정부 데모를 한다는 것은 공대에서는 특히 어려웠는데, 캠퍼스에 인적이 드물어 쉽게 눈에 띄고 또 데모를 한다 해도 호응해줄 시민이 주위에 없었기 때문이다.

인문계와 달리 의식을 깨우치는 동아리나 강연 등도 없었고 학과들이 여러 건물에 멀리 흩어져 있다 보니 단체로 모이는 경우도 없었다. 잘은 몰라도 학생들이 하숙하는 곳들도 아마 그런 기관들의 관리 아래 있지 않았나 싶다.

민주화 운동을 하다가 옥고를 치른 주위의 공대생들의 경우 일부는 지금까지도 어려움을 겪고 있어 안타까운 심정이다. 그런 분들의 희생도 의미가 있고, 한편으론 열심히 안 한 것 같아도 묵묵히 공부하던 공대생들이 있어 현재의 대한민국의 산업화를 이룬 양면성이 있다.

당시에는 자정부터 새벽 4시까지 통행금지라 불편하였는데 체육대회 후 학교 근처에서 서형균와 함께 통행금지에 걸려 밤을 새운 고생도 있고, 황인범과 같이 이기표 교수님 신혼집에 갔다 통행금지에 임박해 "너희 집에 안 가냐?" 하는 말씀에 정신없이 귀가하기도 하였다. 체육대회 후 단체로 교수님 댁을 방문한 우리에게 김효철 교수님께서 푸짐한 음식을 차려주신 따뜻한 기억도 있다.

당시 사회나 학교가 전반적으로 위축된 상태였으니 학교생활도 활기가 적을 수밖에 없었으나 교내 축제나 학과의 종강, 개강 모임에서 76학번은 잘 지낸 편이었다고 생각한다.

가끔 우스갯소리로 공부 잘하는 학생은 유체를 하든가, 아니면 구조를 한다는 말이 있는데, 당시 유체역학 책은 연습문제가 별로 없는 어려운 원서인 반면, 재료역학 책은 임상전 교수님께서 번역하신 책이고, 진동공학은 원서이긴 해도 두 책모두 연습문제가 많아 문제를 풀다 보니 자연스럽게 이해가 되지 않았나 싶다. 임교수님께서는 매 수업마다 차근차근 잘 정돈된 강의를, 황종흘 교수님은 대학원 스타일로 다소 어려운 내용을 가르쳐 주셨다. 하여간 유체역학은 싱크-소스 이야기만 들었던 것 같다.

김재근 교수님께서는 설계과목에 성적을 주실 때 복학생 우선이었고, 학생회

4학년 졸업여행 사진(1979년 4월, 진해)
(뒷줄 왼쪽부터 원윤상, 이정한, 황인범, 김동준, 조성택, 유인상, 최정은, 이병모, 이성근, 송인행, 김형근, 김성균. / 앞줄 왼쪽부터 심용래, 김영중, 이재환, 변태영, 한성환, 정홍기, 김형수, 이철훈, 신현수, 김영룡, 전광열, 배두환, 우유철, 박석홍)

활동을 하면 점수를 잘 주셨다. 당시 여느 대학생들이 그렇듯이 시험 일주일 전부터 준비하면 A, 하루 전에 하면 C인데 대부분 당일치기라 평점 3.0만 넘으면 우수 학생이었다. 그리고 대학이 시내에서 멀고 교통이 불편하여 왔다 갔다 하다 보면 공부할 시간이 부족하고 힘들어 시험준비를 하지 못한 경우도 많았다. 학우들 대부분이 과외 아르바이트와 카드, 일부 학생은 당구 등으로 여가 시간을 보냈던 것 같다. 일부 형편이 좋은 교우들을 제외하곤, 당시 한국 경제 수준에서 대부분 가정이 넉넉지 못해 학생들은 (과외) 아르바이트로 학비나 용돈을 벌어야 했는데 아르바이트 자리도 쉽지 않았다.

지금 대학생에 비해 수업 시간이 적은 편이었지만, 수업에는 대부분 매일 참석하는 착실한 학우들이었다.

어민우, 임상흔, 황인범 등 재수생 대표들은 당구와 술자리에서 대표급이었고,

우유철 학우의 주량은 당시 대단하였는데 최근의 76 진수회 모임이나 현대제철을 방문한 2012년 모임에서 그 실력이 여전함을 보여주었다. 조선소나 제철소든 술에 관한 한 한 치의 양보가 없음을 우유철, 이병모 학우가 보여주곤 한다.

당시 대한조선공사, 현대조선에 이어 대우조선이 막 기지개를 켜고 있어 취업이 가능하다고 생각해서인지, 지금처럼 취업을 위해 공부를 열심히 해야 할 필요성을 느끼지 못하였다.

4학년 때 대학원에 진학하면 지방대 교수로 대체 근무하는 제도(교수 요원, 나중에 특수 전문 요원 제도로 변경)가 있어 대학원 진학을 많이 하였다. 대학원 초기인 1980년 5.18 광주민주화운동이 발발하였다. 계엄령에 따라 휴교 조치가 내려졌고 대부분 귀향하여 대학원 초기에는 집에서 과제를 하고, 때가 때인지라 거리상 가까운 친구들과 교류하였다. 당시 휴교에 따라 광주로 귀향한 학우들의 연락이 끊어져 큰 걱정을 하였는데 다행히 다음 학기 개강 때 볼 수 있어 반가웠던 기억이 있다(김영중 회고).

이렇게 1980~1990년대는 공부를 더 하거나 기업에서 자리를 잡아가는 시기였고, 2000년대 이후에 76학번들의 사회활동이 본격적으로 펼쳐지기 시작하였다. 특히 선박해양 분야에서 괄목한 활동상을 보이고 있다.

2013년 분야별로 현재의 활동상을 살펴보면 다음과 같다. 조선해양 분야에 관련한 인원을 보니 30명 이상, 박사학위를 취득한 이가 20명이 넘는다. 유별나게 조선산업 성장 과정과 함께한 운이 좋은 학번이라 할 수 있다.

대한조선(주)에는 사장으로 영전한 이병모, 대우조선해양에는 설계총괄 전무 이성근, 인사총괄 전무 유인상, 삼성중공업(주)에는 해양 분야 총괄 부사장 원윤상, 로봇자동화의 전무 김세환, 현대중공업(주)의 경우 회사 3곳의 연구소장을 신현수와 이수목(상무), 그리고 장영식(전무)이 맡고 있다.

대형 조선소에서 오랜 기간 근무하고 그만한 위치에 올랐다는 사실 자체가 훌륭한 업적을 남긴 것이라 할 수 있는데, 개개인의 성취담을 일일이 적지 못하는 아쉬움이 있다.

4학년 졸업 사진
(뒷줄 왼쪽부터 조원호, 정홍기, 길현권(75), 김명수, 신현수, 정태영(복학), 조병천, 김영중, 최성규(복학), 김현근(복학), 정상렬(복학), 박시명(75), 나승수, 이성근, 한동림, 김대욱(75), 이재환, 전광열, 어민우, 양희중, 임채환, 한성환, 안승일, 허진, 김성균, 이흥재(복학), 배두환, 이병모, 이철훈, 오상환(복학), 조성택, 김형수(75), 이영수, 심용래, 변태영, 박상호, 박상우(복학), 이정한, 우유철, 서형균, 원윤상, 유인상 / 앞줄 왼쪽부터 황인범, 송용일(복학), 박종구, 최정은, 박종은 교수님, 임상전 교수님, 김효철 교수님, 황종흘 교수님, 김극천 교수님, 이기표 교수님, 박주용, 김세환, 김동준, 박석홍, 장영식 / 사진에 없는 졸업생: 최경식, 조종묵, 송인행, 임상흔, 김영룡, 김형만)

한편, 현대제철 사장 우유철 역시 조선용 후판을 생산하는 등 탁월한 활동을 보이고 있으며, 조선소 동기들과의 교류도 활발하다. 최근 우유철과 이병모가 모임을 가진 자리에서 양사의 참석자들이 상대방 CEO들의 주량과 카리스마에 모두 놀랐다는 후문이 있다. 우유철의 경우 학생시절에 조용하면서도 친구들 사이에서 리더십을 발휘하여 직구를 날리듯 시원하게 말하는 스타일인데 경영자로서의 자질 또한 유감없이 보여주고 있다. 이병모는 행동이 민첩하고 역시 시원한 스타일, 이성근은 겸손하고 성실한 모습, 유인상 역시 성실하고 친근한 성품이 보이고, 원윤상의 경우 학창시절의 장발과 청바지 차림에 시원시원한 의사 표현과 남들과는 다른(공대생 같지 않은) 튀는 모습이었다.

김동준, 박주용, 이철훈, 조성택, 김대욱이 주축인 부산 지역 모임에는 늘 멋진 화음이 있다. 박주용은 선박연구소 재직 시 대덕연구단지 합창단을 만들어 지휘할 정도로 음악성이 뛰어난데, 김동준과 박주용의 노래 솜씨는 일품이 아닐 수 없다.

나는 학부 때 과대표, 과우회장을 맡았고 미국 뉴저지에서 공부하던 중 스티븐슨 공과대학의 박성희·이호성·주영렬 선배님과 교환교수로 오신 이기표 교수님을 뵈었고 대우조선에서 미국 유학을 보내준 이성근과 뉴욕 브루클린에서 만나는 즐거움이 있었다. MIT를 방문하면서 윤덕영 선배 등을 만나기도 하였고 아이오와 대학에서 공부할 때 김형태, 현범수, 최정은, 김우전 등의 동문과 같이 있었고, 오하이오 대학을 방문해 이준열(70학번), 김동섭(75학번), 심용래, 이성근 동문들을 만나기도 하였다.

그 사이 76 진수회는 부산의 교우들을 중심으로 활발히 유지하여 왔고, 최근에는 교통의 중심인 대전에서 자주 모임을 가진다. 특히 김동준의 역할이 크다. 졸업 후 76 진수회의 대표를 맡아 지금도 각종 경조사나 행사를 주관하여 처리하고 있어 김 교수에게 늘 감사하고 있다.

:: 산업계(가나다 순)

김세환 삼성중공업(주) 전무

박상호 현대중공업(주)

박석홍 장원엔지니어링 사장

박종구 세암정보통신

변태영 필텍(PHILTEK)

서형균 대우조선해양(주) 상무

신종식 (전 DNV) 펠릭스테크 부사장

신현수 현대중공업(주) 상무

심용래 삼성중공업(주) 상무(ABS 근무 경력)

안승일 대우조선해양(주) 퇴사

어민우 대주중공업 이사

우유철 현대제철 사장

원윤상 삼성중공업(주) 부사장

유광택 STX 에너지(윈드파워) (전) 임원

유인상 대우조선해양(주) 전무

이병모 대한조선(주) 사장

이성근 대우조선해양(주) 전무

이수목 현대중공업(주) 상무

이정한 대우조선해양(주) 전무로 퇴사 후 개인 기업체

이철훈 KSE 대표

임상흔 현대미포조선 전무

장영식 현대중공업(주) 전무, 선박해양연구소장

전광열 LG화학 이사

정홍기 (주)한일항공기계 사장

조병천 현대건설 이사

조성택 (주)한국델파이 부사장

조원호 삼성중공업(주)

조종묵 캄테크놀로지 사장

한동림 럭키엔지니어링

한성환 대우조선해양(주) 상무

:: 학계

김동준 부경대학교 환경해양대학 조선해양시스템공학과 교수

김성균 건국대학교 기계공학과 교수

나승수 목포대학교 조선공학과 교수

박주용 한국해양대학교 조선해양시스템공학부 교수

배두환 한국과학기술원 정보 및 통신공학과 교수

양희중 청주대학교 산업공학과 교수

이재환 충남대학교 공과대학 선박해양공학과 교수

최경식 한국해양대학교 해양공학과 교수

최정은 현대중공업㈜ 퇴사 후 부산대학교 초빙교수

송인행 삼성중공업㈜ 퇴사 후 한국해양대학교 초빙교수, 송 박사는 노자에 관한 연구로 책도 집필하였다.

:: **연구소**

김영중 한국기계연구원 기계시스템안전연구본부(선박 관련 업무)

임채환 한국기계연구원 기계시스템안전연구본부(선박 관련 업무)

허 진 한국원자력연구소 안전계통 분야

:: **기타**

이영수 현대중공업 근무 후 부산에서 한의사

황인범 조선 분야 사업 후 뉴질랜드에 거주

김형만 해군 대령으로 예편하고 부여에 거주

복학생들의 경우 삼성중공업, 한국철도연구원장 등 여러 분야에서 활동하고 있다.

2010년 11월 6일 졸업 30주년 기념행사 (30년 전 졸업 당시의 장발은 사라지고 경륜이 빛나고 있다.)
(셋째 줄 : 원윤상, 유광택, 조성택, 신현수, 유인상, 임채환, 한성환, 김성균, 배두환, 이수목, 김대욱, 이철훈, 어민우, 최정은 /
둘째 줄 : 김동준, 이재환, 임상흔, 김세환, 정홍기, 이성근, 김영중, 이병모, 박주용, 신종식, 양희중, 최경식 / 첫째 줄 : 이기표
교수님, 황종흘 교수님, 김효철 교수님, 최항순 교수님, 우유철)

2012년 6월 진수회 (당진 모임)

32회 졸업생(1977년 입학) 이야기

곽문규

우리는 1977년에 서울대학교 공학계열로 입학해 2학년에 조선공학과를 선택하고 1981년에 대학을 졸업한 학번이다. 시중에 회자되던 '58년 개띠'가 바로 우리 세대이다. 그 당시 공대생들에게 병역특례 요원이라는 제도가 있어 학기 도중 군대에 간 친구들은 많지 않았고, 오히려 졸업 후 해군 학사장교로 입대한 친구들이 몇몇 있었다.

1학년 때에는 관악 캠퍼스에서 소속감 없이 생활하였는데 2학년에 올라가면서 공릉동 캠퍼스로 옮겨가 3학년까지 공릉동 캠퍼스에서 지내고 4학년 때 다시 관악 캠퍼스로 돌아온 학번이다.

우리가 대학생활을 막 시작한 1977년도는 박정희 대통령의 유신시대 말기로 군

매년 두 차례 골프 모임을 갖는 77 동기들

부독재가 절정을 이룬 시대였다고 말할 수 있다. 특히 3학년 말에 박정희 대통령의 서거로 시작된 민주화 운동과 이듬해 광주민주화운동, 그리고 전두환 정권의 등장으로 4학년에는 데모와 휴교 사태로 제대로 수업을 받지 못하였다고 생각한다. 그럼에도 대학 졸업 후 산업현장과 사회 각계 각층에서 열심히 살아온 우리 동기는 대학생활이 바탕이 되어 매년 두 차례 골프 모임을 가지면서 여전히 끈끈한 연을 이어오고 있다.

동기들의 근황을 간략하게 소개하면 다음과 같다.

학계에서는 미국 텍사스 A&M 대학교의 **김무현**, 목포대학교의 **곽영기**, 한국해양대학교의 **김재수**, 동양대학교의 **이상무**, 동국대학교의 **곽문규** 동문이 활동하고 있다.

연구소에 근무하고 있는 동기는 해양연구원의 **공인영**(현재는 세이프텍 리서치 회사의 CEO로 활동 중), **이춘주**, 생산기술연구원의 **한만철** 동문이다.

조선과 중공업 분야에서 근무하고 있는 동기는 대우조선해양의 **엄항섭·김장옥·윤상찬·최병승**, 현대중공업의 **김태욱·김화수·안호종**, 한진중공업의 **남오석**, 삼성중공업의 **이교성**, STX 조선해양의 **유천선** 동문이다. 조선과 관련된 선급에서 일하고 있는 동기도 있는데 ABS의 **김정용**와 **윤장호**, DNV의 **이화룡** 동문이다.

정부 부처에서 일하고 있는 동기는 교육과학기술부의 **노환진**, 한국인증원의 **오일근** 동문이다. 오일근 동문은 철도기술연구원 연구원으로 시작하여 현재 한국인증원 원장으로 재직하고 있다.

조선 분야는 아니지만 사기업에서 일하고 있는 동기도 있는데, 코오롱의 **박동문**, SK E&S의 **박영수**, SK 건설의 **서상오**, LMS 코리아의 **김두현**, 카고텍의 **서전석**, (주)원일의 **김현명**이 그들이다.

사업을 하는 동기도 많은데, MEK의 **윤영기**, 보인정밀의 **이진성**, 디에프인터내
셔널의 **김연봉**, 진산기계의 **송호봉**, 원양어구공업사의 **최상현**, 아름미디어의 **김학
진**, 알투비의 **한종우**, 그 밖에 **김현, 박시원, 오태명, 윤병호, 이중균, 이환, 최종훈**
동문이 개인 사업을 하고 있다.

　　그리고 동기 중 특이한 분야에서 활약하는 동문들은 대우조선공업 부장에서 한
의사로 변신한 **김현일**, 회계사인 **유혜준** 동문이다.

　　MEK의 윤영기 사장과 여러 동문들이 매년 두 차례 '81 진수회 골프 모임'을 기
꺼이 후원해 준 덕분에 동기 모임이 꾸준히 이어지고 있다.

33회 졸업생(1978년 입학) 이야기

윤석용

:: 교양과정부 시절

78학번들은 계열별 모집으로 입학하여 1학년 교양과정을 관악 캠퍼스에서 보냈다. 그때는 디스코가 막 들어온 시기라 지금도 여전히 고고장(팽고팽고, 우산속 등등)으로 불리는 곳에서 개빙고(개강을 빙자한 고고장), 종빙고(종강을 빙자한 고고장) 등의 고팅(고고장에서 하는 미팅)을 매우 자주 하였던 기억이 있다. 몇몇은 그 재미에 빠져서 공부는 완전히 제쳐두기도 하였다.

4월이 되니 민주화 기간이라며 학교가 술렁이고, 여기저기서 유신 철폐를 외치는 데모가 교내 아크로폴리스 광장을 중심으로 수시로 들려왔다. 매캐한 최루탄에 이리저리 쫓겨 다녔으며, 학교 안에 눌러앉은 백골단을 비롯해 정복·사복 경찰을 쉽게 볼 수 있었던 시절이다.

가을이 되어 관악 캠퍼스 축제기간 쌍쌍파티 중에 최루탄이 바로 옆에서 터지는 바람에 파트너까지 잃어버리고 눈물범벅이 된 채로 하숙집으로 돌아가던 기억도 난다.

계열로 입학한 1학년에는 2학년부터 다닐 학과를 1, 2, 3지망까지 지원하여 성적순으로 학과 배정을 받았는데, 그때 조선과의 인기는 전자과 등에 밀리는 분위기여서 공부에 취미가 없는 학생들이 많이 지원한 것 같다.

:: 공릉동 캠퍼스 시절

우리 학번은 공릉동 캠퍼스에서 공부를 한 마지막 학번인 것으로 기억한다. 2학년 때 공릉동 캠퍼스 앞 하숙집촌에서 하숙을 하며 학교에 다녔는데, 공부한 기억보다는 교련 운동장에서 막걸리 마시고 쌍승 당구장에서 당구 치던 기억밖에는 없다. 같은 이름의 중국집도 있었는데 짬뽕 국물이 2백 원이라 도시락에 맨밥을 싸 가지고 그 국물에 말아 먹던 기억이 아련하다.

어느 봄날, 제도실에서 제도를 하고 있는데 3학년 형들이 들어와 우리 몇몇을 불러 앉혔다. 형들은 다음 주에 전국조선과 체육대회에서 쌍쌍파티를 하려는데 부산대, 인하대, 울산대 등에서 오는 학생들에겐 파트너가 없을 것이니, 우리에게 여학생 100여 명 정도를 데려 오라고 명령하였다. 우리는 서너 명씩 짝을 지어 여러 여학교로 흩어졌다. 나는 수도사대(현 세종대학교)에 가서 지나가는 어느 여학생에게 말을 걸었는데 운이 좋았는지 그녀는 모 학과의 과대표였다. 그 자리에서 40명 정도 동원 약속을 받아냈다. 다음 날 친구들을 확인해 보니 녀석들도 150명이 넘는 여학생을 동원하였고, 그 주말 청량리에서 10번 버스에 여학생들을 한차에 태워서 보냈던 기억이 새롭다.

나중에 나는 그날 여학생들이 너무 많았고 게다가 조선과 학생들이 술에 취해서 여학생들이 몹시 힘들어했다는 이야기를 들었다.

:: 다시 관악 캠퍼스 시절

3학년 때 다시 관악 캠퍼스로 돌아왔다. 대부분의 남학생들이 군대에 가는 시기이지만 공대는 병역특례로 군대를 대신할 수 있는 기회가 있었고, 특히 조선과는 넘치도록 많은 남학생들 거의가 군대에 가지 않았다. 복학한 형들이 세 분(유기선·봉유종·박영배), 해군 장교 위탁교육생(김경중·정재수)이 두 분이었고, 동기 중에 1명(곽용구)만 해병대를 지원해서 갈 정도였다.

3학년 1학기에는 휴강하는 날이 많았는데 매일 데모가 있었고, 5.18 직전에는 신림동, 영등포, 신촌을 거쳐서 그 유명한 서울역 앞 데모에 참가하고 다시 관악 캠퍼스까지 걸어갔던 기억도 생생하다.

4학년이 되니 취업 그룹과 대학원 그룹으로 완전히 나누어졌다. 취업 그룹은 교수님의 얼굴을 본 기억이 거의 없을 정도로 신림동 당구장에서 시간을 보내고, 저녁에는 신림시장에 막 생겨나기 시작한 순대집에서 소주를 마시는 것이 일상이 되었다. 가끔 공부파들이 당구장에 나타나면 너희는 이러면 안 된다며, 가서 공부하라고 야단을 치기도 하였다. 하지만 취업 그룹도 기사자격증이 있어야 병역특례로 군 면제를 받을 수 있었는데 기사시험이 어려워져 불합격자가 점점 늘어나고 있었다. 우리 동기도 반 이상이 떨어진 것으로 기억이 난다.

우리에게 4학년은 힘든 한 해였다. 대부분의 친구들은 아르바이트로 학비며 생활비를 벌어서 살던 시절인데, 새로 들어선 군부가 학생 아르바이트를 금지하는 바람에 '몰래바이트'를 하거나 그만두어야 했다. 시골 출신인 나도 살기가 곤궁해졌다.

4학년 봄, 우리는 졸업여행을 갔다. 현대, 대한조선공사, 대우조선, 삼성조선을 둘러보는 3박 4일의 여정이었다. 거대한 울산조선소를 보고 한번 놀라고는 이후로는 그저 주야장창 술독에 빠지거나 마이티에 빠져서 기억에 남는 것이 별로 없을 정도였다. 아무튼 그때가 가장 봄날이었던 것 같다.

내가 대우조선해양에서 조선과 출신으로 처음 인사팀장을 하던 때에 학생들을 좀 많이 보내주십사, 교수님들을 모시고 식사를 대접한 적이 있었다. 정말 오랜만에 학교를 찾아가기도 하였지만, 내가 얼마나 학교를 멀리했는지 최항순 교수님은 내 기억이 없다고 하시기도 하였다.

4학년 여름방학이 끝나고, 각 조선소와 그에 관련한 회사에서 근무하는 선배들이 취업 설명회를 하였고, 끝난 뒤에는 밥을 사주곤 하였다. 당시는 요즘과는 반대로 오라는 곳은 많고, 갈 학생이 없는 사태가 빈번하게 벌어졌다.

어느 날, 취업파들이 강의실에 모여서 취업회의를 하였다. 30여 명이 현대와 대우로 반 정도 나누어졌다. 우연히 이를 본 어느 교수님이 대한조선공사, 삼성, 타코마, 일부 선박엔진회사에도 가야지 한국의 조선산업이 고루고루 발전한다고 충고해 주셔서 다시 회의를 한 끝에 나를 포함한 3명(윤석용·이인원·정상욱)이 대한조선공사에, 2명(김창욱·임원규?)이 삼성에 가기로 하였다.

나는 대한조선공사 서울 사무소로 입사하겠다고 통지를 하였고, 며칠 후 입사서류가 배달되어 왔다. 그해 가을, 입사와 관련한 서류를 작성하여 광화문 교보빌

졸업 30주년 기념행사 (2012년 9월)

골프 모임에서. 우리 동기는 어느덧 중년이 되었다.

딩에 있는 대한조선공사 서울 사무소에 제출하고, 1982년 1월부터 근무를 하겠노라고 하였던 기억이 있다.

지금은 흔하지만, 내가 입사할 당시인 1980년대만 해도 '컴퓨터 이용 설계(CAD)'라는 것이 없어 모든 도면을 손으로 그렸다. 선박 치수가 조금이라도 바뀌면 지우개에 물을 묻혀 먹물을 지우고 다시 그려야 했다. 그때는 선주의 변심이 얼마나 미웠던지. 참고할 도면이 없어서 해외 잡지에 실린 도면을 확대 복사해 '복원'하곤 하였다. 오늘의 우리를 있게 한 경쟁력이자 전설 같은 이야기들이다.

각 회사로 흩어진 우리 동기들은 지금 그 회사에서 중추적인 역할을 하고 있고, 우리가 등 떠밀어서 공부하라고 하였던 친구들은 박사학위를 받았다. 바로 모교에 재직하고 있는 성우제·홍석윤 교수, 선박해양플랜트연구소(KRISO)의 홍섭 박사 등이 농땡이 학번들의 체면을 세워 주고 있다.

현재 대우조선해양에 권오익·김상도·윤석용·윤양준·윤상찬(77)·장상돈·정상욱·최수현, 현대중공업에 박진수, 현대미포조선에 김홍재·홍성철 등이 조선소를 지키고 있다. KR에는 김창욱이 선급을 지키고 있고, 이인원은 선박해양 공조전문 회사인 하이에어코리아에 근무하고 있다.

최근에 조선 경기가 나빠져 모두가 힘들어하고 있지만, 조선입국이라는 꿈을 이루어낸 우리 동기들은 또다시 다가올 조선 호황의 그날을 맞이하기 위하여 오늘도 고민하면서, 각 회사의 중역으로서 자신의 역할을 다하고 있다.

각자의 지나온 발자취를 돌아보며 동기들을 소개해 본다.

강석상 대학 졸업 후 한국과학기술원 생산공학 석사를 취득하였다. 대우조선해양에서 3년간 플랜트 본부, 기술전산실에서 설계자동화 개발 작업을 하였고, 한국생산성본부에서 6년간 생산자동화 컨설턴트로 근무하였다. 삼성 SDS에서 12년 근무 후 정보 시스템 개발 업체인 이소프트시스템㈜을 창업, 운영 중이다.

강성준 연락이 두절되었다.

강수련 졸업 후 현대중공업 품질관리부에서 선체검사 업무 담당, 1985년에 퇴사하였다. 당시 루이 드레퓌스(Louis Dreyfus), BBSL 등의 배 바닥을 기어 다니며 용접 검사하던 일들을 먼 옛날 추억으로 간직하고 있다. 대우조선공업 해양부문 기술영업을 담당하였고 1989년 퇴사 이후 1998년까지 전자재료 제조업체, 건영그룹, 쌍용엔지니어링에서 석유화학 플랜트 사업관리 업무를 담당하였다. 1999년부터 철도 분야에 종사하고 있으며, 현재 ㈜세술코퍼레이션 대표이사로 재직 중이다.

곽용구 연락이 두절되었다.

권오익 졸업 직전인 1982년 초에 지금의 대우조선해양㈜에 입사하여 지금까지 근무하고 있다. 입사와 동시에 옥포에서 근무를 시작하였는데, 당시에는 아직 첫 배의 인도도 하지 않은 상태라서 상선 기본설계에 외국의 도면을 확대 복사해 가면서 GA를 만들고, 경사시험과 시운전을 하면서 어수선한 조선 현장을 헤매고 다녔다.

1986년도에 서울의 영업설계를 강화하면서 서울로 발령받아 서울 근무를 시작하여 지금까지 서울에서 근무 중이다. 영업설계에서 기본설계 작업이란 수없이 많은 종의 배를 그렸다 지웠다 하는 것이고, 당시 286컴퓨터보다 못한 전산시스템으로 복원력(Stability) 계산을 돌리느라 밤을 지새던 시절이 그립다고 전한다.

김경중 해군 장교, 연락이 두절되었다.

김동빈 영화감독, 연락이 두절되었다.

김상도 졸업도 하기 전에 대우조선해양에 입사하여 병역특례로 군 문제를 해결하고 특수선 설계, 특수선 생산 등 특수선 본부에서 근무하다가 미국 미시간 대학으로 유학 가서 MBA를 하였다. 귀국 후 대우조선해양 전사 생산관리와 기획 분야, 영업기획 등을 거쳐서 현재 경영관리 담당 전무로 근무 중이다.

김영호 현대중공업 기장부 주기과 기사, 종합상사 쌍용 등에서 15년을 근무하다가 1997년 말에 퇴사하여 1998년 LCD 업계로 진출하였다. 현재 AMH 컴퍼니를 운영하고 있다.

김완진 변리사, 연락이 두절되었다.

김종은 작고

김지호 작고

김진영 대우조선에서 3년 근무한 뒤 2005년까지 한국 IBM에서 근무하였다. 현재 ㈜미르헨지 창업, 운영 중이다.

김창욱 서울대 조선공학 석사(1988), 충남대 선박해양공학 박사(2001)를 취득하였다. 삼성중공업 거제조선소에서 1982년부터 1992년까지 설계 및 연구 업무를 수행한 뒤 1992년 한국선급으로 옮겨 연구소, 도면승인 부서, 규칙개발팀, 일본 도면승인 팀을 거쳤다. 2013년 이후부터 현재까지 한국선급 기술본부장으로 재직 중이다. IMO, IACS에 한국 대표로 활동하였으며 제12회 과학기술 우수논문상을 수상(2002)하였다. 2010년 이후 유조선 선체구조협의기구(TSCF: Tanker Structure Cooperative Forum)의 실무분과(Working Group) 및 기술분과(Steering Group) 멤버로 있다. 대한조선학회 선박설계연구회 부회장(2010, 2014)을 역임하였다.

김홍재 졸업 후 현대중공업에 병역특례로 입사한 뒤 의무복무 5년이 지나자마자 퇴사하였다. 서울에서 오퍼상, 조선 기자재업체, 소형 조선소 등 여러 회사를 전전하다가 1996년에 현대미포조선에 입사하여 기술영업 분야에 2년 정도 근무하였다. 1999년에 영업으로 업종 전환하여 현재까지 근무 중이다.

맹일호 현대중공업 선체건조부에서 1년 반 동안 근무한 뒤 이직하여 대우조선공업 기술영업부(배관)에서 1년 반의 근무 경험과 지식을 바탕으로 종합무역상사인 (주)쌍용에서 선박 및 기계설비류 수출입 업무에 14년간 종사하였다. 단순무역에 무역금융 도입 및 그에 따른 뉴욕 지사 근무 등 다양한 분야에서 최선을 다하는 삶을 살던 중 IMF 구제금융 사태를 맞아 의료계 분야로 직종을 옮겼다. 가톨릭의대에 입학, 졸업 후 내과 수련의 과정을 거쳐 현재 부천성모병원에서 내과(소화기) 전문의로 근무하고 있다.
비록 선박 및 해양 분야에서 멀리 떨어져 있으나 서울대 조선학과 졸업생이라는 자부심을 항상 가지고 있으며, 동기들의 우정을 고맙게 생각하고 교수님들의 가르침에 감사드리며 산다.

민병욱 대우조선과 고등기술 연구원으로 근무하였다. (주)알투비에 재직 중이다.

박석영 1982년부터 1986년까지 삼성중공업 거제조선소에서 근무하였고 LG전자로 옮겨 2008년까지 근무하였다. 현재 에스프레소 머신 제조 아이젠소 창업 대표이사로 근무하고 있다.

박원혁 작고

박재언 현대중공업 특수선 사업부에 5년 동안 근무하면서 국내 최초 북극해의 쇄빙선 건조에 참여하였다. 이후 엔지니어링 회사에서 정유 및 석유화학 플랜트 건설사업에 참여하여 근 30년 가까이 플랜트 건설 수출산업의 경쟁력 강화에 기여하고 있다. 현재까지 한화건설에 근무 중이다. 해외 플랜트 건설이 육상에서 해상 연안의 시설과 구조물 건설을 포함하는 방향으로 전개되어, 학교에서 배만 공부하고 바다를 공부할 기회가 없어 아쉬움을 느끼던 차에 우리의 조선공학과가 조선해양공학과로 확대·개편되어 후배들이 다양한 분야의 산업에 기여할 수 있게 됨을 기쁘게 생각한다고 전한다.

박진수 1984년 현대중공업 해양연구소에 입사, 조선 기본설계(2년) 구조연구실에서 근무하였다. 스탠퍼드 대학에서 기계공학과 박사학위를 취득하였고(1997), 현대중공업 제품개발연구소, 건설장비연구소에서 근무하였다. 현재 중앙기술원장으로 재직하고 있다.

성우제 서울대학교 조선해양학과 교수로 재직 중이다.

송병석 연락이 두절되었다.

신 광 L&ST 부사장으로 부산에서 개인 사업을 하고 있다.

윤석용 대한조선공사 특수선 생산부에서 병역특례로 6년간 근무한 뒤, 대우조선 잠수함 건조 팀으로 독일까지 가서 잠수함 도면승인, 건조 감독을 맡았다. 이후 옥포로 와서 209 잠수함 건조에 참여하였다. 회사 지원으로 미국 미시간 대학에서 MBA를 한 뒤 경영관리 팀, 해양 품질관리팀, 인사팀, 협력사 운영팀 등을 거쳐 현재 품질경영 담당 전무로 근무 중이다.

윤성철 연락이 두절되었다.

윤양준 대학 졸업 후 지금의 대우조선해양에 입사, 회사 지원으로 미시간 대학에서 MBA를 수료한 후 현재 특수선 사업본부에서 이사로 재직 중이다.

이갑훈 현대중공업에서 5년 근무한 뒤, 삼성 SDS 근무 중에 서울대 산업공학과에서 박 사학위를 받고 동부계열 IT 회사 등에서 근무하였다. 현재는 SPECS라는 조선 기자재업체 의 시스템사업 본부장으로 있다.

이성수 연락이 두절되었다.

이성훈 플로리다 대학에서 박사학위 취득, 연락이 두절되었다.

이영제 1982년부터 1986년까지 현대중공업 특수선 사업본부 기장부에서 근무하였다. 이 후 소음진동 전문업체인 ㈜에이브이티를 창업하여 현재까지 운영하고 있다.

이원태 변리사, 연락이 두절되었다.

이인원 졸업 후 대한조선공사 특수선 사업부에서 6년간 근무하면서 KCX 등 해군 함정 의 선장(특히 공조 부분) 설계 및 시공에 참여하였다. 이후 LG 엔지니어링에 설비사업부(크 린룸) 및 플랜트 사업부에 7년 근무하였으며 한진중공업 기술영업부에 5년 근무하였다. 현 재는 하이에어코리아에서 해양 플랜트 공조시스템 영업을 담당하고 있다.

이진한 졸업 전인 1982년 초 지금의 대우조선해양에 입사하여 계속 재직 중이다. 1987년 에 상선 영업설계로 이동하여 근무하다가 1995년에 영업으로 발령받아 새로운 영업 분야 의 경력을 쌓기 시작하여 이후 1999년에 미국 뉴저지 지사로 발령받아 약 5년간 지사 근무 후 2004년에 본사 영업팀으로 복귀하였다. 현재는 싱가포르 지사에서 근무 중이다.

이태연 연락이 두절되었다.

임원규 연락이 두절되었다.

장사모 연락이 두절되었다.

장상돈 1982년 대우조선해양에 입사, 특수선 설계에 근무하면서 해군 함정 및 여객선 설 계에 참여하였으며, 2003년 해양사업부로 이동하여 FPSO, 시추선 등의 해양공사 설계 책임자로 일하다가 2013년 말부터 서울 사무소에서 해양영업 설계팀장으로 일하고 있다.

정상욱 1982년부터 1987년까지 대한조선공사 병역특례로 입사하였다. 1987년부터 2000년까지 대우조선해양 잠수함 사업에 참여하여 생산기술, 생산, 생산 관리, 하자수리 관리, 창 정비까지 전 과정을 완수하였다. 이후 협력사 관리, 의장 기술팀 등을 거쳐 현재 특수선 사업관리 리더를 맡고 있다.

정재수 해군 장교로 조함병과장을 지냈다.

정창화 대우조선해양 근무 후 경기도로 이동, 연락이 두절되었다.

최동욱 졸업을 앞둔 시점에 조선공학에 대해 아는 것이 너무 없어 대학원 진학을 결정하였고 대학원 졸업을 앞둔 1984년 1월에 대우조선 기술연구소 서울 파견팀에 소속되어 근무를 시작하였다. 1990년 1월에 대우조선을 퇴사한 후 ㈜구즈를 설립하여 대표이사를 맡고 있다.

최수현 1984년 석사학위를 취득하고 대우조선해양 기술영업부(서울)에 입사, 4년을 근무하다가 회사의 배려로 1988년부터 1992년까지 미시간 대학 기계공학과에서 진동 분야를 공부하여 1992년에 공학박사 학위를 취득하였다. 귀국 후 옥포로 내려가 2007년까지 선박해양기술연구소에서 진동소음 업무를 담당하였다.
이후 무역과 계약상의 법률적 쟁점사안들을 처리하고, 프로젝트가 원만히 진행될 수 있도록 조율하여 선주들에게 제 시기에 분할 선수금들을 받고 성공적으로 인도하는 것이 그의 주 업무이다. 현재까지 상선, 해양지원선, 여객선 등 351척을 인도, 서명하였다.

최종석 연락이 두절되었다.

최홍준 연락이 두절되었다.

홍석윤 1982년 현대중공업 특수선 사업부에 입사하여 5년 반 동안 함정 기본설계를 한후, 1988년 미국으로 건너가서 미 해군의 수중함 연구를 주로 수행하며 펜실베이니아 주립대학에서 음향공학박사 학위를 받았다. 이후 1997년 초까지 대우고등기술연구원에서 선박과 자동차 등에 대한 소음진동 연구를 수행하였으며, 1997년 3월에 모교로 부임하여 현재 선박소음진동 분야(선박진동소음연구실)를 관장하고 있다.

홍 섭 서울대학교 공과대학원에서 해양공학석사(1985), 독일 아헨 공대에서 해양공학박사 학위를 받고(1992) 선박해양플랜트연구소(KRISO)에 입사하였다. 1994년부터 심해 광물자원 채광 기술 개발 분야에서 청춘을 바쳤으며, 그 공로를 인정받아 산업포장을 수상하였다(2010). 또한 2013년 세계 최초로 심해자원 채취용 로봇 미네로의 수심 1350미터 심해역 실험에 성공하는 등 선도적인 역할을 하고 있다. 현재 KRISO 해양플랜트산업기술센터장을 맡고 있다.

홍성철 현대미포조선에서 근무 중이다.

34회 졸업생(1979년 입학) 이야기

홍사영

우리 79학번은 앞선 선배님들이 역사와 추억이 어린 공릉동 캠퍼스에서의 낭만과 추억을 간직하고 있는 것과는 달리, 학부 4년을 모두 관악 캠퍼스에서 보낸 첫 세대이다.

79학번이 대학에 첫발을 디딘 1979년과 1980년은 우리나라의 파란만장한 현대사의 분수령을 이룬 10.26 사태, 12.12 사태, 5.17 비상계엄, 5.18 광주민주화운동 등으로 이어진 혼란의 시대였다.

아직도 상처가 완전히 치유되지 않아 그 그림자에서 벗어나지 못하는 한국의 정치사회 상황이 안타깝다. 추억과 회고는 과장이 섞이기 마련이지만 그 당시를 생각하면 거의 매일 최루탄과 전경을 벗 삼아 관악 캠퍼스에서 학부 4년을 보낸 것 같다. 하지만 그 같은 어려운 환경에서도 교수님들은 열정적으로 정상적인 수업을 진행하셨고, 3학년에 들어선 우리도 나름 현실과 미래에 대한 걱정과 꿈을 안고 수업에 열심히 임하였다.

방과 후에는 끼리끼리 어울려 재 너머 일미집에서 술잔을 기울이기도 하였다. 그 당시 상황에서 민주화 학생운동에 본격적으로 가담하였던 친구도 있고 졸업 후에 노조활동을 한 친구도 있지만, 지금은 각자의 자리에서 역할을 다하는 50대 중반이 되었다.

우리 학번은 2학년에 전공을 정하여 과를 배정받자마자 학기 초의 어수선한 분위기와 5.17 계엄을 시작으로 거의 1년을 휴교 상태로 보냈다. 그 바람에 3학년 말에 조선소 실습을 다녀온 뒤 4학년이 되어서야 과 친구들끼리 모임을 갖기도 하고, 졸업을 앞두고 공대 체육대회에도 열심히 참가하여 토목과와 전통의 줄다리기 결승전을 치렀던 기억이 아련하다.

이렇듯 3학년 말부터 4학년 동안, 1년여 남짓의 짧은 실질적 대학생활을 보내고는 별 준비도 없이 졸업을 앞두게 되었다. 졸업 당시에는 우리나라 조선산업이 본격적으로 세계로 진출하는 시점으로 현대중공업, 대우조선, 한진중공업, 삼성중공업, 코리아타코마 등에서 많은 신입사원을 뽑았으며, 아울러 서울대의 대학 교육이 대학원 교육 중심으로 개편을 준비하는 시점이기도 하였다. 그러다 보니 자연히 졸업생의 반은 조선소로 취업을 하였고, 나머지는 대학원 진학, 군 입대, 유학 등을 가게 되었는데 기억을 더듬어 당시 졸업생의 진로를 살펴보면 다음과 같다.

:: **79학번**

■ 83년 졸업

• 조선소 취업: 강창열·김병국·윤창수·이윤식·우승태·장윤근·조규창·정동우(작고)·최종선(이상 현대중공업), 최영복·전원기·임원호(이상 대우조선), 김광열·김효식·신영섭·윤태경·최환규(이상 대한조선공사), 김병하(삼성중공업), 나현균(코리아타코마), 박영근(현대자동차)

• 대학원 진학: 김대연·김선영·김우전·박성환·원문철·이경중·이우섭·홍사영(이상 조선공학과 진학), 김지표(산업공학과 진학)

• 유학: 김도영(UC 버클리)

• 입대: 강정길(방위), 김한석·신동하(이상 ROTC), 한동훈·이추동·손창규(해군 장교), 부성윤(해군 복귀)

• 귀국: 아부 오마리, 타바니(재 요르단)

■ 83년 이후 졸업

• 하태범, 이원형, 전국진

:: **복학생**

• 대학원 진학 : 강성준(78), 홍섭(78)

• 조선소 취업: 백운태(77, 현대중공업, 작고), 신광(78, 대우조선), 이환(77)·유광택(76)(대한조선공사)

위의 졸업생의 진로 자료에서 알 수 있듯이 우리 83 졸업동기 44명 중 반이 넘는 24명이 조선소에 취업을 하였는데 취업생들은 현대중공업과 대한조선공사(현 한진중공업)가 주를 이루었고 대우조선, 삼성중공업, 코리아타코마 순이었는데 조선보다는 해양 플랜트 수출 비중이 더 높은 지금과는 그 당시 조선소의 판도가 사뭇 다름을 알 수 있다.

또한 대학원에도 83년 석사 입학생 15명 중에 우리 학번이 8명 진학하였고, 군 입대와 유학 등의 진로를 택한 동기도 있었다. 특기할 사항은 우리 학번에 그 당시로는 드물게 요르단에서 유학 온 외국인이 2명(타바니와 오마리) 있었던 것으로 기억한다. 나는 개인적으로 그 친구들과 가까운 친분이 아니어서 귀국 후의 상황은 모른다.

졸업 후 조선소에서 사회생활을 시작하였던 친구들의 기억에 따르면, 1980년대 중반의 조선소 분위기는 두발을 통제하는 등 군대식 문화가 지배하던 시기였다. 1990년대 들어 사회 분위기가 바뀌었지만 곧 손에 잡힐 듯한 일본이 여전히 세계 1위를 굳건히 지키고 있었고, 기술적으로는 컴퓨터 기반의 설계 및 생산기술이 본격적으로 도입되던 급격한 변화의 시기였다.

우리 동기들은 우리나라 산업 분야 중에 가장 앞선 조선소에서 CAD 및 생산자동화, IT 관련 보안 기술, 인트라넷(intranet) 관련 기술 등을 업무에 적용한 경험을 바탕으로, 특례를 마친 뒤 조선 관련 기자재, 컴퓨터 자동화 및 보안업체 등으로 대거 진출하였는데 그 이면에는 1980년대 말, 1990년대 초반에 걸친 노사분규 등 힘들었던 당시 조선소의 분위기도 일조하지 않았나 싶다.

1980년대 중반 한국의 조선업체에서 24명에 달하는 많은 동기가 학부를 마친 후 조선소 생활을 시작하였지만 졸업 후 30년이 지난 현 시점에서 보면 현대중공업 이윤식과 이우섭, 대우조선해양의 장윤근, 전원기, 최영복, 한동훈 등 소수 정예 6명이 조선소에 남아 맹활약 중이다.

이들의 무용담을 간략히 소개하면 **이윤식**은 2000년대 전 세계 LPG 운반선 시장을 석권하였고, **이우섭**은 해저 파이프라인 설치공사의 전문가로서 한때 일 년의 대부분을 해외 설치 공사장에서 보냈으며, 들리는 일화에 따르면 설치공법에 대한 이견으로 논쟁이 벌어지면 이우섭의 한마디가 그 논쟁을 잠재우곤 했다 한다.

대우조선해양 팀을 보면 **장윤근**은 현대중공업에서 병역특례를 마친 후 대우조선공업으로 옮겨 줄곧 영업을 맡아왔는데 런던 지사, 동경 지사 등을 두루 거치며 동기들의 선두를 달리고 있다. 요즘은 주말을 최고경영자 과정에 바치느라 동기 모임에도 소원한 느낌이다.

전원기도 줄곧 영업팀에서 잔뼈가 굵었는데 요즘은 아프리카 앙골라 지사장으로 활약 중이다. **한동훈**은 해군에서 조함장교 생활을 마치고 특수선 분야의 전문가로 활동하였는데 최근에는 시추선 팀장을 맡고 있다.

최영복은 대우조선해양에서 그의 손을 거치지 않은 선형이 없을 정도로 입사 후 줄곧 선형설계에 매진해 온 대표적인 '한 우물파'라 할 수 있다. 그의 이런 전문성과 공로를 인정받아 대우조선해양 옥포인상을 수상하기도 했다.

이 밖에도 조선소에 있지는 않지만 외곽에서 한국 조선을 위해 일을 하고 있는 동기로는 우리멕 주식회사의 부사장으로 있는 **최환규**, 탱크테크의 **이추동**, ㈜카고텍 코리아의 **김광열**, 세이프텍리서치의 **안성필** 등이 있으며, **부성윤**은 해사 교수를 퇴직하고 멀리 휴스턴의 휴스턴 오프쇼어(Houston Offshore) 사에서 근무하면서 휴스턴 한인해양공학자협회(Korean-American Offshore Engineers Association) 회장을 역임하고 있다.

한편, 군복무로 3년 늦게 졸업한 **하태범**은 졸업 후 줄곧 한국선급을 지키고 있는데 2000년대에는 IACS에서 한국을 대표하여 활동하였고 지금은 한국선급 신성장연구본부장이라는 중책을 맡고 있다.

학계에는 버클리 대학에서 유학한 후 귀국하여 줄곧 홍익대 조선해양공학과를 지키고 있는 **김도영**, 국방과학연구소에서 근무한 후 서울대에서 학위를 마친 후 한라대학교에서 봉직 중인 **신영섭**이 있다. 또한 아이오와 대학에서 점성유체 연구 후 귀국하여 대전의 KRISO(현 선박해양플랜트연구소)에서 우리나라 선형설계 대표 프로그램인 WAVIS의 핵심 개발자로 역할을 다하였으며 현재 고향인 전남 목포 대학교에서 전남의 조선해양산업을 위해 맹활약 중인 **김우전**도 자랑할 만하다. 한편, 조선 분야는 아니지만 충남대 메카트로닉스공학과에 재직 중인 **원문철**, 서울 과학기술대학에서 산업정보시스템학과에 재직 중인 **김지표**가 나름 전문 분야에서 후학 양성에 매진하는 중이다.

1985년에 석사 과정을 마친 뒤 김선영, **박성환** 등이 우리나라 조선공학 연구의 산실인 한국선박연구소(당시는 기계연구소 대덕선박분소)에 입소하였고, 이경중이 국방연구소와 한라중공업을 거쳐 2000년에 연구소에 합류하였다.

김선영은 연구소 입소 이래 줄곧 선박조종성능 연구에 몸바쳐온 조종 전문가로 서 10년 넘게 ITTC(International Towing Tank Conference) 조종성능분과 동아시아 대 표위원으로 활동하고 있으며 해양안전기술연구부장의 중책을 맡고 있다.

이경중은 만물박사로 아무나 풀 수 없는 분야만 골라서 해결하는 진정한 연구의 고수라 할 수 있겠다.

마지막으로 **홍사영**(나)은 연구소 생활 28년 동안 초지일관 연구소의 해양공학수 조에서 초대형 구조물(VLFS: Very Large Floating Structures)을 비롯한 해양 구조물 의 파랑 중 응답해석 연구를 해온 결과 ITTC 해양공학분과 동아시아 대표위원, ISOPE(International Society of Offshore and Polar Engineers) 이사, IJOPE(International Journal of Offshore and Polar Engineering) 편집위원 등 국제적으로 우리나라 해양공 학 연구를 대표하는 역할을 하고 있으며, 지난 ISOPE-2013 국제학회에서 한국인 으로는 처음으로 김정훈상(C.H. Kim Award)을 수상하는 영예를 안기도 했다.

졸업 후 30년이란 세월이 눈 깜짝 할 사이에 지나갔고 그 세월 동안 우리나라 조선공업은 세계 1위라는 금자탑을 쌓아올렸다.

인생을 바라보는 여러 시각과 평가가 있겠지만 나이 50세가 넘어서부터 나에게 공감을 주는 인생의 정의는 "인생은 연극이다"라는 표현이다. 연극에서 보면 일단 시나리오가 탄탄해야 하고 주제도 흥행성이 좋아야 하는데 다행히 내가 참여한 조선해양의 무대는 흥행과 작품성 면에서 모두 최고가 아니었나 싶다. 연극에서 작가, 감독, 무대, 의상 등을 준비하는 스태프, 주연 배우와 조연 및 엑스트라 등 모든 역할의 호흡이 척척 맞을 때 성공적인 공연이 되는데, 우리의 조선산업이 바로 대표적인 성공 사례가 아닌가 싶다.

35회 졸업생(1980년 입학) 이야기

지나 온 30년, 앞으로의 30년

김문찬

2014년, 80학번이 졸업한 지 어느덧 30년이 되었다. 아이가 자라 청년이 된 셈이다. 그동안 중단되었던 서울공대 졸업 30주년 기념행사가 2013년부터 부활하였는데 2014년 4월 19일이 80학번 기념행사의 날이었다.

그곳에서 30년 만에 공대 동기들을 다시 만나 참으로 반갑고 학창시절로 돌아간 듯 흥분되었다. 아직 현역에서 활발하게 활동하는 친구가 있는가 하면 은퇴하고 한가롭게 지내는 친구도 있었다. 그들을 만나면서 우리 조선해양공학과의 친구와 선후배들이 떠올랐다.

선배님들이 닦아놓은 터 위에서 열심히 일하고 있는 우리의 모습처럼 앞으로 30년 뒤, 우리가 걸어온 길을 걸어갈 후배들이 생각났다. 선후배가 앞서거니 뒤서거니 끌어주고 밀어주며 세계 1위 조선해양의 거목들이 되기를 바라는 마음이다.

졸업 30주년 기념행사
(뒷줄 왼쪽부터 김지호, 김세은, 장재완, 김문찬, 김상주, 강철중, 앞줄 왼쪽부터 노완, 양영순 교수님, 이기표 교수님, 배광준 교수님, 성우제 교수님, 정중현)

80학번이 입학한 1980년은 5·18 광주민주화운동을 시작으로, 사회적으로 무척 어수선한 해였다. 지긋지긋한 입시 지옥에서 벗어나 자유롭고 낭만적인 캠퍼스 생활을 기대하며 대학에 들어온 우리 앞에 놓인 현실은 매일 눈물 나게 하였던 최루탄과 아무런 희망도 보이지 않는 미래에 대한 걱정뿐이었다.

1학년을 계열별로 들어온 우리는 성적에 따라 진학할 학과가 결정되었다. 장래가 달린 전공 선택이 1학년 성적에 따라 단 한 번에 결정되는 그 중요한 때 5월부터 10월까지 학교가 폐쇄되었다. 우리는 어수선한 사회와 휴교를 핑계로 몰려다니면서 세상을 향한 울분을 토하거나 자신의 무력함에 괴로워하였다. 그러던 어느 날 갑자기 학교에 불려가 시험을 치르고 성적을 받았는데 당연히 성적이 좋지 못해 나는 조선공학과에 진학하였다. 그 와중에도 우수한 성적을 거둔 독사 같은(!) 친구들도 있었는데 그 친구들은 당시 인기학과인 전자과나 기계과로 진학하였다.

하지만 당시는 조선공학과가 그렇게 인기 있는 학과는 아니었지만 기계계열이었고 한국 조선산업에 대한 장밋빛 미래가 어슴푸레하게 보일 때여서 나처럼 꼭 성적이 낮은 학생들만 들어온 것은 아니었다. 때마침 불어닥친 세계 선박 수주량의 감소로 미처 확고한 기반을 다지지 못하였던 조선산업이 휘청거리면서 빅3 중의 하나인 대우조선공업(현 대우조선해양)이 도산의 위기를 맞이하자 조선과 학생들도 같이 흔들릴 수밖에 없었다. 안타까운 일이지만 '탈조선'한 학우가 가장 많은 학번이 우리 80학번이다. 이는 서울대뿐만 아니라 부산대, 인하대, 울산대의 80학번 동문들도 비슷한 현상을 겪었다.

학창시절에 기억나는 일 중의 하나는 2학년 때의 공대 체육대회이다.

종목 중에서 줄다리기만은 우리 조선과가 13연승을 거두고 있었다. 뱃놈이 당기는 것에 지면 끝이라는 교수님들의 가르침(?)과 협박(?)을 깊이 새긴 우리는 다른 종목은 몰라도 줄다리기에서만은 질 수 없었다. 우리는 태어나서 처음으로 줄다리기에 관한 무림의 비법을 선배님들에게 전수받아 실전에 임하였다. 그렇게 몇 번의 승리를 거둔 뒤 결승전을 앞두고 조선과의 전 학년이 막걸리에 사망하여 40명의 정원을 채우지 못한 인원이 나가서 시합 내내 처참하게 질질 끌려가다가 지고

야 말았다.

그 후 유광택 선배님(76학번)의 기합을 포함해서 수업시간에도 교수님들께 조선인으로 어떻게 살아야 하는가를 듣느라 진도를 나가지 못하였던 기억이 있다. 그때의 고언이 "뭉치지 않으면 죽는다"는 진리였다.

또 하나 기억나는 이야기는 농구시합에 관한 것이다. 80학번의 특징 중의 하나가 키 큰 친구들이 많다는 점이었다. 그런데 비교적 아담한 체격의 79학번 선배님들이 농구시합 내기를 걸어왔다. 우리는 속으로 웃었다. 선배님들 중에 키 180센티미터 이상이 한 분도 안 계셨기 때문이다. 우리는 나와 정진석을 제외하고 모두 180센티미터 이상이었다. 김세은, 최우영, 송무석과 큰 키에 힘까지 항우였던 우중구 등으로 팀을 구성하여 내기를 가볍게 받아들였다. 결과는 더블 스코어의 참담한 패배였다. 그 조직력과 탄탄한 기본기 앞에서는 바구니를 뚫을 것 같은 큰 키도, 공을 땅에 박아버릴 것 같은 힘도 아무 소용이 없었다. 나중에 안 사실이지만 선배님들은 체육학과와도 종종 내기를 하였다니, 우리가 하룻강아지 범 무서운 줄 모르고 덤빈 격이었다. 역시 무림에는 고수가 많았다. 팀워크 없이는 절대 아무것도 안 된다는 진리를 몸으로 배운 기회였다.

현재 우리 조선해양 분야의 상황을 보면, 우리가 졸업한 1984년 무렵과 매우 비

1983년 졸업여행 출발에 앞서

숫한 모습을 보이고 있다는 생각이 든다. 전체적으로 하향세인 조선 시황이 그렇고, 대우조선공업이 휘청거렸던 것처럼 현재 STX, 한진중공업 등 조선소들이 어려운 상황에 놓여 있는 점도 비슷하다.

굳이 비교하자면, 1980년대에는 정부의 지원을 받아 대우가 살아날 수 있었으나 지금은 정부가 그때처럼 도와줄 수 없다는 것이 다른 점이라면 다른 점이다. 그러나 긍정적으로 보면 그때와 지금, 다른 점이 분명히 있다. 1970년대 초부터 지금까지 조선해양의 교육을 받은 인재들과 그들의 기술이 쌓였다는 점이다.

교육 부분을 살펴보면 1980년대에 4개 대학에만 있던 조선과가 지금은 4년제 대학만 해도 30여 학교에 조선해양공학과가 있다. 생산기술에서도 혁신적인 육상 공법을 비롯해 다양하고 수많은 건조 경험을 통해 일본을 이미 앞섰다고 생각한다. 40년 가까이 한 우물을 파듯 대형 상선을 건조해 왔으니 그 기술 수준이 세계 1위임은 의심의 여지가 없다.

20년 전부터 한국을 따라잡을 것 같다던 중국은 아직도 고부가가치 선박에서는 한국 조선과 차이가 있는 것이 현실이다. 그동안 쌓아놓은 인프라를 통해 이 위기를 극복하면 미래 30년은 탄탄한 성장을 구가할 수 있으리라 믿는다.

대적할 상대가 없이 잘 나가던 1위가 무너지는 것은 항상 외부의 적 때문이 아니라 내부의 문제 때문이다. 우리도 성장 동력이 없고, 비전이 없으면 내부에서부터 자멸할 것이다. 지금 잘 나가는 휴대폰, 반도체, 자동차 등의 경우도 기초 기술(Fundamental)을 갖춘 핵심 기술이 부족하기에 언제든지 무너질 수 있는 불안한 상황임은 주지의 사실이다.

게다가 우리나라는 내수 시장이 1억이 되지 않는 규모이므로 해외 시장이 불안할 때 완충역할을 해줄 부분도 없다. 그러므로 조선과 해양에서 아무나 넘보기 어려운 우리만의 독자 기술을 축적해야 할 것이다. 일본이 자랑하는 렉서스 승용차도 독일의 벤츠나 BMW와 비교하였을 때 조향 및 제동 안정성에서 뒤진다고 한다. 일부분은 비슷하게 만들 수는 있어도 그 비슷한 일부분이 기능을 발휘하여 전체를 따라잡을 수는 없는 일이다.

고유가와 에너지 효율 설계지수(EEDI: Energy Efficiency Design Index) 문제로 국내 조선소에서도 개발에 힘쓰고 있는 복합추진기(에너지 절약장치)의 경우를 살펴보면, 추진 효율성 향상뿐 아니라 조종성능, 구조 및 진동 안정성 등의 문제들을 고려하면서 다년간의 피드백(feedback)을 통해 부작용이 없는 고효율 추진장치를 개발해야 할 것이다. 또한 방오 및 저항 저감도료 개발, 폐열회수 기술 등 이제는 전체 시스템을 개발하고 통제하는 기술을 개발하지 않으면 안 되는 시대에 이르렀다. 또 해양 플랜트 분야에서 큰 프로젝트의 총괄책임자가 되려면 최소한 20년 이상, 경우에 따라서는 30년 이상의 경력이 필요하다고 하며, 이 경우 연봉은 상상을 초월하는 금액이라고 알려져 있다. 우리나라는 이런 전문가가 없을 뿐 아니라 주요 오일 메이저사들과 연결된 사람도 거의 없다고 한다.

지금 우리가 해야 할 일은 스타를 키우는 일이다. 1960년대부터 1970년대에는 조선 각 분야에서 많은 스타들이 배출되었다. 그 전문가들이 지금의 조선, 해양을 일으켰다. 이제는 한 분야가 아닌 융합 기술을 소화하여 시스템 엔지니어링을 총괄할 수 있는 스타를 키워 앞으로의 30년을 대비해 나가야 한다고 생각한다.

이제 여러 분야에서 다양하게 활약하고 있는 80학번 친구들을 소개하기로 한다. 연락이 전혀 안 되는 친구들은 여기서 언급하지 못함을 양해해주기 바란다.

내(김문찬)가 고안하여 대우조선해양에서 10여 년에 걸쳐 독자적으로 개발한 비대칭 고정날개로, 이후에 삼성의 세이버 핀(saver fin) 등 국내에서도 고유의 에너지 절약장치들이 나오게 되었다.

강철중 대전 KRISO에 파견 와서 나(김문찬)와 같이 석사 논문을 쓴 그는 졸업 후 현대중공업에 7년간 근무하다 공공의 기술을 보호하는 변리사의 길을 걷고 있다.

구본우 대우조선해양에 7년 근무하다 삼성항공으로 옮겨 10년간 근무한 이후 현재 한국항공우주산업(주)에서 수석연구원으로 근무하고 있다.

김기철 현대중공업에 취업하였다가 대우조선해양, 쌍용중공업을 거쳐 지금은 (주)제로팜을 운영하고 있다.

김성기 대우조선해양과 디섹(DSEC)에서 줄곧 구조설계 분야를 책임져 왔던 그는 대우조선해양에서 이사로 근무 중이다.

김세은 대우조선해양, 삼성중공업, 선박해양플랜트연구소(KRISO) 등을 석권하고 최근 대우조선해양에서 짓게 될 수조연구동 책임자로 스카우트되었다.

서승일 모교에서 석·박사를 마치고 한진중공업에서 6년 근무하다 철도기술연구원에서 근무하고 있다.

신종원 대우조선해양에 6년간 근무하다 한국휴렛팩커드의 영업 총괄로 재직 중이다.

오창렬 현대중공업 특수선 사업팀에 입사하여 1990년부터 럭키엔지니어링(현 GS 건설)으로 옮겨 현재 우즈베키스탄 석유화학공장 건설 책임자로 있다.

우중구 우리의 스타 우중구는 삼성중공업에 입사하였다 퇴사하여 창업을 시작, 유명한 (주)디지털웨이, (주)엠피오 등의 무선통신기업 대표이사를 거쳐 현재 WCA(Westminster Canadian Academy) 이사장으로 있다. 약력이나 표창을 다 거론하려면 한 페이지가 넘으니 생략하기로 하고, 2002 벤처기업대상 대통령상과 CNN에서 선정한 '차세대 아시아 리더 8인' 수상만 언급하기로 한다.

이호섭 KAIST에서 석사를 마치고 대우조선해양에 입사해서 삼성물산을 거쳐 물류전문회사인 아세테크(ASETEC)에서 전무로 재직 중이다.

정중현 80학번 동기 가운데 가장 자유로운 영혼이어서 이 인재가 언제 어느 곳으로 튈까 우려하였으나 삼성중공업 진동팀에서 착실하게 10년간 근무하다가 미국 퍼듀(Purdue) 대학에서 MBA 학위를 받고 현재 조선해양 영업팀에서 맹활약 중이다.

장석호 대우조선해양 연구소에 5년간 근무하다가 여러 회사를 거쳐 지금은 (주)지노스의 비주얼리제이션(Visualization) 팀을 이끌고 있다. 텔레비전이나 영화에 심심치 않게 장 상무 작품이 나온다고 한다.

장재완 현대중공업에 입사한 후 현대 오토시스템 등에 스카우트되었으며, 현재 SK 건설에서 이사로 재직 중이다.

우리와 함께 공부한 복학생은 이춘주(77학번) 선배와 신종식(76학번) 선배이다.

신종식 가장 소프트웨어가 많다는 노르웨이 선급 산하의 소프트웨어 회사를 맡았다가 현재는 조선, 플랜트, 건설 등의 철강 단조제품을 생산하는 ㈜펠릭스테크의 부사장으로 근무하고 있다.

이춘주 대우조선해양에서 12년간 근무하다 KRISO로 옮겨 산업체와 연구소의 교량역할을 하며 시너지 효과를 이루게 한 장본인이다. 지금은 빙해수조 책임자로 왕성한 연구를 하고 있다.

여기까지가 졸업 후 조선소에 취업하였던 친구들이고 그 외에도 **최낙준**(현대중공업) 등 몇 명이 더 있을 것이라 생각하나 현재 소재가 정확하게 파악되지 않고 있다. 그래도 일단 조선소에 취업하였던 친구들은 대부분 연락이 되는 것으로 보아 첫 직장이 중요한 듯하다. 모교에서 석·박사 학위를 받은 친구가 **서승일** 박사 이외에도 두 명이 더 있는데, 노완 사장(현 80 동기회 회장)과 김지호 책임연구원이다.

김지호 졸업 후 한국원자력연구소에서 소형 원자로 개발 총괄을 맡고 있으며 콤팩트한 원자로를 개발하여 선박 및 해양 플랜트에 적용하려는 연구를 하고 있다.

노 완 졸업 후 대우자동차에서 9년간 근무한 뒤 현재 이티에스소프트 회사 대표이사로 있다.

구조 쪽을 전공한 친구들이 다른 분야로 스카우트 되는 것을 보니(지금 언급한 세 명 모두 구조 전공) 최근 학부를 졸업한 학생들이 구조 쪽으로 대학원에 진학하려는 경향이 이해되기도 한다.

그러고 보니 석사·박사를 기계과에서 받았지만 모교의 석·박사 학위를 받은 친구가 한 명 더 있다.

김경엽 졸업 후 효성중공업을 거쳐 한국산업기술대학교 교수로 후학을 양성하고 있다. 국무총리상까지 받은 것으로 보아 그 분야의 대가임은 분명한 것 같다.

해외 유학파는 다음과 같다.

김문찬 석사를 마치고 KRISO에서 10년간 추진기실에 있다가 일본 히로시마 대학에서 학위를 받고 대우조선해양에 약 3년간 근무하다 현재 부산대학교 조선해양공학과 교수로 있다.

김상주　석사를 마치고 명문 MIT 공대 기계과를 졸업한 뒤 현재 서울시립대학교 교수로 재직 중인 그는 졸업 당시 과 수석을 하기도 하였다.

백광현　석사 졸업 후 영국 사우샘프턴 대학에서 진동 전공으로 박사학위를 취득한 후 단국대학교 기계공학과 교수로 재직 중이다.

송무석　미국 미시간 대학에서 박사학위를 받고 1991년부터 홍익대학교 조선해양공학과 교수로 재직하고 있으며, 현재 한국해양환경에너지학회 부회장직을 맡고 있다. LPGA 송민영(Jennifer Song) 선수의 아버지이기도 하다.

정진석　미시간 대학에서 박사학위를 받고 미국선급(ABS)을 거쳐 해양 분야의 최고 회사인 테크닙(Technip)에서 근무하고 있다.

최우영　들어가기도 힘들고 졸업하기는 더 힘들다는 미국의 캘리포니아 공과대학(Caltech.)을 나와 라스 알마스(Las Alamas) 연구소에서 근무하다 미시간 대학을 거쳐 지금은 뉴저지(New Jersey) 공대 응용수학과 교수로 있다.

홍기용　석사를 마치고 미국 텍사스 A&M 대학에서 박사학위 취득 후 KRISO에서 선임연구부장을 맡아 해양 재생 에너지 분야에서 활약하고 있다.

이제 마지막으로 그 밖의 직종에서 활동하고 있는 친구들을 소개해 본다.

안성철　㈜동신산업에서 근무하고 있다.

오재진　한국감정원 인천 지사에서 근무하고 있다.

이명주　한의원을 개업, 한의사로 활동하고 있다.

이승주　포스코 건설 쪽에서 근무하고 있다.

이채록　포스코 건설 쪽에서 근무하고 있다.

정경채　벤엘 인더스트리를 운영 중이다.

정낙형　현대해상보험에 있다.

홍세영　㈜트라이너스를 창업 운영하고 있다.

모두 정말 보고 싶은 얼굴들이다. 80학번 친구들아, 혹시 이 책을 보면 우리 80 진수회 회장인 노완에게 연락하고 80 진수회에 꼭 나오기를 간절히 바란다. 지금까지 조금이라도 정보가 있는 동기들의 근황이었고 나머지 친구들에 대해서는 전혀 아는 바가 없어 수록하지 못한 점, 아쉽게 생각한다.

　이 책 덕분에 급하게라도 이메일로 경력 사항과 근황을 알려준 친구들에게 진심으로 감사한 마음을 전한다.

36회 졸업생(1981년 입학) 이야기

지금의 나를 있게 해준 서울대 조선공학과에서의
인연과 시간을 그리워하며

정정훈

E. H. 카(Carr)는 역사를 '과거와 현재의 대화'라고 정의한 바 있다. 이 정의에는 '역사는 현재의 시점에서 재해석된 과거이고, 끊임없이 재해석될 수 있음'을 함의하고 있다고 생각한다. 그러나 현재에 비추어 어둡고 힘들었던 과거들을 왜곡하거나 미화해서는 안 될 것이다. 우리가 지금 누리고 있는 '세계 1위의 조선해양산업 국가'라는 위치는 내가 보낸 대학시절의 암울한 상황에서는 도무지 상상할 수 없었다.

이 글을 다소 거창하게 시작하는 이유는 지난 시절을 미화하기보다는 힘들고 아팠지만 너무나 소중한 기억의 편린들을 그대로 떠올리려 하기 때문이다.

베이비 붐 세대(1955~1963년 출생)의 끝에 걸쳐 있고, 386세대의 앞쪽에 속한 우리 81학번 동기들은 격렬한 민주화 운동이 전개되었던 제5공화국이 출범하는 해(1981년)에 대학생활을 시작하였다.

81학번은 기존의 예비고사와 대학별 본고사 대신 학력고사(현재는 '수학능력시험'으로 대체됨)만으로 선발된 학번이며, 졸업정원제가 처음으로 시행된 학번이기도 하다. 군사정권 아래에서 급작스럽게 변경된 대학 입시제도로 말미암아 서울대학교에서조차 단과대학의 응시자가 미달되었고, 응시만 하면 합격하는 행운(?)을 누릴 수 있는 초유의 사태가 발생하기도 하였다.

1학년을 보낸 후 조선공학과에 진급한 후에도 암울하고 절망적인 시국과 학내 분위기 때문에 우리는 학업에 충실하기보다는 민주화 운동에 깊이 관여하거나 음주, 당구, 카드게임 등과 같은 비생산적(?)인 활동들에 많은 시간을 할애하였다.

이런 상황에서 민주화 운동에 깊이 관여한 7, 8명의 동기가 시국사범으로 몰려 졸업을 제때 못 하였거나 제적되는 아픔을 겪어야 했으며, 1명은 학업성적 부진으로 3학년에 진급하지 못하고 탈락하였다.(그 후 이 친구는 군복무를 마치고 수학과에 재입학하였으며, 현재 입시학원에서 유명 수학강사로 활동 중이다.)

학업에 충실하지 못한 분위기 탓에 우리는 은사님들께 '공부를 안 하는 학번'이라는 좋지 못한 인상을 심어 드렸고, 그 결과 대학원 입학시험에서 지원자의 거의 절반인 13명(81학번 11명, 79학번 2명(신영섭 한라대 교수님, ㅆ 정동우 선배님))만이 합격하는 일이 발생하기도 하였다.

이런 끔찍한 상황이 벌어진 이유는 두 가지였는데 하나는 은사님들께서 전공과목의 합격 커트라인을 엄격히 준수하시어 1점이라도 부족한 지원자는 가차 없이 불합격시켰고(학업에 충실하지 못한 괘씸죄(?)가 아니었을까?), 다른 하나는 영어시험이 너무 어려웠기 때문이다.

학업에 충실하지 못하였기에 선·후배님들이 각고의 노력으로 이룩한 세계 1위의 조선해양산업 국가의 영예를 무임승차하여 누리고 있는 건 아닌지, 일말의 죄책감과 부채감이 들기도 하지만 우리는 강의실, 운동장, 잔디밭, 당구장, 술집 등에서 함께 어울리며 끈끈한 동기애를 키워갔다.

나를 비롯한 동기들에게 조선공학과에서 보낸 3년의 세월은 어떤 의미였을까? 이를 반추하기 위해 잠시 스티브 잡스(Steve Jobs)를 떠올려 본다. 잡스는 비싼 등록금을 감당하지 못하고 리드 대학(Reed College)을 자퇴하기로 결심한 후 친구 집에 얹혀살며 비전공 과목을 수강하였다. 마침 우연히 흥미를 갖게 된 캘리그래피(Calligraphy, 개성적인 표현으로 글자를 아름답게 보이도록 쓰는 방법) 수업을 듣는데 이 경험이 훗날 타이포그래피(Typography)를 가진 최초의 컴퓨터 매킨토시를 만드는 데 큰 역할을 한다. 그는 훗날 다음과 같은 '점 잇기(Connecting Dots)'라는 유명한 연설을 남겼다.

앞날을 내다보고 점을 연결할 수는 없다. 과거를 뒤돌아보아야 비로소 점을 연결할 수 있다. 그러므로 미래에 어떤 형태로든 그 점이 연결될 것이라고 믿어야 한다. 그러기 위해서는 무언가를 믿어야 한다. 직감, 운명, 인생, 카르마, 무엇이든지…….(You can't connect the dots looking forward; you can only connect them looking backwards. So, you have to trust that the dots will somehow connect in your future. You have to trust in something—your gut, destiny, life, karma, whatever…..)

잡스의 이야기처럼 우리도 당시에는 몰랐거나 확신하지 못하였겠지만 조선공학과에서 보낸 시간들이 지금의 자신을 이루고 있는 것들을 도드라지게 나타내주는 큰 점이었다고 믿는다. 그렇기에 동기들은 지금도 만나면 현재나 미래보다는 함께 하였던 시절을 안주 삼아 수다를 떤다. 여러 번 동기들 모임에 참석하였던 나의 아내는 이렇게 놀리곤 한다.

"댁들은 과거만 먹고 사나 봐요. 만날 때마다 똑같은 레퍼토리를 반복하면서 지겹지도 않아요?"라고.

시간이 화살처럼 흘러간다는 옛말처럼 올해로 졸업한 지 벌써 30년이 된다. 졸업 후 30여 년 동안에 학창시절보다도 더 많은 동기들과의 에피소드가 있지만 이 지면을 빌려 동기들에게 고마운 점 두 가지를 말하려 한다.

하나는 졸업 20주년 기념 사은회(謝恩會)이다. 졸업 20주년인 2005년 12월 3일, 함박눈을 넘어 폭설로 바뀐 그날 저녁에 은사님들(일곱 분의 은사님들, 故 황종흘 교수님, 김극천 교수님, 김효철 교수님, 배광준 교수님, 최항순 교수님, 이기표 교수님, 양영순 교수님이 참석하셨음. 아쉽게도 작고하신 김재근 교수님, 박종은 교수님 그리고 해외 출장 중이신 장창두 교수님은 참석하시지 못하였음)을 모시고 서울 삼성동 그랜드인터콘티넨탈호텔 2층 중식당에서 사은회를 개최하였다.

행사 준비를 하면서 많은 동기들이 참석해야 할 텐데, 또 20년이 지났으니 은사님들께서 우리를 기억하시지 못하면 어쩌지 하는 걱정들이 앞섰다. 하지만 이는 기우에 지나지 않았다. 나를 포함하여 26명의 동기가 참석하였으며, 은사님들은 우리 동기를 보시자마자 알아보시고 일일이 이름을 불러주셨다. 은사님들 앞에서

81학번 졸업 20주년 기념 사은회 사진

'스승의 은혜'를 부를 때 제자들을 대견하게 쳐다보시던 은사님들의 그 모습이 아직도 눈앞에 아른거린다. 은사님들, 그리고 동기들에게 다시 한 번 진심으로 깊은 감사를 드린다. 졸업 30주년이 되는 올해에도 은사님들을 모시고 멋진 사은회를 개최할 예정이다.

다른 하나는 췌장암으로 사투를 벌이고 있던 고(故) 박만(환한 미소가 트레이드마크였으며, 학부 졸업 후 현대중공업에 입사하여 줄곧 선박 설계 분야에서 멋진 활동을 하였음)의 쾌유를 기원하는 모금활동에 흔쾌히 동참해준 끈끈한 우정이다. 이에 대해서도 진심으로 고마움을 전한다. 그러나 모금한 돈을 본인에게 직접 전달하지 못하고 유족에게 전달할 수밖에 없었던 상황이 지금도 너무 안타깝다. 만아! 하늘나라에서 잘 지내고 있지? 정말정말 보고 싶구나!

이제 다양한 분야에서 멋진 활동을 하고 있는 동기들을 소개해야 할 차례인 것 같다. 먼저 현재까지 연락이 되는 동기부터 소개하기로 한다.

조선소에 입사한 동기 중에서 제일 먼저 임원이 되어 선박 설계 분야에서 멋진 활동을 보여주고 있는 **강병석**은 학부 졸업 후 삼성중공업에 입사하여 현재까지 재직 중이다.

함정 특히, 잠수함 설계에 중추적 역할을 하고 있는 **고용석**은 학부 졸업 후 해군 장교로 복무하고 국방과학연구소에 입소하여 현재까지 재직 중이다.

소방안전 분야에서 후학 양성과 기술 개발에 왕성한 활동을 하고 있는 **구재학**은 학부 졸업 후 삼성중공업에 입사하여 퇴직 후 석·박사학위 취득 후에 우석대학교에 부임하여 재직 중이다.

건축에너지 분야에서 후학 양성과 기술 개발에 매진하고 있는 **김기화**는 석사 졸업 후 코리아타코마에 입사하여 근무하다가 퇴직 후 박사학위를 취득하고 용인송담대학에 부임하여 재직 중이다.

동기 중에서 유일한 고용 사장이 되어 회사 발전을 위해 멋진 활동을 하고 있는 **김대영**은 석사 졸업 후 도미하여 박사학위 취득 후에 삼성코닝, 에버랜드에서 근무한 후 현재 무림파워텍 대표이사로 재직 중에 있다.

해양 플랜트 산업의 호황 속에 20여 년만에 미국에서 스카우트되어 귀국하여 왕성한 활동을 하고 있는 **김대준**은 석사 졸업 후 국방과학연구소에 입소, 퇴직 후에 도미하여 박사학위를 취득하고 미국 휴스턴에서 활동하다가 현재 삼성 엔지니어링에서 재직하고 있다.

중견 건설회사 오너로서 주거발전에 일익을 담당하고 있는 **김무열**은 학부 졸업 후 서울대학교 토목공학과에서 석·박사학위 취득, 대기업(?)에 입사, 퇴직 후 K.S.R을 설립하여 운영 중에 있다.

국내 전력수급의 중추적 역할을 담당하고 있는 **김상돈**은 현재 한국수력원자력에서 재직하고 있다. 선박해양시스템 분야에서 후학 양성과 기술 발전에 멋진 활동을 하고 있는 **김성찬**은 석사졸업 후 삼성중공업에 입사, 재직 중에 일본에서 박사학위를 취득하고 복직 후 퇴직하여 인하공업전문대학에 부임하여 재직 중이다.

한눈팔지 않고 선박 선형개발에 매진하여 온 **김수형**은 석사 졸업 후 대우조선해

558

양에 입사하여 퇴직 후 삼성중공업 대덕선박센터에서 재직하고 있다.

피로해석 소프트웨어를 개발하여 엔지니어링 서비스회사 오너로 활약 중인 **김순균**은 학부 졸업 후 대우조선해양에 입사하여 퇴직 후 ESC를 설립하여 운영 중이다.

프로펠러 연구에 매진하여 워터제트(Water Jet) 제작회사를 설립하여 오너로서 왕성한 활동을 하는 **김영기**는 80학번으로, 복학하여 우리와 함께 수학, 박사학위 취득 후 삼성중공업에 입사하여 퇴직, 이후에 대성마린텍을 설립하여 운영하고 있다.

미국 휴스턴에서 해양 플랜트 분야에서 멋진 활약을 하고 있는 **김장환**은 박사학위 취득 후 포항공대, 선박해양플랜트연구소에서 박사 후 과정(Post-doctor)을 한 뒤 도미하여 하와이 대학교, 미국선급(ABS)을 거쳐 현재 테크닙(Technip)에서 수석 기술고문(Chief Technical Advisor)으로 재직 중이다.

조직전산관리 분야의 중견기업 오너로 왕성한 활동을 하고 있는 **김종귀**는 박사학위 취득 후 민병철 어학원, MP3 플레이어 제작회사인 디지털웨이 등을 설립하여 운영한 후에 동기인 전희철 박사와 리얼웹을 설립하여 운영 중에 있다.

해군사관학교 졸업 후 재작년까지 한국 해군과 함정 기술 발전에 헌신한 후 전역하여 현재 서울대학교, KAIST, 한국선급 등에서 왕성한 활동을 하고 있는 **나양섭**은 1977년 해군사관학교에 입교(35기), 1983년 서울대학교 조선공학과에 위탁교육생으로 와서 1985년에 우리와 함께 졸업하였다.

조선해양시스템 분야에서 후학 양성 및 기술 개발에 매진하고 있는 **남종호**는 학부 졸업 후 도미하여 석사학위를 취득하고 귀국하여 선박해양플랜트연구소에 입소, 퇴직 후 다시 도미하여 박사학위 취득 후에 한국해양대학교에 부임하여 재직 중에 있다.

조선해양 분야에서 활동 중인 동기 중에서 유일하게 조선소가 아닌 선주로서 멋진 활동을 하고 있는 **박재선**은 학부 졸업 후 한진중공업에 입사하여 퇴직 후 독일 선사인 NSB의 한국 사무소를 설립하여 소장으로 재직 중에 있다.

국내 유일의 선급인 한국선급의 구조 관련 규칙 개발에 왕성한 활동을 하고 있는 **박재홍**은 석사 졸업 후 현대중공업, 삼성중공업에서 재직한 뒤 한국선급으로 이직하였고, 이곳 재직 중에 영국에서 박사학위를 취득하였다.

조선해양산업 분야의 전략개발 등 '싱크 탱크(Think Tank)'로서 멋진 활동을 보여 주고 있는 **배재류**는 학부 졸업 후 대우조선해양에 입사하여 현재까지 재직 중이다.

입사 후 오로지 잠수함 개발에만 매진해온 **서동식**은 학부 졸업 후 대우조선해양에 입사하여 현재까지 재직 중이다.

조선 분야의 기술 기획 등 '싱크 탱크'로서 멋진 활동을 보여 주고 있는 **송기종**은 학부 졸업 후 현대중공업에 입사하여 현재까지 재직 중이다.

민주화 운동에 깊이 관여하여 많은 어려움을 겪고 난 후 멋지게 변신하여 화장품 용기 제작회사를 운영하고 있는 **양만용**은 동기들보다 한참 후에 졸업하였다.

한눈팔지 않고 조선해양 플랜트 구조설계 분야에 매진해온 **오영태**는 학부 졸업 후 대우조선해양에 입사하여 현재까지 재직 중이다.

오로지 실험유체역학 기술 개발에 매진해온 **유성선**은 박사학위 취득 후 삼성중공업 대덕선박센터에 입사하여 현재까지 재직 중이다.

선박 설계 분야에서 멋진 활동을 보여주고 있는 **이병록**은 학부 졸업 후 현대중공업에 입사하여 현재까지 재직 중이다.

노르웨이 선급(DNV)에서 왕성한 활동을 보여주고 있는 **이영렬**은 80학번으로, 복학하여 우리와 함께 수학, 학부 졸업 후 노르웨이 선급에 입사하여 현재까지 재직 중이다.

조선 IT 분야의 전문가로서 다양한 활동을 보여주고 있는 **이정렬**은 학부 졸업 후 대우조선해양에 입사하여 퇴직 후 한국선급으로 이직하였다.

한눈팔지 않고 수중 로봇 개발에 매진하고 있는 **이종무**는 석사 졸업 후 해군 장교(해사 교수 요원)로 복무한 뒤 선박해양플랜트연구소에 입소하여 현재까지 재직 중이다.

경영학 교수로 변신하여 후학 양성 및 학문 발전에 멋진 활동을 보여주고 있는 **임병하**는 중앙대학교 경영대학에 부임하여 재직 중에 있다.

LCD, LED 필름 등의 다양한 품목을 다루는 무역회사의 오너로 활약하고 있는 **임채영**은 민주화 운동에 깊이 관여하여 동기들보다 한참 후에 졸업하였다.

조직전산관리 분야의 중견기업 기술 개발 책임자로 왕성한 활동을 하고 있는 **전희철**은 석사 졸업 후 국방과학연구소에 입소하여 퇴직 후 미국으로 건너가 박사학위를 취득한 뒤 귀국하여 동기인 김종귀 사장과 리얼웹을 설립하였다.

조선해양 분야에서 후학 양성, 기술 개발뿐만 아니라 2014년부터 대한조선학회 부회장으로 멋진 활동을 하고 있는 **조대승**은 박사학위 취득 후 현대중공업에 입사, 퇴직 후 부산대학교에 부임하여 재직 중에 있다.

탐라왕국에서 해양산업 분야의 후학 양성 및 기술 개발에 왕성한 활동을 하고 있는 **조일형**은 박사학위 취득 후 1992년에 선박해양플랜트연구소에 입소, 퇴직 후 제주대학교에 부임하여 재직 중이다.

변리사로 멋지게 변신하여 국제특허법률사무소의 대표로 맹활약 중인 **최경수**는 현재 대구에서 '최경수 국제특허 법률사무소'를 설립하여 운영 중에 있다.

한눈팔지 않고 프로펠러 개발에 매진하여 온 **최길환**은 학부 졸업 후 현대중공업에 입사하여 현재까지 재직 중이다. 그는 재직 중에 동기인 조대승 교수 지도 아래 박사학위를 취득하였다.

현재 조선해양 영업설계 분야에서 맹활약 중인 **허돈**은 학부 졸업 후 대우조선해양에 입사하여 현재까지 재직 중이다.

IT 분야의 중견기업 오너로 멋진 활동을 하고 있는 **현진우**는 학부 졸업 후 삼성중공업에 입사하여 퇴직 후 바이텍테크놀로지를 설립하여 운영 중이다.

수중폭발에 의한 함정내충격 설계와 통합 생존성 향상 기술 등 함정 기술 개발에 매진하여 온 **정정훈**(나)은 박사학위 취득 후 한국기계연구원에 입소하여 현재까지 재직 중에 있다. 연구 분야 덕에 천안함 폭침사건 민군합동조사단 위원으로 활동, 유엔안전보장이사회에 조사 결과를 브리핑하는 자리에 참석하기도 하였다.

이상의 동기들뿐만 아니라 **곽용구** 선배(78학번, 복학하여 우리와 함께 졸업하였음),

김성영, 김영준, 김태영, 박병회(학부 졸업 후 현대정공[현대모비스]에 입사하여 재직하고 있는 것으로 알고 있음), **박인호, 백종성, 이경철, 이종윤**(학부 졸업 후 로템에 입사하여 퇴직 후 현재 미국에 거주), **이태구, 이형철, 조경칠**(학부 졸업 후 한국산업은행에 입사하여 근무하는 것으로 알고 있음), **최정환, 하재선**(박사학위 취득 후 대한항공에 입사, 퇴직 후 현재 미국에 거주), **황인주**(학부 졸업 후 삼성중공업에 입사하여 퇴직 이후로 행방을 알 수 없음), **황호기**(학부 졸업 후 대우자동차에 입사하여 근무하는 것으로 알고 있음)가 39기 진수회 회원들이지만, 안타깝게도 현재 연락이 닿지 않고 있다. 보고 싶다, 동기들아! 응답하라!

끝으로, 70년사 발간을 축하하며, 몇몇 동기가 남기고 싶은 메시지를 전하면서 39기 진수회의 회고사를 마무리하고자 한다.

김수형(삼성중공업) "한국이 조선 일등국일 때 조선에 종사하는 행운을 누렸고, 가만히 있어도 때마다 연락해주는 진수회 멤버들이 있어 행복합니다."

나양섭(KAIST) "39기 진수회를 비롯한 존경하는 진수회 선·후배님들. 여러분의 헌신적인 지원 덕분에 31년의 해군 조함장교의 임무를 보람 있고 외롭지 않게 보낼 수 있었으며, 거북선을 만드신 나대용 제독의 후손으로서 수많은 우리 군함을 독자 설계하고 건조할 수 있었습니다. 다시 한 번 깊은 감사를 드립니다. 진수회원 여러분이 진정한 애국자이십니다. 이제 사회 초년생으로 돌아가 그동안 배운 미력한 지식과 경험을 살려 함정 기술 발전과 진수회 여러분께 도움을 드리는 삶을 살아가려고 합니다. 건강하고 행복하십시오."

박재선(NSB Korea) "두서없이 조선공학과를 졸업하고, 당시 척박한 환경에서 선배님들이 땀과 노력으로 닦아 놓으신 조선입국의 신작로에 첫발을 디딘 지도 어언 30여 년이 흘렀네요. 정신없이 현업을 익히고 선배님들의 족적을 따르면서, 이제 전 세계에 명실상부한 조선강국을 이루어낸 진수회 70년의 전통과 역사가 새삼 벅차오르고, 미력이나마 현장에서 일조를 하였을 것이라는 뿌듯함도 느낍니다. 이러한 결과는 필히 배움에 머물지 않고 일선에서 창의와 통섭을 통하여 보다 큰 가치를 창출하고 극대화함으로써 이루어낸, 소중한 우리 모두의 쾌거일 것입니다. 앞으로는 현재의 조선강국에 머물지 않고 연계된 금융과 경제, 해운과 해양을 이해하고 아우르는 후학들이 많이 배출되어 한국의 힘찬 재도약과 찬란한 미래를 진심으로 기대해 봅니다. 진수회 70년을 축하드리며 선배님들의 노고에 감사드립니다."

배재류(대우조선해양) "우리나라 조선해양산업은 2012년 학회 중심으로 60주년을 넘어섰고, 대우조선해양도 40년이 넘어선 지금, 우리나라는 세계 1위의 조선강국이 되었습니다. 이제는 해양 플랜트 중심으로 제2의 전성기를 누리는 시대에 살게 되어 조선해양기술인의 한 명으로서 자존감을 가집니다."

유성선(삼성중공업) "학교와 삼성중공업 연구소에서 30여 년간 실험유체역학 발전과 수조 건설과 성능향상 장치 개발에 매진해 왔고, 일부 기여를 한 것에 대하여 나름 보람을 느낍니다."

조대승(부산대학교) "조선해양공학을 전공하고 졸업 후 조선소에 근무하다 이제는 조선해양공학을 교육, 연구하는 인생 노정은 진수회 선배님, 후배님 그리고 동기가 있었기에 행복하였습니다. 그리고 앞으로도 그럴 것입니다."

37회 졸업생(1982년 입학) 이야기

김종관, 오세익, 이성환, 이승수, 최진근, 표상우

우리 82학번은 졸업정원제 실시 2년째를 맞아 늘어난 대학 입학정원을 꽉 채워 입학한 첫 학번이자, 공과대학 계열 모집의 마지막 학번이다. 입학생이 늘어난 만큼 상대평가에 따른 철저한 학점 부여로, 함께 공부하던 학우들이 학사규정에 따라 우리 곁을 떠났던 아쉬움이 기억에 남는다.

때는 유신정권이 막을 내리고 군부세력이 간접선거로 정권을 잡은 직후라 정권의 정통성을 인정하지 않는 엘리트 집단, 특히 대학생들의 시위가 절정에 달하던 즈음이었다. 캠퍼스 내에 전경과 사복 경찰들이 버젓이 학생들 사이를 휘젓고 다니던 시기였고, 전공 서적을 제쳐두고 『해방 전후사의 인식』, 『난장이가 쏘아올린 작은 공』 등 다양한 의식화 서적들을 탐독하며 사회의식을 키워나가던 시절이기도 하였다.

교양과정을 마치고 2학년이 된 82학번 동기들은 유난히 풍류를 즐긴 친구들이 많았다. 선후배들과 교분이 두터웠으며 운동을 좋아하여 당시 공대 체육대회 우승은 물론, 조선과/토목과의 정기 체육대회인 조토전 등의 교내 행사에서 매번 주축이 되었다. 함께 모이기를 즐겨하여 3학년 수학여행과 4학년 졸업여행을 따로 두 번이나 다녀왔으며, 4학년 여름방학 현장 실습 기간에는 선배들에게 술을 많이 얻어 마셔 '낭만파리(82)'라는 애칭을 얻기도 하였다. 이런 활달한 분위기는 졸업 후 사회활동에서도 고스란히 발휘되어 어느 학번보다도 진출 분야가 다양하고 글로벌 인재들이 많았다. 82학번과 함께 수학한 선배들은 79학번 강창렬, 하태범, 80학번 김영하, 오재진, 81학번 최진원, 그리고 해군 조함장교로 동문수학한 박승현 대위가 있었다.

학창시절에 가장 안타까웠던 일은 4학년 당시 학과장을 맡으신 박종은 교수님이 갑자기 타계하신 일이다. 평소 자상하게 학생들을 챙겨주시던 교수님이 돌아가셨다는 비보에 많은 학우가 충격받았던 기억이 난다. 오랜 세월이 흘렀지만 교수님의 인자한 미소는 여전히 우리의 마음속에 남아 있다.

82학번 동기는 대부분 같은 시기에 졸업하여 절반가량인 25명이 모교 대학원, 5명이 타교 대학원으로 진학하였고, 그 외 다수의 동기는 조선소를 비롯한 중공업 산업 현장에 바로 입사하였으며, 학사장교나 ROTC 임관으로 국방의 의무를 수행하거나 전공과 상관없이 자신만의 진로를 개척한 친구들도 몇몇 있었다.

모교 대학원으로 진학한 친구들의 면면을 살펴보면, 故 황종흘 교수님 지도 학생 가운데 **김부기**는 대우조선해양 연구소를 거쳐 미국 미시간 대학에서 박사학위를 취득한 뒤 미국선급을 거쳐 현재 삼성중공업 대덕연구센터장으로 근무 중이다. 또한 **이승수**는 국방과학연구소를 거쳐 미국 콜로라도(Colorado) 주립대학에서 토목공학 박사학위를 취득하여 현재 충북대학교 토목과에서 교편을 잡고 있으며, 내풍방재공학 분야를 활발하게 연구하면서 백두산 화산 대응 기술개발단장을 맡고 있다. 국방과학 은상, 한국풍공학회 학술상을 수상하였다. **이성환**은 미국 UC 버클리 대학에서 기계공학 박사학위를 취득한 후 한양대학교 기계공학과에서 교편을 잡고 있으며, 초정밀 가공 분야가 주 전공이다. 휴먼테크논문대상 금상을 수상하였다.

배광준 교수님 지도 학생 중 **김성은**은 대우조선해양 연구소를 거쳐 미국 MIT 박사학위 취득 후 현재까지 미국선급에서 근무하고 있다. **김원식**은 현대엔지니어링에서 전력플랜트 영업 담당 임원으로 재직 중이다. **양용규**는 한국선급을 거쳐 두바이 현지 미국선급에서 일하고 있다.

故 임상전 교수님 지도 학생 중 **김군호**는 대한항공, 현대우주항공에서 헬기/전투기 설계에 참여하였고 현대자동차로 옮겨서 근무하던 중 안타깝게도 숙환으로 2014년 3월에 타계하였다. 슬하에 아들이 둘 있으며 현재 분당 메모리얼파크에 잠들어 있다. **변태욱**은 모교에서 박사학위를 취득한 후 LED, 풍력설비 등 친환경

사업 부문에서 활발히 활동 중이다. **조선호**는 기아자동차를 거쳐 미국 아이오와 (Iowa) 대학에서 기계공학 박사학위를 취득한 뒤 모교에서 교편을 잡고 있으며, 국가위원회의 기술전문위원 및 등기하학적(Isogeometric) 최적설계 창의연구단장을 맡고 있다. 그는 한국전산구조공학회 편집위원장, 〈*The Scientific World Journal*〉 등 학술지의 편집위원(Editorial Board member)으로 활동 중이며 제1회 신양 공학학술상을 수상하였다.

장창두 교수님 지도 학생 중 **문해암**은 대우조선해양의 해양 플랜트 부문에서 권위 있는 전문가로 인정받으며 임원으로 활동하고 있다. **안진우**는 대우자동차를 거쳐 진해 국방과학연구소에서 근무하고 있으며, 동기 중 가장 늦게 결혼하여 지금 유치원에 다니는 늦둥이를 키우는 재미에 푹 빠져 있다.

부임 첫해 82학번 대학원생 지도를 맡아주셨던 양영순 교수님 지도 학생 중 **권상순**은 기아자동차를 거쳐 르노삼성자동차 중앙연구소에서 뉴(New) SM3 및 전기자동차 개발을 지휘하였고 현재 설계부문 총괄 임원으로 근무 중이며 최근에 대통령 표창을 수상하였다. **이원식**은 석사 과정 중퇴 후 공군 장교를 거쳐 현대자동차 영업부문에서 근무하였다. **고영화**는 대우조선해양, 삼성 SDS, 미국 오픈 TV(Open TV) 한국 지사장을 거쳐 중국 북경에서 10년 넘게 활발하게 사업을 펼치고 있으며, 현재 북경보라통신을 운영하고 있다.

김극천 교수님 지도 학생들 중 **백두욱**은 석사 졸업 후 LG CNS에서 근무하였다. **우제혁**은 줄곧 대우조선해양에서 근무하며 북극 LNG 운반선 등 고부가가치 선박 설계담당 임원으로 활약 중이다. **조원준**은 석사 졸업 후 미국 유학길에 올라 MIT에서 박사학위를 취득하였으며 오랜 연구원 생활 후 귀국하여 현재는 집안에서 운영하는 사업체를 맡아 뛰어난 경영 수완을 발휘하고 있다.

조선과의 상징인 수조실험실을 이끄시던 김효철 교수님 지도 학생 차례다. **김기언**은 대우조선해양을 거쳐 미국 워싱턴(Washington) 대학에서 MBA 학위를 취득하였고, 현재 가업을 이어받아 속초에서 규모 있는 사업체를 운영하고 있으며 지역 유지로서 동해안을 찾는 동기들에게 늘 즐거운 추억을 마련해 주는 멋진 친구이다. **이진규**는 석사 졸업 후 기술고시에 합격하여 공무원으로 재직 중 미국 미주리 (Missouri) 대학에서 경제학 석사와 박사학위를 취득하고 현재 미래창조과학부 국장을 맡고 있다. **장봉준**은 영국 임피리얼(Imperial) 대학에서 박사학위를 취득하고 현대중공업에서 선박추진기 연구 분야에서 뛰어난 능력을 발휘하며 임원으로 근무하고 있다. **임창규**는 일본 동경대학에서 박사학위를 취득하고 동경대학에서 교편을 잡고 있으며 해양환경공학 분야에서 두각을 나타내고 있다.

제자들에게 가장 준엄한 은사님으로 기억되고 있는 최항순 교수님 지도 학생 **표상우**는 미국 MIT에서 박사학위를 취득하였고 미국 텍사스(Texas) 대학에서 연구활동을 한 뒤 귀국하여 현재는 동문 선배들이 설립한 IT 소프트웨어 회사 리얼웹에서 기술영업 총괄 임원으로 근무하고 있다.

이기표 교수님 지도 학생 중 **김찬기**는 모교에서 박사학위 취득 후 국방과학연구소에서 근무하고 있다. 서울 출신이면서도 자신의 역할을 수행하기 위해 먼 지방 근무도 마다하지 않는 그의 열정은 주위의 귀감이 되고 있다. **이영민**은 석사 졸업 후 삼성 SDS에서 근무하였다. **최진근**은 대우조선해양 연구소를 거쳐 미국 텍사스 대학에서 박사학위 취득 후 미국 다이너플로(Dynaflow, Inc.)에서 꾸준히 캐비테이션(Cavitation) 분야의 연구활동에 전념하고 있다.

타교 대학원으로 진학한 친구들을 살펴보면 **김종건**은 중앙대에서 기계공학 석사학위를 취득한 뒤 현대자동차를 거쳐 한국 IBM에서 경영 컨설턴트로 오랫동안 활동하다가 지금은 두산인프라코어에서 근무하고 있다. **양승한**은 미국 일리노이즈(Illinois) 대학에서 석사, 미시간(Michigan) 대학에서 박사학위를 취득한 후 경북대학교 기계공학부에서 교편을 잡고 있으며, CAD/CAM 분야의 연구에 매진하고 있다. 대한기계학회 효석학술상, 한국정밀공학회 현송공학상을 수상하였다. **이태봉**은 KAIST 석사 졸업 후 소음, 진동 전문 엔지니어링 회사인 덴마크의 브루엘 앤 케어(Bruel & Kjaer)에서 근무하다가 LMS 코리아(독일 지멘스Siemens 계열)로 옮겨 임원으로 근무 중이다. **최재항**은 미국 뉴욕 주립대학 유학 후 유공, SK C&C,

국토해양부를 거쳐 물류 관련 기업인 KL넷(Net)에서 전무로 근무하고 있다. **황언**은 KAIST 석사 졸업 후 삼성전기에서 근무하였으며 지금은 유능한 기술 인력으로 캐나다에서 새로운 인생을 꾸려 나가고 있다.

졸업 후 바로 산업계로 진출한 동기 중 12명이 대우조선해양에서 근무하였는데 나중에 석사 졸업 후 합류한 동기까지 포함하면 총 19명의 동기가 대우조선해양과 인연을 맺었다. 이웃한 거제 고현의 삼성중공업에서 근무하는 동기(2인)까지 총 21명이 동시에 거제도에서 근무한 셈이었다. 당시의 거제 조선소는 낭만파리(82)가 주름잡던 시절이라 해도 과언이 아니었다.

권태갑은 지금까지도 대우조선해양 특수선 부문에서 근무하고 있고, **김경면**은 대우조선해양 근무 후 KAIST MBA 학위를 취득, 한때 증권업계에서 활약하였다. **김용균**은 대우조선해양 근무 후 벤처업계에서 M&A 전문가로 활동하고 있다. **김태국**은 대우조선해양 근무 후 한국 HP에서 SI 전문가로 입지를 다진 후 싱가포르를 거쳐 지금은 중국 상해에서 IT 사업을 영위하고 있다.

손부한은 대우조선해양 근무 후 한국 HP, 삼성 SDS 등을 거쳐 SAP 코리아에서 영업총괄 부사장으로 근무하고 있다. **오상헌**도 대우조선해양 근무 후 STX 조선해양을 거쳐 두산건설 해양설비 기술총괄 임원으로 재직 중이다. **정복석**은 대우조선해양에서 근무한 후 포스코 건설에서 환경 기술 전문가로 변모하여 2013년부터 폴란드 지사장으로 파견 근무 중이다. **조인태**는 대우조선해양 및 삼성중공업에서 생산기술 전문가로 근무하였으며, 현재는 한라 IMS에서 평형수 처리장치를 비롯한 선박 장치설비 기술 개발 담당 임원으로 재직 중이다.

차민수는 대우조선해양 근무 후 한진중공업을 거쳐 해상 중량물 운송회사인 명진선박의 도약을 선도한 후 한라 MNT의 대표이사를 맡고 있다. **홍재홍**은 대우조선해양 근무 후 삼성 SDS를 거쳐 벤처 IT업계를 두루 섭렵하고 지금은 명진선박의 영업총괄 임원으로 활동 중이다. **홍정희**는 대우조선해양 근무 후 포스코엔지니어링(옛 대우엔지니어링) 기술연구소에서 근무 중이다. **홍준기**는 대우조선해양 근무 후 미국 피츠버그 대학(Univ. of Pittsburgh)에서 산업공학 석사학위, 펜실베이니아(Pennsylvania) 주립대학에서 산업공학 박사학위를 취득하였고 귀국하여 삼성 SDS에서 근무하고 있다.

김종관은 삼성중공업 연구소와 해외영업팀에서 근무한 후 디지털웨이 공동 창립으로 벤처업계에 투신, 세계 최초로 MP3 플레이어를 사업화하였으며 디지털 콘텐츠 기획사 대표를 거쳐 ㈜코원시스템 전략기획실 전무로 근무 중이다. 삼성중공업 근무 시절에 삼성중공업 기술상을 수상한 바 있다.

그 외에 뚜렷한 주관을 바탕으로 졸업 후 자신이 원하는 고유 영역을 개척한 진취적인 기상이 넘치는 동기들을 소개하고자 한다.

강대성은 코오롱 및 신도리코 근무 후 재무설계 전문 컨설턴트로서의 전문성을 바탕으로 교육, 문화, 경영컨설팅 회사인 행복경영의 대표를 맡고 있다. **강태호**는 공대 선배이신 부친의 뒤를 이어 현대자동차에서 근무하다가 미국 유학길에 올라 치과대학을 졸업한 후 현재 필라델피아(Philadelphia)에서 치과의사로 활동 중이다.

곽동욱은 '탈반'에서 활약하였던 맹렬 학생운동가의 열정적인 기상을 살려 일찌감치 벤처업계에 투신, 영산엔지니어링을 설립하여 운영하였고 지금은 중국 상해를 거점으로 사업을 영위하고 있다. **김만석**은 쌍용중공업 근무 후 재무설계 전문 컨설턴트로 활약하다가 뜻한 바 있어 미국 LA로 이주하여 개인 사업체를 운영 중이다.

김제근은 ㈜대우, 3M, 신도리코에 근무한 후 교육사업을 영위하다가 성공적인 재무설계 전문 컨설턴트로 변신하였다. **김종대**는 졸업 후 캄보디아 현지 부동산 개발사업에 참여하였다. **손택만**은 재학 시절 위장취업도 마다하지 않을 정도로 맹렬한 학생운동가였는데 사업 수완도 뛰어나 졸업 후 한국정보공학 등 IT와 벤처업계에서 경영진으로 오래 근무하였으며, 현재는 개인 사업에 몰두하고 있다. **오창익**은 동기 중 유일하게 졸업 전 현역으로 병역의무를 마친 뒤, 졸업 후 삼성항공을 거쳐 생산자동화 설비 전문기업인 에스에프에이에서 기술연구소장을 역임하였다.

이동욱은 STX 엔진으로 이름이 바뀐 쌍용중공업에 입사하여 구매총괄 임원을 거쳐 지금은 엔진기술연구소장을 맡고 있다. 이동형은 현대중공업에서 근무하다 일찌감치 캐나다로 이주하여 소식이 뜸한 편이며, 정수용은 삼성전자에서 근무 중이다.

최원석은 학창시절 사진동아리인 '영상'의 멤버였던 만큼 뛰어난 감성을 바탕으로 현재 출판, 교육업계에 종사하고 있다. 최주명은 코오롱엔지니어링에서 근무한 후 남미 코스타리카에서 자동차 부품 유통사업을 영위하고 있다.

하기홍은 공대 학생회 임원으로 활동하며 기성세대 권력층의 부정과 불의에 맞서다가 수년간 고초를 겪을 정도로 맹렬한 학생운동가였는데 졸업 후 개인 사업을 영위하다 현재는 HSE 솔루션(Solution) 개발 회사인 세인인포테크에서 임원으로 근무하며 제도권에서 순항하고 있다.

장교로 국방의 의무를 이행한 후 사회로 진출한 동기들을 소개하면 다음과 같다.

박대선은 ROTC로 중위 제대 후 삼성중공업, 한국통신, 현대전자, 온세통신 등 통신업계에서 근무하다 캐나다로 이주, 매년 한 달씩 세계 5대륙 여행을 실천하는 멋진 삶을 살고 있다. 오세익은 해군 특교대(OCS) 조함장교로 코리아타코마에서 감독관 임무를 마친 뒤 삼성물산 선박해양팀(중국 상해 포함), 선박 중개업체를 거쳐 성동조선에서 영업 담당 임원으로 근무하였고 지금은 세계로선박금융에서 영업개발 담당 임원으로 재직 중이다. 최재호도 ROTC로 중위 제대 후 현대정공에서 근무하다 지금은 현대자동차로 옮겨 재직 중이다. 장영실상을 두 번이나 수상할 정도로 공학적 센스가 번득이는 친구이다.

81학번 최진원 선배는 오세익과 함께 해군 특교대 조함장교로 대한조선공사, 해군본부, 코리아타코마에서 감독관 임무를 마친 후 삼성중공업을 거쳐 미국 시러큐스(Syracuse) 대학에서 MBA 학위를 취득하였고 지금은 호서대학교에서 산학협력 연구 업무를 수행하고 있다.

해군 위탁교육생 대위 **박승현**은 해군본부 조함실로 복귀한 뒤 영국에서 석사학위를 취득하였고, 전투체계 개발, 이지스함 기획 등 해군 전력증강에 기여하였는데, 건강 때문에 조기 전역하였지만 최근에는 완연히 회복하여 방위산업 업계에서 임원으로 근무 중이다.

전후 베이비붐 마지막 세대로서 새마을운동으로 대표되는 조국 근대화 시절에 유년기를 보내고, 고교시절에 유신독재의 종말을 목격하였으며, 서슬 퍼런 군사정권 당시 대학시절을 보낸 82학번 학우들은 사회에 진출해서 가장 활발하게 활동할 시기인 30대에 IMF 금융위기를 겪으며 그 누구보다도 대한민국의 격변기를 치열하게 살아온 산 증인들이다.

이제 50대가 되어 머리가 희끗희끗해졌어도 여전히 소주잔을 부딪치며 시끌벅적 이야기꽃을 피우며 타임머신을 타고 젊은 시절로 훌쩍 날아갈 수 있는 낭만을 지닌 멋진 친구들이기도 하다. 아직은 할 일이 많고 하고 싶은 일도 많은 중년신사가 된 동기들, 꿈 많은 대학시절을 함께하였던 보석처럼 소중한 인연을 앞으로도 오래오래 잘 가꾸어 갈 수 있기를 바라며, 다시 한 번 이 자리를 빌려 먼저 하늘나라로 떠난 김군호 군의 명복을 빈다.

대한민국의 조선해양산업이 세계 최강으로 우뚝 설 수 있도록 이끌어 주신 선배님들, 그리고 우리 뒤를 받쳐준 후배들과 함께 앞으로도 우리 진수회가 기술 한국의 위상을 세상에 널리 알리는 데 큰 역할을 해낼 것을 굳게 믿으며, 82학번 진수회도 항상 그 길에 함께하겠습니다. 감사합니다.

1980년대 한국 사회와 조선산업의 격동기를
겪으며 성장한 83학번 동기생

김용환

1983년에 대학교에 입학한 우리는 유독 사회 격변기를 많이 겪으며 성장한 학번들이다. 중학교 3학년에 박정희 대통령의 서거를 겪었고, 고등학교에 입학하는 해에는 신군부 정권의 등장과 함께 사교육의 대명사인 과외의 전면금지가 시행되었다. 또한 대학교 입학에서는 대학별 예비고사─본고사가 폐지되고 전체 고3 입시생들이 '대학입학 학력고사'라는 단 한 번만의 입학시험을 보아 그 성적으로 대학교를 지원하도록 하였다. 현재의 입학시험인 수능고사의 시발점이 된 변화였다.

특히, 그동안 계열별로 모집하던 입시제도가 학과 단위의 모집으로 바뀐 것이 1983년이었고 이러한 학과 모집은 한동안 계속 시행되었다. 대학 입시에서는 한 대학 내에서 1, 2, 3 지망의 우선순위 학과를 지원하게 하고, 학과별로는 1지망 지원자들 가운데 70퍼센트, 2지망 지원자들 중에서 30퍼센트, 그리고 1~2지망이 미달일 경우에는 3지망 학생들 중에서 선발하도록 하였다. 당시에는 졸업정원보다 30퍼센트 더 많은 신입생을 선발하도록 하였고, 재학 기간 중 학업성적이 낮아 학사 경고 등을 받은 학생들을 매학기 또는 매년 일정 비율로 탈락시킴으로써 졸업 시점에서는 초과 정원 30퍼센트가 탈락하게 되었다.

당시 조선공학과는 45명을 졸업정원으로 산정하여 총 61명이 입학하였다. 이러한 졸업정원제의 적용으로 방학이 지나고 새 학기가 되면 몇 명씩 학교를 떠난 것을 인지하게 되었다. 이 제도는 1980년대 신군부 정권의 서슬이 퍼렇던 시절, 대학생의 반정부 시위를 막고 수업에만 전념하도록 하자는 의도로 만든 제도였으나 실상은 그 의도에 맞춰 진행되지 못한 것으로 기억한다. 학생들은 한 학기가 지나면 누가 학교를 떠나게 되는지 궁금해하였다.

1983년에 학과 단위로 조선공학과에 입학한 학생들은 성적이 전체적으로 양호하였다. 새로운 입시제도에 대한 우려로 하향 지원의 경향이 뚜렷하였고, 2순위에 속한 30퍼센트의 학생들 상당수가 성적이 더 우수한 학과에서 1순위에 들지 못하고 2순위로 밀려 조선공학과에 입학하였다. 따라서 학생 전체의 평균성적이 1983년 한 해에만 반짝 높게 나타났다. 김극천 교수님께서 첫 수업시간에 하신 말씀이 아직도 또렷이 기억난다.

"자네들은 0.4퍼센트에 속하는 우수한 학생들이다. 자네들에 대한 학과 교수님들의 기대가 크다."

김극천 교수님을 비롯한 학과 교수님들의 기대가 이루어졌는지는 알 수 없으나 당시의 입시제도로 말미암아 학생들의 학과에 대한 소속감은 개인마다 큰 차이가 있었던 것으로 기억한다. 특히 2순위로 입학한 학생들은 본인의 능력에 비해 실망스러운 학과에 입학하였다는 생각으로 대학생활을 하는 것이 눈에 보였고, 이들중 상당수는 학부 졸업과 함께 조선 분야를 떠나 유학이나 타 분야로 진출하였다.

또 군부정권에 항거하는 일들이 교내에서 잦아지면서 이러한 이념적 의식을 강하게 가진 학생들은 운동권이라는 용어로 정의되는 그룹을 형성하였다. 이렇듯 동기생들 사이에는 다양한 생각과 대학생활의 방식이 존재하고 있었다. 그럼에도 많은 학생이 학과의 여러 행사에 동참하여 조선공학과의 전통을 이어갔다.

대학생활 시절에서 몇 가지 잊지 못할 일들이 떠오른다. 먼저 1학년 때 단체여행이다. 이화여자대학교 간호학과 학생들과 함께한 단체여행인데, 두 학과의 학생들 대부분이 참여하였고 이후에 여러 스캔들이 회자되었다. 특히 대표 김일수는 이화여자대학교 간호학과 여학생 대표와 현재까지 같은 집에서 살고 있다. 대학교 1학년을 지내며 사회도 그랬지만 개인적으로도 이념적 고민을 혼자 많이 하였던 것으로 기억한다. 교내에 상주하던 전투경찰들과 이른바 '짭새'라고 불리던 사복경찰들이 교내에서 보이지 않게 된 것이 1983년 말이었던 것으로 기억한다. 나는 운동권에 들어갈 용기는 없었지만 젊은 혈기에 무엇인가 항거하고 싶은 마음으로 1년을 지냈다. 2학년이 되어 고향에서 학교로 돌아왔을 때에도 대학은 이념적 몸살을 계속 앓고 있었다. 학도호국단을 대체하는 새로운 학생들의 대표기구인 총학생회가 발족하여 학생들의 자체 대표를 뽑게 된 것이 1984년, 즉 83학번 학생들이 2학년인 해였다. 현재 정치권에서 활동하는 여러 정치인들이 이때를 전후하여 학생회 활동을 하던 사람들이다. 하지만 대학생들의 이념적 활동을 감시하던 군부정권은 서울대학교 학생들이 투표로 선출한 첫 총학생회 회장을 당선 그다음 날 바로 구속해 버렸다. 이 사건은 서울대학교 학생 전체의 공분과 교내외에서 학생들의 저항을 불러일으켰다. 이 사건으로 학생들은 수업을 거부하는 사태에 이르렀고, 곧 시험 거부라는 강수로 이어졌다.

상당수 학생들이 공대 잔디밭에 모여 앉아 수업 거부와 시험 거부에 대한 토론을 벌이기도 하였다. 적지 않는 학생들이 정문에서 대치하고 있던 경찰들과의 투석전에 동참하기도 하였다. 물론 이러한 와중에도 일부 소수의 학생들은 공대 잔디밭에 앉아 포커와 마이티를 즐기기도 하였다. 예상대로 대부분의 학생이 2학년 성적표는 바닥을 찍었고, 적지 않는 학생들이 이 사건을 계기로 추후 졸업정원제의 희생양이 되었다.

3학년에 들어서자 학교는 전년에 비해 상대적으로 조용해졌다. 3학년 기간 동안 학생들의 유대감이 더욱 강화된 계기가 있었는데 바로 조선전의 서울대 개최였다. 서울대, 인하대, 울산대, 부산대 등을 순회하며 개최하는 조선전은 대학생 체육대회와 학술행사 등의 프로그램이 주를 이루었다. 각 대학의 조선과 학생들이 한자리에 모이는 좋은 기회이기도 하였다. 이 행사를 계기로 나는 대학원 진학을 결심하게 되었다. 내가 서울대학교를 대표하여 많은 학생들 앞에서 수조 모형선 선수에 부착하는 난류 촉진장치에 대한 발표를 하였기 때문이다. 서울대학교 수조에서 진행된 이전의 모형선에 적용한 스터드(stud)나 사포(sand paper) 등과 같은 난류 촉진장치의 필요성과 효과에 대한 이론적 배경과 실험 결과들을 발표하였는데, 당시 3학년 학생에게는 다소 벅찬 주제였다. 이후 대학원에 진학하여 연구를 해보고 싶다는 생각을 진지하게 갖게 되었다.

4학년에 올라가면서 재학생 수는 조금 더 줄었지만 모두들 취업에 대한 고민을 하면서 유대감을 더욱 끈끈하게 쌓아갔다. 당시 조선산업은 어려움에 처해 있었다. 4학년들이 선택할 수 있는 대기업은 현대중공업과 대우조선해양 정도였고, 삼성중공업은 이 두 기업에 비해 규모가 크지 않았다. 학생들은 대기업을 선호하였고 어려운 상황에서도 대우조선해양은 서울대 졸업생들을 많이 채용하였다. 그 외의 산업체는 고용을 동결한 상태였던 것으로 기억한다. 당시 학부를 마치고 대우조선해양에 입사한 동기는 고영철, 김노성, 김훈주, 양광모, 이원준, 이재동, 최용석, 한재영 등이 있다.

83학번 동기들에게서 당구 이야기를 빼놓을 수 없을 것 같다. 수업이 빈 시간이나 가끔 수업을 빼먹으면서까지 동기들이 함께 모이는 곳이 바로 당구장이었으니까. 특히 신림사거리의 '대학촌 당구장'은 아직도 잊지 못할 장소이다. 당시 당구를 즐기던 동기생으로는 김인학을 비롯하여 공도식, 김승율, 김종덕, 김호동, 석종훈, 양광모 등이 기억난다.

나와 개인적으로 특별하였던 친구들은 김일수, 김석원, 장영태 등이었다. 이들과 같이 남이섬을 거쳐 소양댐에서 캠핑하면서 아침에 보았던 물 위로 피어오르는 물안개의 장관은 아직도 생생하다. 비록 지금은 바쁘다는 이유로 서로 만날 기회가 거의 없지만, 대학생활의 추억은 모두에게 남아 있을 것으로 믿는다.

학부 졸업 후 약 25명의 동기생들이 대학원에 진학하였고 몇 명은 바로 미국이나 일본 등으로 유학을 떠났다. 일부는 조선 분야를 떠나 새로운 분야에 도전을 하였다. 석사 과정을 거쳐 대우조선해양으로 취업한 83학번은 **김석원**, **김용환**, **최재식**, **한성곤** 등이 있고, **김상현**과 **김인학** 등은 석사와 박사학위 취득 후 국방과학연구소에 입소하였다. **서용석**은 박사 과정 이후 삼성중공업연구소에 취업하였고, **유재훈**과 **이창민**은 석사 과정 후 KRISO로, **이호영**은 박사학위 취득 후 현대중공업으로 취업하였다.

모든 동기생을 언급하진 못하지만, **고영철** 대우조선해양 전문위원, **김일수** 위즈덤메인 대표, **김병일** 목포해양대학교 교수, **김석원** 철도연구원 단장, **남동호** 인천시립대학 교수, **서용석** 삼성중공업 상무, **유재훈** 목포대학교 교수, **윤의섭** 특허법률사무소 대표, **이영화** 동양미래대학 교수, **이재동** 요술지팡이 대표, **장영태** 세종감정평가법인 대표, **최동규** 대우조선해양 이사, **최문영** 삼성전자 수석연구원, **최용석** 대우조선해양 상무, **한성곤** 대우조선해양 이사 등을 비롯한 많은 동기가 자신의 분야에서 활약하고 있다. 그리고 당시 해군 위탁교육생으로 같이 공부하였던 **정현균** 대령도 83학번 동기로 현재 해군 함정 기술처장이라는 중책을 맡고 있다.

39회 졸업생(1984년 입학) 이야기

김대규

    1984년에 입학한 우리는 학과 모집과 더불어 졸업정원제가 적용되어 모두 60여 명이 입학하였다. 여느 학번처럼 84학번 동기 역시 학창시절을 함께하며 수많은 추억을 쌓았지만, 여기에서는 대학을 졸업한 뒤 30년의 변화를 담고자 한다. 우리 동기 가운데 몇몇은 안타깝게도 근황을 알 수 없어 공란으로 남겨두었고, 꾸준하게 서로 소식을 주고받는 동기들의 최근 근황과 더불어 학창시절의 추억을 담은 사진을 함께 수록하였다.

고범창 졸업 후 삼성그룹에 입사하여 이마트 사업기획을 담당하였으며, 현재는 부동산 컨설팅업체를 운영하고 있다.

김남호 국가 공무원으로 근무 중이다.

김대규 졸업 후 병역특례로 대우조선해양 기술연구소(옥포)에서 5년 동안 근무하였다. 이후 고등기술연구원에서 2년, 영국 에든버러 대학에서 석사(인공지능), 영국 서섹스 대학에서 박사학위(인공지능)를 받고 대우조선해양에 복귀하였다. 2001년에 시뮬레이션테크 (STI)를 설립하여 현재까지 운영하고 있다. STI는 선박용 항해기록장치(VDR), LNG 운반선용 비상차단장치(ESD system), 선박용 탈황스크러버(SOx scrubber) 등의 제품을 자체 개발하여 판매 중이며, 쿠웨이트 및 이라크에서 발주하는 특수선박을 수주하여 건조하는 업체다. 2010년에 선형시험 수조동(42동) 앞에 슬로싱 실험동(42-1동) 건설을 지원하는 건축비를 조선해양공학과에 기부하였다.

김병주 조선공학과에서 석사를 마친 후 현대중공업 연구소에 입사하여 지금까지 구조설계 및 관련 연구 분야의 일로 계속 한 우물을 파고 있다.

김수현 양영순 교수 지도 아래 구조 전공으로 석사를 마치고 쌍용자동차에 병역특례로 입사하여 병역을 무사히 마쳤다. 이후 삼성자동차에 근무하였으나 빅딜로 10년간의 대기업 생활을 끝냈으며, 2000년 CAE 컨설팅과 CAE S/W 개발업체인 SVD를 설립하여 CEO가 되었다.

김언수 군복무 후 학교를 무사히 졸업하고 현대자동차에 입사하여 2014년 말 현재 만 23년째 근무하고 있다. 해외영업/기획 부문을 담당하고 있으며 현재는 인도(델리)에서 4년째 근무 중이다.

김연규(金然奎) 졸업 후 코리아타코마에 근무하였으며 미국에서 CAE 전공으로 박사학위 취득 후 삼성전자 프린터 사업부에서 근무하고 있다.

김연규(金演圭) 학부를 졸업하고 본교에서 이기표 교수 지도 아래 유체역학 석사 과정을 마쳤다. 석사 과정에서 1년을 휴학하는 바람에 1991년 2월에 석사학위를 받았고, 이후 대전에 있는 해사기술연구소(KRISO, 현 선박해양플랜트연구소)에 입소하여 현재까지 근무하고 있다. KRISO에 다니면서 충남대학교 선박해양공학과 김형태 교수님 지도 아래 박사학위를 받았다. KRISO의 업무와 박사학위 모두 선박의 조종성능 추정에 관한 것이었다.

김영표 1989년에 졸업하고 대우조선해양에 병역특례로 입사하여 옥포 기술연구소에서 근무하였으며 서울 영업설계에서 근무하였다. 현재는 STX 조선해양 설계 기술 담당으로 근무하고 있다.

김 진 배광준 교수 지도로 석사학위를 마치고 국방과학연구소에 병역특례로 입소하여 병역을 마쳤으며 삼성중공업 중앙연구소에서 1년 10개월 근무하다가 미국 아이오와 대학으로 유학하여 선박 전산유체역학으로 박사학위를 받았다. 2003년 KRISO에 입소하여 현재까지 근무하고 있다.

김창룡 1988년 학부를 마친 후 대우조선해양 연구소에 병역특례로 입사, 병역을 마친 뒤 선박영업부로 자리를 옮겨 근무하다가 아테네 지사 및 휴스턴 지사에서 근무하였다. 국내로 복귀 후 독립하여 영어학원을 운영하였으며 현재는 미국에 거주하고 있다.

김창홍

김태엽

김홍근

노효상 1989년 졸업 후 1991년 KAIST 산업공학과 석사학위를 취득하였으며, 1991년 국방과학연구소에 입소하여 현재 책임연구원으로 근무하고 있다. 24년간 LSA 기법 연구 및 SW 개발, 무기체계 ILS 요소 개발, 시스템 공학(System Engineering), 정보 체계 개발 관련 업무를 담당하였으며 대전에 거주하고 있다.

문석준 서울대 조선공학과에서 진동 분야의 박사학위를 취득한 후 한국기계연구원에서 근무하고 있다. 현재는 시스템 다이내믹스 연구실의 실장을 역임하고 있다.

문정재 학부 졸업 후 대우엔지니어링에서 근무하고 있다. 중간에 조선 기자재 개발과 관련된 일을 3~4년 하다가 다시 대우엔지니어링으로 복귀하여 최근에는 모로코 현장에 2년 동안 파견 근무를 하였으며 동기들에 비해 결혼이 늦었지만 요즘은 애기 키우는 재미에 빠져 지내고 있다.

민준기 KAIST 기계과에서 박사학위 수료 후 현재 부산대학교 동력 및 서멀 매니지먼트 시스템 전공 대학원 교수로 있다.

박동규

박상도 학부를 마친 후 삼성중공업에 병역특례로 입사하여 지금까지 26년의 세월 동안 기장설계 분야에서 계속 한 우물을 파오고 있다.

박홍순 학부를 마친 후 대우조선해양 영업설계에 입사하여 다양한 선종의 설계에 대한 경험을 쌓았다. 이후 위성방송 수신용 셋톱박스를 개발하는 업체를 세워 수년간 운영한 경험이 있다. 외도를 마치고 다시 조선 분야로 복귀하였으며 중국 위해의 삼진조선을 거쳐 지금은 해남 대한조선에서 영업을 담당하고 있다.

부유덕

설영수 작고

소상호 1990년 졸업 후 현대정공 공작기계 사업부에서 7년 근무하였다. 미국 선더버드에서 글로벌(Global) MBA 과정을 마치고 모바일 결제(Mobile Payment) 솔루션 벤처회사에서 3년 근무하였으며 2005년 이후 현재까지 KT에서 근무하고 있다.

손성진 졸업 후 대우조선해양에서 병역특례로 근무하였으며, 이후 교보증권 전산실에서 근무하다 독립하여 증권선물 거래 사이트를 운영하고 있다. 요즘은 자전거 타는 재미에 빠져 지내고 있다.

심병구 학부를 졸업한 후 뜻한 바가 있어 현재 서울 시내에 있는 교회에서 전도사 직을 맡고 있다.

심원보 임상전 교수 지도로 구조공학 석사학위 취득 후 미국 스티븐슨 공과대학 기계공학과 석사(로보틱스), 노스캐롤라이나 주립대학(North Carolina State University) 기계/항공과 박사(정밀제어, 나노 테크놀로지), 부전공으로 전기공학을 하였다. 시게이트 테크놀로지(Seagate Technology)에서 11년간 서보(servo) 엔지니어로 근무하였으며 현재 캘리포니아에 거주하고 있다. 브라보 글로벌 컨설팅(Bravo Global Consulting) CEO—인터넷 마케팅 비즈니스를 활발히 하고 있다.

심장규 학부 졸업 후 현재 일산에서 자동차 부품 수출입업체를 운영하고 있다.

양구근 학부를 졸업한 후 울산 에스오일(S-Oil)에서 7년 근무하였으며, 이후 지금까지 강남에서 학원을 운영하고 있다.

양화석 대우조선해양에 병역특례로 입사하여 초기에 연구소, 생산관리에서 근무하였으며 1990년대 초반에 해양 PMT(Project Management Team)로 옮겨 다양한 해양설비 및 시추선을 담당하며 현재까지 근무하고 있다.

엄인성 학부 졸업 후 텍사스 주립대에서 컴퓨터사이언스 석사를 수료하고 삼성전자, ㈜우리기술, ㈜이네트에서 근무하였다. 현재는 군사용 SSD를 제작하여 미국 방위산업체에 수출하는 에어다임 대표이사로 있다.

연윤석 조선공학과에서 학부를 마친 후 석·박사학위를 취득하였다. 이후 대진대학교에서 교수생활을 시작하였고, 지금까지 같은 학교에서 컴퓨터응용 기계설계학과의 교수로 재직하고 있다.

염재선 장창두 교수 지도로 구조 설계 및 해석 자동화 분야로 석·박사학위를 취득하고 KRISO CSDP(선박 설계 생산 전산시스템) 사업단과 설계자동화 그룹에 선임연구원으로 근무하였다. 현재는 목포대학교 조선공학과에서 15년째 근무하면서 학생 교육과 더불어 지역의 기업지원을 위한 여러 가지 프로젝트(RIC 사업, 대불산학융합지구사업 등)에 참여하고 있다.

유우준 학부 졸업 후 이기표 교수의 지도로 석사와 박사학위를 취득하였다. 이후 삼성중공업 기술연구소에서 근무하기도 하였다.

유정현 학부를 졸업한 이후 포스텍에서 전산유체역학 석사학위를 받았으며 1990년 삼성 SDS에 병역특례로 입사하여 CAE 솔루션 기술 지원과 사업관리 업무를 수행하였다. 1998년 영국 워릭(Warwick) 대학에서 MBA 취득 후 삼성 SDS로 복귀하였다. 이후 해외사업 기획, 아웃소싱 컨설팅, B2B 사업 등에 참여하고 있다.

윤순관 학부 졸업 후 지금까지 아시아나 항공 기술부에서 근무하고 있다.

윤종현 졸업 후 삼성중공업에 병역특례로 입사하여 조선설계 및 기본설계를 담당하였으며, 현재는 해양 생산설비의 기본설계를 담당하고 있다.

이경호 양영순 교수 지도 아래 전문가 시스템과 유전자 알고리즘을 통합한 선박 최적설계시스템 개발로 석사학위를 취득하고, 1990년 KRISO에 병역특례로 입소하여 CSDP 사업단에서 근무하였다. 병역을 마치고 이규열 교수 지도 아래 동시공학 설계시스템으로 1997년 박사학위를 취득하였다. 2003년부터 인하대학교 조선해양공학과 교수로 재직하면서 조선해양 IT융합 시스템 관련 연구를 주로 수행하고 있다.

이명기 1988년 대우조선해양에 입사, 1995년 양영순 교수 지도 아래 석사를 마치고 대우조선해양으로 복귀하여 현재까지 기본설계팀에서 근무하고 있다.

이몽룡 학부 졸업 후 GS 건설에서 근무하고 있다. 배관설계 업무를 20여 년 이상 해왔으며 현재는 GS 건설의 플랜트 수행설계2담당 상무로서 활발한 활동을 하고 있다.

이석중 학부 졸업 후 SK 건설에 입사하여 지금까지 한 우물을 파오면서 설계, 사업관리,

해외 현장 근무 등 다양한 경험을 하였다. 현재 조달실장을 역임하고 있다.

이영규 포스텍 기계공학과에서 석·박사 과정을 마치고 POSCO 기술연구소에서 1년 10개월간 근무한 뒤 특허청 심사관으로 6년 반 동안 근무한 경험이 있다. 2004년부터 현재까지 특허법인 화우/지성특허법률사무소를 운영하고 있다.

이주연 대우조선해양에 병역특례로 입사하여 연구소에서 근무하는 동안 CAD 시스템 사용을 많이 한 인연으로 CAD/CAM 관련업체로 옮겨 오랫동안 근무한 바 있다.

이춘식 졸업 후 삼성중공업에 병역특례로 입사하여 지금까지 근무하면서 기장설계실, 영업설계, 6시그마 품질관리, 풍력사업 등의 다양한 분야를 경험하였다.

이한성 대학 졸업 후 배광준 교수 지도 아래 석사를 마치고 병역특례로 진해 국방과학연구소에 입소하였다. 이후 미국 텍사스의 오스틴에 있는 텍사스 주립대학에 유학하여 프로펠러 팁 보텍스(tip vortex) 캐비테이션에 대한 연구로 박사학위를 취득하고 연구원으로 5년간 근무하였다. 2007년부터 2013년까지 휴스턴 소재의 엔지니어링 회사(Floatec)에서 근무하였다. 이후 귀국하여 거제의 삼성중공업에서 시추설비 EM 업무를 맡고 있다.

이형철 학부 졸업 후 행정고시에 합격, 공무원 생활을 시작하여 대부분의 경력을 기획재정부에서 보냈으며 지금은 서기관으로 근무하고 있다. 부서 내에서 여전히 현역 축구선수로 활동하고 있는 점은 자랑할 만하다고 할 수 있다.

임시선 학부 졸업 후 삼성중공업에서 병역특례를 마친 뒤 대우조선해양으로 옮겨 근무한 바 있다.

전상식

정공현 장창두 교수 지도 아래 구조설계 분야로 석사학위를 취득하였고 오하이오 주립대학에서 용접변형 연구로 박사학위를 취득하였다. 현대정공 마북리 연구소에서 구조해석 선임연구원으로 10년간 근무하였다. 미국 콜럼버스 오하이오에서 3년간 EWI 용접연구소에 취업하여 미 해군 관련 박판용접 변형예측 분야를 연구하였다. 현재 미국 휴스턴 텍사스의 셸(Shell) 연구소에서 탐사, 시추, 생산, 정제와 관련한 설비의 안전진단 전문가로 재직 중이다. 전 세계 셸 보유 설비에 있는 플랜지 누출 관련 네트워크 리더로 활동 중이다.

정종민 졸업 후 대우조선해양에 병역특례로 입사하여 연구소에서 근무하다가 조선 생산관리 부서로 이동하였다. 1990년대 초반에 생산관리의 체계화를 통해 생산성을 획기적으로 향상하는 데에 큰 기여를 한 바 있다. 이후 STX 조선이 시작할 때 생산관리 임원으로서 참여하였고 최근까지 STX 조선해양의 생산관리 업무를 총괄해왔다.

정태석 학부를 마치고 진동 분야의 석사학위를 취득한 뒤에 미국으로 유학하여 진동 분야의 박사학위를 취득한 후 GM 연구소에서 근무한 바 있다. 이후 STX 조선해양으로 자리를 옮겨 기술연구소에서 선박의 다양한 진동에 관한 연구를 진행해왔으며, 연구소장을 끝으로 STX를 떠나 지금은 성동조선에서 근무를 하고 있다.

조석진   해군 위탁교육생인 그는 84학번으로 졸업한 뒤 해군 조함단에서 수상 함정, 209 잠수함 설계·건조 감독관을 지내고, 영국 스트래스클라이드(Strathclyde) 대학에서 석사학위를 취득하였다. 이후 조함단에 복귀하여 기술·사업부서 및 조선소 감독관으로 근무하였다. 2011년 대령 전역 후 현재 한국해사기술 함정사업부에서 근무 중이다.

조준홍

주영준

천세창   특허청 특허심사1국장을 역임하고 산업자원부 산업기술정책, 특허청 지식재산정책 담당, 특허심판원, 특허법원 등에서 근무하였다.

최국현   학부를 졸업한 후 뜻한 바가 있어 미국의 조지워싱턴 대학교 회계학과에 진학하여 석사 및 박사학위를 취득하였다. 조지워싱턴 대학교에서 잠시 강의를 하다가 세종대학교 교수를 역임한 뒤 중앙대학교 경영경제대학교 교수로 취임하였다. 지금까지 재무회계, 자본시장 회계, 회계감사 등의 분야를 연구하고 있다.

최명기

최양렬   서울대 조선공학과 임상전 교수 지도로 석사 과정을 밟았다. 현대정공에서 병역특례 후 신종계 교수 지도 아래 박사학위를 취득하였다. 현재 ㈜지노스 대표이사이며 선박 및 해양 플랜트 대상으로 모델링과 시뮬레이션(Modeling & Simulation) 및 모니터링과 컨트롤(Monitoring & Control) 관련 사업을 하고 있다.

최윤락   최항순 교수 지도 아래 석사학위를 취득한 뒤 현대중공업 선박해양연구소에 입사하였다. 군복무 후 현대중공업을 퇴사하고 박사 과정에 진학하였다. 최항순 교수 지도 아래 박사학위를 취득한 후 KRISO에 입사하여 7년간 근무하였으며, 2003년부터 울산대학교 조선해양공학부 교수로 재직 중이다.

최정수   졸업 후 신도리코 연구소에서 복사기 기구물 설계업무를 하였던 인연으로 지금까지 기계부품 설계를 하고 있다. 특히 종이를 다루는 메카트로닉스 분야에 경험이 많으며, 최근에는 초소형 감속기를 개발하여 로봇 관절에 적용하는 쪽의 일을 하고 있다.

한 도   졸업 후 대우조선해양에 병역특례로 입사하였다가 자발적으로 방위근무를 하는 것으로 진로를 바꾼 바 있다. 이후 현대자동차 연구소에서 10년을 근무하다가 자동차 전문가로 SK 가스에 입사하여 LPG 사업부에서 근무하였다. 그는 LPG를 자동차에 적용하는 각종 사업개발 지원업무를 담당하였고, 최근에는 대형 디젤 차량을 LPG로 개조하는 시스템을 개발하여 그 사업을 직접 운영하고 있다. 대부분의 시간을 중앙아시아에서 보내고 있다.

황일규 졸업한 후 KAIST에서 석사를 마치고 미국 위스콘신-밀워키 대학(University of Wisconsin-Milwaukee)에서 공학박사 학위를 취득한 후 현재까지 동양미래대학의 자동화시스템 공학과에서 교수로 재직하고 있다. 생체역학(Biomechanics), CAD/CAM, 로봇공학(Robotics), 전력선 통신(Power Line Communication), 홈 네트워킹 및 센서 네트워킹 등 다양한 분야의 연구를 진행해 오고 있으며 이를 상용화하기 위한 벤처기업도 운영한 바 있다.

1984년 여름, 지리산 등산

1984년 여름, 서해 홍도 여행

1986년 여름, 대우조선해양 현장 실습

1987년 졸업여행 (대우조선해양에서)

1987년 학교 순환도로에서

해군회관 앞에서

2014년 가을 거제도에 있는 동기 모임

40회 졸업생(1985년 입학) 이야기

송하철

:: 입학

우리 85학번은 졸업정원제 시행으로 총 55명이 입학하였다.

당시 1984년의 겨울은 강추위가 기승을 부렸는데 그 추위 못지않게 첫인상이 무서운 교수님이 계셨으니 바로 박종은 교수님이었다. 면접시험을 보는 날, 권상주를 비롯한 학생들이 그만 면접시간에 늦었는데 그때 학과장님이신 박종은 교수님께서 시험장 문을 잠가버린 것이다. 다행히 점심시간 후에 문을 열어주셔서 그들이 무사히(?) 합격하게 되었지만 그 사건으로 학생들은 추운 겨울날 패닉 상태에 빠졌다. 그때 문을 열어주시지 않았다면 대한민국의 훌륭한 엔지니어(?) 몇몇이 소리 없이 사라질 뻔하였다.

85학번 가운데 15명 정도는 서울 출신, 나머지는 지방 출신이었던 것으로 기억한다. 함께 입학한 55명 외에 3학년 때 지금의 방위사업청 대령으로 근무하고 있는 박동기 중위와 이웅섭 중위가 들어와 우리와 동문이 되었다.

입학생 중 가장 눈에 띄는 학생은 노윤선으로, 우리 학과 역사상 최초의 여학생이라 기대와 우려를 동시에 받았다. 내가 노윤선을 처음 만난 곳은 1학년 첫 학기 3월 초에 물리학 강의를 듣는 26동 대형 강의실이었는데, 뒷자리에 앉은 한 여학생이 내게 하였던 말이 아직도 기억난다.

"저는 노윤선인데요. 내가 나이가 좀 많아서 말 놔도 되지?"

그녀의 당돌한 첫인사에 옆에 있던 김성렬이 무슨 저런 인간이 다 있냐며 어이없어했는데 그 두 사람이 결혼하게 될 줄은 꿈에도 몰랐다. 가정대에서 학사경고로 잘리고 조선공학과에 다시 입학한 노윤선은 공대의 명물이 되었다. 그녀는 음주가무에 능하고(담배도 골초였음), 단기필마로 공대 여학생 체육대회에 나가서 닭

싸움 우승도 하였다. 공부를 엄청 잘하다가도 학점 1.0 이하로 곤두박질치기도 하는, 매우 다이내믹한 학생이었다.

노윤선과 김성렬의 열애가 무르익던 3, 4학년 무렵에 두 사람 성적이 하도 안 좋아 졸업을 시킬지 말지를 놓고 학과 교수님들께서 회의까지 하셨다는 소문도 있었다. 어찌 되었든 마침 개정된 학칙에 따라 두 사람은 무사히 졸업하게 되었다. 국내에 잘 정착한 김성렬도 그렇지만, 노윤선이 마이크로소프트(Microsoft) 본사에 스카우트되어 시애틀에서 일하다가 MDS 테크놀로지(MDS Technology)의 해외사업부 등을 총괄하는 엔지니어로 성장하리라고는 당시의 학점으로 볼 때 상상하기 어려운 일이다. 참고로 노윤선의 전산학개론 학점은 D이다.

반면에 박성진, 윤현규, 원종천처럼 입학 전에 대한조선공사, 대우조선해양, 현대중공업을 방문하여 사전 공부를 하고 들어온 열혈 조선공학도도 있었고, 대부분의 동기가 개성 있으며, 밝고 착했다는 생각이 든다.

85학번이 입학할 당시 학과장이신 박종은 교수님을 비롯하여 임상전, 김극천, 황종흘, 배광준, 김효철, 최항순, 이기표, 장창두, 양영순 교수님 등이 재직하고 계셨다. 우리가 입학한 지 얼마 되지 않아 박종은 교수님께서 돌아가시는 바람에

왼쪽부터 박범주, 김기운, 지원식, 김형철

왼쪽부터 원종천, 김정원, 김경환, 지원식, 김충겸, 조윤식

586

상가에서 선배들의 심부름을 하였던 기억이 있다. 그때는 신입생이라 아무 생각이 없었는데 우리 조선해양산업의 핵심 기술인 용접 분야의 거목이 돌아가셨다는 것을 나중에야 알게 되었다. 이후 학과장님이 서글서글하고 인자하신 모습에 인기가 많은 김효철 교수님으로 바뀌어서 우리가 아주 좋아하였던 기억이 난다.

:: 학창시절

85학번이 관악 캠퍼스에서 공부할 당시에는 전두환 정권에 저항하는 학생 민주화 운동이 최고조에 이르렀을 때이다. 하루가 멀다 하고 연속되는 시위와 투쟁, 분신자살 등으로 얼룩졌던 암울한 시기였으며, 학교 인근의 녹두거리, 봉사리(봉천사거리), 신사리(신림사거리)의 주점은 밤새 학생들의 아픔을 치유하는 장소였다. 이런 현실은 자연스레 수업 거부, 시험 거부 투쟁으로 이어졌고 이에 반대하는 친구들도 있었지만 거의 대부분 압도적인 찬성으로 가결되곤 하였다. 기억하기로는 졸업할 때까지 중간고사와 기말고사를 다 치른 학기가 없을 정도여서 85학번은 물론, 1980년대 초반 학번들은 좋은 학점을 받기가 어려운 기수들이었다.

당시 배광준 교수님의 말씀이 기억난다.

"니들 그러는 건 이해하겠는데 전두환하고 내 과목 시험하고 무슨 상관이 있나? 웬만하면 시험에 들어온나."

우리는 교수님들께 참 죄송한 학번이다. 말씀은 다들 안 하셔도 시험 거부한 제자들에게 A+은 못 주시더라도 최대 A0까지의 학점을 주시면서 제자들에게 무언의 동의와 지지를 보내주신 좋은 교수님들이셨다.

우리 85학번은 작고하신 김재근 교수님께 조선공학개론을 듣는 행운을 누린 마지막 학번이었다. 자상하신 강의도 기억에 남지만 우리 신입생들을 무척이나 예뻐하셨던 할아버지 교수님이셨다. 인자하신 설명으로 구조역학을 강의하신 임상전 교수님, 아주 어렵게만 느껴졌던 진동이론을 카리스마 넘치게 강의하신 김극천 교수님, 수학자이신지 공학자이신지 구분이 안 될 만큼 실력이 좋으셨던 황종흘 교수님, 친근하고 정감어린 사투리로 인기 많았던 배광준 교수님, 항상 웃는 표정이신 김효철 교수님, 실력도 실력이지만 첫 강의시간부터 학생들의 이름을 모두 외우신 최항순 교수님, 수업시간에 어려운 문제를 학생들과 같이 풀면서 담배도 같이 태우셨던 이기표 교수님, 깔끔한 판서와 설명을 정갈하게 해주셨던 장창두 교수님, 항상 학생들과 소통하고 교감하려고 노력하셨던 양영순 교수님 등이 우리 학번을 가르치셨다.

경제성에 기반한 선박 설계를 처음으로 알려주신 이규열 교수님께서는 대전의 선박연구소에서부터 먼 길을 마다 않고 주마다 오셔서 강의하셨고, 박종은 교수님을 대신하여 홍익대학교의 표동근 교수님께서 용접공학 강의를 맡아 주셨다.

윤현규

:: 1학년

1985년 당시에는 1학년 남학생들 중 군 미필자들은 반드시 교련수업과 더불어 성남에 위치한 문무대에서 1주일 동안 군사교육을 받아야 했다. 문무대나 전방입소 교육에 대한 대학생들의 반대가 심하였는데, 특히 학생운동에 강성인 서울대와 고려대생들은 정치의식이 싹 트기 전인 3월에 문무대에 입소해야 했다. 우리 학과는 20개 중대 가운데 18중대로 화공과, 토목과와 함께 배치되었고 고등학교 때 학생회장이었던 김성렬이 소대장을 하였던 것 같다.

지금으로 따지면 잠실의 롯데백화점 앞 공터에서 여학생(노윤선)과 군필자의 환송을 받으며 버스를 나눠 타고 성남의 문무대로 입소하였다. 당시 학과의 여학생들이 동기들에게 편지를 쓰는 것이 관례였는데 훈련이 힘들고 지쳐가는 목요일 정도에 편지가 도착하였던 것 같다.

화공과에는 여학생이 세 명이나 있어 모두에게 편지가 도착하였고, 목요일 밤 점호가 끝나고 잠자리에 들기 전 편지 낭독식이 있었다. 우리는 노윤선에게서 오매불망 편지를 기다렸지만 결국 받지 못하였다. 노윤선은 모두에게 보냈다고 하는데 중간에 배달사고가 난 건지, 아니면 보내지 않은 건지 아직도 진실은 모른다.

봄에는 공과대학 체육대회가 있었다. 당시 공과대학에는 십여 개 학과가 있었는데 우리 학과의 1학년 정원은 55명으로 기계공학과나 토목공학과보다는 조금 적었지만 전체적으로 볼 때 평균적인 규모였다. 그런데도 다른 학과에 비해 압도적으로 많은 학생들이 참여하여 우승을 하였다. 선배들에게서 늘 들었던, 조선과는 단합이 중요하다는 것을 실제로 보여준 일이었다.

한 가지 기억은, 체육대회가 열리기 전날 밤에 박종은 교수님이 별세하셨다는 부음이었다. 즉석에서 4학년 선배들을 중심으로 체육대회에 참여할지 여부에 대한 토론이 벌어졌고, 결국 열심히 단합된 모습을 故 박종은 교수님께 보여 드리는 것이 우리가 할 수 있는 최선이라고 판단하고 숙연한 마음으로 체육대회에 임하여 좋은 성적을 거두었다. 가을에는 전국조선공학도 체육대회가 서울대에서 있었다. 이와 함께 진행하는 조선공학전을 준비하느라 3학년 선배들(83학번)이 헌신적으로 노력하였던 것도 기억난다.

1박 2일 동안 학술행사와 체육대회가 'Shipstival'이라는 이름으로 개최되었다. 학생 수가 훨씬 많은 부산대, 울산대, 한국해양대에 비해 우리 학교는 체육에 분명히 열세였다. 학과 행사이기에 1학년 교양 수업은 공식적인 휴강이 될 수 없었는데 해양학 수업을 듣는 몇몇은 대학원의 장모 선배에게서 "내가 다 얘기해났으니까 체육대회에 참여해라"는 말을 믿고 신나게 수업을 빼먹었는데 결국 결석 처리된 해프닝도 있었다.

'Shipstival' 첫째 날 밤에는 주최 측에서 서울에 있는 대학의 여학생들을 초대하여 즉석에서 미팅을 주선하고 축제를 하는 행사가 있었다. 나중에 들은 얘기지만 3~4학년 선배들이 몇 달 전부터 열심히 여학생 섭외를 하였다고 한다. 그런데 때마침 행사일 저녁부터 비가 내리는 바람에 약속한 여학생들 가운데 반밖에 참석하지 않았다. 어쩔 수 없이 즉석 미팅 수가 제한되었고 행사도 어수선해졌는데 이런저런 이유로 타 학교 집행부와 마찰이 생겨 자칫하면 충돌이 있을 뻔하였다. 어쨌든 노천강당에서 진행한 Shipstival은 1학년들에게는 큰 추억이 되었고, 미팅 상대 짝지어주기를 진행한 김경환의 회고에서 당시의 상황이 더 뚜렷하게 다가온다.

미팅에 참여하는 여학생의 수가 줄어들게 되자, 경향 각지에서 온 타 대학 학생들에게 기회를 줘야 한다고 해서 본교생은 한 명도 참여하지 않았다.

"서울대 믿고 왔는데, 어쩜 이럴 수가 있어?"

"환불해야 하는 것 아녜요?"

"이럴 줄 알았으면 오지 않는 건데." 등등.

초대받은 여학생들은 아파트 분양 사기를 당한 것 같은 격앙된 모습들이었다.

"죄송하게 되었습니다. 다른 학교 학생들을 배려하려다 보니 이런 일이 벌어지게 되었네요. 저희가 미처 생각지 못한 일이니 너그럽게 봐 주십시오. 다음 기회에는 절대 이렇지 않도록 하겠습니다"를 반복해서 읊어야만 했다.

간혹 이렇게 말하는 여학생도 있어서 속으로 웃었다.

"지금이라도 다시 주선해 주시면 안 되나요? 본인은 시간이 안 되나요?"

:: 2학년

1986년은 전해에 치른 총선에서 여당이 참패를 하면서 직선제 개헌을 위한 국민의 저항과 전두환 대통령의 버티기로 내내 시위 몸살을 겪은 한 해였다. 엎친 데 덮친 격으로 부천경찰서 문귀동 경장이 서울대 권인숙 학생을 성고문하면서 2학기 역시 학교에서는 대정부 투쟁이 벌어졌다. 우리는 학교생활에 적응하면서 동아리 활동 등으로 생활의 영역을 넓혔고 지방 학생들도 신촌과 이대 입구까지 활발하게 진출하였다.

86학번을 끝으로 사라진 전방 입소교육이 그해 초에 있었는데 우리는 서부전선에 있는 백골사단 3사단에 배치되었다. 전방 입소교육은 일주일 동안 반은 전방의 후방 훈련장에서 안보교육, 매복 등의 군사훈련을 받고 2박 3일은 철책선 GOP 초소에서 야간 근무를 서는 일정이었는데, 또다시 모두가 노윤선의 편지를 기다렸음은 물론이다.

1986년 봄, 이때부터 2~4학년 재학생들도 기숙사 입사가 가능하게 되어 지방 학생들의 민생고가 조금 해결된 해이기도 하다. 관악사는 1985년까지는 대학원생들을 제외한 1학년 신입생들만 들어갈 수 있었는데 2학년 이상을 못 들어가게 한 이유는 선배들이 후배들의 민주화 의식교육을 시킬까 봐 그랬다는 것이 정설이다.

기숙사 문제와 더불어 학교생활의 상당 부분이 민주화 투쟁과 연결되었는데, 교내외를 연결하는 셔틀버스가 시위할 때 기동력을 발휘한다고 노선을 배정하지 않아 먼 낙성대 길을 걸어서 다녔고, 새롭게 지은 문화관의 대극장이나 소극장도 화염병을 던질 수 있다는 이유로 행사나 공연에는 개방해주지 않았다. 학생이 대학의 시설조차 맘껏 쓰지 못하는 시절이었던 셈이다.

:: 3학년

2년마다 개최되는 전국조선공학도 체육대회가 1987년 울산대학교에서 열렸다. 1985년과 마찬가지로 다른 학교에 비하여 체육에 열세였던 우리 학과는 대부분의 구기종목에서 예선 탈락하고 단체종목인 줄다리기 등에서도 좋은 성적을 거두지 못하였다. 그런데 야구종목만은 한번 해보자고 의기투합한 동기들이 있었는데 당시 서울대 야구부에 몸담았던 고영국, 정근기, 김경환이었다. 이들을 제외한 나머지 멤버는 실력 불문하고 울산에 내려갈 수 있는 사람들로 팀을 짤 수밖에 없었다. 다행히 첫 시합 상대가 우승 후보인 울산대였던 터라 부담이 크지 않았다. 패한다 해도 창피한 일이 아니니 '영(0)패만은 면해 보자'라는 분위기가 형성되었다. 그런데 아뿔싸, 상대편 투수는 130km/h 후반(사실 이는 믿기 어렵지만 체감 속도가 이 정도 되지 않았을까 추측해 본다)을 뿌려대는 정통파 투수여서 정근기만 외야로 타구를 날리는 정도였다. 김경환은 원아웃 상황에서 3루타를 쳐서 첫 득점에 접근하였지만 후속 타자의 범퇴로 영패를 하게 되었다. 김경환은 아직도 강속구 투수를 상대로 안타를 친 것을 자랑스럽게 생각하며 살고 있다.

1987년의 6월에 마침내 대통령 직선제를 이끌어 내었고, 투표권이 생긴 이후 처음으로 대통령을 우리 손으로 뽑게 되었다. 공식적으로 정부를 비판하고 야당 후보를 지지할 수 있게 된 것이다. 여당에서는 오래전에 노태우를 후보로 정해 놓았고, 야당 쪽에서는 김대중, 김영삼이 독자적으로 출마하게 되었다. 동기들 중 상당수는 대선일 전 약 한두 달 동안 공정선거 감시단 활동을 하였는데, 특히 학교에서 가까운 구로구 독산동 가정집들을 정기적으로 방문하여 공정선거 캠페인을 벌였다. 그런 노력에도 불구하고 결국 야당 후보 단일화 실패와 함께 노태우가 대통령으로 당선되어 허탈한 한 해였다고 기억한다.

가을에는 설악산으로 수학여행을 떠났다. 당시 학내의 유스호스텔 회원인 허영철, 윤현규의 도움을 받아 일정을 준비하였는데 설악동에서 그리 멀지 않은 서울대학교 수련원에서 숙박을 하기로 하였다. 첫날 저녁을 먹고 난 뒤 설악동에서 여흥을 즐기기로 의기투합하여 십수 명이 여러 대의 택시에 나누어 타고 설악동으로 무작정 이동하였다. 어느 콘도의 지하에 위치한 나이트클럽으로 향하던 중 마침 설악산으로 졸업여행을 온 이화여대생들과 마주치게 되었고 동기생 중에서 입심이 좋은 박종혁이 나서서 단체 번개팅을 주선하였다.

상대는 졸업반인 4학년이었지만 우리는 한 학년을 올려 4학년으로 행세하였다. 이후 서울로 돌아가서 만남을 이어간 친구들이 몇몇 있었기에 결국 한 학년을 올린 거짓 행세가 들통났다. 아무튼 우리에겐 수학여행으로, 저들에겐 졸업여행으로 설악산에서의 1987년도 기억이 자리 잡게 되었다. 수학여행에 참여한 동기는 김기운, 김경환, 김진홍, 박동균, 박종혁, 심왕보, 채성수, 허영철 등이다.

:: 4학년

1988년에는 서울올림픽이 개최되었다. 서방국가의 방송 시간을 배려하고 외국에서 온 관광객들을 위해 처음으로 서머타임제를 시행하였는데 우리에게는 상당히 낯선 제도였다. 술을 2차까지 마셔도 해가 지지 않아서 술깨나 마신다는 친구들은 한 차수를 더 가야 하니 술만 더 마시게 된다고 푸념하곤 하였다.

민주화 운동이다 뭐다 해서 정신없이 3년이 흐르고 슬슬 진로에 대한 걱정이 들기 시작하였다. 대학원에 진학하려는 친구들 중심으로 스터디 그룹이 꾸려졌다. 우리 학번 때는 전공과 영어시험을 보았는데, 선배들의 예를 보면 영어시험에서 수석 졸업자도 떨어지는 사례가 있었다. 전공시험의 커트라인은 60점이었지만 전과목이 다 나오는지라 열심히 공부하지 않을 수 없었다. 아마도 수업 거부, 시험 거부하는 제자들에게 대학원에 들어올 때만큼은 최소한의 공부를 시키려고 하였던 교수님들의 의도가 있지 않았나 싶다. 스터디 그룹은 두 팀 정도가 활발하였는데, 윤현규·허영철·이순택·원종천 팀과 이재홍·박종혁·정근기·송하철 팀이다.

윤현규 팀은 일주일에 한 번 모였는데 이순택은 항상 열심히 준비해 왔고 나머지는 하는 둥 마는 둥 하다가 이순택이 대학원 진학을 하지 않기로 결정해서 스터디 그룹이 와해되었다. 다행히 나머지 멤버들이 모두 대학원에 진학하였으니 다들 이순택 덕분이라고 하였다.

이재홍 팀은 3학년 겨울방학부터 스터디를 시작하였다. 유체 이재홍, 수학 박종혁, 진동 정근기, 재료 구조 송하철로 나누어 공부를 하였는데 역시 모두 대학원에 무난히 진학하였다. 이 중 박종혁의 수학 실력은 동기 중에서 탁월하여 박종혁이 주관하는 수학 스터디 날은 공부가 항상 일찍 끝나서 당구 치고 술 먹는 병폐가 있었다. 워낙 강의가 명쾌하였기 때문이다. 박종혁은 대학원에 진학해서도 수학과나 다른 자연대 학과들의 수학 과목을 찾아다니며 모조리 A+를 받아온 실력자였다. 이재홍 스터디 그룹의 초빙 멤버로 해사 출신 박동기 형이 있었는데 함께 공부할 때면 박동기 형이 집으로 오라고 해서 신혼인 형수님에게 밥을 얻어먹고 라면도 얻어먹곤 하였다. 박동기 형은 예나 지금이나 열심인 사람이다.

:: 대학원

85학번의 경우 서울대 대학원에 진학한 동기생은 지원식·한재훈·허영철·박종혁·송하철·신상묵·원종천·윤현규·이재홍·조윤식·정근기 등 11명이었고, KAIST에 이준배와 김지훈, 포항공대에 권상주와 박범주가 진학하였다.

우리 학번 이전에는 대학원에 진학하면 크게 유체와 구조 전공을 선택하여 해당 교수님의 연구실에 배치되는 것이 일반적이었으나 85학번의 경우에는 조금 달랐다. 첫 번째 한 학기를 전공 구분 없이 보내고 QT를 치른 뒤 합격을 해야만 비로소 연구실에 배치될 수 있었다. 지금도 이 제도는 잘 이해가 되지 않는데 86학번까지만 유지하다가 없어진 것 같다. 84, 85학번과 86학번은 병역 혜택이 많이 사라져 석사 이후 박사 과정 진학이 아주 어려웠던 학번들이다.

83학번까지 상당히 많이 뽑았던 석사장교 제도가 84학번에서는 인원을 대폭 축소하더니 우리 학번에서는 거의 명맥만 유지하는 정도로 바뀌어 군필 이후 박사 과정을 하겠다는 꿈은 아예 접어야 했다. 그래서 대부분의 대학원 졸업생들이 연구특례로 취업하게 되었다.

석사 졸업 후 유학을 간 지원식(UC 버클리 대학)과 한재훈(미시간 대학), 학부 졸업 후 KAIST와 포항공대에 진학한 이준배(KAIST)·김지훈(KAIST)·권상주(포항공대) 등이 비교적 빠르게 박사학위를 받았고, 뒤이어 연구특례를 마치고 복귀한 송하철·윤현규·안진형이 서울대 조선공학과에서 박사학위를 받았다.

연구소나 회사에 재직하다가 박사학위를 받은 동기는 신상묵(버지니아텍), 허영철(서울대 건설환경공학과), 박범주(아주대), 김기운(전남대), 서정수(퍼듀 대학) 등이 있다.

:: 85학번의 졸업생들

85학번 졸업생들은 조선해양 분야에서 약 20명이 활동하고 있으며, 관련 산업 분야의 대학, 연구소, 기업체 등에서 핵심적인 역할을 수행하고 있다.

■ 학계

권상주 학부 졸업 후 포항공대 대학원에 진학하여 석·박사 과정을 마쳤으며 석사 졸업 후 6년간 국방과학연구소에서 근무하였다. 현 직장인 한국항공대에서 10년째 학생들을 가르치고 있으며 그 전에는 KIST와 한국생산기술원에서 연구활동을 하였다.

송하철 서울대에서 구조공학 분야 석사학위(1991)를 받고 병역특례를 마친 후 모교에서 박사학위(2001)를 받았다. 서울대 해양시스템공학연구소 연구원을 거쳐 2005년부터 목포대 조선공학과 교수로 재직 중이다. 대한조선학회 총무이사와 편집이사, 목포대 산학캠퍼스 총괄책임자, 산업부 해양케이블 시험연구센터 등을 맡고 있다.

신상묵 서울대에서 석사학위 취득(1991) 후 국방과학연구소(ADD)에서 병역특례를 마치고 버지니아 공과대학(Virginia Tech.) 항공과에서 박사학위를 취득(2001)하였다. 귀국하여 국방과학연구소에서 근무하였으며 2005년부터 부경대학교 조선해양시스템공학과 교수로 재직하면서 전산유체역학(CFD) 관련 교육과 연구를 수행 중이다.

윤현규 서울대에서 석사학위(1991)를 받고 국방과학연구소에서 근무하다가 모교에서 박사학위를 취득(2003)한 뒤 한국해양연구원 해양안전방제연구본부에서 근무하였다. 2009년부터 현재까지 창원대학교 조선해양공학과 부교수로 활동 중이다. 그는 선박 조종제어를 전공하였고 국방과학연구소에서는 백상어(중어뢰), 청상어(경어뢰) 개발에 참여하였으며, 한국해양연구원에서는 선박 및 수중운동체 조종성능 해석 업무를 수행하였다.

지원식 서울대에서 석사학위를 취득(1991)하고 미국 UC 버클리 대학에서 박사학위를 받았다. 현재 텍사스 대학(Univ. of Texas) 교수로 재직 중이다.

■ 조선해양산업 분야 연구소 및 기업

권대영 학부 졸업 후 대우중공업(현 두산인프라코어) 중앙연구소에서 굴삭기 개발 업무를 담당하였다. 1995년부터 한국전력기술(주)에서 근무하면서 원자력발전소 2차 계통(터빈발전기 관련 분야이며 주로 복수기, 열교환기, 해수 냉각수 계통) 설계 업무를 담당하였으며 현재 경북 경산에서 강재 가공 및 후가공업체를 운영하고 있다.

김경환 학부 졸업 후 현대중공업에 입사하여 현재까지 선박저항과 선형 관련 업무를 수행 중이다. 모교에서 석사학위(1996)를 취득하였고 잠수함 설계, 한마음 1호 설계, 214급 잠수함 설계실습, 예인수조 모형시험, 모형선 제작공정 자동화 등을 수행하였다. 현재는 AIR-SHIP 개발에 주력 중이다.

김용준 1991년 대우조선해양에 입사하여 5년간 LNG선의 컨테인먼트(containment), 그리고 영업설계의 철의장 업무를 수행하였다. 이후 LG와 조선 기자재 관련 회사 등에서 근무하다가 2005년 창업을 하여 독일 말레(Mahle) 사의 중속엔진 부품사업을 하고 있다.

김지훈 학부 졸업 후 KAIST에 진학하여 기계공학 석사(1991), 박사학위(1999)를 받았다. 삼성 SDI와 한국가스공사를 거쳐 2010년부터 삼성물산 플랜트사업부 부장으로 LNG 탱크/터미널 설계를 담당하고 있다. 현재 LNG 터미널 프로젝트 수행 건으로 필리핀 마닐라에서 근무 중이다.

김형철 학부 졸업 후 대우조선해양 중앙연구원에서 근무하였다. 재직 중 포항공대 정보통신대학원에서 석사학위를 취득(1997)하였다. 주로 상선, 해양, 특수선의 IT융합 관련 업무를 수행 중이며 4년 전부터 서울에서 근무하고 있다.

박동기 1985년 해군사관학교를 졸업한 후 해군 소위로 임관하였다. 1987년 서울대에 편입하여 학사학위 취득 후 해군 조함병과에서 근무하였고 미국 플로리다 FIT 석사를 수료하였다. 현재 방위사업청 함정기술처 대령으로 있다.

서정수 학부 졸업 후 삼성종합기술원에서 CFD를 기반으로 한 열유체 관련 과제를 해석하는 업무를 수행하였다. 2001년부터 퍼듀 대학에 유학하여 난류 유동해석 및 유동음향해석으로 박사학위를 취득한 이후 아이오와 대학과 한국과학기술원에서 자유표면해석 연구를 수행하였으며, 현재 한국수력원자력 중앙연구원 신형원전연구소에서 중대사고 대처설비 관련 연구 및 피동 원자로건물 냉각 계통 개발 관련 업무를 담당하고 있다.

심왕보 학부 졸업 후 현대중공업에 입사하여 현재까지 현대중공업 설계부에 재직 중이다.

안진형 서울대에서 석사학위(1992) 이후 국방과학연구소(1992~1998)에 근무하면서 잠수함 조종운동 시뮬레이션, 예인 음탐체계 거동 해석(Cable Dynamics)을 수행하였다. 모교에서 박사학위 취득(2005) 후 수중발사 유도무기 수중운동 시뮬레이션, 수중 글라이더, 무인 수상정 개발에 참여하였다.

원종천 서울대에서 석사학위(1991)를 취득하고 박사 과정 재학 중에 1991년 현대중공업 선박해양연구소에 입사해서 현재까지 근무 중이다. 프로펠러 설계와 시험 관련 업무를 수행하였고 동경대에서 1년간(2003) 캐비테이션에 의한 프로펠러 침식 시험법을 연구하였다. 현재는 현대중공업 신성장 동력 발굴 프로젝트에 참여 중이다.

이순택 학부 졸업 후 대우조선해양에서 7년 반 동안 구조설계 분야에서 근무하였다. 2000년 미시간 대학에 박사 과정으로 유학한 이후 휴스턴에 있는 ABS 선급에 취직하였다. 이후 플로텍(FloaTEC)을 거쳐 현재 셰브론 선박회사(Chevron Shipping Company)에서 근무 중에 있다. FPSO(Floating Production Storage Offloading) 신조 계약, FPSO 수명연장 프로젝트(Life Extension Project)에서 구조 전문가(SME)로 일하고 있으며 도장(Coating)과 방식 처리(Corrosion Protection) 분야로 활동 영역을 넓힐 예정이라고 한다.

이웅섭 1985년 해군사관학교 졸업 후 해군 소위로 임관하였다. 1987년 서울대에 편입하여 학사학위 취득 후 해군 조함병과에서 근무하였다. 현재 방위사업청 함정기술처장으로 복무 중이다.

이재홍 서울대에서 구조공학 분야의 석사학위 취득(1991) 후 ABS에서 근무하였으며 현재는 대한조선 기술영업 담당 중역으로 활동 중이다.

조윤식 서울대에서 구조공학 분야의 석사학위 취득(1991) 후 국방과학연구소에서 함정 기술 분야 연구개발을 수행하였고 현재는 함정체계부에서 잠수함 장비체계 개발에 참여하고 있다. 관심 분야는 잠수함 선체구조 설계 및 최종강도해석 분야와 함정 개념설계 분야로, 국내 최초 반잠수 쌍동선 SWATH 선형시험선(선진호) 설계·건조, 잠수함 선체구조 설계지침서(안) 개발, 장보고-III 잠수함 독자설계 기술 관리 등을 수행한 바 있다.

허영철 서울대에서 선체진동 분야의 석사학위(1991) 취득 후 삼성중공업 거제조선소에서 선박 진동해석 및 계측 업무를 수행해 왔다. 이후 한국기계연구원에서 함정 건조 사업에 참여하여 선체진동 및 충격과 관련한 특수성능 해석을 담당하였다. 서울대 건설환경공학과에서 구조물 손상 탐지의 주제로 박사학위를 취득(2009)하고 현재 구조물 건전성 감시, 기계 시스템의 상태 감시 및 고장진단 시스템 개발 연구를 진행 중이다.

■ 연관 산업계

고영국

권우철 학부 졸업 후 현대자동차에 입사하여 재직 중이다.

김기운 학부 졸업 후 금호타이어 중앙연구소에 입사하여 현재까지 재직 중이다. 텍사스 오스틴 대학 항공공학과 석사(1996), 전남대 기계공학과 박사학위를 취득(2006)하였다. 현재 금호타이어 중앙연구소 연구위원으로 근무하고 있다.

김성렬 학사 졸업 후 1992년 노윤선과 결혼하였다. 현재 아이디테크에서 근무 중이다.

김재수 서울대에서 구조공학 분야의 석사학위(1992) 후 아시아나항공에 입사하여 현재 아시아나항공 정비품질팀장으로 재직 중이다.

김정원 독일로 이민을 갔다.

김진흥 학부 졸업 후 금호타이어 연구소에서 5년간 구조해석 업무를 하다가 1994년부터 한라중공업, 현대우주항공, 한국항공우주산업에서 MD-95 항공기, T-50 훈련기 개발에 참여하였다. 2001년부터 보잉사(시애틀)에 재직하면서 767항공기 동체의 운행점검 및 수리 지원 구조해석과 승인 업무를 담당하고 있다.

김충겸 학부 졸업 후 삼성항공산업㈜, SK 텔레콤을 거쳐 2007년부터 ㈜KT의 기업센터(Corporate Center), 클라우드(Cloud) 사업본부, 경제연구소에서 근무하였다. 현재는 KT-SB 데이터서비스㈜ 대표이사 사장으로 활동 중이다.

노윤선 학과 역사상 최초의 조선공학과 여학생이다. 졸업 이후 IT-임베디드(Embedded) 분야에서 25년째 일을 하고 있다. 마이크로소프트(Microsoft) 본사에 스카우트되어 7년간 시애틀에서 근무하였다. 2013년부터 MDS 테크놀로지에서 해외 사업부와 빅 데이터/인텔리젠트 솔루션(Big Data/Intelligent Solutions) 사업부를 총괄하고 있다.

류재훈 학부 졸업 후 아시아나항공 정비본부에서 엔지니어링 업무를 담당하였으며, 1997년부터 5년간 독일 함부르크 루프트한자(Lufthansa) 파견 근무(엔진 검사원)를 거쳐 현재 아시아나항공 정비지원팀장으로 재직 중이다.

박동균 학부 졸업 후 1989년 대우자동차에 입사하였다. 자동변속기 개발팀에서 10년간 근무한 후 일본 자동변속기 전문회사인 자트코 코리아(Jatco Korea)에서 근무하였다.

CVT(Continuous Variable Transmission) 개발 업무 담당으로 일본과 한국에서 근무하다가 2005년에 미국 미시간으로 이주하여 현재 자트코 유에스에이(Jatco USA)에 재직 중이다.

박범주　포항공대에서 산업공학 석사학위(1991) 취득 후 삼성종합기술원, 삼성첨단기술연구소 연구원을 거쳐 현재 삼성전자 인재개발원 상무로 재직 중이다. 아주대 정보통신공학과에서 박사학위를 취득(2008)하였고 삼성전자 인재개발원에서 R&D/SW 인력 양성 업무를 총괄하고 있으며 기술경영 분야 육성을 위해 성균관대 기술경영학과에서 수학 중이다.

박성진　학부 졸업 후 현대자동차에 입사하였다. 1993년부터 펜실베이니아 대학(Univ. of Pennsylvania) MBA 과정을 마치고 주로 상품기획, 시장 조사, 마케팅전략 업무를 수행하였으며 현재는 현대자동차 미국 판매법인 전략 및 상품기획을 담당하고 있다.

박수종　캐나다로 이민 갔다.

박은성

박종혁　서울대에서 해양 분야의 석사학위(1991) 취득 후 병역특례로 신도리코 기술연구소에서 입소하였다. 병역을 마친 후 개인 사업을 하였으며, 현재 분당과 일산에 소재한 청담어학원을 경영하고 있다.

박철정

박형돈　학부 졸업 후 현재 마산에서 한국학원을 경영하고 있다.

양우준　학부 졸업 후 금호타이어 기술연구소에 입사하여 현재 기술영업을 담당하고 있다.

오창석　학부 졸업 후 현대자동차에 입사하여 재직 중이다.

이강덕　학부 졸업 후 현대자동차에 입사하여 재직 중이다.

이시훈　학부 졸업 후 현대자동차에 입사하여 현재 현대자동차 유럽연구소에서 근무하고 있다.

이재윤

이준배　학부 졸업 후 KAIST 기계공학과에 진학하여 석사 및 박사학위를 취득하고 LS산전에서 근무하였다. 현재는 개인 사업을 하고 있다.

전정하

전지호　한국폴(주)에 재직 중이다.

정근기　서울대에서 구조공학 분야의 석사학위(1991)를 취득하고 쌍용자동차 기술연구소에서 5년간 근무하였다. 이후 경희대 한의예과에 진학, 졸업 후 현재 서울 자양동 소재 동방경희한의원 원장으로 있다.

정성훈　(주)진아에 근무하고 있다.

조영호

채성수 학부 졸업 후 현대자동차 연구소 설계팀에 입사, 계속 자동차 설계 분야에서 근무하였다. 재직 중 영국 크랜필드(Cranfield) 대학에서 석사를 마쳤으며, 현재는 화성시 남양연구소 설계팀장으로 근무 중이다.

최태희

한재훈 서울대에서 석사학위(1991) 취득 후 미국 미시간 대학에서 박사학위를 받았다. 현재 미시간 소재 EXA에 재직 중이다.

:: 맺는 글

지나고 나니 입학한 지 어느덧 30년이 흘렀다. 치열하였던 학창시절을 보냈지만 우리 동기는 참 순하고 배려 깊은 친구들이 아니었나 싶다. 한번도 언성 높여 논쟁한 적이 없었고 친구들 사이에 이해와 넉넉함이 충만하였다.

조용한 성품으로 말미암아 대대적으로 소개되지는 않았지만, 국내 최초의 LNG CCS 국산화 프로젝트를 성공적으로 이끈 김지훈 박사, 국방과학연구소에서 어뢰와 잠수함 국내 기술 개발에 힘쓴 조윤식 책임연구원, 안진형 박사, 윤현규 박사와 마침내 해군 함정 개발을 총괄하게 된 이웅섭 대령과 박동기 대령, 해양 족장 기자재 국산화에 성공한 송하철 박사, 최고의 선형 개발에 힘쓴 김경환과 원종천, 현대자동차 신화 창조의 주역인 이시훈, 채성수, 박성진 등 한국의 많은 엔지니어들이 우리 85학번에서 배출되었다. 앞으로 중견 엔지니어로서 서울대인의 책무를 다하는 동기들의 자랑스러운 모습을 기대한다.

41회 졸업생(1986년 입학) 이야기

김갑수

:: 첫 기억

소년기에 시를 몇 편 써본 것 외에는 펜을 잡아본 적이 없는 나에게 86학번을 대표하여 진수회 회고록을 써달라고 한 이신형 교수가 원망(?)스럽다. 나는 재수하여 서울대학교 조선해양공학과에 입학하였다. 대학교에서의 처음 기억은 정문의 웅장함을 보며 드디어 내가 서울대학교에 왔구나 하는 생각, 그리고 논술시험장으로 들어가면서 공학관 34동 입구에서 살얼음에 엉덩방아를 찧던 동기 김정하를 본 것이었다. 공학관에 대한 기억도 아쉬움이 먼저였다. 왜 건물이 이리 추울까, 왜 정문에서 가장 먼 곳에 우리 학과가 있을까, 하는 것들이었다.

그해 국가적인 이슈는 금강산댐이었는데, 혹 북한에서 실수로 댐을 방류하여도 관악 캠퍼스는 수해를 입지 않으리란 얘기도 하였던 것 같다. 관악산이 고지대라 매일 수업을 들으러 다닌 우리는 다리 운동을 꽤나 하였다.

:: 숙소 정하기

동기들의 고향은 다양하였다. 서울, 대전, 부산, 전주, 강원도 등 여러 지역에서 온 친구들은 자취, 하숙, 기숙사 등의 방법으로 여기저기에 숙소를 정하였다. 나는 대학교 기숙사 2인실에 들어가게 되었다. 그때 신상훈, 신상욱, 강중규, 박용진, 김동규, 권혁 등이 기숙사에 놀러와 주었고 외로운 나의 '절친'이 되어 주었다.

우리가 입학한 1986년도 기숙사 한 달 비용은 단돈 5만 원이었다. 그것으로 기숙사비와 세 끼 식사가 다 해결되었다. 지금 물가로 따지면 30~40만 원 선일 것이다. 아침을 먹으러 식당에 가면 팔도에서 모인 학우들 소리에 밥이 입으로 들어가는지, 코로 들어가는지 분간이 안 될 정도로 시끄러웠다. 그래도 자주 들으니 익숙해지고 차츰 적응이 되는 것이 참 신기하였다. 그때는 식당에서 매달 특식 한 번과 가끔 과일 샐러드가 후식으로 나왔는데 처음 먹어보는 음식(?)인지라 일부러 늦게 가서 식당 아주머니에게 식판 가득 샐러드만 받아먹던 일이 지금 생각하면 참 촌티 나는 추억이다. 중간고사를 치르고 5월에 기숙사 입동식이 있었는데 여자친구가 없으면 기숙사의 자기 방에 들어갈 수가 없었다. 나는 친구들의 도움으로 미팅에 자주 나갔는데 휴대폰이 없던 시절이어서 약속이 중복되는 바람에 후배 여학생과 미팅에서 만난 여자친구가 기숙사로 와서 서로 어색하게 하루를 보낸 기억이 있다. 그리고 각 동마다 마스코트 그림이 게재되었는데 '다'동은 판다 곰 그림이었던 것이 떠오른다.

: : 과대표와 선배들

1학년 시절의 기억은 정확하지는 않지만 입학 직후 문무대에 입소하여 1주일간 고생한 후 이원승이 본인 이름 기억하는 방법을 소개하면서 1학년 과대표를 자청하였다. 이원승이 문과로 재도전한다며 휴학한 이후 김현규가 1학년 과대표가 되었다. 이원승은 다음 해 인문계 87학번으로 입학하였다.

초기엔 시국이 어수선하여 우리는 학교생활에 적응도 하기 전에 선배들과 술판을 벌였다. 신입생 환영회에서 젊은 청춘이 나라와 민족을 위해 해야 할 기준을 듣고 난 이후부터 술에 취하면 토론과 논쟁을 하곤 했는데 그러다가 훌쩍 일 년이 지나갔다. 그해 2학년 선배들의 전방 입소 거부, 구로구청 사태, 건국대 사태 등의 행동들을 생각해보면 지금의 반듯한 우리나라를 만들기 위해 1987년도부터 잉태된 조짐들이 아니었나 싶다. 우리도 2학년부터는 몇몇 친구들이 적극적으로 학생운동에 참여하기도 했다. 그 시절 85학번 선배들이 많이 기억난다. 1년 일찍 입학한 죄로 후배들에게 많은 술과 밥을 사주었던 학번이다. 현재 주중에 해운대에서 열심히 현업에 충실하고 주말에는 가족들을 챙기시는 김용준 선배를 비롯하여, 안진형·김성렬·노윤선 선배님이 그때 함께하였다. 잘 지내시죠, 선배님들?

:: 유일한 여학생

노윤선 선배가 생각난다. 1986년 봄에 버들골에서 조선과 체육대회 행사가 있었는데, 규칙은 무조건 공을 들고 상대방 골에 갖다놓는, 럭비 비슷한 게임이었다. 게임이 끝나고 우리는 함께 모여 뒤풀이를 하였고 노 선배도 함께하였던 기억이 난다. 노윤선 선배는 우리가 입학 직후 교수님들이 신림사거리에서 챙겨주셨던 신입생 환영회 때 특별히 치마를 입고 나타나 우리를 혼란(?)에 빠뜨렸다. 그때 얼떨결에 들이부었던 입학 기념 폭탄주(맥주컵에 소주 가득)가 아직도 생생하다. 노 선배는 훗날 김성렬 선배와 결혼하였으며 지금은 자제분이 결혼하여 할머니가 되었다고 한다.

:: 여행

지금도 학창시절의 경험 중에서 해외로 여행하지 못하였던 게 두고두고 후회된다. 이국땅에서 다양한 사람들과의 만남, 큰 세상을 보고 왔다면 학과 공부의 방향도, 직장 선택도 달라져 현재의 나와는 다른 모습이지 않았을까 생각해본다. 하지만 후회는 없다. 주변에 자신을 성공으로 이끈 많은 동기들이 있기에 마음은 행복하다.

그래도 우리는 국내로 여행을 많이 다녔다. 절친 여행으로는 신상훈, 박용진, 신상욱 등과 함께한 국토순례 여행이었다. 익산의 원광대학교, 여수의 만성리 해수욕장, 부산 해운대로 여행을 하였고 그 시점에 금전적으로 문제가 생겼다. 그러나 부산 친구인 유병석이 부산대 비빔국수 먹거리 적선과 여행경비 보충으로 다시 강원도로 이동할 수 있었다. 그때 무더위에 지나치게 음료를 섭취한 탓에 버스에서 고생하였던 것과, 또 지나친 아이스크림 섭취로 동행인 모두가 한꺼번에 탈이 났던 기억이 생생하다.

또 하나의 추억여행은 3학년 때 학과 단체여행과 4학년 때의 졸업여행이다. 3학년 단체여행은 과대표 양종서가 계산기를 항상 들고 다니며 면밀하게 회계 관리를 하여 여행 후 경비가 남는 초유의 성과를 거두었다. 적은 경비임에도 씀씀이를 절약해서 경포대에서 맛있는 생선회를 먹고 자전거도 탔으며, 첫날밤에 나이트도 한 껏 즐겼다.

4학년 졸업여행은 선배들의 초청으로 거제도에 가게 되었는데 첫날은 횟집을 통째로 예약하여 회와 술을 배부르게 먹었다. 다음 날 해금강을 구경하러 갔는데 전날 숙소 주인이 화가 난 상태로 버스까지 와서 이불 값을 변상하라고 요구하자 (밤에 술이 과하였는지 누군가 이불에 실수를 하였다) 이불 값을 조용히 대신 내주셨던 선배님들의 너그러운 모습이 생생하다. 아직까지도 이불을 더럽힌 범인은 확인되지 않고 있다.

:: 졸업 후

우리 86학번 동기들은 대학원 진학, 해외 유학, 학부 졸업 후 취업 등으로 중간에 헤어지게 되었다. 현재는 대다수가 현대중공업, 대우조선해양, 삼성중공업, 한진중공업에 진출하여 조선해양 분야에서 활동하고 있으며, 이와 다르게 LG전자, 삼성전기, 현대자동차, 아시아나 등의 기업에서 공학도로 활동하고 있는 친구도 있다.

김동규, 김현규, 박영규, 이신형, 장필식 등은 교수로 후진 양성을 위해 활동하고 있으며, 국가기관 연구원과 중소기업을 운영하는 기업가로도 활동하고 있다. 입학한 지 28년이 지난 지금은 각자 위치한 곳에서 맡은 바 임무를 다하며, 형편되는 대로 모임을 가지면서 지난 추억을 되새기고, 장성한 아이들을 비롯하여 가족과 행복을 나누며 지낸다. 이 회고록을 통해서 건강하고 순수하였던 86학번 동기의 성공과 행복을 기원하며 선배님, 후배님의 건승을 기원한다.

강성진

강성하

강중규 대우조선해양㈜ 중앙연구원, 에너지시스템 연구팀, GAS 기술연구그룹에 근무

권대천

권　혁

김갑수　주식회사 토벨코에 근무

김광준

김동규

김동철

김영석

김영환　캐나다 토론토 거주

김정하

김태열

김현규

류기수

류재욱　㈜하이소닉에 근무

문용우

민경재

안일홍

박민수

박영규

박용석

박용진　Open TV(샌프란시스코 거주)에 근무

손창영

신상욱

신상훈　현대중공업 선박연구소 선박구조연구실에 근무

양종서　한국수출입은행 해외경제연구소에 근무

양태현

오승목　한국기계연구원 그린동력연구실에 근무

유병석　한진중공업 티엠에스 기술연구소에 근무

윤규식

이권재

이승관

이승훈

이신형   서울대학교 조선해양공학과 교수로 재직

이원승

이재규   ㈜보성 연구소장으로 근무

이재혁

임홍준

장성철

장필식

정성천

정춘면

조청제   현대중공업 조선설계실 CAD 개발부에 근무

주원호   현대중공업㈜ 중앙기술원 기반기술연구소에 근무

최정록

42회 졸업생(1987년 입학) 이야기

김진기

우리는 1987년 민주화 항쟁의 막바지에 조선공학과로 42명이 입학하였다. 당시 석사장교 폐지에 따른 대학원 증원에 힘입어 학부생 중 절반이 대학원에 진학하였으며 석사 과정이 끝나던 해에 학과명이 조선해양공학과로 바뀌었다.

87학번 동기는 졸업 후 조선소(현대중공업 5명, 삼성중공업 3명, 대우조선해양 6명 등)는 물론, 정부 출연 연구소, 대학, 선박 브로커, 벤처회사, 금융, 정계 등 다양하게 진출하여 사회에 이바지하고 있다.

1991년 2월 26일 졸업식 (34동 앞)
(첫줄 왼쪽부터 장창두, 김극천, 임상전, 이기표, 황종흘, 배광준 교수님 / 둘째 줄 왼쪽부터 경우민, 김도현, 조민수, 배성혁, 한민섭, 서흥원, ○, ○ / 둘째 줄 오른쪽부터 이동연, ○, 신형철, 김주호, 정진형, ○, 김진기, 이한진)

강승모

경우민 한국과학기술원에서 복합재료역학으로 박사학위를 취득하였다. 이후 현대자동차에 취업, 내구수명 해석으로 차량 개발에 참여하였으며, 2009년부터 현대자동차 중앙연구소에서 차세대 자동차 적용 기술에 대한 연구를 수행 중이다.

고대은 삼성중공업에서 근무하였다. 2008년부터 동의대학교 조선해양공학과 교수로 재직 중이다.

권대영

김경률

김도현 서울대 대학원에서 석·박사학위를 받았다. KRISO 연구원으로 근무하였으며 현재는 개인 사업을 하고 있다.

김동수

김주호 서울대 대학원 기계설계학과에서 기어설계로 박사학위를 취득하였다. 현재 삼성전기에서 HDD 정밀 모터 개발을 담당하고 있다.

김진기 서울대 대학원에서 초고속선 자세제어 분야로 박사학위를 취득(1997)하였다. 삼성중공업 연구소, 기본설계, 6시그마, 크루즈 T/F 등에서 근무하였으며 삼성그룹 미래전략실 경영혁신지원센터에 파견되었고, 2013년부터 삼성중공업 서울 설계센터장으로 재직 중이다.

김진혁 삼성물산에 재직 중이다.

김평연 대우조선해양 도쿄 지사장으로 재직 중에 있다.

김형관

나윤석

류홍렬 현대중공업에 재직 중이다.

박병군 대우조선해양 두바이 지사장으로 재직하고 있다.

박병준 대우조선해양 옥포조선소에서 시추선 프로젝트(Drillship Project) 관리자로 재직 중에 있다.

박정기 국방과학연구소에 근무하였으며 현재 LIG 넥스원에서 재직 중이다.

배성혁 구조해석 전공으로 석사학위 취득 후 기계연구원 로봇공학실에서 로봇 구조해석 및 제어 SW를 개발하였으며, IMF 후 벤처기업을 창업해서 리얼웹에서 기업용 솔루션(BPM)을 개발하였다. 이후 모바일 서비스 업계로 전환, 헬스커넥트(HealthConnect)라는 벤처에서 헬스케어 서비스 개발이사로 재직 중이다.

서흥원 서울대 대학원에서 저항추진 전공으로 석사학위를 취득하였으며 현대중공업 선박해양연구소에 재직 중이다.

송상엽

송창수

신형철 서울대 대학원에서 석사(1993, 접수진동), 박사학위(1999, 충돌해석)를 취득하였다. 이후 현대중공업 선박해양연구소 구조연구실에 근무한 뒤 2013년부터 기본설계실로 옮겨 선박 기본구조설계를 수행하였다. 현재 현대중공업 조선사업본부 조선구조설계부 부장으로 재직 중이다.

이기군 현대중공업에서 근무하였으며 선진세무회계사무소 대표(세무사)로 재직 중이다.

이동권 대우조선해양 구조기본설계팀에 재직 중이다.

이동연 서울대 대학원에서 탱크 내 슬로싱 현상과 유체–구조 연성을 주제로 박사학위를 취득(1997)하였으며 삼성중공업 거제조선소 유체연구 연구원으로 근무 후 영남대학교 기계공학과 교수가 되었다.
이후 삼성중공업 선박연구센터(SSMB)로 옮겨 선박의 운동 및 해양 구조물의 파랑 중 성능 해석, 모형시험을 수행하였다. 현재 삼성중공업 선박해양연구센터 수석연구원으로 재직 중이다.

이상홍 AMT(Advanced Marine Tech) 대표로 재직 중이다.

이원희 나눔기술에서 재직 중이다.

이종원

이준영 학부 졸업 후 해군 특교대 84차 해군본부 조함단에 근무(현대중공업 해군감독관, ~1994)하였으며 독일 베를린 공대에서 학위(Diplom) 취득(1998), 해양 구조물 형상 최적화로 공학박사 학위를 취득(2004)하였다. 삼성중공업 해양기본설계, 기술영업, 6시그마, 해상풍력 T/F에 근무하였으며 삼성중공업 해양생산사업부에 재직 중이다.

이한진 1997년 서울대 대학원에서 충돌회피로 박사학위를 취득하고 선박해양플랜트연구소(KRISO)에서 연구원으로 근무하였다. 윙십테크놀로지에 연구원 창업 형태로 참여, 위그(WIG)선을 개발하였고 이후 KRISO로 복귀하여 재직 중이다.

임근태 사우샘프턴(Southampton) 대학 ISVR에서 박사 과정 및 연구원으로 재직하였고 KRISO 연구원으로 재직 중이다.

장용진 대우조선해양 기장 영업설계 및 초기설계를 수행하였고 대우조선해양 영업설계 1그룹에 재직 중이다.

전승경

정용욱 삼성중공업에서 근무하였으며 KNC 마린(KNC Marine, 싱가포르)에서 재직하고 있다.

정진형 졸업 후 경영학과 대학원에 진학하여 국제금융을 전공하고, 이공계 출신의 이점을 살려 금융상품의 가격결정 모형을 공부하였다. 외환은행에 입사하여 6년 근무 후 삼성증권에서 13년간 금융상품 설계 및 운용 업무를 담당하였다. 현재 삼성증권 FICC 상품팀장으로 재직 중이다.

조민수 대우조선해양 구조기본설계팀에 재직 중이다.

차충희 STX 조선해양 조선영업부장으로 재직 중이다.

하심식 현대중공업에 재직 중이다.

한민섭

한윤근

허 숭 (사)비전안산 이사장으로 재직 중이다.

2013년 3월 대전 모임
(왼쪽부터 김도현, 임근태, 신형철, 이동연, 이한진, 고대은)

43회 졸업생(1988년 입학) 이야기

최병기

:: 입학

서울올림픽이 열린 1988년도에 입학한 우리는 '선지원 후시험' 제도가 처음 적용된 학번이었다. 이전 87학번까지는 학력고사를 본 이후 자신의 점수를 알고 그 점수로 지원하였지만 우리 학번부터는 미리 학교/학과를 지원해서 지원한 학교에서 시험을 치르고 합격이 결정되는 제도를 적용받은 첫 번째 학번이었다. 또한 이전과 다르게 처음으로 수학 시험에 주관식이 등장하였고 논술 시험은 없어졌다. 입학시험은 36동 2층에서 본 것으로 기억한다. 개인적으로 기억에 남는 건 시험을 보다가 코피가 났고, 그때 감독관으로 들어오신 분이 배광준 교수님이셨으며, 나중에 면접 때 나를 알아보셨다. 그리고 공교롭게도 입학 후 88학번 담당 교수님이 배광준 교수님이셨다. 입학한 우리 동기는 모두 40명이었고 서울 출신이 반, 지방 출신이 반 정도를 차지하였고 재수를 한 동기도 제법 있었던 걸로 기억한다.

:: 학창시절

1988년은 1987년 민주화 항쟁 및 대통령 선거가 끝난 이후이지만 정치적으로 매우 불안정한 시기였다. 그래서 학내 및 정문에서의 시위와 집회가 계속되었다. 몇몇 정치운동(?)에 관심이 있는 친구들은 주로 관련 동아리나 학생회에서 일을 하였고 그 밖의 평범한 학우들은 눈치껏 학교생활을 해나갔다.

지방 출신이 반 정도 되다 보니 주로 신림동 근처에서 하숙 또는 자취를 많이 하였고 그런 친구들끼리 자연스럽게 어울려 다녔다. 지방 출신지로 보면 고향이 광주인 동기가 제일 많았다(총 5명).

학부 3학년 여름방학 때 조선소로 현장 실습할 기회가 있었다. 현대중공업 선박연구소에 총 4명이 2주간 실습을 하였는데 주로 복사 등의 잡일이었지만 우리는 처음으로 조선소 일을 체험해 보았다. 모 선배가 데리고 간 울산 시내 나이트클럽에서 부킹을 시도하다가 어리다고 퇴짜 맞은 기억도 생생하다. 4학년 봄에는 여대 모과와 조인트로 제주도로 졸업여행을 다녀왔다. 졸업여행을 다녀온 후 커플이 탄생하기도 하였지만 그리 오래간 것 같지는 않았다.

:: 졸업

중간에 군대 간 친구들과 다른 과로 옮기거나 다른 학교 대학원으로 간 친구들을 제외하고 동기 대부분이 우리 대학원으로 진학하였다. 양영순 교수님 연구실에 최형순·문승한·문상훈, 장창두 교수님 연구실에 이우군·이재흔·최병기, 배광준 교수님 연구실에 이상욱, 이기표 교수님 연구실에 이건철·윤여표, 최항순 교수님 연구실에 전재영·김강수·양찬규, 김극천 교수님 연구실에 장기복·정구집·정종진, 김효철 교수님 연구실에 윤현세가 각각 지원하였다. 중간에 군대도 안 가고 대학원 진학도 하지 않은 몇몇 동기는 휴학이나 전혀 다른 전공으로 흩어졌다.

:: 동기들의 현재 모습

고재현 학부 졸업 후 바로 미국으로 유학하였다. 석사 졸업 후 부친이 운영하는 건설회사에 취직하여 현재까지 부산과 사이판에서 건설사업을 계속하고 있다. 슬하에 두 딸이 있다.

김강수 병역특례로 한라중공업(현재 현대삼호중공업)에 입사하여 연구소에 근무 중이다. 한라중공업이 본사를 영암으로 옮김에 따라 퇴사하였으며 그 후 일본으로 이민 갔다. 지금은 연락 두절 상태다.

김우석 졸업 후 현대중공업에 입사하여 6개월 정도 다닌 후 삼성중공업으로 이직하였다. 3년간 조선소 근무 후 외국계 회사로 이직하였다. 그 후 몇 차례 회사를 옮겼으며 현재는 GE(General electric) 코리아에 근무 중이다. 조선소 담당이다.

김태한 KAIST 항공공학과 대학원에 진학하여 수료한 뒤 미국으로 유학하였다. 박사학위 취득 후 삼성전자에 입사, 삼성전자 프린터 사업부에서 근무 중이다.

문승한 병역특례로 대우조선해양에 입사하여 현재 서울 설계실에서 근무 중이다. 동기

중 제일 먼저 결혼하였다.

문상훈 병역특례로 대우조선해양 연구소에 입사, 복무 종료 후 IT 관련 벤처회사로 이직하였다. 최근 대우조선해양으로 재입사하였다고 한다.

박상민 현대자동차에 입소, 퇴사 후 인도네시아로 이민 갔다. 인도네시아에서 중고자동차 사업을 하고 있다.

배병선 졸업 후 국가정보원에 입사, 퇴직 후 수의학과로 편입하였으며 현재 동물병원을 운영 중이다.

배한욱 KAIST 졸업 후 벤처회사에서 근무하고 있다.

송강현 해군 특교대에 입대, 제대 후 한국선급에 입사하여 현재까지 근무하고 있다.

신용재 KAIST 대학원에 진학, 박사학위 취득 후 현대중공업 산업기술연구소에 입사하였다. 현대중공업 퇴사 후 서울로 이사하여 컴퓨터 보안회사 설립, 현재 관련 사업을 계속하고 있다.

양찬규 병역특례로 KAIST에 입사하였으며, 이후 미국으로 이민 갔다.

양희준 삼성중공업 연구소에 입사하였으며, 현재 대전 SSMB에서 근무 중이다.

윤여표 병역특례로 삼성중공업 연구소에 입사하였다. 현재 기본설계실에서 근무 중이다.

윤현세 병역특례로 KRISO에 입사 후 결혼하고 미국으로 유학하여 박사학위를 취득하였으며 현재 미국에서 활동 중이다.

우상혁 졸업 후 방위로 입대하였으며 제대 후 의류학과 3학년으로 편입하였다. 졸업 후 SK에 입사하였으나 현재 휴직 중이다.

이건철 병역특례로 ADD에 입사, 현재까지 근무하고 있다.

이동윤 KAIST 대학원 졸업 후 현재는 투자회사에 근무 중이다.

이상욱 병역특례로 ADD에 입사, 복무 종료 후 미국으로 유학하여 박사학위 취득 후, 2008년 울산대학교 자동차공학과 교수로 임용되었다. 동기 중 최초로 교수가 된 사례다. 현재 울산대학교에 재직 중이다.

이수열 KAIST 대학원 졸업 후 미국으로 유학 갔다. 현재 연락 두절 상태다.

이용길 기술고시 실패 후 해군 특교대에 입대하였다. 제대 후 ㈜쌍방울에 입사하여 영업 담당으로 근무하였고, 현재는 개인 사업을 하고 있다.

이우근 병역특례로 대우자동차에 입사하여 IMF로 대우가 해체된 후 미국으로 이민 갔다. 현재는 포드자동차 계열회사에서 근무 중이다.

이재용 1992년 미국 유학, 1999년 MIT에서 음향 박사학위(Ph.D in Acoustics), 1999년

엑손 생산 연구(Exxon Production Research)에 연구원으로 입사하였다. 2006년 텍사스 대학교 오스틴 캠퍼스(UT Austin)에서 MBA, 현재 엑손모바일 익스플로레이션(ExxonMobil Exploration Co.)에서 탄성파 탐사(Seismic Survey) 전문가로 있다.

이재흔 병역특례로 기아자동차에 입사, 퇴사 후 기술고시에 합격하였다. 현재 미래창조과학부에 근무 중이다.

장기복 병역특례로 삼성중공업 연구소에 입사하였다. 동기 중 몇 안 되는 조선소 맨이다. 현재 구조연구실 실장으로 근무 중에 있다.

전승호 졸업 후 현대중공업에 입사, 현재 기본계획부에 근무 중이다.

전재영 병역특례로 삼성중공업 연구소에 입사한 뒤 복무 기간 중 IT 관련 벤처회사로 이직한 후 IBM에 입사하였다. 최근 개인 사업 중이다.

정구집 병역특례로 삼성중공업 연구소에 입사한 뒤 복무 기간 중 IT 관련 벤처회사로 이직하였다. 현재 IT 관련 회사에 근무 중이다.

정종진 김극천 교수님의 지도로 석사학위를 취득한 뒤, 김 교수님이 은퇴하시자 장창두 교수님 연구실로 옮겨 박사 과정을 수료하였다. 그 후 현대중공업 선박해양연구소 입사, 현재 현대중공업 기반기술연구소 해양산업연구실에 근무 중이다.

최병기 병역특례로 현대중공업 선박해양연구소에 입사한 뒤 현재 선박구조연구실 실장으로 근무 중이다.

최완수 해군 조함단 위탁교육생(나이로 4세 위)으로 현재 방위산업청에 근무 중이다.

최형순 병역특례로 대우조선해양 연구소에 입사, 복무 종료 후 IT 관련 벤처회사로 이직하였다. 현재 (주)인포켓 회사 창립, 기술이사로 근무 중이다.

88학번 신입생 기념사진

졸업 기념사진

44회 졸업생(1989년 입학) 이야기

변화의 시절에 입학한 89학번

이영범

89학번이 입학한 해는 변화의 서막이 오른 시기였다. 우리는 1980년대를 마무리 짓는 학번이고, 1988년에 선지원으로 입시제도가 바뀌면서 조선공학과 40명 중 28명이 재수생으로 채워졌던 만큼 어수선한 분위기에서 학교생활을 한 학번이다. 1988년 서울올림픽을 기회로 국제화라는 캐치프레이즈가 눈에 띄기 시작하고, 6.29 민주화 선언으로 대통령을 직선제로 선출하여 민주화의 전환을 이룬 시기였다. 돌이켜보니 우리는 전환기를 보낸, 할 말 있는 학번이었다.

개인적으로 우리 조선공학과는 선지원으로 바뀐 입시제도의 덕을 본 학과라고 생각한다. 2지망으로 우수한 재원들이 많이 들어왔고 혹자는 입학 커트라인이 의대보다 높았다고 말하기도 한다. 이런 내용들은 조선공학과는 '내가 원해서 온 과가 아니다'라는 자조적인 모습으로 되돌아오곤 하였다.

대학교 3학년 수학여행에서 해군 지원으로 천안함급의 경비함을 타고 진해까지 갔던 기억을 잊을 수 없다. 처음으로 큰 배를 타고 마지막 10시간을 선내에 몸져누웠던 힘든 경험은 우리에게 좋은 배를 만들고 싶다는 욕구를 심어 주었다. 이어지는 조선소 견학은 막연하였던 진로를 조선소로 선택하기에 충분하였다. 이들과 함께 세상에서 가장 크고 좋은 배를 만들어 보고 싶다는 목표가 생겼다고나 할까.

결국 원하던 조선소에 들어왔고, 2000년대 초반에 불어온 대형 LNG선 프로젝트(Qatar Gas II) 건은 정말 신나는 일이었다. 기존 13만 8000m³급이 주종인 상황에서 26만m³급을 지어야 하는 상황, 보수적이라는 조선(造船)에서 두 배나 큰 배를 생각해야 하는 상황. 거기에 척수도 40~50척이나 되는 거대 프로젝트. 보잘것없는 힘이지만 그 프로젝트에 기여를 하고 보람을 느낀 행복한 순간으로 기억한다.

2000년 말에 불어온 1만 8000TEU급 초대형 컨테이너선 개발 건은 결코 조선이 폐쇄적이고 보수적인 분야가 아니란 것에 방점을 찍었다. 보람찬 일임을 다시 느끼게 되었다. LNG선 개발과 더불어 중국의 추격을 뿌리치고 선배님들이 만들어 놓은 훌륭한 터전을 잘 지키려고 노력했던 모습이 아직도 생생하다.

한편, 2000년대 말 한국의 해양산업은 크게 호황을 누리게 되었다. 2010년경에는 대형 한국 조선소에서 해양 매출이 조선 매출을 능가하는 상황이 발생하였다. 의욕에 비해 준비가 미흡하고, 복잡한 계약 조건 등으로 현재까지 어려움이 있지만, 지식경제부의 미래산업 선도과제, 심해자원 생산용 해양 플랜트 개발 과제 등 국가적으로 지원이 시작되었고 각 사별로도 적극 진행하고 있어 미래가 어둡지는 않다. 특히 지식경제부 심해해양공학수조 건설 과제는 KRISO를 비롯한 대형 조선소의 실무자들이 89학번 모임으로 여길 만큼, 우리 동문과 동기의 역할이 더욱더 기대된다.

각자의 길에서 최선을 다하는 동기들이 있기에 즐겁고, 자랑스럽다.

:: 재학 중 이모저모

1991년 4월 5일, 수학여행 중 함정 식당에서 식사하는 장면. 그때까지 우리는 그다음 날부터 벌어질 황천 7급의 해상 상태가 얼마나 무서운지, 뱃멀미가 어떤 것인지 아무도 몰랐다.

1991년 4월 9일 조선소 견학을 마치고 올라오는 길 부산역 앞에서. 오른쪽 하단에 당시 유행하던 우유팩 차기를 거행하였던 증거가 선명하다.
(왼쪽부터 김현조, 이재옥, 이영범, 이장현, 이재열, 이영한, 최동섭)

1991년 4월 8일 삼성중공업에서 기념 촬영
(왼쪽 첫줄부터 주영렬 선배님[기억이 가물가물], 김형신, 이장현, 김신형, 서동근, 이재열, 이영범, 김영수, 김석준, 이석원, 김영한, 박건일, 김현조, 최호웅, 이진형, 이근배, 성홍근, 안해성, 최동섭)

:: 89학번 이력 및 근황

강덕진 사망

구본형 퓨리턴(Puritan Inc.) 대표

권경배 DNV 선임검사원

권덕규 프리랜서 프로듀서, 스튜디오 뿔고래 프로듀서

김대성 ㈜베가웍스 대표이사

김석준 현대자동차 파워트레인 개발1팀 책임연구원

김신형 대우조선해양㈜ 특수성능연구소(서울) 차장

김영수 대우조선해양㈜ 구조설계1팀(서울) 차장

김영한 프로자이너 대표

김진환 대전 KAIST 해양시스템공학 전공 조교수

김판영 현대중공업 건설장비시스템 연구실 수석연구원

김현조 삼성중공업 대덕선박연구센터(대전) 수석연구원

김형신 현대자동차 파워트레인 소음진동팀(화성) 책임연구원

문재광 사망

박건일 삼성중공업(판교) 의장기술연구 수석연구원

박경원 DNV 한국 사무소(Korea Advisory Centre)(부산)

박병춘 일세정한의원(서울) 원장

박수연

서동근

성홍근 KRISO(대전) 해양플랜트연구부 책임연구원

심우승 현대중공업 해양산업연구실(울산) 수석연구원

심정섭

안해성 KRISO(대전) 미래선박연구부 책임연구원

오윤민 ㈜이에스지(의왕시) 컨설팅사업부 이사

유원선 충남대학교 선박해양공학과 조교수

이근배 현대자동차(용인) 충돌안전해석팀 책임연구원

이석원 삼성전자(용인) 생산기술연구소 수석연구원

618

이심용	진해 국방과학연구소
이영범	대우조선해양(주) 유체 R&D 팀(거제) 부장
이우창	HGS 휴먼 솔루션 그룹 경영전략연구소 소장
이장현	인하대학교 조선해양공학과 교수
이재열	개인 투자가
이재옥	현대중공업 건설장비연구실 수석연구원
이진형	법무법인 율촌 변리사
이창은	파인 디지털 기획팀 부장
장창환	대우조선해양(주) 선박해양연구소
최동섭	방위사업청 감독관
최호웅	현대중공업 SEC PM 책임연구원
한상민	삼성중공업(판교) 기반기술연구소 수석연구원
한상용	동서대학교 국제학부 국제물류학과 교수

조선해양 연구원으로서 나의 경험들

박건일

입사 직후, 삼성중공업 공동수조(Cavitation Tunnel) 용량 산정 및 실물모형 시험을 수행하였다. 이후 초기 조종성능 추정을 위한 시뮬레이터, 조종시운전 계측 및 분석 시스템을 개발하였으며, 현재 업계에서도 이것을 잘 사용하고 있다고 한다. 조종 시뮬레이터를 기반으로 퍼지(Fuzzy) 제어, 전문가(Expert) 시스템을 이용한 선박 충돌회피 시스템 개발 업무를 수행하였으나 시대를 너무 앞서 개발한 탓에 실제 적용에는 실패하였다. 최근 H사에서 유사한 시스템의 개발 소식에 만감이 교차 중이다.

삼성중공업은 자체적으로 수조를 건설한 기반 기술이 있어 이 기술을 지속적으로 활용하기 위해 다수의 수조 건설에 참여하였고, 이에 국립수산과학원 무반사 조파 시스템 개발 업무와 부산대 수조 조파 시스템 개발 업무를 수행하였고, 중소

조선연구원의 회류수조 이전 공사에 참여하였다. 이에 나름 한국의 조선해양 기술 개발에 미력하나마 기여하였다고 생각한다. 특히 무반사 조파는 국내에서 최초로 개발하였고, 플런저(plunger) 방식의 조파기를 이용하는 방식으로는 유일한 시스템이어서 파랑(wave)의 제어라는 주제로 보람차게 공부할 기회가 되었다. 최근 국내에 새로이 수조를 건설하려는 소식이 들리는데 조선해양 분야에서 파랑과 선박 운동만큼 업무의 특성을 대표하는 분야가 없을 것이므로 산학연이 이와 관련한 기술에 더욱 매진할 필요가 있다고 생각한다.

대외 수탁 과제를 수행하면서 선박에 탑재할 수 있는 제품 개발 업무에 도전할 기회가 생겨 항해용 레이더를 이용한 파랑계측 시스템 개발과 최적항로 평가 시스템을 개발하여 8000TEU 컨테이너선의 실선 계측 프로젝트(Full-scale Measurement Project)를 통해 개발 결과를 적용해 보았고, 70K 쇄빙유조선(Arctic shuttle tanker)의 빙해 중 계측 시스템을 개발하여 빙해 항해 시의 안전성을 높일 수 있게 하였다. 덕분에 개발 시스템의 검증을 위해 태평양과 인도양, 북극해를 경험하였는데, 나중에 대서양과 남극해를 경험할 기회가 오면 좋겠다는 희망을 가져본다.

제품 개발 외에 설계 기술 개발과 관련해서는 극지운항 선박의 방한설계, SPB 탱크 LNG 운반선의 하역(Cargo Handling) 주요 장비 사양 설계, 그리고 위험성 평가와 관련한 업무에 참여하면서 아직까지 우리나라의 기술이 많이 부족한 여러 분야가 있음을 알게 되었다. 근래에는 선박의 에너지 효율 향상을 위한 기술 개발 업무를 진행하고 있는데 국책 과제를 통한 300KW급 선박 보조전원용 연료전지 시스템 개발, 선박용 중·저온 폐열 회수 시스템 개발 과제는 조만간 실증단계에 들어갈 예정이다. 그 밖에 자체적으로 진행하고 있는 선박 에너지 관리 시스템 개발은 당사에서 수주한 선박에 차차 적용하고 있는 중이다.

막상 근황을 적으려고 보니 생각나는 것이 회사에서 진행하였던 재미없는 일밖에 없고, 개발한 제품과 기술도 크게 성공한 것이 없어 이 글을 읽는 여러분께 송구할 따름이다. 다만, 기회가 되어 여기에 적은 이야기의 허심탄회한 뒷이야기를 사석에서 할 수 있다면 이보다 더 재미있는 이야기가 될 것임에 틀림이 없다.

620

45회 졸업생(1990년 입학) 이야기

학창시절에 대한 회고

김형석, 김유일

학생운동이 시들해진 시점에 입학한 90학번들은 비교적 학업에 충실할 수 있는 시기에 대학생활을 보냈다고 생각하지만, 실제로는 취업에 대한 압박이 적어서인지 공부를 열심히 하였던 것 같지는 않다. 물론 모두가 그런 것은 아니었지만.

90학번의 경우 총 40명이 입학하였으며 그중 1번 강상균, 2번 경조현, 3번 고광희 그리고 40번 황윤식 등이 우수한 성적을 냈다. 황윤식의 경우 모든 과목에서 뛰어났지만 2학년 열역학 시험에서 압도적인 성적을 받아 모두를 놀라게 하였다.

우리가 1학년 때는 1980년대 후반의 치열한 학생운동 시기를 보낸 87학번 이하 선배들의 영향으로 공대 주변 공터에 모여 앉아 노래를 부르고 밤에는 태백산맥 등 신림동 주점에 모여 술을 마셨다. 아직 젊어서인지 잠이 부족한 줄 몰랐던 것 같고, 강의 자투리 시간에는 팔굽혀펴기 벌칙을 가미한 우유팩 차기로 순발력과 상체 근력 강화를 도모하였다. 특히 안지용은 날렵한 몸매와 테크닉으로 우유팩 차기의 수준을 한 단계 높였던 것으로 기억한다. 그러나 선배들이 틀을 닦아 놓은 공대 체육대회라든가 전국조선과 체육대회 같은 대외 행사가 없어 우리의 팩 차기를 발휘할 기회가 없었다.

이왕근은 발군의 축구 실력을 자랑하였는데 토목과와의 대항전에서 눈에 띄는 강렬한 붉은색 하의 유니폼을 입고 나왔으나 별다른 활약을 하지 못해 경기를 지켜보던 재담꾼 이승주에게 '빨간 빤스'라는 별로 유쾌하지 않은 별명을 부여받았다.

공강 시간에는 주로 '붉은 광장'이라 불리는 강의실 앞 광장에 모여 담배를 피우고 잡담도 하였다. 바닥에 깔려 있는 저가의 블록이 마모되어 붉은 먼지를 일으키곤 하였는데 자세히 들여다보면 신발 밑창에 온통 붉은 가루가 가득하였고, 옅은 색 바지를 입은 날에 넘어져 바지가 엉망진창이 되었던 기억이 있다. 일부러 붉은 가루가 날리는 블록을 설치하여 학우들로 하여금 마르크스 이론과 볼셰비키 혁명에 대한 관심을 유도한 학교 당국의 세심한 배려(?)가 새삼 놀라울 따름이었다.

붉은 광장 바로 옆에는 이른바 공깡(공대깡통의 약칭)이라는 간이매점이 있는데 500원 남짓한 자장면과 짬뽕은 지방에서 올라온 가난한 학생들의 허기진 배를 채우는 데 더할 나위 없는 요깃거리가 되었다.

친구들이 전국에서 모인 터라 사투리가 심한 학우의 경우 의사소통에 문제를 일으키기도 하였다. 이기표 교수님께서 선박계산 시간에 곡선처리(Spline)와 관련한 과제를 내주신 시간이었던 것으로 기억한다. 좌표와 함께 여러 개의 점들을 주시고는 곡선처리식을 통해 결과를 도출하는 과제였는데, 경상도 출신의 한 친구가 "교수님, 그라마 그 점들을 주욱 이사가 오면 됩니까?"라고 질문하였다. 이때 '이사가'('이어서'의 경상도 사투리)를 못 알아들으신 이기표 교수님께서 "이사가가 뭐니?" 하고 우리에게 다시 물어보셔서 한바탕 웃음바다가 되었던 기억이 있다.

반대로 배광준 교수님께서는 구수한 경상도 사투리를 수업시간에 잘 구사하셨는데 수업 중 간혹 말씀이 빨라지시는 경우에는 비경상도 출신 학우들이 알아듣지 못해 힘들어하기도 하였다. 수식들을 가득 적어놓은 칠판 앞을 왔다 갔다 하면서 설명하셨는데 식들을 가리키면서 '일마는'(이놈은), '절마는'(저놈은) 하시던 기억이 난다. 랜킨 하프 바디(half body)를 설명하실 때도 "이렇게 하면 어뢰를 모델링할 수 있다"라며 뒤에 싱크를 놓아 완성체(full body)를 형성시키는 과정으로 넘어갈 때 "야들아, 물속에서 어뢰를 창처럼 찌를 수는 없잖나, 뒤를 닫아야지"라고 하셔서 강의실을 폭소의 도가니로 몰아넣으셨다.

언젠가 수치해석과 관련한 과제를 받은 적이 있었다. 스프레드시트(spread sheet)의 원조 격이랄 수 있는 로터스(Lotus)의 계보를 잇는 쿼트로 프로(Quattro-Pro)라는 프로그램이 신림동에서 하숙집을 하던 신호식의 컴퓨터에 설치되어 있어 우리는 그 좁은 방에 옹기종기 둘러앉아 숙제를 하던 기억이 있다. 수치해석 교과목이라 시트(sheet)가 상당히 많았는데 도트(dot) 프린터의 드르륵드르륵 소리를 들으며 숙제가 인쇄되기를 한참을 기다렸다. 그 와중에 황윤식은 그 엄청난 양의 계산을 조그만 샤프 전자계산기와 8절지를 이용하여 일일이 작업을 해서 친구들 사이에서 인간 스프레드시트라고 불리기도 하였다.

1학년 말에는 조선과 1학년부터 박사 과정까지 모든 구성원이 모이는 조선인의 밤이란 행사가 열렸고, 평소 스키드 로우(Skid Row)의 노래를 흥얼거리던 차석원의 노래와 김형석의 기타 반주로 레드 제플린(Led Zeppelin)의 '천국으로 가는 계단(Stairway to Heaven)'을 공연하기도 했다. 음감에 천재적 기질이 있었던 차석원은 열심히 공부하여 지금 서울대 기계공학과 교수로 있으며, 김형석은 언더그라운드 뮤지션이 아닌 언더그라운드 학생으로 지내다 군필 후 정신을 가다듬고 공부하여 지금은 대우조선해양에서 나름의 역할을 하고 있다.

2학년 1학기의 과대표를 맡은 유병호는 기대하였던 바와 달리 성신여대(확실치

4학년 합동 졸업여행 당시(1993년). 장진호는 이 중 한 여학생과 결혼하여 잘살고 있다.

않음)와의 조인트 MT를 성사하는 쾌거를 이루었다. 그러나 한밤중 숙소 뒤 야산에서의 귀신놀이라든가 눈을 감고 여학생의 손만 잡아서 짝을 찾아내는 게임 등으로 여학생들에게서 이상한 사람들이라는 따가운 눈총을 받아 멋쩍어했던 사건도 있었다. 그 당시 팬시함이라고는 찾아볼 수 없었던 유병호는 후에 아리따운 반려자를 만나 결혼에 골인하여 친구들을 모두 깜짝 놀라게 하였다.

4학년 때 과대표를 맡은 신창현은 서울여대 국문과와의 졸업여행을 성사하였다. 설악산이었던 것으로 기억하는데 그 졸업여행에서 몇 건의 로맨스가 있었으며 장진호는 그중 한 여학생과 교제를 시작하는 발 빠른 행보를 하였고 후에 결혼까지 성사하는 놀라운 인내력을 보였다. 신창현과 장진호는 조만간에 만나 누가 누구에게 식사를 대접할 것인지 결론을 내려야 할 일이다.

그 시절에 활발히 진행되었던 산학장학금 프로그램으로 많은 친구가 조선소에 입사하여 현재까지 활동하고 있고, 몇몇 친구는 연구소(박철수—KRISO), 학교(고광희—광주과기원, 김유일—인하대, 박문주—인천대, 장범선—서울대, 차석원—서울대), 해외기업(경조현—Technip, 이동환—Exxon Mobil, 신창현—Ford Motor) 등에서 입지를 굳히고 있다. 대우조선해양에는 수석 입학생 故 윤재돈과 수석 졸업생 황윤식을 비롯하여 송준용·김병국·김유일·김형석·박성건·변윤철·서정우·양정석 등 10명이 입사하고 나중에 허윤이 한진중공업에서 옮겨 오는 등 최고의 인구밀도를 자랑하고 있으며, 현대중공업에 유병호, 삼성중공업에는 장범선·이왕근·장진호·윤균중·김봉재 등 5명이 입사한 바 있다.

김호경은 동기들 중 유일하게 STX 조선해양에서 근무하였는데 가장 단시간 내에 연구실장의 자리에 오르는 고속 승진을 하여 친구들의 부러움을 사기도 하였다. 이들 중 김유일과 장범선은 충분한 조선소 경력을 바탕으로 현재 각각 인하대와 서울대에서 교수로 재직 중이며, 유병호는 삼성전자로 이직하여 프린터 관련 연구를 수행 중이고, 서정우는 IT 회사를 운영하다 현재는 해양 프로젝트의 시운전(commissioning) 엔지니어로 활약하고 있다.

송준용은 "너 같은 대쪽이 공무원이 되면 국민들이 힘들어진다"는 임원의 만류

졸업식 후 34동 뒤뜰에서의 단체사진(1994년). 늦게 졸업한 일부 89학번과 故 윤재돈의 얼굴도 보인다.

에도 현재 중소기업청에 몸을 담아 국민을 힘들게(?) 하고 있다. 현재 조선소에 근무하는 이들은 회사에서 실력을 인정받은 검증된 인재들로, 대부분 리더 혹은 파트장급의 위치에 올라 설계·영업·연구 조직의 핵심으로 활동하고 있으며 우리나라 조선산업의 현재와 미래를 짊어진 막중한 임무를 수행 중이다. 김법기는 로이드 선급협회의 검사원으로 활약 중인데 조선소에 근무하는 동기들의 업무 결과에 도장을 찍는 '갑'의 역할을 수행하고 있다.

'탈조선'을 선언한 친구도 많은데, 강상균은 삼성종합기술원에 몸담은 후 비즈니스의 세계로 뛰어들었으며, 양열은 전주 지역에서 잘 나가는 수학 전문학원을 운영하고 있고, 말 많던 이승주는 삼성디스플레이에서, 신호식과 안지용은 나란히 IT 기업인 LG CNS에서, 홍윤식은 포스코 비서실에서 근무 중이다. 오창진은 유일하게 국내 양산 자동차 회사인 현대자동차에서 활약 중이며, IT 벤처 성공신화로 TV에도 출연하였던 정창윤은 현재 한국협동조합 창업경영지원센터에서 근무하고 있다.

강상균 1996년 졸업 후 신종계 교수 연구실에서 지내다가 도미하였다. 2002년 1월 스탠퍼드(Stanford) 대학 기계과에서 세라믹 부품(ceramic component)의 신속 조형기술(rapid prototyping)을 연구하여 박사학위 취득 후 2004년 3월까지 동 대학원에서 연구원으로 재직하고, 2004년 4월에서 2012년 2월까지 삼성종합기술원에서 연료전지 관련 연구를 하였다. 현재 한창산업(주)에서 근무 중이다.

경조현 KRISO에서 5년 근무 후 2008년부터 현재까지 휴스턴에 있는 테크닙(Technip)에서 근무하고 있다. OTS(Offshore Technology Services) 부서에서 부유식 해양 구조물에 관련한 대다수의 일을 하고 있다.

고광희 1995년에 졸업한 후부터 2년 동안 삼성중공업 기본설계실에서 근무하였다. 1998년부터 2003년까지 MIT에서 석·박사학위를 취득하고 스티븐슨 공과대학에서 연구원으로 근무한 뒤 2006년에 광주과학기술원으로 자리를 옮겨 현재 부교수로 재직 중이다.

김법기 학부를 마치면서 뒤늦게 공부가 재미있어 대학원(소음진동)에 진학하였다. 졸업 이후 로이드 선급에서 근무하고 있다. 목공에 재미를 붙이는 중이고, 대안학교에 다니는 두 아이와 부대끼며 살아가고 있다.

김병국 1997년 대우조선해양 입사 후 현재까지 선형연구 그룹에서 근무 중이다. 인턴 실습이 인연이 되어 학부 때 제일 싫어하였던 선도 그리는 일과 학점 때문에 한번도 공부한 적이 없는 프로펠러 설계, 그 밖에 풍동시험 등 자질구레하게 선박 성능 관련 분야의 일을 하고 있다. 이번에 회사에서 해외 유학의 기회를 얻게 되어 내년 가을부터 3년간 영국으로 유학할 예정이다.

김봉재 1995년 졸업 후 대학원에 진학하여 양영순 교수 지도 아래 2005년 박사학위를 취득하였다. 이후 삼성중공업에 입사하여 2014년 7월까지 거제조선소 조선해양연구소 구조연구에 근무하였으며, 2014년 8월부터 중앙연구소 의장기반 기술 연구에 근무 중이다.

김성기 학부 졸업 후 교육계에 몸담고 있다는 소식을 듣다.

김선형 학부 졸업 후 유학을 떠났다. 현재 경기 지역에서 물류업체를 운영 중이다.

김유일 생산시스템공학 연구실(신종계 교수)에서 석사학위를 마치고 1996년 대우조선해양 연구소에 입사하여 피로/파괴, LNG CCS 관련 연구를 수행하였다. 2009년 재직 중 해양유체역학 연구실(김용환 교수)에서 대형 선박의 유탄성해석에 관한 연구로 박사학위를 받았고, 2012년 인하대학교 조선해양공학과 구조설계 전공 교수로 부임하였다.

김지혁 학부 졸업 후 요트 사업에 진출한 것으로 알려졌으나 현재 연락이 두절된 상태다.

김형석 1996년 졸업 후 대우조선해양에 입사하여 2012년 말까지 계속 선박 기본설계를 맡았다. 2013년 1월부터 대우조선해양 런던 지사의 주재원으로 근무 중이며, 2015년 4월에 서울로 복귀하였다.

김호경 1994년 졸업 후 장창두 교수 지도 아래 2002년에 박사학위를 취득하였다. 2003년 STX 조선해양에 입사하여 구조설계와 생산기술 연구의 업무를 수행하고 2014년 성동조선해양으로 이직하여 혁신기술부를 신설하고 생산기술 관련 연구개발 업무를 수행하고 있다.

문상혁 학부 졸업 후 캐나다로 이민하여 지내다 최근 국내 기업으로 복귀하였다.

박문주 학부 졸업 후 박사학위를 취득하였다. 미국 일리노이 주립대에서 방문연구원으로 1년간 근무 후 LG 전자에 입사하여 휴대폰 소프트웨어를 개발하였다. 이후 IBM UCL로 옮겨 텔레매틱스(Telematics) 관련 일을 하였고, 인천대학교 컴퓨터공학부 교수로 이직하였다. 임베디드 시스템(embedded system) 분야를 연구하고 있어 조선·항공·자동차 관련 IT 표준에도 관여하였다.

박성건 학부를 졸업하고 산학으로 1994년 대우조선해양에 입사하였다. 대학원을 졸업한 뒤 거제에서 조선소 근무를 시작, 20년 간 구조 연구에만 몸담고 있다.

박철수 2003년 8월 늦깎이 박사 과정을 마치고, 1년간 학교에서 박사 후 연구원(Post-Doctor)으로 있다가 2004년 9월 선박해양플랜트연구소에 입사하였다. 전공 분야는 수중음향이고 현재는 추진기 및 추진기 관련 소음을 연구하고 있다. 대전에 살고 있다.

변윤철 1998년 대학원(이규열 교수) 졸업 후 대우조선해양 연구소에 입사하여 정보기술연구를 거쳐서 신기술·신제품 개발 업무를 수행하였다. 특수성능연구소에 근무하며 국가 방위산업에 이바지하고자 열심히 노력 중이라고 한다.

서정우 1997년 대학원(이규열 교수) 졸업 후 대우조선해양에 입사하여 기본설계팀에서 4년간 근무 후, 이지그래프(대학원 선후배 운영)에서 7년간 조선 설계 CAD 개발 및 판매를 하다 한계를 느껴 조선업에 대한 경력을 마무리하였다. 이후 해양 FPSO에 벤더엔지니어로 참여하였던 것을 계기로 나이지리아 해상 시운전 참여 및 이란 육상/해상(Onshore/Offshore) 시운전 프로젝트에 참여하였으며 현재는 국내 현대중공업의 가스(Gas) 플랫폼 공사 발주처인 말레이시아 카리갈리헤스(Carigalihess)의 시운전 엔지니어로 근무 중이다.

손창환 학부 졸업 후 연락이 두절되었다.

송준용 1995년 학부를 졸업하고 1996년부터 2004년까지 대우조선해양 옥포조선소 선체설계부 등에서 근무한 뒤, 공무원 공채시험에 합격, 2006년부터 중소기업청에서 근무하고 있다.

신창현 1996부터 2000년까지 장창두 교수 지도 아래 석사학위 취득 후 대우자동차에 입사하였다. 차체설계 사이드 바디 및 루프 설계를 담당하였다. 2000년 대우자동차 부도로 퇴사 후 캐나다로 이민 가서 크라이슬러 캐나다(Chrysler Canada, 당시에는 DaimlerChrysler

Canada)에서 이중 크랭크 축 실험용 엔진 프로젝트(dual crankshaft experimental engine project)에 참여하였다.

신호식 1994년 학부 졸업 후 대학원에 진학하여 신종계 교수 지도 아래 1996년에 석사 과정을 졸업하였다. 2000년까지 대우자동차에서 근무한 뒤 LG CNS로 이직하여 현재까지 근무 중이다. 콜롬비아 보고타에 교통카드 프로젝트로 파견 근무 중이다.

안지용 1996년 장창두 교수 지도 아래 석사 과정 졸업 이후 현대모비스에서 병역특례를 마치고 2001년 LG CNS로 이직하여 현재까지 근무 중이다.

양 열 1996년 2월 졸업 후 그해 4월 군에 입대하여 1998년에 제대하였다. 한동안 신림동에서 거주하며 고시준비를 하다 동아리 선배의 여동생을 소개받아 결혼하여 슬하에 딸 하나를 얻었다. 고시생활을 접고 수학학원 강사 생활을 하다가 서울에서 벗어나 2007년부터 전주시로 내려가 수학 전문학원을 운영하며 나름대로 열심히 재미있게 살고 있다.

양정석 휴스턴 지사에서 복귀한 뒤 기존에 담당하였던 선박영업과 해양영업 대신 지금은 대우조선해양의 새로운 먹거리인 발전사업팀에서 발전영업그룹 리더로 근무 중이다. 담당 업무의 성격상 해외 출장이 잦고 수주 때문에 받는 스트레스로 때론 힘들지만 회사와 역동적인 업무에 만족하며 보람찬 하루하루를 보내고 있다.

오창진 1996년 학부 졸업 후 기아자동차에 입사하였다. 재직 중 미시간 대학교 기계공학과 석사를 졸업하였으며 현재는 현대자동차 연구개발본부에서 근무 중이다. 익스테리어(Exterior) 설계와 시트벨트 설계를 거쳐 현재는 에어백 설계를 10년 넘게 하고 있다.

유병호 1994년 학부 졸업 후 대학원에 진학하여 신종계 교수 지도 아래 1996년 석사 졸업장을 받았다. 현대중공업에 입사하여 2005년까지 선박해양연구소 진동소음연구실에서 근무, 2005년 이후 삼성전자 프린팅 솔루션 사업부로 옮겨 근무 중이다.

윤균중 2003년 구조연구실(장창두 교수)에서 박사학위를 취득하였고 삼성중공업 구조설계에 입사, 구조 기본설계를 하고 있다. 유조선(Tanker), LNC 운반선, LNG FPSO를 주 종목으로 해왔다. 국제협력 업무도 꾸준히 하고, 국제선급협회 공통구조규칙(IACS CSR), 국제해사기구 신개념 선박 건조 기준(IMO GBS) 관련(한국조선협회 자문활동 중심) 활동도 하였다. 현재는 GBS 감사(Auditor)로 활동 중이다. 아내, 두 딸과 행복하게 살고 있다.

故 윤재돈 1996년 최항순 교수 지도 아래 대학원을 마치고 대우조선해양에 입사하여 연구소, 기본설계, 비서실 등을 거치며 10여 년 동안 활약하였으나 불의의 교통사고로 사망하였다.

이동환 해양공학연구실에서 석·박사 과정을 마친 후 한국과학재단 지원으로 2003년부터 3년간 텍사스 A&M 대학에서 연구원으로 일하였다. 2006년 테크닙에 입사하여 해양 구조물 선체 및 계류 시스템의 개념설계부터 상세설계에 관한 업무를 맡은 설계 부서에서 5년 반을 근무하였다. 2012년 엑손모빌(ExxonMobil)로 직장을 옮겨 원유 및 가스 채굴 프로젝트 개발 부서에서 현재 해양 구조물 엔지니어로 근무하고 있다.

이승주 1996년 대학원(지도교수 신종계 교수) 졸업 후 1996~2001년 삼성중공업에서 자동화, 메카 연구를 담당하다가 2001년 미국으로 건너가 미시간 대학 기계과 박사학위(생산제어 전공)를 받았다. 2006년부터 삼성전자 LCD 사업부에서 근무하다가 현재 삼성디스플레이에서 일하고 있다.

이왕근 1996년 대학원(지도교수 신종계 교수) 졸업 후 삼성중공업에 입사하여 연구소 구조해석, 해양특수선 기본설계를 거쳐 2002년부터 해양생산설비 기술영업 업무를 계속해 오고 있다. 현재는 기본설계1팀 PM 파트장으로 근무 중이다.

장범선 2002년 2월에 양영순 교수 밑에서 박사학위를 받은 뒤 삼성중공업에 입사, 2008년까지 거제 조선해양연구소의 구조연구에서 근무하다가 이후 2011년까지 서울의 해양기본설계팀에서 구조 엔지니어와 해양 사업기획 담당관으로 근무하였다. 2011년 9월부터 서울대학교 조선해양공학과 조교수로 임용되어 구조 분야에서 연구와 교육 중이다.

장진호 2002년 2월 학위 취득 후 삼성중공업에 입사한 뒤 대전 대덕선박해양기술연구센터에서 근무 중이다. 대학원 때도 예인수조에서 살았는데 현재도 예인수조에서 살고 있다.

정창윤 학부 졸업 후 IT 관련 벤처기업을 운영하였으며, 현재 한국협동조합 창업경영 지원센터에서 재직 중이다.

차석원 1994년 졸업 후 미국 스탠퍼드 대학(Stanford University)에서 기계공학 석사 및 박사학위를 취득하였다. 이후 같은 대학에서 책임연구원(Research Associate)으로 근무하였고, 2005년부터 서울대학교 기계항공공학부 전임강사, 조교수를 거쳐 부교수로 근무 중이다. 2012년 한국정밀공학회 백암우수논문상, 2013년 한국자동차공학회 학술상을 수상하였고, 〈국제정밀공학학술지*International Journal of Precision Engineering*〉의 편집위원, 〈국제정밀공학학술지-녹색기술*International Journal of Precision Engineering-Green Technology*〉의 편집인을 맡고 있으며, 현재 서울대학교 공과대학 대외부학장으로 활동하고 있다.

허 윤 한진중공업에 입사한 후 2003년에 대우조선해양으로 이직하였다. 상선 구조 상세설계/초기설계/견적 업무 수행과 해양 구조 초기설계/견적 업무를 수행하였다. 2011년부터 제품전략 업무를 맡고 있다.

홍윤식 포스코에서 수요개발그룹, 후판판매그룹, 유럽사무소 등을 거쳐 2011년부터 비서실에서 근무하고 있다.

황윤식 1994년 졸업 후, 1996년에 석사학위를 취득하였다. 1994년 대우조선해양에 입사하여 현재까지 연구소에서 근무하고 있다. 업무 분야는 유체역학 응용 연구·기술 분야를 비롯하여 2013년부터 안전설계 관련 연구·기술 분야로 업무 분야를 변경하여 근무 중이다.

황인하 졸업 후 해군 장교로 복귀하였을 테지만 이후의 소식은 알지 못한다.

2학기 일반물리는 권숙일 교수님이 강의하셨고, 중간시험 범위는 전자기 부분이었다. 시험을 치른 뒤, 강의하기 전에 권숙일 교수님이 1등을 발표하였는데 바로 강상균이었다. 이 과목뿐만 아니라 여러 과목에서 동기들이 우수한 성적을 거둔 것으로 기억한다.

조선해양공학개론 시간에 최항순 교수님이 유체에 대한 강의를 하시다가 일정하게 흐르는 물에 실린더(cylinder)와 타원 형태를 갖춘 유선형 물체가 있을 때 실린더가 유선형 물체에 비해서 대략 몇 배 저항이 더 큰지를 질문하셨다. 왜 그런지 유체역학적으로 대답하면 유체역학 과목에서 A+를 준다고 공약하셨는데, 유체역학에 대해 전혀 지식이 없는 대학 신입생이기에 아무도 대답하지 못하였던 기억이 있다. 이후, 최항순 교수님은 강의 시간에 질문을 많이 하셨는데 왼쪽 앞에서 한 명씩 차례로 물어보셨으나 거의 대답하지 못하였다. 그런데 유독 경조현 동기만이 척척 대답을 하였으며 최항순 교수님과 경조현 동기의 유체 및 수학에 대한 선문답이 이루어졌던 것을 경이롭게 바라보았던 기억이 생생하다.

1학년 때 첫 번째 과 MT를 대성리 쪽으로 갔는데, 저녁 시간에 김봉재와 정창윤이 거대한 솥에 밥을 정말 맛깔스럽게 지어 모두 감탄하면서 먹었던 기억이 있다. 이날부터 장진호가 담배를 피우기 시작하였다고 기억하는데, 아직도 피우고 있으면 건강을 생각해서 금연하라고 권하고 싶다. 박문주는 수업, 숙제, 시험에서 모두가 쩔쩔맬 때, "이거 뭐 쉽잖아!!" 하는 말로 많은 동기의 가슴에 못을 박았다.

어느 날 학생회관 지하 식당에서 저녁으로 먹은 육개장에 토란대의 독을 제대로 빼지 않아서 알레르기 반응으로 상당히 고생하였던 기억이 있다. 그날 이후로 토란대에 거의 손대지 않고 있다.

4학년 대우조선해양 실습 당시 인사팀에서 나온 인솔자가 매우 인상 깊었다. 능글능글하면서도 재치가 뛰어나 많은 인기를 한 몸에 받았다. 특히, 안전모와 안전화를 지급할 때 치수 280 이상을 요구하니까 인솔자가 "이건 사람을 기준으로 만든 것이기 때문에……"라고 말해 모두에게 큰 웃음을 주었다. 이 실습을 계기로 거제조선소(삼성 또는 대우)에 근무하기로 결심하여 졸업 후 바로 삼성중공업 기본 설계실에 입사해서 근무하였다.

장범선

1994년이었던가, 4학년 여름방학 때 대우조선공업(당시)에 2주간 실습을 나간 적이 있다. 그 당시 그런 실습 기회가 사라졌다가 다시 생겨났던 터라 인기가 좋았다. 약 30여 명의 선후배들이 기타와 배낭을 메고 거제로 모여들었다. 실습이라고는 하지만 간이건물에 학생들을 몰아넣고 구조설계, 의장설계, 배관설계 등등 각종 설계부서의 부장과 차장이라는 분들이 들어와 본인들의 업무를 설명하는 것이 대부분이었다. 지금은 일반적으로 사용하는 파워 포인트의 사진과 동영상 하나 없이 그저 말로만 업무를 소개하는 시간의 연속이었으니 학생들이 얼마나 지루했겠는가?

오로지 낙(樂)은 저녁 후의 술자리와 고스톱과 포커, 주말의 해수욕이었다. 꾸벅꾸벅 졸던 첫 주의 마지막 날, 우리는 기다렸다는 듯이 학동 몽돌해수욕장으로 달려갔다. 대학 4학년들의 청춘도 뜨거웠지만 거제의 햇볕은 그 열정마저도 녹여버릴 용광로 그 자체였다. 시커먼 남자들 중 그 누가 선탠 오일을 준비했으랴? 다들 주춤거리는 순간 우리의 신창현이 '생활의 지혜' 하나를 제안하였다. "선탠 오일이 없을 땐 식용유를 발라라." 비슷한 기름이니 그럴듯하였다. 누구 하나 의심 없이 근처 가게에서 싼 식용유를 사다가 온몸에 듬뿍 끼얹고 잘 달구어진 자갈 위에 누웠다 엎드렸다 하기를 반복하였다.

그런데 밤에 숙소로 돌아오면서부터, 여기저기서 이상 징후가 곳곳에서 쏟아지기 시작하였다. 몸이 옷에 쓸려 온통 따끔거리기 시작하였다. 옷을 벗어도, 몸의 살이 접히기만 해도 너무나 쓰라렸다. 눕지도, 앉지도, 움직이지도 못하는 어정쩡한 자세로 신음소리만 터져 나왔다. 그제야 식용유를 제안한 신창현에게 의심의 눈길을 쏟아졌다. 신창현은 이렇게 외쳤다. "아뿔싸! 식용유가 아니라 콜라였다!"

그 한마디에 통탄의 눈물이 쏟아졌지만 등짝은 이미 뜨거운 직사광선과 맑은 식용유에 바싹 튀겨진 상태이니 이제와 어찌하랴?

사태는 생각보다 심각해 몇 명은 병원에 실려 가고, 대부분은 약을 사다 온몸에 허옇게 바르고 엉거주춤한 자세로 끙끙거리며 하얗게 며칠 밤을 지새웠다. 그때 당시, 식용유를 외쳤던 신창현 본인은 정작 식용유를 바르지 않았다. 지금 돌이켜 보면 고의가 틀림없으리라. 그 죄가 들통나는 것이 두려워 신창현은 1990년대 후반 캐나다로 나가 한번도 고국에 나타나지 않고 있다. 이제 이 글을 계기로 용서해 줄 테니 제발 돌아와다오. 창현아 ~.

허 윤

1990년에 입학한 1학년 1학기는 그야말로 정신없이 지나갔다. 사회 상황이 노태우, 김영삼, 김종필 씨가 이끄는 3당이 합당을 한 직후라 시끌시끌하여, 관악산의 벚꽃과 최루탄의 하얀 연기가 어우러지는 광경을 보면서 34동을 왔다 갔다 하던 시절이었다.

과 친구의 반 이상이 지방 출신이었는데 대부분 기숙사에서 생활을 하였다. 나는 집이 서울이었지만 장거리 등하교를 해야 했기에, 녹두거리에서 늦게까지 막걸리 파티를 하다가 기숙사로 가는 친구들이 오히려 부러웠다.

그러던 동기들이 첫 여름방학을 맞아서 대부분 고향으로 돌아갔다. 제천 출신으로 아직 서울에 남아 있던 김봉재가 나에게 전국 무전일주를 하자고 제안을 하였다. 나는 수중에 돈이 얼마 없었지만 일단 수락하였고 첫 여정지로 김지혁이 있는 대전으로 갔다.

지혁이네 집에서 어머님이 차려 주신 밥상으로 끼니를 때우고, 그다음 날 보문산에 올랐던 기억이 난다. 그다음은 화순에서도 꼬불꼬불 한참을 들어간 조그마한 마을 이왕근의 집을 찾았다. 전형적인 시골집이었는데 마음이 참 편하였고 우리는 마당에서 됫병으로 소주를 마셨다. 아직도 이왕근 동네의 황토빛이 눈에 선하다.

화순을 지나 목포 윤균중의 집에서 만화책을 엄청나게 빌려 놓고 셋이서 나란히 누워 낄낄대며 읽었는데, 지금 기억하면 그때까지도 우리는 철없는 고등학생 티를 못 벗었던 것이다. 하지만 그때 이미 중년 신사의 포스를 갖고 있던 윤균중을 생각하면 이런 부조화에 웃음 짓게 된다.

여수에는 양열이 있었는데 아버님 빽(?)으로 꽤 큰 배에 올라 견학할 기회가 있었다. 배 내부 구석구석 엔진룸까지 갔으니 제대로 견학한 셈인데 조선과 햇병아리 눈으로는 그저 신기할 따름이었다.

부산으로 넘어가서는 서정우와 박성건을 만났다. 엄청나게 당구를 치고 맥주도 마셨다. 서정우는 특히 부산대 근처 어딘가에서 우리를 접대하였는데, 학교 앞 당구장과 맥주값은 거의 공짜 수준이었다. 돈 안 들이고 접대를 잘한 셈이다. 박성건과는 동래구 어디선가 만나 두루치기를 먹었다.

대구에서는 정창윤을 만나 당구와 술로 1박 하고 나서 강릉에 있는 손창환을 만나러 갔다. 경포대에 달이 몇 개 뜨는지 배우면서 경월소주를 엄청 마셨다. 삼척에서는 오창진을 만났다. 강원도 사투리가 구수하였던 오창진과 같이 있으니 마음이 느긋해졌다. 바다 바람을 마시면서 즐거운 시간을 보냈다. 그다음 원주에서는 故 윤재돈과 장진호를 만나서 술과 당구를 원 없이 하였다. 진호네 부모님은 축사를 하셔서 냉장고에 다른 것 없이 생고기만 가득 차 있는 진기한 풍경을 접하기도 하였다. 진호의 넉넉한 웃음은 아마 어릴 때부터 잘 먹은 탓이리라.

최종 기착지인 제천 김봉재 집으로 갔다. 봉재는 누나가 많은 장남 겸 막내인데 집에서 귀여움을 많이 받아서인지 대접이 무척 좋았다. 밥상도 푸짐하였고 제천 의림지에서 빙어 튀김도 먹고, 아무튼 엄청 잘 먹었다. 그때 정정하시던 부친이 올해 초 별세하셔서 무척 아쉽다.

이렇게 대전을 거쳐 전라도, 경상도, 강원도로 그리고 제천을 돌았던 기억은 평생 잊히지 않을 것 같다. 그때 내가 쓴 돈은 아마 한 5만 원 되었던 것 같다. 언젠가 친구들에게 보답할 기회가 있겠지.

나이 40대 중반에 들어 대학시절을 돌아보면 20년이 넘는 세월의 간극이 있어, 가끔 구체적인 사건이나 상황에 대한 기억은 벌써 잊었거나 정확지 못하다는 것을 깨달을 때가 많다. 공부에 치여 살았던(그래서 별 다른 구체적인 기억이 없는) 고등학교를 졸업해서 원하는 대학에 들어가 느꼈던 마음이 평상시에는 생각지 않고 살다가 TV 드라마나 영화, 책에서 유사한 장면이 나올 때마다 문득문득 떠오르기도 한다. 학창시절에 대한 회고사를 부탁받고 뭘 쓸까 고민하다가 처음 대학에 들어가서 느꼈던 부분들을 회상해보는 것도 올해(2014년) 이상하리만치 빨리 다가온 가을에 맞이하는 색깔이란 생각이 들었다.

대학 신입생이 되고 나서 내 마음속에는 자긍심이 가득하였던 것 같다. 지금도 심한 입시경쟁에 시달리며 공부를 하지만 우리가 학교에 진학할 당시에는 최고의 출산율로 말미암아 많은 학생이 인문계 고등학교를 가려고 경쟁해야 했다. 그런 와중에 국내 최고의 서울대에 합격하였으니 학교 선생님, 주변 친지들의 격려와 친구들의 부러움, 자신에 대한 성취감 등이 얽혀 겉으론 표현하지 않으려 하였지만 속으로는 나 자신을 이미 성공한 인간으로 치부하였던 것 같다.

그런 마음에 덧붙여 학교에 들어서니 철로 만든 커다란 교문에서는 학교 건물도 제대로 보이지 않고 시내버스들이 운행할 정도의 캠퍼스 규모에 감탄하였다. 생활복지관으로 가는 길목에 마치 자연 속에 있는 듯이 느껴지는 자하연, 비가 온 뒤의 여름에 선후배, 동기들과 수영을 하기도 했던 공대 폭포, 점심식사 후나 공강시간에 우유팩 차기를 하며 놀기도 했던 공대 연못, 늘 대학 캠퍼스의 낭만을 상징하던 잔디밭치고는 너무 컸던 버들골 등의 명소들은 내 자긍심을 더 높여주기에 손색이 없었다.

학과 동기, 선배들은 전국의 다양한 각지에서 올라온 천재와 수재들로 비쳐졌고, 그 속의 일원이 된 것에 무척 만족해했던 것 같다. 지금에서야 얘기지만 사실 천재라고 생각하는 사람을 아직까지 만나지 못하였다. 우리는 그저 고등학교 때 남보다 약간 더 공부하고 조금 더 시험을 잘 쳐서 좋은 성적을 얻은 평범한 학생들이었다.

대학 1년 동안은 내가 만들어낸 이런 천재, 수재들과 함께 학과 내 학회활동을 한답시고(그때 조문연이라고, 조선문학연구회에 가입했다) 술도 마시고, 이화여대와 연합학회 및 여름 지리산 여행 등을 가곤 하였다. 그때 어울린 사람이 이동연 선배, 김태한 선배, 김현조 선배 등이 있었고, 동기로는 이동환, 장범선, 장진호, 윤균중, 김호경(호경이는 나중에 무슨 이유에선가 탈퇴를 하였는데, 지금 생각해 보니 그것도 궁금하다)이 있었다.

또 진지함보다는 자긍심과 치기 어린 마음에서 정치적인 것들에 관심을 갖는다고 선배, 동기들을 따라 종로며 광화문과 시청 앞을 돌아다녔고, 학자추(학원자주화추진위원회) 선배들을 돕는다고 학생회관을 많이 들락거렸던 기억도 있다. 그때 기억나는 사람들로는 강권열 선배, 정구집 선배, 김신형 선배, 김대성 선배, 동기로는 박철수, 김법기, 허윤, 김봉재, 양열 등이 있었다.

그리고 삶과 종교에 대해서도 고민해야 한다는 치기 어린 생각에 종교에 관심이 없던 내가 기독교 동아리(WCF라고 하는데, 무엇의 약자였는지도 생각나지 않는다)에 가입해서 짧지만 종교생활(?)과 올바른 삶(?)에 대한 얘기들을 많이 하였다. 지금은 휴스턴에 있는 양찬규 선배, 얼마 전 림프 암으로 갑자기 세상을 떠났다는 비보를 전해들은 강덕진 선배가 같은 동아리에서 활동하였다.

그 외에도 개인적으로 쉽게 친해져 많은 시간을 공유하였던 아웃사이더의 양정석 형, 변윤철 형도 대학 초년시절의 기억에 남아 있다.

이 천재, 수재들(?)과 공부는 하지 않고 늘 바깥으로만 쏘다니던 나는 어렴풋이 대학생활에 대한 왠지 모를 황량함(?)을 느끼게 되었다. 마침 군 입대 신체검사가 있었고 군대에 가려고 마음을 먹었으나 운 나쁘게(?) 면제를 받고는 부득불 부모님을 설득하여 휴학까지 하였다.

아무튼 이런 나의 퇴락한 자긍심은 다행히 졸업하고 사회에 나가 열심히 살아가면서 진정한 자신감으로 조금씩 갈고 닦여 온 것 같다. 하지만 여전히 나는 서울대생이었던 것에 자랑스러워하고 있다.

학교를 마치고 선급에 취직하였다. 도면승인 검사관으로 근무하면서 선박의 안전이란 뭘까, 안전한 설계란 무엇인가, 선급 규칙에 만족하면 배는 정말 안전할까? 많은 고민들을 하기도 하였다. 그런 고민들을 하던 중 천안함 사건이 생각났다. 많은 사람들이 죽고, 다쳤다. 그 사건 자체를 다시 말하려는 것이 아니다. 그 사건 직후, 초기에는 침몰 원인에 대해서 여러 가지 기술적인 의견들이 있었다. 피로파괴를 포함해서. 그리고 언론에서는 우리가 몰랐던 기술적인 문제가 있었던 것처럼 발표하기도 하였다.

천안함을 떠나서 일반 상선의 사고는 정말 우리가 몰라서 사고가 나는 것일까? 새로운 기술을 도입하면 사고의 위험은 줄고, 배는 안전해질까?

예전에 배웠던 그래프 하나가 생각난다.

우리가 알고 있는 수요, 공급 곡선과 비슷하다. 배의 안전성이 높아질수록 비용은 높아지고, 안전성이 떨어지면 반대로 사고로 인한 비용(돈과 사람 모두를 포함해서)이 증가한다. 여기서 사고로 인한 비용과 안전성을 높이는 데 필요한 비용의 합이 최소가 되는 지점이 바로 최적의 안전성이 결정되는(나는 이 지점을 스캔틀링

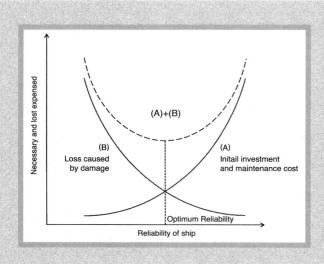

이 그래프는 대학원 시절 양영순 교수님 수업 시간에 본 것인데, 그때는 나에게 큰 의미로 다가오지 않았는데, 나이가 조금 들어서인지 여러 가지 생각을 하게 하는 그래프이다.

scantling 결정 지점으로 이해한다) 지점이다. 이 지점이 오른쪽으로 옮아갈수록 사고의 가능성은 줄어드는데 그렇게 오른쪽으로 옮아가는 방법에는 무엇이 있을까?

지금부터 100여 년 전, 그때 당시 세상에서 제일 큰 유람선 타이타닉 호가 침몰하였다. 당시로는 수밀격실 등의 놀라운 안전장치가 설치된 이 배도 결국 침몰하고 절반이 넘는 사람이 돌아오지 못하였다. 기술의 부족일까? 그렇지 않을 것이다.

20여 년 전에 있었던 엑손 발데즈 호의 원유 유출사건, 이 사건 이후 이중선체의 의무화가 급속히 진행되었다. 과연 이 사건 이전에는 이중선체의 중요성을 몰랐을까? 누군가는 이중선체의 필요함을 강력하게 주장하였을 것이고, 그 의견이 사회 전체에서 받아들여지지 않았기에 의무화 진행의 속도가 늦었을 것이다. 그렇다면 합의 지점을 오른쪽으로 옮길 수 있는 방법에는 무엇이 있을까? 건조비나 유지, 보수비용을 줄이는 것도 하나의 방법이지만, 그 방법을 선택할 수 없다면 곡선 (B)를 옮기는 방법도 있다. 그러기 위해서는 여러 가지 영역이 필요하겠지만, 기술의 영역에서 본다면 기술로부터 자유로워야 하지 않나 싶다. 'Free of technology'가 아니라 'Free from technology'이다. 기술을 거부하는 것과 기술의 주인이 되는 것은 다른 이야기다. 기술의 주인이 되는 것?

우리가 잘 아는 확률밀도함수가 있다. 확률의 합은 1이지만, 함수의 좌우 끝은 무한하다. 설계를 하는 관점에서 이 확률밀도함수 전체를 모두 고려할 수는 없다. 어느 정도(95%이든, 99%이든) 선을 그을 수밖에 없다. 거기까지가 사람의 영역인 것이다.

결국 우리가 안전에 대해서 취하는 여러 장치들은 사람의 영역 안에서 안전도를 높이려는 것이지, 100퍼센트 취할 수는 없다. 그런데 때로는 착각을 하게 된다. 100퍼센트 안전하고, 2중 3중의 안전장치가 있으니 위험하지 않다고 하는 것은 기술로 모든 것을 해결할 수 있다는 믿음에서 비롯된 것이다.

기술은 결코 모든 것을 해결해 줄 수 없다. 사람의 필요에 따라 선택하는 여러 가지 방법 중의 하나인 것이다. 기술자가 할 일은 바로 사람들에게 이런 가정 아래 설계가 되었고, 이 영역 밖의 일들은 기술로 책임질 수 없는 일이라고 밝혀야 하지 싶다. 그러면 사람들은 선택을 할 것이고, 선택한 사람은 그 선택에 책임을 질 수 있을 것이다. 선택의 기회를 주지 않는다면 그 모든 책임은 내가 져야 한다. 그럴 수 있을까?

앞에서 기술의 주인이라고 표현하였다. 그건 뭘까? 주인이란 것은 선택의 권리가 있음이다. 문제가 생겼을 때 기술로 해결할 것인가, 다른 차원으로 해결할 것인가를 선택할 권리가 있다. 즉, 기술로 해결할 수 있는 문제와 해결할 수 없는 문제를 구분하고, 해결할 수 없는 문제는 '내가 할 수 없음'을 밝히는 것이 중요하다. 그랬을 때 그것이 해결될 수 있는 문제라면 해결할 사람이 나타날 것이고, 그렇지 못하다면 그건 사람이 풀 수 있는 문제가 아닌 것일 수 있다(참고로 난 특정 종교를 가지고 있지 않다).

목공과 DIY(Do it yourself)에 재미를 붙이던 즈음, 필요한 가구가 있으면 '무조건 나무로 만들려고 하거나 내가 직접 하려고 하는' 나의 모습을 발견하였다. 때로는 기성품을 사거나 사람을 불러서 해결해야 함에도, 그 결과가 좋은 경우도 있지만 두 번 작업하는 번거로움이나 사람을 다시 불러야 하는 경우도 발생하였다. 이제는 조금씩 내가 할 일과 내가 할 수 없는 일에 대한 구분이 가기 시작한다. 글을 마무리 하다 보니, 이건 사람들한테 하는 이야기가 아니라 나한테 하는 이야기 같다. 멈출 때와 나아갈 때를 알라고……

46회 졸업생(1991년 입학) 이야기

강태운

91학번들이 입학한 지 벌써 23년이란 시간이 흘러 모두 40대 중반의 나이가 되었다. 1990년대에 들어서 학과는 91학번까지 정원이 40명이었고, 고등학교를 졸업하고 바로 입학한 동기와 재수로 입학한 동기가 각각 절반쯤 되었다.

김성준, 김재현, 정재욱 3명이 삼수로 입학을 해서 호칭을 어떻게 할까 하다가 '형'이라 부르고 형 대접을 하기로 했다. 40명 중에 입학 초기에 1명이 중간에 자퇴를 하였고 3학년 때 해군 위탁교육생으로 최낙준, 한성남 두 형이 와서 총 41명이 91학번 동기생이 되었다.

:: 신입생 시절

그 당시 모두 비슷했겠지만, 입학하기 전부터인 2월에 녹두거리 태백산맥이라는 주점에서의 신입생 환영회와 3월 초 강원도 속초 한화콘도에서 열린 신입생 오리엔테이션에 참석하였다.

신입생 오리엔테이션 때

당시 과 학생회장인 89학번 김대성 선배와 90학번 정창윤 선배, 88학번 유영민 선배 등이 카리스마를 보여주었으며, 특히 선배들의 주량에 대해 깜짝 놀랐던 기억이 있다.

풍운을 품고 대학에 입학해서 새로운 것을 기대하였으나 1학년 때 주로 국어작문, 영어, 미적분학, 물리, 화학 등의 교양을 배웠다. 노교수님의 주입식 수업인 고리타분한 국어작문 시간에 김재현은 주시경 선생을 도시경 선생이라고 하였다가 혼이 나기도 하였다. 그 교수님은 간호학과 91학번의 교양 국어작문도 맡으셨는데, 간호학과 수업에서 "조선과 애들은 이런 것도 모르더라!" 하고 흉(?)을 보았다고 한다.

1학년 2학기 물리2 중간고사에 시험시간을 잘못 알아서 기숙사 동기들과 여유를 부리다가 시험 끝나기 30분 전에 들어와 허겁지겁 시험을 치른 적도 있었다. 그런데 정작 30분의 시험시간이 넉넉한 동기도 있었다. 그 즈음은 학생운동이 매우 활발하던 시절이어서 물리 중간고사를 보던 대학 내에 최루탄 냄새가 매캐하게 퍼졌던 기억이 난다.

과내 사회과학연구회가 소모임 형식으로 있었는데, 글발, 조문연(조선문화연구회), 사문연(사회문화연구회), 과철연(과학철학연구회)으로 4개 학회가 있었다. 가장 활발하게 활동한 학회는 '글발'이었다. 선배들과 교감의 시간은 주로 이 학회 모임을 통해서 이루어졌다.

입학하자마자 1학년 과대표를 맡은 한범우 주관으로 의류학과와 단체 미팅(과팅)을 하였는데 녹두거리의 분위기 좋은 카페 '수냐'에 모여서 짝을 맞추었다. 2학기 때는 MT의 성지인 대성리로 이화여자대학교 특수교육과 학생들과 조인트 MT를 가서 밤새 김건호가 기타 치고 게임을 하며 놀았다.

1학년이 끝날 무렵, 졸업하는 88학번 선배들을 축하하기 위한 '조선인의 밤' 행사가 개최되었다. 김성준, 진은석, 강태운 등이 보물섬을 주제로 촌극을 하였는데 당시 경찰서에서 '조선인의 밤'이 무슨 행사인지 대한 문의전화가 왔다고 한다.

:: 학과시절

2학년 때 공대 공통 전공과목인 전기전자공학 수업은 기계공학과, 기계설계학과, 항공공학과와 함께 수강하였다. 주 전공이 아니라서 큰 관심도 없었고 한 학기에 소화하기에는 심도가 있는 수업이라 다들 어려워했다. 시험 보는 도중에 조교가 시험 감독을 하지 않고 나가는 바람에 각 과별로 모여서 답을 논의하는, 이른바 과 대항 시험이 되어 버렸다. 그러던 와중에 조교가 갑자기 들어왔고 우리는 바퀴벌레처럼 우수수 흩어져 아무 자리에나 가서 앉았다. 그때 누군가가 넘어지는 바람에 대표로 걸렸다.

학창시절에 체육 활동은 그리 활발한 편은 아니었다. 공대 축구대회에서 한범우가 나섰는데 위치 선정만큼은 황선홍 급이었다. 3학년 때 과 학생회장은 이동현이 맡았다. 3학년 2학기 초겨울에, (지금은 없어진) 학교 설악산 목우재 수련장으로 2박 3일 여행을 갔다. 당시에 고시공부 중이던 오민성은 도서관에서 동기들에게 여행 이야기를 듣고 고시 가방을 그대로 들고 따라나섰다. 다들 설악산 수련장에 관한 사전 정보 준비도 없이 무작정 찾아갔는데 대중교통이 닿지 않아서 1시간 가

군대 내무반을 방불케 하는 숙박 시설에도
우리는 마냥 즐거웠다.

까이 언덕길을 올라가야 했고, 군대 내무반을 방불케 하는 숙박 시설에, 겨울이라 수도 시설도 제대로 없었다.

다음 날 아침, 스타일이 생명인 김성준은 개울가로 내려가서 얼음을 깨고 머리를 감았고, 당시 유행하던 터보라이터의 반짝이는 표면에 얼굴을 비추며 무스를 바르기도 하였다. 워낙 산골오지인지라 해 뜨는 것을 보러 나섰다가 이미 해가 뜬 것을 알고는 중간에 돌아오기도 하였다.

동기 모두 울산바위에 올랐는데 모두가 제대로 준비하지 않아 설악산 매서운 바람에 달달 떨면서 오르락내리락하였다. 그때 추억 때문에 아직까지 "울산바위는 가지 않는다"고 말하는 동기도 있다.

4학년 1학기 전공필수 과목인 선박 설계 과목의 수업을 그해에만 한순홍 교수님이 담당하셨다. 교수님께서 대전에서 강의하러 와야 하는 관계로 수업을 하루에 몰아서 평일 밤 10시까지 진행하는 경우가 많았다. 시험 역시 밤늦은 시간까지 치렀고, 문제가 선박 설계 과목뿐 아니라 4년 동안 배운 조선공학 지식을 모두 동원해야 하는 종합적인 성격이어서 다들 당황하였다. 이 역시 무감독 시험이었기에 삼삼오오 모여서 시험 문제를 풀었는데 여기저기에서 짜깁기한 김재현의 성적이 제일 좋았다. 어려운 시험을 보고 나오면 그 스트레스가 대단하여 지나가는 행인과 실랑이를 벌이기도 하였다.

4학년 1학기의 마지막 시험 날, 김성준이 결혼을 하여 단체로 책가방을 메고 결혼식장인 도심공항터미널에 가서 축하해주고 스테이크도 썰어 먹었다. 그해 여름방학 때 동기 15명 정도가 2주간 대우조선해양으로 인턴사원 실습을 나갔다. 주말에 몽돌해수욕장에서 선탠을 한다고 식용유를 바르고 놀다가 기숙사로 돌아와서 밤새 아파서 잠도 못 자고 결국엔 병원에 가서 화상치료를 받았다.

:: 병역의 의무

학년 중간에 병역의 의무를 하려고 휴학을 한 친구가 몇 있었는데 김종천, 김건호, 김성훈, 배병호, 성영재, 윤해동, 이정훈, 이재학 등이었다. 대부분 단기사병이었고 김종천만 만기로 전역하였다. 물론 졸업 후에도 뒤늦게 병역을 해결한 친구들도 있다.

4학년이 되어 대학원 입학 후 5년 연구 요원 병역특례를 바라는 친구들과 3년 방위산업체 병역특례를 원하는 친구들이 대부분이었다. 그런데 방위산업체 병역특례를 받으려면 기사1급 자격증이 필요한데 1994년 당시 조선기사 1급 자격증 시험은 1년에 1회 가을에만 있었다. 조선기사 1급 시험은 학과 공부뿐 아니라 조선 전반에 걸친 실무 내용도 다수 포함되어 있었고, 시험 응시자격은 졸업예정자, 즉 4학년이었으니 단 한 번의 시험에 낙방하면 의도하지 않게 군에 입대해야 할 처지였다(실제로 학과 전공 성적이 좋은 동기들은 일부 낙방한 반면, 해군 위탁교육생 형들 어깨 너머로 같이 공부한 동기들은 대부분 합격의 기쁨을 누렸다). 그래서 일부 동기들은 그 대안으로 정보처리기사 1급 자격증 시험에 응시하기도 하였다.

결국 현대중공업으로는 김지훈, 대우조선해양으로 정재욱과 송진섭이 방위산업체 3년 병역특례로 입사하였다. 그 외 상당수의 동기가 대학원 진학 후 연구 요원 병역특례 5년으로 병역의 의무를 마쳤다.

유일하게 안병창이 ROTC로 복무하였는데, 훈련소에서 "나는 잘 지내고 있고, 여기 훈련소의 플라타너스 잎이 손바닥만 해지면 훈련을 마친다고 하더라"는 슬픈 내용의 군사 우편을 보내와서 대학원 수업 중에 강태운이 그 편지를 대표로 낭독하였다.

:: 수학여행

3학년 때 해군과 대형 조선업체의 지원으로 우리는 인천항에 모여 1300톤급 초계함인 부천함을 타고 제주도를 돌아서 진해로 견학을 갔다. 다시 버스를 타고 거제도의 삼성중공업, 대우조선해양을 거쳐 울산의 현대중공업을 돌았다. 학과 주관이라 재학 중인 거의 모든 동기가 참석하였다. 동기 대부분이 함 내의 장교식당에서 함장님 및 간부들과 저녁식사를 같이 하면서 들떠 있던 반면, 뱃멀미에 화장실 앞에서 토하는 동기도 줄을 이었다. 다행히 그다음 날에는 날씨가 좋아서 모두들 갑판 위로 올라가 기뢰 투하 폭파 훈련을 구경하기도 하였다.

전공과 직접 관련 있는 조선소 산업시설 견학도 흥미진진하였고 먼저 취업을 한 선배님들과 대화의 시간도 뜻깊었다. 그때도 우리 동기는 카드놀이에 심취해 몇몇은 부천함에서부터 밤을 꼴딱 새고 버스에서 쪽잠으로 피로를 풀었다.

:: 졸업여행

4학년 때 서울여대 의류학과 3학년과 조인트하여 제주도로 졸업여행을 갔다. 학과 주관이 아니라서 동기 가운데 일부만 참석하였다. 여기서는 밝히기 어려운 여러 가지 재미있는 일이 있었는데, 그중에서 역시 제일 뜻깊은 일은 최낙준이 이 여행에서 배필을 만나 결혼까지 성공한 사건이 아닐까 싶다.

:: 졸업 후 진로

먼저 조선업계는 가장 많은 동기가 첫 번째 직장으로 선택하였다. 대우조선해양에 강태운, 김성훈, 박태준, 송진섭, 안병창, 오민성, 윤해동, 이석원, 진은석, 정재욱, 허철은 모두 11명이 입사하였다. 현대중공업에는 김지훈, 성영재, 이정훈, 이동현, 이현호, 한범우 총 6명, 삼성중공업에는 김광, 이재학, 이창현 3명이 취업하였다.

모두 20명으로 동기생 중의 절반이 조선업체에 입사하였으니 국립대에서 국가의 혜택으로 졸업장을 받은 그 은혜에 어느 정도 보답한 셈이 아닐까 한다.

지금 조선업체에 남아 있는 동기는 그리 많지 않다. 2014년 현재, 대우조선해양에 강태운·안병창·이석원·진은석·허철은, 현대중공업에 성영재·이정훈·이현호·한범우, 삼성중공업에 이재학·이창현·이동현, 현대미포조선에 오민성이 근무하고 있다. 고로 조선산업에 종사하는 우리 91학번 동기는 총 13명이다.

1학년 때부터 프로그래밍에 남다른 재능을 보였던 임중현은 국내 최대 조선 CAD 회사인 이지그래프를 창립하여 대표이사로 일하고 있다. 선급계에는 미국선급협회(ABS)에 김건호가, 로이드(LR) 선급협회 컨설팅에 김성훈이 있다.

조선 관련 연구업계에는 KRISO의 박영하, 비조선 관련 연구 업계에는 한국기계연구원에서의 송진섭과 한국철도기술연구원의 정현승이 활약하고 있다.

그 외 여러 산업계에서 활약하고 있는 동기는 다음과 같다. 컨설팅 업계에 김성준·정재욱, 자동차 업계에 정필상, 반도체 업계에 김재현, 생명공학 업계에 김호진, 건설 업계에 문성춘, 화학 업계에 김지훈·한상준, 일반 산업계로는 삼성 테크윈에 한상서, 디지털 방송 업계에 윤해동 등이 있다.

의료계에 몸담고 있는 동기도 있다. 박기현이 그 주인공인데 그는 졸업 후에 대구한의대에 진학하여 한의사가 되었고 대구에서 개업 중이다.

정치계와 법조계에 있는 동기로는 이윤구, 민상홍, 김종천이 있다. 이윤구는 미국 변호사가 되어 특허 관련 전문가로 활약 중에 있다. 모교 대학원에서 공학석사까지 마친 민상홍은 법학박사까지 취득하여 경상대학교에서 법률연구원으로 활동하고 있다. 졸업하기 전에 병장 제대를 한 김종천은 동기 중 유일하게 재학 중에 사법고시에 합격, 변호사가 되었다. 2014년 지방선거 과천시장에 출마하였으나 석패했다.

학계와 교육계에는 박태준이 미국 퍼듀 대학교에서 생산공학으로 박사학위를 받았고 동기 중에 유일한 교수가 되었다. 천창열은 금융계에서 일하다가 현재는 수학 전문학원을 운영 중이다. 한성남 형은 해군 조함단에서 근무 중이며, 최낙준 형은 해군에서 예편 후 관련 사업을 하고 있다.

종교계에도 2명의 동기가 진출해 있다. 김광은 감각이 남달라 동기들 사이에서 화제가 되곤 했고 증산도에 열정적이었다. 그는 석사 졸업 후 조선업계에 몸을 담았다가 결국엔 종교계에 귀의하여 새로운 종파를 개척하고 있다. 이기준은 재학시절 기독교 동아리인 한국대학생선교회(CCC) 활동에 열심이었는데 졸업 후 미국에서 기독교 신학 석사·박사학위를 취득하고 목사가 되어 사역 중에 있다. 마지막으로 재학 중에도 조용하였던 백형수, 배병호는 현재 연락이 되지 않는다.

:: 조선산업 기술의 나아갈 길과 전망

1991년에 조선공학과로 입학한 우리는 조선해양공학과로 졸업을 하였다. 그 당시에는 과 이름에 '해양'이라고 붙인 것이 무엇을 의미하는지 잘 알지 못하였다. 조선 분야에서 1위였던 일본을 추월한 지 오래이며, 기술력으로 중국의 추격을 따돌리고 부동의 1위 자리를 유지하고 있어 조선공학과 출신임을 자랑스러워하고 있지만 해양 분야에서는 아직 미진함이 있다. 한때 엄청난 수주고를 올리면서 한국 조선해양기술의 약진함을 전 세계에 알렸으나 지금은 다들 고전을 면치 못하고 있다. 선진 EPC 업체를 따라잡기에는 아직도 해야 할 숙제가 산적해 있음을 공감하고, 미래를 위해서 무엇을 해야 할지 고민해야 할 시기라고 생각한다.

:: 91학번 이력 및 근황

강태운 대학원에서 구조 전공으로 석사학위 취득(1997) 후 대우조선해양 영업설계 분야에서 근무 중이다. 상선 구조 기본설계 업무를 10년 동안 하다가 현재는 같은 회사에서 해양 구조물 구조·운송·설치 분야 업무를 하고 있다.

김건호 대학원에서 조종 전공으로 석사학위를 취득하고 미시간 대학교에서 박사학위를 취득한 뒤 현재는 미국선급협회(ABS) 휴스턴에서 근무 중이다.

김 광 대학원에서 추진 전공으로 석사학위 취득 후 삼성중공업에서 근무하다가 결국엔 종교계에 귀의하여 현재 '김광상제도'라는 새로운 종파를 개척하고 있다.

김성준 대학원에서 조종 전공으로 석사학위 취득 후 미국 MIT에서 박사학위를 취득하고, 컨설팅업체에서 활약하였다. 베인 앤 컴퍼니(Bain & Company)를 거쳐 현재 보스턴 컨설팅 그룹의 파트너로 활동하고 있다.

김성훈 대학원에서 조종 전공으로 석·박사학위 취득 후, 대우조선해양에서 근무하다가 현재는 로이드 선급협회(LR) 컨설팅에서 HSE 분야 전문가로 활약하고 있다.

김재현 미국 MIT 기계공학과에서 석·박사학위 취득 후 삼성전자를 거쳐, 현재는 반도체 전문회사인 어플라이드 머티어리얼스(Applied Materials)에 재직 중에 있다.

김종천 1998년 제40회 사법시험에 합격하여 2001년 사법연수원 30기 수료 후, 서정 법무법인을 거쳐 법무법인 태웅에서 구성원 변호사로 근무 중이다. 2014년 6월 지방선거에서 '새정치민주연합' 과천시장 후보 등을 지냈다.

김지훈 현대중공업에서 병역특례로 선박 구조설계부에서 근무한 뒤 모교 대학원에서 생산 전공으로 석사학위를 취득하고 자동차 관련 부분으로 옮겼다. 하니웰, 한국 IBM, 바스프, MPI 코리아를 거쳐 현재 사우디아라비아 화학회사인 사빅(Sabic) 코리아의 자동차 부분 영업마케팅 팀장으로 근무하고 있다.

김호진 대학원에서 저항 전공으로 석사학위 취득 후 미국 스탠퍼드 대학을 거쳐 미시간 대학에서 박사학위를 취득하였다. 현재는 귀국하여 보건복지부 국립재활원 재활연구소 공업연구관으로 있다.

문성춘 대학원에서 자동화 전공으로 석·박사학위 취득 후 삼성지구환경연구소에 근무 중이다.

민상홍 대학원에서 저항 전공으로 석사학위 취득 후 경상대학교에서 법학석사·박사학위를 취득하였다. 현재 경상대학교 물류안전법 연구센터 연구원으로 재직 중이다.

박기현 모교 대학원에 입학하였으나 대구한의대학에 다시 진학하였다. 현재 대구 병인 한의원 칠곡점 원장으로 대구 지역 사회복지를 위해 힘쓰고 있다.

박영하 대학원에서 추진 전공으로 석사학위 취득 후, KRISO에서 연구원으로 있다.

박태준 대학원에서 생산 전공으로 석사학위 취득 후 대우조선해양 연구소를 거쳐 미국 퍼듀 대학에서 산업공학과 박사학위를 취득하였다. 싱가포르 난양공대를 거쳐 현재 숭실 대학교 산업공학과 교수이다.

배병호 연락이 끊겼다.

백형수 대학원에서 해양 전공으로 석사학위 취득 후, 유진 로보틱스를 거쳐 미국 브라운 대학에서 박사학위를 취득하였다.

성영재 대학원에서 조종 전공으로 석·박사학위 취득 후, 현대중공업에서 근무하고 있다.

송진섭 대우조선해양에서 병역특례로 선체설계 분야에서 근무한 뒤 모교 대학원에서 진동 전공으로 석사학위를 취득하였다. 미국에서 박사학위를 취득하고 현대자동차를 거쳐 현재 한국기계연구원에서 연구원으로 활동하고 있다.

안병창 ROTC 중위로 제대한 뒤 한라중공업을 거쳐 대우조선해양 영업설계 분야에서 근무하고 있다. 상선 구조 기본설계 업무를 10년 동안 하다가 현재는 같은 회사에서 FLNG 전문가로 활약 중이다.

오민성 한라중공업에서 시작하여 대우조선해양, 삼진조선을 거친 뒤 현대미포조선에서 해외영업 업무를 하고 있다.

윤해동 대우조선해양에서 기본계획 업무를 거쳐 현재 디지털방송 관련 해외 사업에 몸 담고 있다.

이기준 장로회 신학대학원을 졸업한 뒤 미국 프린스턴 신학대학원에서 석사, 미국 에모리(Emory) 대학에서 석사를 거친 뒤, 미국 GTU(Graduate Theological Union)에서 박사 과정 마무리 중이다. 현재 미국 산호세 시온영락교회의 부목사로 사역 중이다.

이동현 대학원에서 유체 전공으로 석사학위 취득 후 현대중공업을 거쳐 현재 삼성중공업 대덕연구센터에서 근무 중이다.

이석원 대학원에서 조종 전공으로 석사학위 취득 후 대우조선해양 연구소를 거쳐 현재 같은 회사 경영관리팀에 근무하고 있다.

이윤구 미국 뉴욕 주 변호사이며 김앤장 법률사무소를 거쳐 삼성전자 IP센터에서 특허 매입·라이센스 업무를 하고 있다.

이재학 대학원에서 유체 전공으로 석사학위 취득 후 삼성중공업에서 13년 동안의 거제 생활 중 조선 기술사에 합격하였다. 2010년부터 같은 회사 대덕연구센터에서 근무 중이다.

이정훈 대학원에서 구조 전공으로 석사학위 취득 후 현대중공업에서 근무 중이다.

이창현 대학원에서 구조 전공으로 석·박사학위 취득 후 삼성중공업 구조설계팀에 근무 중이다.

이현호 대학원에서 조종 전공으로 석·박사학위 취득 후 현대중공업에서 근무 중이다.

임중현 대학원에서 설계 전공으로 석·박사 취득 후 조선설계 CAD 소프트웨어 기업인 ㈜이지그래프 대표이사로 있다.

정재욱 대우조선해양에서 병역특례로 구조설계 분야에서 근무한 뒤 한국 IBM을 거쳐 현재 다쏘에서 컨설턴트로 활동하고 있다.

정필상 대학원에서 생산 전공으로 석사학위 취득(1997) 후 현대자동차에서 충돌 해석 전문가로 근무하고 있다.

정현승 대학원에서 구조 전공으로 석사(1997), 박사(2003)학위 취득 후 한국철도기술연구원 연구원으로 있다.

진은석 대학원에서 조종 전공으로 석사학위 취득(1998) 후 대우조선해양 연구소를 거쳐 같은 회사 풍력 분야 기술 업무를 하고 있다.

천창열 대학원에서 구조 전공으로 석사학위 취득 후 현대자동차연구소를 거쳐 금융권으로 옮겨 국제금융연수원에서 근무하다가 현재 수학 전문학원과 나무농장을 운영 중이다.

최낙준 해군 예편 후 조선 관련 제이위드제이(JWJ)라는 사업체를 운영하고 있다.

한범우 대학원에서 저항 전공으로 석사학위 취득 후, 현대중공업에서 근무 중이다.

한상서 기계설계학과 대학원에서 석사학위 취득 후, 미국 노스캐롤라이나(North Carolina)

대학에서 MBA 학위를 취득하고 현재 삼성테크원에 근무 중이다.

한상준 미국 MIT 기계공학과에서 박사학위 취득 및 펜실베이니아 대학교 와튼 스쿨에서 MBA 학위를 취득한 뒤 밴티지(Vantage), LG CNS를 거쳐 유니드(UNID) 부사장으로 있다.

한성남 해군 조함단 장교로 복무 중이다.

허철은 대학원에서 설계 전공으로 석사학위 취득(1997) 후 대우조선해양 연구소를 거쳐 스페인 IE 비즈니스 스쿨(Business School)에서 MBA 학위 취득 후, 같은 회사 풍력 분야 영업 업무를 담당하며 함부르크 지사에서 근무 중이다.

47회 졸업생(1992년 입학) 이야기

92학번 동기 대표

  92학번 동문들은 어떤 글을 어떻게 만들까 몹시 고민하던 끝에 인터넷 공간에 액셀 파일을 띄워놓고 각자 자신에게 배당된 공간에 자발적으로 글을 채워 넣기로 하였다. 공간의 이름은 '개인 경력', '학창시절', '졸업 후 기억', '진수회에 남기고 싶은 말'이었다. 원고를 수합하니 60여 쪽이 넘었다. 이 모든 내용을 수록하기에는 지나치게 양이 많아 개인 경력 부분은 모두 살리고 '학창시절과 졸업 후 기억, 진수회에 남기고 싶은 말'을 간추려서 정리하였다.

  '학창시절'의 기사는 신입생 오리엔테이션에서 만남과 더불어 충격으로 다가왔던 술자리에서 시작되었고, 이어지는 여러 여대와의 미팅과 신림동 하숙촌 주변에서의 '신통계' 모임 그리고 조선소 견학으로 이야기가 모아졌다.

  '졸업 후 기억'은 졸업 후 모두 바쁘게 생활하다 보니 경조사 이외에는 만나지 못함을 아쉬워하며, 이제 어떤 계기로 좀 더 자주 만나는 기회가 이어지기를 소망하고 있음이 담겨져 있다. 특히 몇몇 동기는 계기를 마련하여 모임의 기회를 갖자는 제안, 그리고 졸업 20주년이 되는 2016년에 학교를 찾자는 제안도 있었다.

  '진수회에 남기고 싶은 말'은 오늘의 조선산업이 있기까지 진수회 선배들의 큰 공적이 있음에 감사하는 마음과 조선산업을 지키고 키워가기를 바라는 다짐의 글로 축약할 수 있었다. 비록 체계 있는 글은 아니지만 동기들의 진심 어린 마음이 담겨 있는 단문의 모임으로 정리한 점에 나름 뜻을 두고 싶다.

  강경택 졸업 후 행정고시(기술직)에 합격한 후 특허청에서 특허심사관으로 3년간 근무한 후 산업통상자원부에서 서기관(4급)으로 근무하고 있다. 현재 캐나다에 파견 근무 중이나 2015년에 귀국하여 세종 시에서 근무할 예정이다. 취미로 사진을 찍고 있는데, 2012년 초에 서울 야경을 찍으러 밤에 인왕산에 올라갔다가 천체사진가로 활동 중인 동기 권오철을 거의 10년 만에 우연히 만나기도 하였다.

강병철 동기들보다 1년 늦게 졸업하여 1997년 대우조선해양에 입사하여 3년간 선체 생산설계에서 열심히 NC 커팅(cutting) 도면과 조립도를 그리다가 이후 구조 상세설계에 2년간 근무하여 총 5년간의 조선소 현장 사람들과 교감을 이루며 옥포 생활을 마쳤다. 이 기간 동안 생산현장 분들과 쌓은 친분으로 이후 서울에서의 영업설계 및 초기설계 업무에 상당한 도움을 받았으며 다른 사람들보다 상대적으로 편하게 일을 할 수 있었다. 2002년, 드디어 꿈에 그리던 서울 구조 영업설계로 옮겨 2012년 말까지 근무하였다. 이 기간에 주로 LNG 운반선과 대형 컨테이너선에 대한 초기 구조도면, 구조 시방서(Spec.) 및 기술(Technical) 영업을 하며 다양한 경험과 추억을 쌓았다. 2012년 말에서 현재까지 FLNG 프로젝트 매니지먼트(Project Management)를 하는 조직에 근무하고 있는데, 주로 기술 제안서(Technical Proposal) 작성 및 엔지니어링 코디네이션(Engineering Coordination) 업무를 담당하고 있다. 2014년 8월부터 2015년 9월까지 예정으로 영국 레더헤드(Leatherhead)의 한 엔지니어링 회사에 파견 근무하고 있다.

입학 초기를 제외한 전 학창시절에 동아리 생활만 하였는데, 그 동아리가 여행 동아리여서 거의 매 주말마다 전국을 떠돌았고 주중에는 여행 준비 모임 및 뒤풀이로 매일 술자리를 가지며 즐거운 시간을 보냈다. 그 때문에 4년에 마쳐야 할 대학생활을 5년간 해야 했다. 그 시절에는 고등학교 때의 절제된 생활에 대한 보상으로, 아무 생각 없이 백수와 같은 생활이었어도 '내 인생의 황금기가 아니었나' 하고 생각한다.

강상돈 졸업 후 병역특례로 대우조선해양에 입사하여 특수선에서 선형기본설계 및 종합설계의 역할을 수행하였다. 2000년에 대우조선해양 기본설계팀으로 부서 이동을 하여 지금은 가스선과 대형 컨테이너선의 개발 및 기본설계를 주로 수행하고 있다. 서울에서 만날 때마다 옥토버페스트를 정말 자주 이용하였던 기억이 난다. 만나면 반가운데 왜 자주 못 만나는지 그 부분이 아쉽다. 입학 20주년을 맞이하여 학교를 찾아가자는 말이 있었지만 아무래도 우리가 너무 바쁜 시기인가 보다. 졸업 20주년을 맞는 2016년 2월에는 그래도 한 번쯤 학교에 가야 하지 않을까 싶다.

한국 조선산업의 중추가 되어온 우리 진수회가 어느덧 70년이나 되었다는 것이 놀라울 뿐이다. 조선산업의 든든한 허리 역할을 하는 우리가 좀 더 협심하고 노력해서 진수회 100년에는 지금보다 더 큰 위상을 갖는 한국 조선해양산업을 만들어 보자.

경우진 학부와 석사를 마치고 한진중공업에 입사하여 연구소 구조팀에서 만 6년을 근무한 뒤, 잠시 타 업계에 발을 담갔다가 2007년 끝자락에 ABS에 도면승인 검사관으로 조선업계에 복귀하였다. 도면승인 업무 및 전선구조해석, 피로해석 등의 업무를 맡아왔다. 2011년에 미국으로 건너가 현재 휴스턴(Houston)에 있는 소펙(SOFEC Inc.)에서 해양 구조물 엔지니어(Offshore Structure Engineer)로 일하고 있다.

일상적인 일들은 쓸 것이 별로 없고, 4학년 선박 설계 프로젝트가 나름 재미있었는데 나는 복학생 형들과 같은 조여서 우리 학번의 추억은 될 수 없을 것 같다. 에피소드라고 할 만한 기억이 하나 있다. 아마 2학년 때 만우절 때였던 것 같은데, 유체역학 시간에 전원이 의자를 들고 내려와 34동 현관에서 진을 치고 배광준 교수님을 기다렸던 일이 떠오른다.

진수회 70주년을 축하하는 경사스러운 자리이지만, 우리나라 조선업계를 다시 부흥하게 하는 원동력은 우리 동문, 그중에서도 우리 학번이 아닐까 생각한다.

권오철 대우조선해양에서 잠수함 설계를 하다 종합설계팀의 선박 설계 자동화 업무를 하였다. 일은 재미있었지만 회사원으로서의 삶은 행복하지 않아 뒤늦게 방황을 시작, 벤처와 대기업을 들락날락하다 현재는 천체사진가로 일하고 있다.

입학하고 나서 처음으로 술을 마시지 않은 날이 6월의 어느 날이었다. 선배님들이 불러주던 노래가 기억난다. "노나 공부하나 마찬가지다." 그래도 4년 만에 졸업하고 조선소에 입사하였는데 공부가 부족해서 일하기 힘들었던 적은 없었다. 3학년 때만 해도 학부만 마치고 조선소로 가겠다는 사람이 나밖에 없었던 것으로 기억하는데, 4학년이 되니 많은 동기가 조선소를 선택하였고, 석사를 마치고 온 동기들까지 10명이 넘게 조선소에 근무하였다. 이후 몇몇이 그만두기도 하였지만 여전히 많은 동기가 전공을 살려 관련 분야에서 근무하고 있다. 우리 학번만큼 관련 분야에 많이 근무하는 경우는 드물 것 같다.

김경수 1998년 대학원 졸업 후 한라조선소에 취업하려다 IMF 여파로 한라조선소가 부도 처리되어 IT 업계로 진로를 변경하였다. 병역특례로 모다정보통신에 입사하여 9년 동안 근무하다가 퇴사하였다. 4년 정도 감정평가사 시험을 준비하였으나 중도에 포기하고 2011년에 다시 모다정보통신에 입사, 현재까지 근무하고 있다. 사물인터넷(M2M, IoT) 관련 기술 연구개발에 참여하고 있으며, 더불어 국제표준화 활동을 하고 있다. 괜찮은 특허로 사업화할 수 있는 게 없나 하고 매일 고민 중이다. IT 분야도 쉽지 않지만 해볼 만한 재미있는 분야이긴 하다.

어찌어찌하다 '할망구'라는 별명으로 한동안 불렸던 기억, 과내 모모(?) 동아리를 만들어 친구들과 함께하였던 일, 친구들과 같이 먹던 공깡 자장면, 대학원 Lab에서 선후배와 즐겼던 PC용 버추얼 파이터 게임, 무엇보다도 점심 먹고 동기들과 우유팩을 차던 서울대 문화, 신림동의 내 자취방, 옆집 친구 하숙집에서 치킨 사다가 친구들과 나누어 먹으면서 대학농구를 같이 보던 추억, 신림여중에서 경준이와 단 둘이 캐치볼하면서 치고받고 하던 일, 신동기가 교내 보디빌딩 대회에서 아쉽게 2등을 했던 기억이 떠오른다. 비록 나는 현재 다른 분야에서 일을 하고 있지만, 그동안 조선산업 발전의 주인공이신 모든 진수회 회원님께 존경의 말씀을 드린다.

김광수 1996년 학부 졸업 후 연이어 대학원에 진학하여 서정천 교수 지도로 2003년에 박사학위를 받았다. 이후 2004년에 한국해양과학기술원 선박해양플랜트연구소(KRISO)에 들어와서 현재까지 약 10년 정도 대전에서 근무 중이다. 현재 책임연구원으로 선박의 유체 성능 해석분야 연구를 담당하고 있다. 뭐니 뭐니 해도 3, 4학년 때의 일명 '신통계' 모임이 가장 기억에 남는다. 당시 모임의 친구들은 신림동 일대에서 하숙과 자취하던 김경수, 남종훈, 노재규, 신동기, 양윤호, 이경준, 장계환, 정정호, 최제민 등이다. 신림동 '화랑통닭'에서 닭 한 마리 튀겨 와서 좁은 방에 빙 둘러앉아 캔 맥주 하나씩 들고 놀던 그때. 요즘 뒤늦게 한류 드라마로 중국에서 유행한다는 '치맥'을 이미 우리는 20년 전에 누렸다고 해야 할까. 대전 연구소에 있다 보니 몇몇 친구들과 관련 업무로 가끔 연락하기도 하지만 졸업 후 10년의 기억을 돌이켜보아도 경조사, 학회 또는 우연치 않게 만나 오랜만에 안부를 전한 정도의 친구들 기억뿐이다. 바쁘게 살기 때문이라는 것은 핑계이고, 오히려 너무 무심하게 살고 있지 않나 하는 반성을 해본다.

짧지 않은 70년 역사의 진수회이지만 만약 진수회 100주년 기념이 되는 해에 나를 되돌아볼 때, '기여도에 한 줄이나마 채울 수 있는 인물이 될 수 있을까'를 상상하면 조선 관련 연구를 하고 있는 입장에서 더더욱 무거운 책임감을 느끼게 된다.

김상윤　나는 졸업하고 3월에 곧바로 해군 특교대(OCS 90기)에 입대하여 조합단에서 군복무를 마친 뒤 게임 기획자가 되어 게임 업계에서 일하고 있다. 졸업여행으로 여러 조선소를 한 바퀴 돌 때, 한진중공업 회식자리에서 횟집의 회와 소주가 다 동나자 횟집 할머니가 미친놈들이라고 혀를 찼던 기억이 떠오른다. 오랜 세월 동안 한국이 최고의 조선강국이었지만 이젠 중국에 밀려서 과거의 영광을 잃게 되어 안타깝다는 생각이 든다. 첨단 기술과 고부가가치 선박을 개발해서 다시 1등의 자리를 되찾길 바란다.

김준현　졸업 후 변리사 시험공부를 하여 2005년에 합격하고 현재 퍼스트 국제특허라는 개인 사무소를 운영하고 있다. 장수생으로 오랫동안 공부하느라 합격 이전의 회사 경력이 없는데, 조선업계에 발 한번 들이지 않은 게 가끔씩 아쉬울 때가 있다. 변리사 시험에 합격하기 2년 전에 결혼해서 지금은 두 딸의 아빠이다. 비록 조선업계에서 떠나 있지만 조선 관련 신문기사를 보면 관심 있게 읽고 있는 나를 볼 때가 있다. 안팎으로 어려움이 있기는 해도 오랜 전통과 함께 실력을 겸비한 우리 선후배들이라면 조선강국의 위상을 계속해서 이어나갈 거라 믿는다.

남종훈　1998년 장창두 교수 지도 아래 석사학위를 취득한 뒤 공익 근무 요원으로 군복무를 대체하였다. 일 년도 안 되는 짧은 회사생활에 이어 2001년 도미, 2005년 버지니아 공과대학에서 기계공학 박사학위를 취득하고 2010년까지 위스콘신에서 연구원 생활을 하였다. 현재 뉴욕 주에 있는 로체스터 대학(University of Rochester)에서 조교수로 재직 중이다.

지방에서 올라와 신림동에 거주하던 조선과 동기들의 영양 문제 해결과 외로움을 덜어주던 통닭계. 제민이가 주동이 되고, 경수가 장소를 제공하는 방식이 일반적이었던 것 같다. 룸메이트 동기와 함께 자주 어울렸던 그리운 추억이다. 지금은 비록 조선과 동떨어진 분야에 종사하고 있지만 아직도 신문기사에서 '조선'이라는 단어를 접하면 빼놓지 않고 읽는다. 위기라곤 하지만 우리에게 위기가 아니었던 적이 있었는가? 지금까지 잘해온 것처럼 앞으로도 우리 선후배 동문들이 대한민국 조선해양산업을 잘 이끌어 가리라 믿는다. 이 기회에 선배님들이 이루어낸 성과로, 조선과 출신이라는 점을 자랑스럽게 내세우고 산다는 것을 말씀드리고 싶다.

노재규 1998년 대학원에 진학하여 박사 과정을 밟다가 2000년에 한진중공업에 입사하였다. 2002년 이지그래프로 이직하여 프로그래밍을 열심히 하여 돈을 벌고, 밤에는 신동기에게 수업을 들어가며 변리사 공부를 하였으나 공부만 하다가 매번 낙방하였다. 2006년 다시 학교로 돌아가 2009년에 박사학위를 취득하고 2010년 현 직장인 군산대학교 조선공학과에 임용되어 지금까지 지내고 있다. 이상하게 현재 조선학회가 아닌, 대한기계학회 IT융합부문 이사를 맡고 있다. 학창시절을 추억하자면 3학년이 되던 해 전공 위주의 최초 소모임으로 선박 모형모임(모모)을 꾸려 아크릴로 선박 모형을 만든 기억이 있다. 신림동에서 하숙과 자취를 하면서 신림동 통닭계 모임으로 친목을 도모한 추억은 정말 잊을 수가 없다. 화랑통닭에서 통닭을 사오고 비디오가게에서 비디오플레이어와 비디오를 4~5개 빌린 다음 반지하인 경수 방에 모여 새벽까지 비디오 감상을 하였던 일이 어제 일 같다. 조선해양공학과에 들어와서 무사히 졸업하고, 조선 관련 일을 하든지 다른 일을 하든지 간에 바뀌지 않는 자랑스러운 학교 동기들이 있다는 사실이 정말 뿌듯하다. 진수회가 앞으로 100년, 200년 훌륭한 전통을 이어갈 수 있기를 기원한다.

류철호 졸업 후 본교 대학원에서 2002년 8월에 석·박사 과정을 마쳤다. 연구실 및 미국 해군대학원 박사 후 연구원 과정을 마치고 2006년 12월부터 2009년 2월까지 인하대학교 연구교수를 거쳐 2009년 3월부터 현재까지 인하공업전문대학 조선해양과에 재직 중이다. 우리만의 특징적인 일로 기억나는 것은, 많은 친구가 기억하는 MT와 제주도 수학여행이다. 요즘 들어 많이 생각하는 부분이지만, 70년이라는 우리 과의 역사가 있고 내가 거기에 소속되었다는 것이 지금 내가 이렇게 이 자리에서 선후배, 동기들과 어울려 활동을 할 수 있는 기반이었다.

박시영 남들은 안 가는 군대를 현역으로 다녀와서 2000년도에 졸업하였다. 현대중공업 입사 후 지금까지 근무하고 있다. 10여 년간 선체 상세설계 업무를 하다가 3년 전부터 6시 그마 MBB 인증을 받고 사업부 혁신활동 분야에 근무하는, 현대중공업에서 유일한 92학번이 바로 나다.

박종우 본교 대학원에서 추진기 전공으로 석사를 졸업하고 삼성중공업에 입사 후 17년째 근무하고 있다. 17년 중 2년은 추진기를 설계하고, 이후 지금까지 각종 일반선의 선형설계를 하고 있다. 2학년인가, 3학년 스승의 날에 사친회를 한다고 학생회관에서 저녁 식사를 하고 나서 '식후 유흥'을 위해 미녀와 야수를 패러디한 촌극에 동원되었던 기억이 생생하다. 당시 미녀-손석제, 야수-장계환, 나는 가스톤을 맡았다. 현대중공업과 한진중공업으로 실습 나갔던 기억도 있다. 한진중공업에서 LNGC 화물창 안을 견학하였고 술도 사양 않고 많이 마신 것 같다. 그때 범석이 형과 많이 마셨는데, 요즘 어떻게 사시나 모르겠다. 동기 대부분은 결혼식 때나 모이는데, 거의 막차 탄 조용우 결혼식에 간다고 대구로 가기도 하였다.

우리 회사에 이경준이 같은 사무실 쓰고 있고, 내 뒷자리에 이동현 선배가 앉아 있다. 우리 회사에 있다가 자리를 옮긴 홍용표 형, 주성문, 이병삼, 최재호가 회사 나가기 전까지는 교류가 많았다. 같은 업계에 있다 보니 학회 같은 데서 노재규, 류철호, 심인환, 채규일도 가끔씩 만난다. 다들 마흔이 넘어 부장이 되고 임원도 되었을 것이다. 나와 마찬가지로 그들도 늘 이런 마음으로 일하고 있을 것 같아서 호기롭게 써본다.

"내가 현역에 있는 한 우리나라 조선업은 침몰하지 않는다."

배선태　학부를 졸업하고 바로 대우조선해양 특수선에 병역특례로 입사하여 2000년까지 4년간 옥포조선소에서 근무하였다. 이후 서울의 기본설계로 자리를 옮겨 2007년까지, 대학을 졸업하고 대략 12년을 기본설계하면서 보냈다. 2007년 선박영업으로 부서를 옮겨 근무하다가 2010년부터 두바이 지사에서 주재원 생활을 하고, 2013년 여름 다시 선박영업으로 복귀하여 현재 그리스·중동·아프리카·국내 영업을 하고 있다. 1996년 대우조선해양 입사 후 현재까지 19년째 근무 중이다.

학창시절의 일로는 강의 중간중간 틈날 때마다 삼삼오오 모여서 우유팩 차던 일과 미팅, 과팅에 MT까지 부지런히 여학우들과 교류하였던 일이 떠오른다. 다 함께 모였던 기억이 없어 특별히 추억할 만한 일은 없지만 함께 나이 먹어 가면서 회사에 대해, 일에 대해, 사회에 대해 고민하고 걱정하는 동기들과의 즐거운 술자리가 그립다.

잠시나마 진수회 일을 해보니 진수회를 유지하고 지속하기 위해 보이지 않는 곳에서 애쓰시는 많은 선배님들의 노고를 알 수 있었고, 앞으로도 끊임없는 진수회 발전을 위해 이제는 우리도 좀 더 책임감을 가져야겠다는 다짐을 하게 된다.

손석제　조선해양공학과 학사 및 석사 후 미국 조지아 공대 산업시스템 공학과 석사 및 박사를 졸업하였다. 이후 미국 피닉스에 위치한 인텔과 시애틀에 위치한 아마존에서 일하였고, 2014년 8월부터 삼성전자 본사 경영혁신팀에서 근무 중이다. 학창시절에는 동기들과 함께 조선소를 방문하고 선배님들과 만나 대화했던 것, 선박 설계 콘테스트에서 수상했던 일, 과대표로 동기들과 즐거운 추억을 만들었던 일들이 기억에 남는다. 졸업 후 유학과 미국 생활로 오랜 기간 동안 떨어져 지내게 되었지만, 잠시 한국에 방문할 때마다 학과 동기들을 만나면 변치 않는 동창으로서의 정을 느낄 수 있었다. 비록 조선업계에 몸담고 있지 않지만 조선과의 선배, 동기 및 후배들과 교류하며 서로 힘이 되길 바라고 있다. 한국의 조선산업을 수십 년간 세계 최고의 수준으로 유지해온 저력에는 우리 조선공학과 동문이 크게 일조하여 왔다고 생각한다. 앞으로도 진수회가 더욱 공고한 동문 간의 다리가 되어 조선학계와 업계의 번영에 계속 기여하였으면 한다.

신동기 1996년에 졸업, 그해 2월부터 1999년 4월까지 대우조선해양 특수선(잠수함) 설계팀에 근무하였다. 당시 독일 HDW사의 잠수함 설계를 들여와 대우조선해양에서 제조를 하였는데 개인적으로는 용접에 대해 잘 몰라 좀 고생한 기억이 있다. 옥포 생활이 나쁘진 않았지만 그냥 다른 일을 해보기로 무작정 마음먹고 서울로 올라와 변리사 공부를 시작하였다. 퇴사 후 자유로운 생활이 무척 좋아 그냥 몇 년 동안 허송세월만 보내다가 겨우 정신 차려 2002년 변리사 시험에 합격하고 2004년에 현재의 특허법인 동천을 개업해서 대표 변리사로 활동 중이다. 개업 후 첫 고객이 성록이었다. 지금까지도 고맙게 생각한다. 현재 여러 분야의 일을 하고 있지만 그래도 전공이 조선해양이라 이 분야가 제일 자신 있다. 대형 조선사 중에 대우조선해양이 중요 거래처인데, 나름 특수선(잠수함, 함정) 분야에서 대우조선해양 내의 전문 변리사로 통한다. 학창시절의 내 모습을 떠올려 보면 나조차도 지금의 내 모습이 어색하게 느껴진다. 진수회가 벌써 70년이 되었다니, 그저 놀라울 따름이다. 조선해양산업이 계속 발전하여 앞으로 세월이 흘러도 진수회 모임이 더욱 활성화되기를 기대한다.

심인환 학부를 졸업하고 1996년 3월 대우조선해양에 입사하면서 산학으로 석사 과정 2년을 마치고, 1998년 2월부터 대우조선해양 옥포연구소 유체연구팀에서 부유식 해양 구조물 운동해석, LNGC 화물창 유동해석 업무를 수행하면서 전문 연구 요원 5년 복무를 마쳤다. 2003년 6월부터 서울 사무소로 옮겨 선형연구그룹에서 시추선, LNG 운반선, 컨테이너선 등의 선형설계 및 모형시험 수행 업무를 하고 있다.

정확하진 않지만, 장모 군의 부모님이 찬조해 주셔서 1학년 때 현대중공업에 견학을 다녀온 일이 생각난다. 다이아몬드 호텔에서 숙박하였으니 꽤 융숭한 접대(?)를 받았다. 이후 3학년 공식(?) 조선소 견학에서 성록이 글에 있듯이 "소나기 퍼붓는 옥포의 조선소~"를 옥포 바다에서 수차례 불러대는 우리 모습을 바라보던 배 교수님과 대우 선배님들의 표정을 아직도 잊을 수 없다. 직장이 서로 떨어져 있어 많은 친구를 동시에 만난 적은 없지만, 최근 서울에 많이 거주하는 관계로 연중행사로 한 번씩 얼굴을 보면서 살고 있다. 강남 모임과 종로 모임에 아직 동참하지 않은 동기들이여, 모두 모여라. 지금까지 선배님들께서 이루어 오신 업적에 누가 되지 않고, 후배님들에게도 지금보다 더 나은 조선해양산업 기반을 넘겨주는 가교가 될 수 있도록 다 같이 노력하자.

안정환 양영순 교수 연구실에서 1998년 2월에 석사학위를 받고 삼성중공업 조선플랜트 연구소 구조연구팀에 병역특례로 입사하였다. 이후 2003년 7월까지 5년 반 동안 근무하면서 전선 구조해석, 피로해석 등 구조해석 업무를 주로 수행하였다. 2000년에 미국 ABS 휴스턴으로 한 달간 출장 가서 지금 모교 교수로 계시는 김용환 박사님 등 여러 선배님들을 뵙기도 하였다. 지금 생각하면 학창시절에 가장 기억에 남는 것은 신입생 시절이었다. 규일, 인환, 선태, 영태 등과 1학년 때 서울랜드 길바닥에 앉아 노래 부르던 기억도 있다. 그때는 무엇이든 신기하고 재미있었던 것 같다. 소모임 글발에서 토론하고 숙대와 조인트 모임을 한 것도 재미있었고, 종우의 놀라운 글솜씨와 말솜씨, 규일이의 저음에 놀랐던 기억도 떠오른다. 나의 학창시절에서 빼놓을 수 없는 건 역시 농구다. 당시 NBA와 슬램덩크 등의 영향으로 틈만 나면 농구 코트에서 3 on 3을 하였다. 친구들을 모아서 마린보이라는 팀으로 총장배 농구대회에도 나갔는데, 멤버가 신동기, 김준현, 철수 형, 최재호, 장계환 등이었다. 또 병역특례 훈련소에서 우연히 조성원을 만난 게 기억난다. 유격훈련하면서 얼굴에 위장 크림을 발라 처음엔 잘 몰라봤다. 아무튼 힘든 시간에 동기를 만나 위로가 많이 되었다. 세계 1등 조선은 진수회 선후배님들의 희생과 노력의 결과라고 생각한다. 자랑스럽다.

양윤호 석사 졸업 후 병역특례로 1998년 한진중공업에 입사하여 특수선에서 공기부양정 설계 업무, 연구소에서 구조해석 관련 업무를 수행하였다. 2007년에 DNV로 옮겨 현재까지 상선 및 해양 구조물(offshore structure: ship shaped, jacket, semi) 관련 자문, 인증 (Advisory, Approval) 업무를 수행하고 있다. 1학년 때 서울교대와 MT를 주선하였는데 밤늦게까지 기타 치며 노래 부르던 게 기억난다. 그리고 신림동 주변에서 같이 자취하는 동기들과 한량 생활을 했던 일도 생각난다. 나이를 점점 먹어갈수록 그때가 자유로운 영혼으로서 인생의 황금기가 아니었을까 하는 생각이 든다.

요즘 중국의 급부상으로 한국 조선해양산업의 위상이 시험대에 오른 것 같다. 하지만 위기에 더욱 강해지는 민족인 만큼 재도약할 수 있을 거라 확신한다.

이경준 1998년에 석사 졸업하고 일을 하려 하였으나 IMF 평계로 2년 더 학교에서 박사 과정을 밟았다. 2000년 삼성중공업에 입사하여 대전 선박해양연구센터 캐비테이션 터널 부서에서 프로펠러 설계 및 모형시험 업무를 지금까지 담당하고 있다. 박사는 수료 후 거의 9년 만에 학위를 취득하였다. 3학년 때인가 현대중공업에 견학 가서 저녁에 정문 앞에 있는 호텔 지하 바에서 필리핀 가수가 부르는 노래를 함께 즐겼던 일이 기억이 남아 있다. 만우절에 배광준 교수님 수업 때 34동 앞 광장에 의자를 모두 내놓고 앉아 당황하는 배 교수님의 열강을 들었던 일도 있다. 그때 다른 과 학생도 뒤에 많이 서 있었다. 내가 번듯한 (?) 직업을 가지고 일할 수 있는 것은 70년 동안 힘써준 선배, 동기, 후배들의 노력 덕분이라고 생각하고 있다. 더욱더 발전하는 진수회가 되도록 조금이나마 힘을 보태리라 생각해 본다.

이병삼 학부, 석사를 마치고 삼성중공업 정보기술팀에 입사하여 차세대 CAD 관련 업무(설계·개발)를 하였다. 소프트웨어 관련 공부를 더 하고 싶어서 2004년부터 2006년까지 KAIST 소프트웨어 전문가 과정(석사)을 다시 밟았다. 이후 잠시 현대오토에버, 현대모비스에서 자동차 전장 소프트웨어 관련 업무에 근무하다가 이직하여 2010년부터 2013년까지 인터그래프 코리아에 근무하였다. 2013년 7월부터 인터그래프 본사(앨라배마Alabama 소재)에 와서 생각지도 않게 미국에서 소프트웨어 컨설턴트(Software Consultant)로 지금까지 근무하고 있다. 학창시절에는 동아리 활동을 주로 하여 동기들과 많은 시간을 보내지 못한 것이 아쉬운 부분이다. 개인적으로 서울여대와 함께 졸업여행을 제주도에 다녀온 것이 가장 기억이 많이 남는다.

졸업 후 상윤이가 결혼하기 전에 몇몇이 모여 저녁 식사한 것이 유일하게 동기들을 본 기억으로 남아 있고, 한국에 있었으면 자주 봤을 텐데 하는 아쉬움이 있다. 지금까지 순수한 조선 업무는 하지 않았지만, 조선에서 가장 필요한 CAD 관련 업무와 인터그래프(Intergraph) 제품인 SM3D의 선체생산 모듈을 담당하고 있기에 한국이 아닌, 특히 중국의 조선 관련 소식을 많이 접하게 된다. 한국의 조선이 제2의 도약을 해야 할 때가 온 것 같고 해양 분야에 기본설계·시스템 설계를 할 수 있는 인력들이 더 많이 양성되고 좋은 회사들도 많이 생겨나기를 바란다.

이상영 석사를 마치자마자 바로 IMF를 맞아서 병역특례가 취소되어 늦은 나이에 군대로 끌려갔다 왔다. 제대 무렵에 IT 붐이 일어 한국 IBM에 제대 직전에 재미삼아 원서를 냈다가 합격되어 눌러앉았다. 전역과 동시에 백수가 되기 싫어 적만 두고 다른 일을 찾으려 했는데 다른 일 찾기가 귀찮아 근무한 것이 벌써 15년째이다. 시스템 엔지니어로 시작해서 서비스 상품 개발, IT 컨설팅을 거쳐서 제조산업 담당 기술영업을 현재까지 7년째 하고 있다. 92학번 최초 과팅을 규일이가 과대표된 기념으로 기획한 것으로 알고 있는데, 사실 난 몇십 년 동안 이 일을 잊고 있었다. 몇 년 전에 내가 조선과 출신이란 걸 알게 된 지인이 이 이야기를 해서 기억이 다시 떠올랐다. 우리 과팅 상대였던 교대 졸업생에게서 들었는데, 카페도 아닌 놀이터에서 만나 놀이터 도착순으로 파트너를 정해 각자 흩어지는 것을 보고 기겁을 하였고, 친구한테 조선과 애들 만나지 말라고 하였다며 크게 웃었던 기억이 있다. 조선소로 간 수학여행은 1994년의 일인데, 먼저 현대중공업을 돌고, 그다음 날 한진중공업에 갔던 것 같다. 오후에 도착해서 태종대를 둘러보고 조선소 선배들과 저녁을 먹은 것이 기억에 남는다. 직업상 정기적으로 영업기획서(Sales Planning) 작성을 위해 제조산업 동향을 조사해서 보고서를 쓰는데 제조업 내 다른 산업군—전자나 자동차 같은—에 비해서 조선은 너무 작게 다뤄지는 느낌을 받는다. 실제 국가 경제에 이바지하는 비율로 보면 무시할 수 없는 산업군인데 아쉽다.

조선업계에 있는 동기, 동문 여러분, 조선업계 발전을 위해 열심히 일하시는 것도 좋지만 일하신 만큼 광도 좀 내시길 바랍니다.

이상욱 학부를 마치고 선박 설계 자동화 연구실(이규열 교수)에서 석사학위 취득 후, 2006년에 선박 구획 모델링 커널에 관한 주제로 박사학위를 취득하였다. 이후 ㈜이지그래프에 입사하여 현재까지 선박 초기 설계 프로그램의 EzSHIP 제품군인 EzHULL(선형설계), EzCOMPART(선박계산), EzSTRUCT(초기 구조모델링) 등을 개발하고 있다. 1학년 중반부터 컴퓨터 연구회 동아리 활동을 하여 과에서 활동한 기억은 많지 않지만, 신입생 환영회 때 선배들이 주는 술을 계속 '원샷' 하다가 고생하여 그 이후부터 주량이 확 줄었던 일, 그리고 조선문학연구회 소모임에서 활동하였던 일이 떠오른다. 또 4학년 설계수업 때 조별 팀 프로젝트를 하면서 처음으로 선박계산 프로그램을 접하였는데 매뉴얼도 마땅치 않고 생소한 에러 메시지만 많아서 고생하였던 기억이 난다.

지금까지 동문 선후배들의 노력으로 자랑스러운 한국 조선산업의 역사가 세워졌다는 데 자부심을 느낀다. 점점 중국의 조선산업이 성장해 가는 상황에서 앞으로는 한국 조선산업이 첨단 고부가가치 선박 위주로 나아가는 데 진수회가 큰 역할을 하기를 기대한다.

이영태 4학년 공대학생회 일로 학점이 바닥을 기어 학부 1년을 더 다니고 졸업하였다. 졸업 후 1년은 대학생 단체 일, 또 1년은 인권단체 일을 하다 우여곡절 끝에 GIS 업체에서 병역특례 후 계속 IT 분야의 보안 소프트웨어 업체에서 일하였다. 현재는 모바일 분야 개발 및 서비스를 하는 벤처기업을 창업하여 운영 중이다. 학창시절의 일을 떠올려 보자면 조선소 방문, 단체 미팅, 조인트 MT 등이 있다. 좋았던 것은 우리 92학번 간의 끈끈함을 항상 느꼈던 점이다. 놀기도 잘 놀고 또 공부할 때는 진지하고 서로 잘 챙겨주던 92 동기 모습이 아직도 생생하다. 2학년 공수 시험 때 상돈이가 정리해준 쪽지를 달달 외워서 하룻밤 공부하였는데 과에서 2등을 하여 민망하였던 일도 새삼스럽다.

졸업 후 교류가 뜸하다가 출력물 보안업체 프로젝트로 대우조선해양과 현대중공업에 방문하면서 오랜만에 동기들과 선후배를 만났는데, 늦게나마 그것이 기회가 되어 가끔이나마 동기들을 만나게 되어 정말 기쁘다. 다른 분야에서 일하고 있지만 특히 조선 분야에서 일하고 있는 동기와 선후배들을 항상 응원하고 있다.

IMF 등 어려운 시기에 한국의 조선산업이 버텨준 것이 산업 전반에 큰 힘이 되었던 것으로 생각한다. 기후변화, 자원 부족의 등 이슈에 조선뿐만 아니라 해당 분야에서 준비만 제대로 한다면 미래 기술로서 충분한 가치가 있다고 생각한다. 현재의 위기를 잘 극복하고 진수회 100년을 향하여 새로운 비전을 잘 찾아갈 수 있기를 바란다.

이형주 1996년 졸업 후 KAIST 항공과에서 1999년에 석사학위를 받고 대전 ADD에서 유도무기 개발 사업에 참여하였다. 이후 2005년에 장학 위탁교육의 기회를 얻어 펜실베이니아 주립대 기계공학과에서 박사학위를 받고 다시 회사에 복귀하였다. 현재 ADD 4본부 미래 추진기술센터에서 15년째 근무하고 있다.

정정호 학부 졸업 후 자동차 회사에서 1년 남짓 근무하다가 조선공학이 그리워(?) 다시 조선해양공학과 대학원으로 복귀하여 2001년 석사를 졸업하였다. 울산 현대중공업에 취직하여 상선 구조설계 업무를 수행하다가 2005년 중반 대전의 한국선급으로 이직, 한국선급 연구소에서 현재까지 선박 및 해양 플랜트의 위험성 분석(risk assessment) 업무를 수행하고 있다. 지금까지 조선 업종에 있으면서 과거 선배님들의 대단한 역량과 놀라운 희생을 많이 느껴왔다. 앞으로는 조선뿐만 아니라 해운, 금융, 에너지, IMO 등 조선해양의 모든 분야에 걸쳐 진수회 회원들이 다양하게 진출하고 역량을 발휘하기를 소망한다.

정 현 학부 졸업 후 미국 미시간 대학의 조선해양공학과(Naval Architecture & Marine Engineering)로 유학을 떠나 그곳에서 석사·박사학위를 취득하였다. 학위 취득 후 같은 학과에서 박사 후 선임연구원(Post Doctoral Research Fellow)으로 있다가 2009년에 KAIST 해양시스템공학과(Ocean Systems Engineering)로 부임하였다. 현재 KAIST에 계속 있으면서 대한조선학회 총무이사직을 수행하고 있다. 학부 2학년을 마치고 군대 갔다 와서 3, 4학년을 94학번과 대부분 보냈고, '청년성서모임'이라는 가톨릭 학생활동을 열심히 하였던 터라 동기들과 함께했던 특별한 기억이 별로 없다.

동문회이긴 하지만, 조선해양 분야뿐 아니라 다른 분야에 진출한 선후배들도 활발히 교류할 수 있는 더 확장된 진수회가 되길 바란다.

조병삼 졸업 후 IMF 때(1997년) 한국선급에 입사하여 선급 검사원으로 기본, 선체구조 및 의장 관련 도면 검토 업무를 수행한 뒤 현재 기술지원본부 선체기술1(화물선) 팀에서 근무하고 있다. 조선산업 발전의 주축이 되어 세계 1위 조선국를 만드신 선배님들의 업적에 경의를 표하며, 조선 선진국이 오랫동안 유지될 수 있도록 미력이나마 최선을 다하겠노라 다짐한다.

조용우 학부 졸업 후 군복무를 대신하여 병역특례로 대우조선해양에 입사하였다. 다들 병역특례로 특수선에 근무할 때 현역이 아닌 방위 판정을 받은 죄(?)로 혼자 기간특례병으로 상선 설계에 배치받았다. 처음에는 상선구조 생산설계, 이후에는 상선구조 상세설계에 근무하다 2010년부터 구조 기본설계에서 근무하고 있다. 1996년부터 2011년까지 거제도 토박이처럼 지내고, 2011년 말 본사로 이동하여 서울에서 생활하고 있다. 앞으로의 상황은 더 힘들어지겠지만 진수회가 이를 헤쳐 나갈 버팀목이 되어주길 바란다.

주성문 졸업 후 해군 장교로 군복무를 마치고 미국 UC 버클리 대학에서 기계과 석사, 스탠퍼드 대학에서 항공과 박사학위를 받고 삼성중공업에 입사하였다. 중공업 생산자동화에 쓰이는 로봇 개발하는 일을 하다가 다시 미국으로 돌아와 미국 조지아 공대(Georgia Tech) 로봇공학(Robotics) 연구소 연구원으로 근무하면서 강의도 하고 있다. 학창시절의 일은 몇몇 동기와 선박 설계 콘테스트 나가서 수상하였던 일이 기억에 남는다. 삼성중공업에 있을 때 한국 조선산업을 세계 최고의 수준으로 끌어올리신 선배님들의 노고에 감사함을 많이 느꼈다. 앞으로 진수회가 단순한 동문회의 수준을 넘어서 조선·해양 관련 학계와 업계 발전에 계속 기여하였으면 한다.

채규일 졸업 후 군대에 갔는데 입대기간 중에 IMF가 터져서 사회에 나가면 백수 되는 것 아닌가 하여 겁이 나 휴가기간을 이용해 조선기사 자격을 땄던 기억이 있다. 제대 후 1998년 12월 현대미포조선에 입사해서 생산설계부터 시작해 상세설계와 기본구조설계 업무를 거쳐 현재 기술영업 부문에서 선체파트 견적 및 시방서 작성 업무를 하고 있다. 2008년에는 울산대학교 자동차선박기술 대학원에서 쇄빙상선과 유빙충돌 관련 석사 공부를 하였다. 선체 관련 업무만 하다 보니 시야가 좁아지는 듯해서 기본, 의장 분야를 공부해서 2011년에 조선 기술사를 취득하였다. 최근에는 TOC(Theory of Constraints)와 TRIZ 또는 TIPS(Theory of Inventive Problem Solving: 창의적 문제해결 방법)에 관심을 갖고 조선 분야에서의 혁신 방안을 모색 중이다.

1학년 초반에는 학회를 중심으로 과방에서 많이 모였다. 나는 글발이라는 언론학회에 속해 있어 세미나도 하고 몇 차례 A4 크기의 신문을 내기도 하였다. 그때 무슨 일이 있어 강상돈을 '황상돈'으로 신문에 기사를 썼다가 욕을 많이 들은 기억이 있다. 언론이 바로 서야 한다는 것을 뼈저리게 느꼈던 계기였다. 신종계 교수님이 3학년 때 부임해 오시면서 뭔가 새로운 것을 시도하려 하셨다. 그때 모모라는 모임이 시작되었고, 공대 호수에서 페트병으로 배를 만들기도 하였다. 가장 즐거웠던 사건으로는 첫 학기 5월쯤(4일?) 인환, 선태, 정환, 영태 등과 하루 수업을 빠지고 서울랜드에 갔던 일이다. 그때 나는 제2외국어로 배운 중국어를 써먹으며 중국 교포 행세를 하였다. 내가 중국말로 떠들고 옆에서 인환이가 통역해주고, 그렇게 밤늦게까지 여고생들과 어울려 잘 놀았던 기억이 있다.

우리의 대학생활은 한동기의 노래로 시작해서 그의 노래로 끝이 났다고 생각한다. 신입생 오리엔테이션 때 동기는 '이히 리베 디히~'로 우리를 설레게 하였고, 졸업 사은회 때 '마이 웨이'를 불러 우리를 울컥하게 하였다. 가끔 한동기의 노래가 그립다.

지금까지의 대한민국 조선의 역사는 진수회 역사이기도 하다. 앞으로도 진수회 회원과 주위의 모든 사람이 조화를 잘 이루어 더 큰 성과를 이끌어냈으면 좋겠다.

최성록 졸업 후 한국예술종합학교 영상원 대학원에서 영화 사운드를 전공하였다. 라이브 톤, 블루 캡 등지의 회사에서 영화 사운드 에디터로 활동하였다. 이후 도미하여 USC 영화학교(Film School) 대학원에 입학하였고 USC 강사 생활 후 창업을 하였다. 현재 미국에서 사운드 디자이너·믹싱 엔지니어로 활동 중이다.

과가인 전노협 진군가를 부를 때 "옥포의 조선소에서" 구절을 무한 반복하였던 일이 기억이 난다. 심지어 조인트 MT에서도 20번 넘게 반복하기도 하였다. 지금 생각하면 여학생들이 학을 떼었을 것 같은 일이다. 즐거웠던 에피소드는 서울여대와 제주도 졸업여행 중 노재규 군이 삼각관계의 주인공이 된 일이다.

행정, 경영, 정치에 끌려 다니기보다는 리드할 수 있는 공학계를 만드는 데 조선이 선도적 역할을 해줬으면 한다.

최재호 졸업 후 대우조선해양에 입사 후 약 10년간 기관실 기장설계 업무를 수행하였다. 조선과 졸업생들은 대부분 선체설계나 기본·종합설계에 배치되었는데 '기장'이 무슨 뜻인지도 모르는 상태에서 배치되어 몇 년간 고생이 많았다. 오래 지나고 보니 기장설계에 근무했던 것이 그리 나쁘지 않았다고 생각한다. 이후 포스코 LNG 터미널 및 LNG 구매팀에서 약 1.5년간 근무하다 팀이 해체되면서 삼성중공업 기장설계로 옮겨 5년간 근무하였다. 그 후에 인연이 있던 MODEC로 이직하여 현재 프로젝트의 기술 관리(Engineering Manager)를 수행하고 있다. MODEC은 FPSO를 주력으로 설계−건조−운전을 수행하는 회사로 주로 기존 탱커를 구매하여 FPSO로 개조하지만 가끔씩 신조를 하기도 한다. 한국 조선소에서 일할 때는 별로 생각해 보지 못한 부분인데 싱가포르에 있는 조선소에서 함께 일을 해보니 한국 조선소의 수준이 높다는 것을 느낄 수 있었다. 영업·수주 단계에서부터 설계, 생산, 품질관리·검사, 시운전, 인도까지 잘 잡힌 체계와 높은 수준의 서비스를 제공한다는 것을 깨달았고, 많은 외국 동료의 인식도 그러하였다. 공헌해 주신 여러 선배님들께 감사한 마음이다.

최제민 적성에 맞지 않은 공대에서 석사까지 졸업하고 전문 연구 요원으로 현대중공업에 가서 생전 처음으로 로봇 설계를 하다가 프리챌에 입사하여 대박의 꿈을 좇다가 다시 회계사가 되겠다고 공부를 시작하였다. 학창시절에는 여러 동아리를 기웃거리긴 했지만 결국은 과 친구들과 주로 지낸 듯하다. 늘 경수 방에서 모인 신통계의 노재규와 단짝이었고, 신동기와 운동을 같이하고 연애 코치도 받으며 지냈다. 주로 조용하고 담배 안 피는 애들과 친하였다. 92학번 석사 진학자 30여 명 중 흡연자는 딱 2명이었는데 활달하고 음주에 능한 친구들은 대부분 학사만 마치고 병역특례로 대우조선해양에 갔다. 졸업 후 조선소끼리, 서울 잔류 팀끼리 각자 모임이 있었지만 석제 결혼식 이후로 세무 공부한답시고 동기들을 만나지 못하였다.

최창림 백수생활을 오래하면서 2003년 늦깎이로 학부를 졸업한 뒤 현대삼호중공업에 입사하였다. 그곳에서 구조 상세설계 업무를 5년 정도 한 후 2008년 대한조선으로 이직하였다. 이직 후 다시 5년 정도 구조설계를 하다가 지금은 생산기술과 생산계획 업무를 하고 있다.

학창시절에 너무 많이 놀아 회사생활만큼은 열심히 하려고 노력한다. 외지에서 생활하는 나는 학회나 출장에서 동기들 만나는 게 작은 기쁨이다.

한동기 졸업 후 포항공대 기계공학과 석사를 마치고 공익 근무 요원으로 복무하였다. 현대모비스, 엘지전자, 두산 인프라코어를 거쳐 현재 삼성전자에 근무하고 있다. 직장생활의 첫 단추를 그렇게 끼우다 보니 여러 회사를 전전하며 CFD로 일하고 있다. 학부 때도 그랬지만 졸업 후 지금까지 전공과 거리가 있는 곳으로만 맴돌았다. 몇십 년 동안 변함없이 업계 최고의 위치를 지키고 있는 조선산업이 대단하다고 느끼며 이 또한 진수회와 동문들의 힘이 아닐까 싶다.

홍용표 2000년 석사 후 2004년까지 규슈 대학에서 학위를 마침과 동시에 삼성중공업 대전연구소(수조)에 입사하였으며 2010년 독일 HSVA 사로 이직하였다. 현재 SMO(Seakeeping Manoeuvring & Offshore) Dep.에서 프로젝트 매니저(Project manager)로 재직 중이다.

군 복무 도중 휴가 기간에 대입을 치르고 귀대 및 휴학 후 이듬해 93학번과 학부 과정을 시작하였다. 함께 공유한 시간이 거의 없다 보니 대부분 동기들이 잘 기억하지 못할 듯하다. 추억이 없다는 것이 아쉽다. 이번 기회에 '홍용표가 우리 동기구나' 하고 이름 석 자정도 기억해 주시면 좋겠다. 조선해양 분야의 주춧돌이자 버팀목으로 활약해 온 훌륭한 선·후배님들에게 음양으로 도움을 받으면서도 정작 나는 진수회를 위해 기여하는 바가 없어 적잖이 송구하다. 진수회 회원 누구든 함부르크에 오실 일이 있으시면 주저치 마시고 연락 주시길 바란다. 독일 맥주에 부르스트 한 접시 대접하겠다.

황인득 1996년 학부 졸업 후 대우조선해양 거제조선소 특수선 사업부에서 병역특례로 근무하였다. 학부를 마치고 대우조선해양에서 병역특례로 근무하던 동기가 여럿 있어 재미있게 보낸 3년이 새록새록 떠오른다. 그 후 서울에 있는 작은 벤처기업에서 차량용 진단 스캐너를 개발하는 SW 엔지니어로 3년 근무하였고, 2004년에 보쉬 코리아(Bosch Korea)로 이직하여 에어백 개발 엔지니어 및 프로젝트 매니저로 근무하였다. 2012년 보쉬 자회사인 이타스 코리아(ETAS Korea)로 이직하여 현재까지 근무 중이다.

학창시절의 기억이라면 역시 조인트 MT와 단체 미팅의 추억이다. 교대·서울여대·이화여대·덕성여대·숙명여대와 함께했다. 재규가 서울여대와 졸업여행 후 삼각관계에 있었다는 것을 이제 알았다. 앞으로도 계속 발전하는 한국 조선산업이 되었으면 좋겠고, 그 중심에 진수회가 영원토록 있었으면 하는 바람이다.

48회 졸업생(1993년 입학) 이야기

93학번 동기 대표

우리 학번에 이르러 정원이 늘어나 최초로 60명이 되었다. 91학번까지 40명, 92학번은 50명, 우리 학번은 60명이 된 것이다. 우스갯소리로 우리는 서로에게 "정원 10명 늘어서 합격했지?"라는 말을 많이 하였다. 또 10년 만에 처음으로 여학우(임영실)가 입학하여 선배들의 관심도 집중되었다. 그래서 축제 때 '숨은 여성 찾기' 등 새로운 이벤트를 기획하였으며 이를 계기로 다음 기수인 94학번은 3명의 여학우가 입학하였다고 생각한다. 그러나 학과명이 '조선공학과'에서 '조선해양공학과'로 바뀐 결과라고 이야기하는 사람들도 있다.

신입생 환영회 때 지신밟기 게임을 하였는데 임일심이 다른 학우의 등을 밟고 다녔다. 또 소주 사발식에서는 모두가 한 사발을 마셨으나 여동진이 체격이 좋다는 이유로 두 사발을 마셨다. 그 후 대부분 전사(?)하였으나 두 사발을 먹은 여동진은 임일심을 여관에 업어다 주는 괴력을 발휘하기도 하였다.

학회활동은 글발, 조선문학연구회(조문연), 사문연, 과학철학연구회(과철연)이 있었다. 조문연에는 박재성, 조형준, 이경수, 송유석, 변상호가 활동하였고, 과학철학연구회에는 최호경, 이요섭, 김영민이 활동하였다.

1995년 수학여행이 즐거웠던 것으로 기억난다. 신종계 교수님께서 지도교수로 동행하였으며, 울산 현대중공업-부산 한진중공업-거제 대우조선해양-거제 삼성중공업으로 3박 4일 다녀왔다. 전통적으로 수학여행은 인천으로 가서 해군 군함을 타고 조선소로 가는 것이 관례였지만 해당 날짜에 인천에서 출항하는 해군 함정이 없어서 버스를 타고 울산으로 갔다. 현대중공업 안에 있는 연수원에서 축구를 하고, 연수원 숙소에서 하룻밤을 잤다. 한진중공업 견학 후 태종대 근처 관광호텔에서 하루를 묵고 다음 날 쾌속선을 타고 거제도로 갔다. 거제에서는 대우조선해양을 견학하고 옥포호텔에서 묵은 뒤 그다음 날 삼성중공업을 견학하고 다시 서울로 돌아왔다. 수학여행 후 봉천사거리에서 신종계 교수님과 찐하게 뒤풀이를 하였으며, 뒤풀이 중 교수님께서 사라지셨다.

1995년 대동제 기간 중에 당시 서울시장 후보 조순 씨가 선거운동 차 이해찬 씨와 우리 학교를 방문하였다. 당시 학생식당 옆 잔디밭 한켠에 자리 잡고 한잔하던 우리는 조순 씨를 보고는 "조선" "조순", "조선" "조순"이라고 열광적으로 외쳤다. 그러자 조순 씨가 우리 쪽으로 와서 환담을 나누고 막걸리와 안주도 많이 사주고 가셨다.

1996년, 우리는 탤런트 김지호가 다닌다는 서울여대 전산통계학과와 조인트하여 제주도로 졸업여행을 갔다. 김지호는 당연히 오지 않았고 서울대 80년대 초반 학번의 남자 지도교수님과 대학원에 다니는 나이든 조교가 함께 오셔서 재미가 없었다. 서울여대와 졸업여행 후 연결된 유일한 사람은 90학번 김○○이며, 결혼하여 지금은 캐나다로 이민 가서 잘 살고 있다. 그런데 결혼 상대자는 졸업여행에 참석하지 않은 여학생으로, 두 사람은 뒤풀이에서 만난 사이였다.

4학년 때 우리는 SBS 퀴즈미팅을 나가기로 하였다. 원래는 육군사관학교와 항공운항과 특집이었으나 강릉에 좌초된 북한 잠수함의 무장공비 침투로 전군 비상령이 내려져 서울대학교 조선해양학과가 육군사관학교를 대신하여 참가하였다. 연세대 신문방송학과와 고려대 의학과 등 모두 50명 구성에, 우리 과는 약 30명이 참가하였다. 과대표인 박재성이 결선까지 올라갔지만 아쉽게 1등은 연세대로 돌아간 슬픈 기억이 있다.

1997년이 되자 IMF와 이회창 후보 아들의 병역비리 사건으로 병역특례 인원이 많이 줄어들었다. 당시 석사로 산학하던 동기들이 졸업할 무렵, 대우조선해양 조선소에서 오지 말라는 권고를 받는 일도 발생하였다. 덕분에 우리는 박사 과정에 많이 진학하였다. 다른 과도 상황이 비슷하여 그 당시 전문 연구 요원 시험 경쟁률이 아주 높았다. 당시 대우에서 7명이 산학을 하였는데 정원이 다섯 자리밖에 나오지 않아 나이순으로 하자, 성적순으로 하자, 가위바위보로 하자 등등 말이 많았는데, 결국에는 2명이 박사 과정에 진학하였다.

　　졸업 후 진로의 트렌드라면 특례(학사/석사/박사)라는 제도를 활용해서 병역문제
를 해결하였고, 병역특례와 얽히면서 약 절반 정도가 조선소에 취업을 하였으며,
벤처 붐으로 IT 업계로 진출하기도 하였다.

:: 졸업 후 개인 근황

강연식　1999년 졸업 후 조선해양공학과 홍석윤 교수 지도로 2001년에 석사학위를 받았
다. 2001년부터 5년간 미국 UC 버클리 대학 기계공학과에서 제어 전공으로 박사학위를 마
쳤다. 1년간 박사 후 연구원 과정을 지내고 2007년부터 3년간 홍릉에 있는 한국과학기술연
구원에서 선임연구원으로 근무하였다. 2010년부터 국민대학교 자동차공학과에서 학생들
을 가르치다가 2014년에 신설된 자동차 IT융합학과로 이적하였다. 최근 무인 시스템, 센서
융합, 지능형 자동차, 각종 제어기법 등에 대해 연구하고 있으며, 언젠가 무인 배에 대해서
연구할 날이 오기를 기대해본다.

강지훈　2000년에 학부를 졸업한 후 바로 사법고시 공부를 시작하였다. 2004년에 사법고
시에 합격해서 2005~2006년 동안 사법연수원에서 실무 공부를 하고 2007년 법무법인 광
장에서 변호사로 근무하기 시작하였다. 2009년 대우증권으로 이직해서 증권거래 및 경영
기획 분야 업무를 하며 지내다가 2014년 터치패드 업체인 멜파스로 이직, 기획·재무·법무
업무를 담당하고 있다.

고석천　1999년 3월, 현대중공업 선박연구소에 입사한 이후 계속 근무 중이다. 4학년 졸
업논문 때문에 예인수조에서 몇 달간 일하였는데 그것이 평생의 밥줄이 되었다고 자평한
다. 2006년, 88학번 윤현세 박사의 도움으로 학술진흥재단 후원으로 1년간 미국 아이오와
대학에서 방문연구원으로 지냈다.

김경동　해군 장교 제대 후, 프리챌 초창기 멤버로 입사하였다. 이후 핀란드 대학원에서
디자인 경영학을 공부하고 디자인으로 과감히 인생의 진로를 바꾸었다. 우연한 계기로 삼
성전자에서 마케팅을 하다가 대기업의 답답함을 못 견뎌하던 차에 네이버로 이직하여 네
이버의 네모난 창인 '그린윈도우'를 만들었다. 디자인 회사 '플러스엑스'를 설립하여 디자
인 및 브랜드 컨설팅을 하였고 모바일 게임도 만들었다. 현재 '제이오에이치'에서 건축과
브랜드 컨설팅을 하고 있으며 외식업(세컨드키친, 일호식), 신발(워크앤레스트)과 가방(조앤코)
제조 등으로 바쁘게 지내고 있다.

김일규　1997년 졸업 후, 양영순 교수 연구실에서 석사 1학년 차를 보내던 중 기술고시에
합격하여 특허청에서 공직생활을 시작하였다. 특허심사관, 심판관 및 여러 특허청 정책

부서에서 근무하였고, 2012년부터 2년여 동안 미국 듀크(Duke) 대학 로스쿨에서 지식재산권법을 공부하였다. 2014년 7월 국내로 복귀, 현재는 조선해양 분야 특허심사를 담당하는 특허청 차세대 수송심사 과장으로 재직 중이다.

김진성 1997년부터 2000년 4월까지 현대중공업 특수선 사업부에서 근무하였다. 2000년 4월부터 2006년 11월까지 LG CNS 해외법인 지원팀에 근무하면서 LG전자의 멕시코, 독일, 네덜란드 ERP를 구축하였다. 2006년 11월부터 2010년 2월까지 미국계 공급망 컨설팅·소프트웨어 회사인 i2 테크놀로직스(i2 Technologies)에 입사하여 현대차, LG전자, 대상 등에 수요예측 시스템(Advanced Planning System)을 구축하였다. 2010년 2월부터 2012년 6월까지 흡수 합병된 미국계 공급망 컨설팅·소프트웨어 회사 JDA 소프트웨어에서 한솔제지, LG전자, 삼성전자 등에 수요예측 시스템 구축 및 리모델링(remodeling) 업무를 수행하였다. 2014년 현재, JDA 소프트웨어의 기술영업에 재입사하여 근무 중이다.

김철원 학부를 졸업하고 2000년에 현대중공업 선박영업부에 입사하여 2년간 직장생활을 하였다. 이후 2004년에 삼일회계법인에 들어가서 7년 정도 전공과는 거리가 먼 길을 걸었다. 회계법인 생활 중에 삼성중공업 회계감사에 참여하였던 인연을 계기로 2011년에 삼성중공업 기획팀에 입사하여 다시 중공업인(人)의 길로 들어섰다. 현재는 리스크 관리팀에서 영업, 설계 등의 기본사항들을 하나씩 익혀가는 중이다.

박광필 1997년 학부 졸업 후 바로 석사 과정에 입학해서 1999년에 석사 졸업한 뒤 대우조선해양에서 근무하였다. 2008년에 유학을 떠나 2011년에 다시 회사로 복귀하여 근무 중이다. 석사 때 지도교수 이규열 교수님께 다시 박사 지도를 받았는데 혹자는 군대를 두 번 간다고도 하였다.

박은호 졸업 후 울산으로 내려와 계속 살고 있다. 학부를 마치고 현대중공업에 입사해서 5년 정도 근무하였고, 이후 부산대 치과대학에 수능으로 다시 입학하였다. 지금은 울산에서 치과를 개원한 지 6년 차가 되었다.

박재성 1997년 학부 졸업 후 바로 석사 과정에 입학해서 1999년 석사를 졸업하고 나서 대우조선해양에 입사, 지금까지 회사생활을 하고 있다. 특이한 경력은 없고, 처음엔 석사 연구 병역특례로 5년간 연구소에서 근무하고, 이후 영업으로 옮겨서 일을 하고 있다. 노르웨이 오슬로 지사에서 3년간 근무하였으며 2014년 3월 초 한국으로 복귀하였다.

방창선 1999년 석사 졸업 이후 삼성중공업 연구소(거제)에 취직하여 현재까지 근무하고 있다. 2009년 KAIST 기계공학과에서 박사 과정을 시작해서 2013년에 졸업하였으며, 지금은 극저온 화물창 개발 업무를 하고 있다.

송수한 1994년 7월에 마지막 단기사병(일명 방위)의 기회를 놓치지 않고 훈련소에 입소하였다. 1996년 1월 10일 소집해제 후 3월에 복학하였으며 총 9학기 동안 학부생활을 하였다.

1999년 졸업 후 대학원에 진학하였지만(성우제 교수 연구실) 석사 수료만 한 후 2000년 12월에 대우조선해양(거제)에 입사하였다. 기장설계팀에서 1년 근무하다가 그만두고 1년 정도 쉬면서 방황을 하였다. 2003년 4월 1일 삼성중공업에 입사하여 현재까지 재직 중이다.

송유석 1999년 대학원 졸업 후 삼성중공업 조선해양연구소 구조연구에 입사를 하였다. 입사 시에 여객선 설계로 갈까 하는 마음도 있었는데, 구조연구 부서에 근무하던 92학번 안 모 선배의 권유 및 설득으로 구조연구에 터를 잡았다. 계속 삼성중공업 연구소 구조연구에 근무하다가 2007년에 8개월 동안 KAIST에서 과제 수행하기 위해 파견 생활을 하였다. 2010년에 설계 부서로 이동하여 현재까지 해양 구조설계 업무를 수행 중이다.

여동진 1997년 학부 졸업 후 1999년 석사를 졸업하였다. 2005년 8월에 박사학위를 취득하고 같은 해 9월 대전 KRISO에 취업하여 현재까지 근무 중이다. 2010~2011년 1년 동안 미국 아이오와 대학에서 방문연구원으로 있었다.

오남균 학부를 졸업하고 해군 특교대로 3년을 근무한 후, 2014년 9월 1일부터 경기도 화성에 있는 신재생에너지 전문업체에 다니고 있다. 기존에 하던 지열과 태양열에 태양광발전을 추가하려 하고 있으며, 재미있게 일할 수 있을 것 같다.

오인수 1997년 학부 졸업 후 해군 특교대로 2000년 6월까지 복무하였다. 그해 8월부터 2002년 1월까지 앤아버의 미시간 대학(University of Michigan at Ann Arbor)에서 조선공학 석사학위 취득 후 귀국하였다. 이후 애니파크라는 게임회사에 근무하며 '마구마구', '차구차구' 등을 개발하였다.

유용주 1997년 IMF가 한창일 때 병역특례로 현대중공업 특수선 사업부에 입사해서 현재까지 근무 중이다. 잘 알려진 KDX-III를 포함한 다수의 해군 프로젝트에 참여하였으며 우리나라 국방에 나름 일조하였다는 자부심을 갖고 있다. 2014년부터는 군 관련 업무에서 특수 상선 업무로 전환하여 많은 내용을 배워가고 있는 중이다. 2013년에 늦둥이 딸을 낳아서 딸 바보로 살아가고 있는 행복한 아빠이기도 하다.

유지한 학부를 마치고 바로 미국으로 건너가 자동차 제어 분야로 석사와 박사학위를 취득하고, GM에서 5년간 근무하였다. 그 후 노스캐롤라이나(North Carolina)에 있는 로드 코퍼레이션(Lord Corporation)에서 2014년 현재 5년째 일하고 있다. 지금 일하고 있는 분야에서 헬리콥터 진동제어 제품을 개발하고 있다.

이경수 1997년 2월에 학부를 졸업하고 대학원(서정천 교수 연구실)에 진학을 하였다. 석사 3학기를 마친 1998년 여름방학 때 돌연 휴학하고 기술고시(기계직) 준비를 시작하여 2000년에 합격하였다. 2001년 산업자원부에서 공직생활을 시작하여 줄곧 근무 중이나, 정부조직 개편으로 부처 이름이 지식경제부, 산업통상자원부로 바뀌었다. 산업, 에너지자원, R&D 등 다양한 부서에서 근무하였으며 2009년부터 2년간 미국 콜로라도 대학에서 유학하고 행정학 석사학위를 취득하였다. 현재 산업통상자원 R&D 전략기획단(서울 역삼동 기술센터 소재)에 파견되어 총괄지원실장(서기관)으로 재직 중이다.

이광용 1998년 학부를 졸업하고 병역특례로 현대중공업 특수선 설계부에 입사하였다. 입사 이래 7년 반 동안 군함과 해경 구난함의 의장설계를 담당하였으며, 2005년 8월부터 2011년 8월까지 선박 구조설계부로 전임하여 특수화물선(LPG/LNG선)의 구조설계를 담당하였다. 선박 구조설계부 근무 시 근무 병행 유학 과정으로 2009년 2월에 울산대학에서 석사학위를 받았으며, 2011년 9월부터는 외업 의장부로 전임하여 관철(배관/철의장) 생산 관리 업무를 맡고 있다.

이요섭 2000년 대우조선해양에서 병역특례를 마치고, 전자 관련 중소기업에서 2년 동안 근무한 후 2002년에 방송 수신 장비 분야의 임베디스 소프트웨어 개발 회사를 창업하였다. 2006년부터 자체 수신기 모델의 제조를 시작하였고, 2010년부터는 영상처리 솔루션 장비 분야 사업도 병행하고 있다. 최근엔 구글 글라스와 유사한 기능의 장비를 개발하고 있다.

이정호 1999년에 서정천 교수 지도로 석사를 졸업한 후 IT 회사에서 병역특례를 마쳤다. 몇몇 회사에 다니다가 '네오엠텔'이라는 임베디드 그래픽 소프트웨어 회사에서 근무한 후 2009년에 퇴사하여 콘크리트 제조업을 하는 가업을 잇고 있다.

임우석 해군 조함장교로 1997년에 위탁교육을 마친 후 현재 해군 중령으로 복무하고 있다. 2001~2003년 미국 로드아일랜드 대학(University of Rhode Island)에서 2년 유학하였고, 현재는 함정기술처 설계과장으로 근무 중이다.

임일심 몇 번의 휴학을 거치면서 폭풍 같은 20대를 보내다 2000년에 졸업하였다. 졸업 후 우연히 근무하게 된 대치동 학원에서 지금까지 일하고 있다.

정연환 해군사관학교를 졸업, 해군 장교로 임관하여 조함장교로 근무하다가 1995년에 3학년으로 편입하였다. 학과 행사에는 거의 빠짐없이 참석하였지만, 주로 군대 갔다 온 친구들과 많이 어울렸다. 1997년 졸업 후 2005년까지 해군 조함단에서 독도함, KDX-II, III 등의 함정 설계 및 건조 업무를 수행하였다. 1998년부터 2000년까지 현대중공업 감독관실에 파견되어 해군 감독관을 하였으며 2006년부터 생산연구실 박사 과정에 들어가 2010년 2월에 박사학위를 받았다. 이후 진해 해군사관학교 교수로 근무하고 있다. 2012년 6월부터 2014년 7월까지 2년간 미국 메릴랜드 주에 있는 해군사관학교 교환교수로 파견되어 미국 해군사관학교 생도들에게 조선공학을 가르치는 기회를 갖기도 하였다.

조인호 1997년 학부를 졸업하고 1999년 대학원을 졸업(배광준 교수 연구실)하였다. 이후 1999년 삼성중공업 기본설계에 입사하였다. 5년간 전문 연구 요원으로 지내다가 2004년 삼성 지역 전문가로 뽑혀 미국 휴스턴에서 1년 파견 근무를 하였다. 2010년 이명박 정부의 녹색 성장의 기치 아래 회사에서 풍력사업부 영업팀으로 소속을 옮겼고 4년간 미국, 영국, 독일 등지로 파견되었다. 2014년 조선해양 영업실로 돌아와서 유럽 지역 해양설비 영업을 담당하고 있다.

조형준 1999년 석사를 졸업(양영순 교수 연구실)하고 박사 1학기 마친 후 용인 마북리에 있는 현대정공 기술연구소에 병역특례로 입사하여 지금까지 근무하고 있다. 전차, 무인체계 등 지상무기 방산 일을 하고 있으며, 2009~2012년 동안 해외영업을 하다가 다시 연구소로 복귀하였다.

최명근 1999년 2월에 석사를 졸업하고 학사장교를 지원하였다가 면접에 늦는 바람에 떨어져서 박사 과정에 들어갔다가 공익으로 군대를 다녀왔다. KRISO에서 계약직으로 10개월 근무하던 중 텍사스 A&M 대학에서 박사 과정을 밟았다. 현재는 MODEC이라는 회사에서 근무하고 있다.

최호경 1997년 병역특례로 대우조선해양 특수선 사업부에 입사해서 2003년까지 거제도에서 살다가 2003년 서울 사무소 영업설계로 자리를 옮겼다. 2006년 7월 대우조선을 그만두고 한화건설 플랜트 사업부로 이직하여 공장 설계에 매진하다 2012년 대우조선해양의 경력직 모집으로 재입사하여 지금은 열심히 해양 플랜트 설계를 하고 있다.

:: 분야별 동기들 근황

■ 대우조선해양

학사 병역특례로 1997년에 이요섭과 최호경이 입사하였고, 석사 병역특례로는 1999년에 박재성, 이혁, 허기선, 이철원, 박광필이 입사하였다. 이후 홍성일, 송수한이 입사하였다가 지금은 퇴사하였다. 또한 이요섭이 퇴사하였고, 이철원은 STX조선해양으로 옮겼다가 2013년에 대우조선해양으로 재입사하였으며, 최호경은 한화건설로 옮겼다가 2012년에 재입사하였다. 현재는 박광필, 박재성, 이철원, 최호경 네 명이 근무 중이다.

■ 현대중공업

학사 병역특례로 1997년에 입사하거나 석사 병역특례로 1999년에 입사한 친구들이 제법 있었지만 현재는 고석천, 유용주, 이광용, 오훈규, 장재우, 남정우, 박용관, 윤대규 등이 연구소 및 설계실에 근무하고 있다. 장재우, 남정우가 2014년 초에 서울 사무실로 옮겨 울산에는 고석천, 유용주, 이광용, 오훈규 4명이 남아 있으며, 울산에서는 1년에 몇 차례 동기모임을 하고 있다. 황선복은 DNV로 옮겨 부산에 있으며, 학사 병역특례로 1997년에 입사한 박은호는 퇴사 후 부산대 치대에 입학하여 현재 치과의사로 울산에서 개원의로 일하고 있다. 또한 석사 병역특례로 1999년에 입사하였던 동기 중 김동현은 인터넷기업 '다음'으로 옮겨 개발팀장을 맡는 등 IT 업계에서 나름 유명인사가 되었다.

■ 삼성중공업

김철원이 공인회계사를 하다 삼성중공업 RM 팀에 근무하고 있다. 송수한은 서울 설계센터에 근무하고 있으며 거제에는 조인호, 박상수, 방창선, 송유석(나이지리아 파견 중) 4명의 동기가 변함없이 함께 있다. 또 강주년과 한용연이 설계팀(거제)에서 근무 중이고 허기선이 삼성중공업으로 파견 나와 거제에서 같이 근무 중이다.

■ 해양연구원(KRISO, MOERI)

최명근이 잠시 근무하다가 현재 미국에 체류 중이며, 여동진만 현재까지 근무하고 있다. 여동진은 연구소에 함께 근무하던 90학번 박철수 박사와 같은 날에 결혼식을 올렸다.

■ 미국선급협회(ABS)

황정헌, 변상호가 근무하고 있다.

■ 노르웨이 선급협회(DNV)

김형곤, 황선복이 근무하고 있다.

■학교

강연식, 조두연, 정연환이 있다.

■공직

김덕영, 김일규, 이경수, 임우석이 있다.

■해외 거주

이선웅, 정진우, 최명근, 유지한, 이혁 등이 있다.

■IT 분야

김경동, 김동현, 김진성, 박도현 등이 있다.

■기타

이요섭(개인 사업), 이정호(개인 사업), 박은호(치과 병원장), 강지훈(변호사), 오남균(재생에너지), 임일심(학원)이 있다.

49회 졸업생(1994년 입학) 이야기

노명일

:: 학창시절의 분위기

최근 케이블 TV에서 '응답하라 1994'라는 드라마를 방영하였다. 당시 시대 상황, 대학생활 등 94학번들의 추억을 정말 잘 표현하였다고 생각한다. 드라마를 보면서 오랫동안 못 보았던 친구들이 많이 생각났다. 우리 94학번은 총 60명으로 대학생활을 시작하였다. 특이한 점 중의 하나는 오랜만에 여학생들이 입학, 그것도 3명씩이나 입학하였다(김명자, 김선경, 하희정). 물론 93학번에도 여자 선배가 있었지만, 어떤 이유에서인지 그때 3명의 동기 여학생들이 선배들에게 많은 관심과 사랑을 받았던 것으로 기억한다. 94학번 동기는 무난한 대학생활을 보냈다. 하지만 사회적으로 크나큰 사고들을 겪었던 시기이기도 하였다. 1994년 성수대교 붕괴 사고, 1995년 4월 대구 지하철 폭발 사고, 1995년 6월 삼풍백화점 붕괴 사고, 1997년 12월 IMF 구제금융 요청 등 우리가 대학생활을 하던 당시에는 유난히 크나큰 사건, 사고들이 많이 일어났다.

:: 학창시절 동기들의 일화

하지만 대부분의 학생들은 선배들이 해왔던 것처럼 열심히 강의를 듣고 열심히 놀기도 하였다. 당시는 게임방이 출현하기 전이라 학생들이 모이면 당구장에 가서 시간을 보냈고, 개인용 컴퓨터가 점차 확대되는 시기라 학생들이 컴퓨터의 활용에 많은 관심이 있었다. 또한 일부 학생들은 학생회 활동에 적극적으로 참여하였다. 그래서인지 조선해양공학과 우리 학번 학생이 서울대 총학생회장이 되었다.

:: 수업과 미래에 관한 고민들

남학생들은 병역 문제를 해결하여야 했다. 하지만 이공계에는 산업 기능 요원(방위산업체에서 3년 근무)이나 전문 연구 요원(대기업 연구소 또는 박사 과정 진학 후 대학에서 5년 근무)과 같은 대체복무제도를 통해 많은 동기가 병역 문제를 해결하였으며, 실제로 입영한 친구는 2~3명에 불과하였다. 따라서 동기 중 10여 명 정도는 대기업의 특수선 설계 부서에 입사하였고, 40여 명 정도는 대학원에 진학하였다. 특히 우리가 졸업할 때에는 IMF 직후라 많은 학생이 대학원에 진학하였던 것 같다. 대학원 생활이 개별 연구실 중심의 생활인 데다 서로 바빴기에 인접 연구실의 동기들 외에는 자주 만나지 못하였고 하나둘씩 연구실을 졸업한 뒤로 오랫동안 만나지 못하였다.

:: 94학번의 현재 모습

졸업 후 15년이 지난 지금, 비교적 많은 동기가 다른 분야에서 근무하고 있다. 60명의 정원 중 절반 이상이 법조계 및 의료계를 포함, 다른 분야에 몸담고 있다. 따라서 조선소에 근무하는 동기는 그리 많지 않다. 울산에 근무할 때 현대중공업, 현대미포조선에 근무하는 동기들과 정기적인 모임을 가졌는데 그 수가 나를 포함해 7명이었다. 다른 조선소의 동기들 역시 상황이 비슷한 것 같다. 이처럼 조선소에 근무하는 동기 수가 적다는 사실은 과거 선배 학번들과는 약간 다른 점이라 하겠다. 동기 근황은 아래와 같다.

■산업체
권민재, 권승민, 김명자, 김영제, 김일홍, 김형호, 송정식, 안경수, 양지만, 유병용, 원선일, 이성환, 이용철, 최병호

■연구소
김기훈, 김유철, 변성훈

■ 대학

노명일, 박영호, 박종현, 우종훈, 이승재

■ 기타 산업체

권오환, 김우조, 배성원, 서성훈, 이은창, 조성일

■ 정부

박병언

■ 법조, 회계, 의료

김인중, 김정수, 김진, 박유상, 서용록, 양용준, 장인구, 정병도, 정창원, 홍기웅

:: 후배들에게

나는 현재 학교에 몸을 담고 있어 우리 후배들(학생들)을 자주 볼 수 있다. 우리 때보다 더 열심히 공부하고, 훨씬 잘 노는 것 같다. 다만, 그러한 대학생활이 선후배와의 교류보다는 개인적인 활동에 지극히 치우친 느낌이다. 또 우리 때와 달리 동기의 수도 많이 줄었는데, 우리 분야는 선배와 후배들 간의 교류가 큰 도움이 되므로 우리 후배들도 대학생활 동안 선후배와 많은 교류를 갖기를 바란다.

:: 94학번의 간략 족적 (2014년 12월 현재)

강형은

권민재 학부를 마친 후, 현대중공업에 입사하여 재직 중이다.

권승민 서울대에서 석사를 마친 후, 대우조선해양에서 재직 중이다.

권오환 서울대에서 석사(2000)와 박사 수료(2003) 후, 고등기술연구원을 거쳐 삼성전자에 재직 중이다.

김기훈 서울대에서 석사(2000), 박사(2005)를 졸업하였다. 2005년 4월부터 10월까지 한국해양연구원에서 연수연구원, 2005년 10월부터 현재까지 한국해양과학기술원 부설 선박해

양플랜트연구소에서 선임연구원으로 근무하면서 수중 로봇의 센서, 항법, 인지에 관한 연구를 수행 중이다.

김명자 학부를 마친 후 대우조선해양에 입사하여 재직 중이다.

김봉국

김선경

김영제 1999년 병역특례로 현대중공업 특수선 사업부에 입사하여 현재까지 현대중공업 특수선 사업부 설계부에서 근무 중이다. 2012년부터 선체설계과 직책과장을 맡아 특수선박의 선체 설계 및 특수 성능 분야를 담당하고 있다.

김우조 1학년을 마치고 군에 입대, 만기 제대 후 현대중공업 선체설계부에 입사하였다. 이후 신종계 교수 연구실에 석사 과정으로 진학하여 연구실 벤처인 XINNOS 멤버로 활동하였다. STX 조선해양에서 크루즈 기획 업무 및 상선 영업을 수행하였다. IBM과 다쏘 시스템(Dassault Systems)에서 소프트웨어 영업을 거쳐 현재 삼성 SDS에서 컨설턴트로 재직 중이다.

김유철 서울대에서 석사와 박사를 마친 후 한국해양과학기술원 부설 선박해양플랜트연구소에 재직 중이다.

김인중

김일홍 학사 졸업 후 1998년 3월 대우조선해양 특수선 설계팀에 입사, 현재까지 동일한 업무를 계속하고 있다. 입사 후 지금까지 줄곧 잠수함 설계를 수행하여 왔으며, 현재는 3000톤급 중형 잠수함 사업에 매진하고 있다.

김정수 서울대에서 석사를 마친 후 변리사 자격을 취득하였다. 현재 이수국제특허 법률사무소를 운영하며 대표 변리사로 활동 중이다.

김종준

김 진 학부를 마친 후 공인회계사 자격을 취득하여 회계사로 활동 중이다.

김형호 학부를 마친 후 현대중공업에 입사하여 재직 중이다.

노명일 서울대에서 석사(2000)와 박사(2005), 박사 후 과정(2007)을 마친 후, 2007년 3월부터 울산대학교 조선해양공학부에서 6년간 전임강사 및 조교수로 근무하였다. 2013년 3월부터 서울대학교 조선해양공학과 부교수로 임용되어 설계 분야를 담당하고 있다.

류광곤

박병언 학부를 마친 후 기술고시에 합격하여 현재 국토교통부 사무관으로 재직 중이다.

박영호 서울대에서 석사, 박사를 마친 후 현대기아자동차 연구개발본부 책임연구원을 역임하였고, 현재 창원대학교 조선해양공학과 조교수로 근무 중이다.

박원하

박유상　학부를 마친 후 공인회계사 자격을 취득하여 회계사로 활동 중이다.

박종현　서울대에서 석사(2000)를 마친 후 현대중공업에 입사하였다. 미국 미시간 대학으로 유학하였다.

배성원　서울대에서 석사(2000)를 마친 후 현재 LG 전자에 근무 중이다.

변성훈　서울대에서 석사(2000)를 마친 후 한국해양과학기술원 부설 선박해양플랜트연구소에 재직 중이다.

서성훈　서울대에서 석사(2000)를 마친 후 현재 현대자동차에 근무 중이다.

서용록　연락 두절

서호준

송정식　학부를 마친 후 현대미포조선에 입사하여 재직 중이다.

송준호 A　연락 두절

송준호 B

안경수　서울대에서 석사(2000) 및 박사(2012)를 마쳤으며, 2000년 1월부터 현재까지 현대중공업 선박연구소에 재직 중이다. 선박조종 및 운항지원 관련 연구 업무를 맡고 있다.

양용준

양지만　서울대에서 석사(2000), 박사(2005)를 마친 후 2005년 9월 현대삼호중공업에 입사하여 현재 종합설계부에 차장으로 근무 중이다. 현대중공업 기본설계실에서 두 차례에 걸쳐 약 1년 6개월간 파견 근무도 하였으며, 담당 업무로는 선박 성능 및 유체 분야 관련 업무를 맡고 있다. 슬하에 아들 형제를 두고 있다.

여준구

우종훈　서울대에서 석사(2000)와 박사(2005)를 마쳤으며, 2003~2010년 주식회사 지노스에서 이사 및 연구소장으로 근무하였다. 2010년 9월부터 2012년 2월 삼성 SDS PBLM팀 수석보, 2012년 3월부터 현재까지 한국해양대학교 조선해양시스템공학과에서 생산관리 담당 조교수로 재직 중이다.

원선일　서울대에서 석사(2000), 박사 수료(2003) 후 현대중공업에 입사하여 재직 중이다.

원찬희

유병용　서울대에서 석사(2000), 2001년 3월부터 2004년 6월까지 해군사관학교 기계조선공학과 교수 요원으로 근무(OCS 96기, 조함장교)하였다. 2005년 서울대 박사 수료 후 그해 월부터 대우조선해양에서 LNG 시스템 개발 연구원으로 근무 중이다. 2011년 서울대에서 박사학위를 취득하였다.

이병일

이성환 학부를 마친 후 대우조선해양에 입사하여 재직 중이다.

이승재 서울대에서 석사, 박사를 마친 후 해양시스템공학연구소에서 연구교수로 재직 중이다.

이용철 서울대에서 석사(2000)를 마친 후 삼성중공업에 입사하여 재직 중이다.

이은창 서울대에서 석사, 박사를 마치고 현재 포스코 경영연구소에 재직 중이다.

이정환

임낙훈

장인구 학부를 마친 후 변리사 자격을 취득하였다. 현재 변리사로 활동 중이다.

정병도

정창원 학부 졸업 후 변리사 시험에 합격(1999), 해군 헌병 중위로 전역(2003)하였다. 리앤목(Lee&Mock) 특허법률사무소, 팍스(Parks) 특허법률사무소에 근무(2007)한 후 사법시험에 합격하여 법무법인 세종에 입사하였다. 삼성디스플레이와 LG디스플레이 사이의 LCD 관련 특허 및 OLED 영업비밀 침해 분쟁, 실데나필 시트르산(비아그라) 특허 무효 소송, 도세탁셀(항암제) 특허 침해 분쟁, LG CNS와 비씨카드 사이의 차세대 시스템 관련 분쟁 등 주요 사건의 주심 변호사로 활동하였으며, 지적재산권 분쟁, 영업비밀 침해, 기술 관련 소송 전문변호사로 활동 중이다.

조성일 서울대에서 석사(2000)를 마친 후 현재 KT에 재직 중이다.

조정호

최병호 서울대에서 석사(2000)를 마친 후 현재 대우조선해양에 재직 중이다.

최수용

하희정

한인수

홍기웅 서울대 학사(2003) 졸업, 변리사 시험에 합격(2004)한 후 법무법인 서정, 특허법인 필앤온지, 뉴코리아 특허법률사무소, 특허법인 다나에서 변리 업무를 수행하였다. 2011년부터 현재까지 아인특허법률사무소에서 공동대표 변리사로 역임 중이다. 또한 지식재산 컨설팅을 주업으로 하는 엠제이지식재산(주)의 대표이사를 겸임하고 있다.

50회 졸업생(1995년 입학) 이야기

종이배의 추억

김광식

1996년 1월, 관악산 추위에도 아랑곳하지 않고 36동 1층 제도실에서 우리는 땀을 뻘뻘 흘려가며 작업을 하였다. 고3의 입시지옥에서 벗어나 한참 자유를 누리고 싶은 1학년 겨울방학이었으나, 학회 선배 형들이 우리를 가만두질 않았다. SBS 방송국에서 예능 프로그램의 주제로 '종이로 배를 만들어서 과연 한강을 건널 수 있을까?'라는 도전과제를 내놓았는데, 선배 형들이 우리 학교가 빠질 수 없다며 몇 개의 팀을 꾸려 나가게 된 것이다. 당시 조선해양공학과에는 글발, 모모, 조문연과 같은 학회가 있었는데, 학회를 중심으로 1, 2, 3학년이 한 팀을 이루어 종이배를 열심히 만들었다. 작업은 과사무실의 배려로 제도실에서 하였는데, 먼지가 뿌옇게 앉은 제도판을 나는 처음이자 마지막으로 보았다. 당시 이규열 교수님께서 조선 CAD 프로그램에 대해 연구하고 계셨기 때문에 우리 학번은 모두 CAD를 배우고 사용하였다. 그 당시 제도실이 있던 것으로 보아, 얼마 전까지도 선배들이 제도판과 연필로 작도법을 배우셨던 것 같다.

젊은이들이 학교에서 삼삼오오 모여 무언가를 한다는 것도 즐거웠지만, 조선공학개론 시간에 배웠던 지식을 활용해서 배를 만들어 본다는 것이 1학년으로서는 정말 보람 있는 일이었다. 부력과 중량, 종강도 등등 모든 게 어설펐지만 나름 고민을 많이 하였다. 종이라는 한계 때문에 모두들 투박한 사각 박스가 전부였고, 네모난 바지선을 열심히 만들던 중, 수조에서 FRP로 만든 축소 모델이 생각이 났다. FRP(Fiberglass Reinforced Plastic)에서 유리섬유 대신 종이를 적용하면 어떨까? 수지는 종이를 붙이는 접착제로 생각하면 될 일이었다. 대회까지 시간이 얼마 안 남았지만, 바로 착수! 체중과 엉덩이 크기를 반영한 횡단면도를 따라 골판지로 뼈대를 만들고 그 위에 신문지와 수지를 붙여서 카누 형태의 종이배를 만들었다. 네모난

박스 형태의 배들 사이에서 매끈한 유선형인 우리 팀의 배는 그야말로 군계일학이었다.

방송은 안전성의 문제로 한강 건너기가 아닌 올림픽 수영장에서의 경주로 바뀌었다. 지금 생각하면 천만다행이었다. 다들 종이배를 튼튼하게 만들었다고 자부하였지만, 하마터면 겨울날 물귀신이 될 뻔하였다. 대회에는 인하대를 비롯하여 수도권 일대 조선공학과가 있는 대학교 대부분이 참석하였던 것 같다. 우리 학교에서는 4개 팀이 출전하였는데, 팀 구성은 다음과 같다(괄호 안의 숫자는 학번을 가리킨다).

제도실에서 변성훈(94) 선배와 김광식(95, 나)

- 글발호: 변성훈(94), 임낙훈(94), 서동철(95)
- 자유호: 이은창(94), 김광식(95)
- 애매모호: 노재규(92), 서성훈(94), 원선일(94), 손남선(95), 하윤석(95)
- 틱호: 박은호(93), 최병호(94), 김종준(94), 황아롬(95), 김형섭(95)

응원을 해주기 위해 이동현(91)·송정식(94) 선배님이 참석하였다. 대회는 수영장 바깥에서 종이배를 띄우고 탑승해서 목표 지점의 황금투구까지 최대한 빨리 가는 경기였다. 다들 의기양양하게 출발선에 서서 힘차게 출발하였지만 배를 띄우고 탑승하면서 뒤집혀 물에 빠지는 팀도 있었고, 배에는 올라탔으나 곧게 나가지 못하고 제자리에서 빙글빙글 도는 팀도 있었다.

며칠을 함께 동고동락하면서 만든 종이배가 이렇게 허망하게 끝날 줄이야. 그러나 부끄러움도 잠시, 모두 웃고 즐기는 대회가 되었다. 굳이 어떤 팀이 그랬는지는 밝히지 않겠다. 자유호는 우리 학교 내에서는 최고 기록, 대회에서는 2등을 기록하였다. 게다가 종이배치고는 카누와 같은 독특한 선형이었기에 인기상까지 받았다. 부상으로 당시 40만 원쯤 하는 오디오 세트를 받았는데, 이 오디오 세트는 한동안 36동 2층에 있던 과방을 룰라와 같은 당시 인기가수의 유행가로 가득 채워주었다.

글발호, 자유호, 애매모호, 틱호(왼쪽 윗부분부터 시계방향으로)

대회를 성공적으로 잘 마치고, 내가 속한 학회 글발은 훌륭한 선배님들의 준비로 ○○ 여대의 ○○ 학회와 강촌으로 조인트 MT를 떠났다. 밤새도록 우리의 활약상을 떠들 수 있도록 말이다.

요즘 대학 후배들은 어떻게 함께 시간을 보내는지 모르겠다. 전화모뎀으로 나우누리나 천리안과 같은 통신을 막 시작할 때였기에 온라인보다는 오프라인으로 동기간, 선후배 간의 정을 쌓았던 우리가 그 마지막 세대가 아닐까 하는 생각이 든다. 삐삐로 호출을 하며 지내던 그때가……

스포트라이트를 받았던 자유호의 경기 모습

강촌으로의 글발 MT

:: 95학번 동기들의 근황

■ 학교

김대현(미시간 대학 박사 과정), 김성용(KAIST 조교수), 오정근(군산대 교수), 이근화(서울대 연구교수), 황아롬(거제대 교수)

■ 조선업종

- 현대중공업그룹 : 강동기, 김광식, 유영웅, 이동철, 이용진, 이혁준, 최명수, 한경화, 한준영
- 대우조선해양 : 김경환, 최상복, 황인준
- 삼성중공업 : 김민호, 안일준, 이지훈, 하윤석, 황성진
- ABS : 도형민
- 한국해양과학기술원 : 손남선
- 해군 : 이경철, 박준길
- 삼진조선 : 이종무
- 국방기술품질원 : 이종익
- STX 중공업 : 임대영
- 테크닙 USA : 장현철
- SPS MTL : 정태영
- NRC 캐나다 : 서동철

■ IT 업종

- 크리에티오 : 강동균
- 위메프 : 김상혁
- 디지털비지니스넷 : 김연진
- 카카오 : 김형기
- 미투온 대표 : 손창욱

- 넥스첼 : 송병근
- 인포겟 : 이상엽
- 쿠팡 : 이정우
- IBM : 임기빈

■ 기타

- 김현철(학원), 김형섭(외환은행), 나석환(하나감정평가법인), 박천재(캐터필러), 손현락(웰컴치과), 이영은(경원대 한의학과), 이호원(삼성전자), 정성준(LG CNS), 최효제(삼성SDS), 그리고 연락이 안 되는 몇몇 친구들이 있다.

51회 졸업생(1996년 입학) 이야기

96학번 동기 대표

96학번은 정원 65명이었으며 복학생 또는 편입생이 함께 공부하여 학교 기록에는 66명으로 나타나 있지만, 실제 졸업생 명단에는 다음과 같이 59명이 등재되어 있다.

고병욱, 고병준, 곽주호, 구본석, 권순욱, 권재수, 권종오, 권중일, 권현웅, 김민철

김상원, 김성규, 김성준, 김영관, 김영수, 김영호, 김인일, 김일환, 김중희, 김태현

김 혁, 나영승, 노준범, 문상원, 민선홍, 박미숙, 박효석, 배윤혁, 백종근, 송신석

신학용, 안재영, 양승원, 연성모, 우성남, 유현수, 윤영진, 윤재문, 윤준식, 이경요

이광희, 이승준, 이원연, 이일형, 이종훈, 이주상, 이진표, 이청근, 이형승, 임동원

임희현, 정기주, 정재훈, 조경남, 조영천, 최완호, 최운철, 하상백, 한지형

순조롭게 2000년에 졸업하여 각자 직장에 자리 잡은 지 이제 십 년이 조금 넘는 상태이다. 모두 바쁘다고 표현하는 생활의 틀에 쫓기며 지내다 보니 동기 사이의 연락도 원활하지 않다. 진수회의 동기회별 기사를 모으려고 연락하려 하였으나 그 또한 원활하지 못하여 e-mail로 자료를 보내온 동문들의 짧은 근황 기사만을 소개하게 되었음이 몹시 아쉬울 뿐이다.

고병준 2002년 석사 졸업 후 국방과학연구소 수중음향센서 팀에서 항만 매설형 감시시스템, 능동형 트랜스듀서 개발 등에 참여하였다. 2006년 퇴직 후, 최종적으로 현재 영국 사우샘프턴 대학(University of Southampton)에서 진동소음과 관련하여 박사학위 진행 중이며 2013년 하반기에 대우조선해양 진동소음연구 그룹에 입사하여 서울 중앙연구원에서 해양 프로젝트의 진동소음 관련 업무를 수행하고 있다.

권종오 졸업 후 석사학위를 취득하였으며 국방과학연구소에서 병역을 필하고 현재 삼성중공업 연구소에서 근무하고 있다.

권중일 2003년 현대중공업에 입사하여 계속 근무 중이다. 현재 서울 사무소 기본계획부에서 선박의 속도성능을 책임지는 선형설계 업무를 수행하고 있다.

권현웅 2009년에 서울대학교 홍석윤 교수 연구실에서 박사학위를 취득하고 박사 후 연구원으로 지내다가 2014년 2학기에 거제대학교 조선해양공학과 신임교수로 채용되어 현재는 학생들 교육 준비로 바쁜 시간을 보내고 있다.

김민철 좀 늦은 2003년에 졸업하였으며 LG CNS에서 근무하다 2006년 변리사 시험에 합격하여 KBK 특허법률사무소에 변리사로 취업하여 현재에 이르고 있다. 지식재산권, 특히 특허에 관한 일을 하고 있다.

김영수 2003년 현대중공업에 입사하여 조선사업부 조선 구조설계부에서 구조설계 업무를 하였다. 현재는 서울 사무소의 기본설계실에서 유사 업무를 수행하고 있다.

김 혁 학창시절에 조선과 학생으로서 가장 기억에 남는 것은 아무래도 '모모'에서 WIG선을 설계·제작하여 콘테스트에 참가하였던 일이다. 지금 생각해 보면 졸작이지만, 그때 겪었던 일련의 과정은 의미 있었고, 함께하였던 동료들과의 인연이 지금까지 잘 이어져 오고 있다는 게 참 고마운 일이다. 졸업한 뒤 2000년 대우조선해양에 취직하여 특수선 설계를 거쳐서 특수선 영업에서 영국 함정(MARS Tanker) 계약을 주도하였던 게 가장 보람 있었던 일로 기억한다. 당시 영국이 한국에서 함정을 건조하지 않을 거라는 부정적 기류가 강하였으나 이를 극복해낸 덕에 지금은 대우조선해양의 함정사업 분야가 세계적으로 나름의 위상을 차지하지 않았나 생각한다. 특수선 영업 이후 비서실, 해양영업 등을 거쳐서 지금은 FLNG 영업에서 새로운 시장을 개척하기 위해 노력하고 있다.

배윤혁 학부 졸업 후 현대중공업, 삼성중공업, 이지그래프에서 근무하다가 2006년 미국 텍사스 A&M 대학으로 유학하여 석·박사학위를 받고 2014년 3월에 제주대학교 해양시스템공학과에 임용되어 근무하고 있다.

백종근 2000년 한진중공업에 입사하여 특수선 설계부에서 근무하였다. 2004년 말에 퇴사하여 2005년부터 현재까지 대현산업개발(주)에서 민간투자사업(BTL) 총괄업무를 담당하고 있다.

송신석 2004년 울산 현대중공업에 입사하여 조선사업본부 선체설계1부에서 선체 구조설계 업무를 담당하고 있다.

윤재문 2002년 한국해양연구원 해양시스템안전연구소(대전)에 입사하여 4년간의 병역특례를 마친 이후, 2008년 국방과학연구소 6본부(진해)에 입사하여 근무 중이다.

이광희 현대중공업 OSV 및 함정 분야에서 기장 추진 관련 장비 계약, 설계 업무를 담당하고 있다. 선체생산, 선체설계, 기장설계 업무 등 지금까지의 다양한 경험을 바탕으로 조선해양 분야의 발전에 기여하고자 노력하고 있다.

이원연 2003년 졸업 직후 ABS(미국선급협회) 부산 사무소에 입사하여 10년 넘게 도면승인과 각종 구조해석 업무를 해오고 있다. 1만 TEU 이상의 대형 컨테이너선, LNG선, 원유 운반선(Oil Carrier) 같은 상선에서 시추선까지 수많은 종류의 프로젝트를 진행하면서 유체부터 구조까지 많은 것을 배워가며 서울대 조선해양공학과의 긍지를 가지고 열심히 살고 있다.

이일형 2000년 한진중공업에 입사하여 특수선 설계부 및 기술연구소에서 해군 및 해경 함정들의 구조설계 업무를 담당하였으며, 해군 최대의 함정인 독도함과 공기부양정 LSF-II의 설계에 참여한 것이 가장 기억에 남는다. 이후 상선 설계로 부서를 옮겨 컨테이너선, LNG선, 유조선, 벌크선(Bulk Carrier) 등의 구조설계 및 구조해석 업무를 수행하였는데, 특히 당시에는 한진중공업 사상 최대의 크기인 1만 2800TEU 컨테이너선의 구조설계 담당으로 많은 기술적인 어려움과 문제점을 해결해나갔던 과정들이 무엇보다 보람 있었다고 느낀다. 2010년에 ABS로 직장을 옮겨 현재는 부산 사무소에서 도면승인 업무를 수행하고 있다.

최운철 2006년 울산 현대중공업에 입사하여 조선 구조설계부에서 선박 구조설계를 담당하다가 지금은 서울 상암동에 있는 동 회사의 해양엔지니어링센터에서 해양 구조설계 업무를 하고 있다.

52회 졸업생(1997년 입학) 이야기

97학번 동기 대표

97학번은 정원 65명이었으며 실제 졸업생 명단에는 63명이 등재되어 있다.

강라훈, 공수철, 권상순, 김경태, 김대성, 김동순, 김민장, 김민호, 김선호, 김세훈
김형진, 김희진, 남상호, 노승현, 문창호, 박성용, 박성환, 박신웅, 박유흠, 박정서
박준길, 박지혜, 박현석, 박효성, 방승범, 방일수, 배상현, 배세진, 석상규, 송석율
심재윤, 안성일, 양대성, 양종일, 양종천, 양종훈, 양태두, 염구섭, 육래형, 윤동순
윤석일, 윤일식, 이경철, 이수복, 이승우, 이승준, 이용수, 이재욱, 이진환, 이현정
이형진, 이호성, 장덕훈, 전순철, 정우만, 정재권, 정창인, 정호병, 조영한, 조왕구
최수근, 추진호, 홍수민

우리 동기는 무난하게 2001년에 졸업하여 각자가 선택한 길을 열심히 걸어가고
있다. 어느덧 졸업한 지 강산이 변한다는 10년이 조금 넘어섰지만, 아직도 우리 앞
에는 무한한 가능성과 도전들로 가득하다. 보다 굳건하게 자기 자리를 다져가는
과정인지라 동기들 사이의 연락이 원활하지 않다.

진수회에서 동기회별 기사를 제출하라는 요청을 여러 차례 받은 후에야 동기들
에게 e-mail을 띄워 근황을 조사하였다. 여기에 몇몇 동기가 보내온 기사와 97학
번의 사회 진출 현황과 조선소 진출 현황을 정리하여 도표로 간략하게 싣게 되어
몹시 서운하고 아쉽지만, 10년 후에는 더 많은 동기들의 참여와 더욱 풍부한 내용
으로 채워지리라 기대해본다.

김세훈 대우조선해양 선박 기본설계에 발을 담았다가 지금은 기획일을 한다. 사회에 나온 시간이 짧지도, 그리 길지도 않지만 예상하지 못한 곳에서 선후배님들의 활약을 계속 듣게 된다고 말한다.

남상호 현대중공업 특수선 기본설계에서 병역특례를 마친 후 현재 대우조선해양에서 시추선 기계설계 업무를 담당하고 있다.

문창호 에너지, 중공업, 제조업 분야에서 성장전략, 경영진단, 인수합병 자문 등 전략 컨설팅을 하고 있다. 처음에는 통신산업에 대한 컨설팅을 하였지만 전공과 관련한 중공업 영역의 프로젝트에 투입 빈도가 잦아지면서 어느덧 에너지·중공업·제조 영역에서 팀장을 하고 있다. 현재 A.T. 커니(A.T. Kearney)를 거쳐 베인 앤 컴퍼니(Bain & Company)라는 외국계 컨설팅 회사에서 근무하고 있다.

방일수 졸업 후 병역의무의 이행 과정에서 그만 다른 분야로 이탈해 현재 서울중앙지방법원에서 판사로 일하고 있다.

석상규 두산중공업 A/E센터(기본설계)를 거쳐 중동(두바이 지점 근무)에서 5년간 발전플랜트 영업·마케팅을 담당하고 있다.

송석률 삼성중공업, 대우조선해양을 거쳐 지금은 모덱 싱가포르에서 마린 프로젝트 엔지니어로 일하고 있다.

심재윤 KT에서 LTE 기지국 개발 업무를 수행하고 있다.

육래형 삼성중공업 선박연구센터(대전)에서 해양 구조물·선박의 R&D 업무를 담당하고 있다.

이승준 로이드 선급 검사원으로 부산에서 선박 구조 도면승인 일을 하고 있다.

이용수 〈조선일보〉 사회부와 국제부를 거쳐 2010년부터 정치부 외교안보팀 소속기자로 일하고 있다. 통일부, 국정원 등을 거쳐 지금은 외교부를 출입하고 있다.

장덕훈 현대중공업 기본설계를 거쳐 현재 대우조선해양(서울 사옥)에서 전략 업무를 맡고 있다.

정호병 대우조선해양에서 구조설계를 거쳐 기본설계에서 해양 프로젝트를 하고 있다.

진수회 97학번 진출 현황 (2014년 현재)

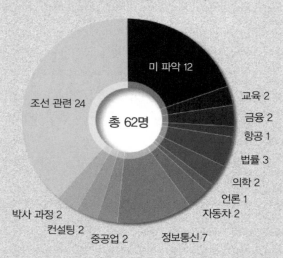

미 파악 12
교육 2
금융 2
항공 1
법률 3
의학 2
언론 1
자동차 2
정보통신 7
중공업 2
컨설팅 2
박사 과정 2
조선 관련 24
총 62명

진수회 97학번 조선 업계 진출 현황 (2014년 현재)

삼성 4
기타 1
브로커 2
선급 1
현대 8
대우 8
총 24명

53회 졸업생(1998년 입학) 이야기

우리들의 시대

최봉준

98학번은 65명이 입학하였다. IMF 외환 위기의 영향으로 안정된 직장이 중요하였던 시절에 조선소라는 든든한 직장을 선택할 수 있어 인기 있는 학과였다고 생각한다. 진로에 대한 고민과 성적, 자격증에 대한 관심이 높았던 때라 학구열 또한 대단했던 학번 중 하나라고 자부한다.

:: 디지털 변화 – 모바일 시대

디지털 시대로의 빠른 전환 속에서 보낸 대학생활이었다. 삐삐–시티폰–PCS–휴대폰으로 주소록 연락처가 수시로 교체되었으며, 윈도우즈 OS가 1998년부터 Windows 98, 2000, Me, 2001년에 XP로 이어지는 등 급격한 디지털 변화의 중심에 놓여 있었다. 새로운 아이템에 적응하느라 바빴던 학창시절이었고 그만큼 흥미로운 일도 많았다. 그중에서도 최신 기기 소식에는 현대중공업 특수선 기술영업과에 근무 중인 이창학이 빨랐다. 적어도 우리 학과에서 흑백 PDA를 가장 먼저 사용한 친구였다. 동기 중에는 변화에 신속히 적응하여 컨닝 페이퍼를 폰트(font) 4로 출력하는 기술을 갖춘 친구도 있었다.

:: 신구의 시너지 – 스타크래프트와 당구 그리고 미팅

1998년 입학과 동시에 출시된 스타크래프트와의 만남은 운명적이었다. 우리의 대학시절은 외환 위기로 말미암은 실직의 여파로 PC방이 급격하게 증가하던 때와 함께한다. 수업 후 기숙사, PC방, 전산실에 모여서 하던 팀플레이는 긴장감 있는 새로운 경쟁이었다. 아직도 스타크래프트 이야기가 나오면 그때의 온갖 전략에 대한 평가로 시간 가는 줄 모른다. 현재 딜로이트 컨설팅에 근무 중인 김태형은 끝판

왕 캐리어 전법으로 유명하였고, 미국에서 MBA 과정 중인 김선은 아직도 스타크래프트의 전략에 대해 궁금함이 많다. 물론 동기 중에는 고전 스포츠 당구에 심취한 친구들도 있었다. 현재 미래에셋 사모펀드 해외투자본부 본부장으로 있는 이태휘는 '산삼 스태미나 권법', 미남 치과의사 정우선은 '황소시끼 권법'으로 당구대를 주름잡았으며, 복학생의 대장으로 당구에 관한 한 노련함으로는 현대미포조선의 김동주 선배가 일인자이다.

98학번 졸업사진 1

98학번 졸업사진 2

당시 통신매체의 발달 덕을 톡톡히 보았다고 할 수 있는 일은 단연 '미팅'이라 생각한다. 초스피드 연락통으로 무장한 덕에 수시로 이어지는 번개팅과 소개팅을 소화할 수 있었다. 미팅의 경험으로 둘째가라면 서러운 동기는 현재 철강회사에서 근무 중이며 아직 솔로이다.

:: 이공계 기피 바람 – 자퇴와 전과

동기 한 명이 군대 복역 후 자퇴서를 내고 지방 사립대 한의예과로 떠난 사건이 있었다. 경제 위기의 여파로 고소득 직종의 인기가 높아지면서 이공계 기피 현상이 거론되던 때에 매스컴을 타기도 하였다. 나창현은 그때의 상황을 이렇게 회상한다.

"그때 내가 양모 군이 복학을 안 한다고 하기에 집에 전화해서 왜 그러냐고 물어보았어. 그 친구와 전화를 끊고 나서 멍하니 담배만 피웠지."

친구의 전과 소식으로 마음이 착잡하였는가 보다. 현재 나창현은 학업을 성공적으로 마치고 삼성중공업에서 근무 중이다.

서울대 이공계 최악의 자퇴 사태

조선해양공학과 98학번인 楊모(24) 씨는 지방 사립대 한의예과에 합격, 올해 초 자퇴서를 냈다. 그는 "한의대에 입학한 1백 명 중 10명 이상이 소위 명문대 이공계를 자퇴하거나 졸업한 학생"이라고 말했다.

(출처: 〈중앙일보〉 (2005.05.21.) http://article.joins.com/news/article/article.asp?total_id=174283)

이와 함께 손꼽는 큰 사건으로, 우리 과에서 톱을 달리던 동기가 기계과로 전과하였다. 게다가 "조선과가 없어질 것이다"라는 루머로 발전하여 속앓이를 한 친구들도 있었다고 한다. 98학번 동기들의 마음을 흔들 만한 사건 중의 하나였다. 컴퓨터공학과, 경영학과로 전과한 동기도 있었다.

학창시절의 추억

:: 조선소 견학

KRISO(선박해양플랜트연구소), 거제도의 삼성중공업과 대우조선해양을 방문하여 실험시설, 생산시설의 규모를 현장에서 직접 접하였던 당시에는 그 규모와 기술에 압도된 기억이 있다. 대전 KRISO 방문 때 대전에 계시는 선배들과 잔디구장에서 축구경기를 가졌는데, 잔디구장이 생소하였던 이태구는 출전과 동시에 넘어져 팔목이 부러져 버렸다. 그때까지도 실전의 필드에 대한 노련미보다는 의욕이 앞섰던 우리였다.

당시에는 대전에서 거제를 잇는 고속도로가 개통 전이라 대전을 출발하여 마산을 거쳐서 거제도로 5시간 동안 밤새 버스를 타고 달려갔다. 다음 날 거제도에서 조선소 관람 후 조선소에서 제공한 숙소에 머무르면서 바비큐 파티를 가졌는데, 당시 궁금함으로 가득 차 있던 나는 선배님들께서 일찍 집으로 돌아간 것이 아쉬웠다. 이후 그때의 아쉬움이 생각나서 학부생들이 조선소 현장을 찾아오면 최대한 많이 이야기를 나눠야겠다고 생각하였고, 실제로 아침 해가 뜨고서야 집으로 돌아간 적도 있다. 그러나 이제는 집으로 일찍 돌아간 선배들을 이해할 수 있다.

모형선박 제작 모임
(신민섭, 최봉준, 배홍석, 이태구, 김현수, 이창학)

:: WIG선 제작 – 시행착오를 통한 배움

1999년도에 모형선박 제작 모임(MoMo)에서는 WIG선 모형에 대해 연구 중이었다. 96학번 김혁 선배를 필두로 선박의 설계뿐 아니라, 실제 WIG선 모형을 만들어 공대 호수 및 한강에 가서 실험하였다. 우드락, 발사로 제작하여 내구성이 떨어졌던 모형은 실패를 거듭하여 수시로 제작을 다시 해야 했고, 무겁고 기다란 날개와 동체를 짊어지고 관악산에서 반포 한강공원까지 대중버스로 운반하던 일은 이제 아스라한 추억이 되었다. 특히 날개모형 제작은 김철관, R/C 제어에는 신민섭이 전문가였다.

그중 재미있었던 일화는, 동체의 잦은 침수를 에폭시 작업으로 방지하기로 하였는데 실험 당일에 동체가 예상보다 훨씬 무거워진 사건이었다. 그 원인을 조사해보니 침수가 걱정이 된 동기(김철관, 배홍석, 신민섭, 최봉준)가 시간 차를 두고 작업실에 들러 여러 번의 에폭시 작업을 하였던 것으로 밝혀졌다. 결국 동체가 무거워졌지만, 프로젝트를 향한 우리의 의욕만큼은 깊이 확인할 수 있는 사건이었다. 이런 우여곡절 끝에 WIG선은 한강공원에서 수상 항주에 성공하였으며 이를 비디오 캠코더로 찍었다고 철석같이 믿고 기쁜 마음으로 복귀하였다. 그러나 비디오 확인 결과, 성공 장면 영상이 유실된 것을 알아차린 순간 절망하기도 하였다.

결국 그날 참여한 사람들(김철관, 배홍석, 신민섭, 최봉준)의 기억에만 성공으로 남게 되었다. 이후의 계속된 실험으로 모형은 이미 복구 불능의 상태였다. 그날의 아쉬움으로 데이터 관리의 소중함을 배우게 되었다고 할 수 있다.

:: HPVF 종합 우승 – 기술 발휘와 성취

모형선박 제작 모임은 2000년도 '인력선 축제(Human Powered Vessel Festival)'에 참가하여 전 경주 종목(조종Maneuvering, 600m 경주, 200m 경주)에서 우승을 차지해 종합우승을 획득하였다. 이 대회는 현재도 매년 개최되고 있으며, 요즘의 인력선에 비해 성능은 비교되지 않을 정도로 낮았지만, 선형설계, 구조경량화, 제조공법, 추진장치 설계, 동력 전달기구 설계 및 제작을 직접 진행한 것에 큰 의미가 있다. 당시 저항추진 연구실, 추진기 연구실과 김효철 교수님의 전폭적인 지원이 있었다. 98학번을 주축으로 설계하고, 99학번과 00학번 회원들이 제작에 참가하였으며 당시의 구성원은 다음과 같다.

- 98학번 : 김철관, 김현수, 배홍석, 신민섭, 이태구, 이창학, 최봉준(회장)
- 99학번 : 박환, 이두희, 이성준, 윤성진
- 00학번 : 강병우, 박수인, 박찬영, 유성진, 최주혁, 하승현

2001년도 대회에는 구조경량화를 위하여 자전거 프레임을 사용하는 대신 구조최적기법으로 설계한 FRP 프레임을 제작하여, 기존에 사용하였던 스틸 프레임(steel frame)의 무게를 획기적으로 줄였다. 당시 조선호 교수님 연구실에서 수학 중

인력선 축제에서 종합우승

구조최적기법으로 설계한 FRP 프레임

이던 현재 군산대 하윤도 교수가 연구를 담당하였다. 또한 2001년도 대회에는 현재 삼성중공업에서 선박 프로펠러를 설계하는 이태구가 인력선 프로펠러를 직접 설계하여 우수한 성적을 견인하는 데 큰 역할을 하였다.

:: 열정, 동료애 그리고 서서히 드러내는 두각 – 미래의 주역

98학번을 대표할 만할 주인공으로 현재 삼성중공업에 근무 중인 이태구를 꼽을 수 있다. 신림동 토박이의 이점과 성당 오빠의 지위를 활용한 네버엔딩 미팅과 소개팅 주선 공약으로 당당히 부과대표에 선출되었고(당시의 과대표는 이태휘), 수업 때마다 질문을 쏟아내는 열정으로 수업시간이 길어지곤 하였다. 또 그는 모형선박 제작 서클 활동으로 인력선 축제에 출전하여 종합우승을 견인하였다.

이태구 2001년

졸업사진

또한 조선공학 기사 기출시험 족보를 책으로 제본하여 친구들에게 나누어줘서 돕고 정작 본인은 안타깝게 떨어지는 불운을 겪었으나 전화위복이 되어 추진기 연구실 석사 과정을 거쳐 삼성중공업 연구소에 입사, 2013년 한국공학한림원에서 발표한 2020년 대한민국을 이끌 100대 기술 주역으로 선정(최연소 선정)되었다.

:: 맺으면서

98학번은 현재 30대 중반으로 조선해양을 포함한 다양한 분야에서 종횡무진 활동을 펴나가고 있다. 사회에 진출하여 새로운 환경, 새로운 책임, 새로운 역할을 공부하는 동시에 전진해 나가는 위치로, 직장에서는 과장이나 차장, 결혼 후에는 아들과 사위, 집에서는 남편과 아빠로 살고 있다.

98학번은 또한 학창시절의 높은 학구열, 급격한 변화의 적응 경험을 바탕으로 급변하는 시대의 중심에서 차세대 리더로서의 노련함을 채워가고 있다. 에너지 환경 기술이 대두됨에 따라 이에 대응한 고도의 조선 기반 기술이 필요한 현실에서 불철주야 전진하는 가운데 서서히 두각을 나타내는 동기들도 있으니, 장차 다양하고 빛나는 활약상으로 무장할 것이라고 확신한다.

서정천 교수님과의 회식

:: 98학번 동기 근황

경국현 SK C&C, NHN를 거쳐 현재 KTB 네트워크에서 벤처 투자 심사를 하고 있다.

곽주원 대우조선해양에 입사 후, 컨설팅(두산-AT Kearney), NC 다이노스 야구단을 거쳐 현재 옐로모바일 내 사업그룹 전략기획 팀장으로 근무하고 있다. 학창시절부터 야구에 조예가 깊다.

곽현욱 대우조선해양에 근무 중이다.

권수현 대우조선해양 구조 기본설계에서 9년째 근무 중이다. 학창시절에 과대표라는 이유로 현대중공업 학생 모델을 하였다(그러나 입사는 대우로). 현재 서울 중구 신당동에 거주하고 있다.

권혁장 현대중공업 기본계획부에 근무 중이다.

김경섭 서울대 수중음향 박사학위(2008)를 취득했고, 박사 후 연구원을 거쳐 2010년 국방과학연구소에 입소하여 현재 기술연구본부 수중음향센서 개발팀에 근무 중이다.

김동관 삼성중공업을 거쳐 치과전문대학원을 졸업하여 현재 상계 백병원 구강외과 레지던트이다.

김동주 복학생의 우두머리로, 현대미포조선 기본계획부에 근무 중이다.

김 선 대우조선해양에서 해외영업, 사업개발 관련 업무를 담당하였다. 현재 유학하여 로스 경영대학(The Ross School of Business)에서 MBA 과정을 밟고 있다.

김우종 현재 마이다스아이티 기술기획실에서 CAE 프로그램을 만들고 있다.

김인덕 2005년 학부 졸업 후 삼성중공업에 입사하였다. 해양설계팀 배관설계를 거쳐 현재 조선해양영업실 시추선 영업팀에서 미주 지역 시추선 영업을 담당하고 있다. 입사 후 세미리그선 및 시추선 배관설계 및 P&ID 작성 업무를 수행하였고, 보증기사로 약 8개월간 승선한 경험이 있다.

김지현 학사 졸업 후 현대중공업에서 병역특례로 근무하였다. 학부에서 경영대 복수 전공을 바탕으로 컨설팅 회사로 이직하였다. 이후 컨설팅 클라이언트였던 두산으로 이직, 현재 두산그룹 전략기획실에 근무 중이다.

김철관 대우조선해양에서 근무 중이다.

김태형 기술경영 석사, 컨설팅 펌을 거쳐 현재 딜로이트 컨설팅에 근무 중이다.

김현수 대우조선해양 구조 기본설계에 근무 중이다. 현재 사이클과 요트 등의 스포츠에 심취해 있다.

나창현 2005년 학부 졸업 후 삼성중공업에 입사하였다. 배관설계를 거쳐 현재는 시추선

의장팀 의장 시스템 파트에서 상선, 시추선, 해양생산 설비의 P&ID 작성을 수행하고 있다.

남보우 서울대 박사학위 취득 후 선박해양플랜트연구소에서 근무 중이다.

남호섭 현대중공업 구조설계부를 거쳐, 현재 포스코 기술영업팀에서 근무 중이다.

박승문 조선호 교수님의 지도로 전산구조역학 연구실에서 석사 과정을 마치고 2005년 삼성중공업 조선해양연구소 구조연구 파트에 입사, 현재까지 삼성중공업 구조 기본설계 파트에 근무 중이다.

박지순 2005년 학부 졸업 후 삼성중공업에 입사하여 기본설계 업무로 조선소 경력을 시작하였다. 일반 상선의 의장 파트 기술영업과 기본설계 업무를 담당하다가 점차 해양 작업선, 해양 시추선, 부유식 생산 설비(FPSO) 등 다양한 선종의 의장 파트 업무를 주로 담당하였다. 최근에는 시추 장비를 담당하게 되어 현재까지 다양한 종류의 이동식 해양 시추설비(Drillship, Drilling Semisubmersible Rig 등) 입찰 업무 및 초기 개념설계 업무를 전담하고 있다.

배홍석 크루즈선 건조의 꿈을 가지고 건축학과를 복수 전공하였다. 대우조선해양 선실설계, 여객선 추진팀에 근무한 뒤 현재 대우조선해양 특수선 기본설계에 근무하고 있다. 2013년 조선 기술사를 취득하였다. 스스로를 '당감동의 마라도나'라고 소개하는 부산 출신의 축구 광팬이다.

신동민 현대자동차에 근무하고 있으며, 현재 터키 지사에서 신차개발 업무 중이다.

신민섭 대우조선해양을 거쳐 현재 조선해양 관련 기자재(Azimuth thruster, CuNi pipe, 방폭전기 자재) 수출입 및 오퍼사업을 하고 있는 해양상사에 재직 중이다.

신성철 현대자동차 구매부에 근무 중이다.

신혁호 현대중공업에서 근무하고 있다.

안병준 조함단 해군 장교로 학부를 졸업한 뒤 연세대 대학원을 거쳐 현재 장교로 재직 중이다.

안재윤 설계자동화 연구실(ASDAL, 이규열 교수)에서 석사를 마치고(2004) 대우조선해양에 입사하였다. 생산시스템 연구팀에서 6년 근무 후 영업으로 이동하여 현재는 해양플랜트 영업팀에서 근무 중이다.

연정훈 한국산업은행에서 근무 중이다.

유정상 거리와 무대에서 대학생활을 보낸 뒤, 바다에서 군생활을 보내고 현대미포조선에 입사하였다. 설계 4년, 영업 3년 후 현재 기술영업에 근무하고 있다.

윤근익 공기업에 입사하여 현재 무역보험공사 투자금융본부에 재직 중이다.

이강수 대우조선해양 기본설계에 근무 중이다. 학창시절에 컴퓨터 그래픽 동아리(ComGrA) 회장을 역임하였다.

이영욱 현재 삼일회계법인 회계사로 있다.

이재민 홍석윤 교수 지도 아래 선박소음진동 연구실에서 석사(2005)를 마쳤다. 병역특례 요원으로 삼성중공업 조선해양연구소 진동소음연구 파트에 입사하였다. 선박의 진동소음 측정과 분석, LNG선 화물창 건전성 검사와 평가 등의 업무를 수행하였으며, 현재는 기계 공정 연구 파트에 근무하고 있다. FPSO와 같은 해양 생산설비의 상부구조 장비 엔지니어링에 관심을 가지고 연구를 수행 중이다.

이정무 대우조선해양을 거쳐 현재 로이드 컨설팅에 근무 중이다.

이중혁 대우조선해양에 근무 중이다.

이창학 현대중공업 특수선 기술영업과에 근무 중이다.

이태경 석사학위 취득(2005년) 후 현대중공업에 입사하여 선박, FPSO, 건설기계 등에서 진동소음 저감 연구를 수행하였다. 2010년 한국산업은행으로 이직하여 금융인으로서 새로운 경력을 쌓기 시작하였다. 국내 조선해양산업 발전에 미약하나마 도움을 줄 수 있도록 국책은행 직원으로서 조선 분야에 나름의 역할을 수행하고 있다.

이태구 서울대 석사(2005) 후 병역특례로 삼성중공업에서 근무하였다. 현재 삼성중공업 중앙연구소 선박해양기술연구센터의 책임연구원으로 근무 중이다. 입사 후 주로 상선 프로펠러 설계 및 성능해석 분야의 연구 업무를 담당하였고, 현재 이중반전 추진시스템 등 상선용 특수 추진장치 개발에 매진하고 있다. 신개념 이중반전 시스템 개발로 2020년 대한민국을 이끌 100대 기술 주역 가운데 최연소로 선정되었다.

이태휘 졸업 후 현대중공업에서 근무(2002~2005), 미국 MIT에서 산업공학석사를 수료하였다. 이후 뉴욕 매쿼리(Macquarie) 증권 투자금융부 부장, 무디스 수석 애널리스트, 한국 시티글로벌마켓증권 투자금융 담당 이사를 거쳐 현재 미래에셋 사모펀드 해외투자본부 본부장으로 있다.

임종기 2003년 대우조선해양에서 병역특례로 근무를 시작하여 현재 대우조선해양 서울 본사에 신조 관련 대 선주 업무인 영업설계 기관실 구역 분야의 과장으로 재직 중이다.

임효선 멀리 완도에서 올라온 98학번 조선과의 홍일점으로 학부생활을 마치고 대우조선 해양에 입사하였다. 현재는 퇴사하였으며 대우조선해양 동기들에게 세계 여러 나라를 돌아다니며 봉사하는 삶을 살고 싶다는 꿈을 말하였다고 한다. 아프리카로 떠났다는 제보가 있으나 연락이 닿지 않아 확인되지 않는다.

임흥래 대우조선해양에 근무 중이다.

전인재 대우조선해양에 근무 중이다.

전찬경 대우조선해양에 근무 중이다.

정우선 학사 졸업 후 현대중공업에서 3년 병역특례로 근무하였다. 이후 서울대학교 치의학대학원에 입학, 교정과 레지던트 수료 후 전문의 및 치과 교정학 석·박사를 취득하였다. 현재 교정 전문의로, 잡지(LEON 2014년 4월호)에도 소개된 적 있는 미남 치과의사이다.

정지흥 포스코에 근무 중이다.

정필우 졸업 후 치대에 재입학하여 현재 치과의사로 활동 중이다.

조종우 대우조선해양 생산기획팀에 근무 중이다.

지상민 서울대 석사(2008) 후, 은행에서 금리·유동성 리스크 관리 업무를 수행 중이다.

차주환 서울대에서 박사학위 취득(2008) 후 연구원으로 2년 있다가 2011년 목포대학교 해양시스템공학과 교수가 되어 현재 조선해양 공학도를 배출하고 있다.

최봉준 서울대 석사(2004) 후 병역특례로 현대중공업 연구소에 근무하였다. 현재 현대중공업 지원으로 네덜란드 델프트 공과대학에서 선박유체 분야의 박사 과정 중이다.

최재연 삼성중공업을 거쳐 현재 ABS 휴스턴 지사에 근무 중이다.

하윤도 서울대 석·박사학위 취득 후 군산대학교 교수로 재직 중(전산역학 최적설계 연구실)이다.

황대웅 르노삼성자동차에서 근무하고 있다.

54회 졸업생(1999년 입학) 이야기

99학번 동기 대표

99학번은 타 공대의 지구환경시스템 같은 그럴듯한 작명의 학부 광풍이 유행처럼 번질 때도 아래 공대인(34동 주변) 건축공학과나 위 공대인(301동 주변) 컴퓨터공학과 등과 마찬가지로 순수하게 학과 단일 모집에 입학한 학번이다.

당시에는 IMF 직후로, 2000년 밀레니엄 직전의 어수선한 사회 분위기 속에서 인기 드라마 '대장금'의 열풍에 따라 한의학과가 초강세를 보였고, 지금처럼 의대 광풍이 본격화되기 전이어서 서울대학교 공대의 조선해양공학과를 특별하게 선택해서 들어온 인재들이 많았다. 특히 입학 커트라인이 서울대학교 공대 전체 2위를 차지하여 학과 교수님들의 기대도 컸는데, 특차전형 합격자들 대부분이 수능점수가 의예과 정시전형 합격자보다 더 높은 친구들이 과에 수두룩하였다.

1학년 때는 김효철 교수님(조선해양공학개론)과 홍석윤 교수님(컴퓨터개론)만 전공과 관련하여 직접 뵐 수 있었던 것에 비하여 2학년이 되어서는 풍부하고 철저한 커리큘럼으로 '조선과 악마'가 아닌 '공대 악마'라는 애칭으로 유명하신 이규열 교수님과 그리고 진정한 공학도로서 사색의 중요성을 일깨워주신 '공대 철학자' 양영순 교수님을 비롯하여 다양하신 진수회 선배 교수님들을 뵐 수 있었다. 또한 홍석윤 교수님께서 "서울대는 종합대학이니 유용한 전공 선택 과목은 공대 전체에서 확장하여 수강하는 것이 나중에 진로를 선택한 뒤에도 많은 도움이 될 것이다"라는 말씀에 감동받은 우리는 삼삼오오 기계항공공학부의 '기계진동' 수업이나 컴퓨터공학과의 '자료구조' 등의 수업을 들으러 301동을 열심히 오르락내리락하였다.

3학년이 되자 우리는 상당히 타이트한 학사 일정을 소화하느라 바쁜 시기를 보냈다. 특히 대한조선학회 회장을 역임하신 최항순 교수님의 '해양파역학' 과목은 시험 채점 기준이 감점식이었다. 따라서 확실하지 않은 것을 더 써서 제출하면 그만큼 감점이 되었기에 기말고사 때 무척 신중하게 답안을 작성하였던 기억이 생생하다. 신종계 교수님의 '선박생산공학개론' 수업의 하나로 한진중공업과 현대미포조선에 견학을 갔는데 고마우신 선배님들 덕분에 부산과 울산을 오고 가며 음식점의 쇠고기가 동이 나도록 저녁을 배불리 먹고 지친 몸과 마음을 제대로 충전하였던 추억도 생생하다.

4학년은 한 번만 듣고 졸업하기에는 예의(?)가 아닌 것 같기도 하거니와 평균 학점을 깎아 먹던 전공 과목들을 재수강하는 시기였다. 새로 부임하신 조선호 교수님의 '선체구조해석' 같은 대학원 수준의 수업을 미리 들어보면서 각자 앞으로의 진로를 열심히 탐색하였던 시기이기도 했다. 대학원 진학을 고민하던 친구들은 8학기 조기 졸업(?)을 위해 정말 바쁘게 지냈던 것 같고, 군대를 일찍 다녀온 친구들은 한창 복학생 오빠 모드로 열심히 공부하면서 전공 지식을 탐닉하였던 것 같다.

이때는 병역특례의 산업기능 요원 정원을 각 조선소에서 축소하기 시작하였기에 우리는 진로를 조선소에 국한하지 않고 보다 다양하게 모색하기도 했다. 대략 절반 정도의 친구들이 8학기 조기 졸업이나 9학기 코스모스 졸업을 하였고, 나머지 절반 정도는 등록 학기 기준으로 10학기 정상 졸업(?)을 하면서 대학원에 진학하거나 조선소나 연구소에 취업을 나갔다.

또 하나 졸업반 시절, 조선해양 프로젝트 수업에서 선박을 설계하기 위하여 몇 주씩 밤늦게까지 고민하던 때가 기억이 난다. 모르는 내용이 많아서 선배들에게 정보를 얻고 자료 정리하느라 새벽까지 밤을 지샜다. 그나마 일찍 마치는 시간이 새벽 1~2시였고 조원들과 학교에서 신림동까지 걸어가면서 맥주 한잔에 피로를 풀곤 하였다. 지금 생각해도 기분 좋고 뿌듯하였던 기억이다. 그렇게 고생한 후 마지막 평가를 받고 학과 건물 밖으로 나오니 어느새 여름이 다가왔다. 그 순간만큼은 취업이나 대학원 진학 등의 진로 문제를 잊고 날아갈 것 같은 발걸음이었다. 그때의 시절이 그리워진다.

다음으로 우리 99학번의 근황을 소개한다.

고원규 서울대학교에서 석사 졸업 후 대우조선해양에 입사, 상선 선형설계 업무를 수행 중이다.

김경환 서울대학교에서 박사 졸업(2011) 후 서울대 연구교수를 거쳐 KRISO에서 선임연구원으로 근무하고 있다. 서울대 슬로싱 실험동 구축 및 시간영역 비선형 선박운동해석 프로그램(WISH) 개발에 관여하였고 대한조선학회 송암상(2012), 논문상(2013)을 수상하였다.

김남훈 졸업 후 현대삼호중공업에 입사, 선체 생산설계 2년, 선체 상세설계 5년 및 차세대 조선 CAD 시스템인 아베바 마린(AVEVA Marine)의 도입 성공을 위해 CAD 개발 업무를 3년 수행하였으며, 최근 2년 동안은 해양 FPU 프로젝트에서 부착구조(Appurtenances) 관련 구조 기본설계 업무를 하고 있다.

김정오 졸업 후 대우조선해양에 입사하였다. 옥포조선소 상선 분야 선장 배관설계에서 VLCC선/컨테이너선 등 배관 프로세스 업무 수행, 이후 특수선 설계에서 해양/드릴십 및 해외 방산 프로젝트 배관 프로세스 업무를 담당 중이다.

김진삼 삼성중공업 해양영업에서 근무(해양생산설비 수주 담당)하고 현재 미시간 대학 MBA에 재학 중이다.

김태우 2006년 학부 졸업 후 대학원에 진학한 뒤 2008년 현대중공업에 입사하여 선형설계를 담당하고 있다.

박선민 졸업 후 대우조선해양에 입사, 상선 기장 배관설계에 2006년부터 근무하였으며 2010년 후로 해양 프로세스로 부서를 이동하여 근무 중이다.

서창우 학사 졸업 후 현대중공업 특수선 설계부에 입사하여 214 잠수함 종합설계를 담당하였고, 기술영업 부서로 이전하였다. 현재 함정 및 OSV 선박 기술영업을 수행 중이다.

엄태성 2004년 학부 졸업 후 현대중공업에서 약 7년여 근무하고 미국 텍사스 A&M 대학교에서 해양공학 석사학위를 취득하였다. 이후 벡텔(Bechtel) 사에서 선임연구원(senior engineer)으로 근무하다가 2014년 현재 앳킨스(Atkins)로 이직하여 선임 컨설턴트(senior consultant)로 근무 중이다.

유현수 석사 졸업 후 삼성중공업 조선해양연구소에서 근무, 신사업 추진 TF 선발 후 친환경선박 개발을 담당하였다. 2013년 듀크(Duke) 대학 MBA에 진학하였으며, BCG 서울 오프스에 입사할 예정이다.

윤근항 서울대학교에서 석사 졸업(2005년) 후 선박해양플랜트연구소(KRISO)에서 병역특례 연구원으로 근무하였다. 특례 기간 포함 10년째 같은 직장에서 선박 조종성능 연구 및 시뮬레이터를 개발하였으며, 현재 선임연구원이다.

이필립 졸업 후 군대(ROTC 41기) 복무 후에 대학원에서 석사를 마치고 연구실 벤처로 출발한 ㈜지노스에서 현재까지 근무하고 있다. 조선 및 제조업 전반에 대한 IT 기술 및 PLM을 하는 회사이며 현재 연구소장이다.

이혁진 삼성중공업에서 근무(다양한 선종·해양 구조물의 구조설계를 수행)하며 예쁜 딸과 무서운 와이프와 행복한 생활을 영위하고 있다.

정선중 현대중공업 특수선 설계부에서 약 6년간 근무한 뒤 현재 한양증권 트레이더로 재직 중이다.

정지원 졸업 후 해군 특교대 99기 장교로 임관하였다. 51회 사법시험에 합격한 후 법무법인 동인에서 지식재산권 및 형사전문 변호사로 활동하고 있다. 2014년 2월부터 현대중공업에 입사하여 그룹 법무실에서 사내 변호사로 근무하고 있다. 현재 안산지청에서 검사로 근무하는 아내와의 사이에 아들이 있다.

조한솔 대우조선해양에서 병역특례 3년 후 MIT에서 석사 및 박사학위를 취득하였다. 현재 MIT에서 화학공학에서 박사 후(Post Doc.) 연구원으로 일하고 있다. 미국 캠브리지에서 아내와 딸 둘과 함께 생활하고 있다.

조현규 서울대학교 석사 졸업 후 삼성중공업에 근무하였고 퇴사 후 아이오와 대학에서 박사학위 취득 후 같은 대학에서 박사 후 연구원으로 있다.

최민서 졸업 후 해군 특교대 장교로 복무한 뒤 미국 툴레인(Tulane) 대학 로스쿨을 졸업하였다. 현재 삼성중공업에서 미국 변호사로 근무 중이다.

표은석 졸업 후 해군 특교대 장교로 3년간 복무한 뒤 현대중공업에 입사하였다. 현재 기본설계부 기장과에 몸담고 있으며 시추선, 반잠수식 시추선(Semi Rig.), 해상 숙박선(Accommodation vessel), MOCV 등 해양 쪽 설계 업무를 하고 있다.

55회 졸업생(2000년 입학) 이야기

2000학번 동기 대표

우리는 스무 살을 맞으면서 인생의 큰 결정을 하게 된다.

대학을 목표로 공부하다가 보호와 제약의 상징인 교복을 벗고 20대의 성인이 되어 수련을 끝낸 강호의 무사 앞에는 치명적인 유혹과 좌절, 달콤한 기회와 음모, 해괴한 기인과 엑스트라, 약인지 독인지 모를 성배가 기다리고 있다. 이들이 얽히어 만든 갈림길 중 서울대학교 조선해양공학과를 택한 2000학번들, 60명은 그렇게 인생을 시작하였다.

OT(Orientaition)에서 이름을 바꾼 새터(?)라는 신입생 첫 모임. 포천의 밤하늘을 밝히던 수정 같은 별들 아래서 야만적이며 낭만적인 야바위 게임을 하고 넓은 방에서 선배들이 주는 술을 마시고 게임을 하며 우리는 서로의 특성을 파악해 갔다.

급성 알콜 흡입으로 눈이 튀어나왔던 황준일, 부산 갈매기를 외치던 허동범, 영일만 친구 이상준, 자기 집이 진주라며 흐느끼던 최원석, 음주가무를 몸소 보여주었던 서성우, 생 노랑머리 안성필, 해골목걸이 윤동원, 덩치 큰 소심쟁이 김만환, 야바위 줄다리기 장사 박정래, 헤픈 인상의 이준, 쌀 발음을 못 하였던 임지윤, 쌈장 유성진, 긴 머리와 청바지의 송영주, 칼 단발머리 한나래, 작은 얼굴에 무척이나 잘 웃던 홍승희, 얼굴과 눈이 동그랗던 김태윤 등등이 우리 학번의 얼굴들이다.

시간이 흘러 그날의 '스무 살의 소박한 일탈'은 저마다 다르게 기억하지만 포천하늘에 수백 번도 넘게 울려 퍼졌던 노래 '옥포의 조선소에서'는 모두 잊지 못할 추억이 되었다.

99학번 문상철 선배의 손가락이 수백 번 넘게 접히고, 김만환의 외침이 짐승의 울부짖음 같았던 노래 '옥포의 조선소에서'의 무한 반복은 우리에게 학교라는 울타리 안에서 자신을 봉인하여야 했던 스무 살의 '해방을 향한 진군' 같았다('옥포의 조선소에서'라는 가사만으로 조선과의 과가(科歌)가 된 노래의 정확한 제목은 '해방을 향한 진군'이었단 걸 뒤늦게야 알게 되었다.)

1학년인 우리는 각자가 원하는 대학생활을 시도하였다. 동아리에 가입하고 과 내의 학회활동을 하며 삼삼오오 끼리끼리 모였다. 학회는 최대 인원과 최강 음주의 역사적인 전통을 자랑하는 '사문연(사회문화연구회)', 공대 노래패와 구분이 없었던 '조문연(조선문화연구회)', '참으로 맑은 소리'라는 과보(科報)를 냈던 '참맑소', 특별한 활동 없이 점심 모임을 하였던 '글발'이 있었다. 또 조선해양공학과 학생만이 경험해 볼 수 있는 인력선 동아리인 '모모'가 있었는데 하승현, 최주혁, 유성진, 박찬영, 이성균 등 00학번이 대거 보강이 되어 기존 98학번 선배들과 함께 처음으로 인력선을 만들기 시작하였고, 마침내 대전 갑천에서 열린 전국대회에서 종합우승까지 이루어냈다.

빈 강의 시간에는 '붉은 광장'으로 일컫던 공터에서 우유팩을 찼는데 계속 팩을 차기만 하는 '건강팩'으로는 재미가 덜하여 술래가 벌린 다리 사이로 팩을 차 넣는 '골팩'을 종종 하였다. 술래가 세 골을 먹으면 음료수나 아이스크림을 사야 했는데 내기를 좋아하고 팩도 잘 찼던 김형택이 주도를 하였다. 전공과목 수업을 하였던 36동 106호 강의실 앞의 탁구대에서도 많은 대결이 펼쳐졌는데, 의외로 서용진이 적수를 찾아볼 수 없을 정도로 실력이 뛰어났다.

대학가 주변으로 PC방이 많아져 우리는 방과 후에 카운터 스트라이크, 스페셜 포스 같은 슈팅 게임과 스타크래프트 같은 전략 시뮬레이션 게임을 같이 즐겼다. 특히 프로게이머를 탄생시킨 국민 게임 스타크래프트는 박태윤, 허동범, 이상준 등이 잘하였는데 휴학 수련을 한 김태훈과 은둔고수 김철환이 '짱'이라는 게 정설이었다.

이준, 김형택, 임지윤, 김용태, 이상준 등은 '언제나' 당구장에서 언제나 당구를 쳤는데, '이 사범'으로 불렸던 이준이 당구 초보였던 동기들을 모두 150 이상의 당구 실력으로 만들어주기도 하였다.

2000년대는 사회운동과 결합한 '선배들의 후배 리딩'이 약해지는 시기였다. 정치적으로는 야당 후보가 대통령에 당선되어 대학생들의 사회 참여에 대한 열망이 줄어들었고, 사회적으로도 PC 문화를 바탕으로 한 개인주의가 발달하여 자신이 원하는 대학생활을 맘껏 누릴 수 있는 토양이 형성되었다.

서울대에도 많은 변화가 일었다. 1999년 비운동권 후보자가 처음으로 총학생회 회장으로 당선되었고, 재미없기로 유명한 서울대학교 축제에 유명 연예인이 출연을 하는 '좀 덜 재미없는 축제'가 되었다.

조선해양공학과는 공대 내의 어느 과보다도 자유롭고 다양하게 대학생활을 즐겼으며 모두가 자신의 개성으로 무장한 '한 인물'들이 많았다. 트렌치코트를 즐겨 입고 조용하였던 강병우, 야구 배트를 겁나게 휘두르던 곽상현, 곱상한 얼굴에 성격도 부드러웠던 권창섭, 과톱(?)으로 입학한 까만 얼굴의 김도윤, 영어를 잘하였던 스타워즈 마니아 이형준, 사회에 관심이 많아 사문연 의장을 지낸 최진호, 총장잔디 머리 색깔로 물들인 허재영, 어쩜 저리 똑똑할까 김태훈 A, 유정상 선배를 열심히 따랐던 김태훈 B, 마린컨트롤이 예술이었던 김철환, 모두가 두려워하였던 박태윤, 노래를 세련되게 잘 불렀던 허동범, 구사일생으로 살아난 뒤엔 열심히 사는 듯하였던 황준일, 노란 머리가 더 잘 어울렸던 임지윤, 조선해양공학과의 정신적 지주 김만환, 농구를 미친 듯이 즐겼던 천중혁 등이 있었다.

껄렁한 듯 모범생이었던 김용태, 면바지에 너티카 점퍼를 입고 다녔던 모던보이 김정수, 조용히 하나님의 나라에 갈 것 같은 김형철, 예쁜 귀걸이를 하고 다녔지만 공부를 잘하였던 김정연, 갈래 머리가 잘 어울렸던 박수인, 탁구 서울대 대표 상비군 서용진, 노래방에서 이박사 싱크로율 99퍼센트 김홍민, 컴퓨터를 워낙 좋아해서 컴퓨터실에서 살았던 모남진, 80년생과 81년생 모두가 친구였던 문세준, 항상 진지하게 학업에 임하였던 김민근도 떠오른다.

항상 하늘색 모자를 쓰고 다녔던 류래형, 이대와의 연합동아리에 가입해 학교보다 신촌에 더 많이 가 있던 방경운, 눈빛이 선명하고 예뻤던 손명조, 하얗고 뽀얀 얼굴에 말수가 적었던 민원홍, 190센티미터가 넘는 키에 어울리지 않게 순박하였던 박찬영, 모두가 인정하는 에이스 하승현, 첫사랑 여자친구와 대학 내내 연애를 하였던 최주혁이란 친구도 있었다.

이성균은 말을 조리 있게 잘했고, 귀여운 외모로 인기가 많았을 것 같은 유성진, 지조 있게 열심히 공부만 하여 좋은 성적을 얻은 뒤 전기과로 전과하여 실망을 안겨준 신동훈, 큰 키에 수더분했던 여주현, 소리 없이 군대를 다녀와 모범 복학생활을 한 윤기정도 조선해양과의 인물이었다. 한문에 능하고 유체역학을 잘하였던 이윤모, 대구 사투리를 썼지만 모두에게 친절하였던 추연일, 00학번 최고의 기인 서성우, 조용한 듯한데 게임을 잘하고 공부도 잘하였던 정현목, 과티를 입고 담배를 맛있게 폈던 장민욱도 아직까지 생생하다.

이 외에 이재완, 이온, 김세원, 박재욱, 송병현, 김민국이 어울려 다녔는데, 나이는 어렸지만 김세원이 리더였고 재욱이는 모범생으로 시험 때 우리에게 문제를 가르쳐 주었고, 온이는 머리가 좋았던 걸로 기억한다. 순하게 생긴 병현이는 나이보다 어려 보였고, 재완이는 조용했지만 키가 크고 잘생겼으며, 민국이는 성격이 아주 좋아서 누구와도 잘 어울렸다.

또 사상 최대로 네 명의 여학우가 입학을 해서 선배들이 부러워했다. 새초롬한 듯 보이지만 동기 모두가 좋아했던 한나래와 말을 천천히 차분하게 했던 김태윤이 서로 친하였고, 같이 조문연 활동을 한 남자 동기들과 허물없이 지냈던 홍승희와 이대 피아노과 출신 송영주가 친하였다.

2000학번은 1970년대부터 육성되어 온 대한민국 조선해양산업이 그 결실을 맺을 시기에 입학한 매우 운이 좋은 학번이었다. 2001~2002년, 막 대학 신입생의 딱지를 벗고 전공과목 공부를 시작할 무렵, 우리나라는 일본을 누르고 세계 1위의 조선국으로 발돋움하였다.

교수님들께서도 "이제 일본을 누르고 세계 1위의 조선국이 되었으나 중국의 추격이 만만치 않은 만큼 방심하지 말고 앞으로 50년간 세계 1위를 계속할 수 있도록 해야 하며, 그 중심에 2000학번이 있다"는 말씀으로 우리에게 자부심과 책임감을 심어 주셨다.

이러한 연유로 다른 학번에 비해 유난히 조선업계에 진출한 동문 비율이 높은 학번 중 하나이다.

2006년, 동기들이 취업을 시작할 무렵, 전 세계적인 선박 발주 물량의 폭증으로 조선산업과 조선소는 말 그대로 황금기를 맞이하게 되었다. 조선 3사의 주가는 연일 신고가를 기록하였고, 대한민국의 경제 발전에서 중추적인 역할을 한 조선업의 위상이 높아졌다. 막 사회에 진출하거나 진출 준비를 하던 2000학번 동기들은 크나큰 자부심을 느끼게 되었다. 그러나 2007년 서브프라임 사태를 시작으로 세계 경기가 급격히 냉각됨에 따라 조선업의 호황은 그리 오래 가지 못하고, 막대한 자본과 거대한 노동력이라는 강력한 무기를 가진 중국의 거센 추격에 한국의 조선산업은 위기에 봉착하게 된다.

2014년 현재까지도 조선산업의 위기는 나아질 기미를 보이지 않고, 중국에 세계 1위를 넘겨주는 것이 일시적인 현상이 아니라 고착화되어 가는 것이 아닌가 하는 걱정이 들기도 한다. 이렇게 대한민국의 조선산업 황금기를 사회 진출 시기에 경험하였던 우리 2000학번은 이제 실무의 전선에 서서 조선해양산업의 돌파구를 찾아야 한다는 사명감과 함께 선배님들의 시선을 무거운 마음으로 맞이하고 있으며, 이에 각자 맡은 바 최선을 다하고 있다. 동기들의 근황을 소개하겠다.

곽상현 개인 사업을 하며 쌍둥이 친형과 공동으로 자동차 및 디스플레이 관련 부품을 생산하는 사업을 활발히 진행하고 있다.

권창섭 서울대 선박조종 연구실에서 석사학위 취득 후 삼성중공업 연구소에 근무하고 있다.

김도윤 요트 관련 개인 사업을 활발히 운영하고 있다.

김민국 현대중공업 서울 사무소 기본계획부에 근무 중이며, 학창시절과는 달리 매우 스마트한 모습으로 인정받는 인재로 활약하고 있다.

김만환 대우조선해양 연구소에서 근무하고 있다.

김세원 해양구조운동 연구실에서 석사학위를 취득하고 대우조선해양 연구소에 근무하였다. 현재 미국 텍사스 A&M 대학에서 박사학위 과정을 밟고 있다.

김용태 서울대 선박구조 연구실에서 박사학위 취득 후 대우조선해양 서울 사무소 연구소에 근무하고 있다.

김정수 경희대학교 한의대에 진학하였다.

김정연 학창시절에 진지하고 샤프하였던 이미지 그대로 변리사가 되어 한국 조선산업의 발전을 위하여 불철주야 노력하고 있다.

김태훈 현대중공업에서 육상발전 플랜트 설계부서에 근무하고 있다.

김형철 선박구조 연구실에서 석사학위 취득 후 미국 텍사스 A&M 대학에서 박사학위 과정을 밟고 있다.

김형택 현대중공업에 근무 중이며, 현재는 미국 UC 버클리 대학에서 박사학위 과정을 밟고 있다.

김홍민 대우조선해양 옥포조선소의 종합설계에 근무 중이다.

류래형 대우조선해양 서울 사무소의 발전사업팀에 근무 중이다.

모남진 영국 파라메트릭 테크놀로지(Parametric Technology)에서 선박 설계 및 IT 분야 박사학위 취득 후 현재 영국에서 근무 중이다.

문세준 학창시절부터 버스 등 자동차에 대한 관심이 컸으며, 이러한 경험을 바탕으로 현대자동차에서 근무하고 있다.

박수인 변리사로 활동하고 있다.

박재욱 삼성중공업 장평조선소에서 근무하고 있다.

박찬영 플로리다 대학(Florida University)에서 박사학위를 취득하고 박사 후 연구원으로 지내고 있다.

박태윤 삼성중공업 선박구조 연구실에서 근무하였으며 박사학위 취득 후에 장평조선소 기반기술연구에 근무하고 있다.

방경운 전산선박설계 연구실에서 석사학위를 취득하고 대우조선해양 서울 사무소 특수성능연구실에 근무하고 있다.

서성우 삼성중공업 서울 설계센터에 근무하고 있다.

서용진 대우조선해양 서울 사무소의 해양구조 기본설계 파트에 있다.

손명조 한국선급에 있다.

송영주 선박생산시스템 연구실에서 박사학위를 취득하였다.

안성필 현대중공업에서 근무하였고, 텍사스 대학에서 석사학위 취득 후 현재 휴스턴의 엔지니어링 업체에 근무하고 있다.

유성진 전산선박설계 연구실에서 석사학위 취득 후 대우조선해양 서울 사무소 전략혁신에 근무하고 있다.

윤기정 대우조선해양 옥포조선소에서 근무 중이다.

윤동원 미국에서 MBA 과정을 이수하였으며 현재 두산 그룹에서 근무 중이다.

이상준 현대중공업 구조설계부에 있다.

이성균 조종성능 연구실에서 박사학위 취득 후 현대중공업 서울 사무소에서 근무 중이다.

이 온 삼성중공업 조선시추 기본계획에 근무하고 있다.

이윤모 추진기 연구실에서 석사학위를 취득하고 현대중공업에서 근무하고 있다.

이재완 LR 컨설팅에서 근무 중이다.

이 준 대우조선해양 서울 사무소에 근무하고 있다.

이형준 변리사로 활동하고 있다.

임지윤 현대중공업 종합설계부에 근무하고 있다.

장민욱 삼성중공업 조선시추 기본계획에 근무 중이다.

정현목 삼성중공업 해양생산 기본계획에 근무하고 있다.

천중혁 현대중공업 구조설계부에 근무하고 있다.

최원석 대우조선해양 서울 사무소의 해양영업에 근무 중이다.

최주혁 현대중공업 운항성능 연구실에서 근무한 후 현재 덴마크 공대 박사학위 과정을 밟고 있다.

최진호 2000학번 동기 중 유일하게 삼호중공업에서 근무하고 있으며, 선체설계 분야를 담당하고 있다.

추연일 DNV 선급의 부산 사무소 선체 분야에 근무하고 있다.

하승현 전산구조역학 연구실에서 박사학위 취득 후 존스홉킨스 대학에서 박사 후 과정 연구원으로 있다.

한나래 대우조선해양 서울 사무소에 근무하고 있다.

허동범 현대중공업 서울 사무소에 근무하고 있다.

허재영 육군에 있다.

홍승희 현대중공업에서 근무하다가 서울대학교 로스쿨에 진학한 후 현재는 법무법인 '율촌'에 근무한다. 조선업계에서 떠나 있지만 조선해양과에 대한 사랑은 각별하다.

황준일 삼성중공업 해양생산 구조기본설계에 근무 중이다.

21세기 조선해양의 주인공은 여러분이다

　　오늘날 우리 조선해양산업과 국가 경제는 다시 거센 도전과 위기를 맞고 있다. 자국 정부의 전폭 지원을 받은 일본 조선업계의 부활 조짐이 보이는 가운데, 가격 경쟁력을 앞세운 중국의 물량 공세가 맹렬하다. 게다가 세계 경기 침체로 말미암아 수주량이 급감하고 신조선가와 유가가 하락한 데 이어 경영적 판단 착오, 노사분규, 도전정신 해이 등 대내외적 요인이 복합적으로 겹치면서 새로운 돌파구와 성장 동력이 절실히 필요해졌다.

　　국가 경제의 큰 축을 이루고 있는 조선해양산업이 흔들리면 나라 살림도 흔들릴 수밖에 없기에 위기감은 그 어느 때보다 크다. 조선해양공학과 지망생들이 줄어들고, 꿈을 품고 입학한 청년들도 미래 걱정에 방황하기 일쑤다.

　　그러나 위기는 시각을 달리하면 새로이 도전하여 성장할 기회이기도 하다. 오늘날 우리가 가진 자산은 결코 빈약하지 않으며, 앞으로 개척해 나갈 조선해양산업의 미래 또한 결코 어둡지 않다.

　　이에 변화하는 조선해양 수요를 살펴 준비하는 자세가 필요하다. 지금까지 일반 상선에 치중되어 있던 조선해양 수요는 앞으로 다음과 같은 다양한 분야에서 증가할 것으로 예상한다.

　　먼저, 군함 및 함정 건조 수요를 비롯한 국방 분야 관련 수요가 늘어날 것이다.

이는 기존의 노후화된 선박을 교체하고 새로이 국방력을 강화하는 추세에 따른 것이다. 다음으로는 전반적인 생활·경제 수준이 높아지면서 크루즈 등 레저 관련 수요가 증가할 것이다. 마지막은 에너지, 광물, 공간, 식량 등의 해양자원 개발과 관련한 해양 플랜트 시장의 가능성이다.

이처럼 다각화하는 수요에 대비하여 해당 분야의 생산에 필요한 기술과 시설을 갖춘다면 세계 선박 시장의 변화에 여유롭게 대처할 수 있을 것이다.

해양 플랜트로 대표되는 해양산업 분야에 대해서도 장기적인 안목에 따른 투자와 대비가 필요하다.

최근 국제 원유가의 급격한 하락으로 해양 개발 프로젝트들이 취소, 보류 또는 축소되어 발주량이 크게 감소하였다. 그러나 이것이 해양산업의 가능성을 부정하고 포기해야 할 이유는 될 수 없다. 아직 심해 석유생산의 원가 경쟁력이 약하기 때문에 개발 투자가 다소 위축될 수 있다. 그러나 전 세계적으로 에너지 수요는 증가할 수밖에 없으므로 결국 심해 석유 개발 투자는 포기할 수 없는 산업이다.

대단위 적자를 줄이려면 수요 창출의 가능성을 꾸준히 모색하는 한편, 우리가 기본설계를 맡을 수 있는 능력을 길러야 한다. 외국 고객들은 대한민국 조선소에 아직 해저 오일/가스 생산설비의 프로세스 디자인(Process design) 경험이 부족해 기본설계를 맡기기 어렵다고 생각한다. 그러나 극소수의 인원이 진행하는 프로세스 디자인을 제외한 다른 부분의 설계에서 우리나라의 기술력은 세계 최강으로 인정받고 있다. 원가를 대폭 절감할 수 있는 통합설계를 구상하고 한국형의 새로운 모델을 개발하여 외국 고객들의 관심을 끌어들인다면 기본설계에서 배제되는 불이익을 만회하고 선진 엔지니어링 회사들은 물론, 그 어떤 해양산업 경쟁자도 두렵지 않게 될 것이다.

해양은 그동안 조선에 비해 상대적으로 긴 세월 동안 크게 주목받지 못한 분야였다. 선진 기술 도입과 자체 기술 개발로 기반기술을 확립하고 인력을 양성하여 자체적으로 기본설계를 우수하게 해낼 수 있는 능력을 길러야 한다. 관련된 부품산업 육성과 해저(Subsea)산업 분야의 진입이라는 과제도 빼놓을 수 없다. 이를 위해 정부와 학계, 산업체, 금융기관, 언론 등 여러 분야가 힘을 합쳐 앞으로 해야 할 일들이 많다.

상선 및 해양 플랜트 부문에서의 경쟁력은 모두 기술 개발을 통한 기술적 우위를 확보하는 문제와 직결된다. 우리 조선업계가 세계 정상급의 기술력을 자랑한다고는 하지만, 지금까지는 다른 이들이 이루어놓은 틀을 따라가는 '빠른 추종자(Fast-follower)' 전략에 머물러 온 것이 사실이다. 치열한 글로벌 경쟁에서 살아남으려면 비용 절감도 중요하지만 차별화된 국제적 수준에 부합하는 것은 물론, 한 발짝 앞서나갈 수 있는 기술을 개발해야 한다. 기술적 우위를 점해야 '선도자(First-mover)'로서 시장을 이끌고, 창조와 개혁을 토대로 지속성장이 가능한 발전을 도모할 수 있다. 기술 개발은 하루아침에 이룰 수 있는 것이 아니다. 그러므로 당장의 가시적 성과가 없더라도 오랜 세월 공을 들여 연구 개발에 투자하고 인력을 양성해야 한다.

추종자에서 선도자로 거듭나려면 개개인의 노력도 중요하지만 협업의 패러다임을 구축해야 한다. 이는 단순히 조선 기술자 등 조선 분야 종사자 간의 협업만을 뜻하지 않는다. 기술적으로는 다른 산업과 융합한 복합융합기술의 구현을 뜻하고, 나아가 모두가 함께 발전해 나가는 상생의 문화를 뜻한다.

지금 이 시대는 금융과 기술이 융합한 핀테크(Fintech)가 활성화된 것처럼 모든 분야가 서로 융합하여 새로운 서비스가 출현하는 초연결 융합시대이다. 21세기의 조선해양 기술은 복합기술이다. 발전 속도가 빠른 신기술과의 복합(접목)을 통해 첨단 기술화를 항상 추구하고, 나아가 다른 분야와의 융합을 통한 새로운 발전 가능성을 모색해야 한다.

조선은 이미 정보기술(IT)과 융합함으로써 중후장대형(重厚長大形) 단순 굴뚝 산업에서 탈피하여 첨단산업으로 발전하고 있다. 정보기술을 선박에 유기적으로 결합하여 수백여 종에 달하는 선내 기자재를 하나의 네트워크로 연결한 스마트십(Smart Ship)이 2011년 국내 조선소에서 세상에 첫선을 보였다. 친환경 고효율을 모토로 삼는 에코십(Eco-Ship)을 비롯한 각종 최첨단 선박, 해수 담수화 기술을 이용한 원전 냉각수 처리 연구 등 다양한 분야를 넘나드는 복합융합기술의 구현은 우리 주변 곳곳에 스며들어 차근차근 현실화되고 있다.

또한 단순한 기술의 융합에 그치지 않고 이제는 문화의 융합까지 생각해야 할 때다. 이 문화는 분야와 입장, 세대와 지역이 다른 이들이 각자의 이해관계를 뛰어넘어 소통하고 함께 번영하는 길을 모색하는 상생의 문화다. 유연한 융합적 사고로 구성원 자신의 의식 변화를 통한 새로운 생태계를 조성하지 않으면 살아남을 수 없기 때문이다. 배를 짓는 일을 하다 보면 자칫 딱딱해지기 쉽지만, 세상과 인간에 대해 따뜻한 시선을 놓지 않고 인재에 대한 투자와 기업의 사회적 가치에 대해 고민하고, 대·중소 조선업체와 조선 기자재 업체들이 다 함께 상생 발전할 수 있는 생태환경을 조성해 나가야 한다. 이들 간의 협업문화는 우리 조선산업이 영속성을 지니는 데 더없이 중요한 요소이다.

상생의 문화는 과거를 통해 배움으로써 미래를 개척하는 온고지신의 자세와 정신 무장과도 연결된다. 진짜 '위기'는 바로 우리 안에 있다. 위기는 외적 요인보다 내적 요인이 더 무섭다. 대내외적 환경이 시시각각 변하는 가운데, 경각심과 도전정신을 가지고 진취적으로 대응해 나가지 못하면 반세기의 피땀 어린 노력으로 이루어낸 영광, 세계 정상의 조선국가라는 빛나는 성과도 한낱 모래성처럼 스러질 수밖에 없다.

위기를 극복할 지혜의 실마리는 과거에 있다. 이 책의 서문에서 진수회와 진수회 회원들의 역사는 곧 한국 조선해양산업의 역사이자 대한민국의 역사임을 밝혔다. 이 책의 기록들은 그동안 안팎으로 휘몰아친 위기들을 우리가 어떻게 슬기롭이 헤쳐 나왔는지를 담고 있다. 위기는 다양했으나 매순간 한결같이 빛났던 것은 지칠 줄 모르는 열정과 배움, 도전정신과 사명감, 애사심과 애국심이었다.

오늘날과 같은 첨단 디지털 시대에 도전정신과 애사심, 애국심과 같은 가치는 마치 시대의 흐름에 뒤떨어진 듯 보인다. 그러나 이런 아날로그 시대의 어휘들 속에는 그 시대의 정신이 깃들어 있고, 시대를 초월하는 가치가 들어 있다.

조선 1세대는 컴퓨터의 도움을 크게 받지 못한 아날로그 세대다. 오로지 조선산업을 발전시키겠다는 투철한 사명감과 의지만으로 황무지에 조선산업의 초석을 깔았다. 조선 선구자들이 구축해놓은 플랫폼 위에 디지털 세대들은 눈부시게 발전한 컴퓨터의 도움을 받아 중후장대 산업으로만 여기던 조선산업에 정보기술을 접목시킴으로써 우리 조선산업을 놀라운 수준으로 승화, 발전시켜 놓았다. 이처럼 우리 조선업계는 앞선 세대와 다음 세대가 힘을 합쳐 불과 30여 년 만에 '구라파에서 강대하다고 평가받고 있는 나라들'은 물론, 세계 최고 기술을 자랑하던 일본마저 제치고 단재 신채호 선생의 표현처럼 우리 국민이 '큰일을 할 국민'임을 입증하였다. 아날로그 세대가 인(因)을 뿌렸다면 디지털 세대는 과(果)를 거둔 셈이다.

2000년대 이르러, 그동안 축적해온 기술과 노하우로 우리나라를 조선기술의 왕좌에 올려놓은 첨단 디지털 시대 조선인들의 탁월한 실력에 경탄을 금할 수가 없다. 그러나 지금의 조선인들에게는 과거 조선 1세대가 가졌던 담대한 도전정신과 자신감, 애사심, 애국심이 결여되어 있는 듯해 아쉽다. 이는 수주량 감소나 경영 손실보다 더욱 심각한 문제다. 한국 조선이 불모지나 다름없었던 척박한 환경에서 눈부신 발전을 이루어 세계를 호령하는 지위에 올라설 수 있었던 반면, 물적·인적·기술적 자원을 두루 풍족하게 갖추었던 인도의 조선산업이 오히려 기대만큼 빠르게 성장하지 못한 이유가 바로 이러한 정신 무장의 차이에 있었음을 생각해 보아야 한다.

지금이야말로 선배들이 걸어온 발자취를 돌아보고, 앞선 세대들이 피와 땀과 눈물로 세워놓은 불굴의 도전정신 전통을 계승, 발전해 나가야 할 때다. 조선 1세대와 지금의 신세대는 단순히 수직으로 이어지는 세대가 아니다. 시공을 뛰어넘어 공감을 이룰 수 있는 그 접점에서 두 세대가 함께 힘을 합치면 지금보다 훨씬 더 큰일을 해낼 수 있다.

조선업을 숙명으로 지고 가야 할 조선인들은 이제 첨단기술과 노하우에, 강한 도전정신과 상생정신 등 문화의 힘을 더해 무장해야 한다. 조선인들이 디지털 능력과 아날로그 능력을 겸비한 디지로그(digilog) 세대로서 문화적 무장을 갖춘다면 우리 조선산업은 자손만대로 이어져 번영할 것이다.

위기는 지난날을 되돌아보고 새로운 미래를 준비하라는 충고의 메시지이다. 또한 모든 위기는 기회의 다른 이름이기도 하다. 기회는 필히 도전을 요구한다. 큰 위기를 큰 기회로 삼아 도전하려면 상상을 초월하는 인내와 의지, 열정, 애국심이 필요하다.

우리에게는 모두가 극복 불가능하다고 말했던 역경을 이겨낸 경험이 있다. 이 경험은 그 어떤 첨단기술과 물량 공세보다 앞서는 소중한 자산이다. 오늘날 급변하는 세계 속에서 젊은이들은 과거의 선배들이 겪었던 시련과는 또 다른 도전을 마주하고 있다. 그러나 선배들의 끈기, 열정, 의지, 경험과 지혜라는 유산을 이어받은 그 위에 새로운 젊음, 기술과 아이디어를 더하여 신속 과감히 대응하고 끊임없이 자기 개혁을 실천해 나간다면 언제, 어떤 위기가 닥쳐도 두려워할 필요가 없다. 꿈이 있으면 반드시 방법이 있게 마련이다(If you have dream, you will find a way).

마지막으로, 우리 진수회 회원들은 한국은 물론, 지구를 책임지는 기술인으로서 자부심과 사명감을 가져야 한다.

우리에게는 세계 최강 조선해양산업국의 조선해양 기술인이라는 프리미엄이 있다. 수많은 관련 산업과 연계하여 동반 발전하는 조선산업의 특성상, 조선해양 기술인들이 활동할 수 있는 일자리는 무궁무진하다. 세계 수준의 기술을 쉽게 습득할 수 있다는 점도 우리나라 조선해양인들이 누릴 수 있는 큰 장점이다. 실제로도 유능하고 젊은 인재들이 조선해양공학과에 모여 있으며, 한국의 조선해양 기술 인재들은 전 세계적으로도 제일 우수한 그룹에 속한다.

특히 진수회는 창립 이래 줄곧 선진 조선해양 정보 소통의 장이자 아이콘으로 활약해 왔다. 앞으로도 진수회는 이와 같은 소통과 토론의 장을 제공하고 조선해양 분야에서 선도적 역할을 수행해 나가야 한다.

지구 면적의 70퍼센트를 차지하는 광대한 바다에는 인류의 미래를 좌우할 온갖 보화가 가득 잠들어 있다. 그러나 "구슬이 서 말이라도 꿰어야 보배"라는 말처럼, 제아무리 값진 보물이라도 꿰고 엮어야 비로소 그 쓰임새를 다할 수 있다. 우리 진수회 회원들은 이 인류 미래의 보고(寶庫)를 개척하는 수단을 책임지고 바다를 향한 인류의 꿈을 실현하며 지구를 지키겠다는 큰 목표를 가져야 한다. 하루가 다르게 다각화되고 세계화되어 가는 환경 속에서 어떤 새로운 요구든 유연하게 수용하는 기술적 난제 해결사(Technical-solution provider)로서 다양한 기술을 개발하고 선도자가 되어 앞서 나아간다면 훗날에도 '과연 진정한 세계 1등 조선해양 국가'라는 평가를 받을 수 있을 것이다.

"미래를 예측하는 가장 좋은 방법은 미래를 스스로 창조하는 것이다."
(The best way to predict the future is to create it.)

다가오는 미래 앞에 그저 멍하니 있다가 끌려가는 대신 창의력과 열정을 발휘하여 창조하고 실현해 나갈 때 미래는 진정 우리의 것이 된다. 인류의 미래이자 대한민국의 미래인 바다는 지금 이 순간에도 무한한 가능성을 열어놓고 우리의 도전을 기다린다. 도전에 응해 다시 돛을 올리고 드넓은 바다를 마음껏 누빌 때다.

21세기 조선해양, 그 빛나는 미래의 주인공은 바로 여러분이다.

부록

—

졸업생 및 재학생 명단

·

진수회 및 조선 관련 연표

·

편집 후기

졸업생 및 재학생 명단

학번	이 름
46	김정훈, 안기우, 인철환, 조규종, 조필제, 황종흘
47	김택환, 류제운, 박종일, 유택준, 하영환
48	강창수, 고영회, 김석주, 김철수, 김흥재, 류남수, 박윤도, 박종은, 이종근, 이풍기, 임상전, 조규완, 차천수
49	권광원, 김극천, 박의남, 손상준, 이상돈, 이재원, 표동근
50	남기환, 박동현, 양동률, 윤갑순, 정태구, 이종렬
51	강시득, 권재웅, 김영서, 박재웅, 박한웅, 서영하, 송준해, 신동식, 유동준, 이재원, 이한구, 임승신, 정 진
52	강용규, 권이원, 김남길, 김운영, 김주호, 김훈철, 박기홍, 박홍규, 송충래, 안정순, 오창석, 이동렬, 이범창, 이 해, 이택순, 이희일, 장정수, 정태영, 조선용, 최영섭, 하재현, 한상렬, 허원형
53	고상용, 구재광, 권오민, 김기영, 김기증, 김태섭, 박원준, 성재경, 송진술, 심봉섭, 윤팔문, 정한영, 최규열, 한명수, 홍순일
54	구자영, 김동현, 김 영, 김일수, 김재중, 박우희, 안영화, 왕선우, 이수안, 이정묵, 이한훈, 정용권, 주선무
55	강신웅, 김명진, 김영상, 김주영, 김창호, 김현수, 박기현, 박용철, 이관모, 이규식, 이내섭, 이상길, 이종례, 이호림, 임용택, 장병주, 정운선, 정재길
56	김기진, 김몽상, 김석규, 김성건, 민철기, 석인영, 안창흥, 이성수, 이재위, 이제근, 이창우, 장두익, 전문헌, 정진수, 조항균, 최의영, 한창환, 허정구, 홍일표
57	김계주, 김기환, 김 위, 김일곤, 김천주, 박성호, 백중영, 안덕주, 윤완기, 이규식, 이시희, 이재겸, 이흥배, 정호현, 최준기
58	구창룡, 김진영, 류동성, 박광현, 박장영, 안시영, 이종훈, 이철근, 임석균, 정규황, 정주화, 최영수, 홍영석, 황성혁
59	권영현, 김석기, 김익동, 김정식, 김효철, 김흥태, 배광준, 서기호, 윤효연, 정신순, 정춘길, 채규평, 최상혁, 함원국, 홍강훈 (홍사의), 황진주
60	권순찬, 김영치, 김일두, 남창희, 문장출, 박길규, 박종수, 안정희, 염삼일, 오봉희, 왕영남, 유상원, 윤종혁, 이 민, 이창한, 임종혁, 전상용, 정종현, 조정형, 최병선, 한균민, 홍종규
61	김기준, 김명린, 김응섭, 김정제, 김 효, 문한규, 민계식, 서상원, 엄도재, 옥기협, 이상기, 이세중, 이재욱, 이진섭, 이호순, 장기일, 장 석, 정도섭, 정정웅, 조정호, 주동명

62	고웅일, 권기일, 김광세, 김승수, 김진우, 김창섭, 박봉규, 신동백, 유준호, 유환종, 이동용, 이병남, 이의남, 임동신, 정경조, 정 호, 정희섭, 황이선
63	권영중, 김경일, 김병구, 김정호, 박승균, 박창순, 배영길, 위재용, 이경환, 임용웅, 조충휘, 조현우, 주관엽, 주광윤
64	고창헌, 김근배, 김영훈, 김윤호, 김진구, 김태문, 김현왕, 박대성, 송준태, 이송득, 조영호, 최동환, 황정렬
65	고성균, 고성윤, 김국호, 민기식, 신영섭, 양승일, 오귀진, 이규열, 장창두, 정인환, 최강등, 최길선, 최항순, 허용택
66	김종순, 박창준, 송재병, 신창수, 이병석, 이세혁, 이창섭, 이필한, 이호섭, 홍도천, 홍두표, 홍창호, 홍순익
67	김기한, 김상선, 김흥렬, 박만순, 박찬영, 신일진, 신창수, 어성준, 유병건, 유정환, 이광수, 홍순채
68	길희재, 김민식, 김성년, 김승우, 김승헌, 김태업, 박두선, 손봉룡, 송재영, 양종식, 이기표, 이인성, 이한우, 임문규, 정균양, 정성립, 최병길, 한성섭, 허 일
69	김병수, 김석규, 김석기, 김정석, 김철원, 김태운, 나경호, 박권희, 박규원, 박성희, 박인규, 양영순, 유한창, 윤길수, 윤상근, 이강우, 이병하, 인응식, 임인상, 주경린
70	김강수, 김덕영, 김두균, 김순탁, 김양한, 김용기, 김재동, 김재복, 김정섭, 김홍석, 방철수, 봉현수, 윤범상, 윤용수, 이승우, 이승준, 이준열, 임경식, 정영운, 정인기, 황성호
71	강응순, 기원강, 김외현, 김용철, 김재신, 김태화, 김현옥, 김호충, 민경수, 박명규, 박석봉, 박성규, 박용유, 박을상, 서완철, 안대상, 이종기, 이진태, 이준성, 임동조, 임영신, 임태봉, 전헌무, 정광석, 정병창, 정태영, 조상래, 주명기, 최병문, 최성락
72	김덕중, 김시헌, 김용대, 김익남, 김재승, 김종서, 김종현, 박재욱, 배해룡, 선재오, 신성수, 신중호, 신찬호, 양박달치, 양태열, 양홍종, 이경인, 이명식, 이상록, 이욱상, 이호성, 이흥재, 전영기, 정광섭, 정규석, 정기태, 정상열, 조규남, 주영렬, 최귀복, 최성규, 한병환
73	강창구, 곽승현, 김 석, 김석수, 김영봉, 김현근, 김호성, 류재문, 박의동, 박형천, 배영수, 배재욱, 변광호, 서명성, 서인준, 석찬균, 손영희, 송용일, 신종계, 신준섭, 신현경, 심이섭, 여석준, 염덕준, 오상환, 유희철, 윤덕영, 이경웅, 이병인, 이성훈, 이승희, 이종승, 이충동, 이현곤, 이현엽, 이홍기, 임병옥, 정방언, 조성동, 좌민수, 한순흥, 한우진, 홍석원, 홍성일
74	강동식, 강석태, 고광석, 권경섭, 기문현, 김경수, 김두기, 김병현, 김상근, 김정환, 김종태, 김주호, 김찬문, 김태영, 김태환, 김학빈, 노형렬, 도원록, 박상우, 박석환, 박영일, 박종흠, 박치모, 박태호, 배종국, 서상현, 서정천, 손성락, 송희천, 안성수, 안태원, 양재창, 유영복, 윤명철, 이덕열, 이승준, 이재봉, 이종식, 이주성, 이택봉, 정경남, 정의봉, 정인식, 정희덕, 조태익, 최종만, 하경진, 하계상, 한성용, 황선희, 황행수
75	강환구, 길현권, 김경훈, 김관흥, 김대욱, 김대헌, 김동섭, 김명환, 김상구, 김성문, 김성은, 김용직, 김찬문, 김천근, 김충렬, 김형근, 김형만, 김형수, 김형태, 노인식, 문 현, 박동혁, 박시명, 박영배, 박인균, 박종환, 박찬욱, 반석호, 백일승, 봉유종, 송장건, 신동원, 신장수, 심재무, 안창범, 안철수, 여인철, 유기선, 윤승하, 윤영석, 이근모, 이창호, 이처경, 이형근, 임진수, 장인화, 진인호, 채 헌, 한상호, 한용관, 현범수, 황기진, 황태진
76	김동준, 김명수, 김성균, 김세환, 김영룡, 김영중, 김형만, 나승수, 박상호, 박석홍, 박영일, 박종구, 박주용, 배두환, 변태영, 서형규, 송인행, 신종식, 신현수, 심용래, 안승일, 양희중, 어민우, 우유철, 원윤상, 유광택, 유인상, 이병모, 이성근, 이수목, 이영수, 이재환, 이정한, 이철훈, 임상흔, 임채환, 장영식, 전광열, 정홍기, 조병천, 조성택, 조원호, 조종묵, 최경식, 최정은, 한동림, 한성환, 허 진, 황인범

77	공인영, 곽문규, 곽영기, 김남철, 김두현, 김무현, 김연봉, 김영환, 김장옥, 김재수, 김정용, 김종호, 김태욱, 김학진, 김 현, 김현명, 김현일, 김화수, 남오석, 노환진, 류천선, 박동문, 박시원, 박영수, 박철원, 박형준, 방윤규, 백운태, 서상오, 서전석, 손귀현, 송호봉, 안호종, 엄항섭, 오일근, 오태명, 유혜준, 윤병국, 윤병호, 윤상찬, 윤영기, 윤장호, 이교성, 이상무, 이중균, 이진성, 이춘주, 이화룡, 이 환, 주영명, 주덕용, 차종욱, 최병승, 최상현, 최종훈, 한만철, 한종우, 홍성균
78	강석상, 강성준, 강수련, 곽용구, 권오익, 김경중, 김동빈, 김상도, 김영호, 김완진, 김종은, 김지호, 김진영, 김창욱, 김홍재, 맹일호, 민병욱, 박석영, 박원혁, 박재언, 박진수, 성우제, 송병석, 신 광, 윤석용, 윤성철, 윤양준, 이갑훈, 이성수, 이성훈, 이영제, 이원태, 이인원, 이진한, 이태연, 임원규, 장상돈, 장사모, 정상욱, 정재수, 정창화, 최동욱, 최수현, 최종석, 최홍준, 홍석윤, 홍 섭, 홍성철
79	강정길, 강창열, 김광열, 김대연, 김덕수, 김도영, 김병국, 김병하, 김선영, 김우전, 김지표, 김한석, 김효식, 나현균, 박성환, 박영근, 부성윤, 손창규, 신동하, 신영섭, 오마리, 안성필, 우승태, 원문철, 윤항수, 윤태경, 이경중, 이명주, 이상백, 이우섭, 이원형, 이윤식, 이추동, 임원호, 장윤근, 전국진, 전원기, 정동우, 조규창, 최영복, 최종선, 최환규, 타바니, 하태범, 한동훈, 한운섭, 홍사영
80	강철중, 구본우, 김경엽, 김기철, 김문찬, 김상주, 김성기, 김세은, 김영기, 김영하, 김정우, 김지호, 노 완, 백광현, 서승일, 송무석, 신종원, 안기호, 안성철, 오재진, 오창렬, 우중구, 윤우승, 이승주, 이영렬, 이채록, 이호섭, 장석호, 장재완, 정경채, 정낙형, 정성출, 정중현, 정진석, 조현철, 최기덕, 최낙준, 최우영, 최종환, 홍기용, 홍상혁, 홍세영
81	강병석, 고영석, 구재학, 김기화, 김대영, 김대준, 김무열, 김상돈, 김성영, 김성찬, 김수형, 김순균, 김영준, 김장환, 김종귀, 김태영, 나양섭, 남종호, 박 만, 박병회, 박인호, 박재선, 박재호, 배재류, 백종성, 서동식, 송기종, 양만용, 오영태, 유성선, 이경철, 이병록, 이정렬, 이종무, 이종윤, 이태구, 이형철, 임병하, 임채영, 전희철, 정정훈, 조경칠, 조대승, 조일형, 최경수, 최길환, 최정환, 최진원, 하재선, 허 돈, 현진우, 황인주, 황호기
82	강대성, 강태호, 고영화, 권상순, 권태갑, 김경면, 김군호, 김기언, 김만석, 김부기, 김성은, 김용균, 김원식, 김제근, 김종건, 김종관, 김종대, 김찬기, 김태국, 문혜암, 박대선, 박승현, 백두욱, 변태욱, 손부한, 손택만, 안진우, 양승한, 양용규, 오상헌, 오세익, 오창익, 우제혁, 이동욱, 이동형, 이성환, 이승수, 이영민, 이원식, 이진규, 이태봉, 임창규, 장봉준, 정복석, 정수용, 조선호, 조원준, 조인태, 차민수, 최원석, 최재호, 최재항, 최주명, 최진근, 표상우, 하기홍, 홍재홍, 홍정희, 홍준기, 황 언
83	강준욱, 강태룡, 고영철, 공도식, 김노성, 김병일, 김상순, 김상현, 김석원, 김선길, 김수경, 김승율, 김용환, 김인학, 김일수, 김종덕, 김종하, 김호동, 김훈석, 남동호, 문길호, 민경원, 박병주, 박성호, 박영규, 박인식, 박종진, 박태주, 박흥만, 서민환, 서용석, 석종훈, 양광모, 양민기, 오재준, 유재훈, 윤의섭, 이영화, 이원준, 이재동, 이 주, 이중호, 이 진, 이창민, 이호영, 장영태, 전오성, 정군모, 정현균, 조민영, 조충희, 최동규, 최문영, 최연식, 최용석, 최재성, 최재식, 한성곤, 한재영, 한창수, 허영구
84	고범창, 김남호, 김대규, 김병주, 김수현, 김언수, 金然奎, 金演圭, 김영표, 김 진, 김창용, 김창흥, 김태엽, 김홍근, 노효상, 문석준, 문정재, 민준기, 박동규, 박상도, 박흥순, 부유덕, 설영수, 소상호, 손성진, 심병구, 심원보, 심장규, 양구근, 양화석, 엄인성, 연윤석, 염재선, 유우준, 유정현, 윤순관, 윤종현, 이경호, 이명기, 이몽룡, 이석중, 이영규, 이주연, 이춘식, 이한성, 이형칠, 임시선, 전상식, 정공현, 정종민, 정태석, 조석진, 조준홍, 주영준, 천세창, 최국현, 최명기, 최양렬, 최윤락, 최정수, 한 도, 황일규, 황창원
85	고영국, 권대영, 권상주, 권우철, 김경환, 김기운, 김성렬, 김용준, 김재수, 김정원, 김지훈, 김진흥, 김충겸, 김형철, 노윤선, 류재훈, 박동균, 박동기, 박범주, 박성진, 박수종, 박은성, 박종혁, 박철정, 박형돈, 서정수, 송하철, 신상묵, 심왕보, 안진형, 양우준, 오창석, 원종천, 윤현규, 이강덕, 이순택, 이시훈, 이웅섭, 이재윤, 이재홍, 이준배, 전정하, 전지호, 정근기, 정성훈, 조영호, 조윤식, 지원식, 채성수, 최태희, 한재훈, 허영철
86	강성진, 강성하, 강중규, 권대천, 권 혁, 김갑수, 김광준, 김동규, 김동철, 김영석, 김영환, 김정하, 김태열, 김현규, 류기수, 류재훈, 문용우, 민경재, 안일홍, 박민수, 박영규, 박용석, 박용진, 손창욱, 신상욱, 신상훈, 양종서, 양태현, 오승목, 유병석, 윤규식, 이권재, 이승관, 이승훈, 이신형, 이원승, 이재규, 이재혁, 임홍준, 장성철, 장필식, 정성천, 정춘면, 조청제, 주원호, 최정록

87	강승모, 경우민, 고대은, 권대영, 김경률, 김도현, 김동수, 김주호, 김진기, 김진혁, 김평연, 김형관, 나윤석, 류홍렬, 박병군, 박병준, 박정기, 배성혁, 서흥원, 송상엽, 송창수, 신형철, 이기군, 이동권, 이동연, 이상홍, 이원희, 이종원, 이준영, 이한진, 임근태, 장용진, 전승경, 정용욱, 정진형, 조민수, 차충희, 하심석, 한민섭, 한윤근, 허　숭
88	강권열, 고재현, 길영배, 김강수, 김우석, 김태한, 문상훈, 문승한, 문장호, 박경현, 박상민, 박현식, 배병선, 배한욱, 송강현, 신용재, 양찬규, 양희준, 우상혁, 유영민, 윤여표, 윤현세, 이건철, 이동윤, 이상욱, 이수열, 이용길, 이우근, 이재용, 이재흔, 장기복, 장준영, 전승호, 전재영, 정구집, 정종진, 최병기, 최완수, 최형순
89	강덕진, 구본형, 권경배, 권덕규, 김대성, 김석준, 김신형, 김영수, 김영한, 김진환, 김판영, 김현조, 김형신, 문재광, 박건일, 박경원, 박병춘, 박수연, 서동근, 성홍근, 심우승, 심정섭, 안해성, 오윤민, 유원선, 이근배, 이석원, 이심용, 이영범, 이영한, 이우창, 이장현, 이재열, 이재욱, 이진형, 이창은, 장창환, 최동섭, 최호웅, 한상민, 한상용
90	강상균, 경조현, 고광희, 김법기, 김병국, 김봉재, 김선형, 김성기, 김유일, 김지혁, 김형석, 김호경, 문상혁, 박문주, 박성건, 박철수, 변윤철, 서정우, 손창환, 송준용, 신창현, 신호식, 안지용, 양　열, 양정석, 오창진, 유병호, 윤균중, 윤재돈, 이동환, 이승주, 이왕근, 장범선, 장진호, 정창윤, 차석원, 허　윤, 홍윤식, 황윤식, 황인하
91	강태운, 김건호, 김　광, 김성준, 김성훈, 김재현, 김종천, 김지훈, 김호진, 문성춘, 민상홍, 박기현, 박영하, 박태준, 배병호, 백형수, 성영재, 송진섭, 안병창, 오민성, 윤해동, 이기준, 이동현, 이석원, 이윤구, 이재학, 이정훈, 이창현, 이현호, 임중현, 정재욱, 정필상, 정현승, 진은석, 천창열, 최낙준, 한범우, 한상서, 한상준, 한성남, 허철은
92	강경택, 강병철, 강상돈, 경우진, 권오철, 김경수, 김광수, 김도med...

92	강경택, 강병철, 강상돈, 경우진, 권오철, 김경수, 김광수, 김도균, 김범석, 김상윤, 김준환, 남종훈, 노재규, 류철호, 박시영, 박종우, 배선태, 손석제, 신동기, 심인환, 안정환, 양윤호, 이경준, 이병상, 이상영, 이상욱, 이성진, 이영태, 이형주, 장계환, 정정호, 정　현, 조병삼, 조성원, 조용우, 주성문, 채규일, 최성록, 최재호, 최제민, 최창림, 한동기, 홍용표, 황대순, 황인득
93	고석천, 김경동, 김덕영, 김동현, 김병국, 김영민, 김일규, 김진성, 박광필, 박도현, 박상수, 박용관, 박은호, 박재성, 박철수, 방일남, 방창선, 변상호, 송수한, 송유석, 양윤호, 여동진, 오남균, 오인수, 유용주, 윤대규, 이경수, 이광용, 이요섭, 이정호, 이정훈, 이철원, 이　혁, 정진우, 조두연, 조인호, 조형준, 최명근, 최호경, 허기선
94	강연식, 강주년, 강지훈, 강형은, 권민재, 권승민, 권오한, 김기훈, 김명자, 김봉국, 김선경, 김영제, 김우조, 김유철, 김인중, 김일홍, 김정수, 김종준, 김　진, 김철원, 김형곤, 김형호, 남정우, 노명일, 류광곤, 박병언, 박영호, 박원하, 박유상, 박종현, 배성원, 변승훈, 서성훈, 서용록, 서호준, 송정식, 송준호, 송준호, 안경수, 양용준, 양지만, 여준구, 오훈규, 우종훈, 원선일, 원찬희, 유병용, 유지한, 이병일, 이선웅, 이성진, 이성환, 이승재, 이용철, 이은창, 이정환, 임낙훈, 임우석, 임일심, 장인구, 장재우, 정병도, 정영환, 정창원, 조성일, 조정호, 최병호, 최수용, 하희정, 한인수, 홍기웅, 홍성일, 황대순, 황선복, 황정헌
95	강동균, 강동기, 강성찬, 권효재, 김경환, 김광식, 김대현, 김동언, 김민호, 김상혁, 김성용, 김연진, 김태홍, 김현철, 김형기, 김형섭, 김호주, 나석환, 도형민, 박동환, 박준길, 박천재, 서동철, 서용덕, 손남선, 손창욱, 손현락, 송병근, 안일준, 양대일, 오정근, 유영웅, 이경철, 이근화, 이동철, 이상엽, 이영은, 이용진, 이정우, 이종무, 이종익, 이지훈, 이진성, 이혁준, 이호원, 임기빈, 임대영, 임우석, 장진희, 장현철, 정성준, 정연환, 정영경, 정태영, 조청래, 최명수, 최상복, 최효제, 하윤석, 한경화, 한선배, 한준영, 황성진, 황아롬, 황인준
96	고병욱, 고병준, 곽주호, 구본석, 권순욱, 권재수, 권종오, 권중일, 권현웅, 김민철, 김상원, 김성규, 김성준, 김영관, 김영수, 김영호, 김인일, 김일환, 김중희, 김지원, 김태현, 김　혁, 나영승, 노준범, 문상원, 민선홍, 박미숙, 박효석, 배윤혁, 백종근, 송신석, 신학용, 안재영, 양승원, 연성모, 우성남, 유현수, 윤영진, 윤재문, 윤준식, 이경요, 이광희, 이승준, 이원연, 이일형, 이종훈, 이주상, 이진표, 이청근, 이형승, 임동원, 임희현, 정기주, 정재훈, 조경남, 조영천, 최완호, 최운철, 하상백, 한지형
97	강라훈, 공수철, 권상순, 김경태, 김대성, 김동순, 김민장, 김민호, 김선호, 김세훈, 김형진, 김희진, 남상호, 노승현, 문창호, 박성680, 박성환, 박신웅, 박유흠, 박정서, 박준길, 박지혜, 박현석, 박효성, 방승범, 방일수, 배상현, 배세진, 석상규, 송석율, 심재윤, 안성일, 양대성, 양종일, 양종천, 양종훈, 양태두, 염구섭, 육래형, 윤동순, 윤석일, 윤일식, 이경철, 이수복, 이승우, 이승준, 이용수, 이재욱, 이진환, 이현정, 이형진, 이호성, 장덕훈, 전순철, 정우만, 정재권, 정창인, 정호병, 조영한, 조왕구, 최수근, 추진호, 홍수민

98	경국현, 곽주원, 곽현욱, 권수현, 권혁장, 김경섭, 김동관, 김동주, 김 선, 김우종, 김인덕, 김지원, 김지현, 김진호, 김철관, 김태형, 김현수, 나창현, 남보우, 남호섭, 박승문, 박지순, 배홍석, 서종길, 신동민, 신민섭, 신성철, 신혁호, 안병준, 안재윤, 연정훈, 유정상, 윤근익, 이강수, 이영욱, 이재민, 이정무, 이준형, 이중혁, 이창학, 이태경, 이태구, 이태휘, 임종기, 임효선, 임흥래, 전세진, 전인재, 전찬경, 정우선, 정지흥, 정필우, 정희웅, 조영진, 조종우, 지상민, 차주환, 최봉준, 최재연, 하윤도, 황대웅
99	강봉주, 고원규, 구남국, 김경환, 김남훈, 김민석, 김선용, 김성수, 김재한, 김정오, 김정한, 김종윤, 김진삼, 김태우, 김태준, 김형주, 문상철, 박선민, 박 환, 백호엽, 서창우, 선지흥, 송동희, 신정일, 안병갑, 엄태성, 오민재, 유현수, 윤근항, 윤성진, 이두희, 이병일, 이상우, 이성준, 이승현, 이용석, 이용희, 이필립, 이혁진, 이희진, 임요섭, 정다운, 정선중, 정지원, 정혜동, 조강희, 조성환, 조한솔, 조한진, 조현규, 조효석, 주경림, 천세원, 최민서, 표은석, 하 솔
00	강병우, 곽상현, 권창섭, 김도윤, 김만환, 김민국, 김민근, 김세원, 김용태, 김정수, 김정연, 김철환, 김태윤, 김태훈1, 김태훈2, 김형철, 김형택, 김홍민, 류래형, 모남진, 문세준, 민원홍, 박수인, 박재욱, 박정래, 박찬영, 박태윤, 방경운, 서성우, 서용진, 손명조, 송병현, 송영주, 안병준, 안성필, 여주현, 유성진, 윤기정, 윤동원, 이상준, 이성균, 이 온, 이윤모, 이재완, 이 준, 이형준, 임지윤, 장민욱, 정현목, 천중혁, 최원석, 최주혁, 최진원, 최진호, 추연일, 하승현, 한나래, 허동범, 허재영, 홍승희, 황준일
01	강병재, 강정모, 권영훈, 김대성, 김동진, 김두현, 김민희, 김상현, 김성희, 김영범, 김윤재, 김인환, 김종도, 김태균, 김태민, 김태영, 김현승, 남강수, 남정모, 박경민, 박병원, 박석준, 박정용, 박준현, 박준호, 방지민, 배장환, 성치현, 안진현, 양운성, 유병렬, 윤재중, 이경호, 이권철, 이기명, 이병주, 이신웅, 이영구, 이재승, 이재준, 이정윤, 이형근, 이희범, 임기호, 정현수, 조병구, 조준동, 최종민, 추영민, 함승호, 허재영, 허재욱, 홍현택, 황아랍선, 황인혁
02	고동석, 곽경래, 곽인덕, 김건우, 김성록, 김용석, 김웅식, 김원호, 김재웅, 김 정, 김주원, 김현수, 박승민, 손지호, 송영은, 신창민, 안양모, 엄희동, 오상훈, 원은규, 윤상웅, 이건주, 이동범, 이동헌, 이병용, 이성만, 이성주, 이정석, 이현진, 장흥래, 정성균, 정해성, 조여환, 주상돈, 최재훈, 한정훈
03	권대혁, 권정한, 김기원, 김성일, 김승종, 김용지, 김윤식, 김윤호, 류승걸, 민홍식, 박문규, 박민석, 박병구, 배상현, 백고은, 변용진, 송승환, 송찬이, 신일도, 안동현, 안형준, 엄혜진, 유현정, 윤선웅, 윤지홍, 이경호, 이기영, 이동건, 이상향, 이용주, 이의재, 이인호, 이정우, 이 호, 이희원, 인치혁, 장현진, 정하찬, 조영철, 천진호, 최진우, 한주범, 홍성우, 황승현, 황인하
04	강현재, 곽정호, 김명기, 김보람, 김성택, 김준영, 김지수, 김현석, 김홍철, 노명훈, 노시웅, 문경태, 박성호, 박오현, 박용현, 박응규, 박종호, 박지웅, 박진현, 성현석, 신동조, 신정섭, 안양준, 안준일, 양경규, 염 원, 유영준, 윤민호, 이경현, 이승욱, 이예호, 이용석, 이우신, 이이수, 이준혁, 이지웅, 이호영, 임성수, 전희경, 정세훈, 정연우, 정현민, 조엘리야, 프라빌
05	고현준, 고현준, 김두용, 김명수, 김상연, 김상엽, 김수웅, 김영민, 김우진, 김재현, 김재호, 김종천, 김홍원, 노재욱, 마지한, 박범진, 박종용, 박한솔, 백명기, 서민국, 서성진, 심훈섭, 안승호, 양해상, 왕진호, 윤상훈, 이동영, 이승욱, 이제혁, 이주현, 이형우, 정채윤, 정희운, 주경환, 최신호, 한전식, 허윤호
06	고진용, 공두영, 구창민, 권기연, 김대혁, 김동길, 김선홍, 김영민, 김정환, 남승훈, 남주호, 류시진, 문민영, 박건영, 박대성, 박동민, 박성우, 박세완, 박용만, 방현진, 백경우, 서성원, 손영준, 손창윤, 송정규, 신영준, 신윤석, 신재곤, 안예지, 유원우, 유지명, 유창현, 윤진명, 이승원, 이재훈, 이준수, 이준채, 이한민, 전준석, 조아라, 최승진
07	강구용, 강기승, 권오성, 김 구, 김동환, 김 민, 김선용, 김주산, 김현욱, 김현진, 남현준, 문현수, 박근수, 박명규, 박민선, 박성혁, 박진모, 배상준, 송두현, 송형도, 오언식, 오유택, 이경재, 이재민, 이재훈, 이정규, 이지혜, 이태호, 인현기, 임동현, 임태구, 전준영, 정동욱, 정용국, 조세현, 채종훈, 천진솔, 최준환, 한상준, 홍정우
08	김도건, 김도형, 김용현, 김주성, 김지윤, 김지용, 김진형, 김태훈, 김현우, 김현준, 김현준, 류성준, 박수민, 박중용, 성새날, 성재민, 소성훈, 손승혁, 손우진, 양진혁, 엄태현, 우상원, 우증범, 유원철, 윤다원, 이승환, 이예은, 임욱재, 장무성, 장승현, 정동훈, 정호영, 차송현, 최명진, 최재복, 황철민

09	강형우, 고민성, 김경규, 김동석, 김세종, 김재광, 김지응, 김태현, 김현승, 김홍림, 미 르, 민병헌, 박아민, 박용성, 박재선, 박재우, 배정호, 서정기, 손성원, 손효권, 송인창, 신민기, 오 윤, 유동현, 유록하, 이성민, 이소정, 이주성, 이태권, 임진호, 장예슬, 장왕석, 정선아, 정태진, 차상현, 최준혁
10	강병구, 김범수, 김성훈, 김용재, 김재백, 김종혁, 김지훈, 김진휴, 김찬영, 김한결, 백강민, 봉필준, 서인덕, 신지영, 육형렬, 윤 용, 이동규, 이 성, 이종령, 이태일, 이현성, 이혜원, 임재우, 임현종, 장태호, 정봉진, 정상욱, 정석준, 조현우, 주수헌, 채석진, 최우식, 최종찬, 최주용, 최현환, 함예진
11	감민주, 강수동, 권성빈, 권혁돈, 길성욱, 김규진, 김동우, 김미단, 김병섭, 김상진, 김아림, 김은상, 김찬중, 김태규, 김태영, 노승은, 노형욱, 박기흠, 박승철, 박정호, 박종열, 박태진, 백두현, 손대운, 송연경, 신소용, 신진우, 이상엽, 이승민, 이영빈, 이원희, 이정준, 이주호, 장동진, 정유원, 정지원, 정혁진, 주한백, 지민기, 최광혁, 최규석, 최영민, 최요셉, 최후재, 한경석, 황병헌
12	곽준형, 김민수, 김병수, 김상운, 김수훈, 김종민, 김태현, 남현승, 박도형, 박상민, 박세용, 박찬진, 서승우, 석영수, 송광섭, 신재정, 심대보, 여상재, 여홍구, 오민지, 유태종, 윤란희, 이나영, 이동욱, 이동준, 이상엽, 이승준, 이재승, 이정아, 이정형, 이준원, 이진성, 이호연, 전도현, 정순영, 정양호, 정준환, 정홍연, 조재민, 조주형, 최경현, 한찬희, 홍동균, 홍일권
13	강세훈, 강세현, 고선호, 공민철, 김민혁, 김상표, 김수완, 김정현, 김형준, 남덕근, 노현경, 명지운, 문상철, 박단아, 박재양, 박정빈, 박창연, 방준혁, 변기범, 서동연, 서영주, 손창원, 안수지, 양영건, 오명훈, 오정욱, 유의현, 이광제, 이승철, 이예찬, 이인수, 이재성, 이재윤, 이종혁, 이준범, 이현웅, 장민우, 전진영, 정승진, 정영수, 정종연, 정지혁, 최연석, 최정현, 하지상, 한태희
14	강지원, 김근영, 김명화, 김미정, 김성현, 김세영, 김한수, 남권우, 남윤서, 민진기, 박재빈, 박찬욱, 서 희, 안준호, 양희석, 여인창, 오승진, 용승완, 우종건, 윤다빈, 윤승현, 이대영, 이동렬, 이성민, 이수민, 이재학, 이종후, 이지원, 이혁수, 이현도, 장예진, 장원석, 장진관, 장현지, 정지성, 조범진, 조영민, 조재종, 최진환, 최하민, 최형준, 최호일, 하동원, 하찬근, 한건희, 허규영, 현다훈
15	고근형, 곽동훈, 권세진, 김기훈, 김동규, 김동형, 김무연, 김상규, 김상윤, 김세찬, 김우진, 김자유, 김종웅, 김종호, 김진혁, 김태경, 남소현, 박격포, 박정호, 박종형, 박효진, 송준호, 송형근, 신한서, 양준혁, 윤정민, 윤희창, 이도겸, 이도엽, 이상우, 이상윤, 이승준, 이승훈, 이용준, 이원재, 임정환, 전용원, 전유화, 정동근, 정승원, 정현진, 정홍경, 조용재, 최승원, 한태경, 홍성청, 홍승정, 황윤식

진수회 및 조선 관련 연표

연도	진수회 및 모교	관련 기관	관련 산업계	정부, 정책 및 기타
1945			• 조선(朝鮮) 중공업(1937년 설립) 국영화 • 대선철공소 설립→대선조선(주)로 변경('63. 4) • 한국, 신조선 건조 능력 1.9만 GT, 조선소 기업체 총수 56개 업체	
1946	• 「국립 서울대학교 설립에 관한 법령」 공포, 대학원 외 9개 단과대학으로 발족 • 초대 서울대 총장에 앤스테드 임명 • 공과대학 개교(항공조선, 건축, 기계, 섬유, 야금, 전기, 채광, 토목, 화학공학과 설치) – 항공조선학과 모집 정원 25명 • 초대 공대학장 김동일			• 미군정, 운수부 해상운수국으로 조선 행정 이관
1947	• 공과대학에서 조선(朝鮮) 과 학교육자 진흥회 개최 • 제1회 졸업식 • 제2대 총장 이춘호	• 한국해양대학교 조선공학과 설치 ('52. 폐과)		
1948	• 국립 서울대학교 학칙 확정, 공과대학 부속공장 설치 • 조선공학 분야 전공과목 강의 개시(1학기, 김동신 강사와 김철수 강사 초빙) • 제2대 공대학장 이승기 • 제3대 총장 장이욱	• 대한조선공업협회 설립 (상공부 설립 인가: '48. 7. 3)	• 조선중공업을 교통부 소관 부산조선창(廠)으로 개편	• 대한민국 정부 수립
1949	• 제4대 총장 최규동 • 공릉동 교사로 이전 • 조선항공학과로 학과 명칭 변경 • 공과대학 동창회 설립 • 김재근 박사 조교수 부임 • 조선 전공 학생들의 친목모임인 '진수회' 태동 • 항해운용론 강의 박병양 강사 초빙			• 운수부를 교통부로 개편, 교통부 해운국 행정과: 조선 행정 담당

연도	진수회 및 모교	관련 기관	관련 산업계	정부, 정책 및 기타
1950	• 조선 전공 학생회 명칭 '진수회' 공식화, 회장 조필제('46) • 조선 전공 1회(서울대 4회) 졸업생 6명 배출 • 한국전쟁 발발로 대학 운영 일시 중단 • 학장 서리 이정기	• 부산수산대학교 조선학과 설치	• (주)대한조선공사 발족(교통부 부산조선창 모체, 정부 관리업체) (이하 '조공')	• 6.25 전쟁 발발 • 교통부 해운국 조선과 신설: 조선 행정 담당 • 「선박관리법」(법률117호) 제정
1951	• 정부와 함께 부산으로 피난, 서대신동 가교사에서 연합 강의 • 제5대 총장 최규남			• 「선박관리법」에 의한 사업 면허제 시행
1952	• 제3대 공대학장 김동일 • 저항추진론 강의 조규종('46) 강사 초빙 • 선박의장 강의 조필제 강사 초빙	• [학회] 대한조선학회 창립 총회(대한조선공사), 초대 회장 황부길		• 제1차 계획조선 계획, 국무회의 통과
1953	• '조선과 동창회' 조직, 회장 조필제('46) • 김정훈('46) 전임강사 부임	• [학회] 사무국을 교통부 조선과 내에 설치	• 제2회 국산품 전람회에 소형 단기통 중유발동기를 진일기계공업사, 흥안공업사 출품: 각각 진보상과 상공부 장관상 수상 • 한국, 건조 능력 1.5만 GT	
1954	• 제4대 공대학장 황영모(항공 전공) • 황종흘('46) 전임강사 부임 • 박용기관 강의 인철환('46) 강사 초빙 • 김재근 교수, MIT 연수파견 • 공대 공릉동 캠퍼스 복귀(8)	• 인하공과대학에 조선공학과 설치 • 사단법인 대한선주협회 창립	• 대선조선철공소에 드라이 도크 축조(3,800톤급 선박 수리 가능)	
1955	• 졸업학점 조정(학사 160, 석사 24, 박사 60) • 김정훈 전임강사, MIT 연수 파견		• 제4회 산업부흥국채 자금 1330만 환을 방어진철공조선(주) 등 8개 사에 시설 자금으로 융자, 피해 시설 복구와 일반 시설의 증설 지원 • 조공, 정부로부터 시설 확장에 ICA 자금 200만 불 지원받음	• 해무청 설치, 해운국 조선과 • 소형 조선소 복구지원('55~'58 동안 ICA 자금 131.3만 불) • 이집트, 수에즈 운하 국유화
1956	• 제6대 총장 윤일선 • 황종흘 전임강사, MIT 연수 파견		• 제4회('55), 제7회('56) 산업부흥국채기금으로 14,400총톤의 선박 건조	• 경제부흥 5개년 계획 공표, 노후선 대체 5개년계획 확정

연도	진수회 및 모교	관련 기관	관련 산업계	정부, 정책 및 기타
			• AID 자금 50만 달러 배정으로 어선 44척(1,570총톤) 건조	−어선 250척(1,200$/톤), 상선 10척(400$/톤), 총 28만 톤
1957	• 조선공업 사진 전시회 개최 (동화백화점 화랑) • 대학원에 박사 과정 신설 • 선박계산법 강의 김택환 ('47) 강사 초빙 • 임상전('48) 강사, MIT 연수 파견(임용 예정 자격)			
1958	• 학장서리 김문상 • 항해운용술 강의, 허동식 강사 초빙			• 「조선장려법」 공포, 건조비 40% 지원
1959	• 임상전 전임강사 부임 • 광탄성실험장치 도입		• 조선업체(조선 기자재, 의장품 포함) 198개로 증가	• 정부간 해사자문기구 (IMCO) 조약 발효
1960	• 제5대 공대학장 이균상 • 선박제도 강의, 정해룡 강사 초빙	• 〔학회〕 회장 김재근 ('60. 06.~'70. 10.) • 선급, 한국선급협회(KR) 창립	• 한국 건조실적 169척, 4,224GT(주로 목선)	• 4.19 혁명
1961	• 김극천('49) 전임강사 부임 • 제101 학도군사훈련단 (ROTC) 창설 • 제7대 총장 권중휘	• 〔학회〕 조선공업진흥을 위한 건의서 제출 (국무총리, 해무청장, 국회 등)		• 5.16 군사정변 • 해무청 폐지, 상공부 공업국 조선과에서 조선행정 담당 • 조선과장 김철수('48) • 「선박안전법」 등 개정
1962	• 조선항공 모집 정원 20명으로 축소 • 중력식 선형시험수조 준공, 국제수조회의(ITTC) 회원 가입 • 인도−태평양지역 어선회의에 김재근 교수 참석하고 논문 발표(최초 국제회의 발표 논문) • 공대 기숙사(청암사, 600명 수용) 건립	• 대한조선선박공업협회를 한국조선공업협동조합으로 개편 • 선급, 1,048톤급 은룡호 한국선급의 최초 전체 검증	• 한국 건조실적 295척 4,636GT	• 제1차 경제개발 5개년 계획(선질 개량 3개년 계획, 대한조선공사 시설 확장 및 근대화 계획 등) • 개정「선박안전법」 등 공포 • 국제해사기구(IMCO) 가입
1963	• 제6대 공대학장 이량 • 김정훈 조교수, Hamburg 대학 연수	• 한국해운조합 창립(구 대한해운조합연합회) • 선급, 대한해운공사 소속 DNV 선급선 마산호의 중간 검사를 DNV 선급 의뢰로 대행, 한국선급의 최초 선급검사	• 대한조선공사, 전용접 블럭식 공법 신조선에 적용 −미국선급협회(ABS) 설계 (1,600톤급 신양호, 동양호) • 조선기계제작소를 한국기계공업(주)으로 변경	• 국적 취득 조건부 나용선 제도 도입

연도	진수회 및 모교	관련 기관	관련 산업계	정부, 정책 및 기타
			• 민간 외항선사 남성해운 인수 운영(김영치('60))	
1964	• 조선, 항공 전공별로 모집 정원 10명씩으로 분리 • 박정희 대통령 공과대학 방문 시찰 후 공과대학 연구비 집중 지원 • 제8대 총장 신태환	• 부산수산대학교 조선학과를 부산대학교 공과대학에 편입 • 선급, 선급등록 및 제조검사에 관한 규칙 제정 – 회장 김재근 ('64. 11~'80. 6) • [학회] 〈대한조선학회지〉 제1권 제1호 발간	• 「조선장려법」에 의한 계획조선 제1차선 신양호 및 2차선 동양호 준공 • 한국기계공업(주), 선박용 디젤엔진의 양산체제 확립, '64년: 5대 생산 '65년: 36대 생산	• 영국, 첫 상업용 독립탱크 방식 LNG선 개발
1965	• 제9대 총장 유기천	• [학회] 1965 표준형선설계위원회 구성(위원장 김재근)	• 동남아에 선박용 디젤엔진 첫 수출 한국기계공업(주) (24대; 63,840$), 대동공업사(4대; 9,500$)	• 상공부 조선과장 권광원('49) • 상공부, 표준형선 설계 추진(대한조선학회 의뢰) • 1960 SOLAS 수락서 기탁 국제해상인명안전협약(SOLAS) 발효 • 제4차 IMCO 총회 첫 참가 • 해사행정특별심의위원회 설치
1966	• 제10대 총장 최문환 • 임상전 교수, MIT 연구교수	• 선급, 강제어선 규칙 제정 • [학회] 선박용 기호제정위원회 구성 –1966 표준형선 설계위원회 구성 [위원장 조규종('46)] –대한조선학회, 우수졸업자 표창제도 시행	• 조공, 2,600GT급 화물선이 최초로 ABS의 입급 검사 합격 • 조공–니가다철공소와 선박용 디젤엔진 제작기술 제휴, 8~150HP 19기종 생산 (11년간)	• 상공부, 표준선형 설계 제정 • 노르웨이, 로로(RO–RO)선 개발 • 총톤수 2,700톤 이상의 선박 관세 면제
1967	• 김정훈 부교수 퇴임 • 선박의장 강의, 정한영('53) 강사 초빙	• [학회] FRP선에 관한 심포지엄 –1967 표준형선 설계위원회 구성(위원장 조규종)	• 한국 건조실적 253척 19,944GT • 조공, 베트남에 350톤급 바지선 30척 수주 및 최초로 베트남에 수출	• 제2차 경제개발 5개년 계획(「조선장려법」 폐지, 「조선공업진흥법」 제정, 기계육성자금 방출, 10개 선종 표준선 개발사업 등) • 「해운진흥법」 제정 • 경제제2수석비서관 신동식('51) • 해사행정특별심의위원회 위원장 직무대리 신동식('51)
1968	• 조선공학과와 항공공학과 분리, 모집 정원 20명 • 진수회 재탄생, 회장 조필제	• [학회] 1968 표준형선 설계위원회 구성(위원장 조규종) –국제만재흘수선조약 세미나, 고속정 세미나	• 조공 민영화	• 조선공업 진흥계획 공고(「조선공업진흥법」에 의거) 조선공업의 수출전략사업화 계획의 1단계 작업으로 71년 조선시설을 10만 톤급으로 확장

연도	진수회 및 모교	관련 기관	관련 산업계	정부, 정책 및 기타
		• 한국과학기술연구소 조선해양기술연구실 신설(실장 김훈철) • 수협중앙회와 한국조선공업협동조합 간 청구권 자금에 의한 연안소형 어선 350척 단체건조계약 체결 • [학회] SOLAS개정 규정 세미나		• 표준선형 8종 제정 보급 • 프랑스, 박막탱크 방식 LNG선 개발 • IMO의 국제만재흘수선 (ILL) 규정 발효 • 해사행정특별심의위원회 위원장 신동식(장관급, 승진 발령)('51)
1969	• 서울대학교 총동창회 발족 • 김재근 교수, 삼일문화상-기술상 • 황종흘 교수, 동경대 연구교수	• [학회] 1969 표준형선설계위원회 구성(위원장 조규종) −해양개발 및 해양공학에 관한 심포지엄 • 선급, FRP 어선규칙, 소형 강선 구조기준, 소형 유조선 구조기준 제정	• 250GT급 원양어선 20척 대만에 수출 • 조선기술 전문 용역업체, 한국해사기술 설립	• 상공부 조선과장 구자영 ('54) • 규모경쟁원리에 입각한 가격인하에 역점을 두고 11종의 표준선형 제정 고시 • 선박톤수 측정에 관한 국제협약(TONNAGE 1969) 채택
1970	• 제7대 공대학장 김희철 • 김효철('59) 전임강사 부임 • 제11대 총장 한심석 • 김극천 교수, 일본 규슈대학 연구교수 • 공과대학 전자계산소 설립 (기억용량 16K)	• [학회] 회장 조규종 −한일 선박유체역학 세미나(위원장 황종흘) −1970 표준형선설계위원회 구성(위원장 조규종) −고속함정 세미나 • 한국과학기술연구소, 철강 근시멘트선 국내 최초 진수 (인천) • 국방과학연구소(ADD) 창설		• 상공부, 조선소 등 4대 핵공장 건설정책 확정 • 해군본부 함정감실 조함과 신설
1971	• 조선공학과 모집 정원 30명으로 증원 • 해양공학개론 강의, 지정태 강사 초빙 • 선박공작법 강의, 김철준 강사 초빙 • 대학원 석사 과정에서 조선공학과와 항공공학과 분리 • 구자영('54) 근정포장	• 인하대학교 예인수조 준공 (조규종 교수 담당) • 선급, 한국선급 영문판 강선규칙 PART 2, 3 발간 • [학회] 1971 표준형선설계위원회 구성(위원장 조규종)	• 조선기술 전문 용역업체, 한국해사기술 2대 회장 취임[신동식('51)] • 현대, 영국 애플도어사 및 스코트리스고우 조선소와 기술 및 판매협약 체결. 서방4개국 (영국−프랑스−서독−스페인) 차관단 구성, 영국수출보증국 지급 보증 획득	
1972	• 김재근 교수 동백장	• 선급, 한국선급 입급 검사선 'Atlas Pioneer 호' 수출 및 선급 등록선 톤수 100만 톤 돌파 • [학회] 초대형선 건조에 따르는 제 문제에 관한 세미나	• 조공, 18,000DWT 팬 코리아 호 진수 • 현대, 그리스의 리바노스 선사와 26만 톤급 초대형 원유운반선 2척 건조계약 체결, 울산조선소 기공식	• 제3차 경제개발 5개년 계획→조선산업을 수출전략산업으로 육성[건조시설 확장 연19GT('71)→130만 GT('76) 등] • 상공부, 조선공업 육성을 위해 9억 5,000만 원 지원키로 결정

연도	진수회 및 모교	관련 기관	관련 산업계	정부, 정책 및 기타
			• 대선조선, 미 세이판사에 1,600GT급 컨테이너선, 호주에 어선 2척(50만 6,900달러), 대만에 60GT급 순시선 4척 건조 계약 • 마산수출자유지역에 코리아타코마조선소 설립 • 울산에 동해조선소(현 한진중공업 울산조선소) 설립 • 현대, 가와사키기선(K–Line)이 발주한 VLCC 2척 건조를 위해 가와사키중공업과 설계도면 공급 및 기술지원 협약 체결	
1973	• 모집 정원 40명으로 증원 • 선박유체역학 강의, 이시키 호로시 강사 초빙 • 대학원 조선공학과 박사 과정 개설 • 전국조선과 체육대회 및 학술 세미나 개최	• 울산공대 조선공학과 신설 • 〔학회〕 회장 황종흘('46) – 대학교재 편찬을 위한 편찬위원회 구성 • 선급, 검사기술연구소 설립 • 〔출연〕 한국과학기술연구소 부설 선박연구소 설립	• 조공, 최초로 미 걸프(Gulf)사에 화물선 건조 수출 – 2만 DWT 걸프 유조선 진수 • 조공, 최대선 건조 능력 100만 톤 규모의 옥포조선소 기공 • 포항제철의 조선용 압연강재 제조법 승인 • 현대조선중공업(주) 설립	• 박정희 대통령, 중화학공업화 선언(수출 100억 불, 국민소득 1,000불 달성) • 상공부, 76년 내수선박의 완전자급화와 80년대 세계 10위권 조선국을 목표로 장기 조선공업 진흥계획 수립 • 옥포조선소, 안정조선소, 죽도조선소 건설계획 확정 • 박정희 대통령, 학생호(조공 건조)의 시운전에 시승, 격려 • 오일 쇼크로 조선경기 퇴조 시작
1974	• 정부의 조선공학 지원정책에 의거 만능제도기(학생용 55조), 진동실험실과 구조실험실의 실험장비 도입 • 일본 정부 무상원조 자금으로 선형시험수조 장비 및 선체구조 실험실 장비 도입 • 제12대 총장 한심석 연임	• 〔학회〕 공업진흥청 규격제정 심의위원회 구성 – 대형선에 관한 특별강연회 – 『조선공학개론』 발간 • 부산대학교 조선공학과 예인수조 준공	• 국내 연간 건조능력 100만 GT 돌파 • 삼성, IHI와 조선소 건설을 위한 합작투자 계약 • 현대 울산조선소 1차 공사 준공(1,2호 도크 완성)/1호선(애틀랜틱 배런호), 2호선(애틀랜틱 배러니스호) 명명식 거행 • 고려조선(주) 설립, 죽도조선소(연산 15만 DWT) 기공 • 조공, 국내 최초로 대형선 건조 수출(3만 톤급 6척 걸프 사에 수출) • 삼성중공업(주) 설립 • 현대, 쿠웨이트 UASC로부터 2만 3,000톤급 다목적 운반선 10척 수주	• 노르웨이, 구형 탱크방식 LNG선 개발 • 조선과장 한명수('53) • 「선박안전법」 개정 – 국적선의 선박 검사 한국선급에서 대행 – 검사의 단일화 • SOLAS, 1974 해상인명 안전협약 작성

연도	진수회 및 모교	관련 기관	관련 산업계	정부, 정책 및 기타
1975	• 제1단계 관악 캠퍼스 이전, 첫 입학식 • 제13대 총장 윤천주 • 졸업학점 140학점으로 조정 • 졸업논문제 시행 • 구제 박사학위제도 폐지 • 대학원에서 조선공학과와 항공공학과 분리 독립	• [학회] 회장 임상전('48) −고속정의 선형 및 추진에 관한 세미나 −국가기술자격시험제도 조선부문 위원회 구성 • 선급, 국제선급연합회(IACS) 준회원 가입 • [출연] 스웨덴에서 선박설계전산화 프로그램 바이킹 시스템 도입	• 현대미포조선소 설립 • 현대, 100만 톤급 제3도크 완공 • 현대, 스위스 술처사와 박용 엔진 사업을 위한 기술제휴 • 선박설계전산화 바이킹 시스템을 대형 조선소에 설치	• '외항선 계획조선 제도' 도입
1976	• 제8대 공대학장 이재성 • 부전공제 실시 발표, 졸업논문제 의무화 1977년부터 입학시험 과목 4개로 축소 • 석사학위 논문제출 자격시험제도 시행 • 김효철 조교수, 일본(동경대, 히로시마대) 연수	• 국방과학연구소 산하 진해연구소(현 제2체계 개발본부) 설립 • [학회] 수조시험연구위원회 설치(회장 황종흘) −과학기술회관 입주(학회 사무실) • [출연] 선박연구소, 한국선박해양연구소로 통합 개편 • (사)한국박용기관학회 설립 • 조선기술에 관한 국제세미나−유체역학 서울회의(조직위원장 김훈철('52))	• 현대, 일본 재팬 라인사 23만 톤급 유조선 인도 • 포항종합제철 2기 준공 • 현대그룹에 아세아상선 설립(오일쇼크로 인도가 거부된 선박의 운용이 주목적) • 쌍용중기(주)설립→쌍용중공업(주)('81. 1)→STX('01. 5)로 상호 변경 • 현대양행, 인천조선(주) 설립	• 제4차 경제개발 5개년 계획 발표 • 1차 계획조선(74,000총톤) 착수 및 2차 계획조선 집행계획 공고 • 공업진흥청 선박설계기준 및 공작기준 제정사업(1976~1980) 착수 • '해운·조선 종합육성방안' −81년까지 보유 선복량 600만 톤, 국적선 적취율 50퍼센트, 운임수입 15억 달러 달성 목표 −대한해운공사·범양·한진·동아 등의 해운회사, 현대·대한조선공사·대동 등의 조선회사가 계획조선 관련사로 지정
1977	• 모집 정원 50명으로 증원 • 황종흘 교수, 동경대 연구교수 • 정규 대학원 과정에 따른 박사 1호 이기표('68) 배출	• [학회] 회장 김극천('49) • 해군사관학교 조선공학 전공 개설 • (사)한국조선공업협회 창립	• 현대, 중전기사업부(현 현대중전기주식회사) 발족 • 현대, 엔진공장 기공, 제4, 제5 도크 완공 • 현대미포, 수리도크 완공(40만 톤급 제1도크, 25만 톤급 제2도크) • 고려조선(주), 우진조선(주)으로 상호 변경 →삼성중공업이 안정지구 계획을 취소하고 우진조선(주)을 인수하여 삼성조선으로 상호 변경하고 조선소 건설 기본계획 새로 수립 • 선박설계 전산기술 HICAS−P시스템, Foran시스템 도입	• 제4차 경제개발 5개년 계획 실시(연불수출자금 지원, 계획조선 실시, 기자재 국산화율 제고 28.5%('75)→80%('81), 설비 확장 239만GT→425만GT 등)

연도	진수회 및 모교	관련 기관	관련 산업계	정부, 정책 및 기타
1978	• 이기표 조교수 부임 • 국제수조회의(ITTC) 회원기관 가입 • 김재근 교수 학술원상	• [학회] 설계기준 제정 내용 보급 세미나 및 고속정 관련 2차 세미나 　−조선기술 자립대책에 관한 세미나 　−선박유체역학연구회 설립, 워크숍(회장 황종흘) • [출연] 한국선박해양연구소 소장 김극천('49) 　−재단법인 한국선박연구소로 개편 　−심수 대형 예인수조 준공, 국제수조회의(ITTC) 회원으로 가입 　−구조용접연구동 준공 　−대덕전문연구단지로 이전 • 선급, FRP요트 기준, FRP선 구조기준 제정	• 현대, 특수선용 제7도크 공장 준공 • 대우조선공업주식회사 설립, 옥포조선소 인수 • 현대, 세계 최대 선박엔진 공장 준공 • 제1회 코마린전시회 개최	• 조선 기자재 전문공장 지정('78, '79 총 28개 업체)
1979	• 박종은('48) 부교수 전입 • 용접실험실 설치 • 제14대 총장 고병익 • 공과대학 관악 캠퍼스 이전 시작 • 교수 및 연구 요원제 대학원에서 시행	• [출연] 소장 김훈철('52) • 선급, 잠수장치 규칙 제정 • [학회] 78년도 설계기준제정 내용 보급 세미나 　−『표준선박제도』 발간 • 한국어선협회 창립	• 선박용 전장품 전문 제조업체, KTE 설립(구자영('54)) • 삼성, 2만 톤급 유조선 1척 첫 해외 수주 • 현대엔진공업(주) 1호기(B&W7L55GF), 2호기(Sulzer 5RND76M) 공시운전 • 대우, 옥포조선소 종합준공 • 삼성, 제1기 공사 완료 • 코리아타코마조선공업(주), 초계정 4척 인도네시아에 수출(~'80), 한국 최초 함정 수출	• 국제해사위성기구에 관한 약칭 INMARSAT 발효
1980	• 제9대 공대학장 이택식 • 진수회, 김재근 교수의 회갑 기념사업 주관 　−『배의 역사』(김재근 저) 발간 • 최항순('65) 조교수 부임 • 제15대 총장 권이혁 • 일본 정부 해외협력 자금으로 선형시험 수조장비 보완 • 공릉동 공학 캠퍼스, 관악 캠퍼스로 이전 종료	• [출연] 선용품 시험동과 엔진 시험동 준공 • [학회] 한국선형시험수조위원회(KTTC) 설립, 워크숍 • 조선공업 기술향상 및 생산성 촉진 세미나 공동 주최 • 한국선박기관수리공업협동조합 창립 • 한국조선기자재공업협동조합 창립(160개사) 　−초대 이사장 윤팔문('53)	• 현대, 한국형 구축함 1호 진수식 • 삼성, 1001호선 명명식	• 제1차 중화학공업 투자조정 조치, 선박용 엔진 분야 신규투자 금지 • 제5차 경제개발 5개년 계획 발표 • 1974 SOLAS 발효 • 제2차 중화학공업 관련 조치 실시, 중전기, 디젤엔진, 전자교환기, 동 제련 등 17개 업체 2차 조정

연도	진수회 및 모교	관련 기관	관련 산업계	정부, 정책 및 기타
1981	• 모집 정원 65명(졸업정원 50명) 증원 • 장창두('65) 조교수 부임 • 이기표 조교수, 미국 SIT 연구교수 • 박종은 교수, 동경대 연구교수	• 〔출연〕한국선박연구소, 한국기계연구소 대덕선박분소로 개편 －분소장 김훈철('52) • 아시아태평양 조선전문가 회의(제5차), 서울	• 조공, 동해조선(주) 인수하여 울산공장 개설 • 대우, 옥포조선소 종합 준공 / 1도크 1차 진수 및 2001, 2002호 명명식 • 한국 조선 능력 400만 톤으로 증대, 세계 5위 • 한국 총건조량 92.9만 GT로 세계 2위 조선국에 오름	• 상공부 조선 기자재 전문공장 14개 지정, 추가 지정 166개사('82. 10.) • 상공부, 86년까지 조선 수출목표를 53억 원으로 책정, 4개 조선소를 증설하는 등 기술 선진화 추진키로 • 「조선공업진흥법」 2차 개정, 의장품→조선 기자재로 개칭
1982	• 박종은 교수, 오사카 대학 연구교수	• 〔학회〕회장 김극천(재취임) －『표준선박계산』 발간 －해양공학연구회 설립, 워크숍(최항순 조직) －선박구조연구회 설립, 연구발표회(회장 임상전) • 〔출연〕캐비테이션 터널 준공	• 현대, 선박해양연구소 설립 • 현대미포, 대단위 수리조선소 준공 • 조공, 해외 수리조선소(사우디 제다) 운영 • 노르웨이 AUTOKON사와 선체 CAD 기술도입 계약 • 한국 총건조량 140.1만GT를 기록하여 백만 톤 돌파	
1983	• 선형시험 예인수조 준공, 선체구조시험동 완공 • 제16대 총장 이현재 • 배광준('59) 부교수 부임 • 최항순 조교수, 동경대 연구교수 • IBRD 차관 자금으로 진동실험실 장비 보완 • 진수회 회장 박종일('47)	• 부산대학교 조선공학 전공 개설 및 부산수산대학교 선박공학과 설치 • 한국기계연구소 소장 이해('52) • 〔학회〕제2차 조선설계에 관한 국제심포지엄(PRADS '83), 한일 공동주최(한국 조직위원장 황종흘) －선박설계연구회 설립(회장 박승균)	• 조공, 산업기술연구소 설립 • 현대, 수출 10억불탑 수상 • 현대, 현대용접기술연구소 준공	• '해운산업 합리화 계획'(안) 추진
1984	• 제10대 공대학장 이낙주 • 진수회, 선형수조실험실에 통신장비 설치 지원 • 최항순 부교수 대한조선학회 학술상	• 〔학회〕회장 김훈철('52) • 한국조선기자재공업협동조합 이사장 구자영('54)(～'03) • 〔출연〕다목적구조물 시험장비 준공	• 현대, 선박해양연구소 준공 • 대우－선박해양기술연구소 설립 • 현대엔진, 선박용 크랭크샤프트 공장 준공 • 한국중공업(주), 선박용 디젤엔진 1호기 시운전	• 제9차 계획조선 318,000총톤 확정 • '해운산업 합리화 추진계획'으로 63개 사를 17개 그룹으로 통폐합 확정 • 정부, 해양오염방지협약(MARPOL 73/78 부속서1) 수락
1985	• 모집 정원 55명(졸업정원 50명)으로 감축 • 김재근 교수 정년 퇴임, 모란장 －진수회, 정년 퇴임 기념행사 주관 및 우암 수상집 『등잔불』 발간 • 박종은 교수 타계, 퇴임	• 〔학회〕『조선공학연습』 발간 • 조선대학교 조선공학과 설치 • 〔출연〕해저탐사용 유인잠수정(해양250) 개발	• 현대엔진, 선박용 프로펠러 공장 준공 • 삼성－선박해양연구소 설립 • 현대엔진, 세계 1위 선박용 디젤엔진 생산업체로 등극 • 한국 총건조량 262만 GT를 기록하여 2백만 톤 돌파	• 「공업발전법」 제정 • 해운산업 합리화 조치 제2단계

연도	진수회 및 모교	관련 기관	관련 산업계	정부, 정책 및 기타
	• 제17대 총장 박봉식 • 학과발전 5개년 계획 수립 • 최항순 교수, MIT 연구교수 • 장창두 교수, MIT 연구교수 • 진수회 회장 차천수('48)			
1986	• 모집 정원 47명(졸업정원 45명)으로 감축 • 제11대 공대학장 김상주 • 양영순('69) 조교수 부임 • 선체신뢰성공학 분야 개설 • 선체구조실험실 보완공사 완공 • 황종을 대한조선학회 학술상	• 〔학회〕 선박유체연구회 설립 승인	• 현대, 선박해양연구소, 국제수조회의(ITTC) 정회원으로 가입 • 선박용 창문전문 제조업체, 정공산업 설립〔김경일('63)〕 • 한국 총건조량 364.2만GT를 기록하여 3백만 톤 돌파	• 상공부, 심한 불황을 겪고 있는 조선업계에 올 계획 조선자금으로 약 1,000억원을 추가 지원키로 • 「조선공업진흥법」 폐지, 「공업발전법」 시행 • 기계류 부품, 소재 국산화 추진시책에 따라 '86부터 '95년까지 조선 기자재 총 277개 품목 고시
1987	• 용량 100톤 선체구조실험실 완성 • 모집 정원 42명(졸업정원 40명)으로 감축 • 제18대 총장 조완규 • 김극천, 배광준 대한조선학회 학술상 • 진수회 회장 신동식('51)	• 선급, 사단법인 한국선급으로 명칭 변경 • 〔학회〕 선박구조연구회 설립 −수조시험연구회 설립	• 대형 조선 4사, 조선 기자재 국산화 개발추진('87년 중 22개 품목 국산화 추진) • 광양제철소 1기 종합준공 • 현대엔진, 선박용 프로펠러 100호기 생산	
1988	• 김태섭('53) 석탑산업훈장 • 국제선박유체역학 세미나 개최(조직 황종을)	• 한국기계연구소 소장 김훈철('52) • 〔학회〕 2000년대 조선산업을 위한 종합토론회 개최(세종문화회관) −교육위원회 설치 −포상규정 및 심사위원회 규칙 제정/개정(공로상, 학술상, 기술상, 논문상) • 선급, 국제선급연합회(IACS) 정회원 가입	• 현대, 선박건조 2,000만 DWT 돌파 • 선박용 공조기 전문 제조업체, 하이에어코리아㈜ 설립〔김근배('64)〕 • 현대, 선박해양연구소 모형선 제작 100호 달성	
1989	• 조규종 대한조선학회 학술상 • 엄도현('63) 대한조선학회 기술상	• 홍익대학교 조선해양공학과 설치 • 〔출연〕 대덕선박분소, 한국기계연구소 부설 해사기술연구소로 개편 −소장 장석('61) −선박설계생산 전산시스템 CSDP 개발사업(1989~1993) 위원회 구성(위원장 김효철)	• 한진그룹, 조공 인수 • 삼성, 제1도크 길이 확장공사 완공 • 세계 조선 시황이 호전되기 시작	• 조선산업 합리화 조치 시행−대우, 한진, 한라 정상화 방안 및 설비능력 증설 불허('93까지) 등 • VLCC 엑슨 발데스호 좌초 사고 발생(알래스카 앞바다)

연도	진수회 및 모교	관련 기관	관련 산업계	정부, 정책 및 기타
1990	• 김훈철('52) 5.16민족상(산업 부문) • 비선형응용역학 워크숍 개최(조직 황종흘) • 제12대 공대학장 이기준	• 부산대학교, 인하대학교, 국제수조회의 가입 • [학회] 회지와 논문집 분리 발간	• 조공, (주)한진중공업으로 상호 변경→동해조선(주)과 부산수리조선소 흡수 합병 • 인천조선(주), 한라중공업(주)으로 변경. • 선박 전문 중개업체, 황화상사 설립(황성혁('58)) • 선박엔진용 메탈베어링 생산업체, 신아정기 설립(정신순('59))	• OECD WP6 회원국으로 정식 가입
1991	• 제19대 총장 김종운 • 학과 계열화에서 독립 계열로 잔류 • 추진기술 워크숍 개최(김효철('59), 이창섭('66) 조직) • 박용철('55) 대한조선학회 기술상 • 조규종('45) 목련장	• [출연] 제1회 초고속선 워크숍 개최 • [학회] 제1차 한일 유체역학 워크숍(의장 배광준('59))	• 삼성, 해양관 준공, 선체관 및 건조관 준공 • 현대, LNG선 건조공장 준공 • 삼성, LNG시험동 완공 • 한진, 산업기술연구소 정비(분야별 R&D 체제)	• 국제해사기구(IMO) C그룹(지역대표) 이사국 진출

1992	• 대우조선으로부터 해양시스템공학연구소 설립 지원 확보
	• 조선해양공학과로 학과 명칭 변경
	• 임상전 교수 정년 퇴임, 석류장
	• 한일 선박유체역학 회의 개최(배광준 조직)
	• 제1차 선형설계 및 유동현상 워크숍(김효철 조직)
	• 이제근('56) 대한조선학회 기술상
		• [출연] 선박기계 분야를 한국기계연구원에 이관
		• [학회] 회장 이정묵('53)
		  –제1회 전국학생선박설계 콘테스트
		  –제19차 선박유체역학 심포지엄(19th ONR) 개최(위원장 황종흘)
		  –제2차 한일 유체역학 워크숍(의장 김효철)
			• 현대, 세계 최대의 7만 마력급 엔진 생산
			• 삼성, FPSO선 국내 최초 수주
			• 대우, 잠수함 이천함 건조	

1993	• 김재근 5.16민족상(산업부문)
	• 해양시스템공학연구소(RIMSE) 설립
	  –초대 소장 김극천
	• 황종흘 교수 정년 퇴임, 목련장
	• 신종계('73) 조교수 부임
	• 구자영('54) 대한조선학회 기술상
	• 이재욱('61) 대한조선학회 학술상
		• [학회] 『조선해양공학개론』 발간
		• [출연] 해사기술연구소, 선박해양공학연구센터로 개편
		  –소장 양승일('65)
		• [학회] 영국조선학회(RINA)와 국제교류 협정
		  –제3차 한일 선박유체역학 워크숍(Osaka부립대)(의장 이정묵)
		  –선박설계연구회 설립 승인
		  –선박해난사고 분석 및 대책수립에 관한 토론회
		• 선급, 대덕연구단지로 이전
			• 삼성, 대덕 중앙연구소 준공
			  –선박용 기자재 생산 착수
			  –제2도크 길이 연장
				• 조선산업 합리화 조치 해제

연도	진수회 및 모교	관련 기관	관련 산업계	정부, 정책 및 기타
1994	• 제13대 공대학장 선우중호 • 서정천('74) 조교수 부임 • 이규열('65) 부교수 부임 • 광탄성실험실 폐지 • 복원력실험실 폐지 • 해양시스템공학연구소 개소식 • 김태섭('53) 대한조선학회 기술상 • 김정제('61) 대한조선학회 학술상	• 〔학회〕 회장 김효철('59) • 한국조선기술연구조합 설립(조선 5사＋선박해양공학연구센터), 「산업기술연구조합육성법」에 의함 • 〔출연〕 선형시험 모형선 통산500호	• 삼성, 50노트급 여객선 건조(승선 357명) −초대형 3도크 준공 • 한진, 고속여객선(40m급, 330인승, 50노트) 개발 • 현대, 125,000㎥ LNG 운반선(현대상선) 건조 • 대우, 대우중공업과 합병	• 수송기계과와 조선과를 자동차조선과로 통합
1995	• 제20대 총장 이수성 • 제14대 공대학장 한송엽 • 신동식 은탑산업훈장 • 김태섭 은탑산업훈장 • 구자영 은탑산업훈장 • 김재근 '자랑스러운 서울대인'상 • 장석('61) 대한조선학회 기술상 • 진수회 회장 김태섭('53) • 해양시스템공학연구소 2대 소장 김효철 • 제21대 총장 선우중호	• 목포대학교 조선공학과 설치, 목포해양대학교 조선해양공학과 설치, 한라공업전문대학(현 한라대학교) 기계공학부 조선공학 전공 개설 • 〔출연〕 제1차 심해저 채광기술 세미나 개최 • 〔학회〕 영문 논문집 Journal of Hydrospace Technology Vol. 1, No 1 발간 −학회지 통권 100호 기념호 발간 • 〔학회〕 제6차 조선설계에 관한 국제심포지엄 (PRADS '95) (서울 COEX, 김효철 조직) • 선박생산기술연구회 설립	• 삼성, 선박건조 500만GT 돌파, 여객선 건조시설 가동 • 대우, 수출 100억불 달성 • 한진.대우, 멤브레인형 LNG선 공동 건조(한진평택호) • 한국 총건조량 534.2만GT를 기록하여 5백만 톤 돌파 • 현대, VLCC전용 제8, 9도크 완성	
1996	• 김극천 교수 정년 퇴임, 동백장 • 교과과정 개편 • 졸업학점 130학점으로 조정 • 성우제('78) 조교수 부임 • 제2차 한일선박유체역학회의 개최(김효철 조직) • 이정묵('54), 김효철('59) 대한조선학회 학술상 • 박승균('63) 대한조선학회 기술상	• 〔학회〕 회장 이재욱('61) −제3차 한일 선박유체역학 워크숍(Osaka부립대) (의장 이정묵) −『해양공학개론』 발간 • 〔출연〕 소장 장석('61) −전자해운시대와 수출국의 발전전략에 관한 국제심포지엄 개최 • 울산대학교 해양공학광폭수조 준공	• 한라, 제1, 2도크 완공, 인천조선소 폐쇄 • 삼성−대덕중앙연구소 모형시험수조 및 캐비테이션 터널 완공, 국제수조회의 가입 • 대동, 대형 도크 시설의 진해조선소(중형급) 준공	• 해양수산부 출범
1997	• 제15대 공대학장 이장무 • 공과대학 각 학과를 학부로 변경 • 생산공학실험실 설립 개설 • 홍석윤('78) 전임강사 부임 • 『진수회 회원명부』(388면) 발간	• 한국중소조선기술연구소 개소→중소조선연구원으로 변경('05. 04). • 선급, 자회사 (주)한국선급엔지니어링 설립 • 한국내연기관협의회 (KOFCE) 결성	• 현대미포, 신조선 선각공장, 도장공장 완공 • 삼성−중국 영파 선박블록 생산공장 준공	• 외환위기로 IMF의 긴급자금지원 합의

연도	진수회 및 모교	관련 기관	관련 산업계	정부, 정책 및 기타
	• 이정묵 동백장 • 김훈철 대한조선학회 학술상 • 황성혁('58) 대한조선학회 기술상 • 삼성중공업, 캐비테이션 터널 기증 • 해양시스템공학연구소 3대 소장 배광준	• [학회] 영문 학술지명 변경, Journal of Ship and Ocean Technology Vol. 1, No. 1 발간 　–『조선용어사전』 발간 　–한중선박유체역학 회의 (양승일 조직) • [출연] 제1회 조선해양 CALS/CIM Workshop		
1998	• 제22대 총장 이기준 • 민계식('61) 대한조선학회 학술상	• [학회] 회장 장석 　–컴퓨터를 이용한 선박제도 발간 　–우암상 규정 및 심사위원회 규칙 제정 　–수동력에 관한 국제학술회의(김효철 조직) 　–해양환경 모델링에 관한 워크숍(양승일 조직) • [출연] 해양공학수조 준공 • 어선협회를 한국선박안전기술원으로 개편→한국선박검사기술협회로 명칭 변경('99. 10)→선박안전기술공단으로 변경('07. 04)	• 삼성, 28,000톤급 대형 여객선 3척 수주	• IMO 선박의 대기오염 방지협약 채택
1999	• 진수회 회장 구자영('54)	• [출연] 선박해양공학연구 기능, 한국해양연구소로 이관→선박해양공학분소 설치 　–분소장 양승일 　–모형 프로펠러 500호 제작 • [학회] 제4차 한일 선박유체역학 워크숍, 일본 Fukuoka(의장 최항순) 　–제22차 국제수조회의(ITTC) 한중 공동개최, 서울, Shanghai(의장 이정묵) • 울산대학교, 국제수조회의 가입 • 황해권 수송시스템에 관한 한중공동 워크숍(이재욱 조직)	• 현대, 대표이사 조충휘('63) • 한진, 코리아타코마조선공업 합병(현 마산조선소) • 대우, LNG선 SK 서미트호 건조 • HSD엔진(주) 설립, 한중/삼성 엔진사업부 합병, 설립 당시 500만 마력/년→900만 마력('09)	• 유로체제 출범 • 한일 어업협정 발효 • 자동차조선과를 수송기계산업과로 개편
2000	• 조충휘('63) 자랑스러운 공대 동문상 • 양승일('65) 대한조선학회 학술상	• [학회] 회장 김정제('61) 　–제7차 국제 선박 및 해양구조물설계 학술회의(IMDC 2000), 경주[민계식('61) 조직]	• 삼성, 6,200TEU 컨테이너선 5척 수주 • 현대, 독자모델 HiMSEN 엔진 1호기 생산	• 에리카호 프랑스 연안에서 침몰 • 1966년 국제만재홀수선협약 1988년 의정서 공포

연도	진수회 및 모교	관련 기관	관련 산업계	정부, 정책 및 기타
	• 김국호('65) 대한조선학회 기술상	• 한국중소조선기술연구소, 회류수조 준공 • [출연] 해양방제수조 준공	• 대우, 3개(조선,기계,기타) 회사로 분할, 조선부분은 대우조선공업(주)로 개편 • 한국(470만 2,574마력) 일본(328만 4,920마력)을 제치고 세계 1위 선박용 디젤엔진 생산국에 오름 • 한국 총건조량 1,221.8만GT를 기록하여 세계 1위 조선대국에 오름(일본 1,200.1만GT)	
2001	• 황종흘 교수 우암상 • 조선호('82) 조교수 부임 • 진수회 회장 황성혁('58) • 해양시스템공학연구소 4대 소장 최항순 • 해양시스템공학연구소 5대 소장 배광준 • 신종계 미국조선학회 Elmer Hann 상 수상 • 이기표 대한조선학회 학술상	• [학회] Shanghai조선공정학회(SSNAME)와 국제교류협정 　−미국조선학회(SNAME) 및 독일조선학회(GL)와 국제교류협정 • [출연] 선박해양공학분소, 한국해양연구원 해양시스템안전연구소로 명칭 변경 　−분소장 이진태('71) • 한국조선기자재연구원 설립	• 현대, 대표이사 사장, 부회장, 회장(∼'11) 민계식('61) 　−대표이사 최길선('65) 　−FPSO 선체부문 세계 최초 육상 건조 • 대우, 대표이사 정성립('68)	• 국제해사기구(IMO) A그룹 (해운국) 이사국 진출
2002	• 제23대 총장 정운찬 • 제16대 공대학장 한민구 • 구자영 우암상 수상 • 장창두 대한조선학회 학술상 • 해양시스템공학연구소 함정설계특별강좌 개설(∼현재 운영중) • 해양시스템공학연구소 6대 소장 김효철	• [학회] 회장 민계식 　−함정기술연구회 설치 승인 　−『대한조선학회 50년사』 발간 • [출연] 해양무향수조 완공	• 대동, STX조선(주)로 상호 변경 • 삼성, 서울대와 선박용 고부가 디지털 건조 시스템 공동개발 연구사업 발대식 • 현대, 삼호중공업 인수→ 현대삼호중공업(주)로 상호 변경('03.1) • 동양조선 설립→SPP조선으로 상호 변경('06.1)	
2003	• 김태완 조교수 부임 • 정성립('68) 자랑스러운 공대동문상 • 이창섭('66) 대한조선학회 학술상 • 송준태('64) 대한조선학회 기술상 • 진수회 회장 김영치('60) • 해양시스템공학연구소 7대 소장 이규열	• 한국조선공업협회 회장 최길선('65) • [학회] 제8차 수치선박유체역학 국제회의(NSH8) (부산)	• 성동조선해양(주) 설립 • 한진, 8,000TEU급 컨테이너선 5척 수주 • 삼성, 9,600TEU 초대형 컨테이너선 4척 수주	

연도	진수회 및 모교	관련 기관	관련 산업계	정부, 정책 및 기타
2004	• 김훈철 우암상 • 김용환('83) 조교수 부임 • 양영순 대한조선학회 학술상	• 〔학회〕회장 최항순('65) −해양과학기술협의회 영문 논문집(JOST) 공동 발간 참여, 국문논문집 한국학술진흥재단 '등재지' 확정	• 대한조선주식회사 설립 • 현대중공업, 세계 최초 육상건조 선박 진수(10만 5000톤급) • STX조선, 세계 최초 SLS선박 건조공법 개발 • 한진, 대표이사 홍순익('66) −세계 최초 '수중용접 DAM 건조 공법' 개발	
2005	• 제17대 공대학장 김도연 • 이승희('73) 대한조선학회 학술상 • 김근배('64), 김강수('70) 대한조선학회 기술상 • 진수회 회장 김국호('65) • 해양시스템공학연구소 8대 소장 장창두 • 최항순, 훌륭한 공대 교수상	• 〔학회〕조선해양기술인력 양성 심포지엄 −제2차 선박마찰저항 저감 국제심포지엄(ISSDR) −특별논문집 창간호 발간 −제12회 정보기술기반 선박설계생산 국제회의 −PAAMES ISC, Workshop −일본조선학회와의 MOU 체결 • 〔출연〕영문 명칭 MOERI(Marine and Ocean Engineering Research Institute)로 변경 −소장 강창구('73) −제1회 위그선 국제심포지엄 개최	• 대우−LNG−RV 건조 • 두산엔진(주) 설립, HSD인수합병, 중속엔진 생산 • 한진, 대형수송함(LPX) 독도함 진수 • 현대, 선박용 프로펠러 2천 대 생산 • 현대미포 대표이사 송재병('66)	
2006	• 제24대 총장 이장무 • 개교 60주년 • 김재근 '과학기술인 명예의 전당' 헌정 • 김효철 교수, 정년 퇴임 녹조근정훈장 • 배광준 교수 정년 퇴임 • 이진태('71) 대한조선학회 학술상 • 정광석('71) 대한조선학회 기술상 • 최길선('65), 홍순익('66), 공대 '한국을 일으킨 엔지니어 60인'에 선정	• 〔학회〕회장 이창섭('66) • 〔출연〕모형선 1,000호 달성, −해양공학수조 대형 제어형 예인전차 완공 −심해 무인잠수정 '해미래' 진수식	• 한진, 한진중공업그룹 출범, R&D센터 준공 • 현대, 214급 잠수함 손원일함(해군) 진수 • 삼성, 선박 500척 인도 −중국 룽청블록공장 준공 −테라블록공법 세계 최초 도입 −쇄빙유조선(Sovcomflot사) 건조 • 현대, 해저 LNG 탱크(Exxon Mobil사) 건조 • (주)STX 대표이사 김강수('70) • STX 조선 대표이사 정광섭('71)	
2007	• 이신형('86) 부교수 부임 • 해양시스템공학연구소 9대 소장 이기표	• 〔학회〕해양레저선박연구회 설치 승인 • 〔출연〕해양안전방제 연구동 준공	• 현대, 7천 톤급 이지스구축함(KDX−Ⅲ) 세종대왕함 진수 −21만 2000㎥급 초대형 LNG선(OSG사) 건조	

연도	진수회 및 모교	관련 기관	관련 산업계	정부, 정책 및 기타
	• BK21 협약 체결로 산업공학과와 대학원 조직 통합(산업조선공학부로 명칭 변경, 학부장은 BK21 단장 박진우 교수) • 제18대 공대학장 강태진 • 정광석 자랑스러운 공대동문상 • 진수회 회장 정성립('68)	• 한국조선공업협회 회장 박규원('69) 　→'한국조선협회'로 변경	• 한진, 대표이사 박규원('69) 　−12,800TEU 컨테이너선 8척 수주 　−한진, 수빅조선소 1단계 완공 • 바르질라−현대엔진(유)설립 2중연료 디젤엔진 140대/년, 1호기 생산('08. 11)	
2008	• 민계식 우암상 • 박규원('69) 대한조선학회 기술상	• 경남대학교 조선해양IT공학과 신설, 창원대학교 메카트로닉스공학부 조선공학 전공 신설, 군산대학교 조선공학과 신설, 한국과학기술원 해양시스템공학과 신설, 경남도립거창대학 조선해양시스템과 신설 • 선급, 등록톤수 3,000만 톤 돌파 • 〔학회〕 RUSSIA의 STSS와 MOU 체결 　−중소 조선산업의 위기극복과 미래를 위한 토론회 • 〔출연〕 소장 홍석원('73) 　−윙쉽테크놀러지(주) 창업 지원 협약 　−20인승 위그선 시험선(해나래) 공개시험	• 삼성, 26만 6000㎥급 LNG선(QGTC사) 건조 • 한진, 수빅조선소 1호선(4,300TEU 컨테이너선, Dioryx사) 인도	• 해양수산부 해체, 국토해양부 출범
2009	• 서울대학교 예인수조 시설 현대화 　−예인전차 구동 및 운용 시스템 교체 　−조파기 교체 　−방수 공사 및 소파기 교체 　−2차원 입자 영상유속계 실험 시스템 도입 • 진수회 회장 한성섭('68) • 해양시스템공학연구소 10대 소장 양영순 • 신동식 우암상 • 신종계 대한조선학회 학술상 • 김호충('71) 대한조선학회 기술상 • 이규열 훌륭한 공대 교수상	• 한국조선협회 회장 최길선 • 〔학회〕 제17차 국제 선박 해양구조 학술회의(ISSC 2009) (장창두 조직) • 〔학회〕 영문 논문집 International Journal of Naval Architecture and Ocean Engineering Vol. 1, No 1 발간	• 현대, 세계 최초 T자형 도크 건설 　−FPSO 전문도크 완공 • 대우, 1만 4천TEU급 컨테이너선(MSC사) 인도 　−100억불 수출탑 수상 • 성동, 컨테이너선(6,500TEU급) 육상 건조 • 한진, 쇄빙연구선 아라온호 진수 　−수빅조선소 2단계 완공 • 삼성, 친환경 LNG−SRV(Hoegh사) 건조	

연도	진수회 및 모교	관련 기관	관련 산업계	정부, 정책 및 기타
2010	• 25대 총장 오연천 • 신동식 자랑스러운 공대 동문상 • 임문규('68), 박중흠('74) 대한조선학회 기술상	• [학회] 회장 이승희('73) • [출연] 대형 캐비테이션 터널과 빙해수조 준공	• 현대, 군산조선소 준공 • 대우, 초대형 반잠수식 운반선(TPI Megaline사) 건조 • 삼성, 원유시추설비 해상 합체 • 현대, 12km 시추 드릴십(트랜스오션사) 건조 　−대형 엔진 생산 1억 마력 돌파 • 국내 첫 쇄빙선 아라온호 남극 쇄빙능력 성공 • 한국 총건조량 3,154.6만 GT를 기록하여 처음 3천만 톤을 돌파하였으나 중국에게 1위 자리를 내어줌(중국 3,623.9만 GT)	
2011	• 진수회 회장 정광석('71) • 김경일('63) 동탑산업훈장 • 김효철 우암상 • 장창두 교수 정년 퇴임 • 김낙완('91) 부교수 부임 • 장범선('90) 조교수 부임 • 이규열 대한조선학회 학술상 • 봉현수('70) 대한조선학회 기술상 • 해양시스템공학연구소 11대 소장 신종계 • 제18대 공대학장 이우일	• [출연] 소장 반석호('75) • [학회] 『선박해양공학개론』 발간 　−JNAOE의 SCIE, SCOPUS 등재 　−『조선 기술』 발간	• 대우, 초대형 해상 원유생산 설비 파즈플로 FPSO 건조 　−잠수함 수출(인도네시아) • 현대, 대표이사 김외현('71) 　−스마트십(4,500TEU 컨테이너선, AP몰러 사) 건조 • STX, 40만 DWT VLOC (STX 팬오션) 진수 　−해양경찰 훈련함 '태평양 11호' 진수 • 삼성, LNG선 화물창 독자 개발 • 한국 선박류 총수출액 566억불, 15.2%로 1위	
2012	• 황성혁 우암상 • 최항순 교수 정년 퇴임 • 반석호('75) 대한조선학회 학술상 • 김외현('71), 전영기('72) 대한조선학회 기술상 • 서울대학교 예인수조 3차원 스테레오스코픽 입자영상유속계 실험 시스템 도입 • 국립대학법인 서울대학교로 변경	• [학회] 회장 조상래('71) 　−창립 60주년 기념행사 　−해상풍력에너지기술연구회 설립 • 선급, 등록톤수 5,000만톤, 부산으로 이전 • [출연] 한국 해양연구원 해양시스템안전연구소, 한국해양과학기술원(KIOST) 선박해양플랜트연구소로 개칭 　−소장 서상현('74)		

연도	진수회 및 모교	관련 기관	관련 산업계	정부, 정책 및 기타
2013	• 이기표 교수 정년 퇴임 • 이규열 교수 정년 퇴임 • 노명일('94) 부교수 부임 • 진수회 회장 김외현('71) • 해양시스템공학연구소 12대 소장 서정천 • BK21 종료로 대학원 조직을 조선해양공학과로 환원 • 노인식('75) 대한조선학회 학술상 • 김외현 자랑스러운 공대동문상 • 제19대 공대학장 이건우	• [학회] 제12차 조선설계에 관한 국제심포지엄 (PRADS '2013) (창원 이창섭 조직) 　–극지기술연구회 설립 • 선급, 회장 전영기('72) • 한국조선협회 회장 김외현('71) 　→한국조선해양플랜트협회로 변경	• 대우–18,000TEU급 컨테이너선 건조 • 삼성엔지니어링(주) 대표이사 박중흠('74) • 현대삼호 대표이사 하경진('74) • STX 대표이사 정성립('68)	• 해양수산부 출범 • 산업통상자원부 조선해양플랜트과로 개편
2014	• 진수회 홈페이지 새 단장 오픈 http://jinsuhoi.mysnu.org • 임영섭 조교수 부임 • 신종계 미국조선학회 Elmer Hann상 두 번째 수상 • 제26대 총장 성낙인	• [학회] 회장 신종계('73) • [출연] 한국해양과학기술원 부설 선박해양플랜트연구소(KRISO)로 개편 　–소장 서상현	• 현대, 조선해양플랜트 총괄 회장 최길선('65) • 현대미포조선 대표이사 강환구('75)	
2015	• 진수회 회장 박중흠('74) • 『진수회 70년, 남기고 싶은 이야기들』 발간			

편집 후기

—

많은 선배님과 후배님이 함께 모여 정담을 나누던 진수회 서울 모임이었다고 기억합니다. 2012년 봄, 뜻하지 않게 접하였던 황종흘 교수의 부음과 뒤를 이은 원로회원들의 부음에 1회 선배이신 조필제 진수회 초대 회장께서 우리나라 조선계를 이끌었던 주역들에 대한 기억들이 점점 사라진다는 아쉬움을 토로하셨습니다. 우리가 죽기 전에 우리 동문들의 기억을 꼭 남겨야 하지 않겠느냐는 바람이셨습니다.

당시 자리에 있던 진수회 부회장(현 회장) 박중흠 삼성엔지니어링 사장과 학과장 성우제 교수는 그 말씀을 단순하게만 받아들이지 않았습니다. 두 분은 조 선배님의 말씀을 원로회원이 세상을 떠나실 때마다 우리나라 조선 역사의 한 귀퉁이가 무너져 없어진다는 말로 받아들였습니다. 따라서 진수회 원로회원들이 생존해 계신 동안 그들의 기억들을 기록으로 남기고자 하였습니다.

그 후 성우제 교수와 박중흠 사장은 오늘 할 수 있는 일을 내일로 미룰 수 없다고 생각하여 의욕적으로 이 일에 뛰어들게 되었습니다. 우리나라 조선산업 발전에 기여하신 수많은 원로회원을 찾아뵙고 소중한 기억들을 수집하기로 하였습니다. 많은 일을 단기간 내 처리하는 계획이었으므로 다수의 학생들이 자원하였으며 국내 그리고 미국에 거주하는 진수회의 원로회원들을 만나 그들이 조선산업에 이바지했던 시절의 이야기를 채록하게 하였습니다.

좋은 취지였으나 이제 조선에 입문하려는 어린 학생들에게는 원로회원들이 아낌없이 열어 보인 역사의 드넓은 정원을 조망할 수 있는 눈이 없었습니다. 모든 것이 새로운 탓에 첫눈에 들어온 작은 부분에서조차 눈이 부셔 나머지를 보기 어려웠음은 너무나도 자연스러운 현상이었습니다. 산을 보아야 하는데 숲을 보려 하였으며, 코끼리를 보아야 하는데 다리만 만지려 한 결과로 나타났습니다.

어린 손주와 같은 학생들을 만나 대화를 나눈 원로회원들은 좋은 취지로 시작한 편찬사업이, 조선산업 그리고 그것을 일으킨 우리 진수회 회원들의 업적을 조감하는 길로 들어서도록 바르게 인도하는 것이 필요하다고 판단하게 되었습니다. 진수회 집행부는 원로회원들의 뜻을 받들어 2013년 3월 29일 진수회 전 회장님들을 포함하는 원로 모임을 개최하고 편찬사업을 원점에서 다시 시작하기로 하였습니다.

이 회의에서 사업의 책임을 맡으시게 된 한국해사기술의 신동식 회장은 사업추진 기본계획을 수립하고 사업추진을 위하여 편집위원회를 구성하였으며 자문위원을 위촉하였습니다. 편집위원회에서는 편찬하는 도서가 서울대학교 공과대학 조선해양공학과의 단순한 동문지가 아니라 동문들의 노력으로 일구어낸 조선산업의 발전 과정을 조감할 수 있는 기록물이 되도록 하자는 데 의견을 모으게 되었습니다.

도서편찬의 목표로 조선산업 발전을 조망하는 기사에 진수회 회원들의 활약을 편년 형태로 곁들여 '진수회 70년, 남기고 싶은 이야기들'이라는 제목으로 편찬하기로 하였습니다. 이를 통하여 선조의 지혜를 물려받아 새로이 현대적 조선 기술로 승화 발전시키고, 세계 선두에 이르기까지의 성장으로 이끈 우리 진수회 회원들의 숨겨진 공로가 조선산업의 발전을 살피는 과정에 조금이나마 드러나리라 기대하였습니다.

편집위원회에서는 도서의 근간을 이루는 조선산업 발전 과정을 함께하였던 원로들을 찾아 집필을 부탁하였으며 원로회원들을 취재하였던 학생들의 기록을 정리하였습니다. 다른 한편으로 1회에서부터 최근에 졸업한 회원에 이르기까지, 모든 진수회 회원에게 숨겨진 소중한 이야기들을 원고로 제출하여 줄 것을 홍보하였으며, 동기회 대표들에게 입학 동기들의 기사를 수합하여 제출하여줄 것을 요청드린 바 있습니다.

원고를 부탁드리고 동기회별 사정을 살펴보니 10회 이전의 동기회 중에는 이제 오로지 한 분만 활동하고 계신 동기회가 있는가 하면, 사실상 기록을 남기는 것이 어려운 동기회도 있음을 알게 되었습니다. 이에 편집위원회는 10회 이전의 대선배님들에 대하여서는 편집위원들과 작가가 원로회원님들의 모임에 찾아뵙고 직접 취재하여 기록을 만들도록 하였습니다. 그조차 어려운 동기회에 대하여서는 편집위원들이 기록과 주변의 기억을 토대로 기사를 작성토록 하였습니다.

11회 이후의 진수회 회원들은 조선산업의 발흥기를 함께하였으며 아직도 왕성하게 활동하는 동문들이 있어 남겨야 할 숨겨진 수많은 기사를 발굴할 수 있었습니다. 수백 면의 기사를 제출하여 주신 동기회가 여럿이었습니다. 이들 중 17회 동기회(1962년 입학)에서는 준비하였던 원고를 '우리들의 이야기'라는 300면의 동기회 기록물로 별도 발간하기에 이르기도 하였습니다.

하지만 1990년 이후에 입학하였고 졸업 후 이제 가장 왕성하게 일하고 있는 동기회 중에는 모두가 맡은 자리에서 주역을 맡고 있어 동기회 모임을 상상조차 할 수 없을 만큼 바쁜 생활을 영위하고 있음을 알 수 있었습니다. 원고를 받아내기 위하여 수백 명의 이메일 주소를 조사하여 '응답하라!'라는 제목으로 반복하여 독촉하기도 하였습니다. 하지만 아쉽게도 원고 독촉을 2000년 입학 동문에게까지만 하였습니다.

동기회 대표들이 보내주신 글을 보면 문단에 등단한 작가의 글 못지않아서 읽으며 꽃이 피는 소리를 상상하게 하거나 이미 세상을 떠난 동기의 눈으로 보는 것을 연상하게 하는 글들도 있었습니다. 논리가 정연하지만 정부의 통계자료를 보듯이 딱딱한 글도 있었으며 연필로 거침없이 써내려간 구수한 선배의 글이 있었는가 하면, "…… 놀랐던 기억이…… ㅎㅎ, 이름이 마린보이?…… ㅋㅋ"와 같은 젊음이 묻어나는 현대적 글도 있었습니다.

원고지에 연필로 쓴 원고를 들고 오신 동문이 있는가 하면, 귀한 사진과 자료를 선뜻 제공해주신 동문도 있습니다. 멀리 미국에서 우리를 만나기 위해 직접 찾아오신 동문이 계신가 하면, 중요한 사실을 확인해주기 위해 어떠한 수고를 아끼지 않은 동문도 있습니다. 또 작업 기간 중 아쉽게 책이 나오는 것을 보지 못하고 운명하신 분도 계십니다. 글이 수록되면 고맙겠다고 말씀하는 동문이 있는가 하면, 본인의 업적이 충분히 다루어지기를 열망하는 동문도 있었습니다.

동기회 전체의 기사가 2페이지를 채우지 못한 경우가 있는가 하면, 개인이 70여 면에 이르는 자신의 기사를 보내오기도 하였습니다.

진수회 회원들이 보내주신 글들은 동기들과 함께하였던 시절과 동기들이 이루어낸 업적을 가장 잘 이해하고 추억하고 남기고자 한 것이기에 모두 더할 나위 없이 소중한 글들이었습니다. 이 글들에 담겨 있는 것들은 최대한 훼손, 가공하지 않는다는 것이 편집위원회의 방침이었고 그것이야말로 진짜 역사라고 생각했습니다.

하지만 편집위원들은 진수회 회원들의 사랑과 적극적인 협조로 모은 소중한 '남기고 싶은 이야기'를 현실적으로 모두 수용할 수 없다는 문제에 봉착하게 되었습니다. 부득이 동기회별 원고 면수를 평균한 값을 기준으로 설정하고 기준에서 크게 벗어나는 일이 없도록 원고를 축약하는 작업을 하여야 하였습니다. 이를 위하여 편집위원들은 17차례의 편집위원회를 하였습니다. 편집위원들은 모든 회원 여러분이 이해해주시리라 믿으며 최선을 다하고자 하였습니다.

편집위원들은 방대한 분량의 자료를 한정된 지면으로 축약하는 과정에서 진수회원 여러분의 소중한 기억의 작은 조각만이 기록으로 남게 되는 아쉬움을 감출 길이 없었습니다. 마침 진수회 본회에서 진수회 홈페이지를 활성화하였기에 진수회 회원님들이 당초에 제출하여주신 원고를 눈에 뜨이는 단순 오류만을 바로잡아 진수회 홈페이지에 수록함으로써 회원들의 기록을 본래의 모습으로 간직하고자 하였습니다. 이 점, 너그러이 양해해주시고 이해해주시길 바랍니다.

어느덧 3년의 시간이 흘러 두 번의 겨울을 맞이하였고 2015년 고근형을 비롯한 48명의 70회 신입생을 맞이하게 되었으며 2015년 설날을 앞두고『진수회 70년, 남기고 싶은 이야기들』이 최종적으로 편집위원의 손을 떠나 출판사로 넘겨지게 되었습니다.

『진수회 70년, 남기고 싶은 이야기들』에는 우리나라 조선산업의 전체에 걸친 흐름이 담겨 있습니다. 척박했던 일제 강점기 시절부터 박정희 대통령이 조선을 국가 기반산업으로 추진하던 산업기, 오일 쇼크로 모두가 휘청거릴 때 유일하게 세계를 누비던 호황기, 그리고 세계 1위의 자리에서 굳건한 위상을 드높이던 시절까지, 이른바 우리 진수회 회원들의 삶이 담겨 있습니다. 그 30년의 위대한 역사 속에서 활약한 위대한 진수회 회원들의 모습이 참으로 자랑스럽습니다.

끝으로 이 『진수회 70년, 남기고 싶은 이야기들』을 만들기까지 편집위원으로 함께하였던 편집위원들의 소감을 짧은 글로 남기고자 합니다.

● 편집위원장 **신동식**

많은 회원의 오랜 소망이었던 책이 마침 광복 70년을 맞는 해에 이렇게 빛을 보게 되어 감개가 무량합니다.

70년의 역사를 어떻게 담아낼지 고민이 많았습니다. 최대한 많은 이들의 목소리를 생생히 담아내려 고심한 끝에 50여 명의 '저자'로부터 기수별 회고담을 받는 형식을 택했습니다. 서술자에 따라 상충되는 내용은 편집위원회에서 1년여에 걸친 토론과 사실 확인 작업을 통해 걸러내었습니다.

이 책은 우리 진수회 회원들이 힘을 합쳐 그려낸 커다란 모자이크 자화상입니다. 출간의 결실을 맺기까지 수많은 선후배의 참여와 노고가 있었습니다. 1년이 넘도록 회의를 거듭하며 원고와 씨름한 편집위원들, 노구를 이끌고 수차례의 인터뷰에 기꺼이 응해주신 선배들, 집필에 참여하지 않았더라도 협조와 응원을 아끼지 않으신 여러 선후배들께 이 자리를 빌려 감사드립니다. 특히 간사를 맡아 처음부터 끝까지 실무를 진행해준 김효철 교수께 감사의 인사를 전합니다. 그의 헌신과 열정이 없었다면 이 책은 세상에 나오지 못했을 것입니다. 모두의 모범이 되어 앞장서주신 노고에 편집위원회를 대표해 진심으로 감사드립니다.

한 가지 안타까운 점은 이미 많은 선배님이 세상을 떠난 뒤라 그분들의 생생한 목소리를 미처 담아내지 못했다는 사실입니다. 지금은 여기 없는 벗들, 위대한 선각자들이 새삼 그립습니다.

오늘의 성공과 번영은 역경 속에서도 불굴의 의지로 도전을 거듭한 결과이자 앞으로 개척해나갈 미래의 바탕입니다. 선배들의 경험과 정신을 이어받아 후배들 또한 새로운 신화를 창조하는 데 앞장서기를 바랍니다. 진수회의 활약은 앞으로도 오래오래 계속되리라 굳게 믿습니다.

● 편집간사 **김효철**

진수회원 여러분, 정말로 자랑스럽습니다.

회원들의 남기고 싶은 소중한 글들을 통하여 우리 조선산업이 세계의 선두에 이른 것은 결코 우연이 아님을 저절로 알게 되었습니다. 바른길을 바라보며 이끌어주신 선배님들의 혜안이 있었으며, 무엇이든 주어진 일을 못 할 것 없다는 도전정신이 있었으며, 물러서지 않고 헤쳐 나가는 돌관정신이 있었습니다. 회원 여러분 선후배 사이의 믿음과 사랑이 있었고, 열정과 헌신이 조화를 이룬 협동이 있었기에 우리는 세계의 조선산업을 품에 안을 수 있었음을 저절로 알게 되었다고 생각합니다.

회원 여러분의 남기고 싶은 이야기들이 모여 세계 제일의 조선산업을 밝게 비추는 것과 같이 이제 진수회 회원들이 서로 믿고 사랑하며 협력할 때 오늘의 조선산업의 발전의 흐름을 이어가며 새롭고 보다 발전된 미래를 열어가게 될 것이라고 생각합니다.

오늘이 있기까지 이끌어주신 진수회 회원 여러분의 노고에 저절로 머리 숙여 감사드리며 이제 선배님들이 이루어 물려주신 자랑스러운 조선산업을 함께 지켜나갈 수 있기를 소망합니다.

『진수회 70년, 남기고 싶은 이야기들』의 기본 골격을 그려주신 편집위원장님과 여러 회원들의 글을 다듬어주신 편집위원님들 그리고 차영훈 작가와 함께한 시간은 큰 즐거움이었습니다.

●편집위원 **장 석**

진수회의 지난 70년간의 이야기들은 우리나라가 일제의 압박으로부터 광복을 찾아 갖은 역경을 극복하고 현재에 이른 역사와 흐름을 같이합니다.

진수회 역사를 편집하는 모임에 참여하고 보니, 1970년대까지 왕성하게 우리의 조선 무대에서 활동하시던 많은 선배님이 이미 이 세상에 안 계셔 그분들의 이야기를 생생하게 옮기지 못한 것이 안타까웠습니다.

조선해양산업 이외의 타 분야에서 활동한 동문들도 참으로 훌륭한 이야기를 남기고 있다는 것을 알게 되었고, 이를 좀 더 발굴하여 수록하였으면 하는 아쉬움도 남습니다. 그리고 젊은 후배들의 참여가 미진하였던 것은 세월이 좀 더 지나면 제2의 편찬 기회에 채워질 것으로 기대합니다.

●편집위원 **이재욱**

진수회 70년 이야기들이란, 1946년 처음으로 조선공학 전공을 선택한 제1회 선배부터 제70회 후배에 이르기까지의 모든 진수회 동창의 기수별 회고를 담아야 하지만, 제51회 이후 후배들의 활약상이 현재 진행 중이므로 역사의 기록으로 남을 다음 진수회의 발간 기회를 기대해본다. 그리고 진수회 기수별 이야기 내용을 읽으면서 자랑스럽게 생각한다.

1946년 당시 서울대 공대 항공조선학과의 설치 초기에 전공교수도 없이 모든 여건이 불비한 상황임에도, 입학생 스스로가 조선학 세미나를 함께 진행하면서 교수를 찾아다니던 이야기는 참으로 애틋한 일이라 생각한다. 그 당시에 조선학이 존재하여 학과가 설치된 것도 아니었다. 이제부터 조선학을 이 땅에 심어 보자는 마음으로 학과를 설립한 것이었다. 그 후 부임하신 모교 교수님들과 뜻있는 진수회 선배 회원님들이 리더가 되어 우리 조선공업의 발전을 이끌어 오신 이야기를 읽고 스스로가 벅찬 감동을 받았다. 역경 속에서도 의지를 굽히지 않는 개척자의 도전정신이 새롭게 떠오른다.

편집위원회에서 일 년여에 걸친 토론과 사실 확인 작업을 통하여 보완이 이루어졌으며, 제출받은 많은 양의 이야기들은 체재에 따라 일부 조정되었다. 특히 안타까운 점은 세상을 떠난 동기들의 이야기를 직접 담지 못하였다는 것이다. 지금은 여기 없는 친구가 새삼 보고 싶다.

● 편집위원 **김정호**

아직도 많이 남아 있을, 가슴속 한켠에 웅크린 소중한 이야기들,

또 글로 남기는 데 주저거릴 수도 있으나, 곱씹는 맛이 있는 흔적들까지,

그 민낯의 옥석들을 속 시원히 더 담아낼 수는 없었을까 하는 아쉬움이…….

역시 우리의 진수회 회원들 !

커다란 업적들을 보면서 부끄러운 졸자(拙者)는 망양지탄(望洋之歎)이고,

또 너무나 잘 달리고 있는 후배들의 모습은 후생각고(後生角高)라는 말 그대로이다.

훗날, '진수회 100년사'에

전 세계로부터의 찬사도 그득하기를 소망하면서.

● 편집위원 **성우제**

신동식 대선배님을 포함한 대부분의 진수회 원로격인 편집위원에 왜 70년의 절반에 해당하는 기수의 졸업생이 끼어 있을까 의심을 하시는 분들을 위하여 여기서 그 사연을 잠시 밝힙니다. 편집후기 앞머리에 나온 바와 같이, 당시 진수회 박중흠 부회장과 학과장인 제가 벌인 일은 이렇게 거창한 일이 아니었음에도 역시 진

수회 선배님들은 혜안으로 제 잘못을 바로잡아 주시고 제대로 편집위원회를 구성하여 지금의 역작이 탄생하였습니다. 일을 제대로 시작하지 못한 제가 할 수 있는 일은 편집위원회와 학과의 연결 심부름을 하는 것으로 실수를 만회하고자 스스로 자원하여 편집위원회에 이름만 올려놓고 실제로는 한 일이 하나도 없어 부끄러울 따름입니다. 특히 신동식 회장님과 김효철 편집간사님의 진수회에 대한 열정과 본 70년사에 대한 헌신을 보고 더욱 부끄러웠음을 자백합니다.

● 편집위원 **차영훈**

2012년 성우제 교수님의 제안으로 『진수회 70년, 남기고 싶은 이야기들』 편찬에 기술작가로 참여하는 기회를 얻었습니다. 소설만을 쓰던 저에게 조선산업이라는 분야와 그리고 공학자와 기술자들의 이야기는 먼 북유럽의 연어잡이처럼 생소하게만 느껴졌고 겁이 났던 것이 사실입니다. 우여곡절 끝에 ㈜한국해사기술 신동식 회장님과 서울대학교 명예교수이신 김효철 박사님을 의지하여 진수회 회원들의 발자취를 따라가기 시작했고 얼마 지나지 않아 웅대하고 강렬한 그들의 삶에 다리가 후들거리는 저를 발견하였습니다.

'아, 우리나라가 이만큼 살게 된 것은 당시 미래를 향해 돌진하던 젊은 그들이 있어서였구나. 지금 우리는 과연 무엇을 바라보며 가고 있는 것일까?'

이후 저는 동료들과 후배들에게 늘 당부하는 말이 생겼습니다.

"나이 드신 분들을 받들어야 한다. 그것은 곧 그분들의 젊었던 패기를 받드는 것이다."

3년간 편집회의를 거치면서 신동식 회장님과 김효철 박사님은 저에게 아버지, 어머니 같은 분이셨습니다. 깊이 존경합니다. 그리고 이재욱 박사님, 장석 소장님, 김정호 전무님, 성우제 교수님, 많은 것을 가르쳐 주셔서 감사합니다. 이재욱 박사님께는 해박한 지식과 이해심을, 장석 소장님께는 정연한 논리와 합리적 상황 판단을, 김정호 전무님께는 작은 부분의 차이가 질감을 바꾼다는 사실을 배웠습니다. 인생의 스승님으로 여기며 살겠습니다.

아울러 손수 모으신 자료를 펼치시면서 아둔한 저에게 경제를 가르쳐주신 구자영 회장님께도 지면을 빌려 감사를 올립니다.

진수회 회원들께 존경하고 경모한다는 말씀을 드리고 싶습니다. 당신들은 나라를 걱정하고 경제를 걱정하고 젊은이들을 걱정할 자격이 있다고 감히 말씀드리고 싶습니다. 모쪼록 건강하십시오. 그리고 젊은 사람들에게 커다란 느티나무처럼 큰 지혜를 나누어주시길 바랍니다.

이 책을 삶과 열정을 조선에 바친 모든 진수회 회원에게 바칩니다.

『진수회 70년, 남기고 싶은 이야기들』
편집위원 일동